Springer-Lehrbuch

Kurt Meyberg · Peter Vachenauer

Höhere Mathematik 1

Differential- und Integralrechnung
Vektor- und Matrizenrechnung

Mit 438 Abbildungen

Springer-Verlag Berlin Heidelberg New York
London Paris Tokyo Hong Kong

Professor Dr. Kurt Meyberg
Dr. Peter Vachenauer

Mathematisches Institut
der Technischen Universität München
Arcisstraße 21
8000 München 2

1. korrigierter Nachdruck 1990

Mathematics Subject Classification (1980): 00A05, 00-01, 00A06

ISBN 3-540-51798-7 Springer-Verlag Berlin Heidelberg New York

CIP-Titelaufnahme der Deutschen Bibliothek
Meyberg, Kurt: Höhere Mathematik / Kurt Meyberg; Peter Vachenauer. – Berlin; Heidelberg; New York; London; Paris; Tokyo; Hong Kong: Springer.
(Springer-Lehrbuch)
NE: Vachenauer, Peter:
1. Differential- und Integralrechnung, Vektor- und Matrizenrechnung. – 1. korr. Nachdr. – 1990
ISBN 3-540-51798-7 (Berlin . . .)

Datenkonvertierung: H. Stürtz AG, Würzburg
Druck: Zechnersche Buchdruckerei, Speyer; Bindearbeiten: J. Schäffer, Grünstadt
44/3140-54321 Gedruckt auf säurefreiem Papier

Vorwort

Dieses zweibändige Lehrbuch ist aus den Vorlesungen und Übungen der Verfasser zur Höheren Mathematik für Ingenieure der Fachrichtungen Maschinenbau und Elektrotechnik an der Technischen Universität München hervorgegangen. Es ist in erster Linie als kompakter Begleittext zur viersemestrigen Grundvorlesung für die Studenten der Ingenieurwissenschaften und anderer technisch-physikalischer Studienfächer (etwa Physik, Technomathematik und Informatik) konzipiert.

Da die moderne Technik vom Ingenieur immer umfassendere und tiefere mathematische Kentnisse verlangt, gehen wir an einigen Stellen über den üblichen Vorlesungsstoff der Grundkurse hinaus oder stellen einige Themen gründlicher dar, als es in den Vorlesungen möglich ist. Das betrifft im vorliegenden Band insbesondere in Kapitel 6 den Ausflug in die abstrakte Welt der Vektorräume und in allen Kapiteln die stärkere Berücksichtigung der wichtigsten numerischen Aspekte. Damit ist dieses Buch auch für Studenten höherer Semester zur Fortbildung und für den Praktiker als Nachschlagewerk geeignet.

Die in Kapitel 1 dargestellte Vektorrechnung, insbesondere die Behandlung gebundener Vektoren, ist den Bedürfnissen der Technischen Mechanik angepaßt, sie kann für andere Fachrichtungen abgekürzt oder ausgelassen werden. Andererseits besteht die Notwendigkeit, die algebraischen und numerischen Methoden bereits in den Grundkursen stärker zu berücksichtigen. Die Lineare Algebra in Kapitel 6 ist unabhängig vom Vorhergehenden und kann vorgezogen, eventuell parallel mit den Kapiteln 2–5 behandelt werden.

Der Praktiker erwartet von der Mathematik nicht nur Erkenntnis, sondern Resultate. Wir berücksichtigen die für ihn besonders wichtige algorithmische Seite der Mathematik durch im Druck hervorgehobene Überblicke mit detaillierten Rechenschemata. Sie enthalten – in Schritten aufgegliedert – die Methoden zum Lösen konkreter Aufgaben und können nicht zuletzt als Repetitorium zur Prüfungsvorbereitung dienen.

Ferner fügen wir eine größere Zahl von Programmen ein, die auf erprobten numerischen Algorithmen fußen. Wir haben uns zur Darstellung dieser Programme für die Programmiersprache GfA-Basic entschieden, da diese einerseits die zugrundeliegenden Algorithmen besonders gut erkennen läßt, andererseits aufgrund ihrer Strukturierung vom etwas geübten Programmierer leicht in jede höhere Sprache übersetzt werden kann. In erster Linie ist aber an den Einsatz der Programme auf studienbegleitenden Taschen- oder Kleinrechnern gedacht.

Für den verständnisvollen Umgang mit den mathematischen Modellen der Physik und der Technik reicht die Fähigkeit im Anwenden fertiger Rezepte natürlich nicht aus. Unerläßlich ist auch die Kenntnis der mathematischen Grundlagen und vielfältigen Methoden, mit denen sie behandelt werden. Wir haben deshalb alle wesentlichen Beweise ausgeführt. Der Studienanfänger kann einen Teil dieser Beweise und die mit * gekennzeichneten Abschnitte beim ersten Durcharbeiten auslassen; er sollte sich dafür verstärkt mit den zahlreichen ausführlich vorgerechneten Beispielen und den einfacheren Übungsaufgaben beschäftigen. Der etwas geübtere Leser wird die straffe Darstellung der anspruchsvolleren Beweise sicher schätzen. Für ihn sollten auch die schwierigeren Aufgaben eine Herausforderung bedeuten.

Die Verfasser sind den Kollegen und Mitarbeitern an der Technischen Universität München sehr dankbar, die durch ihre Hilfe, manch guten Rat und viele Gespräche über Inhalte und Darstellung der „Ingenieurmathematik" zum Entstehen dieses Buches beigetragen haben. Insbesondere danken wir Prof. Dr.Chr. Reinsch, Prof. Dr. H.J. Kroll, Dr. S. Walcher, Dipl. Math. M. Binder, Dipl. Math. H. Gradl, Dipl. Math. R. Niemczyk, Dipl. Math. St. Sautter und Dipl. Math. A. Hundemer, sie haben die Teile des Manuskripts gelesen, zahlreiche Druckfehler entdeckt und wertvolle Verbesserungsvorschläge beigetragen.

Da sowohl ein studentenfreundlicher Preis als auch eine für die gute Verständlichkeit nötige, hohe Druckqualität angestrebt wurden, haben wir uns sofort nach Bekanntwerden dafür entschieden, die Druckvorlagen mit der vom Druckhaus Stuertz angebotenen hochauflösenden Monotype-Variante von TEX zu erzeugen. Daß sich dieser Entschluß trotz der anfangs zusätzlichen Pionierarbeit doch gelohnt hat, ist vor allem das Verdienst von Frau cand. math. I. Abold; sie hat den TEX-Quelltext mit Präzision, Geschmack und viel Einfallsreichtum erstellt und dabei nie ihre liebenswürdige Geduld verloren. Ihr gilt unser besonderer Dank.

Ein Teil der Abbildungen konnte von cand. ing. R. Mattuschat auf einem 3D-CAD-Rechensystem am Lehrstuhl für Konstruktion im Maschinenbau erstellt werden. Wir danken Prof. Dr. K. Ehrlenspiel für das freundliche Entgegenkommen. Ebenso dankend erwähnen wir die Studentinnen und Studenten T. Eris, K. Mattuschat und Frau cand. inf. A. Schramm, die zusammen mit Chr. Vachenauer die Skizzen für die übrigen Graphiken hingebungs- und kunstvoll auf den Bildschirm des ATARI-ST umsetzten.

Schließlich gilt unser Dank auch dem Springer-Verlag für die stets vorbildliche Zusammenarbeit, speziell Herrn Dr. J. Heinze, der die verschiedenen Entstehungsphasen dieses Buches mit lebhaft förderndem Interesse, Geduld und fachmännischem Rat verfolgt hat.

München, im September 1989 *Kurt Meyberg* *Peter Vachenauer*

Inhaltsverzeichnis

Inhalt von Band 2

Fourier-Reihen, Laplace- und Fourier-Transformation, gewöhnliche und partielle Differentialgleichungen, komplexe Funktionen, Variationsrechnung.

Verzeichnis der Programme

Kapitel 1

Zahlen und Vektoren

§1. Mengen und Abbildungen

1.1 Mengen. Zur Festlegung von Bezeichnungen erinnern wir zuerst an einige Begriffe aus der Mengenlehre. Von G. CANTOR stammt folgende Erklärung (1895):

> *Unter einer Menge verstehen wir jede Zusammenfassung von bestimmten wohlunterschiedenen Objekten unserer Anschauung oder unseres Denkens zu einem Ganzen.*

Wir werden Mengen mit Großbuchstaben bezeichnen. Die Objekte der Menge A werden die *Elemente* von A genannt. Man schreibt $a \in A$ (bzw. $a \notin A$), wenn das Objekt a ein (bzw. kein) Element von A ist.

$$A = \{ a_1, a_2, \dots, a_n \}$$

kennzeichnet eine Menge mit endlich vielen Elementen (endliche Menge). Hierbei kommt es nicht auf die Reihenfolge der Elemente an. Die häufigste Beschreibung einer Menge X geschieht durch die Angabe einer Eigenschaft E, die genau allen Elementen von X zukommt. In diesem Fall schreibt man

$$X = \{ x ; x \text{ hat die Eigenschaft } E \},$$

bzw.

$$X = \{ x \in A ; x \text{ hat die Eigenschaft } E \},$$

wenn besonders hervorgehoben werden soll, daß die in X zusammengefaßten Elemente sämtlich in der Grundmenge A liegen.

Zur Vermeidung von Fallunterscheidungen wird die *leere Menge* $\emptyset$ eingeführt; sie enthält kein Element.

B heißt *Teilmenge* von A, in Zeichen $B \subseteq A$, wenn jedes Element von B auch ein Element von A ist. Man nennt die Mengen gleich, i.Z. $A = B$, wenn sowohl $B \subseteq A$ als auch $A \subseteq B$ gilt. Beziehungen der Form $B \subseteq A$ heißen (Mengen-)*Inklusionen*; die strikte Inklusion $B \subsetneq A$ bedeutet $B \subseteq A$ und es gibt wenigstens ein $a \in A$ mit $a \notin B$.

1.2 Mengenoperationen. Für je zwei Mengen A und B sind der *Durchschnitt* $A \cap B$, die *Vereinigung* $A \cup B$ und das *Komplement* $A \setminus B$ definiert durch

$$\boxed{\begin{aligned} A \cap B &:= \{ x ; x \in A \text{ und } x \in B \}; \\ A \cup B &:= \{ x ; x \in A \text{ oder } x \in B \}; \\ A \setminus B &:= \{ x ; x \in A \text{ und } x \notin B \}. \end{aligned}}$$

(Das Zeichen := bzw. =: bedeutet *Gleichheit per definitionem*, wobei der Doppelpunkt bei dem zu definierenden Ausdruck steht.)

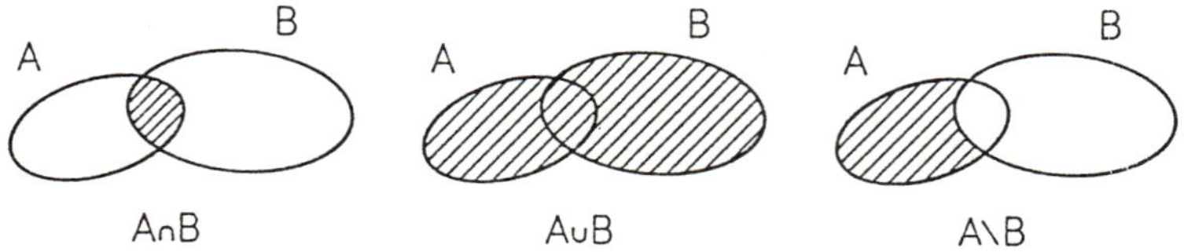

Abb. 1 – Venn-Diagramme

Zwei Mengen A und B, die kein gemeinsames Element besitzen, heißen *disjunkt*, d.h. für sie gilt $A \cap B = \emptyset$. Als *direktes* (oder kartesisches) *Produkt* der Mengen A und B bezeichnet man die Paarmenge

$$A \times B := \{\, (a,b) \ ; a \in A, b \in B \,\},$$

wobei es in (a,b) auf die Reihenfolge der Elemente ankommt, d.h. $(a,b) = (a',b')$ genau dann, wenn $a = a'$ und $b = b'$. Entsprechend werden geordnete n-Tupel $(a_1, a_2, \ldots, a_n)$ und $(b_1, b_2, \ldots, b_n)$ mit Elementen $a_i, b_i \in A_i$ $(i = 1, 2, \ldots, n)$ als gleich bezeichnet, wenn sie „komponentenweise“ übereinstimmen, also wenn $a_i = b_i$ gilt für $i = 1, 2, \ldots, n$. Das direkte Produkt der Mengen $A_1, A_2, \ldots, A_n$ ist

$$A_1 \times A_2 \times \cdots \times A_n := \{\, (a_1, a_2, \ldots, a_n) \ ; a_i \in A_i \quad (i = 1, 2, \ldots, n) \,\}.$$

Im Fall $A_1 = A_2 = \cdots A_n = A$ schreibt man dafür A^n.

1.3 Abbildungen. A und B seien Mengen. Eine *Abbildung* (oder *Funktion*) f von A in (oder nach) B, in Zeichen $f : A \to B$ (oder elementweise $x \mapsto f(x)$, $x \in A$), ist eine Vorschrift, die jedem Element $x \in A$ genau ein Element $f(x) \in B$ zuordnet. Man nennt A den *Definitionsbereich* und die Elemente von A die *Argumente* der Abbildung f; $f(x)$ heißt das *Bild* von x unter f (oder *Funktionswert* von f an der Stelle x). Gehören zu verschiedenen Argumenten stets verschiedene Bilder (d.h. $x_1 \neq x_2 \Rightarrow f(x_1) \neq f(x_2)$, bzw. äquivalent dazu: $f(x_1) = f(x_2) \Rightarrow x_1 = x_2$), dann heißt f *injektiv*. Für jede Teilmenge $C \subseteq A$ bezeichnet man $f(C) := \{ f(x) \ ; x \in C \}$ als Bild von C unter f und das ganze Bild $f(A)$ als *Wertebereich* von f. Im Fall $f(A) = B$ sagt man, f ist eine Abbildung von A *auf* B oder f ist *surjektiv*. Man nennt die Abbildung $f : A \to B$ *bijektiv*, wenn sie sowohl surjektiv als auch injektiv ist. Es ist also $f : A \to B$ genau dann bijektiv, wenn es zu jedem Element $y \in B$ genau ein $x \in A$ gibt mit $y = f(x)$. In diesem Fall existiert die mit $f^{-1} : B \to A$ bezeichnete *Umkehrabbildung*, mit der jedem $y \in B$ das durch $y = f(x)$ eindeutig bestimmte $x \in A$ zugeordnet wird. Die auf jeder Menge A erklärte Abbildung $Id : A \to A$, $Id(x) := x$ für alle $x \in A$, heißt *identische Abbildung* (oder Identität) auf A.

Zwei Abbildungen $f : A \to B$ und $g : C \to D$ sind genau dann gleich, i.Z. $f = g$, wenn gilt $A = C$, $B = D$ und $f(x) = g(x)$ für alle $x \in A$. Durch

Einschränkung des Definitionsbereiches einer Abbildung $f : A \to B$ auf eine Teilmenge $A_0 \subseteq A$ gewinnt man die *Restriktion*

$$f|A_0 : A_0 \to B\,, \; (f|A_0)(x) := f(x) \text{ für alle } x \in A_0\,.$$

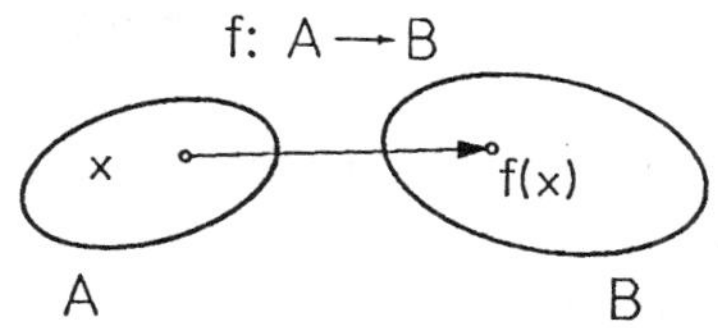

Abb. 2 – $f : A \to B$

§2. Die reellen Zahlen

2.1 Bezeichnungen. Die Menge aller reellen Zahlen wird mit $\mathbb{R}$ bezeichnet. Besonders gekennzeichnete Teilmengen von $\mathbb{R}$ sind

$\mathbb{N} = \{1, 2, 3, 4, \ldots\}$	(Menge der natürlichen Zahlen),
$\mathbb{N}_0 = \mathbb{N} \cup \{0\}$,	
$\mathbb{Z} = \{\ldots, -3, -2, -1, 0, 1, 2, 3, \ldots\}$	(Menge der ganzen Zahlen),
$\mathbb{Q} = \{ \frac{m}{n} \; ; m, n \in \mathbb{Z},\; n \neq 0 \}$	(Menge der rationalen Zahlen).

Neben den rationalen Zahlen, die man auch charakterisieren kann als diejenigen reellen Zahlen mit einer endlichen oder periodisch unendlichen Dezimalbruchdarstellung, gibt es in $\mathbb{R}$ die irrationalen Zahlen, die eine unendliche nichtperiodische Dezimalbruchdarstellung besitzen. Der periodische Dezimalbruch $c = 0.\overline{b_1 b_2 \ldots b_k} = 0.b_1 b_2 \ldots b_k b_1 b_2 \ldots b_k b_1 \ldots$ hat die „gewöhnliche" Bruchdarstellung

$$c = \frac{b_1 b_2 \ldots b_k}{\underbrace{99\ldots9}_{k\text{—mal}}} \; ; \text{ denn } 10^k c - c = b_1 b_2 \ldots b_k\,.$$

Beispiele. Die Zahlen $\frac{16}{37}$, 0.12123, $0.17\overline{314} = 0.17314314\ldots$ sind rational, $0.12345\ldots$, $0.101001000\ldots$, $\sqrt{2} = 1.4142\ldots$ sind irrational. Es gilt
$0.\overline{314} = \frac{314}{999}$, $0.17\overline{314} = \frac{17}{100} + \frac{314}{100 \cdot 999}$. □

Zur Veranschaulichung von $\mathbb{R}$ dient die bekannte, von $-$ nach $+$ orientierte *Zahlengerade*, auf der jeder Punkt genau einer Zahl entspricht.

2.2 Ungleichungen. Unter einer *Ungleichung* (für Zahlen $x, y \in \mathbb{R}$) verstehen wir einen Größenvergleich der Form $x < y$ (x *ist kleiner als* y, *strikte Ungleichung*) oder $x \leq y$ (x *ist kleiner oder gleich* y, *nicht strikte Ungleichung*); eine andere Schreibweise hierfür ist $y > x$ oder $y \geq x$. Die Ungleichung $x \leq y$

(bzw. $x < y$) gibt eine *Abschätzung* der Zahl x nach oben durch y an, oder auch eine Abschätzung der Zahl y nach unten durch x. In der Praxis (und in diesem Buch) wird überwiegend mit Ungleichungen der Form $x \leq y$ gearbeitet, ohne darauf zu achten, welcher der beiden hierin enthaltenen Fälle $x < y$ oder $x = y$ tatsächlich vorliegt; wesentlich ist die Aussage „x ist nicht größer als y“.
Für Abschätzungen einer Summe und eines Produkts sind

$$x \leq y,\ a \leq b \implies x + a \leq y + b\,,$$

$$x \leq y,\ 0 \leq a \implies xa \leq ya$$

zu beachten. Ferner gilt

$$x \leq y \iff -y \leq -x\,,$$

$$0 < x \leq y \iff 0 < \frac{1}{y} \leq \frac{1}{x}\,.$$

Beispiel. $-3a - 2 \leq 5 \leq -3a + 4 \iff (-3a \leq 7 \quad \text{und} \quad 1 \leq -3a) \iff -\frac{1}{3} \geq a \geq -\frac{7}{3}$. □

2.3 Intervalle. Seien $a, b \in \mathbb{R}$ mit $a < b$. Die Menge $[a,b] := \{x \in \mathbb{R}\,;\ a \leq x \leq b\}$ heißt *abgeschlossenes Intervall* mit Randpunkten a, b. Im *offenen Intervall* $(a,b) := \{x \in \mathbb{R}\,;\ a < x < b\}$ sind a, b nicht enthalten. Analog sind die halboffenen Intervalle $(a,b]$ und $[a,b)$ definiert.
Zur Vermeidung von Fallunterscheidungen ist es günstig, noch zwei Symbole $-\infty, \infty$ (minus Unendlich, Unendlich) einzuführen und hierfür $-\infty < x < \infty$ für alle $x \in \mathbb{R}$ festzulegen. $(-\infty, a] := \{x \in \mathbb{R}\,;\ x \leq a\}$, $(b, \infty) := \{x \in \mathbb{R}\,;\ b < x\}$. Analog $(-\infty, a)$, $[b, \infty)$. Auch $\mathbb{R} = (-\infty, \infty)$ fällt damit unter die offenen Intervalle. Das offene Intervall $(a - \varepsilon, a + \varepsilon)$ (mit $\varepsilon > 0$) heißt ε-*Umgebung* der Zahl (des Punktes) $a \in \mathbb{R}$.

2.4 Schranken. Man nennt eine Menge S reeller Zahlen *nach oben beschränkt*, wenn es eine Zahl $b \in \mathbb{R}$ gibt, so daß $S \subseteq (-\infty, b]$. In diesem Fall heißt b eine *obere Schranke* von S. Ganz entsprechend nennt man $a \in \mathbb{R}$ eine *untere Schranke* von S, und S *nach unten beschränkt*, wenn $S \subseteq [a, \infty)$. Die Menge $S \subseteq \mathbb{R}$ heißt *beschränkt*, wenn sie eine untere Schranke a und eine obere Schranke b besitzt. In diesem Fall gilt $S \subseteq [a,b]$.
Ist $S \subseteq \mathbb{R}$ nach oben beschränkt, so nennen wir die *kleinste obere Schranke* s das *Supremum* von S, in Zeichen $s = \sup S$. Ebenso wie die anderen Schranken braucht $\sup S$ nicht der Menge S anzugehören; jedoch gibt es zu jeder beliebig kleinen Zahl $\varepsilon > 0$ ein $x \in S$ mit $s - \varepsilon < x \leq s$. Andernfalls würde $x \leq s - \varepsilon$ für alle $x \in S$ gelten und wir hätten die noch kleinere Schranke $s - \varepsilon$.

Beispiel 1. $\sup\,[a,b] = \sup\,[a,b) = b$. □

Beispiel 2. $\sup\{x \in \mathbb{Q}\,;\ x^2 < 2\} = \sqrt{2}$. □

Es ist keineswegs selbstverständlich, daß die Menge der oberen Schranken von $S \subseteq (-\infty, b]$ eine kleinste Zahl enthält. Dieses ist aber eine der Grundannahmen über die reellen Zahlen:

Das Vollständigkeitsaxiom. *Jede nach oben beschränkte Menge reeller Zahlen besitzt ein Supremum.*

Damit hat auch jede nach unten beschränkte Menge $U \subseteq \mathbb{R}$ eine *größte untere Schranke* (ein *Infimum*, i.Z. $\inf U$). Man bestätigt leicht die Beziehung

$$\inf U = -\sup\{-u \; ; u \in U\}.$$

Beispiel. $\inf\{1 + \frac{1}{n} \; ; n \in \mathbb{N}\} = 1$. □

2.5 Der Betrag $|a|$ einer reellen Zahl $a \in \mathbb{R}$ ist definiert durch

$$|a| := \begin{cases} a, & \text{falls } a \geq 0 \\ -a, & \text{falls } a < 0 . \end{cases}$$

Die folgenden Rechenregeln für Beträge ergeben sich unmittelbar aus der Definition:

$$-|a| \leq a \leq |a| \,, \qquad |-a| = |a| \,,$$

$$|ab| = |a||b| \,, \qquad \left|\frac{a}{b}\right| = \frac{|a|}{|b|} \quad (\text{falls } b \neq 0) \,,$$

und

$$|a| \leq b \iff -b \leq a \leq b \quad .$$

Aus $-|a| \leq a \leq |a|$ und $-|b| \leq b \leq |b|$ folgt $-(|a| + |b|) \leq a + b \leq |a| + |b|$. Also gilt für alle $a, b \in \mathbb{R}$:

(1) $$|a + b| \leq |a| + |b| \qquad (\text{Dreiecksungleichung}) .$$

Es ist $|a - b|$ der Abstand der zu a und b gehörenden Punkte auf der Zahlengeraden; also gilt für alle $x, a, \varepsilon \in \mathbb{R}$, $\varepsilon > 0$:

(2) $$|x - a| \leq \varepsilon \iff a - \varepsilon \leq x \leq a + \varepsilon .$$

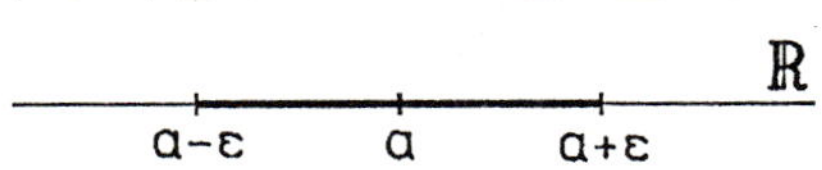

Abb. 3 – Das Intervall $\{x \in \mathbb{R} \; ; |x - a| \leq \varepsilon\}$.

Wird für eine Zahl $a \in \mathbb{R}$ ein Näherungswert $\overline{a}$ angegeben, so bedeutet die Schreibweise $a = \overline{a} \pm \varepsilon$ dasselbe wie $|a - \overline{a}| \leq \varepsilon$.

Beispiel. $\overline{a} = 1.414215$ ist ein Näherungswert für $a = \sqrt{2}$. Es gilt $\overline{a}^2 \geq 2$, folglich $\frac{2}{\overline{a}} \leq \sqrt{2} \leq \overline{a}$ und damit $|\overline{a} - \sqrt{2}| \leq |\overline{a} - \frac{2}{\overline{a}}| \leq 0.000003$ oder $\sqrt{2} = 1.414215 \pm 3 \cdot 10^{-6}$. □

2.6 Die vollständige Induktion. Die Gültigkeit einer Aussage $A(n)$ für jede ganze Zahl $n \geq n_0$ mit vollständiger Induktion nachzuweisen bedeutet:

1. *Der Induktionsbeginn*: Man zeigt, daß $A(n)$ für $n = n_0$ gilt.
2. *Der Schluß von n auf $n+1$*: Für ein beliebiges $n \geq n_0$ setzt man die Gültigkeit von $A(n)$ voraus (Induktionsvoraussetzung) und leitet daraus die Gültigkeit von $A(n+1)$ ab.

Können beide Schritte ausgeführt werden, dann gilt $A(n)$ für alle $n \geq n_0$. Denn nach dem ersten Schritt gilt $A(n_0)$, nach dem zweiten Schritt $A(n_0+1)$ und ebenso (immer wieder Schluß von n auf $n+1$) $A(n_0+2)$, $A(n_0+3)$, ...

Beispiel 1.

$$1+2+\cdots+n = \frac{n(n+1)}{2} \qquad (n \in \mathbb{N}).$$

Beweis mit vollständiger Induktion. Induktionsbeginn: Die Formel gilt für $n=1$. Schluß von n auf $n+1$: Sei $n \in \mathbb{N}$ (beliebig) und die Formel richtig für dieses n. Dann folgt $1+2+\cdots+n+(n+1) = \frac{n(n+1)}{2}+n+1 = \frac{(n+1)(n+2)}{2}$. Das ist die zu beweisende Formel für $n+1$. Also ist sie richtig für alle $n \in \mathbb{N}$. □

Beispiel 2. Die BERNOULLI-**Ungleichung**. Für $h \in \mathbb{R}$ und alle $n \in \mathbb{N}$ gilt

$$(1+h)^n \geq 1+nh, \text{ falls } h > -1. \tag{3}$$

Beweis mit vollständiger Induktion. Induktionsbeginn: Die Ungleichung gilt für $n=1$. Schluß von n auf $n+1$:
Aus $(1+h)^n \geq 1+nh$ und $1+h>0$ (Induktionsvoraussetzung) folgt

$$(1+h)^{n+1} \geq (1+nh)(1+h) \geq 1+(n+1)h.$$ □

Auf dem Prinzip der vollständigen Induktion beruht auch die Methode der *Definition durch Rekursion*. Eine Größe A_n wird für alle $n \in \mathbb{N}_0$ dadurch definiert, daß man

1. A_0 festlegt,
2. A_n als bekannt ansieht und damit A_{n+1} definiert.

Beispiel 1. Die **Potenzen** a^n für eine beliebige Basiszahl $a \in \mathbb{R}$ und Exponenten $n \in \mathbb{N}_0$ werden definiert durch $a^0 := 1$, $a^{n+1} := a^n a$. □

Beispiel 2. Die Fakultäten. Zu $n \in \mathbb{N}_0$ wird $n!$ (lies: n Fakultät) definiert durch $0! := 1$, $(n+1)! := n!\,(n+1)$. Demnach gilt

$$n! = \begin{cases} n(n-1)(n-2)\cdots 2\cdot 1 & , n \geq 1 \\ 1 & , n = 0 \end{cases}$$

So ist etwa $6! = 1\cdot 2\cdot 3\cdot 4\cdot 5\cdot 6 = 720$, $9! = 362\,880$. Die Fakultäten werden mit wachsendem n schnell sehr groß. □

Jede bijektive Abbildung einer Menge A auf sich heißt *Permutation* von A. Eine Permutation der Menge $A = \{a_1, \ldots, a_n\}$ mit n verschiedenen Elementen interpretiert man als Zuordnung der a_i zu den n verschiedenen Plätzen

$$\begin{array}{cccccccc} (& * & , & * & , \ \ldots \ , & * &), \\ & \uparrow & & \uparrow & & \uparrow & \\ & \text{1.Platz} & & \text{2.Platz} & & \text{n-ter Platz} & \end{array}$$

so daß auf jeden Platz genau ein Element kommt; etwa $(a_1, a_2, \ldots, a_n)$ oder $(a_3, a_1, a_2, a_4, \ldots, a_n)$. Es gilt:

(4) Zu jeder Menge mit n Elementen ($n \in \mathbb{N}$) gibt es genau $n!$ verschiedene Permutationen.

Beweis mit vollständiger Induktion. Induktionsbeginn: (4) gilt für $n = 1$. Schluß von n auf $n+1$: Es gibt (nach Induktionsvoraussetzung) $n!$ Permutationen von $\{a_1, \ldots, a_{n+1}\}$ mit a_1 an der ersten Stelle. Ebensoviele mit a_1 an der zweiten Stelle, etc.; das sind insgesamt $n!\,(n+1) = (n+1)!$ verschiedene Permutationen. □

Beispiel 3. Das Summen- und Produktzeichen. Für die Summe und das Produkt der Zahlen $a_m, a_{m+1}, \ldots, a_n \in \mathbb{R}$ (mit $m \leq n$) schreibt man

$$a_m + a_{m+1} + \cdots + a_n = \sum_{k=m}^{n} a_k\,, \qquad a_m \cdot a_{m+1} \cdots a_n = \prod_{k=m}^{n} a_k\,.$$

Die Definition durch Rekursion ersetzt die Pünktchen:

$$\sum_{k=m}^{m} a_k := a_m\,, \qquad \sum_{k=m}^{n+1} a_k := \Big(\sum_{k=m}^{n} a_k\Big) + a_{n+1}\,.$$

Man beachte die Unabhängigkeit vom Summationsindex, $\sum_{k=m}^{n} a_k = \sum_{i=m}^{n} a_i$, ferner

$$\sum_{k=m}^{n} a_k = \sum_{k=m}^{l} a_k + \sum_{k=l+1}^{n} a_k \qquad (m \leq l \leq n)\,.$$

Entsprechendes gilt für das Produktzeichen.

Als „konkrete“ Beispiele notieren wir $\sum_{k=1}^{n} k = \frac{n(n+1)}{2}$ (→ Beisp. 1) und die

Summenformel der „endlichen geometrischen Reihe“:

(5) $$\sum_{k=0}^{n} q^k = 1 + q + q^2 + \cdots + q^n = \frac{1-q^{n+1}}{1-q}\,, \qquad \text{falls } q \neq 1\,.$$

(Zum Beweis multipliziere man mit $1-q$.)
Für Summen gilt die Abschätzung

(6) $$\Big|\sum_{k=m}^{n} a_k\Big| \leq \sum_{k=m}^{n} |a_k|\,,$$

die man leicht mit vollständiger Induktion aus der Dreiecksungleichung (1) gewinnt. □

2.7 Binomialkoeffizienten und die binomische Formel. Für ganze Zahlen n, k mit $0 \leq k \leq n$ ist der *Binomialkoeffizient* $\binom{n}{k}$ – lies: n über k – definiert durch

(7) $$\binom{n}{k} := \frac{n!}{k!\,(n-k)!} = \frac{n(n-1)\cdot\ldots\cdot(n-k+1)}{k!}$$

Binomialkoeffizienten treten in der binomischen Formel auf (→ Satz 2.2, womit der Name erklärt ist). Sie treten aber auch auf in vielen kombinatorischen Überlegungen.

Satz 2.1. *Eine Menge mit n Elementen besitzt $\binom{n}{k}$ verschiedene k-elementige Teilmengen. Mit anderen Worten: Es gibt $\binom{n}{k}$ Möglichkeiten, aus insgesamt n Objekten genau k auszuwählen.*

Beweis. Man findet sämtliche k-elementigen Teilmengen der Menge $S = \{a_1, a_2, \ldots, a_n\}$ – die a_i paarweise verschieden – wenn man aus allen $n!$ Anordnungen nur jeweils die ersten k Elemente nimmt. Die durch die Anordnung (Permutation) $(a_{i_1}, a_{i_2}, \ldots, a_{i_k}, \ldots, a_{i_n})$ bestimmte Teilmenge $\{a_{i_1}, \ldots, a_{i_k}\}$ von S tritt dabei $k!\,(n-k)!$ - mal auf. □

Beispiel. Im Lotto „6 aus 49“ gibt es

$$\binom{49}{6} = \frac{49\cdot 48\cdot 47\cdot 46\cdot 45\cdot 44}{1\cdot 2\cdot 3\cdot 4\cdot 5\cdot 6} = 13\,983\,816$$

verschiedene Möglichkeiten 6 „Richtige“ zu ziehen. □

Für die Binomialkoeffizienten gilt die Rekursionsformel

$$\binom{n+1}{k} = \binom{n}{k-1} + \binom{n}{k}, \tag{8}$$

die man leicht durch Nachrechnen bestätigt. Außerdem ersieht man aus der Definition (7) auch

$$\binom{n}{k} = \binom{n}{n-k}$$

und die Sonderfälle $\binom{n}{0} = \binom{n}{n} = 1$, $\binom{n}{1} = \binom{n}{n-1} = n$, $\binom{n}{2} = \binom{n}{n-2} = \frac{n(n-1)}{2}$.

Die Rekursionsformel (8) gestattet die Berechnung von $\binom{n}{k}$ nur durch Additionen. Beginnend mit $n = 1$ schreibt man die Zahlen $\binom{n}{k}$ $(k = 0, \ldots, n)$ in eine Zeile und verwendet (8) und $\binom{n+1}{0} = \binom{n+1}{n+1} = 1$ zur Berechnung der nächsten Zeile (*Pascalsches Dreieck*).

$n \backslash k$	0	1	2	3	4	5	...
1	1	1					
2	1	2	1				
3	1	3	3	1			
4	1	4	6	4	1		
5	1	5	10	[10] +	[5]	1	
					=		
⋮	⋮	⋮	⋮	⋮	[15]	⋮	⋱

				1		1				
			1		2		1			
		1		3		3		1		
	1		4		6		4		1	
1		5		10		10		5		1

Satz 2.2. Die binomische Formel. *Für beliebige Zahlen $a, b \in \mathbb{R}$ und jede ganze Zahl $n \geq 0$ gilt*

$$\boxed{(a+b)^n = \sum_{k=0}^{n} \binom{n}{k} a^{n-k} b^k .}$$

Beweis. Beim Ausmultiplizieren kommt b^k so oft vor, wie man k Faktoren aus n Faktoren auswählen kann, also $\binom{n}{k}$ mal (→ Satz 2.1). a^{n-k} stammt aus den anderen $n-k$ Faktoren. □

Beispiel 1. $(a+b)^5 = a^5 + 5a^4b + 10a^3b^2 + 10a^2b^3 + 5ab^4 + b^5$. □

Beispiel 2. $(1+x)^n = \sum_{k=0}^{n} \binom{n}{k} x^k = 1 + nx + \frac{n(n-1)}{2}x^2 + \cdots + x^n$. □

Beispiel 3. $2^n = (1+1)^n = \sum_{k=0}^{n} \binom{n}{k}$.

Diese Formel hat eine schöne Anwendung: Eine Menge mit n Elementen hat 2^n verschiedene Teilmengen (→ Satz 2.1, die leere Menge wird als 0-elementige Menge mitgezählt). □

Aufgaben

1. Man schreibe $\sum_{k=1}^{n} 47 \cdot 10^{-2k}$ als Dezimalbruch. Welchen Bruch liefert die Summenformel der geometrischen Reihe?

2. Man ermittle sämtliche reellen Lösungen und skizziere die zugehörigen Bereiche auf dem Zahlenstrahl:

   a) $\sqrt{2x-4} - \sqrt{x-1} = 1$; b) $3 - x < 4 - 2x$;

   c) $x^3 - x^2 < 2x - 2$; d) $||x| - |-5|| < 1$;

3. Skizziere die Bereiche der (x, y)-Ebene, für welche

   a) $|x| \leq |y|$; b) $|x| + |y| \leq 1$.

4. Welche reellen Zahlen x erfüllen

   a) $|x+1| - |x-1| = 1$; b) $\frac{1}{x} < \frac{1}{x+1}$;

   c) $6x^2 - 13x + 6 < 0$; d) $\sqrt{7x+15} - \sqrt{10-2x} = \sqrt{1+5x}$?

5. Man skizziere die Bereiche der (x, y)-Ebene:

   a) $|x| + |y| = 2$; b) $|x| \leq 5$ und $|y| \leq 5$;

   c) $|x| \leq 5$ oder $|y| \leq 5$.

6. a) Man berechne den Wert des Binomialkoeffizienten $\binom{753}{750}$.

   b) Verifiziere am Pascalschen Dreieck $\binom{6}{3} = \binom{2}{2} + \binom{3}{2} + \binom{4}{2} + \binom{5}{2}$ und verallgemeinere !

7. Man stelle die Anzahl der Möglichkeiten jeweils als Binomialkoeffizient dar:

   a) *n nicht unterscheidbare* Teilchen auf k Zellen zu verteilen;
   (*Hilfe: Kennzeichne die Teilchen mit • und die Zellwände mit | und suche nach allen möglichen Mustern || ••...|•|•*)

   b) *n nicht unterscheidbare* Teilchen auf k Zellen so zu verteilen, daß jede Zelle *höchstens ein* Teilchen enthält ($k \geq n$).

   c) Läßt sich mit a) und b) folgende Behauptung begründen ?
   In mehr als 60% aller Fälle sind von vier Geschwistern mindestens zwei im gleichen Monat geboren.

8. Man bestätige mittels vollständiger Induktion nach n

   a) $\sum_{k=0}^{n} a^k b^{n-k} = \frac{a^{n+1} - b^{n+1}}{a-b}$, falls $a \neq b$.

   Welchen Wert besitzt die Summe für $a = b$?

   b) $\binom{n+k}{k} = \binom{k-1}{k-1} + \binom{k}{k-1} + \cdots + \binom{n+k-1}{k-1}$.

   Man verdeutliche dies am PASCALschen Dreieck.

9. Beim Rommé spielt man mit 110 Karten; sechs davon sind Joker. Zu Beginn eines Spieles erhält jeder Spieler genau 12 Karten in die Hand; in wieviel Prozent aller möglichen Fälle sind darunter
   a) genau zwei Joker,
   b) mindestens ein Joker?

10. **Geometrische Progression** Ein Hypothekendarlehen über 100 TDM wird jährlich mit 7% verzinst und mit gleichbleibender Rate A jeweils am Ende eines jeden Jahres getilgt. Wie groß muß diese Rate A (*Annuität*) sein, wenn das Darlehen nach genau 20 Jahren zurückbezahlt sein soll?

§3. Die Ebene

3.1 Kartesische Koordinatensysteme. In einer Ebene E, die wir uns o.E. als Zeichenebene vorstellen, entsteht ein kartesisches Koordinatensystem (→ Abb. 4, benannt nach R. DESCARTES, 1596-1650) durch Vorgabe eines Punktes O und einer Zahlengeraden, der x-Achse, mit dem Nullpunkt in O. Die y-Achse entsteht durch eine positive Drehung (gegen den Uhrzeigersinn) um 90° um den Punkt O aus der x-Achse. Fällt man für einen (beliebigen) Punkt $P_0 \in E$ die Lote auf die Achsen, so bestimmen die beiden Fußpunkte die x- bzw. y-Koordinate x_0 bzw. y_0 von P_0 und man schreibt $P_0 = (x_0, y_0)$. Der Punkt $O = (0,0)$ heißt Nullpunkt oder Ursprung des Koordinatensystems.

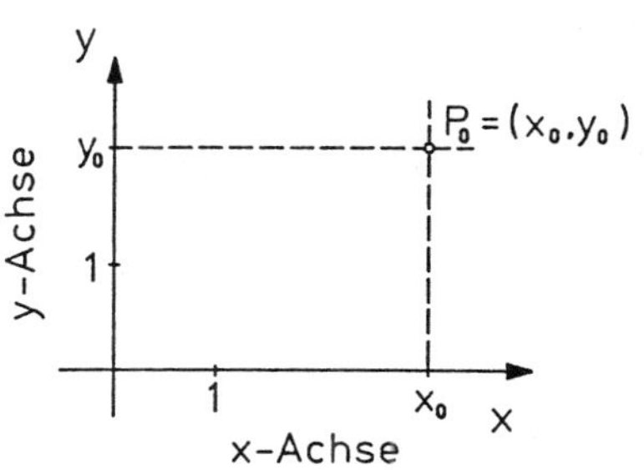

Abb. 4 – Ein kartesisches Koordinatensystem

Nach Festlegung eines kartesischen Koordinatensystems gibt es zu jedem Zahlenpaar $(x,y) \in \mathbb{R}^2$ genau einen Punkt $X \in E$ mit $X = (x,y)$ – und umgekehrt. Man kann somit Teilmengen von $\mathbb{R}^2$ (etwa Lösungsmengen von Gleichungen oder Ungleichungen) als Punktmengen in E veranschaulichen und umgekehrt geometrische Gebilde (Kurven oder Gebiete in E) durch Funktionen, Gleichungen oder Ungleichungen beschreiben.

Beispiel 1. Der Graph einer Funktion. Sei $I \subseteq \mathbb{R}$ und $f : I \to \mathbb{R}$ eine Funktion. Die Punktmenge

$$G_f := \{ (x,y) \ ; x \in I \, , \ y = f(x) \} = \{ (x, f(x)) \ ; x \in I \}$$

in der mit einem kartesischen Koordinatensystem versehenen Ebene heißt der Graph der Funktion f oder die Kurve $y = f(x)$. Der Graph der Funktion $y = f(x - x_0) + y_0$ entsteht aus G_f durch die Parallelverschiebung der Ebene, die den Punkt $(0,0)$ nach (x_0, y_0) bringt. Dabei bleibt das Koordinatensystem fest. Die folgenden Kapitel bringen zahlreiche konkrete Beispiele. □

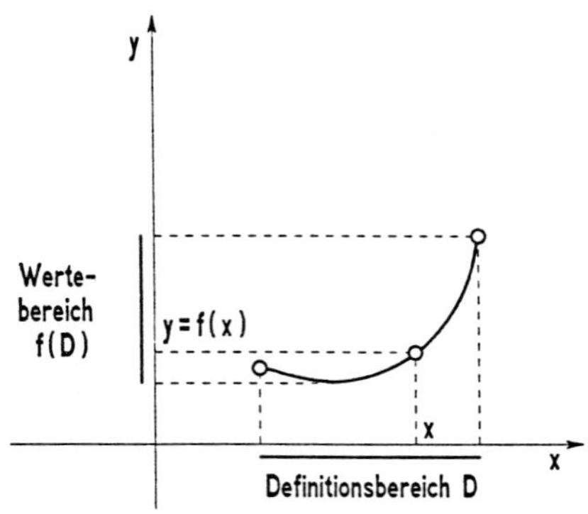

Abb. 5a – Die Kurve $y = f(x)$

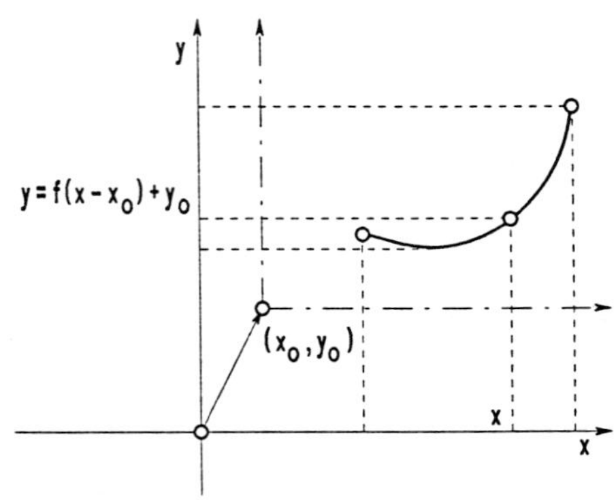

Abb. 5b – Die Kurve $y = f(x - x_0) + y_0$

Beispiel 2. Kurven – Lösungsmengen von Gleichungen. Sei $C \subseteq E$ eine Kurve und – nach Wahl eines kartesischen Koordinatensystems – $X = (x,y)$ ein (beliebiger) Punkt auf C. Wird die zwischen x und y bestehende Abhängigkeit auf die Form $F(x,y) = 0$ gebracht, d.h.

$$C = \{ (x,y) \ ; F(x,y) = 0 \} \, ,$$

dann nennt man $F(x,y) = 0$ die Gleichung der Kurve C.

a) Die Gerade durch die Punkte $A = (a_1, a_2)$ und $B = (b_1, b_2)$ $(A \neq B)$ hat die Gleichung

$$(b_2 - a_2)(x - a_1) - (b_1 - a_1)(y - a_2) = 0 \, .$$

b) Der Kreis um $A = (a_1, a_2)$ mit dem Radius r hat die Gleichung

$$(x - a_1)^2 + (y - a_2)^2 = r^2 \, .$$

c) Es ist

$$\frac{x^2}{a^2} + \frac{y^2}{b^2} = 1 \, , \quad \frac{x^2}{a^2} - \frac{y^2}{b^2} = 1 \, , \quad y^2 - 2px = 0$$

die „Normalgleichung“ einer Ellipse, einer Hyperbel bzw. einer Parabel $(a > 0, \ b > 0, \ p \neq 0$; → Kap. 6, §7).

□

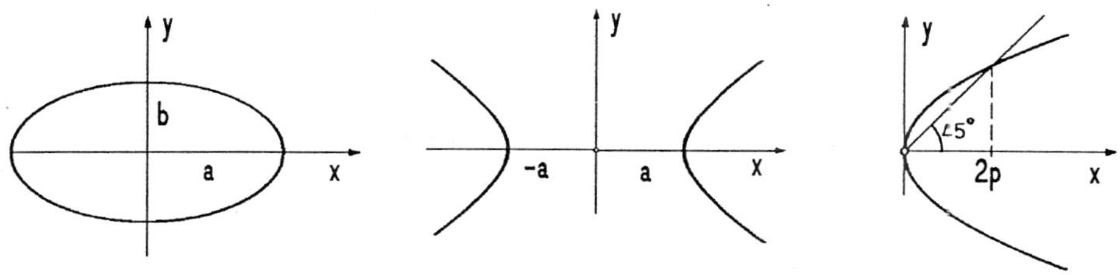

Abb. 6 – Ellipse, Hyperbel, Parabel

Beispiel 3. Gebiete - Lösungsmengen von Ungleichungen.

a) Das Gebiet (die Halbebene) unterhalb (oberhalb) der Geraden $3x + 2y = 2$ ist die Lösungsmenge der Ungleichung $3x + 2y < 2$ $(3x + 2y > 2)$. Wenn die Gerade zum Gebiet gehört, ist $<$ durch $\leq$ (bzw. $>$ durch $\geq$) zu ersetzen.

b) Die Ungleichung $\frac{x^2}{3} + \frac{y^2}{5} < 1$ (bzw. > 1) besitzt als Lösungsmenge das Innere (bzw. Äußere) der Ellipse $\frac{x^2}{3} + \frac{y^2}{5} = 1$.

c) Wegen $|x - y| \leq 3 \iff -3 \leq x - y \leq 3$ besteht die Lösungsmenge der Ungleichung $|x - y| \leq 3$ aus dem Durchschnitt der beiden Halbebenen $x - y \leq 3$ (alle Punkte oberhalb und auf der Geraden $x - y = 3$) und $-3 \leq x - y$ (alle Punkte unterhalb und auf der Geraden $y = x + 3$).

□

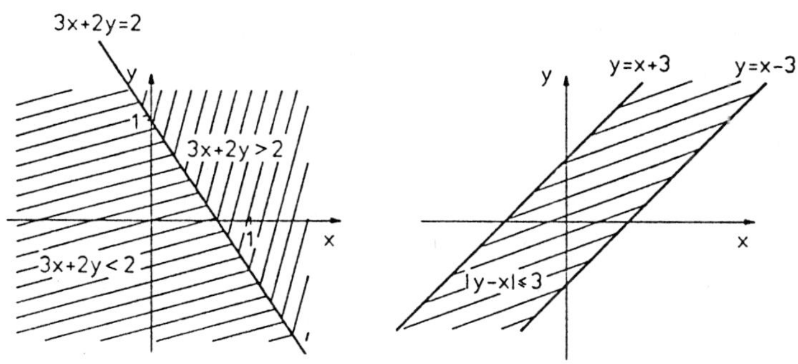

Abb. 7 – Lösungsmengen von Ungleichungen.

Regeln: 1. Zur Lösung einer Ungleichung der Form $F(x, y) < 0$ bestimme man zuerst die Kurve $F(x, y) = 0$; die Lösungsmenge liegt ganz auf einer Seite dieser Kurve (vorausgesetzt, F ist stetig, → Kap. 7).

2. Die Lösung eines Systems von Ungleichungen $F_1(x, y) < 0$, $F_2(x, y) < 0$, $\ldots$, $F_n(x, y) < 0$ ist der Durchschnitt der einzelnen Lösungsmengen; sie wird stückweise berandet von den Kurven $F_i(x, y) = 0$ $(i = 1, \ldots, n)$ (ebenfalls unter der Voraussetzung, daß die F_i stetig sind).

3.2 Winkel. Der Winkel α entstehe durch Drehung eines Zeigers um einen Punkt der Ebene. Die Länge des zugehörigen Einheitskreisbogens sei ℓ (→ Abb. 8).

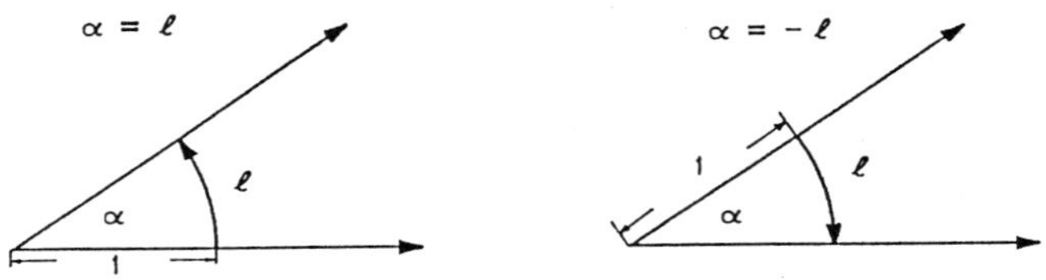

Abb. 8 – Das Bogenmaß eines Winkels

Wir nennen ℓ, bzw. $-\ell$, das *Bogenmaß* von α und schreiben $\alpha = \ell$, bzw. $\alpha = -\ell$, wenn die Drehung im positiven Sinn (gegen Uhrzeigersinn), bzw. im Uhrzeigersinn, erfolgt. Ein Winkel von a^0 besitzt bei positiver Orientierung das Bogenmaß $x = \frac{\pi}{180}a$ mit der Kreiszahl

$$\pi = 3.1415\,92653\,58979\,32384\,62643\ldots \approx \frac{22}{7}.$$

2π ist der Umfang des Einheitskreises. Der zu $\alpha = \ell$ gehörende Kreisbogen mit dem Radius r hat die Länge ℓr (→ Kap. 4, §5). Mit jeder vollen Umdrehung wird der Winkel (genauer: das Bogenmaß des Winkels) um 2π vergrößert oder verkleinert.

3.3 Sinus, Cosinus. Wird in der mit kartesischen (x, y)-Koordinaten versehenen Ebene der vom Ursprung zum Punkt $(1,0)$ weisende Zeiger um den Winkel α gedreht (α im Bogenmaß, $\alpha > 0$: gegen den Uhrzeigersinn bzw. $\alpha < 0$: im Uhrzeigersinn), dann bewegt sich die Spitze auf dem Einheitskreis (um O) bis zu einem Punkte P, dessen Koordinaten mit $\cos\alpha$, $\sin\alpha$ bezeichnet werden: $P = (\cos\alpha, \sin\alpha)$.
Die derart für alle $\alpha \in \mathbb{R}$ erklärten Funktionen $\alpha \mapsto \cos\alpha$, $\alpha \mapsto \sin\alpha$ heißen *Cosinus*- bzw. *Sinusfunktion*.
Wir benötigen diese „Kreisfunktionen" vorerst nur für Dreiecksberechnungen und für die Darstellung von Drehungen der Ebene; die weiterführende Behandlung erfolgt in Kap 2, §3.

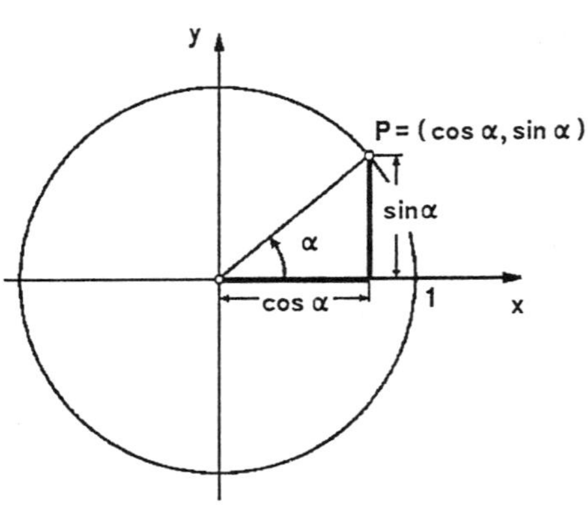

Abb. 9 – $x(\alpha) = \cos\alpha$, $y(\alpha) = \sin\alpha$

Hat der sich drehende Zeiger die Länge r, dann liegt nach der Drehung um α aufgrund der Ähnlichkeit der Dreiecke ΔORP und ΔOSQ die Spitze in $Q = (a, b)$ mit

(1) $a = r\cos\alpha\,,\quad b = r\sin\alpha\,.$

Diese Formeln sind Grundlage aller Dreiecksberechnungen, sie bedeuten, etwas anders gelesen, daß im rechtwinkligen Dreieck ΔOSQ mit der Hypotenuse r, den Katheten a (Ankathete), b (Gegenkathete) die Beziehungen

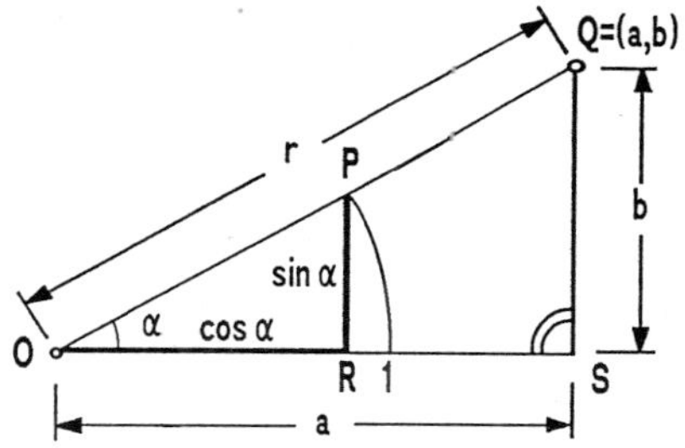

Abb. 10 – $a = r\cos\alpha\,,\quad b = r\sin\alpha$

(2) $$\frac{a}{r} = \cos\alpha\,,\quad \frac{b}{r} = \sin\alpha$$

gelten (wobei zur Dreiecksberechnung die Winkel positiv gemessen werden). Für den anderen Winkel $\beta = \sphericalangle OQS$ gilt dementsprechend $\cos\beta = \frac{b}{r}$, $\sin\beta = \frac{a}{r}$.

In einem beliebigen Dreieck ΔABC (→ Abb. 11) gelten

(3) der Cosinussatz:
$$a^2 = b^2 + c^2 - 2bc\cos\alpha\,;$$
der Sinussatz:
$$\frac{\sin\alpha}{a} = \frac{\sin\beta}{b} = \frac{\sin\gamma}{c}\,.$$

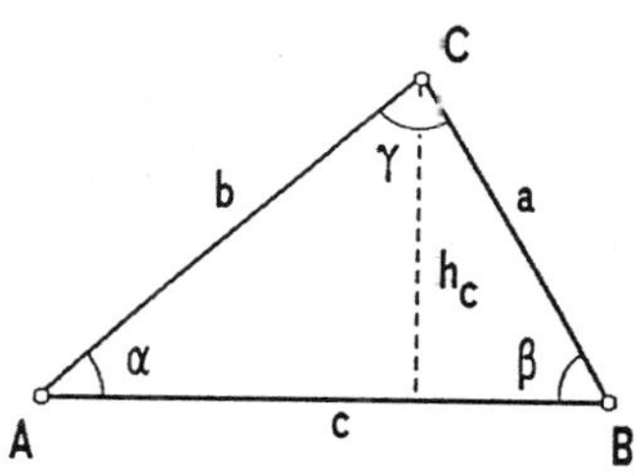

Abb. 11 – Cosinus-, Sinussatz

Zum Beweis des Sinussatzes betrachte man eine Höhe, etwa h_c. Hierfür gilt $b\sin\alpha = h_c = a\sin\beta$, etc. Den Cosinussatz beweisen wir in 5.2.

Anhand der Definition und (2) sind leicht einige Funktionswerte anzugeben:

x	0	$\frac{\pi}{6}$	$\frac{\pi}{4}$	$\frac{\pi}{3}$	$\frac{\pi}{2}$
$\cos x$	1	$\frac{1}{2}\sqrt{3}$	$\frac{1}{2}\sqrt{2}$	$\frac{1}{2}$	0
$\sin x$	0	$\frac{1}{2}$	$\frac{1}{2}\sqrt{2}$	$\frac{1}{2}\sqrt{3}$	1

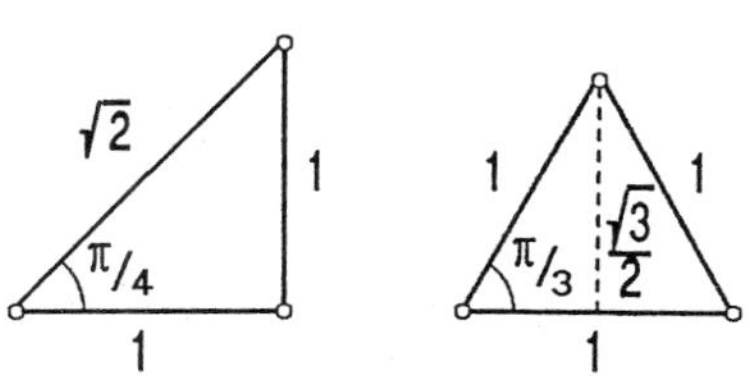

Abb. 12 – Einige Sinus-, Cosinuswerte

3.4 Drehungen.

ⓐ **Drehung des Koordinatensystems.** Das kartesische (x', y')-Koordinatensystem entstehe aus dem (x, y)-System durch eine Drehung um den Ursprung mit dem Winkel α (→ Abb. 13). Hat ein Punkt X im ursprünglichen System die Koordinaten (x, y) und im gedrehten System die Darstellung $X = (x', y')$, so gelten die *Transformationsformeln*

$$\text{(4)}\qquad \begin{array}{ll} x = x'\cos\alpha - y'\sin\alpha & x' = x\cos\alpha + y\sin\alpha \\ y = x'\sin\alpha + y'\cos\alpha & y' = -x\sin\alpha + y\cos\alpha \\ X \text{ im ursprünglichen System;} & X \text{ im gedrehten System} \end{array}$$

Beweis.
$OQ = x'$, $QX = y'$,
$x = OS - RS = x'\cos\alpha - y'\sin\alpha$,
$y = RT + TX = x'\sin\alpha + y'\cos\alpha$.
Eine Drehung um $-\alpha$ führt vom (x', y')-System zum (x, y)-System zurück; deshalb ergibt sich das rechte Formelpaar aus dem linken durch Vertauschung von x mit x', y mit y' und der Substitution α durch $-\alpha$ (und umgekehrt). Man beachte dabei $\cos(-\alpha) = \cos\alpha$, $\sin(-\alpha) = -\sin\alpha$. □

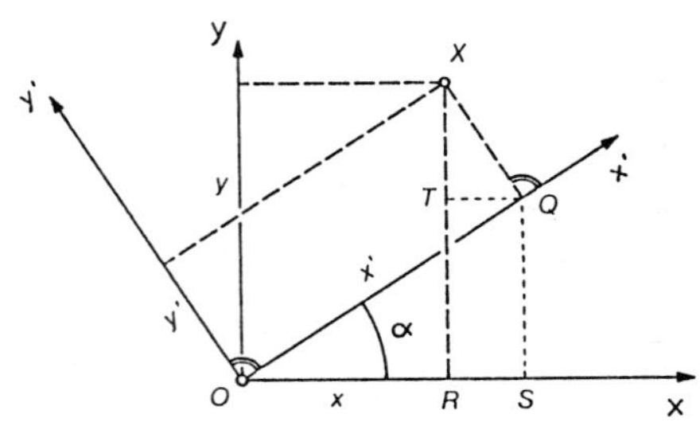

Abb. 13 – Koordinatendrehung

Beispiel. Drehung des Koordinatensystems um $\alpha = \frac{\pi}{6}$ (Linksdrehung). Der Punkt $X = (x, y)$ hat im gedrehten System die Darstellung $X = (x', y')$ mit

$$x' = \frac{1}{2}\sqrt{3}x + \frac{1}{2}y\,, \quad y' = -\frac{1}{2}x + \frac{1}{2}\sqrt{3}y\,.$$

Speziell: $M = (2, 3)$ erhält die neuen Koordinaten $M = (\sqrt{3} + \frac{3}{2}, -1 + \frac{3}{2}\sqrt{3})$. Deshalb besitzt der Kreis $(x-2)^2 + (y-3)^2 = 25$ im gedrehten Koordinatensystem die Darstellung

$$(x' - (\sqrt{3} + \tfrac{3}{2}))^2 + (y' - (\tfrac{3}{2}\sqrt{3} - 1))^2 = 25\,.$$

Die „Umkehrformeln“

$$x = \frac{1}{2}\sqrt{3}x' - \frac{1}{2}y'\,, \quad y = \frac{1}{2}x' + \frac{1}{2}\sqrt{3}y'$$

ergeben für die Parabel $y = x^2$ im neuen System die Darstellung

$$\frac{3}{4}x'^2 - \frac{1}{2}\sqrt{3}x'y' + \frac{1}{4}y'^2 - \frac{1}{2}x' - \frac{\sqrt{3}}{2}y' = 0\,. \qquad \square$$

ⓑ **Drehung der Ebene.** Wir halten nun das kartesische Koordinatensystem fest und bilden jeden Punkt $X = (x, y)$ durch eine Drehung mit Winkel α um den Ursprung auf $X' = (x', y')$ ab. Dieser Bildpunkt besitzt in dem Koordinatensystem, das sich mit derselben Drehung aus dem (x, y)-System ergibt, die Koordinaten (x, y); demnach folgt aus (4) durch Vertauschung von x mit x' und y mit y':

(5)

Die Drehung der Ebene um den Winkel α (bei festem Koordinatensystem)
$(x, y) \mapsto (x', y')$
$x' = x\cos\alpha - y\sin\alpha$ $y' = x\sin\alpha + y\cos\alpha$.

Beispiel. Bei der Drehung um $\alpha = \frac{\pi}{6}$ geht der Punkt $M = (2, 3)$ über in $M' = (\sqrt{3} - \frac{3}{2}, 1 + \frac{3}{2}\sqrt{3})$. Der Kreis $(x-2)^2 + (y-3)^2 = 25$ geht über in den Kreis $\left(x - (\sqrt{3} - \frac{3}{2})\right)^2 + \left(y - (1 + \frac{3}{2}\sqrt{3})\right)^2 = 25$. Die Parabel $C: y = x^2$ wird in die Parabel C' mit der Gleichung $\frac{3}{4}x^2 + \frac{1}{2}\sqrt{3}xy + \frac{1}{4}y^2 + \frac{1}{2}x - \frac{1}{2}\sqrt{3}y = 0$ gedreht. □

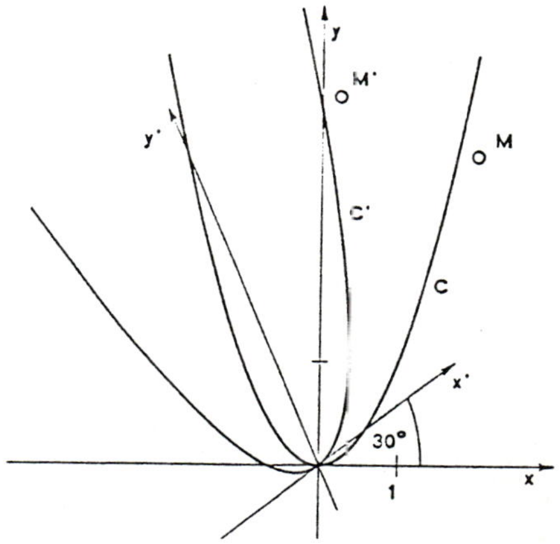

Abb. 14 – Drehung einer Parabel

§4. Vektoren

4.1 Kartesische Koordinatensysteme im Raum bestehen aus drei sich in einem Punkt O (Nullpunkt oder Ursprung) rechtwinklig schneidenden Zahlengeraden gleicher Längeneinheit und jeweils mit dem Nullpunkt im Schnittpunkt O. Man bezeichnet sie als x-, y- und z-Achse, derart, daß diese Achsen ein *Rechtssystem* bilden; d.h. die Drehung der positiven x-Achse um 90° in die positive y-Achse, zusammen mit einer Verschiebung in Richtung der positiven z-Achse muß eine Rechtsschraubung darstellen (→ Abbn. 15, 29).
Die drei durch je zwei Achsen bestimmten Ebenen heißen Koordinatenebenen, bzw. (x, y)-Ebene, (y, z)-Ebene und (z, x)-Ebene. Die Koordinaten x_0, y_0, z_0 eines Punktes P_0 gewinnt man aus den Schnittpunkten der entsprechenden Achsen mit den zu den Koordinatenebenen parallelen Ebenen durch P_0

(→ Abb. 15). Man schreibt $P_0 = (x_0, y_0, z_0)$. Zu jedem Koordinatentripel gibt es genau einen Punkt des Raumes – und umgekehrt.

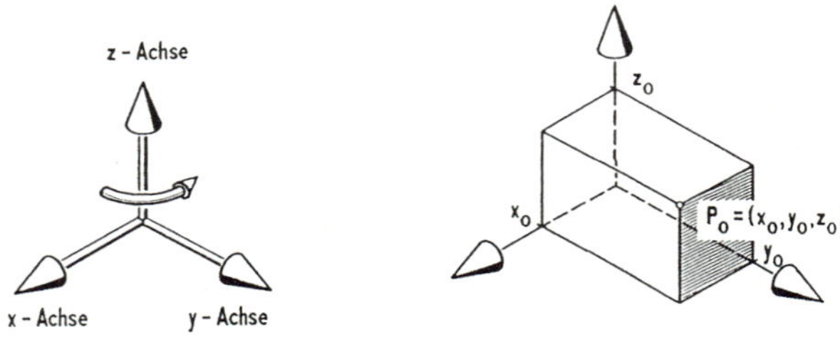

Abb. 15 – Ein kartesisches Koordinatensystem im Raum

4.2 Vektoren. Zu je zwei Punkten P und Q des Raumes gibt es genau eine Parallelverschiebung (des Raumes), die P nach Q bringt (abbildet). Diese Verschiebung wird mit $\overrightarrow{PQ}$ bezeichnet und heißt „*Vektor* von P nach Q". Das Wort „Vektor" bedeutet so viel wie „Träger"; $\overrightarrow{PQ}$ „trägt" P nach Q. Der Vektor $\overrightarrow{PQ}$ wird dargestellt durch einen Pfeil, der von P nach Q zeigt (seine Länge ist der Abstand des Punktes P von Q). Wird unter $\overrightarrow{PQ}$ ein anderer Punkt R nach S verschoben, dann hat offenbar $\overrightarrow{RS}$ dieselbe Wirkung wie $\overrightarrow{PQ}$; d.h. $\overrightarrow{PQ} = \overrightarrow{RS}$. Zwei gleich lange und gleich gerichtete Pfeile im Raum stellen somit denselben Vektor dar. Anstelle „der Pfeil $\vec{a}$ repräsentiert einen Vektor" sagt man kurz „$\vec{a}$ ist ein Vektor" und berücksichtigt, daß $\vec{a}$ im Raum frei parallel verschoben werden kann und nicht an einen festen Anfangspunkt gebunden ist.

Den zu $\vec{a}$ gleich langen, aber entgegengesetzt gerichteten Vektor bezeichnen wir mit $-\vec{a}$; er macht die durch $\vec{a}$ bewirkte Parallelverschiebung rückgängig. Für $\vec{a} = \overrightarrow{PQ}$ gilt $-\vec{a} = \overrightarrow{QP}$.

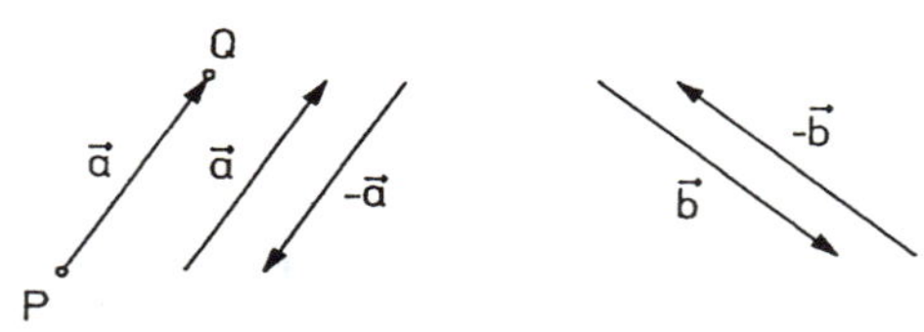

Abb. 16 – Die zu $\vec{a}$, $\vec{b}$ entgegengesetzten Vektoren $-\vec{a}$, $-\vec{b}$.

Zur Vermeidung von Fallunterscheidungen wird der Nullvektor $\vec{0}$ eingeführt. $\vec{0}$ bezeichnet die „Verschiebung" des Raumes, bei der gar nichts bewegt wird; d.h. $\vec{0} = \overrightarrow{PP}$ für jeden Punkt P.

4.3 Die Addition von Vektoren. Führt man zwei Parallelverschiebungen, erst $\vec{a} = \overrightarrow{PQ}$, dann $\vec{b} = \overrightarrow{QR}$, hintereinander aus, so ergibt sich wieder eine Parallelverschiebung, nämlich $\vec{c} = \overrightarrow{PR}$ (→ Abb. 17a). Wir nennen $\vec{c}$ *die Summe* von $\vec{a}$ und $\vec{b}$ und schreiben

$$\vec{c} = \vec{a} + \vec{b}.$$

Haben die Pfeile $\vec{a}$, $\vec{b}$ gleichen Anfangspunkt, so gewinnt man die Summe $\vec{a}+\vec{b}$ (geometrisch) nach der Parallelogrammregel (→ Abb. 17b).

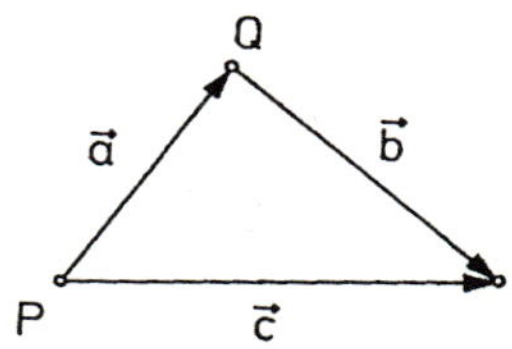

Abb. 17a – $\overrightarrow{PQ} + \overrightarrow{QR} = \overrightarrow{PR}$

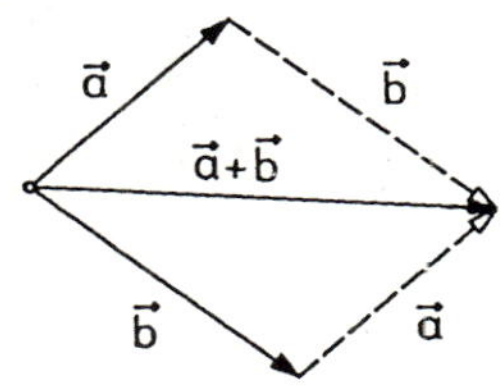

Abb. 17b – Parallelogrammregel

Offenbar gelten für beliebige Vektoren $\vec{a}$, $\vec{b}$, $\vec{c}$ die folgenden Rechenregeln:

(1)	$\vec{a}+\vec{0}=\vec{a}$,	$\vec{a}+(-\vec{a})=\vec{0}$,
	$\vec{a}+\vec{b}=\vec{b}+\vec{a}$	(Kommutativgesetz) ,
	$\vec{a}+(\vec{b}+\vec{c})=(\vec{a}+\vec{b})+\vec{c}$	(Assoziativgesetz) .

Die Summe $\vec{a}_1+\vec{a}_2+\cdots+\vec{a}_n$ ist derjenige Vektor $\vec{s}$ (→ Abb. 18a), der vom Anfangspunkt zum Endpunkt der aus $\vec{a}_1$, $\vec{a}_2$, ..., $\vec{a}_n$ gebildeten Vektorkette zeigt. Die Differenz von Vektoren wird erklärt durch

$$\vec{a}-\vec{b} := \vec{a}+(-\vec{b}) .$$

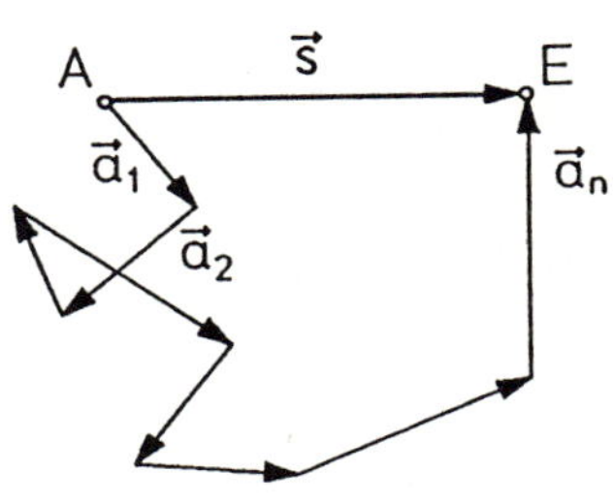

Abb. 18a – $\vec{c} = \sum \vec{a}_i$

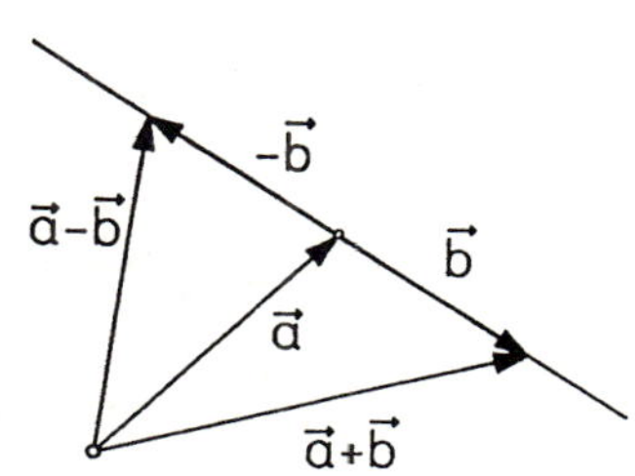

Abb. 18b – Vektordifferenz

Die Rechenregeln (1) garantieren, daß wir mit „+" und „−" so umgehen dürfen, wie wir es vom Rechnen mit Zahlen gewöhnt sind.

4.4 Die skalaren Vielfachen eines Vektors. Zu einer reellen Zahl $\alpha \geq 0$ und einem Vektor $\vec{a}$ bezeichnet $\alpha\vec{a}$ (das α-fache von $\vec{a}$) denjenigen Vektor, der dieselbe Richtung hat wie $\vec{a}$, aber die α-fache Länge. Im Fall $\alpha < 0$ setzt man

$\alpha\vec{a} := -(|\alpha|\vec{a})$. Sonderfälle dieser Definition sind $0\vec{a} = \vec{0}$ und $\alpha\vec{0} = \vec{0}$ für jede Zahl α und jeden Vektor $\vec{a}$.

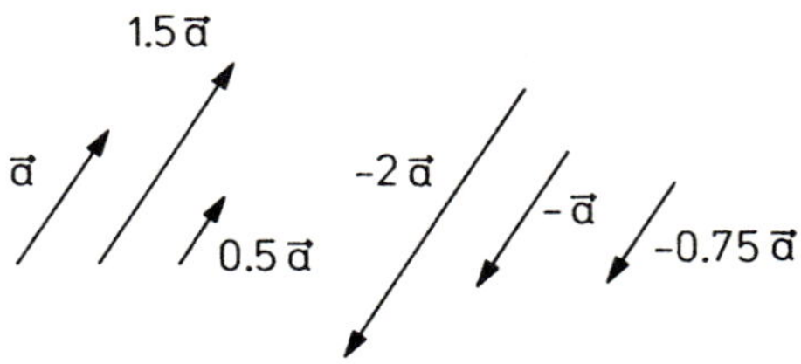

Abb. 19 – Skalare Vielfache

Für diese Multiplikation von Vektoren mit Zahlen (=Skalare) gelten folgende leicht zu verifizierende Rechenregeln:

(2)
$$\begin{aligned} &\alpha(\beta\vec{a}) = (\alpha\beta)\vec{a}, \\ &\alpha(\vec{a}+\vec{b}) = \alpha\vec{a} + \alpha\vec{b}, \\ &(\alpha+\beta)\vec{a} = \alpha\vec{a} + \beta\vec{a}, \\ &\text{mit } \alpha,\beta \in \mathbb{R} \text{ und Vektoren } \vec{a},\vec{b}. \end{aligned}$$

4.5 Der Betrag. Die Länge eines Vektors $\vec{a}$ (das ist für $\vec{a} = \overrightarrow{PQ}$ die Länge der Strecke $\overline{PQ}$) nennt man seinen *Betrag* und schreibt dafür $|\vec{a}|$ (oft auch $||\vec{a}||$). Der Nullvektor hat keine positive Länge; d.h. $|\vec{0}| = 0$. Ferner folgt aus den Definitionen:

(3)
$$\begin{aligned} &|\alpha\vec{a}| = |\alpha||\vec{a}|, &&\text{insbesondere } |-\vec{a}| = |\vec{a}|, \\ &|\vec{a}+\vec{b}| \le |\vec{a}| + |\vec{b}| &&\text{(Dreiecksungleichung)}. \end{aligned}$$

In (3) bedeutet $|\alpha|$ den Betrag der reellen Zahl α (→ 2.5). Die Dreiecksungleichung liest man aus der Abb. 17 ab.

Ein Vektor vom Betrag 1 heißt *Einheitsvektor*. Zu jedem Vektor $\vec{a} \neq \vec{0}$ ist

$$\vec{a}_0 := \frac{1}{|\vec{a}|}\vec{a}$$

der Einheitsvektor in Richtung $\vec{a}$.

4.6 Vektoren im Koordinatensystem. Wir legen im Raum ein kartesisches Koordinatensystem mit Ursprung O fest. Dadurch werden gleichzeitig drei ausgezeichnete Vektoren gegeben, nämlich die Einheitsvektoren $\vec{e}_1$, $\vec{e}_2$, $\vec{e}_3$ (oft auch $\vec{\imath}$, $\vec{\jmath}$, $\vec{k}$ oder $\vec{e}_x$, $\vec{e}_y$, $\vec{e}_z$ bezeichnet) in Richtung der positiven x-, y-, bzw. z-Achse (→ Abb. 20). Wir nennen $(\vec{e}_1, \vec{e}_2, \vec{e}_3)$ eine *kartesische Basis* und bezeichnen das Koordinatensystem mit

$$(O; \vec{e}_1, \vec{e}_2, \vec{e}_3).$$

Der Vektor $\vec{a} = \overrightarrow{OA}$ heißt *Ortsvektor* des Punktes $A = (a_1, a_2, a_3)$; er ist, wie die Abb. 20 zeigt, eindeutig zerlegbar als Summe $\vec{a} = a_1\vec{e}_1 + a_2\vec{e}_2 + a_3\vec{e}_3$.

Abkürzend schreibt man (bei festgelegtem Koordinatensystem)

(4) $$\vec{a} = \begin{pmatrix} a_1 \\ a_2 \\ a_3 \end{pmatrix} :\Longleftrightarrow \vec{a} = a_1\vec{e}_1 + a_2\vec{e}_2 + a_3\vec{e}_3 = \overrightarrow{OA} \quad \text{mit } A = (a_1, a_2, a_3)\ .$$

Man nennt $a_i\vec{e}_i$ die *Komponente* von $\vec{a}$ in $\vec{e}_i$-Richtung $(i = 1,2,3)$ und die Zahlen $a_i \in \mathbb{R}$ die *Koordinaten* des Vektors $\vec{a}$ (bezüglich $(O;\vec{e}_1,\vec{e}_2,\vec{e}_3)$).

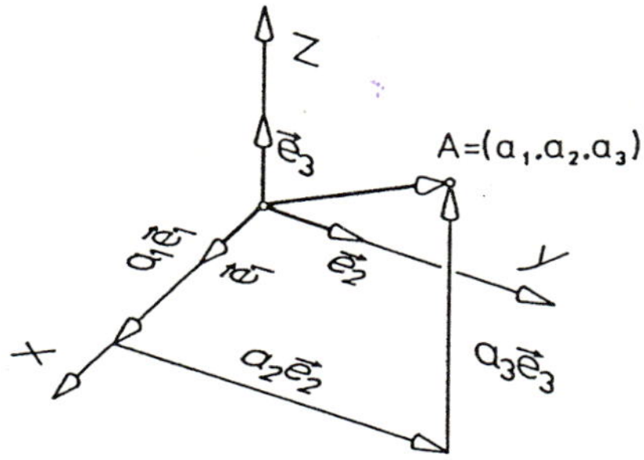

Abb. 20 – $\vec{a} = a_1\vec{e}_1 + a_2\vec{e}_2 + a_3\vec{e}_3$

Für einen Vektor $\vec{a}$ in allgemeiner Lage, etwa $\vec{a} = \overrightarrow{PQ}$ mit $P = (p_1, p_1, p_3)$ und $Q = (q_1, q_2, q_3)$ gilt

$$\begin{aligned}\overrightarrow{PQ} = \overrightarrow{OQ} - \overrightarrow{OP} &= q_1\vec{e}_1 + q_2\vec{e}_2 + q_3\vec{e}_3 - p_1\vec{e}_1 - p_2\vec{e}_2 - p_3\vec{e}_3 \\ &= (q_1 - p_1)\vec{e}_1 + (q_2 - p_2)\vec{e}_2 - (q_3 - p_3)\vec{e}_3\ .\end{aligned}$$

Das ergibt die *Koordinatendarstellung*

(5) $$\vec{a} = \overrightarrow{PQ} = \begin{pmatrix} q_1 - p_1 \\ q_2 - p_2 \\ q_3 - p_3 \end{pmatrix}, \text{ falls } P = (p_1, p_2, p_3)\,,\ Q = (q_1, q_2, q_3)\,.$$

Die Summe von Vektoren und die skalaren Vielfachen lassen sich aus der Koordinatendarstellung (4) bzw. (5) sehr einfach berechnen: Für $\vec{a} = \sum_{i=1}^{3} a_i\vec{e}_i$, $\vec{b} = \sum_{i=1}^{3} b_i\vec{e}_i$ und $\alpha \in \mathbb{R}$ erhält man $\vec{a} + \vec{b} = \sum_{i=1}^{3}(a_i + b_i)\vec{e}_i$ und $\alpha\vec{a} = \sum_{i=1}^{3}(\alpha a_i)\vec{e}_i$. Folglich gilt

(6) $$\begin{pmatrix} a_1 \\ a_2 \\ a_3 \end{pmatrix} + \begin{pmatrix} b_1 \\ b_2 \\ b_3 \end{pmatrix} = \begin{pmatrix} a_1 + b_1 \\ a_2 + b_2 \\ a_3 + b_3 \end{pmatrix},\ \alpha\begin{pmatrix} a_1 \\ a_2 \\ a_3 \end{pmatrix} = \begin{pmatrix} \alpha a_1 \\ \alpha a_2 \\ \alpha a_3 \end{pmatrix}.$$

Mit dem Satz von Pythagoras ergibt sich aus Abb. 20 die folgende Formel für den Betrag eines Vektors.

(7) $$|\vec{a}| = \sqrt{a_1^2 + a_2^2 + a_3^2}\ , \text{ falls } \vec{a} = a_1\vec{e}_1 + a_2\vec{e}_2 + a_3\vec{e}_3\,.$$

Beispiele. Für $\vec{a} = \begin{pmatrix} 2 \\ 0 \\ -3 \end{pmatrix}$, $\vec{b} = \begin{pmatrix} 0.5 \\ -1 \\ 6 \end{pmatrix}$ berechnet man mit (6) und (7)

$$\vec{a}+\vec{b} = \begin{pmatrix} 2.5 \\ -1 \\ 3 \end{pmatrix},\ 5\vec{a} = \begin{pmatrix} 10 \\ 0 \\ -15 \end{pmatrix},\ 2\vec{a}-3\vec{b} = \begin{pmatrix} 2.5 \\ 3 \\ -24 \end{pmatrix},\ |\vec{a}| = \sqrt{4+9} = \sqrt{13}\,,$$
$$|\vec{b}| = \sqrt{37.25}\,,\ |\vec{a}+\vec{b}| = \sqrt{16.25}\,.$$ □

Hinweis: Den Koordinatenwechsel, also den Übergang von einem kartesischen Koordinatensystem zu einem anderen, behandeln wir in Kap. 6 im Rahmen der Matrizenrechnung.

§5. Produkte

5.1 Der Winkel zwischen zwei Vektoren. Trägt man zwei von $\vec{0}$ verschiedene Vektoren $\vec{a}$, $\vec{b}$ von einem Punkt P aus ab, so bezeichnet man den kleineren der beiden positiv gemessenen Winkel, den die Pfeile $\vec{a}$ und $\vec{b}$ im Scheitel P bilden, als Winkel zwischen $\vec{a}$ und $\vec{b}$, i.Z. $\measuredangle(\vec{a},\vec{b})$, mit $0 \le \measuredangle(\vec{a},\vec{b}) \le \pi$ (→ Abb. 21).

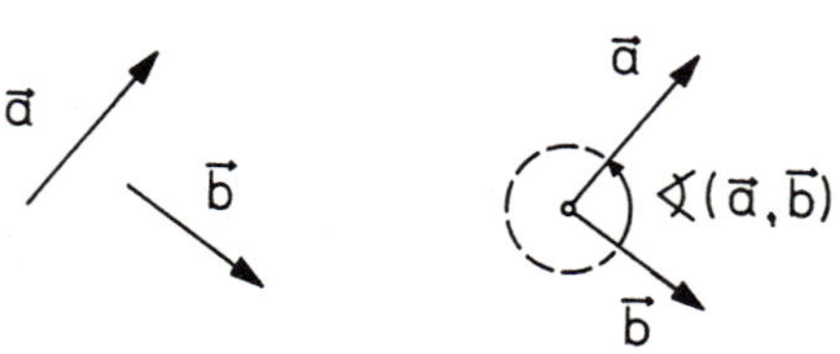

Abb. 21 – $\measuredangle(\vec{a},\vec{b})$

Offenbar gilt (→ Abb. 21):

a) $\measuredangle(\vec{a},\vec{b}) = \measuredangle(\vec{b},\vec{a})$,

b) $\measuredangle(\vec{a},t\,\vec{a}) = 0$, falls $t > 0$,

c) $\measuredangle(\vec{a},t\,\vec{a}) = \pi$, falls $t < 0$,

d) $\measuredangle(-\vec{a},\vec{b}) = \pi - \measuredangle(\vec{a},\vec{b})$.

Man nennt $\vec{a}$ *orthogonal* (senkrecht) zu $\vec{b}$, i.Z. $\vec{a} \perp \vec{b}$, wenn $\measuredangle(\vec{a},\vec{b}) = \frac{\pi}{2}$.

Obwohl zwischen dem Nullvektor $\vec{0}$ und $\vec{a}$ kein Winkel erklärt wird, sagt man dennoch – zur Vermeidung von Fallunterscheidungen (→ 5.2 (3)) – $\vec{0}$ ist orthogonal zu jedem beliebigen Vektor; d.h. $\vec{0} \perp \vec{a}$ für alle $\vec{a}$.

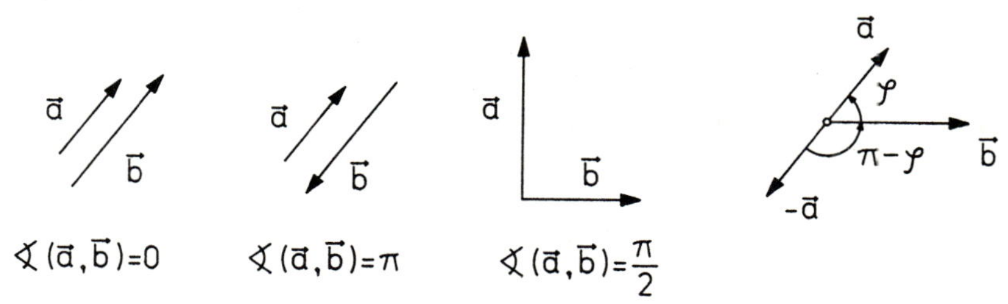

Abb. 22 – Verschiedene Winkel

5.2 Das Skalarprodukt $\vec{a} \cdot \vec{b}$ der Vektoren $\vec{a}$ und $\vec{b}$ ist definiert durch

$$\vec{a} \cdot \vec{b} := \begin{cases} |\vec{a}|\,|\vec{b}| \cos \sphericalangle(\vec{a}, \vec{b}) & \text{, falls } \vec{a} \neq 0 \text{ und } \vec{b} \neq 0 \\ 0 & \text{, falls } \vec{a} = \vec{0} \text{ oder } \vec{b} = \vec{0} \end{cases}$$

Das Skalarprodukt $\vec{a} \cdot \vec{b}$, auch inneres Produkt genannt, ist eine Zahl (= Skalar). Andere gebräuchliche Schreibweisen für $\vec{a} \cdot \vec{b}$ sind $\vec{a}\vec{b}$, $<\vec{a}, \vec{b}>$ oder $s(\vec{a}, \vec{b})$.

Beispiele. Für die Vektoren $\vec{e}_i$ einer kartesischen Basis (→ 4.6) gilt

(1) $$\vec{e}_1 \cdot \vec{e}_1 = \vec{e}_2 \cdot \vec{e}_2 = \vec{e}_3 \cdot \vec{e}_3 = 1\,, \quad \vec{e}_1 \cdot \vec{e}_2 = \vec{e}_2 \cdot \vec{e}_3 = \vec{e}_3 \cdot \vec{e}_1 = 0\,.$$

Die Koordinaten a_i des Vektors $\vec{a} = a_1\vec{e}_1 + a_2\vec{e}_2 + a_3\vec{e}_3$ erfüllen (→ Abb. 20) $a_i = |\vec{a}| \cos \sphericalangle(\vec{a}, \vec{e}_i) = \vec{a} \cdot \vec{e}_i \quad (i = 1, 2, 3)$; d.h.

(2) $$\vec{a} = (\vec{a} \cdot \vec{e}_1)\vec{e}_1 + (\vec{a} \cdot \vec{e}_2)\vec{e}_2 + (\vec{a} \cdot \vec{e}_3)\vec{e}_3\,. \qquad \square$$

Wir stellen die Rechenregeln für das Skalarprodukt zusammen:

(3)

a)	$\vec{a} \cdot \vec{b} = \vec{b} \cdot \vec{a}$	(Kommutativgesetz) ,
b)	$(\alpha\vec{a}) \cdot \vec{b} = \vec{a} \cdot (\alpha\vec{b}) = \alpha(\vec{a} \cdot \vec{b})$	(für $\alpha \in \mathbb{R}$) ,
c)	$(\vec{a} + \vec{b}) \cdot \vec{c} = \vec{a} \cdot \vec{c} + \vec{b} \cdot \vec{c}$	(Distributivgesetz) ,
d)	$\vec{a} \cdot \vec{b} = 0 \iff \vec{a}$ orthogonal zu $\vec{b}$	(Orthogonalitätstest) ,
e)	$\lvert\vec{a}\rvert = \sqrt{\vec{a} \cdot \vec{a}}\,.$	

Beweis. a), b), d) und e) ergeben sich direkt aus der Definition. Zum Beweis von c) wenden wir die Formel (2) einmal für $\vec{a}$ und $\vec{b}$ einzeln an, ein andermal für $\vec{a}+\vec{b}$ anstelle $\vec{a}$. Das ergibt einerseits

$$\vec{a}+\vec{b} = \sum_{i=1}^{3}(\vec{a}\cdot\vec{e}_i)\vec{e}_i + \sum_{i=1}^{3}(\vec{b}\cdot\vec{e}_i)\vec{e}_i = \sum_{i=1}^{3}(\vec{a}\cdot\vec{e}_i+\vec{b}\cdot\vec{e}_i)\vec{e}_i$$

und andererseits $\vec{a}+\vec{b} = \sum_{i=1}^{3}[(\vec{a}+\vec{b})\cdot\vec{e}_i]\vec{e}_i$. Ein Koordinatenvergleich zeigt insbesondere $(\vec{a}+\vec{b})\cdot\vec{e}_1 = \vec{a}\cdot\vec{e}_1+\vec{b}\cdot\vec{e}_1$. O.E. können wir von $\vec{c}\neq\vec{0}$ und damit von $\vec{e}_1 = \frac{1}{|\vec{c}|}\vec{c}$ ausgehen (die positive x-Achse wird in Richtung $\vec{c}$ gelegt). Die Behauptung folgt deshalb durch Multiplikation der vorstehenden Gleichung mit $|\vec{c}|$. □

Aus 3b) und c) folgt, daß man Skalarprodukte wie gewohnt ausmultiplizieren darf:

$$\begin{aligned}(4)\quad &(a_1\vec{u}_1+a_2\vec{u}_2+\cdots+a_n\vec{u}_n)\cdot(b_1\vec{v}_1+b_2\vec{v}_2+\cdots+b_m\vec{v}_m)\\ &= a_1b_1(\vec{u}_1\cdot\vec{v}_1)+\cdots+a_nb_m(\vec{u}_n\cdot\vec{v}_m)\ .\end{aligned}$$

Man beachte jedoch, daß im allg. $(\vec{a}\cdot\vec{b})\vec{c}$ verschieden ist von $\vec{a}(\vec{b}\cdot\vec{c}) = (\vec{b}\cdot\vec{c})\vec{a}$. Der eine Vektor ist parallel zu $\vec{c}$, der andere parallel zu $\vec{a}$.

Als erste **Anwendung** dieser Formel beweisen wir den Cosinussatz (→ §3).

Im nebenstehenden ΔABC gilt $\overrightarrow{BC} = \overrightarrow{AC}-\overrightarrow{AB}$ und $\alpha = \sphericalangle(\overrightarrow{AB},\overrightarrow{AC})$. Mit 3c) und e) folgt

$$\begin{aligned}a^2 = |\overrightarrow{BC}|^2 &= |\overrightarrow{AC}-\overrightarrow{AB}|^2\\ &= (\overrightarrow{AC}-\overrightarrow{AB})\cdot(\overrightarrow{AC}-\overrightarrow{AB})\\ &= |\overrightarrow{AC}|^2+|\overrightarrow{AB}|^2-2\overrightarrow{AB}\cdot\overrightarrow{AC}\\ &= b^2+c^2-2bc\cos\alpha\ .\end{aligned}$$

□

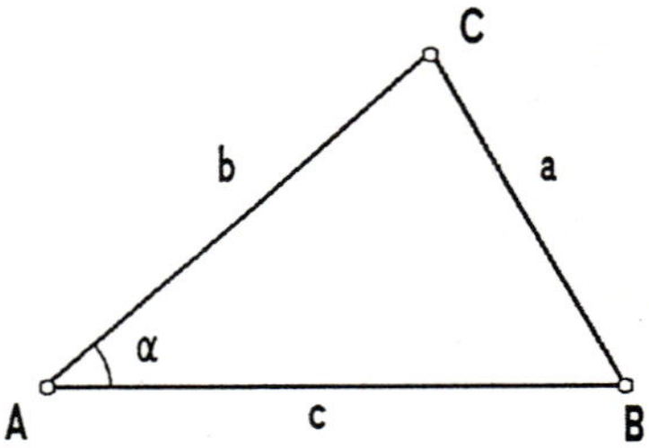

Abb. 23 – Cosinussatz

Die Koordinatendarstellung

$$\vec{a} = \sum a_i\vec{e}_i = \begin{pmatrix}a_1\\a_2\\a_3\end{pmatrix},\quad \vec{b} = \sum b_i\vec{e}_i = \begin{pmatrix}b_1\\b_2\\b_3\end{pmatrix}$$

der Vektoren $\vec{a}$, $\vec{b}$ bezüglich einer kartesischen Basis $(\vec{e}_1,\vec{e}_2,\vec{e}_3)$ ermöglicht mit (1) und (4) eine einfache Berechnung des Skalarprodukts $\vec{a}\cdot\vec{b}$ und damit auch von $\cos\sphericalangle(\vec{a},\vec{b})$. Man erhält

(5)

a) $\vec{a} \cdot \vec{b} = a_1 b_1 + a_2 b_2 + a_3 b_3$, $|\vec{a}| = \sqrt{a_1^2 + a_2^2 + a_3^2}$,

b) $$\cos \sphericalangle (\vec{a}, \vec{b}) = \frac{\vec{a} \cdot \vec{b}}{|\vec{a}||\vec{b}|} = \frac{a_1 b_1 + a_2 b_2 + a_3 b_3}{\sqrt{a_1^2 + a_2^2 + a_3^2}\sqrt{b_1^2 + b_2^2 + b_3^2}}$$

falls $\vec{a}, \vec{b} \neq 0$, insbesondere den Richtungscosinus

c) $$\cos \sphericalangle (\vec{a}, \vec{e}_i) = \frac{a_i}{\sqrt{a_1^2 + a_2^2 + a_3^2}} \quad (i = 1, 2, 3)$$

für die Basisvektoren

$$\vec{e}_1 = \begin{pmatrix} 1 \\ 0 \\ 0 \end{pmatrix}, \ \vec{e}_2 = \begin{pmatrix} 0 \\ 1 \\ 0 \end{pmatrix}, \ \vec{e}_3 = \begin{pmatrix} 0 \\ 0 \\ 1 \end{pmatrix}.$$

Beispiele. Bezüglich einer kartesischen Basis sei

$$\vec{a} = \begin{pmatrix} 2 \\ -4 \\ 0 \end{pmatrix}, \ \vec{b} = \begin{pmatrix} 6 \\ 3 \\ 4 \end{pmatrix}, \ \vec{c} = \begin{pmatrix} 1 \\ 0 \\ -1 \end{pmatrix}.$$

Mit (5) berechnen wir

$\vec{a} \cdot \vec{b} = 2 \cdot 6 - 4 \cdot 3 + 0 \cdot 4 = 0$; also sind $\vec{a}$ und $\vec{b}$ orthogonal.

$\vec{a} \cdot \vec{c} = 2 \cdot 1 + (-4) \cdot 0 + 0 \cdot (-1) = 2$, $|\vec{a}| = \sqrt{20}$, $|\vec{c}| = \sqrt{2}$ und

$$\cos \sphericalangle (\vec{a}, \vec{c}) = \frac{2}{\sqrt{20}\sqrt{2}} = \frac{1}{\sqrt{10}};$$

d.h. $\sphericalangle (\vec{a}, \vec{c}) = 1.2490458...$ (im Bogenmaß).

$$\cos \sphericalangle (\vec{b}, \vec{e}_1) = \frac{6}{\sqrt{61}},$$

$$\cos \sphericalangle (\vec{b}, \vec{e}_2) = \frac{3}{\sqrt{61}},$$

$$\cos \sphericalangle (\vec{b}, \vec{e}_3) = \frac{4}{\sqrt{61}};$$

$\varphi_1 = \sphericalangle (\vec{b}, \vec{e}_1) = 0.694738...$

$\varphi_2 = \sphericalangle (\vec{b}, \vec{e}_2) = 1.17655...$

$\varphi_3 = \sphericalangle (\vec{b}, \vec{e}_3) = 1.03311...$

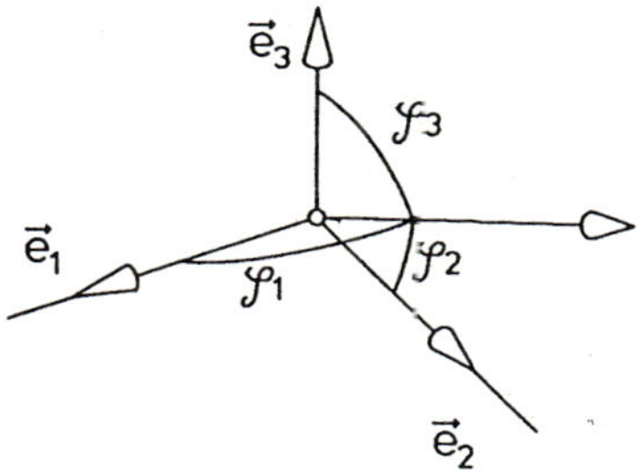

Abb. 24 – Richtungscosinus

□

In der Physik werden u.a. homogene (d.h. vom Ort unabhängige) Kräfte als Vektoren dargestellt. Wird ein Massenpunkt unter der Kraft $\vec{K}$ vom Punkt P zum Punkt Q verschoben, so ist die dabei geleistete Arbeit definiert als

$$A = \vec{K} \cdot \vec{s} = |\vec{K}||\vec{s}| \cos \sphericalangle (\vec{K}, \vec{s})$$

mit $\vec{s} := \overrightarrow{PQ}$.

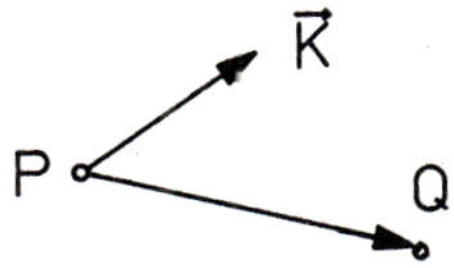

Abb. 25 – Arbeit = Kraft × Weg

Sind $\vec{K}$ und $\vec{s} = \overrightarrow{PQ}$ in kartesischen Koordinaten gegeben, berechnet man die Arbeit mit (5a).

Von physikalischem Interesse ist hierbei die „orthogonale Zerlegung von $\vec{K}$ längs $\vec{s}$" $\vec{K} = \vec{K}_{\vec{s}} + \vec{K}_{\vec{n}}$ mit der Kraftkomponente $\vec{K}_{\vec{s}}$ in Richtung $\vec{s}$ und der zu $\vec{s}$ senkrechten Komponente $\vec{K}_{\vec{n}}$. Es gilt allgemein (→ Abb. 26):

(6) *Orthogonale Zerlegung* von $\vec{a}$ längs $\vec{b}$ $(\vec{b} \neq 0)$:

$\vec{a} = \vec{a}_{\vec{b}} + \vec{a}_{\vec{n}}$ mit den Komponenten

$\vec{a}_{\vec{b}} := \dfrac{\vec{a} \cdot \vec{b}}{|\vec{b}|^2}\vec{b}$ in Richtung $\vec{b}$ und

$\vec{a}_{\vec{n}} := \vec{a} - \dfrac{\vec{a} \cdot \vec{b}}{|\vec{b}|^2}\vec{b}$ orthogonal zu $\vec{b}$ (→ (12)).

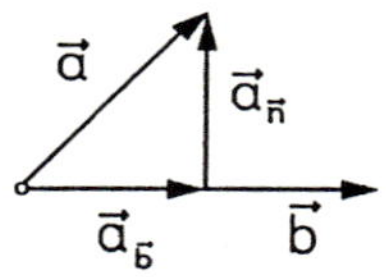

Abb. 26 – Orthogonale Zerlegung

Beweis. Offenbar weist $\vec{a}_{\vec{b}}$ in Richtung $\vec{b}$ und es gilt $\vec{a} = \vec{a}_{\vec{b}} + \vec{a}_{\vec{n}}$. Es ist nur noch $\vec{a}_{\vec{n}} \perp \vec{b}$ zu zeigen. Das geschieht mit dem Orthogonalitätstest (3d): $\vec{a}_{\vec{n}} \cdot \vec{b} = \vec{a} \cdot \vec{b} - \dfrac{\vec{a} \cdot \vec{b}}{|\vec{b}|^2}(\vec{b} \cdot \vec{b}) = 0$. □

Beispiel 1. Die Komponente von $\vec{a} = \begin{pmatrix} 2 \\ 3 \\ 1 \end{pmatrix}$ in Richtung $\vec{b} = \begin{pmatrix} -1 \\ 0 \\ 1 \end{pmatrix}$ ist

$\vec{a}_{\vec{b}} = \dfrac{\vec{a} \cdot \vec{b}}{|\vec{b}|^2}\vec{b} = -\frac{1}{2}\vec{b} = \begin{pmatrix} \frac{1}{2} \\ 0 \\ -\frac{1}{2} \end{pmatrix}$, die zu $\vec{b}$ senkrechte ist $\vec{a}_{\vec{n}} = \vec{a} - \vec{a}_{\vec{b}} = \begin{pmatrix} 1.5 \\ 3 \\ 1.5 \end{pmatrix}$. □

Beispiel 2. Keilnut-Reibung. Durch Ausformung einer keilförmigen Nut läßt sich die Haftreibung zwischen zwei Maschinenteilen erhöhen: Die Belastung $\vec{K}$ ruft senkrecht zu den Berührflächen die Gegenkräfte $\vec{k}$ und $\vec{h}$ hervor. Über die orthogonalen Zerlegungen von $\vec{k}$ und $\vec{h}$ längs $\vec{K}$ ergeben sich zwei Gleichgewichtsbedingungen:

in Richtung $\vec{K}$: $\vec{k}_{\vec{K}} + \vec{h}_{\vec{K}} + \vec{K} = \vec{0}$,

orthogonal zu $\vec{K}$: $\vec{k}_{\vec{n}} + \vec{h}_{\vec{n}} = \vec{0}$.

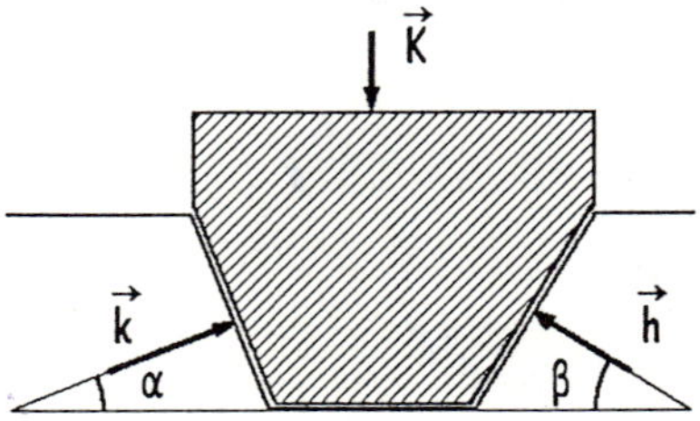

Abb. 27 – Keilnut

Mit den Winkeln α, β aus Abb. 27 heißt dies

$$|\vec{k}| \sin\alpha + |\vec{h}| \sin\beta = |\vec{K}| \quad \text{bzw.}$$
$$|\vec{k}| \cos\alpha - |\vec{h}| \cos\beta = 0 \,.$$

Damit ergibt sich mit dem Reibungskoeffizienten μ für die Keilnut-Reibungszahl μ'

$$\mu' := \mu \frac{|\vec{k}| + |\vec{h}|}{|\vec{K}|} = \mu \frac{\cos\alpha + \cos\beta}{\sin(\alpha+\beta)}$$

(→ Kap. 2, 3(5)). Dieses liefert für $\alpha = \beta$ den Wert $\mu' = \dfrac{\mu}{\sin\alpha}$. □

5.3 Das Vektorprodukt $\vec{a} \times \vec{b}$ zweier Vektoren $\vec{a}$ und $\vec{b}$ ist der Vektor mit folgenden Eigenschaften:

a) $\vec{a} \times \vec{b} = \vec{0}$, falls $\vec{a} = \vec{0}$ oder $\vec{b} = \vec{0}$ oder $\vec{a}$ parallel zu $\vec{b}$.
b) In allen anderen Fällen ist $\vec{a} \times \vec{b}$ derjenige Vektor,
   (1) der senkrecht auf $\vec{a}$ und $\vec{b}$ steht,
   (2) mit dem $(\vec{a}, \vec{b}, \vec{a} \times \vec{b})$ ein Rechtssystem darstellt (→ Abb. 29, Rechte-Hand-Regel) und
   (3) dessen Betrag gleich dem Flächeninhalt F des von $\vec{a}$, $\vec{b}$ aufgespannten Parallelogramms ist (→ Abb. 28).

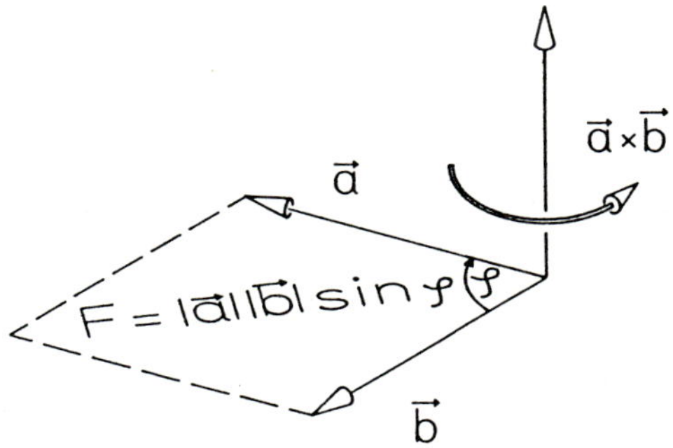

Abb. 28 – Vektorprodukt

Die Richtung von $\vec{a} \times \vec{b}$ bestimmt man entweder mit der *Rechte-Hand-Regel* oder mit der *Schraubregel* (→ Abb. 29): Die ausgestreckte rechte Hand mit Zeigefinger in $\vec{a}$-Richtung wird über den kleineren Winkel in Richtung $\vec{b}$ geschlossen; der abgespreizte Daumen zeigt in Richtung $\vec{a} \times \vec{b}$. Bzw.: Eine aus der $\vec{a}$-Richtung über den kleineren Winkel in $\vec{b}$-Richtung gedrehte Rechtsschraube (Drehachse senkrecht zu $\vec{a}$, $\vec{b}$) verschiebt sich in Richtung $\vec{a} \times \vec{b}$.
Für den Betrag des Vektors $\vec{a} \times \vec{b}$ ergibt sich laut Definition

$$|\vec{a} \times \vec{b}| = |\vec{a}|\,|\vec{b}| \sin \sphericalangle(\vec{a}, \vec{b}) \,.$$

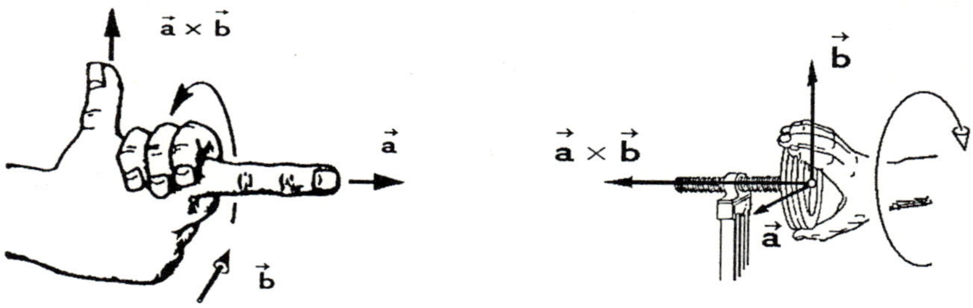

Abb. 29 – Rechte-Hand-Regel (modern) und Schraubregel (antik)

Beispiel. Für die Vektoren $\vec{e}_1$, $\vec{e}_2$, $\vec{e}_3$ einer kartesischen Basis gilt:

$$
\begin{aligned}
&\vec{e}_1 \times \vec{e}_1 = \vec{e}_2 \times \vec{e}_2 = \vec{e}_3 \times \vec{e}_3 = \vec{0}\ ,\\
&\vec{e}_1 \times \vec{e}_2 = \vec{e}_3 = -(\vec{e}_2 \times \vec{e}_1)\ ,\\
&\vec{e}_2 \times \vec{e}_3 = \vec{e}_1 = -(\vec{e}_3 \times \vec{e}_2)\ ,\\
&\vec{e}_3 \times \vec{e}_1 = \vec{e}_2 = -(\vec{e}_1 \times \vec{e}_3)\ .
\end{aligned}
\tag{7}
$$

□

Man beachte, daß die $\times$-Multiplikation nicht assoziativ ist; d.h., i.a. gilt $\vec{a} \times (\vec{b} \times \vec{c}) \neq (\vec{a} \times \vec{b}) \times \vec{c}$. So ist $-\vec{e}_2 = \vec{e}_1 \times \vec{e}_3 = \vec{e}_1 \times (\vec{e}_1 \times \vec{e}_2) \neq (\vec{e}_1 \times \vec{e}_1) \times \vec{e}_2 = \vec{0}$. Für das Vektorprodukt gelten die folgenden Rechenregeln:

(8)

a) $\vec{a} \times \vec{a} = 0\ ,\quad \vec{a} \times \vec{b} = -(\vec{b} \times \vec{a})\ ,$

b) $\alpha(\vec{a} \times \vec{b}) = (\alpha\vec{a}) \times \vec{b} = \vec{a} \times (\alpha\vec{b})$ (für $\alpha \in \mathbb{R}$),

c) $\vec{a} \times (\vec{b} + \vec{c}) = \vec{a} \times \vec{b} + \vec{a} \times \vec{c}$

$(\vec{a} + \vec{b}) \times \vec{c} = \vec{a} \times \vec{c} + \vec{b} \times \vec{c}$ (Distributivgesetze),

d) $\vec{a} \times \vec{b} = \vec{0} \iff \vec{a} = 0$ oder $\vec{b} = 0$ oder $\vec{a}$, $\vec{b}$ parallel (Parallelitätstest),

e) $|\vec{a} \times \vec{b}|^2 = |\vec{a}|^2|\vec{b}|^2 - (\vec{a} \cdot \vec{b})^2$.

Beweis. a), b), d) und e) ergeben sich leicht aus der Definition, wobei für e) nur $(\sin\varphi)^2 = 1 - (\cos\varphi)^2$ zu beachten ist. Wegen $\vec{a} \times \vec{b} = -(\vec{b} \times \vec{a})$ braucht nur eines der Distributivgesetze nachgewiesen zu werden. Wegen b) kann o.E. $|\vec{a}| = 1$ angenommen werden und damit $\vec{a} = \vec{e}_1$ in einer kartesischen Basis $(\vec{e}_1, \vec{e}_2, \vec{e}_3)$. Zu zeigen ist $\vec{e}_1 \times (\vec{b} + \vec{c}) = \vec{e}_1 \times \vec{b} + \vec{e}_1 \times \vec{c}$.
Dafür bestätigt man direkt

$$\vec{e}_1 \times \vec{a} = a_2\vec{e}_3 - a_3\vec{e}_2, \quad \text{falls } \vec{a} = a_1\vec{e}_1 + a_2\vec{e}_2 + a_3\vec{e}_3\ , \tag{9}$$

(für $\vec{e}_1 \times \vec{a} = \alpha\vec{e}_1 + \beta\vec{e}_2 + \gamma\vec{e}_3$ gilt $\alpha = 0$ und $\beta a_2 + \gamma a_3 = 0$ wegen ①, (8e) gibt $\beta^2 + \gamma^2 = a_2^2 + a_3^2$) und wendet (9) an für $\vec{b} = \sum b_i\vec{e}_i$, $\vec{c} = \sum c_i\vec{e}_i$ und für $\vec{b} + \vec{c} = \sum (b_i + c_i)\vec{e}_i$.

□

Aufgrund des Distributivgesetzes kann man Produkte der Form $(a_1\vec{u}_1 + \cdots + a_n\vec{u}_n) \times (b_1\vec{v}_1 + \cdots + b_m\vec{v}_m) = a_1b_1\vec{u}_1 \times \vec{v}_1 + \cdots + a_nb_m\vec{u}_n \times \vec{v}_m$ in gewohnter Weise ausmultiplizieren. Insbesondere ergibt sich mit (7) für $\vec{a} = a_1\vec{e}_1 + a_2\vec{e}_2 + a_3\vec{e}_3$ und $\vec{b} = b_1\vec{e}_1 + b_2\vec{e}_2 + b_3\vec{e}_3$ (bezüglich einer kartesischen Basis $(\vec{e}_1, \vec{e}_2, \vec{e}_3)$)

$$\vec{a} \times \vec{b} = (a_2b_3 - a_3b_2)\vec{e}_1 + (a_3b_1 - a_1b_3)\vec{e}_2 + (a_1b_2 - a_2b_1)\vec{e}_3 \ .$$

In anderer Schreibweise:

$$\begin{pmatrix} a_1 \\ a_2 \\ a_3 \end{pmatrix} \times \begin{pmatrix} b_1 \\ b_2 \\ b_3 \end{pmatrix} = \begin{pmatrix} a_2b_3 - a_3b_2 \\ a_3b_1 - a_1b_3 \\ a_1b_2 - a_2b_1 \end{pmatrix} . \tag{10}$$

Als Gedächtnisstütze schreibt man (10) oft in Form einer formalen 3-reihigen Determinante, die nach der Regel von SARRUS auszuwerten ist (→ Kap. 6, 5.1):

$$\begin{pmatrix} a_1 \\ a_2 \\ a_3 \end{pmatrix} \times \begin{pmatrix} b_1 \\ b_2 \\ b_3 \end{pmatrix} = \begin{vmatrix} \vec{e}_1 & a_1 & b_1 \\ \vec{e}_2 & a_2 & b_2 \\ \vec{e}_3 & a_3 & b_3 \end{vmatrix} .$$

Wir notieren noch eine wichtige Formel, die man mit (10) durch Nachrechnen bestätigt:

$$\vec{a} \times (\vec{b} \times \vec{c}) = (\vec{a} \cdot \vec{c})\vec{b} - (\vec{a} \cdot \vec{b})\vec{c} \ . \tag{11}$$

Insbesondere zeigt ein Vergleich mit (6), daß für $\vec{b} \neq \vec{0}$

$$\vec{a}_{\vec{n}} = \frac{1}{|\vec{b}|^2}\vec{b} \times (\vec{a} \times \vec{b}) \tag{12}$$

die zu $\vec{b}$ orthogonale Komponente von $\vec{a} = \vec{a}_{\vec{b}} + \vec{a}_{\vec{n}}$ darstellt.

Beispiel 1. Das Dreieck $A = (1,2,3)$, $B = (-2,0,4)$, $C = (-1,-1,2)$ hat den Flächeninhalt $F = \frac{1}{2}|\vec{a} \times \vec{b}|$ mit $\vec{a} := \overrightarrow{AB} = \begin{pmatrix} -3 \\ -2 \\ 1 \end{pmatrix}$, $\vec{b} := \overrightarrow{AC} = \begin{pmatrix} -2 \\ -3 \\ -1 \end{pmatrix}$. Mit (8e) ergibt sich

$$F = \frac{1}{2}\sqrt{14 \cdot 14 - 11^2} = \frac{1}{2}\sqrt{75} = 4.330127\ldots \ . \qquad \square$$

Beispiel 2. Die homogene Kraft $\vec{K} = \begin{pmatrix} -1 \\ 0 \\ 4 \end{pmatrix}$ übt auf den Punkt $A = (1,2,3)$ in bezug auf den Ursprung das *Moment* $\vec{m} = \overrightarrow{OA} \times \vec{K} = \begin{pmatrix} 8 \\ -7 \\ 2 \end{pmatrix}$ aus. (Die Einheiten sind weggelassen; vgl. §7) □

5.4 Das Spatprodukt. Eine Kombination aus Skalarprodukt und Vektorprodukt ist das aus je drei Vektoren gebildete *Spatprodukt*

$$[\vec{a}, \vec{b}, \vec{c}] := \vec{a} \cdot (\vec{b} \times \vec{c}) .$$

Satz 5.1. *Der von den Vektoren $\vec{a}$, $\vec{b}$, $\vec{c}$ aufgespannte Spat* (→ *Abb. 30, auch Parallelflach oder Parallelepiped genannt*) *hat das Volumen*

$$V = | [\vec{a}, \vec{b}, \vec{c}] | .$$

Beweis. Die Grundfläche mit den Kanten $\vec{b}$, $\vec{c}$ hat den Flächeninhalt $F = |\vec{b} \times \vec{c}|$ (→ Def. des ×-Produkts). Die Höhe h des Spats bezüglich dieser Grundfläche beträgt $h = |\vec{a}_{\vec{b}\times\vec{c}}|$ mit der Komponente von $\vec{a}$ in Richtung des auf der Grundfläche senkrecht stehenden Vektors $\vec{b} \times \vec{c}$. Mit (6) ergibt sich $h = \left| \dfrac{\vec{a} \cdot (\vec{b} \times \vec{c})}{|\vec{b} \times \vec{c}|^2} \vec{b} \times \vec{c} \right|$ und damit $V = F \cdot h = |\vec{a} \cdot (\vec{b} \times \vec{c})|$. □

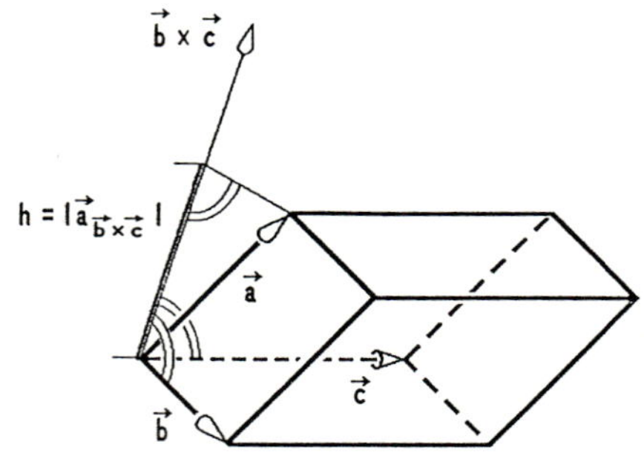

Abb. 30 – Spatprodukt

Für $\vec{a} = \sum a_i \vec{e}_i$, $\vec{b} = \sum b_i \vec{e}_i$ und $\vec{c} = \sum c_i \vec{e}_i$ (in kartesischen Koordinaten) erhält man mit (10) und (5a)

(13) $$\boxed{[\vec{a}, \vec{b}, \vec{c}] = a_1(b_2c_3 - b_3c_2) + a_2(b_3c_1 - b_1c_3) + a_3(b_2c_1 - b_1c_2) .}$$

Die rechte Seite von (13) ist der Wert einer dreireihigen Determinante, nämlich (→ Kap. 6, §5)

$$[\vec{a}, \vec{b}, \vec{c}] = \begin{vmatrix} a_1 & b_1 & c_1 \\ a_2 & b_2 & c_2 \\ a_3 & b_3 & c_3 \end{vmatrix} .$$

Aus Satz 5.1 ergeben sich interessante Folgerungen:

① *Das Volumen eines Tetraeders* mit den Kanten $\vec{a}$, $\vec{b}$, $\vec{c}$ beträgt $\frac{1}{6}$ des entsprechenden Spatvolumens;

$$V_{Tet} = \frac{1}{6} V_{Spat} = \frac{1}{6} |[\vec{a}, \vec{b}, \vec{c}]| .$$

② *TEST für lineare Unabhängigkeit.*
Die Vektoren $\vec{a}$, $\vec{b}$, $\vec{c}$ sind nicht parallel zu einer Ebene (man sagt, sie sind linear unabhängig) $\iff [\vec{a},\vec{b},\vec{c}] \neq 0.$

③ *TEST für Rechtssystem.*
$(\vec{a},\vec{b},\vec{c})$ ist ein Rechtssystem $\iff [\vec{a},\vec{b},\vec{c}] > 0.$

Beweis. ① Analog zu Satz 5.1. Tetraedervolumen = „$\frac{1}{3}$·Grundfläche·Höhe“.
② Nur dann bilden $\vec{a}$, $\vec{b}$, $\vec{c}$ die Kanten eines echten Spats mit Volumen $\neq 0$.
③ An einer Skizze erkennt man, daß $(\vec{a},\vec{b},\vec{c})$ genau dann ein Rechtssystem ist, wenn der Winkel zwischen $\vec{a}$ und $\vec{b}\times\vec{c}$ spitz ist, d.h. wenn $0 \leq \sphericalangle(\vec{a},\vec{b}\times\vec{c}) \leq \frac{\pi}{2}$ gilt. Das ist gleichbedeutend mit $\vec{a}\cdot(\vec{b}\times\vec{c}) = |\vec{a}||\vec{b}\times\vec{c}|\cos\sphericalangle(\vec{a},\vec{b}\times\vec{c}) > 0$. □

Beispiel 1. Für die Vektoren $\vec{a} = \begin{pmatrix}1\\2\\3\end{pmatrix}$, $\vec{b} = \begin{pmatrix}-2\\0\\-2\end{pmatrix}$, $\vec{c} = \begin{pmatrix}2\\-1\\-2\end{pmatrix}$ ergibt sich aus (13) $[\vec{a},\vec{b},\vec{c}] = -12$. Das Volumen V des Spats mit den Kanten $\vec{a}$, $\vec{b}$, $\vec{c}$ beträgt demnach $V = 12$. Ein Tetraeder mit denselben Kanten besitzt das Volumen $V_{Tet} = 2$. □

Beispiel 2. Für $\vec{v}_1 = \begin{pmatrix}\frac{1}{4}\sqrt{2}\\ \frac{1}{4}\sqrt{6}\\ \frac{1}{2}\sqrt{2}\end{pmatrix}$, $\vec{v}_2 = \begin{pmatrix}-\frac{1}{2}\sqrt{3}\\ -\frac{1}{2}\\ 0\end{pmatrix}$, $\vec{v}_3 = \begin{pmatrix}\frac{1}{4}\sqrt{2}\\ -\frac{1}{4}\sqrt{6}\\ \frac{1}{2}\sqrt{2}\end{pmatrix}$ gilt $|\vec{v}_i| = 1$, $\vec{v}_i\cdot\vec{v}_j = 0$, für $i \neq j$ und $[\vec{v}_1,\vec{v}_2,\vec{v}_3] = 1$. Die Vektoren $\vec{v}_1$, $\vec{v}_2$, $\vec{v}_3$ bilden ein Rechtssystem und eignen sich demzufolge als Basisvektoren eines neuen kartesischen Koordinatensystems. □

Beispiel 3. Nichtorthogonale Zerlegung. Die drei Stäbe eines Tragbockes führen von der Spitze S in die Richtungen $\vec{a} = \vec{e}_1$, $\vec{b} = \frac{1}{\sqrt{2}}(\vec{e}_1 - \vec{e}_2)$, $\vec{c} = \frac{1}{\sqrt{11}}(\vec{e}_1 + \vec{e}_2 - 3\vec{e}_3)$. In S zieht die Kraft $\vec{K} = 60\mathrm{N}(\vec{e}_2 - \vec{e}_3)$, die in A, B, C die Lagereaktionen $\vec{K}_A = \alpha\vec{a}$, $\vec{K}_B = \beta\vec{b}$, $\vec{K}_C = \gamma\vec{c}$ hervorruft. Diese sind bestimmt durch die Gleichgewichtsbedingung

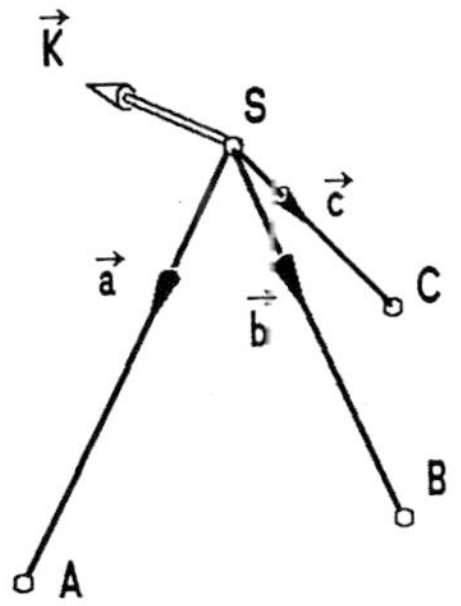

Abb. 31 – Tragbock

$$\vec{K} + \vec{K}_A + \vec{K}_B + \vec{K}_C = \vec{K} + \alpha\vec{a} + \beta\vec{b} + \gamma\vec{c} = \vec{0}\,.$$

Multipliziert man diese Gleichung der Reihe nach mit $\vec{b}\times\vec{c}$, $\vec{c}\times\vec{a}$, $\vec{a}\times\vec{b}$ skalar durch, so verschwinden je zwei Summanden (→ Definition von × (1))

$$(\vec{b}\times\vec{c})\cdot\vec{K}+\alpha(\vec{b}\times\vec{c})\cdot\vec{a}=0 \Rightarrow \alpha=-\frac{[\vec{K},\vec{b},\vec{c}]}{[\vec{a},\vec{b},\vec{c}]}=-20\text{N}\,,$$

$$(\vec{c}\times\vec{a})\cdot\vec{K}+\beta(\vec{c}\times\vec{a})\cdot\vec{b}=0 \Rightarrow \beta=-\frac{[\vec{K},\vec{c},\vec{a}]}{[\vec{b},\vec{c},\vec{a}]}=40\sqrt{2}\text{N}\,,$$

$$(\vec{a}\times\vec{b})\cdot\vec{K}+\gamma(\vec{a}\times\vec{b})\cdot\vec{c}=0 \Rightarrow \gamma=-\frac{[\vec{K},\vec{a},\vec{b}]}{[\vec{c},\vec{a},\vec{b}]}=-20\sqrt{11}\text{N}\,.$$

□

Beispiel 4. Das größte Quadrat in einem Würfel. Im Würfel W mit den 8 Ecken $(\pm1,\pm1,\pm1)$ sind auf den Würfelkanten 4 Punkte ausgewählt $(-1\le a,b\le 1)$: $A=(1,a,-1)$, $B=(b,1,-1)$, $C=(-1,-a,1)$, $D=(-b,-1,1)$. Die vier Punkte liegen stets in einer Ebene, da

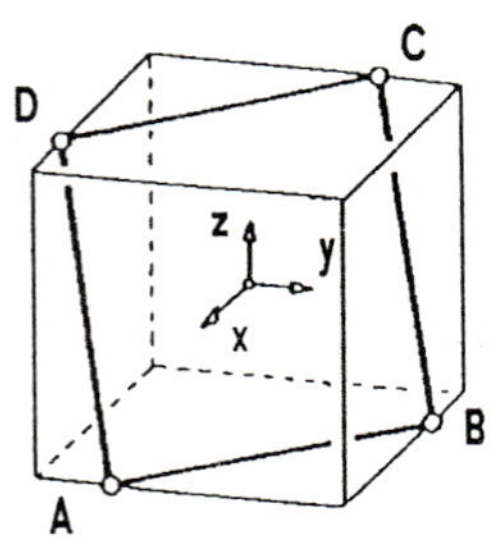

Abb. 32 – Würfel

$$[\overrightarrow{AB},\overrightarrow{BC},\overrightarrow{CD}]=\left[\begin{pmatrix}b-1\\1-a\\0\end{pmatrix},\begin{pmatrix}-1-b\\-a-1\\2\end{pmatrix},\begin{pmatrix}-b+1\\-1+a\\0\end{pmatrix}\right]$$
$$=2(b-1)(1-a)+2(1-a)(1-b)=0\,.$$

Wie man sofort nachrechnet, sind gegenüberliegende Kanten parallel. Damit ist $ABCD$ ein Parallelogramm mit dem Flächeninhalt

$$F=|\overrightarrow{AB}\times\overrightarrow{BC}|=2\sqrt{(1-a)^2+(1-b)^2+(1-ab)^2}\,.$$

$ABCD$ ist eine Raute, wenn $\overrightarrow{AC}\cdot\overrightarrow{BD}=0$, dh. $1+a+b=0$. $ABCD$ ist ein Quadrat, wenn zusätzlich $|\overrightarrow{AC}|=|\overrightarrow{BD}|$, d.h. $a^2=b^2$; das ist nur dann der Fall, wenn $a=b=-\frac{1}{2}$. Dieses Quadrat hat den Flächeninhalt $\frac{9}{2}$. □

Aufgaben

1. $P_1,P_2,\dots,P_6$ seien die Ecken eines *regulären Sechsecks* im Raum.
   a) Man suche Bedingungen, welche die Länge und die gegenseitige Lage der Vektoren $\overrightarrow{P_1P_2}$ und $\overrightarrow{P_2P_3}$ bestimmen!
   b) Man bestimme P_3,P_4,P_5 und P_6 für den Fall, daß $P_1=(0,0,0)$, $P_2=(\sqrt{3},1,0)$ und $\vec{e}_1\cdot\overrightarrow{P_2P_3}=0$.

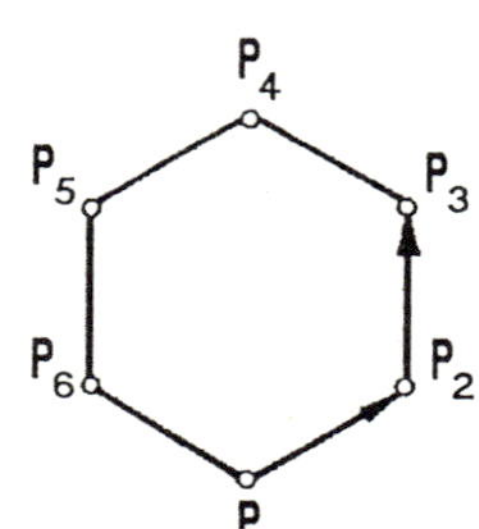

2. Man betrachte im $\mathbb{R}^3$ den Würfel W mit den 8 Ecken $(\pm 1, \pm 1, \pm 1)$ und bestimme die vier Einheitsvektoren $\vec{d}_1, \ldots, \vec{d}_4$, welche die vier *Richtungen der Raumdiagonalen* bestimmen und für welche $\vec{e}_3 \cdot \vec{d}_i > 0$, $i = 1,2,3,4$.
   – Man berechne die möglichen Winkel zwischen den $\vec{d}_i$.

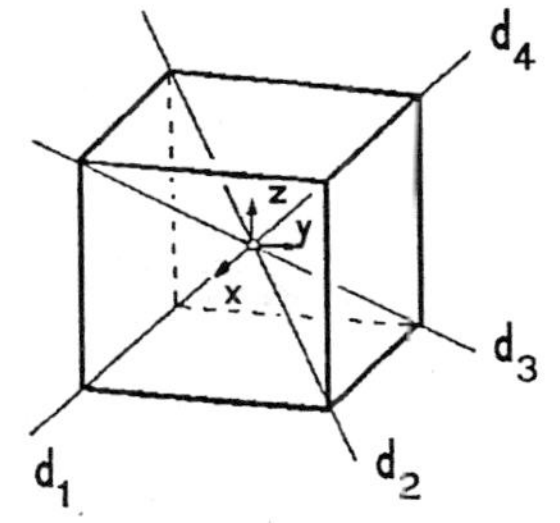

3. Man berechne für die Vektoren des $\mathbb{R}^3$

$$\vec{x} = \begin{pmatrix} 0 \\ 1 \\ 2 \end{pmatrix}, \quad \vec{y} = \begin{pmatrix} 2 \\ 1 \\ 0 \end{pmatrix}, \quad \vec{z} = \begin{pmatrix} 3 \\ 0 \\ 4 \end{pmatrix} :$$

   a) die orthogonale Zerlegung von $\vec{x}$ längs $\vec{y}$ bzw. längs $\vec{z}$,
   b) folgende Ausdrücke und gebe eine geometrische Deutung:

$(\vec{x} \cdot \vec{y})\vec{y}$; $\quad (\vec{x} + \vec{y}) \times (\vec{x} - \vec{y})$; $\quad (\vec{x} \times \vec{y}) \times \vec{z} - \vec{x} \times (\vec{y} \times \vec{z})$;

$[\vec{x}, \vec{y}, \vec{z}]$; $\quad (\vec{x} + \vec{y} + 2\vec{z}) \cdot \vec{z}$; $\quad (4\vec{x} \cdot \vec{y})\vec{z} - (\vec{y} \cdot 3\vec{z})\vec{x}$.

4. Man bestätige im $\mathbb{R}^3$ *explizit* die LAGRANGE-*Identität*

$$(\vec{a} \times \vec{b}) \cdot (\vec{c} \times \vec{d}) = (\vec{a} \cdot \vec{c})(\vec{b} \cdot \vec{d}) - (\vec{b} \cdot \vec{c})(\vec{a} \cdot \vec{d})$$

   für den Spezialfall, daß

$$\vec{a} = \begin{pmatrix} 0 \\ 0 \\ 1 \end{pmatrix} \quad \text{und} \quad \vec{b} = \begin{pmatrix} \alpha \\ \beta \\ 0 \end{pmatrix} \qquad (\alpha, \beta \in \mathbb{R}) .$$

   Warum hat man damit den wesentlichen Teil eines allgemeinen Beweises der Identität?

5. Man zeige:
   $\vec{a}$, $\vec{b}$, $\vec{c}$ bestimmen genau dann ein nicht ausgeartetes Dreieck im Raum, wenn

$$\vec{a} \times \vec{b} = \vec{b} \times \vec{c} = \vec{c} \times \vec{a} \neq \vec{0} .$$

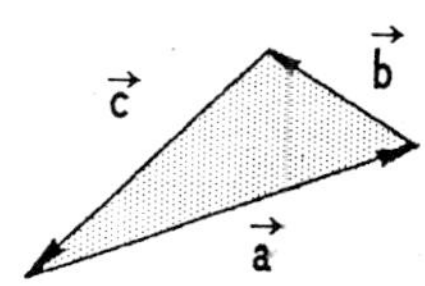

6. Ein Massenpunkt P bewegt sich mit konstanter Winkelgeschwindigkeit ω auf einer Kreisbahn (Mittelpunkt O, Radius r). Der Ortsvektor $\vec{x}$, der Geschwindigkeitsvektor $\vec{v}$ und der Winkelgeschwindigkeitsvektor $\vec{\omega}$ ($|\vec{\omega}| = \omega$) bilden ein Rechtssystem.
   Man leite für $\vec{v}$ und den Beschleunigungsvektor $\vec{a}$ aus $|\vec{v}| = \omega r$ und $|\vec{a}| = r\omega^2$ ab:

$$\vec{v} = \vec{\omega} \times \vec{x} , \quad \vec{a} = \vec{\omega} \times (\vec{\omega} \times \vec{x}) .$$

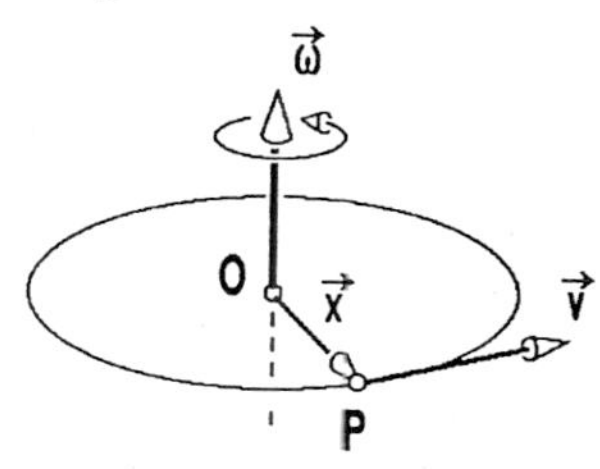

§6. Geraden und Ebenen

6.1 Parameterdarstellungen einer Geraden. Ein Punkt X liegt genau dann auf der Geraden g durch A in Richtung $\vec{c}$, $\vec{c} \neq 0$ (→ Abb. 33), wenn $\overrightarrow{AX}$ parallel ist zu $\vec{c}$; d.h., wenn es eine Zahl $t \in \mathbb{R}$ gibt mit $\overrightarrow{AX} = t\vec{c}$. Man sagt hierzu: g hat die

(1) *Punkt-Richtungsgleichung*

$$\overrightarrow{AX} = t\vec{c}\,, \quad t \in \mathbb{R}\,.$$

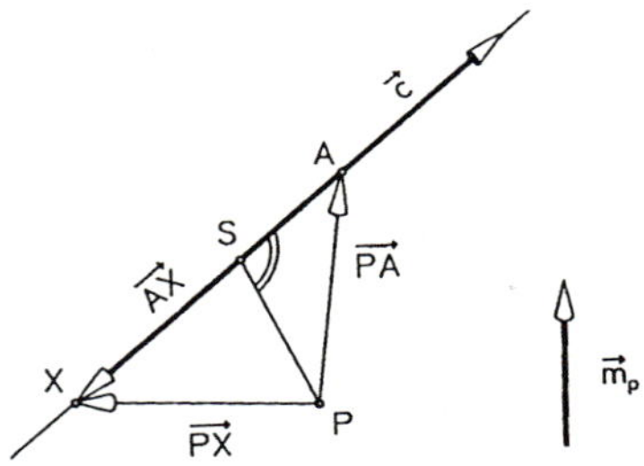

Abb. 33 – Gerade durch A längs $\vec{c}$

Die in (1) auftretende Variable t nennt man einen *Parameter*; zu jedem Parameterwert $t = t_0$ gehört genau ein Punkt X_0 auf g mit $\overrightarrow{AX_0} = t_0\vec{c}$ – und umgekehrt.

Wegen $\overrightarrow{AX} = \overrightarrow{PX} - \overrightarrow{PA}$ läßt sich g in bezug auf einen beliebigen Punkt P darstellen durch

$$\overrightarrow{PX} = \overrightarrow{PA} + t\vec{c}\,, \quad t \in \mathbb{R}\,. \tag{2}$$

Wird nun im Raum ein kartesisches Koordinatensystem $(O; \vec{e}_1, \vec{e}_2, \vec{e}_3)$ festgelegt und wird $\vec{c} = c_1\vec{e}_1 + c_2\vec{e}_2 + c_3\vec{e}_3$ durch 2 verschiedene Punkte $A = (a_1, a_2, a_3)$, $B = (b_1, b_2, b_3)$ bestimmt – d.h. $c_i = b_i - a_i$, $i = 1,2,3$ – dann geht (2) – mit $P = O$ – über in

$$\overrightarrow{OX} = \overrightarrow{OA} + t\vec{c} = \overrightarrow{OA} + t(\overrightarrow{OB} - \overrightarrow{OA})\,, \quad t \in \mathbb{R} \tag{3}$$

und ein Komponentenvergleich ergibt für die Geradenpunkte $X = (x_1, x_2, x_3)$ die drei Gleichungen

(4a) $x_i = a_i + tc_i,\ t \in \mathbb{R} \quad (i = 1,2,3)$ *Punkt-Richtungs-Gl.*

bzw.

(4b) $x_i = a_i + t(b_i - a_i),\ t \in \mathbb{R} \quad (i = 1,2,3)$ *Zwei Punkte-Gl.*

Jede der Formeln (1)–(4b) nennt man eine Parameterdarstellung von g.

Beispiel. Die Gerade g durch $A = (1, 0, -1)$ in Richtung $\vec{c} = \vec{e}_1 + \vec{e}_2 + 2\vec{e}_3$ hat eine Parameterdarstellung

$$\begin{pmatrix} x_1 \\ x_2 \\ x_3 \end{pmatrix} = \begin{pmatrix} 1 \\ 0 \\ -1 \end{pmatrix} + t\begin{pmatrix} 1 \\ 1 \\ 2 \end{pmatrix}\,, \quad t \in \mathbb{R}\,.$$

In Komponenten lautet sie:

$$x_1 = 1 + t\,, \quad x_2 = t\,, \quad x_3 = -1 + 2t\,.$$

Zu den Parameterwerten $t = 1, -1, 5$ gehören die Geradenpunkte $B_1 = (2, 1, 1)$, $B_2 = (0, -1, -3)$, $B_3 = (6, 5, 9)$. Demnach besitzt g ebenfalls die Parameterdarstellung (Zwei-Punkte-Gleichung in Komponenten)

$$x_1 = 6 - 6t\,,\ x_2 = 5 - 6t\,,\ x_3 = 9 - 12t\,. \qquad \square$$

6.2 Die Koordinatengleichungen einer Geraden. Löst man jede der Gleichungen aus (4b) nach t auf und setzt die Ausdrücke gleich, so erhält man mit $A = (a_1, a_2, a_3)$ und $B = (b_1, b_2, b_3)$ eine parameterfreie Darstellung:

(5) *Koordinatengleichung der Geraden durch A, B*

a) $\dfrac{x_1 - a_1}{b_1 - a_1} = \dfrac{x_2 - a_2}{b_2 - a_2} = \dfrac{x_3 - a_3}{b_3 - a_3}\,,$ falls $a_i \neq b_i \quad (i = 1, 2, 3)$,

b) $\dfrac{x_1 - a_1}{b_1 - a_1} = \dfrac{x_2 - a_2}{b_2 - a_2}\,,\ x_3 = a_3\,,$ falls $b_3 = a_3$, $b_1 \neq a_1$, $b_2 \neq a_2$,
analog im Fall $b_1 = a_1$, $b_2 \neq a_2$, $b_3 \neq a_3$,
bzw. $b_2 = a_2$, $b_1 \neq a_1$, $b_3 \neq a_3$,

c) $x_1 = a_1\,,\ x_2 = a_2$ falls $b_1 = a_1$, $b_2 = a_2$, $b_3 \neq a_3$,
analog im Fall $b_1 = a_1$, $b_2 = a_3$, $b_2 \neq a_2$
bzw. $b_2 = a_2$, $b_3 = a_3$, $b_1 \neq a_1$.

Aus der parameterfreien Zwei-Punkte-Form für g findet man über $t := \dfrac{x_i - a_i}{b_i - a_i}$ mit dem Index i, für den $b_i \neq a_i$ gilt, zur Parameterform (4b) zurück.

Beispiel 1. Die Gerade $x_1 = 4 - 9t$, $x_2 = 2$, $x_3 = 1 + t$ $(t \in \mathbb{R})$ hat die Koordinatengleichung(en)

$$\frac{4 - x_1}{9} = x_3 - 1\,,\ x_2 = 2\,. \qquad \square$$

Beispiel 2. Die Gerade $\dfrac{x_1 - 3}{5} = \dfrac{x_2 + 1}{7}$, $x_3 = 4$ besitzt die Parameterdarstellung

$$x_1 = 3 + 5t\,,\ x_2 = -1 + 7t\,,\ x_3 = 4\,;$$

sie geht durch die Punkte $(3, -1, 4)$ und $(8, 6, 4)$. $\square$

6.3 Die Momentengleichung der Geraden g durch A in Richtung $\vec{c}$ (→ Abb. 33) lautet für einen beliebigen Bezugspunkt P :

(6) *Momentengleichung*

$$\overrightarrow{PX} \times \vec{c} = \vec{m}_P \quad \text{mit} \quad \vec{m}_P = \overrightarrow{PA} \times \vec{c}\,.$$

Es ist nämlich $\overrightarrow{AX} = \overrightarrow{PX} - \overrightarrow{PA}$ genau dann parallel zu $\vec{c}$, wenn $\overrightarrow{AX} \times \vec{c} = (\overrightarrow{PX} - \overrightarrow{PA}) \times \vec{c} = \vec{0}$ gilt (→ §5 (8d)).
Die Darstellung (6) ist insbesondere dann zweckmäßig, wenn g die Wirkungslinie der Kraft $\vec{c}$ ist, die bezüglich P das Moment $\vec{m}_P = \overrightarrow{PA} \times \vec{c}$ besitzt (→ §7).
Nach §5 (12) ist

$$\overrightarrow{PS} = \frac{1}{|\vec{c}|^2}\vec{c} \times (\overrightarrow{PA} \times \vec{c}) = \frac{1}{|\vec{c}|^2}\vec{c} \times \vec{m}_P \tag{7}$$

der Lotvektor von P auf g und demnach

$$\overrightarrow{PX} = \frac{1}{|\vec{c}|^2}\vec{c} \times \vec{m}_P + t\vec{c}\,, \quad t \in \mathbb{R}\,,$$

eine Parameterdarstellung der durch die Momentengleichung (6) dargestellten Geraden g.

Beispiel. Im kartesischen Koordinatensystem $(O;\vec{e}_1,\vec{e}_2,\vec{e}_3)$ hat die durch

$$\begin{pmatrix} x_1 \\ x_2 \\ x_3 \end{pmatrix} \times \begin{pmatrix} 1 \\ 2 \\ 3 \end{pmatrix} = \begin{pmatrix} -1 \\ -1 \\ 1 \end{pmatrix}$$

bestimmte Gerade g die Richtung $\vec{c} = \begin{pmatrix} 1 \\ 2 \\ 3 \end{pmatrix}$. Ferner ist $\overrightarrow{OS} = \frac{1}{|\vec{c}|^2}\vec{c} \times \vec{m} = \frac{1}{14}\begin{pmatrix} 1 \\ 2 \\ 3 \end{pmatrix} \times \begin{pmatrix} -1 \\ -1 \\ 1 \end{pmatrix} = \frac{1}{14}\begin{pmatrix} 5 \\ -4 \\ 1 \end{pmatrix}$ der Lotvektor vom Ursprung O auf g, insbesondere $S = \frac{1}{14}(5,-4,1)$ ein Geradenpunkt. Demnach lautet eine Parameterdarstellung von g : $\quad x_1 = \frac{5}{14} + t\,,\ x_2 = -\frac{2}{7} + 2t\,,\ x_3 = \frac{1}{14} + 3t\,.$ □

6.4 Abstand Punkt-Gerade. Der Betrag des Lotvektors vom Punkt P auf die Gerade g durch A in Richtung $\vec{c}$ ist $\overrightarrow{PS} = \frac{1}{|\vec{c}|^2}\vec{c} \times (\overrightarrow{PA} \times \vec{c})$ (→ Abb. 33 und (7)), er gibt den Abstand d des Punktes P von g an; also gilt

$$d = \frac{|\overrightarrow{PA} \times \vec{c}|}{|\vec{c}|}\,. \tag{8}$$

Beispiel. Der Abstand des Punktes $P = (15, -2, 6)$ von der Geraden $g: x_1 = 1 + t,\ x_2 = 1 - t,\ x_3 = 2$ beträgt

$$d = \frac{1}{\sqrt{1^2 + 1^2}} \left| \begin{pmatrix} -14 \\ 3 \\ -4 \end{pmatrix} \times \begin{pmatrix} 1 \\ -1 \\ 0 \end{pmatrix} \right|$$

$$= \frac{1}{\sqrt{2}} \sqrt{(-4)^2 + (-4)^2 + 11^2} = \sqrt{\frac{153}{2}} \approx 8.746\ . \qquad \square$$

6.5 Abstand Gerade-Gerade. Der Abstand d der beiden Geraden

$$g_1: \quad \overrightarrow{OX} = \overrightarrow{OA} + t\vec{u}\ ,$$

$$g_2: \quad \overrightarrow{OX} = \overrightarrow{OB} + t\vec{v} \quad (t \in \mathbb{R},\ \vec{u}, \vec{v} \neq \vec{0})$$

ist gegeben durch

(9)

a) $d = \dfrac{|\overrightarrow{AB} \times \vec{u}|}{|\vec{u}|}$, falls $\vec{u}$, $\vec{v}$ parallel sind,

b) $d = \dfrac{|[\overrightarrow{AB}, \vec{u}, \vec{v}]|}{|\vec{u} \times \vec{v}|}$, falls $\vec{u} \times \vec{v} \neq \vec{0}$.

Beweis. Im ersten Fall wird der Abstand mit (8) berechnet. Im andern Fall ($\vec{u}$, $\vec{v}$ nicht parallel) ist d der Betrag der Komponente von $\overrightarrow{AB}$ in Richtung des Vektors $\vec{n} := \vec{u} \times \vec{v}$, der auf $\vec{u}$ und $\vec{v}$ senkrecht steht (→ Abb. 34). Mit Formel (6) aus §5 – für $\vec{a} = \overrightarrow{AB}$, $\vec{b} = \vec{u} \times \vec{v}$ – folgt die Behauptung. $\square$

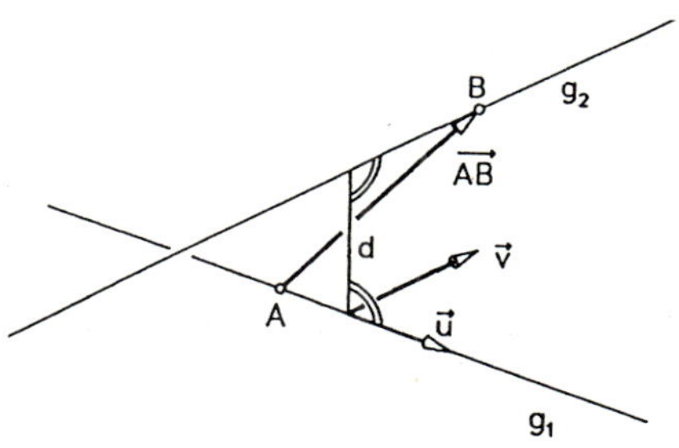

Abb. 34 – Abstand zweier Geraden

Beispiel. Die Geraden

$$g_1: \quad x_1 = 2 + 3t,\ x_2 = 4,\ x_3 = -1 + t$$

$$g_2: \quad x_1 = t,\ x_2 = 1 + t,\ x_3 = 5 - 3t$$

haben den Abstand

$$d = \frac{1}{|\vec{u} \times \vec{v}|} |[\overrightarrow{AB}, \vec{u}, \vec{v}]| = \frac{1}{\left| \begin{pmatrix} 3 \\ 0 \\ 1 \end{pmatrix} \times \begin{pmatrix} 1 \\ 1 \\ -3 \end{pmatrix} \right|} \left| \begin{vmatrix} -2 & 3 & 1 \\ -3 & 0 & 1 \\ 6 & 1 & -3 \end{vmatrix} \right| = \frac{10}{\sqrt{110}}\ . \qquad \square$$

Folgerung aus (9): Die nicht parallelen Geraden g_1, g_2 schneiden sich genau dann, wenn

$$[\overrightarrow{AB}, \vec{u}, \vec{v}] = 0$$

gilt. Denn in diesem Fall ist $d = 0$. Ein Schnittpunkt X_S – sofern es ihn gibt – erfüllt $\overrightarrow{OX_S} = \overrightarrow{OA} + t_1\vec{u} = \overrightarrow{OB} + t_2\vec{v}$ mit gewissen Zahlen $t_1, t_2 \in \mathbb{R}$, die aus den 3 Komponenten von $\overrightarrow{OA} + t_1\vec{u} = \overrightarrow{OB} + t_2\vec{v}$ zu berechnen sind.

6.6 Parameterdarstellungen einer Ebene. Wir betrachten die Ebene E mit dem „Aufpunkt“ A und den (von $\vec{0}$ verschiedenen und nicht parallelen) Richtungsvektoren $\vec{u}$, $\vec{v}$ (→ Abb. 35). Ein Raumpunkt X liegt genau dann auf E, wenn sich der Vektor $\overrightarrow{AX}$ darstellen läßt in der Form $\overrightarrow{AX} = t\vec{u} + s\vec{v}$ mit Zahlen $t, s \in \mathbb{R}$. D.h. man hat (mit den beiden Parametern $t, s \in \mathbb{R}$) die

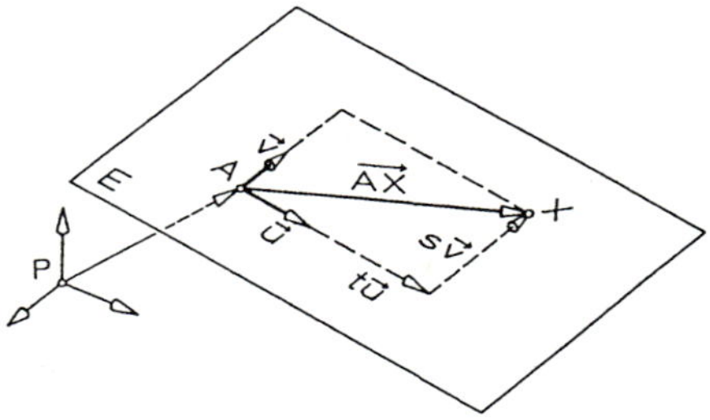

Abb. 35 – Die Ebene E

(10) *Parameterdarstellung von E*

$$\overrightarrow{AX} = t\vec{u} + s\vec{v} \quad (t, s \in \mathbb{R}).$$

Wird ein kartesisches Koordinatensystem $(O; \vec{e}_1, \vec{e}_2, \vec{e}_3)$ festgelegt, so daß $A = (a_1, a_2, a_3)$, $\vec{u} = u_1\vec{e}_1 + u_2\vec{e}_2 + u_3\vec{e}_3$, $\vec{v} = v_1\vec{e}_1 + v_2\vec{e}_2 + v_3\vec{e}_3$, dann ist (10) äquivalent zu den 3 Koordinatengleichungen

(10a)
$$x_i = a_i + tu_i + sv_i \quad (i = 1, 2, 3;\ t, s \in \mathbb{R}).$$

Werden $\vec{u}$ und $\vec{v}$ durch die drei verschiedenen Punkte $A = (a_1, a_2, a_3)$, $B = (b_1, b_2, b_3)$, $C = (c_1, c_2, c_3)$ bestimmt, $\vec{u} = \overrightarrow{AB}$, $\vec{v} = \overrightarrow{AC}$ (d.h. $u_i = b_i - a_i$, $v_i = c_i - a_i$), dann geht (10a) über in die

(10b) *Drei-Punkte-Gleichung der Ebene E :*

$$x_i = a_i + t(b_i - a_i) + s(c_i - a_i) \quad (i = 1, 2, 3;\ t, s \in \mathbb{R})$$

mit $A = (a_1, a_2, a_3)$, $B = (b_1, b_2, b_3)$, $C = (c_1, c_2, c_3)$.

6.7 Parameterfreie Darstellungen einer Ebene. Ein Punkt X liegt genau dann auf E (E wie in 6.6, → Abb. 35), wenn die Vektoren $\overrightarrow{AX}$, $\vec{u} = \overrightarrow{AB}$, $\vec{v} = \overrightarrow{AC}$ zu E parallel sind; genau in diesem Fall gilt (→ 5.4)

(11)
$$[\overrightarrow{AX}, \overrightarrow{AB}, \overrightarrow{AC}] = 0.$$

Dieses ist eine parameterfreie *Drei-Punkte-Formel* für E in *Determinantenform*. (11) bedeutet, daß $\overrightarrow{AX} \cdot (\overrightarrow{AB} \times \overrightarrow{AC}) = 0$, d.h. der Vektor $\vec{n} = \overrightarrow{AB} \times \overrightarrow{AC}$ steht senkrecht auf E, man nennt $\vec{n}$ einen *Normalenvektor von* E. Damit ist (11) äquivalent zu:

(12) $$\overrightarrow{AX} \cdot \vec{n} = 0 \quad (A \text{ Aufpunkt, } \vec{n} \text{ Normalenvektor von } E).$$

In kartesischen Koordinaten entsteht hieraus für $X = (x_1, x_2, x_3)$, $A = (a_1, a_2, a_3)$ und $\vec{n} = n_1\vec{e}_1 + n_2\vec{e}_2 + n_3\vec{e}_3$ die

(13) *Koordinatendarstellung von E*

$$n_1x_1 + n_2x_2 + n_3x_3 = c \quad \text{mit } c := \sum_{i=1}^{3} a_i n_i = \overrightarrow{OA} \cdot \vec{n} .$$

Wird E wie in (12) bzw. (13) durch einen Aufpunkt A und einen Normalenvektor $\vec{n}$ gegeben und ist P ein beliebiger Raumpunkt, dann stimmt der Lotvektor $\overrightarrow{PS}$ von P auf E überein mit der Komponente von $\overrightarrow{PA}$ in Richtung $\vec{n}$. Also gilt (→ §5 (6))

(14) $$\overrightarrow{PS} = \frac{\overrightarrow{PA} \cdot \vec{n}}{|\vec{n}|^2}\vec{n} .$$

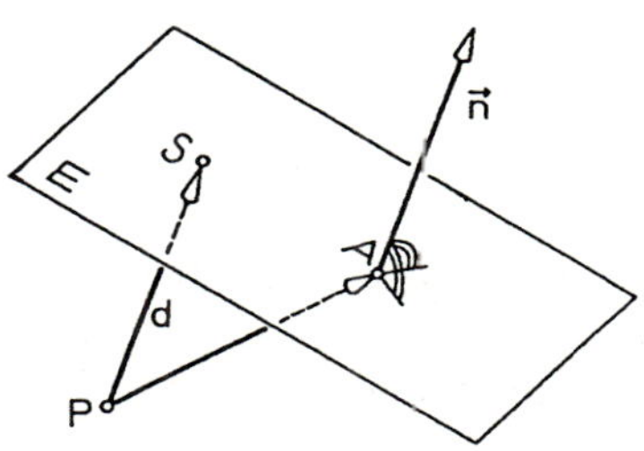

Abb. 36 – Der Abstand P von E

Insbesondere:

(15) *Abstand des Punktes P von der Ebene E*

$$d = |\overrightarrow{PS}| = \frac{|\overrightarrow{PA} \cdot \vec{n}|}{|\vec{n}|} .$$

Die Sachlage wird noch einfacher, wenn $|\vec{n}| = 1$. Dann gibt bereits $d = |\overrightarrow{PA} \cdot \vec{n}|$ den Abstand von P und E. Man nennt die Darstellung (13)

HESSE-*Normalform der Ebene E*

$$n_1x_1 + n_2x_2 + n_3x_3 = c ,$$

$$\text{wenn } n_1^2 + n_2^2 + n_3^2 = 1 \text{ und } c \geq 0$$

(O. L. HESSE 1811–1874). Man gelangt von einer beliebigen Koordinatendarstellung (13) von E durch Multiplikation mit $\pm\frac{1}{\sqrt{n_1^2 + n_2^2 + n_3^3}}$ zur HESSE-Normalform.

Ist die Koordinatendarstellung $n_1x_1 + n_2x_2 + n_3x_3 = c$ von E in HESSEscher Normalform, so gilt:

1. Der Normalenvektor $\vec{n} = n_1\vec{e}_1 + n_2\vec{e}_2 + n_3\vec{e}_3$ weist, wird er in einem Punkt von E angetragen, vom Nullpunkt weg.
2. Es ist c der Abstand des Nullpunkts von E.
3. Ein beliebiger Punkt P hat von E den Abstand

$$d = |c - \overrightarrow{OP} \cdot \vec{n}| .$$

Ferner gilt, falls $0 \notin E$,

$$c - \overrightarrow{OP} \cdot \vec{n} > 0 \iff O \text{ und } P \text{ liegen auf derselben Seite von } E,$$

$$c - \overrightarrow{OP} \cdot \vec{n} < 0 \iff E \text{ trennt } O \text{ und } P .$$

Beweis. Formel (14) mit $P = O$ zeigt $\overrightarrow{OS} = (\overrightarrow{OA} \cdot \vec{n})\vec{n} = c\vec{n}$, woraus man sofort 1. und 2. abliest. Die anderen beiden Behauptungen ergeben sich ebenfalls aus (14) (→ Abb. 36): $\overrightarrow{PS} = [(\overrightarrow{OA} - \overrightarrow{OP}) \cdot \vec{n}]\vec{n} = (c - \overrightarrow{OP} \cdot \vec{n}) \cdot \vec{n}$. □

Bringt man die Koordinatendarstellung (13) einer nicht durch den Nullpunkt gehenden Ebene auf die Form

$$a_1x_1 + a_2x_2 + a_3x_3 = 1 \qquad (\textit{Achsenabschnittsform}) ,$$

so kann man daraus sofort die „Achsenabschnitte“ (d.h. die Durchstoßpunkte der Achsen durch E, → Abb. 37) ablesen:

$$A_1 = (\frac{1}{a_1}, 0, 0) ,$$

$$A_2 = (0, \frac{1}{a_2}, 0) ,$$

$$A_3 = (0, 0, \frac{1}{a_3}) ,$$

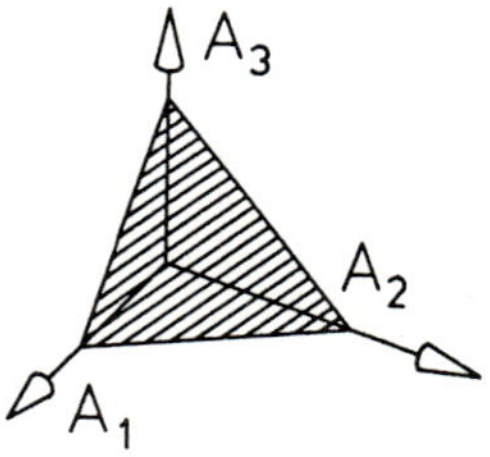

Abb. 37 – Die Achsenabschnitte von E

sofern alle $a_i \neq 0$. Im Fall $a_1 = 0$ ist E parallel zur x_1-Achse; entsprechendes gilt für $a_2 = 0$, $a_3 = 0$.

Schließlich sei noch bemerkt, daß man aus einer (beliebigen) Koordinatendarstellung $n_1x_1 + n_2x_2 + n_3x_3 = c$ der Ebene E leicht eine Parameterdarstellung findet. Ist etwa $n_3 \neq 0$, dann kann man $x_1 = t$, $x_2 = s$ (beliebig aus $\mathbb{R}$) wählen und x_3 aus $x_3 = \frac{1}{n_3}(c - n_1t - n_2s)$ berechnen. Das ergibt bereits die Parameterdarstellung

$$\begin{pmatrix} x_1 \\ x_2 \\ x_3 \end{pmatrix} = \begin{pmatrix} 0 \\ 0 \\ \frac{c}{n_3} \end{pmatrix} + t \begin{pmatrix} 1 \\ 0 \\ -\frac{n_1}{n_3} \end{pmatrix} + s \begin{pmatrix} 0 \\ 1 \\ -\frac{n_2}{n_3} \end{pmatrix}$$

der Ebene; sie enthält den Aufpunkt $A = (0, 0, \frac{c}{n_3})$ und die Richtungsvektoren $\vec{u} = \vec{e}_1 - \frac{n_1}{n_3}\vec{e}_3$, $\vec{v} = \vec{e}_2 - \frac{n_2}{n_3}\vec{e}_3$.

Beispiel. Gegeben sei E durch $3x_1 - 5x_2 + \sqrt{2}x_3 = -5$.
Die HESSEsche Normalform hiervon ist $-\frac{1}{2}x_1 + \frac{5}{6}x_2 - \frac{\sqrt{2}}{6}x_3 = \frac{5}{6}$.
Der Abstand des Ursprungs von E beträgt $\frac{5}{6}$. Der Punkt $P = (4, 5, 6)$ hat von E den Abstand $|d|$ mit $d = c - \overrightarrow{OP} \cdot \vec{n} = \frac{5}{6} - (-\frac{4}{2} + \frac{25}{6} - \frac{6\sqrt{2}}{6}) = 0.08088\ldots$.
Weil $d > 0$, liegen O und P auf derselben Seite von E. Ferner ist $x_1 = t$, $x_2 = s$, $x_3 = \frac{1}{2}\sqrt{2}(-5 - 3t + 5s)$ $(s, t \in \mathbb{R})$ eine Parameterdarstellung von E; diese liefert den Aufpunkt $A = (0, 0, -\frac{5}{2}\sqrt{2})$ und die Richtungsvektoren

$$\vec{u} = \begin{pmatrix} 1 \\ 0 \\ -\frac{3}{2}\sqrt{2} \end{pmatrix}, \quad \vec{v} = \begin{pmatrix} 0 \\ 1 \\ \frac{5}{2}\sqrt{2} \end{pmatrix}. \qquad \square$$

6.8 Die Gerade als Schnitt zweier Ebenen. Eine Gerade g kann man auffassen als Schnittgerade zweier nicht paralleler Ebenen

$$\begin{aligned} E_1 : &\quad n_1x_1 + n_2x_2 + n_3x_3 = c_1 , \\ E_2 : &\quad m_1x_1 + m_2x_2 + m_3x_3 = c_2 . \end{aligned}$$

Das Vektorprodukt der beiden Normalenvektoren $\vec{n} = \sum n_i\vec{e}_i$, $\vec{m} = \sum m_i\vec{e}_i$ ist parallel zu beiden Ebenen, zeigt also in Richtung der Schnittgeraden. Kennt man einen Punkt A auf g, dann besitzt man sofort mit

$$\overrightarrow{OX} = \overrightarrow{OA} + t(\vec{n} \times \vec{m})$$

eine Parameterdarstellung der Schnittgeraden g.
Man beachte, daß sowohl (5) als auch die sich aus (6) durch Komponentenvergleich ergebenden Gleichungen – nach Umformung – die Gerade g als Schnittgerade von Ebenen beschreiben.

6.9 Die Winkel zwischen zwei Ebenen und zwischen einer Ebene und einer Geraden. Die Winkel zwischen zwei sich schneidenden Ebenen stimmen überein mit den beiden Winkeln, welche die dazu senkrecht verlaufenden Normalenrichtungen einschließen. Sind also $\vec{n}_1$, $\vec{n}_2$ Normalenvektoren der Ebenen E_1, E_2, dann sind φ_1, eindeutig bestimmt durch

$$\text{(16)} \qquad \boxed{\cos\varphi_1 = \frac{|\vec{n}_1 \cdot \vec{n}_2|}{|\vec{n}_1||\vec{n}_2|}, \qquad 0 \le \varphi_1 \le \frac{\pi}{2},}$$

und $\varphi_2 = \pi - \varphi_1$ die beiden (positiv gemessenen) Winkel zwischen E_1 und E_2.
In der Regel wird nur φ_1 als „der Winkel zwischen E_1 und E_2" bezeichnet.

Als Winkel zwischen einer Geraden g in Richtung $\vec{c}$ und einer Ebene E mit Normalenvektor $\vec{n}$ bezeichnet man den Winkel zwischen $\vec{c}$ und der zu $\vec{n}$ orthogonalen Komponente $\frac{1}{|\vec{n}|^2}\vec{n} \times (\vec{c} \times \vec{n})$ (→ §5 (12)) von $\vec{c}$. Für diesen Winkel φ gilt (Skizze!) $\varphi = \frac{\pi}{2} - \sphericalangle(\vec{c}, \vec{n})$ und somit (→ Kap. 2, §3 (4))

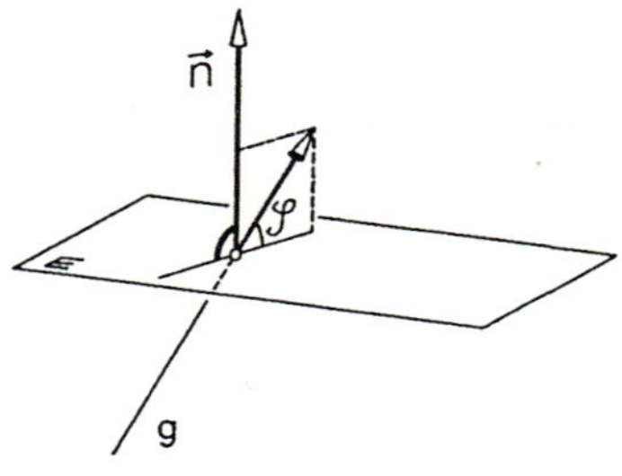

Abb. 38 – Winkel Gerade-Ebene

(17) *Winkel zwischen Gerade und Ebene*

$$\sin\varphi = \frac{|\vec{n}\cdot\vec{c}|}{|\vec{n}|\cdot|\vec{c}|}\,.$$

Beispiel 1. Sphärische Trigonometrie. Auf der Einheitskugel $\{X\ ;\ |\overrightarrow{OX}| = 1\}$ im Raum sind durch drei Punkte A, B, C mit den Ortsvektoren $\vec{a}$, $\vec{b}$, $\vec{c}$ die drei Ecken eines **sphärischen Dreiecks** gegeben:
Für die *Seiten* a, b, c des Dreiecks, das sind die *Großkreisbögen* BC, CA, AB, gilt

$$\cos a = \vec{b}\cdot\vec{c}\,,\quad \cos b = \vec{c}\cdot\vec{a}\,,\quad \cos c = \vec{a}\cdot\vec{b}\,,\qquad 0 \le a, b, c \le \pi\,.$$

Die *Winkel* α, β, γ des Dreiecks sind als Schnittwinkel der Großkreisebenen durch a, b, c bestimmt

$$\alpha = \sphericalangle(OAB, OAC)\,,\quad \beta = \sphericalangle(OBC, OBA)\,,\quad \gamma = \sphericalangle(OCA, OCB)\,.$$

Mit (16) ergibt sich $\qquad \cos\alpha = \frac{(\vec{a}\times\vec{b})\cdot(\vec{a}\times\vec{c})}{|\vec{a}\times\vec{b}|\cdot|\vec{a}\times\vec{c}|}\,.$

Der Zähler läßt sich mit der LAGRANGE-Identität (→ §5, Aufg. 4) umformen, so daß

$$\cos\alpha = \frac{(\vec{a}\cdot\vec{a})(\vec{b}\cdot\vec{c}) - (\vec{b}\cdot\vec{a})(\vec{a}\cdot\vec{c})}{|\vec{a}\times\vec{b}|\,|\vec{a}\times\vec{c}|}\,.$$

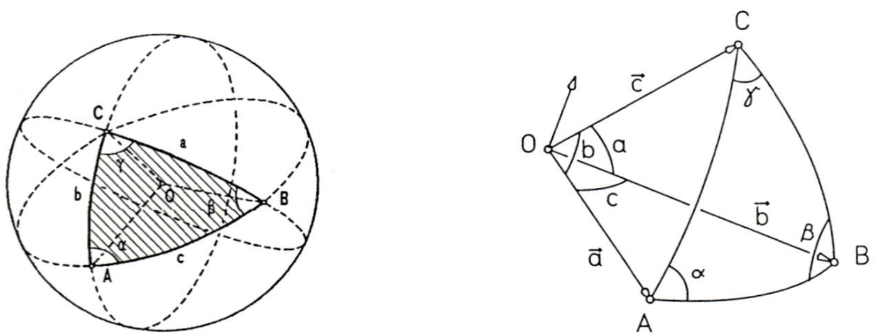

Abb. 39 – Sphärische Dreiecke

Mit $\vec{a}\cdot\vec{a}=1$, $\vec{b}\cdot\vec{c}=\cos a$, $\vec{b}\cdot\vec{a}=\cos c$, $\vec{a}\cdot\vec{c}=\cos b$ und $|\vec{a}\times\vec{b}|=|\vec{a}|\,|\vec{b}|\sin c=\sin c$, $|\vec{a}\times\vec{c}|=\sin b$ erhält man den

> 1. *Cosinussatz der sphärischen Trigonometrie*
>
> $$\cos a=\cos c\cos b+\cos\alpha\sin c\sin b\ .$$

Analog bestätigt man vektoriell den

> 2. *Cosinussatz der sphärischen Trigonometrie*
>
> $$\cos\alpha=-\cos\beta\cos\gamma+\cos a\sin\gamma\sin\beta\ .$$

und den

> *Sinussatz der sphärischen Trigonometrie*
>
> $$\frac{\sin a}{\sin\alpha}=\frac{\sin b}{\sin\beta}=\frac{\sin c}{\sin\gamma}$$

□

Beispiel 2. Grundaufgaben des CAD. Von der Einheitskugel mit Mittelpunkt $(0,0,1)$ soll ein Schrägriß in der Ebene $x_3=0$ bestimmt werden, indem man parallel zur Richtung $\vec{e}_1+\vec{e}_2-2\vec{e}_3$ beleuchtet. Die Abbildungsgleichung ergibt sich aus der Parameterdarstellung des Lichtstrahls durch den Punkt $X=(x,y,z)$:

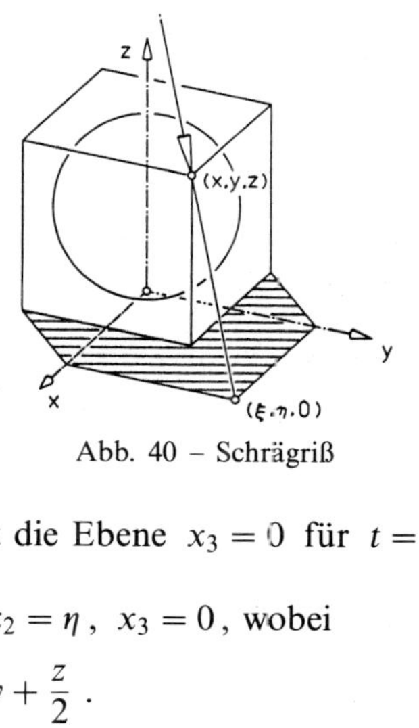

Abb. 40 – Schrägriß

$\begin{pmatrix}x_1\\x_2\\x_3\end{pmatrix}=\begin{pmatrix}x\\y\\z\end{pmatrix}+t\begin{pmatrix}1\\1\\-2\end{pmatrix}$, $t\in\mathbb{R}$. Dieser trifft die Ebene $x_3=0$ für $t=\frac{z}{2}$ in dem Bildpunkt mit den Koordinaten $x_1=\xi$, $x_2=\eta$, $x_3=0$, wobei

$$(18)\qquad \xi=x+\frac{z}{2}\,,\qquad \eta=y+\frac{z}{2}\,.$$

(18) bestimmt eine lineare Abbildung des $\mathbb{R}^3$ in den $\mathbb{R}^2$ (→ Kap. 6).
Um den Umriß des Schattens zu bestimmen, bringen wir den Projektionsstrahl mit der Kugel zum Schnitt

$$(\xi+t)^2+(\eta+t)^2+(-2t-1)^2=1\ .$$

Das ist eine quadratische Gleichung für t :

$$6t^2+(2\xi+2\eta+4)t+(\xi^2+\eta^2)=0\ .$$

In Umrißpunkten trifft der Lichtstrahl die Kugel genau in einem Punkt, daher muß in diesen Punkten die Diskriminante $(2\xi+2\eta+4)^2-4\cdot6\cdot(\xi^2+\eta^2)$

verschwinden. Diese Bedingung stellt bereits die Gleichung des Umrisses dar:

$$5\xi^2 + 5\eta^2 - 2\xi\eta - 4\xi - 4\eta - 4 = 0 \ .$$

Das ist eine Ellipse mit Mittelpunkt $(\frac{1}{2}, \frac{1}{2})$, deren Achsen um 45° gedreht sind und deren Brennpunkt im Nullpunkt liegt (DANDELIN-Kugel). □

Darstellungen und Umrechnungen für Ebenen im Raum

Darstellungen: ($X = (x, y, z)$ Punkt auf der Ebene, $\vec{x} := \overrightarrow{OX}$)

(1) *Parameterdarstellung* :

$\vec{x} = \vec{a} + t\vec{b} + s\vec{c}$, $t, s \in \mathbb{R}$; $\vec{b} \times \vec{c} \neq \vec{0}$

$\vec{a} = \overrightarrow{OA}$, A Aufpunkt; $\vec{b}, \vec{c}$ Richtungsvektoren

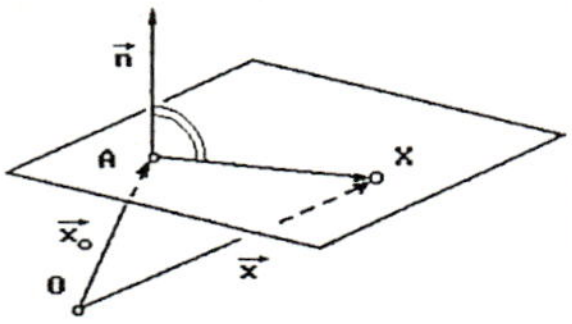

(2) *Koordinatengleichung* :

(a) $ax + by + cz + d = 0$; $(a, b, c) \neq (0, 0, 0)$

(b) $\vec{n} \cdot (\vec{x} - \vec{x}_0) = 0$; $\vec{n} \neq \vec{0}$

(c) $\vec{n}_0 \cdot \vec{x} = d_0$; $|\vec{n}_0| = 1$, $d_0 \geq 0$ (HESSE – Normalform)

Umrechnung:

(1) → (2) : $\begin{pmatrix} a \\ b \\ c \end{pmatrix} = \vec{n} = \vec{b} \times \vec{c}$; $\vec{x}_0 = \vec{a}$; $d = -\vec{n} \cdot \vec{x}_0$; .

(2a) → (1) : Nach x auflösen, falls $a \neq 0$ (nach y für $b \neq 0$ bzw. nach z für $c \neq 0$) und y, z (x, z bzw. x, y) als Parameter s, t nehmen. Für die Ebene $x - y = 5$ z.B.:

$$\begin{matrix} x - y = 5 \\ y = t \\ z = s \end{matrix} \Rightarrow \begin{matrix} x = 5 + t \\ y = \phantom{5+{}} t \\ z = \phantom{5+t+{}} s \end{matrix} \Rightarrow \vec{x} = \begin{pmatrix} 5 \\ 0 \\ 0 \end{pmatrix} + t \begin{pmatrix} 1 \\ 1 \\ 0 \end{pmatrix} + s \begin{pmatrix} 0 \\ 0 \\ 1 \end{pmatrix}$$

(2a) → (2b) : $\vec{n} = \begin{pmatrix} a \\ b \\ c \end{pmatrix}$; $\vec{x}_0 = \begin{pmatrix} -d/a \\ 0 \\ 0 \end{pmatrix}$, $\vec{x}_0 = \begin{pmatrix} 0 \\ -d/b \\ 0 \end{pmatrix}$, $\vec{x}_0 = \begin{pmatrix} 0 \\ 0 \\ -d/c \end{pmatrix}$,

(jeweils für den Fall $a \neq 0$, $b \neq 0$, $c \neq 0$)

(2b) → (2a) : $d = -\vec{n} \cdot \vec{x}_0$; $\begin{pmatrix} a \\ b \\ c \end{pmatrix} = \vec{n}$.

(2b) → (2c) : $d_0 = |\vec{n} \cdot \vec{x}_0| / |\vec{n}|$; $\vec{n}_0 = (sgn(\vec{n} \cdot \vec{x}_0)/|\vec{n}|) \cdot \vec{n}$.

(2a) → (2c) : $d_0 = |d| / \sqrt{a^2 + b^2 + c^2}$; $\vec{n}_0 = (-(sgn(d))/\sqrt{a^2 + b^2 + c^2}) \begin{pmatrix} a \\ b \\ c \end{pmatrix}$.

(2c) → (2a) : Skalarprodukt explizit ausrechnen — *(nicht relevant)* .

(2c) → (2b) : $\vec{n} = \vec{n}_0$, $\vec{x}_0$ wie in (2a) → (2b) bestimmen — *(nicht relevant)* .

Darstellungen und Umrechnungen für Geraden im Raum

Darstellungen: ($X=(x,y,z)$ Punkt auf der Geraden g, $\vec{x}:=\overrightarrow{OX}$)

① *Parameterdarstellung* :

$\vec{x}=\vec{a}+t\vec{b}$, $t\in\mathbb{R}$; $\vec{b}\neq\vec{0}$

$\vec{a}=\overrightarrow{OA}$, $A=(a_1,a_2,a_3)$ Aufpunkt ; $\vec{b}$ Richtungsvektor

② *Koordinatengleichungen* :

$$g:\begin{cases}\vec{n}_1\cdot\vec{x}=d_1 & ;\quad \vec{n}_1\neq\vec{0}\\ \vec{n}_2\cdot\vec{x}=d_2 & ;\quad \vec{n}_2\neq\vec{0},\ \vec{n}_1\times\vec{n}_2\neq\vec{0}\end{cases}$$

(Darstellung als *Schnitt zweier Ebenen*)

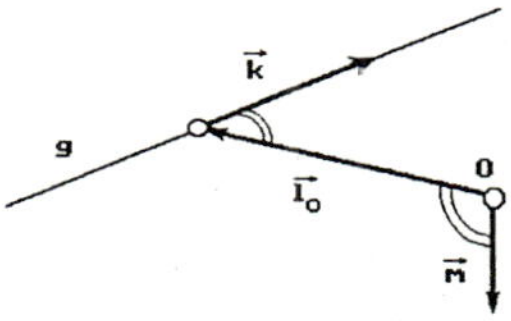

③ *Momentengleichung* :

$\vec{x}\times\vec{k}=\vec{m}$; $\vec{k}\neq\vec{0}$ mit $\vec{k}\cdot\vec{m}=0$

(g ist *Wirkungslinie der Kraft* $\vec{k}$ *mit Moment* $\vec{m}$ *bzgl.* O)
oder

$\overrightarrow{PX}\times\vec{k}=\vec{m}_P$ mit Moment $\vec{m}_P=\vec{m}-\overrightarrow{OP}\times\vec{k}$ bzgl. P

Umrechnung:

① → ② : $b_1\neq0$, $b_2\neq0$ und $b_3\neq0$ $\Rightarrow$ $g:\frac{x-a_1}{b_1}=\frac{y-a_2}{b_2}=\frac{z-a_3}{b_3}\ (=t)$.
$b_1=0$, $b_2\neq0$ und $b_3\neq0$ $\Rightarrow$ $g:\frac{y-a_2}{b_2}=\frac{z-a_3}{b_3}$, $x=a_1$.
$b_1=0$, $b_2=0$ und $b_3\neq0$ $\Rightarrow$ $g: x=a_1$, $y=a_2$.
(Analog die anderen Möglichkeiten)

② → ① : $\vec{b}=\vec{n}_1\times\vec{n}_2$. Für $\vec{a}$ setze man in ②
$x=0$, falls $b_1\neq0$; $y=0$, falls $b_2\neq0$; $z=0$, falls $b_3\neq0$
und löse ② auf nach y,z (x,z bzw. x,y)

$$g:\begin{cases}3x+7y+9z-5=0\\ 2x+4y+8z-6=0\end{cases}\Rightarrow\ \vec{b}=\begin{pmatrix}3\\7\\9\end{pmatrix}\times\begin{pmatrix}2\\4\\8\end{pmatrix}=\begin{pmatrix}20\\-6\\-2\end{pmatrix}.$$

$$b_3\neq0\Rightarrow z=0\Rightarrow\begin{cases}3x+7y=5\\ 2x+4y=6\end{cases}\Rightarrow\vec{a}=\begin{pmatrix}11\\-4\\0\end{pmatrix}.$$

① → ③ : $\vec{k}=\vec{b}$; $\vec{m}=\vec{a}\times\vec{b}$.

③ → ① : $\vec{b}=\vec{k}$; $\vec{a}=\vec{l}_O$, wobei allg. $\vec{l}_P=\frac{1}{|\vec{k}|^2}(\vec{k}\times\vec{m}_P)$ das Lot von P auf g.

② → ③ : $\vec{k}=\vec{n}_1\times\vec{n}_2$; $\vec{m}=d_2\vec{n}_1-d_1\vec{n}_2$.
(Beachte: $\vec{m}=\vec{x}\times(\vec{n}_1\times\vec{n}_2)=(\vec{x}\cdot\vec{n}_2)\vec{n}_1-(\vec{x}\cdot\vec{n}_1)\vec{n}_2$)

③ → ② : Produkt ausschreiben, 2 der 3 skalaren Gleichungen sind nicht vom Typ $0=0$, sie bestimmen eine Darstellung ② .

$$\vec{x}\times\begin{pmatrix}1\\2\\3\end{pmatrix}=\begin{pmatrix}-1\\-1\\1\end{pmatrix}\Rightarrow\begin{pmatrix}3y-2z\\z-3x\\2x-y\end{pmatrix}=\begin{pmatrix}-1\\-1\\1\end{pmatrix}\Rightarrow g:\begin{cases}3y-2z+1=0\\ z-3x+1=0\end{cases}.$$

Aufgaben

1. Die kartesischen Koordinaten der Ecken eines *Tetraeders* Δ im $\mathbb{R}^3$ seien

$$A_1 = (1,1,1)\,,\ A_2 = (1,-1,-1)\,,\ A_3 = (-1,-1,1)\,,\ A_4 = (-1,1,-1)\ .$$

Man bestimme
a) das Volumen des Tetraeders Δ,
b) eine Parameterdarstellung der Höhe durch A_4,
c) eine Gleichung für die Ebene E durch A_1, A_2, A_3,
d) das gemeinsame Lot und den Abstand der Kanten $\overline{A_1A_2}$, $\overline{A_3A_4}$.

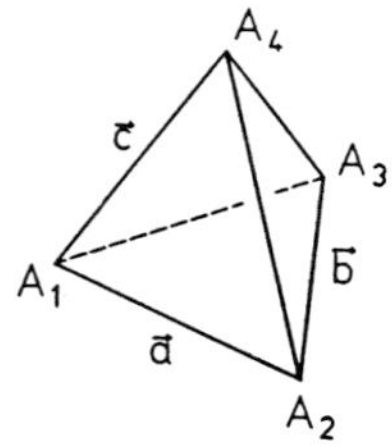

2. Man bestimme das gemeinsame Lot und den kürzesten Abstand der beiden Geraden im $\mathbb{R}^3$:

$$\vec{x} \times \begin{pmatrix} 0 \\ 0 \\ 1 \end{pmatrix} = \begin{pmatrix} 2 \\ -2 \\ 0 \end{pmatrix} \qquad \text{und} \qquad \vec{x} = t \begin{pmatrix} 2 \\ -1 \\ 2 \end{pmatrix}, \ t \in \mathbb{R}\ .$$

3. Im $\mathbb{R}^3$ sind die Ebene $E\ :\ x = y$ und die Gerade $g\ :\ 10 - 2x = -5y = 10z$ gegeben.
– Man bestimme eine *Parameterdarstellung* für E.
– Unter welchem Winkel trifft die Gerade g auf die Ebene E ?

4. Im $\mathbb{R}^3$ sollen sich die beiden Geraden g_1 und g_2 schneiden:

$$g_1\ :\ x - 1 = \frac{y+1}{2} = -\frac{z+1}{\lambda}\,; \qquad g_2\ :\ x + 2 = y - 1 = z\ .$$

a) Wie groß muß λ sein ?
b) Welche Koordinaten hat der Schnittpunkt ?
c) In welcher Ebene liegen g_1 und g_2 ?
d) Wie groß ist der Schnittwinkel zwischen g_1 und g_2 ?

5. Gesucht ist die Gerade im Raum, die durch den Punkt O geht und mit den drei Ebenen

$$3x - 4y = 0\ , \quad y = 0\ , \quad z = 0$$

gleiche Winkel einschließt. Wie groß ist dieser Winkel ?

6. Die Gerade g_1 trifft die Punkte $(1,-1,1)$ und $(-1,-1,-1)$, die Gerade g_2 geht durch $(-1,1,1)$ und $(1,1,-1)$. Man berechne die Schnittpunkte mit der Ebene $x_3 = c$ und deren Verbindungsgerade g_c. Man bestätige, daß jede dieser Geraden g_c auf der *Fläche* $F\ :\ x_1 + x_2x_3 = 0$ liegt. Auf F liegt eine zweite Geradenschar, *welche*?

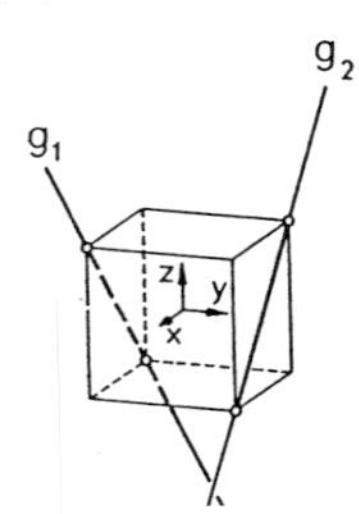

7. a) Welche Entfernung a auf der Erdkugel haben NEW YORK (41° n.B., 74° w.B.) und LISSABON (38° n.B., 9° w.B.) ?
(*Hilfe*: Berechne die Ortsvektoren von NY und L im skizzierten Koordinatensystem mit Erdradius $R = 6367\,\text{km}$)
b) Unter welchem Winkel γ schneidet der Großkreisbogen von New York nach Lissabon den Meridian in New York?

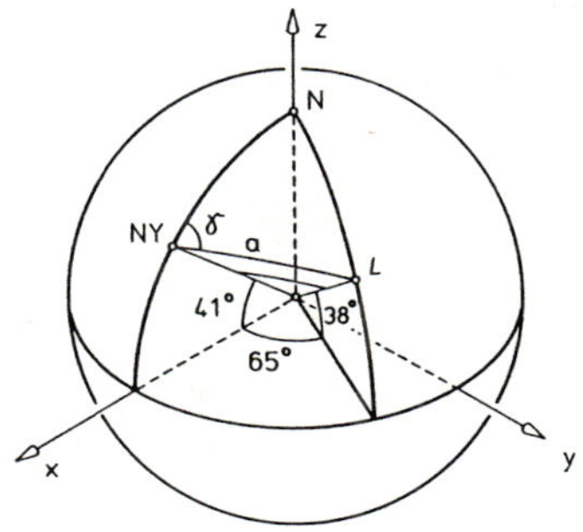

8. Man bestimme den Schattenriß des Würfels $\{(x,y,z) \in \mathbb{R}^3 \mid |x| \leq 1,\ |y| \leq 1,\ 0 \leq z \leq 2\}$ unter der Projektion (18) (→ Abb. 40).

§7. Gebundene Vektoren

* **7.1 Gebundene Vektoren.** Die bisher betrachteten Vektoren sind „frei" in dem Sinne, daß sie im ganzen Raum parallel verschiebbar sind; in der Mechanik beschreibt man damit räumlich homogene Kräfte und Momente. Zur Darstellung von „*Einzelkräften*", die punktförmig an einem starren Körper angreifen und nur längs ihrer Wirkungslinie verschoben werden dürfen, benötigt man den Begriff des – an eine Gerade – gebundenen Vektors im Raum:

Definition. *Unter einem* **gebundenen Vektor** *versteht man ein Paar* $(\vec{k}, g)$ *mit einem* **freien Vektor** $\vec{k}$ **und einer Geraden** g, *die – falls* $\vec{k} \neq \vec{0}$ *– in Richtung* $\vec{k}$ *verläuft. Der Nullvektor* $\vec{k} = \vec{0}$ *zusammen mit einer beliebigen Geraden heißt* **gebundener Nullvektor**.

Im Hinblick auf die ausschließliche Anwendung in der Mechanik nennen wir $\vec{k}$ *Kraftvektor*, g *Wirkungslinie* und jeden Punkt A der Geraden g *Angriffspunkt* des gebundenen Vektors. Ist P ein beliebiger Punkt des Raumes und A ein Angriffspunkt, so heißt

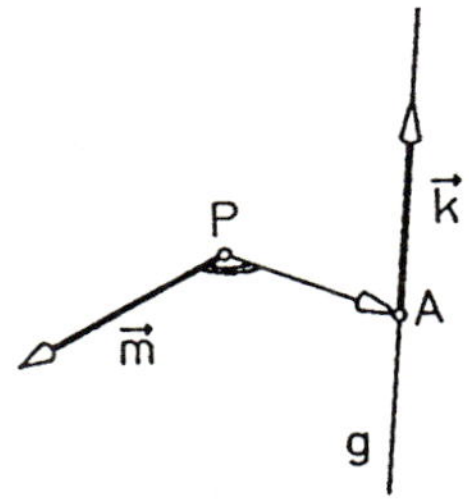

Abb. 41 – Gebundener Vektor

(1) $$\vec{m}_P := \overrightarrow{PA} \times \vec{k}$$

das *Moment des gebundenen Vektors im Punkt* P. Die Momentengleichung der Wirkungslinie lautet (→ 6.3)

$$\overrightarrow{PX} \times \vec{k} = \vec{m}_P\ .$$

Definition.

1. *Als* **Wirkung des gebundenen Vektors im Punkt** P *definieren wir das geordnete Paar „freier" Vektoren* $(\vec{k}, \vec{m}_P)$.
2. *Zwei gebundene Vektoren sind* **gleich**, *wenn es einen Punkt* P *gibt, in dem sie die gleiche Wirkung, d.h. den gleichen Kraftvektor und das gleiche Moment besitzen.*

Kennt man die Wirkung $(\vec{k}, \vec{m}_P)$ im Punkt P, so erhält man die Wirkung in einem beliebigen anderen Punkt Q durch

$$(2) \qquad (\vec{k}, \vec{m}_Q) = (\vec{k}, \vec{m}_P - \overrightarrow{PQ} \times \vec{k}) .$$

Beweis. Ist A ein Angriffspunkt des gebundenen Vektors, so gilt

$$\vec{m}_Q = \overrightarrow{QA} \times \vec{k} = (\overrightarrow{PA} - \overrightarrow{PQ}) \times \vec{k} = \vec{m}_P - \overrightarrow{PQ} \times \vec{k} . \qquad \square$$

Beispiel. Der Kraftvektor $\vec{k} = \begin{pmatrix} 1 \\ -1 \\ 1 \end{pmatrix}$ greife im Punkt $A = (0,1,2)$ an; dann ist seine Wirkung im Punkt $O = (0,0,0)$:

$$\left(\begin{pmatrix} 1 \\ -1 \\ 1 \end{pmatrix}, \begin{pmatrix} 0 \\ 1 \\ 2 \end{pmatrix} \times \begin{pmatrix} 1 \\ -1 \\ 1 \end{pmatrix} \right) = \left(\begin{pmatrix} 1 \\ -1 \\ 1 \end{pmatrix}, \begin{pmatrix} 3 \\ 2 \\ -1 \end{pmatrix} \right) .$$

Für die Wirkung im Punkt $P = (-1,-1,-1)$ ergibt sich

$$\left(\begin{pmatrix} 1 \\ -1 \\ 1 \end{pmatrix}, \begin{pmatrix} 3 \\ 2 \\ -1 \end{pmatrix} - \begin{pmatrix} -1 \\ -1 \\ -1 \end{pmatrix} \times \begin{pmatrix} 1 \\ -1 \\ 1 \end{pmatrix} \right) = \left(\begin{pmatrix} 1 \\ -1 \\ 1 \end{pmatrix}, \begin{pmatrix} 5 \\ 2 \\ -3 \end{pmatrix} \right) . \qquad \square$$

* **7.2 Ein System gebundener Vektoren** ist eine endliche Menge gebundener Vektoren. In der Mechanik beschreibt man damit in der Regel ein System von Einzelkräften, die an einem starren Körper angreifen (*Kraftsystem*).

Definition.

1. *Ein System von zwei gebundenen Vektoren heißt* **Vektorwinder**.
2. *Besteht das System aus* n *gebundenen Vektoren und sind* $(\vec{k}_1, \vec{m}_{1P}), \ldots, (\vec{k}_n, \vec{m}_{nP})$ *deren Wirkungen im Punkt* P, *so ist nach dem* **Superpositionsprinzip** *die* **Wirkung des Systems im Punkt** P *das Vektorpaar*

$$(3) \qquad (\vec{k}, \vec{m}_P) := (\sum_{i=1}^{n} \vec{k}_i \, , \, \sum_{i=1}^{n} \vec{m}_{iP}) .$$

$\vec{k}$ *heißt* **resultierender Kraftvektor**, $\vec{m}_P$ **Moment des Systems im Punkt** P.
Die Addition von Wirkungen in einem Punkt P *ist erklärt durch*

$$(\vec{k}_1, \vec{m}_{1P}) + (\vec{k}_2, \vec{m}_{2P}) := (\vec{k}_1 + \vec{k}_2, \vec{m}_{1P} + \vec{m}_{2P}) .$$

3. *Zwei Systeme von gebundenen Vektoren heißen* **äquivalent**, *wenn es einen Punkt P gibt, in welchem beide Systeme die gleiche Wirkung besitzen.*

Für die Wirkung des Systems in einem anderen Punkt Q erhält man mit (2) und §5(8c) sofort

(4) $$(\vec{k}, \vec{m}_Q) = (\vec{k}, \vec{m}_P - \overrightarrow{PQ} \times \vec{k}) \, .$$

Satz 7.1. *Zwei Systeme von gebundenen Vektoren sind genau dann äquivalent, wenn sie in jedem Punkt P jeweils das gleiche Moment besitzen.*

Beweis. Seien $(\vec{k}, \vec{m}_P)$ und $(\vec{k}', \vec{m}'_P)$ die Wirkungen der Systeme im Punkt P, dann folgt aus $\vec{k} = \vec{k}'$ und $\vec{m}_P = \vec{m}'_P$ für einen beliebigen Punkt Q

$$\vec{m}_Q = \vec{m}_P - \overrightarrow{PQ} \times \vec{k} = \vec{m}'_P - \overrightarrow{PQ} \times \vec{k}' = \vec{m}'_Q \, .$$

Umgekehrt folgt aus $\vec{m}_Q = \vec{m}'_Q$ für jeden Punkt Q sofort $\vec{m}_P = \vec{m}'_P$ und damit $\overrightarrow{PQ} \times (\vec{k} - \vec{k}') = \vec{0}$. Dies ist für beliebiges $\overrightarrow{PQ}$ nur möglich, falls $\vec{k} = \vec{k}'$. □

Satz 7.2. *Jedes System von gebundenen Vektoren ist äquivalent zu einem Vektorwinder.*

Beweis. Sei P ein beliebiger Punkt, dann stellt $(\vec{k}, \vec{m}_P)$ nur dann die Wirkung eines gebundenen Vektors dar, wenn

(5) $$\vec{k} \cdot \vec{m}_P = 0 \quad \text{und} \quad (\vec{k} = \vec{0} \Rightarrow \vec{m}_P = \vec{0}) \, .$$

Für die Wirkung eines Kraftsystems ist (5) im allg. *nicht* erfüllt, daher zerlegen wir die Wirkung

(6) $$(\vec{k}, \vec{m}_P) = (\vec{l}, \vec{m}_P) + (\vec{k} - \vec{l}, \vec{0}) \, ,$$

wobei $\vec{l} \neq \vec{0}$ senkrecht zu $\vec{m}_P$ aber sonst beliebig gewählt ist. $(\vec{k} - \vec{l}, \vec{0})$ ist Wirkung eines gebundenen Vektors mit Angriffspunkt P. □

Definition. *Ein Vektorwinder mit der Wirkung $(\vec{0}, \vec{m}_P)$ im Punkt P heißt* **freies Moment**.

Aus der Zerlegung

$$(\vec{0}, \vec{m}_P) = (\vec{l}, \vec{m}_P) + (-\vec{l}, \vec{0})$$

mit $\vec{l} \neq \vec{0}$ und $\vec{l} \cdot \vec{m}_P = 0$ erkennt man, daß ein freies Moment stets einem Paar von gebundenen Vektoren äquivalent ist, deren Kraftvektoren gleichen Betrag und entgegengesetzte Richtung besitzen (*Kräftepaar*). Die Bezeichnung „frei" rechtfertigt

Satz 7.3. *Ein freies Moment hat in jedem Punkt die gleiche Wirkung.*

Beweis. Wegen $\vec{k} = \vec{0}$ ist $\overrightarrow{QP} \times \vec{k} = \vec{0}$, d.h. mit (4) ist $\vec{m}_Q = \vec{m}_P$ für alle Punkte Q. □

* 7.3 Die Reduktion eines Systems gebundener Vektoren.

(a) *Reduktion im Punkt* P : Die Darstellung (6) eines Vektorwinders ist nicht eindeutig, daher bevorzugt man in der Mechanik eine *eindeutiger* Zerlegung der Wirkung in P

(7)
$$(\vec{k}, \vec{m}_P) = (\vec{k}, \vec{0}) + (\vec{0}, \vec{m}_P) \ .$$

Ist $(\vec{k}, \vec{m}_P)$ die Wirkung eines Systems gebundener Vektoren in P so heißt (7) *Reduktion des Systems in* P. Für ein Kraftsystem ist $(\vec{k}, \vec{0})$ die Wirkung der resultierenden Kraft mit Angriffspunkt P, $(\vec{0}, \vec{m}_P)$ das resultierende Moment in P. Äquivalente Systeme besitzen in jedem Punkt des Raumes jeweils die gleiche Reduktion.

(b) *Reduktion zur Vektorschraube*. Hat ein System gebundener Vektoren in einem Punkt A die Wirkung $(\vec{k}, \vec{m}_A)$ mit $\vec{k} \neq \vec{0}$ und $\vec{m}_A = p\vec{k}$, so sagt man, *das System wirkt in* A *als Vektorschraube mit Steigungsparameter* p.

Satz 7.4. *Ein System gebundener Vektoren, das in einem (beliebigen) Punkt* P *die Wirkung* $(\vec{k}, \vec{m}_P)$ *mit* $\vec{k} \neq \vec{0}$ *besitzt, wirkt in jedem Punkt der Geraden*

(8)
$$g: \quad \overrightarrow{PX} = \frac{1}{|\vec{k}|^2} \vec{k} \times \vec{m}_P + t\vec{k} \ , \qquad t \in \mathbb{R}$$

als Vektorschraube mit dem Steigungsparameter

$$p = \frac{1}{|\vec{k}|^2} \vec{k} \cdot \vec{m}_P \ .$$

Man nennt g *die* **Achse des Systems**, *sie ist eindeutig bestimmt.*

Beweis. Wir zerlegen $\vec{m}_P$ orthogonal längs $\vec{k}$ (→ §5 (6)),

(9)
$$\vec{m}_P = \vec{m}_{\vec{k}} + \vec{m}_{\vec{n}} \quad \text{mit} \quad \vec{m}_{\vec{k}} = \frac{\vec{k} \cdot \vec{m}_P}{|\vec{k}|^2} \vec{k} \ .$$

Das Moment in einem Punkt A besitzt gemäß (4) die Zerlegung

$$\vec{m}_A = \vec{m}_P - \overrightarrow{PA} \times \vec{k} = \vec{m}_{\vec{k}} + (\vec{m}_{\vec{n}} - \overrightarrow{PA} \times \vec{k}) \ ,$$

woraus man einerseits ersieht, daß $\vec{m}_{\vec{k}}$ unabhängig ist von P und andererseits, daß $\vec{m}_A$ genau dann parallel ist zu $\vec{k}$, wenn A auf der Geraden $\overrightarrow{PX} \times \vec{k} = \vec{m}_{\vec{n}}$ liegt. Wegen $\vec{k} \times \vec{m}_{\vec{n}} = \vec{k} \times \vec{m}_P$ besitzt diese (eindeutig bestimmte) Gerade g die angegebene Parameterdarstellung (→ 6.3). Für jeden Punkt A auf g gilt $\vec{m}_A = \vec{m}_{\vec{k}} = p\vec{k}$ mit $p = \dfrac{\vec{k} \cdot \vec{m}_P}{|\vec{k}|^2}$ (→ Abb. 42a). □

> *Die Reduktion eines Systems gebundener Vektoren zur Vektorschraube:*
>
> *1. Schritt:* Wahl eines Bezugspunktes P.
>
> *2. Schritt:* Berechnung der Wirkungen $(\vec{k}_i, \vec{m}_{iP})$ in P mit (1).
>
> *3. Schritt:* Berechnung der Wirkung des Systems in P mit (3).
>
> *4. Schritt:* Ist $\vec{k} = \vec{0}$, so ist das System äquivalent zu einem freien Moment.
> Falls $\vec{k} \neq \vec{0}$, dann wirkt das System in jedem Punkt der Achse (8) als Vektorschraube mit Steigungsparameter $p = \frac{1}{|\vec{k}|^2}\vec{k} \cdot \vec{m}_P$. Mit (9) gilt
>
> $$(\vec{k}, \vec{m}_P) = (\vec{k}, \vec{m}_{\vec{n}}) + (\vec{0}, \vec{m}_{\vec{k}}) .$$

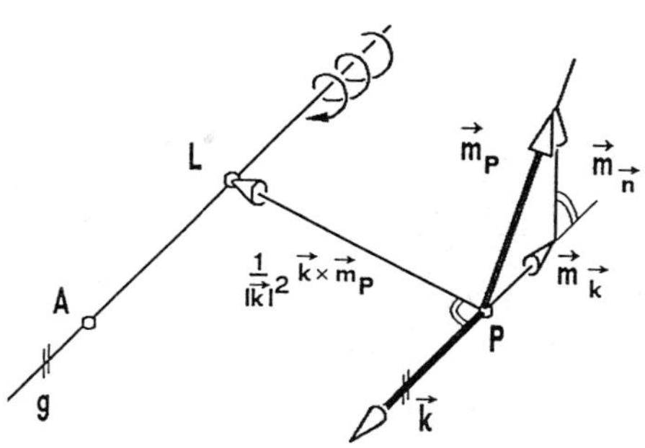

Abb. 42a – Vektorschraube

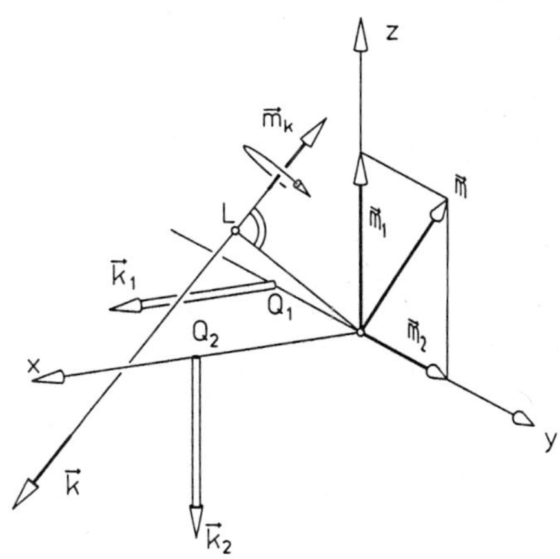

Abb. 42b – Reduktion eines Kraftsystems

Beispiel. Gegeben ist das System zweier gebundener Vektoren mit Kraftvektoren $\vec{k}_1 = \begin{pmatrix} 2 \\ 0 \\ 0 \end{pmatrix}$, $\vec{k}_2 = \begin{pmatrix} 0 \\ 0 \\ -2 \end{pmatrix}$ und den Angriffspunkten $Q_1 = (0, -1, 0)$, $Q_2 = (1, 0, 0)$ (→ Abb. 42b). Im Punkt $O = (0, 0, 0)$ sind die Wirkungen

$$\left(\begin{pmatrix} 2 \\ 0 \\ 0 \end{pmatrix}, \begin{pmatrix} 0 \\ -1 \\ 0 \end{pmatrix} \times \begin{pmatrix} 2 \\ 0 \\ 0 \end{pmatrix}\right) = \left(\begin{pmatrix} 2 \\ 0 \\ 0 \end{pmatrix}, \begin{pmatrix} 0 \\ 0 \\ 2 \end{pmatrix}\right),$$

$$\left(\begin{pmatrix} 0 \\ 0 \\ -2 \end{pmatrix}, \begin{pmatrix} 1 \\ 0 \\ 0 \end{pmatrix} \times \begin{pmatrix} 0 \\ 0 \\ -2 \end{pmatrix}\right) = \left(\begin{pmatrix} 0 \\ 0 \\ -2 \end{pmatrix}, \begin{pmatrix} 0 \\ 2 \\ 0 \end{pmatrix}\right).$$

Das System hat in P die Wirkung

$$\left(\begin{pmatrix}2\\0\\0\end{pmatrix}+\begin{pmatrix}0\\0\\-2\end{pmatrix},\begin{pmatrix}0\\0\\2\end{pmatrix}+\begin{pmatrix}0\\2\\0\end{pmatrix}\right)=\left(\begin{pmatrix}2\\0\\-2\end{pmatrix},\begin{pmatrix}0\\2\\2\end{pmatrix}\right).$$

Mit $\vec{m}_{\vec{k}} = \frac{-4}{8}\begin{pmatrix}2\\0\\-2\end{pmatrix} = \begin{pmatrix}-1\\0\\1\end{pmatrix}$ lautet die Reduktion zur Vektorschraube

$$(\vec{\mathrm{k}},\vec{\mathrm{m}}_\mathrm{P}) = \left(\begin{pmatrix}2\\0\\-2\end{pmatrix},\begin{pmatrix}1\\2\\1\end{pmatrix}\right)+\left(\vec{0},\begin{pmatrix}-1\\0\\1\end{pmatrix}\right).$$

Der Lotvektor von O auf die Achse ist $\frac{1}{8}\begin{pmatrix}2\\0\\-2\end{pmatrix}\times\begin{pmatrix}1\\2\\1\end{pmatrix}=\begin{pmatrix}1/2\\-1/2\\1/2\end{pmatrix}$, die Parameterdarstellung der Achse ist

$$\overrightarrow{OA}=\begin{pmatrix}1/2\\-1/2\\1/2\end{pmatrix}+\mathrm{t}\begin{pmatrix}2\\0\\-2\end{pmatrix},\quad \mathrm{t}\in\mathbb{R}.$$

Der Steigungsparameter ist $p = \frac{-4}{8} = -\frac{1}{2} < 0$, daher liegt eine Linksschraube vor. □

Aufgaben

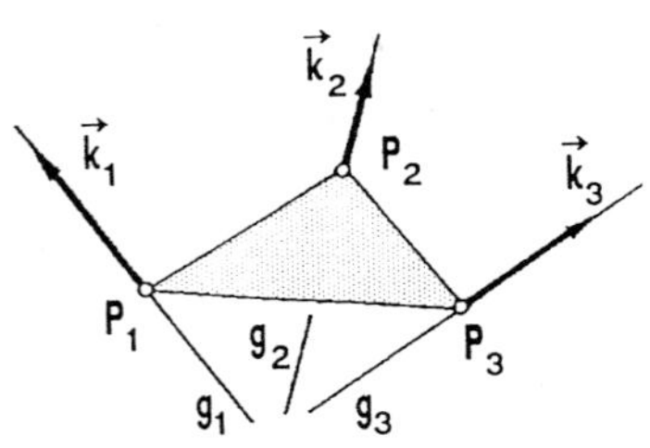

1. In den Ecken $P_1 = (0,0,2)$, $P_2 = (0,1,0)$, $P_3 = (-1,0,0)$ einer dreieckigen Platte wirken in Abhängigkeit von α die Einzelkräfte

$$\vec{k}_1=\begin{pmatrix}\alpha\\-\alpha\\1\end{pmatrix},\quad \vec{k}_2=\begin{pmatrix}\alpha\\\alpha\\-1\end{pmatrix},\quad \vec{k}_3=\begin{pmatrix}\alpha\\\alpha\\1\end{pmatrix}.$$

   a) Für welche Werte von α ist das Kraftsystem äquivalent zu einer Einzelkraft, wie lautet diese?

   b) Man reduziere das Kraftsystem für jedes α auf eine Vektorschraube. Für welche α ist der Drehsinn positiv?

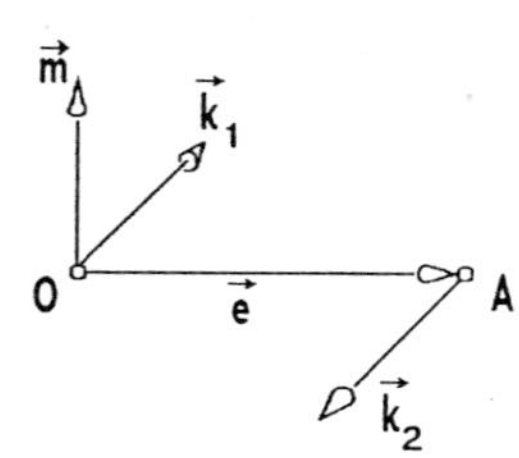

2. *Darstellung eines freien Moments als Hebel.* Man rechne nach, daß ein freies Moment mit der Wirkung $(\vec{0},\vec{m})$ stets äquivalent ist zu einem Kräftepaar mit den Kraftvektoren

$$\vec{k}_1 = \vec{m}\times\vec{e}\,,\quad \vec{k}_2 = -\vec{m}\times\vec{e}$$

und den Angriffspunkten O und A, wobei $\vec{e} = \overrightarrow{OA}$, $|\vec{e}| = 1$ und $\vec{e}\cdot\vec{m} = 0$.

§8. Die komplexen Zahlen

8.1 Die Menge der komplexen Zahlen. In der mit einem kartesischen (x, y)-Koordinatensystem versehenen Ebene stellen die Punkte der x-Achse die reellen Zahlen dar. Wir gehen dazu über, auch alle anderen Punkte der Ebene als „Zahlen" aufzufassen. Dazu schreiben wir den Punkt $z = (x, y)$ (genauer: das den Punkt repräsentierende Zahlenpaar) in der Form

$$z = x + iy$$

und nennen ihn eine *komplexe Zahl* mit *Realteil* $\operatorname{Re} z := x$ und *Imaginärteil* $\operatorname{Im} z := y$. Die x-Achse heißt *reelle Achse*, die y-Achse wird *imaginäre Achse* genannt. Abkürzend schreibt man $x = x + i0 = (x, 0)$ (das sind die reellen Zahlen auf der reellen Achse) und $iy = 0 + iy = (0, y)$ (das sind die sogenannten *rein imaginären Zahlen* auf der imaginären Achse). Die Menge aller komplexen Zahlen wird mit $\mathbb{C}$ bezeichnet.

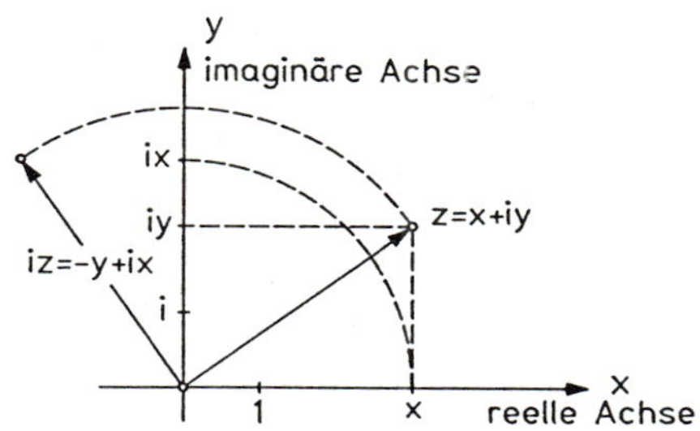

Abb. 43 – Komplexe Ebene

$$\mathbb{C} := \{ x + iy \; ; x, y \in \mathbb{R} \} .$$

Zwei komplexe Zahlen $z = x+iy$ und $w = u+iv$ (mit $x, y, u, v \in \mathbb{R}$) sind genau dann gleich, wenn $x = u$ und $y = v$ gilt. Ist nichts anderes gesagt, so sind in $z = x + iy$ die Zahlen x, y reell. Es ist üblich, den vom Ursprung O nach z weisenden Zeiger (Ortsvektor) ebenfalls mit z zu bezeichnen. Die Ebene, deren Punkte als komplexe Zahlen aufgefaßt werden, heißt *komplexe Zahlenebene*.

8.2 Die vier Grundrechenarten in $\mathbb{C}$. Die *Summe* und die *Differenz* komplexer Zahlen ist durch

$$\boxed{\begin{aligned}(x + iy) + (u + iv) &:= (x + u) + i(y + v)\\ (x + iy) - (u + iv) &:= (x - u) + i(y - v)\end{aligned}}$$

definiert. Sie entspricht der Vektor-Summe bzw. Differenz der zugehörigen Zeiger (→ §4).

Die Zahl $ix \in \mathbb{C}$ entsteht aus $x \in \mathbb{R} \subseteq \mathbb{C}$ (→ Abb. 43) durch eine positive Drehung (gegen Uhrzeigersinn) des zugehörigen Zeigers um den Winkel $\frac{\pi}{2}$. Die Multiplikation in $\mathbb{C}$ wird nun so erklärt, daß generell der Zeiger $i \cdot z$ aus z durch eine positive Drehung um $\frac{\pi}{2}$ hervorgeht. Wenn das überhaupt möglich ist, wird man $i^2 = i \cdot i = -1$ festlegen müssen. Deshalb wird das *Produkt* zweier komplexer Zahlen definiert durch

$$(x+iy)\cdot(u+iv) := (xu-yv)+i(xv+yu)\ , \quad \text{insbesondere } i^2=-1\ .$$

Beachte: Addition, Subtraktion und Multiplikation werden formal wie gewohnt ausgeführt; dabei ist nur $i^2=-1$ zu beachten. Die Ergebnisse werden in die Form $a+ib$ $(a,b\in\mathbb{R})$ gebracht. Wegen $i(x+iy)=-y+ix$ stellt $z\mapsto iz$ wie gewünscht die positive Drehung um den Nullpunkt um $\frac{\pi}{2}$ dar (→ Abb. 43). Die *Potenzen* z^n $(z\in\mathbb{C},\ n=0,1,2,\ldots)$ sind wie üblich durch $z^0:=1$, $z^1:=z$, $z^{n+1}:=z^nz$ erklärt. Auch in $\mathbb{C}$ gilt die binomische Formel (→ Satz 2.2)

$$(z+w)^n=\sum_{k=0}^{n}\binom{n}{k}z^kw^{n-k}\qquad(n\in\mathbb{N})\ .$$

Beispiel. $(3+0.5i)(2-4i)+(i-1)^3=6+i-12i-2i^2+i^3-3i^2+3i-1=10-9i$. □

Die Division durch $w\in\mathbb{C}$, $w\neq0$, ist in $\mathbb{C}$ wie folgt erklärt. Man schreibt $q=\frac{z}{w}$ $(=z:w)$, wenn $wq=z$ gilt. Für $z=x+iy$ und $w=u+iv\neq0$ berechnet man

$$\frac{x+iy}{u+iv}=\frac{(x+iy)(u-iv)}{(u+iv)(u-iv)}=\frac{xu+yv}{u^2+v^2}+\frac{yu-xv}{u^2+v^2}i\,.$$

Beachte: Durch die Erweiterung mit $u-iv$ wird der Nenner reell.

Beispiele. $\frac{1}{4-5i}=\frac{4+5i}{(4-5i)(4+5i)}=\frac{4}{41}+\frac{5}{41}i$;

$\frac{8-i}{7-i}=\frac{(8-i)(7+i)}{49+1}=\frac{57}{50}+\frac{1}{50}i$. □

Durch $z^{-n}:=\frac{1}{z^n}$ $(z\neq0,\ n\in\mathbb{N})$ sind die Potenzen mit negativen Exponenten erklärt. Man verifiziert leicht, daß in $\mathbb{C}$ die üblichen, aus $\mathbb{R}$ bekannten Rechengesetze gelten; etwa $zw=wz$, $z(ws)=(zw)s$, $z(w+s)=zw+zs$, $z^{m+n}=z^mz^n$ $(z\neq0;\ m,n\in\mathbb{Z})$ und andere. Auch in $\mathbb{C}$ ist eine Division durch 0 nicht möglich.

8.3 Die Konjugation und der Betrag komplexer Zahlen.

Man nennt $\bar{z}=x-iy$ $(x,y\in\mathbb{R})$ die zu $z=x+iy$ *konjugierte komplexe Zahl*.

Beispiele. $\bar{i}=-i$, $\bar{2}=2$, $\overline{4+2i}=4-2i$, $\overline{3-2i}=3+2i$. □

Für den Übergang $z\mapsto\bar{z}$ zu konjugiert komplexen Zahlen (das ist die Spiegelung an der rellen Achse) gelten die folgenden Rechenregeln:

$$\overline{z+w} = \overline{z} + \overline{w}\ ;\ \overline{zw} = \overline{z}\,\overline{w}\ ;\ \overline{\left(\frac{z}{w}\right)} = \frac{\overline{z}}{\overline{w}} \quad (w \neq 0)\ ;$$
$$\overline{\overline{z}} = z\ ;\ \operatorname{Re} z = \frac{1}{2}(z+\overline{z})\ ;\ \operatorname{Im} z = \frac{1}{2i}(z-\overline{z})\ .$$

Die Länge des Zeigers $z = x + iy$ wird mit $|z|$ bezeichnet und heißt *Betrag* der komplexen Zahl. Man rechnet leicht nach:

$$|z| = \sqrt{x^2+y^2} = \sqrt{z\overline{z}}\ , \quad \text{falls } z = x+iy\ ;$$
$$|zw| = |z||w|\ ;\ \left|\frac{z}{w}\right| = \frac{|z|}{|w|} \quad (w \neq 0)\ ;\ |\overline{z}| = |z|\ .$$

Ferner gilt die Dreiecksungleichung $|z+w| \leq |z| + |w|$, die sich leicht mit vollständiger Induktion auf n Summanden verallgemeinern läßt.

(1)
$$\left|\sum_{k=1}^{n} z_k\right| \leq \sum_{k=1}^{n} |z_k|\ .$$

Beispiele. $|i| = |-i| = 1$; $\quad |2+3i| = \sqrt{4+9} = \sqrt{13}$;
$|(2+3i)(1+i)| = |2+3i|\,|1+i| = \sqrt{13}\sqrt{2} = \sqrt{26}$. □

8.4 Anwendungen: ⓐ **Quadratische Gleichungen**. Ursprünglich wurden die komplexen Zahlen zur einheitlichen Behandlung der quadratischen Gleichungen

(2)
$$ax^2 + bx + c = 0 \qquad (\text{mit } a, b, c \in \mathbb{R},\ a \neq 0)$$

eingeführt. Die Gleichung $x^2 + 1 = 0$ hat offenbar in $\mathbb{R}$ keine Lösung, wohl aber in $\mathbb{C}$, nämlich $x = \pm\sqrt{-1} = \pm i$, und es gilt $x^2 + 1 = (x-i)(x+i)$.
Allgemein gilt: Die Gleichung (2) besitzt in $\mathbb{C}$ die beiden (nicht notwendig verschiedenen) Lösungen

(3)
$$x_1 = -\frac{b}{2a} + \frac{1}{2a}\sqrt{b^2-4ac}\ , \quad x_2 = -\frac{b}{2a} - \frac{1}{2a}\sqrt{b^2-4ac}\ ,$$

wobei $\sqrt{d}$ die positive Quadratwurzel von $d \in \mathbb{R}$ bezeichnet, sofern $d > 0$, andernfalls $\sqrt{d} = i\sqrt{-d}$. Ferner bestätigt man leicht durch Nachrechnen

$$ax^2 + bx + c = a(x-x_1)(x-x_2)\ .$$

Beispiele. 1. Für die quadratische Gleichung $x^2 + \sqrt{2}x + 1 = 0$ ergeben sich mit (3) die beiden Lösungen: $x_1 = \frac{\sqrt{2}}{2}(-1+i)$ und $x_2 = \frac{\sqrt{2}}{2}(-1-i)$.

2. Damit hat $x^4 + 1 = (x^2 + \sqrt{2}x + 1)(x^2 - \sqrt{2}x + 1) = 0$ die vier komplexen Lösungen:
$x_1 = \frac{\sqrt{2}}{2}(1+i)$, $x_2 = \frac{\sqrt{2}}{2}(1-i)$, $x_3 = \frac{\sqrt{2}}{2}(-1+i)$ und $x_4 = \frac{\sqrt{2}}{2}(-1-i)$. □

Bemerkung. Bei der numerischen Lösung einer quadratischen Gleichung per Computer sollte man (wegen der Rechnung mit endlich vielen Dezimalstellen) auf die mögliche *Auslöschung führender Stellen* achten. Dies tritt immer dann auf, falls $b^2 - 4ac > 0$ und $|ac|$ sehr klein ist, und zwar in (3) bei x_1, falls $b > 0$, bzw. x_2, falls $b < 0$ (→ Kap. 7, 2.5, `Procedure Quadr-Gleichg`).

(b) **Netzwerke mit Wechselstrom.**. In Wechselstromkreisen hat man Spannungen $u(t)$ und Ströme $j(t)$, die zeitlich sinus- bzw. cosinusförmigen Verlauf besitzen,

$$u(t) = u_0 \cos(\omega t + \alpha)\,, \quad j(t) = j_0 \cos(\omega t + \beta)\ .$$

Diese reellen Augenblickswerte faßt man auf als Realteile der komplexen Augenblickswerte

$$U(t) = u_0[\cos(\omega t + \alpha) + i \sin(\omega t + \alpha)]\ ,$$
$$I(t) = j_0[\cos(\omega t + \beta) + i \sin(\omega t + \beta)]\ .$$

Der Vorteil dieser Betrachtungsweise ergibt sich bei den *linearen Grundelementen*, bei denen der Widerstand unabhängig von der Stromstärke ist (Ohmscher Widerstand, Kapazität, Induktivität). Für diese kann man nämlich in der komplexen Schreibweise einheitlich das Ohmsche Gesetz

$$U(t) = Z\, I(t)$$

beweisen mit einem konstanten komplexen Widerstand Z, der wie folgt erklärt ist:

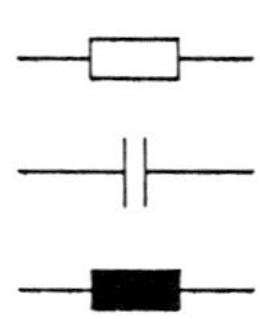

Widerstand R	$Z = R$
Kapazität C	$Z = \dfrac{1}{i\omega C} = -\dfrac{1}{\omega C} i$
Induktivität L	$Z = i\omega L\ .$

Ein *lineares Netzwerk* ist ein Stromkreis, der diese drei Elemente in irgendeiner Zusammensetzung enthält. Mit den KIRCHHOFFschen Regeln ergibt sich für die Zusammenschaltung zweier komplexer Widerstände Z_1, Z_2 als *Gesamtwiderstand* (*Ersatzwiderstand*) Z bei

Reihenschaltung

$$Z = Z_1 + Z_2\,,$$

Parallelschaltung

$$\frac{1}{Z} = \frac{1}{Z_1} + \frac{1}{Z_2}\,, \quad Z = \frac{Z_1 Z_2}{Z_1 + Z_2}\,.$$

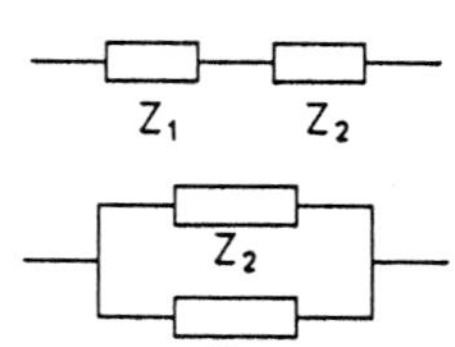

Abb. 44 – Schaltungen

Zum komplexen Widerstand Z heißen $\operatorname{Re} Z$ *Wirkwiderstand*, $\operatorname{Im} Z$ *Blindwiderstand* und $|Z|$ *Scheinwiderstand* oder *Impedanz*.

Beispiel. An der elektrischen Schaltung (→ Abb. 45) mit $R_1 = 48\Omega$, $R_2 = 22\Omega$, $C = 20\mu\text{F}$, $L = 155\text{mH}$ wird eine Wechselspannung U von $U_{eff} = 220\text{V}$ und 50Hz angelegt. Der komplexe Widerstand des Stromkreises ist

$$Z = \frac{(R_1 - \frac{i}{\omega C})(R_2 + i\omega L)}{(R_1 - \frac{i}{\omega C}) + (R_2 + i\omega L)}$$

$$\frac{[R_1^2 R_2 + R_1 R_2^2 + R_1 L^2\omega^2 + \frac{R_2}{\omega^2 C^2}] + i[R_1^2 \omega L - \frac{R_2^2}{\omega C} + \frac{L}{\omega C^2} - \frac{\omega L^2}{C}]}{(R_1 + R_2)^2 (\omega L - \frac{1}{\omega C})^2}$$

$$\approx (43.56 + i\,52.11)\Omega\,.$$

Damit fließt der Effektivstrom $I_{eff} = \dfrac{U_{eff}}{|Z|} \approx 3.24\text{A}$, da $|Z| \approx 67.92\Omega$.

Legt man eine Wechselspannung mit der Frequenz 104.41Hz an, so verhält sich der Stromkreis wie ein ohmscher (reeller) Widerstand; denn für

$$\omega^2 LC = \frac{L - CR_2^2}{L - CR_1^2}$$

verschwindet $\operatorname{Im} Z$; dh. $Z \approx 126\Omega$. □

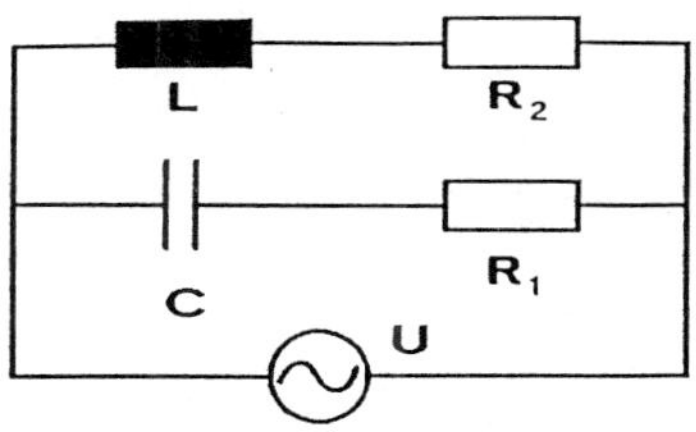

Abb. 45 – Stromkreis

In späteren Kapiteln werden zahlreiche weitere Anwendungen der komplexen Zahlen behandelt (→ Kap. 2,§3, Kap. 3, 1.10, Kap. 6, §1).

Kapitel 2

Funktionen, Grenzwerte, Stetigkeit

§1. Funktionen (Grundbegriffe)

1.1 Funktionen. Bis auf weiteres diskutieren wir nur *reelle Funktionen einer reellen Veränderlichen* $f : D \to \mathbb{R}$, $x \mapsto f(x)$, mit der Variablen (oder dem Argument) $x \in D \subseteq \mathbb{R}$. Jede solche Funktion wird durch den *Graph* (die *Kurve*) $y = f(x)$ veranschaulicht, er (sie) besteht aus denjenigen Punkten (x, y)– einer mit kartesischen (x, y)-Koordinaten versehenen Ebene – mit $x \in D$ und $y = f(x)$ (→ Abb. 5).

Funktionen (bzw. die Zuordnungsvorschrift) werden vorgegeben durch:

a) Tabellen, etwa bei Versuchsreihen der Meßwert $m(t)$ zur Zeit t;

b) einen Text, in dem die Zuordnungsvorschrift verbal formuliert wird;

c) eine Formel, etwa $f(x) = x^2$. Wenn nicht näher spezifiziert wird, ist D die Menge aller x, für welche die angegebene Formel sinnvoll ist;

d) einen Graphen; beispielsweise bei den Aufzeichnungen eines Meßgerätes oder Rechners mit graphischer Ausgabe. Jedoch sind so erklärte Funktionen nur innerhalb der Meßgenauigkeit festgelegt.

Beispiel 1. *Lineare Funktionen.*
$f(x) = ax + b$ mit $x \in \mathbb{R}$ und Konstanten $a, b \in \mathbb{R}$ hat als Graph die Gerade durch $(0, b)$ und $(-\frac{b}{a}, 0)$, falls $a \neq 0$. Im Fall $a = 0$ ist f eine *konstante Funktion* $f(x) = b$ für alle $x \in \mathbb{R}$, ihr Graph ist die zur x-Achse parallele Gerade $y = b$. □

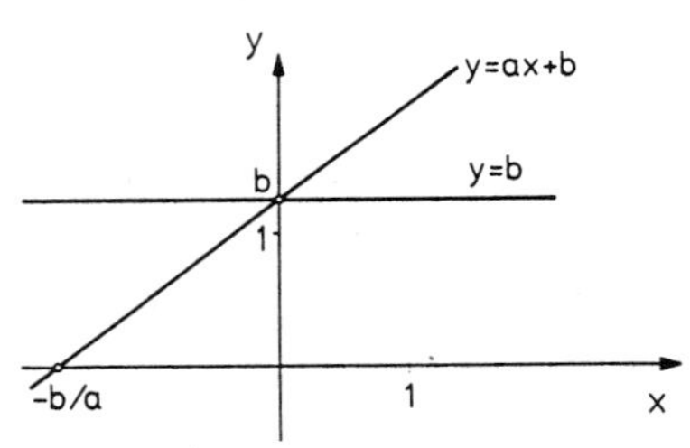

Abb. 46 – Lineare Funktion

Beispiel 2. *Quadratische Funktionen.*
a) Der Graph der Funktion $f : \mathbb{R} \to \mathbb{R}$, $f(x) = x^2$, ist die Normalparabel. In Abb. 47 sind zu verschiedenen a-Werten die Parabeln $y = ax^2$ eingetragen.
b) Der Graph der quadratischen Funktion $f(x) = ax^2 + bx + c$ (mit $a \neq 0$) ist ebenfalls eine Parabel, deren Normalform (damit auch der Scheitel) mittels quadratischer Ergänzung bestimmt wird:

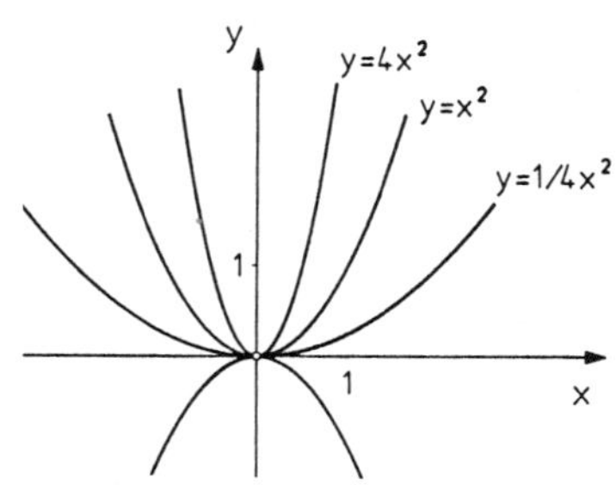

Abb. 47 – Quadratische Funktion

$$\begin{aligned} y &= ax^2 + bx + c \\ &= a(x^2 + \frac{2b}{2a}x + \frac{b^2}{4a^2} - \frac{b^2}{4a^2}) + c \\ &= a(x - x_0)^2 + y_0 \qquad \text{mit} \quad x_0 = -\frac{b}{2a}, \ y_0 = c - \frac{b^2}{4a}\,. \end{aligned}$$

Es handelt sich also um eine verschobene Parabel $y = ax^2$, deren Scheitel im Punkt (x_0, y_0) liegt. In der Mechanik tritt beispielsweise eine quadratische Funktion auf im einfachen „Weg-Zeit-Gesetz“ $s(t) = \frac{1}{2}bt^2 + vt + s_0$ oder beim schrägen Wurf $y = x \tan\varphi - \frac{g}{2v^2\cos^2\varphi}x^2$. □

Beispiel 3. Die *Wurzelfunktion* $f(x) = \sqrt{x}$ ist definiert auf

$$D = \mathbb{R}_+ = \{\, x \in \mathbb{R} \,;\, x \geq 0 \,\}.$$

Es ist $y = \sqrt{x}$ die eindeutig bestimmte Zahl $y \geq 0$, die $y^2 = x$ erfüllt. So berechnet man etwa mit der Erdbeschleunigung g beim freien Fall die Fallzeit t aus der Fallhöhe h:

$$t = \sqrt{2h/g}\,. \qquad □$$

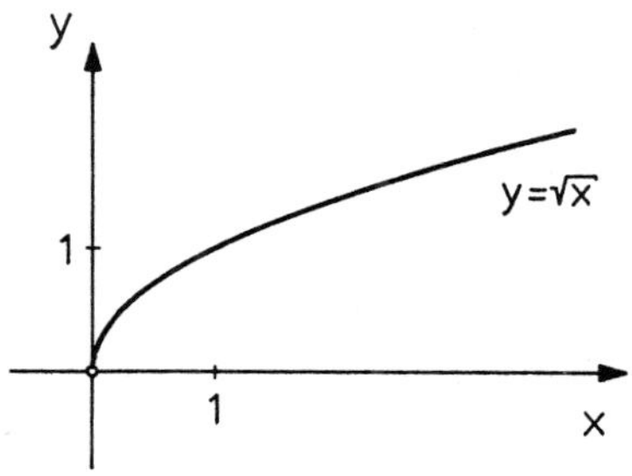

Abb. 48 – Wurzelfunktion

Viele Funktionen besitzen gewisse *Symmetrie-Eigenschaften*. Sei $D \subseteq \mathbb{R}$ symmetrisch zum Nullpunkt ($x \in D \Rightarrow -x \in D$). Man nennt eine Funktion $f : D \to \mathbb{R}$ *gerade* (bzw. *ungerade*), wenn $f(-x) = f(x)$ (bzw. $f(-x) = -f(x)$) für alle $x \in D$ gilt. Beispielsweise sind $f(x) = x^{2n}$, $g(x) = \cos x$ gerade und $p(x) = x^{2n+1}$, $q(x) = \sin x$ ungerade ($n \in \mathbb{N}$).

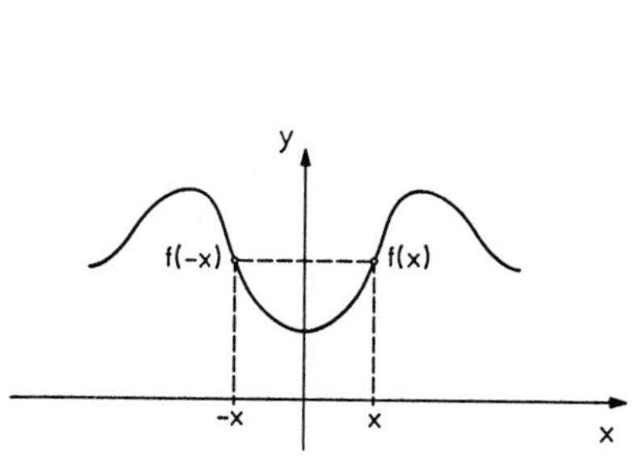

Abb. 49a – Gerade Funktion

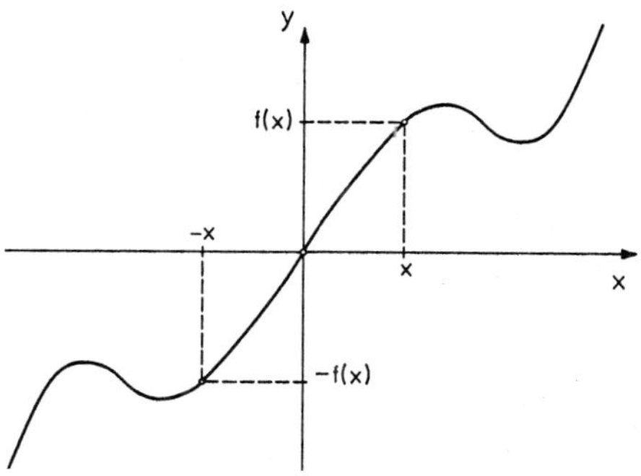

Abb. 49b – Ungerade Funktion

1.2 Monotonie. Ein für weiterführende Untersuchungen (→ Konvergenz, Umkehrfunktion) wichtiger Begriff ist die Monotonie.

Definition. *Man nennt eine Funktion* $f : D \to \mathbb{R}$ *(mit* $D \subseteq \mathbb{R}$ *)*

a) **monoton wachsend** *(bzw.* **monoton fallend***), wenn für alle* $x_1, x_2 \in D$ *mit* $x_2 > x_1$ *die Ungleichung* $f(x_2) \geq f(x_1)$ *(bzw.* $f(x_2) \leq f(x_1)$ *) gilt.*

b) **streng** *(oder* **strikt**, **echt***)* **monoton wachsend** *(bzw.* **streng monoton fallend***), wenn für alle* $x_1, x_2 \in D$ *mit* $x_2 > x_1$ *die strikte Ungleichung* $f(x_2) > f(x_1)$ *(bzw.* $f(x_2) < f(x_1)$ *) gilt.*

Der Graph einer monoton wachsenden Funktion ist (bei wachsendem x) ansteigend oder zumindest nicht fallend; der Graph einer monoton fallenden Funktion ist nirgends ansteigend.

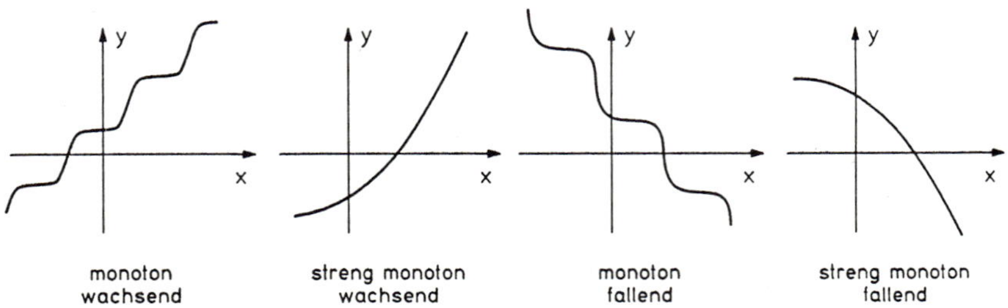

Abb. 50 – Monotone Funktionen

Beispiele. $f(x) = x^2$ ist auf $\mathbb{R}_- = \{x \in \mathbb{R}\ ;\ x \leq 0\}$ strikt monoton fallend und auf $\mathbb{R}_+ = \{x \in \mathbb{R}\ ;\ x \geq 0\}$ strikt monoton wachsend. Die Sinusfunktion (→ §3) ist auf dem Intervall $[-\frac{\pi}{2}, \frac{\pi}{2}]$ strikt monoton wachsend und auf $[\frac{\pi}{2}, \frac{3\pi}{2}]$ strikt monoton fallend. □

1.3 Das Rechnen mit Funktionen. Zu Funktionen $f : D \to \mathbb{R}$, $g : D \to \mathbb{R}$ (mit gleichem Definitionsbereich) definiert man die Summe $f + g$, die Differenz $f - g$, das Produkt fg und das a-fache af (mit Zahlenfaktor $a \in \mathbb{R}$) „punktweise" durch $(f \pm g)(x) := f(x) \pm g(x)$, $(af)(x) := af(x)$, $x \in D$. Der Quotient $\frac{f}{g}(x) := \frac{f(x)}{g(x)}$ ist nur erklärt für die $x \in D$ mit $g(x) \neq 0$. Mit dem Produkt sind auch die Potenzen f^n von $f : D \to \mathbb{R}$ erklärt, nämlich $f^n(x) := f(x)^n$ $(n \in \mathbb{N})$.

Beispiele. Mit $f(x) = x^2 + 1$, $g(x) = \sin x$ entstehen $(2f + 3g)(x) = 2x^2 + 2 + 3\sin x$, $g^5(x) = \sin^5 x = (\sin x)^5$ und $\frac{f^2}{4f - 5g}(x) = \frac{x^4 + 2x^2 + 1}{4x^2 + 4 - 5\sin x}$ (diese Funktion ist nur definiert für die $x \in \mathbb{R}$ mit $4x^2 + 4 \neq 5\sin x$). □

Zu Funktionen $f : I \to \mathbb{R}$ und $g : D \to \mathbb{R}$ mit $g(D) \subseteq I$ kann man die *Komposition* $h = f \circ g$ bilden, definiert durch $h(x) := f(g(x))$, $x \in D$. (In $f(x)$ wird x ersetzt durch $g(x)$.)

Beispiel. Mit $f(x) = \sin x$, $g(x) = x^3 + 5$ entsteht $f(g(x)) = \sin(x^3 + 5)$, $g(f(x)) = (\sin x)^3 + 5$. □

§2. Polynome und rationale Funktionen

2.1 Polynome. Eine Funktion $f : \mathbb{R} \to \mathbb{R}$ heißt ein *Polynom vom Grad* n, wenn es Zahlen $a_0, a_1, \ldots, a_n \in \mathbb{R}$ gibt, $a_n \neq 0$, so daß

$$f(x) = a_0 + a_1 x + a_2 x^2 + \cdots + a_n x^n = \sum_{k=0}^{n} a_k x^k \tag{1}$$

für alle $x \in \mathbb{R}$ gilt. Die a_k heißen Koeffizienten des Polynoms. Das Nullpolynom $f(x) = 0$ (für alle $x \in \mathbb{R}$) hat keinen Grad; jedoch wird in der Sprechweise „f ist ein Polynom vom Grad $\leq n$" das Nullpolynom eingeschlossen.

Das Rechnen mit Polynomen in der *Summendarstellung* (1) ist sehr übersichtlich; man addiert und multipliziert in der üblichen Weise und ordnet die Ergebnisse jeweils nach wachsenden (oder fallenden) x-Potenzen. Insbesondere

$$\sum_{k=0}^{n} a_k x^k \pm \sum_{k=0}^{n} b_k x^k = \sum_{k=0}^{n} (a_k \pm b_k) x^k .$$

In $f(x) = \sum_{k=0}^{n} a_k x^k$ sind die Koeffizienten a_k eindeutig bestimmt; denn es gilt:

Satz 2.1. Koeffizientenvergleich.

$$\sum_{k=0}^{n} a_k x^k = \sum_{k=0}^{n} b_k x^k \iff a_k = b_k \qquad (0 \leq k \leq n) .$$

Beweis. Aus $a_0 + a_1 x + \cdots + a_n x^n = b_0 + b_1 x + \cdots + b_n x^n$ folgt mit $x = 0$ sofort $a_0 = b_0$. Damit folgt weiter $a_1 + a_2 x + \cdots + a_n x^{n-1} = b_1 + b_2 x + \cdots + b_n x^{n-1}$ für alle $x \neq 0$, die aber beliebig klein werden können. Deshalb gilt auch $a_1 = b_1$, etc. □

Beispiel 1. Es gilt

$$x^4 + 3x^2 + 7x + 2 = \alpha x^4 + (3\beta + u)x^3 + 3x^2 + \gamma x + w$$

genau dann, wenn $\alpha = 1$, $3\beta + u = 0$, $\gamma = 7$, $w = 2$. □

Beispiel 2. In einer Faktorisierung

$$x^3 + ax^2 + bx + c = (x - x_1)(x - x_2)(x - x_3)$$

gilt notwendig

$$a = -(x_1 + x_2 + x_3)\ , \quad b = x_1x_2 + x_2x_3 + x_3x_1\ , \quad c = -x_1x_2x_3\ ,$$

was man durch Ausmultiplizieren und Koeffizientenvergleich bestätigt. □

Wird ein Funktionswert eines Polynoms aus der Summendarstellung (1) berechnet, $f(x_0) = \sum_{k=0}^{n} a_k x_0^k$, benötigt man dafür $2n-1$ Multiplikationen und n Additionen; berechnet man jedoch die Werte aus der *Horner-Darstellung* (W. G. HORNER, 1756-1837)

(2) $$f(x) = (\cdots((a_nx + a_{n-1})x + a_{n-2})x + \cdots + a_1)x + a_0$$

– von innen nach außen – so wird der Rechenaufwand auf n Multiplikationen und n Additionen reduziert. Das spart nicht nur Zeit, sondern hält auch Rundungsfehler klein und vermeidet unnötig große Zwischenergebnisse. Die Berechnung der Funktionswerte nach (2) beinhaltet gleichzeitig die Division durch Polynome der Form $x - b$:

Satz 2.2. *Sei* $f(x) = a_nx^n + \cdots + a_1x + a_0$, $a_n \neq 0$, $n \geq 1$ *und* $b \in \mathbb{R}$. *Für die Zahlen* $c_n := a_n$, $c_{n-1} := c_nb + a_{n-1}$, $c_{n-2} := c_{n-1}b + a_{n-2}, \ldots, c_{n-k} := c_{n-k+1}b + a_{n-k}, \ldots, c_0 := c_1b + a_0$ *gilt*

(3) $c_0 = f(b)$ *und* $f(x) = (x-b)(c_nx^{n-1} + c_{n-1}x^{n-2} + \cdots + c_2x + c_1) + f(b)$.

Beweis. $f(b) = c_0$ ersieht man aus (2). Die Zerlegung (3) bestätigt man durch Ausrechnen der rechten Seite; man beachte dabei $a_n = c_n$, $a_{n-1} = c_{n-1} - c_nb, \ldots, a_0 = f(b) - bc_1$. □

Die Berechnung der c_i erfolgt auf dem PC nach dem `Programm Horner` oder bei Handrechnung nach dem Horner-Schema:

	a_n	a_{n-1}	a_{n-2}	$\cdots$	a_1	a_0
+		a_nb ↗	$c_{n-1}b$ ↗	$\cdots$ ↗	c_2b ↗	c_1b ↗
	$c_n = a_n$	c_{n-1}	c_{n-2}	$\cdots$	c_1	$f(b)$

Beispiel. $f(x) = 6x^6 - 3x^5 + 2x^2 + 4$, $b = 2$ („fehlende" Koeffizienten sind mit Nullen aufzufüllen!)

	6	−3	0	0	2	0	4
·2 ↗ +		12	18	36	72	148	296
	6	9	18	36	74	148	300

Also gilt
$f(2) = 300$ und $f(x) = (x-2)(6x^5 + 9x^4 + 18x^3 + 36x^2 + 74x + 148) + 300$.

□

```
' Programm HORNER
' ---------------
Input "Polynomgrad ",N
Dim A(N),C(N)
For I=N To 0 Step -1
  Print I;".Koeffizient"
  Input A(I)
Next I
Input "b= ",B
C(N)=A(N)
For I=N-1 To 0 Step -1
  C(I)=C(I+1)*B+A(I)
Next I
Print "f(";B;")=";C(0)
End
```

Wendet man dieses Schema auf das Polynom $c_n x^{n-1} + \cdots + c_1$ an und fährt rekursiv wie in `Programm HORNER vollständig` fort, so erhält man alle Koeffizienten p_k des umgeordneten Polynoms

$$f(x) = p_n(x-b)^n + p_{n-1}(x-b)^{n-1} + \cdots + p_0 .$$

```
' Programm HORNER vollstaendig
' ----------------------------
Input "Polynomgrad ",N
Dim A(N),C(N)
For I=N To 0 Step -1
  Print I;".Koeffizient"
  Input A(I)
Next I
Input "b= ",B
For K=0 To N
  C(K)=A(K)
Next K
Print "f(b) ="
For K=0 To N-1
  C(N)=A(N)
  For I=N-1 To K Step -1
    C(I)=C(I+1)*B+C(I)
  Next I
  Print C(K);"*(x-b)^";K;"+"
Next K
Print A(N);"*(x-b)^";N
End
```

Beispiel. $6x^6 - 3x^5 + 2x^2 + 4 = 6(x-2)^6 + 69(x-2)^5 + 330(x-2)^4 +$
$+840(x-2)^3 + 1202(x-2)^2 + 920(x-2) + 300 .$ □

2.2 Polynomnullstellen – Faktorisierung. Als Nullstelle einer Funktion $f : D \to \mathbb{R}$ bezeichnet man jede Lösung der Gleichung $f(x) = 0$ in D. In praktischen Anwendungen sind die Werte technischer Größen sehr oft als Nullstellen von Polynomen bestimmt: Resonanzfrequenzen, Widerstandsanpassung, Umriß von Flächen.
Eine Zahl $b \in \mathbb{R}$ ist nach (3) genau dann eine Nullstelle des Polynoms f, wenn $f(x)$ den Linearfaktor $x - b$ enthält, d.h. wenn es ein Polynom h gibt mit $f(x) = (x-b)h(x)$. Der Faktor $x-b$ kann durchaus mehrfach vorkommen, nämlich dann, wenn auch $h(b) = 0$ gilt und deshalb $h(x)$ von der Form $h(x) = (x-b)h_1(x)$ ist.
Man nennt $b \in \mathbb{R}$ eine *l-fache Nullstelle* von f und l die *Vielfachheit* von b, wenn der Faktor $x-b$ genau l-mal in $f(x)$ aufgeht, d.h. wenn es ein Polynom g gibt mit

(4) $$f(x) = (x-b)^l g(x) \quad \text{und} \quad g(b) \neq 0 .$$

Jede weitere Nullstelle $c \neq b$ von f ist auch Nullstelle von g, also gilt analog $g(x) = (x-c)^k g_1(x)$, $g_1(c) \neq 0$, etc.

Beispiel. $x^5 - 5x^4 + 14x^3 - 22x^2 + 17x - 5 = (x-1)^3(x^2 - 2x + 5)$; $x = 1$ ist eine dreifache Nullstelle. □

Satz 2.3. *a) Sind $b_1, b_2, \ldots, b_r$ die verschiedenen reellen Nullstellen des Polynoms* $f(x) = \sum_{k=0}^{n} a_k x^k$, Grad $f \geq 1$, *der jeweiligen Vielfachheit $l_1, \ldots, l_r$, dann gilt die Produktdarstellung*

(5) $$\boxed{f(x) = (x-b_1)^{l_1}(x-b_2)^{l_2} \cdots (x-b_r)^{l_r} q(x)}$$

mit einem Polynom q vom Grad $n - l_1 - l_2 - \cdots - l_r$, das in $\mathbb{R}$ keine Nullstelle besitzt.
b) Jedes Polynom vom Grad n, $n \geq 1$, hat höchstens n Nullstellen.

Beweis. a): (5) ergibt sich durch wiederholte Anwendung der Formel (4). Die Behauptung b) bestätigt man mit einem Gradvergleich: Grad $f = n = l_1 + l_2 + \cdots + l_r +$ Grad q, bzw. Anzahl der Nullstellen $= l_1 + l_2 + \cdots + l_r = n -$ Grad $q \leq n$. □

Beispiel. $f(x) = (x-1)^2(x+4)^3(x-17)(x^2+1)(x^2+x+4)$ hat die 2-fache (doppelte) Nullstelle $x = 1$, die 3-fache Nullstelle $x = -4$ und die einfache Nullstelle $x = 17$. Das Polynom $(x^2+1)(x^2+x+4)$ hat in $\mathbb{R}$ keine Nullstelle. □

Regel: Kennt man eine Nullstelle b des Polynoms f, so wird zunächst die Faktorisierung $f(x) = (x-b)h(x)$ (mit dem Horner-Schema) hergestellt. Dadurch wird die Suche nach den anderen Nullstellen von f erleichtert; die Gleichung $h(x) = 0$ ist häufig einfacher zu lösen.

Beispiel. $f(x) = x^4 + 2x^3 - 3x^2 - 4x + 4$ hat offenbar die Nullstelle $x_1 = 1$. Mit „Horner" erhält man $f(x) = (x-1)(x^3 + 3x^2 - 4)$. Der Faktor $h(x) = x^3 + 3x^2 - 4$ hat ebenfalls die Nullstelle 1, $h(x) = (x-1)(x^2+4x+4)$. Also gilt $f(x) = (x-1)^2(x+2)^2$; f hat die doppelte Nullstelle $x_1 = 1$ und die doppelte Nullstelle $x_2 = -2$. □

Die Nullstellen eines quadratischen Polynoms bestimmt man mit der bekannten Formel (3) aus Kap. 1, §8, wobei darauf zu achten ist, ob nur reelle oder auch komplexe Nullstellen gesucht sind. Ähnliche Formeln, aber wesentlich komplizierter, gibt es für Polynome vom Grad 3, 4 (man findet sie in den einschlägigen Formelsammlungen).
Für allgemeine Polynome vom Grad ≥ 5 gibt es nachweislich keine entsprechenden Formeln. Ein allgemeingültiges Näherungsverfahren zur Nullstellenbestimmung wird erst in Kap. 3, §2 behandelt. Dagegen lassen sich die *rationalen Nullstellen* eines Polynoms mit rationalen Koeffizienten sehr leicht bestimmen. Zuerst verwandelt man die Gleichung $a_n x^n + \cdots + a_1 x + a_0 = 0$ mit $a_i \in \mathbb{Q}$ in

eine Gleichung mit ganzzahligen Koeffizienten, indem man mit dem Hauptnenner der a_i durchmultipliziert. Hierauf wendet man dann folgenden Satz an:

Satz 2.4. Rationale Nullstellen. *Die rationalen Nullstellen eines Polynoms $f(x) = a_n x^n + \cdots + a_1 x + a_0$ mit $a_i \in \mathbb{Z}$ findet man unter den Brüchen $\frac{a}{b}$ $(a, b \in \mathbb{Z})$, in denen a ein Teiler von a_0 und b ein Teiler von a_n ist.*

Beweis. Sei $\frac{a}{b}$ (in gekürzter Bruchdarstellung) eine Nullstelle von f. Aus $0 = a_n(\frac{a}{b})^n + a_{n-1}(\frac{a}{b})^{n-1} + \cdots + a_1\frac{a}{b} + a_0$ entsteht $0 = a_n a^n + a_{n-1}a^{n-1}b + \cdots + a_1 ab^{n-1} + a_0 b^n$. Hieraus sieht man: $a_n a^n$ ist Vielfaches von b und $a_0 b^n$ Vielfaches von a. Weil a und b als teilerfremd vorausgesetzt sind, muß b Teiler von a_n und a Teiler von a_0 sein. □

Beispiel. Die rationalen Nullstellen von $f(x) = 12x^4 - 4x^3 + 6x^2 + x - 1$ liegen in der Menge $\{\pm 1, \pm\frac{1}{2}, \pm\frac{1}{3}, \pm\frac{1}{4}, \pm\frac{1}{6}, \pm\frac{1}{12}\}$. Man findet durch Einsetzen $f(\frac{1}{3}) = 0$ und $f(x) = (4x^3 + 2x + 1)(3x - 1)$. □

2.3 Polynominterpolation. Die Interpolation in der einfachsten Form befaßt sich mit dem Problem, zu verschiedenen Meßpunkten (x_i, y_i), $0 \le i \le n$ und $x_i \ne x_j$ für $i \ne j$, eine „schöne", dem Problem angepaßte und/oder leicht handhabbare Funktion f zu bestimmen, deren Graph $y = f(x)$ durch diese Punkte geht. Wir sagen, f interpoliert diese Punkte. Diese Aufgabe ist für $n+1$ Punkte und Polynome vom Grad $\le n$ eindeutig lösbar. Es gilt

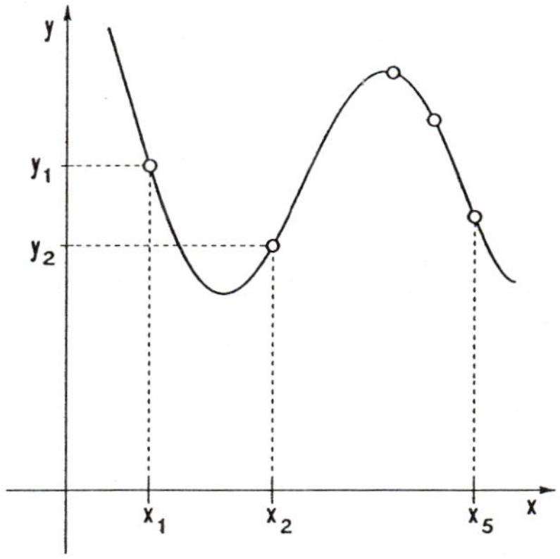

Abb. 51 – Interpolation

Satz 2.5. *Zu $n+1$ beliebigen Stützpunkten (x_i, y_i)– mit $x_i \ne x_j$ für $i \ne j$– gibt es genau ein Polynom p_n vom Grad $\le n$ mit $p_n(x_i) = y_i$ für $0 \le i \le n$.*

Beweis. Der Ansatz $p_n(x) = a_n x^n + a_{n-1}x^{n-1} + \cdots + a_1 x + a_0$ mit noch unbekannten Koeffizienten $a_i \in \mathbb{R}$ und $p_n(x_i) = y_i$ entspricht einem System von $n+1$ linearen Gleichungen

$$a_n x_i^n + a_{n-1}x_i^{n-1} + \cdots + a_1 x_i + a_0 = y_i \qquad (0 \le i \le n)\,,$$

das eindeutig nach $a_0, a_1, \ldots, a_n$ aufgelöst werden kann (→ Kap. 6, 5.5). □

Das im Beweis angegebene Konstruktionsverfahren des interpolierenden Polynoms p_n ist zwar (mit der nötigen Algebra) recht einsichtig, jedoch für praktische Rechnungen wenig geeignet. Besser ist das

Newton-Interpolationsverfahren (Isaac NEWTON, 1642-1727). Hierbei wird das interpolierende Polynom $p_n(x)$ angesetzt in der *Newton- oder Interpolationsform*

$$\begin{aligned} p_n(x) = \alpha_0 + \alpha_1(x - x_0) + \alpha_2(x - x_0)(x - x_1) + \cdots \\ + \alpha_n(x - x_0)(x - x_1) \cdots (x - x_{n-1}) \,. \end{aligned} \tag{6}$$

Die Forderung $p_n(x_i) = y_i \quad (0 \le i \le n)$ ergibt ein Gleichungssystem für $\alpha_0, \alpha_1, \ldots, \alpha_n$ der Form

$$\begin{aligned} y_0 &= \alpha_0 \\ y_1 &= \alpha_0 + \alpha_1(x_1 - x_0) \\ y_2 &= \alpha_0 + \alpha_1(x_2 - x_0) + \alpha_2(x_2 - x_0)(x_2 - x_1) \\ &\;\vdots \\ y_n &= \alpha_0 + \alpha_1(x_n - x_0) + \cdots + \alpha_n(x_n - x_0)(x_n - x_1) \cdots (x_n - x_{n-1}) \,, \end{aligned}$$

das schrittweise von oben nach unten gelöst wird: $\alpha_0 = y_0$, $\alpha_1 = \dfrac{y_1 - y_0}{x_1 - x_0}$, etc. Eine systematische Darstellung dieses Lösungswegs wurde bereits von NEWTON im Schema der *dividierten Differenzen* angegeben:

$$\begin{array}{c|lllll}
x_0 & y_0 & & & & \\
 & & > y_{0,1} & & & \\
x_1 & y_1 & & > y_{0,1,2} & & \\
 & & > y_{1,2} & & > y_{0,1,2,3} & \\
x_2 & y_2 & & > y_{1,2,3} & & \\
 & & > y_{2,3} & & & \cdots > y_{0,1,2,\ldots,n} \\
\vdots & \vdots & & & & \\
 & & & & > \cdots & \\
 & & & > y_{n-2,n-1,n} & & \\
 & & > y_{n-1,n} & & & \\
x_n & y_n & & & &
\end{array}$$

Man entwickelt dieses Schema spaltenweise von links nach rechts. Neben den „Stützwerten" y_i stehen die ersten dividierten Differenzen

$$y_{0,1} = \frac{y_1 - y_0}{x_1 - x_0}\,, \quad y_{1,2} = \frac{y_2 - y_1}{x_2 - x_1}\,, \ldots, \quad y_{n-1,n} = \frac{y_n - y_{n-1}}{x_n - x_{n-1}}\,.$$

In der nächsten Spalte stehen die zweiten dividierten Differenzen

$$y_{0,1,2} = \frac{y_{1,2} - y_{0,1}}{x_2 - x_0}\,, \quad y_{1,2,3} = \frac{y_{2,3} - y_{1,2}}{x_3 - x_1}\,, \ldots, \quad y_{n-2,n-1,n} = \frac{y_{n-1,n} - y_{n-2,n-1}}{x_n - x_{n-2}}\,,$$

dann die dritten dividierten Differenzen

$$y_{0,1,2,3} = \frac{y_{1,2,3} - y_{0,1,2}}{x_3 - x_0}\,, \quad y_{1,2,3,4} = \frac{y_{2,3,4} - y_{1,2,3}}{x_4 - x_1}\,, \text{ etc.}$$

Mit etwas Rechnung (bzw. vollständiger Induktion) bestätigt man $\alpha_i = y_{0,1,\ldots,i}$;

diese Koeffizienten stehen auf der obersten Schrägzeile. D.h.

$$p_n(x) = y_0 + y_{0,1}(x-x_0) + y_{0,1,2}(x-x_0)(x-x_1) + \dots$$
$$+\, y_{0,1,\dots,n}(x-x_0)(x-x_1)\cdots(x-x_{n-1})$$

ist das eindeutig bestimmte Polynom vom Grad $\leq n$
mit $p_n(x_i) = y_i \quad (0 \leq i \leq n)$.

Bemerkungen. 1. Das Newton-Verfahren erlaubt den schnellen Übergang von $n+1$ zu $n+2$ Stützstellen. Von den x_i wird keine Anordnung vorausgesetzt. Wird zu den durch $p_n(x)$ interpolierten Punkten (x_i, y_i) $(0 \leq i \leq n)$ ein weiterer Punkt (x_{n+1}, y_{n+1}) hinzugenommen, braucht das vorhandene Differenzenschema nur durch eine weitere untere Schrägzeile ergänzt zu werden. $p_{n+1}(x) = p_n(x) + y_{0,1,2,\dots,n+1}(x-x_0)(x-x_1)\cdots(x-x_n)$ ist das gesuchte neue Interpolationspolynom.

2. Das Differenzenschema, bzw. die Koeffizienten des interpolierenden Polynoms $p_n(x)$ sind besonders einfach bei äquidistanten Stützstellen $x_i = x_0 + ih$ $(0 \leq i \leq n)$ zu berechnen, vgl. `Programm NEWTON Interpolation`.

Beispiel. Für die Fließgrenze F (in $100\text{kg}/\text{cm}^2$) eines kohlenstoffarmen Stahles in Abhängigkeit von der Temperatur T (in 100C°) ergibt ein Versuch folgende Tabelle:

T	1	2	3	4	5	6
F	30	27	25	24	21	19

Zu bestimmen ist ein Polynom $p(x) = \sum_{k=0}^{4} a_k x^k$ mit $p(T_i) = F_i$, $0 \leq i \leq 4$.

Das Newton-Schema

$$\begin{array}{c|cccccc}
1 & 30 & & & & \\
 & & -3 & & & \\
2 & 27 & & \frac{1}{2} & & \\
 & & -2 & & 0 & \\
3 & 25 & & \frac{1}{2} & & -\frac{1}{8} \\
 & & -1 & & -\frac{1}{2} & \\
4 & 24 & & -1 & & \\
 & & -3 & & & \\
5 & 21 & & & &
\end{array}$$

gibt das Polynom in Interpolationsform:

$$p(x) = 30 - 3(x-1) + \frac{1}{2}(x-1)(x-2) - \frac{1}{8}(x-1)(x-2)(x-3)(x-4)\ ,$$

das in Summendarstellung $p(x) = -\frac{1}{8}x^4 + \frac{5}{4}x^3 - \frac{31}{8}x^2 + \frac{7}{4}x + 31$ lautet. Dieses Polynom weicht beim 6. Meßwert erheblich ab: $p_4(6) = 10$. □

```
' Programm NEWTON Interpolation
' ------------------------------
Input "Grad= ";N
Input "Step= ";H
Input "X0 = ";Z
Dim F(N)
For I=0 To N
  Print "F"+Str$(I)+"= "
  Input F(I)
Next I
' -- Koeffizienten --
For I=1 To N
  For K=N To I Step -1
    F(K)=(F(K)-F(K-1))/I/H
  Next K
Next I
' -- Funktionswerte --
Input "p(x) for x= ";X
P=F(N)
U=X-Z
For I=N-1 To 0 Step -1
  P=P*(U-I*H)+F(I)
Next I
Print P
End
```

Darstellungsformen der Polynome; Rechenvorteile:

1) *Summendarstellung*

$$f(x) = a_n x^n + a_{n-1} x^{n-1} + \cdots + a_1 x + a_0 \ ;$$

übersichtliches Rechnen, Koeffizientenvergleich.

2) *Horner-Form*

$$f(x) = (\cdots (a_n x + a_{n-1})x + \cdots + a_1)x + a_0 \ ;$$

Berechnung von $f(b)$ und der Zerlegung $f(x) = (x-b)(c_n x^{n-1} + \cdots + c_1) + f(b)$.

3) *Produktdarstellung*

$$f(x) = (x-b_1)^{l_1} \cdots (x-b_r)^{l_r} q(x) \ ;$$

Nullstellen mit Vielfachheit.

4) *Newton-Form*

$$f(x) = y_0 + y_{0,1}(x-x_0) + \cdots + y_{0,1,\ldots,n}(x-x_0)\cdots(x-x_{n-1}) \ ;$$

die Kurve $y = f(x)$ geht durch (x_i, y_i) $(0 \le i \le n)$.

5) *Taylor-Form* (→ Kap. 5, Satz 4.5)
Entwicklung um Stelle $x = b$.

2.4 Der Graph eines Polynoms $f(x) = a_n x^n + \cdots + a_1 x + a_0$ (mit $a_n \neq 0$, $n \geq 1$) nähert sich wegen

$$f(x) = a_n x^n \left(1 + \frac{a_{n-1}}{a_n x} + \cdots + \frac{a_0}{a_n x^n}\right)$$

für große $|x|$-Werte der Kurve $y = a_n x^n$. Die grundsätzliche Gestalt des Graphen von $f(x)$ ist also für große $|x|$-Werte durch das Vorzeichen von a_n und dadurch bestimmt, ob n gerade oder ungerade ist (→ Abb. 52).

Ist b eine Nullstelle von f, so zeigt die Zerlegung $f(x) = (x-b)^l g(x)$ mit

$g(b) \neq 0$, daß sich die Kurve $y = f(x)$ beim Durchgang von x durch b so verhält wie die Kurve $f_1(x) = (x-b)^l g(b)$; d.h.
– Vorzeichenwechsel, falls l ungerade, – kein Vorzeichenwechsel, falls l gerade.

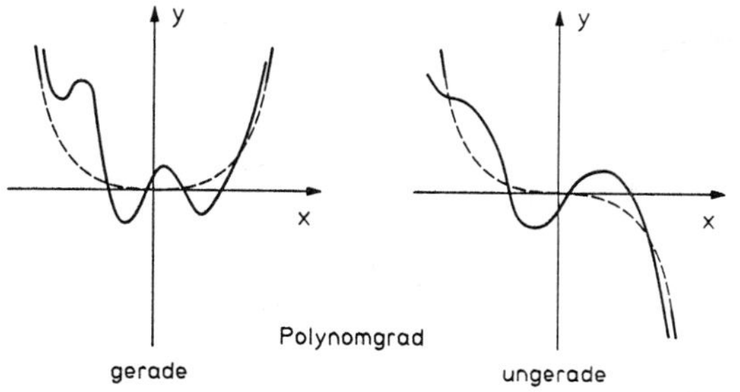

Abb. 52 – Polynome, qualitativer Verlauf

2.5 Rationale Funktionen, Polynomdivision. Der Quotient zweier Polynome

$$f(x) = \frac{p(x)}{q(x)} = \frac{a_n x^n + \cdots + a_1 x + a_0}{b_m x^m + \cdots + b_1 x + b_0} \qquad (\text{mit} \quad a_n \neq 0, \ b_m \neq 0)$$

heißt *rationale Funktion*. Die Polynome sind spezielle rationale Funktionen ($q(x) = 1$), sie werden deshalb auch ganz rationale Funktionen genannt.

Beispiel. Die VAN DER WAALsche Zustandsgleichung für reale Gase lautet $(p + \frac{a}{V^2})(V-b) = RT$ (p Druck, V Volumen, T Temperatur, a, b, R Konstanten). Bei konstanter Temperatur ist der Druck eine rationale Funktion des Volumens:

$$p = \frac{RTV^2 - aV + ab}{V^2(V-b)}$$ □

Satz 2.6. *Jede rationale Funktion*

$$\frac{p(x)}{q(x)} = \frac{a_n x^n + \cdots + a_1 x + a_0}{b_m x^m + \cdots + b_1 x + b_0} \qquad (a_n \neq 0, \ b_m \neq 0)$$

mit Zählergrad $\geq$ *Nennergrad läßt sich darstellen in der Form*

(7) $$\frac{p(x)}{q(x)} = h(x) + \frac{r(x)}{q(x)},$$

mit einem Polynom $h(x)$ *(dem ganzen Anteil von* $\frac{p(x)}{q(x)}$ *) und einem Restpolynom* $r(x)$ *mit* $r(x) = 0$ *oder* Grad $r <$ Grad q.

Beweis und Rechenverfahren. Polynomdivision mit Rest. Man beginnt mit der offenbar gültigen Zerlegung

(8) $$\frac{p(x)}{q(x)} = \frac{a_n}{b_m} x^{n-m} + \frac{p_1(x)}{q(x)}$$

mit dem Polynom $p_1(x) := p(x) - \frac{a_n}{b_m} x^{n-m} q(x)$, welches (wenn es von Null verschieden ist) einen kleineren Grad als p hat. Ist $p_1(x) = 0$ (Nullpolynom) oder Grad $p_1 <$ Grad q, dann ist die Division mit Rest bereits beendet. Andernfalls ($p_1(x) = c_k x^k + \cdots + c_0$, $c_k \neq 0$ und $k \geq$ Grad q) wiederholt man den Rechenschritt (8) für $\frac{p_1(x)}{q(x)}$ und erhält

$$\frac{p(x)}{q(x)} = \frac{a_n}{b_m} x^{n-m} + \frac{c_k}{b_m} x^{k-m} + \frac{p_2(x)}{q(x)}$$

mit $p_2(x) = p_1(x) - \frac{c_k}{b_m} x^{k-m} q(x)$; etc.

Zusatz: Mit einem Koeffizientenvergleich sieht man leicht, daß die Zerlegung (7) eindeutig ist. □

Beispiel. Die Polynomdivision mit Rest wird nach folgendem Muster durchgeführt:

$$x^{12} + x^6 + x + 1 \quad : 2x^4 + 3 = \frac{1}{2}x^8 - \frac{3}{4}x^4 + \frac{1}{2}x^2 + \frac{9}{8} + \frac{-\frac{3}{2}x^2 + x - \frac{19}{8}}{2x^4 + 3}$$

$$\uparrow \quad \frac{a_n}{b_m} x^{n-m}$$

$$\begin{array}{ll}
-\ x^{12} - \frac{3}{2}x^8 & \\
\hline
-\ \frac{3}{2}x^8 + x^6 + x + 1 & (= p_1(x)) \\
\frac{3}{2}x^8 + \frac{9}{4}x^4 & \\
\hline
x^6 + \frac{9}{4}x^4 + x + 1 & (= p_2(x)) \\
-\ x^6 - \frac{3}{2}x^2 & \\
\hline
\frac{9}{4}x^4 - \frac{3}{2}x^2 + x + 1 & \\
-\ \frac{9}{4}x^4 - \frac{27}{8} & \\
\hline
-\ \frac{3}{2}x^2 + x - \frac{19}{8} & (= r(x))
\end{array}$$

□

Seien d, p Polynome. Man nennt d einen Teiler von p, wenn es ein Polynom p_0 gibt mit $p(x) = d(x)p_0(x)$. Ebenso wie für rationale Zahlen ist es auch für die rationalen Funktionen wichtig, die gemeinsamen Teiler des Zählers und des Nenners zu kürzen. Die Berechnung eventuell vorhandener gemeinsamer Polynomteiler von $p(x)$ und $q(x)$ basiert auf der folgenden Beobachtung:

Falls Grad $p \geq$ Grad q und $\frac{p(x)}{q(x)} = h(x) + \frac{r(x)}{q(x)}$ (→ (7)), dann ist $d(x)$ genau dann ein gemeinsamer Teiler von $p(x)$ und $q(x)$, wenn $d(x)$ gemeinsamer Teiler von $q(x)$ und $r(x)$ ist.

Beweis. Aus $p(x) = d(x)p_0(x)$, $q(x) = d(x)q_0(x)$ folgt $r(x) = p(x) - h(x)q(x) = d(x)(p_0(x) - h(x)q_0(x))$. Und umgekehrt, aus $q(x) = d(x)q_0(x)$, $r(x) = d(x)r_0(x)$ folgt $p(x) = d(x)(h(x)q_0(x) + r_0(x))$. □

Mittels Polynomdivision wird also die Bestimmung der gemeinsamen Teiler von p und q auf die Bestimmung der gemeinsamen Teiler der Polynome *kleineren Grades* q und r reduziert. Dieser Reduktionsschritt muß gegebenenfalls mehrfach wiederholt werden (**Euklidischer Algorithmus für Polynome**).

Beispiel. Für die rationale Funktion

$$f(x) = \frac{x^4 - 2x^3 - 2x^2 - 2x - 3}{x^4 - 3x^3 - 7x^2 + 15x + 18}$$

suchen wir die gekürzte Bruchdarstellung. Die gemeinsamen Teiler der Polynome $p(x) = x^4 - 2x^3 - 2x^2 - 2x - 3$ und $q(x) = x^4 - 3x^3 - 7x^2 + 15x + 18$ bestimmen wir mit dem Euklidischen Algorithmus:

$$\begin{aligned} \frac{p(x)}{q(x)} &= 1 + \frac{r(x)}{q(x)} &&\text{mit} \quad r(x) = x^3 + 5x^2 - 17x - 21 \;, \\ \frac{q(x)}{r(x)} &= x - 8 + \frac{r_1(x)}{r(x)} &&\text{mit} \quad r_1(x) = 50(x^2 - 2x - 3) \;, \\ \frac{r(x)}{r_1(x)} &= \frac{1}{50}(x+7) \;. \end{aligned}$$

Also ist $r_1(x) = 50(x^2 - 2x - 3)$ der (dem Grad nach) *größte gemeinsame Teiler* von r, r_1, also auch von q, r und von p, q. Wir kürzen $x^2 - 2x - 3$:

$$f(x) = \frac{x^2 + 1}{(x+2)(x-3)} \;. \qquad \square$$

2.6 Der Definitionsbereich D einer rationalen Funktion $f(x) = \dfrac{p(x)}{q(x)}$ liegt erst endgültig fest, wenn p und q keinen gemeinsamen Teiler mehr besitzen. Dies sei jetzt der Fall; dann haben p und q keine gemeinsamen Nullstellen und es ist $D = \{x \in \mathbb{R} \;;\; q(x) \neq 0\}$. Eine l-fache Nullstelle des Nenners, $q(x) = (x-b)^l q_1(x)$ mit $q_1(b) \neq 0$, heißt *l-facher Pol* von f. Der Graph $y = f(x)$ hat in der Nähe von $x = b$ angenähert die Gestalt $y = \dfrac{p(b)}{q_1(b)} \cdot \dfrac{1}{(x-b)^l}$, $x \neq b$. Das Verhalten für große $|x|$-Werte ersieht man aus

$$f(x) = \frac{a_n x^n + \cdots + a_0}{b_m x^m + \cdots + b_0} = \frac{a_n x^n (1 + \cdots + \frac{a_0}{a_n x^n})}{b_m x^m (1 + \cdots + \frac{b_0}{b_m x^m})} \approx \frac{a_n}{b_m} x^{n-m} \;.$$

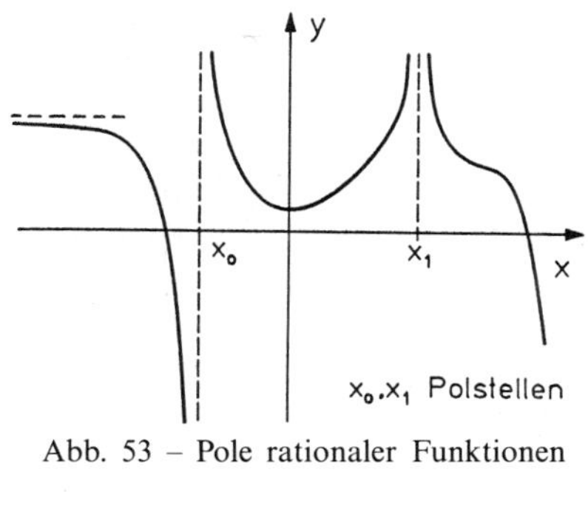

Abb. 53 – Pole rationaler Funktionen

* **2.7 Ergänzung: Polynome über $\mathbb{C}$** sehen formal genau so aus wie über $\mathbb{R}$; es sind Funktionen der Form

$$f(z) = a_n z^n + a_{n-1} z^{n-1} + \cdots + a_1 z + a_0 \quad (z \in \mathbb{C})$$

mit eindeutig bestimmten Koeffizienten $a_i \in \mathbb{C}$ ($i = 0, \ldots, n$). Das Rechnen mit „komplexen" Polynomen (Addition, Multiplikation, Werteberechnung mit dem Horner-Schema, Division mit Rest, Euklidischer Algorithmus) verläuft zu den bisher für reelle Koeffizienten dargestellten Verfahren vollständig analog.
Es gibt zahlreiche (beliebig viele) Polynome mit reellen Koeffizienten, die in $\mathbb{R}$ keine Nullstellen besitzen, etwa $x^2 + 1$, $x^2 + x + 1$. Im Gegensatz dazu gilt der (aus historischen Gründen so genannte)

Satz 2.7. Fundamentalsatz der Algebra. *Zu jedem Polynom $f(z) = a_n z^n + \cdots + a_0$ mit $a_i \in \mathbb{C}$, $n \geq 1$, $a_n \neq 0$, gibt es eine Zahl $w \in \mathbb{C}$ mit $f(w) = 0$. D.h., jedes nicht konstante Polynom mit komplexen Koeffizienten hat in $\mathbb{C}$ eine Nullstelle.*

Ein **Beweis** dieses wichtigen Satzes wird mit den Mitteln der Funktionentheorie erst in Band 2 erbracht.

Ist nun $f(z) = \sum_{k=0}^{n} a_k z^k \neq const$ und $w_1 \in \mathbb{C}$ eine Nullstelle von f, dann läßt sich, wie in 2.2 ausgeführt wurde, der Linearfaktor $z - w_1$ wenigstens einmal abspalten: $f(z) = (z - w_1)^{l_1} g(z)$, $l_1 \geq 1$, $g(w_1) \neq 0$. l_1 heißt Vielfachheit von w_1. Falls $g(z) \neq const$, gilt (aus gleichem Grund) $g(z) = (z - w_2)^{l_2} g_1(z)$, etc. Deshalb lautet eine andere Version des Fundamentalsatzes

Satz 2.8. Der Faktorisierungssatz. *Jedes komplexe Polynom $f(z) = \sum_{k=0}^{n} a_k z^k$ ($n \geq 1$, $a_k \in \mathbb{C}$, $a_n \neq 0$) besitzt die*

(9) *Faktorisierung über $\mathbb{C}$:*
$$f(z) = a_n (z - w_1)^{l_1} (z - w_2)^{l_2} \cdots (z - w_k)^{l_k}$$

mit den verschiedenen Nullstellen $w_i \in \mathbb{C}$ der Vielfachheit l_i ($i = 1, \ldots, k$), $l_1 + l_2 + \cdots + l_k = n$. Ein Polynom vom Grad $n \geq 1$ besitzt also genau n Nullstellen in $\mathbb{C}$, wobei jede Nullstelle so oft gezählt wird, wie ihre Vielfachheit angibt.

Jedes Polynom mit reellen Koeffizienten kann als reelles Polynom (Definitionsbereich ist $\mathbb{R}$) oder als komplexes Polynom (mit Definitionsbereich $\mathbb{C}$) aufgefaßt werden. Für diese gilt:

Satz 2.9. *Mit jeder Nullstelle w eines Polynoms f mit reellen Koeffizienten ist auch die konjugiert komplexe Zahl $\overline{w}$ eine Nullstelle von f; d.h. die nicht reellen Nullstellen von f treten stets als konjugierte Paare w und $\overline{w}$ auf.*

Beweis. Für $a_k \in \mathbb{R}$ gilt $\overline{a_k} = a_k$, daher folgt $a_n \overline{w}^n + \cdots + a_1 \overline{w} + a_0 = \overline{a_n w^n + \cdots + a_1 w + a_0} = 0$. □

Satz 2.10. Faktorisierungssatz für relle Polynome. *Jedes reelle Polynom* $f(x) = \sum_{k=0}^{n} a_k x^k$ *(* $n \geq 1$ *,* $a_k \in \mathbb{R}$ *,* $a_n \neq 0$ *) besitzt die*

> *Faktorisierung über* $\mathbb{R}$ *:*
> $f(x) = a_n(x-b_1)^{l_1} \cdots (x-b_r)^{l_r}(x^2+c_1x+d_1)^{k_1} \cdots (x^2+c_sx+d_s)^{k_s}$

mit den reellen Nullstellen b_i *der Vielfachheit* l_i *(* $i = 1, \ldots, r$ *) und den quadratischen Polynomen* $x^2 + c_ix + d_i$ *der Vielfachheit* k_i *(* $i = 1, \ldots, s$ *), die in* $\mathbb{R}$ *keine Nullstelle haben.*

Beweis. Man braucht nur in der Faktorisierung (9) die zu jedem nicht reellen Nullstellenpaar $w_i, \overline{w_i}$ gehörigen Faktoren $(x - w_i)(x - \overline{w_i})$ auszumultiplizieren: $(x - w_i)(x - \overline{w_i}) = x^2 + c_ix + d_i$ mit $c_i := -(w_i + \overline{w_i}) = -2\operatorname{Re} w_i \in \mathbb{R}$ und $d_i := w_i\overline{w_i} = |w_i|^2 \in \mathbb{R}$. □

Beispiel. Die komplexe Faktorisierung von $x^4 + 1$ lautet (→ 3.4)

$$x^4 + 1 = (x+w)(x-w)(x+\overline{w})(x-\overline{w}) \text{ mit } w = \frac{1}{2}\sqrt{2}(1+i).$$

Die reelle Faktorisierung dagegen ist $x^4 + 1 = (x^2 - \sqrt{2}x + 1)(x^2 + \sqrt{2}x + 1)$. □

Diese Faktorisierung wird im Verfahren von BAIRSTOW zur numerischen Bestimmung aller Nullstellen eines reellen Polynoms verwendet (→ Kap. 7, 2.5).

Aufgaben

1. Die folgenden Ausdrücke bestimmen jeweils eine Funktion. Man vereinfache, bestimme den maximalen Definitionsbereich und skizziere den Graphen

   a) $\dfrac{\sqrt{\dfrac{x+2}{x-2}} + \sqrt{\dfrac{x-2}{x+2}}}{\sqrt{\dfrac{x+2}{x-2}} - \sqrt{\dfrac{x-2}{x+2}}}$; b) $\dfrac{1}{\sqrt{\dfrac{\dfrac{x^3-1}{x+1} \cdot \dfrac{x}{x^3+1}}{\dfrac{(x+1)^2-x}{(x-1)^2+x} \cdot (1+\frac{1}{x})}}}$;

   c) $\left[\dfrac{(\sqrt{x^3}-\sqrt{8})(\sqrt{x}+\sqrt{2})}{x+\sqrt{2x}+2}\right]^2 + \sqrt{(x^2+2)^2 - 8x}$.

2. Für die Funktion $f(x) = \dfrac{2-x}{x-1}$ bestimme man

   a) den maximalen Definitionsbereich und den zugehörigen Bildbereich,

   b) die Intervalle, auf welchen f monoton fällt bzw. wächst,

   c) die Intervalle, auf welchen $f < 0$.

   Man zeige: $\dfrac{u+v}{2} = 1 \Rightarrow \dfrac{f(u)+f(v)}{2} = -1$.
   Welche Symmetrie des Graphen von f drückt sich hierin aus? Man skizziere den Graphen.

3. Mittels Polynomdivision berechne man den ganzen Anteil von

a) $q(x) = \dfrac{x^7 - 3x^3 + 1}{x^2 + x + 1}$, b) $q(x) = \dfrac{x^9 - x^7 - 3x^3 + 1}{x^3 + x^2 + 1}$.

4. Man betrachte die Funktionen

$$a(x) = \sqrt{x + 1000} - \sqrt{x} \quad , \quad x \geq 0 \; ;$$
$$b(x) = \sqrt{x + \sqrt{x}} - \sqrt{x} \quad , \quad x \geq 0 \; ;$$
$$c(x) = \sqrt{x + \frac{x}{1000}} - \sqrt{x} \, , \quad x \geq 0 \, .$$

a) Man bestätige, daß für $0 \leq x \leq 10^6$ gilt

$$a(x) > b(x) > c(x) \, ,$$

und berechne direkt mit dem Taschenrechner $a(10^{99})$, $b(10^{99})$, $c(10^{99})$.

b) Man forme die Funktion auf Bruchdarstellung um, so daß bei Rechnung mit endlich vielen Dezimalstellen keine Auslöschung mehr auftritt und bestätige für $x > 10^{99}$

$$a(x) < b(x) < c(x) \, .$$

5. a) Für das Polynom $p(x) = 7x^7 + 3x^3 + 200x^2 - 50x + 20$ bestimme man mittels Hornerschema den Funktionswert $p(-2)$ und den ganzen Anteil von $\dfrac{p(x)}{(x+2)}$.

b) Wie lautet die Entwicklung von $p(x)$ nach Potenzen von $(x+2)$?

c) Wie lautet die Newton-Form von $p(x)$ über den Stützstellen $x_0 = 0$, $x_1 = 1, \ldots, x_6 = 6$.

6. a) Mit Hilfe eines Taschenrechners bestimme man den Wert von

$$q(t) = t^2 - 12345678t - 12345678$$

an der Stelle $t = 12345679$ auf dreierlei Art:

- mit der Tastenfolge t $\boxed{y^x}$ 2 für t^2,
- mit der Tastenfolge t $\boxed{*}$ t für t^2,
- mit dem Horner-Schema.

Welcher Wert ist richtig?

b) Warum liefert die einfache Auflösungsformel bei zehnstelliger Rechnung nur eine der Nullstellen des Polynoms $x^2 - 1234567x + 2 = 0$ auf *acht* Dezimalstellen genau?

- Mit der Beziehung $x_1 x_2 = 2$ (VIETA) leite man einen Algorithmus ohne **Auslöschung** her.

7. Einer vierstelligen Wertetafel für die *Fehlerfunktion* $y = \text{erf}\,(x)$ entnimmt man

x	0	0.5	1	1.5
y	0	0.4613	0.7468	0.8561

Man stelle dazu das Newton-Interpolationspolynom 3. Grades $p_3(x)$ auf, berechne damit $p_3(0.9)$ und vergleiche mit dem Wert $\text{erf}\,(0.9) = 0.7062$.

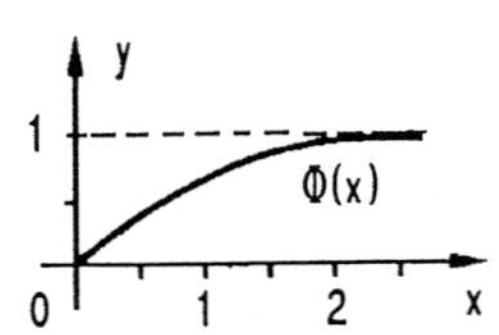

8. a) Zu folgender Wertetabelle bestimme man das interpolierende Polynom $p_6(x)$ in Newton-Form.

x	-3	-2	-1	0	1	2	3
y	0	0	0	-1	0	0	0

b) Wie lautet die Produktdarstellung für $p_6(x)$, wie die Summendarstellung?

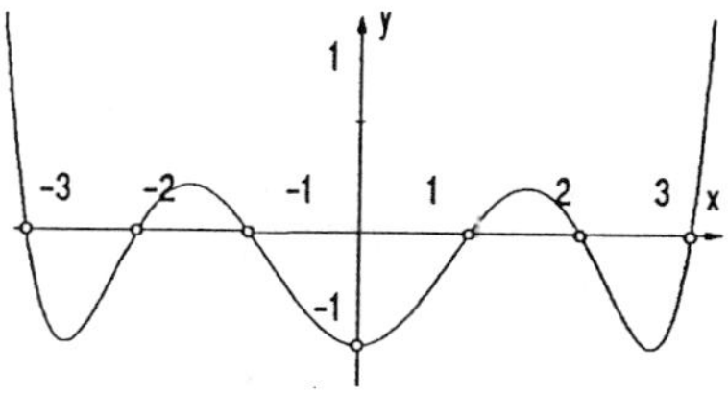

9. Welche ganzzahligen Werte kommen als Nullstellen x_0 für das Polynom

$$p(x) = x^4 + 9x^3 + 29x^2 + 39x + 18$$

in Frage? Man spalte sukzessive mit Hilfe des Horner-Schemas für jede Nullstelle x_0 den Linearfaktor $x - x_0$ ab und gebe schließlich für $p(x)$ die Produktdarstellung.

10. Für einen *Bleiakkumulator* (12 V, 40 Ah) gilt bei 4 A Ladestrom:

Q (Ladezustand %)	20	30	40	50	60	70	80	90	100
U (Batt. Spannung V)	12.57	12.69	12.97	13.11	13.20	13.29	13.41	13.61	14.77

Mit Hilfe von `Programm NEWTON Interpolation` bestimme man das zugehörige Interpolationspolynom und skizziere es für $0 < Q < 100$.
Ist das Polynom für $Q < 20$ und $Q > 100$ realistisch?

11. Zur Darstellung elektrostatischer Potentiale benötigt man die sogenannten LEGENDRE-Polynome $P_n(x)$, die man rekursiv definiert:

$$P_0(x) = 1 \; ; \quad P_1(x) = x \; ;$$
$$(n+1)P_{n+1}(x) = (2n+1)\,x\,P_n(x) - nP_{n-1}(x) \; ,$$
$$n = 1, 2, 3, \ldots \; .$$

Man bestimme $P_2(x), \ldots, P_5(x)$ und berechne mit einem Rechner $P_{10}(0.33)$.

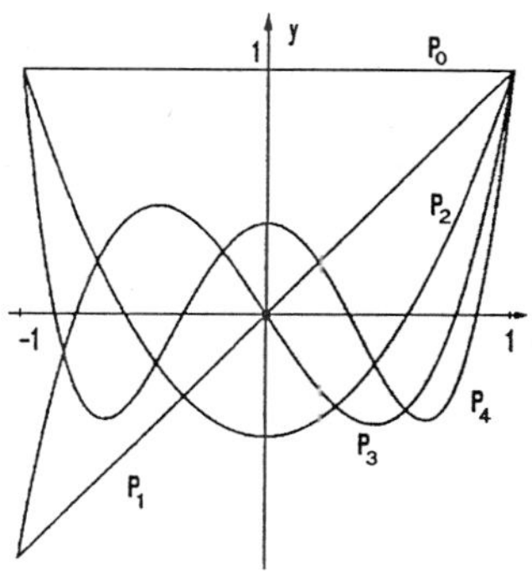

§3. Die Kreisfunktionen

Die Kreis- oder Winkelfunktionen, auch trigonometrische Funktionen genannt, spielen nicht nur in der Geometrie (Dreiecksberechnung) eine wichtige Rolle, sie dienen im besonderen Maße zur Beschreibung und Berechnung aller erdenklichen periodischen Vorgänge (Schwingungen).

3.1 Definition und einfache Eigenschaften. Je nach Zielsetzung gibt es verschiedene (natürlich äquivalente) Definitionen der Kreisfunktionen. Wir bevorzugen hier die anschaulich geometrische Definition, die für die Anwendungen auf Drehbewegungen zugeschnitten ist.
Sei $x \in \mathbb{R}$. Wird im (u,v)-Koordinatensystem der von $(0,0)$ nach $(1,0)$ weisende Zeiger um den Winkel x gedreht (gegen Uhrzeigersinn, falls $x \geq 0$, sonst im Uhrzeigersinn), dann fällt die Zeigerspitze auf einen Punkt P (→ Abb. 9 mit

$\alpha = x$), dessen Koordinaten mit $u = \cos x$, $v = \sin x$ bezeichnet werden;

$$P = (\cos x, \sin x) .$$

Die derart definierten Funktionen $x \mapsto \cos x$, $x \mapsto \sin x$ $(x \in \mathbb{R})$ heißen *Cosinus- bzw. Sinusfunktion*. Hat der Zeiger die Länge r, so fällt nach der Drehung die Spitze auf $Q = (u', v')$, $u' = r\cos x$, $v' = r \sin x$ (→ Kap. 1, 3.3). Der Definition entnimmt man sofort folgende Eigenschaften:

(1)

a) $-1 \leq \cos x \leq 1$, $\quad -1 \leq \sin x \leq 1.$

b) $\cos(-x) = \cos x$; $\quad$ cos *ist gerade.*

$\sin(-x) = -\sin x$; $\quad$ sin *ist ungerade.*

c) $(\cos x)^2 + (\sin x)^2 = 1.$

d) $\cos(x + 2k\pi) = \cos x$, $\sin(x + 2k\pi) = \sin x$ $\quad (k \in \mathbb{Z})$

d.h. cos *und* sin *sind* 2π*-periodisch.*

Die *Nullstellen* der Sinusfunktion im Intervall $[0, 2\pi]$ sind 0, π, 2π ; wegen (1d) unterscheiden sich alle anderen Nullstellen hiervon nur um Vielfache von 2π . Entsprechendes gilt für die Cosinusfunktion:

(2)
$$\sin x = 0 \iff x \in \{0, \pm\pi, \pm 2\pi, \pm 3\pi, \cdots\}$$
$$\cos x = 0 \iff x \in \{\pm\frac{\pi}{2}, \pm\frac{3}{2}\pi, \pm\frac{5}{2}\pi, \cdots\}$$

Wegen der 2π-Periodizität (1d) entstehen die Graphen $y = \sin x$, $y = \cos x$ aus den über einem Intervall der Breite 2π liegenden Teilgraphen durch eine Verschiebung nach links oder rechts um ganzzahlige Vielfache von 2π .

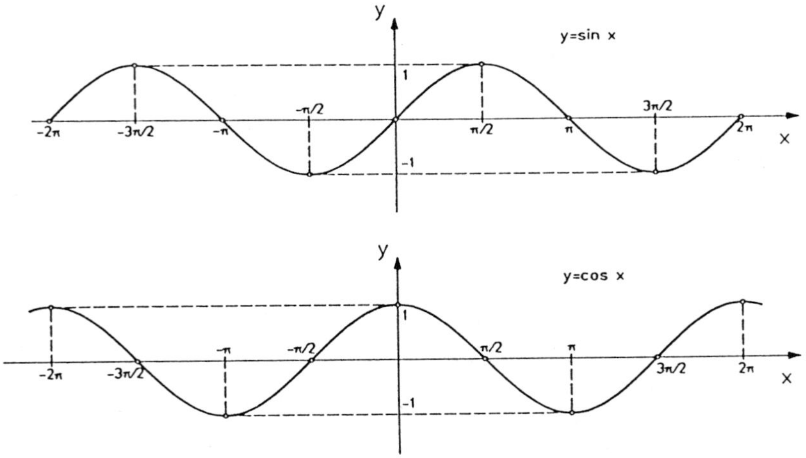

Abb. 54 – $y = \sin x$, $y = \cos x$

Satz 3.1. Das Additionstheorem. *Für alle* $x, y \in \mathbb{R}$ *gilt*

$$(3) \qquad \boxed{\begin{aligned} \cos(x+y) &= \cos x \cos y - \sin x \sin y, \\ \sin(x+y) &= \sin x \cos y + \cos x \sin y\,. \end{aligned}}$$

Beweis. Man wende die Drehformel (4) aus Kap. 1, §3 auf die Drehung um den Winkel y an, bei der $P = (\cos x, \sin x)$ übergeht in $P' = (\cos(x+y), \sin(x+y))$. □

Der Spezialfall $y = \frac{\pi}{2}$ bzw. $y = -\frac{\pi}{2}$ ergibt

$$(4) \qquad \boxed{\sin(x + \tfrac{\pi}{2}) = \cos x\,, \quad \cos(x - \tfrac{\pi}{2}) = \sin x\,,}$$

was besagt, daß die Kurve $y = \cos x$ mit der nach links um $\frac{\pi}{2}$ verschobenen Sinuskurve übereinstimmt, bzw. daß eine reine Sinusschwingung nichts anderes ist als eine um $\frac{\pi}{2}$ phasenverschobene Cosinusschwingung (→ 3.5).

In den Formelsammlungen findet man zahlreiche trigonometrische Identitäten (Formeln); sie lassen sich alle aus dem Additionstheorem ableiten.

$$(5) \qquad \boxed{\begin{array}{lll} \text{a)} & \cos(x-y) & = \cos x \cos y + \sin x \sin y\,, \\ & \sin(x-y) & = \sin x \cos y - \cos x \sin y\,; \\ \text{b)} & \sin x + \sin y & = 2 \sin \frac{x+y}{2} \cos \frac{x-y}{2}\,, \\ & \sin x - \sin y & = 2 \sin \frac{y-x}{2} \cos \frac{x+y}{2}\,, \\ & \cos x + \cos y & = 2 \cos \frac{x+y}{2} \cos \frac{x-y}{2}\,; \\ \text{c)} & \cos(2x) & = \cos^2 x - \sin^2 x = 2\cos^2 x - 1\,, \\ & \sin(2x) & = 2 \sin x \cos x\,, \\ & 1 + \cos x & = 2\cos^2 \frac{x}{2}\,, \\ & 1 - \cos x & = 2\sin^2 \frac{x}{2}\,; \\ & \multicolumn{2}{l}{\textit{(Formeln der Winkelverdopplung und -halbierung).}} \end{array}}$$

Man beachte: $f^n(x) := [f(x)]^n$, also $\sin^2 x = (\sin x)^2$, $\cos^2 x = (\cos x)^2$, $\sin^k x = (\sin x)^k$ etc.

Beweis. a): In (3) wird y durch $-y$ ersetzt.

b): Mit $x = \frac{x+y}{2} + \frac{x-y}{2}$ folgt aus (3) $\sin x = \sin \frac{x+y}{2} \cos \frac{x-y}{2} + \cos \frac{x+y}{2} \sin \frac{x-y}{2}$. Ebenso $\sin y = \sin \frac{y+x}{2} \cos \frac{y-x}{2} + \cos \frac{y+x}{2} \sin \frac{y-x}{2}$. Addition bzw. Subtraktion führt auf die ersten beiden angegebenen Formeln. Ersetzt man hierin x, y durch $x + \frac{\pi}{2}$, $y + \frac{\pi}{2}$, erhält man entsprechende Formeln für $\cos$.

c): Die ersten beiden Formeln ergeben sich sofort aus (3) mit $y = x$ (und $\sin^2 x + \cos^2 x = 1$). Ersetzt man hierin x durch $\frac{x}{2}$, dann erhält man die Halbwinkelformeln. □

Die weniger leicht einsichtigen Formeln, insbesondere solche, die bei der Überlagerung harmonischer Schwingungen benötigt werden, behandelt man besser nach Übergang ins Komplexe mit den DeMoivre-Formeln (→ Satz 3.2).

3.2 Die Tangens- und Cotangensfunktion sind definiert durch

$$\tan x := \frac{\sin x}{\cos x}, \quad x \neq (2k+1)\frac{\pi}{2} \quad (k \in \mathbb{Z}),$$
$$\cot x := \frac{\cos x}{\sin x}, \quad x \neq k\pi \quad (k \in \mathbb{Z}).$$

In Abb. 55 sind für $0 < x < \frac{\pi}{2}$ die Werte $\tan x$, $\cot x$ dargestellt. Einige Werte:

$\tan 0 = 0$, $\cot 0$ nicht def.

$\tan\frac{\pi}{3} = \frac{1}{3}\sqrt{3}$, $\cot\frac{\pi}{3} = \sqrt{3}$,

$\tan\frac{\pi}{4} = \cot\frac{\pi}{4} = 1$.

Die Eigenschaften dieser beiden Funktionen ergeben sich aus der Definition und den Eigenschaften der Sinus- und Cosinusfunktion. Beispielsweise gilt

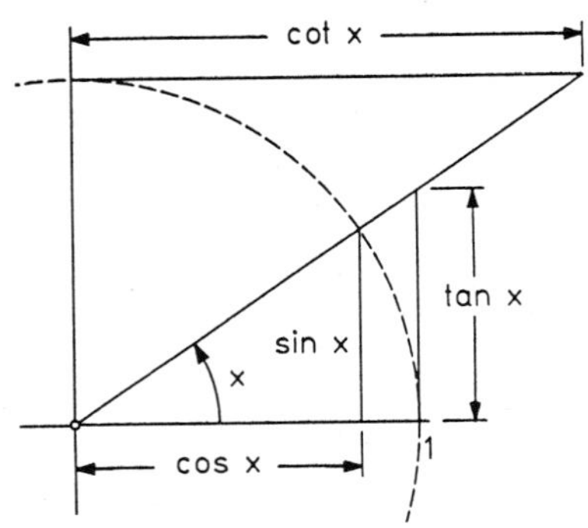

Abb. 55 – tan, cot am Kreis

(6)

a) $\tan(-x) = -\tan x, \qquad \cot(-x) = -\cot x$
tan *und* cot *sind ungerade* ;

b) $\tan(x+\pi) = \tan x, \qquad \cot(x+\pi) = \cot x$
tan *und* cot *sind π-periodisch* ;

c) $\tan(x+y) = \dfrac{\tan x + \tan y}{1 - \tan x \tan y}$ für alle „zulässigen" x, y,
Additionstheorem .

Die Bedeutung dieser Funktionen in der Geometrie ergibt sich aus den im rechtwinkligen Dreieck ΔOSQ (→ Abb. 10) geltenden Beziehungen

$$\tan\alpha = \frac{b}{a} = \frac{\text{Gegenkathete}}{\text{Ankathete}}, \qquad \cot\alpha = \frac{a}{b} = \frac{\text{Ankathete}}{\text{Gegenkathete}}$$

(mit $\alpha > 0$), die man sofort aus $a = r\cos\alpha$, $b = r\sin\alpha$ gewinnt.

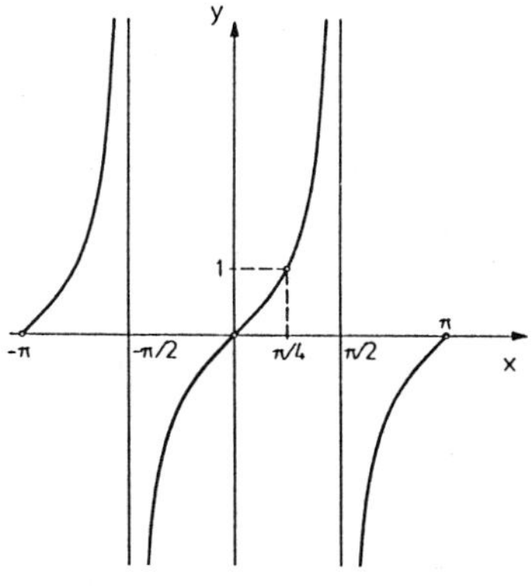

Abb. 56a – $y = \tan x$,

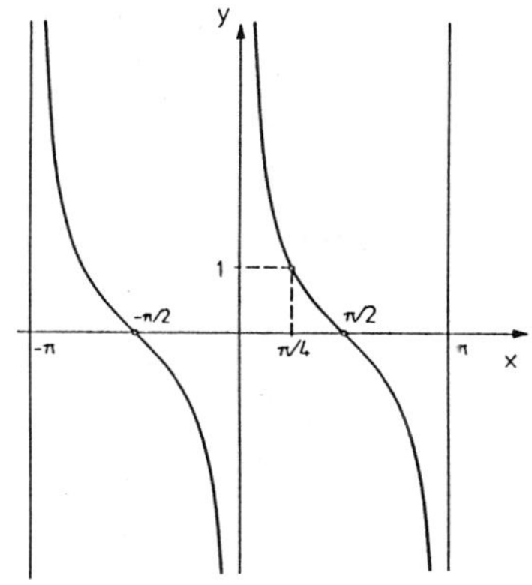

Abb. 56b – $y = \cot x$

3.3 Die Polardarstellung komplexer Zahlen. In Kap. 1, §8 wurden die komplexen Zahlen $\mathbb{C} = \{z = x + iy \ ; \ x, y \in \mathbb{R}\}$ eingeführt, mit der Addition $(x + iy) + (u + iv) = (x + u) + i(y + v)$ und einer Multiplikation, so daß $z \mapsto iz$ eine Drehung um $\frac{\pi}{2}$ darstellt:

$(x+iy)(u+iv) = (xu-yv)+i(xv+yu)$, insbesondere $i^2 = -1$, $i(x+iy) = -y+ix$. Der Betrag $|z| = \sqrt{x^2 + y^2}$ ist die Länge des von 0 nach z weisenden Zeigers (→ Abb. 43).

Die komplexe Zahl $z = x + iy \neq 0$ ist vollständig bestimmt durch ihren Betrag $|z| = r$ und einen Drehwinkel φ, den der von 0 nach $|z|$ weisende Zeiger auf der reellen Achse bei einer Drehung nach z überstreicht. Man nennt φ das *Argument* oder die *Phase* von z und schreibt $\varphi = \arg z$. Für $z = 0$ ist $\arg z$ nicht erklärt. Die Phase φ ist keineswegs eindeutig, bei jeder vollen Umdrehung wird die Phase um 2π vermehrt oder vermindert.

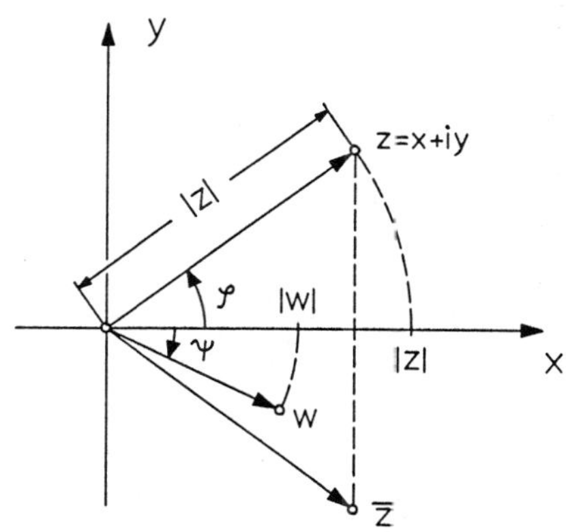

Abb. 57 – $z = |z|e^{i\varphi}$

Diejenige Phase φ von z, die der Bedingung $-\pi < \varphi \leq \pi$ genügt, heißt *Hauptwert* von $\arg z$ bzw. Hauptwert der Phase von z.

Man kann also $z = x + iy \neq 0$ festlegen durch $x = \operatorname{Re} z$, $y = \operatorname{Im} z$ oder durch $r = |z|$ und $\varphi = \arg z$. Wegen $x = r\cos\varphi$, $y = r\sin\varphi$ (→ Abb. 57) ergibt sich die sog. *Polardarstellung*

(7) $$z = r(\cos\varphi + i\sin\varphi)$$

(mit $r = |z|$, $\varphi = \arg z$).

Mit der von L. Euler (1707–1783) eingeführten Abkürzung

$$\boxed{e^{i\varphi} := \cos\varphi + i\sin\varphi}$$

wird daraus $z = |z|e^{i\varphi}$.

Bemerkung. Vorerst ist $e^{i\varphi} = \cos\varphi + i\sin\varphi$ nur als eine zweckmäßige, durch die folgenden Rechenregeln gerechtfertigte Abkürzung anzusehen. Zusammenhänge mit der komplexen e-Funktion ergeben sich später.

Bezeichnet arccos den Hauptwert des Arcuscosinus (→ Kap. 3, 3.3), d.h.

$$\varphi = \arccos u \iff \cos\varphi = u \quad \text{und} \quad 0 \le \varphi \le \pi\,,$$

so ergeben sich folgende Umrechnungsformeln:

Kartesische Darstellung ⇄ *Polardarstellung*

a) Gegeben $z = x + iy \neq 0 \quad (x, y \in \mathbb{R})$.
Mit $r = \sqrt{x^2 + y^2}$ und

$$\varphi = \begin{cases} \arccos\frac{x}{r} & \text{, falls } y \ge 0 \\ -\arccos\frac{x}{r} & \text{, falls } y < 0 \end{cases}$$

gilt $z = re^{i\varphi}$.

b) Gegeben $z = re^{i\varphi}$.
Mit $x = r\cos\varphi\,, \quad y = r\sin\varphi$
gilt $z = x + iy$.

Beispiele. $e^{i\pi/2} = i$; $e^{i\pi} = -1$; $e^{2\pi i} = 1$; $1 + i = \sqrt{2}e^{i\pi/4}$; $1 + \sqrt{3}i = 2e^{i\pi/3}$; $4 - 3.5i = \frac{1}{2}\sqrt{113}e^{-i0.71883}$. □

Die komplexen Zahlen $e^{i\varphi} = \cos\varphi + i\sin\varphi$ haben den Betrag $r = 1$, sie liegen auf dem Einheitskreis um den Nullpunkt.
$z(t) = e^{i(\omega t + \alpha)}$ stellt die Bewegung eines auf dem Einheitskreis mit konstanter Winkelgeschwindigkeit ω kreisenden Punktes dar, der sich zur Zeit $t = 0$ in $e^{i\alpha}$ befindet und zur Zeit t in $z(t)$. Dieselbe Bewegung auf einem Kreis mit dem Radius r wird durch

$$z(t) = re^{i(\omega t + \alpha)} \qquad (t \ge 0)$$

dargestellt. Diese Darstellung der ebenen Drehbewegung hat gegenüber allen anderen den Vorteil der besonders einfachen Rechengesetze.

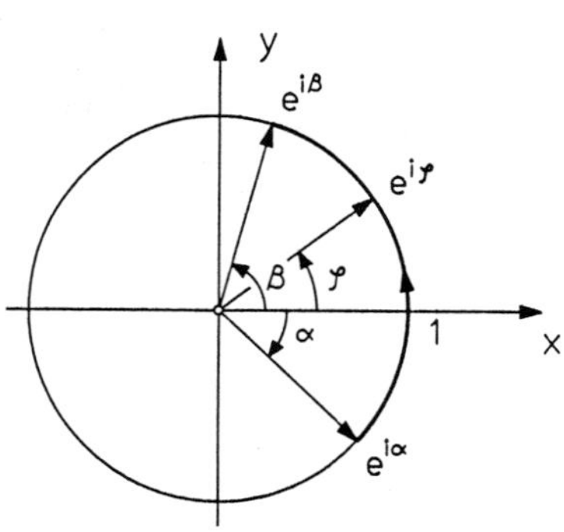

Abb. 58 – $z = e^{i\varphi}$

Satz 3.2. Formeln von De Moivre (1774 – 1825). *Für alle* $\varphi, \psi \in \mathbb{R}$ *gilt*

$$(8) \qquad \begin{array}{|lll|} \hline \textbf{a)} & e^{i\varphi}e^{i\psi} = e^{i(\varphi+\psi)}\,, & \\ \textbf{b)} & (e^{i\varphi})^n = e^{in\varphi} & (n \in \mathbb{N})\,, \\ \textbf{c)} & \overline{e^{i\varphi}} = e^{-i\varphi} = \dfrac{1}{e^{i\varphi}}\,. & \\ \hline \end{array}$$

Beweis. a): Mit dem Additionstheorem folgt

$$\begin{aligned} e^{i\varphi}e^{i\psi} &= (\cos\varphi + i\sin\varphi)(\cos\psi + i\sin\psi) \\ &= (\cos\varphi\cos\psi - \sin\varphi\sin\psi) + i(\cos\varphi\sin\psi + \sin\varphi\cos\psi) \\ &= \cos(\varphi+\psi) + i\sin(\varphi+\psi) = e^{i(\varphi+\psi)}\,. \end{aligned}$$

b): Man setze in a) nacheinander $\psi = \varphi$, $\psi = 2\varphi, \ldots$ (vollständige Induktion).

c): $\overline{e^{i\varphi}} = \overline{\cos\varphi + i\sin\varphi} = \cos\varphi - i\sin\varphi = \cos(-\varphi) + i\sin(-\varphi) = e^{-i\varphi}$,
außerdem folgt aus a) $e^{i\varphi}e^{i(-\varphi)} = e^{i0} = 1$. □

3.4 Anwendungen der De Moivre-Formeln.

① **Die Multiplikation und Division** komplexer Zahlen gestaltet sich in der Polardarstellung mit den Formeln (8) besonders vorteilhaft:

$$(9) \qquad \begin{array}{|l|} \hline \text{Für } z = |z|e^{i\varphi} \quad \text{und} \quad w = |w|e^{i\psi} \text{ gilt} \\ zw = |z||w|e^{i(\varphi+\psi)}\,, \quad z^n = |z|^n e^{in\varphi} \; (n \in \mathbb{N}), \\ \dfrac{z}{w} = \dfrac{|z|}{|w|}e^{i(\varphi-\psi)}\,, \text{ falls } w \neq 0\,. \\ \hline \end{array}$$

Beispiel. $(1+i)^{14}(1+\sqrt{3}i)^7 = (\sqrt{2}e^{i\frac{\pi}{4}})^{14}(2e^{i\frac{\pi}{3}})^7 = 2^{14}e^{i(\frac{7}{2}+\frac{7}{3})\pi} = -2^{14}e^{\frac{5\pi}{6}i}$. □

Geometrische Deutung der Formeln (9):

a) Die Multiplikation mit $w = e^{i\psi}$ bewirkt eine Drehung (um den Nullpunkt) um den Winkel ψ (gegen Uhrzeigersinn, falls $\psi > 0$, andernfalls im Uhrzeigersinn).

b) Die Multiplikation mit $w = |w|e^{i\psi}$ $(w \neq 0)$ bewirkt eine Drehung um den Winkel ψ, verbunden mit einer Streckung im Verhältnis $1 : |w|$ (*Drehstreckung*).

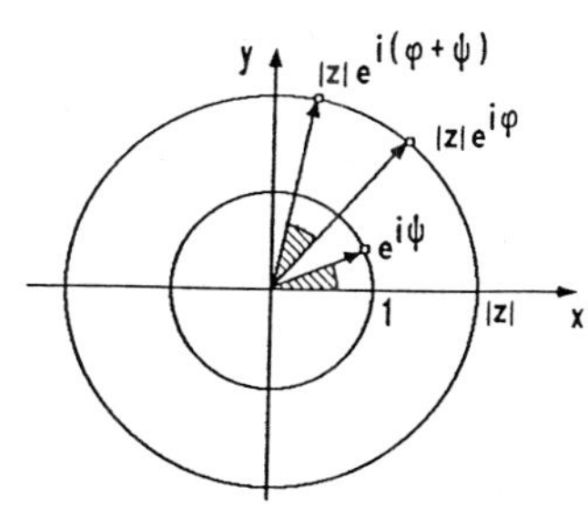

Abb. 59 – $e^{i(\varphi+\psi)} = e^{i\varphi} \cdot e^{i\psi}$

② **Die** ***n*****-ten Wurzeln in** $\mathbb{C}$. Jede Nullstelle des Polynoms $p(x) = z^n - a$ mit $n \in \mathbb{N}$, $a \in \mathbb{C}$, d.h. jede in $\mathbb{C}$ liegende Lösung der Gleichung

$$z^n - a = 0\,,$$

heißt *n-te Wurzel von a*. Die Menge der n-ten Wurzeln von a wird mit $\sqrt[n]{a}$ bezeichnet. Es gilt:

(10)
$$\sqrt[n]{a} = \{\, w_k := \sqrt[n]{|a|}\, e^{i\frac{\varphi+2k\pi}{n}} \;;\; k = 0, 1, \ldots, n-1 \,\} \,,$$
$$\text{falls } a = |a|e^{i\varphi} \text{ mit } -\pi < \varphi \le \pi \text{ und}$$
$$\sqrt[n]{|a|} \text{ die reelle } n\text{-te Wurzel aus } |a| \ge 0 \,.$$

Beweis. Man verifiziert leicht, daß die n komplexen Zahlen $w_0, w_1, \ldots, w_{n-1}$ paarweise verschieden sind. Aus der Multiplikationsregel (9) folgt $w_k^n = a$. Wegen Satz 2.8 kann es keine weiteren Nullstellen von $z^n - a$ geben. □

Sonderfall $a = 1$: Jede komplexe Lösung von $z^n = 1$ heißt *n-te Einheitswurzel*. Formel (10) mit $a = 1$ zeigt

$$\sqrt[n]{1} = \{\, 1, e^{i\frac{2\pi}{n}}, e^{i\frac{4\pi}{n}}, \ldots, e^{i\frac{2\pi(n-1)}{n}} \,\} \,.$$

Diese Zahlen liegen auf dem Einheitskreis, sie bilden die Ecken eines regelmäßigen n-Ecks, sie gehen nacheinander durch jeweils eine Drehung um den Winkel $\frac{2\pi}{n}$ aus der 1 hervor.

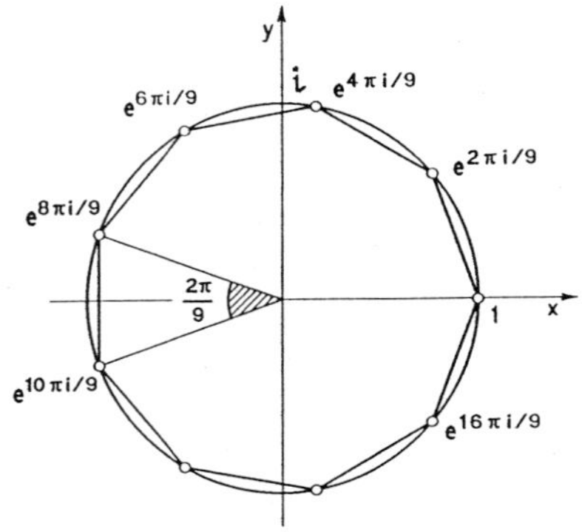

Abb. 60 – Kreisteilung $n = 9$

③ **Trigonometrische Formeln** kann man sehr einsichtig aus Formeln für $e^{i\varphi}$ über einen Vergleich entsprechender Realteile (bzw. Imaginärteile) herleiten.

Beispiel.

(11)
$$\cos 3\varphi = 4\cos^3\varphi - 3\cos\varphi$$
$$\sin 3\varphi = 3\sin\varphi - 4\sin^3\varphi$$

Beweis. $\cos 3\varphi + i\sin 3\varphi = e^{i3\varphi} = (e^{i\varphi})^3 = (\cos\varphi + i\sin\varphi)^3$
$= \cos^3\varphi + 3i\cos^2\varphi\sin\varphi + 3\cos\varphi(i\sin\varphi)^2 + i^3\sin^3\varphi$
$= (\cos^3 - 3\cos\varphi\sin^2\varphi) + i(3\cos^2\varphi\sin\varphi - \sin^3\varphi)\,.$
Der Rest folgt mit $\cos^2\varphi + \sin^2\varphi = 1$. □

3.5 Harmonische Schwingungen. Eine Funktion $f : \mathbb{R} \to \mathbb{R}$ heißt *periodisch* mit der Periode $2l$, wenn $f(x + 2l) = f(x)$ für alle $x \in \mathbb{R}$ gilt. Die Sinus- und Cosinusfunktion sind 2π-periodisch. In der Abb. 61 sind zwei weitere periodische Funktionen dargestellt.

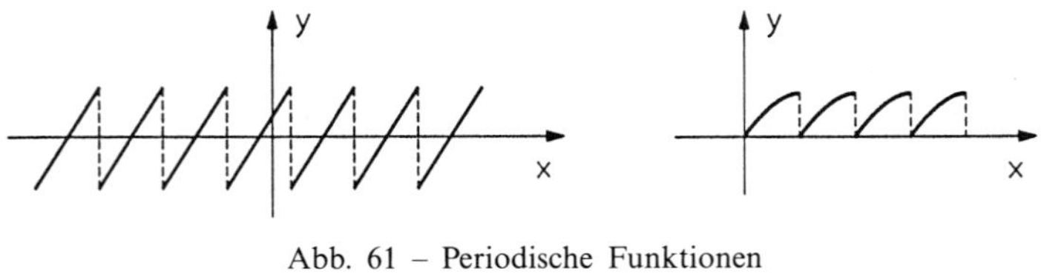

Abb. 61 – Periodische Funktionen

Definition. *Als* **Schwingung** *bezeichnet man einen Vorgang, der durch eine periodische Funktion des „Zeitparameters" $t \in \mathbb{R}$ beschrieben wird. Eine durch*

$$s(t) = A\cos(\omega t + \alpha)\ , \quad t \in \mathbb{R}\ ,$$

mit festen $A, \omega, \alpha \in \mathbb{R}$ dargestellte Schwingung heißt **rein** *oder* **harmonisch**. *A heißt* **Amplitude** *(Schwingungsweite), $\omega t + \alpha$ die* **Phase**, *α die* **Nullphase** *und ω die* **Kreisfrequenz** *der Schwingung. Die* **Schwingungsdauer** *(Periode) beträgt $T = \frac{2\pi}{\omega}$, die* **Schwingungszahl** *oder* **Frequenz** *$\nu = \frac{1}{T} = \frac{\omega}{2\pi}$.*

Man deutet $s(t)$ als „Auslenkung" zur Zeit t, d.i. bei einer geradlinigen Schwingung eines Massenpunktes die momentane Entfernung aus der Gleichgewichtslage. Wegen $\cos(\omega t + \alpha) = \sin(\omega t + \alpha + \frac{\pi}{2})$ kann jede harmonische Schwingung auch als „reine Sinusschwingung" dargestellt werden. Man achte dabei aber auf die veränderte Phase.

Spannung $U(t) = U_0 \cos\omega t$ und Stromstärke $I(t) = I_0\cos(\omega t + \alpha)$ eines Wechselstroms sind Beispiele für harmonische Schwingungen.

Die *Überlagerung* von zwei Schwingungen $t \mapsto s_1(t)$ und $t \mapsto s_2(t)$ erfolgt nach dem *Superpositionsprinzip*, wonach sich die Wirkungen, d.h. die momentanen Auslenkungen addieren: $s(t) = s_1(t) + s_2(t)$. Im allg. ist die Superposition zweier harmonischer Schwingungen *nicht* mehr periodisch.

Die mathematische Behandlung harmonischer Schwingungen wird erheblich vereinfacht, indem man $s(t) = A\cos(\omega t + \alpha)$ (bzw. $s(t) = A\sin(\omega t + \alpha)$) als Realteil (bzw. Imaginärteil) der *komplexen Schwingung*

$$\begin{aligned} z(t) &:= A\cos(\omega t + \alpha) + iA\sin(\omega t + \alpha) \\ (12) \qquad &= Ae^{i(\omega t + \alpha)} = (Ae^{i\alpha})e^{i\omega t} \\ &= ae^{i\omega t} \quad (\to \text{Satz 3.2}) \end{aligned}$$

mit der *komplexen Amplitude* $a := Ae^{i\alpha}$ auffaßt.

Geometrische Deutung: $z(t) = ae^{i\omega t}$, $t \in \mathbb{R}$, beschreibt die Bewegung eines mit konstanter Winkelgeschwindigkeit ω um den Nullpunkt kreisenden Zeigers der Länge $|a| = A$, der für $t = 0$ nach $a = Ae^{i\alpha}$ weist. $s(t) = A\cos(\omega t + \alpha)$ stellt die Projektion dieser Drehung auf die x-Achse dar. Der Überlagerung zweier komplexer Schwingungen entspricht die vektorielle Addition der zugehörigen Zeiger.

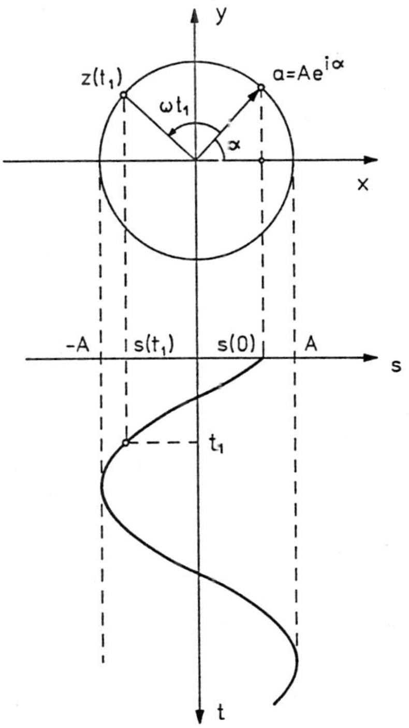

Abb. 62 – Kreisbewegung

Satz 3.3. *Besitzen zwei harmonische Schwingungen die gleiche Kreisfrequenz*

$$s_1(t) = A_1 \cos(\omega t + \alpha_1)\,, \quad s_2(t) = A_2 \cos(\omega t + \alpha_2)\ ,$$

so ist ihre Superposition wieder eine harmonische Schwingung

$$s(t) := s_1(t) + s_2(t) = A \cos(\omega t + \alpha)$$

mit $A = \sqrt{u^2 + v^2}$, $\cos\alpha = \dfrac{u}{A}$, $\sin\alpha = \dfrac{v}{A}$ $(A \neq 0)$, *wobei* $u := A_1 \cos\alpha_1 + A_2 \cos\alpha_2$, $v := A_1 \sin\alpha_1 + A_2 \sin\alpha_2$.

Beweis. Es ist $s(t) = s_1(t) + s_2(t)$ der Realteil der komplexen Schwingung $z(t) = A_1 e^{i(\omega t + \alpha_1)} + A_2 e^{i(\omega t + \alpha_2)} = (A_1 e^{i\alpha_1} + A_2 e^{i\alpha_2})e^{i\omega t}$ ($\rightarrow$ (12)). Die Polardarstellung der komplexen Amplitude $A_1 e^{i\alpha_1} + A_2 e^{i\alpha_2} = u + iv = Ae^{i\alpha}$ liefert die reelle Amplitude A und die Nullphase α. □

Die De Moivre-Formeln erlauben auch eine einfache Berechnung der Superposition zahlreicher zueinander phasenverschobener Schwingungen.

Beispiel. In der Optik wird häufig die Überlagerung einer Lichtwelle $s(t) = A \cos\omega t$ mit den um $\delta, 2\delta, 3\delta, \ldots$ phasenverschobenen Wellen $s_k(t) = A\cos(\omega t + k\delta)$ $(k = 0, 1, 2, \ldots, n)$ betrachtet. Die Überlagerung $S(t)$ besteht aus dem Realteil der komplexen Schwingung

$$\begin{aligned} z(t) &= Ae^{i\omega t} + Ae^{i(\omega t + \delta)} + \cdots + Ae^{i(\omega t + n\delta)} \\ &= Ae^{i\omega t}(1 + w + \cdots + w^n) \qquad (\text{mit } w := e^{i\delta}) \\ &= Ae^{i\omega t}\frac{1 - w^{n+1}}{1 - w} = Ae^{i\omega t}\frac{1 - e^{i(n+1)\delta}}{1 - e^{i\delta}}\ . \end{aligned}$$

Mit $1 - e^{i\varphi} = e^{i\frac{\varphi}{2}}(e^{-i\frac{\varphi}{2}} - e^{i\frac{\varphi}{2}}) = e^{i\frac{\varphi}{2}}(-2i)\sin\frac{\varphi}{2}$ wird umgeformt zu

$$z(t) = Ae^{i\omega t}\frac{e^{i\frac{n+1}{2}\delta}\,2\sin\frac{n+1}{2}\delta}{e^{i\frac{\delta}{2}}\,2\sin\frac{\delta}{2}} = A\frac{\sin\frac{n+1}{2}\delta}{\sin\frac{\delta}{2}}e^{i(\omega t + \frac{n}{2}\delta)}\ .$$

Man erhält

$$S(t) = A\frac{\sin\frac{n+1}{2}\delta}{\sin\frac{\delta}{2}}\cos(\omega t + \frac{n}{2}\delta)$$

mit der Amplitude $A\dfrac{\sin\frac{n+1}{2}\delta}{\sin\frac{\delta}{2}}$ und der Nullphase $\dfrac{n}{2}\delta$. Bemerkenswert ist

$$(13) \qquad \boxed{\sin\delta + \sin 2\delta + \cdots + \sin n\delta = \frac{\sin\frac{n+1}{2}\delta\ \sin\frac{n}{2}\delta}{\sin\frac{\delta}{2}}\ .}$$

□

Wegen $\omega_1 = \dfrac{\omega_1 + \omega_2}{2} + \dfrac{\omega_1 - \omega_2}{2}$, $\omega_2 = \dfrac{\omega_1 + \omega_2}{2} - \dfrac{\omega_1 - \omega_2}{2}$ läßt sich die Superposition zweier komplexer Schwingungen stets als Produkt darstellen:

(14) $$a_1 e^{i\omega_1 t} + a_2 e^{i\omega_2 t} = \left[a_1 e^{i\frac{(\omega_1-\omega_2)}{2}t} + a_2 e^{-i\frac{(\omega_1-\omega_2)}{2}t} \right] e^{i\frac{\omega_1+\omega_2}{2}t}$$

Man spricht hier von einer *modulierten Schwingung* mit *modulierter* (komplexer) *Amplitude*

$$a(t) = a_1 e^{i\frac{\omega_1-\omega_2}{2}t} + a_2 e^{-i\frac{\omega_1-\omega_2}{2}t} .$$

Eine modulierte Schwingung ist im allg. *nicht* periodisch. Ist jedoch das Verhältnis der beiden Kreisfrequenzen ω_1, ω_2 rational, d.h. $\frac{\omega_1}{\omega_2} = \frac{n_1}{n_2}$ (mit $n_1, n_2 \in \mathbb{N}$), dann besitzen die beiden Schwingungen $z_1(t) = a_1 e^{i\omega_1 t}$ und $z_2(t) = a_2 e^{i\omega_2 t}$ eine gemeinsame Periode $T := \frac{2\pi n_1}{\omega_1} = \frac{2\pi n_2}{\omega_2}$; denn wegen $e^{i\omega_1 T} = e^{i2\pi n_1} = 1$ gilt $e^{i\omega_1(t+T)} = e^{i\omega_1 t}$, ebenso $e^{i\omega_2(t+T)} = e^{i\omega_2 t}$. In diesem Fall stellt die Überlagerung tatsächlich eine (nicht notwendig harmonische) Schwingung mit Periode T dar.

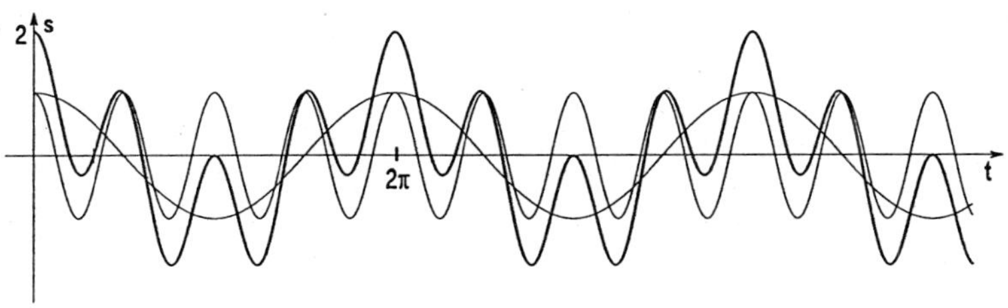

Abb. 63 – $s(t) = \cos t + \cos 4t$

Sind die beiden Kreisfrequenzen ω_1, ω_2 *„benachbart"*, d.h. $|\omega_1 - \omega_2|$ im Verhältnis zu ω_1 sehr klein, dann beschreibt die Überlagerung (14) eine modulierte Schwingung mit einer Kreisfrequenz $\frac{1}{2}(\omega_1 + \omega_2)$, die nahezu mit der Kreisfrequenz der Einzelschwingungen übereinstimmt, deren Amplitude sich jedoch im Verhältnis dazu langsam zwischen den Extremalwerten 0 und $|a_1 + a_2|$ periodisch mit der Frequenz $\frac{|\omega_1 - \omega_2|}{2\pi}$ ändert. Eine solche Amplitudenänderung vom Wert 0 über $|a_1 + a_2|$ bis 0 nennt man *Schwebung*, $\frac{|\omega_1 - \omega_2|}{2\pi}$ heißt *Schwebungsfrequenz*.

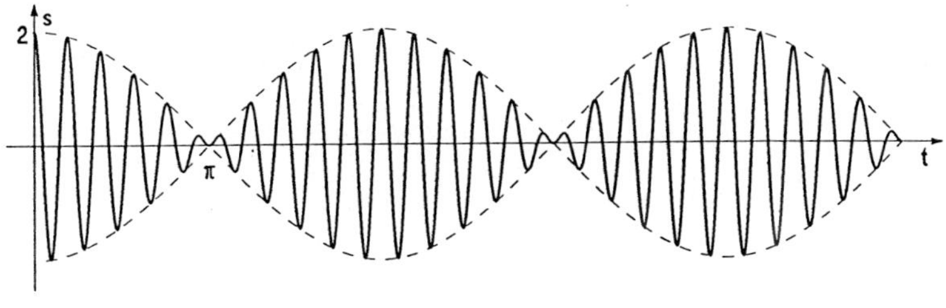

Abb. 64 – $s(t) = \cos 10t + \cos 11t$

Man beachte: Bis hierher wurde nur die Superposition gleichgerichteter harmonischer Schwingungen betrachtet. Die Schwingungen erfolgen (ausschließlich) entweder parallel zur x-Achse oder zur y-Achse. Etwas anders ist der Sachverhalt bei der Überlagerung ebener Schwingungen mit verschiedenen Schwingungsrichtungen. Die Überlagerung von

$$\mathbf{s}_1(t) = s_1(t)\begin{pmatrix} a_1 \\ a_2 \end{pmatrix} \qquad \text{(Schwingung längs } \mathbf{a} = \begin{pmatrix} a_1 \\ a_2 \end{pmatrix}\text{)} \quad \text{und}$$

$$\mathbf{s}_2(t) = s_2(t)\begin{pmatrix} b_1 \\ b_2 \end{pmatrix} \qquad \text{(Schwingung längs } \mathbf{b} = \begin{pmatrix} b_1 \\ b_2 \end{pmatrix}\text{)}$$

wird durch

$$\mathbf{s}(t) = \begin{pmatrix} s_1(t)a_1 + s_2(t)b_1 \\ s_1(t)a_2 + s_2(t)b_2 \end{pmatrix}$$

dargestellt. Dieses ist eine Kurve der Ebene. Die sich aus der Überlagerung von

$$\mathbf{s}_1(t) = (A_1 \cos(\omega_1 t + \alpha_1))\mathbf{e}_1 \ ,$$

$$\mathbf{s}_2(t) = (A_2 \cos(\omega_2 t + \alpha_2))\mathbf{e}_2$$

ergebenden Kurven

$$\mathbf{s}(t) = \begin{pmatrix} A_1 \cos(\omega_1 t + \alpha_1) \\ A_2 \cos(\omega_2 t + \alpha_2) \end{pmatrix}$$

heißen Lissajous-Figuren (benannt nach J. A. Lissajous, 1822–1880).

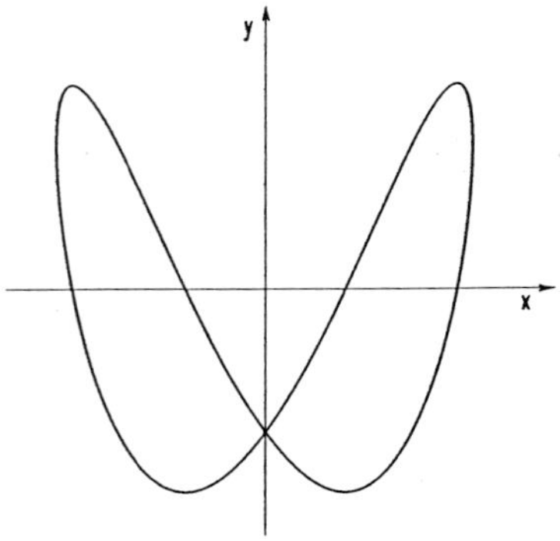

Abb. 65 – $x(t) = \sin t, y(t) = \sin(2t - \frac{\pi}{4})$

Aufgaben

1. Man bestätige

$$\sin 4\varphi = 8\cos^3\varphi \sin\varphi - 4\cos\varphi\sin\varphi$$

$$\cos 4\varphi = 8\cos^4\varphi - 8\cos^2\varphi + 1$$

$$\sin^4\varphi = \frac{1}{8}(\cos 4\varphi - 4\cos 2\varphi + 3)$$

$$\cos^4\varphi = \frac{1}{8}(\cos\varphi + 4\cos 2\varphi + 3)$$

und berechne damit $\sin\frac{\pi}{16}$, $\cos\frac{\pi}{16}$ und $\tan\frac{\pi}{16}$.

2. Man rechne mittels der Beziehung $2\cos\alpha = e^{i\alpha} + e^{-i\alpha}$ nach :

$$\left(2\cos\alpha\right)^5 = 2\cos 5\alpha + 40\cos^3\alpha - 10\cos\alpha \ .$$

Setze $\alpha = \frac{\pi}{5}$ und bestimme die Werte für $\cos(\frac{\pi}{5})$ und $\sin(\frac{\pi}{5})$ mit Hilfe der Faktorisierung $x^5 - 5x^3 + 5x + 2 = (x^2 - x - 1)^2(x + 2)$.

3. Eine kubische Gleichung $x^3+ax^2+bx+c=0$ wird mit $z := x+\frac{a}{3}$ in eine Gleichung ohne quadratischen Anteil umgeformt:

$$(*) \qquad z^3 - pz + q = 0 \, .$$

a) Man zeige, daß im Fall $4p^3 - 27q^2 > 0$ mit $\gamma = \sqrt{(\frac{p}{3})^3}$ und φ definiert durch $\cos\varphi = \frac{-q}{2r}$ die Zahlen $z_k = 2\sqrt[3]{r}\cos\frac{\varphi + 2k\pi}{3}$ $(k = 0, 1, 2)$ Lösungen der Gleichung $(*)$ sind.

b) Man berechne die Lösungen von $x^3 + 9x^2 + 23x + 14 = 0$.

4. Man bestätige mit vollständiger Induktion nach n, daß für $\sin\alpha \neq 0$

$$\cos\alpha + \cos 3\alpha + \cdots + \cos(2n-1)\alpha = \frac{\sin(2n\alpha)}{2\sin\alpha} \, .$$

5. Man bestimme – nach Umformung in Produkt- oder Polynomdarstellung – sämtliche Lösungen im Intervall $0 \le x < 2\pi$ von

a) $\sin 2x - \cos 2x = 1$, b) $\sin x + \sin 2x + \sin 3x = 0$.

6. Die drei Spannungen in einer *Drehstromleitung* mit Null-Leiter Mp sind

$$R = U\sin\omega t \, ; \quad S = U\sin\left(\omega t + \frac{2\pi}{3}\right) ;$$

$$T = U\sin\left(\omega t + \frac{4\pi}{3}\right) .$$

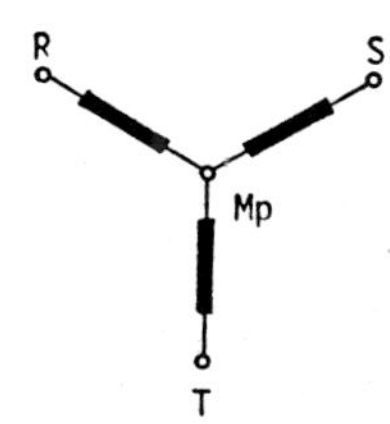

a) Wie lauten diese Ströme in komplexer Darstellung ? Zeige, daß stets $R + S + T = 0$.

b) Bestimme Amplitude und Phase von $S - R$, $T - S$, $R - T$.

7. a) Man berechne Real- und Imaginärteil sowie Betrag und Argument von

$$\left(\frac{2+i}{1-(1+i)^2}\right)^9 \; ; \quad \left(\frac{1+i}{1-i}\right)^{99} \; ; \quad \left(\frac{1}{2}(1+i\sqrt{3})\right)^n , \quad n = 0, 1, 2, \ldots$$

b) Man skizziere als Punktmengen in $\mathbb{C}$

$$\{z \in \mathbb{C} \, ; \, z = 3 - i + 5e^{it} \, , 0 \le t \le \pi\} \; ; \qquad \{z \in \mathbb{C} \, ; |z - 1 - i| \le 3\} \; ;$$

$$\{z \in \mathbb{C} \, ; z^5 = 1\} \, .$$

$$z = te^{it}, \; t \ge 0 \; ; \qquad \mathrm{Re}\left(\frac{1}{z}\right) = 1 \; ; \qquad \mathrm{Im}(z^2) \le 2 \; ; \qquad \arg(1 + z^2) = 0 \; ;$$

$$|(1+i)z + (1-i)| = 5 \, .$$

8. Mittels komplexer Darstellung berechne man die Amplitude A und die Nullphase φ von

$$s(t) = A\sin(\omega t + \varphi) = \sin(\omega t + \varphi_1) + 2\sin\omega t$$

für $\varphi_1 = 2$ und $\omega = 10$. Für welche Werte von φ_1 ist A maximal bzw. minimal?

9. Die *amplitudenmodulierte Schwingung*

$$S(t) = A \cdot \Big(1 + m\cos(2\pi n t)\Big) \cdot \cos(2\pi N t)\,, \quad t \in \mathbb{R}$$

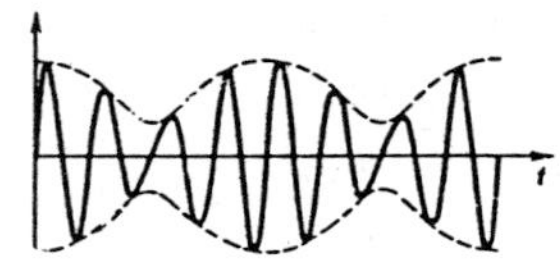

ist eine additive Überlagerung von reinen Schwingungen. Welche Frequenzen treten in dieser Superposition auf ? (*N Trägerfrequenz*, *n Modulationsfrequenz*, *m Modulationsgrad*)

Unterdrückt man die Trägerschwingung (*Doppelseitenband (DSB) – Modulation im Stereosignal*), so erhält man

$$s(t) = S(t) - A\cos(2\pi N t)\ .$$

- Man bestimme sämtliche Nullstellen von $S(t)$ und $s(t)$ für $0 < m < 1$.
- Für welche Werte von N, n haben $S(t)$ und $s(t)$ dieselben Nullstellen? Stimmen in diesem Falle auch die Vorzeichenwechsel überein?
- Man skizziere $s(t)$ und $S(t)$ für $A = 4$, $m = 0.5$, $n = 1$, $N = 5$ und begründe: Aus $s(t)$ kann die Trägerfrequenz $\omega = 2\pi N$ nicht decodiert werden. (Deshalb wird ein Pilotton geringer Intensität zusätzlich übertragen.)

§4. Zahlenfolgen und Grenzwerte

Die charakteristische Methode der Analysis ist die Bildung von Grenzwerten. Wir führen den Grenzwertbegriff anhand reeller Zahlenfolgen ein und übertragen anschließend die dabei gewonnenen Erkenntnisse auf Grenzwerte von Funktionen.

4.1 Folgen. Unter einer *Folge* reeller Zahlen (oder reellen Zahlenfolge) versteht man eine auf $\mathbb{N}_0 = \{0, 1, 2, \ldots\}$ erklärte reellwertige Funktion; d.h. jedem $n \in \mathbb{N}_0$ ist ein $a_n \in \mathbb{R}$ zugeordnet. Man schreibt hierfür

$$(a_n)_{n\in\mathbb{N}} \text{ oder } (a_n)_{n\geq 0}, \text{ oder auch } a_0, a_1, a_2, \ldots$$

Die Zahlen a_n heißen die *Glieder* der Folge. Die direkte Vorschrift $n \mapsto a_n$ bezeichnen wir als *explizites Bildungsgesetz* der Folge (es handelt sich meist um eine Formel, mit der a_n aus n direkt zu berechnen ist). Demgegenüber ist die rekursive Definition der a_n (→ Kap. 1, 2.6) als *implizites Berechnungsgesetz* zu verstehen.

Bemerkung. Das erste Glied einer Folge braucht nicht immer a_0 zu sein. Durch Umbenennung, etwa $b_0 := a_5$, $b_1 := a_6, \ldots$, $b_n := a_{5+n}$, erreicht man, daß auch $a_5, a_6, a_7, \ldots$ eine Folge im Sinne der Definition darstellt; wir bezeichnen sie mit $(a_n)_{n\geq 5}$ (allgemein: $(a_n)_{n\geq n_0}$).

Beispiele.

a_n **explizit definiert:**

1. $a_n := c \quad (n \geq 0,\ c \in \mathbb{R}$ konstant$); \qquad c, c, c, c, \ldots$
2. $a_n := n,\quad n \geq 0; \qquad 0, 1, 2, 3, \ldots$
3. $a_n := a_0 + nd \quad (n \geq 0, d \in \mathbb{R}); \qquad a_0, a_0 + d, a_0 + 2d, \ldots$
   Es handelt sich hier um eine *arithmetische Folge*: $a_{n+1} - a_n = d$ (konstant).
4. $a_n := a_0 q^n \quad (n \geq 0, q \neq 0$ konstant$); \qquad a_0, a_0 q, a_0 q^2, \ldots$
   Dieses ist eine *geometrische Folge*: $\frac{a_{n+1}}{a_n} = q$ (falls $a_0 \neq 0$).
5. $a_n := (-1)^n \frac{4n^2 + 2n + 1}{3n^3 + 6} \quad (n \geq 0)$.

a_n **rekursiv definiert:**

6. $a_0 := 1,\ a_{n+1} = (n+1)a_n \quad (n \geq 1)$,
7. $a_0 := 2,\ a_{n+1} = \frac{1}{2}(a_n + \frac{2}{a_n}) \quad (n \geq 1)$,
8. $a_0 := 1,\ a_{n+1} = \sin a_n \quad (n \geq 1)$. □

Eine Zahlenfolge heißt *beschränkt*, wenn sämtliche Folgenglieder in einem endlichen Intervall liegen, wenn also $K_1 \leq a_n \leq K_2$ oder $|a_n| \leq K$ gilt für alle $n \geq 0$ mit gewissen Konstanten K_1, K_2 bzw. K. Jede solche Konstante K_1 bzw. K_2 heißt untere bzw. obere Schranke der Folge $(a_n)_{n \geq 0}$.

Von den im Beispiel genannten Folgen sind 1., 4. (falls $|q| \leq 1$), 5., 7. und 8. beschränkt, die anderen Folgen sind nicht beschränkt.

4.2 Definition des Grenzwerts; konvergente Zahlenfolgen.

Definition. *Man sagt, die reelle Zahlenfolge* $(a_n)_{n \geq 0}$, **strebt** *(oder* **konvergiert***) gegen den* **Grenzwert** $a \in \mathbb{R}$, *und man schreibt* $\lim\limits_{n \to \infty} a_n = a$ *(kurz* $\lim a_n = a$ *) oder* $a_n \to a$ *für* $n \to \infty$ *(kurz* $a_n \to a$*), wenn es zu jeder beliebig kleinen vorgegebenen Schranke* $\epsilon > 0$ *einen Index* $n_0 \in \mathbb{N}$ *gibt, so daß gilt*

$$|a_n - a| < \epsilon \text{ für alle } n \geq n_0 .$$

Anschaulich: $(a_n)_{n \geq 0}$ konvergiert gegen den Grenzwert a, wenn in jedem noch so kleinen Intervall mit Mittelpunkt a („ϵ-Umgebung") ab einem genügend großen Index – der i.a. von der Wahl der Intervallbreite abhängt – schließlich alle Folgenglieder a_n $(n \geq n_0)$ liegen.

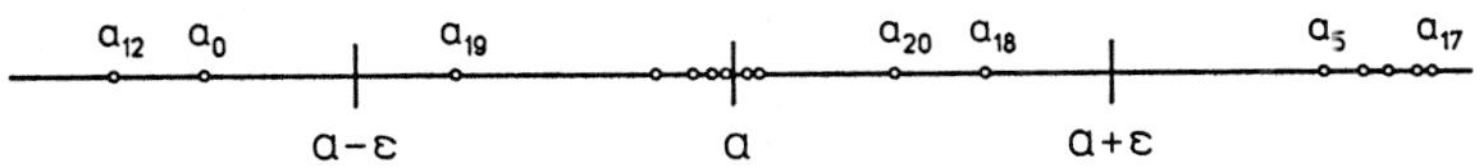

Abb. 66 – $a_n \in (a - \epsilon, a + \epsilon)$ für alle $n \geq n_0 = 18$

Von einer Zahlenfolge, die einen Grenzwert besitzt (d.h. die gegen einen Grenzwert strebt) sagt man, sie *konvergiert* oder sie ist *konvergent*. Jede gegen 0 konvergierende Folge heißt *Nullfolge*. Nicht konvergente Folgen heißen *divergent*.

Satz 4.1. *Für jede konvergente Zahlenfolge* $(a_n)_{n\geq 0}$ *gilt*

a) Eindeutigkeit des Grenzwerts:
Ist $\lim a_n = a$ *und* $\lim a_n = b$, *so gilt* $a = b$.

b) Konvergente Zahlenfolgen sind beschränkt, *d.h.*,
es gibt eine Konstante K *mit* $|a_n| \leq K$ *für alle* $n \in \mathbb{N}$.

Beweis. a): Im Fall $a \neq b$ würden gleichzeitig schließlich alle Folgenglieder beliebig nahe sowohl bei a als auch bei b liegen; das ist unmöglich.
b): Jede ϵ-Umgebung des Grenzwerts und die endlich vielen Folgenglieder außerhalb dieser ϵ-Umgebung fallen zusammen in ein endliches Intervall. □

Definition. *Man sagt, eine Folge* $(a_n)_{n\geq 0}$ **divergiert** *(bestimmt)* **gegen den uneigentlichen Grenzwert** ∞ *(oder* **strebt gegen** ∞ *) i.Z.*

$$\lim_{n\to\infty} a_n = \infty \text{ oder } a_n \to \infty \text{ (für } n \to \infty) ,$$

wenn die Zahlen a_n *in positiver Richtung über alle Schranken wachsen; d.h., wenn zu jedem noch so großen* K *die Ungleichung* $a_n > K$ *für schließlich alle* a_n *(ab einem Index* n_0 *) gilt. Analog ist* $\lim\limits_{n\to\infty} a_n = -\infty$ *(bzw.* $a_n \to -\infty$ *) definiert.*

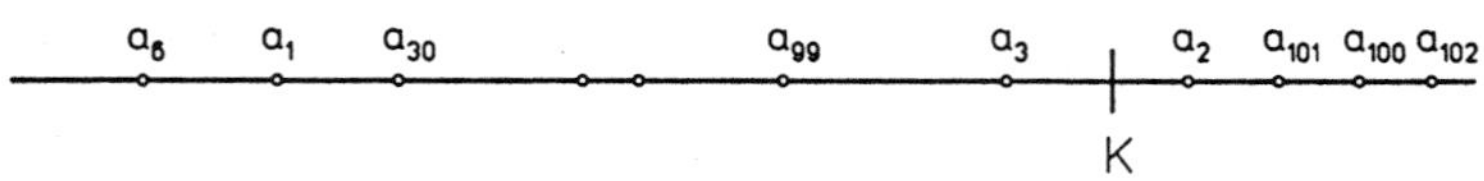

Abb. 67 – $a_n > K$ für schließlich alle a_n (hier ab $n_0 = 100$)

Beispiel 1. $\lim\limits_{n\to\infty} \frac{1}{n} = 0$. □

Beispiel 2. Für jede reelle Zahl x gilt

(1)
a) $\lim\limits_{n\to\infty} x^n = 0$, falls $|x| < 1$,
b) $\lim\limits_{n\to\infty} x^n = \infty$, falls $x > 1$,
c) Die Folge $(x^n)_{n\geq 0}$ ist (unbestimmt) divergent, falls $x \leq -1$.

Beweis. Die Aussagen sind anschaulich klar. Zur Einübung der Definition beweisen wir a): Aus $|x| < 1$ (o.E. $x \neq 0$) folgt $\frac{1}{|x|} = 1 + p$ mit $p > 0$ und $\frac{1}{|x|^n} = (1+p)^n = 1 + np + \cdots + p^n > 1 + np$. Nun sei $\epsilon > 0$ (beliebig klein, im folgenden aber fest) vorgegeben. Man wählt $n_0 \in \mathbb{N}$ mit $n_0 > \frac{1-\epsilon}{\epsilon p}$ und erhält für alle $n \geq n_0$ die Abschätzung $\frac{1}{|x|^n} > 1 + np \geq 1 + n_0 p > \frac{1}{\epsilon}$, d.h. $|x^n - 0| < \epsilon \ (n \geq n_0)$. □

Beispiel 3. Die geometrische Reihe. Die Summenformel der endlichen geometrischen Reihe lautet – mit $x \in \mathbb{R}$ – (→ Kap. 1, §2(5))

$$s_n = 1 + x + \cdots + x^n = \begin{cases} \dfrac{1-x^{n+1}}{1-x} & \text{, falls } x \neq 1 \\ n+1 & \text{, falls } x = 1. \end{cases}$$

Wegen (1) konvergiert die Folge $(s_n)_{n\geq 0}$ für $|x| < 1$ gegen den Grenzwert $\lim\limits_{n\to\infty} s_n = \dfrac{1}{1-x}$, divergiert für $x \geq 1$ gegen ∞ und ist für $x \leq -1$ (unbestimmt) divergent. Statt $\lim\limits_{n\to\infty} s_n$ schreibt man $1 + x + x^2 + \cdots$ oder $\sum\limits_{n=0}^{\infty} x^n$; also gilt

(2)
$$\sum_{n=0}^{\infty} x^n := 1 + x + x^2 + x^3 + \cdots + x^n + \cdots$$
$$:= \lim_{N\to\infty} \sum_{n=0}^{N} x^n = \begin{cases} \dfrac{1}{1-x} & \text{, falls } |x| < 1 \\ \infty & \text{, falls } x \geq 1 \\ \text{unbestimmt} & \text{, falls } x \leq -1 \end{cases}$$

Mit $x = \dfrac{1}{q}$ ergibt sich $1 + \dfrac{1}{q} + \dfrac{1}{q^2} + \cdots = \dfrac{1}{1-\frac{1}{q}} = \dfrac{q}{q-1}$ (falls $q > 1$), speziell $1 + \dfrac{1}{2} + \dfrac{1}{4} + \dfrac{1}{8} + \cdots = 2$. □

Beispiel. Eine eindrucksvolle Anwendung der Formeln (1) und (2) bildet eine auf dem winterlichen Fenster wachsende *Eisblume* (→ Abb. 68):
Ausgangsfigur T_0 ist ein gleichseitiges Dreieck mit Seitenlänge 1 cm. Die Berandung T_n nach dem n-ten Zeitschritt entsteht aus T_{n-1}, indem auf dem mittleren Drittel jeder geradlinigen Berandungsstrecke ein gleichseitiges Dreieck aufgesetzt wird ($n = 1, 2, 3, \ldots$). Uns interessieren Umfang U_n und Flächeninhalt F_n der Figur T_n, sowie $\lim\limits_{n\to\infty} U_n$ und $\lim\limits_{n\to\infty} F_n$.

Aus $U_n = \frac{4}{3} U_{n-1} = \left(\frac{4}{3}\right)^2 U_{n-2} = \cdots = \left(\frac{4}{3}\right)^n U_0$ folgt sofort $\lim\limits_{n\to\infty} U_n = \infty$. Ist K_n die Anzahl der Begrenzungsstrecken von T_n und Δ_n die Fläche der im n-ten Schritt aufgesetzten Dreiecke, dann gilt (Rechnung nur mit Zahlenwerten, Einheiten sind anschließend einzutragen):

$$K_n = 4K_{n-1} = \cdots = 4^n K_0 = 4^n \cdot 3, \quad \Delta_n = \frac{1}{9}\Delta_{n-1} = \left(\frac{1}{9}\right)^n \frac{\sqrt{3}}{4} \quad \text{und}$$

$$F_n = \frac{\sqrt{3}}{4} + \sum_{i=0}^{n-1}\left(4^i \cdot 3 \cdot \left(\frac{1}{9}\right)^{i+1} \frac{\sqrt{3}}{4}\right) = \frac{\sqrt{3}}{4}\left(1 + \frac{1}{3}\sum_{i=0}^{n-1}\left(\frac{4}{9}\right)^i\right).$$

Für $n \to \infty$ ergibt sich $\lim\limits_{n\to\infty} F_n = \dfrac{\sqrt{3}}{4}\left(1 + \dfrac{1}{3}\dfrac{9}{9-4}\right) = \dfrac{2}{5}\sqrt{3}$.
Die Figur hat bei endlichem Flächeninhalt unendlichen Umfang!

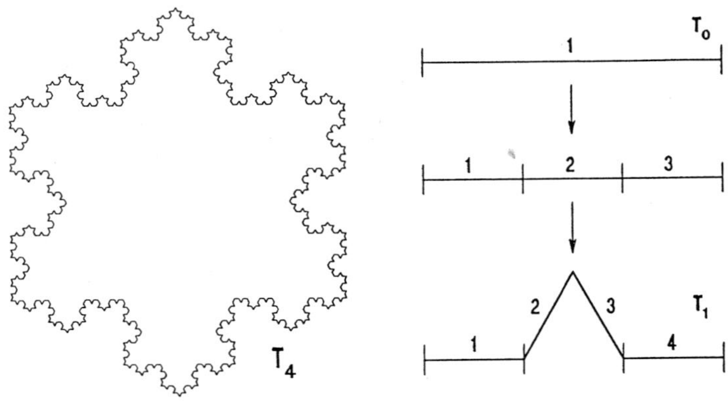

Abb. 68 – Eisblume □

Beispiel 4. Die harmonische Reihe. Die Folge $s_n = 1 + \frac{1}{2} + \cdots + \frac{1}{n}$ $(n \geq 1)$ divergiert gegen ∞. Man schreibt dafür

$$(3) \qquad \boxed{1 + \frac{1}{2} + \frac{1}{3} + \frac{1}{4} + \cdots = \sum_{n=1}^{\infty} \frac{1}{n} = \infty\,.}$$

Beweis. Die Abschätzung

$$\begin{aligned} s_{2^{k+1}} &= 1 + \frac{1}{2} + \left(\frac{1}{3} + \frac{1}{4}\right) + \left(\frac{1}{5} + \cdots + \frac{1}{8}\right) + \cdots + \left(\frac{1}{2^k + 1} + \cdots + \frac{1}{2^{k+1}}\right) \\ &\geq 1 + \frac{1}{2} + 2 \cdot \frac{1}{4} + 4 \cdot \frac{1}{8} + \cdots + 2^k \cdot \frac{1}{2^{k+1}} = \frac{k+3}{2} \end{aligned}$$

zeigt bereits, daß s_n mit $n \to \infty$ über alle Grenzen wächst.
Beachte: Diese Folge $(s_n)_{n \geq 1}$ wächst nur sehr langsam; die numerische Berechnung zahlreicher Folgenglieder – $s_{1000} = 1 + \frac{1}{2} + \cdot + \frac{1}{1000} = 7.4854$, $s_{5000} = 9.094508$, $s_{10000} = 9.787605$ – kann zur *falschen* Vermutung $s_n \to 10$ führen. □

Definition. *Ist* $(a_n)_{n \geq 0}$ *eine Folge und* $n_0 < n_1 < n_2 < \cdots$ *eine aufsteigende Indexfolge, dann heißt die Folge* $a_{n_0}, a_{n_1}, a_{n_2}, \ldots$ *Teilfolge der Folge* $(a_n)_{n \geq 0}$.

Beispielsweise sind $a_0, a_3, a_5, a_7, \ldots$ und $a_6, a_{12}, a_{18}, a_{24}, \ldots$ Teilfolgen von $a_0, a_1, a_2, \ldots$.
Unmittelbar aus der Definition folgt:
Ist $\lim\limits_{n \to \infty} a_n = a$, dann konvergiert auch jede Teilfolge von $(a_n)_{n \geq 0}$ gegen a.

Beispiel. $\lim \frac{1}{n} = 0 \Rightarrow \lim \frac{1}{n^2} = 0$. □

§5. Rechenregeln für Grenzwerte und Konvergenzkriterien

5.1 Rechenregeln. Aus gegebenen Folgen $(a_n)_{n\geq 0}$, $(b_n)_{n\geq 0}$ werden durch Addition, Subtraktion, Multiplikation und Division neue Folgen gewonnen:

$$c_n := a_n + b_n \; ; \; d_n := a_n - b_n \; ; \; e_n := a_n b_n \; ; \; f_n := \frac{a_n}{b_n} \quad (\text{sofern } b_n \neq 0) \; .$$

Wiederholte Anwendung dieser Operationen kann bereits zu recht komplizierten Folgen führen. Eine vorgegebene Folge ist in der Regel zuerst daraufhin zu analysieren, aus welchen einfachen (bzw. bekannten) Folgen sie sich zusammensetzt.

Satz 5.1. Grenzwertregeln. *Sind* $(a_n)_{n\geq 0}$, $(b_n)_{n\geq 0}$ *konvergente Zahlenfolgen mit* $\lim\limits_{n\to\infty} a_n = a$ *und* $\lim\limits_{n\to\infty} b_n = b$ *dann gilt:*

a) $\lim\limits_{n\to\infty} (a_n \pm b_n) = a \pm b$,

b) $\lim\limits_{n\to\infty} (a_n b_n) = ab$, *insbesondere* $\lim(ca_n) = ca$ $(c \in \mathbb{R})$,

c) *ist* $a \neq 0$, *dann gibt es* $n_1 \in \mathbb{N}$ *mit* $a_n \neq 0$ *für alle* $n \geq n_1$ *und für die Folgen* $(a_n)_{n\geq n_1}$, $(b_n)_{n\geq n_1}$ *gilt* $\lim\limits_{n\to\infty} \frac{1}{a_n} = \frac{1}{a}$, $\lim\limits_{n\to\infty} \frac{b_n}{a_n} = \frac{b}{a}$,

d) $\lim\limits_{n\to\infty} |a_n| = |a|$,

e) $\lim\limits_{n\to\infty} \sqrt{a_n} = \sqrt{a}$ *(falls alle* $a_n \geq 0$ *).*

Beweis. Wir geben nur die wesentlichen Beweisschritte an. Aus $|a_n - a| \to 0$ und $|b_n - b| \to 0$ ergibt sich mit der Dreiecksungleichung (→ Kap. 1, 2.5)

a): $|a_n + b_n - (a+b)| \leq |a_n - a| + |b_n - b| \to 0$;

b): $|a_n b_n - ab| = |a_n b_n - a_n b + a_n b - ab| \leq |a_n||b_n - b| + |b||a_n - a| \to 0$, dabei ist zu beachten, daß die a_n beschränkt sind (→ Satz 4.1).

c): Ist $a \neq 0$, dann enthält das Intervall $(a - \frac{|a|}{2}, a + \frac{|a|}{2})$ nicht den Nullpunkt, aber ab einem Index n_1 sämtliche Folgenglieder a_n, $n \geq n_1$. Für diese a_n gilt $|\frac{1}{a_n} - \frac{1}{a}| = |\frac{a - a_n}{aa_n}| \leq const\, |a_n - a| \to 0$.

d) folgt aus $||a_n| - |a|| \leq |a_n - a|$.

e): Sind alle $a_n \geq 0$, so ist auch $a \geq 0$.

1. Fall: $a = 0$. Wähle $\epsilon > 0$ (beliebig klein) dazu $n_0 \in \mathbb{N}$, so daß $a_n < \epsilon^2$ gilt für alle $n \geq n_0$. Für diese n gilt auch $\sqrt{a_n} < \epsilon$; d.h. $\sqrt{a_n} \to 0$.

2. Fall: $a > 0$. In diesem Fall gilt

$$|\sqrt{a_n} - \sqrt{a}| = \frac{|\sqrt{a_n} - \sqrt{a}||\sqrt{a_n} + \sqrt{a}|}{|\sqrt{a_n} + \sqrt{a}|} = \frac{|a_n - a|}{|\sqrt{a_n} + \sqrt{a}|} \leq \frac{|a_n - a|}{\sqrt{a}} \to 0 \, . \qquad \square$$

Beispiele.

1. $\lim\limits_{n\to\infty} \frac{n+1}{n} = \lim\limits_{n\to\infty} \left(1 + \frac{1}{n}\right) = 1 + \lim\limits_{n\to\infty} \frac{1}{n} = 1$.

2. Aus $\lim\limits_{n\to\infty} \frac{n+1}{n} = 1$, $\lim\limits_{n\to\infty} \left(\frac{4}{5}\right)^n = 0$, $\lim\limits_{n\to\infty} \frac{2n+1}{n^2} = \lim\limits_{n\to\infty} \left(\frac{2}{n} + \frac{1}{n^2}\right) = 0$ folgt

$$\lim_{n\to\infty}\left[\frac{2n+1}{n^2}+\left(\frac{4}{5}\right)^n\frac{n}{n+1}\right]=0\,.$$

3. $$\lim_{n\to\infty}\sqrt{\frac{6n^4+3n^2+2}{7n^4+12n^3+6}}=\lim_{n\to\infty}\sqrt{\frac{6+\frac{3}{n^2}+\frac{2}{n^4}}{7+\frac{12}{n}+\frac{6}{n^4}}}=\sqrt{\frac{6}{7}}\,.$$ □

Eine Warnung: Aus der Existenz von $\lim\limits_{n\to\infty}(a_n \pm b_n)$ folgt i.a. *nicht* die Konvergenz der einzelnen Folgen $(a_n)_{n\geq 0}$ bzw. $(b_n)_{n\geq 0}$. Ebenfalls folgt aus $|a_n| \to |a|$ i.a. keineswegs $a_n \to a$, was man sofort mit den Gegenbeispielen $a_n := (-1)^n$, $b_n := (-1)^{n+1}$ belegen kann.

5.2 Grenzwertbestimmung durch Abschätzung. Eine wichtige Methode, Information über den noch unbekannten (möglichen) Grenzwert einer Folge $(a_n)_{n\geq 0}$ zu bekommen, besteht darin, für die Folgenglieder a_n „geeignete" Abschätzungen der Form $b_n \leq a_n \leq c_n$ mit leichter zugänglichen Folgen $(b_n)_{n\geq 0}$, $(c_n)_{n\geq 0}$ zu ermitteln.

Satz 5.2. Das Vergleichskriterium. *Lassen sich für* $n \geq n_1$ *die Glieder der Zahlenfolge* $(a_n)_{n\geq 0}$ *nach oben und unten abschätzen durch* $b_n \leq a_n \leq c_n$ *mit* $\lim\limits_{n\to\infty} b_n = \lim\limits_{n\to\infty} c_n = c$, *dann ist die Folge* $(a_n)_{n\geq 0}$ *konvergent und es gilt* $\lim\limits_{n\to\infty} a_n = c$.

Beweis. Zu jedem $\epsilon > 0$ gilt $c - \epsilon \leq b_n \leq a_n \leq c_n \leq c + \epsilon$ für alle hinreichend großen n, also $a_n \to c$. □

Beispiele.

1. $\lim\limits_{n\to\infty}\frac{(\sin n)^2}{n}=0$; denn für alle $n \geq 1$ gilt $0 \leq \frac{(\sin n)^2}{n} \leq \frac{1}{n}$.

2. $\lim\limits_{n\to\infty}\frac{n}{2^n}=0$; denn für $n > 3$ gilt $n^2 \leq 2^n$ (einfacher Beweis mit vollständiger Induktion) und damit $0 \leq \frac{n}{2^n} \leq \frac{1}{n}$.

3. $\lim\limits_{n\to\infty}\sqrt[n]{n}=1$.

Beweis. Für $a_n := \sqrt[n]{n}-1$ gilt

$$\begin{aligned} n = (a_n+1)^n &= 1 + na_n + \frac{n(n-1)}{2}a_n^2 + \cdots + a_n^n \quad (\to \text{Kap. 1, Satz 2.2}) \\ &\geq 1 + \frac{n(n-1)}{2}a_n^2 \end{aligned}$$

und damit $0 \leq a_n^2 \leq \frac{2}{n}$ (für $n \geq 2$). Es folgt $a_n^2 \to 0$ und darum $a_n \to 0$ (→ Satz 5.1e). □

Satz 5.3. Limesbildung erhält schwache Ungleichungen. *Sind* $(a_n)_{n\geq 0}$ *und* $(b_n)_{n\geq 0}$ *konvergente Folgen mit* $a_n \leq b_n$ *für alle* $n \geq n_1$, *dann gilt* $\lim\limits_{n\to\infty} a_n \leq \lim\limits_{n\to\infty} b_n$.

Beweis. Für $c_n := b_n - a_n \geq 0$ ist $\lim\limits_{n\to\infty} c_n \geq 0$ nachzuweisen. Wäre $\lim\limits_{n\to\infty} c_n < 0$, dann müßten die c_n ab einem Index N negativ sein, das ist ein Widerspruch. □

Vorsicht! Limesbildung erhält strikte Ungleichungen i.a. nicht: Aus $\lim a_n = a$, $\lim b_n = b$ und $a_n < b_n$ für alle $n \geq n_1$ folgt i.a. *nicht* $a < b$ sondern nur $a \leq b$. Man erkennt dies beispielsweise an $a_n := 0$, $b_n := \frac{1}{n}$.

5.1 Monotone Folgen. Gemäß 1.2 heißt eine Zahlenfolge $(a_n)_{n\geq 0}$ genau dann monoton wachsend (bzw. monoton fallend), wenn $a_{n+1} \geq a_n$ (bzw. $a_{n+1} \leq a_n$) für alle $n \geq 0$ gilt.

Beispiele. Die Folgen $a_n := n$, $b_n := 1 + \frac{1}{2} + \frac{1}{3} + \cdots + \frac{1}{n}$, $c_n := 1 + \frac{1}{1!} + \frac{1}{2!} + \cdots + \frac{1}{n!}$ sind monoton wachsend, die Folge $d_n := (1 - \frac{1}{n})(1 - \frac{2}{n}) \cdots (1 - \frac{n-1}{n})$, $n \geq 2$, ist monoton fallend. □

Beachte: a_n monoton wachsend $\Longleftrightarrow$ $-a_n$ monoton fallend.

Satz 5.4. Das Monotoniekriterium. *Jede monoton wachsende oder monoton fallende beschränkte Zahlenfolge ist konvergent.*

Beweis. Sei $(a_n)_{n\geq 0}$ monoton wachsend, $a := \sup\{a_n\ ;\ n \geq 0\}$ die kleinste Schranke der a_n ($\rightarrow$ Kap. 1, 2.4) und $\epsilon > 0$ (beliebig klein). Da $a - \epsilon$ keine obere Schranke der Folge ist, gibt es wenigstens ein Folgenglied a_N mit $a-\epsilon < a_N \leq a$. Aufgrund der Monotonie gilt dann $a - \epsilon < a_N \leq a_n \leq a$ für alle $n \geq N$, also $a_n \rightarrow a$. Der Fall a_n monoton fallend wird analog behandelt, jedoch mit $a := \inf\{a_n\ ;\ n \geq 0\}$, oder man geht zu $-a_n$ über. □

Beispiel 1. Offenbar ist die Folge $a_n := 1 + \frac{1}{4} + \frac{1}{9} + \cdots + \frac{1}{n^2} = \sum_{k=1}^{n} \frac{1}{k^2}$, $n \geq 1$, monoton wachsend. Sie ist auch beschränkt, denn für $n > 1$ gilt $\frac{1}{n^2} \leq \frac{1}{n(n-1)} = \frac{1}{n-1} - \frac{1}{n}$ und damit
$0 \leq a_n \leq 1 + (1 - \frac{1}{2}) + (\frac{1}{2} - \frac{1}{3}) + \cdots + (\frac{1}{n-1} - \frac{1}{n}) = 2 - \frac{1}{n} \leq 2$. Also hat

$$1 + \frac{1}{4} + \frac{1}{9} + \cdots := \sum_{k=1}^{\infty} \frac{1}{k^2} := \lim_{n\to\infty} a_n$$

einen endlichen Wert.
Später ergibt sich $\sum_{k=1}^{\infty} \frac{1}{k^2} = \frac{\pi^2}{6}$ mit der Kreiszahl $\pi = 3.14\ldots$. □

Beispiel 2. Die Folge

$$b_n := 1 + \frac{1}{1!} + \frac{1}{2!} + \cdots + \frac{1}{n!} = \sum_{k=0}^{n} \frac{1}{k!}$$

ist offensichtlich monoton wachsend. Aus

$$\frac{1}{k!} = \frac{1}{1 \cdot 2 \cdot 3 \cdots k} \leq \frac{1}{1 \cdot 2 \cdot 2 \cdots 2} = \frac{1}{2^{k-1}} \quad (k \geq 2)$$

ergibt sich für $n \geq 2$ die Abschätzung

$$2 \leq 1 + \frac{1}{1!} + \frac{1}{2!} + \cdots + \frac{1}{n!} \leq 1 + 1 + \frac{1}{2} + \cdots + \frac{1}{2^{n-1}} \leq 1 + \sum_{k=0}^{\infty} (\tfrac{1}{2})^k = 3\ .$$

Also ist die Folge $(b_n)_{n \geq 0}$ konvergent. Durch diesen Grenzwert ist die Eulersche Zahl e definiert.

(1) $$e := \sum_{k=0}^{\infty} \frac{1}{k!} = \lim_{n \to \infty} \left(\sum_{k=0}^{n} \frac{1}{k!} \right).$$

Da die Ungleichung $2 \leq \sum_{k=0}^{n} \frac{1}{k!} \leq 3$ $(n \geq 2)$ auch bei Limesbildung erhalten bleibt (→ Satz 5.3), bekommt man (ohne Rechnung) eine grobe Abschätzung der Zahl e: $2 \leq e \leq 3$.

Die außerordentlich rasche Konvergenz der Folge $(b_n)_{n \geq 0}$ verdeutlicht eine 11-stellige Rechnung:

$b_0 = 1$	$b_7 = 2.7182539683$
$b_1 = 2$	$b_8 = 2.7182787699$
$b_2 = 2.5$	$b_9 = 2.7182815256$
$b_3 = 2.6666666667$	$b_{10} = 2.7182818011$
$b_4 = 2.7083333333$	$b_{11} = 2.7182818262$
$b_5 = 2.7166666667$	$b_{12} = 2.7182818283$
$b_6 = 2.7180555556$	$b_{13} = 2.7182818284$

□

Beispiel 3. Die Folge $c_n := \left(1 + \frac{1}{n}\right)^n$, $n \geq 1$.

Anwendung: In der Zinsrechnung beschreibt c_n den Faktor, um den sich der Kapitalwert beim Prozentsatz 100% in einem Jahr erhöht, wenn n-mal aufgezinst wird:

jährlich	:	$n = 1$,	$c_1 = (1+1)^1 = 2$
monatlich	:	$n = 12$,	$c_{12} = (1 + \frac{1}{12})^{12} = 2.61303528$
täglich	:	$n = 365$,	$c_{365} = (1 + \frac{1}{365})^{365} = 2.714567455$
pro Minute	:	$n = 525600$,	$c_{525600} = (1 + \frac{1}{525600})^{525600} = 2.718279243$

Der Grenzwert $\lim_{n \to \infty} c_n$ beschreibt die *kontinuierliche Verzinsung*.

[Tip: Teste den Taschenrechner an c_{525600}.]

1. Behauptung. Die Folge $c_n := (1 + \frac{1}{n})^n$, $n \geq 1$, ist monoton wachsend.

Beweis. Mit der Bernoulli-Ungleichung (→ Kap. 1, §2) folgt

$$\frac{c_{n+1}}{c_n} = \frac{(n+1+1)^{n+1}n^n}{(n+1)^{n+1}(n+1)^n} = \frac{n+1}{n}\frac{(n+1+1)^{n+1}(n+1-1)^{n+1}}{(n+1)^{2(n+1)}}$$
$$= \frac{n+1}{n}\left(1-\frac{1}{(n+1)^2}\right)^{n+1} \geq \frac{n+1}{n}\left(1-\frac{1}{n+1}\right) = 1\,,$$

also $c_{n+1} \geq c_n$.

Tip: Man versuche stets, die Frage nach der Monotonie einer Folge $(a_n)_{n\geq 0}$ über $a_{n+1} - a_n \geq 0$ (bzw. ≤ 0) oder – falls $a_n > 0$ – $\frac{a_{n+1}}{a_n} \geq 1$ (bzw. ≤ 1) zu beantworten.

2. Behauptung.

$$\left(1+\frac{1}{n}\right)^n \leq 1 + \frac{1}{1!} + \frac{1}{2!} + \cdots + \frac{1}{n!} \leq e \quad (\to \text{Beispiel 2})$$

Beweis. Für $n \geq k \geq 1$ gilt

$$\binom{n}{k}\frac{1}{n^k} = \frac{n(n-1)\cdots(n-k+1)}{k!n^k} \quad (\to \text{Kap. 1, 2.7})$$
$$= \frac{1}{k!}\left(1-\frac{1}{n}\right)\left(1-\frac{2}{n}\right)\cdots\left(1-\frac{k-1}{n}\right) \leq \frac{1}{k!}$$

und deshalb

$$\left(1+\frac{1}{n}\right)^n = \sum_{k=0}^{n}\binom{n}{k}\frac{1}{n^k} \leq \sum_{k=0}^{n}\frac{1}{k!} \leq e\,.$$

Nach dem Monotoniekriterium ist die Folge $(1+\frac{1}{n})^n$, $n \geq 1$, konvergent, der Grenzwert sei $\tilde{e}$. Aus $(1+\frac{1}{n})^n \to \tilde{e}$ und $1+\frac{1}{n} \to 1$ folgt $(1+\frac{1}{n})^{n+1} \to \tilde{e}$. Die Ungleichung $(1+\frac{1}{n})^n \leq 1 + \frac{1}{1!} + \frac{1}{2!} + \cdots + \frac{1}{n!} \leq (1+\frac{1}{n})^{n+1}$ (deren „linke Hälfte" oben bewiesen wurde, deren „rechte Hälfte" zur Übung überlassen bleibt →Aufg. 11) in Verbindung mit dem Vergleichskriterium (→ Satz 5.2) zeigt nun $\tilde{e} = e$.

(2) Die Eulersche Zahl

$$e = \lim_{n\to\infty}\left(1+\frac{1}{n}\right)^n = \lim_{n\to\infty}\sum_{k=0}^{n}\frac{1}{k!} = 1 + \frac{1}{1!} + \frac{1}{2!} + \frac{1}{3!} + \cdots$$

$e = 2.71828\,18284\,59045\,23536\,0287\ldots$.

Bemerkung. Obwohl beide Folgen gegen e streben, ist die Folge der Summen $\sum_{k=0}^{n}\frac{1}{k!} = 1 + \frac{1}{1!} + \frac{1}{2!} + \cdots + \frac{1}{n!}$ zur näherungsweisen Berechnung der Eulerschen Zahl besser geeignet als die Folge der Produkte $(1+\frac{1}{n})^n$; denn $(1+\frac{1}{n})^n$, $n \geq 1$, konvergiert nur sehr langsam. □

Beispiel 4. Von der durch

$$a_0 := 1 \,, \quad a_{n+1} := \frac{6(1+a_n)}{7+a_n}$$

rekursiv definierten Folge zeigt man leicht, daß sie beschränkt ($0 < a_n < 2$) und monoton wachsend ist.
Der noch unbekannte Grenzwert sei a. In diesem Fall (und vielen ähnlich gearteten Fällen) führt die Rekursionsformel auf eine a bestimmende Gleichung. Aus $a_n \to a$, also auch $a_{n+1} \to a$, und den Rechenregeln für Grenzwerte folgt $a = \dfrac{6(1+a)}{7+a}$; d.h., $a = 2$ oder $a = -3$. Wegen $a_n \geq 0$ ist $a \geq 0$, daher bleibt nur $\lim\limits_{n\to\infty} a_n = 2$. □

5.4 Die Exponentialfunktion. Im vorhergehenden Abschnitt wurde am Beispiel der Zahl e gezeigt, daß wichtige Zahlen als Grenzwerte von Zahlenfolgen definiert sind. Dasselbe trifft auch für Funktionen zu. Von L. EULER wurde die e-Funktion (oder Exponentialfunktion) $x \mapsto e^x$ eingeführt; sie ist einer der fundamentalen Bausteine der Analysis. Für jedes $x \in \mathbb{R}$ sei

$$\boxed{e^x := \lim_{n\to\infty} \left(1 + \frac{x}{n}\right)^n, \quad x \in \mathbb{R}.}$$

Damit das eine *sinnvolle* Definition ist, muß gezeigt werden, daß für jedes $x \in \mathbb{R}$ die Folge $a_n := (1 + \frac{x}{n})^n$, $n \geq 1$, konvergiert. Für Konvergenzbetrachtungen dürfen wir o.E. zusätzlich $n \geq |x|$ annehmen. Für diese n sind alle a_n positiv und es gilt $a_n \leq a_{n+1}$, was man ebenso beweist wie die Monotonie der Folge $(1 + \frac{1}{n})^n$ (→ 5.3, Beisp. 3).
Nun wird eine Fallunterscheidung $x \leq 0$, $x > 0$ vorgenommen.
1. Fall. $x \leq 0$.
Für $n > -x$ und $x \leq 0$ gilt $0 < 1 + \frac{x}{n} \leq 1$, also auch $0 \leq (1 + \frac{x}{n})^n \leq 1$. Mit dem Monotoniekriterium folgt die Konvergenz gegen einen Grenzwert $\neq 0$.
2. Fall. $x > 0$.
Die Konvergenz der Folge $b_n := (1 - \frac{x}{n})^n$ ist gesichert (→ 1. Fall). Für die Folge $a_n b_n = (1 - \frac{x^2}{n^2})^n$ gilt (für $n > x$) nach der Bernoulli-Ungleichung die Abschätzung $1 \geq a_n b_n \geq 1 - \frac{x^2}{n}$, woraus (mit dem Vergleichskriterium) $a_n b_n \to 1$ folgt. Die Grenzwertregeln ergeben nun

$$\lim_{n\to\infty} a_n = \lim_{n\to\infty} \frac{a_n b_n}{b_n} = \frac{\lim a_n b_n}{\lim b_n} = \frac{1}{\lim b_n}\,.$$

Also hat auch in diesem Fall a_n einen Grenzwert.

Bemerkung. Was der Wert e^x mit der x-ten Potenz der Zahl e zu tun hat, wird erst in Kap. 3, §4 vollständig geklärt werden. Statt e^x schreibt man häufig

$\exp x$, $\exp x := e^x := \lim_{n\to\infty}(1+\frac{x}{n})^n$. Eine andere Darstellungsform, die wegen der schnelleren Konvergenz zur Berechnung von e^x besser geeignet ist, besprechen wir in Kap. 5.

* **5.5 Für Fortgeschrittene: Das Cauchy-Konvergenzkriterium** (A.L. CAUCHY, 1789-1857). Damit sind Rückschlüsse auf das Konvergenzverhalten einer Zahlenfolge aus den Abständen der Folgenglieder möglich:

Satz 5.4. Cauchy-Kriterium. *Eine Zahlenfolge* $(a_n)_{n\geq 0}$ *ist genau dann konvergent, wenn für alle hinreichend großen Indizes* m, n *die Differenzbeträge (Abstände)* $|a_m - a_n|$ *beliebig klein werden; d.h. wenn es zu jeder (noch so kleinen) positiven Zahl* ϵ *einen Index* N_ϵ *gibt, derart daß*

$$|a_m - a_n| < \epsilon \quad \textit{gilt für alle} \quad m, n \geq N_\epsilon .$$

Die angegebene Bedingung ist notwendig; denn wenn alle Folgenglieder schließlich in der $\frac{\epsilon}{2}$-Umgebung vom Grenzwert liegen, haben diese voneinander höchstens den Abstand ϵ. Es ist sicher einleuchtend, daß die genannte Bedingung auch hinreichend für die Konvergenz ist. Zum (nicht ganz einfachen) Beweis wird das Vollständigkeitsaxiom benötigt. Wir lassen ihn aus.

Beispiel. Die alternierende harmonische Reihe. Im Gegensatz zur harmonischen Reihe (→ §4, Beispiel 4) ist die Summenfolge

$$a_n := 1 - \frac{1}{2} + \frac{1}{3} - \frac{1}{4} + \cdots + (-1)^{n-1}\frac{1}{n} = \sum_{k=1}^{n}(-1)^{k+1}\frac{1}{k}$$

(bei wechselnden („alternierenden") Vorzeichen) konvergent.

Beweis. Wir untersuchen für $m > n$, also $m = n+k$, die Differenz $a_{n+k} - a_n = (-1)^n[\frac{1}{n+1} - \frac{1}{n+2} + \frac{1}{n+3} - \cdots + (-1)^{k-1}\frac{1}{n+k}]$. Den Ausdruck innerhalb der Klammern kann man in der Form

$(\frac{1}{n+1} - \frac{1}{n+2}) + \cdots + (\frac{1}{n+k-1} - \frac{1}{n+k})$, falls k gerade,

bzw.

$(\frac{1}{n+1} - \frac{1}{n+2}) + \cdots + (\frac{1}{n+k-2} - \frac{1}{n+k-1}) + \frac{1}{n+k}$, falls k ungerade,

schreiben. In jedem Fall ist er positiv. Also gilt

$$\begin{aligned} |a_{n+k} - a_n| &= \frac{1}{n+1} - \frac{1}{n+2} + \cdots + (-1)^{k-1}\frac{1}{n+k} \\ &= \frac{1}{n+1} - (\frac{1}{n+2} - \frac{1}{n+3}) - (\frac{1}{n+4} - \frac{1}{n+5}) - \cdots \qquad (3) \\ &< \frac{1}{n+1} . \end{aligned}$$

□

Bemerkung. Der noch unbekannte Grenzwert sei a. Aus (3) folgt für $k \to \infty$ die Abschätzung $|a - a_n| < \dfrac{1}{n+1}$. Also wird a durch das Folgenglied a_n mit einer Genauigkeit von $\pm\dfrac{1}{n+1}$ approximiert, $a = a_n \pm \dfrac{1}{n+1}$. Die Folge a_n konvergiert sehr langsam gegen $a = \ln 2$, (→ Kap. 5, 2.4). □

Aufgaben

1. a) Man suche ein Bildungsgesetz nachstehender drei Folgen, prüfe auf Monotonie, Beschränktheit, Konvergenz und bestimme ggf. den Limes:

$$-3, -2, -1, 0, \frac{1}{4}, \frac{3}{9}, \frac{5}{16}, \frac{7}{25}, \frac{9}{36}, \ldots \;; \quad 0, -1, \frac{1}{2}, -2, \frac{1}{4}, -3, \frac{1}{8}, -4, \frac{1}{16}, \ldots \;;$$

$$\sqrt{5}, \sqrt{5\sqrt{5}}, \sqrt{5\sqrt{5\sqrt{5}}}, \ldots \;.$$

   b) Gibt es eine konvergente Folge $(a_n)_{n\geq 0}$, die alle ganzen Zahlen als Werte annimmt?

2. Man berechne die Grenzwerte

$$\text{a)} \lim_{n\to\infty} \frac{(n-1)^3}{2n^3 + 3n + 1} \;; \qquad \text{b)} \lim_{n\to\infty} \sum_{k=1}^{n} \frac{1}{k(k+1)} \;; \qquad \text{c)} \lim_{n\to\infty} \frac{1}{n^3} \sum_{i=1}^{n} i(i+1) \;.$$

3. Die Folge $(a_n)_{n\geq 0}$ genügt der Rekursion :

$$a_{n+1} = f(a_n) = \frac{3}{4 - a_n} \;; \qquad n = 0, 1, 2, \ldots \;.$$

   a) Man berechne die beiden *Fixpunkte* a *der Rekursion*, das sind die beiden Lösungen der Gleichung $x = f(x)$, und bestimme für beide Werte a

$$\lambda(a_n) := \frac{a_{n+1} - a}{a_n - a} = \frac{f(a_n) - f(a)}{a_n - a} \quad \text{sowie} \quad \lambda := \lim_{x\to a} \lambda(x) \;.$$

   Welcher der Fixpunkte ist *anziehend*, d.h. $|\lambda| < 1$, welcher *abstoßend*, d.h. $|\lambda| > 1$?

   b) Man zeige, daß für den anziehenden Fixpunkt a gilt:
   $a_0 < 3, a_0 \neq 1 \quad \Rightarrow \quad 0 < \lambda(a_n) < 1 \quad \Rightarrow \quad (a_n)_{n\geq 0}$ ist monoton und beschränkt $\Rightarrow \lim\limits_{n\to\infty} a_n = a$.

4. Analog zu Aufgabe 3 untersuche man die beiden Folgen auf Monotonie und Beschränktheit und berechne den Limes:

   a) $a_0 = 1 \;;\; a_{n+1} = \dfrac{1}{1 + a_n}, \quad n = 0, 1, 2, \ldots \;.$

   b) $a_0 = 1 \;;\; a_{n+1} = \sqrt{1 + a_n}, \quad n = 0, 1, 2, \ldots$

   und zeige

$$1 + \cfrac{1}{1 + \cfrac{1}{1 + \ddots}} = \sqrt{1 + \sqrt{1 + \sqrt{1 + \ldots}}} \;.$$

5. Man berechne jeweils den Limes für $n \to \infty$:

$$a_n = \frac{1}{n+1}\left(\frac{n^3+3n-1}{n^2}+3n\right); \qquad a_n = \sqrt{n+\sqrt{n}}-\sqrt{n-\sqrt{n}};$$

$$a_n = \frac{1}{n+2}\sum_{i=1}^{n} i - \frac{n}{2}; \qquad a_n = n\left(\sqrt{5}-\sqrt{5-\frac{2}{n}}\right).$$

6. n gleich große, übereinandergestapelte Bretter der Länge $2\,m$ sollen nach einer Seite hin soweit wie möglich verschoben werden, ohne daß der Stapel umkippt. Man numeriere die Bretter von oben nach unten und berechne über die Rechenregeln für Schwerpunkte die maximale Verschiebung s_n des obersten Brettes gegenüber dem n-ten.

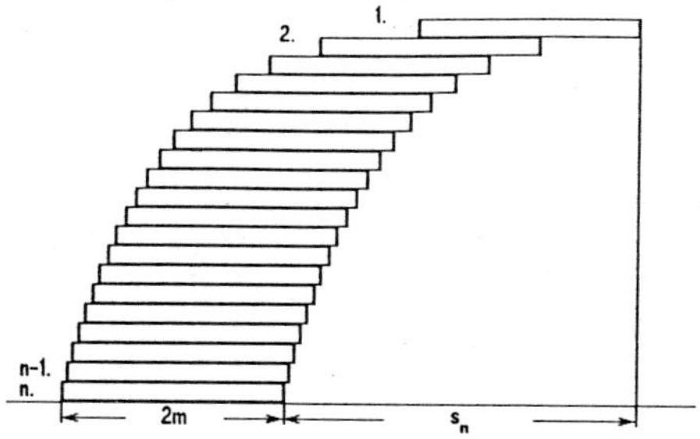

Berechne s_{50} und s_{100}. Was ergibt sich für s_n in der Grenze $n \to \infty$?

7. Mit einem programmierbaren Rechner vergleiche man für $x = 1, 2, -10$ und $n = 10, 100, 1000, \ldots$ die Konvergenz von $a_n(x) = \left(1+\frac{x}{n}\right)^n$ und $b_n(x) = 1+\frac{x}{1!}+\ldots+\frac{x^n}{n!}$ gegen den Grenzwert e^x.
(a_n auch als Produkt berechnen!)

8. Beim *Evakuieren eines Behälters* vom Volumen V mittels einer Pumpe vom Hubraum K kann der Druck wegen des Volumens S der Anschlußrohre nicht beliebig klein gemacht werden.
Man bestimme (mit dem Boyle-Mariotte-Gesetz) den Druck p_n im Rezipienten nach n Pumpschritten, wenn zu Beginn überall der Außendruck p_0 herrscht.
Ablauf eines Schrittes:

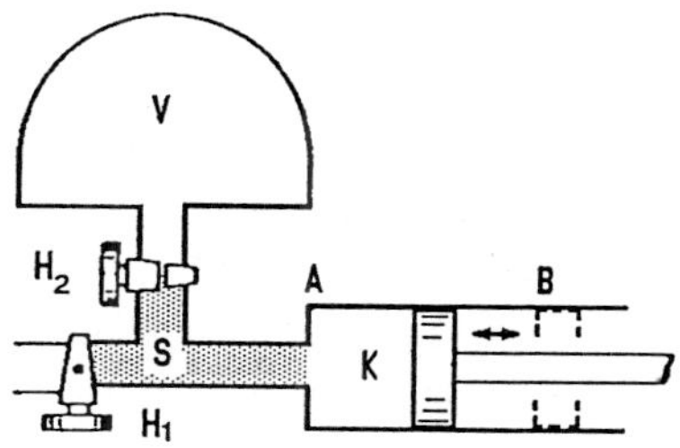

H_1 schließen, H_2 öffnen, Kolben von A nach B,
H_2 schließen, H_1 öffnen, Kolben von B nach A,

Was ergibt sich für $\lim\limits_{n\to\infty} p_n$?

9. Ein Kondensator K_1 (Kapazität C_1) mit Spannung K_0 und Ladung Q_0 soll mit Hilfe eines Kondensators K_2 (Kapazität C_2) sukzessive entladen werden:

n. Schritt: K_1 und K_2 parallel legen (Spannungsausgleich), Verbindungen lösen, K_2 kurzschließen (Entladen).

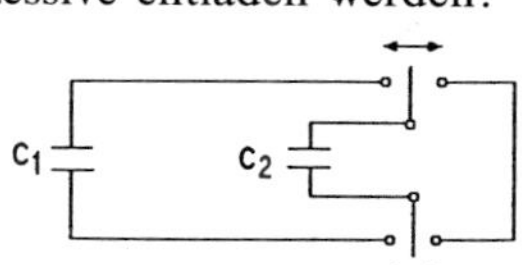

a) Mit dem Kondensatorgesetz $Q = C\cdot U$ berechne man Ladung Q_n und Spannung U_n von K_1 nach dem n-ten Entladungsschritt.

b) Man gebe an, wie groß N mindestens sein muß, damit $U_n < \frac{U_0}{100}$.
(Wähle z.B. $C_1 = 100\mu F$, $C_2 = 5\mu F$)

c) Man zeige, daß Q_n und U_n konvergieren und berechne den Grenzwert.

10. Man zeige: Aus $\lim\limits_{n\to\infty} a_n = a$ folgt stets $\lim\limits_{n\to\infty} \frac{a_1 + \cdots + a_n}{n} = a$. Die Umkehrung ist im allg. falsch; man gebe dafür ein Beispiel.

11. Man zeige:

a) Die Folge $d_n := (1 + \frac{1}{n})^{n+1}$, $n \geq 1$, ist monoton fallend.

b) Für $n = 1, 2, \cdots$ gilt

$$1 + \frac{1}{1!} + \frac{1}{2!} + \cdots + \frac{1}{n!} \leq (1 + \frac{1}{n})^{n+1} .$$

12. Die *Vermehrung einer Population mit beschränktem Lebensraum* hängt sehr empfindlich von der freien Wachstumsrate r ab, wie bereits das einfachste Modell von P.F.Verhulst (1845) zeigt:

Die (auf die größtmögliche Populationszahl bezogene) relative Anzahl x_n *von Individuen in der n-ten Generation genügt für* $0 \leq r \leq 4$ *dem rekursiven Entwicklungsgesetz:*

$$x_{n+1} = r \cdot x_n \cdot (1 - x_n) , \quad n = 0, 1, 2, \ldots .$$

a) Man zeige: $0 \leq x_0 \leq 1 \Rightarrow 0 \leq x_n \leq \frac{r}{4}$, $n = 1, 2, \ldots$.

b) Man bestimme die beiden Fixpunkte und bestätige, daß für $0 \leq r < 3$ stets ein Fixpunkt anziehend ist; ferner zeige man für $0 < x_0 < 1$ analog wie in Aufgabe 3:

— Für $0 \leq r \leq 1$ stirbt die Population stets monoton aus.

— Für $1 < r \leq 2$ strebt x_n schließlich monoton gegen ein positives Gleichgewicht.

— Für $2 < r < 2\sqrt{2}$ strebt x_n schließlich oszillierend gegen ein positives Gleichgewicht.

c) Mit dem Anfangswert $x_0 = 0.1$ und den zwei Werten $r = 3.2$ bzw. $r = 4$ berechne man die Folgenglieder x_n für $n = 1, 2, \ldots, 20$ und überprüfe am Graphen von $n \mapsto x_n$:

— Für $3 < r < 1 + \sqrt{6} \approx 3.4495$ pendelt die Bevölkerungszahl schließlich zyklisch zwischen zwei verschiedenen positiven Werten.

— Für $3.57 < r \leq 4$ verhält sich die beschränkte Folge $(x_n)_{n\geq 0}$ total *chaotisch*, d.h. scheinbar indeterministisch.

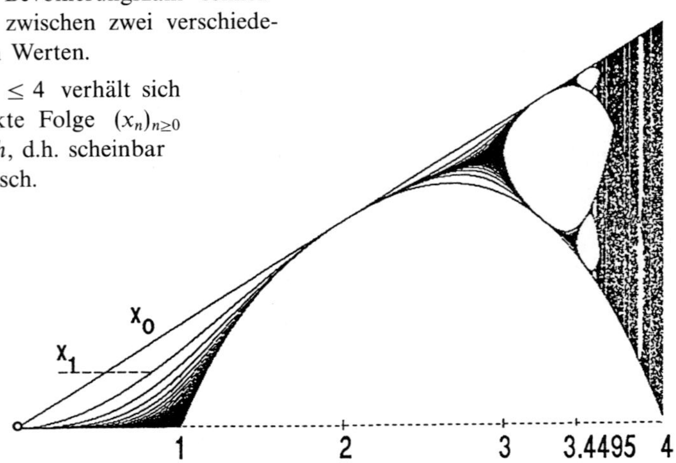

§6. Funktionengrenzwerte, Stetigkeit

6.1 Definitionen. Gegeben seien $I \subseteq \mathbb{R}$ ein Intervall, $a \in I \cup \{-\infty, \infty\}$ und $f : I \setminus \{a\} \to \mathbb{R}$. Auch wenn f an der Stelle $x = a$ erklärt ist, interessiert dieser Wert im Moment nicht. Wir fragen vielmehr nach dem Verhalten der Funktionswerte $f(x)$, wenn sich das Argument x $(x \neq a)$ der Stelle $x = a$ nähert:

Definition. *$f(x)$ hat für x gegen a den* **rechtsseitigen Grenzwert** *(bzw.* **linksseitigen Grenzwert***) c, in Zeichen $\lim\limits_{x \to a+} f(x) = c$ (bzw. $\lim\limits_{x \to a-} f(x) = c$), wenn für jede Zahlenfolge $(x_n)_{n \geq 0}$ aus I mit $x_n \to a$ und $a < x_n$ für alle n (bzw. $x_n \to a$ und $x_n < a$ für alle n) die Zahlenfolge $(f(x_n))_{n \geq 0}$ gegen c strebt.*
$f(x)$ hat für x gegen a den **Grenzwert** *c, in Zeichen $\lim\limits_{x \to a} f(x) = c$, wenn gilt $\lim\limits_{x \to a+} f(x) = \lim\limits_{x \to a-} f(x) = c$.*

Diese Definiton gilt nicht nur für endliche Werte a und c, sondern auch für $a, c \in \{-\infty, \infty\}$. Dabei ist aber für $a = \infty$ nur ein linksseitiger Grenzwert und für $a = -\infty$ nur ein rechtsseitiger Grenzwert möglich; man schreibt

$$\lim_{x \to \infty} f(x) = c \qquad \lim_{x \to -\infty} f(x) = c\,,$$

d.h. in diesen Fällen schreibt man kein nachgestelltes „+" bzw. „−".
Ferner sind folgende Schreibweisen üblich:

$$\lim_{x \to a} = c \iff f(x) \to c \text{ für } x \to a\,;$$

$$\lim_{x \to a+} = c \iff f(x) \to c \text{ für } x \to a,\ a < x \iff f(a+) = c\,;$$

$$\lim_{x \to a-} = c \iff f(x) \to c \text{ für } x \to a,\ x < a \iff f(a-) = c\,.$$

Für $\lim\limits_{x \to a} f(x) = c$ sagt man auch, daß bei der Annäherung von x gegen a die Funktionswerte $f(x)$ gegen c streben (entsprechend bei der Annäherung von rechts $(a < x)$ bzw. links $(x < a)$).

Beispiel 1. Die Entier-Funktion. Zu $x \in \mathbb{R}$ bezeichnet $[x]$ die größte ganze Zahl, die kleiner oder gleich x ist. Zum Beispiel $[0.5] = 0$, $[3.8] = 3$, $[-2.7] = -3$. Für jede ganze Zahl $m \in \mathbb{Z}$ gilt

$$\lim_{x \to m-} [x] = m - 1\,, \quad \lim_{x \to m+} [x] = m\,. \quad \square$$

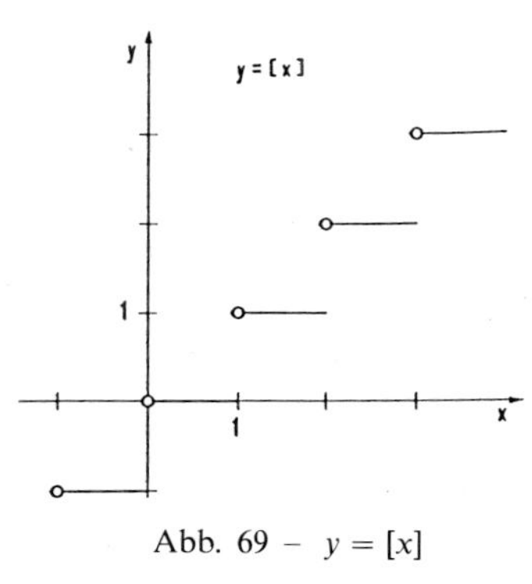

Abb. 69 – $y = [x]$

Beispiel 2. Die Funktion $f(x) = \sin \dfrac{1}{x}$ ist für alle $x \neq 0$ erklärt, sie hat für

$x \to 0$ weder einen linksseitigen noch einen rechtsseitigen Grenzwert. Dagegen gilt für die ebenfalls für $x \neq 0$ erklärte Funktion $g(x) = x \sin \frac{1}{x}$ $\lim\limits_{x\to 0} g(x) = \lim\limits_{x\to 0} x \sin \frac{1}{x} = 0$.

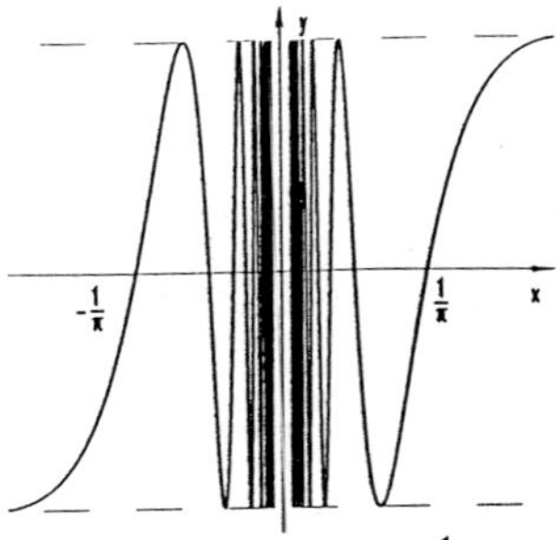

Abb. 70 – $y = \sin \frac{1}{x}$

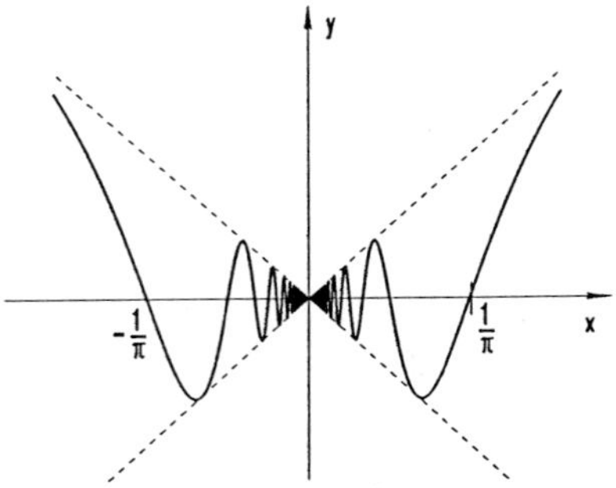

Abb. 71 – $y = x \sin \frac{1}{x}$ □

Beispiele 3. $\lim\limits_{x\to 0+} \frac{1}{x} = \infty$, $\lim\limits_{x\to 0-} \frac{1}{x} = -\infty$, $\lim\limits_{x\to 2-} \frac{2x}{x^2-4} = -\infty$, $\lim\limits_{x\to 2+} \frac{2x}{x^2-4} = \infty$, $\lim\limits_{x\to\infty} \frac{x^2-4}{2x} = \lim\limits_{x\to\infty} (\frac{1}{2}x - \frac{2}{x}) = \infty$. □

6.2 Die 6 elementaren Methoden der Grenzwertbestimmung. Die Grenzwert-Regeln und Konvergenz-Sätze für Folgen lassen sich leicht auf Funktionengrenzwerte übertragen:

ⓐ **Grenzwert-Arithmetik, Grenzwert-Regeln.**

Satz 6.1. *Aus* $\lim\limits_{x\to a} f(x) = c$, $\lim\limits_{x\to a} g(x) = d$ *und* $c, d \in \mathbb{R}$ *folgt*

a) $\lim\limits_{x\to a} [f(x) \pm g(x)] = c \pm d$,

b) $\lim\limits_{x\to a} f(x)g(x) = cd$, *insbesondere* $\lim\limits_{x\to a} \alpha f(x) = \alpha c$ *(* $\alpha \in \mathbb{R}$ *),*

c) $\lim\limits_{x\to a} \frac{f(x)}{g(x)} = \frac{c}{d}$ *(falls* $d \neq 0$ *).*

Diese Regeln gelten auch für $a = \pm\infty$ *(aber nur für endliche Grenzwerte* c, d *).*

Beispiel 1. Aus $\lim\limits_{x\to 2} x = 2$ folgt

$$\lim_{x\to 2} \frac{x^3+3x+5}{x^2-2x+1} = \frac{2^3+3\cdot 2+5}{2^2-2\cdot 2+1} = 19 .$$ □

Beispiel 2. Aus $\lim\limits_{x\to 0} \frac{\sin x}{x} = 1$, $\lim\limits_{x\to 0} \frac{\sqrt{1+x}-1}{x} = \frac{1}{2}$ (s.u.) und $\lim\limits_{x\to 0} (x-5)^2 = 25$ folgt

$$\lim_{x\to 0} \frac{(\sqrt{x+1}-1)\sin x}{x^2(x-5)^2} = \frac{1}{50} .$$ □

ⓑ **Funktionsterme umformen (kürzen oder erweitern).**

Beispiel 1.

$$\lim_{x\to 1}\frac{x^n-1}{x-1}=\lim_{x\to 1}(x^{n-1}+x^{n-2}+\cdots+x+1)=n\,. \qquad \square$$

Beispiel 2.

$$\lim_{x\to 0}\frac{\sqrt{x+1}-1}{x}=\lim_{x\to 0}\frac{(\sqrt{x+1}-1)(\sqrt{x+1}+1)}{x(\sqrt{x+1}+1)}=\lim_{x\to 0}\frac{1}{\sqrt{x+1}+1}=\frac{1}{2}\,.$$

□

Beispiel 3. Für $x \neq 0$ gilt

$$\frac{\cos x-1}{x}=\frac{(\cos x-1)(\cos x+1)}{x(\cos x+1)}=\frac{\cos^2 x-1}{x(\cos x+1)}=-\frac{\sin^2 x}{x(\cos x+1)}$$
$$=-\frac{\sin x}{x}\cdot\frac{1}{\cos x+1}\cdot\sin x\,.$$

Für $x \to 0$ strebt auf der rechten Seite der erste Faktor gegen 1 (→ (2)), der zweite gegen $\frac{1}{2}$ und der dritte gegen 0. Also gilt

$$\lim_{x\to 0}\frac{\cos x-1}{x}=0\,. \tag{1}$$

□

ⓒ **Funktionsterme „einschnüren".**

Satz 6.2. Vergleichskriterium. *Wenn $g(x) \leq f(x) \leq h(x)$ für alle x in der Nähe von a gilt (bzw. für alle hinreichend großen x) und wenn $g(x) \to c$, $h(x) \to c$ für $x \to a$ (bzw. $x \to \infty$), dann gilt auch $\lim_{x\to a} f(x) = c$ (bzw. $\lim_{x\to\infty} f(x) = c$).*

Beispiel.

$$\lim_{x\to 0}\frac{\sin x}{x}=1 \tag{2}$$

Beweis. Aus Abb. 72 liest man folgende Abschätzung für die Flächeninhalte ab:

$$\frac{\sin x\cos x}{2}\leq\frac{x}{2}\leq\frac{1}{2}\frac{\sin x}{\cos x}\,.$$

Dies zeigt $\cos x \leq \frac{\sin x}{x} \leq \frac{1}{\cos x}$. Damit folgt aus $\cos x \to 1$, $\frac{1}{\cos x} \to 1$ (für $x \to 0$) die Formel (2). □

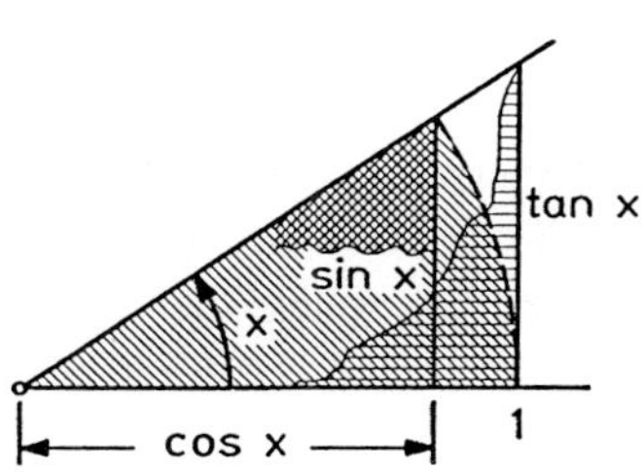

Abb. 72 – Flächenvergleich

ⓓ **Monotoniekriterium anwenden** (→ Satz 5.4), Anwendung in Kap. 4, §1.

ⓔ **L'Hospital-Regel anwenden** (→ Kap. 3, Satz 2.9).

ⓕ **Reihendarstellungen anwenden** (→ Kap. 5, §5).

6.3 Asymptoten. a) Man nennt die Gerade $x = a$ eine *vertikale Asymptote* der Kurve $y = f(x)$, wenn beim Grenzübergang $x \to a$, $x < a$ oder $x \to a$, $x > a$ die Funktionswerte $f(x)$ gegen ∞ oder $-\infty$ streben.
b) Die Gerade $y = c$ heißt *horizontale Asymptote* der Kurve $y = f(x)$, wenn $\lim\limits_{x\to\infty} f(x) = c$ oder $\lim\limits_{x\to-\infty} f(x) = c$ gilt.
c) Als *schräge Asymptote* der Kurve $y = f(x)$ bezeichnet man die Gerade $y = px + q$, falls $p \neq 0$ und $f(x) - (px+q) \to 0$ für $x \to \infty$ oder $x \to -\infty$. Mit den Grenzwert-Regeln sieht man, daß diese Bedingung gleichbedeutend ist mit $\frac{f(x)}{x} \to p$ und $f(x) - px \to q$ (für $x \to \infty$ oder $x \to -\infty$). Deshalb erfolgt die Bestimmung einer schrägen Asymptote in zwei Schritten:
1. Schritt: Man prüft, ob $\frac{f(x)}{x}$ für $x \to \infty$ oder $x \to -\infty$ gegen eine Konstante $p \neq 0$ strebt. Ist dies der Fall, dann
2. Schritt: Mit dieser Zahl p die Funktion $f(x) - px$ für $x \to \infty$ bzw. $x \to -\infty$ untersuchen. Falls $\lim\limits_{x\to\infty}(f(x) - px) = q$ (bzw. $\lim\limits_{x\to-\infty}(f(x) - px) = q$), dann ist $y = px + q$ Asymptote der Kurve $y = f(x)$.

Beispiel. Die Kurve $y = f(x)$ mit $f(x) = \frac{x(x-1)}{x+1}$ hat die vertikale Asymptote $x = -1$ und die schräge Asymptote $y = x-2$, denn für $x \to \infty$ (und $x \to -\infty$) gilt $\frac{f(x)}{x} = \frac{x-1}{x+1} \to 1$ und $f(x) - x = -2\frac{x}{x+1} \to -2$.
Bemerkung: Die schräge Asymptote erkennt man auch aus der Darstellung $f(x) = x-2+\frac{2}{x+1}$ (Polynomdivision). □

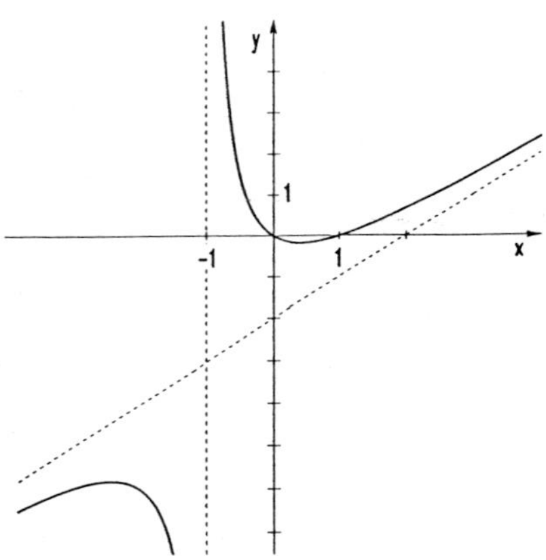

Abb. 73 – $y = \frac{x(x-1)}{x+1}$

6.4 Stetigkeit. Sei $I \subseteq \mathbb{R}$ ein Intervall. Man nennt eine Funktion $f: I \to \mathbb{R}$ *in* $x_0 \in I$ *stetig*, wenn bei der Annäherung $x \to x_0$ die Funktionswerte $f(x)$ gegen $f(x_0)$ streben. Also

$$f \text{ in } x_0 \text{ stetig } :\Longleftrightarrow \lim_{x\to x_0} f(x) = f(x_0)\,.$$

Ist x_0 ein Randpunkt von I, so ist $x \to x_0$ nur als einseitige Annäherung, d.h. $\lim_{x \to x_0} f(x)$ als einseitiger Grenzwert zu verstehen. Die Funktion f heißt *auf I stetig*, wenn sie in jedem Punkt $x_0 \in I$ stetig ist. Die Stetigkeit von $f : I \to \mathbb{R}$ auf I bedeutet anschaulich, daß der Graph $y = f(x)$ über I eine zusammenhängende Linie darstellt (ohne Lücken und Sprünge); er kann aber durchaus eine oder mehrere Spitzen besitzen.

Beispiel 1. Die Entier-Funktion $f(x) = [x]$ (→ 6.1) ist in allen offenen Intervallen $(m, m+1)$ – mit $m \in \mathbb{Z}$ – stetig und hat in allen $x = m \in \mathbb{Z}$ Unstetigkeitsstellen (Sprungstellen). □

Beispiel 2. $f(x) = \frac{1}{x}$ ist stetig in allen $x \neq 0$. (Für $x = 0$ nicht definiert, deshalb stellt sich die Frage nach der Stetigkeit in $x = 0$ erst gar nicht.) □

Beispiel 3. $f(x) = |x|$ ist überall stetig (mit einer Spitze in $x = 0$). □

Hat eine in $x_0 \in I$ zunächst noch nicht definierte Funktion f dort einen Grenzwert, $\lim_{x \to x_0} f(x) = c$, dann wird diese Definitionslücke durch die Festsetzung $f(x_0) := c$ behoben. Die so fortgesetzte Funktion ist in x_0 stetig.

Beispiel 4,5,6. Die Definitionslücke $x = 0$ (bzw. $x = 1$) der Funktionen $f(x) = \frac{\sin x}{x}$, $g(x) = \frac{\sqrt{x^2+1}-1}{x^2}$, $h(x) = \frac{x^n - 1}{x - 1}$ wird über $f(0) := 1$, $g(0) := \frac{1}{2}$, $h(1) := n$ (→ 6.2) behoben. Danach sind f, g, h auf ganz $\mathbb{R}$ stetig. Die Definitionslücke $x = 0$ der Funktion $\sin \frac{1}{x}$ läßt sich nicht stetig beheben.

Die Funktion $f(x) = \frac{\sin x}{x}$ tritt beispielsweise in der Optik auf: Die Intensität eines an einem Spalt gebeugten, unter dem Winkel α parallel einfallenden Lichtstrahls ist – bei festem α – bestimmt durch eine Funktion der Form $I(\beta) = a \frac{\sin^2(u(\beta))}{u(\beta)^2}$ mit $u(\beta) = \sqrt{a}(\sin \alpha - \sin \beta)$, wobei β den Beugungswinkel bezeichnet. □

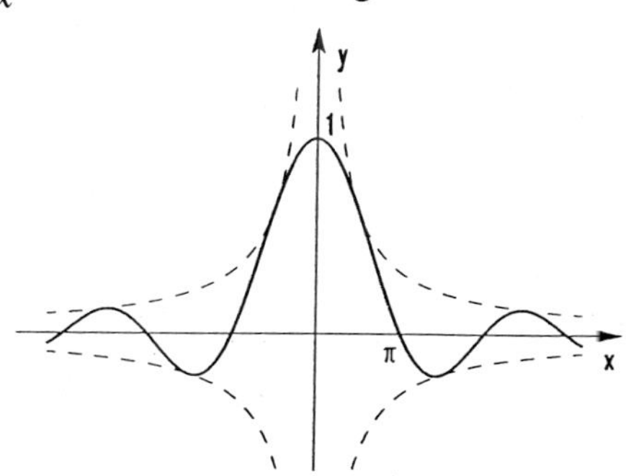

Abb. 74 – $y = \frac{\sin x}{x}$

Die Grenzwertregeln aus Satz 6.1 liefern sofort entsprechende Regeln für stetige Funktionen.

Satz 6.3.

a) *Sind f und g auf einem Intervall $I \subseteq \mathbb{R}$ stetig, so gilt das auch für $f + g$, αf $(\alpha \in \mathbb{R})$ und fg. Ferner ist $\frac{f}{g}$ stetig in allen $x \in I$ mit $g(x) \neq 0$.*

b) *Sind $f : I \to \mathbb{R}$, $g : D \to \mathbb{R}$ stetig mit $g(D) \subseteq I$, dann ist auch die Komposition $h : D \to \mathbb{R}$, $h(x) = f(g(x))$ auf D stetig.*

Zum **Beweis** von Teil b) ist nur zu beachten, daß mit $x \to x_0 \in D$ zunächst $g(x)$ gegen $g(x_0)$ strebt, dann auch $f(g(x)) \to f(g(x_0))$. □

Die Tragweite dieses einfachen Satzes wird bereits in den folgenden Anwendungen deutlich.

Satz 6.4.

a) *Jedes Polynom* $p(x) = a_n x^n + \cdots + a_1 x + a_0$ *ist auf ganz* $\mathbb{R}$ *stetig.*

b) *Jede rationale Funktion* $f(x) = \dfrac{p(x)}{q(x)}$ *ist in allen* $x \in \mathbb{R}$ *mit* $q(x) \neq 0$ *stetig.*

Beweis. Offenbar ist $g(x) = x$ überall stetig. Dann sind auch $g^2(x) = x^2, \ldots, g^n(x) = x^n$ und $a_0 + a_1 g + \cdots + a_n g^n$ stetig. □

Ein **Beispiel** einer „etwas verschachtelten" Funktion, die mit Satz 6.3 als stetig erkannt wird – da die einzelnen Bestandteile stetig sind – ist etwa

$$f(x) = \frac{\sqrt{x^5 + 6x + \sin^4 x} + \sin(x^2)}{\sqrt{\sqrt{x} + \cos^2(3x^4+1)} \cdot x^2} \qquad (x \geq 0)\,.$$

Die folgenden Eigenschaften einer stetigen Funktion (über einem *abgeschlossenen* Intervall) werden mehrfach als wichtige Beweismittel benötigt.

Satz 6.5. *Für jede auf einem abgeschlossenen Intervall* $a \leq x \leq b$ *stetige Funktion* f *gilt:*

a) Schrankensatz. *Es gibt eine Schranke* K *mit* $|f(x)| < K$ *für alle* $x \in [a,b]$ *(Man sagt,* f *ist auf* $[a,b]$ *beschränkt).*

b) Satz vom Maximum und Minimum. *Es gibt stets Werte* x_0, x_1 *in* $[a,b]$, *so daß* $f(x_0) \leq f(x) \leq f(x_1)$ *für alle* $x \in [a,b]$
(f *nimmt auf* $[a,b]$ *sein Minimum und sein Maximum an).*

c) Zwischenwertsatz. *Zu jeder Zahl* c *zwischen dem Minimum* $f(x_0)$ *und dem Maximum* $f(x_1)$ *(d.h.* $f(x_0) \leq c \leq f(x_1)$ *) gibt es wenigstens ein* $\overline{x} \in [a,b]$ *mit* $f(\overline{x}) = c$
(jeder Wert zwischen dem Minimum und dem Maximum wird angenommen).

d) Die gleichmäßige Stetigkeit. *Zu jeder beliebig kleinen Zahl* $\varepsilon > 0$ *gibt es eine von* ε *abhängige Schranke* $\delta > 0$, *so daß zwei Funktionswerte sich um höchstens* ε *unterscheiden, sobald die Argumente aus einem Teilintervall der Breite* δ *stammen, i.Z.*

$$|x - x'| \leq \delta \implies |f(x) - f(x')| \leq \varepsilon\,.$$

Der Beweis dieses (bis auf d)) so einleuchtenden Satzes ist nicht einfach; er benötigt wesentlich das Vollständigkeitsaxiom und andere hier nicht behandelte Eigenschaften der reellen Zahlen (Satz von der Intervallschachtelung). Wir lassen ihn aus.

Als einfache Folgerung aus dem Zwischenwertsatz notieren wir

Satz 6.6. $f(a)f(b)$ **-Nullstellen-Test.**

a) *Ist* $f : [a,b] \to \mathbb{R}$ *stetig und haben* $f(a)$ *und* $f(b)$ *entgegengesetzte Vorzeichen (* $f(a)f(b) < 0$ *), dann gibt es wenigstens eine Nullstelle* $\overline{x}$ *im Innern von* $[a,b]$ *(also* $a < \overline{x} < b$ *mit* $f(\overline{x}) = 0$ *).*

b) *Jedes Polynom mit einem ungeraden Grad (* ≥ 1 *) hat in* $\mathbb{R}$ *wenigstens eine Nullstelle.*

Anwendung: Das Bisektionsverfahren. Wenn durch diesen Test die Existenz einer Nullstelle im Intervall $[a,b]$ gesichert ist, kann diese durch das *Bisektionsverfahren* mit beliebig vorgegebener Genauigkeit eingegrenzt werden. Man wähle $a_1 := \frac{a+b}{2}$. Ist das Produkt $f(a_1)f(b) \leq 0$, so liegt eine Nullstelle in $[a_1,b]$, sonst in $[a,a_1]$. Nun halbiere man das betreffende Teilintervall und fahre so fort, bis die Länge des letzten Intervalls unter der vorgegebenen Genauigkeit liegt.

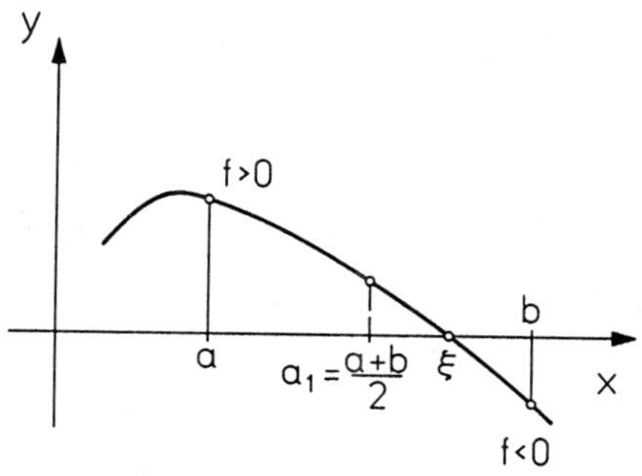

Abb. 75 – Bisektionsverfahren

```
' Programm BISEKTION
' ------------------
Eps=1.0E-06
Input "A= ",A
Input "B= ",B
Fa=Fn F(A)
Fb=Fn F(B)
If Fa*Fb>0 Then
  Print "f(a)f(b) positiv!"
End
Endif
Repeat
  Gosub Bisect
Until Abs(A-B)<Eps
print
print "Nullstelle im Intervall:"
print "[";A;",";B;"]"
End
```

```
Procedure Bisect
  C=(A+B)*0.5
  Fc=Fn F(C)
  If Fc*Fa<=0 Then
    B=C
    Fb=Fc
  Else
    A=C
    Fa=Fc
  Endif
Return
'-------------------------
Deffn F(X)=X*(X*X*X*X+1)+1
```

Beispiel. $f(x) = x^5 + x + 1$. Mit $a = -1$ und $b = 0$ ist $f(a)f(b) < 0$. Mit dem `Programm BISEKTION` erhält man eine Nullstelle im Intervall $(-0.75487\,804413, -0.75487\,709045)$. □

Aufgaben

1. Man bestimme – falls vorhanden – die Grenzwerte

$$\lim_{x\to\infty}\frac{x}{x+\sin x}\;;\quad \lim_{x\to 0}\frac{|x|}{x}\;;\quad \lim_{x\to -\frac{\pi}{2}}\frac{\sin|x|}{x+\frac{\pi}{2}}\;;$$

$$\lim_{x\to 0}\frac{1-\cos x}{x^2}\;;\quad \lim_{x\to 0}\frac{e^{-x^2}-1+x^2}{x^4}\;;\quad \lim_{x\to\infty}\frac{e^x+x^{-x}}{e^x-e^{-x}}\;;$$

$$\lim_{x\to 0}\frac{4x^3-2x^2+x}{3x^2+2x}\;;\quad \lim_{x\to 2}\frac{x^2-5x+6}{x^2-12x+20}\;;\quad \lim_{x\to 1}\left(\frac{1}{1-x}-\frac{3}{1-x^3}\right)\;;$$

$$\lim_{x\to 0}\frac{\sqrt{1+x}-1}{x}\;;\quad \lim_{x\to\infty}\frac{\sqrt{x^2+1}}{x+1}\;;\quad \lim_{x\to\infty}x(\sqrt{x^2+1}-x)\;;$$

$$\lim_{x\to 0}\frac{\sin(\sin x)}{x}\;;\quad \lim_{x\to 0}\frac{\sin x}{\sqrt{x}}\;;\quad \lim_{x\to\frac{\pi}{2}}(\frac{\pi}{2}-x)\tan x\;.$$

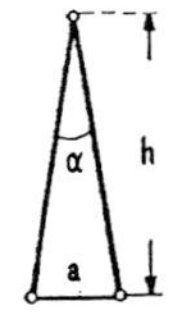

2. Man berechne $\lim\limits_{\alpha\to 0}\frac{\sin\alpha}{\alpha}$ für α im Gradmaß, d.h. $\alpha=\frac{180}{\pi}x$, und bestimme damit $\lim\limits_{\alpha\to 0}\frac{h\cdot\alpha}{a}$ für gleichschenklige Dreiecke.

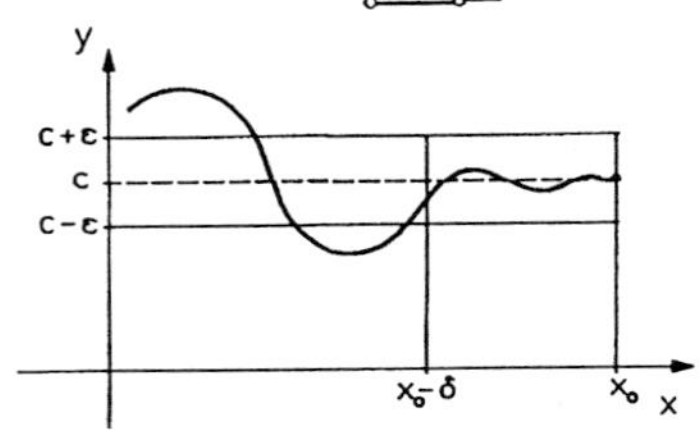

3. Für die Funktion $f(x)=\frac{x}{x-1}$, $x\neq 1$, ermittle man – abhängig von $\epsilon>0$ und $x_0\neq 1$ – ein δ, so daß für alle x mit $|x-x_0|<\delta$ gilt: $|f(x)-f(x_0)|<\epsilon$. Wie groß ist δ für $\epsilon=0.01$ und $x_0=2$, $x_0=1.1$, $x_0=0.999$?

4. An einer *Gleichspannungsquelle mit konstantem Innenwiderstand* R_i mißt man bei offenen Klemmen die Spannung E. Die Spannung U, die sich im Betrieb einstellt, hängt vom *Lastwiderstand* R_L ab.

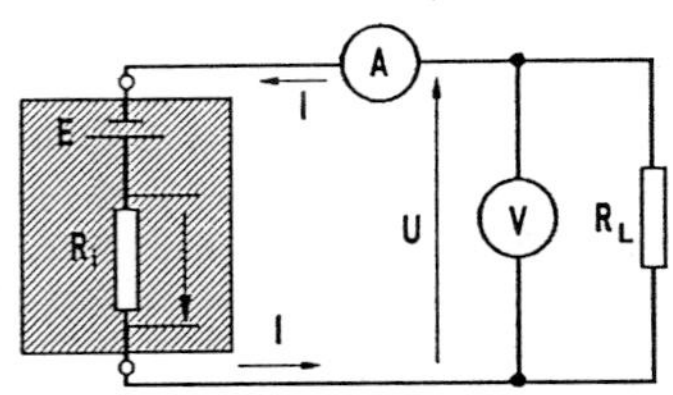

   a) Skizziere und diskutiere $U=U(R_L)$, $0<R_L<\infty$. Bei welchem R_L ist U maximal? (*Spannungsanpassung*).

   b) Skizziere und diskutiere die *Ausgangsleistung* $N=U\cdot I=N(R_L)$, $0<R_L<\infty$. Welche Leistung kann höchstens abgegeben werden? (*Leistungsanpassung*).

5. a) Ist die Funktion $\{x\}:=|[x+\frac{1}{2}]-x|$ stetig? (Skizze!) Begründe die Antwort über $\{x+n\}=\{x\}$, n ganzzahlig.

   b) Mit dem Zwischenwertsatz zeige man: Für eine stetige Funktion $f:[a,b]\to[a,b]$ gibt es stets ein $x_0\in[a,b]$ mit $f(x_0)=x_0$.

6. Die Abbildung durch eine Linse genügt der Beziehung

$$\frac{1}{b}+\frac{1}{g}=\frac{1}{f}\;.$$

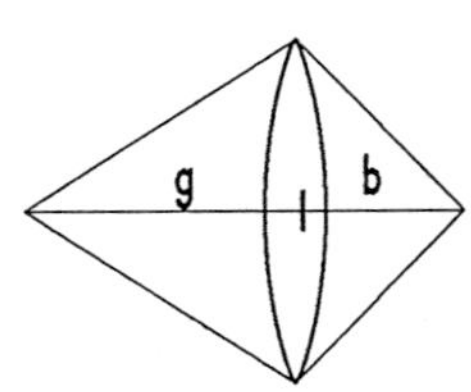

   (b Bild-, g Gegenstands-, f Brennweite)

   a) Man bestimme $b=b(g)$ als Funktion von g.

   b) Wo ist $b(g)$ stetig, welche Asymptoten besitzt es?

7. Man bestimme (soweit möglich) den größtmöglichen Definitionsbereich, die Nullstellen, die Pole, die Symmetrie zu den Achsen, das Verhalten für $x \to \pm\infty$, die Asymptoten und die Bereiche mit $f < 0$, $f > 0$. Schließlich ist eine sorgfältige Skizze des Graphen von f anzufertigen:

   a) $f(x) = \dfrac{x^4}{(x^2-1)|x|}$,   b) $f(x) = |x^2 - 1| + |x| - 1$.

8. a) Für welche x ist $f(x) = \dfrac{1 + 2\cos x}{1 - 2\cos x}$ stetig? Berechne $\lim\limits_{x\to\pi} f(x)$.

   b) Wo ist $\dfrac{1 - \sqrt{\cos x}}{1 - \cos\sqrt{x}}$ nicht definiert, welcher Grenzwert ergibt sich für $x \to 0$?

9. Gegeben ist die Funktion $f(x) = x^4 - x - 10$. Man erstelle eine Vorzeichentabelle für $x = 0, 1, 2, \ldots$ und ermittle die Anzahl der positiven Nullstellen von $f(x)$. Mit dem Bisektionsverfahren bestimme man diese Nullstellen auf 10^{-2} genau.

Kapitel 3

Differentiation

Die Differentialrechnung wurde – unabhängig voneinander – von GOTTFRIED WILHELM LEIBNIZ (1646-1716) und ISAAC NEWTON (1642-1727) entwickelt. Sie stellt eines der vielseitigsten Hilfsmittel in der mathematischen Behandlung der Naturwissenschaften (einschließlich der Technik) dar.

§1. Die Ableitung einer differenzierbaren Funktion

1.1 Die Definition der Ableitung. Die Funktion f sei auf dem Intervall $I \subseteq \mathbb{R}$ definiert und $x_0 \in I$. Man sagt, f ist in x_0 *differenzierbar*, wenn der „Differenzenquotient" $\frac{\Delta f(x)}{\Delta x} := \frac{f(x) - f(x_0)}{x - x_0} = \frac{1}{h}[f(x_0 + h) - f(x_0)]$ für $x \to x_0$, bzw. $h \to 0$ einen endlichen Grenzwert besitzt. Dieser Grenzwert (sofern er existiert) wird mit $f'(x_0)$ bezeichnet. Ferner sagt man, f ist auf I differenzierbar, wenn $f'(x)$ in jedem Punkt $x \in I$ existiert. In diesem Fall ist $x \mapsto f'(x)$ eine auf I erklärte Funktion, die man die *Ableitung* von f nennt und mit f' bezeichnet. Für $f'(x)$ schreibt man auch $f(x)'$, $\frac{df(x)}{dx}$, $\frac{d}{dx}f(x)$. Den Übergang von f zu f' nennt man *differenzieren* oder *ableiten*.

$$f' : I \to \mathbb{R},\ f'(x) := \lim_{h \to 0} \frac{1}{h}[f(x+h) - f(x)] = \frac{df(x)}{dx} = \frac{d}{dx}f(x).$$

Beispiele.

(1)

	Funktion	Ableitung	
a)	$f(x) = c$ (konstant)	$f'(x) = 0$	
b)	$f(x) = ax + b$	$f'(x) = a$	
c)	$f(x) = x^n$	$f'(x) = nx^{n-1}$	$(n \in \mathbb{N})$
d)	$f(x) = \sqrt{x}$	$f'(x) = \frac{1}{2}\frac{1}{\sqrt{x}}$	$(x > 0)$

Beweis. a) ist ein Sonderfall von b). Für $f(x) = ax + b$ und alle $x_0 \in \mathbb{R}$ gilt $f'(x_0) = \lim_{x \to x_0} \frac{f(x) - f(x_0)}{x - x_0} = \lim_{x \to x_0} a = a$. c): Mit der binomischen Formel folgt $\lim_{h \to 0} \frac{(x+h)^n - x^n}{h} = \lim_{h \to 0}(nx^{n-1} + \frac{n(n-1)}{2}x^{n-2}h + \cdots + nxh^{n-2} + h^{n-1}) = nx^{n-1}$.

d): $\frac{\sqrt{x} - \sqrt{x_0}}{x - x_0} = \frac{1}{\sqrt{x} + \sqrt{x_0}} \to \frac{1}{2\sqrt{x_0}}$ für $x \to x_0$, $x_0 > 0$. □

Beachte. Wegen $\lim\limits_{x\to 0+} \dfrac{\sqrt{x}-\sqrt{0}}{x-0} = \lim\limits_{x\to 0+} \dfrac{1}{\sqrt{x}} = \infty$ ist die Wurzelfunktion in $x=0$ nicht differenzierbar, obwohl der Graph in $x = 0$ eine (senkrechte) Tangente besitzt (→ 1.2).

1.2 Die geometrische Deutung der Ableitung: Tangentenanstieg. Wir betrachten bezüglich kartesischer (x,y)-Koordinaten die Kurve $y = f(x)$ in der Nähe von $x = x_0$. Es ist $\tan\varphi = \dfrac{\Delta y}{\Delta x} = \dfrac{\Delta f(x)}{\Delta x}$ der Anstieg der Sekante durch $(x_0, f(x_0))$ und $(x, f(x))$. Der Grenzwert $f'(x_0) = \lim\limits_{\Delta x\to 0} \dfrac{\Delta y}{\Delta x}$ (sofern er existiert) gibt dann den Anstieg der Kurventangente in $(x_0, f(x_0))$ an. D.h.: Ist f in x_0 differenzierbar, dann lautet

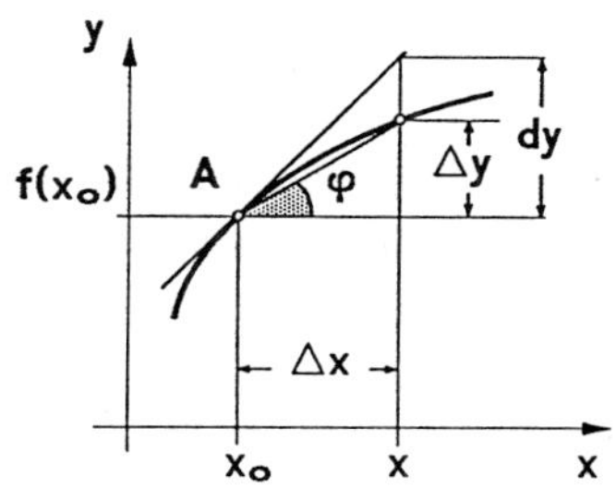

Abb. 76 – Sekante, Tangente

(2)

> die *Tangente* an den Graph $y = f(x)$ in $(x_0, f(x_0))$
> $$y = f'(x_0)(x-x_0) + f(x_0)\ .$$

1.3 Die analytische Deutung der Ableitung: Lineare Approximation. Zu einer gegebenen differenzierbaren Funktion $f : I \to \mathbb{R}$ wird diejenige Gerade $g(x) = m(x-x_0) + f(x_0)$ durch $(x_0, f(x_0))$ gesucht, die f in der Nähe von x_0 am besten approximiert. Unter „bester Approximation" verstehen wir hier die Bedingung $\lim\limits_{x\to x_0} \dfrac{f(x)-g(x)}{x-x_0} = 0$, die besagt, daß der relative Fehler nahe x_0 klein ist und mit $x \to x_0$ gegen 0 strebt. Wir tragen $g(x) = m(x-x_0) + f(x_0)$ ein und erkennen, daß beste Approximation bei $m = f'(x_0)$ vorliegt. D.h.,

(3)

> $f(x) \approx f'(x_0)(x-x_0) + f(x_0)$ bzw. $f(x_0+h) \approx f(x_0) + f'(x_0)h$
> ist nahe x_0 die *beste lineare Approximation* an f.

Beispiel. Für $f(x) = \sqrt{x}$ ergibt sich nahe $x_0 > 0$

$$\sqrt{x_0+h} \approx \sqrt{x_0} + \frac{1}{2\sqrt{x_0}}h\ .$$

Mit $x_0 = 1.96$, $h = 0.04$ liefert das bereits einen recht guten Näherungswert für $\sqrt{2} \approx 1.4 + \dfrac{1}{2.8} \cdot 0.04 = 1.4142857\ldots$. Der auf 7 Stellen genaue Wert ist $\sqrt{2} = 1.41421356\ldots$ □

1.4 Die physikalische Deutung der Ableitung: Geschwindigkeit. Sei $s = s(t)$ die von einem Massenpunkt bei geradliniger Bewegung zur Zeit t zurückgelegte Strecke, o.E. mit $s(0) = 0$. Der Differenzenquotient $\frac{\Delta s}{\Delta t}$ gibt die Durchschnittsgeschwindigkeit im Zeitintervall t bis t_0 (bzw. t_0 bis t) an. Die momentane Geschwindigkeit zum Zeitpunkt t_0 ergibt sich aus dem Grenzübergang $t \to t_0$:

$$v(t_0) = \dot{s}(t_0) = \lim_{t \to t_0} \frac{s(t) - s(t_0)}{t - t_0} .$$

Bemerkung. Wird das Argument einer Funktion f nicht mit x, sondern mit t bezeichnet, dann schreibt man für die Ableitung $\dot{f}(t)$.

Beispiel. Das Weg-Zeit-Gesetz eines bewegten Massenpunktes sei $s(t) = at^2 + bt + c$ (mit Konstanten $a, b, c \in \mathbb{R}$). Seine Geschwindigkeit zur Zeit t ist dann $v(t) = \dot{s}(t) = 2at + b$ (→ (5)). □

Der Geschwindigkeitsbegriff läßt sich natürlich auch auf alle anderen zeitlich variablen Prozesse übertragen: Wachstumsgeschwindigkeit, Zerfallsgeschwindigkeit, Reaktionsgeschwindigkeit, etc.

1.5 Stetigkeit ist notwendig für Differenzierbarkeit. Es ist zwecklos, die Ableitung einer Funktion an einer Unstetigkeitsstelle zu suchen, es gilt nämlich

Satz 1.1. *Jede in $x_0 \in I$ differenzierbare Funktion $f : I \to \mathbb{R}$ ist dort notwendig auch stetig.*

Beweis. Ist f in x_0 differenzierbar, so gilt $\lim_{x \to x_0} [f(x) - f(x_0) - f'(x_0)(x - x_0)] = 0$. Wegen $\lim_{x \to x_0} f'(x_0)(x - x_0) = 0$ folgt dann $\lim_{x \to x_0} [f(x) - f(x_0)] = 0$, also $\lim_{x \to x_0} f(x) = f(x_0)$. □

Man beachte aber, daß Stetigkeit keineswegs hinreichend ist für Differenzierbarkeit. So ist etwa die Funktion $f(x) = |x|$ in der Spitze $x = 0$ stetig, aber nicht differenzierbar. Der linksseitige Grenzwert (bei $x \to 0-$) des Differenzenquotienten $\frac{|x|}{x}$ ist vom rechtsseitigen Grenzwert ($x \to 0+$) verschieden. Auch $g(x) = \sqrt{x}$ ist in $x = 0$ stetig, aber nicht differenzierbar (→ 1.1).

1.6 Differentiationsregeln. Mit den folgenden Regeln gelingt es, die Ableitung zusammengesetzter Funktionen aus den Ableitungen ihrer einzelnen „Bausteine" zu ermitteln.

Satz 1.2. *Sind Funktionen $f,g : I \to \mathbb{R}$ in $x \in I$ differenzierbar, dann gilt:*

(4)

a) $[f(x)+g(x)]' = f'(x)+g'(x)$,

b) $[cf(x)]' = cf'(x)$ *für alle* $c \in \mathbb{R}$,

c) $\Big[f(x)g(x)\Big]' = f'(x)g(x) + f(x)g'(x)$ *(Produktregel)* ,

d) $\left(\dfrac{f(x)}{g(x)}\right)' = \dfrac{f'(x)g(x) - f(x)g'(x)}{g(x)^2}$ *(falls $g(x) \neq 0$; Quotientenregel)* ,

insbesondere

$$\left(\frac{1}{g(x)}\right)' = -\frac{g'(x)}{g(x)^2} \quad \textit{(falls } g(x) \neq 0\textit{)} .$$

Beweis (mit den Grenzwertregeln Kap. 2, Satz 5.1). Sind f,g in x_0 differenzierbar, dann gilt für $x \to x_0$:

a) $\dfrac{\Delta(f(x)+g(x))}{\Delta x} = \dfrac{\Delta f(x)}{\Delta x} + \dfrac{\Delta g(x)}{\Delta x} \longrightarrow f'(x_0) + g'(x_0)$.

c) $\dfrac{\Delta f(x)g(x)}{\Delta x} = f(x)\dfrac{\Delta g(x)}{\Delta x} + g(x)\dfrac{\Delta f(x)}{\Delta x} \longrightarrow f(x_0)g'(x_0) + g(x_0)f'(x_0)$.

b) ist ein Sonderfall von c).

d) $\dfrac{\Delta \frac{1}{g(x)}}{\Delta x} = \dfrac{\frac{1}{g(x)} - \frac{1}{g(x_0)}}{x - x_0} = -\dfrac{g(x)-g(x_0)}{x-x_0} \cdot \dfrac{1}{g(x)g(x_0)} \longrightarrow \dfrac{g'(x_0)}{g(x_0)^2}$.

Wegen $\dfrac{f(x)}{g(x)} = f(x) \cdot \dfrac{1}{g(x)}$ folgt aus diesem Spezialfall mit der Produktregel die allgemeine Quotientenregel. □

Eine Mehrfachanwendung dieser Differentiationsregeln ergibt für n in x differenzierbare Funktionen f_i und konstante Faktoren c_i ($i = 1,2,\ldots,n$) die Formeln

4e) $[c_1 f_1(x) + \cdots + c_n f_n(x)]' = c_1 f_1' + \cdots + c_n f_n'(x)$

4f) $[f_1(x)f_2(x)\cdots f_n(x)]' = f_1'(x)f_2(x)\cdots f_n(x) + f_1(x)f_2'(x)f_3(x)\cdots f_n(x) + \cdots + f_1(x)\cdots f_{n-1}(x)f_n'(x)$.

1.7 Die Differentiation der Polynome und der rationalen Funktionen.

Jedes Polynom ist überall differenzierbar.

(5)
$$\begin{aligned} p(x) &= a_n x^n + a_{n-1}x^{n-1} + \cdots + a_1 x + a_0 \text{, dann ist} \\ p'(x) &= n a_n x^{n-1} + (n-1)a_{n-1}x^{n-2} + \cdots + 2a_2 x + a_1 . \end{aligned}$$

Beweis. Mit (4e) und (1c,a). □

Beispiel. $(4x^7 + 3x^5 + 2x^3 + 3)' = 28x^6 + 15x^4 + 6x^2$ □

Jede rationale Funktion $f(x) = \dfrac{p(x)}{q(x)}$ kann man nun, falls $q(x) \neq 0$, mit (5) und der Quotientenregel differenzieren. Insbesondere folgt so

$$\left(\frac{1}{x^n}\right)' = -\frac{n}{x^{n+1}} \ (n \in \mathbb{N},\ x \neq 0), \quad \text{speziell} \ \left(\frac{1}{x}\right)' = -\frac{1}{x^2}. \tag{6}$$

1.8 Die Ableitung der Kreisfunktionen. Die Sinus- und die Cosinusfunktion sind auf $\mathbb{R}$ differenzierbar. Es gilt

$$\begin{array}{ll} \text{a)} & \sin' x = \cos x\,, \\ \text{b)} & \cos' x = -\sin x\,, \\ \text{c)} & \tan' x = \dfrac{1}{(\cos x)^2} \quad (x \neq (2k+1)\frac{\pi}{2})\,, \\ \text{d)} & \cot' x = -\dfrac{1}{(\sin x)^2} \quad (x \neq k\pi)\,. \end{array} \tag{7}$$

Beweis. a): Mit dem Additionstheorem (→ Kap. 2, §3) und den bekannten Grenzwerten $\lim\limits_{h\to 0} \dfrac{\sin h}{h} = 1$, $\lim\limits_{h\to 0} \dfrac{\cos h - 1}{h} = 0$ (→ Kap. 2, §6) folgt

$$\begin{aligned} \frac{d}{dx} \sin x &= \lim_{h\to 0} \frac{1}{h}\left[\sin(x+h) - \sin x\right] \\ &= \lim_{h\to 0} \frac{1}{h}\left[\sin x \cos h + \cos x \sin h - \sin x\right] \\ &= \lim_{h\to 0} \left[\sin x \frac{\cos h - 1}{h} + \cos x \frac{\sin h}{h}\right] = \cos x\,. \end{aligned}$$

b) analog; c) und d) mit der Quotientenregel. □

Beispiel. $[(x^2 + 5\sin x)\cos x]' = (2x + 5\cos x)\cos x - (x^2 + 5\sin x)\sin x = 2x\cos x - x^2 \sin x + 5\cos 2x$. □

1.9 Die Kettenregel. Die Komposition $x \mapsto f(g(x))$ zweier differenzierbarer Funktionen ist ebenfalls differenzierbar und es gilt

$$\frac{d}{dx} f(g(x)) = f'(g(x)) \cdot g'(x)\,. \tag{8}$$

Beweis.

$$\frac{\Delta f(g(x))}{\Delta x} = \frac{\Delta f(g(x))}{\Delta g(x)} \cdot \frac{\Delta g(x)}{\Delta x} \longrightarrow f'(g(x))g'(x)\,.$$ □

Bemerkung. In $f(g(x))$ heißt f die äußere, g die innere Funktion. Dementsprechend liest man die rechte Seite von (8) als

> *„Ableitung der äußeren Funktion an der Stelle* $g(x)$ *multipliziert mit der Ableitung* $g'(x)$ *der inneren Funktion".*

Die Differentiation einer „geschachtelten" Funktion $x \mapsto h(x)$ geschieht demnach in mehreren Schritten:

1. Schritt: Das Erkennen der äußeren Funktion f und der inneren Funktion g, so daß $h(x) = f(g(x))$.

2. Schritt: Die Differentiation von f an der Stelle $g(x)$; d.h., man bildet $f'(x)$ und ersetzt x durch $g(x)$.

3. Schritt: Das Nachdifferenzieren. Darunter versteht man die Multiplikation von $f'(g(x))$ mit der Ableitung g' der inneren Funktion. Insgesamt: $h'(x) = f'\big(g(x)\big) \cdot g'(x)$.

Bei mehrfacher Schachtelung ist entsprechend oft nachzudifferenzieren:

$$h(x) = f\Big(p\big(q(x)\big)\Big) \;\Rightarrow\; h'(x) = f'\Big(p\big(q(x)\big)\Big)p'\big(q(x)\big)q'(x).$$

Beispiele.

1. In $h(x) = (x^4+6x+5)^3$ ist $f(x) = x^3$ die äußere und $g(x) = x^4+6x+5$ die innere Funktion. Die Ableitung (2. und 3. Schritt zusammen): $h'(x) = 3(x^4+6x+5)^2 \cdot (4x^3+6)$.

2. In $h(x) = \cos f(x)$ ist cos die äußere und f die innere Funktion: $h'(x) = -(\sin f(x)) \cdot f'(x) = -f'(x)\sin f(x)$. Speziell $\frac{d}{dx}\cos(ax+b) = -a\sin(ax+b)$. Ebenso $\frac{d}{dx}\sin(ax+b) = a\cos(ax+b)$.

3. Die Funktion $h(x) = [\sin(x^4+2x)^2]^5$ ist mehrfach geschachtelt mit der äußeren Funktion $f(x) = x^5$ und der geschachtelten inneren Funktion $g(x) = \sin(x^4+2x)^2$. Die Ableitung:
$h'(x) = 5g(x)^4 \cdot g'(x) = 5[\sin(x^4+2x)^2]^4 \cdot \cos(x^4+2x)^2 \cdot 2(x^4+2x) \cdot (4x^3+2)$.

□

1.10 Höhere Ableitungen. Die Ableitung der Ableitung von f bezeichnen wir, falls sie existiert, mit f'' und für $\frac{d}{dx}(\frac{d}{dx}f(x))$ schreiben wir $\frac{d^2}{dx^2}f(x)$. Wir definieren allgemein

$$f^{(0)}(x) := f(x),\; f^{(1)}(x) := f'(x),\; f^{(2)}(x) := f''(x) = \frac{d^2}{dx^2}f(x), \ldots,\; f^{(n)}(x) := \frac{d}{dx}f^{(n-1)}(x) = \frac{d^n}{dx^n}f(x) \quad (n = 0,1,2,\ldots).$$

Man sagt, f ist n-mal differenzierbar (bzw. stetig differenzierbar), wenn die n-te Ableitung $f^{(n)}(x)$ existiert (bzw. existiert und stetig ist). Man beachte, daß eine differenzierbare Funktion nicht notwendig auch zweimal differenzierbar ist. Dazu betrachte man $f(x) = x|x|$ mit der Ableitung $f'(x) = 2|x|$.

Beispiel 1. Für das Polynom $p(x) = 3x^6 + 2x^4 - 7x + 1$ gilt $p'(x) = 18x^5 +$

$8x^3 - 7$, $p''(x) = 90x^4 + 24x^2$, $p^{(3)}(x) = 360x^3 + 48x$, $p^{(4)}(x) = 1080x^2 + 48$, $p^{(5)}(x) = 2160x$, $p^{(6)}(x) = 2160$, $p^{(7)}(x) = 0$. Allgemein gilt: Die n-te Ableitung eines Polynoms vom Grad k, $k < n$, verschwindet (d.h., sie ist Null):

$$p(x) = a_k x^k + \cdots + a_0\,,\ k < n \Rightarrow \frac{d^n}{dx^n} p(x) = 0\,.$$

□

Beispiel 2. Ein nach $s(t) = A\cos(\omega t + \alpha)$ schwingender linearer Oszillator hat die Geschwindigkeit $v(t) = \dot{s}(t) = -\omega A \sin(\omega t + \alpha)$ und die Beschleunigung $b(t) = \dot{v}(t) = -\omega^2 A \cos(\omega t + \alpha) = -\omega^2 s(t)$. Er erfüllt das HOOKE-Gesetz: „Die rücktreibende Kraft mb ist proportional zur Auslenkung s". □

Beispiel 3. Die Spitze eines Zeigers der Länge r, der mit konstanter Winkelgeschwindigkeit ω um den Nullpunkt kreist, läßt sich in der komplexen Ebene durch

$$z(t) = ae^{i\omega t} = a(\cos\omega t + i\sin\omega t)\ ,\quad t \in \mathbb{R}\ ,$$

mit $z(0) = a \in \mathbb{C}$ (Anfangslage zur Zeit $t = 0$) und $|a| = r$ darstellen (→ Kap. 2, 3.3). Die Ableitung nach t, $\dot{z}(t) := \frac{d}{dt}x(t) + i\frac{d}{dt}y(t)$, gibt die Bahngeschwindigkeit an. Mit (7a,b) und der Kettenregel ergibt sich

$$\dot{z}(t) = a(-\omega\sin\omega t + i\omega\cos\omega t) = ai\omega e^{i\omega t} = i\omega z(t)\ .$$

Der Zeiger $\dot{z}$ eilt dem Zeiger z um $\frac{\pi}{2}$ voraus. Die Geschwindigkeit hat den Betrag $v = |\dot{z}| = |i\omega z| = \omega r$.

Mit $a = 1$ lautet diese Differentiationsregel

(9) $$\frac{d}{dt}e^{i\omega t} = i\omega e^{i\omega t}\ ,\qquad t \in \mathbb{R}\,.$$

Wir betrachten einen Wechselstrom mit komplexer Spannung $U(t) = U_0 e^{i\omega t}$ und komplexer Stromstärke $I(t) = I_0 e^{i\omega t}$ in den Grundelementen (→ Kap. 1, §8).

① Ohmscher Widerstand (mit Widerstand R),
② Kondensator (mit Kapazität C),
③ Induktionsspule (mit Induktivität L).

Für diese drei Elemente gilt einheitlich das

$$\text{Ohmsche Gesetz}\quad U(t) = Z \cdot I(t)$$

mit $Z = R$ (Fall ①), $Z = \frac{1}{i\omega C}$ (Fall ②), $Z = i\omega L$ (Fall ③).

Beweis. Zu ① : Man wendet das reelle Ohmsche Gesetz auf Realteil und Imaginärteil an und erhält $U = RI$.
Zu ② : Im Kondensator ist die Stromstärke proportional zur Änderungsgeschwindigkeit der Spannung; d.h. mit (9), $I(t) = C\frac{d}{dt}U(t) = i\omega C U(t)$. Mit

$Z := \dfrac{1}{i\omega C}$ wird daraus $U = ZI$.

Zu ③ : In der Spule ist die induzierte Spannung proportional zur Änderungsgeschwindigkeit des Stroms; d.h mit (9), $U = L\dfrac{d}{dt}I(t) = i\omega LI(t) = ZI(t)$ mit $Z := i\omega L$. □

Aufgaben

1. Man bilde die Ableitung

$$x^3\cos x\ ,\quad \cos^3 x\ ,\quad \cos(x^3)\ ,$$

$$\frac{(x+2)}{x\sqrt{x}}\ ,\quad \frac{\sqrt{1+f(x)^2}}{1+f(x)}\ ,\quad |x^3|\ ,$$

$$\sqrt{x\sqrt{x\sqrt{x}}}\ ,\quad x^3\sqrt{x}(x^3-\frac{2}{x}+6)+(\sqrt{x}^3-2)^7+26\ ,\quad \frac{(a^2+x^2)^2}{(a^3+x^3)^2}\ ,$$

$$\frac{x}{x+\sqrt{a^2+x^2}}\ ,\quad \sqrt{a+x}\cdot\sqrt{a^2-x^2}\ ,\quad \frac{x^2}{\cos x}\ ,$$

$$\frac{x}{4}\cos\frac{\pi}{3}\ ,\quad \tan\sqrt{2-\sin^2 x}\ ,\quad \frac{1}{\tan|x|}\ ,$$

$$\cos(\sin(\cos x))\ ,\quad \sin^2(x^2)-\cos\sqrt{x}+\cot(\tan x)\ .$$

2. Für welche $x \in \mathbb{R}$ sind folgende Funktionen differenzierbar?

a) $f(x) = \dfrac{x^3-2x^2+x}{x^2-1}$,

b) $f(x) = |x^2-1|+|x|-1$,

c) $f(x) = \sqrt{\dfrac{3|x|}{x}+\dfrac{5}{2}}$.

Man berechne für diese x den Wert von $f'(x)$ und stelle die Tangentengleichung an die Kurve $y = f(x)$ im Punkt $(2, f(2))$ auf.

3. Man bestätige durch vollständige Induktion die LEIBNIZ-Regel

$$(f(x)g(x))^{(n)} = \sum_{k=0}^{n}\binom{n}{k}f^{(k)}(x)g^{(n-k)}(x)\ ,\quad (n = 0,1,2,\ldots)$$

und berechne damit $f^{(10)}(x)$ für $f(x) = x\sin x$.

4. *Meridianschnitt eines Springbrunnens*

Vom Ursprung des (x, y)-Koordinatensystems aus fliegen Wasserteilchen mit (betragsmäßig) gleicher Anfangsgeschwindigkeit v nach allen Richtungen α in die obere Halbebene $(0 < \alpha < \pi)$. Für die Tröpfchenbahn gilt (t : Zeit; g : Erdbeschleunigung)

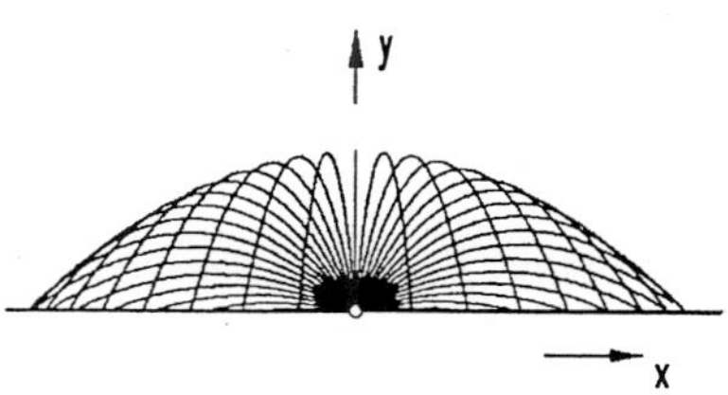

$$x(t) = (v\cos\alpha)t\ ;$$

$$y(t) = (v\sin\alpha)t - \frac{1}{2}gt^2\ .$$

a) Wie lautet die (x, y)-Gleichung der Bahnkurve? (Man eliminiere t !)

b) Bestimme aus $\dot{y}(t) = 0$ den Scheitel (x_S, y_S) und die positive Nullstelle $(x_N, 0)$ der Kurve. Für welche α ist x_N bzw. y_S maximal?

c) Auf welcher Kurve E liegen die Scheitelpunkte aller Bahnen? (Gefragt ist die (x, y)-Gleichung und eine Skizze!)

d) Die Hüllfläche des Springbrunnens ist ein Drehparaboloid. Man bestimme die (x, y)-Gleichung des Meridians P.
Hilfe: Jedes Tröpfchen trifft die Fläche höchstens einmal.

5. Für die LEGENDRE-Polynome (→ Kap. 2, §2, Aufg.11) gilt die Darstellung von RODRIGUES
$$P_n(x) = \frac{1}{2^n n!}[(x^2-1)^n]^{(n)}, \quad n = 0, 1, 2, \ldots .$$
a) Man bestimme die Koeffizienten von $P_n(x)$.

b) $P_n(x)$ genügt der Legendre-Differentialgleichung:
$$[(x^2-1)\cdot P_n']' = n(n+1)P_n .$$
Zum Nachweis wende man die Leibniz-Regel an auf
$$[(n+1)2x\cdot(x^2-1)^n]^{(n+1)} \quad \text{und} \quad [(x^2-1)\cdot(x^2-1)^n]^{(n+2)}$$
und bestätige
$$P_{n+1}' = xP_n' + (n+)P_n \; ; \qquad P_{n+1}' = \frac{x^2-1}{2(n+1)}P_n'' + \frac{(n+2)x}{n+1}P_n' + \frac{n+2}{2}P_n .$$

6. (*Logarithmische Ableitung*) Es gelte durchwegs $(f_1 \cdot f_2 \cdots f_n)(x) > 0$. Man stelle $\dfrac{(f_1 \cdot f_2 \cdots f_n)'}{f_1 \cdot f_2 \cdots f_n}$ durch $\dfrac{f_1'}{f_1}, \ldots, \dfrac{f_n'}{f_n}$ dar.

7. Man berechne $y(1)$ und $y'(1)$ aus
$$x^2 y(x)^3 - 3(x^2+1)^2 = x^3 y(x) - 6$$
und stelle die Tangentengleichung im Punkt $(1, y(1))$ auf.

8. Für die Funktion
$$f(x) = \begin{cases} x^2 \sin\dfrac{1}{x} & , x \neq 0 \\ 0 & , x = 0 \end{cases}$$
berechne man die Grenzwerte
$f'(0) = \lim\limits_{h\to 0}\dfrac{1}{h}(f(h) - f(0))$, $\lim\limits_{x\to 0} f'(x)$ und bestätige damit, $f(x)$ ist in $x = 0$ differenzierbar, aber nicht stetig differenzierbar.

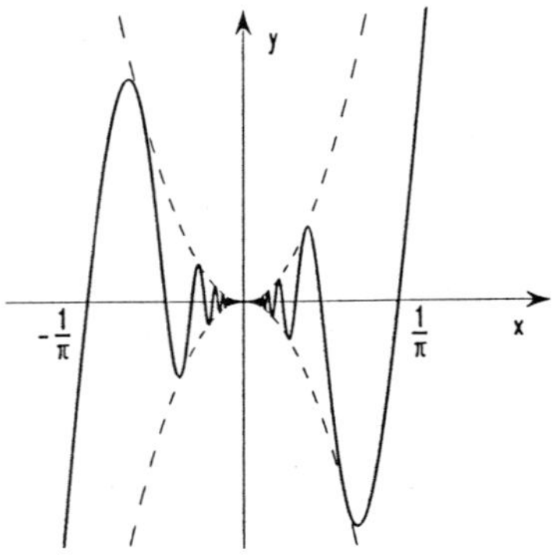

§2. Anwendungen der Differentiation

2.1 Maxima und Minima einer Funktion. Man sagt, eine auf $D \subseteq \mathbb{R}$ erklärte Funktion f hat in $a \in D$ ein *globales* (oder *absolutes*) *Maximum*, wenn $f(x) \leq f(a)$ für alle $x \in D$ gilt. In diesem Fall heißt a eine globale *Maximalstelle* und $f(a)$ das globale *Maximum* von f. Die Zahl $b \in D$ heißt *lokale* (oder *relative*) *Maximalstelle* von f, dementsprechend $f(b)$ ein *lokales* (oder *relatives*) *Maximum*, wenn es ein (evtl. kleines) Intervall I mit Mittelpunkt b gibt, so daß $f(x) \leq f(b)$ für alle $x \in I \cap D$. Ganz analog sind globales und lokales *Minimum*, globale und lokale *Minimalstelle* definiert. „global" bezieht sich immer auf den ganzen Definitionsbereich, „lokal" nur auf die unmittelbare Umgebung des betreffenden Punktes. Jedes Minimum und jedes Maximum heißt auch ein *Extremum*. Man beachte:

$$x_0 \text{ Minimalstelle von } f \iff x_0 \text{ Maximalstelle von } -f\,.$$

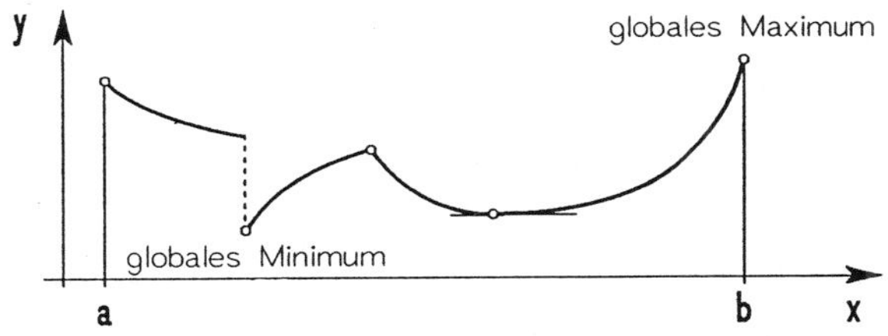

Abb. 77 – Funktion mit 5 lokalen und 2 globalen Extremstellen

Bezüglich der Lage von Extremalstellen gilt:

Satz 2.1. *Ist f eine auf dem offenen Intervall I differenzierbare Funktion, so gilt*

$$x_0 \in I \quad \textit{lokale Extremstelle von } f \quad \Rightarrow \quad f'(x_0) = 0\,.$$

Beweis. Wir nehmen an, x_0 sei eine Maximalstelle in $(x_0 - \varepsilon, x_0 + \varepsilon)$ $(\varepsilon > 0)$. Mit $\dfrac{f(x) - f(x_0)}{x - x_0} \geq 0$ für $x_0 - \varepsilon < x < x_0$ gilt $f'(x_0) = \lim\limits_{x \to x_0-} \dfrac{\Delta f(x)}{\Delta x} \geq 0$. Ebenso $f'(x_0) = \lim\limits_{x \to x_0+} \dfrac{\Delta f(x)}{\Delta x} \leq 0$ und folglich $f'(x_0) = 0$. □

Die Bedingung $f'(x_0) = 0$ (der Graph $y = f(x)$ hat in $(x_0, f(x_0))$ eine waagerechte Tangente) ist zwar notwendig für ein Extremum, aber noch nicht hinreichend. Beispielsweise hat $f(x) = x^3$ in $x = 0$ eine waagerechte Tangente $(f'(0) = 0)$ aber kein Extremum.

Der Satz gibt auch keine Auskunft über Extremalstellen an den Intervallenden, an Spitzen oder an anderen Stellen, in denen f nicht differenzierbar ist. Das bedeutet:

(1)

> *Die Kandidaten für Extremalstellen* von $f : I \to \mathbb{R}$ sind:
> a) die Randpunkte von I (das sind höchstens zwei Zahlen);
> b) die Punkte aus I, in denen f nicht differenzierbar ist;
> c) die stationären Punkte aus dem Innern von I
> ($x \in I$ heißt *stationärer Punkt*, wenn $f'(x) = 0$ gilt).

Jeder dieser Kandidaten ist dann auf Extremaleigenschaften zu überprüfen. Der größte bzw. kleinste Funktionswert an den Stellen aus a), b), c) liefert das globale Maximum bzw. Minimum von f. Hinweis: Die Extremalstellen echt monotoner Funktionen findet man bereits aus a).

Beispiel 1. Aus einer rechtwinkligen Blechplatte der Seitenlängen $16\,cm$ und $10\,cm$ soll eine quaderförmige oben offene Wanne mit maximalem Volumen geformt werden.

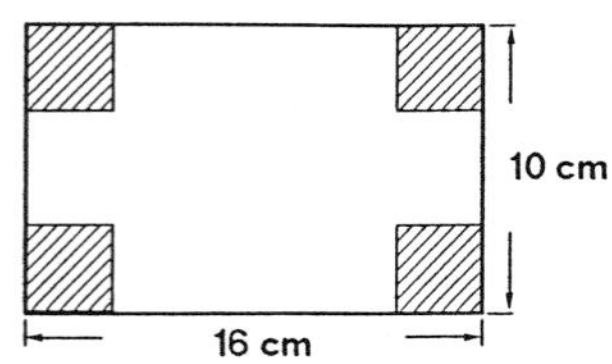

Abb. 78 – Blechzuschnitt

Lösung. Das Volumen des aus der Platte geformten Quaders der Höhe x ist $V(x) = (10-2x)(16-2x)x = 4x^3 - 52x^2 + 160x \quad (0 \le x \le 5)$. Wegen $V(0) = V(5) = 0$ sind die Randpunkte keine Maximalstellen, diese sind unter den stationären Punkten aus $(0,5)$ zu suchen. Punkte aus b) kommen nicht vor. $V'(x) = 12x^2 - 104x + 160 = 0$ hat in $(0,5)$ nur eine Lösung $x = 2$. Dieses ist dann die Maximalstelle; das maximale Volumen beträgt $V(2) = 144\,cm^3$. □

Beispiel 2. Nach dem FERMATschen Prinzip ist der Lichtweg

$$w(x) = l_1 + l_2 = \sqrt{a^2 + x^2} + \sqrt{b^2 + (c-x)^2}$$

eines von $A = (0,a)$ über den (noch unbekannten) Reflexionspunkt $X = (x,0)$ nach $B = (c,b)$ gehenden Lichtstrahls minimal. Die Minimalstellen von w – die es mit Sicherheit gibt – sind unter den stationären Stellen $w'(x) = \dfrac{x}{\sqrt{a^2+x^2}} - \dfrac{(c-x)}{\sqrt{b^2+(c-x)^2}} = 0$ zu suchen. Man

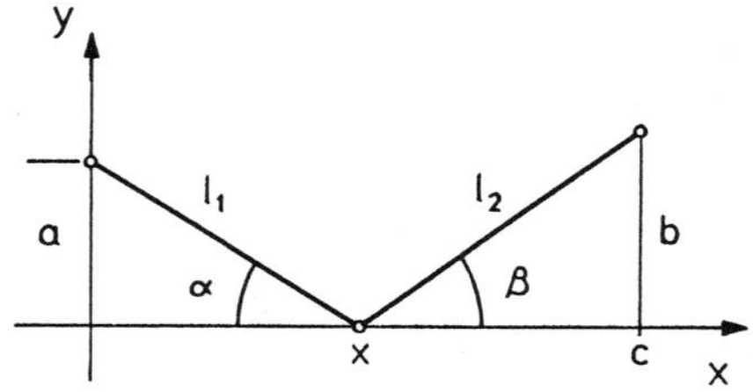

Abb. 79 – Lichtreflexion

findet so den eindeutig bestimmten Reflexionspunkt mit $x = \dfrac{ca}{a+b}$ und erhält außerdem wegen $\cos\alpha = \dfrac{x}{l_1}$ und $\cos\beta = \dfrac{c-x}{l_2}$ das Spiegelungsgesetz $\cos\alpha = \cos\beta$ (bzw. $\alpha = \beta$). □

2.2 Der Mittelwertsatz. Die folgenden Beobachtungen bilden das Fundament weiterführender Überlegungen.

Satz 2.2. Der Mittelwertsatz. *Ist die Funktion f auf dem abgeschlossenen Intervall $[a,b]$ stetig und auf dem offenen Intervall (a,b) differenzierbar, dann gibt es (wenigstens) einen inneren Punkt $x_0 \in (a,b)$ mit*

$$f'(x_0) = \frac{f(b)-f(a)}{b-a}\,.$$

Beweis. Die Funktion $F(x) = f(x)-(x-b)\dfrac{f(b)-f(a)}{b-a}$ hat in $[a,b]$ wenigstens eine Extremalstelle x_0 (→ Satz vom Maximum und Minimum, Kap. 2, Satz 6.5). Wegen $F(a) = F(b)$ liegt diese Extremalstelle x_0 in (a,b), somit gilt $F'(x_0) = 0$ (→ Satz 2.1). □

Bemerkungen.

1. Anschaulich bedeutet der Mittelwertsatz, daß für mindestens ein $x_0 \in (a,b)$ die Kurventangente parallel zur Sehne AB ist.
2. Nach dem Mittelwertsatz wird bei der durch $s = f(t)$ beschriebenen geradlinigen Bewegung zu mindestens einem Zeitpunkt t_0 im Zeitintervall $a \le t \le b$ die durchschnittliche Geschwindigkeit $\bar{v} = \dfrac{f(b)-f(a)}{b-a}$ tatsächlich erreicht; $v(t_0) = \dot{f}(t_0) = \bar{v}$.

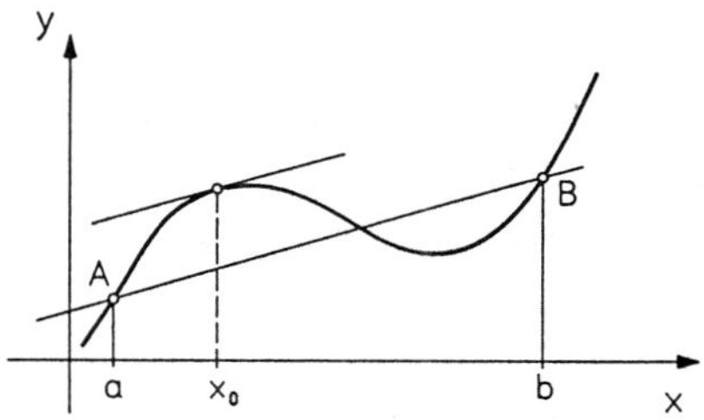

Abb. 80 – Mittelwertsatz

Als erste Anwendung des Mittelwertsatzes stellen wir einige Eigenschaften der Funktion f, bzw. des Graphen $y = f(x)$ zusammen, die man an f' ablesen kann.

Satz 2.3. *Für eine auf dem Intervall I differenzierbare Funktion f gilt:*

a) $f'(x) > 0$ *auf* I $\Longrightarrow$ f *ist auf* I *echt monoton wachsend (der Graph steigt);*

b) $f'(x) < 0$ *auf* I $\Longrightarrow$ f *ist auf* I *echt monoton fallend (der Graph fällt);*

c) $f'(x) \ge 0$ *auf* I $\Longleftrightarrow$ f *ist auf* I *monoton wachsend;*

d) $f'(x) \le 0$ *auf* I $\Longleftrightarrow$ f *ist auf* I *monoton fallend;*

e) $f'(x) = 0$ *auf* I $\Longleftrightarrow$ f *ist auf* I *konstant.*

Beweis. a): Zu zwei Zahlen $x_1, x_2 \in I$ mit $x_2 > x_1$ gibt es nach dem Mittelwertsatz – und der Voraussetzung – ein x_0 zwischen x_1, x_2 mit $\dfrac{f(x_2)-f(x_1)}{x_2-x_1} = f'(x_0) > 0$. Das zeigt $f(x_2)-f(x_1) > 0$, also $f(x_2) > f(x_1)$. Die anderen Aussagen werden in der „$\Longrightarrow$" Richtung völlig analog bewiesen. Zum Beweis der Behauptung „$\Longleftarrow$" benötigt man nur die Definitionen. So gilt beispielsweise $\dfrac{f(x)-f(x_0)}{x-x_0} \geq 0 \quad (x, x_0 \in I)$ für monoton wachsendes f und deshalb $f'(x_0) = \lim\limits_{x\to x_0} \dfrac{\Delta f(x)}{\Delta x} \geq 0$. e) erhält man auch als einfache Folgerung aus c) und d). □

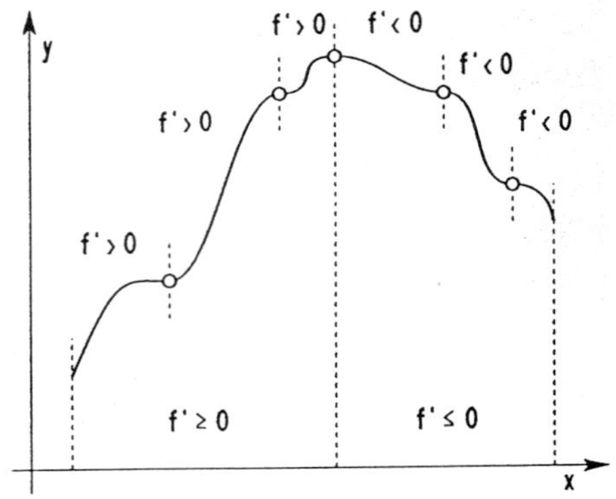

Abb. 81 – Monotoniebereiche

Für zwei auf einem Intervall I differenzierbare Funktionen f und g folgt nach Teil e) des Satzes (mit $f-g$ anstelle f):

(2) $$f'(x) = g'(x) \text{ auf } I \iff f(x) = g(x) + c \text{ auf } I \text{ (mit einer Konstanten } c \in \mathbb{R}).$$

Die Konstante c aus $f(x) = g(x) + c$ läßt sich mit jedem $x_0 \in I$ bestimmen: $c = f(x_0) - g(x_0)$.

Beispiel 1. Ein sich mit der Geschwindigkeit $\dot{s}(t) = v(t) = at + b$ geradlinig bewegender Massenpunkt erfüllt ein Weg-Zeit-Gesetz der Form $s(t) = \frac{1}{2}at^2 + bt + c$ mit $c = s(0)$. Denn offenbar hat $s_0(t) = \frac{1}{2}at^2 + bt$ dieselbe Ableitung wie $s(t)$, was (nach (2)) $s(t) = s_0(t) + c$ nach sich zieht. □

Beispiel 2. Für die auf $I = (-\infty, \infty)$ definierte Funktion $f(x) = \dfrac{x}{\sqrt{1+x^2}}$ gilt $f'(x) = \dfrac{1}{(\sqrt{1+x^2})^3} > 0$; folglich ist f echt monoton wachsend. □

Beispiel 3. Behauptung: Jede lineare Pendelbewegung, für die das HOOKEsche Gesetz gilt (die rücktreibende Kraft ist proportional zur Auslenkung), ist eine harmonische Schwingung.

Beweis. Bezeichnet $s = s(t)$ die Auslenkung zur Zeit t, dann gibt $\ddot{s}$ die (zur Kraft proportionale) Beschleunigung an, und das Hookesche Gesetz erscheint in der Form $\ddot{s}(t) = -\omega^2 s(t)$, bzw.

$$\ddot{s}(t) + \omega^2 s(t) = 0 .$$

Wir multiplizieren mit $2\dot{s}$ und erhalten nach der Kettenregel $\frac{d}{dt}(\dot{s}(t)^2 + \omega^2 s(t)^2) = 0$ und deshalb (→ Satz 2.3 e)

$$\dot{s}(t)^2 + \omega^2 s(t)^2 = c \qquad \text{(mit einer Konstanten } c \in \mathbb{R}) .$$

1. Fall. $s(0) = \dot{s}(0) = 0$. In diesem Fall ist $c = 0$, also auch $s(t) = \dot{s}(t) = 0$ für alle t.
2. Fall. $s(0), \dot{s}(0)$ beliebig. Für die Funktion $s_0(t) := s(t) - s(0)\cos\omega t - \frac{1}{\omega}\dot{s}(0)\sin\omega t$ verifiziert man leicht $\ddot{s}_0(t) + \omega^2 s_0(t) = 0$ und $s_0(0) = \dot{s}_0(0) = 0$. Also gilt $s_0(t) = 0$ für alle t (→ Fall 1), bzw. $s(t) = s(0)\cos\omega t + \frac{1}{\omega}\dot{s}(0)\sin\omega t$. □

Der Satz 2.3 hilft auch, die Extremalstellen unter den stationären Punkten ($f'(x) = 0$) herauszufinden:

Satz 2.4. 1. Extremwert-Test.
Eine auf dem offenen Intervall (a, b) differenzierbare Funktion f hat im stationären Punkt $x_0 \in (a, b)$ ein lokales Maximum (bzw. lokales Minimum), wenn die Ableitung $f'(x)$ unmittelbar links von x_0 (d.h. in $(x_0 - \varepsilon, x_0)$ mit kleinem $\varepsilon > 0$) positiv, rechts von x_0 negativ (bzw. links negativ, rechts positiv) ist.

Beweis. Ist unmittelbar links von x_0 die Ableitung positiv, dann wächst dort die Funktion; rechts neben x_0 fällt sie wieder, also ist x_0 lokale Maximalstelle. □

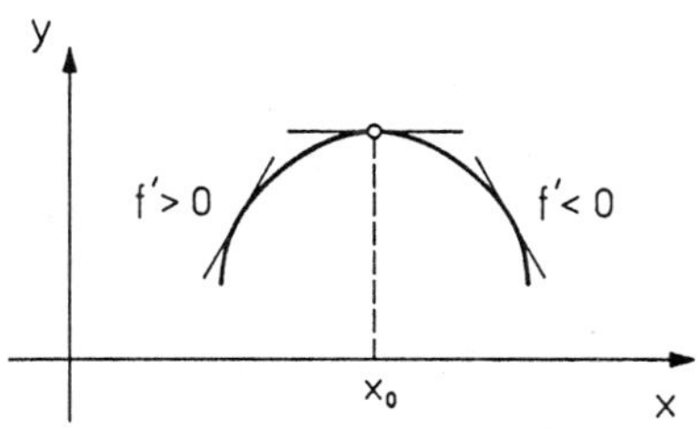

Abb. 82 – Lokales Maximum

Beispiel. Die stationären Punkte der Funktion $f(x) = x^2\sqrt{1-x^2}$, $|x| < 1$, also die Lösungen der Gleichung $f'(x) = \frac{2x - 3x^3}{\sqrt{1-x^2}} = 0$, sind

$$x_1 = 0,\ x_2 = \sqrt{\tfrac{2}{3}},\ x_3 = -\sqrt{\tfrac{2}{3}} .$$

Offenbar ist $f(0) = 0$ das globale Minimum. Bei $x_2 = \sqrt{\frac{2}{3}}$ hat die Ableitung $f'(x)$ denselben Vorzeichenwechsel wie der Faktor $2 - 3x^2$, also von $+$ nach $-$. Demnach gehört zu x_2 ein lokales Maximum. Da f gerade ist ($y = f(x)$ liegt symmetrisch zur y-Achse), handelt es sich bei $x_3 = -\sqrt{\frac{2}{3}}$ ebenfalls um eine lokale Maximalstelle. □
Wenn die zweite Ableitung f'' nicht zu kompliziert ist, kann man die stationären Punkte auch mit dem folgenden Test auf eine Extremaleigenschaft untersuchen.

Satz 2.5. 2. Extremwert-Test.
Ist f auf (a,b) zweimal stetig differenzierbar und $x_0 \in (a,b)$ ein stationärer Punkt, dann gilt:

a) $f''(x_0) < 0 \implies f$ *hat in* x_0 *ein lokales Maximum,*
b) $f''(x_0) > 0 \implies f$ *hat in* x_0 *ein lokales Minimum.*

Beweis. Aus $f''(x_0) < 0$ und der Stetigkeit von f'' folgt $f'' < 0$ auf einem (evtl. sehr kleinem) Intervall mit Mittelpunkt x_0. Nach Satz 2.3b ist f' dort echt monoton fallend und hat wegen $f'(x_0) = 0$ in x_0 einen Vorzeichenwechsel von $+$ nach $-$. Mit Satz 2.4 folgt die Behauptung. □

Bemerkung. Auch der zweite Extremwert-Test ist nur für innere Punkte des Intervalls zulässig. Außerdem gibt er keine Auskunft über innere Punkte mit $f'(x) = f''(x) = 0$ (→ Kap. 5, Satz 4.3).

Beispiel. Wir betrachten die Funktion $f(x) = x + 2\sin x$ im Intervall $[-2\pi, 2\pi]$ mit den beiden globalen Extrema $f(-2\pi) = -2\pi$ (Minimum), $f(2\pi) = 2\pi$ (Maximum) an den Intervallenden. Die zweite Ableitung $f''(x) = -2\sin x$ ist an den stationären Punkten (das sind Lösungen von $f'(x) = 1 + 2\cos x = 0$) $x_1 = \frac{2}{3}\pi$, $x_2 = \frac{4}{3}\pi$ negativ, also liegen dort lokale Maxima. Die anderen beiden stationären Punkte $x_3 = -\frac{2}{3}\pi$, $x_4 = -\frac{4}{3}\pi$ sind lokale Minimalstellen. □

2.3 Wendepunkte. Auch das Krümmungsverhalten der Kurve $y = f(x)$ kann man am Vorzeichen von f'' erkennen. Ist nämlich $f'' > 0$ auf einem Intervall, dann wächst dort f' echt monoton (→ Satz 2.3); was offenbar nur bei einem linksgekrümmten Graphen möglich ist (→ Abb. 83). Also gilt:

Satz 2.6. Krümmungs-Test.
a) $f'' > 0 \implies$ *Die Kurve* $y = f(x)$ *ist konvex von unten (Linkskrümmung).*
b) $f'' < 0 \implies$ *Die Kurve* $y = f(x)$ *ist konvex von oben (Rechtskrümmung).*

Diejenigen Punkte, in denen $y = f(x)$ von einer Linkskrümmung in eine Rechtskrümmung oder von Rechtskrümmung in Linkskrümmung übergeht, heißen *Wendepunkte*.

> *Die Kandidaten für Wendepunkte* von $f : I \to \mathbb{R}$ sind:
> a) die Punkte aus I, in denen f'' nicht existiert;
> b) die Punkte aus I, in denen $f'' = 0$.

Satz 2.7. Wendepunkt-Test.
$f''(x_0) = 0$, $f'''(x_0) \neq 0 \implies f$ *hat in* x_0 *einen Wendepunkt.*

Beweis. Nach Satz 2.5 ist x_0 Extremalstelle der Ableitung, also ein Wendepunkt. □

Beispiel. Die kritische Temperatur T_0, oberhalb der man ein Gas nicht mehr verflüssigen kann, wird mit der Zustandsgleichung nach VAN DER WAAL

$$p(V) = \frac{RT}{V-b} - \frac{a}{V^2}$$

so bestimmt, daß die Kurve $p_0 = p_0(V) = \frac{RT_0}{V-b} - \frac{a}{V^2}$ einen Wendepunkt mit horizontaler Tangente besitzt. Aus $p_0'(V) = p_0''(V) = 0$ ergeben sich die Bedingungen $\frac{RT_0}{(V-b)^2} = \frac{2a}{V^3}$, $\frac{RT_0}{(V-b)^3} = \frac{3a}{V^4}$ und damit das kritische Volumen $V = V_0 = 3b$ und die kritische Temperatur $T_0 = \frac{8a}{27bR}$.

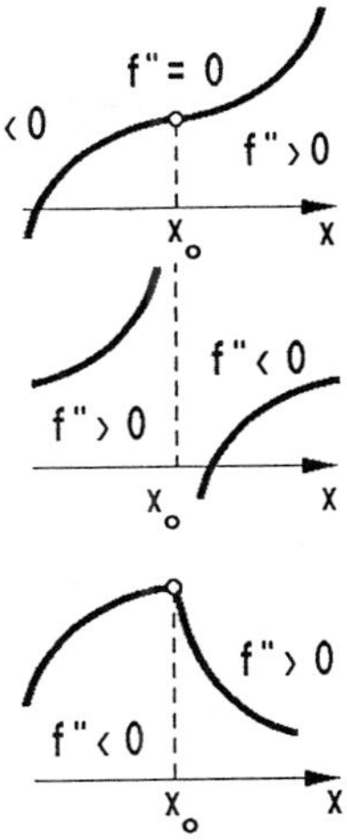

Abb. 83 – Konvexitätsbereiche

Daß es sich tatsächlich um einen Wendepunkt handelt, ersieht man nun aus $p_0'''(V_0) = -\frac{a}{81b^5} \neq 0$. □

2.4 Die Regeln von De L'Hospital.

Die folgende Verallgemeinerung des Mittelwertsatzes (→ 2.2) bildet die Grundlage einiger nützlicher, dem Marquis DE L'HOSPITAL (1661-1704) zugeschriebener Regeln zur Berechnung von Grenzwerten der Form $\lim_{x \to x_0} \frac{f(x)}{g(x)}$ mit $f(x_0) = g(x_0) = 0$; wir nennen sie vom Typ $\frac{0}{0}$ (bzw. mit $f(x) \to \infty$, $g(x) \to \infty$ für $x \to x_0$ vom Typ $\frac{\infty}{\infty}$).

Satz 2.8. Verallgemeinerter Mittelwertsatz.
Sind f, g im offenen Intervall $a < x < b$ differenzierbar, in $a \leq x \leq b$ stetig und $g'(x) \neq 0$ in $a < x < b$, dann gibt es wenigstens eine Stelle ξ, $a < \xi < b$, mit

$$\frac{f(b) - f(a)}{g(b) - g(a)} = \frac{f'(\xi)}{g'(\xi)}.$$

Beweis. Zunächst beachte man, daß wegen der Voraussetzung $g'(x) \neq 0$ notwendig $g(b) \neq g(a)$ gilt (→ Satz 2.2). Nun betrachte man $F(x) := f(x) + \lambda g(x)$ und bestimme λ so, daß $F(a) = F(b)$ gilt ($\lambda = -\frac{f(b) - f(a)}{g(b) - g(a)}$). Nach dem Mittelwertsatz gibt es dann ein ξ zwischen a und b mit $F'(\xi) = 0$. □

Satz 2.9. L'Hospital-Regel.
Sind f, g *auf dem Intervall* $a < x < b$ *differenzierbare Funktionen,* $g'(x) \neq 0$, *mit den beiden folgenden Eigenschaften*
a) $f(x) \to 0, g(x) \to 0$ *oder* $f(x) \to \infty$, $g(x) \to \infty$ *für* $x \to b-$ (→ Kap. 2, 6.1),
b) $\lim\limits_{x \to b-} \dfrac{f'(x)}{g'(x)} = L$ *mit* $L \in \mathbb{R} \cup \{-\infty, \infty\}$,
dann gilt

(3) $$\boxed{\lim_{x \to b-} \frac{f(x)}{g(x)} = \lim_{x \to b-} \frac{f'(x)}{g'(x)}\,.}$$

Entsprechendes gilt für die Grenzprozesse $x \to a+$, $x \to \infty$, $x \to -\infty$.

Beweis. *1. Fall* (Typ $\frac{0}{0}$). Für die linksseitige Annäherung $x \to b-$, gelte $f(x) \to 0$, $g(x) \to 0$. Durch $f(b) = g(b) = 0$ setzen wir f und g auf $(a, b]$ stetig fort. Nach dem verallgemeinerten Mittelwertsatz gibt es dann zu jedem x, $a < x < b$, ein ξ zwischen x und b mit $\dfrac{f(x)}{g(x)} = \dfrac{f'(\xi)}{g'(\xi)}$. Das zeigt bereits (2); denn mit $x \to b$ strebt auch ξ gegen b.
2. Fall (Typ $\frac{\infty}{\infty}$). $f(x) \to \infty$, $g(x) \to \infty$ für $x \to b-$. Nach Satz 2.8 gibt es für je zwei Stellen z, x mit $a < z < x < b$ ein $\xi \in (z, x)$ so daß gilt

$$\frac{f'(\xi)}{g'(\xi)} = \frac{f(x) - f(z)}{g(x) - g(z)} = \frac{f(x)}{g(x)} \cdot \frac{1 - \dfrac{f(z)}{f(x)}}{1 - \dfrac{g(z)}{g(x)}}\,.$$

Mit z gehen wir so nahe an b heran, daß sich $\dfrac{f'(\xi)}{g'(\xi)}$ von $\lim\limits_{x \to b} \dfrac{f'(x)}{g'(x)}$ beliebig wenig unterscheidet (→ Kap. 2, §5); im Fall $\lim\limits_{x \to b} \dfrac{f'(x)}{g'(x)} = \infty$ bedeutet das $\dfrac{f'(x)}{g'(x)} > N$ zu beliebig vorgegebener Grenze $N > 0$. Nun halten wir z fest und wählen x so nahe bei b, daß der Quotient $(1 - \frac{f(z)}{f(x)})/(1 - \frac{g(z)}{g(x)})$ beliebig nahe bei 1, und damit $\dfrac{f(x)}{g(x)}$ beliebig nahe bei $\dfrac{f'(\xi)}{g'(\xi)}$ liegt. Das zeigt die Behauptung.
Die anderen Fälle. Der Beweis verläuft völlig analog für die rechtsseitigen Grenzwerte $x \to a$. Die Fälle $x \to \infty$, $x \to -\infty$ werden über die Substitution $y = \dfrac{1}{x}$, $y \to 0$, auf die bereits bewiesenen Fälle zurückgeführt. □

Es kommt häufig vor, daß man den zur Anwendung der L'Hospital-Regeln benötigten Wert $\lim\limits_{x \to b} \dfrac{f'(x)}{g'(x)}$ selbst erst mit dieser Regel ermittelt, sofern f', g' anstelle f, g die Voraussetzungen des Satzes erfüllen. Das läßt sich gegebenenfalls fortsetzen auf höhere Ableitungen.

Beispiel 1. $\lim\limits_{x\to 3} \frac{x^3 - x^2 - 5x - 3}{3x^2 - 7x - 6} = \lim\limits_{x\to 3} \frac{3x^2 - 2x - 5}{6x - 7} = \frac{16}{11}$. □

Beispiel 2. Die Molwärme eines zweiatomigen Gases ist bei festem Volumen als Funktion der absoluten Temperatur T gegeben durch

$$c(T) = R\frac{(T_0/T)^2 e^{T_0/T}}{(e^{T_0/T} - 1)^2}$$

mit der Gaskonstanten R und der charakteristischen Temperatur T_0. Es interessieren die Grenzwerte $T \to 0$ und $T \to \infty$. Zur Vereinfachung der Schreibweise setzen wir $x := \frac{T_0}{T}$. Die L'Hospital-Regel ergibt

$$\begin{aligned}
\lim_{T\to 0+} c(T) &= \lim_{x\to\infty} R\frac{x^2e^x}{(e^x-1)^2} = \lim_{x\to\infty} R\frac{2x + x^2}{2(e^x - 1)} \\
&= \lim_{x\to\infty} R\frac{2+2x}{2e^x} = \lim_{x\to\infty} R\frac{1}{e^x} = 0 \quad . \\
\lim_{T\to\infty} c(T) &= \lim_{x\to 0+} R\frac{x^2e^x}{(e^x-1)^2} = \lim_{x\to 0+} R\frac{1+x}{e^x} = R\,.
\end{aligned}$$

(Die hier als bekannt vorausgesetzten Eigenschaften der e-Funktion sind $(e^x)' = e^x$, $\lim\limits_{x\to\infty} e^x = \infty$, → §4.) □

Beispiel 3. Der Beweis der Grenzwertformel $\lim\limits_{x\to 0} \frac{\sin x}{x} = 1$ mit der L'Hospital-Regel ($\lim\limits_{x\to 0} \frac{\sin x}{x} = \lim\limits_{x\to 0} \frac{\cos x}{1} = 1$) ist erstaunlich einfach; man bedenke aber, daß diese Formel bereits zum Nachweis von $(\sin x)' = \cos x$ benötigt wurde. □

Bemerkung. Häufig ist zur Grenzwertberechnung nach der L'Hospital-Regel eine vorhergehende Umformung nützlich, etwa

$$f(x)g(x) = f(x) \Big/ \left(\frac{1}{g(x)}\right), \quad f(x) - g(x) = f(x)g(x)\left(\frac{1}{g(x)} - \frac{1}{f(x)}\right).$$

Beispiel 4. (Zur ln-Funktion vgl. §4)

$$\lim_{x\to\infty} \left[x \ln\frac{x+1}{x-1}\right] = \lim_{x\to\infty} \frac{\ln(x+1) - \ln(x-1)}{\frac{1}{x}} = \lim_{x\to\infty} \frac{\frac{1}{x+1} - \frac{1}{x-1}}{-\frac{1}{x^2}} = 2\,.$$ □

Beispiel 5.

$$\begin{aligned}
\lim_{x\to 0}\left(\frac{1}{x} - \frac{1}{\sin x}\right) &= \lim_{x\to 0} \frac{\sin x - x}{x\sin x} = \lim_{x\to 0} \frac{\cos x - 1}{x\cos x + \sin x} \\
&= \lim_{x\to 0} \frac{-\sin x}{2\cos x - x\sin x} = 0\,.
\end{aligned}$$

□

2.5 Kurvendiskussion. Um eine Vorstellung zu bekommen, was sich bei einem durch $y = f(x)$ beschriebenen Vorgang abspielt, ist es in jedem Fall nützlich, den Verlauf der Kurve $y = f(x)$ zu diskutieren und zu zeichnen (Kurvendiskussion). Mit den bisher entwickelten Hilfsmitteln geschieht das unter folgenden Gesichtspunkten:

Diskussion der Kurve $y = f(x)$.

① Definitionsbereich und evtl. Wertebereich von f festlegen.
② Symmetrie testen: f gerade oder ungerade? (→ Kap. 2, §1).
③ Stetigkeit und Differenzierbarkeit prüfen.
④ Nullstellen von f, Vorzeichen von y bestimmen (→ 2.6).
⑤ Die Extremwerte ermitteln (→ (1)), Sätze 2.4, 2.5).
⑥ Monotoniebereiche festlegen (→ Satz 2.3).
⑦ Die Wendepunkte suchen (→ Satz 2.7).
⑧ Konvexitätsbereiche festlegen (→ Satz 2.6).
⑨ Asymptoten und Grenzwerte berechnen, für $x \to \pm\infty$ oder $x \to$ endliche „kritische Stellen“ (→ Kap. 2, §6 u. Satz 2.9).
⑩ Eine Skizze des Graphen anfertigen.

Beispiel. $y = \cos^3 x + \sin^3 x, \; 0 \leq x \leq 2\pi$.

①- ③ klar.

④:

Nullstellen von f: $\cos^3 x = -\sin^3 x \iff \cos x = -\sin x \iff x = \frac{3}{4}\pi, \; \frac{7}{4}\pi$.

Vorzeichen von y:

x	$0 \leq x < \frac{3}{4}\pi$	$\frac{3}{4}\pi < x < \frac{7}{4}\pi$	$\frac{7}{4}\pi < x \leq 2\pi$
y	+	−	+

⑤, ⑥:

1. Ableitung: $y' = 3\cos^2 x \cdot (-\sin x) + 3\sin^2 x \cos x = 3 \sin x \cos x(\sin x - \cos x)$

$y' = 0: \; x = \frac{\pi}{2}, \; \frac{3}{2}\pi; \; 0; \; \pi; \; \frac{\pi}{4}, \; \frac{5}{4}\pi$.

Vorzeichen von y':

x	$0 \leq x < \frac{\pi}{4}$	$\frac{\pi}{4} < x < \frac{\pi}{2}$	$\frac{\pi}{2} < x < \pi$	$\pi < x < \frac{5}{4}\pi$	$\frac{5}{4}\pi < x < \frac{3}{2}\pi$	$\frac{3}{2}\pi < x \leq 2\pi$
y'	−	+	−	+	−	+
y	↘	↗	↘	↗	↘	↗

Extrema:

x	0	$\frac{\pi}{4}$	$\frac{\pi}{2}$	π	$\frac{5}{4}\pi$	$\frac{3}{2}\pi$	2π
y	1	$\frac{1}{\sqrt{2}}$	1	-1	$-\frac{1}{\sqrt{2}}$	-1	1
Typ	Max.	Min.	Max.	Min.	Max.	Min.	Max.
	glob.	lok.	glob.	glob.	lok.	glob.	glob.

⑦, ⑧:
2. Ableitung:

$$y'' = 3[\cos^2 x(\sin x - \cos x) - \sin^2 x(\sin x - \cos x) + \sin x \cos x(\cos x + \sin x)]$$
$$= 3(\sin x + \cos x)(3 \sin x \cos x - 1)$$

$y'' = 0 : \sin x = -\cos x$ oder $\sin 2x = \frac{2}{3}$.
$a = \frac{3}{4}\pi$; $b = \frac{7}{4}\pi$; $c \approx .11614\pi$; $d \approx .38386\pi$; $e = c + \pi$; $f = d + \pi$.

Vorzeichen von y'' :

x	$0 \le x < c$	$c < x < d$	$d < x < a$	$a < x < e$	$e < x < f$	$f < x < b$	$b < x \le 2\pi$
y''	$-$	$+$	$-$	$+$	$-$	$+$	$-$
y	⌢	⌣	⌢	⌣	⌢	⌣	⌢

Wendepunkte:

x	$.11614\pi$	$.38386\pi$	$\frac{3}{4}\pi$	1.11614π	1.38386π	$\frac{7}{4}\pi$
y	$.86066\ldots$	$.86066\ldots$	0	$-.86066\ldots$	$-.86066\ldots$	0

⑨ entfällt

⑩

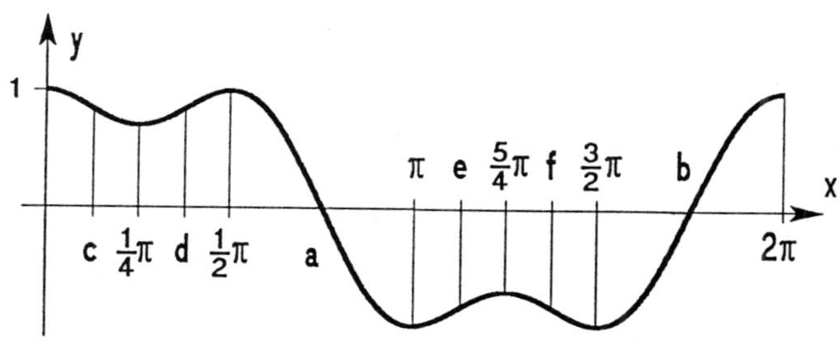

Abb. 84 – $y = \cos^3 x + \sin^3 x$

Bemerkung. Mit den üblichen trigonometrischen Identitäten zeigt man:

$$y = \sin^3 x + \cos^3 x = \frac{1}{4}(\cos 3x - \sin 3x) + \frac{3}{4}(\cos x + \sin x)$$
$$= \frac{1}{2\sqrt{2}}[3\cos(x - \frac{\pi}{4}) - \cos(3(x - \frac{\pi}{4}))] .$$

Es liegt also eine Überlagerung von zwei harmonischen Schwingungen der Form $y = A_1 \cos \omega_1 t + A_2 \cos \omega_2 t$ mit $A_1 : A_2 = 3 : 1$ und $\omega_1 : \omega_2 = 1 : 3$ vor. □

2.6 Nullstellen und Fixpunkte. In vielen praktischen Rechnungen benötigt man die Nullstellen einer stetigen bzw. differenzierbaren Funktion f. Nur in wenigen Fällen gelingt eine explizite formale Lösung der Gleichung $f(x) = 0$. Ist dies nicht möglich, so bestimmt man Näherungslösungen durch die Konstruktion einer Folge $x_n, n = 0, 1, 2, \ldots$, die gegen eine Nullstelle konvergiert. Manchmal ist es günstiger, die Nullstellenbestimmung als Fixpunktproblem zu sehen. Dabei heißt eine Zahl $x^* \in [a, b]$ ein *Fixpunkt* der auf $[a, b]$ erklärten Funktion f, wenn $f(x^*) = x^*$ gilt. Es hängt vom Standpunkt ab, ob man Fixpunkte oder Nullstellen sucht. Denn jeder Fixpunkt von f ist Lösung von $f(x) - x = 0$, und umgekehrt ist jede Nullstelle von f ein Fixpunkt von g, $g(x) := f(x) + x$. Grundlage der Fixpunktberechnung ist

Satz 2.10. Direkte Fixpunktiteration. *Hat eine auf* $[a,b]$ *stetig differenzierbare Funktion* f *folgende beiden Eigenschaften:*
a) $a \le f(x) \le b$ *für alle* $x \in [a,b]$,
b) es gibt eine Konstante K *mit* $|f'(x)| \le K < 1$ *für alle* $x \in [a,b]$,
dann gilt:
1. Existenz. *Es gibt genau ein* $x^* \in [a,b]$ *mit* $f(x^*) = x^*$.
2. Berechnung. *Die Iterationsfolge*

(4) $$x_{n+1} := f(x_n) \quad (n = 0, 1, 2, 3, \ldots)$$

mit beliebigem Startwert $x_0 \in [a,b]$ *konvergiert gegen den Fixpunkt* x^*.

3. Abschätzung. $|x_n - x^*| \le \dfrac{K}{1-K}|x_n - x_{n-1}| \quad (n = 1, 2, 3, \ldots)$.

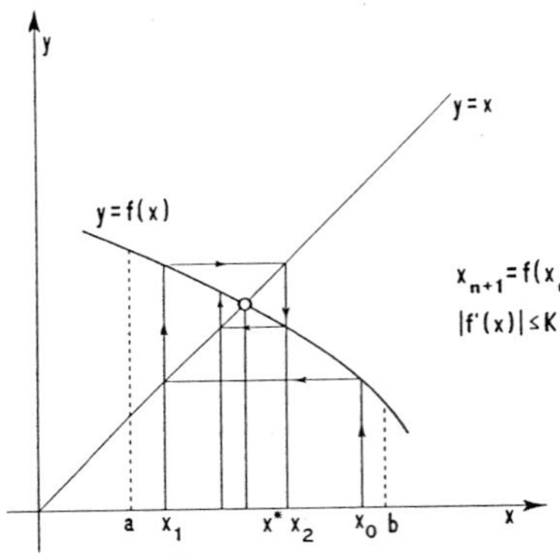

Abb. 85a – Konvergente Iteration

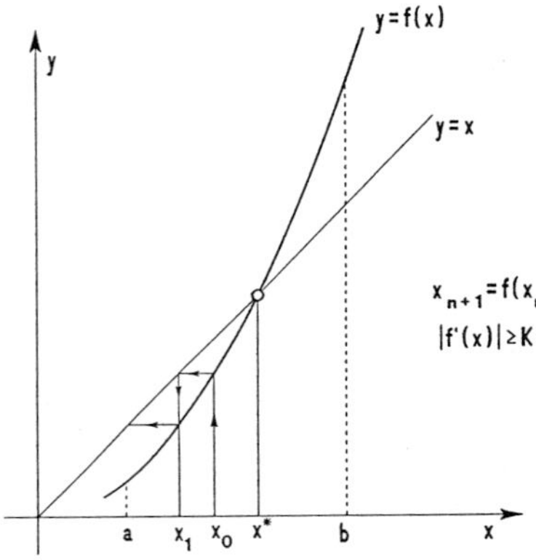

Abb. 85b – Divergente Iteration

Beweis. 1. Die Existenz eines Fixpunktes: Falls $f(a) = a$ oder $f(b) = b$, dann ist nichts mehr zu zeigen. Im Fall $a < f(a)$, $f(b) < b$ hat $F(x) := f(x) - x$ wegen $F(a) > 0$ und $F(b) < 0$ in (a,b) wenigstens eine Nullstelle x^* (→ Zwischenwertsatz, Kap. 2, Satz 6.5), $f(x^*) = x^*$. Eindeutigkeit des Fixpunktes: Gäbe es zwei verschiedene Fixpunkte x^*, z, so gäbe es nach dem Mittelwertsatz ein ξ zwischen x^* und z mit $1 = \dfrac{x^* - z}{x^* - z} = \dfrac{f(x^*) - f(z)}{x^* - z} = f'(\xi)$, im Widerspruch zur Voraussetzung $|f'(x)| < 1$.
2. Aus der Definition der x_n, dem Mittelwertsatz und der Voraussetzung b) folgt für den Fixpunkt x^*

$$|x_n - x^*| = |f(x_{n-1}) - f(x^*)| = |f'(\xi)||x_{n-1} - x^*| \le K|x_{n-1} - x^*|,$$

folglich $|x_n - x^*| \le K^2|x_{n-2} - x^*| \le \ldots \le K^n|x_0 - x^*|$. Wegen $K^n \to 0$ (mit $n \to \infty$) zeigt das $|x_n - x^*| \to 0$, bzw. $\lim\limits_{n\to\infty} x_n = x^*$.
3. Aus der zuvor bewiesenen Ungleichung $|x_n - x^*| \le K|x_{n-1} - x^*|$ folgt $|x_n - x^*| \le K|x_{n-1} - x_n + x_n - x^*| \le K|x_n - x_{n-1}| + K|x_n - x^*|$, damit die Behauptung.

□

Bemerkung. Die Ungleichung in Punkt 3 ist eine „a posteriori Abschätzung", mit der man aus zwei berechneten Werten auf den Abstand zum Fixpunkt schließen kann.

Beispiel. Gesucht wird eine Lösung der Gleichung $x = e^{x^2-2}$. Die Funktion $f(x) = e^{x^2-2}$ erfüllt über $[0, \frac{1}{2}]$ die Voraussetzung des Fixpunktsatzes, nämlich $0 \leq e^{x^2-2} \leq \frac{1}{2}$ für $0 \leq x \leq \frac{1}{2}$ ($\rightarrow$ §4) und $|f'(x)| = |2xe^{x^2-2}| \leq \frac{2}{e} = K < 1$. Wir setzen die zum Fixpunkt x^* führende Iteration mit dem Startwert $x_0 = 0.25$ in Gang: $x_1 = 0.14406\,3656$, $x_2 = 0.13817\,3428, \ldots$, $x_5 = 0.13793\,4839$, $x_6 = 0.13793\,4826$. Die a posteriori Abschätzung für den Näherungswert x_6 ergibt $|x_6 - x^*| \leq \frac{2}{e-2}|x_6 - x_5| = 3.59\,\mathrm{E}-8$. □

Das Newton-Verfahren verwendet zur Näherungslösung von $f(x) = 0$ nicht die naheliegende Fixpunktiteration für $g(x) := x + f(x)$, sondern für $F(x) = x - \dfrac{f(x)}{f'(x)}$ (vorausgesetzt $f'(x) \neq 0$ auf $[a,b]$). Denn im Gegensatz zur direkten Fixpunktiteration (4) konvergiert die zugehörige Iterationsfolge

$$x_{n+1} := x_n - \frac{f(x_n)}{f'(x_n)}, \quad x_0 \in [a,b] \tag{5}$$

unter schwächeren Voraussetzungen an f, sofern nur der Startwert x_0 hinreichend nahe bei der Nullstelle liegt. (Ist beispielsweise f zweimal stetig differenzierbar, $f(x^*) = 0$, $f'(x^*) \neq 0$, dann erfüllt F in einem x^* enthaltenden Teilintervall die Voraussetzung des Fixpunktsatzes 2.10). Außerdem strebt im Konvergenzfall die Iterationsfolge (5) schneller gegen die Nullstelle, denn es liegt „quadratische Konvergenz" vor:

$$|x_{n+1} - x^*| \leq |x_n - x^*|^2 M \;; \quad M = \frac{\text{Max von } |f''(x)| \text{ auf } [a,b]}{\text{Min von } |f'(x)| \text{ auf } [a,b]}.$$

Dies bedeutet: Ist x_n hinreichend nahe bei x^*, so verdoppelt sich in jedem folgenden Schritt die Anzahl der richtigen Nachkommastellen der Dezimalbruchdarstellung von x_{n+1}.

Beweis. Aus $f(x^*) = 0$ und dem Mittelwertsatz folgt

$$\begin{aligned} |x_{n+1} - x^*| &= |x_n - \frac{f(x_n) - f(x^*)}{f'(x_n)} - x^*| \\ &\leq |x_n - x^*||1 - \frac{f'(\xi)}{f'(x_n)}| \qquad \text{(mit } \xi \text{ zwischen } x^* \text{ und } x_n) \\ &\leq |x_n - x^*|^2 \, |\frac{f''(\eta)}{f'(x_n)}| \qquad \text{(mit } \eta \text{ zwischen } \xi \text{ und } x_n)\,. \end{aligned}$$ □

Geometrische Deutung des Newton-Verfahrens ($\rightarrow$ Abb. 86):
Die Kurventangente $y(x) = f'(x_n)(x - x_n) + f(x_n)$ schneidet die x-Achse in $x_{n+1} = x_n - \dfrac{f(x_n)}{f'(x_n)}$. In günstigen Fällen liegt x_{n+1} näher an der Nullstelle als x_n.

Natürlich kann das Newton-Verfahren durchaus divergente Folgen liefern; das kann an der Funktion liegen oder am ungünstig gewählten Startwert x_0. In der Praxis wird die Ableitung $f'(x)$ sehr oft durch Differenzenquotienten approximiert und die Folge x_n ($n = 1, 2, \ldots$) mit einem x_0 möglichst nahe der Nullstelle berechnet. Sobald sich von einem Index m an die Zahlen x_m, x_{m+1}, x_{m+2} nicht mehr wesentlich unterscheiden, nimmt man x_{m+2} als Näherungslösung der Gleichung $f(x) = 0$.

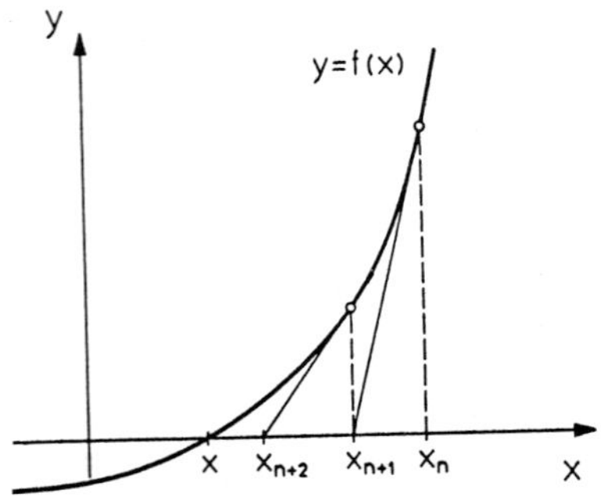

Abb. 86 – Newton-Verfahren

```
'Programm NEWTON-Verfahren
'------------------------
Input "Startwert";X
Eps=1E-5
Repeat
  Dx=Eps
  If Abs(X)>Eps Then
    Dx=X*Eps
  Endif
  Gosub Funktion
  F1=F
  X=X+Dx
  Gosub Funktion
  Dx=-F*Dx/(F-F1)
  X=X+Dx
  Xa=Abs(X)
  If XA<=1 Then
    XA=1
  Endif
Until Abs(Dx)<Eps*Xa Or Abs(F)<Eps
Print X
End
' ------------------------------
Procedure Funktion
F=((X+1)*X+2)*X+1
Return
```

Beispiel. Das Polynom $f(x) = x^3 + x^2 + 2x + 1$ hat in $[-1, 0]$ genau eine Nullstelle ($f(0) = 1$, $f(-1) = -1$, $f'(x) \neq 0$). Für

$$x_{n+1} = x_n - \frac{f(x_n)}{f'(x_n)} = x_n - \frac{x_n^3 + x_n^2 + 2x_n + 1}{3x_n^2 + 2x_n + 2} \quad (n = 1, 2, 3, 4)$$

erhält man in 10-stelliger Rechnung mit dem Startwert $x_0 = -0.5$ die Werte $x_1 = -0.5714285714$, $x_2 = -0.5698401298$, $x_3 = -0.5698402091$, $x_4 = x_3$. Das zeigt bereits $f(x^*) = 0$ mit $x^* \approx x_4 = -0.5698402091$. Nach Abfaktorisierung des Linearfaktors $x - x_4$ (→ Horner-Schema, Kap. 2, 2.1),

$$x^2 + 0.4301597090x + 1.754877666 = 0\,,$$

ergeben sich aus der Lösungsformel für quadratische Gleichungen Näherungswerte für die beiden anderen (komplexen) Nullstellen $z = -0.2150798545 + i\,1.307141279$ und $\bar{z} = -0.215079854 - i\,1.307141279$. □

* **2.7 Kubische Splines.** Die Interpolation von Meßpunkten $(x_0, y_0), \dots, (x_n, y_n)$ durch ein Polynom $p(x)$ vom Grad $\leq n$ mit $y_i := p(x_i)$ (→ Kap. 2, §2) hat den Nachteil, daß die Kurve $y = p(x)$ zwischen den Meßpunkten möglicherweise zu sehr schwankt (→ Abb. 87). Es ist das Ziel dieses Abschnitts, eine Kurve $y = f(x)$ zu bestimmen, die möglichst „sanft" durch die Punkte hindurchgeht.

Definition. *Zu $n+1$ Stützpunkten (x_i, y_i) $(i = 0, 1, \dots, n)$ mit*

$$x_0 < x_1 < x_2 < \cdots < x_n$$

heißt die Funktion $s : [x_0, x_n] \to \mathbb{R}$ eine **kubische Spline-Funktion** *(durch diese Punkte), wenn sie folgende 3 Eigenschaften besitzt:*

① $s(x_i) = y_i \quad (i = 0, 1, \dots, n)$,

② *s ist zweimal stetig differenzierbar in (x_0, x_n),*

③ *s ist über jedem Teilintervall $x_i \leq x < x_{i+1}$ ein Polynom vom Grad ≤ 3 (die Koeffizienten hängen vom jeweiligen Teilintervall ab).*

Die Bestimmung einer Spline-Funktion.

ⓐ **Der Ansatz.** Zu den gegebenen Punkten (x_i, y_i) mit $x_0 < x_1 < \cdots < x_n$ betrachten wir n Polynome

$$s_i(x) = y_i + b_i(x - x_i) + c_i(x - x_i)^2 + d_i(x - x_i)^3 \quad (i = 0, 1, \dots, n-1)$$

mit noch unbekannten Koeffizienten b_i, c_i, d_i und setzen

$$s(x) = s_i(x) \,, \quad \text{falls } x_i \leq x < x_{i+1} \,.$$

Hierfür gilt bereits $s(x_i) = s_i(x_i) = y_i \quad (0 \leq i \leq n-1)$.

ⓑ **Die Berechnung der Koeffizienten.** Die Forderung nach dem stetigen Übergang an den Stellen $x_1, \dots, x_{n-1}$ und $s(x_n) = y_n$ bedeutet $s_i(x_{i+1}) = s_{i+1}(x_{i+1}) = y_{i+1}$ $(0 \leq i \leq n-1)$. Die zweimalige stetige Differenzierbarkeit ist gewährleistet, sofern

$$s_i'(x_{i+1}) = \lim_{x \to x_{i+1}-} s'(x) = \lim_{x \to x_{i+1}+} s'(x) = s_{i+1}'(x_{i+1})$$

und ebenso $s_i''(x_{i+1}) = s_{i+1}''(x_{i+1})$ für $0 \leq i \leq n-2$ erfüllt sind. Diese Bedingungen, zusammen mit $c_n = \frac{1}{2}s''(x_n) = \lim_{x \to x_n -} \frac{1}{2}s_{n-1}''(x) = c_{n-1} + 3d_{n-1}(x_n - x_{n-1})$ und

$$h_i := x_{i+1} - x_i \,,$$

ergeben folgende Gleichungen:

$$(6) \qquad d_i = \frac{c_{i+1} - c_i}{3h_i} \qquad (0 \leq i \leq n-1)$$

$$(7) \qquad b_i = \frac{y_{i+1} - y_i}{h_i} - \frac{(2c_i + c_{i+1})}{3} h_i \qquad (0 \leq i \leq n-1)$$

$$(8) \quad h_{i-1}c_{i-1} + 2(h_{i-1} + h_i)c_i + h_i c_{i+1} = 3\Big[\frac{y_{i+1} - y_i}{h_i} - \frac{y_i - y_{i-1}}{h_{i-1}}\Big] \quad (1 \leq i \leq n-1) \,.$$

Gibt man $c_0, c_n \in \mathbb{R}$ beliebig vor, dann ist das lineare Gleichungssystem (8) eindeutig nach den anderen Koeffizienten $c_1, \dots, c_{n-1}$ auflösbar (→ Kap. 6, §1). Damit werden aus (6) und (7) die b_i und d_i berechnet.

(c) **Zurück zum Ansatz**: Mit den in (b) bestimmten Koeffizienten b_i, c_i, d_i $(0 \le i \le n-1)$ bildet man wie in (a) angegeben, die Funktion s; dieses ist eine kubische Spline-Funktion.

(d) **Ergänzung. Wahl von** c_0 **und** c_n. Liegen keine weiteren Bedingungen vor, erleichtert die Wahl $c_0 = c_n = 0$ die Rechnungen. In diesem Fall mündet die Kurve mit Krümmung 0 (→ Kap. 4, §5(8)) in die Endpunkte (x_0, y_0), (x_n, y_n) ein. Diese sog. **natürliche kubische Spline-Funktion** s_0 ist unter allen zweimal stetig differenzierbaren Funktionen g, die $(x_0, y_0), \ldots, (x_n, y_n)$ interpolieren, die „glatteste" in dem Sinne, daß gilt

$$\int_{x_0}^{x_n} s_0''(x)^2 dx \le \int_{x_0}^{x_n} g''(x)^2 dx .$$

Die natürliche Spline-Funktion $y = s_0(x)$ stellt daher angenähert die Gestalt eines reibungsfrei durch die Punkte (x_i, y_i) $(i = 0, \ldots, n)$ gelegten elastischen Stabes dar.

```
'Programm KUBISCHE SPLINE
'------------------------
Input "Punktezahl=";N
N=N-1
Dim X(N),Y(N),B(N),C(N),D(N)
For I=0 To N
  Print "X"+Str$(I)+"=";
  Input X(I)
  Print "Y"+Str$(I)+"=";
  Input Y(I)
Next I
'------Koeffizienten--------
M=N-1
S=0
For I=0 To M
  D(I)=X(I+1)-X(I)
  R=(Y(I+1)-Y(I))/D(I)
  C(I)=R-S
  S=R
Next I
S=0
R=0
C(0)=0
C(N)=0
For I=1 To M
  C(I)=C(I)+R*C(I-1)
  B(I)=(X(I-1)-X(I+1))*2-R*S
  S=D(I)
  R=S/B(I)
Next I
For I=M To 1 Step -1
  C(I)=(D(I)*C(I+1)-C(I))/B(I)
Next I
For I=0 To M
  S=D(I)
  R=C(I+1)-C(I)
  D(I)=R/S
  C(I)=C(I)*3
  B(I)=(Y(I+1)-Y(I))/S-(C(I)+R)*S
Next I
'----------Funktionswert---------
Print "s(x) for x="; X
Q=Sgn(X(N)-X(0))
K=-1
Repeat
  I=K
  K=K+1
Until (Q*X<Q*X(K)) Or (K=N)
Q=X-X(I)
Y=((D(I)*Q+C(I))*Q+B(I))*Q+Y(I)
Print Y
End
```

Bemerkung. Die Auflösung des linearen Gleichungssystems für die c_i erfolgt mit dem GAUSS-Algorithmus (→ Kap. 6, §1).

Beispiel. Den Unterschied zur Polynominterpolation erkennt man sehr deutlich, wenn die zu interpolierenden Funktionswerte abschnittsweise auf einer Geraden liegen. Für $n = 8$ und

x_i	-4	-3	-2	-1	0	1	2	3	4
y_i	0	0	0	0	1	0	0	0	0

ergibt die Interpolation mit einer natürlichen kubischen Spline-Funktion $(c_0 = c_8 = 0)$ und die Newton-Interpolation sehr unterschiedliche Funktionen:

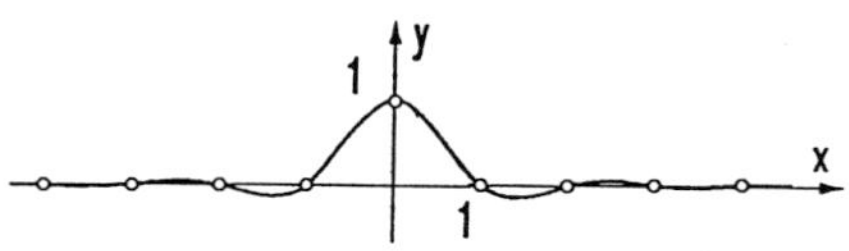

Abb. 87a Interpolierende Spline-Funktion

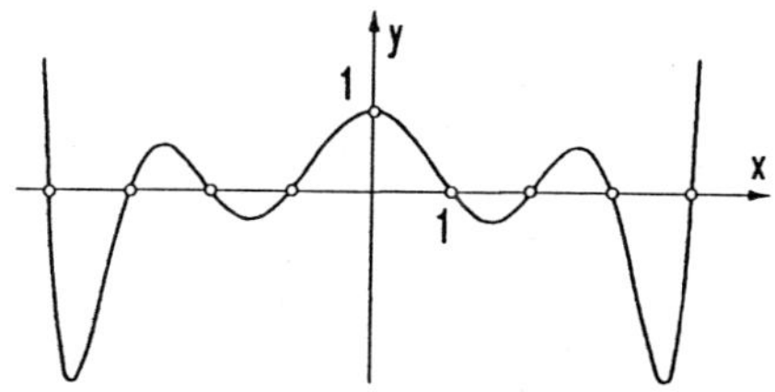

Abb. 87b Interpolierendes Polynom

□

Aufgaben

1. Man diskutiere gemäß 2.5 die Funktionen $f(x)$, $x \in \mathbb{R}$

$$\frac{x^3 - 2x^2 + x}{x^2 - 1}, \quad \frac{x^4}{(x^2 - 1)|x|}, \quad |x^2 - 1| + |x| - 1,$$

$$\tan x \cdot (\cos^2 x - \sin^2 x), \quad \frac{|x - 1|}{1 + |x|}, \quad \sin x \sqrt{1 - k^2 \sin^2 x} \quad (0 < k < 1).$$

2. Man berechne die lokalen und globalen Extrema von

   a) $f(x) = \sqrt{(x-a)^2 + (x-b)^2 + (x-c)^2}$,

   b) $g(x) = |x - a| + |x - b| + |x - c|$,

   im Intervall $a \leq x \leq b$ für $a < c < b$.

3. Man berechne die lokalen und globalen Extrema der Funktion $f(x)$ auf $[-4, 4]$

$$f(x) = \begin{cases} 3 - (x+3)^2 & , -4 \leq x \leq -2 \\ 3 + (x+1)^3 & , -2 \leq x < 0 \\ |(x-1)(x-3)| & , 0 \leq x \leq 4 . \end{cases}$$

4. Die Funktion

$$P(\varphi) = \frac{\sin^2 \varphi}{(1 - \beta \cos \varphi)^5}$$

(mit einer Konstanten β, $0 < \beta < 1$) tritt bei der Energieberechnung eines beschleunigten relativistischen Teilchens auf. Man bestimme ihre Extremalstellen.

5. Man wende den Mittelwertsatz auf $(x^2 - 1)^n$ an und zeige, daß das Legendre-Polynom (→ 1, Aufg. 5)

$$P_n(x) = \frac{1}{2^n n!}[(x^2-1)^n]^{(n)} , \qquad n = 0, 1, 2, \ldots ,$$

in $-1 < x < 1$ genau n paarweise verschiedene Nullstellen besitzt.

6. Aus dem Kreis mit Radius R ist ein Sektor so auszuschneiden, daß der aus dem restlichen Teil geformte Kreiskegelmantel ein maximales Volumen bestimmt.

7. Je n von $N (= n \cdot m)$ gleichen Spannungsquellen (Leerlaufspannung E, innerer Widerstand r) werden für eine Stromversorgung in m Blöcken parallelgeschaltet.

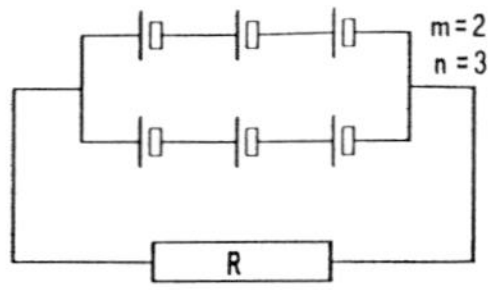

Man berechne die Stomstärke I, die durch den Lastwiderstand R fließt, als Funktion $I(n)$ von $n \in \mathbb{N}$. Über die Funktion $I(x)$, $x \in \mathbb{R}$, bestimme man das optimale n, so daß I in Abhängigkeit von N, r und R maximal wird.

8. Eine WHEATSTONE-Widerstands-Meßbrücke hat die Daten: Meßdraht: Länge $l = 10\text{cm}$; spez. Widerstand $\rho = 15\frac{\Omega}{\text{cm}}$; Vergleichsrheostat $R = 100\Omega$. Im Gleichgewicht ist der Strom durch R_i Null, d.h.

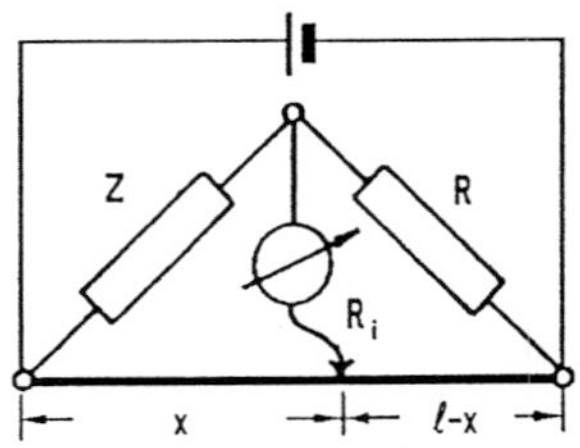

$$Z \cdot (l - x) = R \cdot x .$$

a) Man skizziere und diskutiere $Z = Z(x)$, $0 \leq x < l$, sowie $x = x(Z)$.

b) Wie genau muß man x ablesen, wenn Z auf $\pm 0.5\Omega$ genau bestimmt sein soll? Wähle hierzu $x = 0.5\text{cm}$ und $x = 9.5\text{cm}$!

c) Für welche x wird – bei bekannter Ablesegenauigkeit $\pm\Delta x$
   – der maximale absolute Fehler $|\Delta Z|$ bzw.
   – der maximale relative Fehler $|\frac{\Delta Z}{Z}|$ minimal?

d) Das Anzeigegerät soll bei kleiner Verstimmung aus dem Gleichgewicht maximale Leistung aus der Brücke ziehen. Wie groß muß dazu der Innenwiderstand R_i sein? (Innenwiderstand der Stromquelle ist Null)
   – Skizziere und diskutiere das optimale R_i als Funktion von x.
   – Bei welcher Stellung x ist das optimale R_i am größten?

9. Auf einer 30m langen Brücke steht, 21m vom linken Auflager entfernt, ein Auto mit 3m Radstand und gleichen Achslasten $F = 7200\text{N}$. Die Brücke hat eine konstante spez. Längenbelastung $q_0 = 14400\text{N/m}$ und die Biegesteifigkeit $EI = 6 \cdot 10^9 \text{Nm}^2$.

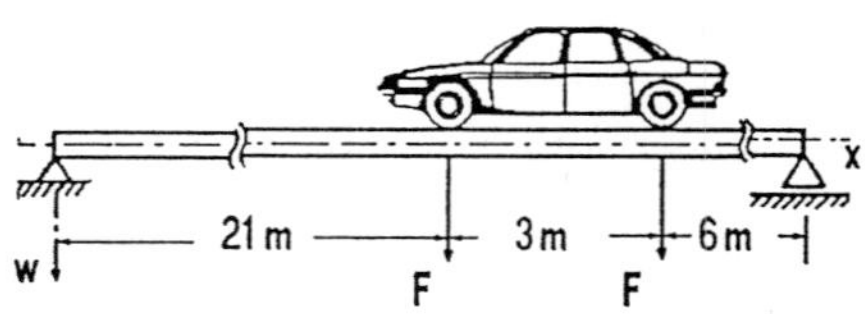

Mit x und w in m lautet die *Biegelinie* (Spline-Funktion mit Polynomen 4. Grades)

$$w(x) = \begin{cases} w_I(x) = ax^4 + bx^3 + cx^2 + dx + e & , 0 \leq x < 21, \\ w_{II} = Ax^4 + Bx^3 + Cx^2 + Dx + E & , 21 \leq x < 24, \\ w_{III}(x) = \alpha x^4 + \beta x^3 + \gamma x^2 + \delta x + \epsilon & , 24 \leq x < 30 . \end{cases}$$

so daß $w(x)$, $w'(x)$ und $w''(x)$ stetig für $0 \leq x \leq 30$.

$$w(0) = w''(0) = w(30) = w''(30) = 0 \qquad \text{(Auflager ohne Spannung)}$$

$$EIw^{(4)}(x) = q_0\,,\ x \neq 21\,,\ x \neq 24 \qquad \text{(Biegegleichung)}$$

$$\lim_{\epsilon \to 0+} [w_{II}'''(21+\epsilon) - w_I'''(21-\epsilon)] = \frac{F}{EI}$$

$$\lim_{\epsilon \to 0+} [w_{III}'''(21+\epsilon) - w_{II}'''(21-\epsilon)] = \frac{F}{EI} \qquad \text{(Querkraft springt bei Punktlasten)}$$

a) Bestimme die 15 Koeffizienten und skizziere w, w', w'', w''', $w^{(4)}$.

b) Bestimme die Nullstelle von w' mittels Newton-Verfahren. Wie groß ist die maximale Durchbiegung der Brücke?

c) An welcher Stelle ist das Belastungsmoment $|EIw''|$ maximal?

10. Man berechne die Grenzwerte

$$\lim_{x\to 0}\left(\frac{1}{\sin^2 x} - \frac{1}{x^2}\right)\,, \qquad \lim_{x\to 0}\left(\sqrt{\cos ax} - \sqrt{\cos bx}\right)\cdot\frac{1}{x^2}\,,$$

$$\lim_{x\to 0}\frac{e^{-x}-1}{x}\,, \qquad \lim_{x\to 0}\frac{e^{-x^2}-1+x^2}{x^4}\,,$$

$$\lim_{x\to 0}\frac{\ln(1-x)+x^2}{(1+x)^5-1+x^2}\,, \qquad \lim_{x\to 0}\frac{\ln^2(1+x)-\sin^2 x}{1-e^{-x^2}}\,,$$

$$\lim_{x\to\infty}\frac{\ln(a+be^x)}{\sqrt{c+dx}}\quad (b,d>0)\,, \qquad \lim_{x\to\infty}\left[\ln\left(1+\frac{1}{x}\right)-\frac{1}{x+1}\right]\,.$$

Hilfe: Für die L'Hospital-Regel verwende man $(e^x)' = e^x$ und $(\ln|x|)' = \frac{1}{x}$, $x \neq 0$ (→ §4.).

11. Mit dem Newton-Verfahren bestimme man π auf 6 Stellen genau aus der Gleichung

$$\tan\frac{x}{4} - \cot\frac{x}{4} = 0\,.$$

§3. Umkehrfunktionen

Wir erweitern den Vorrat elementarer Funktionen und beschäftigen uns mit dem häufig auftretenden Problem, eine Gleichung der Form $y = f(x)$ nach x aufzulösen.

3.1 Grundlagen. Sei f eine auf $I \subseteq \mathbb{R}$ erklärte Funktion und $D \subseteq I$. Man sagt, f ist *über* D *umkehrbar*, wenn zu jedem $y \in f(D)$ die Gleichung $y = f(x)$ genau eine Lösung $x \in D$ besitzt. In diesem Fall gibt es eine *Umkehrfunktion* $g : f(D) \to D$, sie ordnet jedem $y \in f(D)$ die durch $y = f(x)$ eindeutig bestimmte Zahl $x \in D$ zu; d.h.,

$$x = g(y) \iff y = f(x)\,. \tag{1}$$

Besitzt f über D die Umkehrfunktion $g : f(D) \to D$, dann gilt definitionsgemäß laut (1):

$$(2)\qquad \begin{aligned} f(g(y)) &= y \text{ für alle } y \in f(D)\,, \\ g(f(x)) &= x \text{ für alle } x \in D\,. \end{aligned}$$

Diese Beziehungen zeigen u.a., daß $g(y) = x$ eindeutig durch $y = f(g(y)) = f(x)$ gelöst wird. Also ist auch g über $f(D)$ umkehrbar mit Umkehrfunktion f.

Bemerkung. Die Umkehrfunktion zu $f : I \to f(I)$ wird in anderen Lehrbüchern häufig mit f^{-1} bezeichnet:

$$f^{-1} : f(I) \to I\,,\ f^{-1}(x) = y \iff x = f(y)\,.$$

Beispielsweise $\sin^{-1} x = \arcsin x$, $\cosh^{-1} x = \operatorname{arcosh} x$ (→ 3.3, 4.6). Dabei besteht aber die Gefahr, daß $f^{-1}(x)$ mit $f(x)^{-1} = \dfrac{1}{f(x)}$ verwechselt wird.

Beispiel 1. Die lineare Funktion $f(x) = ax + b$ (mit $a \neq 0$) ist über ganz $\mathbb{R}$ umkehrbar; die Umkehrfunktion ist $y \mapsto g(y) = \dfrac{1}{a}(y - b)$, $y \in \mathbb{R}$. □

Beispiel 2. Die Gleichung $y = x^2$ $(y \geq 0)$ hat i.a. zwei Lösungen; deshalb ist die Quadratfunktion über $\mathbb{R}$ nicht umkehrbar. Über $\mathbb{R}_+ = \{x \in \mathbb{R}\,;\, x \geq 0\}$ hat sie aber die Umkehrfunktion $g_1(y) = \sqrt{y}$ und über $\mathbb{R}_- = \{x \in \mathbb{R}\,;\, x \leq 0\}$ die Umkehrfunktion $g_2(y) := -\sqrt{y}$. □

Wird die Umkehrfunktion durch explizites Auflösen der Gleichung $y = f(x)$ in der Form $x = g(y)$ berechnet, ist zum Schluß zweckmäßigerweise x mit y zu vertauschen. Wir erhalten die übliche Darstellung $y = g(x)$, in der wir g mit anderen Funktionen, deren Argumente einheitlich mit x bezeichnet wurden, vergleichen oder kombinieren können. Vielfach schöpft man aber die nötigen Informationen über die Umkehrfunktion g aus anderen Quellen (vgl. dazu den folgenden Satz), dann kann g die wichtige Rolle eines „Gleichungslösers" übernehmen:

$$y = f(x) \quad \underset{\text{(beidseitig } g \text{ anwenden)}}{\Longrightarrow} \quad g(y) = g(f(x)) = x\,.$$

Satz 3.1. Hauptsatz über Umkehrfunktionen.

a) Existenz. *1) Jede strikt monotone Funktion $f : D \to \mathbb{R}$ ist umkehrbar.*
2) Jede über einem Intervall I stetig differenzierbare Funktion mit $f'(x) \neq 0$ für alle $x \in I$ ist (über I) umkehrbar.

b) Der Graph. *Ist f über D umkehrbar mit Umkehrfunktion $g : f(D) \to \mathbb{R}$, dann liegen die Graphen $y = f(x)$, $y = g(x)$ symmetrisch zur Geraden $y = x$.*

c) Die Ableitung. *Die Umkehrfunktion $g : f(I) \to \mathbb{R}$ einer über einem Intervall $I \subseteq \mathbb{R}$ umkehrbaren und differenzierbaren Funktion f ist in allen $x \in f(I)$ mit $f'(g(x)) \neq 0$ differenzierbar und es gilt*

(3) $$\boxed{g'(x) = \frac{1}{f'\big(g(x)\big)}\,.}$$

Beweis. a1): Ist f auf D strikt monoton, dann folgt aus $x_1 < x_2$ sofort $f(x_1) < f(x_2)$ oder $f(x_2) < f(x_1)$. Deshalb gibt es zu jedem $y \in f(D)$ genau ein $x \in D$ mit $y = f(x)$.
2): Die Ableitung $f'(x)$ ist über I stets positiv oder stets negativ; andernfalls gäbe es nach dem Zwischenwertsatz (→ Kap. 2, Satz 6.5) eine Nullstelle. Demnach ist f strikt monoton (→ Satz 2.3) und somit umkehrbar.
b): Man beachte zunächst, daß im kartesischen (x, y)- Koordinatensystem ein Punkt (a, b) bei der Spiegelung an der 45°-Achse $y = x$ in (b, a) übergeht (→ Abb. 88). Wird demnach der Graph $G_f = \{(x, f(x))\ ;\ x \in D\}$ an dieser Achse gespiegelt, so entsteht $\{(f(x), x)\ ;\ x \in D\} = \{(y, g(y))\ ;\ y \in f(D)\} = G_g$.
c): Die Differenzierbarkeit von g ersieht man aus der Symmetrie der Graphen $y = f(x)$, $y = g(x)$. Beidseitige Differentiation der Identität $f(g(x)) = x$ (→ (2)) ergibt mit der Kettenregel $f'\big(g(x)\big)g'(x) = 1$. □

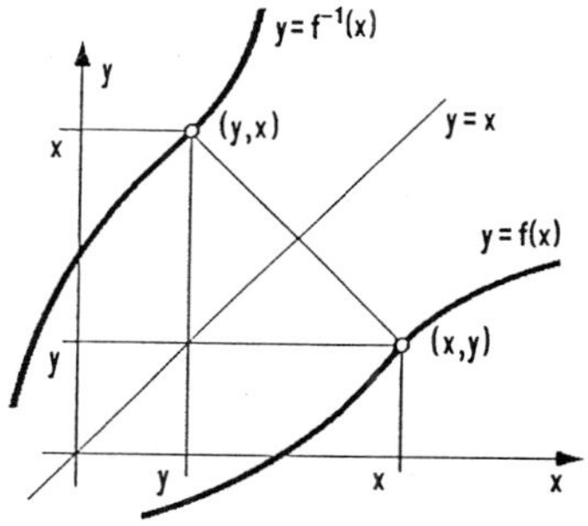

Abb. 88 – Umkehrfunktion

Beispiel. Die Funktion $f(x) = x^5 + x$ $(x \in \mathbb{R})$ hat eine überall positive Ableitung $f'(x) = 5x^4{+}1$; sie ist demzufolge umkehrbar. Da die Gleichung $x^5{+}x = y$ mit „formalen" Manipulationen nicht nach x auflösbar ist, kann man vorerst noch nicht viel über die Umkehrfunktion g sagen. Immerhin kennt man nach (3) die Ableitung $g'(x) = \dfrac{1}{5g(x)^4 + 1}$, damit auch $g''(x)$, $g'''(x), \ldots$, was eine Reihendarstellung von g ermöglicht (→ Kap. 5). □

3.2 *n*-te Wurzel, rationale Exponenten. Zu $n \in \mathbb{N}$ betrachten wir die Potenzfunktion $f_n(x) = x^n$, $x \in \mathbb{R}$.
1. Fall: n gerade, $n = 2k$. In diesem Fall ist f_n nicht über ganz $\mathbb{R}$ umkehrbar, $y = x^{2k} = (-x)^{2k}$. Wegen $f_n'(x) > 0$ für $x > 0$, ist aber f_n über $\mathbb{R}_+ = \{x \in \mathbb{R}\ ;\ x \geq 0\}$ umkehrbar (→ Satz 3.1). Demnach hat die Gleichung $y = x^n$ zu jedem $y \in f(\mathbb{R}_+) = \mathbb{R}_+$ in $\mathbb{R}_+$ genau eine Lösung, sie heißt *n-te Wurzel* von y, i.Z. $x = \sqrt[n]{y}$. Es ist $g_n : \mathbb{R}_+ \to \mathbb{R}_+$, $g_n(x) = \sqrt[n]{x}$ die Umkehrfunktion von $f_n : x \mapsto x^n$ über $\mathbb{R}_+$.
2. Fall: n ungerade, $n = 2k + 1$. Mit einem ungeraden Exponenten n ist die Potenzfunktion über ganz $\mathbb{R}$ strikt monoton wachsend, $f_n'(x) = (2k + 1)x^{2k} > 0$ für $x \neq 0$ (→ Satz 2.3). Demnach ist zu jeder ungeraden Zahl $n \in \mathbb{N}$ die n-te

Wurzel für alle $x \in \mathbb{R}$ erklärt.

$$y = \sqrt[n]{x} \iff y^n = x \begin{cases} x \geq 0 & , n \in \mathbb{N} \text{ gerade} \\ x \in \mathbb{R} & , n \in \mathbb{N} \text{ ungerade} . \end{cases}$$

Für jede nichtnegative reelle Zahl $x \geq 0$, jedes $n \in \mathbb{N}$ und $m \in \mathbb{Z}$ setzt man

$$x^{\frac{1}{n}} := \sqrt[n]{x} , \quad x^{\frac{m}{n}} := (x^{\frac{1}{n}})^m . \tag{4}$$

Damit ist nun die Potenzfunktion $f_\alpha(x) := x^\alpha$ $(x \geq 0)$ für jeden rationalen Exponenten $\alpha \in \mathbb{Q}$ erklärt. Zur Vermeidung von Fallunterscheidungen wird einheitlich der Definitionsbereich $\mathbb{R}_+ = \{ x \in \mathbb{R} \; ; \; x \geq 0 \}$ festgelegt. Aus der Definition ergeben sich leicht die Potenzregeln

$$x^\alpha x^\beta = x^{\alpha+\beta} , \qquad (x^\alpha)^\beta = x^{\alpha\beta} , \qquad x^\alpha y^\alpha = (xy)^\alpha \tag{5}$$

(für alle $x, y \geq 0$, $\alpha, \beta \in \mathbb{Q}$).
Für einen beliebigen rationalen Exponenten $\alpha \in \mathbb{Q}$ gilt die Ableitungsformel

$$\frac{d}{dx}(x^\alpha) = \alpha x^{\alpha-1} \qquad (x > 0) . \tag{6}$$

Beweis. Formel (3) mit $f(x) = x^n$, $g(x) = \sqrt[n]{x} = x^{\frac{1}{n}}$ zeigt (für $n \in \mathbb{N}$) zuerst einmal $\frac{d}{dx}(x^{\frac{1}{n}}) = \frac{1}{n(x^{\frac{1}{n}})^{n-1}} = \frac{1}{n} x^{\frac{1}{n}-1}$. Mit der Kettenregel folgt nun

$$\frac{d}{dx} x^{\frac{m}{n}} = \frac{d}{dx}(x^{\frac{1}{n}})^m = m(x^{\frac{1}{n}})^{m-1} \cdot \frac{1}{n} x^{\frac{1}{n}-1} = \frac{m}{n} x^{\frac{m}{n}-1} .$$ □

Beispiel. Die Funktion

$$y(h) = h(a^2 + h^2)^{-3/2} , \; (h \geq 0) ,$$

gibt die Beleuchtungsstärke der Lampe B im Punkt A an. In welcher Höhe h ist B zu befestigen, damit es in A möglichst hell wird?

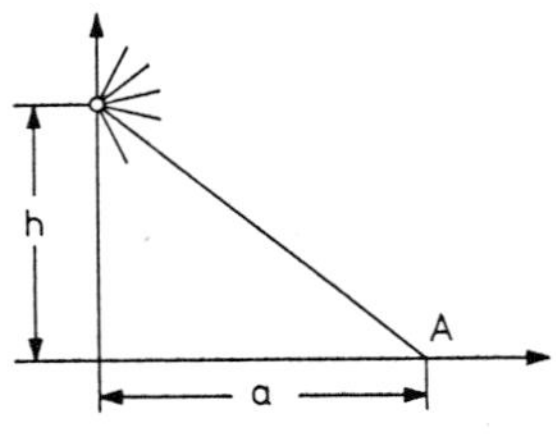

Abb. 89 – Beleuchtungsstärke

Lösung. Wegen $y(0) = 0$, $y(h) \to 0$ (für $h \to \infty$) und $y(h) > 0$ $(h \neq 0)$ muß es zwischen $h = 0$ und $h = \infty$ wenigstens eine Maximalstelle geben; diese ist nach 2.2 unter den stationären Stellen zu suchen. $y'(h) = \frac{a^2 - 2h^2}{(a^2 + h^2)^{5/2}} = 0$ besitzt für $h \geq 0$ nur die Lösung $h_1 = \frac{a}{\sqrt{2}}$, dies ist eine Maximalstelle. □

3.3 Arcussinus, Arcuscosinus, Arcustangens. Die trigonometrischen Funktionen (Kreisfunktionen) sin, cos, tan sind sicherlich nicht global (d.h. über dem gesamten Definitionsbereich) umkehrbar. So hat etwa die Gleichung $\sin x = \frac{1}{2}$ unendlich viele Lösungen $x_k = \frac{\pi}{6} + 2k\pi$, $k = 0, \pm 1, \pm 2$. Über gewissen Teilintervallen sind sie aber strikt monoton und deshalb dort umkehrbar (→ Satz 3.1).

① Die Sinusfunktion ist über dem *Grundintervall* $-\frac{\pi}{2} \leq x \leq \frac{\pi}{2}$ strikt monoton wachsend; die zugehörige Umkehrfunktion, definiert auf $[-1, 1]$ mit Werten in $[-\frac{\pi}{2}, \frac{\pi}{2}]$, heißt *Arcussinus-Funktion* (i.Z. arcsin). Sie ist definiert durch

$$\arcsin : [-1, 1] \to [-\frac{\pi}{2}, \frac{\pi}{2}]$$

$$y = \arcsin x \iff \sin y = x \quad \text{und} \quad -\frac{\pi}{2} \leq y \leq \frac{\pi}{2} .$$

Der Graph $y = \arcsin x$ $(-1 \leq x \leq 1)$ ergibt sich aus dem Sinusbogen $y = \sin x$, $-\frac{\pi}{2} \leq x \leq \frac{\pi}{2}$, durch Spiegelung an der Achse $y = x$ (→ Satz 3.1). arcsin löst Gleichungen der Form $y = \sin x$ $(x \in [-\frac{\pi}{2}, \frac{\pi}{2}])$ nach x auf. So erhält man etwa aus dem Brechungsgesetz $\sin\alpha = n \sin\beta$ (mit dem Brechungsindex n) den Winkel α als Funktion von β in der Form $\alpha = \arcsin(n \sin\beta)$. arcsin ist im offenen Intervall $(-1, 1)$ differenzierbar. Es gilt

$$\frac{d}{dx} \arcsin x = \frac{1}{\sqrt{1-x^2}} , \quad -1 < x < 1 . \tag{7}$$

Beweis. Formel (3) liefert zunächst $\frac{d}{dx} \arcsin x = \frac{1}{\cos(\arcsin x)}$. Wegen $\cos y = \sqrt{1-(\sin y)^2}$ $(-\frac{\pi}{2} \leq y \leq \frac{\pi}{2})$ und $\sin(\arcsin x) = x$ ergibt sich daraus (7). □

Über dem Intervall $(2k-1)\frac{\pi}{2} \leq x \leq (2k+1)\frac{\pi}{2}$, $k \in \mathbb{Z}$, nennt man die Umkehrfunktion der Sinusfunktion den *k-ten Zweig vom Arcussinus*.

$$\arcsin_k x : [-1, 1] \to [(2k-1)\frac{\pi}{2}, (2k+1)\frac{\pi}{2}]$$

$$\arcsin_k x = y \iff x = \sin y \quad \text{und} \quad (2k-1)\frac{\pi}{2} \leq y \leq (2k+1)\frac{\pi}{2} .$$

Solange keine Verwechslungen zu befürchten sind, werden wir weiterhin den nullten Zweig des Arcussinus, den *Hauptzweig* oder *Hauptwert*, kurz „den" Arcussinus nennen.

② Die Cosinusfunktion ist über jedem Intervall $2k\pi \leq x \leq (2k+1)\pi, k \in \mathbb{Z}$, strikt monoton und besitzt deshalb dort eine Umkehrfunktion, den *k-ten Zweig vom Arcuscosinus*. Den nullten Zweig, den Hauptzweig oder den Hauptwert, nennen wir kurz „den" Arcuscosinus.

$$\arccos : [-1, 1] \to [0, \pi]$$
$$\arccos x = y \iff x = \cos y \quad \text{und} \quad 0 \le y \le \pi \, .$$

Die Ableitungsformel

$$(8) \qquad \frac{d}{dx} \arccos x = -\frac{1}{\sqrt{1-x^2}} \qquad (-1 < x < 1)$$

findet man ganz analog wie (7).

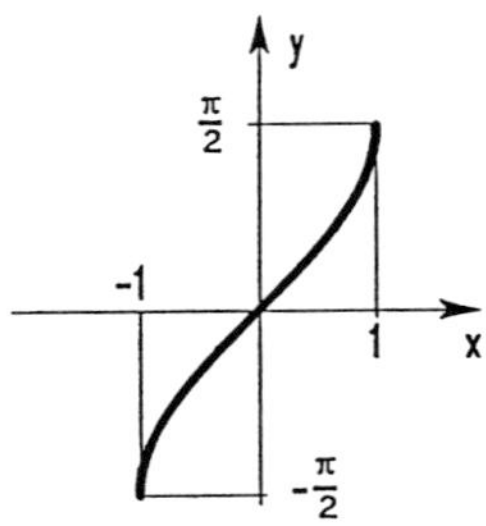

Abb. 90a $y = \arcsin x$

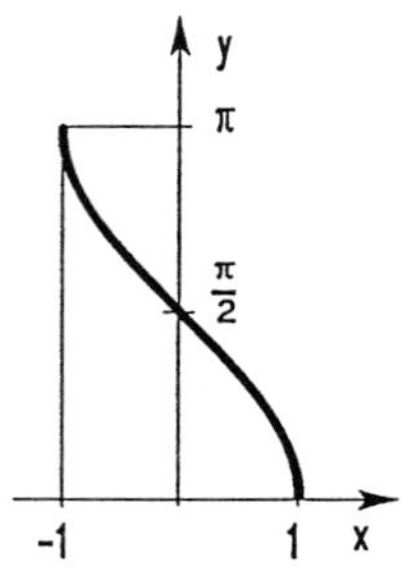

Abb. 90b $y = \arccos x$

Beispiel 1. Ein Schrank der Breite b und der Länge l soll durch eine Tür der Breite B in einen Gang der Breite L geschoben werden ($l > B > L > b$). Der Winkel φ, bei dem sich der Schrank wie skizziert verkantet, ist $\varphi = \arccos \frac{L}{l}$. Solange $b \le B \cos \varphi$, d.h. $bl \le BL$ gilt, gleitet der Schrank durch die Tür (→ Aufg. 7). □

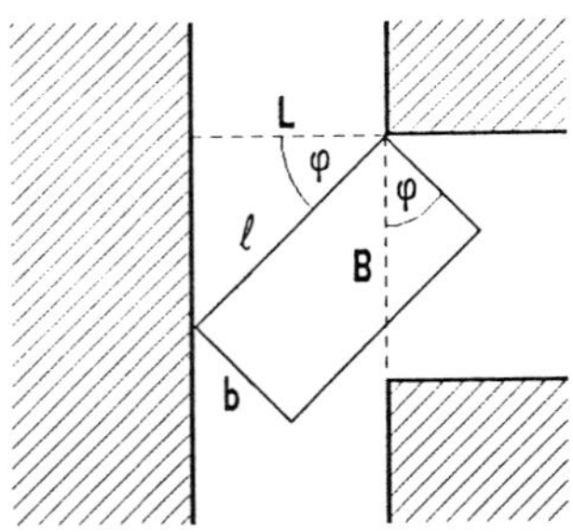

Abb. 91 – Verkanteter Schrank

Beispiel 2. Aus der für alle $n \in \mathbb{N}$ gültigen Beziehung

$$\cos(n+1)y + \cos(n-1)y = 2 \cos ny \cos y$$

(→ Additionstheorem), erhält man sofort mit vollständiger Induktion, daß es zu jedem $n \in \mathbb{N}$ ein Polynom $p_n(x)$ vom Grad n gibt mit $\cos ny = p_n(\cos y)$. Demnach ist (mit $\cos y = x$ für $y = \arccos x$)

$$T_n(x) := \cos(n \arccos x) \, , \qquad |x| < 1 \, ,$$

ein Polynom in x vom Grad n (TSCHEBYSCHEV-Polynom).

Mit den üblichen Differentiationsregeln und (8) bestätigt man leicht

$$(x^2-1)T_n''(x)+xT_n'(x)-n^2T_n(x)=0$$

für alle x, $|x|<1$. Die Polynome T_n oszillieren mit ihren Werten zwischen -1 und $+1$. Es gilt

$$T_1(x)=x\ ;\quad T_2(x)=-1+2x^2\ ;$$
$$T_3(x)=-3x+4x^3\ ;$$
$$T_4(x)=1-8x^2+8x^4\ . \qquad \square$$

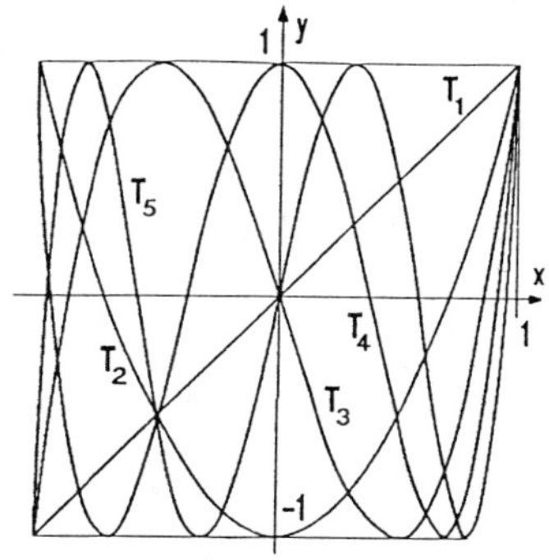

Abb. 92 – Tschebyschev-Polynome

③ Desgleichen besitzen die Tangens- und Cotangensfunktion über den offenen Intervallen $((2k-1)\frac{\pi}{2},(2k+1)\frac{\pi}{2})$ bzw. $(2k\pi,(2k+1)\pi)$, $k=0,\pm1,\pm2,\ldots$, jeweils eine Umkehrfunktion. Wir behandeln nur die Hauptwerte $(k=0)$. $\tan:(-\frac{\pi}{2},\frac{\pi}{2})\to\mathbb{R}$ ist strikt monoton, also umkehrbar. Die Umkehrfunktion heißt *Arcustangens*.

$$\arctan:\mathbb{R}\to(-\frac{\pi}{2},\frac{\pi}{2})$$
$$\arctan x=y \iff \tan y=x \quad\text{und}\quad -\frac{\pi}{2}<y<\frac{\pi}{2}\ .$$

Der *Arcuscotangens* $\operatorname{arccot}:\mathbb{R}\to\mathbb{R}$ ist Umkehrfunktion von $\cot:(0,\pi)\to\mathbb{R}$, d.h.

$$\operatorname{arccot}:\mathbb{R}\to(0,\pi)$$
$$\operatorname{arccot} x=y \iff \cot y=x \quad\text{und}\quad 0<y<\pi\ .$$

Die Ableitungen ergeben sich wieder aus (3):

(9) $$\frac{d}{dx}\arctan x=\frac{1}{1+x^2}\ ,\quad \frac{d}{dx}\operatorname{arccot} x=-\frac{1}{1+x^2}\qquad (x\in\mathbb{R})\ .$$

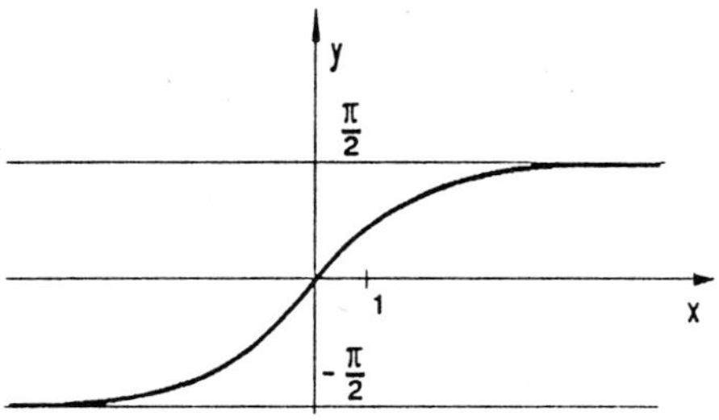

Abb. 93 $y=\arctan x$

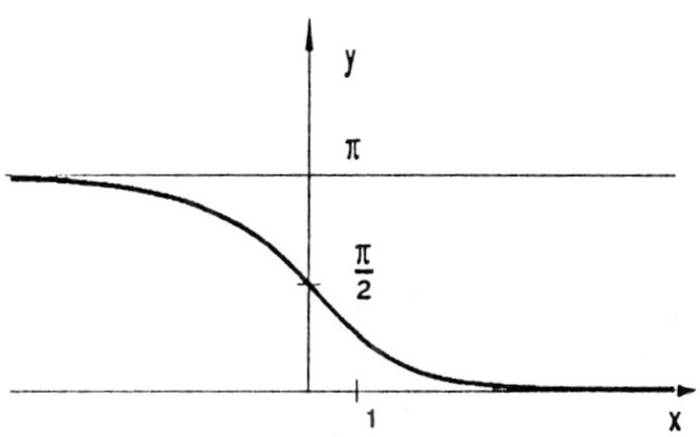

Abb. 94 $y=\operatorname{arccot} x$

Beispiel. Wir suchen denjenigen Punkt $X = (x, 0)$ – mit $x \geq 0$ – von dem aus die $(1,1)$ und $(2,2)$ verbindende Strecke unter maximalem Winkel φ gesehen wird. Aus $\varphi = \alpha - \beta$, $\cot\alpha = \dfrac{x-2}{2}$ und $\cot\beta = x - 1$ ergibt sich $\varphi = \varphi(x) = \operatorname{arccot}\dfrac{x-2}{2} - \operatorname{arccot}(x-1)$. Die offenbar vorhandene Maximalstelle

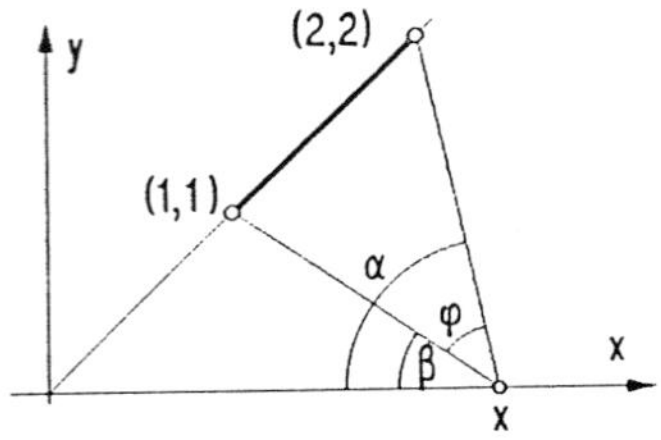

Abb. 95 – Maximales φ

$(\varphi(0) = \varphi(\infty) = 0,\ \varphi(x) \geq 0)$ ist nach 2.1 unter den stationären Punkten zu suchen.

Die positive Lösung $x_0 = 2$ von $0 = \varphi'(x) = -\dfrac{1/2}{1+(x-2)^2/4} + \dfrac{1}{1+(x-1)^2}$ ist die gesuchte Maximalstelle. Vom Punkt $X_0 = (2,0)$ aus sehen wir die Strecke unter dem maximalen Winkel $\varphi(2) = \dfrac{\pi}{4}$. □

Aufgaben

1. Für die Umkehrfunktion g von $f(x) = x^5 + x$ berechne man $g'(0)$, $g''(0)$, $g'''(0)$, $g^{(4)}(0)$.

2. Man berechne die Ableitungen

$$\arcsin\sqrt{\frac{1+x^2}{1-x^2}}\ , \qquad \arctan\frac{x^2}{\sqrt{x^2+x+1}}\ ,$$
$$\sin(2\arctan x)\ , \qquad x\sqrt{1-x^2} + \arcsin x\ ,$$
$$\arcsin(\sin|x|)\ , \qquad \arctan x + \operatorname{arccot} x\ .$$

3. Man stelle $\arcsin x$ und $\arccos(-x)$ als Funktion von $\arccos x$ dar.

4. Man differenziere und skizziere den Graphen von

$$f(x) = \arcsin\frac{2x}{1+x^2}\ , \qquad g(x) = 2\arctan x$$

und drücke damit $f(x)$ durch $g(x)$ aus.

5. Wie viele verschiedene Werte nimmt die Funktion

$$F(x) = \arctan x + \arctan\alpha - \arctan\frac{x+\alpha}{1-\alpha x}$$

für $\alpha x \neq 1$ an? Man berechne diese in Abhängigkeit von α.

6. Man diskutiere gemäß 2.5 die Funktion $f(x)$, $x \in \mathbb{R}$,

a) $f(x) = \arccos\left|\dfrac{6x}{9+x^2}\right|$, b) $f(x) = \arctan\left|\dfrac{1+x}{1-x}\right|$.

7. Ein geradlinig begrenzter Kanal der Breite 10 m mündet rechtwinklig in einen 5 m breiten Bach. Vom Kanal sollen Baumstämme in den Bach geflößt werden.

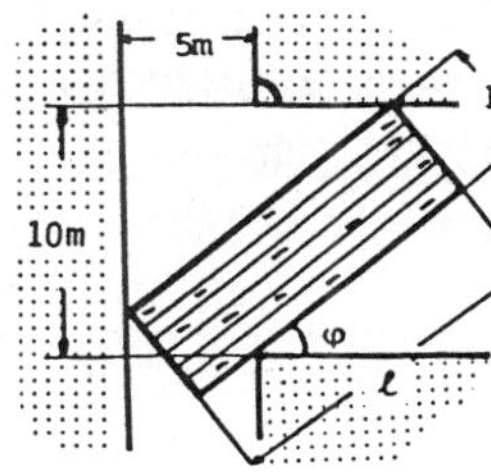

   a) Man berechne die Länge $\ell(\varphi)$ eines einzelnen Baumstammes (von vernachlässigbarer Dicke), der sich beim Winkel φ verkantet.
   Skizziere $\ell = \ell(\varphi)$, $0^o < \varphi < 90^o$.

   Wie lang darf ein Stamm höchstens sein, ohne zu verkanten?

   b) Berechne die Breite $b(\varphi)$ eines 11 m langen Floßes, das sich beim Winkel φ verkantet. Skizziere $b = b(\varphi)$, $0^o \le \varphi \le 90^o$.

   Wie breit darf ein 11 m langes Floß höchstens sein, ohne zu verkanten?

   Man achte auf die Differenzierbarkeit von $b(\varphi)$!

8. Das skizzierte *Schubkurbelgetriebe* hat den Kurbelradius r und die Pleuellänge ℓ $(\ell > 2r)$. Man wähle $M = (0,0)$ und bestimme

   a) die Lage s des *Kreuzkopfes* B als Funktion $s = s(\varphi)$;

   b) den Winkel φ_m, für den sich B in der Mitte der beiden Ruhelagen r_1 und r_2 befindet,

   c) die Konstanten a, b, c der *Approximation*

$$S(\varphi) = a + b\cos\varphi + c\cos 2\varphi \ ,$$

   so daß $S(0) = s(0)$, $S'(0) = s'(0)$, $S''(0) = s''(0)$, $S(\pi) = s(\pi)$;

   d) die maximale Kreuzkopfgeschwindigkeit und die maximale Kreuzkopfbeschleunigung aus der Approximation $s = S(\varphi)$.

   e) Für $r = 1$, $\ell = 5$ skizziere man S, S', S'' und berechne das Maximum von $|s - S|$ (Approximationsfehler).

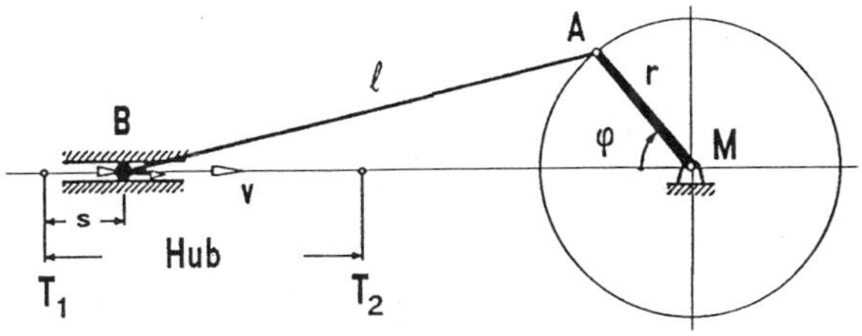

9. Man zeige, daß $f(x) = \tan x - x$ im Intervall $(-\frac{\pi}{2}, \frac{\pi}{2})$ umkehrbar ist und bestätige, daß für die Umkehrfunktion $g(x)$ gilt

$$g'(x) = \frac{1}{(g(x) + x)^2} \ .$$

10. Mit dem Brechungsgesetz von SNELLIUS $\frac{\sin\theta}{\sin\alpha} = R$ ergibt sich für den Streuwinkel φ eines Lichtstrahls in einem Wassertröpfchen mit kreisförmigem Querschnitt

$$\varphi = f(\theta) = 2\theta - 4\arcsin(\frac{\sin\theta}{R}) .$$

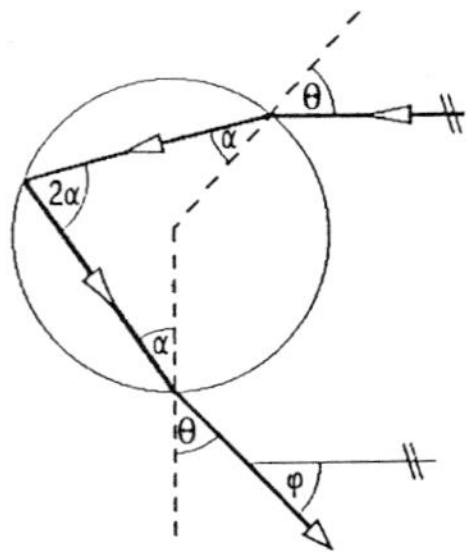

Man rechne dies explizit nach!
Man diskutiere $f(\theta)$ und $f'(\theta)$ für $0 \le \theta \le \frac{\pi}{2}$ und bestimme näherungsweise θ_0 mit $f'(\theta_0) = 0$ für $R = 1.331$ (rotes Licht).
(θ_0 bestimmt den Winkel mit stärkster Streuintensität und bei einem **Regenbogen** die Höhe über dem Erdboden.)

§4. Die Exponential- und Logarithmusfunktion

4.1 Die e-Funktion. Eine in der Theorie und der Praxis gleichermaßen besonders wichtige Funktion ist die von L. EULER eingeführte Exponentialfunktion, kurz e-Funktion genannt (→ Kap. 2, §5):

$$e^x := \exp(x) := \lim_{n\to\infty} \left(1 + \frac{x}{n}\right)^n \qquad (x \in \mathbb{R}) .$$

Satz 4.1. Die wichtigsten Eigenschaften der e-Funktion.
a) Positivität. $e^0 = 1$, $e^x > 0$ *für alle* $x \in \mathbb{R}$.

b) Die Ableitung. *Die e-Funktion ist überall differenzierbar und es gilt*

(1)
$$\boxed{\frac{d}{dx}e^x = e^x \qquad (x \in \mathbb{R}) .}$$

c) Charakterisierung durch eine Differentialgleichung. *Jede auf einem Intervall* $I \subseteq \mathbb{R}$ *differenzierbare Funktion, welche* $f'(x) = af(x)$ $(x \in I)$ *erfüllt, ist von der Form* $f(x) = ce^{ax}$, *mit einer Konstanten* $c \in \mathbb{R}$.

d) Die Funktionalgleichung der e-Funktion.

$$\boxed{\begin{aligned} e^{x+y} &= e^x e^y \qquad (x, y \in \mathbb{R}) , \\ e^{-x} &= \frac{1}{e^x} \qquad (x \in \mathbb{R}) . \end{aligned}}$$

Beweis. a): Aus der Definition sieht man sofort $e^0 = 1$ und $e^x \ge 0$ für alle x. Daß tatsächlich $e^x > 0$ gilt, folgt aus der Stetigkeit (Folgerung aus b)) und aus der Beziehung $e^x e^{-x} = 1$ (Sonderfall $y = -x$ in d)).

b): Es ist naheliegend, (1) folgendermaßen zu beweisen:

$$\frac{d}{dx}e^x = \frac{d}{dx}\lim_{n\to\infty}\left(1+\frac{x}{n}\right)^n = \lim_{n\to\infty}\frac{d}{dx}\left(1+\frac{x}{n}\right)^n = \lim_{n\to\infty}\left(1+\frac{x}{n}\right)^{n-1} = e^x .$$

Das ist zwar richtig, es muß aber begründet werden, daß im vorliegenden Fall die Grenzübergänge $\frac{d}{dx}$ und $\lim\limits_{n\to\infty}$ vertauscht werden dürfen. Das ist nicht ganz einfach (→ Kap. 5, §2). Wir beweisen (1) wie folgt: Nach dem Mittelwertsatz gibt es zu jedem $n \in \mathbb{N}$ ein ξ_n zwischen x und $x+h$, so daß gilt

$$\left(1+\frac{x+h}{n}\right)^n = \left(1+\frac{x}{n}\right)^n + h\left(1+\frac{\xi_n}{n}\right)^{n-1} .$$

Mit den Grenzwert-Regeln (→ Kap. 2, Satz 5.1) folgt hieraus

$$\lim_{n\to\infty}\left(1+\frac{\xi_n}{n}\right)^n = \frac{1}{h}(e^{x+h}-e^x) .$$

Nehmen wir zunächst $0 < h < 1$ an, also $x \le \xi_n \le x+h \le x+1$, dann gilt für hinreichend große n

$$\left(1+\frac{x}{n}\right)^n \le \left(1+\frac{\xi_n}{n}\right)^n \le \left(1+\frac{x+h}{n}\right)^n \le \left(1+\frac{x+1}{n}\right)^n ,$$

woraus bei $n \to \infty$ (mit dem soeben ermittelten Grenzwert)

$$e^x \le \frac{1}{h}(e^{x+h}-e^x) \le e^{x+h} \le e^{x+1}$$

entsteht. Hieraus erkennt man zuerst (nach Multiplikation mit h) $\lim\limits_{h\to 0+}(e^{x+h}-e^x) = 0$ und dann $\lim\limits_{h\to 0+}\frac{1}{h}(e^{x+h}-e^x) = e^x$. Völlig analog verläuft die linksseitige Annäherung $h \to 0-$. Damit ist (1) bewiesen.

c): Aus $(e^xe^{-x})' = e^xe^{-x} - e^xe^{-x} = 0$ folgt $e^xe^{-x} = c_1$ mit einer Konstanten $c_1 \in \mathbb{R}$ (→ Satz 2.3e), die sich leicht mit der Wahl $x = 0$ zu $c_1 = 1$ bestimmen läßt. Also gilt

$$\text{(2)} \qquad e^xe^{-x} = 1 .$$

Nun gehen wir aus von f mit $f' = af$ und betrachten die Funktion $g(x) := f(x)e^{-ax}$. Da $g'(x) = f'(x)e^{-ax} + f(x)(-ae^{ax}) = e^{-ax}(f'(x) - af(x)) = 0$, folgt $g(x) = f(x)e^{-ax} = c$ mit einer Konstanten c, woraus mit (2) die Behauptung $f(x) = ce^{ax}$ folgt.

d): Für jedes $y \in \mathbb{R}$ erfüllt $f(x) := e^{x+y}$ die Bedingung $f' = f$. Deshalb gibt es (nach Teil c)) eine Konstante $c = c(y)$ mit $e^{x+y} = c(y)e^x$ für alle x. Die Wahl $x = 0$ zeigt $c(y) = e^y$. □

Daß es sich bei $\exp(x) = \lim\limits_{n\to\infty}(1+\frac{x}{n})^n$ tatsächlich um die x-te Potenz der Eulerzahl $e = \lim_{n\to\infty}\left(1+\frac{1}{n}\right)^n = 2.71828\ldots$ handelt, folgt aus

(3) $$\exp(rx) = [\exp x]^r \quad (\text{für } x \in \mathbb{R}\,,\ r \in \mathbb{Q})\,.$$

Beweis. Aus der Funktionalgleichung (→ Satz 4.1d) erhält man leicht mit vollständiger Induktion $\exp(nx) = [\exp x]^n$ $(n \in \mathbb{N})$ und damit $\exp x = \exp(n\frac{x}{n}) = (\exp\frac{x}{n})^n$, bzw. $\exp(\frac{x}{n}) = (\exp x)^{\frac{1}{n}}$. Für $m, n \in \mathbb{N}$ folgt dann $\exp(\frac{m}{n}x) = (\exp\frac{x}{n})^m = (\exp x)^{\frac{m}{n}}$. Diese Beziehung zusammen mit $\exp(-x) = \frac{1}{\exp x}$ zeigt die Gültigkeit von (3) für alle $r \in \mathbb{Q}$. □

Der Sonderfall $x = 1$ in (3) zeigt, daß $\exp(r) = e^r$ die r-te Potenz der Zahl $e = \exp(1)$ ist. Für eine beliebige Zahl x und jede Folge rationaler Zahlen $r_n \to x$ ergibt sich nun aufgrund der Stetigkeit der e-Funktion

$$e^x = \exp(x) = \lim_{n\to\infty}\exp(r_n) = \lim_{n\to\infty} e^{r_n}\,,$$

womit die Exponentialschreibweise nachträglich gerechtfertigt ist.

4.2 Die Kurve $y = e^x$. (→ Abb. 96)

Die e-Funktion ist wegen $(e^x)' = e^x > 0$ überall echt monoton wachsend (→ Satz 2.3), ihr Graph linksgekrümmt (→ Satz 2.6). Ferner gilt

(4)
$$\begin{array}{|ll|} \hline a) & \lim_{x\to\infty} e^x = \infty\,, \qquad \lim_{x\to-\infty} e^x = 0\,, \\ b) & \lim_{x\to\infty}\frac{e^x}{x^n} = \infty \quad (n \in \mathbb{N})\,. \\ \hline \end{array}$$

Beweis. a): Für $x > 0$ gilt $(1+\frac{x}{n})^n \geq 1+x$ (→ Bernoullische Ungleichung) für alle $n \in \mathbb{N}$, also auch $e^x \geq 1+x$. Mit $x \to \infty$ wächst e^x über alle Grenzen. Die andere Behauptung folgt aus $\lim_{x\to-\infty} e^x = \lim_{x\to\infty} e^{-x} = \lim_{x\to\infty}\frac{1}{e^x}$.

b): Der Grenzwert (vom Typ $\frac{\infty}{\infty}$) kann mit der L'Hospital-Regel (→ Satz 2.9) bestimmt werden:

$$\lim_{x\to\infty}\frac{e^x}{x^n} = \lim_{x\to\infty}\frac{e^x}{nx^{n-1}} = \cdots = \lim_{x\to\infty}\frac{e^x}{n!} = \infty\,.$$ □

Die Grenzwertformel (4b) besagt, daß die e-Funktion mit $x \to \infty$ schneller anwächst als jede noch so hohe x-Potenz.

4.3 Exponentiell wachsende bzw. fallende Prozesse.

In zahlreichen Wachstums- oder Abnahmeprozessen aus der Natur, Technik und anderen Bereichen kann man – aufgrund entsprechender Hypothesen und Versuche – davon ausgehen, daß die den Prozess zur Zeit t beschreibende Größe $u(t)$ einer Differentialgleichung der Form $\dot{u}(t) = au(t)$ genügt, welche besagt, daß die Wachstumsgeschwindigkeit (oder Abnahmegeschwindigkeit, falls $a < 0$) $\dot{u}(t) = \dfrac{du(t)}{dt}$ stets im gleichen Verhältnis zur vorhandenen „Menge" $u(t)$ steht.

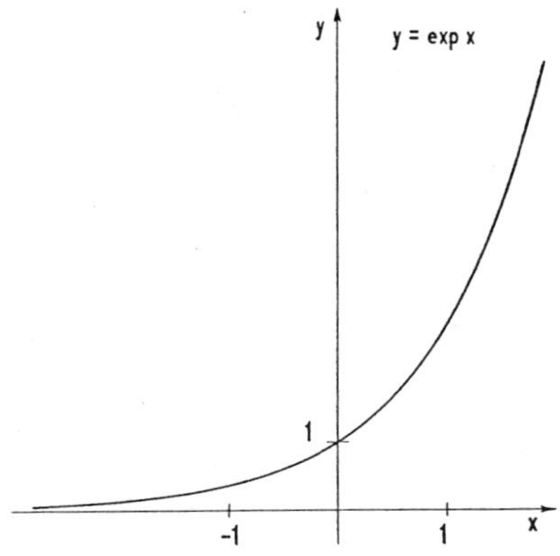

Abb. 96 – $y = e^x$

Nach Satz 4.1 c) verläuft jeder derartige Prozess „exponentiell", d.h. es gilt $u(t) = ce^{at}$ mit einer Konstanten c, die man in der Regel mit $t = 0$ (sonst $t = t_0$) zu $c = u(0)$ bestimmt.

Beispiel 1. Radioaktiver Zerfall. Aufgrund von Beobachtungen geht man davon aus, daß für $N(t)$ Atome eines zerfallenden Stoffes die Anzahl ΔN der Zerfälle in einem kleinen Zeitintervall Δt gegeben ist durch $\Delta N = -kN\Delta t$. Mit der (vernünftigen) Annahme, daß die Funktion N differenzierbar ist, ergibt sich hieraus $\dot{N}(t) = -kN(t)$. ($k > 0$ ist die – vom Material abhängige – Zerfallskonstante.) Satz 4.1 c) führt sofort zum *Zerfallsgesetz*

$$N(t) = N(0)e^{-kt} .$$

Die *Halbwertszeit* T ist definiert durch $N(T) = \frac{1}{2}N(0)$, d.h. $e^{-kT} = \frac{1}{2}$, bzw. $e^{kT} = 2$. Mit der Logarithmusfunktion heißt dies: $T = \frac{1}{k}\ln 2$. □

Beispiel 2. Das Newtonsche Abkühlungsgesetz. Eine Substanz der Temperatur $T(t)$ wird in ein Medium der Temperatur $U(t)$ eingetaucht. Für die Temperaturdifferenz $P(t) := T(t) - U(t)$ fand I. Newton (in zahlreichen Versuchen) $\dfrac{dP}{dt} = \lambda P$. („Die Abkühlungsgeschwindigkeit ist proportional zur Temperaturdifferenz.") Folglich gilt $P(t) = P(0)e^{\lambda t}$, bzw.

$$T(t) = (T(0) - U(0))e^{\lambda t} + U(t) .$$ □

Beispiel 3. Exponentielle Sättigung. Aus dem Ohmschen Gesetz ergibt sich für die Stromstärke $I(t)$ beim Einschalten eines Gleichstroms die Beziehung

$$L\frac{dI}{dt} + IR = E$$

mit dem Anfangswert $I(0) = 0$. Für die Funktion $u(t) := I(t) - \dfrac{E}{R}$ gilt dann

$\dot{u}(t) = \dot{I}(t) = \frac{E}{L} - \frac{R}{L}I(t) = -R/Lu(t)$. Es folgt $u(t) = u(0)e^{-\frac{R}{L}t}$, bzw.

$$I(t) = \frac{E}{R}(1 - e^{-\frac{R}{L}t}) . \qquad \square$$

4.4 Der natürliche Logarithmus. Da die e-Funktion über $\mathbb{R}$ strikt monoton wächst, besitzt sie eine auf $\exp(\mathbb{R}) = (0, \infty)$ definierte Umkehrfunktion, den *natürlichen Logarithmus* ln.

$$\boxed{\ln : (0, \infty) \to \mathbb{R} , \quad y = \ln x \iff e^y = x .}$$

Insbesondere gilt (→ §3 (2))

(5) $\qquad \ln(e^x) = x$ für alle $x \in \mathbb{R}$; $\quad e^{\ln x} = x$ für alle $x > 0$.

Die Graphen $y = \ln x$, $y = e^x$ liegen symmetrisch zu $y = x$ (→ Satz 3.1). Aus der Definition und der Abb. 97 liest man sofort ab:

- $\ln 1 = 0$,
- $\ln x < 0$, falls $0 < x < 1$,
- $\ln x > 0$, falls $x > 1$,
- ln ist echt monoton wachsend,
- $\lim\limits_{x \to \infty} \ln x = \infty$,
- $\lim\limits_{x \to 0+} \ln x = -\infty$,
- der Graph $y = \ln x$ ist konvex von oben.

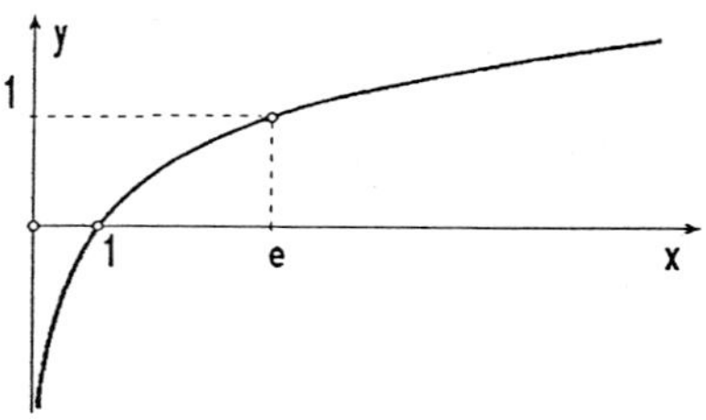

Abb. 97 – $y = \ln x$

Ferner gilt:

Satz 4.2. **a)** *Die* ln-*Funktion ist überall differenzierbar; für alle* $x > 0$ *gilt*

(6) $$\boxed{\frac{d}{dx} \ln x = \frac{1}{x} .}$$

b) Die Funktionalgleichung der ln**-Funktion.**

$$\boxed{\ln(xy) = \ln x + \ln y \qquad \ln \frac{x}{y} = \ln x - \ln y \qquad (x, y > 0) .}$$

Beweis. a): Die Differentiationsregel (3) aus §3 ergibt in diesem Fall $\frac{d}{dx} \ln x = \frac{1}{\exp'(\ln x)} = \frac{1}{\exp(\ln x)} = \frac{1}{x}$.
b): Für $x, y \in (0, \infty)$ sei $u := \ln x$, $v := \ln y$, dann gilt $x = e^u$, $y = e^v$ und $\ln(xy) = \ln(e^u e^v) = \ln(e^{u+v}) = u + v = \ln x + \ln y$. Der Sonderfall $x = \frac{1}{y}$ zeigt $\ln \frac{1}{y} = -\ln y$. $\square$

Die ln-Funktion wächst mit $x \to \infty$ wesentlich schwächer gegen ∞ als jede n-te Wurzelfunktion, denn es gilt

$$\lim_{x\to\infty} \frac{\ln x}{\sqrt[n]{x}} = 0 \,,$$

was man leicht mit der L'Hospital-Regel nachweisen kann.

Beispiel 1. Für die Zerfallskonstante k und die Reichweite R von α-Teilchen gilt das Gesetz von GEIGER und NUTTAL:

$$\ln k = a + b \ln R \qquad \text{(mit gewissen Konstanten } a, b) \,.$$

Aus $kT = \ln 2$ (→ 4.3) folgt $\ln k + \ln T = \ln(kT) = \ln(\ln 2)$ und damit eine Beziehung $\ln(\ln 2) = a + b \ln R + \ln T$ zwischen Reichweite und Halbwertszeit.□

Beispiel 2. Das psychophysische Grundgesetz von WEBER und FECHNER. Ein Reiz der Intensität R verursacht eine Empfindung der Intensität $E(R)$. Versuche ergeben $\Delta E = a\dfrac{\Delta R}{R}$ mit einer Konstanten a. $\Delta R \to 0$ führt auf $\dfrac{dE}{dR} = a \cdot \dfrac{1}{R}$, also auf $E(R) = a \ln R + c$ (→ (6) und §2 (2)). Als Reizschwelle bezeichnet man den Wert R_0 mit $E(R_0) = 0$ und $E(R) > 0$ falls $R > R_0$. Damit ergibt sich $c = -a \ln R_0$ und $E(R) = a \ln R - a \ln R_0 = a \ln \dfrac{R}{R_0}$. Das langsame Anwachsen der ln-Funktion verlangt in Bereichen hoher Intensität eine ganz erhebliche Änderung von R, um $E(R)$ merklich zu beeinflussen. □

4.5 Allgemeine Exponentialfunktionen und Logarithmen. Sei $a > 0$. Die Formel $(e^x)^r = e^{rx}$ (→ (3)) mit $x = \ln a$ ergibt $a^r = e^{r \ln a}$ für jede rationale Zahl $r \in \mathbb{Q}$. Aus diesem Grund definiert man die Potenzen a^x für beliebige $x \in \mathbb{R}$ durch

$$a^x := e^{x \ln a}, \quad (a > 0) \,. \tag{7}$$

Man nennt $x \mapsto a^x$ $(x \in \mathbb{R})$ die *Exponentialfunktion zur Basis* a. Sämtliche Eigenschaften dieser Funktion leitet man aus der Definition (7) und den Eigenschaften der ln-Funktion und der e-Funktion her. Insbesondere $a^x = \lim_{n\to\infty} a^{r_n}$ für jede Folge rationaler Zahlen $r_n \to x$. Ferner:

$$\begin{aligned} &a^x a^y = a^{x+y} \;; \quad (ab)^x = a^x b^x \;; \quad (a^x)^y = a^{xy} \;; \\ &\ln(a^x) = x \ln a \qquad (x, y \in \mathbb{R} \,,\ a, b > 0) \,; \\ &\frac{d}{dx} a^x = a^x \ln a \,, \quad (x \in \mathbb{R},\ a > 0) \,. \end{aligned} \tag{8}$$

Für jede reelle Zahl $\alpha \in \mathbb{R}$ ist nach (7) die Potenzfunktion $f(x) = x^\alpha = e^{\alpha \ln x}$ für alle $x > 0$ definiert. Mit (1), (6) und der Kettenregel berechnen wir die Ableitung: $f'(x) = e^{\alpha \ln x} \dfrac{\alpha}{x} = \alpha x^{\alpha - 1}$. Damit ist endlich die Differentiationsregel

(9) $$\frac{d}{dx}(x^\alpha) = \alpha x^{\alpha-1}$$

für alle $\alpha \in \mathbb{R}$ bewiesen.

Beispiel 1. Das POISSON**-Gasgesetz.** Experimentell stellt man fest, daß zwischen dem Druck p und dem Volumen V eines Gases bei einem reversiblen adiabatischen Prozess die Beziehung $\frac{\Delta p}{p} + \gamma\frac{\Delta V}{V} = 0$ besteht (mit einer vom Gas abhängigen Konstanten γ). Nach Multiplikation mit $\frac{1}{\Delta t}$ wird daraus beim Grenzübergang $\Delta t \to 0$

$$0 = \frac{\dot p}{p} + \gamma\frac{\dot V}{V} = \frac{d}{dt}(\ln p + \gamma \ln V) = \frac{d}{dt}\ln(pV^\gamma)\,.$$

Es folgt $\ln(pV^\gamma) = c$, bzw. $p(t)V(t)^\gamma = C$ $(= e^c$, konstant). □

Beispiel 2. Die allgemeine Höhenformel

$$p = p_0\left(1 - \frac{\gamma-1}{\gamma}\frac{\rho_0}{p_0}gh\right)^{\frac{\gamma}{\gamma-1}}$$

beschreibt den Zusammenhang zwischen dem Druck p und der Höhe h in einem gasgefüllten Behälter. Uns interessiert der Grenzwert $\gamma \to 1$ (Annäherung an ein ideales Gas). Mit $x := \frac{\gamma}{\gamma - 1}$ und $a := -\frac{\rho_0}{p_0}gh$ wird dieser Grenzübergang in $p = p_0 \lim\limits_{x\to\infty}(1 + \frac{a}{x})^x$ beschrieben. Mit der L'Hospital-Regel finden wir $\lim\limits_{x\to\infty} x\ln(1 + \frac{a}{x}) = a$ und damit $\lim\limits_{x\to\infty}(1 + \frac{a}{x})^x = \lim\limits_{x\to\infty} e^{x\ln(1+a/x)} = e^a$. Demzufolge geht mit $\gamma \to 1$ die allgemeine Höhenformel in die barometrische Höhenformel $p = p_0 e^{-\frac{\rho_0}{p_0}gh}$ über. □

Zu jeder Basis $a > 0$ ist die Exponentialfunktion $f(x) = a^x = e^{x\ln a}$ umkehrbar, denn zu jedem $y \in f(\mathbb{R}) = (0,\infty)$ ist die Gleichung $y = e^{x \ln a}$ eindeutig nach x auflösbar: $x = \frac{\ln y}{\ln a}$. Nach Vertauschung von x mit y (→ 3.1) ergibt sich die explizite Form der Umkehrfunktion $\ln_a$ – sie heißt *Logarithmus zur Basis a* –

(10) $$\ln_a x = \frac{\ln x}{\ln a}\,, \quad x \in (0,\infty)\,,$$

aus der man sofort die Rechenregeln abliest (→ Satz 4.2):

$$\ln_a(xy) = \ln_a x + \ln_a y\,, \quad \frac{d}{dx}\ln_a x = \frac{1}{x\ln a}\,.$$

Beachte: Wegen $a^x = e^{x\ln a}$ steht hinter jeder allgemeinen Exponentialfunktion die e-Funktion, und hinter jedem allgemeinen Logarithmus $\ln_a$ der natürliche Logarithmus $\ln$. Auch so kompliziert aussehende Funktionen wie etwa

$h(x) = f(x)^{g(x)}$ (alle $f(x) > 0$) sind einfache Kompositionen aus $f, g, \exp$ und $\ln$: $h(x) = e^{g(x) \ln f(x)}$.

4.6 Die Hyperbelfunktionen sinh, cosh, tanh. Die Funktionen *sinus hyperbolicus*, *cosinus hyperbolicus* und *tangens hyperbolicus* sind für alle $x \in \mathbb{R}$ definiert durch

$$\text{(11)} \qquad \boxed{\begin{aligned} \sinh x &:= \frac{e^x - e^{-x}}{2} \\ \cosh x &:= \frac{e^x + e^{-x}}{2} \\ \tanh x &:= \frac{\sinh x}{\cosh x} = \frac{e^x - e^{-x}}{e^x + e^{-x}} \, . \end{aligned}}$$

Diese recht einfachen Kombinationen aus e^x und e^{-x} haben ihrer praktischen Bedeutung wegen einen eigenen Namen bekommen.

Beispiel. Ein homogenes, nur durch das Eigengewicht belastetes Seil hat die Form einer *Kettenlinie*

$$y(x) = a \cosh(\frac{x-b}{a}) + c \, .$$

Hierin sind a, b, c konstant, $a > 0$ (→ Aufg. 7 und Band 2). □

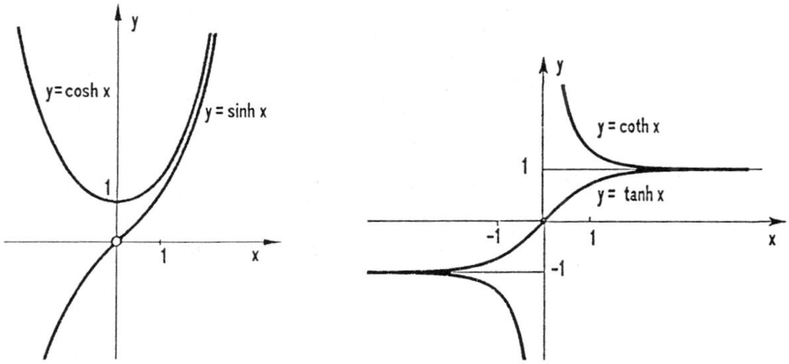

Abb. 98 – Hyperbelfunktionen

In den Rechenregeln besteht eine Analogie zu den Kreisfunktionen. Mit (11) und den Rechenregeln für die e-Funktion verifiziert man leicht

$$\text{(12)} \qquad \begin{aligned} &\text{a)}\ \sinh(-x) = -\sinh(x) \quad , \quad \cosh(-x) = \cosh x \, , \\ &\text{b)}\ \sinh(x+y) = \sinh x \cosh y + \cosh x \sinh y \, , \\ &\phantom{\text{b)}}\ \cosh(x+y) = \cosh x \cosh y + \sinh x \sinh y \, , \\ &\text{c)}\ \cosh^2 x - \sinh^2 x = 1 \, . \end{aligned}$$

Aus der Formel (12 c) erklärt sich der Zusatz „hyperbolicus" im Namen. Ein Punkt mit den kartesischen Koordinaten $x = \cosh t$, $y = \sinh t$ liegt auf der Hyperbel $x^2 - y^2 = 1$. Auch die Differentiation dieser „Hyperbelfunktionen" bereitet keine Mühe:

(13) $$\sinh' x = \cosh x\,, \quad \cosh' x = \sinh x\,, \quad \tanh' x = \frac{1}{\cosh^2 x}\,.$$

Beispiel 1. Für die Kettenlinie gilt $y'' = a\sqrt{1+y'^2}$. □

Beispiel 2. Ein Fallschirmspringer hat nach t Sekunden den Fallweg $s(t) = \frac{v_0^2}{g}\ln(\cosh\frac{gt}{v_0})$ zurückgelegt. Seine Geschwindigkeit ist $v(t) = \dot{s} = v_0 \tanh\frac{gt}{v_0}$. Wegen $\lim_{t\to\infty}\tanh t = 1$ gilt $\lim_{t\to\infty} v(t) = v_0$. Das Bewegungsgesetz lautet

$$\dot{v} = g(1-(\frac{v}{v_0})^2)\,.$$ □

Die Funktion sinh ist über $\mathbb{R}$ echt monoton wachsend, also umkehrbar. Die Umkehrfunktion wird mit arsinh bezeichnet und *area sinus hyperbolicus* genannt. Der hyperbolische cosinus ist sowohl über $[0,\infty)$ als auch über $(-\infty,0]$ umkehrbar (aber nicht über ganz $\mathbb{R}$). Wegen der Symmetrie genügt es, die zu dem „Zweig" über $[0,\infty)$ gehörende Umkehrfunktion zu untersuchen, sie heißt *area cosinus hyperbolicus* (i.Z. arcosh). Die expliziten Darstellungen

(14) $$\begin{aligned} \operatorname{arsinh} x &= \ln(x+\sqrt{x^2+1}) \quad, \quad -\infty < x < \infty \\ \operatorname{arcosh} x &= \ln(x+\sqrt{x^2-1}) \quad, \quad 1 \le x < \infty \end{aligned}$$

dieser Funktionen gewinnt man durch Auflösen der Gleichungen $y = \frac{e^x - e^{-x}}{2}$, bzw. $y = \frac{e^x+e^{-x}}{2}$ nach x (mit anschließender Vertauschung von x und y → 3.1): Aus $y = \frac{e^x-e^{-x}}{2}$ folgt die quadratische Gleichung $(e^x)^2 - 2ye^x - 1 = 0$ für e^x, somit $e^x = y + \sqrt{y^2+1}$. Die zweite formale Lösung der quadratischen Gleichung ist wegen $e^x > 0$ sinnlos. Es folgt $x = \operatorname{arsinh} y = \ln(y+\sqrt{y^2+1})$. Die andere Gleichung in (14) folgt analog.
Die Umkehrfunktion des hyperbolischen Tangens

$$\operatorname{artanh} x = \frac{1}{2}\ln\frac{1+x}{1-x} \quad (-1 < x < 1)$$

spielt in den Anwendungen keine so große Rolle. Mit (14), (6) und der Kettenregel berechnet man die Ableitung:

(15) $$\begin{aligned} \frac{d}{dx}\operatorname{arsinh} x &= \frac{1}{\sqrt{x^2+1}} \quad (x \in \mathbb{R})\,, \\ \frac{d}{dx}\operatorname{arcosh} x &= \frac{1}{\sqrt{x^2-1}} \quad (x > 1)\,. \end{aligned}$$

Die elementaren Funktionen und ihre Ableitungen		
f	f'	Bemerkungen
x^α	$\alpha x^{\alpha-1}$	Def. Bereich abh. von α
$\sin x$	$\cos x$	
$\cos x$	$-\sin x$	
$\tan x$	$\frac{1}{\cos^2 x}$	$x \neq (2k+1)\frac{\pi}{2},\ k \in \mathbb{Z}$
$\cot x$	$-\frac{1}{\sin^2 x}$	$x \neq k\pi,\ k \in \mathbb{Z}$
$\arcsin x$	$\frac{1}{\sqrt{1-x^2}}$	$\|x\| < 1$
$\arccos x$	$-\frac{1}{\sqrt{1-x^2}}$	$\|x\| < 1$
$\arctan x$	$\frac{1}{1+x^2}$	
$\operatorname{arccot} x$	$-\frac{1}{1+x^2}$	
e^x	e^x	
a^x	$a^x \ln a$	$a^x = e^{x \ln a},\ a > 0$
$\ln \|x\|$	$\frac{1}{x}$	$x \neq 0$
$\ln_a x$	$\frac{1}{x \ln a}$	$\ln_a x = \frac{\ln x}{\ln a},\ x, a > 0$
$\sinh x$	$\cosh x$	
$\cosh x$	$\sinh x$	
$\tanh x$	$\frac{1}{\cosh^2 x}$	
$\operatorname{arsinh} x$	$\frac{1}{\sqrt{x^2+1}}$	
$\operatorname{arcosh} x$	$\frac{1}{\sqrt{x^2-1}}$	$x > 1$

Aufgaben

1. Man diskutiere gemäß 2.5 die Funktionen $f(x)$, $x \in \mathbb{R}$,

$$f(x) = x^4 e^x \ , \qquad f(x) = \ln|x - \sqrt{x^2-1}| \ ,$$
$$f(x) = x^x \ , \qquad f(x) = x^{1/x} \ ,$$
$$f(x) = \ln(e^{3x} + e^x - 1) \ , \qquad f(x) = \frac{1}{2}\ln|\frac{1+5x^3}{1-5x^3}| \ ,$$
$$f(x) = e^{\arctan x^3} \ , \qquad f(x) = \frac{e^{ax}}{1+e^{ax}} \ .$$

2. Man bestimme die Grenzwerte

$$\lim_{x\to+\infty} x^2[\ln(1+\frac{1}{x}) - \frac{1}{x+1}] \qquad \lim_{x\to-\infty} \frac{\sinh x}{\cosh x} \ ,$$
$$\lim_{x\to 0} \frac{e^{ax}-e^{bx}}{e^x-1} \qquad \lim_{x\to+\infty} \frac{e^{ax}-e^{bx}}{e^x-1} \ ,$$

Saubere Fallunterscheidung hinsichtlich a, b !

$$\lim_{x\to 0+} (\frac{1}{x})^x \qquad \lim_{x\to 1} x^{1/(1-x)} \ ,$$
$$\lim_{x\to 0}(\cos x)^{1/x^2} \qquad \lim_{x\to\infty}(e^{ax} - bx)^{1/x} \ ,$$
$$\lim_{x\to+\infty} (\frac{2a+x}{a+x})^x \qquad \lim_{x\to 0}(\frac{1}{x^2} - \frac{1}{\sinh^2 x}) \ .$$

3. Man zeige, daß die von A.EINSTEIN eingeführte Funktion strikt monoton fällt:

$$f(x) = x^2 \frac{e^x}{(e^x-1)^2} \ , \qquad x > 0 \ .$$

4. Man berechne die Ableitung von $f(x)$ für

$$f(x) = x^{(x^x)} \qquad f(x) = (x^x)^x \qquad f(x) = x^{10^x} \ .$$

5. Die Strahlungsdichte eines schwarzen Strahlers ist nach M.PLANCK

$$E(\lambda) = A \cdot \lambda^{-5}(e^{1.44/\lambda T} - 1)^{-1} \ , \qquad 0 < \lambda < \infty \ .$$

(T : Temperatur in $°K$; λ Wellenlänge in cm ; A konstant)
Man bestimme die globalen Maximalstellen λ_m (für festes T) und die Konstante K des Verschiebungsgesetzes von WIEN $\lambda_m \cdot T = K$.
Wie groß ist λ_m bei Sonnentemperatur $T = 6.000°K$?
(Hilfe: Setze $x = \dfrac{1.44}{\lambda_m \cdot T}$ und wende das Newton-Verfahren an.)

6. a) Man verbessere die Näherung $x_0 = 0.6$ für die Lösung der Gleichung $f(x) = x \cdot e^x - 1 = 0$ durch einen Newton-Schritt.

   b) Man begründe, warum es mit dem Newton-Verfahren besser ist, die Gleichung in der Form $g(x) = x - e^{-x} = 0$ zu lösen.
   (*Hilfe: Betrachte die Quotienten* f''/f' *und* g''/g')
   Wie lautet in diesem Falle das rekursive Bildungsgesetz $x_{n+1} = r(x_n)$ für die Folge der Näherungswerte des Verfahrens ?

7. Hängt ein Seil nur unter der Last seines Gewichtes G, so beschreibt es eine *Kettenlinie*:

$$y(x) = b + a\cosh\left(\frac{x+c}{a}\right), \qquad a > 0 .$$

Die Spannkraft S ist in jedem Punkt des Seiles tangential gerichtet, ihre Horizontalkomponente ist über die gesamte Länge ℓ des Seiles hinweg konstant: $H = a \cdot \frac{G}{\ell}$.

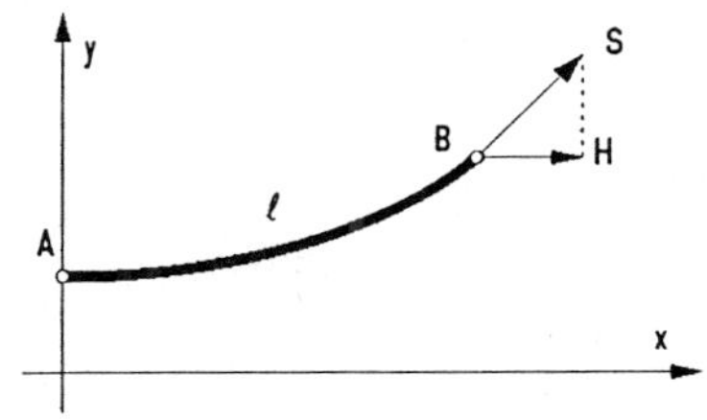

a) Man rechne nach:
$y(x)$ genügt der Differentialgleichung $ay'' = \sqrt{1+y'^2}$.

b) Ein Seil, $100\,\mathrm{N/m}$ schwer, soll zwischen den Punkten $A\,(0\,\mathrm{m}, 100\,\mathrm{m})$ und $B\,(300\,\mathrm{m}, 192.8\,\mathrm{m})$ hängen, so daß es in A horizontal einmündet.
– Man ermittle die drei Bestimmungsgleichungen für a, b, c, löse nach a auf und bestätige:

$$\xi = \frac{300}{a} \quad \text{erfüllt die Gleichung} \quad 1 + \frac{92.8}{300}\,\xi = \cosh\xi .$$

Diese Gleichung ist mit dem Newton-Verfahren zu lösen!
– Wie groß sind somit die Spannkräfte in A und B?
– Bestimme daraus das Gewicht G und schließlich die *nötige Seillänge* ℓ.

8. Man bestätige für $a, b > 0$ die Beziehungen $\ln_a x = \dfrac{\ln_b x}{\ln_b a} = \ln_a e \cdot \ln x$, $x > 0$.
Als *Dämpfungsmaß* zwischen Eingangs- und Ausgangsspannung eines elektrischen Schaltkreises definiert man die Einheit *Dezibel* (dB) : $a = 20 \cdot \ln_{10} \dfrac{U_2}{U_1}$. In welchem Verhältnis stehen U_1 und U_2, wenn $a = 3, 6, 20, 40$ oder 60 dB ?

9. Man drücke die möglichen Umkehrfunktionen von $y = \operatorname{sech} x := \dfrac{1}{\cosh x}$ durch die ln-Funktion aus und skizziere sie.

10. Als *(linear) gedämpfte Schwingung* bezeichnet man für $a > 0$

$$g(x) = e^{-ax} \cdot \sin(\omega x + \varphi), \qquad x \geq 0 .$$

– Man bestimme Nullstellen, Extrema und Wendepunkte von $g(x)$.
– Für welche x berührt $g(x)$ die Kurven $y = \pm e^{-ax}$?
– Man skizziere die Graphen $y = g(x)$, $y = e^{-ax}$, $y = -e^{-ax}$ für $a = \omega = 1$, $\varphi = \frac{\pi}{4}$.

11. Bei einer *Silizium-Gleichrichterdiode* Typ 1N4001 gilt zwischen Spannung U und Stromstärke I die Beziehung

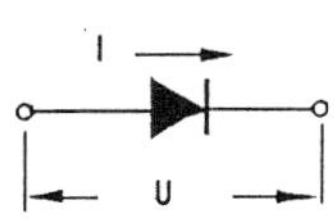

$$I = I(U) = I_S \cdot \left(e^{U/U_T} - 1\right), \quad -100V < U < 1.5V, \quad I \leq 8A .$$

Bei $T = 25°C$ ist $U_T = 47mV$ und $I_S = 30nA$.
– Skizziere die *Kennlinie* im (U, I)-Koordinatensystem.
– Wie nimmt die Spannung U zu, wenn sich der Strom I verzehnfacht ?
– Berechne den *Gleichstromwiderstand* $R = \dfrac{U}{I}$ und den *differentiellen Widerstand* $r = \dfrac{dU}{dI}$ bei $I = 2A$.

12. Eine Population wachse nach dem *logistischen Gesetz*

$$p(t) = \frac{ap_0}{bp_0 + (a - bp_0)e^{-a(t-t_0)}}, \qquad t \geq t_0 ,$$

(Konstanten a, b, $p_0 = p(t_0)$).

a) Wie hoch ist die Grenzpopulation $N = \lim_{t\to\infty} p(t)$?

b) Ist $p(t_1) = N/2$ (Zeitpunkt der halben Sättigung), so gilt $p(t) = \dfrac{a/b}{1 + e^{-a(t-t_1)}}$.

Kapitel 4

Integration

Mit der Integration wird das Umkehrproblem gelöst, aus der Ableitung f' die ursprüngliche Funktion f zu rekonstruieren. Die wesentliche, zur Lösung führende Idee stammt aus dem Mittelwertsatz der Differentialrechnung (→ Kap. 3, §2): Zu jeder Zerlegung $a = x_0 < x_1 < \cdots < x_{n-1} < x_n = x$ des Intervalls $[a, x]$, auf dem f differenzierbar ist, gibt es Zwischenpunkte $\xi_i \in [x_{i-1}, x_i]$, so daß gilt

$$f(x_i) - f(x_{i-1}) = f'(\xi_i)(x_i - x_{i-1}) \quad (i = 1, 2, \ldots, n) .$$

Summation dieser Gleichungen ergibt

$$f(x) - f(x_0) = \sum_{i=1}^{n} f'(\xi_i)(x_i - x_{i-1}) .$$

Da man die ξ_i nicht kennt, ersetzt man sie durch beliebige Zwischenpunkte aus $[x_{i-1}, x_i]$, und erreicht so bei hinreichend feiner Zerlegung des Grundintervalls $[a, x]$ durch die entsprechende Summe eine gute Approximation von $f(x) - f(x_0)$. Es wird sich zeigen, daß der auf diesen Ideen beruhende Integralbegriff das geeignete Mittel ist zur Berechnung von Bogenlängen, Flächen- und Rauminhalten, Arbeit, Potentialen, Momenten, magnetischem Fluß , Zirkulation und vielem anderen.

§1. Das bestimmte Integral

1.1 Die Definition des bestimmten Integrals. Sei f eine auf dem Intervall $[a, b]$ definierte, beschränkte Funktion, die an höchstens endlich vielen Stellen nicht stetig ist (derartige Funktionen nennt man *stückweise stetig*). Durch Einfügen von $n-1$ Teilpunkten

$$a = x_0 < x_1 < \cdots < x_{n-1} < x_n = b$$

wird $[a, b]$ in n Teilintervalle $[x_{i-1}, x_i]$ zerlegt, sodann wird in jedem Teilintervall irgendein Zwischenpunkt ξ_i mit $x_{i-1} \leq \xi_i \leq x_i$ ausgewählt und schließlich die Summe

$$(1) \qquad Z_n := \sum_{i=1}^{n} f(\xi_i)(x_i - x_{i-1})$$

berechnet. Man nennt Z_n eine *Zwischensumme* oder *Riemannsche Summe* von f (nach B. RIEMANN, 1826-1866).

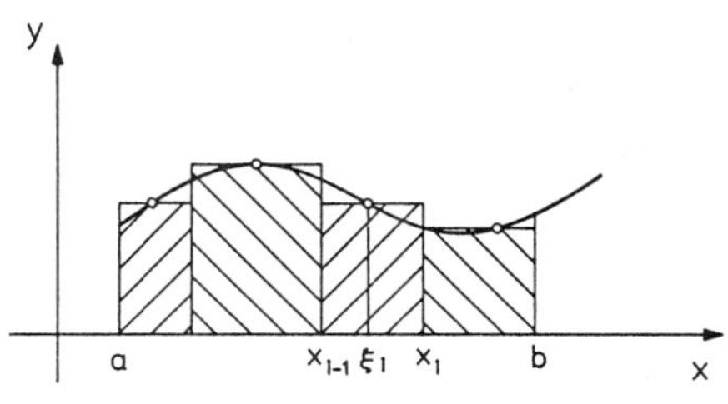

Abb. 99 – Riemann-Summe

Man kann zeigen, daß $\lim_{n\to\infty} Z_n$ existiert, sofern nur die maximale Intervallbreite der einzelnen Unterteilungen mit $n \to \infty$ gegen Null strebt. Außerdem ist dieser Grenzwert unabhängig davon, wie die Teilpunkte und die Zwischenpunkte gewählt werden. Der für alle derartigen Teilungsfolgen gemeinsame Grenzwert wird mit $\int_a^b f(x)\,dx$ bezeichnet und heißt das *bestimmte Integral von* f *über* $[a,b]$, die Randpunkte heißen *Integrationsgrenzen*.

(2) $$\int_a^b f(x)\,dx := \lim_{n\to\infty} \sum_{i=1}^{n} f(\xi_i)(x_i - x_{i-1})\,.$$

Um die Konvergenz der Folge $(Z_n)_{n\geq 1}$ einzusehen, setzen wir vereinfachend f als stetig voraus und eine Folge immer feiner werdender Unterteilungen von $[a,b]$, in der die $(n+1)$-te Unterteilung aus der n-ten durch Hinzunahme weiterer Teilpunkte entsteht. Hierzu bilden wir für $n = 1,2,3,\ldots$ mit

$m_i :=$ Minimum von f auf $[x_{i-1}, x_i]$,

$M_i :=$ Maximum von f auf $[x_{i-1}, x_i]$,

die *Untersummen*

$$s_n := \sum_{i=1}^{n} m_i(x_i - x_{i-1})\,,$$

und die *Obersummen*

$$S_n := \sum_{i=1}^{n} M_i(x_i - x_{i-1})\,.$$

Mit globalem Minimum m und globalem Maximum M von f auf $[a,b]$ gilt $m \leq m_i \leq f(\xi_i) \leq M_i \leq M$ und deshalb

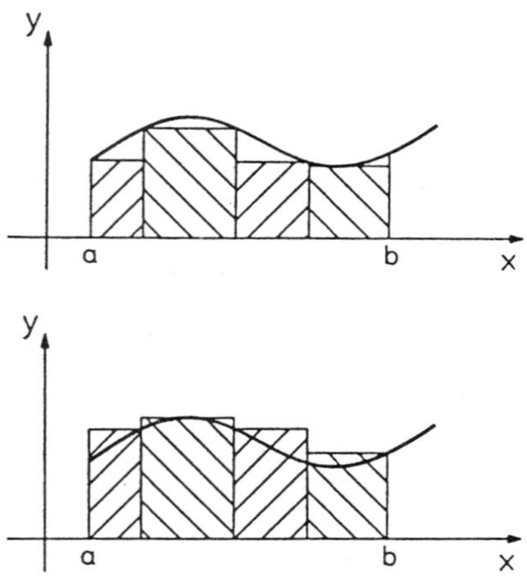

Abb. 100 – Unter- und Obersummen

(3) $$m(b-a) \leq s_n \leq Z_n \leq S_n \leq M(b-a)\,.$$

Man sieht leicht, daß die Folge $(s_n)_{n\geq 1}$ der Untersummen monoton wächst und die Folge der Obersummen $(S_n)_{n\geq 1}$ monoton fällt. Weil beide Folgen beschränkt sind (→ (3)), konvergieren sie (→ Monotonie-Kriterium, Kap. 2, Satz 5.4). Aufgrund der Stetigkeit von f gilt für beliebig kleines $\epsilon > 0$ die Abschätzung $0 \leq M_i - m_i \leq \epsilon$ für alle i, sobald nur sämtliche Teilintervalle hinreichend klein sind (→ Kap. 2, Satz 6.5d). Damit sieht man $S_n - s_n \to 0$ (mit $n \to \infty$) und es folgt $\lim_{n\to\infty} s_n = \lim_{n\to\infty} S_n$. Mit dem Vergleichskriterium (→ Kap. 2, Satz 6.2) folgt

$$\lim_{n\to\infty} s_n = \lim_{n\to\infty} Z_n = \lim_{n\to\infty} S_n\,.$$

Beachte: Das bestimmte Integral $\displaystyle\int_a^b f(x)\,dx$ ist eine Zahl; die „Integrationsvariable“ kann beliebig bezeichnet werden:

$$\int_a^b f(x)\,dx = \int_a^b f(t)\,dt = \int_a^b f(u)\,du\,.$$

Zur Vermeidung von Fallunterscheidungen setzt man

$$\int_a^a f(x)\,dx := 0\;; \qquad \int_b^a f(x)\,dx := -\int_a^b f(x)\,dx\,, \qquad \text{falls } a < b\,.$$

1.2 Die geometrische Deutung.

1) Ist f über $[a,b]$ stetig, $f(x) \geq 0$ für alle $x \in [a,b]$, dann ist die Riemannsche Summe $Z_n = \sum_{i=1}^{n} f(\xi_i)(x_i - x_{i-1})$ eine Summe von Rechteckflächen, die den Flächeninhalt I des von der Kurve $y = f(x)$, der x-Achse und den Geraden $x = a$, $x = b$ begrenzten Flächenstücks approximiert. Je feiner die Zerlegung ist, um so genauer ist die Approximation. Also gilt (→ (2))

(4) $$I = \int_a^b f(x)\,dx\,.$$

(Genau genommen wird hierdurch erst der Flächeninhalt definiert.)

2) Verläuft die Kurve $y = f(x)$ ganz unterhalb der x-Achse ($f(x) \leq 0$ für alle $x \in [a,b]$), kann man mit (4) den entsprechenden Flächeninhalt berechnen:

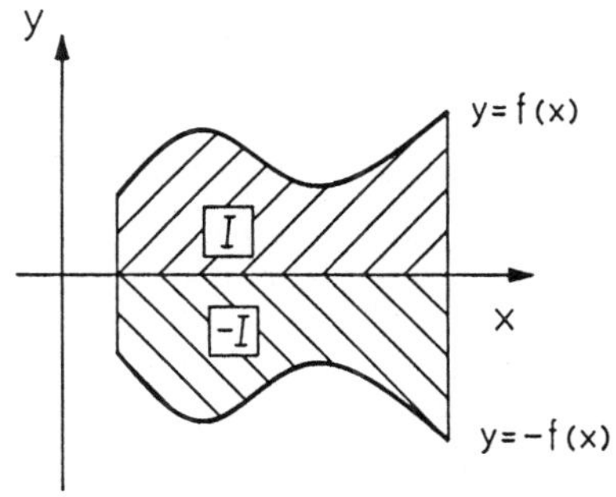

Abb. 101 – Flächeninhalt mit Formel (4)

$$I = \int_a^b -f(x)\,dx = -\int_a^b f(x)\,dx\;; \quad \text{d.h.} \quad \int_a^b f(x)\,dx = -I\,.$$

3) Begrenzt $y = f(x)$ Flächenstücke oberhalb und unterhalb der x-Achse, dann ist $\int_a^b f(x)\,dx$ die Summe der mit einem Vorzeichen versehenen Flächeninhalte; „+“ für die oberhalb der x-Achse liegenden Teile, „−“ für die unterhalb der x-Achse liegenden Teile.

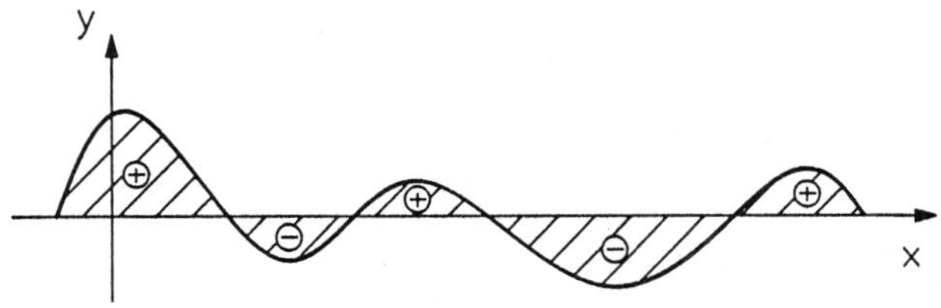

Abb. 102 – Flächen zwischen $y = 0$ und $y = f(x)$, mit Vorzeichen

Beispiel 1,2. $\int_a^b c\,dx = c(b-a)\ ,\quad \int_a^b x\,dx = \frac{1}{2}(b^2-a^2)\,.$ □

Beispiel 3. Für die in der Abb. 103 skizzierte stückweise lineare Funktion f gilt

$$\int_{-2}^{4} f(x)\,dx = -I_1 + I_2 - I_3 = -I_3 = -1\,.$$ □

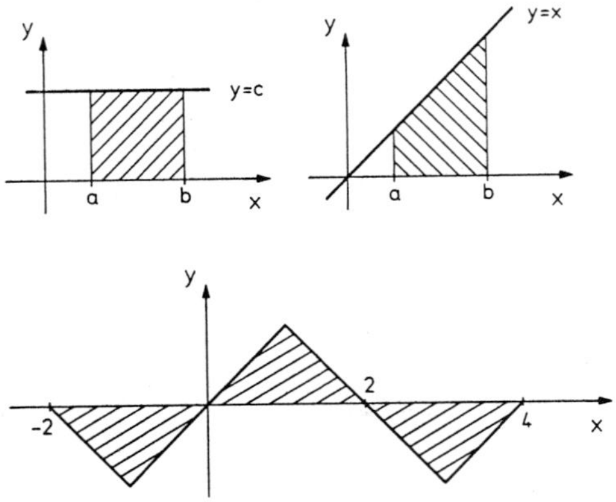

Abb. 103 – Zu den Beispielen 1, 2 und 3

1.3 Elementare Integrationsregeln und der Mittelwertsatz. Sämtliche betrachteten Funktionen seien auf dem abgeschlossenen Intervall $[a,b]$ stückweise stetig. Aus (2) ergeben sich direkt die folgenden Regeln:

(5) $$\int_a^b [\alpha f(x) + \beta g(x)]\,dx = \alpha \int_a^b f(x)\,dx + \beta \int_a^b g(x)\,dx \quad (\alpha,\beta \in \mathbb{R})\ ;$$

(6) $$\int_a^b f(x)\,dx = \int_a^c f(x)\,dx + \int_c^b f(x)\,dx \quad (a \le c \le b)\ ;$$

(7) $$f(x) \le g(x) \quad (a \le x \le b) \ \Rightarrow\ \int_a^b f(x)\,dx \le \int_a^b g(x)\,dx\ .$$

Satz 1.1. Integralabschätzungen. *Ist die Funktion* f *stetig auf* $[a,b]$, *so gilt*

(8) $$m \le f(x) \le M \quad (a \le x \le b) \ \Rightarrow\ m(b-a) \le \int_a^b f(x)\,dx \le M(b-a)\ ;$$

(9) $$\left| \int_a^b f(x)\,dx \right| \le \int_a^b |f(x)|\,dx \quad (a \le b)\ .$$

Beweis. (8) folgt aus (7) und der bekannten Formel $\int_a^b c\,dx = c(b-a)$.
Zu (9): Für alle x gilt $-|f(x)| \le f(x) \le |f(x)|$, daher folgt mit (7) die Ungleichung $-\int_a^b |f(x)|\,dx \le \int_a^b f(x)\,dx \le \int_a^b |f(x)|\,dx$. □

Es folgt eine für die weitere Theorie wichtige Anwendung.

Satz 1.2. Mittelwertsatz der Integralrechnung.
Sind die Funktionen f, g *auf* $[a,b]$ *stetig,* $g(x) \geq 0$ *für alle* $x \in [a,b]$, *dann gibt es wenigstens eine Stelle* $\xi \in [a,b]$ *mit*

$$\int_a^b f(x)g(x)\,dx = f(\xi) \int_a^b g(x)\,dx\,.$$

Beweis. Mit dem Minimum m und dem Maximum M von f auf $[a,b]$ gilt $mg(x) \leq f(x)g(x) \leq Mg(x)$ und damit $m\int_a^b g(x)\,dx \leq \int_a^b f(x)g(x)\,dx \leq M\int_a^b g(x)\,dx$. Deshalb ist $\int_a^b f(x)g(x)\,dx$ darstellbar in der Form $c\int_a^b g(x)\,dx$, mit einer Zahl c zwischen m und M, zu der es nach dem Zwischenwertsatz (→ Kap. 2, Satz 6.5c) wenigstens eine Stelle $\xi \in [a,b]$ gibt mit $c = f(\xi)$. □

Der Spezialfall $g(x) = 1$ zeigt

(10) $$\int_a^b f(x)\,dx = f(\xi)(b-a) \text{ mit geeignetem } \xi \in [a,b]\,.$$

Beispiel. Die spezifische Wärme c eines Körpers hängt von seiner Temperatur T ab, $c = c(T)$. Unter der mittleren spezifischen Wärme im Temperaturbereich $T_1 \leq T \leq T_2$ versteht man das *Integralmittel* $\overline{c} := \frac{1}{T_2 - T_1}\int_{T_1}^{T_2} c(T)\,dT$, welches nach (10) an wenigstens einer Stelle $\overline{T} \in [T_1, T_2]$ „angenommen" wird; $\overline{c} = c(\overline{T})$. □

1.4 Differentiation und Integration. Der in der Einleitung zu diesem Kapitel skizzierte Weg, aus $f = F'$ die Funktion F zu konstruieren, führt auch zu einer einfachen Methode, bestimmte Integrale auszuwerten.

Definition. *Man nennt eine auf dem Intervall* I *differenzierbare Funktion* F *eine* **Stammfunktion** *von* f, *wenn* $F'(x) = f(x)$ *für alle* $x \in I$ *gilt.*

Satz 1.3. Hauptsatz der Differential- und Integralrechnung.
Ist f *eine auf dem Intervall* I *stetige Funktion,* $a, b \in I$, *dann gilt:*
a) Existenz von Stammfunktionen. *Die durch*

$$F_a(x) := \int_a^x f(t)\,dt \qquad (x \in I)$$

definierte Integralfunktion ist eine Stammfunktion von f ; *d.h.*

(11) $$\boxed{\frac{d}{dx}\left(\int_a^x f(t)\,dt\right) = f(x)\,.}$$

Jede andere Stammfunktion von f *hat die Form* $F(x) = F_a(x) + c$, $c \in \mathbb{R}$.

b) Integralberechnung. *Mit einer beliebigen Stammfunktion* F *von* f *gilt*

(12) $$\int_a^b f(x)\,dx = F(x)\Big|_a^b := F(b) - F(a)\,.$$

Beweis. a): Aus (6) und (10) folgt

$$\begin{aligned} F_a(x+h) - F_a(x) &= \int_a^{x+h} f(t)\,dt - \int_a^x f(t)\,dt \\ &= \int_x^{x+h} f(t)\,dt = f(\xi_h)h \end{aligned}$$

mit einer Zahl ξ_h, die mit $h \to 0$ gegen x strebt. Deshalb gilt

$$F_a'(x) = \lim_{h\to 0} \frac{1}{h}[F_a(x+h) - F_a(x)] = \lim_{h\to 0} f(\xi_h) = f(x)\,.$$

Jede weitere Funktion F mit $F' = f = F_a'$ hat nach Kap. 3, §2 (2) die Form $F(x) = F_a(x) + c$ mit $c \in \mathbb{R}$.

b): Nach Teil a) gilt $F(x) = \int_a^x f(t)\,dt + c$ für $x \in I$. Mit $x = a$ folgt $F(a) = c$, bzw. $\int_a^x f(t)\,dt = F(x) - F(a)$ für alle $x \in I$, insbesondere für $x = b$. □

Berechnung des bestimmten Integrals. $\int_a^b f(x)dx$

1. Schritt: Man bestimmt eine Stammfunktion F von f (Probe: $F'(x) = f(x)$).

2. Schritt: Man berechnet $\int_a^b f(x)dx = F(x)\Big|_a^b = F(b) - F(a)$.

Wir befassen uns im folgenden mit den Methoden, zur stetigen Funktion f eine Stammfunktion explizit zu ermitteln.

Definition. *Die Menge aller Stammfunktionen von* f *wird mit* $\int f(x)\,dx$ *bezeichnet und heißt* **unbestimmtes Integral** *von* f.

$\int f(x)\,dx$ besteht nach Teil a) des Hauptsatzes aus allen Funktionen der Form $F(x) + c$ mit $c \in \mathbb{R}$ und einer (festen) Stammfunktion F von f. Man schreibt dafür $\int f(x)\,dx = F(x) + c$. Definitionsgemäß gilt

(13) $$\int f(x)\,dx = F(x) + c \iff F'(x) = f(x)\,.$$

Aus jeder Differentiationsformel $F' = f$ ist demnach sofort das unbestimmte

Integral von f abzulesen; so findet man zunächst die folgenden *Grundintegrale*. Die Differentiationsformeln entnehmen wir Kap. 3.

$F(x)$	$F'(x) = f(x)$	$\int f(x)\,dx = F(x) + c$	Bemerkg.
$\frac{1}{n+1}x^{n+1}$	x^n	$\int x^n\,dx = \frac{1}{n+1}x^{n+1} + c$	$n \neq -1$
$\ln\|x\|$	$\frac{1}{x}$	$\int \frac{1}{x}\,dx = \ln\|x\| + c$	$x \neq 0$
$-\cos x$	$\sin x$	$\int \sin x\,dx = -\cos x + c$	
$\sin x$	$\cos x$	$\int \cos x\,dx = \sin x + c$	
$\tan x$	$\frac{1}{\cos^2 x}$	$\int \frac{1}{\cos^2 x}\,dx = \tan x + c$	$x \neq (2k+1)\pi$
$\cot x$	$-\frac{1}{\sin^2 x}$	$\int \frac{1}{\sin^2 x}\,dx = -\cot x + c$	$x \neq 2k\pi$
$\arcsin x$	$\frac{1}{\sqrt{1-x^2}}$	$\int \frac{dx}{\sqrt{1-x^2}} = \arcsin x + c$	$\|x\| < 1$
$\arctan x$	$\frac{1}{1+x^2}$	$\int \frac{dx}{1+x^2} = \arctan x + c$	
$\frac{1}{2}\ln\frac{1+x}{1-x}$	$\frac{1}{1-x^2}$	$\int \frac{dx}{1-x^2} = \frac{1}{2}\ln\frac{1+x}{1-x} + c$	$\|x\| < 1$
$\frac{1}{a}e^{ax}$	e^{ax}	$\int e^{ax}\,dx = \frac{1}{a}e^{ax} + c$	$a \neq 0$
$\cosh x$	$\sinh x$	$\int \sinh x\,dx = \cosh x + c$	
$\sinh x$	$\cosh x$	$\int \cosh x\,dx = \sinh x + c$	
$\ln\left(x + \sqrt{1+x^2}\right)$	$\frac{1}{\sqrt{1+x^2}}$	$\int \frac{dx}{\sqrt{1+x^2}} = \ln\left(x + \sqrt{1+x^2}\right) + c$	
$\ln\left\|x + \sqrt{x^2-1}\right\|$	$\frac{1}{\sqrt{x^2-1}}$	$\int \frac{dx}{\sqrt{x^2-1}} = \ln\left\|x + \sqrt{x^2-1}\right\| + c$	$\|x\| > 1$

Beispiel 1. Die von der Gravitationskraft $K(x) = g\frac{mM}{x^2}$ längs $[a,b]$ geleistete Arbeit beträgt

$$A = \int_a^b K(x)\,dx = gmM\int_a^b \frac{dx}{x^2} = gmM\left(-\frac{1}{x}\right)\Big|_a^b = gmM\left(\frac{1}{a} - \frac{1}{b}\right). \qquad \sqsupset$$

Beispiel 2.

$$\int_a^b \frac{1}{x}\,dx = \ln|b| - \ln|a| = \ln\frac{|b|}{|a|}\,,$$

vorausgesetzt, $[a, b]$ enthält nicht den Nullpunkt. Insbesondere ergibt sich so die *Integraldarstellung* der ln-Funktion:

$$\boxed{\ln x = \int_1^x \frac{dt}{t} \quad (x > 0)\ .}$$

□

Beispiel 3.

$$\int_0^{\pi/2} \sin x\,dx = -\cos x\,\Big|_0^{\pi/2} = 1\ .$$

□

Beispiel 4. $\displaystyle\int_a^b \frac{dx}{1+x^2} = \arctan b - \arctan a$. Speziell erhält man die Integraldarstellung des Arcustangens:

$$\boxed{\arctan x = \int_0^x \frac{dt}{1+t^2} \quad (x \in \mathbb{R})\,.}$$

□

Aufgaben

1. a) Man berechne $F'(x)$ und $F''(x)$ von $F(x) = \displaystyle\int_0^x \sqrt{1-t^8}\,dt\,,\ -1 \le x \le 1\,.$

   b) Mit einfachen Unter- und Obersummen bestätige man

$$0.496 < F(0.5) < 0.500\ ;\quad 0.733 < F(1) < 1.00\ .$$

2. Man berechne die Integrale durch Rationalmachen des Nenners

$$\int_1^2 \frac{x^2-3x+4}{\sqrt{x}}\,dx\,,\qquad \int_0^1 \frac{dx}{\sqrt{x}+\sqrt{x+1}}\ .$$

3. Man bestätige für zweimal stetig differenzierbares $f(x)$

$$\int_a^b x f''(x)\,dx = bf'(b) - f(b) + f(a) - af'(a)\ .$$

4. Für $\varphi, \psi : [a, b] \to [a, b]$ differenzierbar und f auf $[a, b]$ stetig berechne man

$$\frac{d}{dx}\Big(\int_{\varphi(x)}^{\breve{}(x)} f(t)\,dt\Big)\ .$$

5. Was ist falsch an

$$\int_{-1}^2 \frac{dx}{x^2} = -\frac{1}{x}\Big|_{-1}^2 = \frac{1}{2}\ ?$$

6. Man berechne mit Polynomdivision

$$\int \frac{x^2-x+1}{x-2}\,dx\,, \qquad \int \frac{x^4}{x-1}\,dx\,.$$

7. (Faßregel von J. KEPLER, 1571 – 1630) Man bestätige, daß der Flächeninhalt S des Bereiches, der von der x-Achse, den Geraden $x=a$ und $x=b$ und der kubischen Parabel $y=p(x)=\alpha x^3+\beta x^2+\gamma x+\delta$ begrenzt wird, gegeben ist durch

$$S=\frac{b-a}{6}(y_0+4y_1+y_2)\,,$$

wenn $y_0=p(a)$, $y_1=p(\frac{a+b}{2})$ und $y_2=p(b)$.

8. Man diskutiere die Kurve

$$y=F(x)=\int_0^x t(t-1)e^{-t^2}\,dt\,.$$

9. Ein biegeweiches Seil nimmt bei einer spezifischen Längenbelastung $q(x)$ die Form der *Seilkurve*

$$y(x)=c\int_0^x \Big(\int_0^u q(t)\,dt\Big)\,du$$

an. Man berechne die Seilkurve

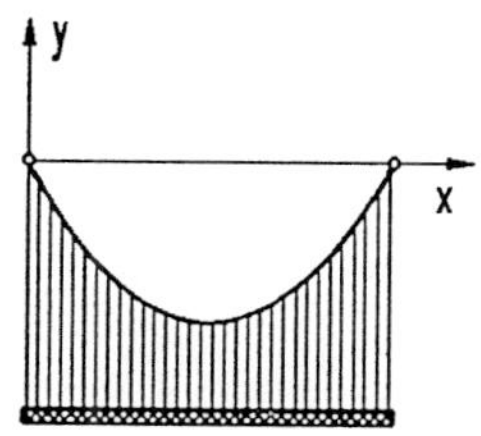

a) für eine *Hängebrücke* mit konstantem $q(x)=q_0$,

b) für die *Kettenlinie* (Seil unter Eigenlast) $q(x)=\cosh x$,

c) für $q(x)=\begin{cases} q_1 & ,\ 0\le x\le 1 \\ q_2 & ,\ 1<x \end{cases}\ ,\quad q_1\ne q_2\,.$

§2. Integrationsregeln

Die 3 Regeln der Differentiation (Linearität, Produktregel und Kettenregel) ergeben mit §1 (13) Regeln zur Berechnung unbestimmter Integrale.

2.1 Linearität. Aus $F'(x)=f(x)$, $G'(x)=g(x)$ folgt für alle $a,b\in\mathbb{R}$ $af(x)+bg(x)=aF'(x)+bG'(x)=(aF(x)+bG(x))'$. Das bedeutet für das Integral $\int(af(x)+bg(x))\,dx=aF(x)+bG(x)+c$; man schreibt dafür

(1) $$\boxed{\int (af(x)+bg(x))\,dx \;=\; a\int f(x)\,dx+b\int g(x)\,dx\,.}$$

Beispiel.

$$\begin{aligned}\int (a_nx^n+\cdots+a_1x+a_0)\,dx &= a_n\int x^n\,dx+\cdots+a_1\int x\,dx+a_0\int dx\\ &=\frac{a_n}{n+1}x^{n+1}+\cdots+\frac{a_1}{2}x^2+a_0x+c\,.\end{aligned}$$ □

2.2 Partielle Integration. Für je zwei auf einem Intervall I stetig differenzierbare Funktionen u, v ist uv wegen $(uv)' = u'v + uv'$ eine Stammfunktion von $u'v + uv'$. Nach §1 (13) bedeutet das $u(x)v(x) + c = \int (u'(x)v(x) + u(x)v'(x))\,dx = \int u'(x)v(x)\,dx + \int u(x)v'(x)\,dx$, bzw.

(2)
$$\boxed{\int u'(x)v(x)\,dx \;=\; u(x)v(x) - \int u(x)v'(x)\,dx\,.}$$

Für das bestimmte Integral lautet die entsprechende Formel

(3)
$$\boxed{\int_a^b u'(x)v(x)\,dx \;=\; u(x)v(x)\,\Big|_a^b - \int_a^b u(x)v'(x)\,dx\,.}$$

Die Berechnung eines Integrals mit Formel (2) bzw. (3) nennt man partielle Integration. Sie gestattet, Integrale der Form $\int f(x)g(x)\,dx$ mit dem Ansatz $f(x) = u'(x)$, $g(x) = v(x)$ auf das oft leichter berechenbare Integral $\int u(x)v'(x)\,dx$ zurückzuführen.

Beispiel 1.

$$\int xe^x\,dx = xe^x - \int e^x\,dx = (x-1)e^x + c\;;$$

(Ansatz: $u'(x) = e^x$, $v(x) = x$; $u(x) = e^x$, $v'(x) = 1$) □

Beispiel 2.

$$\int x^2 \sin x\,dx = -x^2 \cos x + 2\int x\cos x\,dx\,,$$

(Ansatz: $u'(x) = \sin x$, $v(x) = x^2$; $u(x) = -\cos x$, $v'(x) = 2x$)

$$\int x\cos x\,dx = x\sin x - \int \sin x\,dx = x\sin x + \cos x + c\;;$$

insgesamt:

$$\int x^2 \sin x\,dx = -x^2\cos x + 2x\sin x + 2\cos x + c\,.$$ □

Beispiel 3.

$$\begin{aligned}\int e^{ax}\sin bx\,dx &= \frac{1}{a}e^{ax}\sin bx - \frac{b}{a}\int e^{ax}\cos bx\,dx\\ &= \frac{1}{a}e^{ax}\sin bx - \frac{b}{a}\left[\frac{1}{a}e^{ax}\cos bx + \frac{b}{a}\int e^{ax}\sin bx\,dx\right]\,,\quad (a \neq 0)\,.\end{aligned}$$

Zweimalige partielle Integration (beide Male mit $u'(x) = e^{ax}$) führt wieder zum gleichen Integral, jedoch auf der rechten Seite mit einem anderen Faktor als auf der linken Seite. Man kann deshalb die Gleichung nach dem gesuchten Integral auflösen und erhält

$$\int e^{ax}\sin(bx)\,dx = \frac{ae^{ax}\sin(bx) - be^{ax}\cos(bx)}{a^2+b^2} + c\ .$$

So ist beispielsweise im Zeitintervall $0 \le t \le \pi$ das Integralmittel der Auslenkung eines nach $y(t) = e^{-3t}\sin 2t$ schwingenden Punktes

$$\overline{y} = \frac{1}{\pi}\int_0^\pi y(t)\,dt = \frac{e^{-3t}(-3\sin 2t - 2\cos 2t)}{13\pi}\bigg|_0^\pi = \frac{2}{13\pi}(1-e^{-3\pi})\ .$$ □

Beispiel 4. Mit dem Ansatz $u'(x) = 1$ erhält man

$$\int v(x)\,dx = xv(x) - \int xv'(x)\,dx\ ;$$

speziell

$$\int \ln x\,dx = x\ln x - x + c\ ,$$

$$\int \arcsin x\,dx = x\,\arcsin x + \sqrt{1-x^2} + c\ .$$ □

Beispiel 5. Bei Integralen der Form

$$S_n := \int_a^b (\sin x)^n dx\ , \qquad C_n := \int_a^b (\cos x)^n dx\ ,$$

$$A_n := \int_a^b x^n \sin x\,dx\ , \qquad B_n := \int_a^b x^n \cos x\,dx\ ,$$

$$E_n := \int_a^b x^n e^x dx\ , \qquad L_n := \int_a^b (\ln x)^n dx$$

liefert die sich anbietende partielle Integration jeweils eine Rekursionsformel. Wir erläutern das am Beispiel

$$S_n := \int_0^{\pi/2} (\sin x)^n dx \qquad (n = 0, 1, 2, \ldots)\ .$$

Aus der Definition liest man sofort $S_0 = \frac{\pi}{2}$, $S_1 = 1$ ab. Für $n \ge 2$ ergibt eine partielle Integration (mit $u'(x) = \sin x$, $v(x) = (\sin x)^{n-1}$)

$$\begin{aligned} S_n(x) &= -(\cos x)(\sin x)^{n-1}\Big|_0^{\pi/2} + \int_0^{\pi/2} (n-1)(\cos x)^2(\sin x)^{n-2}dx \\ &= (n-1)\int_0^{\pi/2} (1-(\sin x)^2)(\sin x)^{n-2}dx = (n-1)(S_{n-2} - S_n)\ . \end{aligned}$$

Das bedeutet

$$S_n = \frac{n-1}{n} S_{n-2} \qquad (n \ge 2)\ .$$

Aus dieser Rekursionsformel ergibt sich $S_n = \frac{n-1}{n} S_{n-2} = \frac{n-1}{n} \cdot \frac{n-3}{n-2} S_{n-4} = \frac{n-1}{n} \frac{n-3}{n-2} \frac{n-5}{n-4} S_{n-6}$, etc., schließlich (wegen $S_0 = \frac{\pi}{2}$, $S_1 = 1$) für gerades n, $n = 2k$,

$$S_{2k} = \frac{(2k-1)(2k-3)\cdots 3 \cdot 1}{2k(2k-2)\cdots 4 \cdot 2} \cdot \frac{\pi}{2}$$

und für ungerades n, $n = 2k+1$,

$$S_{2k+1} = \frac{2k(2k-2)\cdots 4 \cdot 2}{(2k+1)(2k-1)\cdots 5 \cdot 3} \cdot 1 .$$

Bemerkung. Aus diesen beiden Formeln folgt eine interessante bereits 1656 von J. Wallis angegebene Darstellung der Kreiszahl π.

Wegen $0 \leq \sin x \leq 1$ im Intervall $[0, \frac{\pi}{2}]$ gilt dort $(\sin x)^{2k+1} \leq (\sin x)^{2k} \leq (\sin x)^{2k-1}$ $(k = 1, 2, 3, \ldots)$ und damit $S_{2k+1} \leq S_{2k} \leq S_{2k-1}$, bzw.

$$1 \leq \frac{S_{2k}}{S_{2k+1}} \leq \frac{S_{2k-1}}{S_{2k+1}} .$$

Hierin werden die oben berechneten Werte für die S_n eingetragen. Nach einfacher Umformung erhält man $1 \leq (2k+1)[\frac{(2k-1)(2k-3)\cdots 3 \cdot 1}{2k(2k-2)\cdots 4 \cdot 2}]^2 \frac{\pi}{2} \leq \frac{2k+1}{2k}$. Mit dem Vergleichskriterium (→ Kap. 2, Satz 6.2) folgt

$$\frac{\pi}{2} = \lim_{k\to\infty} \frac{1}{2k+1} \left[\frac{2 \cdot 4 \cdot \cdots \cdot 2k}{3 \cdot 5 \cdots (2k-1)}\right]^2 .$$

2.3 Die Substitutionsmethode. Aus der Kettenregel $\frac{d}{dx} F(g(x)) = F'(g(x))g'(x)$ folgt mit §1(13) und $F'(x) = f(x)$

(4) $$\int f(g(x))g'(x)\,dx = F(g(x)) + c .$$

Für das bestimmte Integral erhält man damit

(5) $$\int_a^b f(g(x))g'(x)\,dx = F(g(b)) - F(g(a)) = \int_{g(a)}^{g(b)} f(t)\,dt .$$

Es gibt zwei Versionen der Substitutionsmethode; beide haben das Ziel, Integrale mit Hilfe von (4) bzw. (5) auszuwerten.

1. Version: Berechnung von $\int f(g(x))g'(x)\,dx$.

1. Schritt: Substitution $g(x) = t$ und $g'(x)dx = dt$.
2. Schritt: Berechnung der Stammfunktion $\int f(t)\,dt = F(t) + c$.
3. Schritt: Rücksubstitution $t = g(x)$, $F(t) = F(g(x))$.
Insgesamt:

$$\int f(g(x))g'(x)\,dx = \int f(t)\,dt = F(t) + c = F(g(x)) + c\,.$$

Beispiel 1.

(6) $$\int \frac{g'(x)}{g(x)}\,dx = \int \frac{dt}{t} = \ln|t| + c = \ln|g(x)| + c$$

(für jede stetig differenzierbare Funktion g ohne Nullstellen). □

Beispiel 2.

$$\int \frac{(\ln x)^2}{x}\,dx = \int t^2\,dt = \frac{1}{3}t^3 + c = \frac{1}{3}(\ln x)^3 + c\,.$$ □

Beispiel 3.

$$\int e^{\sin x}\cos x\,dx = \int e^t\,dt = e^t + c = e^{\sin x} + c\,.$$ □

Beispiel 4.

$$\int \sin(kx+\varphi)\,dx = \frac{1}{k}\int \sin(kx+\varphi)k\,dx \quad (k \neq 0)$$
$$= \frac{1}{k}\int \sin t\,dt = -\frac{1}{k}\cos t + c = -\frac{1}{k}\cos(kx+\varphi) + c\,.$$

Für jede ganze Zahl $k \neq 0$ folgt damit (oder bereits direkt aus (5))

$$\int_0^{2\pi} \sin(kx+\varphi)\,dx = 0$$

mit den beiden Spezialfällen $(\varphi = 0,\ \varphi = -\pi)$

(7) $$\int_0^{2\pi} \sin(kx)\,dx = 0\,, \quad \int_0^{2\pi} \cos(kx)\,dx = 0 \qquad (k \neq 0,\ \text{ganz})\,.$$

Aus den trigonometrischen Identitäten (→ Kap. 2, §3(5))

$$\sin mx \sin nx = \frac{1}{2}[\cos(m-n)x - \cos(m+n)x] \ ,$$

$$\sin mx \cos nx = \frac{1}{2}[\sin(m+n)x + \sin(m-n)x] \ ,$$

$$\cos mx \cos nx = \frac{1}{2}[\cos(m+n)x + \cos(m-n)x]$$

folgen nun mit (7) die wichtigen *Orthogonalitätsrelationen* der Sinus- und Cosinusfunktion:
Für ganze Zahlen $m, n \geq 0$ gilt

(8a) $$\int_0^{2\pi} \sin mx \sin nx \, dx = \begin{cases} 0 & \text{, falls } m = n = 0 \\ 0 & \text{, falls } m \neq n \\ \pi & \text{, falls } m = n \neq 0 \end{cases}$$

(8b) $$\int_0^{2\pi} \cos mx \cos nx \, dx = \begin{cases} 2\pi & \text{, falls } m = n = 0 \\ 0 & \text{, falls } m \neq n \\ \pi & \text{, falls } m = n \neq 0 \end{cases}$$

(8c) $$\int_0^{2\pi} \sin mx \cos nx \, dx = 0 \ .$$

□

2. Version: Berechnung von $\int f(x)\,dx$.

1. Schritt: Substitution $x = g(t)$, $dx = g'(t)\,dt$ mit einer *geeigneten, umkehrbaren* Funktion g.

2. Schritt: Berechnung $\int f(g(t))g'(t)\,dt = H(t) + c$.

3. Schritt: Auflösung $x = g(t)$ nach t, d.h. $t = h(x)$, dann ist

$$\int f(x)\,dx = H(h(x)) + c \ .$$

Beispiel 1. $F(x) = \int \frac{e^{3x}}{e^{2x}-1}\,dx$

1. Schritt: Die Substitution $x = \ln t$, $dx = \frac{1}{t}\,dt$ führt auf

$$F(\ln t) = \int \frac{t^2}{t^2-1}\,dt.$$

2. Schritt: Die Integralberechnung:

$$\int \frac{t^2}{t^2-1}\,dt = \int \left(1 + \frac{1}{t^2-1}\right) dt$$

$$= \int dt + \int \frac{dt}{t^2-1} = t + \frac{1}{2}\ln\left|\frac{t-1}{t+1}\right| + c \qquad (\to \text{Tabelle})\,.$$

3. Schritt: Die Rücksubstitution $t = e^x$ bringt

$$F(x) = e^x + \frac{1}{2}\ln\left|\frac{e^x-1}{e^x+1}\right| + c\,. \qquad \square$$

Beispiel 2. $F(x) = \int \sqrt{1-x^2}\,dx \quad (|x| \le 1)\,.$

1. Schritt: Die Substitution $x = \sin t$, $dx = \cos t\,dt$ $\quad (-\frac{\pi}{2} \le x \le \frac{\pi}{2})$ führt auf

$$F(\sin t) = \int \sqrt{1-\sin^2 t}\,\cos t\,dt = \int \cos^2 t\,dt \quad (\cos t \ge 0 \text{ über } [-\tfrac{\pi}{2}, \tfrac{\pi}{2}])\,.$$

2. Schritt: $\int \cos^2 t\,dt = \frac{1}{2}(t + \sin t \cos t) + c$ $\quad (\to$ Aufgabe 1)

3. Schritt: Die Rücksubstitution $t = \arcsin x$ führt auf

$$F(x) = \int \sqrt{1-x^2}\,dx = \frac{1}{2}(\arcsin x + x\sqrt{1-x^2}) + c\,. \qquad \square$$

Hinweis: Zur Berechnung eines bestimmten Integrals $\int_\alpha^\beta f(x)\,dx$ mit der Substitutionsmethode ist es häufig günstiger, direkt von (5) in der Form

$$\int_\alpha^\beta f(x)\,dx = \int_a^b f(g(t))g'(t)\,dt = F(g(t))\,\Big|_a^b$$

auszugehen, wobei a, b aus $\alpha = g(a)$, $\beta = g(b)$ zu bestimmen sind. Durch die im 1.Schritt ebenfalls vorzunehmende Substitution der Grenzen (α durch a, β durch b) erspart man sich die Rücksubstitution.

Beispiel. $I = \int_0^1 \frac{dx}{(1+x^2)^2}\,.$

Die Substitution $x = \tan t$, $dx = \frac{1}{\cos^2 t}\,dt$ und die neuen Grenzen $0, \frac{\pi}{4}$ (mit $0 = \tan 0$, $1 = \tan\frac{\pi}{4}$) ergeben

$$I = \int_0^{\pi/4} \frac{dt}{\cos^2 t\left(1 + \frac{\sin^2 t}{\cos^2 t}\right)^2} = \int_0^{\pi/4} \cos^2 t\;dt = \frac{1}{2}(t + \sin t \cos t)\,\Big|_0^{\pi/4}$$

$$= \frac{\pi}{8} + \frac{1}{4}\,. \qquad \square$$

2.4 Symmetrien beachten. Häufig lassen sich bestimmte Integrale leichter auswerten, wenn Symmetrie-Eigenschaften des Integranden erkannt und berücksichtigt werden. Für eine gerade Funktion f mit $f(-x) = f(x)$ gilt

$$\int_{-a}^{a} f(x)\,dx = 2\int_0^a f(x)\,dx\,,$$

und für eine ungerade Funktion g mit $g(-x) = -g(x)$ gilt

$$\int_{-a}^{a} g(x)\,dx = 0\ ,$$

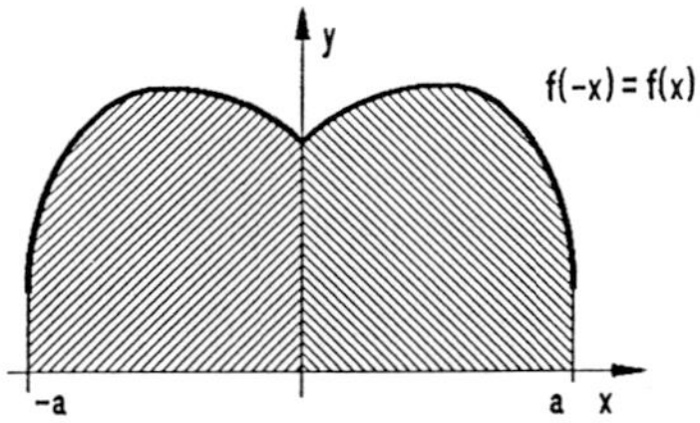

Abb. 104a – Gerade Symmetrie

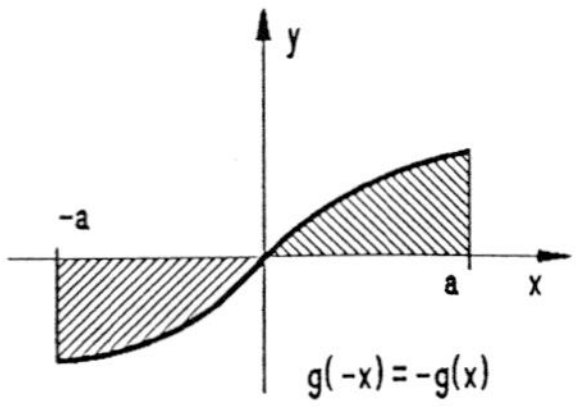

Abb. 104b – Ungerade Symmetrie

was man sofort aufgrund der geometrischen Deutung (→ 1.2) einsieht, aber auch mittels der Substitution $x = -t$, $dx = -dt$ leicht bestätigen kann.

Beispiele.

$$\int_{-\pi/2}^{\pi/2} \cos x\,dx = 2\int_{0}^{\pi/2} \cos x\,dx = 2\ ; \qquad \int_{-5}^{5} (\sinh x)\,dx = 0\ . \qquad \square$$

2.5 Ausblicke. Man sagt,

„die Differentiation gehört zum Handwerk, die Integration zur Kunst“.

Die Ableitung einer Funktion, die sich aus den bisher behandelten „elementaren“ Funktionen zusammensetzt, kann man mit den bekannten Regeln direkt berechnen. Anders verhält es sich bei der Integration. Man kann zwar mit geschickten Ansätzen und zum Teil „trickreichen“ Substitutionen neben den Grundintegralen noch zahlreiche weitere Integrale berechnen (→ §3); doch sehr viele Integranden widersetzen sich allen Tricks, sie besitzen (nachweislich) keine aus den elementaren Funktionen zusammengesetzte Stammfunktion. In diesen Fällen liefert das Integral $F(x) = \int_a^x f(t)\,dt$ neue, noch nicht erfaßte Funktionen. Dazu gehören etwa (→ §7 und Kap. 5, §5):

a) Der *Integralsinus*

$$\operatorname{Si} x := \int_0^x \frac{\sin t}{t}\,dt \qquad (0 \le x < \infty)\ .$$

Wegen $\lim\limits_{t\to 0} \frac{\sin t}{t} = 1$ ist der Integrand bei $t = 0$ durch 1 zu ersetzen.

b) Die *Fehlerfunktion*

$$\Phi(x) := \frac{2}{\sqrt{\pi}} \int_0^x e^{-t^2}\,dt \qquad (0 \le x < \infty)\ .$$

c) Die *elliptischen Integrale* und deren Umkehrfunktionen (*die elliptischen Funktionen*).

$$F(x,k) := \int_0^x \frac{dt}{\sqrt{1-k^2\sin^2 t}} \qquad (0 \le x < \infty)$$

$$E(x,k) := \int_0^x \sqrt{1-k^2\sin^2 t}\, dt \qquad (0 \le x < \infty)$$

Für die Konstante k ist $0 \le k^2 < 1$ vorausgesetzt.

Aufgaben

1. Man berechne durch partielle Integration

$$\int \sin^2 x\, dx\,, \qquad \int \cos^2 x\, dx$$

und gebe je eine Rekursionsformel für

$$\int \sin^n x\, dx\,, \qquad \int \cos^n x\, dx\,.$$

2. Man berechne die Integrale

$$\int_0^\pi \cos(3t-5)\, dt\,, \qquad \int_{-\pi}^{\pi} \frac{\cos x}{5+\sin^2 x}\, dx\,,$$

$$\int \frac{x^2}{\sqrt{1-x^6}}\, dx\,, \qquad \int x^2 \cos x\, dx\,,$$

$$\int \frac{\sin 2x}{3+\sin^2 x}\, dx\,, \qquad \int \frac{dx}{\sqrt{1-x^2}\arcsin x}\,.$$

3. Es sei $E_n := \int_0^1 x^n e^x\, dx\,,\ n = 0, 1, 2, \dots$.

   a) Man berechne E_0, E_1, E_2 und stelle E_n rekursiv durch E_{n-1} dar.

   b) Mit einem Taschenrechner berechne man damit E_{16}. Ist dieser Wert zuverlässig?

   c) Man zeige: Die Folge der E_n fällt monoton und es gilt

   $$\frac{e}{n+2} < E_n < \frac{e}{n+1}\,.$$

   d) Man setze $E_{25} = 0$, berechne daraus über die Rekursionsformel *rückwärts* E_{16} mit einem Taschenrechner (*Rückwärtselimination*).

4. a) Man bestätige über das Symmetrieverhalten der Funktion $(x - \frac{\pi}{2}) f(\sin x)$:

   $$\int_0^\pi x f(\sin x)\, dx = \frac{\pi}{2} \int_0^\pi f(\sin x)\, dx\,.$$

   b) Mit der Substitution $t = \pi - x$ berechne man $\int_0^\pi \frac{x \sin x}{1+\cos^2 x}\, dx$.

5. a) Man berechne mittels partieller Integration $(u'(x) = 1)$

   $$\int \sqrt{1-x^2}\, dx\,, \qquad \int \sqrt{1+x^2}\, dx\,, \qquad \int \sqrt{x^2-1}\, dx\,.$$

b) Man berechne den Flächeninhalt F der schraffierten Sektoren als Funktion von x und stelle x als Funktion von F dar. (Interpretation von „*area*" bei $\operatorname{arcosh} x$)

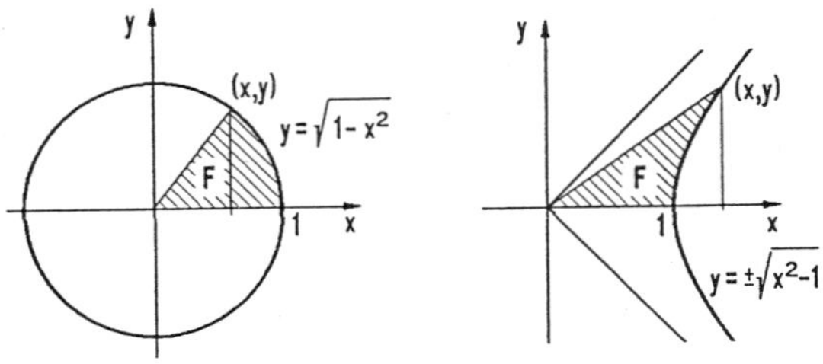

6. Eine *zweistufige Rakete* für kleine Satelliten hat die Kenndaten:

	Leermasse	Treibstoffmasse	Verbrauch	Schubkraft F
1. Stufe	5000kg	125000kg	1000kg/s	$2.45 \cdot 10^6$ N
2. Stufe	2000kg	16000kg	80kg/s	$2.48 \cdot 10^5$ N

Die Rakete wird vertikal gestartet; ist der Treibstoff der 1. Stufe verbraucht, so wird deren Hülle abgestoßen. Setzt man vereinfachend $g = 9,81\,\mathrm{m/s^2}$ (unabhängig von der Höhe) für den Flug konstant, so gilt für die Beschleunigung der Rakete

$$\ddot{h}(t) = \dot{v}(t) = b(t) = \frac{F}{m(t)} - g\ .$$

a) Bestimme die Funktion $m(t)$ ($=$ Gesamtmasse zur Zeit t).

b) Welche Geschwindigkeit v hat die Rakete 125 s bzw. 325 s nach dem Start?

c) Welche Höhe h wird nach 125 s bzw. 325 s erreicht?

d) Skizziere $m(t)$, $b(t)$, $v(t)$ und $h(t)$ für $0 \le t \le 325$ s.

7. Mittels partieller Integration rechne man für die LEGENDRE-Polynome (→ Kap. 2, §2, Aufg. 11, Kap. 3, §1, Aufg. 5)

$$P_n(x) = \frac{1}{2^n n!}\frac{d^n}{dx^n}(x^2-1)^n\ , \qquad n = 0,1,2,\ldots$$

die Orthogonalitätsrelation nach

$$\int_{-1}^{1} P_n(x)P_m(x)\,dx = \begin{cases} 0 & , n \neq m \\ \dfrac{2}{2n+1} & , n = m \end{cases}\ .$$

8. Für einen Wechselstrom $J(t)$ mit der Periode T definiert man drei Mittelwerte:

Effektivwert $\quad J_{eff} := \left(\frac{1}{T}\int_0^T J^2(t)\,dt\right)^{1/2}$

Integralmittel $\quad \bar{J} := \frac{1}{T}\int_0^T J(t)\,dt$

Gleichrichtwert $\quad |\bar{J}| := \frac{1}{T}\int_0^T |J(t)|\,dt\ .$

Berechne die drei Mittelwerte

a) für den sinusförmigen Strom $J(t) = J_0 \sin \dfrac{2\pi t}{T}$,

b) für den *„Sägezahn“*-Strom:

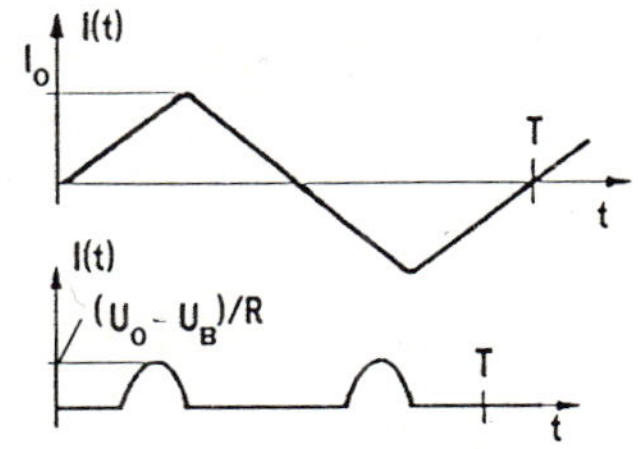

c) für den *„Batterie-Ladestrom“*

$$J(t) = \max\{\, 0, \frac{1}{R}(|U_0 \sin \frac{2\pi t}{T}| - U_B)\,\}$$

mit $U_B = 14\text{V}$, $U_0 = 20\text{V}$, $R = 0.5\Omega$ und $\dfrac{1}{T} = 50\text{hz}$.

9. a) Mit der Substitution $\cos x = \cos^2 \varphi$ bestätige man

$$\int_0^{\pi/2} \frac{dx}{\sqrt{\cos x}} = \sqrt{2} F(\frac{\pi}{2}, \sqrt{1/2}) .$$

b) Man substituiere $\sin t = \cos^2 \psi$ und zeige

$$\int_0^x \sqrt{\sin t}\, dt = 2\sqrt{2}\big(E(\frac{\pi}{2}, k) - E(\varphi, k)\big) - \sqrt{2}\big(F(\frac{\pi}{2}, k) - F(\varphi, k)\big)$$

mit $k^2 = \dfrac{1}{2}$, $\sin x = \cos^2 \varphi$.

c) Man substituiere $x = \sin t$ und bestätige

$$\int_0^1 \frac{dx}{\sqrt{1-x^2}\sqrt{1-k^2x^2}} = F(\frac{\pi}{2}, k) \qquad 0 \le k^2 < 1 .$$

§3. Die Integration der rationalen Funktionen

3.1 Die Partialbruchzerlegung. Für die Integration einer echt gebrochen rationalen Funktion ist deren Zerlegung in eine Summe sogenannter Partialbrüche (oder Stammbrüche) wichtig. Wir gehen aus von einer rationalen Funktion $f(x) = \dfrac{p(x)}{q(x)}$ mit Polynomen $p(x), q(x)$ ohne gemeinsamen Polynomfaktor (→ Kap. 2, §2), Grad $p(x) <$ Grad $q(x)$, und erstellen die Partialbruchzerlegung wie folgt:

1. Schritt: Die *Produktdarstellung* von $q(x)$ herstellen.

$$q(x) = c(x - b_1)^{k_1}(x - b_2)^{k_2} \cdots (x - b_r)^{k_r} q_1(x)^{l_1} \cdots q_s(x)^{l_s}$$

mit den paarweise verschiedenen reellen Nullstellen b_i der Vielfachheit k_i und verschieden quadratischen Polynomen $q_j(x)$, die in $\mathbb{R}$ keine Nullstelle besitzen (→ Kap. 2, Satz 2.3).

2. Schritt: *Der Partialbruchansatz.*

Die zu jedem Linearfaktor $x - b$ von $q(x)$ $(b \in \{b_1, \ldots, b_r\})$ der Vielfachheit k und zu jedem quadratischen Faktor $Q \in \{q_1, \ldots, q_s\}$ der Vielfachheit l gebildeten Funktionen der Form

$$\frac{A_1}{x-b}\,,\quad \frac{A_2}{(x-b)^2}\,,\dots,\quad \frac{A_k}{(x-b)^k}\,,$$
$$\frac{B_1x+C_1}{Q(x)}\,,\quad \frac{B_2x+C_2}{Q(x)^2}\,,\dots,\quad \frac{B_lx+C_l}{Q(x)^l}$$

(mit Koeffizienten $A_i, B_j, C_j \in \mathbb{R}$) nennt man *Partialbrüche* von $\frac{p(x)}{q(x)}$. Im Partialbruchansatz wird nun $\frac{p(x)}{q(x)}$ als Summe all dieser Partialbrüche mit noch unbekannten Koeffizienten A_i, B_j, C_j dargestellt. (Die Existenz der Partialbruchzerlegung wird mit Mitteln der Funktionentheorie gezeigt werden, → Bd. 2.)

3. Schritt: Koeffizientenberechnung (*Einsetzmethode, Koeffizientenvergleich*). Man multipliziert die Ansatzgleichung mit $q(x)$ und erhält auf beiden Seiten ein Polynom. Nun ergeben sich Bestimmungsgleichungen für die Unbekannten $A_i, B_j, C_j, \dots$ des Partialbruchansatzes durch Gleichsetzen der Koeffizienten entsprechender x-Potenzen links und rechts (→ Kap. 2, Satz 2.1) oder durch Einsetzen spezieller x-Werte (etwa $x = b_1, b_2, \dots$).

Beispiel 1. Für $f(x) = \frac{x^2+x+1}{(x-1)^3(x-2)}$ lautet der Partialbruchansatz

$$f(x) = \frac{A_1}{x-1} + \frac{A_2}{(x-1)^2} + \frac{A_3}{(x-1)^3} + \frac{B}{x-2}$$

(jeweils nur bis zu der Potenz, mit welcher der entsprechende Faktor im Nenner vorkommt). Multiplikation mit dem Nennerpolynom $(x-1)^3(x-2)$ führt auf

$$x^2+x+1 = A_1(x-1)^2(x-2) + A_2(x-1)(x-2) + A_3(x-2) + B(x-1)^3\,.$$

Einsetzmethode: Die speziellen Werte $x = 1$, $x = 2$, $x = 3$, $x = 0$ ergeben die Bestimmungsgleichungen $3 = -A_3$, $7 = B$, $13 = 4A_1 + 2A_2 + A_3 + 8B$, $1 = -2A_1 + 2A_2 - 2A_3 - B$. Daraus folgt $A_1 = -7$, $A_2 = -6$, $A_3 = -3$, $B = 7$,

$$\frac{x^2+x+1}{(x-1)^3(x-2)} = -\frac{7}{x-1} - \frac{6}{(x-1)^2} - \frac{3}{(x-1)^3} + \frac{7}{x-2}\,.$$

Koeffizientenvergleich: Zuerst wird die rechte Seite obiger Gleichung nach fallenden x-Potenzen geordnet.

$$\begin{aligned} x^2+x+1 =& (A_1+B)x^3 + (-4A_1 + A_2 - 3B)x^2 + (5A_1 - 3A_2 + A_3 + 3B)x \\ &+ (-2A_1 + 2A_2 - 2A_3 - B)\,. \end{aligned}$$

Der Koeffizientenvergleich ergibt $A_1 + B = 0$, $-4A_1 + A_2 - 3B = 1$, $5A_1 - 3A_2 + A_3 + 3B = 1$, $-2A_1 + 2A_2 - 2A_3 - B = 1$. □

Beispiel 2. Der Partialbruchansatz für

$$f(x) = \frac{x+1}{(x-1)^2(x^2+1)^3}$$

lautet

$$f(x) = \frac{A_1}{x-1} + \frac{A_2}{(x-1)^2} + \frac{B_1x + C_1}{x^2+1} + \frac{B_2x + C_2}{(x^2+1)^2} + \frac{B_3x + C_3}{(x^2+1)^3} .$$

Nach Multiplikation mit dem Nennerpolynom $(x-1)^2(x^2+1)^3$ entsteht die Polynomgleichung

$$\begin{aligned} x+1 =& A_1(x-1)(x^2+1)^3 + A_2(x^2+1)^3 + (B_1x + C_1)(x-1)^2(x^2+1)^2 \\ &+ (B_2x + C_2)(x-1)^2(x^2+1) + (B_3x + C_3)(x-1)^2 , \end{aligned}$$

aus der man durch Einsetzen spezieller x-Werte ($x = 1, 2, 0, \dots$) oder über einen Koeffizientenvergleich die A_i, B_j, C_j bestimmt. Man erhält

$$\frac{x+1}{(x-1)^2(x^2+1)^3} = \frac{1}{8}\Big(\frac{2}{(x-1)^2} - \frac{5}{x-1} + \frac{5x+3}{x^2+1} + \frac{6x+2}{(x^2+1)^2} + \frac{4x-4}{(x^2+1)^3}\Big) . \quad \square$$

Bemerkung: Häufig führt eine Kombination aus Einsetzmethode und Koeffizientenvergleich am schnellsten zum Ziel.

3.2 Die Integration einer gebrochen rationalen Funktion $R(x)$ geschieht in mehreren Schritten:

1. Schritt: Mittels *Polynomdivision* (→ Kap. 2, §2) wird $R(x)$ dargestellt in der Form

$$R(x) = g(x) + \frac{p(x)}{q(x)}$$

mit dem ganzen Polynomanteil $g(x)$, den Polynomen $p(x), q(x)$ ohne gemeinsamen Polynomfaktor und Grad $p(x) <$ Grad $q(x)$.

Falls $p = 0$, kann sofort integriert werden, sonst geht es weiter mit dem

2. Schritt: Die *Partialbruchzerlegung* von $\dfrac{p(x)}{q(x)}$ erstellen (→ 3.1).

3. Schritt: Die *Integration* des ganzen Anteils $g(x)$ (mühelos, → 2.1) und der Partialbrüche; dieses geschieht mit den folgenden Formeln, die man durch Differenzieren bestätigen kann.

(1) $$\int \frac{dx}{x-a} = \ln|x-a| + c$$

(2) $$\int \frac{dx}{(x-a)^k} = -\frac{1}{k-1}\frac{1}{(x-a)^{k-1}} + c \quad (k > 1) .$$

In den Formeln (3)-(6) wird $p^2 - 4q < 0$, in (5) und (6) $k > 1$ vorausgesetzt.

(3) $$\int \frac{dx}{x^2+px+q} = \frac{2}{\sqrt{4q-p^2}} \arctan \frac{2x+p}{\sqrt{4q-p^2}} + c$$

(4) $$\int \frac{ax+b}{x^2+px+q}\,dx = \frac{a}{2}\ln|x^2+px+q| + (b - \frac{ap}{2}) \int \frac{dx}{x^2+px+q}$$

(5) $$\begin{aligned} \int \frac{dx}{(x^2+px+q)^k} =& \frac{2x+p}{(k-1)(4q-p^2)(x^2+px+q)^{k-1}} \\ &+ \frac{2(2k-3)}{(k-1)(4q-p^2)} \int \frac{dx}{(x^2+px+q)^{k-1}} \end{aligned}$$

$$(6) \qquad \int \frac{ax+b}{(x^2+px+q)^k}\,dx = -\frac{a}{2(k-1)(x^2+px+q)^{k-1}} + \left(b-\frac{ap}{2}\right)\int \frac{dx}{(x^2+px+q)^k}\,.$$

Die Rekursionsformel (5) ist gegebenenfalls mehrfach anzuwenden, bis das quadratische Polynom im Nenner nur noch einfach vorkommt.

4. Schritt: Das Integral $\int R(x)\,dx$ als Summe der Teilintegrale darstellen.

Beispiel.

$$R(x) = \frac{3x^5-2x^4+4x^3+4x^2-7x+6}{(x-1)^2(x^2+1)^2}$$

1. Schritt entfällt, da Zählergrad < Nennergrad und weder $x-1$ noch x^2+1 gekürzt werden kann.
2. Schritt: Die Partialbruchzerlegung ergibt

$$R(x) = \frac{1}{x-1} + \frac{2}{(x-1)^2} + \frac{2x+1}{x^2+1} + \frac{4}{(x^2+1)^2}\,.$$

3. Schritt: Die Integration der Partialbrüche.

$$\int \frac{dx}{x-1} = \ln|x-1| + c\,,$$

$$\int \frac{2\,dx}{(x-1)^2} = -\frac{2}{x-1} + c\,,$$

$$\int \frac{2x+1}{x^2+1}\,dx = \int \frac{2x}{x^2+1}\,dx + \int \frac{dx}{x^2+1} = \ln|x^2+1| + \arctan x + c\,,$$

$$\int \frac{4\,dx}{(x^2+1)^2} = \frac{2x}{x^2+1} + 2\int \frac{dx}{x^2+1} = \frac{2x}{x^2+1} + 2\arctan x + c\,.$$

4. Schritt:

$$\int R(x)\,dx = -\frac{2}{x-1} + \frac{2x}{x^2+1} + \ln|x-1| + \ln|x^2+1| + 3\arctan x + c\,.$$

Ein 5. *Schritt*, zur Probe die rechte Seite zu differenzieren, beruhigt das Gemüt!

□

Ergänzung: Im folgenden geben wir einige weitere Funktionstypen an, deren Integration mit einer passenden Substitution ebenfalls auf diesem Wege durchführbar ist.

3.3 Die Integration von $R(e^x)$**.** In einem Integral der Form $\int R(e^{ax})\,dx$ mit einer rationalen Funktion R führt die Substitution $e^{ax}=t$, d.h. $x=\frac{1}{a}\ln t$, $dx=\frac{1}{at}\,dt$, auf $\int R(e^{ax})\,dx = \int R(t)\frac{1}{at}\,dt$.

Beispiel.

$$\int \frac{dx}{e^x + e^{-x}} = \int \frac{1}{t + \frac{1}{t}} \frac{1}{t}\, dt = \arctan t + c = \arctan e^x + c\,. \qquad \square$$

3.4 Die Integration von $R\left(x, \sqrt[k]{\dfrac{ax+b}{cx+e}}\right)$, $ae - bc \neq 0$. Mit $R(x, y)$ soll ein rationaler Ausdruck in x und y bezeichnet werden; d.h. $R(x, y)$ entsteht aus x, y und Konstanten allein durch Addition, Subtraktion, Multiplikation und Division. $R(x, f(x))$ bedeutet, daß y in $R(x, y)$ durch $f(x)$ ersetzt wurde. Ein Integral vom Typ $\int R\left(x, \sqrt[k]{\dfrac{ax+b}{cx+e}}\right) dx$ (mit $ae - bc \neq 0$) wird mit der Substitution $t = \sqrt[k]{\dfrac{ax+b}{cx+e}}$, d.h. $x = \dfrac{et^k - b}{a - ct^k}$, $dx = k(ae - bc)\dfrac{t^{k-1}}{(a - ct^k)^2}$, zum Integral einer in t rationalen Funktion.

Beispiel.

$$\int \frac{1 - \sqrt{x}}{x + \sqrt{x}}\, dx = \int \frac{1 - t}{t^2 + t}\, 2t\, dt = 2 \int \frac{1 - t}{1 + t}\, dt$$
$$= 4 \ln|t + 1| - 2t + c = 4 \ln(\sqrt{x} + 1) - 2\sqrt{x} + c\,.$$

$\square$

3.5 Die Integration von $R(\sin x, \cos x)$ mit rationalem Ausdruck $R(x, y)$ wird über die Substitution

$$x = 2 \arctan t\,, \quad dx = \frac{2}{1 + t^2}\, dt \quad \text{und daraus folgend}$$

$$\sin x = \frac{2t}{1 + t^2}\,, \quad \cos x = \frac{1 - t^2}{1 + t^2} \qquad (-\pi < x < \pi)\,,$$

ebenfalls auf die Integration einer rationalen Funktion zurückgeführt.

Beispiel.

$$\int \frac{dx}{\cos x} = \int \frac{1 + t^2}{1 - t^2} \frac{2\, dt}{1 + t^2} = \ln\left|\frac{1 + t}{1 - t}\right| + c = \ln\left|\frac{1 + \tan\frac{x}{2}}{1 - \tan\frac{x}{2}}\right| + c\,. \qquad \square$$

3.6 Trigonometrische und hyperbolische Substitutionen. Integrale der Form $\int R(x, \sqrt{ax^2 + bx + c})\, dx$, $a \neq 0$, lassen sich mit einer linearen Substitution $u = \alpha x + \beta$, $dx = \dfrac{1}{\alpha}\, du$ in eine der folgenden Normalformen umwandeln.

$$\int R(u, \sqrt{u^2 + 1})\, du\,, \quad \int R(u, \sqrt{u^2 - 1})\, du\,, \quad \int R(u, \sqrt{1 - u^2})\, du$$

Die Substitution $u = \sinh t$, bzw. $u = \cosh t$, bzw. $u = \sin t$ führt weiter auf Integrale des in 3.3 und 3.5 behandelten Typs.

Beispiel.

$$\int \sqrt{4x^2+12x+5}\,dx = 2\int \sqrt{\left(\frac{2x+3}{2}\right)^2-1}\,dx$$

$$= 2\int \sqrt{u^2-1}\,du; \qquad u = \frac{2x+3}{2} = \cosh t\,,\ du = \sinh t dt$$

$$= u\sqrt{u^2-1} - \ln(u+\sqrt{u^2-1}) + c$$

$$= \frac{2x+3}{2}\sqrt{\left(\frac{2x+3}{2}\right)^2-1} - \ln\left[\frac{2x+3}{2} + \sqrt{\left(\frac{2x+3}{2}\right)^2-1}\right] + c\,.$$

□

Aufgaben

1. Man berechne die Integrale

$$\int \frac{x^2-2x+3}{x^2-3x+2}\,dx\,, \qquad \int \frac{x+1}{x^3+x^2+x}\,dx\,, \qquad \int \frac{12x^5}{(1+x^4)^2}\,dx\,,$$

$$\int \frac{x^4-5x^3-30x^2-36x}{(x+1)^3(x^2-4)}\,dx\,, \qquad \int \frac{x^4+3x^2+x+1}{(x+1)(x^2+1)^2}\,dx\,.$$

2. Man berechne

$$\int \frac{dx}{\cosh x+1}\,, \qquad \int \frac{3e^x+4e^{-x}+2}{1-e^{2x}}\,dx\,,$$

$$\int_0^\pi \frac{dx}{1+\sin x}\,, \qquad \int \frac{dx}{3\sin x+4\cos x}\,,$$

$$\int \frac{x}{(x^4-2x^2+2)\arctan(x^2-1)}\,dx \qquad (\text{Subst. } y = x^2-1)\,.$$

3. Für das Integral $\int \frac{x^4}{x+\sqrt{x^2-1}}\,dx$ gibt es mindestens 8 verschiedene Lösungswege. Man suche möglichst viele davon.

4. Man berechne durch die angegebene Substitution

$$\int \sqrt{\tan x}\,dx \qquad (t = \tan x)\,,$$

$$\int \frac{\cos x+\sin x}{\sqrt{\sin 2x}}\,dx \qquad \left(t = \frac{\pi}{4} - x\right)\,.$$

5. Man zeige: Gilt $q(x) = (x-x_1)\cdots(x-x_n)$ mit $x_i \neq x_j$ $(i \neq j)$ und ist für das Zählerpolynom $p(x_i) \neq 0$ $(i = 1,\ldots,n)$, dann gilt die Partialbruchzerlegung

$$\frac{p(x)}{q(x)} = \sum_{i=1}^{n} \frac{p(x_i)}{q'(x_i)}\,\frac{1}{x-x_i}\,.$$

§4. Uneigentliche Integrale

4.1 Die Definition der uneigentlichen Integrale. Die Funktion f sei auf dem rechts offenen Intervall $a \le x < b$ erklärt und auf jedem abgeschlossenen Teilintervall $[a, c]$, $c < b$, stückweise stetig, $b \in \mathbb{R} \cup \{\infty\}$. Durch die Definition

$$(1) \quad \int_a^b f(x)\,dx := \lim_{c \to b-} \int_a^c f(x)\,dx\,, \quad bzw. \int_a^\infty f(x)\,dx := \lim_{c \to \infty} \int_a^c f(x)\,dx$$

wird der Integralbegriff erweitert auf

a) Integranden $f(x)$, die bei der Annäherung $x \to b-$ nicht beschränkt sind;

b) unbeschränkte Integrationsintervalle $[a, \infty)$.

In diesen beiden Fällen nennt man die in (1) definierten Integrale *uneigentlich* (uneigentlich an der oberen Grenze). Bei entsprechenden Verhältnissen sind die an der unteren Grenze uneigentlichen Integrale definiert durch

$$\int_a^b f(x)\,dx := \lim_{c \to a+} \int_c^b f(x)\,dx\;; \quad \int_{-\infty}^b f(x)\,dx := \lim_{c \to -\infty} \int_c^b f(x)\,dx\,.$$

Soll betont werden, daß keine Ausnahmesituation vorliegt, dann nennt man die bisher betrachteten bestimmten Integrale *eigentlich.* Man sagt, ein uneigentliches Integral *konvergiert* (bzw. *divergiert*), wenn der zugehörige Grenzwert existiert (bzw. nicht existiert).

Beispiel 1.

$$\int_1^\infty \frac{dx}{x} = \lim_{c \to \infty} \int_1^c \frac{dx}{x} = \lim_{c \to \infty} \ln c = \infty \qquad \text{(divergiert)}\,,$$

$$\int_0^1 \frac{dx}{x} = \lim_{c \to 0+} \int_c^1 \frac{dx}{x} = \lim_{c \to 0+} (-\ln c) = \infty \qquad \text{(divergiert)}\,. \qquad \square$$

Beispiel 2. Sei $\alpha \in \mathbb{R}$, $\alpha \neq 1$.

$$\int_1^\infty \frac{dx}{x^\alpha} = \lim_{c \to \infty} \frac{1}{\alpha - 1}\Big[1 - \frac{1}{c^{\alpha-1}}\Big] = \begin{cases} \dfrac{1}{\alpha - 1} & \text{, falls } \alpha > 1 \quad \text{(konvergiert)} \\ \infty & \text{, falls } \alpha < 1 \quad \text{(divergiert)} \end{cases}\,,$$

$$\int_0^1 \frac{dx}{x^\alpha} = \lim_{c \to 0+} \frac{1}{\alpha - 1}\Big[\frac{1}{c^{\alpha-1}} - 1\Big] = \begin{cases} \infty & \text{, falls } \alpha > 1 \quad \text{(divergiert)} \\ \dfrac{1}{1 - \alpha} & \text{, falls } \alpha < 1 \quad \text{(konvergiert)} \end{cases}\,.$$

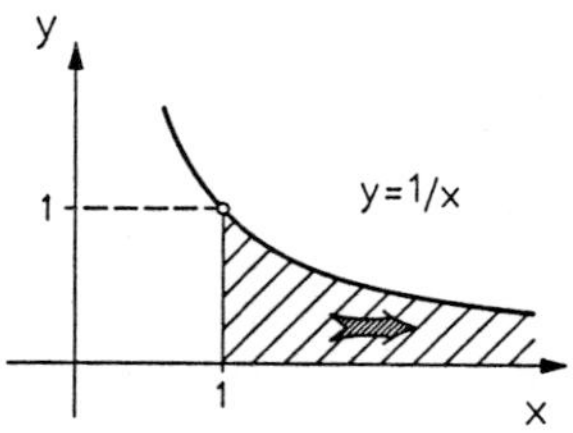

Abb. 105a – $\int_1^\infty \frac{dx}{x} = \infty$

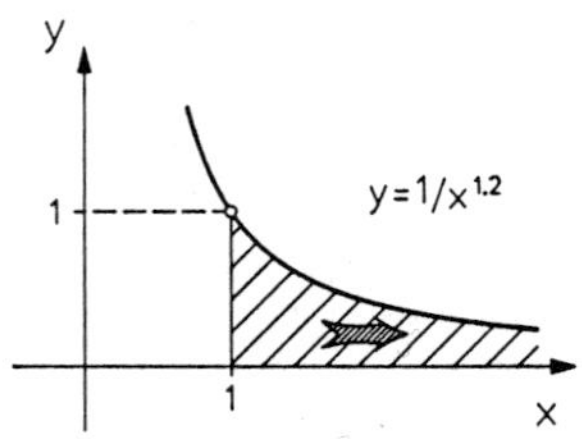

Abb. 105b – $\int_1^\infty \frac{dx}{x^{1.2}} = 5$ □

Beispiel 3. $\int_0^\infty \cos x\, dx = \lim_{c\to\infty} \sin c$ divergiert .

4.2 Ein Konvergenz-Test. Aufgrund der klaren Verhältnisse bei der Funktion $f(x) = \frac{1}{x^\alpha}$ (bei festem $\alpha > 0$, → Beispiele 1 u. 2) wird sie gerne als Vergleichsfunktion gewählt.

Satz 4.1. Vergleichskriterium.
Ist f auf $[a,\infty)$ und g auf $(0,b]$ stetig und sind $\alpha, K \in \mathbb{R}$, dann gilt:

$$|f(x)| \le K\frac{1}{x^\alpha},\ a \le x < \infty,\ 1 < \alpha \quad \Rightarrow \quad \int_a^\infty f(x)\,dx \text{ konvergiert,}$$

$$|g(x)| \le K\frac{1}{x^\alpha},\ 0 < x \le b,\ 0 < \alpha < 1 \quad \Rightarrow \quad \int_0^b g(x)\,dx \text{ konvergiert.}$$

Beweis. Die monoton wachsende Funktion $F(c) := \int_a^c |f(x)|\,dx$ ist nach oben durch $K\int_a^\infty \frac{1}{x^\alpha}\,dx$ beschränkt und hat deshalb für $c \to \infty$ einen Grenzwert (→ Kap. 2, 5.4 Monotoniekriterium).
Anschaulich: Nach der Voraussetzung liegt der Graph $y = |f(x)|$ zwischen den beiden Kurven $y = 0$ und $y = \frac{K}{x^\alpha}$ $(x \ge a)$. Laut Beispiel 2 ist der gesamte Flächeninhalt zwischen diesen Kurven endlich. Also ist auch die schraffierte Fläche endlich, $\int_a^\infty |f(x)|\,dx < \infty$.
Dieselben Überlegungen mit $f(x) + |f(x)|$ anstelle von $|f(x)|$ zeigen, daß $\int_a^\infty (f(x) + |f(x)|)\,dx$ konvergiert. Deshalb konvergiert schließlich

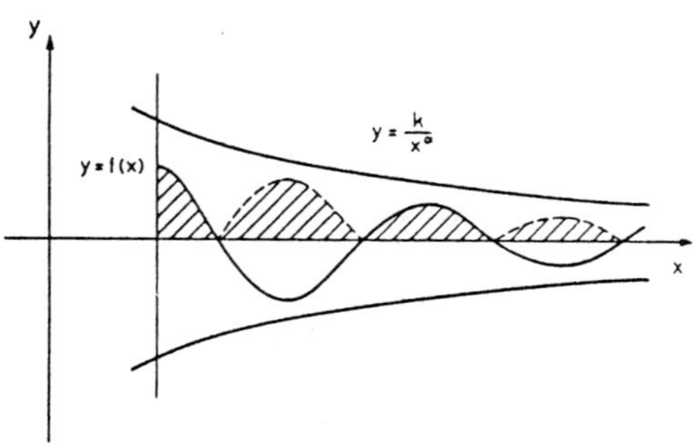

Abb. 106 – Vergleichskriterium

$\int_a^\infty f(x)\,dx = \int_a^\infty (f(x) + |f(x)|)\,dx - \int_a^\infty |f(x)|\,dx$. Teil b) wird analog bewiesen. □

Beispiel. $\int_0^\infty \frac{\sin x}{x}\,dx$. Zunächst einmal, wegen $\lim\limits_{x\to 0}\frac{\sin x}{x}=1$ ist der Integrand bei $x=0$ durch 1 zu ersetzen. Das Integral ist an der unteren Grenze eigentlich. Mit $\int_0^c f(x)\,dx=\int_0^1 f(x)\,dx+\int_1^c f(x)\,dx$ braucht nur die Konvergenz des zweiten Summanden gezeigt zu werden.

Mit partieller Integration erhält man $\int_1^c \frac{1}{x}\sin x\,dx = -\frac{1}{x}\cos x\Big|_1^c - \int_1^c \frac{\cos x}{x^2}\,dx$.

Mit $c\to\infty$ strebt der erste Summand gegen $\cos 1$; für den zweiten Summanden liefert das Vergleichskriterium die Konvergenz.

Also konvergiert $\int_0^\infty \frac{\sin x}{x}\,dx$. Es gilt $\int_0^\infty \frac{\sin x}{x}\,dx=\frac{\pi}{2}$ (→ Band 2). □

4.3 Ein an beiden Grenzen uneigentliches Integral ist wie folgt definiert:

$$\int_a^b f(x)\,dx := \int_a^c f(x)\,dx + \int_c^b f(x)\,dx \quad (\text{mit } a<c<b)$$
$$= \lim_{u\to a+}\int_u^c f(x)\,dx + \lim_{v\to b-}\int_c^v f(x)\,dx\,.$$

Im Fall $a=-\infty$, $b=\infty$ bedeutet das

$$\int_{-\infty}^\infty f(x)\,dx := \int_{-\infty}^c f(x)\,dx + \int_c^\infty f(x)\,dx$$
$$= \lim_{u\to-\infty}\int_u^c f(x)\,dx + \lim_{v\to\infty}\int_c^v f(x)\,dx\,.$$

Es wird ausdrücklich darauf hingewiesen, daß auf der rechten Seite die beiden Grenzwerte **unabhängig voneinander** zu bestimmen sind; nur wenn beide Grenzwerte existieren, dann konvergiert $\int_a^b f(x)\,dx$ bzw. $\int_{-\infty}^\infty f(x)\,dx$.

Beispiel 1.

$$\int_{-\infty}^\infty \frac{dx}{1+x^2} = \int_{-\infty}^0 \frac{dx}{1+x^2} + \int_0^\infty \frac{dx}{1+x^2} = 2\int_0^\infty \frac{dx}{1+x^2}$$
$$= 2\lim_{v\to\infty}\arctan v = \pi\,.$$ □

Beispiel 2. Die Energiedichte U_ν einer monochromatischen Strahlung eines schwarzen Körpers der (absoluten) Temperatur T wird nach dem Strahlungsgesetz von M. PLANCK berechnet:

$$U_\nu = \frac{8\pi h}{c^2}\,\frac{\nu^3}{e^{\frac{h\nu}{kT}}-1}$$

(mit der Lichtgeschwindigkeit c, den Konstanten h und k). Die Integration über alle Frequenzen ergibt die gesamte Energiedichte

$$U = \int_0^\infty U_\nu \, d\nu = \frac{8\pi}{c^2} \frac{k^4 T^4}{h^3} \int_0^\infty \frac{x^3}{e^x - 1} \, dx \quad (x = \frac{h\nu}{kT}) .$$

Das an beiden Grenzen uneigentliche Integral ist konvergent, da die beiden Teilintegrale nach Satz 4.1 konvergieren. In Band 2 berechnen wir den Wert:

$$\int_0^\infty \frac{x^3}{e^x - 1} \, dx = \frac{\pi^4}{15} .$$

Insbesondere folgt damit das T^4-Gesetz von J. STEFAN und L. BOLTZMANN: $U = aT^4$ (mit einer Konstanten a). □

Beispiel 3. Die Gamma-Funktion. Zu den besonders wichtigen „höheren" Funktionen gehört die Gamma-Funktion

$$\Gamma : (0, \infty) \to \mathbb{R} , \; \Gamma(x) := \int_0^\infty e^{-t} t^{x-1} \, dt .$$

Dieses ist ein an beiden Grenzen uneigentliches Integral, dessen Konvergenz wie folgt nachgewiesen wird:

a) Das Integral $\int_0^1 e^{-t} t^{x-1} \, dt$ ist an der unteren Grenze nur uneigentlich für $0 < x < 1$. In diesem Fall garantiert wegen $e^{-t} t^{x-1} \leq t^{x-1} = t^{-\alpha}$, $\alpha := 1 - x < 1$, das Vergleichskriterium (→ Satz 4.1) die Konvergenz.

b) Die Konvergenz von $\int_1^\infty e^{-t} t^{x-1} \, dt$ folgt ebenfalls aus Satz 4.1, da wegen $\frac{t^2 t^{x-2}}{e^t} \to 0$ mit $t \to \infty$, (→ Kap. 3, §4(4)) für alle hinreichend großen t die Abschätzung $e^{-t} t^{x-2} \leq t^{-2}$ gilt. □

Mit partieller Integration ($u' = e^{-t}$, $v = t^{x-1}$) bestätigt man leicht die Funktionalgleichung der Gamma-Funktion

$$\Gamma(x+1) = x \, \Gamma(x) \quad (x > 0) ,$$

aus der mit $\Gamma(1) = \int_0^\infty e^{-t} \, dt = 1$ speziell

$$\Gamma(n+1) = n\Gamma(n) = n(n-1)\Gamma(n-1) = \cdots = n!\Gamma(1) = n!$$

für alle $n \in \mathbb{N}$ folgt.

4.4 Ausnahmestellen im Innern des Integrationsintervalls. Besitzt der Integrand im Innern des Definitionsintervalls endlich viele Ausnahmestellen $a = x_0 < x_1 < \cdots < x_{n-1} < x_n = b$ (Unstetigkeitsstellen oder Lücken), dann setzt man

$$\int_a^b f(x)\,dx := \sum_{i=1}^{n} \int_{i-1}^{i} f(x)\,dx\,,$$

wobei die Summanden der rechten Seite eigentliche oder uneigentliche Integrale der zuvor behandelten Art sind.
Gelegentlich arbeitet man auch mit dem *Cauchyschen Hauptwert*

$$CHW \int_a^b f(x)\,dx := \lim_{\varepsilon\to 0+}\Big(\int_a^{c-\varepsilon} f(x)\,dx + \int_{c+\varepsilon}^b f(x)\,dx\Big)\,,$$

wenn f nur in c eine Ausnahmestelle (Singularität) hat. Es ist durchaus möglich, daß das uneigentliche Integral $\int_a^b f(x)\,dx = \int_a^c f(x)\,dx + \int_c^b f(x)\,dx$ nicht konvergiert, dagegen der CHW existiert.

Beispiel. $\int_0^3 \frac{dx}{x-1} = \int_0^1 \frac{dx}{x-1} + \int_1^3 \frac{dx}{x-1}$ konvergiert nicht;
$CHW \int_0^3 \frac{dx}{x-1} = \lim_{\varepsilon\to 0+}(\ln\varepsilon + \ln 2 - \ln\varepsilon) = \ln 2\,.$ □

Aufgaben

1. Man untersuche, ob folgende Integrale eigentlich oder uneigentlich sind, teile falls nötig den Integrationbereich auf, teste auf Konvergenz und berechne ihren Wert, falls möglich:

$$\int_0^\infty xe^{-x^2}\,dx\,,\quad \int_0^2 \frac{2x\,dx}{(x^2-1)^2}\,,\quad \int_0^\infty \frac{\sin^2 x}{x}\,dx\,,$$
$$\int_0^\infty x^n e^{-x}\,dx\,,\quad \int_2^\infty \frac{x\,dx}{\sqrt{1+x^4}}\,,\quad \int_1^\infty \frac{dx}{x^2\sqrt{x^2-1}}\,,$$
$$\int_1^\infty \frac{\ln}{x^2}\,dx\,,\quad \int_2^\infty \frac{dx}{\sqrt[3]{x^3+1}}\,,\quad \int_1^e \frac{dx}{x\ln x}\,.$$

2. Man bestimme den Inhalt der Fläche zwischen der Kurve $y = xe^{-x^2/2}$, $x \geq 0$, und ihrer Asymptote.

3. Man ermittle den Bereich des Parameters p, für welchen das Integral

$$\int_1^\infty \Big(\frac{x}{2x^2+2p} - \frac{p}{x+1}\Big)\,dx$$

konvergiert.

4. Man bestätige

$$\int_2^\infty \frac{dx}{x(\ln x)^\alpha} = \begin{cases} \text{konvergent} & \text{für } \alpha > 1 \\ \text{divergent} & \text{für } \alpha \leq 1 \end{cases}\,.$$

5. Man bestätige

a) $\int_0^\infty e^{-\alpha x}\cos\beta x\,dx = \frac{\alpha}{\alpha^2+\beta^2} \qquad (\alpha > 0)\,,$

b) $\displaystyle\int_0^\infty t^{x-1}e^{-\alpha t}\,dt = \frac{1}{a^x}\Gamma(x) \qquad (a > 0)\,,$

c) $\displaystyle\int_0^\infty \frac{dx}{(a^2+x^2)(b^2+x^2)} = \frac{\pi}{2ab(a+b)} \qquad (a \neq -b)\,;$

d) $\displaystyle\int_0^\infty \frac{\sin^2 x}{x^2}\,dx = \int_0^\infty \frac{\sin x}{x}\,dx$

(Tip: $2\sin^2 x = 1 - \cos 2x$, partiell integrieren).

6. Mit dem Wert $\Gamma(\frac{1}{2}) = \sqrt{\pi}$ zeige man

a) $\Gamma(n+\frac{1}{2}) = \dfrac{(2n)!}{4^n n!}\sqrt{\pi}\,,$

b) $\displaystyle\int_{-\infty}^\infty e^{-x^2/2}\,dx = \sqrt{2\pi} \qquad$ (Subst. $t = \frac{x^2}{2}$, $x > 0$).

7. Die Hermite-Polynome (CH. HERMITE, 1822 – 1901) $H_n(x)$ sind erklärt durch

$$H_n(x) = e^{x^2}\frac{d^n}{dx^n}(e^{-x^2})\ .$$

Man bestätige für ein beliebiges Polynom $p(x)$ vom Grad $n-1$, daß

$$\int_{-\infty}^\infty e^{-x^2} H_n(x)p(x)\,dx = 0\ ,$$

d.h. die H_n bilden ein Orthonormalsystem (→ Kap. 6, 6.3 und Band 2) bzgl.

$$<f,g> := \int_{-\infty}^\infty e^{-x^2} f(x)g(x)\,dx\ .$$

8. Fließt durch den zwischen x_1 und x_2 (auf der x-Achse) eingespannten elektrischen Leiter der Strom I, so gilt für das magnetische Feld H im Punkt $P(0,a)$ nach dem Gesetz von BIOT u. SAVART

$$H = \frac{I}{4\pi}\int_{x_1}^{x_2} \frac{a}{(a^2+x^2)^{3/2}}\,dx\ .$$

Wie groß ist H für $x_1 \to -\infty$ und $x_2 \to \infty$.

§5. Kurven, Längen- und Flächenmessung

Mit den Mitteln der Differential- und Integralrechnung sollen nun geometrische Eigenschaften ebener Kurven analytisch untersucht werden. Kurven im Raum werden in Kap. 7, §1 behandelt.

5.1 Die Parameterdarstellung. Die allgemeinste und für unsere Zwecke günstigste Beschreibung einer ebenen Kurve erfolgt mit zwei differenzierbaren Funktionen $x(t), y(t)$ $(a \le t \le b)$. In einem festen kartesischen Koordinatensystem durchläuft der sich mit t stetig verändernde Punkt

$$P(t) = (x(t), y(t))\,,\ a \le t \le b\ ,$$

eine Kurve. Man nennt die vektorwertige Funktion

(1) $$\mathbf{r}(t) = \vec{r}(t) = \begin{pmatrix} x(t) \\ y(t) \end{pmatrix}$$

bzw. das System der beiden Gleichungen

(2) $x = x(t)\,,\; y = y(t) \quad (a \le t \le b)\,,$

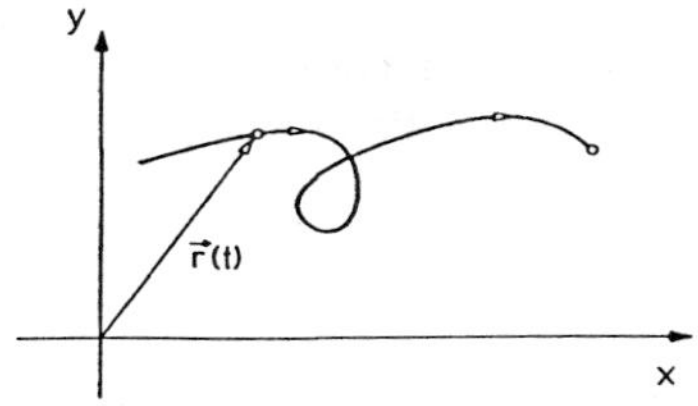

Abb. 107 – Ebene Kurve

eine *Parameterdarstellung* dieser Kurve, t den *Parameter* und $[a,b]$ das *Parameterintervall.* Man sagt, daß die Kurve mit wachsendem t in positiver Richtung durchlaufen wird.

Deutet man t als Zeit, so beschreibt die Parameterdarstellung (2) die Bewegung eines Massenpunktes auf der Kurve. Damit ist klar, daß eine Kurve unendlich viele verschiedene Parameterdarstellungen besitzt; es können auf ihr ganz verschiedene Bewegungen stattfinden.

Ein Graph $y = f(x)$ $(a \le x \le b)$ besitzt die Parameterdarstellung

(3) $$x = t\,,\; y = f(t) \quad (a \le t \le b)$$

oder auch $x = g(t)$, $y = f(g(t))$ mit einer auf $[\alpha,\beta]$ differenzierbaren Funktion g mit $g([\alpha,\beta]) = [a,b]$.

Von einer Parameterdarstellung $x = x(t)$, $y = y(t)$ kann man i.a. nur stückweise zu einer *expliziten Darstellung* $y = f(x)$ oder $x = h(y)$ übergehen; nämlich dann, wenn wenigstens eine der beiden Gleichungen nach t aufgelöst werden kann $(t = t(x) \Rightarrow y = y(t(x)) =: f(x))$.

Beispiel 1. *Die Gerade* durch die Punkte (x_0, y_0), (x_1, y_1) besitzt die Parameterdarstellung (→ Kap. 1, §6)

$$x = x_0 + t(x_1 - x_0)\,, \quad y = y_0 + t(y_1 - y_0) \quad (t \in \mathbb{R})\,. \qquad \square$$

Beispiel 2. Der *Kreis* um (x_0, y_0) mit dem Radius r (→ Abb. 108)

$$x = x_0 + r\cos t\,, \quad y = y_0 + r\sin t \quad (0 \le t \le 2\pi)\,. \qquad \square$$

Beispiel 3. Die *Ellipse* $\frac{x^2}{a^2} + \frac{y^2}{b^2} = 1$ (→ Abb. 109) hat die Parameterdarstellung

$$x = a\cos t\,, \quad y = b\sin t \quad (0 \le t \le 2\pi)\,. \qquad \square$$

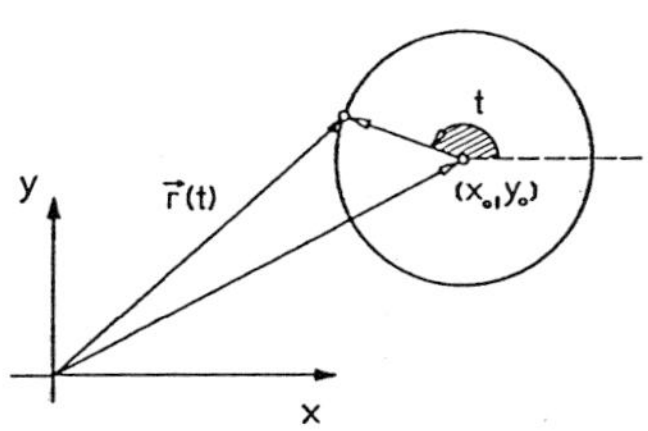

Abb. 108 – Kreis

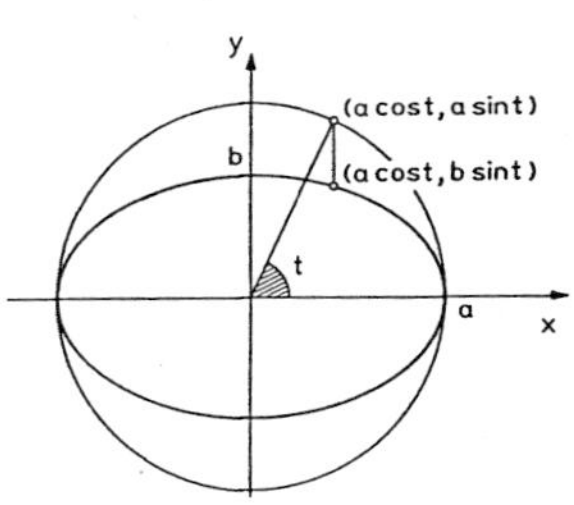

Abb. 109 – Ellipse

Beispiel 4. Zykloiden. Rollt ein Kreis K mit dem Radius r ohne zu gleiten auf der x-Achse, dann beschreibt ein mit K fest verbundener Punkt P, der vom Kreismittelpunkt den Abstand a hat, eine *Zykloide* (oder Radkurve). Sie besitzt die Parameterdarstellung

$$x = rt - a \sin t\,, \quad y = r - a \cos t \tag{4}$$

mit dem Rollwinkel t $(0 \leq t < \infty)$ als Parameter, wobei wir von der in der Abb. 110 gezeigten Nullage ausgehen. Denn nach dem Abrollen um den Winkel t liegt der Kreismittelpunkt in $x_M = rt$, $y_M = r$ und P ist nach $P_t = (x(t), y(t))$ gewandert:

$$x(t) = x_M - a \sin t = rt - a \sin t\,,$$
$$y(t) = y_M - a \cos t = r - a \cos t\,.$$

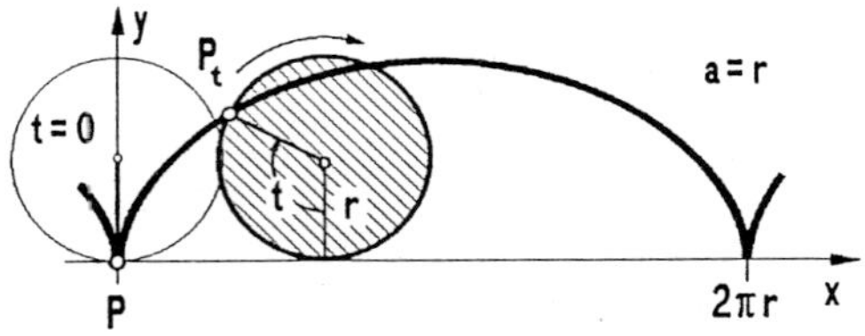

Abb. 110 – Zykloide

Rollt der Kreis (mit dem Punkt P) nicht auf der x-Achse sondern auf dem Kreis $x^2 + y^2 = \rho^2$, dann ist die Bahn des Punktes P eine *Epizykloide* mit der Parameterdarstellung

$$x = (\rho + r) \cos t - a \cos \frac{\rho + r}{r} t\,,$$
$$y = (\rho + r) \sin t - a \sin \frac{\rho + r}{r} t\,.$$

Im Sonderfall $\rho = r = a$ entsteht die
Herzlinie (Kardioide) $x = a(2 \cos t - \cos 2t)$, $y = a(2 \sin t - \sin 2t)$.

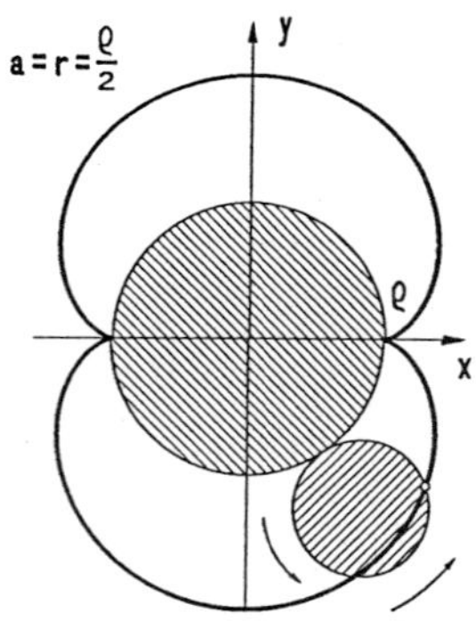

Abb. 111 – Epizykloide

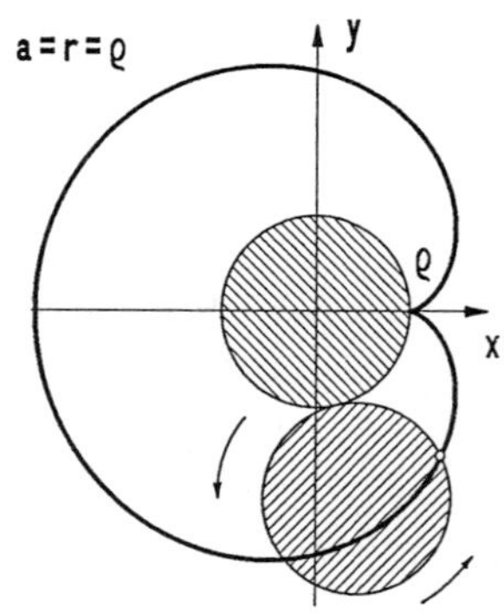

Abb. 112 – Cardioide

Beim Abrollen im Innern der ρ-Kreise entsteht die *Hypozykloide*

$$x = (\rho - r) \cos t + a \cos \frac{\rho - r}{r} t\,,$$
$$y = (\rho - r) \sin t - a \sin \frac{\rho - r}{r} t\,,$$

die für $a = r = \dfrac{\rho}{4}$ die *Astroide* ergibt.

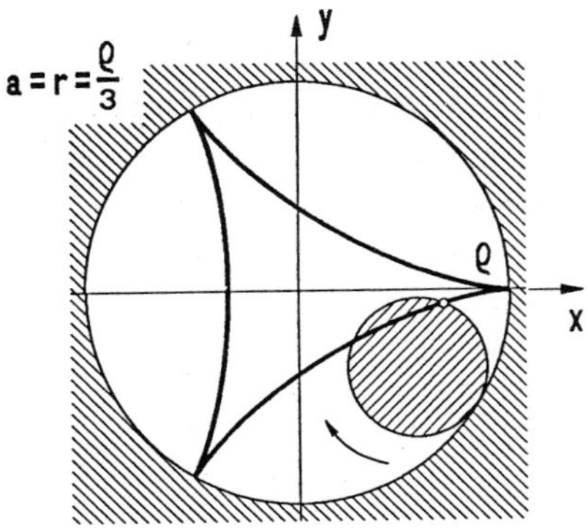

Abb. 113 – Hypozykloide

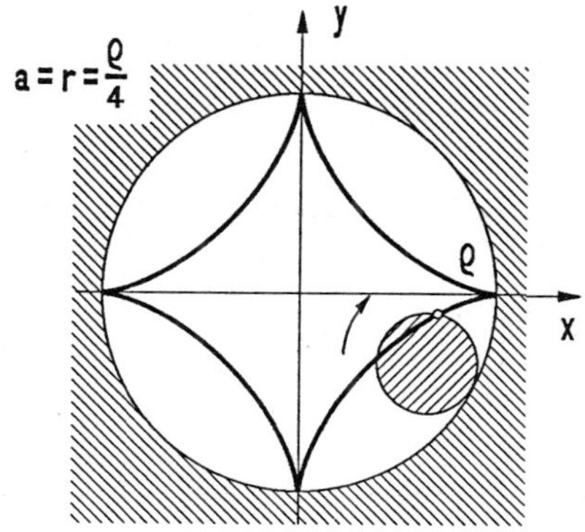

Abb. 114 – Astroide □

5.2 Tangente und Normale. Zu jeder Parameterdarstellung $\mathbf{r}(t) = \begin{pmatrix} x(t) \\ y(t) \end{pmatrix}$ einer Kurve K definiert man

$$\dot{\mathbf{r}}(t) := \lim_{h \to 0} \frac{1}{h}\left[\mathbf{r}(t+h) - \mathbf{r}(t)\right] = \begin{pmatrix} \dot{x}(t) \\ \dot{y}(t) \end{pmatrix}$$

(wobei der Punkt die Ableitung nach t bedeutet). Als Grenzvektor von „Sekantenvektoren" (→ Abb. 115) ist dieser Vektor parallel zur Kurventangente im Punkt $(x(t), y(t))$.

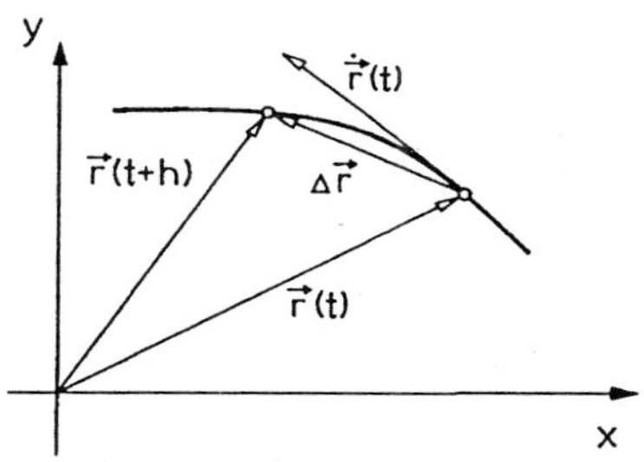

Abb. 115 – Sekantenvektor

Beschreibt $\mathbf{r}(t)$ die Bewegung eines Massenpunktes, dann gibt $\dot{\mathbf{r}}(t)$ die Geschwindigkeit dieses Punktes (zur Zeit t) an.

Ist in einem Kurvenpunkt $(x(t), y(t))$ der Vektor $\dot{\mathbf{r}}(t) = \begin{pmatrix} \dot{x}(t) \\ \dot{y}(t) \end{pmatrix}$ vom Nullvektor verschieden, dann weist er in die positive Tangentenrichtung. Der hieraus durch eine positive Drehung (entgegen Uhrzeigersinn) um 90° entstandene Vektor $\mathbf{n}(t) := \begin{pmatrix} -\dot{y}(t) \\ \dot{x}(t) \end{pmatrix}$ gibt die positive Normalenrichtung in diesem Punkt an. Demnach besitzen Tangente und Normale (in diesem Kurvenpunkt zur Zeit t) die Parameterdarstellungen

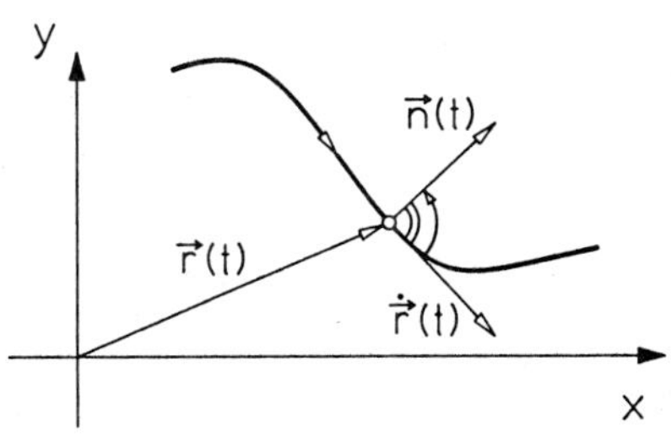

Abb. 116 – Normalenrichtung

$$\text{Tangente} : \quad x = x(t) + \lambda\dot{x}(t)\,, \quad y = y(t) + \lambda\dot{y}(t)\,,$$
$$\text{Normale} : \quad x = x(t) - \lambda\dot{y}(t)\,, \quad y = y(t) + \lambda\dot{x}(t)$$

($\lambda \in \mathbb{R}$ ist der Geradenparameter, t fester Parameter des Kurvenpunktes).

5.3 Kurvenlänge. Die Parameterdarstellung $x = x(t)$, $y = y(t)$ $(a \leq t \leq b)$ einer Kurve heißt **regulär**, wenn die Funktionen $t \mapsto x(t)$, $t \mapsto y(t)$ über $[a, b]$ stetig differenzierbar sind und $\dot{x}(t)^2 + \dot{y}(t)^2 \neq 0$ für $a \leq t \leq b$ gilt, dabei sind $\dot{x}(a)$ und $\dot{x}(b)$ als einseitige Ableitungen zu verstehen.

Satz 5.1. **a)** *Die Länge eines Kurvenbogens mit regulärer Parameterdarstellung* $x = x(t)$, $y = y(t)$, $\dot{x}(t)^2 + \dot{y}(t)^2 \neq 0$, $a \leq t \leq b$, *beträgt*

$$L = \int_a^b \sqrt{\dot{x}(t)^2 + \dot{y}(t)^2}\, dt. \tag{5}$$

b) *Der Graph* $y = f(x)$ *einer stetig differenzierbaren Funktion* $f : [a, b] \to \mathbb{R}$ *hat die Länge*

$$L = \int_a^b \sqrt{1 + f'(x)^2}\, dx. \tag{6}$$

Beweis. a): Wir zerlegen das Parameterintervall $[a, b]$ durch äquidistante Zwischenpunkte $a = t_0 < t_1 < \cdots < t_n = b$, $t_{i+1} - t_i = \Delta t$, in n Teilintervalle. Über jedem dieser Intervalle $[t_i, t_i + \Delta t]$ wird der Kurvenbogen ersetzt durch die Sehne der Länge

$$\begin{aligned}\Delta s &= \sqrt{(\Delta x)^2 + (\Delta y)^2} \\ &= \sqrt{\dot{x}(\xi_i)^2 + \dot{y}(\eta_i)^2}\, \Delta t\end{aligned}$$

mit ξ_i, η_i zwischen t_i und $t_i + \Delta t$ ($\to$ Mittelwertsatz). Summation und der Grenzübergang $\Delta t \to 0$ (bzw. $n \to \infty$) ergeben die Behauptung.

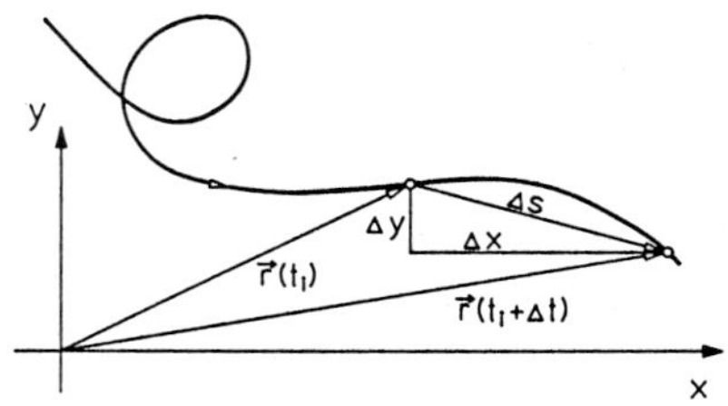

Abb. 117 – Bogenlänge

b) ist ein Spezialfall von a), denn es ist $x = t$, $y = f(t)$ eine stetig differenzierbare Parameterdarstellung der Kurve $y = f(x)$. □

Beispiel 1. Der Zykloidenbogen $x = r(t - \sin t)$, $y = r(1 - \cos t)$ $(0 \leq t \leq 2\pi)$ hat nach (5) die Länge

$$r \int_0^{2\pi} \sqrt{(1 - \cos t)^2 + \sin^2 t}\, dt = 2r \int_0^{2\pi} \sin \frac{t}{2}\, dt = 8r\,. \qquad \square$$

Beispiel 2. Der Bogen der Normalparabel $y = x^2$ über $[0, x]$ hat nach (6) die Länge

$$L(x) = \int_0^x \sqrt{1 + 4t^2}\, dt = \frac{1}{4}\left[2x\sqrt{1 + 4x^2} + \ln\left(2x + \sqrt{1 + 4x^2}\right)\right]$$

($\to$ §2, Aufg. 5). □

5.4 Krümmung und Krümmungskreis. Es sei $x = x(t)$, $y = y(t)$ mit $a \le t \le b$ eine zweimal differenzierbare Parameterdarstellung einer Kurve mit $\dot{x}(t)^2 + \dot{y}(t)^2 \ne 0$ für alle t. Mit $\varphi(t)$ bezeichnen wir den positiv gemessenen Winkel zwischen der positiven x-Achse und der Richtung des Tangentenvektors $\begin{pmatrix} \dot{x}(t) \\ \dot{y}(t) \end{pmatrix}$; $s(t) := \int_a^t \sqrt{\dot{x}(\tau)^2 + \dot{y}(\tau)^2}\,d\tau$ ist die Länge des Kurvenbogens über dem Parameterintervall $[a,t]$ ($\to$ (5)). Die Änderung $\Delta\varphi$ der Tangentenrichtung über dem Intervall $[t, t+\Delta t]$, bezogen auf die Änderung der Bogenlänge, also $\frac{\Delta\varphi}{\Delta s}$, ist offenbar ein gutes Maß für die durchschnittliche Krümmung der Kurve über diesem Teilintervall. Man nennt

$$\boxed{\kappa := \lim_{\Delta t \to 0} \frac{\Delta\varphi(t)}{\Delta s(t)} = \frac{\dot{\varphi}(t)}{\dot{s}(t)}}$$

die *Krümmung* der Kurve im Punkt $P = (x(t), y(t))$. ($\to$ L'Hospital-Regel)

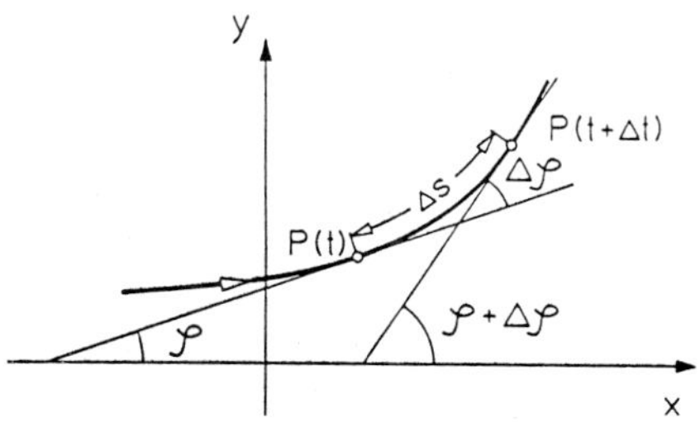

Abb. 118 – Krümmung

Satz 5.2. **a)** *Die Krümmung einer Kurve mit zweimal stetig differenzierbarer Parameterdarstellung* $x = x(t)$, $y = y(t)$, $a \le t \le b$, *für die überall* $\dot{x}(t)^2 + \dot{y}(t)^2 \ne 0$ *gilt, beträgt im Kurvenpunkt* $P(t) = (x(t), y(t))$

$$\boxed{\kappa(t) = \frac{\dot{x}(t)\ddot{y}(t) - \dot{y}(t)\ddot{x}(t)}{\sqrt{(\dot{x}(t)^2 + \dot{y}(t)^2)^3}}} \tag{7}$$

b) *Die Krümmung des Graphen* $y = f(x)$ *einer zweimal differenzierbaren Funktion* $f : [a,b] \to \mathbb{R}$ *im Punkt* $(x, f(x))$ *beträgt*

$$\boxed{\kappa(x) = \frac{f''(x)}{\sqrt{(1 + f'(x)^2)^3}}}\,. \tag{8}$$

Beweis. a): Für $s(t) = \int_a^t \sqrt{\dot{x}(\tau)^2 + \dot{y}(\tau)^2}\,d\tau$ gilt $\dot{s}(t) = \sqrt{\dot{x}(t)^2 + \dot{y}(t)^2}$ ($\to$ §1(11)). Aus $\sin\varphi(t) = \frac{\dot{y}(t)}{\sqrt{\dot{x}(t)^2 + \dot{y}(t)^2}}$, $\cos\varphi(t) = \frac{\dot{x}(t)}{\sqrt{\dot{x}(t)^2 + \dot{y}(t)^2}}$ folgt $\dot{\varphi} = \frac{\dot{x}\ddot{y} - \dot{y}\ddot{x}}{\dot{x}^2 + \dot{y}^2}$. Mit diesen Werten ergibt sich für $\kappa = \frac{\dot{\varphi}}{\dot{s}}$ die angegebene Formel.
b) ist ein Spezialfall von a); die Parameterdarstellung $x = t$, $y = f(t)$ erfüllt die gestellten Voraussetzungen. ⊏

Wegen $\dot{s} = \sqrt{\dot{x}^2 + \dot{y}^2} > 0$ haben κ und $\dot{\varphi}$ dasselbe Vorzeichen. Kap. 3, Satz 2.3 zeigt:

$\kappa > 0 \Rightarrow \varphi$ nimmt zu $\Rightarrow$ die Kurve ist (bzgl. der positiven Richtung) linksgekrümmt.

$\kappa < 0 \Rightarrow \varphi$ nimmt ab $\Rightarrow$ die Kurve ist (bzgl. der positiven Richtung) rechtsgekrümmt.

Man beachte, daß sich bei entgegengesetzter Durchlaufrichtung das Vorzeichen von κ ändert.

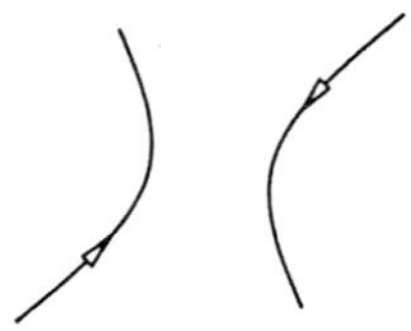

Abb. 119a – $\kappa > 0$; Linkskrümmung

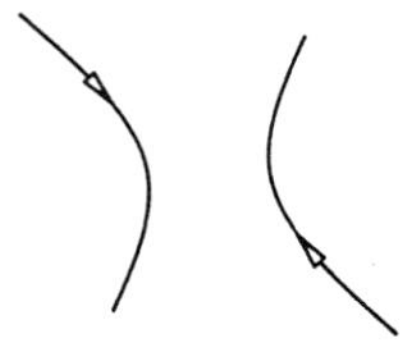

Abb. 119b – $\kappa < 0$; Rechtskrümmung

Beispiel 1. Die Krümmung der Ellipse $x = a\cos t$, $y = b\sin t$ $(0 \leq t \leq 2\pi)$ im Punkt $(x(t), y(t))$:

$$(\dot{x}, \dot{y}) = (-a\sin t, b\cos t), \quad (\ddot{x}, \ddot{y}) = (-a\cos t, -b\sin t),$$

$$\kappa = \frac{\dot{x}\ddot{y} - \dot{y}\ddot{x}}{\sqrt{(\dot{x}^2 + \dot{y}^2)^3}} = \frac{ab}{\sqrt{(a^2\sin^2 t + b^2\cos^2 t)^3}};$$

Insbesondere hat ein gegen Uhrzeigersinn umlaufender Kreis mit dem Radius r in jedem Punkt die Krümmung $\kappa = \frac{1}{r}$. □

Beispiel 2. Die Krümmung der Normalparabel $y = x^2$ beträgt

$$\kappa = \frac{y''}{\sqrt{(1 + y'^2)^3}} = \frac{2}{\sqrt{(1 + 4x^2)^3}}. \qquad \square$$

Einen durch den Kurvenpunkt $P = (x(t), y(t))$ gehenden Kreis nennt man den zu P gehörigen *Krümmungskreis* der Kurve, wenn er dort dieselbe Krümmung und dieselbe Tangentenrichtung wie die Kurve besitzt. Der Radius r des Krümmungskreises, der sogenannte *Krümmungsradius* der Kurve in P, beträgt nach Bsp. 1, falls $\kappa \neq 0$,

$$r = \frac{1}{|\kappa|}.$$

Der Mittelpunkt des Krümmungskreises (x_M, y_M) liegt auf der Normalen im Abstand $\dfrac{1}{|\kappa|}$ von P. Unter Berücksichtigung der Orientierung (bzw. des Vorzeichens von κ) ergibt sich

$$x_M = x(t) - \frac{1}{\kappa}\frac{\dot{y}(t)}{\sqrt{\dot{x}(t)^2+\dot{y}(t)^2}} = x(t) - \dot{y}(t)\frac{\dot{x}(t)^2+\dot{y}(t)^2}{\dot{x}(t)\ddot{y}(t)-\dot{y}(t)\ddot{x}(t)}$$
$$y_M = y(t) + \frac{1}{\kappa}\frac{\dot{x}(t)}{\sqrt{\dot{x}(t)^2+\dot{y}(t)^2}} = y(t) + \dot{x}(t)\frac{\dot{x}(t)^2+\dot{y}(t)^2}{\dot{x}(t)\ddot{y}(t)-\dot{y}(t)\ddot{x}(t)}$$

Durchläuft t das Parameterintervall, dann beschreibt (x_M, y_M) eine Kurve, die sogenannte *Evolute* der gegebenen Kurve.

Beispiel. Die Evolute der Parabel $x = t,\ y = t^2$ hat die Parameterdarstellung

$$x_M = x - \dot{y}\frac{\dot{x}^2+\dot{y}^2}{\dot{x}\ddot{y}-\dot{y}\ddot{x}} = -4t^3\,, \quad y_M = y + \dot{x}\frac{\dot{x}^2+\dot{y}^2}{\dot{x}\ddot{y}-\dot{y}\ddot{x}} = 3t^2 + \frac{1}{2}\,,$$

aus der man durch Elimination von t die explizite Darstellung $y_M = 3(\frac{x_M}{4})^{\frac{2}{3}} + \frac{1}{2}$ erhält, eine nach W. NEIL (1637–1670) benannte Parabel. □

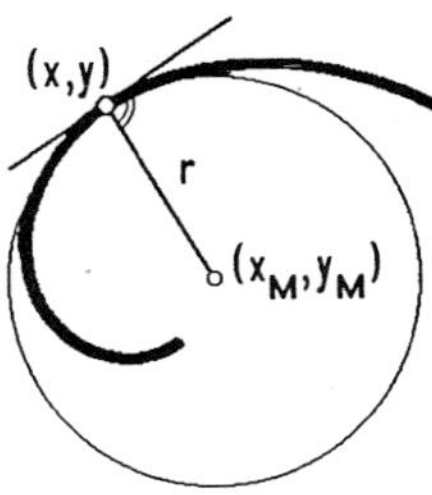

Abb. 120 – Krümmungskreis

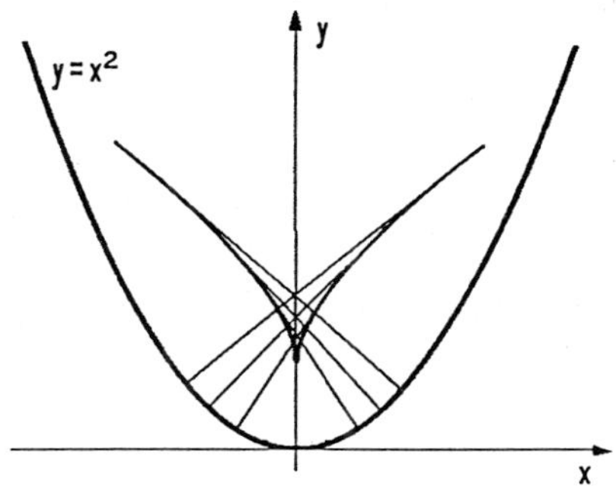

Abb. 121 – Evolute der Parabel

5.5 Die Polardarstellung einer ebenen Kurve. Der Polardarstellung komplexer Zahlen (→ Kap. 2, §3) entspricht in der reellen Ebene die Darstellung der Punkte in Polarkoordinaten. Jeder Punkt $P = (x, y)$ der mit kartesischen Koordinaten versehenen Ebene ist eindeutig bestimmt durch den Abstand r des Punktes P vom Ursprung und durch den *Polarwinkel* (oder Drehwinkel) φ derjenigen Drehung, die $(r, 0)$ nach (x, y) bringt (→ Abb. 122). Man nennt r, φ die Polarkoordinaten des Punktes P. Der Ursprung (d.i. der *Pol*) hat die Polarkoordinaten $r = 0$, φ beliebig. Man beachte auch, daß r, φ und $r, \varphi + 2k\pi$ (k ganz) denselben Punkt beschreiben. Es bestehen die folgenden Beziehungen (→ Kap. 2, §3):

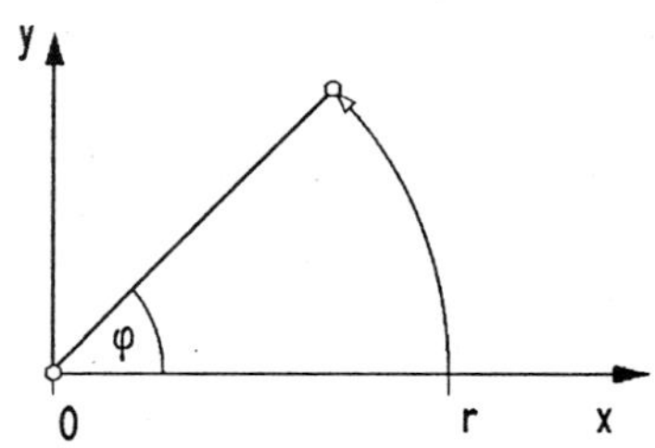

Abb. 122 – Polarkoordinaten

(9)
$$\begin{array}{ll} \text{a)} & x = r\cos\varphi\,,\ y = r\sin\varphi\,, \\ \text{b)} & r = \sqrt{x^2+y^2}\,,\ \varphi = \begin{cases} \arccos\frac{x}{r} & ,\ \text{falls } y \ge 0 \\ 2\pi - \arccos\frac{x}{r} & ,\ \text{falls } y < 0 \\ \text{unbestimmt} & ,\ \text{falls } r = 0 \end{cases} \end{array}$$

Die Spitze eines um den Nullpunkt kreisenden Zeigers, der mit dem Drehwinkel φ auch seine Länge verändert, $r = r(\varphi)$, liegt auf einer Kurve. Die Polarkoordinaten der Kurvenpunkte sind $r(\varphi)$, φ $(\alpha \le \varphi \le \beta)$.

$$r = r(\varphi)\,, \quad \alpha \le \varphi \le \beta\,,$$

heißt *Polardarstellung* der Kurve; die Achse, von der aus φ gemessen wird, hier die x-Achse, heißt *Polarachse*.

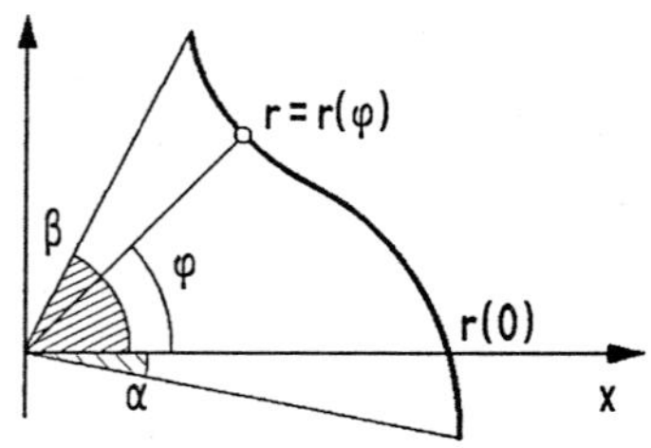

Abb. 123 – Polardarstellung einer Kurve

(10)
Parameterdarstellung der Kurve $r = r(\varphi)$, $\alpha \le \varphi \le \beta$:

$$x = r(\varphi)\cos\varphi\,, \quad y = r(\varphi)\sin\varphi$$

mit dem Polarwinkel φ, $\alpha \le \varphi \le \beta$, als Parameter.

Mit dieser Parameterdarstellung kann man Tangenten, Normalen, Bogenlänge, Krümmung etc. berechnen. Insbesondere ergibt sich aus (10) und (5):

(11)
Bogenlänge der Kurve $r = r(\varphi)$, $\alpha \le \varphi \le \beta$:

$$L = \int_\alpha^\beta \sqrt{r(\varphi)^2 + \left(\frac{dr(\varphi)}{d\varphi}\right)^2}\, d\varphi\,.$$

Beispiel 1. $r = c$ (const.) ist die Polardarstellung eines Kreises um O. □

Beispiel 2. Archimedische Spirale.
$r = a\varphi$ $(a > 0,\ 0 \le \varphi < \infty)$ ist die Polardarstellung einer Spirale. Die Bogenlänge nach einem Umlauf beträgt

$$\begin{aligned} L &= \int_0^{2\pi} \sqrt{(a\varphi)^2 + a^2}\, d\varphi \\ &= \frac{a}{2}\big[2\pi\sqrt{1+(2\pi)^2} \\ &\qquad + \ln(2\pi + \sqrt{1+(2\pi)^2})\big] \end{aligned}$$ □

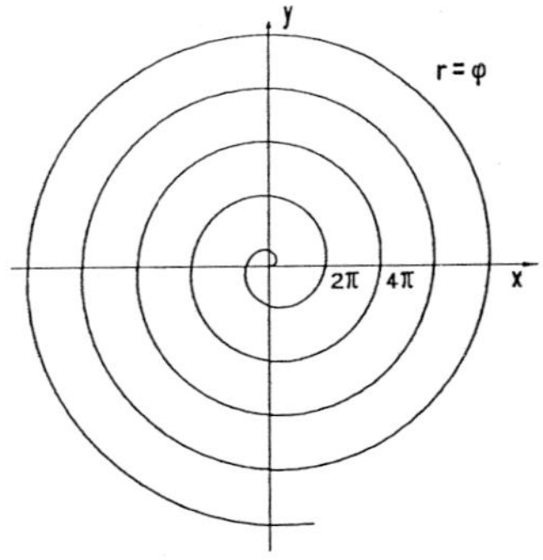

Abb. 124 – Archimedes Spirale

Beispiel 3. **Herzlinie** $r = a(1+\cos\varphi)$ $(a > 0,\ 0 \le \varphi \le 2\pi)$. Umfang ist

$$L = a\int_0^{2\pi}\sqrt{(1+\cos\varphi)^2+\sin^2\varphi}\,d\varphi = 8a\,.$$

(→ 5.3, Beispiel 1, → Abb. 112) □

5.6 Flächeninhalte.

Ⓐ Die Fläche zwischen zwei Graphen.

Satz 5.3. *Sind* $f, g : [a,b] \to \mathbb{R}$ *stetig,* $a < b$, *dann beträgt der Inhalt der von den Kurven* $y = f(x)$, $y = g(x)$, $x = a$, $x = b$ *berandeten Fläche*

(12) $$F = \int_a^b |f(x) - g(x)|dx\,.$$

Beweis. (→ 1.2) Ein Streifen über x der Breite Δx hat angenähert den Flächeninhalt $|f(x) - g(x)|\Delta x$. Die Summation und der Grenzübergang $\Delta x \to 0$ zeigen die Behauptung. □

Beispiel. Die Fläche zwischen den beiden Parabeln $4y = x^2$ und $y^2 = 4x$ über $[0,4]$ beträgt $F = \int_0^4 (2\sqrt{x} - \frac{1}{4}x^2)dx = [2\cdot\frac{2}{3}x^{\frac{3}{2}} - \frac{1}{4}\cdot\frac{1}{3}x^3]_0^4 = \frac{16}{3}$. □

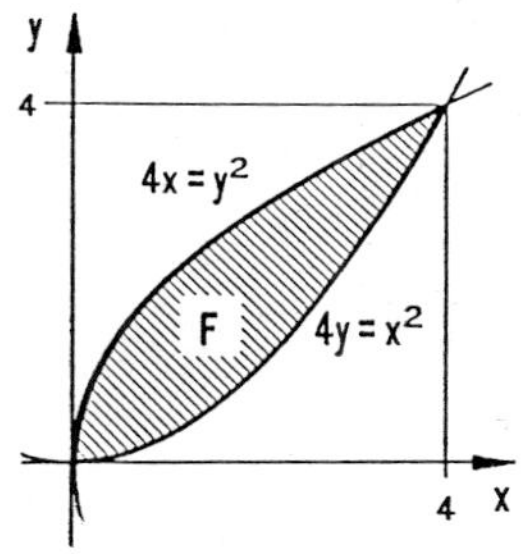

Abb. 125 – Fläche zwischen Parabeln

Ⓑ Sektorflächen.

Satz 5.4. **a)** *Ist* $x = x(t)$, $y = y(t)$, $(a \le t \le b)$ *eine stückweise stetig differenzierbare Parameterdarstellung eines ebenen Kurvenstücks* K, *das von jedem vom Ursprung ausgehenden Strahl höchstens einmal getroffen wird, dann beträgt der Inhalt der durch* K *bestimmten* **Sektorfläche** (→ *Abb. 126*)

(13) $$\boxed{F = \frac{1}{2}\left|\int_a^b (x(t)\dot{y}(t) - y(t)\dot{x}(t))dt\right|.}$$

b) *Besitzt das Kurvenstück* K *die (stückweise stetig differenzierbare) Polardarstellung* $r = r(\varphi)$, $\alpha \le \varphi \le \beta$, *dann gilt*

(14) $$\boxed{F = \frac{1}{2}\int_\alpha^\beta r(\varphi)^2 d\varphi\,.}$$

Beweis. Die Formeln ergeben sich durch Summation über die entsprechenden stetig differenzierbaren Teilstücke; deshalb dürfen wir zum Beweis von Anfang an voraussetzen, daß alle K beschreibenden Funktionen stetig differenzierbar sind. Das im Parameterintervall $[t, t+\Delta t]$ überstrichene Flächenstück wird approximiert durch den Flächeninhalt

$$\begin{aligned}\Delta F &= \frac{1}{2}|\mathbf{r}(t) \times \Delta \mathbf{r}| \quad (\to \text{Kap. 1, §5})\\ &= \frac{1}{2}|x(t)\Delta y - y(t)\Delta x|\\ &= \frac{1}{2}|x(t)\dot{y}(\eta) - y(t)\dot{x}(\xi))\Delta t|\end{aligned}$$

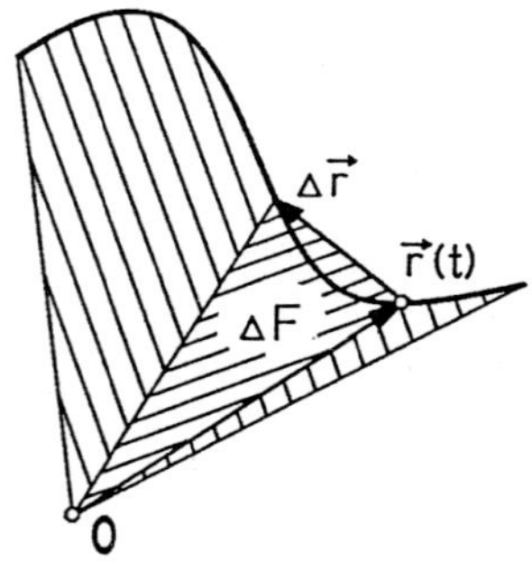

Abb. 126 – Sektorfläche

mit η, ξ zwischen t und $t+\Delta t$ ($\to$ Mittelwertsatz). Die Summation und der Grenzübergang $\Delta t \to 0$ führt auf (13). Formel (14) ist ein Spezialfall von (13) für die Parameterdarstellung $x = r(\varphi)\cos\varphi$, $y = r(\varphi)\sin\varphi$ ($\to$ (10)). □

Beispiel 1. Der Inhalt der Ellipse $x = a\cos t$, $y = b\sin t$ $(0 \le t \le 2\pi)$ beträgt

$$F = \frac{1}{2}\int_0^{2\pi} [ab\cos^2 t + ab\sin^2 t]dt = ab\pi\ .$$ □

Beispiel 2. Der Inhalt des von der Archimedischen Spirale $r = a\varphi$ bei einem Umlauf $(0 \le \varphi \le 2\pi)$ eingeschlossenen Flächenstücks beträgt

$$F = \frac{1}{2}\int_0^{2\pi} a^2\varphi^2 d\varphi = \frac{4}{3}a^2\pi^3\ .$$ □

Ⓒ Allgemeiner als die Sektorformel, aber auf dieser aufbauend, ist das folgende Ergebnis:

Satz 5.5. *Eine Fläche, die von einer geschlossenen, überschneidungsfreien Kurve mit stückweise stetig differenzierbarer Parameterdarstellung* $x = x(t)$, $y = y(t)$, $(a \le t \le b)$ *begrenzt wird, hat den Inhalt*

(15) $$F = \left|\frac{1}{2}\int_a^b [x(t)\dot{y}(t) - y(t)\dot{x}(t)]\,dt\right|.$$

Beweis. Wir nehmen zuerst an, daß es einen Punkt $P = (u, v)$ in der Fläche gibt, so daß die von P ausgehenden Strahlen die Randkurve in nur einem Punkt schneiden. Dann ist $x_P(t) := x(t) - u$, $y_P(t) := y(t) - v$ eine Parameterdarstellung der Kurve in einem kartesischen Koordinatensystem mit Ursprung P, auf die die Flächenformel (13) anwendbar ist. Wegen $\displaystyle\int_a^b (x_P\dot{y}_P - y_P\dot{x}_P)\,dt =$

$= \int_a^b (x\dot{y} - y\dot{x})\,dt - u\int_a^b \dot{y}\,dt + v\int_a^b \dot{x}\,dt$ und $y(a) = y(b)$, $x(a) = x(b)$ folgt für diesen Fall die Behauptung. Der allgemeine Fall läßt sich (was hier nicht ausgeführt wird) durch eine geeignete Zerlegung der Fläche auf diesen Sonderfall zurückführen (für Fortgeschrittene → Kap. 8, 3.5). □

Beispiel. Die von der Astroide $x = R\cos^3 t + 2$, $y = R\sin^3 t + 3$ $(0 \le t \le 2\pi)$ begrenzte Fläche hat den Inhalt $F = \frac{1}{2}\int_0^{2\pi}(x\dot{y} - y\dot{x})\,dt = \frac{3}{8}\pi R^2 = 6\pi r^2$ wegen $R = 4r$; das ist der 6-fache Inhalt des kleinen, im Innern abrollenden Kreises (→ 5.2, → Abb. 114). □

Aufgaben

1. Man berechne für die ebene geschlossene Schlinge γ mit der Parameterdarstellung

$$x = 3t^2 - 1\,, \quad y = 3t^3 - t\,; \qquad |t| \le \frac{1}{\sqrt{3}}$$

den Inhalt der von γ umrandeten Fläche und den Umfang.

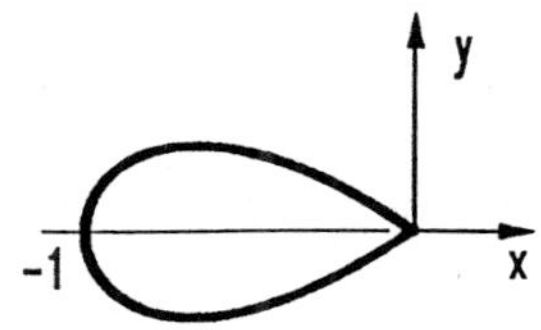

2. a) Man stelle die durch die Gleichung

$$x^3 + y^3 - 3xy = 0$$

beschriebene Kurve in Polarkoordinaten dar, skizziere die Kurve und berechne den Flächeninhalt der Schlinge. (Blatt des DESCARTES)

b) Bestimme die Bogenlänge der in Polarkoordinaten gegebene Kurve

$$r = a\sin^3\frac{\varphi}{3}\,, \quad 0 \le \varphi < 2\pi\,, \quad a > 0\,.$$

3. a) Bestimme die Polardarstellung $r = r(\varphi)$

für die Ellipse $E\ :\ x^2 + 4y^2 = 4$,
für die Hyperbel $H\ :\ x^2 - 4y^2 = 4$.

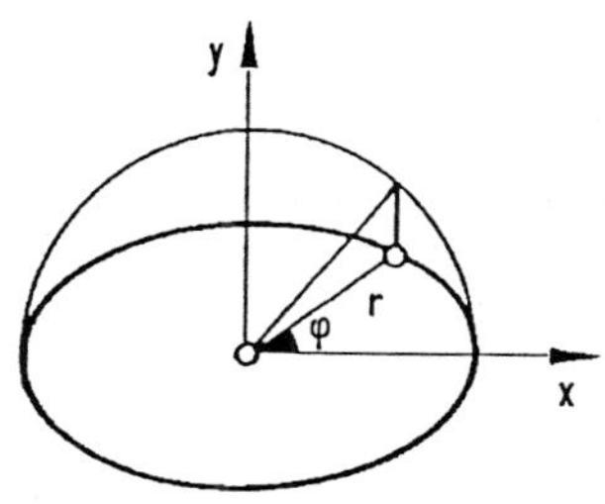

b) Liegt der Pol $\rho = 0$ im Brennpunkt, so hat ein Kegelschnitt nach KEPLER die Polardarstellung

$$\rho = \frac{p}{1 + \epsilon\cos\psi} \qquad (p > 0\,,\ \epsilon \ge 0)\,.$$

Wie lautet die (ξ, η)-Gleichung. Man berechne p und ϵ für die Ellipse E und bestimme mit dieser Darstellung den Flächeninhalt von E.

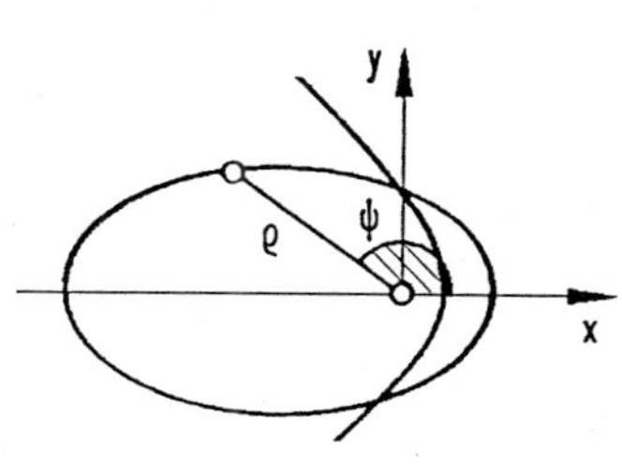

4. Die *Lemniskate* besitzt in Polarkoordinaten die Form

$$r^2 = \cos 2\varphi \;; \qquad 0 \le \varphi \le 2\pi \;.$$

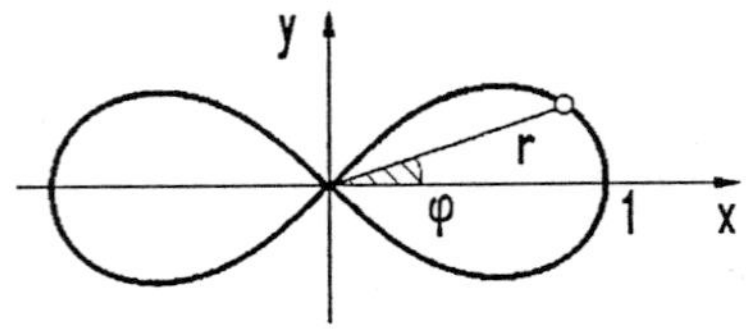

a) Man berechne den Inhalt der umschlossenen Fläche.

b) Man zeige für die Bogenlänge ℓ :

integriert man über φ, so ergibt sich ein *uneigentliches* Integral, substituiert man $\sqrt{2}\sin\varphi = \sin\psi$, so erhält man ein (*eigentliches, nicht elementar lösbares*) *vollständiges elliptisches Integral*

$$\ell = 2\sqrt{2}\cdot K\left(\frac{1}{\sqrt{2}}\right), \quad \text{wobei} \quad K(k) = \int_0^{\pi/2} \frac{d\psi}{\sqrt{1-k^2\sin^2\psi}}, \quad 0 \le k < 1,$$

(als Tabellenwert für $K(\frac{1}{\sqrt{2}})$ nehme man 1.854074679).

5. LISSAJOUS-Figuren in der Ebene haben die Form (→ Kap. 1, 3.5)

$$x(t) = a\sin(\omega_1 t + \alpha_1)\;, \qquad y(t) = b\cos(\omega_2 t + \alpha_2)$$

Man wähle $\alpha_1 = \alpha_2 = 0$ (bzw. $\alpha_1 = 0$, $\alpha_2 = \frac{\pi}{2}$), und skizziere die LISSAJOUS-Figuren für $\omega_2 = \omega_1$, $\omega_2 = 2\omega_1$, $\omega_2 = \frac{3}{2}\omega_1$.
Welche Werte liefert die Sektorenformel für die Flächeninhalte?

6. a) Man gebe für die Gerade $y = ax + b$ die Polardarstellung $r = r(\varphi)$.

   b) Man berechne den Flächeninhalt des n-Blattes $r = |\cos n\varphi|$ $(0 \le \varphi \le 2\pi)$.

7. Für die allgemeine Polardarstellung einer Kurve $r = r(t)$, $\varphi = \varphi(t)$, $a \le t \le b$, bestätige man die Formeln für die Bogenlänge

$$s = \int_a^b \sqrt{\dot r^2 + r^2\dot\varphi^2}\,dt$$

und die Sektorfläche

$$F = \frac{1}{2}\int_a^b r^2(t)\dot\varphi(t)\,dt\;.$$

Wie lautet die Formel für die Krümmung?
Teste die Ergebnisse für die Kurven $\varphi = t$, $r = t$, $0 \le t \le 1$ und $\varphi = \cosh t$, $r = e^t$, $-\infty < t < \infty$.

8. Für die ebene Bewegung in Polarkoordinaten $x = r(t)\cos\varphi(t)$, $y = r(t)\sin\varphi(t)$ drücke man $\dot x$, $\dot y$, $\ddot x$, $\ddot y$ und $v = \sqrt{\dot x^2 + \dot y^2}$ durch $\dot r$, $\ddot r$, $\dot\varphi$ und $\ddot\varphi$ aus. Schließlich stelle man $\dot{\mathbf{x}}$ und $\ddot{\mathbf{x}}$ in der Form $\xi\mathbf{e}_r + \eta\mathbf{e}_t$ mit der Basis $\mathbf{e}_r = \begin{pmatrix}\cos\varphi\\ \sin\varphi\end{pmatrix}$ und $\mathbf{e}_t = \begin{pmatrix}-\sin\varphi\\ \cos\varphi\end{pmatrix}$ (*Radial*- und *Transversalkomponenten*) dar.

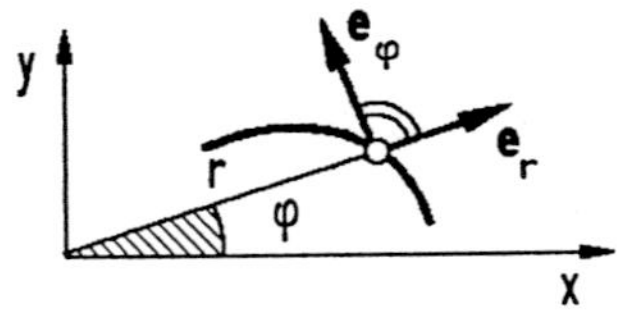

9. Man bestimme für die Kurve in Parameterform

$$x = 6\cos t + 2\cos 3t\;, \quad y = 6\sin t + 2\sin 3t \qquad (0 \le t \le 2\pi)$$

a) den Inhalt der begrenzten Fläche,

b) die Gleichung der Tangente im Punkt mit $t = \frac{\pi}{2}$,

c) die t-Werte, für welche die Tangente parallel zur x-Achse oder zur Geraden $y = x$ verläuft,

d) die Bogenlänge,

e) eine sorgfältige Skizze.

10. In Scheitelpunkten einer Kurve ist die Krümmung extremal. Man bestimme die Krümmungskreise in den Scheitelpunkten von

$$y = e^{-x^2}, \quad y = \frac{64}{16 + x^2}, \quad y = \ln x .$$

11. Man bestimme die Evolute

a) der Ellipse $4x^2 + 9y^2 = 36$,

b) der Hyperbel $xy = 4$,

c) der Zykloide $x = t - \sin t$, $y = 1 - \cos t$ $(t \in \mathbb{R})$.

12. *Ein Teilchen fliegt frei in einem zentralen Kraftfeld* vom Punkt $P_0(r = \sqrt{2} - 1, \varphi = 0)$ aus längs der ebenen Kurve

$$(1) \qquad \varphi = \varphi(r) = \int_{\sqrt{2}-1}^{r} \frac{d\rho}{\rho\sqrt{\rho^2 + 2\rho - 1}}, \quad r \geq \sqrt{2} - 1,$$

ins Unendliche (r, φ : Polarkoordinaten). Die Flugzeit ist

$$(2) \qquad t = t(r) = \int_{\sqrt{2}-1}^{r} \frac{\rho d\rho}{\sqrt{\rho^2 + 2\rho - 1}}, \quad r \geq \sqrt{2} - 1 .$$

a) Für den Teilchenflug (1), (2) berechne man $\varphi'(r)$, $t'(r)$ und bestimme daraus $v = \sqrt{\dot{x}^2 + \dot{y}^2}$ mit Aufg. 8 als Funktion von r.
Wie groß ist $\lim\limits_{r\to\infty} v(r)$?

b) Man führe die Integration in (1) durch und löse auf nach $r = r(\varphi)$.

c) Welche Richtung hat die Asymptote an die Flugbahn und wie lange dauert der Flug; d.h. wie groß ist $\lim\limits_{r\to\infty} \varphi(r)$ und $\lim\limits_{r\to\infty} t(r)$?

13. Für die *horizontale Richtcharakteristik einer Antenne* mit vier $\frac{\lambda}{2}$-Dipolen (im $\frac{\lambda}{2}$-Abstand übereinander) hat man die Formel (φ Polarwinkel)

$$C(\varphi) = \left| \frac{\cos(\frac{\pi}{2}\sin\varphi)\sin(4\frac{\pi}{2}\sin\varphi)}{4\cos\varphi\sin(\frac{\pi}{2}\sin\varphi)} \right| .$$

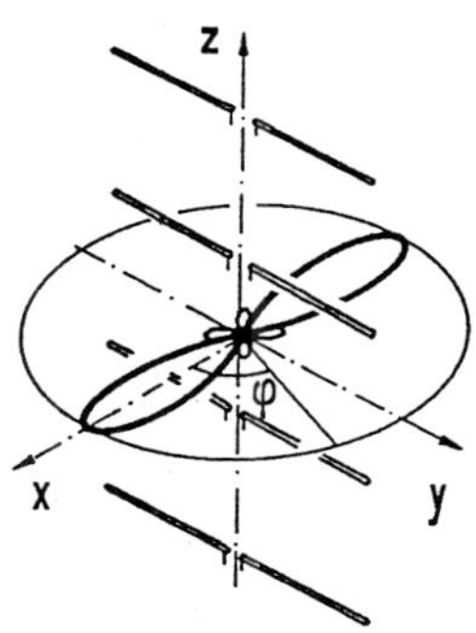

a) Man setze $C(\varphi)$ stetig auf $[0, 2\pi]$ fort, bestimme die Nullstellen und berechne $C'(\varphi)$.

b) Mit Hilfe eines Rechners berechne man Lage und Amplitude der „*Keulen der Charakteristik*“ und skizziere $r = C(\varphi)$.

§6. Weitere Anwendungen des Integrals

6.1 Abkürzende Redeweisen. Um schneller zu weiteren Resultaten zu gelangen, führt man einige abkürzende Bezeichnungen und Redeweisen ein. Zur Berechnung einer reellen Größe G mit Hilfe der Integralrechnung wird diese in kleine Bestandteile dG, die man *Elemente* nennt, zerlegt. Die Summation aller Elemente dG wird ebenfalls Integration genannt und man schreibt $G = \int dG$. Die Kunst des Integrierens besteht darin, für die Elemente dG eine von einem Parameter x abhängige Annäherung der Form $dG \approx f(x)\Delta x$, $a \le x \le b$, anzugeben, die so beschaffen ist, daß die Riemannsche Summe $\sum f(x)\Delta x$ beim Grenzübergang $\Delta x \to 0$ gegen G konvergiert. Man erhält demnach $G = \int_a^b f(x)\,dx$. Als *Kurzform* für diesen Rechengang schreibt man $dG = f(x)\,dx$, woraus durch Integration $G = \int_a^b f(x)\,dx$ folgt. In diesem Zusammenhang ist es üblich, eine kleine Parameterdifferenz Δx mit dx zu bezeichnen, wenn beabsichtigt ist, im Verlauf der Rechnung den Grenzübergang $\Delta x \to 0$ durchzuführen. Statt $\Delta f(x) \approx f'(x)\Delta x$ (→ Kap. 3, 1.3) schreibt man $df(x) = f'(x)\,dx$. So wird beispielsweise das *Längenelement* ds einer in kartesischen Koordinaten durch $x = x(t)$, $y = y(t)$ $(a \le t \le b)$ gegebenen Kurve in der Form

(1) $$ds = \sqrt{\dot{x}(t)^2 + \dot{y}(t)^2}\,dt$$

dargestellt (→ 5.3); speziell für den Graph $y = f(x)$:

(2) $$ds = \sqrt{1 + f'(x)^2}\,dx\,.$$

6.2 Das Volumen eines Rotationskörpers. Von einem dreidimensionalen Körper sei (nach Wahl eines geeigneten kartesischen Koordinatensystems) für jedes $x \in [a,b]$ der Flächeninhalt $F = F(x)$ des Querschnitts bekannt (→ Abb. 127). Das Volumen ΔV einer dünnen Scheibe der Dicke Δx beträgt näherungsweise $F(x)\Delta x$. In Kurzform: $dV = F(x)\,dx$; die Integration ergibt

(3) $$V = \int dV = \int_a^b F(x)\,dx\,.$$

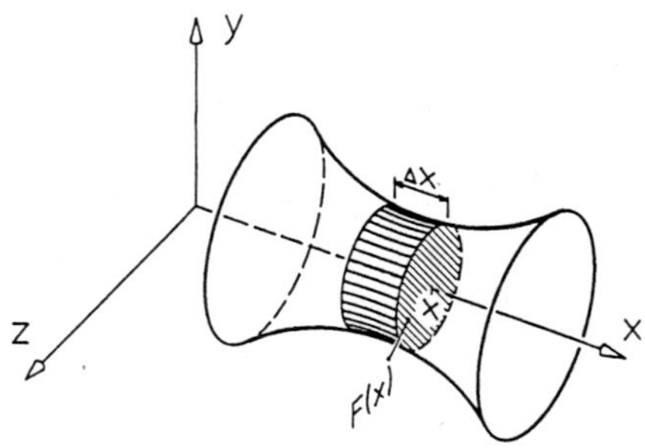

Abb. 127 – Volumen Drehkörper

Speziell – mit $F(x) = \pi f(x)^2$ – gilt

Satz 6.1. *Ein durch Drehung der Kurve (der Kontur) $y = f(x)$, $a \le x \le b$, um die x-Achse erzeugter Rotationskörper hat das Volumen*

(4) $$\boxed{V = \pi \int_a^b f(x)^2\,dx\,.}$$

Beispiel 1. Ein **Kreiskegel** entsteht (nach passender Wahl des Koordinatensystems) durch Rotation der Kontur $y = \frac{r}{h}x$ um die x-Achse. Das Volumen ergibt sich mit (4) zu

$$V = \pi \frac{r^2}{h^2} \int_0^h x^2\,dx = \pi r^2 \frac{h}{3}\,.$$

(Allgemein: Volumen einer Pyramide = Grundfläche mal $\frac{1}{3}$ Höhe.) □

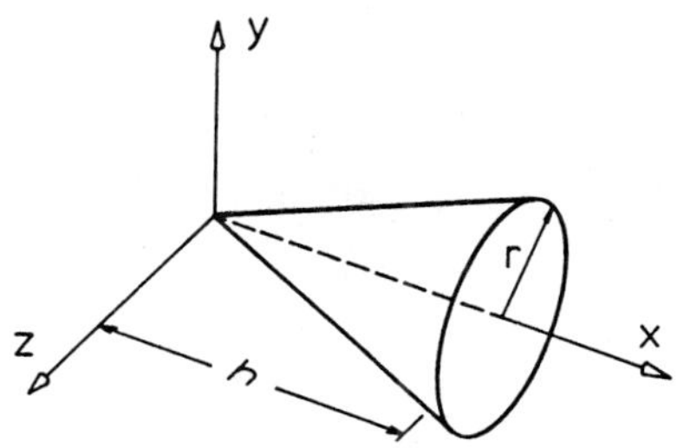

Abb. 128 – Kreiskegel

Beispiel 2. Torus. Wird aus dem Rotationskörper, der durch Drehung des oberen Kreisbogens $y_1 = R + \sqrt{r^2 - x^2}$ (um die x-Achse) entsteht, der „innere" Körper entfernt, der sich durch Drehung von $y_2 = R - \sqrt{r^2 - x^2}$ ergibt, so erhält man den in Abb. 129 gezeigten *Torus* (Reifen) mit dem Volumen

$$\begin{aligned} V &= \pi \int_{-r}^{r} (y_1^2 - y_2^2)\,dx \\ &= 4\pi R \int_{-r}^{r} \sqrt{r^2 - x^2}\,dx \\ &= 2\pi^2 r^2 R\,. \end{aligned}$$ □

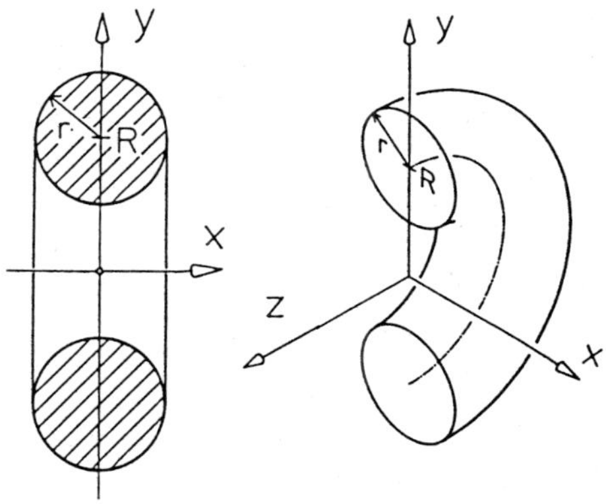

Abb. 129 – Torus

6.3 Die Mantelfläche des Drehkörpers mit der Kontur $y = f(x)$, $a \le x \le b$, berechnen wir wie folgt: die Mantelfläche dM einer dünnen Scheibe der Dicke dx wird angenähert durch die Mantelfläche eines Zylinders mit dem Radius $f(x)$ und der Mantelhöhe $ds = \sqrt{1 + f'(x)^2}\,dx$ (→ Abb. 130 und (2)). Das bedeutet

$$dM = 2\pi f(x) \sqrt{1 + f'(x)^2}\,dx\;;$$

die Integration ergibt

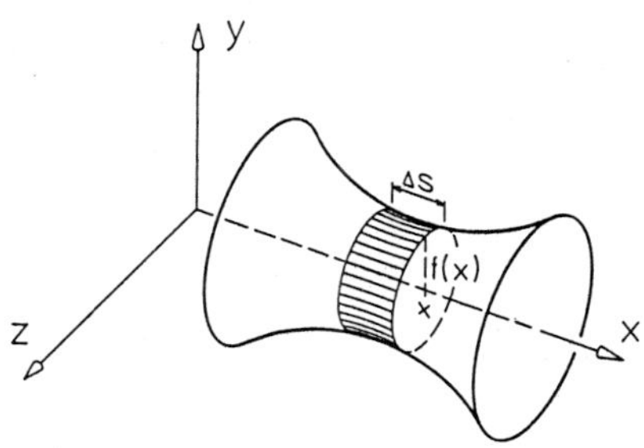

Abb. 130 – Mantel Drehkörper

$$M = 2\pi \int_a^b f(x) \sqrt{1 + f'(x)^2}\,dx\,. \tag{5}$$

Beispiel. Die Mantelfläche des in 6.2, Beisp. 2, betrachteten Torus berechnen wir aus $M = M_1 + M_2$ mit den beiden aus $y_i = R + (-1)^i\sqrt{r^2 - x^2}$ $(i = 1,2)$ erzeugten Mantelflächen

$$M = 2\pi \int_{-r}^{r} (y_1 + y_2)\sqrt{1 + y_1'^2}\, dx = 4\pi R \int_{-r}^{r} \sqrt{1 + y_1'^2}\, dx = 4\pi^2 rR\,.$$

(In der Rechnung wurden $y_1'^2 = y_2'^2$, $y_1 + y_2 = 2R$ und $\int_{-r}^{r} \sqrt{1 + y_i'^2}\, dx = \pi r$ $(i = 1,2)$ – Länge des Halbkreisbogens – berücksichtigt.) □

Bemerkung. Satz 6.1 und Formel (5) sind Spezialfälle der GULDINschen Regel (→ Kap. 8, §4).

Aufgaben

1. Man berechne das Volumen der Körper, die man durch Rotation erhält
   a) Hyperbel $xy = a^2$ $(0 < a \leq x < \infty)$ um x-Achse,
   b) Kardioide $r = a(1 + \cos\varphi)$ um Polarachse.
2. Man berechne das Volumen des Körpers, der von den Flächen $x^2 + y^2 = ax$, $x - z = 0$, $x + z = 0$ begrenzt wird, indem man Schnitte senkrecht zur x-Achse legt.
3. Man berechne die Mantelfläche der Körper, die man durch Rotation erhält
   a) $y = \sin x$ $(0 \leq x \leq \pi)$ um x-Achse,
   b) $y^2 = 2px$ $(0 \leq x \leq a)$ um x-Achse,
   c) $r = a(1 + \cos\varphi)$ um Polarachse.

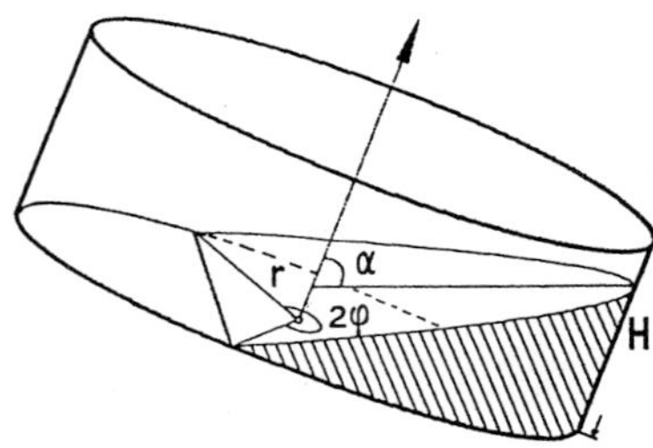

4. Ein Becher besitzt die Form eines geraden Kreiszylinder mit Radius r, seine Achse ist um den Winkel α gegen die Waagerechte geneigt. Er ist mit soviel Wasser gefüllt, daß auf dem Boden ein Kreisabschnitt mit dem Zentriwinkel 2φ benetzt ist.
   — Man berechne das Wasservolumen V.
   Hilfe: Man lege – abhängig von der Höhe h – Schnitte senkrecht zur Achse, bestimme den Flächeninhalt $S(h)$, drücke h und $S(h)$ durch den sich mit h ändernden Zentriwinkel 2ψ aus und berechne $V = \int_0^H S(h)\, dh$ als Integral über ψ.

§7. Numerische Integration

* Unter *numerischer Integration* (auch *numerische Quadratur* genannt) versteht man die näherungsweise Berechnung eines bestimmten Integrals, gestützt auf endlich viele Funktionswerte $y_i = f(\xi_i)$ $(i = 1, 2, \ldots, n)$, in der Form

$$\int_a^b f(x)\, dx \approx \sum_{i=1}^{n} g_i f(\xi_i)$$

mit „*Gewichtsfaktoren*" g_i. Über die Güte der Approximation muß eine Abschätzung des *Restgliedes* Auskunft geben:

$$R := \int_a^b f(x)\,dx - \sum_{i=1}^n g_i f(\xi_i)$$

Die primitive Methode der Approximation des Integrals $\int_a^b f(x)\,dx$ durch Riemann-Summen $Z_n = \sum_{i=1}^n f(\xi_i)(x_i - x_{i-1})$ (→ 5.1) spielt in der Praxis keine große Rolle, da i.a. die Konvergenz $Z_n \to \int_a^b f(x)\,dx$ nicht besonders schnell ist. Bei der Approximation des Integrals nach der *Trapez-Regel* geht man von einer äquidistanten Teilung des Grundintervalls $a = x_0 < x_1 < \cdots < x_n = b$ aus (*Schrittweite* $h := \frac{b-a}{n}$, *Stützstellen* $x_i := a + ih$ $(i = 0, 1, \ldots, n)$) und ersetzt die Kurve $y = f(x)$ über jedem Teilintervall $[x_{i-1}, x_i]$ durch die $(x_{i-1}, f(x_{i-1})), (x_i, f(x_i))$ verbindende Sehne. Mit $y_i := f(x_i)$ ergibt sich so die Approximation

(1) $$\int_a^b f(x)\,dx \approx h\left(\frac{y_0}{2} + y_1 + \cdots + y_{n-1} + \frac{y_n}{2}\right).$$

Anschaulich: Die Fläche unter der Kurve wird durch eine Summe von Trapezflächen approximiert.
Für praktische Rechnungen ist die Schrittweite $h_n := \frac{b-a}{2^n}$ besonders günstig. Sie erlaubt eine schnelle Berechnung der Näherungssummen:

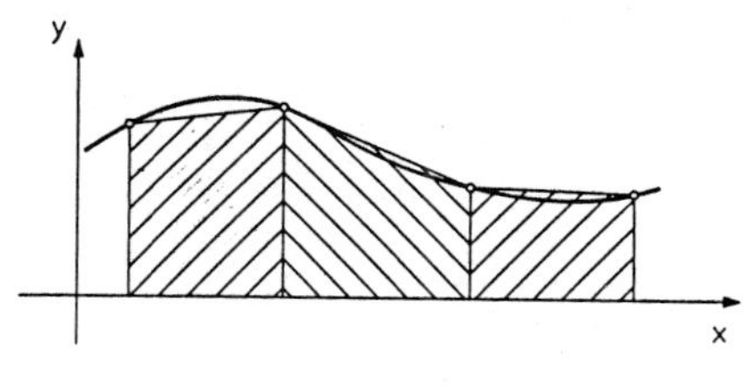

Abb. 131 – Trapezsumme

$$T_0 := h_0\left[\frac{f(a)}{2} + \frac{f(b)}{2}\right],$$

$$T_n := h_n\left[\frac{f(a)}{2} + f(a+h_n) + \cdots + f(a + (2^n - 1)h_n) + \frac{f(b)}{2}\right], \quad n = 1, 2, \ldots.$$

Um von T_n nach T_{n+1} zu gelangen, braucht man nur die bei der Schrittweitenhalbierung $h_{n+1} = \frac{h_n}{2}$ neu hinzugekommenen Teilpunkte zu berücksichtigen.

$$M_n := h_n\Big[f\big(a + \frac{h_n}{2}\big) + f\big(a + 3\frac{h_n}{2}\big) + \cdots + f\big(a + (2^{n+1} - 1)\frac{h_n}{2}\big)\Big] \quad \text{liefert}$$

$$T_{n+1} = \frac{1}{2}[T_n + M_n].$$

Deshalb berechnet man in der Praxis der Reihe nach T_0, M_0, $T_1 = \frac{1}{2}(T_0 + M_0)$, M_1, $T_2 = \frac{1}{2}(T_1 + M_1)$, $M_2, \ldots$, so weit, bis sich T_n und T_{n+1} nicht mehr merklich unterscheiden.

Bei gehobenen Ansprüchen bestimmt man n aus der *Restgliedabschätzung*

$$\left|\int_a^b f(x)\,dx - T_n\right| \leq \frac{(b-a)^3}{3}\frac{M}{4^{n+1}}$$

mit $M = \max\{\, |f''(x)| \;;\, a \leq x \leq b\}$ (die hier nicht bewiesen wird): Man gibt eine Genauigkeitsschranke ε (etwa $\varepsilon = 10^{-7}$) vor und bestimmt das kleinste n mit

$$\frac{(b-a)^3}{3}\frac{M}{4^{n+1}} < \varepsilon\,.$$

Mit diesem n gilt dann $\displaystyle\int_a^b f(x)\,dx = T_n \pm \varepsilon$.

Romberg-Extrapolation. Für praktische Rechnungen mit hoher Genauigkeit konvergiert die Folge T_n $(n = 0, 1, 2, \ldots)$ noch zu langsam. Außerdem verfälschen die beim Einsatz eines Rechners unvermeidlichen Rundungsfehler für große n das Ergebnis. Deshalb berechnet man $T_0, T_1, T_2, \ldots, T_n$ für nur wenige n und führt anschließend die sogenannte Romberg-Extrapolation durch, die zu einem wesentlich besseren Ergebnis führt. Die Idee ist einfach: Man bildet aus den T_n andere Folgen, die i.a. schneller gegen den Integralwert konvergieren. Aus $T_{n,0} := T_n$ $(n = 0, 1, 2, \ldots)$ berechnet man

$$T_{n,1} := \frac{4T_{n,0} - T_{n-1,0}}{4-1} \quad (n = 1, 2, 3, \ldots), \qquad \text{damit}$$

$$T_{n,2} := \frac{4^2 T_{n,1} - T_{n-1,1}}{4^2-1} \quad (n = 2, 3, 4, \ldots) \qquad \text{etc; allgemein}$$

$$T_{n,k} := \frac{4^k T_{n,k-1} - T_{n-1,k-1}}{4^k-1} \quad (n = k, k+1, \ldots)\,.$$

Ohne Beweis:

Ist der Integrand f in $[a, b]$ genügend oft differenzierbar, so ist $T_{n,k}$ eine bessere Approximation des Integrals als $T_{n,k-1}$.

Beispiel. Es wird $\int_1^{10} \frac{\ln x}{x}\,dx = \frac{1}{2}(\ln 10)^2 = 2.650947928\ldots$ aus $T_0, \ldots, T_6$ mit anschließender Romberg-Extrapolation berechnet:

n	T_n	$T_{n,1}$	$T_{n,2}$	$T_{n,3}$	$T_{n,4}$	$T_{n,5}$	$T_{n,6}$
0	1.036163292						
1	1.912875540	2.205112956					
2	2.366921161	2.518269702	2.539146818				
3	2.559871380	2.624188120	2.631249348	2.632711293			
4	2.625551439	2.647444792	2.648995237	2.649276917	2.649341880		
5	2.644362875	2.650633354	2.650845924	2.650875300	2.650881569	2.650883074	
6	2.649285546	2.650926437	2.650945976	2.650947564	2.650947847	2.650947912	2.650947928

Wie man sieht, kommt $T_{6,5}$ dem wahren Wert ausreichend nahe. □

Bemerkungen.

1. Die Werte $T_{n,1}$ ($n = 1, 2, 3, \ldots$) des Romberg-Extrapolationsschemas erhält man auch nach der sogenannten *Simpson-Regel*: Man ersetze den Integranden $f(x)$ über dem Teilintervall $[x_i, x_{i+2}]$ ($i = 0, 2, \ldots, 2^n - 2$) durch die Parabel $g_i(x) = \alpha_i x^2 + \beta_i x + \gamma_i$, die durch die aufeinanderfolgenden Punkte $(x_i, f(x_i))$, $(x_{i+1}, f(x_{i+1}))$, $(x_{i+2}, f(x_{i+2}))$ geht.

Die Approximation

$$\int_a^b f(x)\,dx \approx T_{1,1} = \frac{b-a}{6}\left[f(a) + 4f(\frac{a+b}{2}) + f(b)\right]$$

wird **Keplersche Faßregel** genannt (→ §1, Aufg. 7).

2. Es gibt sehr schnell konvergierende Verfahren, die keine äquidistanten Stützstellen verwenden, deren Behandlung jedoch nicht so elementar ist.

```
' Programm  ROMBERG Integration
' -----------------------------
Dim I(7)
E=1.0E-07
Print "Grenzen A= ,B= ";
Input A,B
H=B-A
N=1
X=A
' X=A+E, falls uneigentlich
Gosub Funktion
F1=F
X=B
' x=B-E, falls uneigentlich
Gosub Funktion
I(0)=H*(F1+F)/2
For K=1 To 7
  S=0
  H=H/2
  N=2*N
  Q=1
  For J=1 To N-1 Step 2
    X=A+J*H
    Gosub Funktion
    S=S+F
  Next J
  I(K)=I(K-1)/2+S*H
  For J=K-1 To 0 Step -1
    Q=4*Q
    I(J)=I(J+1)+(I(J+1)-I(J))/(Q-1)
  Next J
  Print I(0)
  Ia=Abs(I(0))
  If Ia<1 Then
    Ia=1
  Endif
  Exit If Abs(I(1)-I(0))<E*Ia
Next K
Print I(0)
End
' -------------------------------
Procedure Funktion
  F=Log(x)/x
Return
```

Aufgaben

1. Ist l die Länge des mathematischen Pendels und α der maximale Auslenkwinkel, so ergibt sich die Schwingungsdauer T (→ Band 2) mit $g = 9.80655 \mathrm{m/s^2}$ aus dem *vollständigen elliptischen Integral*

$$K(k) = \int_0^{\pi/2} \frac{dx}{\sqrt{1 - k^2 \sin^2 x}}$$

(1) $$T = 4\sqrt{\frac{l}{g}}\, K(\sin \tfrac{\alpha}{2}) \, .$$

Eine gebräuchliche Näherung für kleine α ist

(2) $$T = 2\pi \sqrt{\frac{l}{g}} \, .$$

a) Man bestimme die für eine *Standuhr* mit *2-Sekunden-Pendel* nötige Länge l aus (2) und aus (1) mit $\alpha = 4^\circ$. Dazu berechne man $K(k)$ näherungsweise mit der Simpson-Regel für 2 und 4 Teilpunkte.

b) Wie groß ist die Gangabweichung pro Woche, wenn l nach (2) bestimmt ist?

c) (*Mit PC*) Man berechne $K(k)$ für $k = \sin 89.5^\circ$ mit `Programm Romberg` und vergleiche mit dem Tabellenwert 6.127778830.
Warum ergibt sich eine so große Abweichung?

2. Das *vollständige elliptische Integral*

$$I(a,b) = \int_0^{\pi/2} \frac{dx}{\sqrt{a^2 \cos^2 x + b^2 \sin^2 x}} \qquad (0 < b < a)$$

läßt sich nach C.F. Gauss über die beiden Folgen ausdrücken

$$\begin{aligned} a_0 &= a \, , \quad a_1 = \frac{1}{2}(a_0 + b_0) \, , \quad a_2 = \frac{1}{2}(a_1 + b_1) \, , \ldots , \\ b_0 &= b \, , \quad b_1 = \sqrt{a_0 b_0} \, , \quad b_2 = \sqrt{a_1 b_1} \, , \ldots , \end{aligned}$$

die gegen einen gemeinsamen Grenzwert, das sog. *arithmetisch-geometrische Mittel* $M(a,b)$ von a und b konvergieren:

$$I(a,b) = \frac{\pi}{2} \cdot \frac{1}{M(a,b)} \, .$$

(Dies führt zu einem außerordentlich schnellen und genauen numerischen Verfahren.)

a) Für $a_1 = \frac{1}{2}(a+b)$, $b_1 = \sqrt{ab}$ zeige man mit der Substitution

$$\sin x = \frac{2a \sin \psi}{(a+b) + (a-b)\sin^2 \psi}$$

$$\int_0^{\pi/2} \frac{dx}{\sqrt{a^2 \cos^2 x + b^2 \sin^2 x}} = \int_0^{\pi/2} \frac{d\psi}{\sqrt{a_1^2 \cos^2 \psi + b_1^2 \sin^2 \psi}} \, .$$

b) Unter Berücksichtigung von $\lim_{n\to\infty} a_n = \lim_{n\to\infty} b_n = M(a,b)$ folgt aus a)

$$I(a,b) = I(M(a,b), M(a,b)) = M(a,b)^{-1} \cdot \frac{\pi}{2} \, .$$

c) Teste das nachfolgende Programm in Aufgabe 1c.

Numerische Berechnung der vollständigen elliptischen Integrale

$$K(k) = \int_0^{\pi/2} \frac{dx}{\sqrt{1-k^2\sin^2 x}}\,, \quad E(k) = \int_0^{\pi/2} \sqrt{1-k^2\sin^2 x}\,dx \quad (0 \le k < 1)$$

```
' Programm Vollst.Ellipt.Integrale
' --------------------------------
Input "k";K
If K<1 Then
  A=1
  B=Sqr(1-K*K)
  C=K
  D=2
  E=C*C
  Repeat
    A1=(A+B)/2
    B1=Sqr(A*B)
    C=(A-B)/2
    E=E+D*C*C
    A=A1
    B=B1
    D=2*D
  Until C<1.0E-09
  Print "K(k)=";Pi/2/A
  Print "E(k)=";Pi/2/A*(1-E/2)
Else
  Print "Fail"
Endif
End
```

3. Die Kontur Z des *Wankelmotors* hat die Form einer Hypozykloide. Sie ist die Bahn des Punktes A, wenn der Läuferkreis K_L auf dem (mit dem Gehäuse G starr verbundenen) Kreis K_G abrollt.

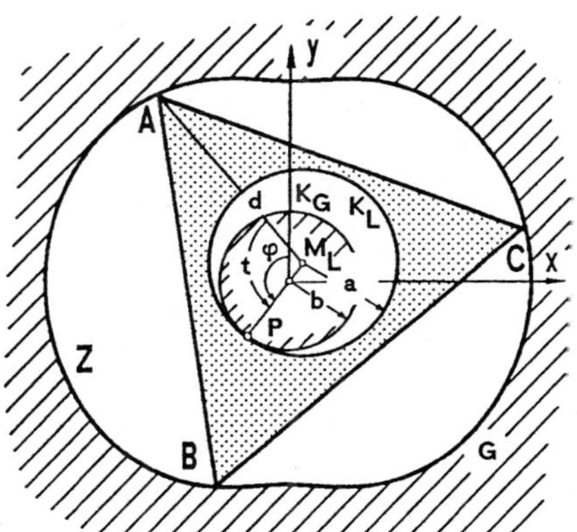

   a) Man bestimme die Parameterdarstellung $x(t), y(t)$ von Z mit dem Winkel t gemäß Skizze. Für welche Werte von a/b liegen die Punkte B und C ebenfalls auf Z? (Rollbedingung: $at = b\varphi$. Berührbedingung: O, M_L, P auf einer Geraden.)
   b) Für $a = 3$, $b = 2$, $d = 7$ bestätige man

$$x(t) = -\sin\frac{3}{2}t + 7\sin\frac{1}{2}t\,,$$

$$y(t) = 7\cos\frac{1}{2}t - cos\frac{3}{2}t\,, \quad 0 \le t \le 4\pi\,.$$

Man bestimme den Flächeninhalt F und den Umfang U von Z, indem man U auf ein elliptisches Integral $E(\sqrt{0.84})$ zurückführt und entweder den Tabellenwert 1.1507... oder obiges Programm verwendet.

Kapitel 5

Potenzreihen

Eine besonders wirkungsvolle Methode zur Lösung zahlreicher Probleme ist die Darstellung einer Funktion f als unendliche Reihe $f(x) = \sum_{k=0}^{\infty} f_k(x)$ mit geeigneten, wohlbekannten Funktionen f_k; etwa als

Potenzreihe mit $f_k(x) = a_k x^k$, oder als
Fourier-Reihe mit $f_k(x) = a_k \cos kx + b_k \sin kx$.

Eine besondere Rolle spielen dabei die Potenzreihen: sie sind von einfacher Bauart, lassen sich leicht manipulieren (d.h. addieren, multiplizieren, differenzieren, integrieren, ...) und haben vielseitige, weitreichende Anwendungen.
Bevor wir uns mit Potenzreihen befassen können, ist zu klären, was man unter einer unendlichen Summe $a_0 + a_1 + a_2 + \cdots$ von Zahlen $a_i \in \mathbb{R}$ versteht.

§1. Unendliche Reihen

1.1 Grundbegriffe. Die aus einer Zahlenfolge $a_0, a_1, a_2, \ldots$ gebildete Summenfolge $(s_n)_{n\geq 0}$ mit

$$s_n := \sum_{k=0}^{n} a_k = a_0 + a_1 + \cdots + a_n \quad (n \geq 0)$$

heißt *unendliche Reihe*, sie wird mit $\sum_{k=0}^{\infty} a_k$ (bzw. mit $a_0+a_1+a_2+\cdots$) bezeichnet.

D.h.

$$a_0 + a_1 + a_2 + \cdots = \sum_{k=0}^{\infty} a_k := (s_n)_{n\geq 0}\ .$$

Die Zahlen a_i heißen *Glieder* der Reihe und die Summen $s_n = \sum_{k=0}^{n} a_k$ deren *Partialsummen*. Der Definition entsprechend sagt man, die Reihe konvergiert (bzw. divergiert), wenn $(s_n)_{n\geq 0}$ konvergiert (bzw. divergiert).
Im Fall $\lim_{n\to\infty} s_n = \lim_{n\to\infty} \left(\sum_{k=0}^{n} a_k \right) = s$ (mit $s \in \mathbb{R} \cup \{-\infty, \infty\}$) nennt man s den *Wert* (oder die *Summe*) der unendlichen Reihe und schreibt

$$\sum_{k=0}^{\infty} a_k = s\ ,$$

wobei man sich der dadurch hervorgerufenen Doppeldeutigkeit des Symbols $\sum_{k=0}^{\infty} a_k$ durchaus bewußt ist.

> *Die beiden Bedeutungen des Symbols* $\sum_{k=0}^{\infty} a_k$:
>
> a) $\sum_{k=0}^{\infty} a_k$ (alleinstehend) bezeichnet die Folge der Partialsummen $s_n = a_0 + a_1 + \cdots + a_n \quad (n \geq 0)$.
>
> b) Die Gleichung $\sum_{k=0}^{\infty} a_k = s$ bedeutet $\lim_{n\to\infty} \sum_{k=0}^{n} a_k = s$.

Beispiele.

1) Die *geometrische Reihe* $\sum_{k=0}^{\infty} q^k = 1 + q + q^2 + q^3 + \cdots$ besitzt die Glieder $a_k = q^k \quad (k \geq 0)$ und für $|q| < 1$ die Summe $\frac{1}{1-q}$. In Kap. 2, §4 wurde gezeigt:

$$\sum_{k=0}^{\infty} q^k = \begin{cases} \dfrac{1}{1-q} & \text{, falls } |q| < 1 \\ \infty & \text{, falls } q \geq 1 \\ \text{(unbestimmt) divergent} & \text{, falls } q \leq -1 \end{cases} \tag{1}$$

2) Die *harmonische Reihe* $\sum_{k=1}^{\infty} \frac{1}{k} = 1 + \frac{1}{2} + \frac{1}{3} + \cdots$ hat die Glieder $a_k = \frac{1}{k} \quad (k \geq 1)$ und den Wert ∞ (→ Kap. 2, §4).

3) Die *alternierende harmonische Reihe* $\sum_{k=1}^{\infty} (-1)^{k+1} \frac{1}{k} = 1 - \frac{1}{2} + \frac{1}{3} - \frac{1}{4} + - \cdots$ hat die Glieder $a_k = (-1)^{k+1} \frac{1}{k} \quad (k \geq 1)$; sie konvergiert (→ Kap2. , §5) gegen den Grenzwert $\ln 2$ (→ §4); d.h., $\sum_{k=1}^{\infty} (-1)^{k+1} \frac{1}{k} = \ln 2$. □

Der Konvergenznachweis durch Berechnung der Summe, wie im Fall der geometrischen Reihe, ist die Ausnahme. Die Berechnung der Summe ist i.a. schwierig und erfordert spezielle Methoden. In der Regel gelingt es aber, die Konvergenz oder Divergenz anhand der folgenden Tests (Kriterien) nachzuweisen.

Das *Cauchy-Konvergenzkriterium* (→ Kap. 2, Satz 5.4) auf Reihen übertragen lautet:

Satz 1.1. *Die Reihe* $\sum_{k=0}^{\infty} a_k$ *ist genau dann konvergent, wenn es zu jeder noch so kleinen Zahl* $\epsilon > 0$ *einen Index* N_ϵ *gibt, so daß gilt*

$|s_n - s_m| = |a_{m+1} + a_{m+2} + \cdots + a_n| < \epsilon$ *für alle* $m, n \geq N_\epsilon$ *(o.E.* $n > m$ *).*

Als unmittelbare Folgerung ergibt sich eine *notwendige Konvergenzbedingung*:

Satz 1.2. *Die Glieder einer konvergenten unendlichen Reihe bilden eine Nullfolge.*

Beweis. In Satz 1.1 nehme man $m = n - 1$: $|s_n - s_{n-1}| = |a_n| < \epsilon$ für alle $n > N_\epsilon$; d.h. $a_n \to 0$. □

Beispiel. Jeder Versuch, für $\sum_{k=1}^{\infty} \frac{k^k}{k!}$ einen endlichen Grenzwert zu bestimmen, muß scheitern; $\left(\frac{k^k}{k!}\right)_{k \geq 1}$ ist keine Nullfolge. □

Die Bedingung $\lim_{n\to\infty} a_n = 0$ ist zur Konvergenz der Reihe notwendig, aber i.a. nicht hinreichend, wie das Beispiel der harmonischen Reihe zeigt.
Für *alternierende Reihen* (das sind solche, in denen aufeinanderfolgende Reihenglieder verschiedene Vorzeichen haben) ist diese Bedingung beinahe auch hinreichend (→ Aufg. 5). Es gilt:

Satz 1.3. Leibniz-Kriterium für alternierende Reihen.
Für jede **monoton fallende** *Nullfolge* $a_0, a_1, a_2, \ldots$ *konvergiert die alternierende Reihe*

$$\sum_{k=0}^{\infty} (-1)^k a_k = a_0 - a_1 + a_2 - a_3 + - \cdots .$$

Für die Approximation der Summe s *durch die Partialsummen* $s_n = \sum_{k=0}^{n} (-1)^k a_k$ *gilt die Fehlerabschätzung*

$$|s - s_n| \leq a_{n+1} \quad (n = 0, 1, 2, \ldots) .$$

Beweis. Der Beweis mit dem Cauchy-Kriterium (Satz 1.1) verläuft völlig analog zu dem in Kap. 2, §5 ausgeführten Spezialfall $a_k = \frac{1}{k}$ (alternierende harmonische Reihe). □

Beispiel. Die Sinusfunktion besitzt die Reihendarstellung
$\sin x = x - \frac{x^3}{3!} + \frac{x^5}{5!} - \frac{x^7}{7!} + - \cdots$ (→ §3). Für $x = \frac{1}{10}$ ergibt das

$$\sin \frac{1}{10} = \frac{1}{10} - \frac{1}{3!10^3} + \frac{1}{5!10^5} - + \cdots = 0.099833416 \pm \epsilon$$

mit dem Fehler $\epsilon = |s - s_3| < a_4 = \frac{1}{7!10^7} < 10^{-10}$. □

Beachte: Die angegebene Abschätzung gilt i.a. nur für konvergente *alternierende* Reihen. Für $\sum_{k=1}^{\infty} \frac{1}{k^2} = 1 + \frac{1}{2^2} + \frac{1}{3^2} + \cdots = \frac{\pi^2}{6}$ (→ Kap. 2, §5) beispielsweise berechnet man $s_{200} = 1.639946548$, was vom Summenwert $s = 1.644934067$ „wesentlich" weiter entfernt ist als $\frac{1}{(201)^2} = 2.475186258E-05$.

Die Rechenregeln für Folgen sind leicht auf Reihen zu übertragen. So gilt insbesondere:

Satz 1.4. *Aus* $\sum_{k=0}^{\infty} a_k = a$ *und* $\sum_{k=0}^{\infty} b_k = b$ *mit* $a, b \in \mathbb{R}$ *folgt für alle* $c \in \mathbb{R}$

$$\sum_{k=0}^{\infty} (a_k \pm b_k) = a \pm b \quad , \qquad \sum_{k=0}^{\infty} (ca_k) = ca \,.$$

Beispiel. Aus $\sum_{k=1}^{\infty} \frac{1}{k^2} = \frac{\pi^2}{6}$ und $1 + \sum_{k=1}^{\infty} (-1)^k \frac{1}{k+1} = \ln 2$ folgt

$$\sum_{k=1}^{\infty} \left(\frac{1}{k^2} + (-1)^k \frac{1}{k+1}\right) = \frac{\pi^2}{6} + \ln 2 - 1 \,.$$ □

Eine Warnung. Elementare Manipulationen, die bei endlichen Summen den Summenwert nicht ändern, sind bei unendlichen Reihen („unendlichen Summen") **nicht uneingeschränkt** erlaubt.

ⓐ Klammern fortzulassen ist i.a. nicht erlaubt.

Beispiel. Die Reihe $\sum_{k=0}^{\infty} a_k$ mit $a_k = (1-1) = 0$ ist konvergent, der Grenzwert $\sum_{k=0}^{\infty} a_k = (1-1)+(1-1)+\cdots = 0$. Durch Fortlassen der Klammern entsteht hieraus die divergente Reihe $1 - 1 + 1 - 1 + - \cdots = \sum_{k=0}^{\infty} b_k$ mit $b_k = (-1)^k$ $(k = 0, 1, \ldots)$ und den Partialsummen $s_n = 0$, falls n ungerade, $s_n = 1$, falls n gerade. □

ⓑ Klammern zu setzen ist i.a. ebenfalls nicht erlaubt.

Man betrachte das vorhergehende Beispiel: Aus der divergenten Reihe $\sum_{k=0}^{\infty} b_k$ entsteht durch Klammerung die konvergente Reihe $\sum_{k=0}^{\infty} a_k$. Jedoch gilt:

Satz 1.5. *In einer konvergenten Reihe darf man beliebig Klammern setzen:*

$$s = a_0 + a_1 + a_2 + \cdots = (a_0 + \cdots + a_{k_1}) + (a_{k_1+1} + \cdots + a_{k_2}) + \cdots$$

Beweis. Die Partialsummen $s'_n = (a_0 + \cdots + a_{k_1}) + \cdots + (a_{k_{n-1}+1} + \cdots + a_{k_n})$ der „geklammerten" Reihe bilden eine Teilfolge der konvergenten Folge $s_n = a_0 + a_1 + \cdots + a_n$, $n \geq 0$; sie konvergieren deshalb gegen denselben Grenzwert s (→ Kap. 2, §4). □

Ⓒ Eine Umordnung der Glieder (Summanden) ist ohne Zusatzvoraussetzungen nicht erlaubt.

Beispiel. Aus $\sum_{k=1}^{\infty}(-1)^{k+1}\frac{1}{k} = \ln 2$ (s.o.) entsteht durch Umordnung die Reihe

$$1 + \frac{1}{3} - \frac{1}{2} + \frac{1}{5} + \frac{1}{7} - \frac{1}{4} + \frac{1}{9} + \frac{1}{11} + \frac{1}{13} - \frac{1}{6} + \cdots ,$$

die, wie man zeigen kann, den Summenwert $\frac{3}{2}\ln 2$ hat. □

1.2 Absolute Konvergenz. Die Sachlage vereinfacht sich, wenn alle Reihenglieder ≥ 0 sind.

Definition. *Die Reihe* $\sum_{k=0}^{\infty} a_k$ *heißt* **absolut konvergent**, *wenn die Reihe der Beträge* $\sum_{k=0}^{\infty} |a_k| = |a_0| + |a_1| + |a_2| + \cdots$ *konvergiert.*
Reihen, die zwar konvergieren, aber nicht absolut konvergieren, nennt man **bedingt konvergent**.

Die alternierende harmonische Reihe ist ein Beispiel für bedingte Konvergenz. Es gilt

Satz 1.6. *Jede absolut konvergente Reihe ist konvergent (im gewöhnlichen Sinn).*

Beweis. Ist $\sum_{k=0}^{\infty} |a_k|$ konvergent, dann gibt es (→ Satz 1.1, Cauchy-Kriterium) zu $\epsilon > 0$ einen Index N_ϵ, so daß $|a_m| + |a_{m+1}| + \cdots + |a_n| < \epsilon$ für $m, n \geq N_\epsilon$, $n > m$. Aufgrund der Dreiecksungleichung gilt $|a_m + a_{m+1} + \cdots + a_n| \leq |a_m| + |a_{m+1}| + \cdots + |a_n| < \epsilon$ für $m, n \geq N_\epsilon$, was wiederum nach Satz 1.1 die Konvergenz der Reihe $\sum_{k=0}^{\infty} a_k$ nach sich zieht. □

Die wesentlichen Kriterien für absolute Konvergenz basieren auf der folgenden Beobachtung.

Satz 1.7. *Die Reihe* $\sum_{k=0}^{\infty} a_k$ *ist genau dann absolut konvergent, wenn die Folge der Partialsummen* $S_n := |a_0| + |a_1| + \cdots + |a_n|$ *(d.h. die Reihe* $\sum_{k=0}^{\infty} |a_k|$ *) beschränkt ist.*

Beweis. Da die Folge $(S_n)_{n \geq 0}$ offenbar monoton wächst, folgt die Behauptung sofort aus dem Monotoniekriterium (→ Kap. 2, §5). □

Beispiel.

(2)
$$\sum_{k=1}^{\infty} \frac{1}{k^\alpha} \begin{cases} \text{konvergiert} & \text{, falls } \alpha > 1 \\ \text{divergiert} & \text{, falls } \alpha \leq 1 \end{cases}$$
□

Beweis. 1. Fall $\alpha > 1$. Zu $n \in \mathbb{N}$ wird $m \in \mathbb{N}$ so gewählt, daß $n \leq 2^m - 1$ gilt. Es folgt

$$\begin{aligned} s_n \leq s_{2^m-1} &= 1 + \left(\frac{1}{2^\alpha} + \frac{1}{3^\alpha}\right) + \cdots + \left(\frac{1}{(2^{m-1})^\alpha} + \cdots + \frac{1}{(2^m - 1)^\alpha}\right) \\ &\leq 1 + \frac{2}{2^\alpha} + \frac{4}{4^\alpha} + \cdots + \frac{2^{m-1}}{(2^{m-1})^\alpha} \leq \sum_{m=0}^{\infty} \left(\frac{1}{2^{\alpha-1}}\right)^m = \frac{2^{\alpha-1}}{2^{\alpha-1} - 1} . \end{aligned}$$

2. Fall $\alpha \leq 1$. In diesem Fall sind die Partialsummen größer oder gleich den entsprechenden Partialsummen der harmonischen Reihe $\sum_{k=1}^{\infty} \frac{1}{k}$ und es gilt $\sum_{k=1}^{\infty} \frac{1}{k^\alpha} = \infty$ (falls $\alpha \leq 1$). □

Beachte: $\sum_{k=1}^{\infty} \frac{1}{k^1} = \infty$, aber $\sum_{k=1}^{\infty} \frac{1}{k^{1+\epsilon}}$ hat für jedes noch so kleine $\epsilon > 0$ einen endlichen Wert. Die Konvergenz ist für kleine ϵ aber sehr langsam.

Als einfache Folgerung aus Satz 1.7 ergibt sich das nützliche *Vergleichskriterium*:

Satz 1.8. Vergleichskriterium oder Majorantenkriterium.
Besteht für die Reihenglieder die Abschätzung

$$0 \leq |a_k| \leq b_k \quad \textit{für } k \geq k_0 \textit{, dann gilt}$$

a) $$\sum_{k=0}^{\infty} b_k \ \textit{konvergent} \Rightarrow \sum_{k=0}^{\infty} a_k \ \textit{absolut konvergent},$$

b) $$\sum_{k=0}^{\infty} |a_k| = \infty \Rightarrow \sum_{k=0}^{\infty} b_k = \infty .$$

Beweis. a): Es genügt, die Konvergenz der „Restreihe" $\sum_{k=k_0}^{\infty} |a_k|$ nachzuweisen, deren Partialsummen nach Voraussetzung durch $\sum_{k=0}^{\infty} b_k$ beschränkt sind. Mit Satz 1.7 folgt die Behauptung. b) ist unmittelbar klar. □

Eine Reihe $\sum_{k=0}^{\infty} b_k$, die den Voraussetzungen des Satzes 1.8 genügt, heißt eine *Majorante* der Reihe $\sum_{k=0}^{\infty} a_k$.

Beispiel. $\sum_{k=1}^{\infty} \frac{\sin(k^3+3)}{2k^3+2k+1}$ ist absolut konvergent; denn es gilt

$\left|\frac{\sin(k^3+3)}{2k^3+2k+1}\right| \leq \frac{1}{2k^3}$ $(k \geq 1)$ und $\frac{1}{2}\sum_{k=1}^{\infty} \frac{1}{k^3}$ konvergiert (→ (2)). □

Ein Vergleich mit der geometrischen Reihe führt zu einem besonders anwendungsfreundlichen Konvergenz-Test.

Satz 1.9. Das Quotientenkriterium. *Ist* $a_k \neq 0$ *für alle* $k \geq k_0$ *und konvergiert die Folge der Quotienten* $\frac{a_{k+1}}{a_k}$, *dann gilt:*

a)	$\lim_{k\to\infty} \left|\frac{a_{k+1}}{a_k}\right| < 1 \quad \Rightarrow \quad \sum_{k=0}^{\infty} a_k$	*ist absolut konvergent*,
b)	$\lim_{k\to\infty} \left|\frac{a_{k+1}}{a_k}\right| > 1 \quad \Rightarrow \quad \sum_{k=0}^{\infty} a_k$	*konvergiert nicht*.

Beweis. a): Nach Voraussetzung gibt es eine Zahl q, $0 \leq q < 1$, so daß $\left|\frac{a_{k+1}}{a_k}\right| \leq q$ für alle k ab einem k_1. Für diese k, $k = k_1 + l$, folgt

$$|a_{k_1+l}| \leq q|a_{k_1+(l-1)}| \leq \cdots \leq q^l |a_{k_1}| \,.$$

Das Majorantenkriterium (mit $b_{k_1+l} := |a_{k_1}| q^l$) bestätigt die Behauptung.
b): In diesem Fall ist $(a_k)_{k\geq 0}$ keine Nullfolge und deshalb die Reihe nicht konvergent (→ Satz 1.2). □

Bemerkung. An der divergenten harmonischen Reihe mit $\frac{a_{k+1}}{a_k} = \frac{k}{k+1} \to 1$ erkennt man, daß in a) die Bedingung < 1 nicht durch ≤ 1 ersetzt werden darf. Falls $\lim_{k\to\infty} \left|\frac{a_{k+1}}{a_k}\right| = 1$, dann ist Satz 1.9 nicht anwendbar.

Beispiele. Die folgenden Reihen konvergieren für jedes $x \in \mathbb{R}$ absolut:

1. $\displaystyle\sum_{k=0}^{\infty} \frac{x^k}{k!} = 1 + x + \frac{x^2}{2!} + \frac{x^3}{3!} + \frac{x^4}{4!} + \cdots.$

2. $\displaystyle\sum_{k=0}^{\infty} (-1)^k \frac{x^{2k+1}}{(2k+1)!} = x - \frac{x^3}{3!} + \frac{x^5}{5!} - \frac{x^7}{7!} + - \cdots.$

3. $\displaystyle\sum_{k=0}^{\infty} (-1)^k \frac{x^{2k}}{(2k)!} = 1 - \frac{x^2}{2!} + \frac{x^4}{4!} - \frac{x^6}{6!} + - \cdots.$

Beweis. Mit dem Quotientenkriterium:

1. Mit $a_k = \dfrac{x^k}{k!}$ wird $\left|\dfrac{a_{k+1}}{a_k}\right| = \left|\dfrac{x}{k+1}\right| \to 0$ für $k \to \infty$.

2. Mit $a_k = (-1)^k \dfrac{x^{2k+1}}{(2k+1)!}$ wird $\left|\dfrac{a_{k+1}}{a_k}\right| = \left|\dfrac{x^2}{(2k+2)(2k+3)}\right| \to 0$ für $k \to \infty$.

3. analog. □

Ohne Beweis zwei *nur für absolut konvergente Reihen gültige Rechenregeln*:

Satz 1.10. Cauchy-Produkt. *Für absolut konvergente Reihen* $\sum_{k=0}^{\infty} a_k$ *und* $\sum_{k=0}^{\infty} b_k$ *gilt die Produktformel*

$$\left(\sum_{k=0}^{\infty} a_k\right)\left(\sum_{k=0}^{\infty} b_k\right) = \sum_{n=0}^{\infty}\left(\sum_{k=0}^{n} a_k b_{n-k}\right)$$
$$= a_0 b_0 + (a_1 b_0 + a_0 b_1) + (a_2 b_0 + a_1 b_1 + a_0 b_2) + \cdots .$$

Beispiel.

$$\left(\sum_{k=0}^{\infty} \frac{x^k}{k!}\right)\left(\sum_{k=0}^{\infty} \frac{y^k}{k!}\right) = \sum_{n=0}^{\infty}\left(\sum_{k=0}^{n} \frac{x^k y^{n-k}}{k!(n-k)!}\right) = \sum_{n=0}^{\infty} \frac{1}{n!}\left(\sum_{k=0}^{n} \binom{n}{k} x^k y^{n-k}\right) =$$

$= \displaystyle\sum_{n=0}^{\infty} \frac{(x+y)^n}{n!}$. Das ist die Beziehung $e^{x+y} = e^x \cdot e^y$ (→ §3(5) und Kap. 3, 4.1). □

Satz 1.11. Umordnungssatz. *Ist die Reihe* $\sum_{k=0}^{\infty} a_k$ *absolut konvergent mit Summenwert* s, *dann konvergiert jede aus* $\sum_{k=0}^{\infty} a_k$ *durch Umordnung der Glieder entstandene Reihe ebenfalls gegen* s.

Beispiel. $1 - \frac{1}{4} + \frac{1}{9} - \frac{1}{16} + \frac{1}{25} - \frac{1}{36} + \frac{1}{49} - + \cdots = 1 + \frac{1}{9} - \frac{1}{4} + \frac{1}{25} + \frac{1}{49} - \frac{1}{16} + - \cdots .$

□

Aufgaben

1. Man untersuche, ob folgende Reihen konvergieren:

a) $\frac{1}{2}+\frac{3}{4}+\frac{4}{5}+\frac{5}{6}+\cdots$; b) $\frac{2}{3}+\frac{4}{9}+\frac{6}{27}+\frac{8}{81}+\cdots$;

c) $1+\frac{1\cdot 2}{1\cdot 3}+\frac{1\cdot 2\cdot 3}{1\cdot 3\cdot 5}+\cdots$; d) $1+\frac{1}{100}+\frac{1}{200}+\frac{1}{300}+\cdots$;

e) $1+\frac{2}{2!}+\frac{4}{3!}+\frac{8}{4!}+\cdots$; f) $1-\frac{1}{\sqrt{2}}+\frac{1}{\sqrt{3}}-\frac{1}{\sqrt{4}}+\cdots$.

2. Die beiden Reihen

$$\sum_{n=0}^{\infty} q^n \quad \text{und} \quad \sum_{n=0}^{\infty} \frac{q^n}{1+q^n} \qquad (q>0)$$

sind entweder beide konvergent oder beide divergent. Man begründe dies mit dem Vergleichskriterium.

3. Man zeige mit dem Quotientenkriterium, daß die Reihe $\sum\limits_{k=1}^{\infty} kq^{k-1}$ für $|q|<1$ konvergiert.

4. a) Warum konvergiert die Reihe

$$\sum_{n=0}^{\infty}\left(\frac{(-1)^n}{2n+1}\cdot\frac{n}{n+2}\right) ?$$

b) Ab welchem Index N_0 unterscheiden sich die Partialsummen s_N vom Grenzwert der Reihe sicher um weniger als $\frac{1}{100}$?

5. Für die Reihe $\sum\limits_{n=1}^{\infty} a_n$ mit $a_n=\frac{1}{n}+\frac{(-1)^n}{\sqrt{n}}$ zeige man:

a) Die Reihe ist alternierend und $\lim\limits_{n\to\infty} a_n = 0$.

b) Die Reihe divergiert.

Warum ist das Leibniz-Kriterium nicht anwendbar?

6. Man untersuche auf Konvergenz

a) $\sum\limits_{n=1}^{\infty}\frac{\sqrt{n+1}-\sqrt{n}}{\sqrt{n}}$; b) $1+\frac{3}{2\cdot 3}+\frac{3^2}{2^2\cdot 5}+\frac{3^3}{2^3\cdot 7}+\cdots$;

c) $\sum\limits_{n=1}^{\infty}\frac{\sqrt{n+3}-\sqrt{n}}{\sqrt[3]{n}}$; d) $\frac{1}{2}+\frac{3!}{2\cdot 4}+\frac{5!}{2\cdot 4\cdot 6}+\frac{7!}{2\cdot 4\cdot 6\cdot 8}+\cdots$.

7. Man untersuche, ob die folgende Reihe konvergiert und bestimme gegebenenfalls ihren Summenwert

$$\frac{1}{1\cdot 2\cdot 3}+\frac{1}{2\cdot 3\cdot 4}+\frac{1}{3\cdot 4\cdot 5}+\cdots.$$

8. Man untersuche, für welche p die folgenden Reihen konvergieren

a) $\sum\limits_{n=1}^{\infty} n^p(\sqrt{n+1}-2\sqrt{n}+\sqrt{n-1})$; b) $\sum\limits_{n=1}^{\infty}\frac{(n!)^p}{(3n)!}$.

9. Für welche positiven u, v konvergiert die Reihe

$$\sum_{n=1}^{\infty} \frac{(1+u)(2+u)\cdots(n+u)}{(1+v)(2+v)\cdot(n+v)} \;?$$

a) Dazu betrachte man zunächst die zwei Fälle $v-u=1$ und $v-u=2$ und kürze geeignet.

b) Die Konvergenz für $v-u>1$ zeige man mit dem *verschärften Quotientenkriterium* von E. KUMMER (1810 – 1893):

Ist $a_n > 0$ $(n \geq 1)$ *und gibt es eine Folge positiver Zahlen* $(c_n)_{n\geq 1}$, *so daß* $c_n - c_{n+1}\dfrac{a_{n+1}}{a_n} \geq a > 0$, *dann konvergiert die Reihe* $\sum\limits_{n=1}^{\infty} a_n$.

(Tip: Wähle $c_n = n - v$)

§2. Reihen von Funktionen

*** 2.1 Gleichmäßige Konvergenz.** Ausgehend von einer auf einem Intervall $I \subseteq \mathbb{R}$ erklärten Funktionenfolge (Funktionensystem) $f_0, f_1, f_2, \cdots$ bildet man zu jedem $x \in I$ die Zahlenfolge $f_0(x), f_1(x), f_2(x), \ldots$ und bezeichnet im Fall der Konvergenz den Grenzwert mit $f(x)$. Man sagt, die Funktionenfolge $(f_k)_{k\geq 0}$ konvergiert auf I *punktweise* gegen f, wenn für jedes $x \in I$ der Grenzwert $f(x) = \lim\limits_{k\to\infty} f_k(x)$ existiert. Die Konvergenzgeschwindigkeit bzw. die Güte der Approximation von $f(x)$ durch $f_k(x)$ $(k \geq k_0)$ ist i.a. von Punkt zu Punkt verschieden; dadurch gehen oft gemeinsame Eigenschaften aller f_k bei der Grenzwertbildung verloren.

Definition. *Eine Funktionenfolge* $f_0, f_1, f_2, \ldots$ *konvergiert* **gleichmäßig** *auf* I *gegen die Funktion* $f: I \to \mathbb{R}$, *wenn sich zu jeder beliebig kleinen Fehlerschranke* $\epsilon > 0$ *ein* **für alle** $x \in I$ **gemeinsamer** *Index* $N = N_\epsilon$ *finden läßt, so daß gilt*

$$n \geq N \Longrightarrow |f(x) - f_n(x)| < \epsilon \qquad \textit{für alle } x \in I\,.$$

Anschaulich: Für $n \geq N$ liegen alle Graphen $y = f_n(x)$ im „ϵ-Schlauch“ um $y = f(x)$.

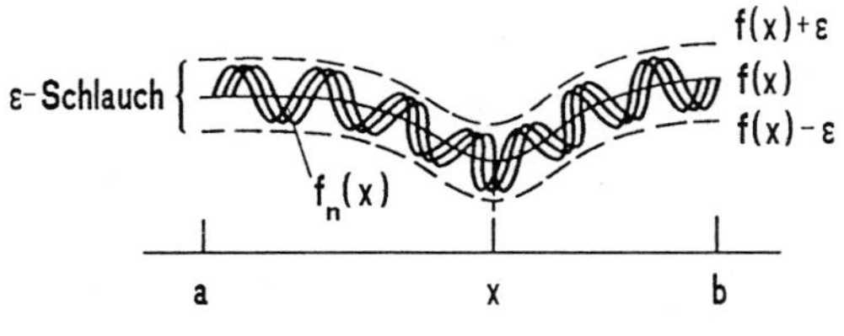

Abb. 132a – gleichmäßig

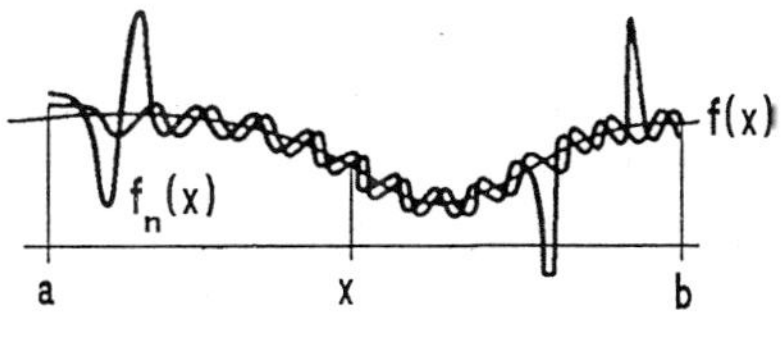

Abb. 132b – nicht gleichmäßig

Die Bedeutung der gleichmäßigen Konvergenz zeigt sich in den folgenden Sätzen.

Satz 2.1. Die Stetigkeit der Grenzfunktion. *Sind alle Funktionen* f_n $(n \geq 0)$ *auf dem Intervall* I *stetig und konvergiert die Folge der* f_n *auf* I *gleichmäßig gegen* f *, dann ist auch die Grenzfunktion* f *stetig.*

Beweis. Sei $\epsilon > 0$; wegen der gleichmäßigen Konvergenz gibt es einen Index N , so daß $R_N(x) := |f_N(x) - f(x)| < \epsilon$ für alle $x \in I$. Damit erhält man für beliebige $x, x_0 \in I$ die Abschätzung

$$\begin{aligned} |f(x) - f(x_0)| &= |f(x) - f_N(x) + f_N(x) - f(x_0) + f_N(x_0) - f_N(x_0)| \\ &\leq R_N(x) + |f_N(x) - f_N(x_0)| + R_N(x_0) \\ &\leq |f_N(x) - f_N(x_0)| + 2\epsilon \end{aligned}$$

Da f_N stetig ist ergibt sich deshalb für $x \to x_0$ auch $f(x) \to f(x_0)$. □

Satz 2.2. Die Integration der Grenzfunktion. *Konvergiert die Folge stetiger Funktionen* f_n *,* $n \geq 0$ *, auf dem Intervall* I *gleichmäßig gegen* $f : I \to \mathbb{R}$ *, dann gilt für alle* $a, b \in I$

$$\int_a^b (\lim_{n\to\infty} f_n(x))dx = \int_a^b f(x)dx = \lim_{n\to\infty} \int_a^b f_n(x)dx \, .$$

Beweis. Sei $\epsilon > 0$ und $N \in \mathbb{N}$ so gewählt, daß für alle $n \geq N$ und alle $x \in I$ die Abschätzung $|f(x) - f_n(x)| < \dfrac{\epsilon}{b-a}$ gilt (o.E. $b \neq a$). Mit der Integralabschätzung (→ Kap. 4, §1(9)) folgt dann für $n \geq N$

$$\left| \int_a^b f(x)dx - \int_a^b f_n(x)dx \right| \leq \int_a^b |f(x) - f_n(x)|dx < \epsilon \, .$$ □

Satz 2.3. Die Differentiation der Grenzfunktion. *Sind alle Funktionen* f_n *,* $n \geq 0$ *, auf* I *stetig differenzierbar, konvergiert die Folge* $f_n(x)$ *,* $n \geq 0$ *, punktweise gegen* $f(x)$ *und konvergiert die Folge der Ableitungen* f_n' *,* $n \geq 0$ *, auf* I *gleichmäßig, dann ist auch die Grenzfunktion* f *differenzierbar und es gilt*

$$f'(x) = (\lim_{n\to\infty} f_n(x))' = \lim_{n\to\infty} f_n'(x) \, .$$

Beweis. Die Grenzfunktion $g(x) := \lim\limits_{n\to\infty} f_n'(x)$ ist nach Satz 2.1 stetig. Satz 2.2 und der Hauptsatz der Differential- und Integralrechnung (→ Kap. 4, Satz 1.3) ergeben für $a, x \in I$

$$\int_a^x g(t)dt = \lim_{n\to\infty} \int_a^x f_n'(t)dt = \lim_{n\to\infty} [f_n(x) - f_n(a)] = f(x) - f(a) \, .$$

Durch Ableiten folgt $f'(x) = g(x) = \lim\limits_{n\to\infty} f_n'(x)$. □

In den folgenden Abbildungen mit speziellen Funktionenfolgen (→ Aufgaben 1., 2., 3.) ist zu erkennen, daß die punktweise Konvergenz allein die erwähnten

Eigenschaften der Grenzfunktion i.a. nicht erzwingt.

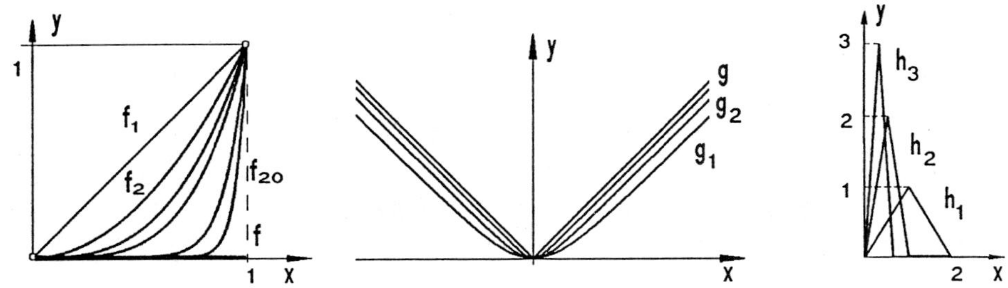

Abb. 133 – Gegenbeispiele 1, 2 und 3

Gegenbeispiel 1. $f_n(x) = x^n\,,\ 0 \le x \le 1\,.$
Die f_n sind stetig, aber die Grenzfunktion ist in $x = 1$ nicht stetig. □

Gegenbeispiel 2. $g_n(x) = \dfrac{2x}{\pi} \arctan nx\,,\ -1 \le x \le 1\,.$
Alle g_n sind differenzierbar, aber die Grenzfunktion $g(x) = \lim\limits_{n\to\infty} g_n(x) = |x|$ ist in $x = 0$ nicht differenzierbar. □

Gegenbeispiel 3. Der Graph von h_n hat die Knickpunkte $(0,0)$, $(\frac{1}{n}, n)$ und $(\frac{2}{n}, 0)$. Für die Grenzfunktion $h(x) = \lim\limits_{n\to\infty} h_n(x) = 0$ gilt

$$0 = \int_0^1 h(x)dx \neq \lim_{n\to\infty} \int_0^1 h_n(x)dx = 1\,.$$ □

* **2.2 Gleichmäßig konvergente Funktionenreihen.** Von besonderer Bedeutung ist die gleichmäßige Konvergenz bei der Darstellung einer Funktion f als unendliche Reihe, $f(x) = \sum\limits_{k=0}^{\infty} f_k(x)$. Natürlich sagt man, die Reihe $\sum\limits_{k=0}^{\infty} f_k(x)$ konvergiert auf I gleichmäßig gegen $f(x)$, wenn die Folge der Partialsummen $s_n := f_0 + f_1 + \cdots + f_n$ auf I gleichmäßig gegen f konvergiert.
Die Sätze 2.1, 2.2, und 2.3 werden in der folgenden Weise übertragen:

Satz 2.4. *Konvergiert die Reihe* $\sum\limits_{k=0}^{\infty} f_k(x)$ *stetiger Funktionen* f_k *auf* I *gleichmäßig gegen* f, *dann ist*

$$f(x) = \sum_{k=0}^{\infty} f_k(x)$$

ebenfalls stetig und für alle $a, b \in I$ *gilt*

$$\int_a^b \left(\sum_{k=0}^{\infty} f_k(x) \right) dx = \int_a^b f(x)dx = \sum_{k=0}^{\infty} \left(\int_a^b f_k(x)dx \right)\,.$$

Satz 2.5. *Sind alle Funktionen* f_k $(k \geq 0)$ *auf* I *stetig differenzierbar, konvergiert die Reihe* $\sum_{k=0}^{\infty} f_k(x)$ *auf* I *punktweise gegen* $f(x)$ *und konvergiert die Reihe* $\sum_{k=0}^{\infty} f_k'(x)$ *der Ableitungen auf* I *gleichmäßig, dann gilt*

$$f'(x) = \left(\sum_{k=0}^{\infty} f_k(x)\right)' = \sum_{k=0}^{\infty} f_k'(x) .$$

Die gleichmäßige Konvergenz ergibt sich meist aus

Satz 2.6. M-Test. *Gilt für jede Funktion der auf dem Intervall* $I \subseteq \mathbb{R}$ *definierten Funktionenfolge* $(f_k)_{k\geq 0}$ *eine Abschätzung*

$$|f_k(x)| \leq M_k \text{ (const.) für alle } x \in I \text{ und für die Zahlenreihe } \sum_{k=0}^{\infty} M_k < \infty ,$$

dann ist die Funktionenreihe $\sum_{k=0}^{\infty} f_k(x)$ *auf* I *gleichmäßig und absolut konvergent.*

Beweis. Nach dem Majorantenkriterium (→ Satz 1.8) ist die Reihe punktweise konvergent. Sei $f(x) := \sum_{k=0}^{\infty} f_k(x)$ der jeweilige Summenwert. Da es zu $\epsilon > 0$ ein N_ϵ gibt, so daß $\sum_{k=n+1}^{\infty} M_k = \left|\sum_{k=0}^{\infty} M_k - \sum_{k=0}^{n} M_k\right| \leq \epsilon$, falls $n > N_\epsilon$, folgt für alle $n \geq N_\epsilon$ und alle $x \in I$ die einheitliche Abschätzung

$$\left|f(x) - \sum_{k=0}^{n} f_k(x)\right| = \left|\sum_{k=n+1}^{\infty} f_k(x)\right| \leq \sum_{k=n+1}^{\infty} |f_k(x)| \leq \sum_{k=n+1}^{\infty} M_k < \epsilon . \qquad \square$$

Beispiel 1. Die Reihe $\sum_{k=1}^{\infty} \frac{\cos kx}{k^2}$ konvergiert gleichmäßig (und absolut) auf $\mathbb{R}$; denn $\left|\frac{\cos kx}{k^2}\right| \leq \frac{1}{k^2}$ (für alle x) und $\sum_{k=1}^{\infty} \frac{1}{k^2}$ ist konvergent. □

Beispiel 2. Mit $\{x\}$ werde der Abstand der reellen Zahl x zur nächsten ganzen Zahl bezeichnet. Da $x \mapsto \{x\}$ stetig ist, sind für jedes $k \geq 0$ die Funktionen $f_k(x) := \frac{1}{10^k}\{10^k x\}$ stetig. Mit $|f_k(x)| \leq \frac{1}{10^k}$ (für alle x) ist die Reihe $\sum_{k=0}^{\infty} \frac{1}{10^k}\{10^k x\}$ nach dem M-Test gleichmäßig auf $\mathbb{R}$ konvergent und stellt mit Satz 2.4 eine auf $\mathbb{R}$ stetige Funktion dar.

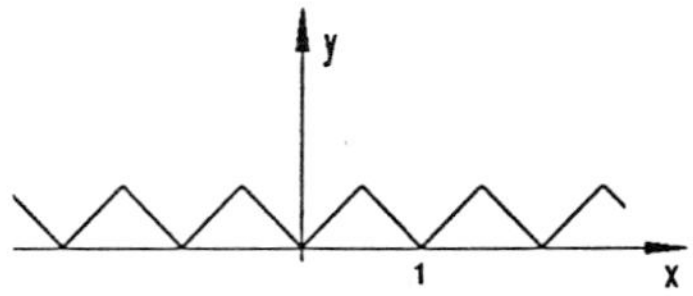

Abb. 134 – $y = \{x\}$

Es läßt sich zeigen, daß diese Funktion trotzdem *nirgends* differenzierbar ist. □

Aufgaben

1. Für folgende Folgen stetiger Funktionen $f_n, g_n, h_n \quad (n \in \mathbb{N})$ bestimme man die Grenzfunktion, untersuche auf gleichmäßige Konvergenz und Stetigkeit bzw. Differenzierbarkeit der Grenzfunktion. Eine sorgfältige Skizze ist empfohlen.

a) $f_n(x) = x^n, \ 0 \le x \le 1$ (Gegenbeispiel 1).

b) $g_n(x) = \dfrac{2x}{\pi} \arctan(nx), \ -1 \le x \le 1$ (Gegenbeispiel 2).

c) $f_n(x) = \begin{cases} n^2 x & , 0 \le x \le 1/n \\ 2n - n^2 x & , 1/n \le x \le 2/n \\ 0 & , 2/n \le x \le 1 \end{cases}$ (Gegenbeispiel 3).

2. Gegen welche Funktion $f(x)$ konvergiert die Funktionenfolge

$$f_n(x) = nxe^{-nx}, \qquad 0 \le x \le 1 \ ?$$

Ist die Konvergenz gleichmäßig? (Dazu betrachte man das Maximum von f_n !) Gilt

$$\lim_{n\to\infty} \int_0^1 f_n(x)\,dx = \int_0^1 \lim_{n\to\infty} f_n(x)\,dx \ ?$$

3. Man wiederhole Aufg. 2 für die Folge $f_n(x) = \dfrac{x}{n^2} e^{-x/n}, \ 0 \le x \le a$. Gilt

$$\lim_{n\to\infty} \lim_{a\to\infty} \int_0^a f_n(x)\,dx = \int_0^\infty \lim_{n\to\infty} f_n(x)\,dx \ ?$$

4. Man betrachte $f(x) = \sum_{k=0}^{\infty} \dfrac{x^2}{(1+x^2)^k}$ und $g(x) = \sum_{k=1}^{\infty} x^k(1-x)$.

a) Für welche x sind f und g erklärt, für welche x stetig?

b) In welchen Intervallen darf gliedweise differenziert und integriert werden?

5. Man zeige, $\sum_{n=1}^{\infty} \dfrac{1}{x^2+n^2}$ konvergiert in jedem abgeschlossenen Intervall gleichmäßig.

6. Das Konvergenzkriterium von P.G.L. Dirichlet (1805 – 1859) lautet:

Ist $(a_n)_{n\ge1}$ eine monoton fallende Nullfolge und sind die Summen $\sum_{k=1}^{n} b_k$ beschränkt, so konvergiert die Reihe $\sum_{n=1}^{\infty} a_n b_n$.

Man zeige damit, daß die Reihe

$$a_1 \sin x + a_2 \sin 2x + a_3 \sin 3x + \cdots$$

unter der Bedingung

$$a_1 \ge a_2 \ge a_3 \ge \cdots \ge a_n \ge 0, \qquad a_n \to 0$$

im Intervall $[a,b]$ mit $0 < a, b < \pi$ gleichmäßig konvergiert.
(Hilfe: Man verwende Formel (13) von Kap. 2, §3)

§3. Potenzreihen

Eine unendliche Reihe der Form

$$\sum_{k=0}^{\infty} a_k\, x^k$$

mit $x \in \mathbb{R}$ (variabel) und $a_k \in \mathbb{R}$ (konstant) nennt man eine *Potenzreihe*, die Zahlen a_k $(k \geq 0)$ heißen *Koeffizienten* der Potenzreihe. Es handelt sich also um eine Funktionenreihe $\sum\limits_{k=0}^{\infty} f_k(x)$ mit $f_k(x) = a_k x^k \quad (k = 0, 1, 2, \ldots)$.

Beispiele. 1. Die geometrische Reihe $\sum\limits_{k=0}^{\infty} x^k = 1 + x + x^2 + \cdots$ hat die Koeffizienten $a_k = 1$ $(k \geq 0)$.

2. Die Reihe $\sum\limits_{k=0}^{\infty} (-1)^k \dfrac{x^{2k+1}}{(2k+1)!} = x - \dfrac{x^3}{3!} + \dfrac{x^5}{5!} - \dfrac{x^7}{7!} + - \cdots$ hat die Koeffizienten

$a_0 = 0$, $a_1 = 1$, $a_2 = 0$, $a_3 = -\dfrac{1}{3!}$, $a_4 = 0$, $a_5 = \dfrac{1}{5!}$, $a_6 = 0$, $a_7 = -\dfrac{1}{7!}, \ldots$

$\left(a_{2k} = 0,\ a_{2k+1} = (-1)^k \dfrac{1}{(2k+1)!} \right)$.

Beachte: Fehlende x-Potenzen haben Koeffizienten 0. □

Es ist das Ziel, eine Funktion f auf einem Intervall I durch eine Potenzreihe darzustellen, $f(x) = \sum\limits_{k=0}^{\infty} a_k x^k \ (x \in I)$.

3.1 Der Konvergenzradius. An einer Potenzreihe interessieren zu allererst die Menge

$$M := \left\{ x \in \mathbb{R}\ ;\ \sum_{k=0}^{\infty} a_k x^k \text{ konvergiert} \right\}$$

und die Zahl

$$R := \begin{cases} \sup\{\,|x|\,,\, x \in M\,\} & \text{, falls } M \text{ beschränkt ist} \\ \infty & \text{, falls } M \text{ unbeschränkt ist.} \end{cases}$$

Man nennt R den *Konvergenzradius* der Potenzreihe. Es gibt die drei Möglichkeiten

$$R = 0\,, \quad 0 < R < \infty\,, \quad R = \infty\,.$$

Beispiel 1. Die Reihe $\sum\limits_{k=0}^{\infty} k!x^k$ hat den Konvergenzradius $R = 0$, sie konvergiert nur für $x = 0$ (für $x \neq 0$ ist $k!x^k$ keine Nullfolge). Also ist $M = \{0\}$, $R = \sup M = 0$. □

Beispiel 2. Die geometrische Reihe $\sum_{k=0}^{\infty} x^k$ hat den Konvergenzradius $R = 1$, denn für diese Reihe ist
$M = \{ x \; ; |x| < 1 \}$ und $R = \sup\{ |x| \; ; |x| < 1 \} = 1$. □

Beispiel 3. Die Reihe $\sum_{k=0}^{\infty} \frac{x^k}{k!}$ konvergiert für alle $x \in \mathbb{R}$ (→ §1), demnach ist M unbeschränkt und $R = \infty$. □

Satz 3.1. Die Konvergenz der Potenzreihen. *Für eine Potenzreihe* $\sum_{k=0}^{\infty} a_k x^k$ *mit dem Konvergenzradius* R *gilt*

a) $R = 0 \iff$ *Die Reihe konvergiert nur für* $x = 0$.

b) *Ist* $R > 0$ *und* $\rho \in \mathbb{R}$ *mit* $0 < \rho < R$, *dann konvergieren die Reihen* $\sum_{k=0}^{\infty} a_k x^k$ *und* $\sum_{k=1}^{\infty} k a_k x^{k-1}$ *absolut und gleichmäßig auf dem abgeschlossenen Intervall* $-\rho \leq x \leq \rho$.

c) *Für alle* x *mit* $|x| > R$ *ist die Reihe* $\sum_{k=0}^{\infty} a_k x^k$ *divergent.*

Beweis. Für a) ist nichts zu beweisen.
b): Zu $\rho < R$ gibt es gemäß der Definition des Supremums ein $x_0 \in M$ mit $\rho < |x_0| \leq R$. Nach Satz 1.2 gibt es eine Konstante C, so daß $|a_k x_0^k| \leq C$ für alle $k \geq 0$ gilt. Für $|x| \leq \rho$ und alle k folgt dann

$$|a_k x^k| = |a_k||x_0|^k \left|\frac{x}{x_0}\right|^k \leq C q^k \quad \text{mit } q := \left|\frac{x}{x_0}\right| < 1 \, .$$

Nach dem M-Test ist $\sum_{k=0}^{\infty} a_k x^k$ auf $-\rho \leq x \leq \rho$ absolut und gleichmäßig konvergent.

Ebenso sieht man $|k a_k x^{k-1}| \leq C k q^{k-1}$. Für $\sum_{k=1}^{\infty} k a_k x^{k-1}$ folgt die absolute und gleichmäßige Konvergenz auf $-\rho \leq x \leq \rho$ wiederum mit dem M-Test (→ §1, Aufg. 3).
c) folgt direkt aus der Definition von R. □

Aufgrund dieses Satzes ist die Konvergenzmenge M fallweise das offene, halboffene oder abgeschlossene Intervall (sofern $M \neq \{0\}$):

$$M = (-R, R) \;;\quad M = [-R, R) \;;\quad M = (-R, R] \;;\quad M = [-R, R] \, .$$

Man nennt M das *Konvergenzintervall* der Potenzreihe. Ob in den Randpunkten $x = -R$, $x = R$ Konvergenz oder Divergenz vorliegt, ist fallweise zu entscheiden.

3.2 Berechnung des Konvergenzradius. Für zahlreiche Potenzreihen kann man den Konvergenzradius R aus den Koeffizienten der Reihe berechnen:

① $a_k \neq 0$ für $k \geq k_0$ und $\lim\limits_{k\to\infty} \left|\frac{a_k}{a_{k+1}}\right|$ existiert oder ist ∞, dann gilt

(1) $$R = \lim_{k\to\infty} \left|\frac{a_k}{a_{k+1}}\right| .$$

② (*regelmäßige Lücken*): In regelmäßigen Abständen seien ein oder mehrere Koeffizienten Null; d.h. $\sum\limits_{k=0}^{\infty} a_k x^k = x^r(a_r + a_{r+l}x^l + a_{r+2l}x^{2l} + \cdots) = x^r \sum\limits_{n=0}^{\infty} b_n x^{ln}$, alle $b_n \neq 0$. Falls auch $\lim\limits_{n\to\infty} \left|\frac{b_n}{b_{n+1}}\right|$ existiert oder ∞ ist, dann folgt mit der Substitution $y := x^l$ aus ①

(2) $$R = \sqrt[l]{\lim_{n\to\infty} \left|\frac{b_n}{b_{n+1}}\right|} .$$

③ (*allgemeiner Fall*): Gelingt die R-Bestimmung nicht mit (1) oder (2), versuche man es mit der folgenden allgemeingültigen Formel:

(3) $R = \sup B$, mit $B := \{\, r \geq 0 \text{ ; die Folge } (|a_n| r^n)_{n\geq 0} \text{ ist beschränkt} \,\}$,

wobei man natürlich $R = \infty$ setzt, wenn B nach oben unbeschränkt ist.

Beweis. ① Nach dem Quotientenkriterium konvergiert (divergiert) die Reihe, falls $\lim\limits_{k\to\infty} \left|\frac{a_{k+1}x^{k+1}}{a_k x^k}\right| < 1 \ (> 1)$. D.h., sie konvergiert, falls $|x| < \lim\limits_{k\to\infty} \left|\frac{a_k}{a_{k+1}}\right|$ und divergiert, falls $|x| > \lim\limits_{k\to\infty} \left|\frac{a_k}{a_{k+1}}\right|$.

③ Für $|x| < R$ ist $\sum\limits_{n=0}^{\infty} |a_n x^n|$ konvergent, insbesondere die Folge $(|a_n||x|^n)_{n\geq 0}$ beschränkt (→ Satz 1.2); also gilt $R \leq \sup B$. Ist nun $r \in B$ und $|x| < r$, dann sieht man wie im Beweis zu Satz 3.1 (mit r anstelle $|x_0|$), daß $\sum\limits_{n=0}^{\infty} a_n x^n$ konvergiert. Das bedeutet $r \leq R$ für alle $r \in B$ und somit $\sup B \leq R$. Insgesamt folgt $R = \sup B$. □

Beispiel 1. Die Reihe $\sum\limits_{k=1}^{\infty} \frac{k^k}{k!} x^k$ (mit $a_k = \frac{k^k}{k!}$) hat den Konvergenzradius

$$R = \lim_{k\to\infty} \left|\frac{a_k}{a_{k+1}}\right| = \lim_{k\to\infty} \frac{k^k (k+1)!}{k!(k+1)^{k+1}} = \lim_{k\to\infty} \left(\frac{k}{k+1}\right)^k = \frac{1}{e} \quad (\to \text{Kap. 2, §5}) .$$

D.h., die Reihe konvergiert für jedes $x \in (-\frac{1}{e}, \frac{1}{e})$ und divergiert für alle x außerhalb $[-\frac{1}{e}, \frac{1}{e}]$. Speziell: die Reihe $\sum\limits_{k=1}^{\infty} \frac{(0.36k)^k}{k!}$ konvergiert, die Reihe

$\sum_{k=1}^{\infty} \frac{(0.37k)^k}{k!}$ divergiert. (Die Reihe konvergiert im Randpunkt $x = -\frac{1}{e}$ und divergiert für $x = \frac{1}{e}$.) □

Beispiel 2. Die Potenzreihen

$$\sum_{k=0}^{\infty} x^k \quad (a_k = 1)\,, \quad \sum_{k=1}^{\infty} \frac{x^k}{k} \quad (a_k = \frac{1}{k})\,, \quad \sum_{k=1}^{\infty} \frac{x^k}{k^2} \quad (a_k = \frac{1}{k^2})$$

haben nach (1) den Konvergenzradius $R = 1$. In den Randpunkten $x = -1$, $x = 1$ ist ihr Konvergenzverhalten sehr verschieden:

$\sum_{k=0}^{\infty} x^k$ divergiert für $x = 1$ und $x = -1$,

$\sum_{k=1}^{\infty} \frac{x^k}{k}$ konvergiert für $x = -1$ und divergiert für $x = 1$,

$\sum_{k=1}^{\infty} \frac{x^k}{k^2}$ konvergiert für $x = 1$ und $x = -1$.

□

Beispiel 3. Die Reihe mit regelmäßigen Lücken

$$\begin{aligned}\sum_{k=1}^{\infty} (-1)^{k+1} \frac{x^{2k+1}}{5^k \cdot k} &= \frac{x^3}{5} - \frac{x^5}{2 \cdot 5^2} + \frac{x^7}{3 \cdot 5^3} - \cdots \\ &= x^3 \Big(\frac{1}{5} - \frac{x^2}{2 \cdot 5^2} + \frac{x^4}{3 \cdot 5^3} - \cdots \Big) \\ &= x^3 \Big(\frac{1}{5} - \frac{y}{2 \cdot 5^2} + \frac{y^2}{3 \cdot 5^3} - \frac{y^3}{4 \cdot 5^4} + \cdots \Big) \qquad (y = x^2)\end{aligned}$$

hat nach (2) den Konvergenzradius

$$R = \sqrt{\lim_{n\to\infty} \frac{(n+1) \cdot 5^{n+1}}{n \cdot 5^n}} = \sqrt{5}\,.$$ □

Beispiel 4. Die Koeffizientenfolge der Potenzreihe

$$\sum_{k=0}^{\infty} x^{k^2} = 1 + x + x^4 + x^9 + x^{16} + \cdots$$

weist immer größer werdende Lücken auf. Zur Bestimmung von R sind weder (1) noch (2) anwendbar; aber (3) führt sehr schnell zum Ziel. Offenbar ist für $r \geq 0$ die Folge $1, r, r^4, r^9, \ldots$ genau dann beschränkt, wenn $r \leq 1$. D.h. $R = \sup B = 1$. □

3.3 Die Differentiation und Integration von Potenzreihen. Sei $\sum_{k=0}^{\infty} a_k x^k$ eine Potenzreihe mit Konvergenzradius $R > 0$ und Summe $f(x)$, falls $|x| < R$. Man sagt, die Funktion f wird auf $(-R, R)$ durch die Potenzreihe dargestellt.

Satz 3.2. Die Differentiation einer Potenzreihe. *Eine durch eine Potenzreihe dargestellte Funktion f ist im offenen Konvergenzintervall $-R < x < R$, $R > 0$, beliebig oft differenzierbar. Die Ableitungen erhält man durch gliedweise Differentiation:*

$$\begin{aligned} f'(x) &= \sum_{k=1}^{\infty} k a_k x^{k-1} = a_1 + 2a_2 x + 3a_3 x^2 + 4a_4 x^3 + \cdots \\ f''(x) &= \sum_{k=2}^{\infty} k(k-1) a_k x^{k-2} = 2a_2 + 2 \cdot 3a_3 x + 3 \cdot 4a_4 x^2 + \cdots , \end{aligned} \tag{4}$$

etc. Die abgeleiteten Reihen $\sum_{k=1}^{\infty} k a_k x^{k-1}$, $\sum_{k=2}^{\infty} k(k-1) a_k x^{k-2}, \cdots$ haben sämtlich den Konvergenzradius R.

Beweis. Jedes $x \in (-R, R)$ liegt in einem abgeschlossenen Teilintervall $|x| \leq \rho < R$, in dem $\sum_{k=0}^{\infty} a_k x^k$ und die Reihe der Ableitungen $\sum_{k=0}^{\infty} k a_k x^{k-1}$ gleichmäßig konvergieren (→ Satz 3.1). Mit Satz 2.5 folgt $f'(x) = \sum_{k=0}^{\infty} k a_k x^{k-1}$. Speziell gilt auch $R \leq R_1$, wenn R_1 den Konvergenzradius der Ableitung bezeichnet. Andererseits ist für $|x| < R_1$ die Reihe $\sum_{k=1}^{\infty} k a_k x^k = x \sum_{k=1}^{\infty} k a_k x^{k-1}$ absolut konvergent und deshalb konvergiert wegen $|a_k x^k| \leq |k a_k x^k|$ auch die Reihe $\sum_{k=1}^{\infty} a_k x^k$; d.h. $R_1 \leq R$, also insgesamt $R = R_1$. □

Beispiel. Die geometrische Reihe liefert mit (4)

$$\boxed{\begin{aligned} \frac{1}{1-x} &= \sum_{k=0}^{\infty} x^k &&= 1 + x + x^2 + x^3 + \cdots &&, \ |x| < 1 \\ \frac{1}{(1-x)^2} &= \sum_{k=1}^{\infty} k\, x^{k-1} &&= 1 + 2x + 3x^2 + 4x^3 + \cdots &&, \ |x| < 1 \\ \frac{1}{(1-x)^3} &= \frac{1}{2} \sum_{k=2}^{\infty} k(k-1)\, x^{k-2} &&= \frac{1}{2}(2 + 2 \cdot 3x + 3 \cdot 4x^2 + \cdots) &&, \ |x| < 1 \end{aligned}}$$

□

Satz 3.3. Die Integration einer Potenzreihe. *Für alle* a, b *aus dem offenen Konvergenzintervall* $(-R, R)$ *der Potenzreihe* $f(x) = \sum_{k=0}^{\infty} a_k x^k$ *gilt*

$$\int_a^b f(x)dx = \sum_{k=0}^{\infty} \int_a^b a_k x^k dx = \sum_{k=0}^{\infty} \frac{a_k}{k+1}(b^{k+1} - a^{k+1}) .$$

Insbesondere ist (mit $a = 0$, $b = x$ *)*

$$F(x) := \sum_{k=0}^{\infty} \frac{a_k}{k+1} x^{k+1}$$

eine Stammfunktion von f *auf* $(-R, R)$ *; der Konvergenzradius von* F *ist ebenfalls* R.

Der **Beweis** ergibt sich aus den Sätzen 3.1 und 2.4. Wegen $F' = f$ haben die beiden Reihen nach Satz 3.2 denselben Konvergenzradius. □

3.4 Die Potenzreihendarstellung einiger Funktionen. Als erste Anwendung der Sätze 3.2, 3.3 ergibt sich:

$$\text{(5)}\quad \begin{array}{lrcll}
\text{a)} & e^x & = \sum_{k=0}^{\infty} \frac{1}{k!} x^k & = 1 + x + \frac{x^2}{2!} + \frac{x^3}{3!} + \cdots & , x \in \mathbb{R} \\
\text{b)} & \sin x & = \sum_{k=0}^{\infty} \frac{(-1)^k}{(2k+1)!} x^{2k+1} & = x - \frac{x^3}{3!} + \frac{x^5}{5!} - \frac{x^7}{7!} \pm \cdots, & x \in \mathbb{R} \\
\text{c)} & \cos x & = \sum_{k=0}^{\infty} \frac{(-1)^k}{(2k)!} x^{2k} & = 1 - \frac{x^2}{2!} + \frac{x^4}{4!} - \frac{x^6}{6!} \pm \cdots, & x \in \mathbb{R} \\
\text{d)} & \ln(1+x) & = \sum_{k=0}^{\infty} \frac{(-1)^k}{k+1} x^{k+1} & = x - \frac{x^2}{2} + \frac{x^3}{3} - \frac{x^4}{4} \pm \cdots, & |x| < 1 \\
\text{e)} & \arctan x & = \sum_{k=0}^{\infty} \frac{(-1)^k}{2k+1} x^{2k+1} & = x - \frac{x^3}{3} + \frac{x^5}{5} - \frac{x^7}{7} \pm \cdots, & |x| < 1
\end{array}$$

Beweis. a): $e(x) := \sum_{k=0}^{\infty} \frac{x^k}{k!}$ besitzt den Konvergenzradius $R = \infty$ ($\rightarrow$ 3.1), stellt also eine auf ganz $\mathbb{R}$ definierte, differenzierbare Funktion dar. Die Ableitung wird mit (4) berechnet: $e'(x) = \sum_{k=1}^{\infty} \frac{k}{k!} x^{k-1} = 1 + x + \frac{x^2}{2!} + \frac{x^3}{3!} + \cdots = e(x)$. Nach Kap. 3, §4.1 folgt $e(x) = ce^x$ mit $c = e(0) = 1$.

b): Die Reihe $s(x) := \sum_{k=0}^{\infty} \frac{(-1)^k}{(2k+1)!} x^{2k+1} = x - \frac{x^3}{3!} + \frac{x^5}{5!} - \frac{x^7}{7!} + \cdots$ hat den Konvergenzradius $R = \infty$ ($\rightarrow$ 3.1) und stellt demnach auf ganz $\mathbb{R}$ eine beliebig

oft differenzierbare Funktion dar. Für die nach (4) berechnete zweite Ableitung erkennt man $s''(x) = (1 - \frac{x^2}{2!} + \frac{x^4}{4!} - \frac{x^6}{6!} + \cdots)' = -x + \frac{x^3}{3!} - \frac{x^5}{5!} + - \cdots = -s(x)$. Nach Kap. 3, §2.2 folgt $s(x) = s(0)\cos x + s'(0)\sin x = \sin x$.
c) ergibt sich durch Differentiation aus b).
d) und e) erhält man durch gliedweise Integration der speziellen geometrischen Reihen ($x = -t$, bzw. $x = -t^2$) $\frac{1}{1+t} = \sum_{k=0}^{\infty}(-t)^k$ bzw. $\frac{1}{1+t^2} = \sum_{k=0}^{\infty}(-1)^k t^{2k}$. □

Bemerkung. Man kann zeigen, daß (5d und e) auch für $x = 1$ gelten.

$$\ln 2 = 1 - \frac{1}{2} + \frac{1}{3} - \frac{1}{4} + \frac{1}{5} - + \cdots,$$
$$\frac{\pi}{4} = 1 - \frac{1}{3} + \frac{1}{5} - \frac{1}{7} + - \cdots .$$

3.5 Die Binomialreihe. Als Verallgemeinerung der binomischen Formel $(1+x)^n = 1+nx+\frac{n(n-1)}{2}x^2+\cdots+x^n$ geben wir nun die Potenzreihendarstellung für $(1+x)^\alpha$ an.

(6) Für alle x mit $|x| < 1$ und alle $\alpha \in \mathbb{R}$ gilt

$$(1+x)^\alpha = \sum_{k=0}^{\infty}\binom{\alpha}{k}x^k = 1 + \alpha x + \frac{\alpha(\alpha-1)}{2!}x^2 + \frac{\alpha(\alpha-1)(\alpha-2)}{3!}x^3 + \cdots$$

$$\text{wobei } \binom{\alpha}{k} := \frac{\alpha(\alpha-1)(\alpha-2)\cdots(\alpha-k+1)}{k!}.$$

Beweis. Nach (1) hat die Reihe $g(x) := \sum_{k=0}^{\infty}\binom{\alpha}{k}x^k$ den Konvergenzradius 1. Für $-1 < x < 1$ weist man durch gliedweise Differentiation $(1+x)g'(x) = \alpha g(x)$ nach. Für $h(x) := \frac{g(x)}{(1+x)^\alpha}$ ergibt sich damit $h'(x) = 0$, also $h(x) = const$. $h(0) = 1$ zeigt $h(x) = 1$, bzw. $g(x) = (1+x)^\alpha$. □

Formel (6) ist recht vielseitig; sie enthält zahlreiche interessante Spezialfälle:

1. $\alpha = n \in \mathbb{N}$. Hierfür gilt $\binom{\alpha}{k} = \binom{n}{k} = \frac{n(n-1)(n-2)\cdots(n-k+1)}{k!} = 0$, falls $k > n$ (der Zähler enthält den Faktor $(n-n) = 0$), und (6) ist in der Tat die zuvor erwähnte binomische Formel.

2. Für $\alpha = \frac{1}{2}$ lauten die „Binomialkoeffizienten“ $\binom{\frac{1}{2}}{0} = 1$, $\binom{\frac{1}{2}}{1} = \frac{1}{2}$, $\binom{\frac{1}{2}}{2} = \frac{\frac{1}{2}(\frac{1}{2}-1)}{2!} = -\frac{1}{8}$ und für $k \geq 2$ $\binom{\frac{1}{2}}{k} = \frac{\frac{1}{2}(\frac{1}{2}-1)(\frac{1}{2}-2)\cdots(\frac{1}{2}-k+1)}{k!} =$

$= (-1)^{k-1}\dfrac{1\cdot 3\cdot 5\cdots(2k-3)}{2\cdot 4\cdots(2k)}$. Deshalb gilt

(7) $$\sqrt{1+x} = 1+\frac{1}{2}x-\frac{1}{8}x^2+\frac{1}{16}x^3-\frac{5}{128}x^4+-\cdots, \text{ falls } |x|<1.$$

3. Für $\alpha = -\dfrac{1}{2}$ ist $\dbinom{-\frac{1}{2}}{0} = 1$ und $\dbinom{-\frac{1}{2}}{k} = (-1)^k\dfrac{1\cdot 3\cdot 5\cdots(2k-1)}{2\cdot 4\cdot 6\cdots(2k)}$ (für $k\geq 1$), also gilt

(8) $$\frac{1}{\sqrt{1+x}} = 1-\frac{1}{2}x+\frac{3}{8}x^2-\frac{5}{16}x^3+\frac{35}{128}x^4+\cdots, \text{ falls } |x|<1.$$

3.6 Potenzreihen mit dem Zentrum $a\neq 0$. Eine unendliche Reihe der Form

(9) $$\sum_{k=0}^{\infty} a_k(x-a)^k$$

heißt *Potenzreihe mit dem Zentrum (oder Entwicklungspunkt)* a, die Zahlen a_k heißen ihre Koeffizienten. Die bisher betrachteten Potenzreihen haben das Zentrum $a = 0$. Für theoretische Überlegungen genügt es, sich auf den Fall $a = 0$ zu beschränken; denn die Potenzreihe (9) mit dem Zentrum a geht durch die Substitution $z := x-a$ in die Potenzreihe $\sum\limits_{k=0}^{\infty} a_k z^k$ mit dem Zentrum 0 über. Als Konvergenzradius der Reihe (9) bezeichnet man den Konvergenzradius R der entsprechenden Reihe mit Zentrum 0. Wegen $|x-a|<R \iff a-R<x<a+R$ gilt für den Konvergenzradius von (9):

1. $x\in(a-R,a+R) \Longrightarrow \sum\limits_{k=0}^{\infty} a_k(x-a)^k$ konvergiert,
2. $x\notin[a-R,a+R] \Longrightarrow \sum\limits_{k=0}^{\infty} a_k(x-a)^k$ divergiert.

Ganz offensichtlich ist es bereits wegen des größeren Spielraums für die Variable x von Bedeutung, eine Funktion f als Potenzreihe mit beliebigem Zentrum a darzustellen, $f(x) = \sum\limits_{k=0}^{\infty} a_k(x-a)^k$. Ist $f(x)$ aus $f(x-a)$ durch elementare Umformungen berechenbar, dann kann man diese Darstellung aus der mit dem Zentrum 0 gewinnen, andernfalls ist nach dem im nächsten Paragraphen beschriebenen Verfahren (→ 4.3) vorzugehen.

Beispiele.

1. Wegen $e^x = e^a e^{x-a}$ folgt die Darstellung der e-Funktion als Potenzreihe mit Zentrum a direkt aus (5):

$$e^x = \sum_{k=0}^{\infty} \frac{e^a}{k!}(x-a)^k, \quad x \in \mathbb{R}.$$

2. Ebenso

$$\begin{aligned}\sin x &= \sin(x-a+a) = \sin(x-a)\cos a + \cos(x-a)\sin a \\ &= \sin a + (\cos a)(x-a) - \frac{\sin a}{2!}(x-a)^2 - \frac{\cos a}{3!}(x-a)^3 + \cdots, \quad x \in \mathbb{R}. \square\end{aligned}$$

3.7 Koeffizientenvergleich. Falls eine Funktion f über $(a-R, a+R)$, $R > 0$, als Potenzreihe $f(x) = \sum_{k=0}^{\infty} a_k(x-a)^k$ mit Zentrum a darstellbar ist, kann man mit (4) sofort die Koeffizienten berechnen: In der n-ten Ableitung

$$\begin{aligned}f^{(n)}(x) &= \sum_{k=n}^{\infty} k(k-1)\cdots(k-n+1)a_k(x-a)^{k-n} \\ &= n(n-1)\cdots 1a_n + (n+1)n\cdots 2a_{n+1}(x-a) + \cdots\end{aligned}$$

setzt man $x = a$ und erhält $f^{(n)}(a) = n!a_n$. Also gilt

Satz 3.4. Eindeutigkeits-Satz für Potenzreihen.

Aus $f(x) = \sum_{k=0}^{\infty} a_k(x-a)^k = \sum_{k=0}^{\infty} b_k(x-a)^k$ *für alle* $x \in (a-R, a+R)$, $R > 0$, *folgt*

(10) $$a_k = b_k = \frac{f^{(k)}(a)}{k!} \qquad (k = 0, 1, 2, \ldots).$$

Die beiden wichtigsten Interpretationen des Satzes 3.4 sind:

a) Wenn es überhaupt möglich ist, f über $(a-R, a+R)$ als Potenzreihe darzustellen, dann nur als Taylor-Reihe $f(x) = \sum_{k=0}^{\infty} \frac{f^{(k)}(a)}{k!}(x-a)^k$ (→ §4).

b) Wird eine Funktion f auf zwei verschiedene Weisen als Potenzreihe mit Zentrum a dargestellt, dann sind die Koeffizienten entsprechender $(x-a)$-Potenzen gleich. Durch diesen sogenannten *Koeffizientenvergleich* gelangt man häufig zu nicht-trivialen Beziehungen.

Beispiel 1. Für $\alpha, \beta \in \mathbb{R}$ und alle $n \in \mathbb{N}$ gilt

$$\binom{\alpha+\beta}{n} = \sum_{k=0}^{n} \binom{\alpha}{k}\binom{\beta}{n-k}.$$

Beweis. Mit (6) und der Produktformel von Cauchy (→ Satz 1.10) folgt

$$\sum_{n=0}^{\infty}\binom{\alpha+\beta}{n}x^n = (1+x)^{\alpha+\beta} = (1+x)^{\alpha}(1+x)^{\beta}$$

$$= \left(\sum_{n=0}^{\infty}\binom{\alpha}{n}x^n\right)\left(\sum_{n=0}^{\infty}\binom{\beta}{n}x^n\right)$$

$$= \sum_{n=0}^{\infty}\left(\sum_{k=0}^{n}\binom{\alpha}{k}\binom{\beta}{n-k}\right)x^n$$

Ein Koeffizientenvergleich liefert die Behauptung. □

Beispiel 2. Die Fibonacci-Zahlen (benannt nach Leonardo von Pisa, genannt Fibonacci, ca. 1170-1250) $a_0, a_1, a_2, \ldots$ sind rekursiv definiert durch

$$a_0 = a_1 := 1 , \quad a_n := a_{n-1} + a_{n-2} \qquad (n = 2, 3, 4, \ldots) .$$

Die ersten zehn dieser Zahlen sind $1, 1, 2, 3, 5, 8, 13, 21, 34, 55$.

Zu ihrer expliziten Berechnung betrachten wir die Potenzreihe $\sum_{k=0}^{\infty} a_k x^k$ mit den Fibonacci-Zahlen als Koeffizienten, die sogenannte *erzeugende Funktion* der Folge.

1. Behauptung. Der Konvergenzradius dieser Reihe ist $\geq \frac{1}{2}$.

Beweis. Mit vollständiger Induktion sieht man sofort $0 < a_n < 2^n$ für alle n, bzw. $a_n(\frac{1}{2})^n \leq 1$. Damit $\frac{1}{2} \in B$ (→ 3.2, Formel (3)) und $\frac{1}{2} \leq \sup B = R$.

2. Behauptung. Im Intervall $(-\frac{1}{2}, \frac{1}{2})$ gilt

$$\sum_{k=0}^{\infty} a_k x^k = \frac{1}{1-x-x^2} =: f(x) . \tag{11}$$

Beweis. Für $f(x) := \sum_{k=0}^{\infty} a_k x^k$, $|x| < \frac{1}{2}$, gilt $f(x) - xf(x) - x^2 f(x) = 1$ wegen der Rekursionsformel für die a_k (einfache Rechnung).

3. Behauptung.

$$f(x) = \frac{1}{\sqrt{5}}\left(\frac{1}{x-x_2} - \frac{1}{x-x_1}\right) \tag{12}$$

mit den beiden Nullstellen $x_{1,2} = -\frac{1}{2} \pm \frac{1}{2}\sqrt{5}$ des Polynoms $x^2 + x - 1$.

Beweis. Partialbruchzerlegung.

4. Behauptung. Für $|x| < |x_2|$ ist

$$(13)\qquad f(x) = \frac{1}{\sqrt{5}} \sum_{k=0}^{\infty} \left[\left(\frac{1+\sqrt{5}}{2} \right)^{k+1} - \left(\frac{1-\sqrt{5}}{2} \right)^{k+1} \right] x^k .$$

Beweis.

$$\frac{1}{x-x_2} = -\frac{1}{x_2}\left(\frac{1}{1-x/x_2}\right) = -\frac{1}{x_2}\sum_{k=0}^{\infty}\left(\frac{1}{x_2}\right)^k x^k \quad \text{(geometrische Reihe mit } |x| < |x_2|)$$

$$= -\sum_{k=0}^{\infty}\left(\frac{1-\sqrt{5}}{2}\right)^{k+1} x^k .$$

Ebenso wird der Summand $\dfrac{1}{x-x_1}$ in (12) behandelt.

5. Der Koeffizientenvergleich. (11) und (13) sind zwei Potenzreihenentwicklungen der Funktion f in einer Umgebung des Nullpunkts. Nach Satz 3.4 folgt

$$a_n = \frac{1}{\sqrt{5}} \left[\left(\frac{1+\sqrt{5}}{2} \right)^{n+1} - \left(\frac{1-\sqrt{5}}{2} \right)^{n+1} \right] . \qquad \square$$

Aufgaben

1. Man bestimme den Konvergenzbereich und untersuche das Verhalten am Rande:

a) $f(x) = \sum_{n=0}^{\infty} (-1)^n \dfrac{x^{2n+1}}{2n+1}$; b) $\sum_{n=1}^{\infty} \dfrac{3^n x^n}{\sqrt{(3n-2)\cdot 2^n}}$;

c) $\sum_{n=1}^{\infty} \dfrac{(2n)^n x^n}{n!}$; d) $\sum_{n=1}^{\infty} (-1)^n \dfrac{x^{2n}}{3^n (n+1)\sqrt{n+1}}$;

e) $\sum_{n=1}^{\infty} (-1)^n 3^{2n} (x-1)^{2n+1}$; f) $\sum_{n=1}^{\infty} n! x^n$;

g) $\sum_{n=1}^{\infty} \dfrac{n^n x^n}{(n!)^2}$; h) $\sum_{n=1}^{\infty} \dfrac{x^{5n+1}}{1+2^n}$.

Ist s_m die n-te Partialsumme von a), so bestimme man ein N, so daß für $m > N$ gilt $|f(1) - s_m(1)| < 10^{-2}$.

2. Man bestimme durch Multiplikation der entsprechenden geometrischen Reihen, die Potenzreihenentwicklung von $\dfrac{1}{1-x} \cdot \dfrac{1}{1+x^2}$ samt Konvergenzbereich.

3. Man zeige, daß die folgende Reihe im Konvergenzintervall

$$y(x) = 1 - \frac{x^3}{2\cdot 3} + \frac{x^6}{2\cdot 3\cdot 5\cdot 6} - \frac{x^9}{2\cdot 3\cdot 5\cdot 6\cdot 8\cdot 9} \pm \cdots$$

die Differentialgleichung $y'' + xy = 0$ erfüllt. Wo konvergiert die Reihe?

4. Man bestätige $\sum_{n=1}^{\infty} n^2 x^n = \dfrac{x+x^2}{(1-x)^3}$ für $|x| < 1$.

§4. Der Satz von Taylor; Taylor-Reihen

4.1 Die Taylor-Formel. In diesem Paragraphen befassen wir uns mit der Approximation einer hinreichend oft differenzierbaren Funktion f durch das sogenannte n-te *Taylor-Polynom* $T_n(x,a) := \sum_{k=0}^{n} \frac{f^{(k)}(a)}{k!}(x-a)^k$ (nach B. TAYLOR, 1685-1731) und klären damit u.a. die noch offene Frage, unter welchen Bedingungen eine gegebene Funktion durch eine Potenzreihe darstellbar ist.

Satz 4.1. Taylor-Formel. *Für jede auf dem offenen Intervall* $I \subseteq \mathbb{R}$ $(n+1)$*-mal stetig differenzierbare Funktion* f *und* $a, x \in I$ *gilt*

(1)

$$f(x) = f(a) + \frac{f'(a)}{1!}(x-a) + \cdots + \frac{f^{(n)}(a)}{n!}(x-a)^n + R_{n+1}(x,a)$$

mit dem Restglied

$$R_{n+1}(x,a) = \frac{1}{n!}\int_a^x (x-t)^n f^{(n+1)}(t)dt \quad \textit{(nach CAUCHY)},$$

bzw.

$$R_{n+1}(x,a) = \frac{f^{(n+1)}(\xi)}{(n+1)!}(x-a)^{n+1} \quad \textit{mit } \xi \textit{ zwischen } x \textit{ und } a \textit{ (nach LAGRANGE)}.$$

Beweis. Wegen $f(x) = f(a) + \int_a^x f'(t)dt$ gilt die Formel für $n = 0$. Ist f 2-mal stetig differenzierbar, folgt hieraus mittels partieller Integration ($u = t - x$, $v = f'$) $f(x) = f(a) + f'(a)(x-a) + \int_a^x (x-t)f''(t)dt$. Weitere partielle Integration ergibt $f(x) = f(a) + f'(a)(x-a) + \frac{f'(a)}{2!}(x-a)^2 + \frac{1}{2!}\int_a^x (x-t)^2 f'''(t)dt$. Man sieht, daß fortlaufende partielle Integration zur angegebenen Formel führt.
Die Darstellung des Restgliedes nach Lagrange ist nun eine Konsequenz des Mittelwertsatzes der Integralrechnung (→ Kap. 4, Satz 1.2)

$$\frac{1}{n!}\int_a^x f^{(n+1)}(t)(x-t)^n dt = \frac{1}{n!} f^{(n+1)}(\xi)\int_a^x (x-t)^n dt = \frac{f^{(n+1)}(\xi)}{(n+1)!}(x-a)^{n+1}. \qquad \square$$

Deutung der Taylor-Formel. Sind die Werte einer Funktion $f: I \to \mathbb{R}$ und ihrer ersten n Ableitungen in einem Punkt $x = a$ aus dem Innern des Intervalls I bekannt, dann wird mit

$$p(x) = T_n(x,a) = \frac{f^{(n)}(a)}{n!}(x-a)^n + \cdots + f'(a)(x-a) + f(a)$$

ein Polynom bestimmt, das die Funktion in einer Umgebung des Punktes $x = a$ gut approximiert. Die Kurven $y = p(x)$ und $y = f(x)$ gehen beide durch $(a, f(a))$, sie haben dort dieselbe Steigung, dieselbe Krümmung (→ Kap. 3, §2)

und alle Eigenschaften gemeinsam, die sich aus den Ableitungen bis zur Ordnung n ergeben: $p^{(k)}(a) = f^{(k)}(a) \quad (1 \le k \le n)$.
Die Bedeutung der Taylor-Formel besteht darin, daß der bei dieser Approximation gemachte Fehler $|f(x) - T_n(x,a)| = |R_{n+1}(x,a)|$ durch die Kenntnis des Restgliedes abgeschätzt werden kann.

Beispiele. **1.** $e^x = 1 + x + \frac{x^2}{2!} + \cdots + \frac{x^n}{n!} + \frac{e^\xi}{(n+1)!}x^{n+1}$. So ergibt sich etwa für $|x| \le 1$ die Abschätzung

$$\left| e^x - 1 - x - \cdots - \frac{x^n}{n!} \right| = \frac{e^\xi}{(n+1)!}|x|^{n+1} \le \frac{e}{(n+1)!}|x|^{n+1}.$$

Bei einem tolerierten Fehler, etwa $\pm 10^{-7}$, ist n (in Abhängigkeit von x) so zu bestimmen, daß $\frac{e}{(n+1)!}|x|^{n+1} \le \frac{1}{10^7}$ gilt. Für $x = \frac{1}{10}$ ist das bereits für $n = 5$ erfüllt (d.h. $e^{\frac{1}{10}} = 1 + \frac{1}{10} + \frac{1}{10^2 \cdot 2!} + \cdots + \frac{1}{10^5 \cdot 5!} \pm 10^{-7}$), für $x = 1$ sind mehr Summanden zu berücksichtigen, man muß bis $n = 10$ gehen: $e = 1 + \frac{1}{1!} + \cdots + \frac{1}{10!} \pm 10^{-7}$.
Im Fall $|x| > 1$ zerlegt man $x = x_0 + x_1$ mit $x_0 \in \mathbb{Z}$, $|x_1| < 1$ und berechnet $e^x = e^{x_0}e^{x_1}$.
2. $\left| \sin x - x + \frac{x^3}{3!} - \frac{x^5}{5!} + \frac{x^7}{7!} \right| = \left| \frac{\sin \xi}{8!} x^8 \right| \le \frac{1}{8!}|x|^8$.
Man beachte, daß die in Satz 1.3 angegebene Abschätzung des Summenwertes einer alternierenden Reihe unter Umständen schärfer ist (→ Aufg. 5). □

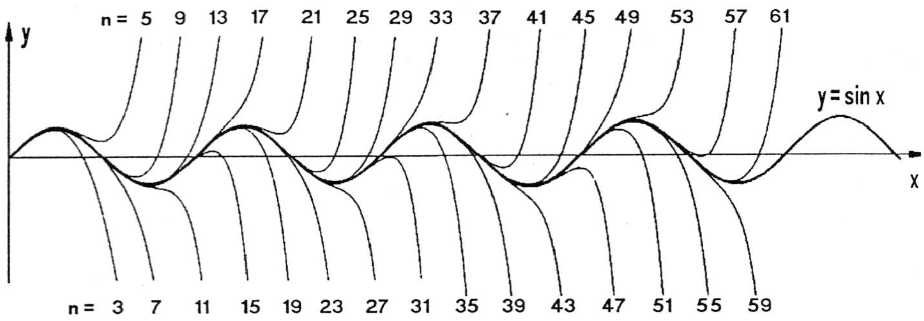

Abb. 135 – Taylor-Polynome von $\sin x$

Einfache Folgerungen aus der Taylor-Formel:

Satz 4.2. *Jede auf einem offenen Intervall I $(n+1)$-mal differenzierbare Funktion mit $f^{(n+1)}(x) = 0$ für alle $x \in I$ ist ein Polynom vom Grad $\le n$.*

Beweis. Aus der Restgliedformel nach Lagrange ersieht man $R_{n+1}(x,a) = 0$, deshalb gilt $f(x) = T_n(x,a)$ (mit einem $a \in I$). □

Satz 4.3. 3. Extremwert-Test. *Ist die Funktion* f *auf dem Intervall* I *n-mal stetig differenzierbar und* $a \in I$ *mit*

$$f'(a) = f''(a) = \cdots = f^{(n-1)}(a) = 0\ , \quad f^{(n)}(a) \neq 0,\ \textit{dann gilt}:$$

a) a *Extremalstelle* $\iff$ n *gerade;*

b) n *gerade,* $f^{(n)}(a) < 0 \implies a$ *lokale Maximalstelle,*
n *gerade,* $f^{(n)}(a) > 0 \implies a$ *lokale Minimalstelle.*

Beweis. Da $f^{(n)}(\xi)$ und $f^{(n)}(a)$ für ξ nahe a dasselbe Vorzeichen haben, liest man alles aus der in diesem Fall besonders einfachen Taylor-Formel ab:

$$f(x) - f(a) = \frac{f^{(n)}(\xi)}{n!}(x-a)^n\ .$$

Ist n ungerade, dann hat die rechte Seite, so auch die linke, für $x < a$ und $x > a$ verschiedene Vorzeichen. Ist n gerade, dann gilt stets $(x-a)^n > 0$ (für $x \neq a$) und aus $f^{(n)}(a) < 0$ folgt $f(x) < f(a)$ für alle x nahe bei a, $x \neq a$. □

Beispiel. Für $f(x) = x^4 - 8x^3 + 24x^2 - 32x + 19$ gilt $f'(2) = f''(2) = f'''(2) = 0$, $f^{(4)}(2) = 24 > 0$; also ist $x = 2$ eine lokale Minimalstelle. □

4.2 Die Taylor-Reihe. Es sei f eine auf dem offenen Intervall $I \subseteq \mathbb{R}$ beliebig oft differenzierbare Funktion f und $a \in I$. Die unendliche Reihe

$$T_f(x,a) := \sum_{k=0}^{\infty} \frac{f^{(k)}(a)}{k!}(x-a)^k$$

heißt *Taylor-Reihe von* f *mit Zentrum* (oder *Entwicklungspunkt*) a.

Gilt $f(x) = \sum_{k=0}^{\infty} \frac{f^{(k)}(a)}{k!}(x-a)^k$ für $a - R < x < a + R$, so sagt man:

f *läßt sich um (den Entwicklungspunkt)* a *als Taylor-Reihe darstellen* bzw.
f *läßt sich um* a *in eine Taylor-Reihe entwickeln.*

Nach Satz 3.4 gilt:

> Eine konvergente Potenzreihe mit Summe
> $$f(x) = \sum_{k=0}^{\infty} a_k(x-a)^k, \quad |x-a| < R,$$
> ist bereits die Taylor-Reihe von f um a;
> $$a_k = \frac{f^{(k)}(a)}{k!} \quad (k = 0, 1, 2, \ldots)\ .$$

Speziell: Das Polynom $p(x) = a_n x^n + \cdots + a_1 x + a_0$ ($a_k = 0$ für $k > n$) ist bereits die Taylor-Entwicklung von $p(x)$ um den Punkt 0; $a_k = \frac{p^{(k)}(0)}{k!}$ $(0 \leq k \leq n)$.

Gegenbeispiel. Es ist durchaus möglich, daß die Taylor-Reihe von f um a nur für $x = a$ konvergiert oder eine von $f(x)$ verschiedene Summe besitzt. Etwa für

$$f(x) := \begin{cases} e^{-1/x^2} & \text{, falls } x \neq 0 \\ 0 & \text{, falls } x = 0 \end{cases}$$

stellt die Taylor-Reihe $T_f(x,0) = 0$ (wegen $f^{(k)}(0) = 0$ für alle $k \geq 0$) eine von f verschiedene Funktion dar. □

Satz 4.4. Darstellung einer Funktion als Taylor-Reihe. *Ist f auf dem Intervall I beliebig oft differenzierbar und $a \in I$, dann konvergiert die Taylor-Reihe genau für diejenigen $x \in I$ gegen $f(x)$,*

$$f(x) = \sum_{k=0}^{\infty} \frac{f^{(k)}(a)}{k!}(x-a)^k ,$$

für die das Restglied $R_n(x,a) = \dfrac{f^{(n)}(\xi)}{n!}(x-a)^n$ mit $n \to \infty$ gegen 0 strebt. Dies ist sicher dann der Fall, wenn es Konstanten A, B gibt, so daß für alle $x \in I$ und alle $n \in \mathbb{N}$ die Abschätzung $|f^{(n)}(x)| \leq AB^n$ gilt.

Beweis. Die Taylor-Formel (1) lautet $f(x) - T_n(x,a) = R_{n+1}(x,a)$ mit der n-ten Partialsumme $T_n(x,a)$ der Taylor-Reihe. Also gilt

$$f(x) = \lim_{n\to\infty} T_n(x,a) \iff \lim_{n\to\infty} R_n(x,a) = 0 .$$

Besteht die angegebene Abschätzung, so gilt $|R_n(x,a)| \leq A\dfrac{B^n}{n!}(x-a)^n \to 0$ (für $n \to \infty$); denn die Glieder der konvergenten Reihe $e^{B(x-a)} = \sum\limits_{n=0}^{\infty} \dfrac{B^n(x-a)^n}{n!}$ bilden eine Nullfolge. □

Satz 4.5. Die Taylor-Form eines Polynoms. *Jedes Polynom $p(x) = a_n x^n + \cdots + a_1 x + a_0$ läßt sich um jeden Punkt $a \in \mathbb{R}$ in die Taylor-Form*

(2) $$p(x) = \frac{p^{(n)}(a)}{n!}(x-a)^n + \frac{p^{(n-1)}(a)}{(n-1)!}(x-a)^{n-1} + \cdots + p'(a)(x-a) + p(a)$$

„entwickeln". Dieses ist die einzige Möglichkeit, $p(x)$ als Potenzreihe mit Zentrum a darzustellen.

Beweis. Aus $p^{(n+1)}(x) = 0$ für alle x folgt $R_{n+1}(x,a) = 0$ und $p(x) = T_n(x,a)$ für alle x. □

Mit der Taylor-Entwicklung (2) des Polynoms $p(x) = \sum\limits_{k=0}^{n} a_k x^k$ um a lassen sich sämtliche Funktionswerte berechnen, sobald man für eine einzige Stelle $x = a$ die Werte $p(a)$, $p'(a)$, $p''(a), \ldots, p^{(n)}(a)$ kennt.

Beispiel. Von einem geradlinig, gleichförmig beschleunigten Massenpunkt (allgemeines Weg-Zeit-Gesetz $s(t) = bt^2 + vt + c$) kennt man dessen Lage $s(a)$, Geschwindigkeit $\dot{s}(a)$ und Beschleunigung $\ddot{s}(a)$ zur Zeit $t = a$. Der Punkt bewegt sich nach dem Weg-Zeit-Gesetz $s(t) = \frac{\ddot{s}(a)}{2}(t-a)^2 + \dot{s}(a)(t-a) + s(a)$. □

4.3 Methoden der Reihenentwicklung.

Ⓐ **Mit der Taylor-Formel** (1) und dem Nachweis $R_n(x,a) \to 0$ (→ Satz 4.4). Dieses Verfahren ist schwerfällig. Es ist oft günstiger, nach Ⓑ–Ⓔ zu verfahren.

Ⓑ **Bekannte Reihen differenzieren oder integrieren.**

Beispiel. (vgl. auch 3.4, 3.5). Aus $\frac{1}{\sqrt{1-x^2}} = 1 + \frac{1}{2}x^2 + \frac{1\cdot 3}{2\cdot 4}x^4 + \frac{1\cdot 3\cdot 5}{2\cdot 4\cdot 6}x^6 + \cdots$ (für $|x| < 1$) (→ §3(8)) folgt durch Integration

$$\arcsin x = x + \frac{1}{2\cdot 3}x^3 + \frac{1\cdot 3}{2\cdot 4\cdot 5}x^5 + \frac{1\cdot 3\cdot 5}{2\cdot 4\cdot 6\cdot 7}x^7 + \cdots, \quad \text{falls } |x| < 1.$$

□

Ⓒ **Als Summe und/oder Produkt von Funktionen mit bekannter Reihenentwicklung darstellen.**

Beispiele.

1. $\cosh x = \frac{1}{2}(e^x + e^{-x}) = \frac{1}{2}\left(1 + x + \frac{x^2}{2!} + \frac{x^3}{3!} + \cdots + 1 - x + \frac{x^2}{2!} - \frac{x^3}{3!} + \cdots\right).$

Dies ergibt – analog für $\sinh x = \frac{1}{2}(e^x - e^{-x})$:

$$\cosh x = 1 + \frac{x^2}{2!} + \frac{x^4}{4!} + \frac{x^6}{6!} + \cdots, \quad x \in \mathbb{R}.$$

$$\sinh x = x + \frac{x^3}{3!} + \frac{x^5}{5!} + \frac{x^7}{7!} + \cdots, \quad x \in \mathbb{R}.$$

2. $$\frac{\cos x}{1-x} = \cos x \cdot \frac{1}{1-x} = \left(1 - \frac{x^2}{2!} + \frac{x^4}{4!} - + \cdots\right)(1 + x + x^2 + \cdots)$$
$$= 1 + x + \left(1 - \frac{1}{2!}\right)x^2 + \left(1 - \frac{1}{2!}\right)x^3 + \left(1 - \frac{1}{2!} + \frac{1}{4!}\right)x^4 + \cdots, \quad |x| < 1.$$

3. $$e^{-x}\sin x + \frac{1}{\sqrt{1+x}} = \left(\sum_{k=0}^{\infty} \frac{(-x)^k}{k!}\right)\left(\sum_{k=0}^{\infty}(-1)^k \frac{x^{2k+1}}{(2k+1)!}\right) + \sum_{k=0}^{\infty}\binom{-\frac{1}{2}}{k}x^k$$
$$= \left(1 - x + \frac{x^2}{2} - \frac{x^3}{3!} + \cdots\right)\left(x - \frac{x^3}{3!} + \cdots\right) + 1 - \frac{1}{2}x + \frac{3}{8}x^2 - \frac{5}{16}x^3 + \cdots$$
$$= 1 + \frac{1}{2}x - \frac{5}{8}x^2 + \frac{1}{48}x^3 + \cdots, \quad |x| < 1.$$

□

Ⓓ **Unbestimmter Ansatz.**

Beispiel.

$$f(x) := \begin{cases} \dfrac{x}{e^x - 1} & \text{, falls } x \neq 0 \\ 1 & \text{, falls } x = 0 \end{cases} .$$

Man setzt an $\dfrac{x}{e^x - 1} = \sum_{k=0}^{\infty} \dfrac{B_k}{k!} x^k$ und erhält aus

$$\begin{aligned} x &= (B_0 + \frac{B_1}{1!}x + \frac{B_2}{2!}x^2 + \frac{B_3}{3!}x^3 + \cdots)(x + \frac{x^2}{2!} + \frac{x^3}{3!} + \cdots) \\ &= B_0 x + (B_1 + \frac{B_0}{2!})x^2 + (\frac{B_2}{2!} + \frac{B_1}{2!} + \frac{B_0}{3!})x^3 + \cdots \end{aligned}$$

durch Koeffizientenvergleich

$$B_0 = 1 , \; B_1 + \frac{B_0}{2} = 0 , \; \frac{B_2}{2!} + \frac{B_1}{2!} + \frac{B_0}{3!} = 0 , \ldots .$$

Man berechnet damit $B_0 = 1$, $B_1 = -\frac{1}{2}$, $B_2 = \frac{1}{6}$, $B_3 = 0$, $B_4 = -\frac{1}{30}, \ldots$. Es bleibt, den Konvergenzradius R der so bestimmten Reihe

$$1 - \frac{1}{2 \cdot 1!}x + \frac{1}{6 \cdot 2!}x^2 - \frac{1}{30 \cdot 4!}x^4 + \cdots$$

zu ermitteln. Das ist gar nicht so einfach. In Band 2 zeigen wir $R = 2\pi$. Übrigens, die B_k heißen *Bernoulli-Zahlen* (nach J. BERNOULLI, 1654–1705). □

Ⓔ **Potenzreihen in Potenzreihen einsetzen.**

Es wird eine Potenzreihenentwicklung der Funktion $h(x) := f(g(x))$ bestimmt, für den Fall, daß $f(x) = \sum_{k=0}^{\infty} a_k x^k$ $(|x| < R_1)$, $g(x) = \sum_{n=0}^{\infty} b_n x^n$ $(|x| < R_2)$ bekannt sind. Man kann zeigen:

Werden die Potenzen $g(x)^k = \left(\sum_{n=0}^{\infty} b_n x^n \right)^k$ nach dem Cauchy-Produkt berechnet (→ Satz 1.10),

$$g(x)^k = \sum_{n=0}^{\infty} b_{kn} x^n ,$$

dann

$$f(g(x)) = \sum_{k=0}^{\infty} a_k \left(\sum_{n=0}^{\infty} b_{kn} x^n \right)$$

nach steigenden x-Potenzen geordnet, so erhält man die in einer Umgebung von 0 konvergierende Potenzreihenentwicklung von $h(x)$:

$$h(x) = f(g(x)) = \sum_{n=0}^{\infty} \left(\sum_{k=0}^{\infty} a_k b_{kn} \right) x^n .$$

Beispiel. $f(x) = e^x$, $g(x) = e^x$, $h(x) = f(g(x)) = e^{e^x}$. Aus $f(x) = \sum_{k=0}^{\infty} \frac{x^k}{k!}$ und $g(x)^k = (e^x)^k = e^{kx} = \sum_{n=0}^{\infty} \frac{k^n x^n}{n!}$ folgt

$$h(x) = \sum_{k=0}^{\infty} \frac{1}{k!} \left(\sum_{n=0}^{\infty} \frac{k^n x^n}{n!} \right) = \sum_{n=0}^{\infty} \left(\sum_{k=0}^{\infty} \frac{k^n}{k!} \right) \frac{x^n}{n!}$$

$$= e + ex + \left(\sum_{k=0}^{\infty} \frac{k^2}{k!} \right) \frac{x^2}{2!} + \left(\sum_{k=0}^{\infty} \frac{k^3}{k!} \right) \frac{x^3}{3!} + \cdots .$$

Bemerkungen. 1. Unabhängig von der allgemeinen Theorie kann man die Konvergenz der Reihen $\sum_{k=0}^{\infty} \frac{k^n}{k!}$ leicht mit dem Quotientenkriterium nachweisen.

2. Der Eindeutigkeitssatz (→ Satz 3.4) zeigt

$$h^{(n)}(0) = \sum_{k=0}^{\infty} \frac{k^n}{k!} \qquad (n = 0, 1, 2, \ldots) ,$$

speziell

$$\sum_{k=0}^{\infty} \frac{k^2}{k!} = 2e, \ \sum_{k=0}^{\infty} \frac{k^3}{k!} = 5e, \ \sum_{k=0}^{\infty} \frac{k^4}{k!} = 15e . \qquad \square$$

Aufgaben

1. Man entwickle das Polynom $x^4 - 5x^3 + 5x^2 + x + 2$ nach Potenzen von $(x-2)$.

2. Man gebe die Taylor-Reihe im Entwicklungspunkt $a = 0$:
   a) $\sqrt[3]{1+x}$; b) $\ln(1 - x + x^2)$;
   c) $\ln \frac{a+x}{a-x}$; d) $\frac{1}{1-x} \cdot \ln(\frac{1}{1-x})$.

3. a) Man bestimme die Taylor-Reihe um $a = 0$ für $f(x) = \frac{1}{1-x}$ und gebe die Darstellung des allgemeinen Restgliedes in der Lagrangeschen Form.
   b) Welche Darstllung liefert die Summenformel der geometrischen Reihe?

4. Aus der Binomialreihe leite man mittels Differentiation die Taylor-Reihe von $\operatorname{arsinh} x$ um $a = 0$ her.

5. Man entwickle für einen 8-stelligen Digitalrechner wie folgt einen *Algorithmus zur Berechnung von* $\sin x$:
   a) Bestimme ein y mit $-\frac{\pi}{2} \leq y < \frac{3}{2}$, so daß $\sin y = \sin x$.
   b) Bestimme z mit $-\frac{\pi}{2} \leq z \leq \frac{\pi}{2}$, so daß $\sin z = \sin y$.
   c) Setze $u = \frac{z}{3}$, $-\frac{\pi}{6} \leq u \leq \frac{\pi}{6}$, und stelle $\sin z$ durch $\sin u$ dar.

d) In $-\frac{\pi}{6} \le u \le \frac{\pi}{6}$ stelle man $\sin u$ auf 7 Nach-Komma-Stellen dar durch das passende Taylor-Polynom.

Wie viele Glieder der Taylor-Reihe sind zu berücksichtigen?

6. Man bestimme die ersten fünf Glieder der Taylor-Reihe um $a = 0$ von

a) $g(x) = (1 + \sin x)^x$. b) $h(x) = \ln \cosh x$.

7. Durch den Ansatz

$$\frac{1}{\cos x} = E_0 - \frac{E_2}{2!}x^2 + \frac{E_4}{4!}x^4 - + \cdots + \frac{(-1)^n E_{2n}}{(2n)!}x^{2n} + \cdots, \qquad |x| < \frac{\pi}{2},$$

sind die *Euler-Zahlen* E_{2n} erklärt. Man bestätige die Rekursionsformel

$$\frac{E_{2n}}{0!(2n)!} + \frac{E_{2n-2}}{2!(2n-2)!} + \cdots + \frac{E_0}{(2n)!0!} = 0$$

und berechne damit $E_0, E_2, \ldots, E_{10}$.

8. Man entwickle nach Potenzen von x und bestimme den Konvergenzbereich:

a) $f(x) = \dfrac{1}{x^3 + 3}$; b) $g(x) = \sqrt[3]{2 + x^2}$.

9. Gegeben ist die Funktion $y(x) = \dfrac{(1+x)^2}{\sqrt{1-x^3}}$, $-1 \le x < 1$.

a) Bestimme die Taylor-Polynome 1., 2. und 3. Grades im Punkte $a = 0$ und skizziere sie zusammen mit $y(x)$.

b) Mit Hilfe des Restgliedes in Lagrange-Form gebe man eine Schranke für den relativen Fehler, wenn man $y(x)$ für $|x| \le 0.5$ durch das Taylor-Polynom 2. Grades um $a = 0$ ersetzt.

10. Man bestätige, daß

$$\sin(\mu \arcsin x) = \frac{\mu}{1}x - \frac{\mu(\mu^2-1)}{3!}x^3 + \frac{\mu(\mu^2-1)(\mu^2-3^2)}{5!}x^5 \pm \cdots, \qquad |x| < 1.$$

§5. Anwendungen (an Beispielen)

5.1 Grenzwertberechnungen.

$$\frac{x\ln(1-x)}{\sin^2 x} = \frac{x(-x - \frac{x^2}{2} - \frac{x^3}{3} - \cdots)}{(x - \frac{x^3}{3!} + \cdots)(x - \frac{x^3}{3!} + \cdots)} \qquad (\text{für } |x| < 1, \to §3(5))$$

Man kann x^2 $(x \ne 0)$ kürzen und erhält $\lim\limits_{x\to 0} \dfrac{x\ln(1-x)}{\sin^2 x} = -1$.

Bemerkung. Diese Methode hat gegenüber der L'Hospital-Regel den Vorteil, daß man keine Ableitungen berechnen muß (sie können gelegentlich recht kompliziert werden) und daß man einen guten Einblick in das Konvergenzverhalten bekommt.

5.2 Näherungsformeln (Approximation).

Beispiel 1. Nach A. EINSTEIN beträgt die Energie eines „relativistischen" Teilchens der Masse $m = \frac{m_0}{\sqrt{1-(\frac{v}{c})^2}}$ (m_0 Ruhemasse, v Geschwindigkeit, c Lichtgeschwindigkeit) $E = mc^2$. Die kinetische Energie ist definiert als $E_{kin} := mc^2 - m_0c^2$. Aus

$$\frac{1}{\sqrt{1-x^2}} = 1 + \frac{1}{2}x^2 + \frac{3}{8}x^4 + \frac{5}{16}x^6 + \cdots \qquad (\text{falls } |x| < 1, \to \S3(8))$$

ergibt sich (mit $x = \frac{v}{c}$) die Näherungsformel

$$E_{kin} = \frac{1}{2}m_0v^2 + \frac{3}{8}m_0v^2(\frac{v}{c})^2 \quad (+\text{Terme höherer Ordnung}) .$$ □

Beispiel 2. Für den Fall mit Luftwiderstand gilt das Weg-Zeit-Gesetz

$$s(t) = \frac{v_0^2}{g} \ln\cosh\frac{gt}{v_0}$$

mit der Grenzgeschwindigkeit $v_0 = \lim_{t\to\infty} v(t)$.
Aus

$$\ln\cosh x = \frac{x^2}{2!} - \frac{2x^4}{4!} + \cdots \qquad (\to \text{Aufgabe 6, §4})$$

ergibt sich die Näherungsformel für kleine Werte von t

$$s(t) \approx \frac{v_0^2}{g}\left(\frac{g^2t^2}{2v_0^2} - \frac{g^4t^4}{12v_0^4}\right) .$$ □

5.3 Die Reihendarstellung und Berechnung einer Integralfunktion mit nicht elementar integrierbarem Integranden.

Beispiel 1. Eine Entwicklung der *Fehlerfunktion* (→ Kap. 8, 4.5)

$$\Phi(x) = \int_0^x e^{-t^2}\,dt$$

ergibt sich aus der gliedweisen Integration der Reihe $e^{-t^2} = \sum_{k=0}^{\infty}(-1)^k\frac{t^{2k}}{k!}$ $(t \in \mathbb{R})$:

(1) $$\boxed{\Phi(x) = \int_0^x e^{-t^2}dt = \sum_{k=0}^{\infty}(-1)^k\frac{x^{2k+1}}{k!(2k+1)}, \quad x \in \mathbb{R} .}$$

Diese Reihendarstellung gestattet die Berechnung der Funktionswerte bis zu jeder gewünschten Genauigkeit, wobei man aber bei der Approximation des Funktionswertes durch die n-te Partialsumme n umso größer wählen muß, je weiter sich x vom Nullpunkt entfernt. □

Beispiel 2. Zur Berechnung des *elliptischen Integrals*

$$F(\varphi, k) = \int_0^{\varphi} \frac{dt}{\sqrt{1 - k^2 \sin^2 t}} \qquad (0 \le k^2 < 1)$$

wird zuerst der Integrand als Reihe dargestellt, dann gliedweise integriert. Mit $x = -k^2 \sin^2 t$ ergibt sich aus §3(8)

$$\frac{1}{\sqrt{1 - k^2 \sin^2 t}} = 1 + \frac{1}{2} k^2 \sin^2 t + \frac{1 \cdot 3}{2 \cdot 4} k^4 \sin^4 t + \frac{1 \cdot 3 \cdot 5}{2 \cdot 4 \cdot 6} k^6 \sin^6 t + \cdots$$

$$F(\varphi, k) = \varphi + \frac{1}{2} k^2 \int_0^{\varphi} \sin^2 t dt + \frac{1 \cdot 3}{2 \cdot 4} k^4 \int_0^{\varphi} \sin^4 t dt + \cdots .$$

Speziell für $\varphi = \frac{\pi}{2}$ erhält man für das *vollständige elliptische Integral* $K(k) := F(\frac{\pi}{2}, k)$ die Reihe

(2) $$K(k) = \frac{\pi}{2} \left[1 + (\tfrac{1}{2})^2 k^2 + (\tfrac{1 \cdot 3}{2 \cdot 4})^2 k^4 + (\tfrac{1 \cdot 3 \cdot 5}{2 \cdot 4 \cdot 6})^2 k^6 + \cdots\right], \quad |k| < 1 .$$

Ebenso verfährt man zur Berechnung des *Integralsinus* $\mathrm{Si}\, x = \int_0^x \frac{\sin t}{t} dt$, der FRESNEL-Integrale $\int_0^x \cos(t^2) dt$, $\int_0^x \sin(t^2) dt$ (die in der Optik eine Rolle spielen) und anderer, nicht elementar integrierbarer Funktionen (→ Aufg. 4). □

5.4 Potenzreihenansatz zur Lösung einfacher Differentialgleichungen.

Beispiel. Wir suchen die Auslenkung $s = s(t)$ aus der Nullage eines Schwingers, der die Bewegungsgleichung

$$\ddot{s}(t) + t^2 s(t) = 0$$

erfüllt, der zur Zeit $t = 0$ durch $s = 0$ geht und dort die Geschwindigkeit v_0 hat (o.E. $v_0 = 1$),

$$s(0) = 0, \ \dot{s}(0) = 1 .$$

Deutung dieser Bewegungsgleichung: Die rücktreibende Kraft ist zu jedem Zeitpunkt proportional zur Auslenkung. Aber der Proportionalitätsfaktor ist nicht konstant (wie beim Hookeschen Gesetz) sondern hat die Form mt^2. Insgesamt nimmt die rücktreibende Kraft mit t (zum Quadrat) zu und mit kleiner werdender Auslenkung ab. Mit dem Ansatz

$$s(t) = \sum_{k=1}^{\infty} a_k t^k = a_1 t + a_2 t^2 + a_3 t^3 + \cdots \qquad (\text{beachte } s(0) = 0)$$

erhält man aus

$$\ddot{s} + t^2 s = 2a_2 + 2 \cdot 3a_3 t + 3 \cdot 4a_4 t^2 + \cdots + (n+1)(n+2)a_{n+2}t^n + \cdots$$
$$+ a_1 t^3 + a_2 t^4 + \cdots + a_{n-2}t^n + \cdots = 0$$

durch Koeffizientenvergleich
$2a_2 = 0$, $2 \cdot 3a_3 = 0$, $3 \cdot 4a_4 = 0$, $4 \cdot 5a_5 + a_1 = 0, \ldots$; allgemein

$$(n+1)(n+2)a_{n+2} + a_{n-2} = 0 .$$

Wegen $a_1 = \dot{s}(0) = 1$, $a_2 = a_3 = a_4 = 0$ folgt damit

$$a_1 = 1$$
$$a_5 = -\frac{1}{5 \cdot 4}$$
$$a_9 = \frac{1}{9 \cdot 8 \cdot 5 \cdot 4}$$
$$a_{13} = -\frac{1}{13 \cdot 12 \cdot 9 \cdot 8 \cdot 5 \cdot 4}\,, \text{ etc.}$$
$$s(t) = t - \frac{1}{4 \cdot 5}t^5 + \frac{1}{4 \cdot 5 \cdot 8 \cdot 9}t^9 - \frac{1}{4 \cdot 5 \cdot 8 \cdot 9 \cdot 12 \cdot 13}t^{13} + \cdots$$

Bei der Berechnung der Werte $s(t)$ müssen mit wachsendem t immer mehr Reihenglieder berücksichtigt werden.

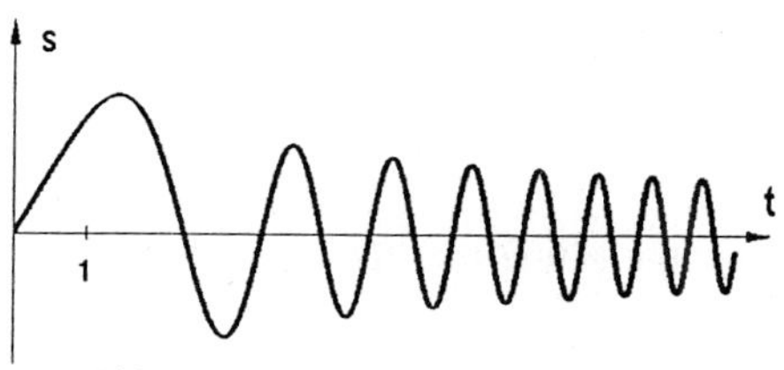

Abb. 136 – Nichtlineare Schwingung

□

Aufgaben

1. Mit den Taylor-Reihen berechne man die Grenzwerte

   a) $\lim\limits_{x \to 0} \left(\frac{1}{\sin x} - \frac{1}{e^x - 1}\right)$, b) $\lim\limits_{x \to 0} \frac{1 - \cos 2x}{x \sin x}$,

   c) $\lim\limits_{x \to 1} (1-x) \tan \frac{\pi}{2}x$, d) $\lim\limits_{n \to \infty} \sin(2\pi \cdot e \cdot n!)$,

   e) $\lim\limits_{n \to \infty} n \cdot \sin(2\pi \cdot e \cdot n!)$.

2. Das *Potential eines Dipols* ist bestimmt als Grenzwert $h \to 0$ zweier Punktladungen mit entgegengesetzt gleich großer Ladung q im Abstand $2h$

$$V(x,y,z) = \lim_{h \to 0} \left(\frac{q}{\sqrt{(x-h)^2 + y^2 + z^2}} - \frac{q}{\sqrt{(x+h)^2 + y^2 + z^2}} \right) \cdot \frac{1}{2h} \quad .$$

   Man berechne V über die Taylor-Reihen.

3. Für die Oberfläche eines Drehellipsoids mit den Halbachsen a und $b = a\sqrt{1+\epsilon^2}$ gilt (→ Aufg. 3, Kap. 8, §4)

$$0 = 2a^2\pi\left(1 + (\frac{1}{\epsilon} + \epsilon)\arctan\epsilon\right) .$$

Man gebe damit eine Näherungsformel für $\epsilon > 0$ in Form einer Reihenentwicklung nach ϵ (Anwendung in der Vermessungskunde: *Oberfläche des Geoids*).

4. a) Man gebe die Taylor-Reihe um $a = 0$ samt Konvergenzbereich für die Funktionen

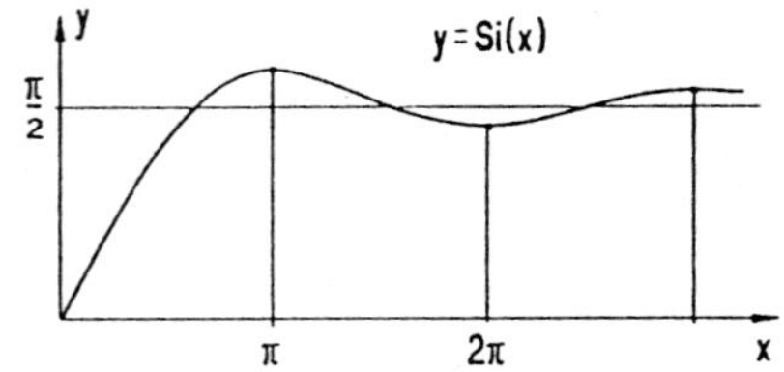

$$\mathrm{Si}(x) = \int_0^x \frac{\sin t}{t}\, dt$$

(*Integralsinus*)

und

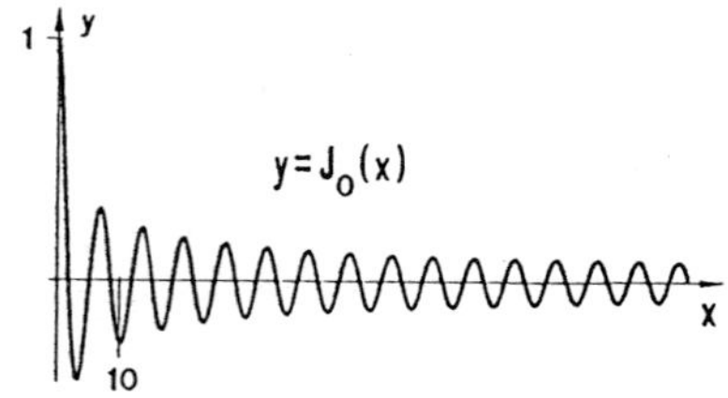

$$J_0(x) = \frac{1}{\pi}\int_0^\pi \cos(x\sin\theta)\, d\theta$$

(*Besselfunktion*)

(*Mittelwert einer frequenzmodulierten Schwingung in Abhängigkeit des Frequenzhubes* x).

b) Wieviele Summanden sind nötig, um $\mathrm{Si}(\pi)$ bzw. $J_0(1)$ auf fünf Dezimalstellen nach dem Komma genau zu bestimmen? Berechne damit $\mathrm{Si}(\pi)$ und $J_0(1)$ in dieser Genauigkeit.

c) Man bestätige: $J_0(x)$ genügt der gewöhnlichen Differentialgleichung

$$x^2y'' + xy' + x^2y = 0 .$$

5. In der räumlichen Potentialtheorie tritt die Entwicklung

$$\frac{1}{\sqrt{1-2xz+z^2}} = \sum_{n=0}^{\infty} P_n(x)z^n$$

auf. Man bestimme die Faktoren P_0, P_1, P_2 und vergleiche mit den LEGENDRE-Polynomen (→ Aufg. 11, Kap. 2, §2).

6. Für die Schwingungsdauer des mathematischen Pendels hat man (→ Aufg. 1, Kap. 4, §7) eine zweite Darstellung

$$T = 4\sqrt{\frac{l}{g}}\int_0^\alpha \frac{d\varphi}{\sqrt{2(\cos\varphi - \cos\alpha)}}$$

wobei α den maximalen Auslenkungswinkel bezeichnet. Man entwickle den Integranden nach Potenzen von $\cos\varphi$, führe die Integration nach φ durch und gebe eine Reihenapproximation für T als Funktion von α.

7. Ein $L = 200\,\mathrm{m}$ langes Stück einer Eisenbahnschiene soll ausgewechselt werden. Das Ersatzteil ist um $2\,\mathrm{cm}$ zu lang. Auf welche maximale Höhe h knickt das ungekürzte Stück beim Einbau aus, und welche Gegenkraft F entsteht an den Stoßstellen?
Die *exakte Theorie* der *Knicklinie* liefert für L, ℓ, h, α, F (vgl. Skizze) die vier Gleichungen

$$\frac{Lk}{h} = K(k) = \int_0^{\pi/2} \frac{d\psi}{\sqrt{1-k^2\sin^2\psi}} \; ;$$

$$\frac{\ell k}{h} = K_1(k) = \int_0^{\pi/2} \frac{1-2k^2\sin^2\psi}{\sqrt{1-k^2\sin^2\psi}}\, d\psi \; ;$$

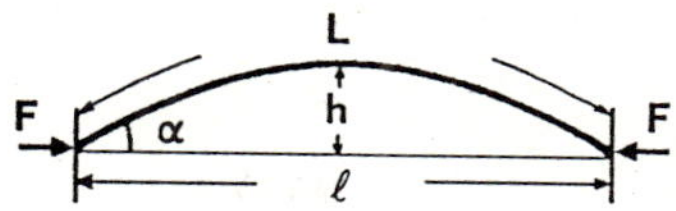

$$F = \left(\frac{2k}{h}\right)^2 EJ \quad (EJ{=}\textit{Biegesteifigkeit}) \; ; \quad k = \sin\frac{\alpha}{2} \; .$$

a) Man verwende für $K(k)$ die Entwicklung (2) und entwickle $K_1(k)$ analog nach k. Wie groß ist für $0 \le k \le 0.02$ der Fehler höchstens, wenn man die Reihen jeweils nach k^4 abbricht (*Grobe Restgliedabschätzung*!). Diese Polynomapproximationen seien $\overline{K}(k)$ und $\overline{K}_1(k)$.

b) Man löse $L \cdot \overline{K}_1(k) = \ell \cdot \overline{K}(k)$ nach k auf und berechne h und F aus k, ℓ und L für $EJ = 3 \cdot 10^5\,\mathrm{Nm}^2$.

8. Man bestimme mittels Potenzreihenansatz $y(x) = \sum_{n=0}^{\infty} a_n x^n$ und Koeffizientenvergleich eine zweiparametrige Schar von Lösungen der linearen Differentialgleichung

$$(x^2-1)y''(x) = 6y(x) \; .$$

Für welche Werte von $y(0)$ und $y'(0)$ ist $y(x)$ ein Polynom?

Kapitel 6

Lineare Algebra

Zur sachgerechten mathematischen Behandlung zahlloser Probleme der Technik, etwa zur Netzwerkberechnung in der Elektrotechnik oder zur Berechnung von Fachwerken in der Statik, zur Lösung (Optimierung) von Transportproblemen, zur qualitativen und quantitativen Diskussion mechanischer dynamischer Systeme (Differentialgleichungssysteme) bedient man sich der Matrizenrechnung. Eine zeitgemäße Darstellung dieses Kalküls erfordert einige Begriffe aus der Theorie „abstrakter" Vektorräume, ohne die auch die höhere Ingenieurmathematik heute nicht mehr auskommt. Die Grundlagen sollen aber weitgehend recht „konkret" dargestellt werden. Im Vordergrund steht die Anwendung von Matrizen bei linearen Gleichungssystemen, linearen Abbildungen, Koordinatentransformationen und quadratischen Funktionen.

§1. Lineare Gleichungssysteme und Matrizen

1.1 Was ist eine Matrix? Eine *Matrix vom Typ* $m \times n$ (oder eine $m \times n$-*Matrix*) ist ein rechteckiges Zahlenschema der Form

$$A = \begin{pmatrix} \alpha_{11} & \alpha_{12} & \cdots & \alpha_{1n} \\ \alpha_{21} & \alpha_{22} & \cdots & \alpha_{2n} \\ \vdots & \vdots & & \vdots \\ \alpha_{m1} & \alpha_{m2} & \cdots & \alpha_{mn} \end{pmatrix} . \tag{1}$$

Die Zahlen $\alpha_{ij} \in \mathbb{R}$ heißen *Komponenten* (oder *Elemente*) der Matrix A. Wir schreiben abkürzend

$$A = (\alpha_{ij})_{m\times n} \tag{2}$$

oder nur $A = (\alpha_{ij})$, wenn der Typ feststeht.
Die $m \times 1$-Matrizen (bzw. $1 \times n$-Matrizen) heißen Spaltenmatrizen oder *Spaltenvektoren* (bzw. Zeilenmatrizen oder *Zeilenvektoren*), sie haben die Form

$$\mathbf{s} = \begin{pmatrix} \alpha_1 \\ \alpha_2 \\ \vdots \\ \alpha_m \end{pmatrix} , \quad \text{bzw. } \mathbf{z} = (\alpha_1, \alpha_2, \ldots, \alpha_n) .$$

(Bei nur einer Zeile oder Spalte benötigt man i.a. keinen zusätzlichen Zeilenindex oder Spaltenindex.) Die Matrix $A = (\alpha_{ij})_{m\times n}$ besteht aus m Zeilenvektoren (mit je n Komponenten)

$$\mathbf{z}_i := (\alpha_{i1}, \alpha_{i2}, \ldots, \alpha_{in}) \qquad (1 \leq i \leq m)$$

bzw. aus n Spaltenvektoren (mit je m Komponenten)

$$\mathbf{s}_j := \begin{pmatrix} \alpha_{1j} \\ \alpha_{2j} \\ \vdots \\ \alpha_{mj} \end{pmatrix} \qquad (1 \le j \le n) \ .$$

Je nachdem, ob wir die Zeilen oder die Spalten von A hervorheben wollen, schreiben wir

$$A = \begin{pmatrix} \mathbf{z}_1 \\ \mathbf{z}_2 \\ \vdots \\ \mathbf{z}_m \end{pmatrix} \text{ (Zeilendarstellung), bzw. } A = (\mathbf{s}_1, \mathbf{s}_2, \ldots, \mathbf{s}_n) \text{ (Spaltendarstellung).}$$

Die (i,j)-Komponente α_{ij} gehört dem i-ten Zeilenvektor $\mathbf{z}_i$ und dem j-ten Spaltenvektor $\mathbf{s}_j$ an. Man sagt, α_{ij} steht im Schnittpunkt der i-ten Zeile mit der j-ten Spalte (i Zeilenindex, j Spaltenindex). Man kann zur Verdeutlichung die Komponenten einer Matrix durch Kommata trennen, man muß es aber nicht.

Zwei Matrizen $A = (\alpha_{ij})$, $B = (\beta_{ij})$ heißen gleich, i.Z. $A = B$, wenn sie vom gleichen Typ $m \times n$ sind und wenn außerdem $\alpha_{ij} = \beta_{ij}$ gilt für alle i, j mit $1 \le i \le m$, $1 \le j \le n$.

Beispiel. Die Matrix $A = \begin{pmatrix} 1 & 3 & 5 \\ 2 & 0 & 4 \end{pmatrix}$ ist vom Typ 2×3, sie hat die Zeilenvektoren $\mathbf{z}_1 = (1,3,5)$, $\mathbf{z}_2 = (2,0,4)$ und die Spaltenvektoren $\mathbf{s}_1 = \begin{pmatrix} 1 \\ 2 \end{pmatrix}$, $\mathbf{s}_2 = \begin{pmatrix} 3 \\ 0 \end{pmatrix}$, $\mathbf{s}_3 = \begin{pmatrix} 5 \\ 4 \end{pmatrix}$. Es gilt $A = \begin{pmatrix} x & \alpha & f \\ y & u & v \end{pmatrix}$ genau dann, wenn $x = 1$, $y = 2$, $\alpha = 3$, $u = 0$, $f = 5$, $v = 4$ (Komponentenvergleich). Man beachte ferner $A \neq \begin{pmatrix} 1 & 3 & 5 & 0 \\ 2 & 0 & 4 & 0 \end{pmatrix}$. □

Die Menge aller $m \times n$-Matrizen mit Komponenten aus $\mathbb{R}$ bezeichnen wir mit $\mathbb{R}^{m \times n}$, ferner $\mathbb{R}^n := \mathbb{R}^{n \times 1}$ (Spaltenvektoren), $\mathbb{R}_n := \mathbb{R}^{1 \times n}$ (Zeilenvektoren).

1.2 Addition, Subtraktion und Multiplikation mit einem Zahlenfaktor. Für $A = (\alpha_{ij})$, $B = (\beta_{ij})$ aus $\mathbb{R}^{m \times n}$ und jede Zahl $\lambda \in \mathbb{R}$ sind die *Summe*

$A + B$ und das *λ-fache* λA komponentenweise definiert:

$$\begin{pmatrix} \alpha_{11} & \alpha_{12} & \cdots & \alpha_{1n} \\ \alpha_{21} & \alpha_{22} & \cdots & \alpha_{2n} \\ \vdots & \vdots & & \vdots \\ \alpha_{m1} & \alpha_{m2} & \cdots & \alpha_{mn} \end{pmatrix} + \begin{pmatrix} \beta_{11} & \beta_{12} & \cdots & \beta_{1n} \\ \beta_{21} & \beta_{22} & \cdots & \beta_{2n} \\ \vdots & \vdots & & \vdots \\ \beta_{m1} & \beta_{m2} & \cdots & \beta_{mn} \end{pmatrix}$$

$$(3) \qquad := \begin{pmatrix} \alpha_{11} + \beta_{11}, & \alpha_{12} + \beta_{12}, & \cdots, & \alpha_{1n} + \beta_{1n} \\ \alpha_{21} + \beta_{21}, & \alpha_{22} + \beta_{22}, & \cdots, & \alpha_{2n} + \beta_{2n} \\ \vdots & \vdots & & \vdots \\ \alpha_{m1} + \beta_{m1}, & \alpha_{m2} + \beta_{m2}, & \cdots, & \alpha_{mn} + \beta_{mn} \end{pmatrix}$$

$$\lambda \begin{pmatrix} \alpha_{11} & \alpha_{12} & \cdots & \alpha_{1n} \\ \alpha_{21} & \alpha_{22} & \cdots & \alpha_{2n} \\ \vdots & \vdots & & \vdots \\ \alpha_{m1} & \alpha_{m2} & \cdots & \alpha_{mn} \end{pmatrix} := \begin{pmatrix} \lambda\alpha_{11}, & \lambda\alpha_{12}, & \cdots, & \lambda\alpha_{1n} \\ \lambda\alpha_{21}, & \lambda\alpha_{22}, & \cdots, & \lambda\alpha_{2n} \\ \vdots & \vdots & & \vdots \\ \lambda\alpha_{m1}, & \lambda\alpha_{m2}, & \cdots, & \lambda\alpha_{mn} \end{pmatrix}$$

Beispiel.

$$\begin{pmatrix} 4 & 3 & 2 \\ 1 & 0 & \alpha \end{pmatrix} + \begin{pmatrix} 6 & -3 & -1 \\ 2 & \beta & \alpha \end{pmatrix} = \begin{pmatrix} 10 & 0 & 1 \\ 3 & \beta & 2\alpha \end{pmatrix}$$

$$0.5 \begin{pmatrix} 4 & 3 & 2 \\ 1 & 0 & \alpha \end{pmatrix} = \begin{pmatrix} 2 & \frac{3}{2} & 1 \\ \frac{1}{2} & 0 & \frac{\alpha}{2} \end{pmatrix} .$$ □

Für die $n \times 1$-Matrizen (Spaltenvektoren) und die $1 \times n$-Matrizen (Zeilenvektoren) sehen diese Verknüpfungen wie folgt aus:

$$(4) \qquad \begin{pmatrix} \alpha_1 \\ \alpha_2 \\ \vdots \\ \alpha_n \end{pmatrix} + \begin{pmatrix} \beta_1 \\ \beta_2 \\ \vdots \\ \beta_n \end{pmatrix} = \begin{pmatrix} \alpha_1 + \beta_1 \\ \alpha_2 + \beta_2 \\ \vdots \\ \alpha_n + \beta_n \end{pmatrix}, \quad \lambda \begin{pmatrix} \alpha_1 \\ \alpha_2 \\ \vdots \\ \alpha_n \end{pmatrix} = \begin{pmatrix} \lambda\alpha_1 \\ \lambda\alpha_2 \\ \vdots \\ \lambda\alpha_n \end{pmatrix},$$

$$(\alpha_1, \alpha_2, \ldots, \alpha_n) + (\beta_1, \beta_2, \ldots, \beta_n) = (\alpha_1 + \beta_1, \alpha_2 + \beta_2, \ldots, \alpha_n + \beta_n)$$

$$\lambda(\alpha_1, \alpha_2, \ldots, \alpha_n) = (\lambda\alpha_1, \lambda\alpha_2, \ldots, \lambda\alpha_n) .$$

Aus

$$\mathbf{a} = \begin{pmatrix} \alpha_1 \\ \alpha_2 \\ \alpha_3 \\ \vdots \\ \alpha_n \end{pmatrix} = \begin{pmatrix} \alpha_1 \\ 0 \\ 0 \\ \vdots \\ 0 \end{pmatrix} + \begin{pmatrix} 0 \\ \alpha_2 \\ 0 \\ \vdots \\ 0 \end{pmatrix} + \cdots + \begin{pmatrix} 0 \\ 0 \\ \vdots \\ 0 \\ \alpha_n \end{pmatrix}$$

$$= \alpha_1 \begin{pmatrix} 1 \\ 0 \\ 0 \\ \vdots \\ 0 \end{pmatrix} + \alpha_2 \begin{pmatrix} 0 \\ 1 \\ 0 \\ \vdots \\ 0 \end{pmatrix} + \cdots + \alpha_n \begin{pmatrix} 0 \\ 0 \\ \vdots \\ 0 \\ 1 \end{pmatrix}$$

sieht man, daß sich jeder Spaltenvektor $\mathbf{a} \in \mathbb{R}^n$ eindeutig darstellen läßt in der Form

$$\mathbf{a} = \alpha_1 \mathbf{e}_1 + \cdots + \alpha_n \mathbf{e}_n$$

mit den Vektoren

$$\mathbf{e}_1 := \begin{pmatrix} 1 \\ 0 \\ 0 \\ \vdots \\ 0 \end{pmatrix}, \quad \mathbf{e}_2 := \begin{pmatrix} 0 \\ 1 \\ 0 \\ \vdots \\ 0 \end{pmatrix}, \ldots, \quad \mathbf{e}_n := \begin{pmatrix} 0 \\ 0 \\ \vdots \\ 0 \\ 1 \end{pmatrix}.$$

Das System $(\mathbf{e}_1, \ldots, \mathbf{e}_n)$ der $\mathbf{e}_i \in \mathbb{R}^n$ heißt *natürliche Basis* des $\mathbb{R}^n$. Völlig analog hierzu wird das aus

$$\mathbf{e}'_1 := (1,0,0,\ldots,0)\ , \quad \mathbf{e}'_2 := (0,1,0,\ldots,0)\ ,\ldots, \quad \mathbf{e}'_n := (0,\ldots,0,1)$$

bestehende System $(\mathbf{e}'_1, \ldots, \mathbf{e}'_n)$ von Zeilenvektoren des $\mathbb{R}_n$ die natürliche Basis des $\mathbb{R}_n$ genannt.

(4) zeigt, daß die Matrizenaddition und die Multiplikation mit Skalaren (Zahlenfaktoren) spaltenweise ausgeführt werden kann:

Für $A = (\mathbf{a}_1, \mathbf{a}_2, \ldots, \mathbf{a}_n)$ und $B = (\mathbf{b}_1, \mathbf{b}_2, \ldots, \mathbf{b}_n)$ aus $\mathbb{R}^{m \times n}$ (mit den Spaltenvektoren $\mathbf{a}_i, \mathbf{b}_i \in \mathbb{R}^m$) gilt

$$A + B = (\mathbf{a}_1 + \mathbf{b}_1, \mathbf{a}_2 + \mathbf{b}_2, \ldots, \mathbf{a}_n + \mathbf{b}_n)\ ,$$
$$\lambda A = (\lambda \mathbf{a}_1, \lambda \mathbf{a}_2, \ldots, \lambda \mathbf{a}_n)\ .$$

(Analog für Zeilen). Zu jeder Matrix $A = (\alpha_{ij})_{m \times n}$ bezeichnet man $(-1)A = (-\alpha_{ij})$ mit $-A$ und erklärt damit die *Differenz* zweier $m \times n$-Matrizen

$$B - A := B + (-A)\ .$$

Die Matrix

$$\mathbf{0} := \begin{pmatrix} 0, & 0, & \ldots, & 0 \\ 0, & 0, & \ldots, & 0 \\ \vdots & & & \vdots \\ 0, & 0, & \ldots, & 0 \end{pmatrix} \in \mathbb{R}^{m \times n}\ ,$$

deren sämtliche Komponenten Null sind, heißt *Nullmatrix* (vom Typ $m \times n$). Die Nullmatrix $\mathbf{0} \in \mathbb{R}^n$ (bzw. $\mathbf{0} \in \mathbb{R}_n$) wird auch – den sonstigen Bezeichnungen angepaßt – *Nullvektor* genannt.

Es ist klar, daß sich die Rechengesetze für Zahlen auf Addition, Subtraktion und λ-fache von Matrizen übertragen. Man bestätigt leicht die folgenden grundlegenden Rechenregeln:

(5)

a) $A + B = B + A$ für alle $A, B \in \mathbb{R}^{m \times n}$

b) $(A + B) + C = A + (B + C)$ für alle $A, B, C \in \mathbb{R}^{m \times n}$

c) $A + \mathbf{0} = A$ für alle A und der Nullmatrix $\mathbf{0} \in \mathbb{R}^{m \times n}$

d) $A + (-A) = \mathbf{0}$ für alle $A \in \mathbb{R}^{m \times n}$

e) $(\lambda\mu)A = \lambda(\mu A)$ für alle $\lambda, \mu \in \mathbb{R}$, $A \in \mathbb{R}^{m \times n}$

f) $1A = A$ für alle $A \in \mathbb{R}^{m \times n}$

g) $(\lambda + \mu)A = \lambda A + \mu A$ für alle $\lambda, \mu \in \mathbb{R}$, $A, B \in \mathbb{R}^{m \times n}$

h) $\lambda(A + B) = \lambda A + \lambda B$ für alle $\lambda \in \mathbb{R}$, $A, B \in \mathbb{R}^{m \times n}$.

1.3 Lineare Gleichungssysteme und Matrizen. Augenfällig ist das Auftreten von Matrizen in linearen Gleichungssystemen. Ein *lineares Gleichungssystem* mit m linearen Gleichungen für n Unbekannte $x_1, \dots, x_n$ hat die Form

$$\begin{aligned} \alpha_{11}x_1 + \alpha_{12}x_2 + \cdots + \alpha_{1n}x_n &= \beta_1 \\ \alpha_{21}x_1 + \alpha_{22}x_2 + \cdots + \alpha_{2n}x_n &= \beta_2 \\ \vdots \qquad \vdots \qquad\qquad & \quad \vdots \\ \alpha_{m1}x_1 + \alpha_{m2}x_2 + \cdots + \alpha_{mn}x_n &= \beta_m \end{aligned} \tag{6}$$

mit den *Koeffizienten* $\alpha_{ij} \in \mathbb{R}$ und den *Absolutgliedern* $\beta_i \in \mathbb{R}$.
(Kommt eine Unbekannte in einer Gleichung nicht vor, dann hat sie dort den Koeffizienten 0.) Für (6) schreibt man

$$\begin{pmatrix} \alpha_{11} & \alpha_{12} & \cdots & \alpha_{1n} \\ \alpha_{21} & \alpha_{22} & \cdots & \alpha_{2n} \\ \vdots & \vdots & & \vdots \\ \alpha_{m1} & \alpha_{m2} & \cdots & \alpha_{mn} \end{pmatrix} \begin{pmatrix} x_1 \\ x_2 \\ \vdots \\ x_n \end{pmatrix} = \begin{pmatrix} \beta_1 \\ \beta_2 \\ \vdots \\ \beta_m \end{pmatrix} \tag{7}$$

oder kurz

$$A\mathbf{x} = \mathbf{b} \tag{8}$$

mit der *Koeffizientenmatrix* $A = (\alpha_{ij}) \in \mathbb{R}^{m \times n}$, dem Spaltenvektor $\mathbf{x}$ mit den unbekannten Komponenten x_i und dem Spaltenvektor $\mathbf{b}$ der rechten Seite. In der i-ten Zeile der Koeffizientenmatrix stehen die Koeffizienten der i-ten Gleichung, die j-te Spalte von A „gehört" zur Unbekannten x_j (dort stehen die Koeffizienten von x_j) ($1 \le i \le m$, $1 \le j \le n$).
Das lineare Gleichungssystem (6) bzw. (8) heißt *homogen*, wenn $\mathbf{b} = \mathbf{0}$ (d.h. $\beta_1 = \beta_2 = \cdots = \beta_m = 0$) gilt, andernfalls *inhomogen*.

Beispiel 1. Im abgebildeten Netzwerk mit bekannten Widerständen $R_i\,\Omega$ gelten nach den KIRCHHOFFschen Gesetzen für die gerichteten Gleichströme die folgenden Bedingungen

$$\begin{aligned} I_1 + I_2 \qquad\qquad\qquad &= I \\ I_2 - I_3 - I_4 \qquad &= 0 \\ I_1 + I_3 - I_5 &= 0 \\ -R_1I_1 + R_2I_2 + R_3I_3 \qquad &= 0 \\ -R_3I_3 + R_4I_4 - R_5I_5 &= 0 \end{aligned}$$

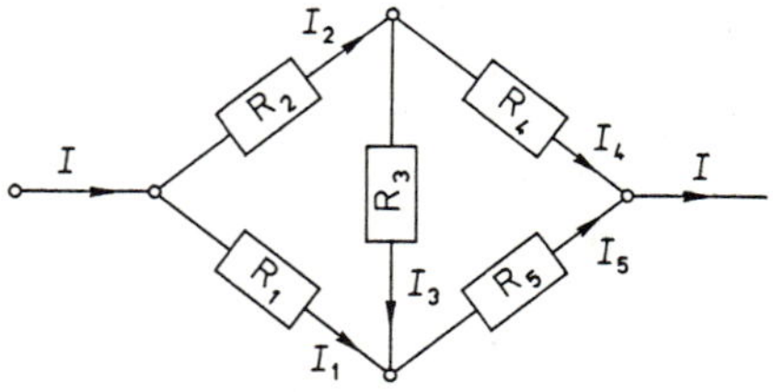

Abb. 137 – Stromkreis 1

Die Koeffizientenmatrix hiervon lautet („fehlende" Koeffizienten sind Null)

$$A = \begin{pmatrix} 1 & 1 & 0 & 0 & 0 \\ 0 & 1 & -1 & -1 & 0 \\ 1 & 0 & 1 & 0 & -1 \\ -R_1 & R_2 & R_3 & 0 & 0 \\ 0 & 0 & -R_3 & R_4 & -R_5 \end{pmatrix}. \qquad \square$$

Beispiel 2. Für die Bewegung eines Massenpunktes P seien die kartesischen Koordinaten des Geschwindigkeitsvektors $\dot{x}, \dot{y}, \dot{z}$ in Abhängigkeit von den Ortskoordinaten x, y, z gegeben:

$$\begin{aligned} \dot{x}(t) &= 2x(t) + 3y(t) - z(t) \\ \dot{y}(t) &= x(t) + y(t) \\ \dot{z}(t) &= -3x(t) + 5y(t) + 7z(t) . \end{aligned}$$

Diejenigen Punkte, in denen die Geschwindigkeit $\dot{x} = v_1$, $\dot{y} = v_2$, $\dot{z} = v_3$ erreicht wird, berechnet man aus dem linearen Gleichungssystem

$$\begin{pmatrix} 2 & 3 & -1 \\ 1 & 1 & 0 \\ -3 & 5 & 7 \end{pmatrix} \begin{pmatrix} x \\ y \\ z \end{pmatrix} = \begin{pmatrix} v_1 \\ v_2 \\ v_3 \end{pmatrix} .$$ □

Ein Spaltenvektor $\mathbf{c} \in \mathbb{R}^n$ mit den Komponenten $c_1, c_2, \ldots, c_n \in \mathbb{R}$ heißt eine *Lösung* des Systems (6) bzw. (8), wenn für $x_i = c_i$ $(1 \leq i \leq n)$ die m Gleichungen in (6) tatsächlich erfüllt sind; bzw. – was dasselbe ist – wenn $A\mathbf{c} = \mathbf{b}$ gilt. Häufig wird eine Lösung in der Form $x_1 = c_1$, $x_2 = c_2, \ldots$, $x_n = c_n$ angegeben. Ein homogenes System $A\mathbf{x} = \mathbf{0}$ besitzt stets mindestens eine Lösung, nämlich die *Nullösung* (oder *triviale Lösung*) $x_1 = x_2 = \cdots = x_n = 0$.
Nicht jedes System ist lösbar. Es treten die drei folgenden Fälle auf:

Ⓐ *Das Gleichungssystem besitzt* **keine** *Lösung.*

Beispiel.
$$\begin{aligned} 3x_1 + 2x_2 &= 1 \\ 3x_1 + 2x_2 &= 2 \end{aligned}$$ □

Ⓑ *Das Gleichungssystem besitzt* **genau eine** *Lösung.*

Beispiel.
$$\begin{aligned} 3x_1 + 2x_2 &= 1 \\ 3x_1 + x_2 &= 5 \qquad (x_1 = 3,\ x_2 = -4) \end{aligned}$$ □

Ⓒ *Das Gleichungssystem besitzt* **unendlich viele** *Lösungen.*

Beispiel. $3x_1 + 2x_2 = 1$

Für jede Zahl λ ist $x_1 = \frac{1}{3}(1 - 2\lambda)$, $x_2 = \lambda$ eine Lösung. □

Zwei lineare Gleichungssysteme $A\mathbf{x} = \mathbf{b}$, $B\mathbf{x} = \mathbf{c}$ für $x_1, \ldots, x_n$ (nicht notwendig mit derselben Anzahl von Gleichungen) heißen *äquivalent*, wenn sie dieselbe Lösungsmenge besitzen.
Ein nach Carl Friedrich Gauss (1777–1855) benanntes Lösungsverfahren basiert auf der Beobachtung, daß bei folgenden Umformungen das Gleichungssystem (6) in ein dazu äquivalentes übergeht:

① Vertauschung zweier Gleichungen.
② Multiplikation einer Gleichung mit einer Zahl $\alpha \neq 0$.
③ Addition (bzw. Subtraktion) des Vielfachen einer Gleichung zu (bzw. von) einer anderen.

Da diese Umformungen mit Umformungen vom gleichen Typ rückgängig gemacht werden können, ändern sie nichts an der Lösungsmenge.

Diese Umformungen werden übersichtlicher, wenn sie an der sogenannten *erweiterten Koeffizientenmatrix*

(9) $$(A|\mathbf{b}) := \left(\begin{array}{cccc|c} \alpha_{11} & \alpha_{12} & \cdots & \alpha_{1n} & \beta_1 \\ \alpha_{21} & \alpha_{22} & \cdots & \alpha_{2n} & \beta_2 \\ \vdots & \vdots & & \vdots & \vdots \\ \alpha_{m1} & \alpha_{m2} & \cdots & \alpha_{mn} & \beta_m \end{array}\right)$$

ausgeführt werden. Man erweitert A um die von den anderen Koeffizienten durch einen senkrechten Strich getrennte Spalte der Absolutglieder.
Die den Gleichungsumformungen ①, ②, ③ entsprechenden Veränderungen der Matrix $(A|\mathbf{b})$ heißen *elementare Zeilenumformungen*, das sind:

① Vertauschen zweier Zeilen.

② Multiplikation einer Zeile mit einer Zahl $\alpha \neq 0$.

③ Addition (bzw. Subtraktion) des α-fachen einer Zeile zu einer anderen.

Also gilt

> Entsteht $(B|\mathbf{c})$ aus $(A|\mathbf{b})$ durch endlich viele elementare Zeilenumformungen, dann sind $A\mathbf{x} = \mathbf{b}$ und $B\mathbf{x} = \mathbf{c}$ äquivalent.

1.4 Das Gauß'sche Lösungsverfahren.

1) Das homogene System $A\mathbf{x} = \mathbf{0}$. In diesem Fall formen wir nur die „einfache“ Koeffizientenmatrix

$$A = \begin{pmatrix} \alpha_{11} & \alpha_{12} & \cdots & \alpha_{1n} \\ \alpha_{21} & \alpha_{22} & \cdots & \alpha_{2n} \\ \vdots & \vdots & & \vdots \\ \alpha_{m1} & \alpha_{m2} & \cdots & \alpha_{mn} \end{pmatrix}$$

um, die rechte Seite des Gleichungssystems bleibt ja bei den Umformungen ①, ②, ③ konstant gleich $\mathbf{0}$ (Nullvektor). Das Gauß-Verfahren (die sogenannte *Gauß'sche Elimination*) besteht aus zwei Teilen

ⓐ der Vorwärtselimination,

ⓑ der Rückwärtssubstitution.

ⓐ **Die Vorwärtselimination.** Man bringt durch eventuelle Zeilenvertauschung eine Zahl $\neq 0$ an die erste Stelle der ersten Spalte und annulliert die darunterstehenden Zahlen durch Subtraktion eines passenden Vielfachen der neuen ersten Zeile von der zweiten, dritten, … . D.h., ist – nach eventuell vorhergehender Zeilenvertauschung – $\alpha_{11} \neq 0$, dann subtrahiert man das $\frac{\alpha_{21}}{\alpha_{11}}$-fache der ersten Zeile von der zweiten, das $\frac{\alpha_{31}}{\alpha_{11}}$-fache der ersten Zeile von der dritten, etc.

Auf diese Weise entsteht aus A eine Matrix B der Form

$$B = \left(\begin{array}{|c|cccccc} \blacksquare & * \cdots & * & * & * & \cdots & * \\ 0 & 0 \cdots & 0 & * & * & \cdots & * \\ 0 & 0 \cdots & 0 & * & * & \cdots & * \\ \vdots & \vdots & \vdots & \vdots & \vdots & & \vdots \\ 0 & 0 \cdots & 0 & * & * & \cdots & * \end{array}\right) = \left(\begin{array}{ccccc} \blacksquare & * & * & \cdots & * \\ & & & & \\ & & A_1 & & \\ & & & & \end{array}\right)$$

mit einer $(m-1)\times n$-Matrix A_1, deren vordere s Spalten Null sind, $s \geq 1$ (beim ersten Eliminationsschritt können unter Umständen auch in anderen Spalten unterhalb der ersten Zeile lauter Nullen entstehen). An der $\blacksquare$ -Stelle steht eine Zahl $\neq 0$, über die an den $*$-Stellen stehenden Zahlen wird nichts Näheres gesagt. Im Fall $A_1 = \mathbf{0}$ (Nullmatrix) ist die Elimination bereits beendet. Andernfalls ($A_1 \neq \mathbf{0}$) wiederholt man im *2. Eliminationsschritt* denselben Rechenschritt an der ersten von Null verschiedenen Spalte von A_1 (die erste Zeile von B bleibt unverändert), etc., bis man nach höchstens $m-1$-Eliminationsschritten zu einer Matrix M gelangt, die eine sogenannte *Zeilenstufenform* besitzt:

(10)
$$M = \left(\begin{array}{cccccccccc} \blacksquare & * & * & * & * & * & \cdots & * & \cdots & * \\ 0 & 0 & \blacksquare & * & * & * & \cdots & * & \cdots & * \\ \vdots & & 0 & \blacksquare & * & * & & \vdots & & \vdots \\ & & \vdots & 0 & 0 & \blacksquare & & & & \\ & & & & & & & & & \\ 0 & & 0 & \cdots & 0 & & \blacksquare & * & \cdots & * \\ 0 & & 0 & & & & 0 & 0 & \cdots & 0 \\ \vdots & & \vdots & & & & \vdots & \vdots & & \vdots \\ 0 & & 0 & \cdots & & & 0 & 0 & \cdots & 0 \end{array}\right) \begin{array}{l} \left.\begin{array}{c} \\ \\ \\ \\ \\ \\ \end{array}\right\} r \\ \left.\begin{array}{c} \\ \\ \\ \end{array}\right\} m-r \end{array}$$

Es stehen an den $\blacksquare$ -Stellen Zahlen $\neq 0$, an den $*$-Stellen irgendwelche sich aus der Rechnung ergebenden Zahlen, an allen anderen Stellen in M nur die Null.

Kennzeichen der Zeilenstufenform:

- In jeder Zeile stehen links vor $\blacksquare$ nur Nullen.
- Liest man von oben nach unten, so rückt $\blacksquare$ pro Zeile um mindestens eine Stelle nach rechts.

Das homogene Gleichungssystem $M\mathbf{x} = \mathbf{0}$ ist äquivalent zu $A\mathbf{x} = \mathbf{0}$.

ⓑ **Die Rückwärtssubstitution** erläutern wir zuerst an einem **Beispiel**. Aus A sei durch Vorwärtselimination (elementare Zeilenumformungen) die folgende Matrix entstanden:

$$\begin{array}{ccccc} x_1 & x_2 & x_3 & x_4 & x_5 \\ \downarrow & \downarrow & \downarrow & \downarrow & \downarrow \end{array}$$
$$M = \begin{pmatrix} \boxed{1} & -2 & 3 & 4 & 2 \\ 0 & 0 & \boxed{2} & 1 & -4 \\ 0 & 0 & 0 & \boxed{-1} & 3 \\ 0 & 0 & 0 & 0 & 0 \end{pmatrix}$$

Das Gleichungssystem $M\mathbf{x} = \mathbf{0}$ lautet explizit

$$
(11)\qquad
\begin{aligned}
x_1 - 2x_2 + 3x_3 + 4x_4 + 2x_5 &= 0\\
2x_3 + x_4 - 4x_5 &= 0\\
-x_4 + 3x_5 &= 0
\end{aligned}
$$

Es beschreibt nur die Abhängigkeit der zu den ■ -Stellen gehörenden Unbekannten x_1, x_3, x_4 (man nennt sie die *abhängigen Variablen*) von x_2, x_5, die man nun, da sie keiner weiteren Bedingung unterworfen sind, als *unabhängige Variable* (oder *freie Parameter*) ansieht, die jeden beliebigen Wert annehmen können. Wir setzen

$$x_2 = \lambda_1\,, \quad x_5 = \lambda_2 \qquad (\lambda_i \in \mathbb{R} \text{ variabel})\,,$$

bringen im Gleichungssystem $M\mathbf{x} = 0$ die freien Variablen auf die rechte Seite

$$
\begin{aligned}
x_1 + 3x_3 + 4x_4 &= 2x_2 - 2x_5 = 2\lambda_1 - 2\lambda_2\\
2x_3 + x_4 &= 4x_5 = 4\lambda_2\\
x_4 &= 3x_5 = 3\lambda_2
\end{aligned}
$$

und berechnen daraus der Reihe nach (von unten nach oben) x_4, x_3, x_1 in Abhängigkeit von λ_1, λ_2.

$$x_4 = 3\lambda_2\,,\ x_3 = \frac{1}{2}\lambda_2\,,\ x_1 = 2\lambda_1 - 15.5\lambda_2\,.$$

Die derart bestimmte (parameterabhängige) Lösung

$$
\begin{pmatrix} x_1\\ x_2\\ x_3\\ x_4\\ x_5 \end{pmatrix}
=
\begin{pmatrix} 2\lambda_1 - 15.5\lambda_2\\ \lambda_1\\ 0.5\lambda_2\\ 3\lambda_2\\ \lambda_2 \end{pmatrix}
= \lambda_1 \begin{pmatrix} 2\\ 1\\ 0\\ 0\\ 0 \end{pmatrix}
+ \lambda_2 \begin{pmatrix} -15.5\\ 0\\ 0.5\\ 3\\ 1 \end{pmatrix}
$$

$(\lambda_1, \lambda_2 \in \mathbb{R})$ heißt *allgemeine Lösung*, jede spezielle Wahl der Parameter λ_1, λ_2 ergibt eine *spezielle* (oder *partikuläre*) Lösung. So ergibt etwa $\lambda_1 = 1$, $\lambda_2 = 0$ die spezielle Lösung $x_1 = 2$, $x_2 = 1$, $x_3 = x_4 = x_5 = 0$. □

Allgemein:

- Die in (10) zu den Spalten *ohne* ■ -Stelle gehörenden Unbekannten sind die *freien Variablen*, sie werden der Reihe nach gleich λ_1, $\lambda_2, \ldots, \lambda_{n-r}$ gesetzt.
- Im (10) zugeordneten Gleichungssystem bringt man die freien Variablen auf die rechte Seite, ersetzt sie durch den ihnen zugewiesenen „Wert“ λ_i und berechnet der Reihe nach von unten nach oben die zu ■ -Stellen gehörenden *abhängigen Variablen* (in Abhängigkeit von λ_1, $\lambda_2, \ldots, \lambda_{n-r}$). Die derart bestimmte Lösung heißt *allgemeine Lösung* des Systems, jede spezielle Wahl für die $\lambda_1, \ldots, \lambda_{n-r}$ ergibt eine *spezielle* (oder *partikuläre*) Lösung.

Beispiel.

$$
\begin{aligned}
x_1 - 4x_2 + 2x_3 &= 0\\
2x_1 - 3x_2 - x_3 - 5x_4 &= 0\\
3x_1 - 7x_2 + x_3 - 5x_4 &= 0\\
x_2 - x_3 - x_4 &= 0
\end{aligned}
$$

Die Gauß-Elimination führt von der Koeffizientenmatrix

$$A = \begin{pmatrix} 1 & -4 & 2 & 0 \\ 2 & -3 & -1 & -5 \\ 3 & -7 & 1 & -5 \\ 0 & 1 & -1 & -1 \end{pmatrix} \quad \text{zu} \quad M = \begin{pmatrix} \boxed{1} & -4 & 2 & 0 \\ 0 & \boxed{1} & -1 & -1 \\ 0 & 0 & 0 & 0 \\ 0 & 0 & 0 & 0 \end{pmatrix} .$$

Die Unbekannten x_3, x_4 sind frei wählbar: $x_3 = \lambda_1$, $x_4 = \lambda_2$. Die Rückwärtssubstitution ergibt

$$x_2 = x_3 + x_4 = \lambda_1 + \lambda_2 , \quad x_1 = 4x_2 - 2x_3 = 2\lambda_1 + 4\lambda_2 .$$

Die allgemeine Lösung lautet

$$\begin{pmatrix} x_1 \\ x_2 \\ x_3 \\ x_4 \end{pmatrix} = \lambda_1 \begin{pmatrix} 2 \\ 1 \\ 1 \\ 0 \end{pmatrix} + \lambda_2 \begin{pmatrix} 4 \\ 1 \\ 0 \\ 1 \end{pmatrix} \qquad (\lambda_1, \lambda_2 \in \mathbb{R}) .$$

Spezielle Parameterwerte ergeben spezielle Lösungen. □

Man nennt die Anzahl der von Null verschiedenen Zeilen (also die Anzahl der ▪ -Stellen) in der aus A mittels Gauß-Elimination erzielten Zeilenstufenmatrix M (→ (10)) den Rang von A, i.Z. Rang A. In §4 wird gezeigt, daß Rang A nur von der Matrix A und nicht von den speziellen Eliminationsschritten abhängt.

Satz 1.1. n − Rang A Variable frei wählbar. *Sei* $A \in \mathbb{R}^{m \times n}$.

a) *Das homogene Gleichungssystem* $A\mathbf{x} = \mathbf{0}$ *hat genau dann als einzige Lösung* $x_1 = \cdots = x_n = 0$, *wenn* Rang $A = n$ *gilt (* $n =$ *Anzahl der Unbekannten).*

b) *Die allgemeine Lösung des linearen Gleichungssystems* $A\mathbf{x} = \mathbf{0}$ *enthält* $n -$ Rang A *freie Variable.*

c) *Ist die Anzahl der Gleichungen kleiner als die Anzahl der Unbekannten* $(m < n)$, *dann besitzt* $A\mathbf{x} = \mathbf{0}$ *von Null verschiedene Lösungen.*

Beweis. b): Es gibt $n -$ Rang A Spalten in M ohne ▪ -Stelle. Jede der zu diesen Spalten gehörenden Variablen ist „frei".
a): Gibt es in jeder Spalte eine ▪ -Stelle (d.h. Rang $A = n$), dann gibt es keine freie Variable, die Rückwärtssubstitution zeigt $x_n = 0,\ x_{n-1} = 0, \ldots,\ x_1 = 0$.
c): Aus Rang $A \le m$ (→ (10)) und $m < n$ folgt $n -$ Rang $A \ge n - m \ge 1$. Also enthält die allgemeine Lösung von $A\mathbf{x} = 0$ wenigstens eine freie Variable, etwa $x_k = \lambda$. Die Wahl $\lambda = 1$ ergibt die von Null verschiedene Lösung $x_1 = *, \ldots,\ x_k = 1, \ldots,\ x_n = *$. □

2) Das inhomogene lineare Gleichungssystem $A\mathbf{x} = \mathbf{b}$.

In diesem Fall besteht der Lösungsweg aus drei Teilen:

Ⓐ der Vorwärtselimination an der erweiterten Matrix $(A|\mathbf{b})$,
Ⓑ einer Lösbarkeitsentscheidung,
Ⓒ der Rückwärtssubstitution.

ⓐ Die erweiterte Koeffizientenmatrix $(A|\mathbf{b})$ wird mittels Gauß'scher Elimination ($\to$ **1**) in $(M|\mathbf{d})$ umgewandelt, mit M in Zeilenstufenform.

$$
(12) \qquad (M|\mathbf{d}) = \left(\begin{array}{cccccccccc|c}
\blacksquare & * & * & * & * & * & \cdots & * & \cdots & * & \delta_1 \\
0 & 0 & \blacksquare & * & * & * & \cdots & * & \cdots & * & \\
\vdots & & 0 & 0 & \blacksquare & * & & \vdots & & \vdots & \vdots \\
 & & \vdots & & 0 & 0 & & & & & \\
 & & & & & & & & & & \\
0 & & 0 & \cdots & 0 & \blacksquare & * & \cdots & & * & \delta_r \\
0 & & 0 & & & 0 & 0 & \cdots & & 0 & \delta_{r+1} \\
\vdots & & \vdots & & & \vdots & \vdots & & & \vdots & \vdots \\
0 & & 0 & \cdots & & 0 & 0 & \cdots & & 0 & \delta_m
\end{array}\right)
$$

ⓑ **Die Lösbarkeitsentscheidung.** Ist eine der Zahlen $\delta_{r+1},\ldots,\delta_m$ in (12) von Null verschieden, etwa nach Zeilenvertauschung $\delta_{r+1} \neq 0$, dann ist $M\mathbf{x} = \mathbf{d}$, also auch $A\mathbf{x} = \mathbf{b}$, nicht lösbar. Denn die $(r+1)$-te Gleichung in $M\mathbf{x} = \mathbf{d}$ gibt den Widerspruch

$$0\,x_1 + \cdots + 0\,x_n = \delta_{r+1} \neq 0\,.$$

Im Fall $\delta_{r+1} = \cdots = \delta_m = 0$ berechnet man die Lösungen mittels

ⓒ **Rückwärtssubstitution**, völlig analog wie im homogenen Fall. Dieser Schritt kann dadurch vereinfacht werden, daß man zuerst die spezielle (partikuläre) Lösung $\mathbf{v}_0 \in \mathbb{R}^n$ berechnet, in der die freien Variablen sämtlich den Wert Null haben, und dann die allgemeine Lösung des homogenen Systems $M\mathbf{x} = \mathbf{0}$ bestimmt. Denn es gilt

Satz 1.2. *Sei* $A \in \mathbb{R}^{m\times n}$, $\mathbf{b} \in \mathbb{R}^m$.

a) Lösbarkeitstest. *Das inhomogene lineare Gleichungssystem* $A\mathbf{x} = \mathbf{b}$ *ist genau dann lösbar, wenn gilt*

$$\operatorname{Rang}(A|\mathbf{b}) = \operatorname{Rang} A\,.$$

b) Struktur der Lösungsmenge. *Ist das System* $A\mathbf{x} = \mathbf{b}$ *lösbar, dann läßt sich die allgemeine Lösung darstellen in der Form*

$$\mathbf{v} = \mathbf{v}_0 + \mathbf{u}$$

mit einer speziellen Lösung $\mathbf{v}_0$ *und der allgemeinen Lösung* $\mathbf{u}$ *des zugehörigen homogenen Systems.*

c) Anzahl der freien Variablen. *Ist* $A\mathbf{x} = \mathbf{b}$ *lösbar, dann enthält die allgemeine Lösung* $(n - \operatorname{Rang} A)$ *freie Variable* ($n =$ *Anzahl der Unbekannten*).

Beweis. a): Die Bedingung $\delta_{r+1} = \cdots = \delta_m = 0$ ($\to$ (12)) ist gleichbedeutend damit, daß die aus A und $(A|\mathbf{b})$ erzielten Zeilenstufenmatrizen eine gleiche Anzahl von $\blacksquare$-Stellen besitzen, also mit $\operatorname{Rang} A = \operatorname{Rang}(A|b)$.
b): Mit $A\mathbf{u} = \mathbf{0}$ und $A\mathbf{v}_0 = \mathbf{b}$ gilt auch $A(\mathbf{v}_0 + \mathbf{u}) = \mathbf{b}$ und andererseits folgt aus $A\mathbf{v} = \mathbf{b}$, $A\mathbf{v}_0 = \mathbf{b}$, daß die Differenz $\mathbf{u} := \mathbf{v} - \mathbf{v}_0$ das homogene System $A\mathbf{x} = \mathbf{0}$ löst. c) folgt aus Teil b) und Satz 1.1. □

Beispiel 1. Die KIRCHHOFFschen Regeln für elektrische Stromkreise lauten:

$$\textit{Die Summe der} \left\{ \begin{array}{c} \textit{Teilströme in jedem Knoten} \\ \textit{Teilspannungen in jeder Masche} \end{array} \right\} \textit{ist Null.}$$

Um das lineare Gleichungssystem für die fünf Teilströme des skizzierten Gleichstromkreises für $R = 300\,\Omega$, $U = V = 300V$, $W = 200V$ zu bestimmen, wählen wir die Stromrichtung wie skizziert.

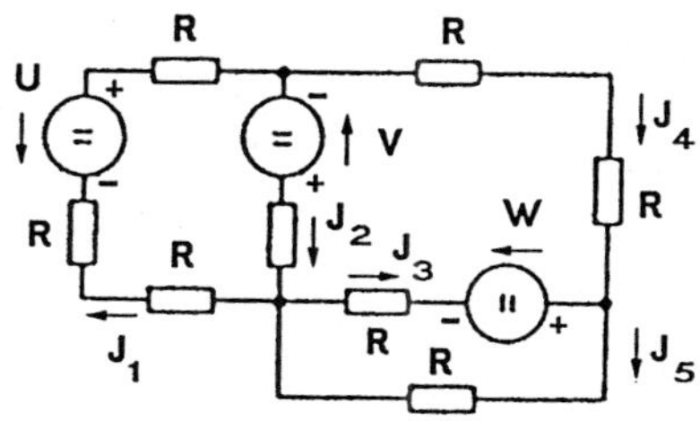

Abb. 138 – Stromkreis 2

Von den drei Knotenbedingungen lauten zwei: $I_1+I_3-I_2-I_5=0$ und $I_3+I_4-I_5=0$. Dazu nehmen wir drei Maschenbedingungen: $I_3R-W+I_5R=0$, $3RI_1-U-V+RI_2=0$ und $V+W-I_3R-I_2R+2I_4R=0$. Alle weiteren möglichen Bedingungen hängen linear von diesen 5 Gleichungen ab. Mit den gegebenen Zahlenwerten erhält man für die fünf Ströme in der Maßeinheit Ampère das Gleichungssystem

$$\left(\begin{array}{ccccc|c} 1 & -1 & 1 & 0 & -1 & 0 \\ 0 & 0 & 1 & 1 & -1 & 0 \\ 0 & 0 & 300 & 0 & 300 & 200 \\ 900 & 300 & 0 & 0 & 0 & 600 \\ 0 & 300 & 300 & -600 & 0 & 500 \end{array}\right).$$

Der Eliminationsschritt ⓐ liefert

$$\left(\begin{array}{ccccc|c} 1 & -1 & 1 & 0 & -1 & 0 \\ 0 & 1 & 1 & -2 & 0 & 5/3 \\ 0 & 0 & 1 & 1 & -1 & 0 \\ 0 & 0 & 0 & 1 & -2 & -2/3 \\ 0 & 0 & 0 & 0 & 1 & 8/39 \end{array}\right).$$

Das Gleichungssystem hat also eine eindeutige Lösung

$$(I_1, I_2, I_3, I_4, I_5) = \frac{1}{39}(17, 27, 18, -10, 8)\,.$$ □

Beispiel 2. Auf das skizzierte *ebene Fachwerk* mit 4 Stäben und 4 Knoten wirken zwei Kräfte $\vec{P}$ und $\vec{Q}$ ein, sie rufen in jedem Stabende eine Reaktion in Richtung des Stabes hervor; in den festen Auflagern ③ und ④ sind $\vec{A}$ bzw. $\vec{B}$ die Reaktionen. Die Gleichgewichtsbedingungen lauten

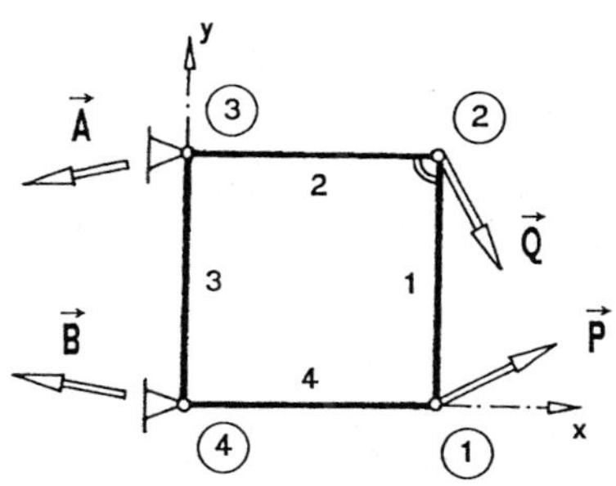

Abb. 139 – Ebenes Fachwerk

$$\textit{Die Summe aller} \left\{ \begin{array}{c} \textit{auf einen Knoten} \\ \textit{in einem Stab} \end{array} \right\} \textit{wirkenden Kräfte ist Null.}$$

Sie liefern ein lineares Gleichungssystem für die Komponenten der Lagerreaktionen und die skalaren Stabkräfte S_i ($S_i > 0$: Zugstab, $S_i < 0$: Druckstab):

$$\text{Knoten } ① : \quad S_1 \begin{pmatrix} 0 \\ -1 \end{pmatrix} + S_4 \begin{pmatrix} 1 \\ 0 \end{pmatrix} + \vec{P} = \vec{0}$$

$$\text{Knoten } ② : \quad S_1 \begin{pmatrix} 0 \\ 1 \end{pmatrix} + S_2 \begin{pmatrix} 1 \\ 0 \end{pmatrix} + \vec{Q} = \vec{0}$$

$$\text{Knoten } ③ : \quad S_2 \begin{pmatrix} -1 \\ 0 \end{pmatrix} + S_3 \begin{pmatrix} 0 \\ 1 \end{pmatrix} + \vec{A} = \vec{0}$$

$$\text{Knoten } ④ : \quad S_3 \begin{pmatrix} 0 \\ -1 \end{pmatrix} + S_4 \begin{pmatrix} -1 \\ 0 \end{pmatrix} + \vec{B} = \vec{0}$$

d.h.
$$\left(\begin{array}{cccccccc|c} 0 & 0 & 0 & 1 & 0 & 0 & 0 & 0 & -P_1 \\ -1 & 0 & 0 & 0 & 0 & 0 & 0 & 0 & -P_2 \\ 0 & 1 & 0 & 0 & 0 & 0 & 0 & 0 & -Q_1 \\ 1 & 0 & 0 & 0 & 0 & 0 & 0 & 0 & -Q_2 \\ 0 & -1 & 0 & 0 & 1 & 0 & 0 & 0 & 0 \\ 0 & 0 & 1 & 0 & 0 & 1 & 0 & 0 & 0 \\ 0 & 0 & 0 & -1 & 0 & 0 & 1 & 0 & 0 \\ 0 & 0 & -1 & 0 & 0 & 0 & 0 & 1 & 0 \end{array}\right)$$
mit dem Unbekanntenvektor $\mathbf{x} = (S_1, S_2, S_3, S_4, A_1, A_2, B_1, B_2)$.

Elimination liefert hieraus

$$\left(\begin{array}{cccccccc|c} 1 & 0 & 0 & 0 & 0 & 0 & 0 & 0 & P_2 \\ 0 & 1 & 0 & 0 & 0 & 0 & 0 & 0 & -Q_1 \\ 0 & 0 & 1 & 0 & 0 & 1 & 0 & 0 & 0 \\ 0 & 0 & 0 & 1 & 0 & 0 & 0 & 0 & -P_1 \\ 0 & 0 & 0 & 0 & 1 & 0 & 0 & 0 & -Q_1 \\ 0 & 0 & 0 & 0 & 0 & 1 & 0 & 1 & 0 \\ 0 & 0 & 0 & 0 & 0 & 0 & 1 & 0 & -P_1 \\ 0 & 0 & 0 & 0 & 0 & 0 & 0 & 0 & P_2 + Q_2 \end{array}\right).$$

Der Rang der Matrix A des Systems ist stets 7. Man hat also zwei Fälle zu unterscheiden:

a) $P_2 + Q_2 \neq 0$: $\operatorname{Rang}(A|\mathbf{b}) = 8 > \operatorname{Rang} A$, das System ist *nicht lösbar*: Die Resultante von $\overrightarrow{P}$ und $\overrightarrow{Q}$ besitzt eine Komponente $\neq 0$ in y-Richtung, die nicht auf die Lager übertragen werden kann;
das Stabwerk ist *kinematisch unbestimmt*.

b) $P_2 + Q_2 = 0$: $\operatorname{Rang}(A|\mathbf{b}) = 7 = \operatorname{Rang} A$. Es existiert *eine einparametrige Lösungsschar*:

$$\begin{pmatrix} A_1 \\ A_2 \\ B_1 \\ B_2 \end{pmatrix} = \begin{pmatrix} -Q_1 \\ 0 \\ -P_1 \\ 0 \end{pmatrix} + \lambda \begin{pmatrix} 0 \\ -1 \\ 0 \\ 1 \end{pmatrix} \quad ; \quad \begin{pmatrix} S_1 \\ S_2 \\ S_3 \\ S_4 \end{pmatrix} = \begin{pmatrix} P_2 \\ -Q_1 \\ 0 \\ -P_1 \end{pmatrix} + \lambda \begin{pmatrix} 0 \\ 0 \\ 1 \\ 0 \end{pmatrix}$$

A_1, B_1, S_1, S_2 und S_4 sind eindeutig bestimmt; wegen der festen Einspannung kann S_3 und A_2 nicht eindeutig aus $\overrightarrow{P}$ und $\overrightarrow{Q}$ bestimmt werden;
das Stabwerk ist *statisch unbestimmt*. □

Aufgaben

1. Man löse die linearen Gleichungssysteme

a) $$\begin{aligned} 5x - 7y &= 3 \\ -10x + 14y &= -6 \end{aligned}$$

b) $$\begin{aligned} 2x \phantom{{}+4y} - z &= 1 \\ 2x + 4y - z &= 1 \\ -x + 8y + 3z &= 2 \end{aligned}$$

c) $$\begin{aligned} x + 2y + 3z &= 4 \\ 4x + 5y + 6z &= 0 \\ 7x + 8y + 9z &= 4 \end{aligned}$$

d) $$\begin{aligned} x_1 + 2x_2 + x_3 + x_4 &= 0 \\ 2x_1 + x_2 + x_3 + 2x_4 &= 0 \\ x_1 + 2x_2 + 2x_3 + x_4 &= 0 \\ x_1 + x_2 + x_3 + x_4 &= 0 \end{aligned}$$

e) $$\begin{aligned} x_1 \phantom{{}+x_2} + x_3 - x_4 + 4x_5 &= 2 \\ 2x_1 + x_2 + x_3 + x_4 - x_5 &= 5 \\ x_1 + 2x_2 + 3x_3 + 8x_4 + x_5 &= 1 \\ 3x_1 - 3x_2 + x_3 - 18x_4 + 9x_5 &= 8\ . \end{aligned}$$

2. Man bestimme – abhängig von α – sämtliche Lösungen des linearen Gleichungssystems im $\mathbb{R}^4$:

a) $$\left(\begin{array}{cccc|c} 1 & 1 & 3/2 & 2 & 0 \\ 2 & 3 & 7/2 & 3 & 0 \\ 3 & 2 & \alpha+4 & 6\alpha+7 & 0 \\ 4 & 5 & 7 & 30 & 0 \end{array}\right),$$

b) $$\begin{aligned} x_1 + x_2 + x_3 + x_4 &= \alpha \\ x_1 - x_2 - x_3 - x_4 &= \alpha - 4 \\ x_1 + x_2 - x_3 - x_4 &= \alpha + 1 \\ 3x_1 + x_2 + x_3 - x_4 &= 0\ . \end{aligned}$$

3. Im skizzierten Quadrat ist in den 8 Kästchen mit $*$ eine reelle Zahl einzusetzen, so daß die 3 Zeilensummen, die 3 Spaltensummen und die Diagonalsummen den Wert 15 haben.

*	9	*
*	*	*
*	*	*

4. Für welche Werte von t schneiden sich die vier Ebenen im $\mathbb{R}^3$:
$y + z = 0$; $2x - y + z = 0$; $x + y = 2t$; $2(x - y) + t(z + 1) = 0$?

5. Man schreibe das lineare Gleichungssystem $\sum_{i=1}^{n} (i - k)x_i = 1$, $k = 1, 2, \ldots, n$ in Matrizenform explizit aus und bestimme durch Gauss-Elimination die allgemeine Lösung für $n = 1$, $n = 2$, $n = 3$.

6. Man bestimme reelle Zahlen x_i $(0 \le i \le n+1)$, für die gilt

$$x_0 = 0\ , \quad x_{i-1} - 2x_i + x_{i+1} = 0 \quad (1 \le i \le n)\ , \quad x_{n+1} = 1\ .$$

7. *Dimensionsanalyse des Strömungswiderstandes eines Schiffes.*
Im cgs – Maßsystem gilt für die Einheiten:

Dichte des Wassers	ρ :	cm^{-3}	g^1	sec^0	,
Schiffsgeschwindigkeit	v :	cm^1	g^0	sec^{-1}	,
benetzte Oberfläche	O :	cm^2	g^0	sec^0	,
Schiffsmasse	m :	cm^0	g^1	sec^0	,
Bremsverzögerung	b :	cm^1	g^0	sec^{-2}	.

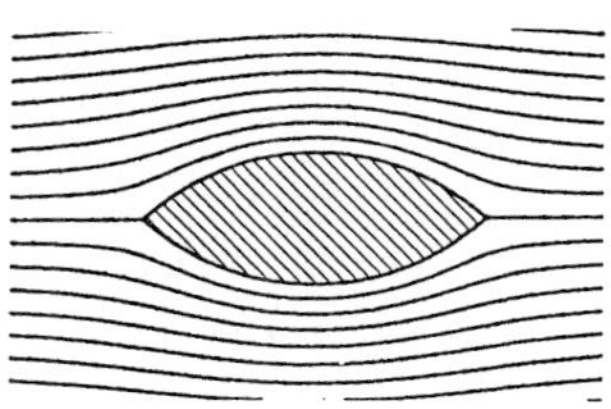

Welche Formeln des Typs

$$\rho^\alpha v^\beta O^\gamma m^\delta b^\epsilon = K$$

sind vom Maßsystem her möglich, wenn K eine dimensionslose Zahl sein soll? Welche Formeln ergeben sich für die Widerstandskraft $W = mb$?

8. a) Für das skizzierte Fachwerk mit 7 Stäben und 5 Knoten stelle man (→ Beisp. 2) das lineare Gleichungssystem für die 10 skalaren Größen $S_1, \ldots, S_7$, A_1, B_1, B_2 auf ($A_2 = 0$).

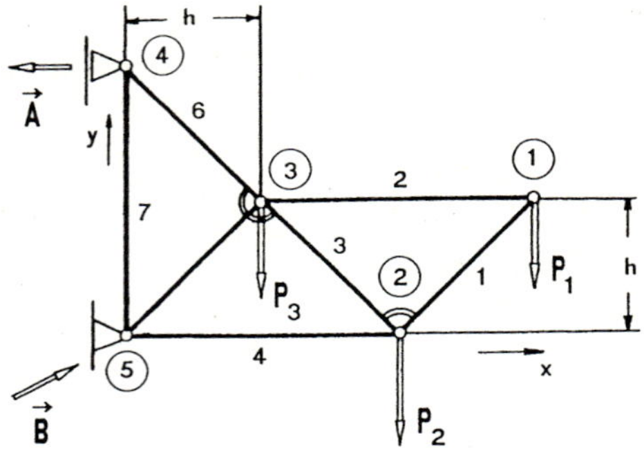

   b) Wie lautet die Lösung für $P_1 = 10\text{N}$, $P_2 = 20\text{N}$, $P_3 = 30\text{N}$.

   c) Man löse das Gleichungssystem für allgemeine Lasten P_1, P_2, P_3 und lese die 7×3-Matrix E der *Einflußzahlen* ab, so daß

$$\begin{pmatrix} S_1 \\ \vdots \\ S_7 \end{pmatrix} = E \begin{pmatrix} P_1 \\ P_2 \\ P_3 \end{pmatrix} .$$

9. Der *Massenausgleich 2. Ordnung* einer k-Zylindermaschine liefert für die Impulse $(I\,1), (I\,2)$ und die Momente $(M\,1)$, $(M\,2)$ der 1. und 2. Ordnung die Bedingungen: (Kurbelwinkel α_i, Massen $m_i > 0$, Massenschwerpunkt in $z = 0$; $z_i \neq z_j$ für $i \neq j$, $k > 1$.)

$$\text{(I1)} \quad \sum_{i=1}^{k} m_i \sin\alpha_i = 0, \quad \sum_{i=1}^{k} m_i \cos\alpha_i = 0. \qquad \text{(M1)} \quad \sum_{i=1}^{k} m_i z_i \sin\alpha_i = 0, \quad \sum_{i=1}^{k} m_i z_i \cos\alpha_i = 0.$$

$$\text{(I2)} \quad \sum_{i=1}^{k} m_i \sin 2\alpha_i = 0, \quad \sum_{i=1}^{k} m_i \cos 2\alpha_i = 0. \qquad \text{(M2)} \quad \sum_{i=1}^{k} m_i z_i \sin 2\alpha_i = 0, \quad \sum_{i=1}^{k} m_i z_i \cos 2\alpha_i = 0.$$

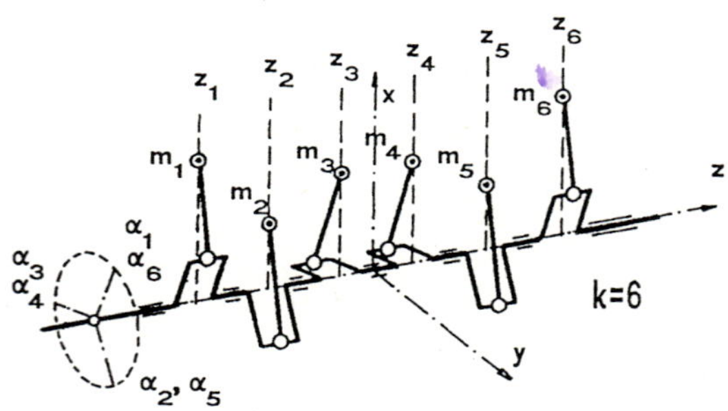

   a) Wie lautet die Matrix A des homogenen linearen Gleichungssystems, das die Vektoren $\mathbf{m} = (m_1, \ldots, m_k)$ und $\mathbf{mz} = (m_1 z_1, \ldots, m_k z_k)$ erfüllen müssen? Warum ist $\mathbf{mz}$ nie ein Vielfaches von $\mathbf{m}$? Welchen Rang darf A bei Massenausgleich höchstens haben?

   b) Bestimme A, Rang A und löse $A\mathbf{x} = 0$ für die 2 Fälle:
   4 Zylinder: Zündfolge 1 – 3 – 4 – 2, $\alpha_1 = \alpha_4 = 0$; $\alpha_2 = \alpha_3 = 180^o$;
   6 Zylinder: Zündfolge 1 –5 – 3 – 6 – 2 – 4, $\alpha_1 = \alpha_6 = 0$; $\alpha_5 = \alpha_2 = 120^o$; $\alpha_3 = \alpha_4 = 240^o$.
   Ist in beiden Fällen Massenausgleich zweiter Ordnung möglich?

   c) Gibt es für den üblichen Aufbau einer Vierzylindermaschine

$$m_1 = \ldots = m_4 = m, \qquad z_1 = -z_4 = 3z_2 = -3z_3$$

Kurbelwinkel α_i, so daß Massenausgleich zweiter Ordnung vorliegt?

10. Für den skizzierten Wechselstromkreis stelle man das *komplexwertige* lineare Gleichungssystem für die 3 Teilströme i_1, i_2, i_3 auf und löse es für die aufgeprägten Quellströme i_a und i_b.

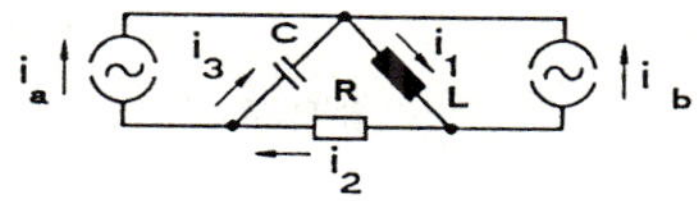

11. *Numerische Problematik bei linearen Gleichungssystemen*

a) Man löse $\begin{pmatrix} 1044.005 & 696 \\ 174 & 116 \end{pmatrix} \begin{pmatrix} x \\ y \end{pmatrix} = \begin{pmatrix} 696 \\ 116 \end{pmatrix}$.

b) Man „löse" mit dem Taschenrechner

$$\begin{pmatrix} 1044.0045 & 696.0028 \\ 174.0008 & 116.0005 \end{pmatrix} \begin{pmatrix} x \\ y \end{pmatrix} = \begin{pmatrix} 696.0034 \\ 116.0006 \end{pmatrix}.$$

c) Die Lösung von b) erfüllt gleichzeitig die beiden linearen Gleichungssysteme

$$\begin{pmatrix} 1044 & 696 \\ 174 & 116 \end{pmatrix} \begin{pmatrix} x \\ y \end{pmatrix} = \begin{pmatrix} 696 \\ 116 \end{pmatrix}; \qquad \begin{pmatrix} 45 & 28 \\ 8 & 5 \end{pmatrix} \begin{pmatrix} x \\ y \end{pmatrix} = \begin{pmatrix} 34 \\ 6 \end{pmatrix}.$$

Man bestätige dies, bestimme diese gemeinsame Lösung und löse damit b).

§2. Die Matrizenmultiplikation

2.1 „Zeile mal Spalte". Das Produkt **ab** eines Zeilenvektors $\mathbf{a} \in \mathbb{R}_n$ und eines Spaltenvektors $\mathbf{b} \in \mathbb{R}^n$ (beide mit n Komponenten $\alpha_1, \alpha_2, \ldots, \alpha_n$ bzw. $\beta_1, \beta_2, \ldots, \beta_n$) ist definiert durch

$$(1) \qquad \mathbf{a}\,\mathbf{b} = (\alpha_1, \alpha_2, \ldots, \alpha_n) \begin{pmatrix} \beta_1 \\ \beta_2 \\ \vdots \\ \beta_n \end{pmatrix} := \alpha_1\beta_1 + \alpha_2\beta_2 + \cdots + \alpha_n\beta_n = \sum_{i=1}^{n} \alpha_i\beta_i$$

Beachte: Das Produkt „Zeile mal Spalte" ist eine Zahl.

Beispiel 1. $(2,3,0,5,1) \begin{pmatrix} 0 \\ 1 \\ 4 \\ 1 \\ 0 \end{pmatrix} = 2 \cdot 0 + 3 \cdot 1 + 0 \cdot 4 + 5 \cdot 1 + 1 \cdot 0 = 8$. □

Beispiel 2. Eine lineare Gleichung $\alpha_1 x_1 + \alpha_2 x_2 + \cdots + \alpha_n x_n = \beta$ schreibt man kurz als Produkt $\mathbf{a}\,\mathbf{x} = \beta$, mit dem Zeilenvektor $\mathbf{a} = (\alpha_1, \ldots, \alpha_n)$ und dem Spaltenvektor der Unbekannten $\mathbf{x}$. □

Man verifiziert mühelos die folgenden Rechengesetze:

$$(2)\qquad \begin{gathered}(\mathbf{a}_1+\mathbf{a}_2)\mathbf{b}=\mathbf{a}_1\mathbf{b}+\mathbf{a}_2\mathbf{b}\,,\quad \mathbf{a}(\mathbf{b}_1+\mathbf{b}_2)=\mathbf{a}\mathbf{b}_1+\mathbf{a}\mathbf{b}_2\\ \alpha(\mathbf{a}\mathbf{b})=(\alpha\mathbf{a})\mathbf{b}=\mathbf{a}(\alpha\mathbf{b})\,,\end{gathered}$$

für alle $\mathbf{a},\mathbf{a}_1,\mathbf{a}_2\in\mathbb{R}_n$ (Zeilen), $\mathbf{b},\mathbf{b}_1,\mathbf{b}_2\in\mathbb{R}^n$ (Spalten), $\alpha\in\mathbb{R}$.

2.2 Die Multiplikation zweier Matrizen. Das Produkt einer $m\times n$-Matrix

$$A=(\alpha_{ij})_{m\times n}=\begin{pmatrix}\mathbf{z}_1\\ \mathbf{z}_2\\ \vdots\\ \mathbf{z}_m\end{pmatrix}\qquad\text{(Zeilendarstellung, } \rightarrow 1.1)$$

mit einer $n\times r$-Matrix

$$B=(\beta_{ij})_{n\times r}=(\mathbf{s}_1,\mathbf{s}_2,\ldots,\mathbf{s}_r)\qquad\text{(Spaltendarstellung, } \rightarrow 1.1)$$

ist definiert durch

$$(3)\qquad \boxed{AB:=\begin{pmatrix}\mathbf{z}_1\mathbf{s}_1 & \mathbf{z}_1\mathbf{s}_2 & \cdots & \mathbf{z}_1\mathbf{s}_r\\ \mathbf{z}_2\mathbf{s}_1 & \mathbf{z}_2\mathbf{s}_2 & \cdots & \mathbf{z}_2\mathbf{s}_r\\ \vdots & \vdots & & \vdots\\ \mathbf{z}_m\mathbf{s}_1 & \mathbf{z}_m\mathbf{s}_2 & \cdots & \mathbf{z}_m\mathbf{s}_r\end{pmatrix}\in\mathbb{R}^{m\times r}\,.}$$

Die i-te Zeile von AB ist $(\mathbf{z}_i\mathbf{s}_1,\mathbf{z}_i\mathbf{s}_2,\ldots,\mathbf{z}_i\mathbf{s}_r)$ $(1\le i\le m)$, die j-te Spalte $\begin{pmatrix}\mathbf{z}_1\mathbf{s}_j\\ \mathbf{z}_2\mathbf{s}_j\\ \vdots\\ \mathbf{z}_m\mathbf{s}_j\end{pmatrix}$ $(1\le j\le r)$. Demnach berechnet sich die (i,j)-Komponente von $AB=(c_{ij})_{m\times r}$ nach der Vorschrift „i-te Zeile mal j-te Spalte“:

$$(4)\qquad c_{ij}=\mathbf{z}_i\mathbf{s}_j=(\alpha_{i1},\alpha_{i2},\ldots,\alpha_{in})\begin{pmatrix}\beta_{1j}\\ \beta_{2j}\\ \vdots\\ \beta_{nj}\end{pmatrix}=\sum_{k=1}^{n}\alpha_{ik}\beta_{kj}\qquad\begin{pmatrix}1\le i\le m\\ 1\le j\le r\end{pmatrix}.$$

Beachte: AB ist nur erklärt für $A\in\mathbb{R}^{m\times n}$ und $B\in\mathbb{R}^{n\times r}$, d.h. „Spaltenzahl von A = Zeilenzahl von B“. In diesem Fall liegt AB in $\mathbb{R}^{m\times r}$.
Man sagt kurz: „$m\times n$ mal $n\times r$ ergibt $m\times r$“.

Beispiel.

$$\begin{pmatrix}4&3&0&1&2\\2&1&4&0&1\\0&0&4&1&0\\2&0&1&0&4\end{pmatrix}\begin{pmatrix}1&2&0\\0&4&2\\3&0&1\\1&1&3\\0&0&4\end{pmatrix}=\begin{pmatrix}5&21&17\\14&8&10\\13&1&7\\5&4&17\end{pmatrix}.$$

□

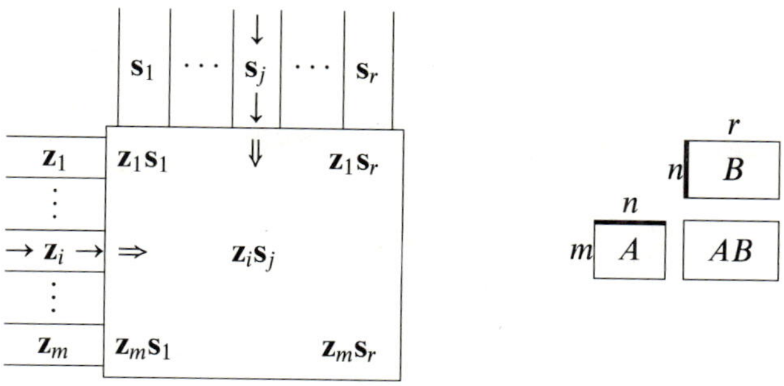

Abb. 140 – Schema der Matrizenmultiplikation.

Die in (3) enthaltenen Sonderfälle $r = 1$ bzw. $m = 1$ stellen wir gesondert heraus:

Für $A \in \mathbb{R}^{m\times n}$, $\mathbf{s} \in \mathbb{R}^n$ bzw. $B \in \mathbb{R}^{n\times r}$, $\mathbf{z} \in \mathbb{R}_n$ gilt

(5) $$A\mathbf{s} = \begin{pmatrix} \mathbf{z}_1\mathbf{s} \\ \mathbf{z}_2\mathbf{s} \\ \vdots \\ \mathbf{z}_m\mathbf{s} \end{pmatrix}, \quad \mathbf{z}B = (\mathbf{z}\mathbf{s}_1, \mathbf{z}\mathbf{s}_2, \ldots, \mathbf{z}\mathbf{s}_r)\ .$$

Damit ergibt sich die übersichtliche *Spalten- bzw. Zeilendarstellung des Produkts* (→ (3))

(6) $$\boxed{AB = (A\mathbf{s}_1, A\mathbf{s}_2, \ldots, A\mathbf{s}_r) = \begin{pmatrix} \mathbf{z}_1 B \\ \mathbf{z}_2 B \\ \vdots \\ \mathbf{z}_m B \end{pmatrix},}$$

wenn A die Zeilen $\mathbf{z}_i$ $(1 \le i \le m)$ und B die Spalten $\mathbf{s}_j$ $(1 \le j \le r)$ hat.

2.3 Rechenregeln. Das für $A = (\alpha_{ij})_{m\times n}$ und den Spaltenvektor $\mathbf{x} \in \mathbb{R}^n$ mit (5) und (1) explizit berechnete Produkt $A\mathbf{x}$ lautet

(7) $$\begin{pmatrix} \alpha_{11} & \alpha_{12} & \cdots & \alpha_{1n} \\ \alpha_{21} & \alpha_{22} & \cdots & \alpha_{2n} \\ \vdots & \vdots & & \vdots \\ \alpha_{m1} & \alpha_{m2} & \cdots & \alpha_{mn} \end{pmatrix} \begin{pmatrix} x_1 \\ x_2 \\ \vdots \\ x_n \end{pmatrix} = \begin{pmatrix} \alpha_{11}x_1 + \alpha_{12}x_2 + \cdots + \alpha_{1n}x_n \\ \alpha_{21}x_1 + \alpha_{22}x_2 + \cdots + \alpha_{2n}x_n \\ \vdots \\ \alpha_{m1}x_1 + \alpha_{m2}x_2 + \cdots + \alpha_{mn}x_n \end{pmatrix}$$

In der bisher nur als Abkürzung verstandenen Schreibweise $A\mathbf{x} = \mathbf{b}$ für ein lineares Gleichungssystem, erhält die linke Seite jetzt mit (7) die richtige Deutung. Die rechte Seite in (7) kann man auch schreiben als $x_1\mathbf{a}_1 + \cdots + x_n\mathbf{a}_n$ mit den Spaltenvektoren $\mathbf{a}_i$ von A. Also gilt für $A = (\mathbf{a}_1, \ldots, \mathbf{a}_n) \in \mathbb{R}^{m\times n}$, $\mathbf{x} \in \mathbb{R}^n$ die nützliche Multiplikationsformel

(8) $$\boxed{A\mathbf{x} = x_1\mathbf{a}_1 + x_2\mathbf{a}_2 + \cdots + x_n\mathbf{a}_n\ .}$$

Hierin $\mathbf{x} = \mathbf{e}_i$ (d.h. $x_i = 1$, $x_j = 0$ für $j \neq i$) eingetragen, zeigt

(9*a*) $$A\mathbf{e}_i = \mathbf{a}_i \qquad (i\text{-te Spalte von } A, \quad 1 \leq i \leq n) .$$

Ebenso erhält man

(9*b*) $$\mathbf{e}_i' A = \mathbf{z}_i \qquad (i\text{-te Zeile von } A, \quad 1 \leq i \leq m) ,$$

wobei $\mathbf{e}_i' = (0, \ldots, 0, 1, 0, \ldots, 0)$ mit 1 an der i-ten Stelle.
Die Matrix

$$E_n := \begin{pmatrix} 1 & 0 & \cdots & 0 \\ 0 & 1 & \ddots & \vdots \\ \vdots & \ddots & \ddots & 0 \\ 0 & \cdots & 0 & 1 \end{pmatrix} \in \mathbb{R}^{n \times n}$$

heißt *$n \times n$-Einheitsmatrix*, sie hat die Spaltendarstellung $E_n = (\mathbf{e}_1, \ldots, \mathbf{e}_n)$ mit den Vektoren $\mathbf{e}_i$ der natürlichen Basis des $\mathbb{R}^n$. Besteht keine Unklarheit über n, dann schreiben wir kurz E statt E_n.

Satz 2.1. Rechenregeln. *Für alle Matrizen* $A, A_1, A_2 \in \mathbb{R}^{m \times n}$, $B, B_1, B_2 \in \mathbb{R}^{n \times r}$, $C \in \mathbb{R}^{r \times s}$ *gilt:*

a) $(A_1 + A_2)B = A_1 B + A_2 B$, $\quad A(B_1 + B_2) = AB_1 + AB_2$,

b) $\alpha(AB) = (\alpha A)B = A(\alpha B) \quad (\alpha \in \mathbb{R})$,

c) $A(BC) = (AB)C$,

d) $E_m A = A E_n = A$.

Aber im allgemeinen

e) $AB \neq BA$.

Beweis. Direktes Nachrechnen (wird vereinfacht mit (3), (2), (6) und (9)). □

Wiederum gewährleisten diese Rechenregeln, daß man im wesentlichen wie gewohnt mit Matrizen rechnen kann. Wegen c) kann man in einem Matrizenprodukt mit mehr als zwei Faktoren auf Klammerungen verzichten: $ABC := (AB)C = A(BC)$, $ABCD := (AB)(CD) = ((AB)C)D = \cdots$. Das Matrizenprodukt ist aber *nicht* kommutativ; d.h., im allgemeinen gilt $AB \neq BA$, selbst wenn beide Produkte erklärt sind (→ Aufg. 1). Für die aus lauter Nullen bestehende Matrix $\mathbf{0}$ (vom geeigneten Typ) gilt selbstverständlich $\mathbf{0}A = A\mathbf{0} = \mathbf{0}$. Ferner gilt:

$$(\alpha_1 A_1 + \cdots \alpha_k A_k)(\beta_1 B_1 + \cdots + \beta_l B_l) = \alpha_1 \beta_1 A_1 B_1 + \cdots + \alpha_k \beta_l A_k B_l$$

für alle $A_i \in \mathbb{R}^{m \times n}$, $B_j \in \mathbb{R}^{n \times r}$, $\alpha_i, \beta_j \in \mathbb{R}$.
Auch für die Potenzen A^k einer (quadratischen) $n \times n$-Matrix

$$A^0 := E, \; A^{k+1} := A^k A \quad (\text{d.h. } A^k = A\,A \cdots A\,, \; k \text{ mal})$$

gelten die üblichen Rechenregeln $A^k A^l = A^{k+l}$, $(A^k)^l = A^{kl}$ für $k, l \in \mathbb{N}_0$.

2.4 Die Transponierte einer Matrix. Jeder $m \times n$-Matrix $A = (\alpha_{ij})$ zugeordnet ist die *transponierte Matrix* A^T (die Transponierte von A), deren i-te Zeile aus den Koeffizienten der i-ten Spalte von A besteht $(1 \leq i \leq n)$. Explizit: zu

$$A = \begin{pmatrix} \boxed{\begin{matrix}\alpha_{11}\\ \alpha_{21}\\ \vdots \\ \alpha_{m1}\end{matrix}} & \boxed{\begin{matrix}\alpha_{12}\\ \alpha_{22}\\ \vdots \\ \alpha_{m2}\end{matrix}} & \begin{matrix}\cdots\\ \cdots\\ \\ \cdots\end{matrix} & \boxed{\begin{matrix}\alpha_{1n}\\ \alpha_{2n}\\ \vdots \\ \alpha_{mn}\end{matrix}} \end{pmatrix}$$
$$\qquad\quad \uparrow \qquad \uparrow \qquad\qquad \uparrow$$
$$\qquad\quad (1) \qquad (2) \qquad\qquad (n)$$

ist die Transponierte A^T definiert durch

$$A^T := \begin{pmatrix} \boxed{\alpha_{11}, \; \alpha_{21}, \; \cdots \; \alpha_{m1}} \\ \boxed{\alpha_{12}, \; \alpha_{22}, \; \cdots \; \alpha_{m2}} \\ \vdots \qquad \vdots \qquad\qquad \vdots \\ \boxed{\alpha_{1n}, \; \alpha_{2n}, \; \cdots \; \alpha_{mn}} \end{pmatrix} \begin{matrix} \leftarrow (1) \\ \leftarrow (2) \\ \\ \leftarrow (n) \end{matrix}$$

Beachte: Die Transponierte einer $m \times n$-Matrix ist eine $n \times m$-Matrix.
Speziell:

$$(\alpha_1, \alpha_2, \ldots, \alpha_n)^T = \begin{pmatrix} \alpha_1 \\ \alpha_2 \\ \vdots \\ \alpha_n \end{pmatrix}, \quad \begin{pmatrix} \beta_1 \\ \beta_2 \\ \vdots \\ \beta_n \end{pmatrix}^T = (\beta_1, \beta_2, \ldots, \beta_n) \; .$$

Aus den Spalten von A werden die Zeilen von A^T, dabei werden gleichzeitig aus den Zeilen von A die Spalten von A^T.

Beispiele.

$$(1,2,3,4)^T = \begin{pmatrix} 1 \\ 2 \\ 3 \\ 4 \end{pmatrix}, \quad \begin{pmatrix} 1 \\ 0 \\ \alpha \end{pmatrix}^T = (1,0,\alpha), \quad \begin{pmatrix} 1 & 2 & 3 & 4 \\ 0 & 1 & 0 & \alpha \\ \beta & x & 2 & 4 \end{pmatrix}^T = \begin{pmatrix} 1 & 0 & \beta \\ 2 & 1 & x \\ 3 & 0 & 2 \\ 4 & \alpha & 4 \end{pmatrix}. \qquad \square$$

Es gelten folgende Rechenregeln:

(10)

a)	$(A+B)^T = A^T + B^T$	für alle $A, B \in \mathbb{R}^{m \times n}$
b)	$(\alpha A)^T = \alpha A^T$	für alle $A \in \mathbb{R}^{m \times n}$, $\alpha \in \mathbb{R}$
c)	$(A^T)^T = A$	für alle $A \in \mathbb{R}^{m \times n}$
d)	$(AB)^T = B^T A^T$	für alle $A \in \mathbb{R}^{m \times n}$, $B \in \mathbb{R}^{n \times p}$

Beweis. a), b), c) sind direkt aus der Definition ersichtlich, d) ist mit (3) leicht nachzurechnen; dabei ist zu beachten

$$\mathbf{z}\,\mathbf{s} = (\alpha_1, \ldots, \alpha_n) \begin{pmatrix} \beta_1 \\ \vdots \\ \beta_n \end{pmatrix} = \sum \alpha_i \beta_i = (\beta_1, \ldots, \beta_n) \begin{pmatrix} \alpha_1 \\ \vdots \\ \alpha_n \end{pmatrix} = \mathbf{s}^T \mathbf{z}^T \ .$$

□

Definition. *Eine $n \times n$-Matrix A heißt* **symmetrisch**, *wenn $A^T = A$ gilt, sie heißt* **schiefsymmetrisch**, *falls $A^T = -A$.*

Für $A = (\alpha_{ij}) \in \mathbb{R}^{n \times n}$ ist $(\alpha_{i1}, \alpha_{i2}, \ldots, \alpha_{in})$ die i-te Zeile von A und $(\alpha_{1i}, \alpha_{2i}, \ldots, \alpha_{ni})$ die i-te Zeile von A^T (entstanden aus der i-ten Spalte von A). Also gilt

$$A^T = A \iff \alpha_{ij} = \alpha_{ji} \quad (1 \leq i \leq n,\ 1 \leq j \leq n)\ ,$$
$$A^T = -A \iff \alpha_{ij} = -\alpha_{ji} \quad (1 \leq i \leq n,\ 1 \leq j \leq n)\ .$$

Insbesondere gilt $\alpha_{ii} = 0$ für die Diagonalelemente einer schiefsymmetrischen Matrix.
Für jede Matrix $A \in \mathbb{R}^{n \times n}$ sind nach (10) die Matrizen $A + A^T$, AA^T symmetrisch und $A - A^T$ schiefsymmetrisch.
Die Einheitsmatrix ist symmetrisch.
Eine symmetrische Matrix $A = A^T = (\alpha_{ij})$ ist wegen $\alpha_{ij} = \alpha_{ji}$ symmetrisch zu der durch $\alpha_{11}, \ldots, \alpha_{nn}$ bestimmten Diagonalen.

Beispiele.

$$\begin{pmatrix} 1 & 2 & 3 \\ 2 & 4 & 6 \\ 3 & 6 & 5 \end{pmatrix}, \quad \begin{pmatrix} 1 & 2 & -1 & 5 \\ 2 & 2 & 0 & 3 \\ -1 & 0 & 3 & -7 \\ 5 & 3 & -7 & -1 \end{pmatrix} \qquad \text{(symmetrisch)}$$

$$\begin{pmatrix} 0 & 1 & 2 \\ -1 & 0 & 3 \\ -2 & -3 & 0 \end{pmatrix}, \quad \begin{pmatrix} 0 & 1 & -3 & -5 \\ -1 & 0 & -4 & 0 \\ 3 & 4 & 0 & 2 \\ 5 & 0 & -2 & 0 \end{pmatrix} \qquad \text{(schiefsymmetrisch)}$$

□

Symmetrische Matrizen spielen in der Theorie der quadratischen Formen eine wichtige Rolle (→ §7). Wir werden in §4 die Transponierte einer Matrix heranziehen, um Ergebnisse über Zeilen einer Matrix auf entsprechende Aussagen für Spalten (und umgekehrt) zu übertragen.

2.5 Invertierbare Matrizen. In diesem Abschnitt betrachten wir „quadratische" $n \times n$-Matrizen. Mit E bezeichnen wir stets die Einheitsmatrix $E = (\mathbf{e}_1, \ldots, \mathbf{e}_n)$.

Definition. *Eine $n \times n$-Matrix A heißt* **invertierbar**, *wenn es eine $n \times n$-Matrix B gibt, so daß gilt $AB = BA = E$. In diesem Fall ist die Matrix B eindeutig bestimmt, sie wird meist mit A^{-1} bezeichnet (d.h. $A^{-1} := B$), und heißt* **inverse Matrix** *oder die* **Inverse** *von A.*

Die Eindeutigkeit der Inversen liefert der

Satz 2.2. *Wenn es zur Matrix* $A \in \mathbb{R}^{n\times n}$ *zwei Matrizen* $B, C \in \mathbb{R}^{n\times n}$ *gibt mit* $BA = AC = E$, *dann ist* A *invertierbar und* $B = C = A^{-1}$.

Beweis. $B = BE = B(AC) = (BA)C = EC = C$. Also gilt $BA = AB = E$ und es gibt zu A keine andere Matrix mit dieser Eigenschaft; d.h. es ist $B = A^{-1}$. □

Beispiele. 1. Die Einheitsmatrix $E = EE$ ist invertierbar, $E^{-1} = E$.
2. Für $A = \begin{pmatrix} a & b \\ c & d \end{pmatrix} \in \mathbb{R}^{2\times 2}$ mit $ad - bc \neq 0$ und $B = \dfrac{1}{ad-bc}\begin{pmatrix} d & -b \\ -c & a \end{pmatrix}$ gilt $AB = BA = E$, also ist A invertierbar, $A^{-1} = B$. □

Satz 2.3.
a) *Die Inverse einer invertierbaren* $n \times n$*-Matrix* A *ist invertierbar;* $(A^{-1})^{-1} = A$.
b) *Das Produkt* AB *zweier invertierbarer* $n \times n$*-Matrizen ist invertierbar;* $(AB)^{-1} = B^{-1}A^{-1}$.
c) *Die Transponierte* A^T *einer* $n \times n$*-Matrix ist genau dann invertierbar, wenn* A *invertierbar ist. In diesem Fall gilt* $(A^T)^{-1} = (A^{-1})^T$.

Beweis. a), b): Zu den Matrizen A^{-1}, AB erfüllen A bzw. $B^{-1}A^{-1}$ die Bedingung $AA^{-1} = A^{-1}A = E$, $B^{-1}A^{-1}(AB) = (AB)B^{-1}A^{-1} = E$. Sie sind deshalb nach Satz 2.2 die eindeutig bestimmten Inversen von A^{-1} und AB.
c) folgt durch Transponieren von $AA^{-1} = A^{-1}A = E$ bzw. von $A^T(A^T)^{-1} = (A^T)^{-1}A^T = E$ mit (10d). □

Für endlich viele invertierbare $n \times n$-Matrizen $A_1, \ldots, A_k$ folgt damit

(11)
$$\boxed{(A_1A_2\cdots A_k)^{-1} = A_k^{-1}\cdots A_2^{-1}A_1^{-1}\ .}$$

(Man beachte in (11) die Änderung der Reihenfolge.)
Die Bedeutung der invertierbaren Matrizen für lineare Gleichungssysteme ergibt sich daraus, daß jede Matrizengleichung

$$AX = B \qquad \text{mit } B, X \in \mathbb{R}^{n\times k}$$

mit einer invertierbaren $n \times n$-Matrix A eine eindeutig bestimmte Lösung $X = A^{-1}B$ besitzt. (Man multipliziere die Gleichung beidseitig von links mit A^{-1}.)

Satz 2.4. *Für eine* $n \times n$*-Matrix* A *sind folgende Aussagen äquivalent (d.h., ist eine der Aussagen wahr, so gilt das auch für alle anderen):*
a) A *ist invertierbar.*
b) *Es gibt eine* $n \times n$*-Matrix* B *mit* $AB = E$.
c) *Es gibt eine* $n \times n$*-Matrix* C *mit* $CA = E$.
d) $A\mathbf{x} = \mathbf{0} \Rightarrow \mathbf{x} = \mathbf{0}$,
e) Rang $A = n$.

Beweis. *a)* $\Rightarrow$ *c)* : Man nehme $C = A^{-1}$.
c) $\Rightarrow$ *d)* : $A\mathbf{x} = 0 \Rightarrow CA\mathbf{x} = E\mathbf{x} = \mathbf{x} = 0$.
d) $\Rightarrow$ *e)* : Satz 1.1.
e) $\Rightarrow$ *b)* : Nach Satz 1.2 ist jedes lineare Gleichungssystem $A\mathbf{x} = \mathbf{b}$ mit $\mathbf{b} \in \mathbb{R}^n$ eindeutig lösbar; insbesondere gibt es zu den Vektoren $\mathbf{e}_i$ der natürlichen Basis des $\mathbb{R}^n$ genau einen Vektor $\mathbf{b}_i$ mit $A\mathbf{b}_i = \mathbf{e}_i$. Also gilt für die $n \times n$-Matrix $B = (\mathbf{b}_1, \ldots, \mathbf{b}_n)$ die Gleichung $AB = (A\mathbf{b}_1, \ldots, A\mathbf{b}_n) = (\mathbf{e}_1, \ldots, \mathbf{e}_n) = E$.
b) $\Rightarrow$ *a)* : Aus $AB = E$ folgt $B^T A^T = E$. Der bereits bewiesene Schluß „*c)* $\Rightarrow$ *e)* $\Rightarrow$ *b)*“ garantiert die Existenz einer $n \times n$-Matrix D mit $A^T D = E$. Also ist A^T und damit A invertierbar ($\rightarrow$ Satz 2.2, Satz 2.3). Am Beweisschema

$$a) \Rightarrow c) \Rightarrow d) \Rightarrow e) \Rightarrow b) \Rightarrow a)$$

erkennt man, daß tatsächlich sämtliche Aussagen äquivalent sind. □

2.6 Diagonal- und Dreiecksmatrizen. In einer quadratischen $n \times n$-Matrix $A = (\alpha_{ij})$ nennt man die Zahlen α_{ii} $(1 \le i \le n)$ *Diagonalelemente*; man sagt, sie stehen auf der *Diagonalen* von A. Unterhalb der Diagonalen stehen α_{ij} mit $i > j$, oberhalb die Zahlen α_{ij} mit $i < j$. Man nennt A eine *untere* (bzw. *obere*) *Dreiecksmatrix*, wenn sie höchstens auf und unterhalb (bzw. oberhalb) der Diagonalen von Null verschiedene Elemente hat.

$$A = \begin{pmatrix} \alpha_{11} & \alpha_{12} & \cdots & \alpha_{1n} \\ \alpha_{21} & \alpha_{22} & & \vdots \\ \vdots & & \ddots & \\ \alpha_{n1} & & \cdots & \alpha_{nn} \end{pmatrix}$$ Die Diagonale von A.

$$A = \begin{pmatrix} \alpha_{11} & \alpha_{12} & \cdots & \alpha_{1n} \\ 0 & \alpha_{22} & & \vdots \\ \vdots & & \ddots & \\ 0 & \cdots & 0 & \alpha_{nn} \end{pmatrix}$$ Eine obere Dreiecksmatrix.

$$A = \begin{pmatrix} \alpha_{11} & 0 & \cdots & 0 \\ \alpha_{21} & \alpha_{22} & & \vdots \\ \vdots & & \ddots & 0 \\ \alpha_{n1} & \alpha_{n2} & \cdots & \alpha_{nn} \end{pmatrix}$$ Eine untere Dreiecksmatrix.

Die Transponierte einer oberen Dreiecksmatrix ist eine untere Dreiecksmatrix (und umgekehrt).

Satz 2.5. *Eine (untere oder obere) Dreiecksmatrix ist genau dann invertierbar, wenn sämtliche Diagonalelemente von Null verschieden sind.*

Beweis. Mit einer Dreiecksmatrix A hat das homogene Gleichungssystem $A\mathbf{x} = \mathbf{0}$ genau dann nur die triviale Lösung $\mathbf{x} = 0$, wenn alle Diagonalelemente $\neq 0$ sind. Die Behauptung folgt nun aus Satz 2.4. □

Spezielle Dreiecksmatrizen sind die *Diagonalmatrizen*

$$\mathrm{Diag}\,(\alpha_1, \alpha_2, \ldots, \alpha_n) := \begin{pmatrix} \alpha_1 & 0 & \cdots & 0 \\ 0 & \alpha_2 & \ddots & \vdots \\ \vdots & \ddots & \ddots & 0 \\ 0 & \cdots & 0 & \alpha_n \end{pmatrix} .$$

Sind alle $\alpha_i \neq 0$, dann gilt

$$\mathrm{Diag}\,(\alpha_1, \ldots, \alpha_n)^{-1} = \mathrm{Diag}\,(\frac{1}{\alpha_1}, \frac{1}{\alpha_2}, \ldots, \frac{1}{\alpha_n}) .$$

Die Berechnung der Inversen anderer Matrizen erfolgt in §4.4.
Zum vertieften Studium der Matrizen werden einige Begriffe und Ergebnisse der im nächsten Paragraphen dargestellten Theorie der Vektorräume benötigt.

Aufgaben

1. Für $a = (1, 2, 5, 0, 6, 3)$, $b = (2, 1, 1, 8, 4, -1)$, $c = (1, 0, 2, -1, 0, 2)$ berechne man die Produkte $a b^T$, $a^T b$, $(a c^T) b$, $a (c^T b)$.

2. Man prüfe, ob $AB = BA$, falls

$$A = \begin{pmatrix} 0 & 9 & -15 & 12 \\ 0 & 0 & -6 & 6 \\ 0 & 0 & 0 & 10 \\ 0 & 0 & 0 & 0 \end{pmatrix} , \qquad B = \begin{pmatrix} 1 & -3 & -1 & 22 \\ 0 & 1 & 2 & -2 \\ 0 & 0 & 1 & 0 \\ 0 & 0 & 0 & 1 \end{pmatrix} ,$$

und berechne $A^T B^T$, $B^T A^T$, $(AB)^T$, A^2, B^2, A^3, B^3.

3. Welche Matrizen $B = \begin{pmatrix} a & b \\ c & d \end{pmatrix}$ sind mit $A = \begin{pmatrix} 1 & 2 \\ 0 & 3 \end{pmatrix}$ vertauschbar. d.h. wann gilt $AB = BA$?
Dazu löse man das 4×4-Gleichungssystem für a, b, c, d.

4. In $\mathbb{R}^{3\times 3}$ bestimme man für die Matrix $A = \begin{pmatrix} 1 & 2 & 3 \\ 1 & 2 & 3 \\ 3 & 1 & 0 \end{pmatrix}$

   a) alle $B \neq 0$ mit $AB = 0$,

   b) alle $C \neq 0$ mit $CA = 0$,

   c) alle D mit $AD = DA$.

5. Man bestätige durch vollständige Induktion nach n:

$$\begin{pmatrix} 1 & 1 & 0 \\ 0 & 1 & 1 \\ 0 & 0 & 1 \end{pmatrix}^n = \begin{pmatrix} 1 & n & \frac{1}{2}n(n-1) \\ 0 & 1 & n \\ 0 & 0 & 1 \end{pmatrix} .$$

6. Für $A = \begin{pmatrix} \lambda & 1 & 0 & \cdots & 0 \\ 0 & \lambda & 1 & & \vdots \\ 0 & 0 & \lambda & \ddots & 0 \\ \vdots & & \ddots & \ddots & 1 \\ 0 & \cdots & 0 & 0 & \lambda \end{pmatrix} \in \mathbb{R}^{n \times n}$ zeige man explizit daß

$$AB = BA \iff B = \beta_0 E + \beta_1 A + \cdots + \beta_{n-1} A^{n-1} .$$

7. Man berechne die Inverse von $\begin{pmatrix} 1 & 0 & 0 \\ 0 & 2 & 0 \\ 0 & 0 & 3 \end{pmatrix}$ und $\begin{pmatrix} 1 & 1 & 0 \\ 0 & 1 & 1 \\ 0 & 0 & 1 \end{pmatrix}$ und bestimme damit ein $A \in \mathbb{R}^{3 \times 3}$ mit $\begin{pmatrix} 1 & 0 & 0 \\ 0 & 2 & 0 \\ 0 & 0 & 3 \end{pmatrix} A \begin{pmatrix} 1 & 1 & 0 \\ 0 & 1 & 1 \\ 0 & 0 & 1 \end{pmatrix} = \begin{pmatrix} 1 & 2 & 3 \\ 4 & 5 & 1 \\ 2 & 3 & 4 \end{pmatrix}$.

8. Man rechne nach, daß $E - N \in \mathbb{R}^{n \times n}$ eine Inverse der Form $E + N + \cdots + N^{k-1}$ besitzt, wenn $N^k = 0$ ist. Wie lautet $(E - N)^{-1}$ für

$$N = \begin{pmatrix} 0 & 1 & 0 & \cdots & 0 \\ 0 & 0 & 1 & & \vdots \\ 0 & 0 & 0 & \ddots & 0 \\ \vdots & & \ddots & \ddots & 1 \\ 0 & \cdots & 0 & 0 & 0 \end{pmatrix} ?$$

9. Man rechne nach, daß für $A = \begin{pmatrix} 2 & 0 & 1 \\ 3 & 1 & 2 \\ 0 & 1 & 1 \end{pmatrix}$ gilt: $A^3 - 4A^2 + 3A = E$ und bestimme daraus A^{-1} als Polynom in A.

10. Man zeige für $A, B \in \mathbb{R}^{n \times n}$

$$E - AB \text{ invertierbar} \iff E - BA \text{ invertierbar} .$$

§3. Vektorräume

3.1 Der „abstrakte" Vektorraum. Immer wieder trifft man in der Mathematik auf Mengen, deren Elemente man addieren und mit einem Zahlenfaktor multiplizieren kann; etwa die räumlichen („geometrischen") Vektoren, die $m \times n$-Matrizen (mit den Sonderfällen $m = 1$, $n = 1$) oder die Menge aller auf einem Intervall definierten Funktionen $f : I \to \mathbb{R}$. Man beobachtet, daß für diese Rechenoperationen dieselben grundlegenden Regeln gelten, die auch das Rechnen mit Vektoren des Anschauungsraumes beherrschen (→ §1 (5)). Zur einheitlichen Herleitung der sich daraus ergebenden Konsequenzen wurde der Begriff des (abstrakten) Vektorraumes eingeführt.

Definition. *Eine nichtleere Menge* V *, in der man zu je zwei Elementen* $\mathbf{a},\mathbf{b} \in V$ *eine Summe* $\mathbf{a}+\mathbf{b} \in V$ *und zu jedem Element* $\mathbf{a} \in V$ *und zu jedem Zahlenfaktor* $\lambda \in \mathbb{R}$ *das* λ*-fache* $\lambda a \in V$ *bilden kann, heißt ein* **$\mathbb{R}$-Vektorraum** *(oder* **Vektorraum über** $\mathbb{R}$ *, bzw.* **linearer Raum über** $\mathbb{R}$ *), wenn folgende acht Rechengesetze (die Vektorraum-Axiome) erfüllt sind:*

(V.1) *Die Addition ist kommutativ; d.h. für alle* $\mathbf{a},\mathbf{b} \in V$ *gilt* $\mathbf{a}+\mathbf{b}=\mathbf{b}+\mathbf{a}$.

(V.2) *Die Addition ist assoziativ; d.h. für alle* $\mathbf{a},\mathbf{b},\mathbf{c} \in V$ *gilt* $(\mathbf{a}+\mathbf{b})+\mathbf{c} = \mathbf{a}+(\mathbf{b}+\mathbf{c})$.

(V.3) *Es gibt ein Element* $\mathbf{0} \in V$ *, Nullelement oder Nullvektor genannt, mit* $\mathbf{a}+\mathbf{0}=\mathbf{a}$ *für alle* $\mathbf{a} \in V$.

(V.4) *Zu jedem* $\mathbf{a} \in V$ *gibt es genau ein mit* $-\mathbf{a}$ *bezeichnetes Element in* V *mit* $\mathbf{a}+(-\mathbf{a})=0$.

(V.5) $1\mathbf{a}=\mathbf{a}$ *für alle* $\mathbf{a}$ *(Zahlenfaktor* $1 \in \mathbb{R}$ *).*

(V.6) $\lambda(\mu\mathbf{a}) = (\lambda\mu)\mathbf{a}$ *für alle* $\lambda,\mu \in \mathbb{R}$, $\mathbf{a} \in V$.

(V.7) $\lambda(\mathbf{a}+\mathbf{b}) = \lambda\mathbf{a}+\lambda\mathbf{b}$ *für alle* $\lambda \in \mathbb{R}$, $\mathbf{a},\mathbf{b} \in V$.

(V.8) $(\lambda+\mu)\mathbf{a} = \lambda\mathbf{a}+\mu\mathbf{a}$ *für alle* $\lambda,\mu \in \mathbb{R}$, $\mathbf{a} \in V$.

Die Elemente eines Vektorraumes nennt man **Vektoren**; *statt* $\mathbf{a}+(-\mathbf{b})$ *schreibt man* $\mathbf{a}-\mathbf{b}$ *(Differenz).*

Die Axiome (V.1)–(V.8) garantieren, daß man mit Summen, Differenzen und Vielfachen wie gewohnt rechnen darf. Wegen (V.2) kann man in endlichen Summen $\mathbf{a}_1+\mathbf{a}_2+\cdots+\mathbf{a}_n$ auf Klammern verzichten und aus den Distributivgesetzen (V.7), (V.8) folgt $(\lambda_1+\lambda_2+\cdots+\lambda_k)(\mathbf{a}_1+\mathbf{a}_2+\cdots+\mathbf{a}_n) = \lambda_1\mathbf{a}_1+\cdots+\lambda_k\mathbf{a}_n$ $(\lambda_i \in \mathbb{R},\ \mathbf{a}_j \in V)$. Außerdem gelten die Vorzeichenregeln

$$-\mathbf{a}=(-1)\mathbf{a}\ , \quad -(-\mathbf{a})=\mathbf{a}\ , \quad -(\mathbf{a}+\mathbf{b})=(-\mathbf{a})+(-\mathbf{b})=-\mathbf{a}-\mathbf{b}\ , \quad \text{etc.}$$

Mit den Einzelheiten wollen wir uns nicht aufhalten. Das Nullelement wird überall einheitlich mit $\mathbf{0}$ bezeichnet. Bei Gefahr der Verwechslung schreibt man $\mathbf{0}_V$ für den Nullvektor in V . So gilt

$$\lambda\mathbf{a}=\mathbf{0}_V \iff \lambda=0 \text{ oder } \mathbf{a}=\mathbf{0}_V\ .$$

Beispiel 1. Ein Vergleich von (5), §1, mit (V.1)–(V.8) zeigt, daß die Menge aller $m \times n$-Matrizen, zusammen mit der komponentenweisen Addition und skalaren Multiplikation ein $\mathbb{R}$-Vektorraum ist. Insbesondere sind

$$\mathbb{R}_n = \{\,(\alpha_1,\ldots,\alpha_n)\ ;\ \alpha_i \in \mathbb{R}\,\} \qquad \text{(Zeilenvektorraum)}$$

mit $(\alpha_1,\ldots,\alpha_n)+(\beta_1,\ldots,\beta_n) = (\alpha_1+\beta_1,\ldots,\alpha_n+\beta_n)$,

$$\lambda(\alpha_1,\ldots,\alpha_n) = (\lambda\alpha_1,\ldots,\lambda\alpha_n) \quad (\lambda \in \mathbb{R})$$

und

$$\mathbb{R}^n = \left\{ \begin{pmatrix} \alpha_1 \\ \alpha_2 \\ \vdots \\ \alpha_n \end{pmatrix} ;\ \alpha_i \in \mathbb{R} \right\} \qquad \text{(Spaltenvektorraum)}$$

mit

$$\begin{pmatrix}\alpha_1\\ \alpha_2\\ \vdots\\ \alpha_n\end{pmatrix}+\begin{pmatrix}\beta_1\\ \beta_2\\ \vdots\\ \beta_n\end{pmatrix}=\begin{pmatrix}\alpha_1+\beta_1\\ \alpha_2+\beta_2\\ \vdots\\ \alpha_n+\beta_n\end{pmatrix}, \quad \lambda\begin{pmatrix}\alpha_1\\ \alpha_2\\ \vdots\\ \alpha_n\end{pmatrix}=\begin{pmatrix}\lambda\alpha_1\\ \lambda\alpha_2\\ \vdots\\ \lambda\alpha_n\end{pmatrix} \qquad (\lambda \in \mathbb{R})$$

$\mathbb{R}$-Vektorräume. $\mathbb{R}^3$ (mit diesen Verknüpfungen) ist ein mathematisches Modell des Raumes der „geometrischen“ Vektoren (→ Kap. 1, §4). □

Beispiel 2. $\mathbb{P}_n := \{\, \alpha_0 + \alpha_1 x + \cdots + \alpha_n x^n \;;\, \alpha_i \in \mathbb{R} \quad (i = 0, \ldots, n) \,\}$,
die Menge aller reellen Polynome vom Grad $\leq n$ ist mit der üblichen Addition und skalaren Multiplikation von Polynomen ein Vektorraum (mit dem Nullvektor $p(x) = 0$ für alle x, und dem zu $q(x) = \alpha_0 + \alpha_1 x + \cdots + \alpha_n x^n$ „entgegengesetzten“ Vektor $-q(x) = -\alpha_0 - \alpha_1 x - \cdots - \alpha_n x^n$). □

Beispiel 3. Für jedes Intervall $I \subseteq \mathbb{R}$ ist

$$\mathscr{C}^0(I) := \{\, f : I \to \mathbb{R} \;;\, f \text{ stetig} \,\},$$

die Menge aller auf I stetigen reellen Funktionen, mit der üblichen "punktweisen“ Addition $f+g$ und skalaren Multiplikation λf von Funktionen

$$(f+g)(x) := f(x) + g(x), \quad (\lambda f)(x) := \lambda f(x)$$

ein Vektorraum mit Nullvektor 0, $0(x) = 0$ für alle $x \in I$, und dem zu jedem $f \in \mathscr{C}^0(I)$ entgegengesetzten Vektor $-f$, $(-f)(x) = -f(x)$ für alle $x \in I$. □

3.2 Unterräume, Linearkombinationen, lineare Hülle. Im folgenden sei V ein $\mathbb{R}$-Vektorraum (etwa $\mathbb{R}^n$, $\mathbb{P}_n$ oder $\mathscr{C}^0(I)$).

Definition. *Eine nichtleere Teilmenge $U \subseteq V$ heißt* **Unterraum** *(oder* **linearer Teilraum***) von V, wenn mit je zwei Elementen $\mathbf{u}, \mathbf{v} \in U$ auch deren Summe $\mathbf{u} + \mathbf{v}$ in U liegt und wenn mit jedem $\mathbf{u} \in U$ und $\lambda \in \mathbb{R}$ das λ-fache $\lambda\mathbf{u}$ ebenfalls in U liegt. D.h., wenn gilt:*

(U.1) $\mathbf{u}, \mathbf{v} \in U \Longrightarrow \mathbf{u} + \mathbf{v} \in U$,

(U.2) $\mathbf{u} \in U$, $\lambda \in \mathbb{R} \Longrightarrow \lambda\mathbf{u} \in U$.

Ein Unterraum „erbt“ vom umfassenden Vektorraum die Addition und skalare Multiplikation (man sagt, er ist „abgeschlossen“ bezüglich dieser Operationen) und ist damit selbst ein $\mathbb{R}$-Vektorraum. Denn mit $\mathbf{a} \in U$ liegt nach (U.2) der Vektor $-\mathbf{a} = (-1)\mathbf{a}$ in U, und auch $\mathbf{a} + (-\mathbf{a}) = \mathbf{0} \in U$ nach (U.1). Alle anderen Vektorraumgesetze sind für Elemente aus U ebenfalls erfüllt, da sie ja nach Voraussetzung für alle Elemente aus V gelten. Hierin liegt einer der Gründe, sich beim Studium der Vektorräume nicht nur auf $\mathbb{R}^n$ zu beschränken, meistens werden Unterräume des $\mathbb{R}^n$ von Bedeutung sein und für diese soll die Theorie angewendet werden.

Beispiel 1. Jeder Vektorraum V besitzt die „trivialen“ Unterräume $U = \{\mathbf{0}\}$ (Nullraum) und $U = V$. □

Beispiel 2. Zu jedem Vektor $\mathbf{v} \in V$ ist

$$\mathbb{R}\mathbf{v} := \{\, \alpha\mathbf{v} \; ; \alpha \in \mathbb{R} \,\}$$

ein Unterraum von V. Im Spezialfall $V = \mathbb{R}^3$ besteht $\mathbb{R}\mathbf{v}$ aus allen zu $\mathbf{v}$ parallelen Vektoren (einschließlich des Nullvektors). □

Beispiel 3. $U := \left\{ \begin{pmatrix} \alpha_1 \\ \alpha_2 \\ \alpha_3 \\ \alpha_4 \end{pmatrix} \in \mathbb{R}^4 \; ; 2\alpha_1 + 3\alpha_2 + \alpha_4 = 0 \right\}$ ist Unterraum von $\mathbb{R}^4$.

Vorsicht: $U := \left\{ \begin{pmatrix} \alpha_1 \\ \alpha_2 \\ \alpha_3 \\ \alpha_4 \end{pmatrix} \in \mathbb{R}^4 \; ; 2\alpha_1 + 3\alpha_2 + \alpha_4 = 1 \right\}$ ist *kein* Unterraum. □

Beispiel 4. Für jede $m \times n$-Matrix $A \in \mathbb{R}^{m \times n}$ ist

$$\operatorname{Kern} A := \{\, \mathbf{x} \in \mathbb{R}^n \; ; A\mathbf{x} = \mathbf{0} \,\} ,$$

die Lösungsmenge eines *homogenen* Gleichungssystems, ein Unterraum von $\mathbb{R}^n$.

Beweis. Wegen $\mathbf{0} \in \operatorname{Kern} A$ ist die Menge nicht leer. Sind $\mathbf{u}, \mathbf{v} \in \operatorname{Kern} A$ und $\lambda \in \mathbb{R}$ dann gilt $A(\mathbf{u} + \mathbf{v}) = A\mathbf{u} + A\mathbf{v} = \mathbf{0} + \mathbf{0} = \mathbf{0}$ und $A(\lambda\mathbf{u}) = \lambda(A\mathbf{u}) = \lambda\mathbf{0} = \mathbf{0}$, also liegen auch $\mathbf{u} + \mathbf{v}$ und $\lambda\mathbf{u}$ in $\operatorname{Kern} A$. □

Definition. *Jede aus endlich vielen Vektoren* $\mathbf{v}_1, \mathbf{v}_2, \ldots, \mathbf{v}_k \in V$ *gebildete Summe der Form*

$$\sum_{i=1}^{k} \alpha_i \mathbf{v}_i = \alpha_1 \mathbf{v}_1 + \alpha_2 \mathbf{v}_2 + \cdots + \alpha_k \mathbf{v}_k$$

mit den Koeffizienten $\alpha_i \in \mathbb{R}$ *heißt eine* **Linearkombination** *der* $\mathbf{v}_i$. *Eine solche Linearkombination wird* **trivial** *genannt, wenn sämtliche* α_i *gleich Null sind. Die Menge aller Linearkombinationen der* $\mathbf{v}_i$,

$$\operatorname{Lin}(\mathbf{v}_1, \ldots, \mathbf{v}_k) := \left\{ \sum_{i=1}^{k} \alpha_i \mathbf{v}_i \; ; \alpha_i \in \mathbb{R} \quad (1 \le i \le k) \right\} ,$$

heißt **lineare Hülle** *der* $\mathbf{v}_i$.

Ohne Mühe sieht man, daß die lineare Hülle $\operatorname{Lin}(\mathbf{v}_1, \ldots, \mathbf{v}_k)$ ein Unterraum von V ist, denn

$$(\sum_{i=1}^{k} \alpha_i \mathbf{v}_i) + (\sum_{i=1}^{k} \beta_i \mathbf{v}_i) = \sum_{i=1}^{k} (\alpha_i + \beta_i) \mathbf{v}_i \, , \quad \lambda(\sum_{i=1}^{k} \alpha_i \mathbf{v}_i) = \sum_{i=1}^{k} (\lambda\alpha_i) \mathbf{v}_i \, .$$

Beispiel. Für die Vektoren $\mathbf{v}_1 = \begin{pmatrix}1\\1\\0\\0\end{pmatrix}$, $\mathbf{v}_2 = \begin{pmatrix}1\\0\\-1\\1\end{pmatrix}$, $\mathbf{v}_3 = \begin{pmatrix}1\\2\\3\\0\end{pmatrix}$ aus $\mathbb{R}^4$ gilt

$$\begin{aligned}\operatorname{Lin}(\mathbf{v}_1, \mathbf{v}_2, \mathbf{v}_3) &= \{\, \alpha\mathbf{v}_1 + \beta\mathbf{v}_2 + \gamma\mathbf{v}_3 \ ; \alpha, \beta, \gamma \in \mathbb{R} \,\} \\ &= \left\{ \begin{pmatrix}\alpha+\beta+\gamma\\ \alpha+2\gamma\\ -\beta+3\gamma\\ \beta\end{pmatrix} ; \alpha, \beta, \gamma \in \mathbb{R} \right\} .\end{aligned}$$

Dieses ist ein Unterraum von $\mathbb{R}^4$. □

Im nächsten Paragraphen werden uns insbesondere die lineare Hülle der Zeilenvektoren (Zeilenraum) und die lineare Hülle der Spaltenvektoren (Spaltenraum) einer $m \times n$-Matrix interessieren.

Definition. *Man sagt, ein Unterraum U von V wird von den Vektoren $\mathbf{v}_1, \mathbf{v}_2, \ldots, \mathbf{v}_k$ erzeugt, oder $(\mathbf{v}_1, \mathbf{v}_2, \ldots, \mathbf{v}_k)$ ist ein* **Erzeugendensystem** *von U, wenn*

$$U = \operatorname{Lin}(\mathbf{v}_1, \mathbf{v}_2, \ldots, \mathbf{v}_k) .$$

Beispiel 1. Die Vektoren $\mathbf{e}_1 = (1,0,0,0)$, $\mathbf{e}_2 = (0,1,0,0)$, $\mathbf{e}_3 = (0,0,1,0)$, $\mathbf{e}_4 = (0,0,0,1)$ erzeugen den Vektorraum $\mathbb{R}_4$. Derselbe Vektorraum wird aber auch erzeugt von den Vektoren $\mathbf{e}_1 + \mathbf{e}_2$, $\mathbf{e}_1 - \mathbf{e}_2$, $\mathbf{e}_1 + \mathbf{e}_2 + \mathbf{e}_3$, $\mathbf{e}_1 - \mathbf{e}_2 + \mathbf{e}_4$ (aber auch von zahllosen anderen Systemen). Allgemein: Die Vektoren $\mathbf{e}_i$ $(1 \le i \le n)$ der natürlichen Basis des $\mathbb{R}_n$ erzeugen $\mathbb{R}_n$ (analog für $\mathbb{R}^n$). □

Beispiel 2. Der Unterraum

$$\left\{ \begin{pmatrix}x\\y\\z\end{pmatrix} \in \mathbb{R}^3 \ ; 3x + y + z = 0 \right\} \subseteq \mathbb{R}^3 \quad \text{(eine Ebene durch den Nullpunkt)}$$

wird erzeugt von den Vektoren $u_1 = \begin{pmatrix}-1\\3\\0\end{pmatrix}$, $u_2 = \begin{pmatrix}-1\\0\\3\end{pmatrix}$. □

Beispiel 3. Der Vektorraum

$$\{\, f \in \mathscr{C}^0(\mathbb{R}) \ ; f''(x) + f(x) = 0 \text{ für alle } x \in \mathbb{R} \,\}$$

wird erzeugt von den Funktionen $f_1(x) = \sin x$, $f_2(x) = \cos x$; denn nach Kap. 3, 2.2, Beispiel 3 ist jede differenzierbare Funktion $f : \mathbb{R} \to \mathbb{R}$, welche die Gleichung $f'' + f = 0$ erfüllt, eine Linearkombination aus sin und cos. □

Beachte. Wegen $\mathbf{v}_1 = 1\,\mathbf{v}_1 + 0\,\mathbf{v}_2 + \cdots + 0\,\mathbf{v}_k$, $\mathbf{v}_2 = 0\,\mathbf{v}_1 + 1\,\mathbf{v}_2 + \cdots + 0\,\mathbf{v}_k$, etc., liegen die Vektoren $\mathbf{v}_i$ selbst in der von ihnen erzeugten linearen Hülle, $\mathbf{v}_i \in \operatorname{Lin}(\mathbf{v}_1, \ldots, \mathbf{v}_k)$.

Es stellt sich nun die Frage, unter welchen Voraussetzungen zur Erzeugung von $U = \operatorname{Lin}(\mathbf{v}_1, \mathbf{v}_2, \dots, \mathbf{v}_k)$ tatsächlich sämtliche Vektoren $\mathbf{v}_i$ benötigt werden.

Definition. *a) Endlich viele Vektoren* $\mathbf{v}_1, \mathbf{v}_2, \dots, \mathbf{v}_k$ *des* $\mathbb{R}$*-Vektorraumes* V *heißen* **linear abhängig**, *wenn es Zahlen* $\alpha_1, \alpha_2, \dots, \alpha_k \in \mathbb{R}$ *gibt, die nicht sämtlich gleich Null sind, so daß gilt* $\alpha_1\mathbf{v}_1 + \alpha_2\mathbf{v}_2 + \cdots + \alpha_k\mathbf{v}_k = 0$.
b) Die Vektoren $\mathbf{v}_1, \mathbf{v}_2, \dots, \mathbf{v}_k$ *heißen* **linear unabhängig**, *wenn sie nicht linear abhängig sind; d.h.,*

$$\alpha_1\mathbf{v}_1 + \alpha_2\mathbf{v}_2 + \cdots + \alpha_k\mathbf{v}_k = 0 \;\Rightarrow\; \alpha_1 = \alpha_2 = \cdots = \alpha_k = 0 \,.$$

Um die Vektoren $\mathbf{v}_1, \dots, \mathbf{v}_k \in V$ auf lineare Unabhängigkeit bzw. lineare Abhängigkeit zu überprüfen, ist (mit noch unbekannten $x_i \in \mathbb{R}$) die Gleichung

$$x_1\mathbf{v}_1 + x_2\mathbf{v}_2 + \cdots + x_k\mathbf{v}_k = 0 \tag{1}$$

zu betrachten. Laut Definition gilt:

(a) $\mathbf{v}_1, \dots, \mathbf{v}_k$ linear abhängig
$\iff$ (1) besitzt eine Lösung $x_1 = \alpha_1, \dots, x_k = \alpha_k$ mit wenigstens einem $\alpha_i \neq 0$.

(b) $\mathbf{v}_1, \dots, \mathbf{v}_k$ linear unabhängig
$\iff$ (1) ist nur durch $x_1 = \cdots = x_k = 0$ lösbar.

Die Sonderfälle $k = 1$, $k = 2$:
$\mathbf{v} \in V$ linear unabhängig $\iff$ $(\alpha\mathbf{v} = 0 \Rightarrow \alpha = 0)$ $\iff$ $\mathbf{v} \neq 0$
$\mathbf{u}, \mathbf{v}$ linear abhängig $\iff$ es gibt $\alpha, \beta \in \mathbb{R}$, nicht beide gleich Null, mit $\alpha\mathbf{u} + \beta\mathbf{v} = 0$
$\iff \mathbf{u} = -\frac{\beta}{\alpha}\mathbf{v}$ (falls $\alpha \neq 0$) oder $\mathbf{v} = -\frac{\alpha}{\beta}\mathbf{u}$ (falls $\beta \neq 0$).

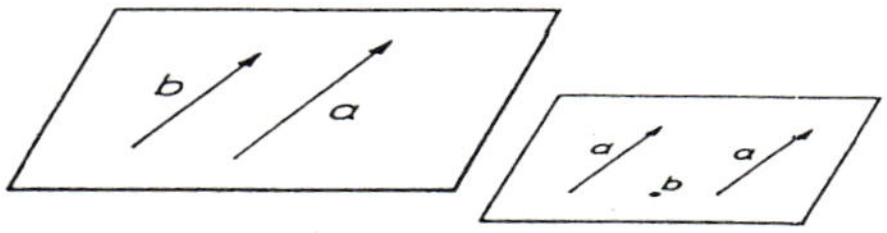

Abb. 141a – linear abhängig

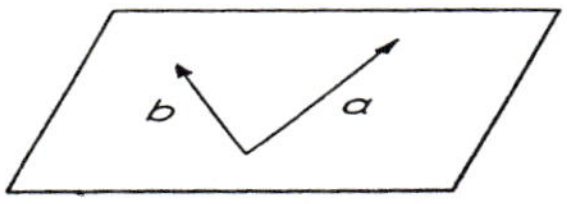

Abb. 141b – linear unabhängig

Allgemein gilt: Die Vektoren $\mathbf{v}_1, \dots, \mathbf{v}_k \in V$ sind genau dann linear abhängig, wenn einer von ihnen als Linearkombination der anderen darstellbar ist.

Beweis. Aus $\alpha_1\mathbf{v}_1 + \cdots + \alpha_k\mathbf{v}_k = 0$ mit mindestens einem Koeffizienten $\alpha_i \neq 0$ folgt

$$\mathbf{v}_i = -\frac{1}{\alpha_i}(\alpha_1\mathbf{v}_1 + \cdots + \alpha_{i-1}\mathbf{v}_{i-1} + \alpha_{i+1}\mathbf{v}_{i+1} + \cdots + \alpha_k\mathbf{v}_k) \,.$$

Ist umgekehrt $\mathbf{v}_i = \beta_1\mathbf{v}_1 + \cdots + \beta_{i-1}\mathbf{v}_{i-1} + \beta_{i+1}\mathbf{v}_{i+1} + \cdots + \beta_k\mathbf{v}_k$ ($\mathbf{v}_i$ fehlt auf der rechten Seite), dann gilt

$$0 = \beta_1\mathbf{v}_1 + \cdots + \beta_{i-1}\mathbf{v}_{i-1} - 1\,\mathbf{v}_i + \beta_{i+1}\mathbf{v}_{i+1} + \cdots + \beta_k\mathbf{v}_k \,.$$

Der Koeffizient bei $\mathbf{v}_i$ ist $\neq 0$, also sind die Vektoren linear abhängig. □

Ferner ergeben sich aus der Definition leicht die folgenden Eigenschaften:

(2)
a) Jedes endliche System von Vektoren, das linear abhängige Vektoren enthält, ist linear abhängig.
b) Jedes endliche System von Vektoren, das den Nullvektor enthält, ist linear abhängig.
c) Jedes Teilsystem eines Systems linear unabhängiger Vektoren ist linear unabhängig.

Beweis. a) Sind (nach eventueller Änderung der Reihenfolge) in $\mathbf{v}_1, \mathbf{v}_2, \dots, \mathbf{v}_k$ die ersten l Vektoren linear abhängig, $\alpha_1 \mathbf{v}_1 + \cdots + \alpha_l \mathbf{v}_l = 0$ mit wenigstens einem Koeffizienten $\alpha_i \neq 0$, dann gilt auch $\alpha_1 \mathbf{v}_1 + \cdots + \alpha_l \mathbf{v}_l + 0\,\mathbf{v}_{l+1} + \cdots + 0\,\mathbf{v}_k = 0$ (nicht alle Koeffizienten $\neq 0$).
b) ist ein Sonderfall von a), $1\,\mathbf{0} = \mathbf{0}$.
c) Wäre ein Teilsystem linear abhängig, dann würde das nach a) auch für das gesamte System gelten. □

Beispiel 1. Die Vektoren $\mathbf{v}_1 = (1,2,3)$, $\mathbf{v}_2 = (0,2,1)$, $\mathbf{v}_3 = (1,4,4)$ des $\mathbb{R}_3$ sind linear abhängig. Es gilt $\mathbf{v}_1 + \mathbf{v}_2 - \mathbf{v}_3 = (0,0,0)$ bzw. $\mathbf{v}_3 = \mathbf{v}_1 + \mathbf{v}_2$, was anschaulich besagt, daß $\mathbf{v}_3$ parallel zu der von $\mathbf{v}_1, \mathbf{v}_2$ aufgespannten Ebene liegt. □

Beispiel 2. Die Vektoren $\mathbf{e}_1, \mathbf{e}_2, \dots, \mathbf{e}_n$ der natürlichen Basis des $\mathbb{R}^n$ (bzw. des $\mathbb{R}_n$, → 1.1) sind linear unabhängig. Denn die Gleichung

$$x_1 \mathbf{e}_1 + \cdots + x_n \mathbf{e}_n = \begin{pmatrix} x_1 \\ x_2 \\ \vdots \\ x_n \end{pmatrix} = \begin{pmatrix} 0 \\ 0 \\ \vdots \\ 0 \end{pmatrix}$$

hat als einzige Lösung $x_1 = x_2 = \cdots = x_n = 0$. □

Satz 3.1. **a)** *In einer Matrix in* **Zeilen***stufenform (→ (10), §1) sind die von Null verschiedenen* **Zeilen***vektoren linear unabhängig.*

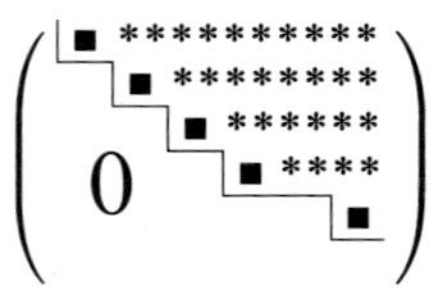

b) *In einer Matrix in (analoger)* **Spalten***stufenform sind die von Null verschiedenen* **Spalten** *linear unabhängig.*

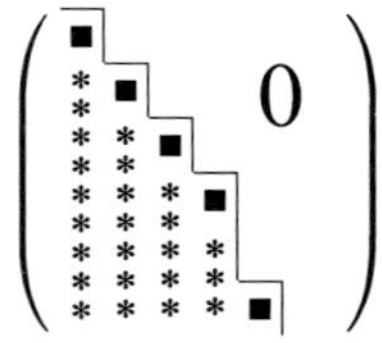

Beweis. a): Sind $\mathbf{z}_1 = (0, \dots, 0, \alpha_{1i}, \dots, \alpha_{1n})$, $\mathbf{z}_2 = (0, \dots, 0, \alpha_{2j}, \dots, \alpha_{2n}), \dots,$ $\mathbf{z}_r = (0, \dots, 0, \alpha_{rs}, \dots, \alpha_{rn})$ die von Null verschiedenen Zeilen der Zeilenstufenmatrix ($1 \leq i < j < \cdots < s \leq n$, $\alpha_{1i} \neq 0$, $\alpha_{2j} \neq 0, \dots,$ $\alpha_{rs} \neq 0$), dann folgt aus

$$x_1 \mathbf{z}_1 + x_2 \mathbf{z}_2 + \cdots + x_r \mathbf{z}_r = \mathbf{0} \qquad (\text{Nullvektor in } \mathbb{R}_n)$$

komponentenweise $x_1\alpha_{1i} = 0$, also $x_1 = 0$; dann $x_2\alpha_{2j} = 0$, also $x_2 = 0$, etc., $x_3 = \cdots = x_r = 0$.
b) folgt aus a) durch Übergang zur Transponierten. □

In einer $n \times n$-Matrix $A = (\mathbf{a}_1, \ldots, \mathbf{a}_n)$ sind die Spaltenvektoren $\mathbf{a}_i \in \mathbb{R}^n$ genau dann linear unabhängig, wenn $A\mathbf{x} = x_1\mathbf{a}_1 + \cdots + x_n\mathbf{a}_n = \mathbf{0}$ (→ (8), §2) nur die Lösung $\mathbf{x} = \mathbf{0}$ besitzt.
Das ist genau dann der Fall, wenn A invertierbar ist (→ Satz 2.4). Also gilt:

Satz 3.2. *Für eine $n \times n$-Matrix A sind die folgenden Aussagen äquivalent:*
a) *A ist invertierbar.*
b) *Die Spalten von A sind linear unabhängig.*
c) *Die Zeilen von A sind linear unabhängig.*

Zur Äquivalenz von c) mit a) beachte man nur, daß die Zeilen von A zu Spalten von A^T werden (→ Satz 2.4).

Nun sei wieder V ein beliebiger $\mathbb{R}$-Vektorraum.

Satz 3.3. *Für Vektoren $\mathbf{v}_1, \ldots, \mathbf{v}_k, \mathbf{w} \in V$ gilt:*
a) $\operatorname{Lin}(\mathbf{v}_1, \ldots, \mathbf{v}_k, \mathbf{w}) = \operatorname{Lin}(\mathbf{v}_1, \ldots, \mathbf{v}_k) \iff \mathbf{w} \in \operatorname{Lin}(\mathbf{v}_1, \ldots, \mathbf{v}_k)$.
b) *Die Vektoren $\mathbf{v}_1, \ldots, \mathbf{v}_k$ sind linear unabhängig $\iff$ Zur Erzeugung von $\operatorname{Lin}(\mathbf{v}_1, \ldots, \mathbf{v}_k)$ kann kein $\mathbf{v}_i$ $(1 \le i \le k)$ weggelassen werden (in diesem Fall nennt man $(\mathbf{v}_1, \ldots, \mathbf{v}_k)$ ein minimales Erzeugendensystem).*

Beweis. a) „$\Rightarrow$“: $\mathbf{w} \in \operatorname{Lin}(\mathbf{v}_1, \ldots, \mathbf{v}_k, \mathbf{w}) = \operatorname{Lin}(\mathbf{v}_1, \ldots, \mathbf{v}_k)$.
„$\Leftarrow$“: Falls $\mathbf{w} = \alpha_1\mathbf{v}_1 + \cdots + \alpha_k\mathbf{v}_k$, dann gilt

$$\lambda_1\mathbf{v}_1 + \cdots + \lambda_k\mathbf{v}_k + \mu\mathbf{w} = \sum_{i=1}^{k} \lambda_i\mathbf{v}_i + \mu\sum_{i=1}^{k} \alpha_i\mathbf{v}_i = \sum_{i=1}^{k} (\lambda_i + \mu\alpha_i)\mathbf{v}_i$$

für alle $\lambda_i, \mu \in \mathbb{R}$. Also ist jede Linearkombination von $\mathbf{v}_1, \ldots, \mathbf{v}_k, \mathbf{w}$ bereits eine Linearkombination von $\mathbf{v}_1, \ldots, \mathbf{v}_k$; $\mathbf{w}$ wird zur Erzeugung der linearen Hülle nicht benötigt.
b): Nach a) kann man genau dann ein $\mathbf{v}_i \in \{\mathbf{v}_1, \ldots, \mathbf{v}_k\}$ zur Erzeugung der Hülle weglassen, wenn sich $\mathbf{v}_i$ als Linearkombination der anderen darstellen läßt. Das ist genau dann der Fall, wenn $\mathbf{v}_1, \ldots, \mathbf{v}_i, \ldots, \mathbf{v}_k$ linear abhängig sind. □

3.3 Basis und Dimension.

Definition. *Ein System (n-Tupel) $(\mathbf{v}_1, \mathbf{v}_2, \ldots, \mathbf{v}_n)$ von Vektoren aus V heißt eine* **Basis** *des $\mathbb{R}$-Vektorraumes V, wenn gilt:*
(B.1) *Die Vektoren $\mathbf{v}_1, \mathbf{v}_2, \ldots, \mathbf{v}_n$ sind linear unabhängig.*
(B.2) *Die $\mathbf{v}_i$ erzeugen V, d.h. $V = \operatorname{Lin}(\mathbf{v}_1, \mathbf{v}_2, \ldots, \mathbf{v}_n)$.*

Die Bedeutung einer Basis ergibt sich aus folgender Eigenschaft:

Satz 3.4 *Ist* $(\mathbf{v}_1, \mathbf{v}_2, \ldots, \mathbf{v}_n)$ *eine Basis von* V *, dann gibt es zu jedem Vektor* $\mathbf{a} \in V$ *genau ein* n*-Tupel reeller Zahlen* $(\alpha_1, \alpha_2, \ldots, \alpha_n)$ *mit*

$$\mathbf{a} = \alpha_1 \mathbf{v}_1 + \alpha_2 \mathbf{v}_2 + \ldots + \alpha_n \mathbf{v}_n \ .$$

Ferner sind je m *Vektoren aus* V *linear abhängig, falls* $m > n$*.*

Beweis. Nach (B.2) ist jeder Vektor $\mathbf{a} \in V$ als Linearkombination $\mathbf{a} = \sum_{i=1}^{n} \alpha_i \mathbf{v}_i$ der $\mathbf{v}_i$ darstellbar. Diese Darstellung ist eindeutig; denn aus $\mathbf{a} = \sum \alpha_i \mathbf{v}_i = \sum \beta_i \mathbf{v}_i$ folgt $\sum (\alpha_i - \beta_i) \mathbf{v}_i = 0$ und deshalb $\alpha_i - \beta_i = 0$ bzw. $\alpha_i = \beta_i$ für $i = 1, 2, \ldots, n$ (nach (B.1)).
Nun nehmen wir m Vektoren $\mathbf{w}_1, \mathbf{w}_2, \ldots, \mathbf{w}_m$ aus V, $m > n$, stellen diese eindeutig dar in der Form

$$\begin{aligned}
\mathbf{w}_1 &= \alpha_{11} \mathbf{v}_1 + \alpha_{21} \mathbf{v}_2 + \cdots + \alpha_{n1} \mathbf{v}_n \\
\mathbf{w}_2 &= \alpha_{12} \mathbf{v}_1 + \alpha_{22} \mathbf{v}_2 + \cdots + \alpha_{n2} \mathbf{v}_n \\
&\vdots \\
\mathbf{w}_m &= \alpha_{1m} \mathbf{v}_1 + \alpha_{2m} \mathbf{v}_2 + \cdots + \alpha_{nm} \mathbf{v}_n
\end{aligned}$$

und bestimmen dazu reelle Zahlen $\lambda_1, \ldots, \lambda_m$, die nicht sämtlich Null sind, so daß gilt:

$$\begin{aligned}
\alpha_{11} \lambda_1 + \alpha_{12} \lambda_2 + \cdots + \alpha_{1m} \lambda_m &= 0 \\
\alpha_{21} \lambda_1 + \alpha_{22} \lambda_2 + \cdots + \alpha_{2m} \lambda_m &= 0 \\
\vdots \qquad\qquad &\vdots \\
\alpha_{n1} \lambda_1 + \alpha_{n2} \lambda_2 + \cdots + \alpha_{nm} \lambda_m &= 0 \ .
\end{aligned}$$

Wegen $m > n$ ist das stets möglich ($\rightarrow$ Satz 1.1). Mit diesen Zahlen λ_i gilt

$$\begin{aligned}
\lambda_1 \mathbf{w}_1 + \cdots + \lambda_m \mathbf{w}_m &= (\alpha_{11} \lambda_1 + \cdots + \alpha_{1m} \lambda_m) \mathbf{v}_1 + \cdots + (\alpha_{n1} \lambda_1 + \cdots + \alpha_{nm} \lambda_m) \mathbf{v}_n \\
&= 0 \, \mathbf{v}_1 + \cdots + 0 \, \mathbf{v}_n = 0 \ .
\end{aligned}$$

Also sind die Vektoren $\mathbf{w}_1, \ldots, \mathbf{w}_m$ $(m > n)$ linear abhängig. □

Beispiel 1. $V = \mathbb{R}^2$ (Vektoren einer Ebene) anschaulich:

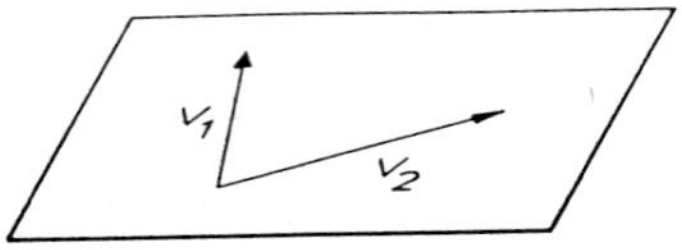

Abb. 142a – Basis in $\mathbb{R}^2$

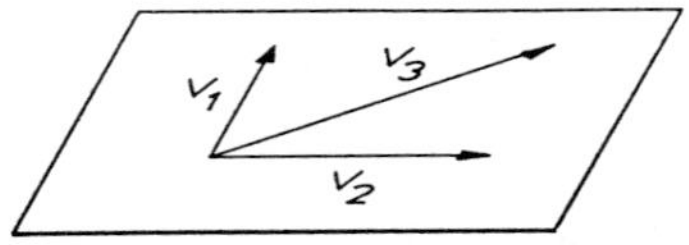

Abb. 142b – Keine Basis in $\mathbb{R}^2$

□

Beispiel 2. Die natürliche Basis $(\mathbf{e}_1, \mathbf{e}_2, \ldots, \mathbf{e}_n)$ des $\mathbb{R}^n$ (bzw. $\mathbb{R}_n$, $\rightarrow$ 1.1) ist eine

Basis im Sinne der obigen Definition. Wesentlich allgemeiner gilt:

Satz 3.5. *Die Zeilen (bzw. Spalten) einer invertierbaren $n \times n$-Matrix bilden eine Basis des $\mathbb{R}_n$ (bzw. $\mathbb{R}^n$).*

Beweis. Sei $A = (\mathbf{a}_1, \ldots, \mathbf{a}_n)$ mit den Spalten $\mathbf{a}_i \in \mathbb{R}^n$ invertierbar. Nach Satz 3.2 sind $\mathbf{a}_1, \mathbf{a}_2, \ldots, \mathbf{a}_n$ linear unabhängig. Also gilt (B.1). Nun sei $\mathbf{v} \in \mathbb{R}^n$ (beliebig). Mit $(\alpha_1, \ldots, \alpha_n)^T := A^{-1}\mathbf{v}$ zeigt Formel (8), §2

$$\mathbf{v} = A(A^{-1}\mathbf{v}) = \alpha_1\mathbf{a}_1 + \cdots + \alpha_n\mathbf{a}_n \, .$$

Damit ist auch (B.2) nachgewiesen. □

Beispiel 3. Die Polynome 1, $x+1$, $(x+1)^2, \ldots,$ $(x+1)^n$ bilden eine Basis des $\mathbb{R}$-Vektorraumes $\mathbb{P}_n$ aller Polynome vom Grad $\leq n$. Denn es gilt

1. Aus $\alpha_0 \cdot 1 + \alpha_1(x+1) + \cdots + \alpha_n(x+1)^n = 0$ für alle x folgt $\alpha_0 = \alpha_1 = \cdots = \alpha_n = 0$ (also gilt (B.1)).
2. Jedes $p \in \mathbb{P}_n$ läßt sich nach Kap. 5, §3 in der Form $p(x) = \sum_{i=0}^{n} \alpha_i(x+1)^i$ darstellen (das ist (B.2)). □

Definition. *Ein Vektorraum V heißt* **endlichdimensional** *oder* **endlich erzeugt**, *wenn es endlich viele Vektoren $\mathbf{w}_1, \ldots, \mathbf{w}_r \in V$ mit $V = \operatorname{Lin}(\mathbf{w}_1, \mathbf{w}_2, \ldots, \mathbf{w}_r)$ gibt.*

Im folgenden werden fundamentale Eigenschaften endlichdimensionaler Vektorräume zusammengestellt.

Satz 3.6. Basisergänzungssatz. *In einem endlichdimensionalen Vektorraum $V \neq \{\mathbf{0}\}$ bilden linear unabhängige Vektoren $\mathbf{v}_1, \ldots, \mathbf{v}_k$ bereits eine Basis $(\mathbf{v}_1, \ldots, \mathbf{v}_k)$, oder man kann sie durch Hinzunahme weiterer Vektoren $\mathbf{u}_1, \ldots, \mathbf{u}_l$ zu einer Basis $(\mathbf{v}_1, \ldots, \mathbf{v}_k, \mathbf{u}_1, \ldots, \mathbf{u}_l)$ von V ergänzen.*

Beweis. Sei $V = \operatorname{Lin}(\mathbf{w}_1, \ldots, \mathbf{w}_r)$. Offenbar gilt dann auch $V = \operatorname{Lin}(\mathbf{v}_1, \ldots, \mathbf{v}_k, \mathbf{w}_1, \ldots, \mathbf{w}_r)$ ($\rightarrow$ Satz 3.3). Nun lassen wir all die $\mathbf{w}_i$ weg, die zur Erzeugung dieser linearen Hülle nicht benötigt werden. Das sind entweder alle, in diesem Fall gilt bereits $V = \operatorname{Lin}(\mathbf{v}_1, \ldots, \mathbf{v}_k)$ und $(\mathbf{v}_1, \ldots, \mathbf{v}_k)$ ist eine Basis von V, oder es gilt – wenn wir die verbleibenden $\mathbf{w}_i$ mit $\mathbf{u}_1, \ldots, \mathbf{u}_l$ bezeichnen – $V = \operatorname{Lin}(\mathbf{v}_1, \ldots, \mathbf{v}_k, \mathbf{u}_1, \ldots, \mathbf{u}_l)$, worin kein weiterer Vektor $\mathbf{u}_j$ weggelassen werden kann.

Behauptung: $(\mathbf{v}_1, \ldots, \mathbf{v}_k, \mathbf{u}_1, \ldots, \mathbf{u}_l)$ ist eine Basis von V.

Beweis. Da nach Konstruktion (B.2) erfüllt ist, braucht nur (B.1) nachgewiesen zu werden: Nehmen wir an, $\mathbf{v}_1, \ldots, \mathbf{v}_k, \mathbf{u}_1, \ldots, \mathbf{u}_l$ wären linear abhängig. Dann gäbe es Zahlen α_i, β_j, nicht alle gleich Null, mit

$$\alpha_1\mathbf{v}_1 + \cdots + \alpha_k\mathbf{v}_k + \beta_1\mathbf{u}_1 + \cdots + \beta_l\mathbf{u}_l = 0 \, . \tag{3}$$

Hierin müßte aufgrund der linearen Unabhängigkeit der $\mathbf{v}_i$ wenigstens ein β_j von Null verschieden sein. In diesem Fall könnte man (3) nach dem entsprechenden $\mathbf{u}_j$ auflösen und $\mathbf{u}_j$ bei der Erzeugung von $\operatorname{Lin}(\mathbf{v}_1, \ldots, \mathbf{v}_k, \mathbf{u}_1, \ldots, \mathbf{u}_l)$ weglassen ($\rightarrow$ Satz 3.3). Das ist aber nach Konstruktion nicht mehr möglich. □

Satz 3.7. Basislänge = Dimension. *Jeder endlich erzeugte Vektorraum* $V \neq \{\mathbf{0}\}$ *besitzt eine (endliche) Basis* $(\mathbf{v}_1, \ldots, \mathbf{v}_n)$. *Ist* $(\mathbf{w}_1, \ldots, \mathbf{w}_m)$ *ebenfalls eine Basis von* V, *dann gilt* $m = n$. *Die gemeinsame „Länge“* n *aller Basen von* V *heißt die* **Dimension** *von* V, *abgekürzt* Dim V. *Zur Vermeidung von Fallunterscheidungen setzt man* $\mathrm{Dim}\{\mathbf{0}\} = 0$.

Beweis. V enthält nach Voraussetzung wenigstens einen Vektor $\mathbf{v} = \mathbf{v}_1 \neq 0$. Satz 3.6 mit $k = 1$ zeigt die Existenz einer Basis $(\mathbf{v}_1, \ldots, \mathbf{v}_n)$ von V. Nach Satz 3.4 sind je $n+1$ Vektoren aus V linear abhängig. Ist nun $(\mathbf{w}_1, \ldots, \mathbf{w}_m)$ eine weitere Basis, so gilt deshalb $m \leq n$. Ein Rollentausch (beginne mit der Basis $(\mathbf{w}_1, \ldots, \mathbf{w}_m)$ und nehme dann die Basis $(\mathbf{v}_1, \ldots, \mathbf{v}_n)$ hinzu) zeigt $n \leq m$. Insgesamt $m = n$. □

Beispiele.

$$
\begin{aligned}
&\mathrm{Dim}\,\mathbb{R}^n = \mathrm{Dim}\,\mathbb{R}_n = n\,,\\
&\mathrm{Dim}\,\mathbb{P}_n = n+1 \qquad (\rightarrow 3.1,\ \text{Bsp. } 2),\\
&\mathrm{Dim}\{f : \mathbb{R} \rightarrow \mathbb{R}\ ;\ f \text{ zweimal stetig differenzierbar}\\
&\qquad\qquad\qquad\qquad \text{mit } f'' + f = 0\} = 2\,. \qquad (4)\\
&\mathrm{Dim}\left\{\begin{pmatrix} x \\ y \\ z \end{pmatrix} \in \mathbb{R}^3\ ;\ 3x + y + z = 0\right\} = 2\,.
\end{aligned}
$$

In jedem der Beispiele ist eine Basis entsprechender Länge bekannt. □

Folgerung. Ist r die Maximalzahl linear unabhängiger Vektoren aus $\mathbf{v}_1, \mathbf{v}_2, \ldots, \mathbf{v}_k$, dann gilt

$$r = \mathrm{Dim\ Lin}\,(\mathbf{v}_1, \mathbf{v}_2, \ldots, \mathbf{v}_k)\,.$$

Beweis. Nach eventueller Umnumerierung seien $\mathbf{v}_1, \ldots, \mathbf{v}_r$ linear unabhängig und $\mathbf{v}_1, \ldots, \mathbf{v}_r, \mathbf{v}_j$ (für $r+1 \leq j \leq k$) linear abhängig. Aus Satz 3.3 folgt $\mathrm{Lin}\,(\mathbf{v}_1, \ldots, \mathbf{v}_k) = \mathrm{Lin}\,(\mathbf{v}_1, \ldots, \mathbf{v}_r)$; $(\mathbf{v}_1, \ldots, \mathbf{v}_r)$ ist eine Basis dieser linearen Hülle und deshalb gilt $r = \mathrm{Dim\ Lin}\,(\mathbf{v}_1, \ldots, \mathbf{v}_k)$. □

Satz 3.8. *In einem* $\mathbb{R}$-*Vektorraum* V *der Dimension* n *gilt:*

a) *Je* n *linear unabhängige Vektoren aus* V *bilden bereits eine Basis von* V.

b) *Jedes Erzeugendensystem von* V *mit* n *Elementen ist eine Basis von* V.

c) *Je* $n+1$ *Vektoren aus* V *sind linear abhängig.*

Beweis. a): Es braucht nur (B.2) nachgewiesen zu werden. Das geschieht wie im Beweis von Satz 3.5.

b): Sei $V = \mathrm{Lin}\,(\mathbf{w}_1, \ldots, \mathbf{w}_n)$. Durch Fortlassen der $\mathbf{w}_i$, die zur Erzeugung nicht benötigt werden, entsteht eine Basis der Länge n (→ Satz 3.3, Satz 3.7). Also darf kein $\mathbf{w}_i$ weggelassen werden.

c): → Satz 3.4. □

Beispiel. Je 4 Vektoren des $\mathbb{R}^3$, 7 Vektoren des $\mathbb{R}_6, \ldots, n+1$ Vektoren des $\mathbb{R}^n$ sind linear abhängig (ohne Rechnung!). □

Satz 3.9. Dimension der Unterräume. *Jeder Unterraum U eines endlichdimensionalen Vektorraums V ist endlichdimensional; im Fall $U \neq V$ gilt*

$$\operatorname{Dim} U < \operatorname{Dim} V .$$

Beweis. Sei $U \neq \{\mathbf{0}\}$ und $(\mathbf{u}_1, \ldots, \mathbf{u}_r)$ ein System mit der größtmöglichen Anzahl linear unabhängiger Vektoren aus U. Nach Satz 3.8 c) gilt $r \leq n$. Für jeden beliebigen Vektor $\mathbf{u} \in U$ sind die $r+1$ Vektoren $\mathbf{u}_1, \ldots, \mathbf{u}_r, \mathbf{u}$ linear abhängig und deshalb $\mathbf{u}$ als Linearkombination der $\mathbf{u}_i$ darstellbar; d.h. $U = \operatorname{Lin}(\mathbf{u}_1, \ldots, \mathbf{u}_r)$. Folglich ist $(\mathbf{u}_1, \ldots, \mathbf{u}_r)$ eine Basis von U, $r = \operatorname{Dim} U \leq n = \operatorname{Dim} V$. Im Fall $r = n$ ist das nach Satz 3.8 a) bereits eine Basis von V, also $U = V$. □

Mit Satz 3.9 ist gesichert, daß die Sätze 3.6–3.8 für jeden Unterraum eines endlichdimensionalen Vektorraumes V anwendbar sind.

Beispiel. Sei $A \in \mathbb{R}^{n \times n}$, $A \neq \mathbf{0}$. Nach Satz 3.9 besitzt der Unterraum $\operatorname{Kern} A := \{\mathbf{x} \in \mathbb{R}^n \; ; A\mathbf{x} = \mathbf{0}\}$ des $\mathbb{R}^n$ wenigstens eine Basis $(\mathbf{u}_1, \ldots, \mathbf{u}_k)$ mit $k < n$ Vektoren. Jede andere Basis von Kern A besteht nach Satz 3.7 ebenfalls aus k linear unabhängigen Lösungsvektoren von $A\mathbf{x} = \mathbf{0}$. Ein einfaches Verfahren zur Berechnung einer Basis von Kern A wird in 4.4 angegeben. □

Aufgaben

1. Welche der folgenden Mengen sind lineare Teilräume des $\mathbb{R}^n$:
   a) $\{\mathbf{x} \; ; x_1 = a\}$, $a \in \mathbb{R}$; b) $\{\mathbf{x} \; ; x_1 = 0\} \cup \{\mathbf{x} \; ; x_2 = 0\}$;
   c) $\{\mathbf{x} \; ; x_1 \geq 0\}$; d) $\{\mathbf{x} \; ; x_1 = 0\} \cap \{\mathbf{x} \; ; x_2 = 0\}$;
   e) $\{\mathbf{x} \; ; x_1 \cdot x_2 = 0\}$; f) $\{\mathbf{x} \; ; |x| = 1\}$?

2. Es seien U, V Unterräume des $\mathbb{R}^{10}$ mit $\operatorname{Dim} U = 5$, $\operatorname{Dim} V = 7$. Welche Möglichkeiten gibt es für $\operatorname{Dim} \operatorname{Lin}(\mathbf{u}_1, ..., \mathbf{u}_r, \mathbf{v}_1, ..., \mathbf{v}_s)$, für $\mathbf{u}_i \in U$, $\mathbf{v}_j \in V$ $(1 \leq i \leq r \leq 5,\ 1 \leq j \leq s \leq 7)$? Man gebe für jede Möglichkeit explizit ein Beispiel an.

3. Die Vektoren $\mathbf{a} = (1, -2, 5, -3)^T$, $\mathbf{b} = (2, 3, 1, -4)^T$ und $\mathbf{c} = (3, 8, -3, -5)^T$ erzeugen einen linearen Teilraum W des $\mathbb{R}^4$. Bestimme die Dimension von W. Man vervollständige diese Basis zu einer Basis des $\mathbb{R}^4$.

4. Durch die vier Polynome wird ein Vektorraum V erzeugt
   $p(t) = t^3 - 2t^2 + 4t + 1$, $r(t) = t^3 + 6t - 5$,
   $q(t) = 2t^3 - 3t^2 + 9t - 1$, $s(t) = 2t^3 - 5t^2 + 7t + 5$.
   Man bestimme $\operatorname{Dim} V$ und gebe eine Basis für V an.

5. Für welche $\alpha, \beta \in \mathbb{R}$ sind die Vektoren des $\mathbb{R}_3$ linear unabhängig?
   a) $(\alpha^2, 1, \beta)$, $(\beta, -1, 1)$;
   b) $(\alpha, 0, 1)$, $(0, \alpha, 2)$, $(3, 2, \beta)$.

6. Man gebe jeweils 3 verschiedene Basen der folgenden Vektorräume an:
   a) $\mathbb{R}^3$;
   b) $V = \{ (\alpha, \beta, \gamma) \in \mathbb{R}^3 \; ; 2\alpha + 3\beta = 0 \}$;
   c) $V = \{ p(x) \in \mathbb{P}_n \; ; p(1) = 0 \}$.

§4. Elementarmatrizen und elementare Umformungen

4.1 Zeilenraum und Spaltenraum. Sei A eine $m \times n$-Matrix mit den Zeilen $\mathbf{z}_1, \ldots, \mathbf{z}_m \in \mathbb{R}_n$ und den Spalten $\mathbf{a}_1, \ldots, \mathbf{a}_n \in \mathbb{R}^m$. Man nennt

$$\operatorname{Lin}(\mathbf{z}_1, \ldots, \mathbf{z}_m) = \{ \sum_{i=1}^{m} \lambda_i \mathbf{z}_i \; ; \lambda_i \in \mathbb{R} \}$$

den *Zeilenraum* von A und

$$\operatorname{Lin}(\mathbf{a}_1, \ldots, \mathbf{a}_n) = \{ \sum_{i=1}^{n} \lambda_i \mathbf{a}_i \; ; \lambda_i \in \mathbb{R} \}$$

den *Spaltenraum* von A. Nach der Folgerung zu Satz 3.7 ist die Dimension des Zeilenraumes (Spaltenraumes) gleich der Maximalzahl linear unabhängiger Zeilen (Spalten) von A. Da beim Transponieren aus den Zeilen Spalten und aus den Spalten Zeilen werden, spiegeln sich alle Eigenschaften des Zeilenraumes (Spaltenraumes) von A wieder im Spaltenraum (Zeilenraum) von A^T. Wegen $A\mathbf{x} = \sum_{i=1}^{n} x_i \mathbf{a}_i$ (für $\mathbf{x} \in \mathbb{R}^n$, → (8), §2) gilt:

$$\text{(1)} \qquad \begin{aligned} \text{Spaltenraum von } A &= \{ A\mathbf{x} \; ; \mathbf{x} \in \mathbb{R}^n \} , \\ \text{Zeilenraum von } A &= \{ \mathbf{y}^T A \; ; \mathbf{y} \in \mathbb{R}^m \} . \end{aligned}$$

Satz 4.1. *Für alle* $A \in \mathbb{R}^{m \times n}$ *und alle invertierbaren Matrizen* $P \in \mathbb{R}^{m \times m}$, $Q \in \mathbb{R}^{n \times n}$ *gilt:*
A und AQ haben denselben Spaltenraum, A und PA denselben Zeilenraum.

Beweis. Wegen $A\mathbf{x} = (AQ)(Q^{-1}\mathbf{x}) = AQ\mathbf{x}'$ mit $\mathbf{x}' = Q^{-1}\mathbf{x}$ liegt jedes Element des Spaltenraumes von A im Spaltenraum von AQ und umgekehrt (→ (1)). Der analoge Schluß mit $\mathbf{y}^T A = \mathbf{y}^T P^{-1} P A$ liefert die Behauptung für den Zeilenraum. □

4.2 Elementarmatrizen. Zeilen- und Spaltenraum einer Matrix werden mit elementaren Zeilen- bzw. Spaltenumformungen vom Typ ①, ②, ③ untersucht.

Typ ① : Vertauschung zweier Zeilen (Spalten).
Typ ② : Multiplikation einer Zeile (Spalte) mit Zahlenfaktor $\neq 0$.
Typ ③ : Addition des Vielfachen einer Zeile (Spalte) zu einer anderen.

Hinter diesen Umformungen verbergen sich Multiplikationen mit besonderen invertierbaren Matrizen, den sogenannten Elementarmatrizen.

Definition. *Eine $m \times m$-Matrix $\tilde{E}$ heißt* **Elementarmatrix vom Typ** ⓘ, *wenn sie aus der $m \times m$-Einheitsmatrix E durch* **eine** *elementare Zeilenumformung vom Typ* ⓘ *hervorgeht. Wir sagen, $\tilde{E}$ gehört zu dieser Umformung.*

Beispiele (für $m = 3$).

$$\begin{pmatrix} \mathbf{e}_1 \\ \mathbf{e}_2 \\ \mathbf{e}_3 \end{pmatrix} = \begin{pmatrix} 1 & 0 & 0 \\ 0 & 1 & 0 \\ 0 & 0 & 1 \end{pmatrix} \qquad \text{(Typ ②; } \mathbf{e}_1 \to 1\,\mathbf{e}_1\text{).}$$

$$\begin{pmatrix} \mathbf{e}_1 \\ \alpha\mathbf{e}_2 \\ \mathbf{e}_3 \end{pmatrix} = \begin{pmatrix} 1 & 0 & 0 \\ 0 & \alpha & 0 \\ 0 & 0 & 1 \end{pmatrix} \quad (\alpha \neq 0) \qquad \text{(Typ ②; } \mathbf{e}_2 \to \alpha\mathbf{e}_2\text{).}$$

$$\begin{pmatrix} \mathbf{e}_2 \\ \mathbf{e}_1 \\ \mathbf{e}_3 \end{pmatrix} = \begin{pmatrix} 0 & 1 & 0 \\ 1 & 0 & 0 \\ 0 & 0 & 1 \end{pmatrix} \qquad \text{(Typ ①; } \mathbf{e}_1 \to \mathbf{e}_2,\ \mathbf{e}_2 \to \mathbf{e}_1\text{).}$$

$$\begin{pmatrix} \mathbf{e}_1 + \alpha\mathbf{e}_3 \\ \mathbf{e}_2 \\ \mathbf{e}_3 \end{pmatrix} = \begin{pmatrix} 1 & 0 & \alpha \\ 0 & 1 & 0 \\ 0 & 0 & 1 \end{pmatrix} \qquad \text{(Typ ③; } \mathbf{e}_1 \to \mathbf{e}_1 + \alpha\mathbf{e}_3\text{).}$$

□

Satz 4.2. **a)** *Entsteht $\tilde{A}$ aus $A \in \mathbb{R}^{m \times n}$ durch* **eine** *elementare Zeilenumformung (bzw. Spaltenumformung), dann gilt*

$$\tilde{A} = \tilde{E}A \qquad (\text{bzw. } \tilde{A} = A\tilde{E}^T) \tag{2}$$

mit der zugehörigen Elementarmatrix $\tilde{E}$.
b) *Die Elementarmatrizen sind invertierbar, die Inversen sind ebenfalls Elementarmatrizen.*
c) *Entsteht M bzw. N aus $A \in \mathbb{R}^{m \times n}$ durch endlich viele elementare Zeilen- bzw. Spaltenumformungen, dann gibt es invertierbare Matrizen $P \in \mathbb{R}^{m \times m}$, $Q \in \mathbb{R}^{n \times n}$ mit*

$$M = PA\,, \qquad N = AQ\,. \tag{3}$$

P ist Produkt von Elementarmatrizen, ebenso Q.

Beweis. a): $\tilde{A}$ entstehe aus A (mit den Zeilen $\mathbf{z}_i$) durch die Zeilenumformung $\mathbf{z}_i \to \mathbf{z}_i + \alpha\mathbf{z}_j$ ($\alpha \in \mathbb{R}$, $i \neq j$) vom Typ ③. Die Formeln (6) und (9) aus §2 zeigen, wenn $\mathbf{e}_1, \ldots \mathbf{e}_m$ die Zeilen der $m \times m$-Einheitsmatrix E bezeichnen,

$$\tilde{A} = \begin{pmatrix} \mathbf{z}_1 \\ \vdots \\ \mathbf{z}_i + \alpha\mathbf{z}_j \\ \vdots \\ \mathbf{z}_m \end{pmatrix} = \begin{pmatrix} \mathbf{e}_1 A \\ \vdots \\ \mathbf{e}_i A + \alpha\mathbf{e}_j A \\ \vdots \\ \mathbf{e}_m A \end{pmatrix} = \begin{pmatrix} \mathbf{e}_1 \\ \vdots \\ \mathbf{e}_i + \alpha\,\mathbf{e}_j \\ \vdots \\ \mathbf{e}_m \end{pmatrix} A = \tilde{E}A\,.$$

Analog für die anderen Typen. Entsteht dagegen $\tilde{A}$ aus A durch eine Spaltenumformung, dann entsteht $\tilde{A}^T$ aus A^T durch die gleichartige Zeilenumformung, also $\tilde{A}^T = \tilde{E}A^T$, bzw. $\tilde{A} = A\tilde{E}^T$ (→ (10), §2).
b): Eine Elementarmatrix Z kann mit einer elementaren Zeilenumformung in E zurückverwandelt werden; $\tilde{Z} = E$. Nach (2) gilt $E = \tilde{E}Z$, also $Z^{-1} = \tilde{E}$.
c) ergibt sich durch Mehrfachanwendung von (2). □

Beziehung (3) zusammen mit Satz 4.1 ergibt die

Folgerung. Der Zeilenraum einer Matrix ändert sich nicht bei elementaren Zeilenumformungen, der Spaltenraum nicht bei elementaren Spaltenumformungen.

Wird nun die Matrix A nach dem Gauß-Verfahren (Vorwärtselimination, → §1) mit elementaren Zeilenumformungen umgewandelt in eine Matrix M in Zeilenstufenform und in ganz analoger Weise mit Spaltenumformungen (Vorwärtselimination mit den Spalten von links nach rechts) in eine Matrix N in Spaltenstufenform,

(4)
$$M = \left(\begin{array}{l} \blacksquare ********** \\ \quad \blacksquare ******** \\ \qquad \blacksquare ****** \\ \qquad\quad \blacksquare **** \\ \qquad\qquad\quad \blacksquare \\ \quad 0 \\ \\ \end{array}\right) \begin{array}{l} \left.\begin{array}{c} \\ \\ \\ \\ \\ \end{array}\right\} r \\ \left.\begin{array}{c} \\ \\ \end{array}\right\} m-r \end{array} , \qquad N = \left(\begin{array}{cccccc} \blacksquare & & & & & \\ * & \blacksquare & & & 0 & \\ * & * & \blacksquare & & & \\ * & * & * & \blacksquare & & \\ * & * & * & * & & \\ * & * & * & * & \blacksquare & \\ \end{array}\right)$$
$$\underbrace{\qquad\qquad}_{p}\underbrace{\qquad\quad}_{n-p}$$

dann bilden nach Satz 3.1 und obiger Folgerung die von Null verschiedenen Zeilen von M (bzw. Spalten von N) eine Basis des Zeilenraumes von A (bzw. Spaltenraumes von A). Insbesondere gilt

(5)
$$\begin{aligned} r &= \text{Dimension des Zeilenraumes } A \\ &= \text{Maximalzahl linear unabhängiger Zeilen von } A\,, \\ p &= \text{Dimension des Spaltenraumes von } A \\ &= \text{Maximalzahl linear unabhängiger Spalten}\,. \end{aligned}$$

Damit erhält die in §1 gegebene Definition

„Rang A = Anzahl der ■-Stellen in M “

eine neue Fassung:

$$\boxed{\text{Rang } A = \text{Dimension des Zeilenraumes von } A}$$

Ferner gibt es nach Satz 4.2 invertierbare Matrizen P, Q mit $M = PA$, $N = AQ$.

4.3 Der Rang und die P-Q-Normalform. Mit $\begin{pmatrix} E_s & 0 \\ 0 & 0 \end{pmatrix}$ bezeichnen wir diejenige $m \times n$-Matrix, die an den ersten s Diagonalstellen eine 1 hat, sonst überall Null.

Satz 4.3. *Für jede $m \times n$-Matrix A gilt*

a) „Zeilenrang = Spaltenrang".

$$\begin{aligned} \text{Rang } A &= \textit{Dimension des Zeilenraumes von } A \\ &= \textit{Dimension des Spaltenraumes von } A \,. \end{aligned}$$

b) Die Dimensionsformel. $\text{Rang } A + \text{Dim}(\text{Kern } A) = n$.

c) Die P-Q-Normalform. *Es gibt invertierbare Matrizen $P \in \mathbb{R}^{m \times m}$, $Q \in \mathbb{R}^{n \times n}$, derart daß*

$$PAQ = \begin{pmatrix} E_r & 0 \\ 0 & 0 \end{pmatrix}, \qquad r = \text{Rang } A\,.$$

d) Eine Basis von Kern A. *Sind $P \in \mathbb{R}^{m \times m}$, $Q = (\mathbf{q}_1, \dots, \mathbf{q}_n) \in \mathbb{R}^{n \times n}$ invertierbare Matrizen mit $PAQ = \begin{pmatrix} E_s & 0 \\ 0 & 0 \end{pmatrix}$, dann gilt $s = r$ und die letzten $n - r$ Spalten $\mathbf{q}_{r+1}, \dots, \mathbf{q}_n$ von Q bilden eine Basis von* Kern A.

Beweis. c): Offenbar kann man die Matrix $M = PA$ aus (4) mit elementaren Spaltenumformungen, was nach Satz 4.2 der Multiplikation von rechts mit einer invertierbaren Matrix Q entspricht, umwandeln in

$$PAQ = \begin{pmatrix} E_r & 0 \\ 0 & 0 \end{pmatrix}, \qquad r = \text{Rang } A\,.$$

d):
$$\begin{aligned} &\mathbf{x} \in \text{Kern } A \iff A\mathbf{x} = \mathbf{0} \iff PAQ(Q^{-1}\mathbf{x}) = 0 \\ &\iff \begin{pmatrix} E_s & 0 \\ 0 & 0 \end{pmatrix} \begin{pmatrix} y_1 \\ \vdots \\ y_n \end{pmatrix} = \mathbf{0} \text{ mit } \mathbf{y} := Q^{-1}\mathbf{x} \\ &\iff y_1 = \dots = y_s = 0 \text{ und } y_{s+1}, \dots, y_n \in \mathbb{R} \text{ beliebig} \\ &\iff \mathbf{x} = Q\mathbf{y} = Q(y_{s+1}\mathbf{e}_{s+1} + \dots + y_n\mathbf{e}_n) \\ &\qquad = y_{s+1}\mathbf{q}_{s+1} + \dots + y_n\mathbf{q}_n \ (\to (9), \S 2)\,. \end{aligned}$$
Also erzeugen die linear unabhängigen Vektoren $\mathbf{q}_{s+1}, \dots, \mathbf{q}_n$ ($\to$ Satz 3.2) den Unterraum Kern A und bilden deshalb eine Basis von Kern A; Dim (Kern A) $= n - s$. Insbesondere ist s eindeutig bestimmt durch $s = n - \text{Dim}\,(\text{Kern } A)$. In Verbindung mit c) ergibt dies $r = n - \text{Dim}\,(\text{Kern } A)$ (das ist Teil b) und $s = r$.

a): Mit $N = AQ$ aus (4) wird durch elementare Zeilenumformungen

$$PAQ = \begin{pmatrix} E_p & 0 \\ 0 & 0 \end{pmatrix}, \qquad p = \text{Dim}\,(\text{Spaltenraum})$$

mit einer invertierbaren Matrix P. Nach dem soeben bewiesenen Teil c) gilt $p = \text{Rang}\, A$. Damit ist alles bewiesen. □

Folgerungen. Für $A \in \mathbb{R}^{m\times n}$ gilt

$$\text{(6)} \qquad \text{Rang}\, A^T = \text{Rang}\, A\,,$$

$$\text{(7)} \qquad \text{Rang}\,(PAQ) = \text{Rang}\, A \qquad \text{für alle invertierbaren } P \in \mathbb{R}^{m\times n},\ Q \in \mathbb{R}^{n\times n}.$$

Beweis. Da die Zeilen von A^T aus den (transponierten) Spalten von A bestehen, gilt

$$\begin{aligned}\text{Rang}\, A^T &= \text{Maximalzahl linear unabhängiger Spalten von } A\\ &= \text{Rang}\, A\,.\end{aligned}$$

Eine „P-Q-Normalform" $P_1(PAQ)Q_1 = \begin{pmatrix} E_s & 0 \\ 0 & 0 \end{pmatrix}$ mit $s = \text{Rang}\, PAQ$ ist wegen $(P_1P)A(QQ_1) = P_1(PAQ)Q_1$ auch eine „P-Q-Normalform" von A, also gilt $s = r = \text{Rang}\, A$. □

Formel (7) bildet die Grundlage schneller Rangberechnungen; sie besagt (nach Satz 4.2):

> Der Rang einer Matrix ändert sich nicht sowohl bei elementaren Zeilen- als auch bei elementaren Spaltenumformungen.

Beispiel. Die Matrix

$$\mathrm{A} = \begin{pmatrix} 1 & -1 & 2 & 3 \\ 2 & 2 & 0 & 2 \\ 4 & 1 & -1 & -1 \\ 1 & 2 & 3 & 0 \end{pmatrix}$$

hat, wie man schnell mit elementaren Zeilen- und Spaltenumformungen feststellt, den Rang 4. Demnach bilden die Zeilen eine Basis des $\mathbb{R}_4$ und die Spalten eine Basis des $\mathbb{R}^4$. A ist invertierbar. □

4.4 Rechenverfahren. Aus zwei Matrizen $A = (\alpha_{ij}) \in \mathbb{R}^{m\times n}$, $B = (\beta_{ij}) \in \mathbb{R}^{m\times k}$ gleicher Zeilenzahl bilden wir eine $m \times (n+k)$-Matrix

$$\text{(8)} \qquad (A, B) := \begin{pmatrix} \alpha_{11} & \cdots & \alpha_{1n} & \beta_{11} & \cdots & \beta_{1k} \\ \vdots & & \vdots & \vdots & & \vdots \\ \alpha_{m1} & \cdots & \alpha_{mn} & \beta_{m1} & \cdots & \beta_{mk} \end{pmatrix}.$$

Umgekehrt kann man eine Matrix durch eine (gedachte) Trennung zwischen zwei Spalten auf diese Weise in zwei „Blöcke" zerlegen.

Ganz analog ist für Matrizen $A \in \mathbb{R}^{m\times n}$, $C \in \mathbb{R}^{k\times n}$ gleicher Spaltenzahl die Matrix $\begin{pmatrix} A \\ C \end{pmatrix}$ definiert. Wiederholung solcher Zusammensetzungen bzw. Trennung zwischen Spalten und/oder Zeilen führt auf die sogenannten *Blockmatrizen*

$$\begin{pmatrix} A_{11} & \cdots & A_{1k} \\ \vdots & & \vdots \\ A_{l1} & \cdots & A_{lk} \end{pmatrix},$$

wobei die nebeneinander stehenden Matrizen $A_{i1}, \ldots, A_{ik}$ gleich viele Zeilen und die untereinander angeordneten Matrizen $A_{1j}, \ldots, A_{lj}$ gleich viele Spalten haben $(1 \le i \le l,\ 1 \le j \le k)$.

Besitzen A, B die Spaltendarstellungen $A = (\mathbf{a}_1, \ldots, \mathbf{a}_n)$, $B = (\mathbf{b}_1, \ldots, \mathbf{b}_k)$, so ist $(A, B) = (\mathbf{a}_1, \ldots, \mathbf{a}_n, \mathbf{b}_1, \ldots, \mathbf{b}_k)$ (entsprechend für Zeilen) und nach der Multiplikationsformel (6), §2, gilt für alle $P \in \mathbb{R}^{m \times m}$, $Q \in \mathbb{R}^{n \times n}$

$$P(A, B) = (PA, PB)\,, \qquad \begin{pmatrix} A \\ C \end{pmatrix} Q = \begin{pmatrix} AQ \\ CQ \end{pmatrix}. \tag{9}$$

A) Rechenverfahren, die nur Zeilenumformungen erfordern:

An zwei Matrizen gleicher Zeilenzahl $A \in \mathbb{R}^{m \times n}$, $B \in \mathbb{R}^{m \times k}$ werden wie im nebenstehenden Schema *gleichzeitig* dieselben elementaren *Zeilenumformungen* ausgeführt, bis man zu (M, N) gelangt. Dann gibt es nach Satz 4.2 eine invertierbare $m \times m$-Matrix P mit $(M, N) = P(A, B) = (PA, PB)$, d.h.

A	B
elementare Zeilen-	umformungen ↓
M	N

$$M = PA\,, \quad N = PB\,. \tag{10}$$

Mit einer speziellen Wahl der Anfangs- und/oder Enddaten kann eine explizite Darstellung von P erreicht werden.

Ⓐ **Berechnung von P mit $M = PA$** (→ Satz 4.2).

Mit $B = E \in \mathbb{R}^{m \times m}$ zeigt (10)

$$M = PA\,, \quad N = P\,.$$

D.h., *dieselben elementaren Zeilenumformungen, die A in M umwandeln, führen gleichzeitig von E zur invertierbaren $m \times m$-Matrix P* mit

A	E
elementare Zeilen-	umformungen ↓
M	P

$$M = PA\,, \text{ bzw. } \quad A = P^{-1}M\,.$$

P ist ein Produkt von Elementarmatrizen.

Beispiel.

A				E			Protokoll
1	−4	2	0	1	0	0	
2	−3	−1	−5	0	1	0	
3	−7	1	−5	0	0	1	
1	−4	2	0	1	0	0	
0	5	−5	−5	−2	1	0	$\mathbf{z}_2 - 2\mathbf{z}_1$
0	5	−5	−5	−3	0	1	$\mathbf{z}_3 - 3\mathbf{z}_1$
1	−4	2	0	1	0	0	
0	1	−1	−1	$-\frac{2}{5}$	$\frac{1}{5}$	0	$\frac{1}{5}\mathbf{z}_2$
0	0	0	0	−1	−1	1	$\mathbf{z}_3 - \mathbf{z}_2$
$= M$				$= P$			

Also gilt $(PA = M)$:

$$\begin{pmatrix} 1 & 0 & 0 \\ -2/5 & 1/5 & 0 \\ -1 & -1 & 1 \end{pmatrix} \begin{pmatrix} 1 & -4 & 2 & 0 \\ 2 & -3 & -1 & -5 \\ 3 & -7 & 1 & -5 \end{pmatrix} = \begin{pmatrix} 1 & -4 & 2 & 0 \\ 0 & 1 & -1 & -1 \\ 0 & 0 & 0 & 0 \end{pmatrix}. \qquad \square$$

Ⓑ **Berechnung der Inversen** (Zeilenverfahren, Gauß-Jordan-Verfahren)

Jede invertierbare Matrix $A \in \mathbb{R}^{n \times n}$ läßt sich allein durch elementare Zeilenumformungen in die $n \times n$-Einheitsmatrix E umwandeln. Denn mit A ist auch die mittels Vorwärtselimination aus A entstandene Zeilenstufenmatrix

$$M_1 = \begin{pmatrix} \blacksquare & & * \\ & \blacksquare & \\ 0 & & \ddots & \\ & & & \blacksquare \end{pmatrix}$$

invertierbar (Rang A = Rang M_1 = n), alle Diagonalelemente sind $\neq 0$ ($\rightarrow$ Satz 3.1). Die Rückwärtselimination (von unten nach oben) und Normierung der Diagonalstellen zu 1 führt von M_1 zu E.

Nach Ⓐ – mit $M = E$ – ergibt sich $E = PA$, also $P = A^{-1}$.

Da mit P auch $A = P^{-1}$ ein Produkt von Elementarmatrizen ist, haben wir außerdem das nützliche Beweismittel:

A	E

Gauß-Elimination
(Vorwärts- und
Rückwärtselimination
im 1.Block)
↓

E	A^{-1}

Satz 4.4. *Jede invertierbare $n \times n$-Matrix ist darstellbar als Produkt von $n \times n$-Elementarmatrizen.*

Beispiel.

A			E			*Protokoll*
1	2	3	1	0	0	
2	1	0	0	1	0	
1	0	2	0	0	1	
1	2	3	1	0	0	
0	−3	−6	−2	1	0	$\mathbf{z}_2 - 2\mathbf{z}_1$
0	−2	−1	−1	0	1	$\mathbf{z}_3 - \mathbf{z}_1$
1	2	3	1	0	0	
0	−3	−6	−2	1	0	
0	0	3	$\frac{1}{3}$	$-\frac{2}{3}$	1	$\mathbf{z}_3 - \frac{2}{3}\mathbf{z}_2$
1	2	0	$\frac{2}{3}$	$\frac{2}{3}$	−1	$\mathbf{z}_1 - \mathbf{z}_3$
0	1	0	$\frac{4}{9}$	$\frac{1}{9}$	$-\frac{2}{3}$	$-\frac{1}{3}(\mathbf{z}_2 + 2\mathbf{z}_3)$
0	0	1	$\frac{1}{9}$	$-\frac{2}{9}$	$\frac{1}{3}$	$\frac{1}{3}\mathbf{z}_3$
1	0	0	$-\frac{2}{9}$	$\frac{4}{9}$	$\frac{1}{3}$	$\mathbf{z}_1 - 2\mathbf{z}_2$
0	1	0	$\frac{4}{9}$	$\frac{1}{9}$	$-\frac{2}{3}$	
0	0	1	$\frac{1}{9}$	$-\frac{2}{9}$	$\frac{1}{3}$	

Damit gilt:

$$\begin{pmatrix} 1 & 2 & 3 \\ 2 & 1 & 0 \\ 1 & 0 & 2 \end{pmatrix}^{-1} = \begin{pmatrix} -\frac{2}{9} & \frac{4}{9} & \frac{1}{3} \\ \frac{4}{9} & \frac{1}{9} & -\frac{2}{3} \\ \frac{1}{9} & -\frac{2}{9} & \frac{1}{3} \end{pmatrix}. \qquad \square$$

Ⓒ Matrixgleichungen (Gauß-Verfahren).

Das in Ⓑ beschriebene Verfahren liefert bei allgemeiner rechter Seite $B \in \mathbb{R}^{n \times k}$ die eindeutig bestimmte Lösung $X = A^{-1}B$ der Matrixgleichung $AX = B$ $(X, B \in \mathbb{R}^{n \times k},\ A \in \mathbb{R}^{n \times n}$ invertierbar). Denn mit $M = E$ zeigt (10) $N = A^{-1}B$.

A	B
(Vorwärts- und Rückwärtselimination im A-Block) ↓	
E	$A^{-1}B$

Ⓓ Die LR-Zerlegung.

Bringt man eine invertierbare $n \times n$-Matrix A nach Ⓐ nur mit Vorwärtselimination (Zeilenumformungen vom Typ ③) auf eine obere Dreiecksmatrix M, und kommt man dabei *ohne Zeilenvertauschungen* aus, dann beobachtet man auf der rechten Seite (des Rechenschemas) nur Veränderungen unterhalb der Diagonalen; d.h. P ist eine untere Dreiecksmatrix mit lauter Einsen auf der Diagonalen. Es ist eine einfache Übung nachzuweisen (etwa anhand Ⓑ), daß auch P^{-1} dieselbe Gestalt hat. Die Formel $A = P^{-1}M$ (→ Ⓐ) besagt in *diesem Fall*:

A besitzt eine Produktzerlegung $A = LR$ in eine untere Dreiecksmatrix $L = P^{-1}$ (mit lauter Einsen auf der Diagonalen) und eine obere Dreiecksmatrix $R = M$ (mit Diagonalelementen $\neq 0$).

Diese sogenannte *LR- oder Dreieckszerlegung* ist sehr vorteilhaft für die Auflösung der Matrixgleichung $AX = B$, insbesondere dann, wenn diese für verschiedene rechte Seiten zu lösen ist: Man berechnet zuerst die Matrix Y (vom gleichen Typ wie X) mit $LY = B$ und damit X aus $RX = Y$. Diese Rechnungen gestalten sich aufgrund der Dreiecksform von L und R recht einfach. (→ `Programm GAUSS`)
In der Praxis wird die LR-Zerlegung sehr oft direkt aus dem Ansatz $A = LR$ bestimmt. (→ Aufgabe 5)

Beispiel. An dem zu Ⓑ angegebenen Beispiel kann man bereits nach der Vorwärtselimination $A = P^{-1}M$ ablesen:

$$\begin{pmatrix} 1&2&3\\ 2&1&0\\ 1&0&2 \end{pmatrix} = \begin{pmatrix} 1&0&0\\ -2&1&0\\ \frac{1}{3}&-\frac{2}{3}&1 \end{pmatrix}^{-1} \begin{pmatrix} 1&2&3\\ 0&-3&-6\\ 0&0&3 \end{pmatrix} = \begin{pmatrix} 1&0&0\\ 2&1&0\\ 1&\frac{2}{3}&1 \end{pmatrix} \begin{pmatrix} 1&2&3\\ 0&-3&-6\\ 0&0&6 \end{pmatrix} \qquad \square$$

B) Rechenverfahren, die nur Spaltenumformungen erfordern,

verlaufen nach folgendem Schema an $A \in \mathbb{R}^{m\times n}$ und $C \in \mathbb{R}^{k\times n}$:

$$\begin{array}{c|l} A & \text{elementare Spaltenumformungen} \\ \hline C & \text{an } A \text{ und gleichzeitig an } C \end{array} \;\rightarrow\; \begin{array}{|c} M \\ \hline N \end{array}\;.$$

Nach Satz 4.2 gibt es eine invertierbare $n \times n$-Matrix Q gleicher Spaltenzahl mit $\begin{pmatrix} M \\ N \end{pmatrix} = \begin{pmatrix} A \\ C \end{pmatrix} Q = \begin{pmatrix} AQ \\ CQ \end{pmatrix}$ (→ (9)), also $M = AQ$, $N = CQ$.

So berechnet man etwa die „Transformationsmatrix" Q nach diesem Schema mit $C = E$ (der $n \times n$-Einheitsmatrix).

Ⓔ **Eine Basis für** Kern A **(Spaltenverfahren).**

Sei $A \in \mathbb{R}^{m\times n}$. Wir bestimmen für den Lösungsraum Kern A des homogenen linearen Gleichungssystems $A\mathbf{x} = \mathbf{0}$ wie folgt eine Basis:

$$\begin{array}{c|l} A & \text{Vorwärtselimination für Spalten (von links} \\ & \text{nach rechts) im } A\text{-Block; diese Spalten-} \\ \hline E & \text{umformungen gleichzeitig an } E \text{ ausführen} \end{array} \;\rightarrow\; \begin{array}{|c} N \\ \hline Q \end{array}$$

mit $N = (\mathbf{v}_1, \ldots, \mathbf{v}_r, \mathbf{0}, \ldots, \mathbf{0})$ in Spaltenstufenform (→ (4), mit $\mathbf{v}_i \neq \mathbf{0}$, $r = \text{Rang } A$) und $Q = (\mathbf{q}_1, \ldots, \mathbf{q}_r, \mathbf{q}_{r+1}, \ldots, \mathbf{q}_n)$ (Spaltendarstellung). Nach Satz 4.3 gilt:

(11) $\qquad (\mathbf{q}_{r+1}, \mathbf{q}_{r+2}, \ldots, \mathbf{q}_n)$ ist eine Basis von Kern A.

Die allgemeine Lösung von $A\mathbf{x} = \mathbf{0}$ lautet $\mathbf{x} = \lambda_1 \mathbf{q}_{r+1} + \cdots + \lambda_{n-r}\mathbf{q}_n \quad (\lambda_i \in \mathbb{R})$.

Beispiel. Für die Matrix

$$A = \begin{pmatrix} 3 & 6 & 9 & -3 \\ 0 & 2 & 6 & 10 \\ 15 & 34 & 58 & 3 \\ -9 & -10 & -3 & 49+\alpha \end{pmatrix}$$

ist in Abhängigkeit von α eine Basis von Kern A zu bestimmen:

$$\begin{array}{cccc} 3 & 6 & 9 & -3 \\ 0 & 2 & 6 & 10 \\ 15 & 34 & 58 & 3 \\ -9 & -10 & -3 & 49+\alpha \\ \hline 1 & 0 & 0 & 0 \\ 0 & 1 & 0 & 0 \\ 0 & 0 & 1 & 0 \\ 0 & 0 & 0 & 1 \end{array} \rightarrow \begin{array}{cccc} 3 & 0 & 0 & 0 \\ 0 & 2 & 6 & 10 \\ 15 & 4 & 13 & 18 \\ -9 & 8 & 24 & 40+\alpha \\ \hline 1 & -2 & -3 & 1 \\ 0 & 1 & 0 & 0 \\ 0 & 0 & 1 & 0 \\ 0 & 0 & 0 & 1 \end{array} \rightarrow \begin{array}{cccc} 3 & 0 & 0 & 0 \\ 0 & 2 & 0 & 0 \\ 15 & 4 & 1 & -2 \\ -9 & 8 & 0 & \alpha \\ \hline 1 & -2 & 3 & 11 \\ 0 & 1 & -3 & -5 \\ 0 & 0 & 1 & 0 \\ 0 & 0 & 0 & 1 \end{array} \rightarrow \begin{array}{cccc} 3 & 0 & 0 & 0 \\ 0 & 2 & 0 & 0 \\ 15 & 4 & 1 & 0 \\ 9 & 8 & 0 & \alpha \\ \hline 1 & -2 & 3 & 17 \\ 0 & 1 & -3 & -11 \\ 0 & 0 & 1 & 2 \\ 0 & 0 & 0 & 1 \end{array}$$

Fall 1: $\alpha \neq 0 \Rightarrow \text{Rang}\, A = 4$; Kern $A = \{\mathbf{0}\}$.
Fall 2: $\alpha = 0 \Rightarrow \text{Rang}\, A = 3$; Dim Kern $A = 1$.

$$\text{Kern}\, A = \left\{ t \begin{pmatrix} 17 \\ -11 \\ 2 \\ 1 \end{pmatrix} ; t \in \mathbb{R} \right\} . \qquad \square$$

Eine Mischung aus dem Gauß-Verfahren (→ §1) und dem vorstehenden Spaltenverfahren zur Lösung von $A\mathbf{x} = \mathbf{0}$ ergibt eine *übersichtlich strukturierte Lösung der inhomogenen linearen Gleichung* $A\mathbf{x} = \mathbf{b}$ $(A \in \mathbb{R}^{m \times n},\ \mathbf{b} \in \mathbb{R}^m,\ \mathbf{b} \neq \mathbf{0})$: Man beginnt mit dem Gauß-Verfahren; d.h., $(A|\mathbf{b})$ wird mit elementaren Zeilenumformungen umgewandelt zu $(M|\mathbf{d})$ mit M in Zeilenstufenform. $M\mathbf{x} = \mathbf{d}$ besitzt genau dieselben Lösungen wie $A\mathbf{x} = \mathbf{b}$. Im Fall der Lösbarkeit (Rang M = Rang$(M|\mathbf{d})$) berechnet man zuerst die spezielle (partikuläre) Lösung $\mathbf{v}_0$, in der die freien Variablen den Wert Null haben. Dann bestimmt man mit dem Spaltenverfahren eine Basis $(\mathbf{u}_1, \ldots, \mathbf{u}_{n-r})$ von Kern M (= Kern A), was wegen der Dreiecksform von M recht einfach ist. Damit wird die allgemeine Lösung von $A\mathbf{x} = \mathbf{b}$ dargestellt in der Form (→ Satz 1.2)

$$\mathbf{x} = \mathbf{v}_0 + \lambda_1 \mathbf{u}_1 + \cdots + \lambda_{n-r} \mathbf{u}_{n-r} \quad (\lambda_i \in \mathbb{R},\ r = \text{Rang}\, A) .$$

Im nachfolgenden `Programm GAUSS` ist das Prinzip der *LR*-Zerlegung realisiert, wobei aber zusätzlich Zeilenvertauschungen vorgenommen (und gespeichert) werden, so daß in jedem Gauß-Eliminationsschritt das betragsgrößte Element einer Restspalte zum ▪-Element (Pivot-Element) wird. Um bestmögliche numerische Ergebnisse zu erzielen, wird das Gleichungssystem zunächst äquilibriert, indem jede Gleichung durch die Länge des entsprechenden Zeilenvektors von A dividiert wird. Mit der fertigen „*LR*-Zerlegung“ kann die Rückwärtssubstitution mit verschiedenen rechten Seiten wiederholt werden.

```
' Programm GAUSS
' --------------
Print "DIMENSION N=";
Input N
M=N-1
Dim A(M,M),B(M),C(M)
Print "A ZEILENWEISE:"
For I=1 To N
  For J=1 To N
    Print "A"+Str$(I)+Str$(J);
    Input A(I-1,J-1)
  Next J
Next I
' ---- Zeilen skalieren -----
For I=0 To M
  Y=0
  For S=0 To M
    Y=A(I,S)*A(I,S)+Y
  Next S
  If Y=0 Then
    Print " A singulaer"
    End
  Else
    C(I)=1/Sqr(Y)
  Endif
Next I
' ------ LR-Zerlegung -------
D=1
For K=0 To M
  L=K
  X=0
  V=K
  For I=K To M
    Y=-A(I,K)
    U=I
    Gosub Scalar2
    A(I,K)=-Y
    Y=Abs(Y*C(I))
    If Y>X Then
      X=Y
      L=I
    Endif
  Next I
  If L<>K Then
    ' ---- Zeilenvertauschung ---
    D=-D
    For J=0 To M
      Y=A(K,J)
      A(K,J)=A(L,J)
      A(L,J)=Y
    Next J
    C(L)=C(K)
  Endif
  ' -----------------------------
  C(K)=L
  D=D*A(K,K)
  Exit If X<1.0E-09
  U=K
  X=A(K,K)
  If K<M Then
    For J=K+1 To M
      Y=-A(K,J)
      V=J
      Gosub Scalar2
      A(K,J)=-Y/X
    Next J
  Endif
Next K
If Abs(D)<1.0E-09 Then
  Print "A SINGULAER"
  End
Endif
Print "D=";D
' ------------------------------
Repeat
  Print "RECHTE SEITE"
  For I=1 To N
    Print "B"+Str$(I);
    Input B(I-1)
  Next I
  For I=0 To M
    Y=C(I)
    If I<>Y Then
      X=B(I)
      B(I)=B(Y)
      B(Y)=X
    Endif
  Next I
```

```
  U=0
  For I=0 To M
    Y=B(I)
    V=I-1
    Gosub Scalar1
    B(I)=-Y/A(I,I)
  Next I
  V=M
  For I=M To 0 Step -1
    Y=B(I)
    U=I+1
    Gosub Scalar1
    B(I)=-Y
  Next I
  Print "ERGEBNIS"
  For I=1 To N
    Print "X"+Str$(I)+"=";B(I-1)
  Next I
  Print "Neue rechte Seite (j/n)"
  Input R$
Until R$="n"
```

```
' ------------------------------
Procedure Scalar1
  If U<=V Then
    For S=U To V
      Y=Y+A(I,S)*B(S)
    Next S
  Endif
Return
' ------------------------------
Procedure Scalar2
  If K>0 Then
    For S=0 To K-1
      Y=Y+A(U,S)*A(S,V)
    Next S
  Endif
Return
```

Aufgaben

1. Für die folgenden Matrizen bestimme man
   a) den Rang r (Zeilen- u. Spaltenumformungen!),
   b) eine Basis des Zeilenraumes,
   c) eine Basis des Spaltenraumes,
   d) Matrizen P, Q, so daß $PAQ = \begin{pmatrix} E_r & 0 \\ 0 & 0 \end{pmatrix}$:

$$\begin{pmatrix} 1 & 2 & 3 \\ 4 & 5 & 6 \\ 7 & 8 & 9 \end{pmatrix} \quad \begin{pmatrix} 1 & 3 & 1 & -2 & -3 \\ 1 & 4 & 3 & -1 & -4 \\ 2 & 3 & -4 & -7 & -3 \\ 3 & 8 & 1 & -7 & -8 \end{pmatrix} \quad \begin{pmatrix} 1 & -1 & 2 & 3 & 0 \\ 0 & 1 & 0 & 1 & 1 \\ 1 & 0 & 1 & 0 & 1 \\ 0 & 0 & 0 & 1 & 0 \\ 0 & 1 & 0 & 0 & 1 \end{pmatrix} .$$

2. Mittels Zeilenverfahren Ⓑ berechne – falls möglich – die Inversen von

$$\begin{pmatrix} 1 & 0 & -1 \\ 3 & 1 & -3 \\ 1 & 2 & -2 \end{pmatrix} \quad \begin{pmatrix} 1 & 3 & -1 & 4 \\ 2 & 5 & -1 & 3 \\ 0 & 4 & -3 & 1 \\ -3 & 1 & -5 & -2 \end{pmatrix} \quad \begin{pmatrix} 1/2 & 1/3 & 1/4 & 1/5 & 1/6 \\ 1/3 & 1/4 & 1/5 & 1/6 & 1/7 \\ 1/4 & 1/5 & 1/6 & 1/7 & 1/8 \\ 1/5 & 1/6 & 1/7 & 1/8 & 1/9 \\ 1/6 & 1/7 & 1/8 & 1/9 & 1/10 \end{pmatrix}$$

   und stelle die 3×3-Matrix als Produkt von Elementarmatrizen dar.

3. Man löse die Matrixgleichung $AX = B$ gemäß Verfahren Ⓒ, analog dazu $BY = A$ und berechne schließlich zur Kontrolle $X\,Y$ für

   a) $A = \begin{pmatrix} 1 & 3 & -1 \\ 2 & 5 & -1 \\ 0 & 4 & -3 \end{pmatrix}$, $B = \begin{pmatrix} 1 & 3 & 1 \\ 1 & 4 & 3 \\ 2 & 3 & -4 \end{pmatrix}$;

b) $A = \begin{pmatrix} 1 & 2 & -2 & 1 \\ 2 & 5 & -2 & 2 \\ -2 & -4 & 3 & 0 \\ 1 & 3 & 0 & 2 \end{pmatrix}, \quad B = \begin{pmatrix} 1 & 0 & -1 & 0 \\ 2 & -1 & -2 & 3 \\ -1 & 2 & 2 & -4 \\ 0 & 1 & 2 & -5 \end{pmatrix}.$

4. a) Mittels *Zeilenumformungen* bestimme man gemäß Ⓓ für A eine untere Dreiecksmatrix P und eine obere Dreiecksmatrix R, so daß $PA = R$ und leite daraus die LR-Zerlegung von A ab:

$$A = \begin{pmatrix} 3 & 6 & 9 & -3 \\ 0 & 2 & 6 & 10 \\ 15 & 34 & 58 & 3 \\ -9 & -10 & -3 & 50 \end{pmatrix} = \mathrm{LR} = \begin{pmatrix} 1 & & 0 \\ & \ddots & \\ * & & 1 \end{pmatrix} \begin{pmatrix} * & & * \\ & \ddots & \\ 0 & & * \end{pmatrix}.$$

b) Man bestätige, daß $A = \begin{pmatrix} 2 & 6 & 13 \\ 0 & 0 & 4 \\ 0 & 3 & 16 \end{pmatrix}$ invertierbar ist aber keine LR-Zerlegung besitzt!

5. a) Man bestimme die LR-Zerlegung:

$$H = \begin{pmatrix} 1/2 & 1/3 & 1/4 & 1/5 \\ 1/3 & 1/4 & 1/5 & 1/6 \\ 1/4 & 1/5 & 1/6 & 1/7 \\ 1/5 & 1/6 & 1/7 & 1/8 \end{pmatrix} = \mathrm{LR} =$$

(*)

$$= \begin{pmatrix} 1 & & & 0 \\ l_{21} & 1 & & \\ l_{31} & l_{32} & 1 & \\ l_{41} & l_{42} & l_{43} & 1 \end{pmatrix} \begin{pmatrix} r_{11} & r_{12} & r_{13} & r_{14} \\ & r_{22} & r_{23} & r_{24} \\ & & r_{33} & r_{34} \\ 0 & & & r_{44} \end{pmatrix}$$

— durch Zeilenverfahren Ⓓ,
— direkt aus (*): LR ausmultiplizieren und auflösen nach r_{11}, l_{21}, $l_{31}, \ldots$.

6. Man bestimme – abhängig von α – mittels Spaltenverfahren Ⓔ eine Basis von Kern A für die Matrizen A

$$\begin{pmatrix} 1 & 1 & 2 & 3 \\ 2 & 3 & 3 & 7 \\ 4 & 5 & 30 & 14 \\ 3 & 2 & 6\alpha+7 & 2\alpha+8 \end{pmatrix}, \quad \begin{pmatrix} 1 & 1 & 1 & 1 \\ 2 & 0 & 2 & 6 \\ 3 & 2 & 1 & -1 \\ 0 & 0 & 1 & \alpha \\ 5 & -1 & 1 & 5 \end{pmatrix}.$$

7. Man zeige für eine invertierbare Matrix A

a) $A = A^T \quad \Rightarrow \quad A^{-1} = (A^{-1})^T$,

b) $A = -A^T \quad \Rightarrow \quad A^{-1} = -(A^{-1})^T$.

8. Es seien $A \in \mathbb{R}^{m \times n}$ und $B \in \mathbb{R}^{n \times m}$ mit $AB = 0$. Man beweise oder widerlege mit einem Beispiel:

a) Es gilt auch $BA = 0$,

b) Rang $A = n \Rightarrow B = 0$,

c) Rang $A = m \Rightarrow B = 0$.

9. Man zeige, daß jede invertierbare Matrix allein durch elementare Zeilenumformungen vom Typ ③ auf die Form $\mathrm{Diag}(1, \ldots, 1, d)$ mit $d \neq 0$ gebracht werden kann.

10. **Pseudo-Inverse** einer Matrix $A \in \mathbb{R}^{m\times n}$ nennt man eine Matrix $A^+ \in \mathbb{R}^{n\times m}$, für welche

(*i*) $$A^+AA^+ = A^+$$

(*ii*) $$AA^+A = A\ .$$

a) Man zeige: Für $A = \begin{pmatrix} E_r & 0 \\ 0 & 0 \end{pmatrix}$ ist A^T eine Pseudo-Inverse.

b) Man bestätige: Sind $P \in \mathbb{R}^{m\times m}$, $Q =\in \mathbb{R}^{n\times n}$ invertierbar und A^+ Pseudo-Inverse von A, so ist $B^+ = Q^{-1}A^+P^{-1}$ Pseudoinverse von $B = PAQ$.

c) Man bestimme eine Pseudoinverse für $\begin{pmatrix} 0 & 1 \\ 0 & 0 \end{pmatrix}$ und $\begin{pmatrix} 1 & 0 & 1 \\ 2 & 3 & 8 \end{pmatrix}$.

§5. Determinanten

5.1 Einführung. Determinanten wurden bereits 1678 von G. W. LEIBNIZ eingeführt, sie waren aber – aufgrund ihrer komplizierten Berechnung – für lange Zeit als magisches Rechenmittel verrufen und nur den Könnern vorbehalten. Man kann mit ihnen elementargeometrische Größen äußerst elegant beschreiben, die Lösung eines linearen Gleichungssystems mit invertierbarer Koeffizientenmatrix direkt als Funktion der Koeffizienten darstellen und schließlich den Test „Rang $A < n$" bei einer $n \times n$-Matrix auf eine bloße Nullabfrage zurückführen.

2-reihige Determinanten. Das von zwei Vektoren $\mathbf{a} = \begin{pmatrix} \alpha_1 \\ \alpha_2 \end{pmatrix}$, $\mathbf{b} = \begin{pmatrix} \beta_1 \\ \beta_2 \end{pmatrix}$ der (x, y)-Ebene erzeugte Parallelogramm hat nach Kap. 1, §5.3 den Flächeninhalt

$$F = \left| \begin{pmatrix} \alpha_1 \\ \alpha_2 \\ 0 \end{pmatrix} \times \begin{pmatrix} \beta_1 \\ \beta_2 \\ 0 \end{pmatrix} \right| = |\alpha_1\beta_2 - \alpha_2\beta_1|\ .$$

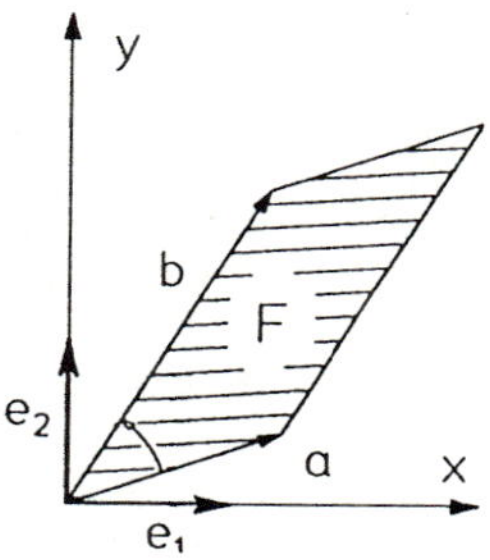

Abb. 143 – Parallelogrammfläche

Es ist $F = \alpha_1\beta_2 - \alpha_2\beta_1 \geq 0$, wenn die Drehung von **a** nach **b** über den kleineren Winkel positiv (gegen den Uhrzeigersinn) erfolgt, andernfalls gilt $-F = \alpha_1\beta_2 - \alpha_2\beta_1 \leq 0$. Die Zahl

(1) $$\boxed{\det A := \alpha_1\beta_2 - \alpha_2\beta_1}$$

heißt *Determinante* der 2×2-Matrix $A = \begin{pmatrix} \alpha_1 & \beta_1 \\ \alpha_2 & \beta_2 \end{pmatrix}$. Man berechnet sie nach dem Schema

$$\det \begin{pmatrix} \alpha_1 & \beta_1 \\ \alpha_2 & \beta_2 \end{pmatrix} = \alpha_1\beta_2 - \alpha_2\beta_1\ .$$

(Im Schema: Diagonale $\alpha_1 \to \beta_2$ mit $+$, Diagonale $\alpha_2 \to \beta_1$ mit $-$.)

Es ist $\det A = \pm F = 0$ genau dann, wenn $\mathbf{a}$, $\mathbf{b}$ parallel sind (oder einer der beiden der Nullvektor ist). Damit ist gezeigt:

$$\begin{pmatrix}\alpha_1\\ \alpha_2\end{pmatrix},\ \begin{pmatrix}\beta_1\\ \beta_2\end{pmatrix} \text{ linear abhängig} \iff \det\begin{pmatrix}\alpha_1 & \beta_1\\ \alpha_2 & \beta_2\end{pmatrix} = 0$$

bzw., äquivalent dazu

$$A = \begin{pmatrix}\alpha_1 & \beta_1\\ \alpha_2 & \beta_2\end{pmatrix} \text{ invertierbar} \iff \det A \neq 0$$

Beispiel. $\det\begin{pmatrix}1 & 3\\ 2 & 5\end{pmatrix} = 1\cdot 5 - 2\cdot 3 = -1 \neq 0$. Die Matrix ist invertierbar; $\begin{pmatrix}1 & 3\\ 2 & 5\end{pmatrix}^{-1} = (-1)\begin{pmatrix}5 & -3\\ -2 & 1\end{pmatrix}$.

Ferner: Der Flächeninhalt des von $\begin{pmatrix}1\\ 2\end{pmatrix}$ und $\begin{pmatrix}3\\ 5\end{pmatrix}$ aufgespannten Parallelogramms beträgt $F = |\det A| = 1$. □

3-reihige Determinanten. Ein Spat mit den bezüglich einer kartesischen Basis dargestellten Kanten

$$\mathbf{a}_1 = \begin{pmatrix}\alpha_{11}\\ \alpha_{21}\\ \alpha_{31}\end{pmatrix},\ \mathbf{a}_2 = \begin{pmatrix}\alpha_{12}\\ \alpha_{22}\\ \alpha_{32}\end{pmatrix},\ \mathbf{a}_3 = \begin{pmatrix}\alpha_{13}\\ \alpha_{23}\\ \alpha_{33}\end{pmatrix}$$

hat nach Kap. 1, §5.4 das Volumen

$$\begin{aligned} V &= |[\mathbf{a}_1, \mathbf{a}_2, \mathbf{a}_3]| \\ &= |\alpha_{11}(\alpha_{22}\alpha_{33} - \alpha_{32}\alpha_{23}) - \alpha_{21}(\alpha_{12}\alpha_{33} - \alpha_{32}\alpha_{13}) + \alpha_{31}(\alpha_{12}\alpha_{23} - \alpha_{22}\alpha_{13})| \end{aligned} \tag{2}$$

Die bisher als Spatprodukt bekannte Zahl

$$\det A := [\mathbf{a}_1, \mathbf{a}_2, \mathbf{a}_3]$$

heißt auch *Determinante* der 3×3-Matrix

$$A = \begin{pmatrix}\alpha_{11} & \alpha_{12} & \alpha_{13}\\ \alpha_{21} & \alpha_{22} & \alpha_{23}\\ \alpha_{31} & \alpha_{32} & \alpha_{33}\end{pmatrix}.$$

Es gilt $V = \det A > 0$, wenn $(\mathbf{a}_1, \mathbf{a}_2, \mathbf{a}_3)$ ein Rechtssystem ist. $V = \det A = 0$ genau dann, wenn der Spat entartet ist, d.h. wenn $\mathbf{a}_1$, $\mathbf{a}_2$, $\mathbf{a}_3$ linear abhängig sind. In anderen Worten:

$$\text{Rang } A < 3 \iff \det A = 0, \text{ bzw.}$$
$$\text{Rang } A = 3 \iff A \text{ invertierbar} \iff \det A \neq 0.$$

Die auf der rechten Seite von (2) eingeklammerten Faktoren erkennt man als Determinanten gewisser 2×2-Matrizen. D.h.,

(3) $$\det A = \alpha_{11} \det \begin{pmatrix} \alpha_{22} & \alpha_{23} \\ \alpha_{32} & \alpha_{33} \end{pmatrix} - \alpha_{21} \det \begin{pmatrix} \alpha_{12} & \alpha_{13} \\ \alpha_{32} & \alpha_{33} \end{pmatrix} + \alpha_{31} \det \begin{pmatrix} \alpha_{12} & \alpha_{13} \\ \alpha_{22} & \alpha_{23} \end{pmatrix}$$

Anschaulich:

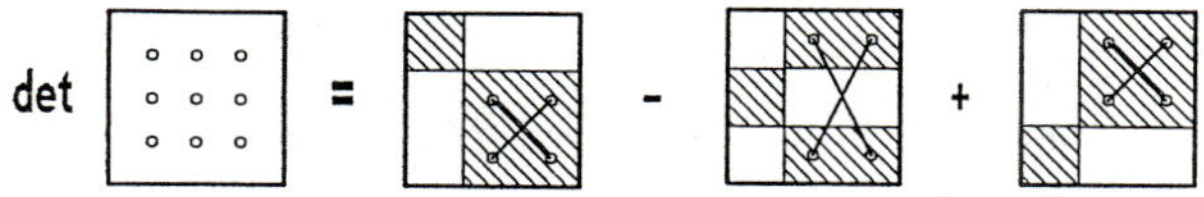

Abb. 144 – 3 × 3-Determinante

Für 3×3-Matrizen gibt es die nach dem französischen Mathematiker P. F. SARRUS (1798 – 1861) benannte Regel:

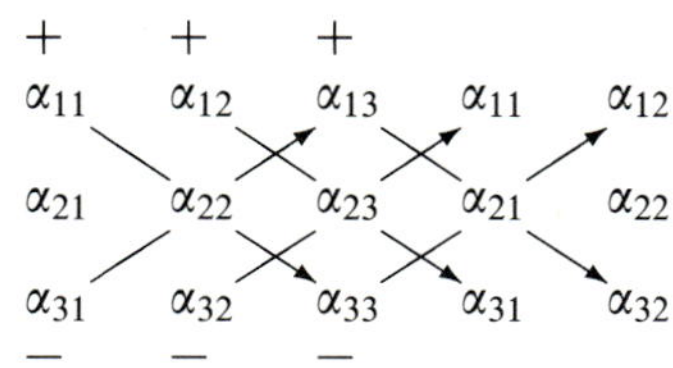

Man schreibt die ersten beiden Spalten noch einmal rechts neben A, addiert die längs der ↘-Diagonalen zu bildenden Produkte und subtrahiert die längs ↗ berechneten Produkte. Man erhält

$$\det A = \alpha_{11}\alpha_{22}\alpha_{33} + \alpha_{12}\alpha_{23}\alpha_{31} + \alpha_{13}\alpha_{21}\alpha_{32} - \alpha_{31}\alpha_{22}\alpha_{13} - \alpha_{32}\alpha_{23}\alpha_{11} - \alpha_{33}\alpha_{21}\alpha_{12} .$$

Beispiel.

$$A = \begin{pmatrix} 0 & -2 & 3 \\ -2 & 1 & -2 \\ 3 & 6 & 5 \end{pmatrix}$$

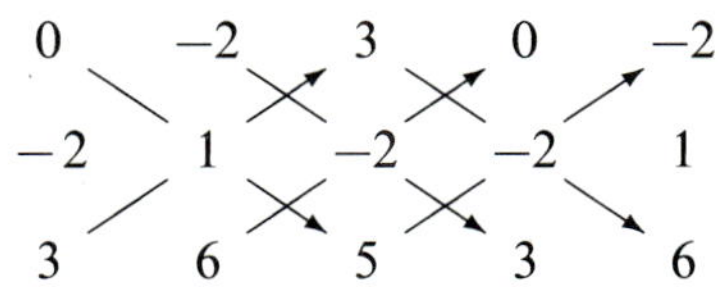

$\det A = 0 + 12 - 36 - 9 - 0 - 20 = -53$. Die Matrix ist invertierbar, die Spalten bilden eine Basis des $\mathbb{R}^3$, aber kein Rechtssystem. Der von den Spalten (in kartesischen Koordinaten) aufgespannte Spat hat das Volumen $V = |\det A| = 53$. □

Bemerkung. Die Regel von SARRUS läßt sich *nicht* auf die in 5.2 definierten n-reihigen Determinanten mit $n > 3$ übertragen.

5.2 Definition der Determinante einer $n \times n$-Matrix. Als Verallgemeinerung der beiden Sonderfälle $n = 2$, $n = 3$ ergibt sich für beliebiges $n \in \mathbb{N}$ die folgende

Rekursive Definition der Determinante $\det A$, $A = (\alpha_{ij}) \in \mathbb{R}^{n\times n}$.

Für $n = 1$, d.h. $A = (\alpha_{11})$, ist $\det A := \alpha_{11}$.

Für $n \geq 2$ ist (*Entwicklung von* $\det A$ *nach der ersten Spalte*)

(4)
$$\det A := \alpha_{11}\det A_{11} - \alpha_{21}\det A_{21} + \alpha_{31}\det A_{31} - + \cdots + (-1)^{n+1}\alpha_{n1}\det A_{n1},$$

wobei A_{i1} die $(n-1)\times(n-1)$-Matrix bezeichnet, die aus A durch Entfernen (Streichen) der ersten Spalte und der i-ten Zeile entsteht $(1 \leq i \leq n)$.

Für $\det A$ ist ebenfalls die Bezeichnung $|A|$ üblich.
Die folgende Abbildung veranschaulicht (4):

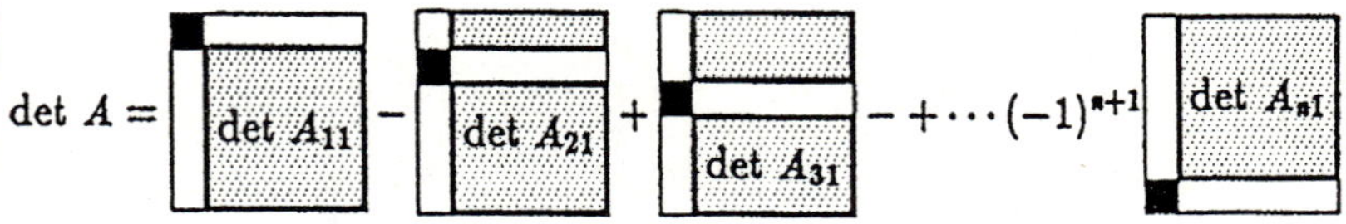

Abb. 145 – Entwicklung nach der 1. Spalte

Beispiel.

$$A = \begin{pmatrix} 1 & 2 & 0 & 1 \\ 3 & -2 & 1 & 0 \\ 0 & 6 & 3 & -2 \\ 2 & 4 & 3 & 1 \end{pmatrix}, \quad A_{11} = \begin{pmatrix} -2 & 1 & 0 \\ 6 & 3 & -2 \\ 4 & 3 & 1 \end{pmatrix}$$

$$A_{21} = \begin{pmatrix} 2 & 0 & 1 \\ 6 & 3 & -2 \\ 4 & 3 & 1 \end{pmatrix}, \quad A_{31} = \begin{pmatrix} 2 & 0 & 1 \\ -2 & 1 & 0 \\ 4 & 3 & 1 \end{pmatrix}, \quad A_{41} = \begin{pmatrix} 2 & 0 & 1 \\ -2 & 1 & 0 \\ 6 & 3 & -2 \end{pmatrix}$$

$$\det A = 1\cdot\det A_{11} - 3\cdot\det A_{21} + 0\cdot\det A_{31} - 2\cdot\det A_{41}$$
$$= -32 - 3\cdot 24 - 2\cdot(-16) = -72\,.$$ □

Bemerkung. Wendet man (4) rekursiv in (4) auf $\det A_{i1}$ $(1 \leq i \leq n)$ an, so ergibt sich zum Schluß die sogenannte *vollständige Entwicklung der Determinante*

$$\det A = \sum_{i=(i_1,\ldots,i_n)} (-1)^{\epsilon(i)}\alpha_{i_1 1}\alpha_{i_2 2}\cdots\alpha_{i_n n}\,,$$

wobei sich die Summe über alle Permutationen $i = (i_1,\ldots,i_n)$ der Zahlen $1,2,\ldots,n$ erstreckt, und $\epsilon(i)$ gleich der Anzahl der Vertauschungen ist, die erforderlich sind, um $(i_1,\ldots,i_n)$ in die natürliche Reihenfolge zu bringen.
Die vollständige Entwicklung besteht aus $n!$ Summanden. Da mit wachsendem n die Fakultät $n!$ rapide ansteigt $(7! = 5040)$, sucht man nach Eigenschaften, die eine schnellere Berechnung von $\det A$, etwa durch Rückführung auf den folgenden Spezialfall, erlauben.

Satz 5.1. *Für eine obere Dreiecksmatrix gilt*

$$\det\begin{pmatrix} \alpha_{11} & * & \cdots & * \\ 0 & \alpha_{22} & \ddots & \vdots \\ \vdots & \ddots & \ddots & * \\ 0 & \cdots & 0 & \alpha_{nn} \end{pmatrix} = \alpha_{11}\alpha_{22}\ldots\alpha_{nn}\,.$$

Speziell: $\det E = 1\,,\ \det(\alpha E) = \alpha^n \quad (E \in \mathbb{R}^{n\times n})$.

Beweis. Wegen $\alpha_{21} = \cdots = \alpha_{n1} = 0$ reduziert sich (4) auf

$$\det A = \alpha_{11}\det\begin{pmatrix} \alpha_{22} & & * \\ & \ddots & \\ 0 & & \alpha_{nn}\end{pmatrix} = \alpha_{11}\alpha_{22}\det\begin{pmatrix} \alpha_{33} & & * \\ & \ddots & \\ 0 & & \alpha_{nn}\end{pmatrix} = \cdots = \alpha_{11}\alpha_{22}\ldots\alpha_{nn}\,. \qquad \square$$

Beispiele.

$$\det\begin{pmatrix} 3 & 4 & 0 & 2 \\ 0 & 1 & 4 & 5 \\ 0 & 0 & -2 & 6 \\ 0 & 0 & 0 & 1 \end{pmatrix} = -6\ ; \qquad \det\begin{pmatrix} 7 & 3 & 4 & 2 & 1 \\ 0 & 0 & 2 & 4 & 1 \\ 0 & 0 & 5 & -1 & 2 \\ 0 & 0 & 0 & 4 & 3 \\ 0 & 0 & 0 & 0 & 6 \end{pmatrix} = 0\,. \qquad \square$$

5.3 Rechenregeln für Determinanten. Der folgende Satz enthält die grundlegenden Eigenschaften der Determinante.

Satz 5.2. a) det **ist linear in jeder Zeile.** *Damit ist gemeint:*
1. Ein gemeinsamer Faktor **einer** *Zeile von A kann aus* $\det A$ *herausgezogen werden.*
2. Besteht **eine** *Zeile von A aus einer Summe,* $\mathbf{z}_i = \mathbf{a} + \mathbf{b}$, *dann besitzt* $\det A$ *die entsprechende Summenzerlegung. In Formeln:*

$$\det\begin{pmatrix} \mathbf{z}_1 \\ \vdots \\ \alpha\mathbf{z}_i \\ \vdots \\ \mathbf{z}_n \end{pmatrix} = \alpha\det\begin{pmatrix} \mathbf{z}_1 \\ \vdots \\ \mathbf{z}_i \\ \vdots \\ \mathbf{z}_n \end{pmatrix}, \quad \det\begin{pmatrix} \mathbf{z}_1 \\ \vdots \\ \mathbf{a}+\mathbf{b} \\ \vdots \\ \mathbf{z}_n \end{pmatrix} = \det\begin{pmatrix} \mathbf{z}_1 \\ \vdots \\ \mathbf{a} \\ \vdots \\ \mathbf{z}_n \end{pmatrix} + \det\begin{pmatrix} \mathbf{z}_1 \\ \vdots \\ \mathbf{b} \\ \vdots \\ \mathbf{z}_n \end{pmatrix}.$$

b) det **ist alternierend.** *Das bedeutet: Entsteht* $\tilde{A}$ *aus* $A \in \mathbb{R}^{n\times n}$ *durch Vertauschung zweier Zeilen, dann gilt* $\det\tilde{A} = -\det A$ *; insbesondere* $\det A = 0$, *falls A zwei gleiche Zeilen enthält.*

Beweis. a) beweist man leicht mit vollständiger Induktion ($n = 1, 2, \ldots$) und der Rekursionsformel (4).
b): Wegen der alternierenden Vorzeichen erkennt man an (4) (ebenfalls mit vollständiger Induktion), daß sich bei Vertauschung zweier benachbarter Zeilen das Vorzeichen ändert. Da man die Vertauschung zweier *beliebiger* Zeilen von A stets durch eine ungerade Anzahl von Vertauschungen *benachbarter* Zeilen erzielen kann, ist nun alles bewiesen. Sind zwei Zeilen von A gleich, so gilt mit einer Vertauschung dieser beiden Zeilen $\det A = -\det A$; das ist nur mit $\det A = 0$ möglich. $\square$

Satz 5.3. Die Rechenregeln für Determinanten. *Für alle* $A, B \in \mathbb{R}^{n \times n}$ *gilt:*

a) Die Änderung bei elementaren Zeilen- bzw. Spaltenumformungen. *Entsteht* $\tilde{A}$ *aus* A *durch eine elementare Zeilen- oder Spaltenumformung vom Typ* ⓘ, *dann ändert sich die Determinante wie folgt:*

$$(5) \qquad \begin{array}{lll} \textit{Typ} \ ① : & \det \tilde{A} = -\det A \ , & \\ \textit{Typ} \ ② : & \det \tilde{A} = \alpha \det A & (\text{Faktor } \alpha \neq 0) \ , \\ \textit{Typ} \ ③ : & \det \tilde{A} = \det A \ . & \end{array}$$

b) Symmetrie in Zeilen und Spalten.

$$\boxed{\det A^T = \det A \ ;}$$

insbesondere gilt Satz 5.2 entsprechend für Spalten.

c) Multiplikationssatz.

$$(6) \qquad \boxed{\det(AB) = (\det A)(\det B) \ .}$$

d) Invertierbarkeits-Test. *A invertierbar* $\Longleftrightarrow$ $\det A \neq 0$ *;*
äquivalent dazu: Rang $A < n \Longleftrightarrow \det A = 0$.

Beweis. a): Für die Zeilenumformungen vom Typ ① und ② stehen die Formeln in Satz 5.2. Für Typ ③ ($\mathbf{z}_i \to \mathbf{z}_i + \alpha \mathbf{z}_j$) verwendet man die Linearität in der i-ten Zeile und $\det \begin{pmatrix} \vdots \\ \mathbf{z}_j \\ \vdots \\ \mathbf{z}_j \\ \vdots \end{pmatrix} = 0$. Die Gültigkeit dieser Formeln bei Spaltenumformungen ergibt sich rückwirkend, sobald b) bewiesen ist.

d): Mit elementaren Zeilenumformungen läßt sich A in eine obere Dreiecksmatrix M umwandeln. Nach (5) gilt $\det M = \gamma \det A$ mit $\gamma \neq 0$. Damit: A invertierbar $\Longleftrightarrow$ sämtliche Diagonalelemente in M sind $\neq 0$ (→ 4.4 Ⓑ) $\Longleftrightarrow \det M \neq 0$ (→ Satz 5.1) $\Longleftrightarrow \det A \neq 0$.

c): (5) (für Zeilenumformungen) zeigt für $A = E$ wegen $\det E = 1$, daß es sich bei den Koeffizienten jeweils um die Determinante der zugehörigen Elementarmatrix $\tilde{E}$ handelt ($\tilde{A} = \tilde{E}A$, → Satz 4.2); deshalb läßt sich (5) in der einheitlichen Form

$$(7) \qquad \det(\tilde{E}A) = \det \tilde{E} \cdot \det A$$

angeben. Also gilt (6) für Elementarmatrizen, damit auch für alle endlichen Produkte von Elementarmatrizen und deshalb (→ Satz 4.4) für alle invertierbaren A, B.

Ist A oder B nicht invertierbar, so auch AB nicht und es gilt $\det AB = \det A \det B = 0$.

b): Ist A nicht invertierbar, so gilt nach d) $\det A = 0 = \det A^T$. Wegen Satz 4.4 und (6) braucht nur noch $\det \tilde{E} = \det \tilde{E}^T$ für jede Elementarmatrix nachgewiesen zu werden. Das geschieht direkt: Für $\tilde{E}$ vom Typ ① oder

② gilt $\tilde{E}^T = \tilde{E}$, für $\tilde{E}$ vom Typ ③ ist auch $\tilde{E}^T$ eine Elementarmatrix vom Typ ③, hierfür gilt $\det \tilde{E} = 1 = \det \tilde{E}^T$ (→ (5)). □

(8)

Folgerungen aus dem Multiplikationssatz.

a) $\det(AB) = \det(BA)$

b) $\det(A^k) = (\det A)^k \qquad (k \in \mathbb{N})$

c) $\det(A^{-1}) = (\det A)^{-1}$, falls A invertierbar

d) $\det(C^{-1}AC) = \det A$, für alle invertierbaren $C \in \mathbb{R}^{n\times n}$.

e) Der *Kästchensatz*. Für eine Blockmatrix (→ 4.4) der Form

$$A = \begin{pmatrix} B & C \\ 0 & D \end{pmatrix} \quad \text{bzw.} \quad A = \begin{pmatrix} B & 0 \\ C & D \end{pmatrix}$$

mit $k \times k$-Matrix B, $(n-k)\times(n-k)$-Matrix D, 0 Nullmatrix und C jeweils vom passenden Typ gilt

$$\det A = \det B \det D .$$

Beweis. a): $\det(AB) = \det A \det B = \det B \det A = \det(BA)$.
b): $\det(A^k) = (\det A)(\det A^{k-1}) = \cdots = (\det A)^k$.
c): $1 = \det E = \det A^{-1}A = (\det A^{-1})(\det A)$.
d): $\det(C^{-1}AC) = \det(AC)C^{-1} = \det A$.
e): Man rechnet leicht

$$\begin{pmatrix} B & C \\ 0 & D \end{pmatrix} = \begin{pmatrix} E & 0 \\ 0 & D \end{pmatrix}\begin{pmatrix} B & C \\ 0 & E \end{pmatrix}$$

nach, mit jeweils E vom passenden Typ. Der zweite Faktor kann mit elementaren Zeilenumformungen vom Typ ③ (welche die Determinante nicht ändern) in $\begin{pmatrix} B & 0 \\ 0 & E \end{pmatrix}$ umgewandelt werden. Aus $\det\begin{pmatrix} B & 0 \\ 0 & E \end{pmatrix} = \det B$, $\det\begin{pmatrix} E & 0 \\ 0 & D \end{pmatrix} = \det D$ (einfache Übung) und dem Multiplikationssatz folgt nun die Behauptung. □

5.4 Die Entwicklung von $\det A$ nach einer beliebigen Zeile oder Spalte.

Die Matrix $\tilde{A} = (\mathbf{a}_j, \mathbf{a}_1, \ldots, \mathbf{a}_{j-1}, \mathbf{a}_{j+1}, \ldots, \mathbf{a}_n)$ entsteht aus $A = (\mathbf{a}_1, \ldots, \mathbf{a}_j, \ldots, \mathbf{a}_n)$ durch $j-1$ sukzessive Vertauschungen benachbarter Spalten. Also gilt $\det \tilde{A} = (-1)^{j-1} \det A$. Entwickelt man andererseits erneut $\det \tilde{A}$ mit (4), dann ergibt sich die sogenannte *Entwicklung von* $\det A$ *nach der* j*-ten Spalte*:

$$\det A = \sum_{i=1}^{n} (-1)^{i+j} \alpha_{ij} \det A_{ij}$$

wobei A_{ij} die $(n-1)\times(n-1)$-Matrix bezeichnet, die aus A durch Streichen der

i-ten Zeile und j-ten Spalte entsteht. Wegen $\det A^T = \det A$ hat man ebenso die *Entwicklung von* $\det A$ *nach der i-ten Zeile*:

$$\boxed{\det A = \sum_{j=1}^{n} (-1)^{i+j} \alpha_{ij} \det A_{ij} \ .}$$

5.5 Beispiele. Zur Berechnung von $\det A$ (für $n > 3$) ist es zweckmäßig, zuerst mit elementaren Umformungen möglichst viele Nullen zu erzeugen. Dabei sind die Regeln (5) zu beachten.

Beispiel 1. (→ (8e))

$$\det \begin{pmatrix} 1 & 3 & -5 & 1 & 4 \\ 4 & 2 & 2 & 0 & -3 \\ 0 & 0 & 1 & 2 & 3 \\ 0 & 0 & 0 & 4 & 5 \\ 0 & 0 & 0 & 0 & -6 \end{pmatrix} = \det \begin{pmatrix} 1 & 3 \\ 4 & 2 \end{pmatrix} \det \begin{pmatrix} 1 & 2 & 3 \\ 0 & 4 & 5 \\ 0 & 0 & -6 \end{pmatrix} = 240 \ . \qquad \square$$

Beispiele 2. $\det \begin{pmatrix} 1 & 2 & 3 \\ 2 & 1 & 1 \\ 3 & 3 & 4 \end{pmatrix} = 0 \qquad (\mathbf{z}_3 = \mathbf{z}_1 + \mathbf{z}_2)$;

$$\det \begin{pmatrix} 0 & 2 & 3 \\ 0 & 1 & 4 \\ 1 & 2 & -1 \end{pmatrix} = +\alpha_{31} \det A_{31} = 1 \cdot \det \begin{pmatrix} 2 & 3 \\ 1 & 4 \end{pmatrix} = 5 \ ;$$

$$\det \begin{pmatrix} 1 & 2 & 3 & 4 \\ 0 & 4 & 1 & 2 \\ 0 & 1 & 3 & -1 \\ -1 & 2 & 0 & 1 \end{pmatrix} = \det \left(\begin{array}{c|ccc} 1 & 2 & 3 & 4 \\ \hline 0 & 4 & 1 & 2 \\ 0 & 1 & 3 & -1 \\ 0 & 4 & 3 & 5 \end{array}\right) = \det \begin{pmatrix} 4 & 1 & 2 \\ 1 & 3 & -1 \\ 4 & 3 & 5 \end{pmatrix} = 45 \, ,$$

die Matrix ist invertierbar; sowohl Zeilen als auch Spalten sind linear unabhängig. □

Beispiel 3. (Die Vandermonde-Determinante)

$$\det \begin{pmatrix} 1 & x & x^2 \\ 1 & y & y^2 \\ 1 & z & z^2 \end{pmatrix} = \det \begin{pmatrix} 1 & x & x^2 \\ 0 & y-x & y^2-x^2 \\ 0 & z-x & z^2-x^2 \end{pmatrix} = \det \begin{pmatrix} y-x & y^2-x^2 \\ z-x & z^2-x^2 \end{pmatrix}$$

$$= (y-x)(z-x) \det \begin{pmatrix} 1 & y+x \\ 1 & z+x \end{pmatrix} = (y-x)(z-x) \det \begin{pmatrix} 1 & y \\ 1 & z \end{pmatrix}$$

$$= (y-x)(z-x)(z-y) \ .$$

Analog

$$\det \begin{pmatrix} 1 & x_1, \ldots, & x_1^{n-1} \\ 1 & x_2, \ldots, & x_2^{n-1} \\ \vdots & \vdots & \vdots \\ 1 & x_n, \ldots, & x_n^{n-1} \end{pmatrix} = \prod_{1 \le i < j \le n} (x_j - x_i) \ .$$

wobei auf der rechten Seite das Produkt über alle Differenzen $x_j - x_i$ mit $i < j$

zu bilden ist. Diese Determinante ist genau dann $\neq 0$, wenn die $x_1, \ldots, x_n$ paarweise verschieden sind.

Diese nach A. VANDERMONDE (1735–1796) benannte Determinante bzw. Matrix tritt beispielsweise bei der Polynominterpolation auf, wenn man die Koeffizienten des Polynoms $p(x) = a_0 + a_1 x + \cdots + a_{n-1} x^{n-1}$ mit $p(x_i) = y_i \quad (1 \leq i \leq n)$ aus dem Gleichungssystem $a_0 + x_i a_1 + x_i^2 a_2 + \cdots + x_i^{n-1} a_{n-1} = y_i \quad (1 \leq i \leq n)$ berechnet. □

Beispiel 4. Mit Rechenschema Ⓓ zur LR-Zerlegung (→ 4.4) berechnet man

$$A = \begin{pmatrix} 1 & 2 & 3 \\ 2 & 1 & 0 \\ 1 & 0 & 2 \end{pmatrix} = \begin{pmatrix} 1 & & 0 \\ & 1 & \\ * & & 1 \end{pmatrix} \begin{pmatrix} 1 & & * \\ & -3 & \\ 0 & & 6 \end{pmatrix}$$

also gilt $\det A = \det L \det R = \det R = -18$. □

5.6 Anwendungen.

① **Die Cramer-Regel** (G. CRAMER, 1704 – 1752). Mit einer invertierbaren Matrix $A = (\mathbf{a}_1, \ldots, \mathbf{a}_n) \in \mathbb{R}^{n \times n}$ und $\mathbf{b} \in \mathbb{R}^n$ hat das Gleichungssystem $A\mathbf{x} = \mathbf{b}$ die Lösung

$$x_i = \frac{1}{\det A} \det(\mathbf{a}_1, \ldots, \mathbf{a}_{i-1}, \mathbf{b}, \mathbf{a}_{i+1}, \ldots, \mathbf{a}_n) \tag{9}$$

(die i-te Spalte von A wird durch $\mathbf{b}$ ersetzt), $1 \leq i \leq n$.

Beweis. Wir tragen $\mathbf{b} = A\mathbf{x} = \sum x_i \mathbf{a}_i$ anstelle von $\mathbf{a}_1$ ein und verwenden die Linearität von det in der ersten Spalte:

$$\begin{aligned} \det(\mathbf{b}, \mathbf{a}_2, \ldots, \mathbf{a}_n) &= \det(x_1 \mathbf{a}_1 + \ldots + x_n \mathbf{a}_n, \mathbf{a}_2, \ldots, \mathbf{a}_n) \\ &= \sum_{i=1}^{n} x_i \det(\mathbf{a}_i, \mathbf{a}_2, \ldots, \mathbf{a}_n) \\ &= x_1 \det(\mathbf{a}_1, \ldots, \mathbf{a}_n) = x_1 \det A \,, \end{aligned}$$

die anderen Summanden sind Null, weil jeweils zwei gleiche Spalten vorhanden sind; $x_2, \ldots, x_n$ ebenso. □

Man sollte (9) nicht zur vollständigen Auflösung eines Systems mit vielen Unbekannten verwenden (Rechenaufwand)! Die Formel ist aber gut geeignet zur Berechnung einzelner Unbekannter und besonders günstig zur Weiterverarbeitung, wenn im Gleichungssystem zusätzliche Parameter enthalten sind.

Beispiele.

1. $2x + 3y = 3$

$5x - 7y = -1$.

$$x = \frac{\det\begin{pmatrix} 3 & 3 \\ -1 & -7 \end{pmatrix}}{\det\begin{pmatrix} 2 & 3 \\ 5 & -7 \end{pmatrix}} = \frac{18}{29}, \qquad y = \frac{\det\begin{pmatrix} 2 & 3 \\ 5 & -1 \end{pmatrix}}{\det\begin{pmatrix} 2 & 3 \\ 5 & -7 \end{pmatrix}} = \frac{17}{29}.$$

2. Man benötigt nur x_2 aus

$$\begin{aligned} 5x_1 + 3x_2 + 2x_3 \quad\quad &= 4 \\ -3x_1 + 5x_2 + 6x_3 - 5x_4 &= 1 \\ 3x_2 + x_3 - x_4 &= 0 \\ 5x_1 + 3x_2 + 4x_3 + x_4 &= 0 \end{aligned}$$

Mit der Cramer-Regel ergibt sich

$$x_2 = \frac{\det\begin{pmatrix} 5 & 4 & 2 & 0 \\ -3 & 1 & 6 & -5 \\ 0 & 0 & 1 & -1 \\ 5 & 0 & 4 & 1 \end{pmatrix}}{\det\begin{pmatrix} 5 & 3 & 2 & 0 \\ -3 & 5 & 6 & -5 \\ 0 & 3 & 1 & -1 \\ 5 & 3 & 4 & 1 \end{pmatrix}} = -\frac{95}{156}. \qquad \square$$

② **Eine Formel für A^{-1}.** Sei $A \in \mathbb{R}^{n \times n}$, $\det A \neq 0$, und $A^{-1} = (\mathbf{c}_1, \ldots, \mathbf{c}_n)$ die Spaltendarstellung der Inversen. Wegen $AA^{-1} = (A\mathbf{c}_1, \ldots, A\mathbf{c}_n) = E = (\mathbf{e}_1, \ldots, \mathbf{e}_n)$ gilt $A\mathbf{c}_i = \mathbf{e}_i$; d.h. c_i ist die Lösung des Gleichungssystems $A\mathbf{x} = \mathbf{e}_i$. Bestimmt man diese Lösungen mit der Cramer-Regel, dann ergibt sich

$$A^{-1} = \frac{1}{\det A}(\alpha_{ij}^*) \quad \text{mit } \alpha_{ij}^* = (-1)^{i+j} \det A_{ji} \tag{10}$$

(man beachte die Änderung der Indexreihenfolge), wobei A_{ij} die Matrix ist, die aus A durch Streichen der i-ten Zeile und j-ten Spalte entsteht. Sinngemäß gilt hier ebenfalls das zu (9) Gesagte.

③ **Flächeninhalte und Volumina** (→ 5.1). Ein Tetraeder im $\mathbb{R}^3$ mit den Eckpunkten $A_i = (x_i, y_i, z_i)$ $(1 \leq i \leq 4)$ hat das Volumen $V = \frac{1}{6}|\det(\mathbf{a}, \mathbf{b}, \mathbf{c})|$ mit $\mathbf{a} = \overrightarrow{A_1A_2}$, $\mathbf{b} = \overrightarrow{A_1A_3}$, $\mathbf{c} = \overrightarrow{A_1A_4}$.

Eine leichte Umformung der Determinante ergibt eine „4-Punkte-Formel"

$$V = \frac{1}{6}\left|\det\begin{pmatrix} 1 & x_1 & y_1 & z_1 \\ 1 & x_2 & y_2 & z_2 \\ 1 & x_3 & y_3 & z_3 \\ 1 & x_4 & y_4 & z_4 \end{pmatrix}\right| .$$

④ **Kegelschnitte.** Eine Kegelschnitt in der (x, y)-Ebene hat eine Gleichung der Form

$$a_1x^2 + a_2y^2 + a_3xy + a_4x + a_5y + a_6 = 0 ,$$

in der nicht alle Koeffizienten a_i Null sind. Da ein Koeffizient zu 1 normiert werden kann, sind im allgemeinen zur Bestimmung der Koeffizienten 5 verschiedene Punkte auf der Kurve erforderlich. Die Punkte $A_i = (x_i, y_i)$ $(1 \le i \le 5)$ und der „allgemeine" Punkt $X = (x, y)$ auf dem Kegelschnitt liefern ein lineares Gleichungssystem

$$\begin{aligned}
a_1x^2 + a_2y^2 + a_3xy \quad + a_4x \; + a_5y \; + a_6 &= 0\\
a_1x_1^2 + a_2y_1^2 + a_3x_1y_1 + a_4x_1 + a_5y_1 + a_6 &= 0\\
\vdots \qquad\qquad\qquad\qquad\qquad\qquad &\vdots\\
a_1x_5^2 + a_2y_5^2 + a_3x_5y_5 + a_4x_5 + a_5y_5 + a_6 &= 0
\end{aligned}$$

für $a_1, \ldots, a_6$. Da dieses eine von Null verschiedene Lösung besitzt, muß die Determinante der Koeffizientenmatrix Null sein. Das ergibt die „5-Punkte-Gleichung" für den allgemeinen Kegelschnitt

$$\det\begin{pmatrix} x^2 & y^2 & xy & x & y & 1\\ x_1^2 & y_1^2 & x_1y_1 & x_1 & y_1 & 1\\ \vdots & \vdots & \vdots & \vdots & \vdots & \vdots\\ x_5^2 & y_5^2 & x_5y_5 & x_5 & y_5 & 1 \end{pmatrix} = 0 .$$

Bemerkung. Spezielle Kegelschnitte sind durch weniger als 5 Punkte festgelegt. So hat beispielsweise ein Kreis die Gleichung $a(x^2 + y^2) + bx + cy + d = 0$, er ist durch 3 verschiedene Punkte festgelegt. Genau wie zuvor ergibt sich:

$$\det\begin{pmatrix} x^2 + y^2 & x & y & 1\\ x_1^2 + y_1^2 & x_1 & y_1 & 1\\ x_2^2 + y_2^2 & x_2 & y_2 & 1\\ x_3^2 + y_3^2 & x_3 & y_3 & 1 \end{pmatrix} = 0$$

ist die Gleichung des Kreises durch die Punkte (x_i, y_i), $i = 1, 2, 3$.

Beispiel. Der Kreis durch die Punkte $(0,0)$, $(1,3)$, $(2,-1)$ hat die Gleichung

$$\det\begin{pmatrix} x^2 + y^2 & x & y & 1\\ 0 & 0 & 0 & 1\\ 10 & 1 & 3 & 1\\ 5 & 2 & -1 & 1 \end{pmatrix} = -\det\begin{pmatrix} x^2 + y^2 & x & y\\ 5 & 2 & -1\\ 10 & 1 & 3 \end{pmatrix} = 0 ,$$

also: $7(x^2 + y^2) - 25x - 15y = 0$. □

Weitere, besonders wichtige Anwendungen werden in den folgenden Paragraphen behandelt.

Aufgaben

1. Man berechne die Determinanten der Matrizen

$$\begin{pmatrix} r\cos\alpha & -r\sin\alpha \\ r\sin\alpha & r\cos\alpha \end{pmatrix}, \quad \begin{pmatrix} 1/2 & 1/3 & 1/4 \\ 1/3 & 1/4 & 1/5 \\ 1/4 & 1/5 & 1/6 \end{pmatrix}, \quad \begin{pmatrix} 1 & 1 & 1 & 1 \\ 2 & a & a & a \\ 2 & 3 & b & b \\ 2 & 3 & 4 & c \end{pmatrix},$$

   a) mittels Entwicklung nach der ersten Zeile;

   b) mittels elementarer Umformungen bis zur oberen Dreiecksgestalt.

2. Man berechne die Determinante der Matrizen

$$\begin{pmatrix} 1 & 0 & -1 & 2 \\ 2 & 1 & 2 & 1 \\ -3 & 1 & 0 & 1 \\ 2 & 2 & 0 & -1 \end{pmatrix}, \quad \begin{pmatrix} 1/2 & 1/3 & 1/4 & 1/5 \\ 1/3 & 1/4 & 1/5 & 1/6 \\ 1/4 & 1/5 & 1/6 & 1/7 \\ 1/5 & 1/6 & 1/7 & 1/8 \end{pmatrix}, \quad \begin{pmatrix} 2 & 0 & 0 & 0 & 0 & 1 \\ 1 & 2 & 0 & 0 & 0 & 1 \\ 3 & 1 & 2 & 0 & 0 & 1 \\ 0 & 3 & 1 & 2 & 0 & 1 \\ -5 & 0 & 3 & 1 & 2 & 1 \\ 1 & 1 & 1 & 1 & 1 & 1 \end{pmatrix}.$$

3. Man löse mit der Cramer-Regel $A\mathbf{x} = \mathbf{b}$ mit

$$A = \begin{pmatrix} 2 & -1 & 0 & 1 \\ 2 & 2 & 0 & 1 \\ -4 & -4 & 3 & 0 \\ -2 & 2 & 1 & 0 \end{pmatrix}, \quad b = \begin{pmatrix} 3 \\ 4 \\ 1 \\ 2 \end{pmatrix}.$$

4. Man beweise

   a) $$\det \begin{pmatrix} 1 & 2 & 3 & 4 & \cdots & n-2 & n-1 & n \\ 2 & 3 & 4 & & \cdots & n-1 & n & 1 \\ 3 & 4 & & & \cdots & n & 1 & 2 \\ \vdots & & & & & & & \vdots \\ n & 1 & 2 & & \cdots & n-3 & n-2 & n-1 \end{pmatrix} = (-1)^{\frac{n(n-1)}{2}} \frac{(n+1)n^{n-1}}{2}.$$

   b) $$\det \begin{pmatrix} 1 & 1 & 1 & \cdots & 1 \\ 1 & 2 & 3 & \cdots & n \\ 1 & 2^2 & 3^2 & \cdots & n^2 \\ \vdots & & & & \vdots \\ 1 & 2^{n-1} & 3^{n-1} & \cdots & n^{n-1} \end{pmatrix} = 1!2!3!\cdots(n-1)!\,.$$

5. Man gebe für die Gleichungen einer Ebene durch 3 Punkte im $\mathbb{R}^3$ eine Darstellung mittels 4×4-Determinate.

6. Man beweise für zwei Spaltenvektoren $\mathbf{a}, \mathbf{b} \in \mathbb{R}^n$

$$\det(E + \mathbf{a}\mathbf{b}^T) = 1 + \mathbf{a}^T\mathbf{b}\ .$$

7. a) Für die Fläche eines ebenen Dreiecks mit den Seiten a, b, c gilt bekanntlich die HERON-Formel:

$$F = \sqrt{s(s-a)(s-b)(s-c)} \quad \text{mit} \quad s = \frac{1}{2}(a+b+c)\ .$$

   Man rechne nach, daß hierfür die folgende Formel gilt:

$$F^2 = -\frac{1}{16} \det \begin{pmatrix} 0 & a^2 & b^2 & 1 \\ a^2 & 0 & c^2 & 1 \\ b^2 & c^2 & 0 & 1 \\ 1 & 1 & 1 & 0 \end{pmatrix} .$$

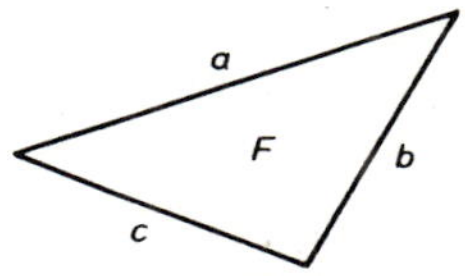

b) Für das Volumen V des Tetraeders mit den Kantenlängen a, b, c, p, q, r (Reihenfolge aus der Skizze) gilt:

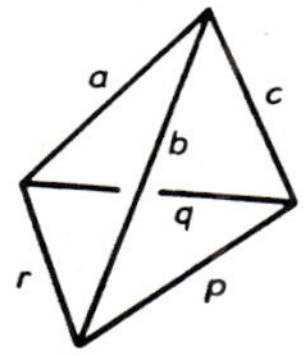

$$V^2 = \frac{1}{2^5 \cdot 3^2} \det \begin{pmatrix} 0 & a^2 & b^2 & c^2 & 1 \\ a^2 & 0 & r^2 & q^2 & 1 \\ b^2 & r^2 & 0 & p^2 & 1 \\ c^2 & q^2 & p^2 & 0 & 1 \\ 1 & 1 & 1 & 1 & 0 \end{pmatrix} .$$

Welchen Inhalt hat der Tetraeder mit den Kantenlängen
$a = 1\,cm$; $b = 2\,cm$; $c = 3\,cm$; $p = 4\,cm$; $q = 3\,cm$ und $r = 2\,cm$?

8. Seien $y_i : \mathbb{R} \to \mathbb{R}$ $(i = 1, 2, 3)$ dreimal differenzierbar und Lösungen der linearen Differentialgleichung $y_i'''(x) + a_1(x)y_i''(x) + a_2(x)y_i'(x) + a_3(x)y_i(x) = 0$

und $$W(x) := \det \begin{pmatrix} y_1(x) & y_2(x) & y_3(x) \\ y_1'(x) & y_2'(x) & y_3'(x) \\ y_1''(x) & y_2''(x) & y_3''(x) \end{pmatrix}$$ die sog. WRONSKI-Determinante.

Man zeige $\frac{d}{dx} W(x) = -a_1(x)W(x)$.

§6. Lineare Abbildungen und Eigenwerte

Nach den linearen Gleichungssystemen behandeln wir nun als zweiten wichtigen Anwendungsbereich der Matrizen die linearen Abbildungen. Im $\mathbb{R}^n$ sind das die Zuordnungen $\mathbf{x} \mapsto A\mathbf{x}$ ($\mathbf{x} \in \mathbb{R}^n$ und fester $n \times n$-Matrix A). Im Hinblick auf allgemeine Anwendungen ist es aber erforderlich, die grundlegenden Begriffe und Bezeichnungen in beliebigen Vektorräumen und unabhängig von speziellen Basen zu formulieren.

6.1 Lineare Abbildungen. Seien V, W Vektorräume über $\mathbb{R}$. Mit einer Abbildung $f : V \to W$ („von V in W“) wird jedem Vektor $\mathbf{v} \in V$ ein eindeutig bestimmter Vektor $\mathbf{w} = f(\mathbf{v}) \in W$, das sogenannte f-Bild von $\mathbf{v}$ zugeordnet.

Definition. *Eine Abbildung $f : V \to W$ heißt* **linear**, *wenn gilt:*
(L.1) *f ist homogen; d.h. $f(\alpha\mathbf{v}) = \alpha f(\mathbf{v})$ für alle $\alpha \in \mathbb{R}$, $\mathbf{v} \in V$,*
(L.2) *f ist additiv; d.h. $f(\mathbf{u} + \mathbf{v}) = f(\mathbf{u}) + f(\mathbf{v})$ für alle $\mathbf{u}, \mathbf{v} \in V$.*
Andere Bezeichnungen für eine lineare Abbildung sind: lineare Transformation, linearer Operator, Vektorraumhomomorphismus.

Gleichwertig mit (L.1), (L.2) ist

(1) $$f(\alpha_1\mathbf{v}_1 + \cdots + \alpha_n\mathbf{v}_n) = \alpha_1 f(\mathbf{v}_1) + \cdots + \alpha_n f(\mathbf{v}_n)$$

für alle $\alpha_i \in \mathbb{R}$, $\mathbf{v}_i \in V$ $(1 \le i \le n;\ n \in \mathbb{N})$,
was besagt, daß das f-Bild jeder Linearkombination gleich der entsprechenden Linearkombination der einzelnen f-Bilder ist.

Beispiele. Lineare Abbildungen sind:

1. Die Nullabbildung $0 : V \to V$, $0(\mathbf{v}) := \mathbf{0}$.

2. Die identische Abbildung $\mathrm{Id} : V \to V$, $\mathrm{Id}(\mathbf{v}) := \mathbf{v}$.

3. Die Projektion $p_i : \mathbb{R}^n \to \mathbb{R}$, $p_i(\mathbf{x}) := x_i$ (i-te Komponente von $\mathbf{x}$).

4. Die Multiplikation mit einer festen $m \times n$-Matrix A

$$l : \mathbb{R}^n \to \mathbb{R}^m, \quad l(\mathbf{x}) := A\mathbf{x}.$$

5. Der Differentiationsoperator $\frac{d}{dx} : \mathscr{C}^1(I) \to \mathscr{C}^0(I)$, $\frac{d}{dx}f(x) := f'(x)$. $\mathscr{C}^0(I)$ bzw. $\mathscr{C}^1(I)$ bezeichnet den Vektorraum aller auf dem Intervall $I \subseteq \mathbb{R}$ stetigen bzw. stetig differenzierbaren Funktionen.

6. Das Integral $f \mapsto \int_a^b f(x)dx$, $f \in \mathscr{C}^0(a,b)$.

Keine linearen Abbildungen sind:

7. Die Parallelverschiebung $t_a : V \to V$, $t_a(\mathbf{v}) := \mathbf{v} + \mathbf{a}$ (mit festem Vektor $\mathbf{a} \neq 0$).

8. $f : \mathbb{R}_2 \to \mathbb{R}_2$, $f(x,y) := (x^2, x+y)$ (quadratisch in der 1. Komponente).

Lineare Abbildungen in der Technik:

9. Die Werkstoffbeanspruchung eines elastischen Körpers, auf den von außen Kräfte wirken, wird in der linearen Elastostatik durch den *Spannungstensor* S beschrieben. Dieser bestimmt für jeden inneren Punkt P eine linearen Abbildung, die den Normalenrichtungen $\mathbf{n}$ von (idealisierten) Schnittebenen E durch P den *Spannungsvektor* $\mathbf{t} \in \mathbb{R}^3$ zuordnet, d.h. in kartesischen Koordinaten:

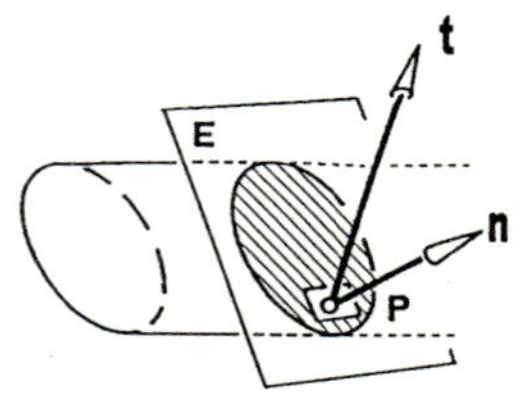

Abb. 146 – Dreiachsiger Spannungszustand

$$\mathbf{t} = S\mathbf{n} \quad \text{mit} \quad S = \begin{pmatrix} \sigma_x & \tau_{xy} & \tau_{xz} \\ \tau_{xy} & \sigma_y & \tau_{yz} \\ \tau_{xz} & \tau_{yz} & \sigma_z \end{pmatrix}.$$

Für $|\mathbf{n}| = 1$ ist $\mathbf{t} := \lim\limits_{\Delta A \to 0} \frac{1}{\Delta A}\mathbf{k}_{\Delta A}$, wenn $\mathbf{k}_{\Delta A}$ die Kraft bezeichnet, die auf ein Flächenstück in E mit Schwerpunkt P und Flächeninhalt ΔA wirkt (→ Aufg. 7, §7).

10. Für einen *linearen elektrischen Vierpol* (→ Abb. 147) gilt zwischen Ein- und Ausgang die Beziehung

$$\begin{pmatrix} u_1 \\ i_1 \end{pmatrix} = A \begin{pmatrix} u_2 \\ i_2 \end{pmatrix}$$

mit der *Kettenmatrix*

$$A = \begin{pmatrix} \dfrac{R_2 + R_3}{R_2} & R_3 \\ \dfrac{R_1 + R_2 + R_3}{R_1 R_2} & \dfrac{R_1 + R_3}{R_1} \end{pmatrix} . \quad \square$$

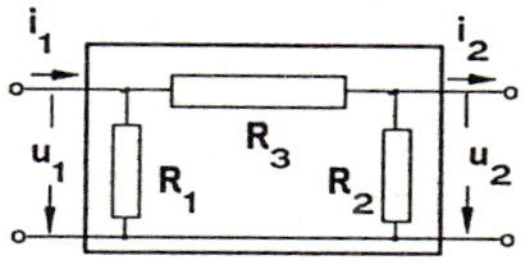

Abb. 147 – Vierpol

Man verifiziert leicht, daß zu linearen Abbildungen $f, g : V \to W$ und $\alpha \in \mathbb{R}$ auch die *Summe* $f + g : V \to W$, $(f+g)(\mathbf{v}) := f(\mathbf{v}) + g(\mathbf{v})$, und das *α-fache* $\alpha f : V \to W$, $(\alpha f)(\mathbf{v}) := \alpha f(\mathbf{v})$, linear sind. Mit dieser Addition und skalaren Multiplikation ist die Menge aller linearen Abbildungen von V in W

$$\mathrm{Hom}(V, W) := \{ f \ ; \ f : V \to W \text{ linear} \}$$

selbst wieder ein $\mathbb{R}$-Vektorraum (Raum der Homomorphismen).

Auch sieht man leicht ein, daß die Hintereinanderausführung („Komposition") zweier linearer Abbildungen insgesamt ebenfalls linear ist; d.h., für zwei lineare Abbildungen $f : V \to W$, $g : U \to V$ ist auch

$$f \circ g : U \to W , \quad (f \circ g)(\mathbf{u}) := f(g(\mathbf{u})) ,$$

linear.

Ist V ein endlichdimensionaler $\mathbb{R}$-Vektorraum und $B = (\mathbf{v}_1, \mathbf{v}_2, \ldots, \mathbf{v}_n)$ eine Basis von V, dann läßt sich jeder Vektor $\mathbf{v} \in V$ eindeutig in der Form $\mathbf{v} = \alpha_1 \mathbf{v}_1 + \cdots + \alpha_n \mathbf{v}_n$ mit $\alpha_i \in \mathbb{R}$ darstellen. Man nennt

$$\text{(2)} \qquad \mathbf{v}_B := \begin{pmatrix} \alpha_1 \\ \vdots \\ \alpha_n \end{pmatrix} \in \mathbb{R}^n \quad (\text{falls } \mathbf{v} = \sum_{i=1}^{n} \alpha_i \mathbf{v}_i)$$

den *Koordinatenvektor* von $\mathbf{v} \in V$ bezüglich B. Die lineare Abbildung $\mathbf{v} \mapsto \mathbf{v}_B$ (von V in $\mathbb{R}^n$) heißt *Koordinatenabbildung* bzgl. B. Mit ihr überträgt man Probleme aus V zur rechnerischen Behandlung in den $\mathbb{R}^n$ und umgekehrt mit der (inversen) Abbildung $(\alpha_1, \ldots, \alpha_n)^T \to \alpha_1 \mathbf{v}_1 + \cdots + \alpha_n \mathbf{v}_n$ nach V zurück.

6.2 $V = W = \mathbb{R}^n$**.** Von nun an betrachten wir nur noch lineare Abbildungen des $\mathbb{R}^n$ in sich. Diese lassen sich in einfacher Weise durch Matrizen beschreiben. Es wurde bereits erwähnt, daß mit einer festen $n \times n$-Matrix A die Abbildung $\mathbf{x} \mapsto A\mathbf{x}$ linear ist. Jede lineare Abbildung des $\mathbb{R}^n$ sieht so aus!

Satz 6.1. Darstellung einer lineare Abbildung in der natürlichen Basis.
Gegeben sei eine lineare Abbildung $f : \mathbb{R}^n \to \mathbb{R}^n$. Mit der Matrix $F = (f(\mathbf{e}_1), \ldots, f(\mathbf{e}_n))$, deren Spalten aus den Bildern der natürlichen Basisvektoren bestehen, gilt

$$f(\mathbf{x}) = F\mathbf{x} .$$

Man nennt F die **Abbildungsmatrix** *von f bezüglich der natürlichen Basis.*

Beweis. Für $\mathbf{x} = x_1 \mathbf{e}_1 + \cdots + x_n \mathbf{e}_n$ folgt mit (1) und der Multiplikationsformel (8) aus §2 bereits die Behauptung: $f(\mathbf{x}) = x_1 f(\mathbf{e}_1) + \cdots + x_n f(\mathbf{e}_n) = F\mathbf{x}$. $\square$

Man beachte: Wegen $A = (A\mathbf{e}_1, A\mathbf{e}_2, \ldots, A\mathbf{e}_n)$ ist die Matrix $A \in \mathbb{R}^{n\times n}$ die Abbildungsmatrix der linearen Abbildung $l : \mathbb{R}^n \to \mathbb{R}^n$, $l(\mathbf{x}) = A\mathbf{x}$, *bzgl. der natürlichen Basis*. Die Darstellung in einer anderen Basis erfolgt in 6.4.

Beispiel. Die Abbildung $f : \mathbb{R}^3 \to \mathbb{R}^3$, $f((x,y,z)^T) = (x, y+2z, z)^T$ ist linear, sie besitzt bezüglich $(\mathbf{e}_1, \mathbf{e}_2, \mathbf{e}_3)$ die Abbildungsmatrix

$$F = (f(\mathbf{e}_1), f(\mathbf{e}_2), f(\mathbf{e}_3)) = \begin{pmatrix} 1 & 0 & 0 \\ 0 & 1 & 2 \\ 0 & 0 & 1 \end{pmatrix}, \text{ d.h. } f(\mathbf{x}) = \begin{pmatrix} 1 & 0 & 0 \\ 0 & 1 & 2 \\ 0 & 0 & 1 \end{pmatrix}\mathbf{x}.$$

f beschreibt eine Scherung des $\mathbb{R}^3$, bei der alle Vektoren mit $z = 0$ auf sich abgebildet werden. Allgemein bezeichnet man die lineare Abbildung

$$\boxed{f : \mathbb{R}^3 \to \mathbb{R}^3, \; f(\mathbf{x}) = \mathbf{x} + (\mathbf{b}\cdot\mathbf{x})\mathbf{a}\;,}$$

als *Scherung in Richtung* **a** *senkrecht zu* **b**, wenn **a**, **b** zwei Vektoren des $\mathbb{R}^3$ mit $\mathbf{a}\cdot\mathbf{b} = 0$ bezeichnen. Die Abbildungsmatrix lautet $E + \mathbf{a}\,\mathbf{b}^T$. □

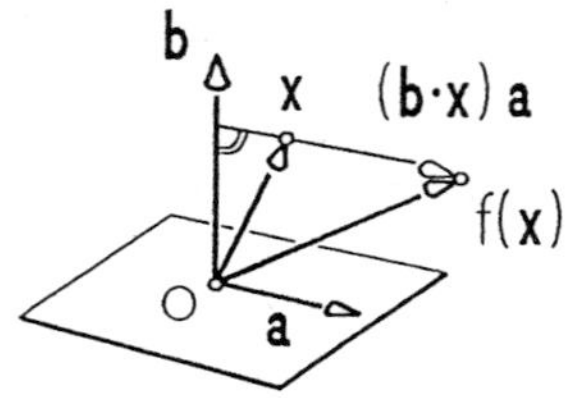

Abb. 148 – Scherung

Sind $f, g : \mathbb{R}^n \to \mathbb{R}^n$ lineare Abbildungen mit den Abbildungsmatrizen $F = (f(\mathbf{e}_1), \ldots, f(\mathbf{e}_n))$, $G = (g(\mathbf{e}_1), \ldots, g(\mathbf{e}_n))$, dann gehört zur zusammengesetzten linearen Abbildung $f \circ g : \mathbb{R}^n \to \mathbb{R}^n$, $(f \circ g)(\mathbf{x}) = f(g(\mathbf{x}))$ (erst g, dann f anwenden), die Abildungsmatrix FG (das Matrizenprodukt). Denn nach Satz 6.1 gilt $f(g(\mathbf{x})) = Fg(\mathbf{x}) = F(G\mathbf{x}) = (FG)\mathbf{x}$. Ebenso verifiziert man sofort, daß zu $f + g$ und αf die Abbildungsmatrizen $F + G$ und αF gehören.
Eine lineare Abbildung $f : \mathbb{R}^n \to \mathbb{R}^n$ heißt *invertierbar* (oder umkehrbar), wenn es zu jedem $\mathbf{y} \in \mathbb{R}^n$ genau ein $\mathbf{x} \in \mathbb{R}^n$ gibt mit $f(\mathbf{x}) = \mathbf{y}$ (vgl. Kap. 1, §1). Man sieht sofort wegen $f(\mathbf{x}) = F\mathbf{x}$, daß f genau dann invertierbar ist, wenn die Abbildungsmatrix F invertierbar ist. In diesem Fall hat die zu f *inverse Abbildung* $f^{-1} : \mathbb{R}^n \to \mathbb{R}^n$ ($f(\mathbf{x})$ wird unter f^{-1} wieder auf $\mathbf{x}$ abgebildet) die Abbildungsmatrix F^{-1}; d.h. $f^{-1}(\mathbf{x}) = F^{-1}\mathbf{x}$.
Geometrische Eigenschaften der linearen Abbildung $f : \mathbb{R}^n \to \mathbb{R}^n$ spiegeln sich in algebraischen Eigenschaften der Abbildungsmatrix F, $f(\mathbf{x}) = F\mathbf{x}$, wider:

Die Änderung des Volumens. Zu n Vektoren $\mathbf{b}_1, \ldots, \mathbf{b}_n$ des $\mathbb{R}^n$ bezeichnet man die Menge aller Linearkombinationen

$$\lambda_1\mathbf{b}_1 + \cdots + \lambda_n\mathbf{b}_n \quad \text{mit} \quad 0 \le \lambda_i \le 1 \; (i = 1, \ldots, n)$$

als *n-Spat* (mit den Kanten $\mathbf{b}_1, \ldots, \mathbf{b}_n$). Ein 2-Spat ist ein (evtl. ausgeartetes) Parallelogramm, ein 3-Spat mit linear unabhängigen Kanten stellt einen „gewöhnlichen“ Spat dar. In Übereinstimmung mit den Verhältnissen in $\mathbb{R}^2$, $\mathbb{R}^3$ (→ §5.1) nennt man $V = |\det(\mathbf{b}_1, \ldots, \mathbf{b}_n)|$ das *Volumen* des von $\mathbf{b}_1, \ldots, \mathbf{b}_n$ aufgespannten n-Spats.
Unter einer linearen Abbildung $f : \mathbb{R}^n \to \mathbb{R}^n$ mit der Abbildungsmatrix F

wird der von $\mathbf{b}_1, \ldots, \mathbf{b}_n \in \mathbb{R}^n$ aufgespannte n-Spat abgebildet auf den n-Spat mit den Kanten $f(\mathbf{b}_1), \ldots, f(\mathbf{b}_n)$. Wegen $f(\mathbf{b}_i) = F\mathbf{b}_i$ und den Formeln (8, §2), (6, §5) ergibt sich für das Volumen V_1 des Bildspats

$$\begin{aligned} V_1 &= |\det(f(\mathbf{b}_1), \ldots, f(\mathbf{b}_n))| = |\det(F\mathbf{b}_1, \ldots, F\mathbf{b}_n)| \\ &= |\det F(\mathbf{b}_1, \ldots, \mathbf{b}_n)| = |\det F \det(\mathbf{b}_1, \ldots, \mathbf{b}_n)| = |\det F| \cdot V \ . \end{aligned}$$

Demnach ist $|\det F|$ der Volumenverzerrungsfaktor der linearen Abbildung f. Man nennt f *volumentreu*, wenn $|\det F| = 1$ gilt. Die im obigen Beispiel betrachtete Scherung ist volumentreu (→ §5, Aufg. 6).

6.3 Längen und Winkel im $\mathbb{R}^n$; Orthogonalität.

Definition. *Seien* $\mathbf{x}, \mathbf{y} \in \mathbb{R}^n$, $\mathbf{x} = (x_1, \ldots, x_n)^T$, $\mathbf{y} = (y_1, \ldots, x_n)^T$. *Die Zahl*

$$\boxed{\mathbf{x} \cdot \mathbf{y} := \mathbf{x}^T \mathbf{y} = x_1 y_1 + x_2 y_2 + \cdots + x_n y_n}$$

heißt **Skalarprodukt** *(oder inneres Produkt) der Vektoren* $\mathbf{x}$, $\mathbf{y}$, *und*

$$|\mathbf{x}| := \sqrt{\mathbf{x} \cdot \mathbf{x}} = \sqrt{x_1^2 + x_2^2 + \cdots + x_n^2}$$

heißt **Betrag** *(oder Länge) des Vektors* $\mathbf{x}$.
$\mathbf{x}$ *ist* **normiert** *(oder* **Einheitsvektor***), wenn* $|\mathbf{x}| = 1$.

Beispiele. $\mathbf{x} = \begin{pmatrix} 2 \\ 0 \\ 1 \\ 4 \end{pmatrix}$, $\mathbf{y} = \begin{pmatrix} -1 \\ 3 \\ 5 \\ -3 \end{pmatrix}$ $\Rightarrow \mathbf{x} \cdot \mathbf{y} = 2 \cdot (-1) + 0 \cdot 3 + 1 \cdot 5 + 4 \cdot (-3) = -9$,
$|\mathbf{x}| = \sqrt{2^2 + 1^2 + 4^2} = \sqrt{21} \approx 4.582576$, $|\mathbf{y}| = \sqrt{1 + 9 + 25 + 9} \approx 6.633250$. Die Vektoren $\mathbf{e}_i$ der natürlichen Basis sind Einheitsvektoren; zu jedem Vektor $\mathbf{x} \neq \mathbf{0}$ ist $\frac{1}{|\mathbf{x}|}\mathbf{x}$ normiert. □

Rechenregeln (wie in $\mathbb{R}^2$, $\mathbb{R}^3$): Für alle $\mathbf{x}, \mathbf{y} \in \mathbb{R}^n$ und alle $\alpha \in \mathbb{R}$ gilt:

(3)

a) $\mathbf{x} \cdot \mathbf{y} = \mathbf{y} \cdot \mathbf{x}$,

b) $\alpha(\mathbf{x} \cdot \mathbf{y}) = (\alpha\mathbf{x}) \cdot \mathbf{y} = \mathbf{x} \cdot (\alpha\mathbf{y})$,

c) $\mathbf{x} \cdot (\mathbf{y} + \mathbf{z}) = \mathbf{x} \cdot \mathbf{y} + \mathbf{x} \cdot \mathbf{z}$,

d) $\mathbf{x} \cdot \mathbf{x} > 0$ für alle $\mathbf{x} \neq \mathbf{0}$,

e) $|\mathbf{x}| = 0 \iff \mathbf{x} = \mathbf{0}$,

f) $|\alpha\mathbf{x}| = |\alpha||\mathbf{x}|$,

g) $|\mathbf{x} \cdot \mathbf{y}| \leq |\mathbf{x}||\mathbf{y}|$ (CAUCHY-SCHWARZsche Ungleichung),

h) $|\mathbf{x} + \mathbf{y}| \leq |\mathbf{x}| + |\mathbf{y}|$ (Dreiecksungleichung).

Beweis g): Die Ungleichung ist erfüllt für $\mathbf{y} = \mathbf{0}$. Sei also $\mathbf{y} \neq \mathbf{0}$. Für alle $\lambda \in \mathbb{R}$ folgt aus a)–d) $0 \leq (\mathbf{x} - \lambda\mathbf{y}) \cdot (\mathbf{x} - \lambda\mathbf{y}) = \mathbf{x} \cdot \mathbf{x} - 2\lambda(\mathbf{x} \cdot \mathbf{y}) + \lambda^2\mathbf{y} \cdot \mathbf{y}$.

Die Wahl $\lambda = \dfrac{\mathbf{x}\cdot\mathbf{y}}{|\mathbf{y}|^2}$ ergibt $0 \le (\mathbf{x}\cdot\mathbf{x})(\mathbf{y}\cdot\mathbf{y}) - (\mathbf{x}\cdot\mathbf{y})^2$, das ist die Behauptung.

h): Mit g) folgt

$$\begin{aligned}|\mathbf{x}+\mathbf{y}|^2 &= (\mathbf{x}+\mathbf{y})\cdot(\mathbf{x}+\mathbf{y}) = |\mathbf{x}|^2 + 2\mathbf{x}\cdot\mathbf{y} + |\mathbf{y}|^2 \\ &\le |\mathbf{x}|^2 + 2|\mathbf{x}||\mathbf{y}| + |\mathbf{y}|^2 = (|\mathbf{x}|+|\mathbf{y}|)^2 \,. \end{aligned}$$ □

Aufgrund der Ungleichung (3g) gilt für $\mathbf{x} \ne \mathbf{0}$, $\mathbf{y} \ne \mathbf{0}$ stets $-1 \le \dfrac{\mathbf{x}\cdot\mathbf{y}}{|\mathbf{x}||\mathbf{y}|} \le 1$, deshalb gibt es genau einen Winkel φ mit $0 \le \varphi \le \pi$ und $\cos\varphi = \dfrac{\mathbf{x}\cdot\mathbf{y}}{|\mathbf{x}||\mathbf{y}|}$.

Definition. *Für* $\mathbf{x},\mathbf{y} \ne \mathbf{0}$ *nennt man* $\sphericalangle(\mathbf{x},\mathbf{y}) := \varphi = \arccos\dfrac{\mathbf{x}\cdot\mathbf{y}}{|\mathbf{x}||\mathbf{y}|}$ $(0 \le \varphi \le \pi)$ *den* **Winkel** *zwischen* $\mathbf{x}$ *und* $\mathbf{y}$. *Ferner nennt man* $\mathbf{x},\mathbf{y} \in \mathbb{R}^n$ **orthogonal**, *wenn* $\mathbf{x}\cdot\mathbf{y} = 0$ *gilt. Der Nullvektor ist orthogonal zu allen Vektoren des* $\mathbb{R}^n$.

Definition.

a) Eine lineare Abbildung $f : \mathbb{R}^n \to \mathbb{R}^n$ *heißt* **orthogonal**, *wenn sie das Skalarprodukt invariant läßt; d.h. wenn für alle* $\mathbf{x},\mathbf{y} \in \mathbb{R}^n$ *gilt:*

$$f(\mathbf{x})\cdot f(\mathbf{y}) = \mathbf{x}\cdot\mathbf{y}\,.$$

b) Eine Matrix $A \in \mathbb{R}^{n\times n}$ *heißt* **orthogonal**, *wenn gilt:*

$$A^T A = E \quad (\text{also } A^T = A^{-1})\,.$$

c) Eine Basis $B = (\mathbf{b}_1,\dots,\mathbf{b}_n)$ *heißt* **orthogonal**, *wenn die Vektoren* $\mathbf{b}_i$ *paarweise orthogonal sind; d.h., wenn für* $i \ne j$ *gilt*

$$\mathbf{b}_i\cdot\mathbf{b}_j = 0\,.$$

Die Basis B *heißt* **orthonormal**, *wenn sie orthogonal ist und alle Basisvektoren normiert sind; d.h.,*

$$\mathbf{b}_i\cdot\mathbf{b}_j = 0 \quad \textit{für} \quad i \ne j \quad \text{und} \quad |\mathbf{b}_i| = 1\,.$$

Beispiele.

1. Die natürliche Basis $(\mathbf{e}_1,\dots,\mathbf{e}_n)$ ist eine Orthonormalbasis des $\mathbb{R}^n$.
2. Sind $\mathbf{a},\mathbf{b} \in \mathbb{R}^3$ orthonormal, $\mathbf{a}\cdot\mathbf{b} = 0$, $|\mathbf{a}| = |\mathbf{b}| = 1$, dann ist $(\mathbf{a},\mathbf{b},\mathbf{c})$ mit $\mathbf{c} := \mathbf{a}\times\mathbf{b}$ stets eine orthonormales Rechtssystem des $\mathbb{R}^3$ (→ Kap. 1, §4). □

Den Zusammenhang zwischen diesen drei Orthogonalitätsbegriffen klärt

Satz 6.2. *Für eine Matrix* $A \in \mathbb{R}^{n\times n}$ *sind äquivalent:*

a) *A ist orthogonal.*

b) $(A\mathbf{x})\cdot(A\mathbf{y}) = \mathbf{x}\cdot\mathbf{y}$ *für alle* $\mathbf{x},\mathbf{y} \in \mathbb{R}^n$.

c) *Die Spalten von* A *bilden eine orthonormale Basis des* $\mathbb{R}^n$.

Insbesondere ist eine lineare Abbildung $f : \mathbb{R}^n \to \mathbb{R}^n$ *genau dann orthogonal, wenn die Abbildungsmatrix* $F = (f(\mathbf{e}_1),\dots,f(\mathbf{e}_n))$ *orthogonal ist.*

Beweis. a) $\Rightarrow$ b): Aus $A^T A = E$ folgt

$$(A\mathbf{x}) \cdot (A\mathbf{y}) = (A\mathbf{x})^T (A\mathbf{y}) = \mathbf{x}^T A^T A\mathbf{y} = \mathbf{x}^T E\mathbf{y} = \mathbf{x}^T \mathbf{y} = \mathbf{x} \cdot \mathbf{y}\,.$$

b) $\Rightarrow$ c): Für $\mathbf{x} = \mathbf{e}_i$, $\mathbf{y} = \mathbf{e}_j$ und $\mathbf{a}_i := A\mathbf{e}_i$ (i-te Spalte von A) ergibt sich

$$\mathbf{a}_i \cdot \mathbf{a}_j = \mathbf{e}_i^T \mathbf{e}_j = \begin{cases} 1 & \text{, falls } i = j \\ 0 & \text{, falls } i \neq j \end{cases}\,.$$

c) $\Rightarrow$ a): Aus $\mathbf{a}_i \cdot \mathbf{a}_i = \mathbf{a}_i^T \mathbf{a}_i = 1$ und $\mathbf{a}_i \cdot \mathbf{a}_j = \mathbf{a}_i^T \mathbf{a}_j = 0$ (falls $i \neq j$) folgt mit der Produktformel (4, §2) für die Matrix A die Gleichung $A^T A = E$. □

Bemerkungen.

1. Für eine orthogonale Matrix A ist die Inverse sehr einfach zu berechnen. Es gilt (definitionsgemäß!) $A^{-1} = A^T$.
2. $A^T A = E \iff AA^T = E$ ($\rightarrow$ (10), §2) $\iff$ Die Zeilen von A sind orthogonal; wobei das Skalarprodukt (und jeder damit verbundene Begriff) für Zeilenvektoren $\mathbf{x}, \mathbf{y} \in \mathbb{R}_n$ durch $\mathbf{x} \cdot \mathbf{y} := \mathbf{x}\mathbf{y}^T$ definiert ist.
3. $A \in \mathbb{R}^{n \times n}$ orthogonal $\Rightarrow$ $\det A = \pm 1$.
Denn aus $A^T A = E$ folgt $1 = \det E = \det A^T \det A = (\det A)^2$.
4. Jede orthogonale lineare Abbildung $f : \mathbb{R}^n \rightarrow \mathbb{R}^n$ ist

volumentreu, da $|\det F| = 1$ (F Abbildungsmatrix von f) ($\rightarrow$ Bem 3.),
längentreu, da $|f(\mathbf{x})| = \sqrt{f(\mathbf{x}) \cdot f(\mathbf{x})} = \sqrt{\mathbf{x} \cdot \mathbf{x}} = |\mathbf{x}|$,
winkeltreu, da $\cos \sphericalangle(f(\mathbf{x}), f(\mathbf{y})) = \dfrac{f(\mathbf{x}) \cdot f(\mathbf{y})}{|f(\mathbf{x})||f(\mathbf{y})|} = \dfrac{\mathbf{x} \cdot \mathbf{y}}{|\mathbf{x}||\mathbf{y}|} = \cos \sphericalangle(\mathbf{x}, \mathbf{y})$.

6.4 Speziell: Spiegelungen und Drehungen. Diese lassen sich besonders einfach in kartesischen Koordinaten beschreiben:

ⓐ Spiegelungen im Raum an Ebenen durch den Ursprung sind lineare Abbildungen. Ist $\mathbf{a} = (a_1, a_2, a_3)^T$ ein Einheitsvektor, dann lautet die *Spiegelung* an der Ebene $\mathbf{a} \cdot \mathbf{x} = 0$:

$$s : \mathbb{R}^3 \rightarrow \mathbb{R}^3, \quad s(\mathbf{x}) = \mathbf{x} - 2(\mathbf{x} \cdot \mathbf{a})\mathbf{a}.$$

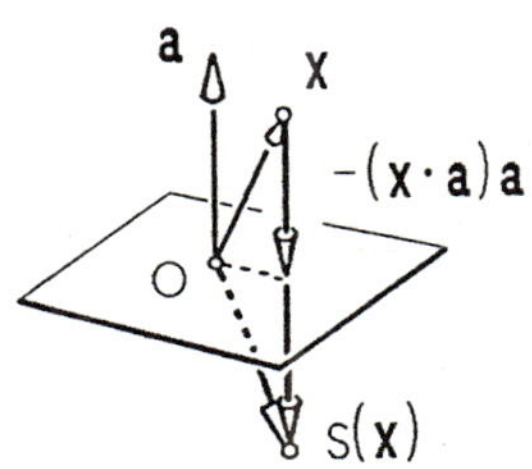

Abb. 149 – Spiegelung im $\mathbb{R}^3$

Man bestätigt leicht $s(\mathbf{x}) \cdot s(\mathbf{y}) = \mathbf{x} \cdot \mathbf{y}$ und $s(s(\mathbf{x})) = \mathbf{x}$, daher ist die Abbildungsmatrix S wegen $S^{-1} = S = S^T$ stets eine symmetrische und orthogonale Matrix:

$$S = (s(\mathbf{e}_1), s(\mathbf{e}_2), s(\mathbf{e}_3)) = \begin{pmatrix} 1 - 2a_1^2 & -2a_2 a_1 & -2a_3 a_1 \\ -2a_1 a_2 & 1 - 2a_2^2 & -2a_3 a_2 \\ -2a_1 a_3 & -2a_2 a_3 & 1 - 2a_3^2 \end{pmatrix} = E - 2\,\mathbf{a}\,\mathbf{a}^T\,.$$

(b) **Drehungen der Ebene** um den Nullpunkt lauten in kartesischen Koordinaten

$$d : \mathbb{R}^2 \to \mathbb{R}^2 , \quad d\begin{pmatrix} x \\ y \end{pmatrix} = \begin{pmatrix} x\cos\varphi - y\sin\varphi \\ x\sin\varphi + y\cos\varphi \end{pmatrix} , \quad \text{Drehwinkel } \varphi ,$$

(→ Kap. 1, §3.4). Die Abbildung d ist linear mit der orthogonalen *Abbildungsmatrix* (der „Drehmatrix")

$$D = \begin{pmatrix} \cos\varphi & -\sin\varphi \\ \sin\varphi & \cos\varphi \end{pmatrix} , \quad \det D = 1 .$$

Wegen $\begin{pmatrix} x\cos\varphi - y\sin\varphi \\ x\sin\varphi + y\cos\varphi \end{pmatrix} = \cos\varphi \begin{pmatrix} x \\ y \end{pmatrix} + \sin\varphi \begin{pmatrix} -y \\ x \end{pmatrix}$ hat man

(4) $$d(\mathbf{x}) = (\cos\varphi)\mathbf{x} + (\sin\varphi)\mathbf{x}^* ,$$

wobei $\mathbf{x}^*$ aus $\mathbf{x}$ durch eine positive Drehung um $\frac{\pi}{2}$ entsteht.

(c) **Drehungen im Raum** erfolgen stets um eine Achse, diese sog. Drehachse wird durch die Wahl eines Richtungsvektors $\mathbf{a} \neq \mathbf{0}$ (auf der Achse) orientiert. $\mathbf{a}$ weist in die positive Achsenrichtung. Blickt man in diese Richtung, dann erfolgt eine positive Drehung (Drehwinkel $\varphi \geq 0$) im Uhrzeigersinn (→ Abb. 29). Die Koordinatenachsen eines kartesischen Koordinatensystems sind stets durch die zugehörigen Basisvektoren orientiert.
a) Die *Drehung* um die x-Achse besitzt wegen (4) die Abbildungsgleichung

$$d_1(\mathbf{x}) = x\,\mathbf{e}_1 + (y\cos\alpha - z\sin\alpha)\,\mathbf{e}_2 + (y\sin\alpha + z\cos\alpha)\,\mathbf{e}_3$$

und die Abbildungsmatrix

$$D_1(\alpha) = \begin{pmatrix} 1 & 0 & 0 \\ 0 & \cos\alpha & -\sin\alpha \\ 0 & \sin\alpha & \cos\alpha \end{pmatrix} .$$

Zur Drehung um die y- bzw. z-Achse gehören die Drehmatrizen

$$D_2(\beta) = \begin{pmatrix} \cos\beta & 0 & \sin\beta \\ 0 & 1 & 0 \\ -\sin\beta & 0 & \cos\beta \end{pmatrix} , \quad D_3(\gamma) = \begin{pmatrix} \cos\gamma & -\sin\gamma & 0 \\ \sin\gamma & \cos\gamma & 0 \\ 0 & 0 & 1 \end{pmatrix} .$$

Man kann zeigen, daß sich jede Drehung um eine beliebige Achse durch den Nullpunkt als Hintereinanderausführung von Drehungen um die Koordinatenachsen darstellen läßt, d.h. für ihre Matrix D lassen sich α, β, γ bestimmen, so daß $D = D_3(\gamma)D_2(\beta)D_1(\alpha)$ (erst um die x-Achse, dann um die y-Achse und schließlich um die z-Achse drehen). α, β, γ heißen die Cardan-Winkel der Drehung (benannt nach CARDANUS, 1501–1576). Die Euler-Winkel der Drehung werden in 6.6 behandelt.
b) Ist von einer Drehung $d : \mathbb{R}^3 \to \mathbb{R}^3$ der Richtungsvektor $\mathbf{a} \neq \mathbf{0}$ der Drehachse (durch den Nullpunkt) und der Drehwinkel $\varphi \geq 0$ bekannt, dann wird d (in kartesischen Koordinaten) dargestellt durch

(5) $$d(\mathbf{x}) = (\cos\varphi)\,\mathbf{x} + (1-\cos\varphi)\frac{\mathbf{x}\cdot\mathbf{a}}{|\mathbf{a}|^2}\,\mathbf{a} + \frac{\sin\varphi}{|\mathbf{a}|}\,\mathbf{a}\times\mathbf{x}\,.$$

Beweis. Wir zerlegen $\mathbf{x} = \mathbf{x_a} + \mathbf{r}$ mit der Komponente $\mathbf{x_a}$ in Achsenrichtung und $\mathbf{r} = \mathbf{x} - \mathbf{x_a}$. Der Vektor $\mathbf{x_a}$ bleibt bei der Drehung fest, $\mathbf{r}$ geht nach (4) über in

$$d(\mathbf{r}) = (\cos\varphi)\mathbf{r} + (\sin\varphi)\mathbf{r}^*$$

mit dem aus $\mathbf{r}$ durch eine (positive) Drehung um $\frac{\pi}{2}$ gewonnenen Vektor $\mathbf{r}^* = \frac{1}{|\mathbf{a}|}\mathbf{a}\times\mathbf{r}$. Mit $d(\mathbf{x}) = \mathbf{x_a} + d(\mathbf{r})$ folgt (5) aus Formel (6, Kap 1., §5). □

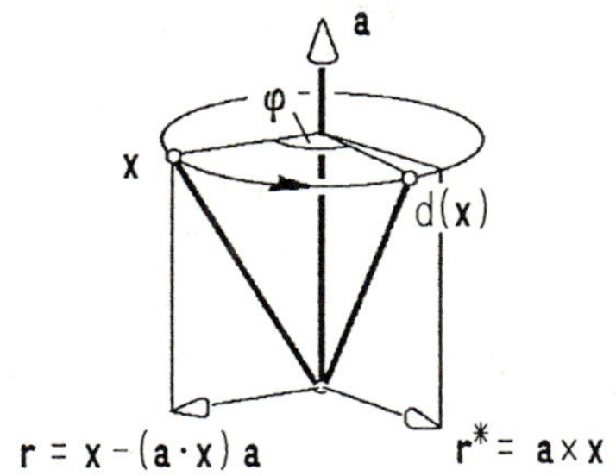

Abb. 150 – Drehung im $\mathbb{R}^3$, $|a| = 1$

Die Abbildungsmatrix (die *Drehmatrix*) D bezüglich der gegebenen kartesischen Basis lautet (mit $\mathbf{a} = (a_1, a_2, a_3)^T$ und $|\mathbf{a}| = 1$):

$$\begin{pmatrix} \cos\varphi + (1-\cos\varphi)a_1^2\,, & (1-\cos\varphi)a_1a_2 - a_3\sin\varphi\,, & (1-\cos\varphi)a_1a_3 + a_2\sin\varphi \\ (1-\cos\varphi)a_1a_2 + a_3\sin\varphi\,, & \cos\varphi + (1-\cos\varphi)a_2^2\,, & (1-\cos\varphi)a_2a_3 - a_1\sin\varphi \\ (1-\cos\varphi)a_1a_3 - a_2\sin\varphi\,, & (1-\cos\varphi)a_2a_3 + a_1\sin\varphi\,, & \cos\varphi + (1-\cos\varphi)a_3^2 \end{pmatrix}$$

Da die aus $\mathbf{e}_1$, $\mathbf{e}_2$, $\mathbf{e}_3$ durch Drehung entstandenen Vektoren $\mathbf{e}_1' = d(\mathbf{e}_1)$, $\mathbf{e}_2' = d(\mathbf{e}_2)$, $\mathbf{e}_3' = d(\mathbf{e}_3)$ ebenfalls eine kartesische Basis bilden, gilt sicher „$\Rightarrow$“ in der Charakterisierung

$$D \text{ ist Drehmatrix} \iff D^T D = E \text{ und } \det D = 1\,.$$

Die Aussage „$\Leftarrow$“, daß jede orthogonale 3×3-Matrix D mit $\det D = 1$ eine Drehung beschreibt, wird erst in 6.8 gezeigt werden.

Ist eine Drehmatrix $D = (d_{ij}) \neq E$ vorgegeben, so findet man aus obiger Matrixdarstellung zu (5) den Drehwinkel $\varphi \geq 0$ mit der Formel

(6) $$\cos\varphi = \frac{1}{2}(\operatorname{Spur} D - 1)\,,\quad \operatorname{Spur} D := d_{11} + d_{22} + d_{33}\,.$$

Die Drehachsenrichtung $\mathbf{a} = (a_1, a_2, a_3)^T$, $|\mathbf{a}| = 1$, ergibt sich aus

(7) $$(D - E)\mathbf{a} = \mathbf{0} \text{ oder explizit}$$
$$\mathbf{a} = \frac{1}{2\sin\varphi}\begin{pmatrix} d_{32} - d_{23} \\ d_{13} - d_{31} \\ d_{21} - d_{12} \end{pmatrix}, \text{ falls } \varphi \neq \pi\,.$$

Beispiel. Nach einer Drehung um die x-Achse mit $\alpha = \frac{\pi}{6}$ wird noch um die z-Achse mit $\gamma = \frac{\pi}{4}$ gedreht. Zur resultierenden Abbildung gehört die Abbildungsmatrix

$$D = D_3(\frac{\pi}{4})D_1(\frac{\pi}{6}) = \frac{1}{2}\begin{pmatrix} \sqrt{2} & -\frac{1}{2}\sqrt{6} & \frac{1}{2}\sqrt{2} \\ \sqrt{2} & \frac{1}{2}\sqrt{6} & -\frac{1}{2}\sqrt{2} \\ 0 & 1 & \sqrt{3} \end{pmatrix} .$$

So wird beispielsweise der Punkt $P = (1,1,1)$ – genauer: der Ortsvektor $\overrightarrow{OP} = \begin{pmatrix} 1 \\ 1 \\ 1 \end{pmatrix}$ – abgebildet auf $P' = (x', y', z')$ mit

$$\begin{pmatrix} x' \\ y' \\ z' \end{pmatrix} = D\begin{pmatrix} 1 \\ 1 \\ 1 \end{pmatrix} = \begin{pmatrix} \frac{1}{4}(3\sqrt{2} - \sqrt{6}) \\ \frac{1}{4}(\sqrt{2} + \sqrt{6}) \\ \frac{1}{2}(\sqrt{3} + 1) \end{pmatrix} .$$

Mit den Drehmatrizen D_3, D_1 ist auch D orthogonal und es gilt $\det D = 1$. Nach dem noch zu beweisenden Satz (→ 6.8) stellt deshalb D eine Drehung dar, deren Drehwinkel $\varphi \geq 0$ mit (6) zu bestimmen ist:

$$\cos\varphi = \frac{1}{2}(\text{Spur } D - 1) = \frac{1}{2}(\frac{1}{2}\sqrt{2} + \frac{1}{4}\sqrt{6} + \frac{1}{2}\sqrt{3} - 1) ,$$

also $\varphi = 53.64743528^\circ$, $\sin\varphi = 0.805384813$.

Aus (7) liest man die Achsenrichtung ab:

$$\mathbf{a} = (0.529904075, 0.219493454, 0.819160725)^T . \qquad \square$$

6.5 Das Schmidtsche Orthonormierungsverfahren (E. Schmidt, 1876-1959) ermöglicht den Übergang von einer beliebigen Basis zu einer günstigen Orthonormalbasis.

Wir gehen aus von linear unabhängigen Vektoren $\mathbf{b}_1, \ldots, \mathbf{b}_k \in \mathbb{R}^n$ $(k \leq n)$ und berechnen daraus der Reihe nach eine Orthonormalbasis $\mathbf{c}_1, \ldots, \mathbf{c}_k$ der linearen Hülle $\text{Lin}(\mathbf{b}_1, \ldots, \mathbf{b}_k)$.

Man setzt $\mathbf{c}_1 := \frac{1}{|\mathbf{b}_1|}\mathbf{b}_1$ und berechnet die zu $\mathbf{c}_1$ orthogonale Komponente $\mathbf{c}_2' = \mathbf{b}_2 - (\mathbf{b}_2 \cdot \mathbf{c}_1)\mathbf{c}_1$ von $\mathbf{b}_2$. Normierung ergibt $\mathbf{c}_2 := \frac{1}{|\mathbf{c}_2'|}\mathbf{c}_2'$. Weiter wird nun der zu $\mathbf{c}_1$ und $\mathbf{c}_2$ orthogonale Vektor $\mathbf{c}_3' = \mathbf{b}_3 - (\mathbf{b}_3 \cdot \mathbf{c}_2)\mathbf{c}_2 - (\mathbf{b}_3 \cdot \mathbf{c}_1)\mathbf{c}_1$ berechnet und normiert: $\mathbf{c}_3 := \frac{1}{|\mathbf{c}_3'|}\mathbf{c}_3'$.

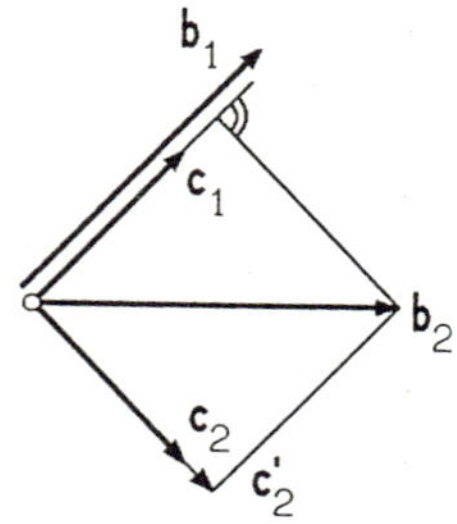

Abb. 151 – Orthonormierung in $\mathbb{R}^2$

Etc.: $\mathbf{c}_4' = \mathbf{b}_4 - (\mathbf{b}_4 \cdot \mathbf{c}_3)\mathbf{c}_3 - (\mathbf{b}_4 \cdot \mathbf{c}_2)\mathbf{c}_2 - (\mathbf{b}_4 \cdot \mathbf{c}_1)\mathbf{c}_1$, $\mathbf{c}_4 := \frac{1}{|\mathbf{c}_4'|}\mathbf{c}_4, \ldots,$

bis $\mathbf{c}_k' = \mathbf{b}_k - \sum_{i=1}^{k-1}(\mathbf{b}_k \cdot \mathbf{c}_i)\mathbf{c}_i$, $\mathbf{c}_k = \frac{1}{|\mathbf{c}_k'|}\mathbf{c}_k'$.

In jedem Schritt wird ein zu den vorher berechneten $\mathbf{c}_i$ orthogonaler Vektor vom Betrag 1 bestimmt und man sieht leicht, daß $\mathbf{c}_1, \ldots, \mathbf{c}_k \in \operatorname{Lin}(\mathbf{b}_1, \ldots, \mathbf{b}_k)$ linear unabhängig sind.

Bemerkungen. **1.** Ein Beispiel und eine Anwendung dieses Verfahrens behandeln wir in 7.2.

2. Für eine invertierbare $n \times n$-Matrix $B = (\mathbf{b}_1, \ldots, \mathbf{b}_n)$ ergibt das Orthonormierungsverfahren (für $\mathbf{b}_1, \ldots, \mathbf{b}_n$) die Zerlegung $Q = BR$, bzw. $B = QR^{-1}$, mit der orthogonalen Matrix $Q = (\mathbf{c}_1, \ldots, \mathbf{c}_n)$ und einer oberen Dreiecksmatrix R. Diese sog. QR-Zerlegung wird in vielen numerischen Verfahren bevorzugt, da die Transformation $\mathbf{x} \mapsto Q\mathbf{x}$ längentreu ist.

6.6 Basiswechsel, Koordinatentransformation. Es ist zu unterscheiden zwischen den Koordinaten eines Vektors bezüglich einer Basis und den Koordinaten eines Punktes in einem affinen Koordinatensystem.

ⓐ **Vektorkoordinaten.** Sei $B = (\mathbf{b}_1, \ldots, \mathbf{b}_n)$ eine (beliebige) Basis des $\mathbb{R}^n$, die wir gleichzeitig als invertierbare $n \times n$-Matrix ansehen. Die eindeutig bestimmten Koeffizienten $x'_i \in \mathbb{R}$ der Zerlegung $\mathbf{x} = x'_1\mathbf{b}_1 + \cdots + x'_n\mathbf{b}_n$ heißen *Koordinaten des Vektors* $\mathbf{x} \in \mathbb{R}^n$, und man nennt

$$\mathbf{x}_B = \mathbf{x}' = \begin{pmatrix} x'_1 \\ x'_2 \\ \vdots \\ x'_n \end{pmatrix}, \quad \text{falls } \mathbf{x} = x'_1\mathbf{b}_1 + \cdots + x'_n\mathbf{b}_n,$$

den *Koordinatenvektor* von $\mathbf{x} \in \mathbb{R}^n$ bezüglich B. Die *Koordinatenabbildung* $\mathbf{x} \mapsto \mathbf{x}_B$ ist linear ($\rightarrow$ 6.1). Aus der nützlichen Multiplikationsformel (8, §2) ergibt sich sofort

$$x'_1\mathbf{b}_1 + \cdots + x'_n\mathbf{b}_n = B\begin{pmatrix} x'_1 \\ \vdots \\ x'_n \end{pmatrix} = B\mathbf{x}_B .$$

Damit gilt für die Koordinatentransformation beim

(8)

Basiswechsel von $(\mathbf{e}_1, \ldots, \mathbf{e}_n)$ nach $B = (\mathbf{b}_1, \ldots, \mathbf{b}_n)$:
Substitutionsformel: $\mathbf{x} = B\mathbf{x}_B$,
Transformationsformel: $\mathbf{x}_B = B^{-1}\mathbf{x}$ $\quad (\mathbf{x}, \mathbf{x}_B \in \mathbb{R}^n)$.

Beispiel. Die *Euler-Winkel* ψ, θ, φ einer Drehung des $\mathbb{R}^3$ sind ($\rightarrow$ Abb. 152) durch drei Drehungen vom Typ D_1 und D_3 erklärt:

① Drehung um die x_3-Achse mit Winkel ψ,
② Drehung um das Bild der x_1-Achse mit Winkel θ,
③ Drehung um das Bild der x_3-Achse mit Winkel φ.

Im Gegensatz zu den Cardan-Winkeln (→ 6.4, Beisp. 3) ist diese Bestimmung nicht auf ein ortsfestes, sondern im 2. und 3. Schritt auf ein gedrehtes Koordinatensystem bezogen. In diesem Falle stellt man einen festen Vektor $\mathbf{x}$ durch seine Koordinatenvektoren $\mathbf{x}'$, $\mathbf{x}''$, $\mathbf{x}'''$ in den 3 gedrehten Basen dar und erhält mit (8)

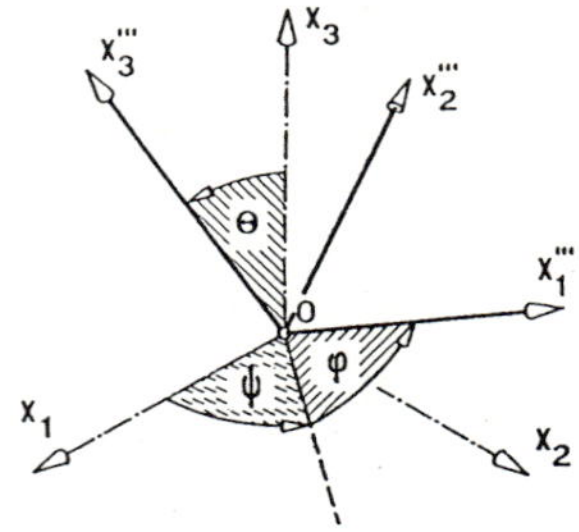

Abb. 152 – Euler-Winkel

$$\text{①}\ \mathbf{x} = D_3(\psi)\mathbf{x}'\,, \quad \text{②}\ \mathbf{x}' = D_1(\theta)\mathbf{x}''\,, \quad \text{③}\ \mathbf{x}'' = D_3(\varphi)\mathbf{x}'''\,.$$

Setzt man ③ in ② und ② in ① ein, so folgt

$$\mathbf{x} = D_3(\psi)D_1(\theta)D_3(\varphi)\mathbf{x}'''\,.$$

Dies ist die Substitutionsformel (8) für die durch d gedrehte Basis. In der Basis $\mathbf{e}_1$, $\mathbf{e}_2$, $\mathbf{e}_3$ hat daher d die Darstellung $\mathbf{x} \mapsto D_3(\psi)D_1(\psi)D_3(\varphi)\mathbf{x}$ mit der Abbildungsmatrix

$$\begin{pmatrix} \cos\psi\cos\varphi - \sin\psi\cos\theta\sin\varphi & -\cos\psi\sin\varphi - \sin\psi\cos\theta\cos\varphi & \sin\psi\sin\theta \\ \sin\psi\cos\varphi + \cos\psi\cos\theta\sin\varphi & -\sin\psi\sin\varphi + \cos\psi\cos\theta\cos\varphi & -\cos\psi\sin\theta \\ \sin\theta\sin\varphi & \sin\theta\cos\varphi & \cos\theta \end{pmatrix}.$$

□

ⓑ **Punktkoordinaten.** Begriffe der anschaulichen Geometrie des $\mathbb{R}^3$ werden in den $\mathbb{R}^n$ übernommen. Die Zeilen-n-Tupel $X = (x_1, \ldots, x_n)$, $x_i \in \mathbb{R}$, nennt man *Punkte* des n-dimensionalen reellen Punktraumes $\mathbb{R}_n$. Zu jedem Punkt $X = (x_1, \ldots, x_n)$ gehört der Vektor $\mathbf{x} = \begin{pmatrix} x_1 \\ \vdots \\ x_n \end{pmatrix} \in \mathbb{R}^n$ - und umgekehrt. Ist $P = (p_1, \ldots, p_n)$ ein fester Punkt, dann heißt

$$\overrightarrow{PX} := \mathbf{x} - \mathbf{p} = \begin{pmatrix} x_1 - p_1 \\ x_2 - p_2 \\ \vdots \\ x_n - p_n \end{pmatrix}$$

Ortsvektor des Punktes X in bezug auf P. Demnach ist $\mathbf{x} = \overrightarrow{OX}$ der Ortsvektor des Punktes X in bezug auf den Nullpunkt $\mathbf{0} = (0, \ldots, 0)$.

Definition. *Ein* **affines Koordinatensystem** $K = (P; \mathbf{b}_1, \ldots, \mathbf{b}_n)$ *des Punktraumes* $\mathbb{R}_n$ *besteht aus einem festen Bezugspunkt* $P = (p_1, \ldots, p_n)$ *und einer Basis* $B = (\mathbf{b}_1, \ldots, \mathbf{b}_n)$ *des* $\mathbb{R}^n$. *Die Koordinaten* x'_i *des Ortsvektors* $\overrightarrow{PX}$ *bezüglich der Basis* B,

$$\overrightarrow{PX} = x'_1\mathbf{b}_1 + \cdots + x'_n\mathbf{b}_n\,,$$

heißen **Koordinaten des Punktes** X **im Koordinatensystem** K*; man schreibt* $X_K = (x'_1, \ldots, x'_n)$.

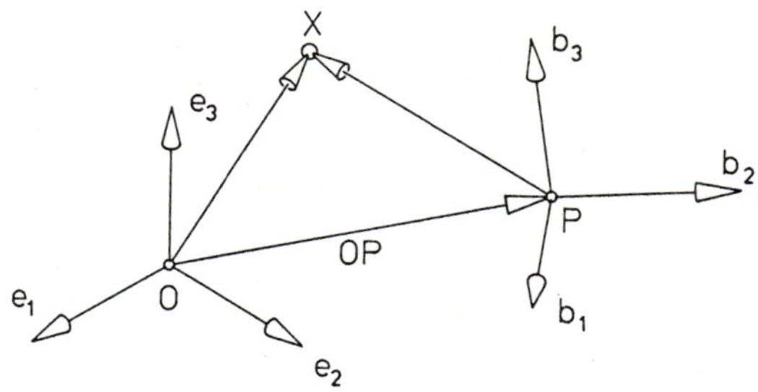

Abb. 153 – Affine Koordinaten

Die Definitionen und (8) ergeben

$$\begin{pmatrix} x'_1 \\ x'_2 \\ \vdots \\ x'_n \end{pmatrix} = (\mathbf{x} - \mathbf{p})_B = B^{-1} \begin{pmatrix} x_1 - p_1 \\ x_2 - p_2 \\ \vdots \\ x_n - p_n \end{pmatrix} . \tag{9}$$

Wir fassen dieses Ergebnis für den besonders wichtigen Spezialfall $n = 3$ noch einmal in Kurzform zusammen.

Satz 6.3. Koordinatenwechsel im Raum.

Kartesisches „Inertialsystem“:	$I = (O; \mathbf{e}_1, \mathbf{e}_2, \mathbf{e}_3)$,
affines Koordinatensystem:	$K = (P; \mathbf{b}_1, \mathbf{b}_2, \mathbf{b}_3)$,
Darstellung von K bzgl. I:	$P = (p_1, p_2, p_3) \in \mathbb{R}_3$,
	$(\mathbf{b}_1, \mathbf{b}_2, \mathbf{b}_3) = B \in \mathbb{R}^{3\times 3}$,
Koordinaten des Punktes X:	(x_1, x_2, x_3) bzgl. I,
	(x'_1, x'_2, x'_3) bzgl. K.
Substitutionsformel:	$\begin{pmatrix} x_1 \\ x_2 \\ x_3 \end{pmatrix} = B \begin{pmatrix} x'_1 \\ x'_2 \\ x'_3 \end{pmatrix} + \begin{pmatrix} p_1 \\ p_2 \\ p_3 \end{pmatrix}$,
Transformationsformel:	$\begin{pmatrix} x'_1 \\ x'_2 \\ x'_3 \end{pmatrix} = B^{-1} \begin{pmatrix} x_1 - p_1 \\ x_2 - p_2 \\ x_3 - p_3 \end{pmatrix}$.

Speziell: a) Bei der Parallelverschiebung des gegebenen Achsenkreuzes in den neuen Ursprung P erhält X die neuen Koordinaten $x'_i = x_i - p_i \quad (i = 1, 2, 3)$.
b) Bei einer Drehung des Achsenkreuzes mit der Drehmatrix $D = (D\mathbf{e}_1, D\mathbf{e}_2, D\mathbf{e}_3)$ erhält X die neuen Koordinaten

$$\begin{pmatrix} x'_1 \\ x'_2 \\ x'_3 \end{pmatrix} = D^{-1} \begin{pmatrix} x_1 \\ x_2 \\ x_3 \end{pmatrix} = D^T \begin{pmatrix} x_1 \\ x_2 \\ x_3 \end{pmatrix} .$$

Aufgrund dieser Transformationsformel wird von manchen Autoren die Inverse $D^{-1} = D^T$ als zugehörige Drehmatrix bezeichnet.

Beispiel. $(\mathbf{e}'_1, \mathbf{e}'_2, \mathbf{e}'_3)$ entstehe aus $(\mathbf{e}_1, \mathbf{e}_2, \mathbf{e}_3)$ durch die Drehung $D = D_3(\frac{\pi}{4})D_1(\frac{\pi}{6})$ (→ 6.4). Wird das gedrehte Koordinatensystem noch in den Punkt $P = (1, 2, 3)$ verschoben, dann hat der Punkt $X = (x, y, z)$ im neuen Koordinatensystem $(P; \mathbf{e}'_1, \mathbf{e}'_2, \mathbf{e}'_3)$ die Koordinaten

$$\begin{pmatrix} x' \\ y' \\ z' \end{pmatrix} = D^T \begin{pmatrix} x-1 \\ y-2 \\ z-3 \end{pmatrix} = \frac{1}{2} \begin{pmatrix} \sqrt{2} & \sqrt{2} & 0 \\ -\frac{1}{2}\sqrt{6} & \frac{1}{2}\sqrt{6} & 1 \\ \frac{1}{2}\sqrt{2} & -\frac{1}{2}\sqrt{2} & \sqrt{3} \end{pmatrix} \begin{pmatrix} x-1 \\ y-2 \\ z-3 \end{pmatrix} ,$$

d.h.

$$\begin{aligned} x' &= \frac{1}{2}(\sqrt{2}(x-1) + \sqrt{2}(y-2)) \\ y' &= \frac{1}{2}(-\frac{1}{2}\sqrt{6}(x-1) + \frac{1}{2}\sqrt{6}(y-2) + (z-3)) \\ z' &= \frac{1}{2}(\frac{1}{2}\sqrt{2}(x-1) - \frac{1}{2}\sqrt{2}(y-2) + \sqrt{3}(z-3)) \ . \end{aligned}$$

□

ⓒ **Abbildungsmatrix.** Zu jeder $n \times n$-Matrix A gehört die lineare Abbildung $f : \mathbb{R}^n \to \mathbb{R}^n$, $f(x) = Ax$, dabei ist A die Abbildungsmatrix von f bezüglich der natürlichen Basis (→ Satz 6.1). Der Wechsel zu einer anderen Basis bringt zusätzliche Erkenntnisse:

Definition. *Seien $f : \mathbb{R}^n \to \mathbb{R}^n$ eine lineare Abbildung und $B = (\mathbf{b}_1, \ldots, \mathbf{b}_n)$ eine Basis des $\mathbb{R}^n$. Die Matrix*

$$C := (f(\mathbf{b}_1)_B, \ldots, f(\mathbf{b}_n)_B) \ ,$$

in deren Spalten die Koordinatenvektoren (bzgl. B) der Bilder $f(\mathbf{b}_i)$ stehen, heißt **Abbildungsmatrix von f bezüglich B.**

Satz 6.4. Die Änderung der Abbildungsmatrix beim Basiswechsel.
Es seien A eine $n \times n$-Matrix und $B = (\mathbf{b}_1, \ldots, \mathbf{b}_n)$ eine Basis des $\mathbb{R}^n$. Die Abbildungsgleichung $\mathbf{y} = A\mathbf{x}$ lautet in Koordinaten bezüglich B

$$\mathbf{y}_B = (A\mathbf{x})_B = C\mathbf{x}_B \tag{10}$$

mit der Abbildungsmatrix $C = ((A\mathbf{b}_1)_B, \ldots, (A\mathbf{b}_n)_B)$.
Ferner gilt

$$C = B^{-1}AB \ . \tag{11}$$

Beweis. Aus $\mathbf{x} = \sum_{i=1}^{n} \mathbf{x}'_i \mathbf{b}_i$ folgt $(A\mathbf{x})_B = \sum_{i=1}^{n} \mathbf{x}'_i (A\mathbf{b}_i)_B = C\mathbf{x}_B$, das ist bereits (10). Außerdem folgt mit (8) sofort $C = (B^{-1}A\mathbf{b}_1, \ldots, B^{-1}A\mathbf{b}_n) = B^{-1}A(\mathbf{b}_1, \ldots, \mathbf{b}_n) = B^{-1}AB$. □

Beispiel 1. Sei (→ 6.4, ⓐ) $S \in \mathbb{R}^{3\times 3}$ die Abbildungsmatrix der Spiegelung $s(\mathbf{x}) = \mathbf{x} - 2(\mathbf{x} \cdot \mathbf{a})\mathbf{a} = S\mathbf{x}$ an der zu $\mathbf{a} \in \mathbb{R}^3$, $|\mathbf{a}| = 1$, orthogonalen Ebene.

Wir gehen über zu einer anderen kartesischen Basis $B = (\mathbf{a}, \mathbf{b}, \mathbf{a} \times \mathbf{b})$ mit einem Einheitsvektor $\mathbf{b}$ orthogonal zu $\mathbf{a}$. Aus

$$s(\mathbf{a}) = -\mathbf{a}\,, \quad s(\mathbf{b}) = \mathbf{b}\,, \quad s(\mathbf{a} \times \mathbf{b}) = \mathbf{a} \times \mathbf{b}$$

liest man sofort die Abbildungsmatrix S' bezüglich B ab:

$$S' = \begin{pmatrix} -1 & 0 & 0 \\ 0 & 1 & 0 \\ 0 & 0 & 1 \end{pmatrix}.$$

In Koordinaten bezüglich B wird die Spiegelung einfach durch $\mathbf{y}' = S'\mathbf{x}'$ beschrieben. Ferner gilt $S' = B^{-1}SB$. □

Beispiel 2. Wir betrachten die in 6.4, Beispiel 3 behandelte Drehung $d(\mathbf{x}) = D\mathbf{x}$ (mit der 3×3-Drehmatrix D) bezüglich einer kartesischen Basis $B = (\mathbf{a}, \mathbf{b}, \mathbf{c})$ mit dem Einheitsvektor $\mathbf{a}$ in Richtung der Drehachse. Mit (4) gilt

$$d(\mathbf{a}) = \mathbf{a}\,, \quad d(\mathbf{b}) = (\cos\varphi)\mathbf{b} + (\sin\varphi)\mathbf{c}\,, \quad d(\mathbf{c}) = (-\sin\varphi)\mathbf{b} + (\cos\varphi)\mathbf{c}\,.$$

Hieraus liest man die Abbildungsmatrix bezüglich B ab:

$$D' = \begin{pmatrix} 1 & 0 & 0 \\ 0 & \cos\varphi & -\sin\varphi \\ 0 & \sin\varphi & \cos\varphi \end{pmatrix}.$$

Es gilt $(D\mathbf{x})_B = D'\mathbf{x}_B$ und $D' = B^{-1}DB$.
In §7 und in den Aufgaben sind weitere Beispiele angegeben. □

Definition. *Zwei $n \times n$-Matrizen A, C heißen* **ähnlich**, *wenn es eine invertierbare $n \times n$-Matrix B gibt, so daß gilt $C = B^{-1}AB$.*

In Satz 6.4 ist die geometrische Bedeutung der Ähnlichkeit beschrieben. Am Beispiel der Spiegelung und der Drehung wurde deutlich, daß eine verhältnismäßig komplizierte Abbildung mit Matrix A bezüglich einer „passenden" Basis eine Abbildungsmatrix $C = B^{-1}AB$ von recht einfacher Gestalt hat. Welche Eigenschaften der neuen Basis bewirken diese Vereinfachung?
Sei $A \in \mathbb{R}^{n\times n}$, $B = (\mathbf{b}_1, \ldots, \mathbf{b}_n)$ eine Basis des $\mathbb{R}^n$ mit $A\mathbf{b}_1 = \lambda\mathbf{b}_1$ $(\lambda \in \mathbb{R})$. Dann ist $(A\mathbf{b}_1)_B = \lambda\mathbf{e}_1$ die erste Spalte der Abbildungsmatrix C, über die anderen Spalten ist noch nichts Näheres bekannt. Immerhin hat man – gemäß Satz 6.4 – schon folgende „Vereinfachung":

$$B^{-1}AB = \begin{pmatrix} \lambda & * & * & \cdots & * \\ 0 & * & * & \cdots & * \\ 0 & * & * & \cdots & * \\ \vdots & \vdots & \vdots & & \vdots \\ 0 & * & * & \cdots & * \end{pmatrix} \tag{12}$$

(an den $*$-Stellen stehen die Koordinaten von $A\mathbf{b}_2, \ldots, A\mathbf{b}_n$ bezüglich B). Falls auch $A\mathbf{b}_2 = \mu\mathbf{b}_2$ gilt $(\mu \in \mathbb{R})$, dann steht auf der rechten Seite von (12) in der zweiten Spalte der Vektor $\mu\mathbf{e}_2 = (0, \mu, 0, \ldots, 0)^T$.

Die Fragestellung nach solchen Basisvektoren nennt man das *algebraische Eigenwertproblem*. Es tritt beispielsweise in der Elastomechanik auf bei der Bestimmung der Hauptspannungsrichtungen.

6.7 Eigenwerte, Eigenvektoren. Da die Behandlung des algebraischen Eigenwertproblems eng verbunden ist mit der Nullstellenbestimmung von Polynomen, lassen wir von jetzt an auch komplexe Zahlen als Skalare und Matrizen (also auch Zeilen- und Spaltenvektoren) mit komplexen Koeffizienten zu. Die bisherigen Ausführungen über Vektoren und Matrizen bleiben unverändert gültig, wenn $\mathbb{R}$ durch $\mathbb{C}$ ersetzt wird.

Definition. *Eine Zahl* $\lambda \in \mathbb{C}$ *heißt* **Eigenwert** *einer Matrix* $A \in \mathbb{C}^{n \times n}$, *wenn es wenigstens einen Spaltenvektor* $\mathbf{b} \in \mathbb{C}^n$, $\mathbf{b} \neq \mathbf{0}$, *gibt mit*

$$A\mathbf{b} = \lambda \mathbf{b} .$$

Jeder Vektor $\mathbf{b} \neq \mathbf{0}$, *der diese Gleichung erfüllt, heißt* **Eigenvektor** *von* A *zum Eigenwert* λ.

Beispiele.

1. Die Matrix $A = \begin{pmatrix} 0 & -1 & 0 \\ -1 & -1 & 1 \\ 0 & 1 & 0 \end{pmatrix}$ hat den Eigenwert $\lambda = -2$ mit zugehörigem Eigenvektor $\mathbf{b} = \begin{pmatrix} 1 \\ 2 \\ -1 \end{pmatrix}$; denn es gilt $A\mathbf{b} = -2\mathbf{b}$ und $\mathbf{b} \neq \mathbf{0}$.

2. Jede Drehmatrix $D \in \mathbb{R}^{3\times 3}$ hat den Eigenwert 1, jeder Vektor $\neq \mathbf{0}$ parallel zur Drehachse ist Eigenvektor. □

Zur Berechnung der Eigenwerte einer $n \times n$-Matrix betrachtet man (mit einer Variablen λ) das *charakteristische Polynom* von A

$$\boxed{\chi_A(\lambda) := \det(A - \lambda E) .}$$

Diese Determinante ist explizit zu berechnen und das Ergebnis nach fallenden λ-Potenzen zu ordnen. Man erhält

$$\chi_A(\lambda) = (-\lambda)^n + (\operatorname{Spur} A)(-\lambda)^{n-1} + \cdots + \det A \tag{13}$$

wobei Spur A, die *Spur von* A, definiert ist durch

$$\boxed{\begin{aligned} \operatorname{Spur} A &:= a_{11} + a_{22} + \cdots + a_{nn} \\ &(= \text{Summe der Diagonalelemente von } A) . \end{aligned}}$$

Satz 6.5. *Es ist* $\lambda \in \mathbb{C}$ *genau dann ein Eigenwert der* $n \times n$*-Matrix* A, *wenn* λ *eine Nullstelle des charakteristischen Polynoms* χ_A, *d.h., wenn* $\det(A - \lambda E) = 0$ *ist.*

Beweis. Es ist $\lambda \in \mathbb{C}$ genau dann Eigenwert, wenn das homogene lineare Gleichungssystem $(A - \lambda E)\mathbf{x} = \mathbf{0}$ eine von Null verschiedene Lösung besitzt. Das ist nach Satz 1.1 genau dann der Fall, wenn $\text{Rang}(A - \lambda E) < n$, also wenn $\det(A - \lambda E) = 0$ gilt (→ Satz 5.3). (Diese Ergebnisse gelten auch über $\mathbb{C}$.) □

Die Berechnung der Eigenwerte und Eigenvektoren erfolgt daher in 2 Schritten:

1. Schritt. Man bestimmt die (verschiedenen) Nullstellen $\lambda_1, \ldots, \lambda_r$ der „charakteristischen Gleichung" $\chi_A(\lambda) = \det(A - \lambda E) = 0$, was gleichbedeutend ist mit der Erstellung der Produktdarstellung des charakteristischen Polynoms

$$\chi_A(\lambda) = (\lambda_1 - \lambda)^{k_1} (\lambda_2 - \lambda)^{k_2} \cdots (\lambda_r - \lambda)^{k_r} \tag{14}$$

(→ Kap. 2, 2.2, der Leitkoeffizient von χ_A ist $(-1)^n$).
$\lambda_1, \ldots, \lambda_r$ sind die Eigenwerte von A. Die Vielfachheit k_i der Nullstelle λ_i heißt *algebraische Vielfachheit* des Eigenwertes λ_i. Demnach besitzt jede Matrix n nicht notwendig verschiedene Eigenwerte; jeder Eigenwert kommt dabei so oft vor, wie seine algebraische Vielfachheit angibt.

2. Schritt. Zu jedem Eigenwert λ_i $(1 \leq i \leq r)$ berechnet man den Lösungsraum des homogenen linearen Gleichungssystems $(A - \lambda_i E)\mathbf{x} = \mathbf{0}$. Jede Lösung $\neq \mathbf{0}$ ist ein Eigenvektor zu λ_i.

$$V(\lambda_i) := \{\mathbf{b} \in \mathbb{C}^n \ ; (A - \lambda_i E)\mathbf{b} = \mathbf{0}\} = \text{Kern}(A - \lambda_i E)$$

heißt *Eigenraum* zum Eigenwert λ_i $(1 \leq i \leq r)$. Man nennt $\text{Dim}\, V(\lambda_i)$ (die Dimension des Eigenraumes) die *geometrische Vielfachheit* des Eigenwertes λ_i. Algebraische und geometrische Vielfachheit stimmen im allgemeinen *nicht* überein (→ Beispiel 1c und Aufgabe 14).

Bemerkung. Wird die rechte Seite von (14) ausmultipliziert und das Ergebnis mit (13) verglichen, erhält man

(15)

$$\text{Spur}\, A = k_1\lambda_1 + \cdots + k_r\lambda_r\,,$$

$$\det A = \lambda_1^{k_1} \lambda_2^{k_2} \cdots \lambda_r^{k_r}\,,$$

mit den verschiedenen Eigenwerten λ_i der algebraischen Vielfachheit k_i $(1 \leq i \leq r)$.

Formel (15) ist nützlich für Rechenkontrollen; sie erlaubt außerdem eine leichte Berechnung eines Eigenwerts, wenn alle anderen bekannt sind.

Beispiel 1. Gegeben $A = \begin{pmatrix} a & b \\ c & d \end{pmatrix} \in \mathbb{R}^{2\times 2}$.

1. Schritt.

$$\chi_A(\lambda) = \det\begin{pmatrix} a-\lambda & b \\ c & d-\lambda \end{pmatrix} = \lambda^2 - (a+d)\lambda + (ad-bc)$$
$$= \lambda^2 - (\text{Spur } A)\lambda + \det A = (\lambda-\lambda_1)(\lambda-\lambda_2)\ ,$$

wobei λ_1, λ_2 mit der Lösungsformel für $\chi_A(\lambda) = 0$ bestimmt wird.

2. Schritt. Mit jedem Eigenwert λ_i $(i = 1, 2)$ wird

$$\begin{pmatrix} a-\lambda_i & b \\ c & d-\lambda_i \end{pmatrix}\begin{pmatrix} x \\ y \end{pmatrix} = \begin{pmatrix} 0 \\ 0 \end{pmatrix}$$

gelöst und jeweils eine Basis des Lösungsraumes angegeben.

Im Falle $n = 2$ gibt es somit vier verschiedene Fälle:

ⓐ $\lambda_1, \lambda_2 \in \mathbb{R}$, $\lambda_1 \neq \lambda_2$,
ⓑ $\lambda_1 = \lambda_2 \in \mathbb{R}$, geometrische Vielfachheit 2,
ⓒ $\lambda_1 = \lambda_2 \in \mathbb{R}$, geometrische Vielfachheit 1,
ⓓ $\lambda_2 = \overline{\lambda}_1 \in \mathbb{C}$, $\lambda_1 \notin \mathbb{R}$.

Konkrete Zahlenbeispiele zu jedem dieser Fälle:

ⓐ $A = \begin{pmatrix} 1 & 2 \\ 2 & 1 \end{pmatrix}$ hat die Eigenwerte $\lambda_1 = -1$, $\lambda_2 = 3$, $V(\lambda_1)$, $V(\lambda_2)$ sind eindimensional mit den Basisvektoren $\mathbf{b}_1 = \begin{pmatrix} -1 \\ 1 \end{pmatrix}$, $\mathbf{b}_2 = \begin{pmatrix} 1 \\ 1 \end{pmatrix}$.

ⓑ $A = \begin{pmatrix} 3 & 0 \\ 0 & 3 \end{pmatrix}$ hat die Eigenwerte $\lambda_1 = \lambda_2 = 3$ mit Eigenraum $V(\lambda_1) = \mathbb{R}^2$.

ⓒ $A = \begin{pmatrix} 2 & 1 \\ 0 & 2 \end{pmatrix}$ hat die Eigenwerte $\lambda_1 = \lambda_2 = 2$ (algebraische Vielfachheit 2); der Eigenraum $V(\lambda_1) = \{\alpha\begin{pmatrix} 1 \\ 0 \end{pmatrix}\ ;\ \alpha \in \mathbb{R}\}$ ist eindimensional (geometrische Vielfachheit 1).

ⓓ $A = \begin{pmatrix} \cos\varphi & -\sin\varphi \\ \sin\varphi & \cos\varphi \end{pmatrix}$ hat die beiden konjugiert komplexen Eigenwerte $\lambda_1 = \cos\varphi + i\sin\varphi$, $\lambda_2 = \cos\varphi - i\sin\varphi$, also keinen *reellen* Eigenwert (falls $\varphi \neq 0, \pm\pi, \pm 2\pi, \ldots$) und daher auch keinen *reellen* Eigenvektor. Die komplexen Eigenräume sind

$$V(\lambda_1) = \{\alpha\begin{pmatrix} 1 \\ -i \end{pmatrix}\ ;\ \alpha \in \mathbb{C}\},\ V(\lambda_2) = \{\alpha\begin{pmatrix} 1 \\ i \end{pmatrix}\ ;\ \alpha \in \mathbb{C}\}\ . \qquad \square$$

Beispiel 2. Jede obere (analog untere) Dreiecksmatrix

$$A = \begin{pmatrix} \alpha_1 & * & \cdots & * \\ 0 & \alpha_1 & \ddots & \vdots \\ \vdots & \ddots & \ddots & * \\ 0 & \cdots & 0 & \alpha_n \end{pmatrix}$$

hat die Eigenwerte $\alpha_1, \ldots, \alpha_n$; denn es gilt

$$\chi_A(\lambda) = \det(A - \lambda E) = (\alpha_1 - \lambda)(\alpha_2 - \lambda) \cdots (\alpha_n - \lambda)$$

(→ Satz 5.1). Die zugehörigen Eigenräume sind die Lösungsräume von $(A - \alpha_i E)\mathbf{x} = \mathbf{0}$, sie hängen ganz wesentlich von den $*$-Stellen in A ab. Ist speziell A eine Diagonalmatrix (also alle $*$-Stellen gleich Null), dann ist e_i ein Eigenvektor zum Eigenwert α_i $(1 \leq i \leq n)$. □

Beispiel 3.
Zwei Linearschwinger mit Massen m_1, m_2 und gleicher Federkonstanten c_1 sind über eine dritte Feder der Konstante c_2 gekoppelt. Das Gesetz von HOOKE liefert für die Auslenkungen $s_1(t)$, $s_2(t)$ die Bewegungsgleichungen

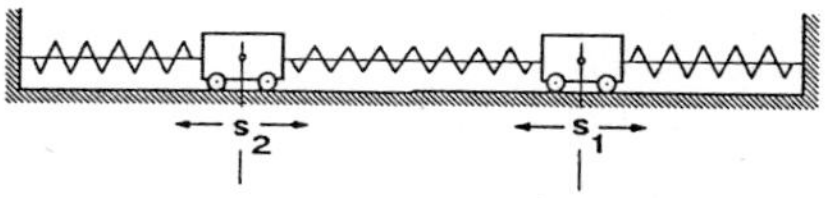

Abb. 154 – Linearschwinger

$$\begin{pmatrix} \ddot{s}_1 \\ \ddot{s}_2 \end{pmatrix} + A \begin{pmatrix} s_1 \\ s_2 \end{pmatrix} = \begin{pmatrix} 0 \\ 0 \end{pmatrix} \quad \text{mit} \quad A = \begin{pmatrix} \dfrac{c_1 + c_2}{m_1} & -\dfrac{c_2}{m_1} \\ -\dfrac{c_2}{m_2} & \dfrac{c_1 + c_2}{m_2} \end{pmatrix}$$

$(m_1, m_2, c_1 > 0,\ c_2 \geq 0)$.
Der Ansatz

$$\begin{pmatrix} s_1(t) \\ s_2(t) \end{pmatrix} = (\cos\omega t) \begin{pmatrix} v_1 \\ v_2 \end{pmatrix} = (\cos\omega t)\,\mathbf{v}$$

führt wegen $\cos\omega t \not\equiv 0$ auf das *Eigenwertproblem*

$$A\mathbf{v} = \omega^2\,\mathbf{v}\,.$$

Schreibt man abkürzend

$$A = \begin{pmatrix} w_1^2 & -k_1^2 \\ -k_2^2 & w_2^2 \end{pmatrix},$$

so lauten die Eigenwerte

$$\lambda_{1,2} = \frac{1}{2}(w_1^2 + w_2^2) \pm \sqrt{\frac{1}{4}(w_1^2 - w_2^2)^2 + k_1^2 k_2^2}\,.$$

Die Eigenwerte sind stets reell und wegen $w_1^2 \geq k_1^2$ und $w_2^2 \geq k_2^2$ positiv, d.h. man hat zwei sogenannte *Eigenschwingungen* mit den Frequenzen $\omega_{1,2} = \sqrt{\lambda_{1,2}}$. Jede Lösung der Bewegungsgleichungen kann als Superposition dieser beiden Eigenschwingungen geschrieben werden.
Besonders einfach ist der Fall $m_1 = m_2 = m$ mit symmetrischem A:

$$\omega_1 = \sqrt{\frac{c_1}{m}}\,, \quad \mathbf{v}_1 = \begin{pmatrix} 1 \\ 1 \end{pmatrix} \qquad \text{(gleichphasige Schwingung)}$$

$$\omega_2 = \sqrt{\frac{c_1 + 2c_2}{m}}\,, \quad \mathbf{v}_2 = \begin{pmatrix} 1 \\ -1 \end{pmatrix} \qquad \text{(gegenphasige Schwingung)}$$

□

Im folgenden Satz stellen wir nützliche Beobachtungen zusammen.

Satz 6.6. *Sei* $A \in \mathbb{C}^{n\times n}$.

a) *Besitzt* A *den Eigenvektor* $\mathbf{b}$ *zum Eigenwert* λ, *dann haben*

$$\alpha A\,,\ A^m\,,\ A+\beta E\,,\ p(A) := \alpha_m A^m + \cdots + \alpha_1 A + \alpha_0 E$$

ebenfalls den Eigenvektor $\mathbf{b}$, *jedoch jeweils zum Eigenwert*

$$\alpha\lambda\,,\ \lambda^m\,,\ \lambda+\beta\,,\ p(\lambda) = \alpha_m\lambda^m + \cdots + \alpha_1\lambda + \alpha_0\,.$$

b) A *und die Transponierte* A^T *haben dasselbe charakteristische Polynom, deshalb besitzen sie dieselben Eigenwerte (jedoch i.a. mit verschiedenen Eigenräumen).*

c) *Die ähnlichen Matrizen* A *und* $B^{-1}AB$ *haben dasselbe charakteristische Polynom und deshalb dieselben Eigenwerte;* $\mathbf{b}$ *ist genau dann Eigenvektor von* A, *wenn* $B^{-1}b$ *Eigenvektor von* $B^{-1}AB$ *ist.*

d) *Es ist* A *genau dann invertierbar, wenn alle Eigenwerte* $\neq 0$ *sind. Ist* λ *ein Eigenwert von* A *mit Eigenvektor* $\mathbf{b}$, *dann ist* λ^{-1} *Eigenwert von* A^{-1} *mit demselben Eigenvektor* $\mathbf{b}$.

Beweis. a): Aus $A\mathbf{b} = \lambda\mathbf{b}$ folgt $p(A)\mathbf{b} = p(\lambda)\mathbf{b}$.
b): $\det(A^T - \lambda E) = \det(A-\lambda E)^T = \det(A-\lambda E)$ (→ Satz 5.3b).
c): $\det(B^{-1}AB - \lambda E) = \det B^{-1}(A-\lambda E)B = \det B^{-1}\det(A-\lambda E)\det B = \det(A-\lambda E)$ (→ (8), §5).
d): $\det A = \lambda_1^{k_1}\cdots\lambda_r^{k_r} \neq 0$ (→ 15) $\iff$ alle $\lambda_i \neq 0$.
Ferner: $A\mathbf{b} = \lambda\mathbf{b} \Rightarrow \frac{1}{\lambda}\mathbf{b} = A^{-1}\mathbf{b}$. □

Bemerkung. Die Koeffizienten des charakteristischen Polynoms $\chi_A(\lambda) = c_n(-\lambda)^n + c_{n-1}(-\lambda)^{n-1} + \cdots + c_1(-\lambda) + c_0$ sind *Invarianten* der $n\times n$-Matrix A, bzw. *Invarianten* der zugehörigen linearen Abbildung $\mathbf{x} \mapsto A\mathbf{x}$, da sie sich gemäß Satz 6.4 und Satz 6.6, Teil c, bei einem Basiswechsel nicht ändern.

Beispiel.

$$A = (\alpha_{ij}) \in \mathbb{R}^{3\times 3}\,,\ \chi_A(\lambda) = -\lambda^3 + c_2\lambda^2 - c_1\lambda + c_0 = (\lambda_1-\lambda)(\lambda_2-\lambda)(\lambda_3-\lambda)\,.$$

$$c_2 = \operatorname{Spur} A = a_{11} + a_{22} + a_{33} = \lambda_1 + \lambda_2 + \lambda_3\,,$$

$$c_1 = \det\begin{vmatrix} a_{11} & a_{12} \\ a_{21} & a_{22}\end{vmatrix} + \det\begin{vmatrix} a_{11} & a_{13} \\ a_{31} & a_{33}\end{vmatrix} + \det\begin{vmatrix} a_{22} & a_{23} \\ a_{32} & a_{33}\end{vmatrix} = \lambda_1\lambda_2 + \lambda_1\lambda_3 + \lambda_2\lambda_3\,,$$

$$c_0 = \det A = \lambda_1\lambda_2\lambda_3\,.$$

c_0, c_1, c_2 sind Invarianten der linearen Abbildung $f(\mathbf{x}) = A\mathbf{x}$, $\mathbf{x} \in \mathbb{R}^3$. Das bedeutet speziell für den Spannungstensor (→ 6.1, Beisp. 9), der in einem kartesischen Koordinatensystem durch die Matrix

$$S = \begin{pmatrix} \sigma_x & \tau_{xy} & \tau_{xz} \\ \tau_{xy} & \sigma_y & \tau_{yz} \\ \tau_{xz} & \tau_{yz} & \sigma_z \end{pmatrix}$$

dargestellt wird, daß in jedem anderen Koordinatensystem (mit gleichem Ursprung) die den Größen

$$\begin{aligned} c_2 &= \sigma_x + \sigma_y + \sigma_z \ , \\ c_1 &= \sigma_x\sigma_y + \sigma_x\sigma_z + \sigma_y\sigma_z - \tau_{xy}^2 - \tau_{xz}^2 - \tau_{yz}^2 \ , \\ c_0 &= \det S \end{aligned}$$

entsprechenden Werte gleich sind. □

Zur Berechnung eines maximalen Systems linear unabhängiger Eigenvektoren der Matrix A genügt es, jeweils eine Basis der Eigenräume zu den einzelnen Eigenwerten zu bestimmen. Denn es gilt

Satz 6.7. *Eigenvektoren* $\mathbf{b}_1, \ldots, \mathbf{b}_r$ *zu paarweise verschiedenen Eigenwerten* $\lambda_1, \ldots, \lambda_r$ *der Matrix* A *sind linear unabhängig.*

Beweis. Aus $\alpha_1\mathbf{b}_1 + \cdots + \alpha_r\mathbf{b}_r = 0$ folgt durch Multiplikation mit A (von links) $\lambda_1\alpha_1\mathbf{b}_1 + \cdots + \lambda_r\alpha_r\mathbf{b}_r = 0$. Aus beiden Gleichungen ergibt sich

$$(\lambda_1 - \lambda_2)\alpha_2\mathbf{b}_2 + \cdots + (\lambda_1 - \lambda_r)\alpha_r\mathbf{b}_r = 0 \ .$$

Ebenso (Multiplikation mit A und Vergleich) folgt hieraus

$$(\lambda_1 - \lambda_3)(\lambda_2 - \lambda_3)\alpha_3\mathbf{b}_3 + \cdots + (\lambda_1 - \lambda_r)(\lambda_2 - \lambda_r)\alpha_r\mathbf{b}_r = 0 \ ,$$

etc. Man gelangt schließlich zu $(\lambda_1 - \lambda_r)(\lambda_2 - \lambda_r)\cdots(\lambda_{r-1} - \lambda_r)\alpha_r\mathbf{b}_r = 0$, woraus $\alpha_r = 0$ folgt. Dies gibt rückwärts eingesetzt $\alpha_{r-1} = \cdots = \alpha_1 = 0$. □

Besonders günstige Verhältnisse liegen vor, wenn es im $\mathbb{C}^n$ eine Basis gibt, die vollständig aus Eigenvektoren der Matrix $A \in \mathbb{C}^{n\times n}$ besteht.

Satz 6.8. *Besitzt eine Matrix* $A \in \mathbb{C}^{n\times n}$ n *linear unabhängige Eigenvektoren* $\mathbf{b}_1, \ldots, \mathbf{b}_n$, $A\mathbf{b}_i = \lambda_i\mathbf{b}_i$, *mit den nicht notwendig verschiedenen Eigenwerten* $\lambda_1, \ldots, \lambda_n$, *dann bringt die Transformationsmatrix*

$$B := (\mathbf{b}_1, \mathbf{b}_2, \ldots, \mathbf{b}_n)$$

(mit den Eigenvektoren als Spalten) die Matrix A *auf Diagonalform; d.h., es gilt, wenn die Reihenfolge der* λ_i *und der* $\mathbf{b}_i$ *übereinstimmt,*

$$B^{-1}AB = \begin{pmatrix} \lambda_1 & 0 & 0 & \cdots & 0 \\ 0 & \lambda_2 & 0 & \cdots & 0 \\ 0 & 0 & \ddots & & \vdots \\ \vdots & \vdots & & \ddots & 0 \\ 0 & 0 & \cdots & 0 & \lambda_n \end{pmatrix} =: D \ .$$

Beweis. → (12), oder direkt: $AB = (A\mathbf{b}_1, \ldots, A\mathbf{b}_n) = (\lambda_1\mathbf{b}_1, \ldots, \lambda_n\mathbf{b}_n) = BD$. □

Die „Diagonalisierung“ gemäß Satz 6.8 bringt beachtliche Rechenvorteile mit sich. Etwa bei der Berechnung der k-ten Potenzen von A:

$$A^k = (BDB^{-1})^k = (BDB^{-1})(BDB^{-1})\cdots(BDB^{-1}) = BD^kB^{-1}$$

$$= B\begin{pmatrix} \lambda_1^k & & & \\ & \lambda_2^k & & 0 \\ & & \ddots & \\ 0 & & & \lambda_n^k \end{pmatrix} B^{-1} .$$

Beispiel. $A = \begin{pmatrix} -2 & -8 & -12 \\ 1 & 4 & 4 \\ 0 & 0 & 1 \end{pmatrix}$

1. Schritt: Die Eigenwerte.

$$\det(A - \lambda E) = (1-\lambda)(\lambda-2)\lambda = 0 \Rightarrow \lambda_1 = 0,\ \lambda_2 = 1,\ \lambda_3 = 2 .$$

2. Schritt: Die Eigenvektoren. Es sind drei homogene lineare Gleichungssysteme $(A - \lambda_i E)\mathbf{x} = \mathbf{0}$ $(i = 1, 2, 3)$ zu lösen. In diesem Fall ergeben sich eindimensionale Eigenräume

$$V(\lambda_i) = \{\, \alpha\mathbf{b}_i \,;\, \alpha \in \mathbb{R} \,\} \text{ mit } \mathbf{b}_1 = \begin{pmatrix} 4 \\ -1 \\ 0 \end{pmatrix},\ \mathbf{b}_2 = \begin{pmatrix} 4 \\ 0 \\ -1 \end{pmatrix},\ \mathbf{b}_3 = \begin{pmatrix} 2 \\ -1 \\ 0 \end{pmatrix}.$$

3. Schritt: Die Diagonalisierung. Mit der (invertierbaren) Transformationsmatrix

$$B = (\mathbf{b}_1, \mathbf{b}_2, \mathbf{b}_3) = \begin{pmatrix} 4 & 4 & 2 \\ -1 & 0 & -1 \\ 0 & -1 & 0 \end{pmatrix}$$

ergibt sich $B^{-1}AB = \begin{pmatrix} 0 & 0 & 0 \\ 0 & 1 & 0 \\ 0 & 0 & 2 \end{pmatrix} =: D$, bzw. $A = BDB^{-1}$. Damit berechnen wir beispielsweise A^{100}:

$$A^{100} = BD^{100}B^{-1} = \begin{pmatrix} 4 & 4 & 2 \\ -1 & 0 & -1 \\ 0 & -1 & 0 \end{pmatrix}\begin{pmatrix} 0 & 0 & 0 \\ 0 & 1 & 0 \\ 0 & 0 & 2^{100} \end{pmatrix}\begin{pmatrix} \frac{1}{2} & 1 & 2 \\ 0 & 0 & -1 \\ -\frac{1}{2} & -2 & -2 \end{pmatrix}$$

$$= \begin{pmatrix} -2^{100} & -2^{102} & -4-2^{102} \\ 2^{99} & 2^{101} & 2^{101} \\ 0 & 0 & 1 \end{pmatrix}. \qquad \square$$

Die numerische Berechnung der Eigenwerte und Eigenvektoren einer Matrix ist i.a. ein schwieriges Problem. Man vermeidet dabei den Weg über die charakteristische Gleichung (→ `Programm JACOBI`, §7). Zur Unterstützung von Handrechnungen dient das folgende Programm zur Bestimmung der Koeffizienten des Polynoms $\det(\lambda E - A)$ für eine $n \times n$-Matrix A, das auf den französischen Astronomen U. Leverrier (1811 – 1877) zurückgeht.
(Man beachte: Der Koeffzient von λ^n ist stets 1 !)

```
'---- Programm LEVERRIER------
Print "DIMENSION N=";
Input N
Dim A(N,N),B(N,N)
Print "A ZEILENWEISE"
For I=1 To N
  For J=1 To N
    Print "A"+Str$(I)+Str$(J);
    Input A(I,J)
    B(I,J)=A(I,J)
  Next J
Next I
For K=1 To N-2
  Exit If N=2
  Gosub Shift
  For J=1 To N
    For I=1 To N
      B(I,0)=B(I,J)
    Next I
    For I=1 To N
      X=0
      For L=1 To N
        X=X+A(I,L)*B(L,0)
      Next L
      B(I,J)=X
    Next I
  Next J
Next K
Gosub Shift
S=0
For L=1 To N
  S=S+A(1,L)*B(L,1)
Next L
K=N
Gosub Ausgabe
End
' ---------------------------
Procedure Shift
  S=0
  For I=1 To N
    S=S+B(I,I)
  Next I
  S=S/K
  Gosub Ausgabe
  For I=1 To N
    B(I,I)=B(I,I)-S
  Next I
Return
' ---------------------------
Procedure Ausgabe
  Print "C"+Str$(K)+"=";-S
Return
```

* **6.8 Die orthogonale Gruppe.** Wir geben weitere wichtige Eigenschaften orthogonaler $n \times n$-Matrizen (insbesondere für $n = 2, 3$) an.

Definition. *Die Menge aller orthogonalen $n \times n$-Matrizen,*

$$O(n) := \{ A \in \mathbb{R}^{n \times n} \; ; A^T A = E \} ,$$

heißt **orthogonale Gruppe** *des* $\mathbb{R}^n$ *, und die Teilmenge*

$$SO(n) := \{ A \in \mathbb{R}^{n \times n} \; ; A^T A = E \text{ und } \det A = 1 \} ,$$

heißt **spezielle orthogonale Gruppe** *oder* **Drehgruppe**.

Man verifiziert leicht anhand der Definitionen:

(16) $\quad A, B \in O(n)$ (bzw. $SO(n)$) $\Rightarrow A^{-1}, \; AB \in O(n)$ (bzw. $SO(n)$) .

Satz 6.9.

a) *$O(2)$ besteht aus allen Matrizen der Form ($\varphi \in \mathbb{R}$)*

$$A = \begin{pmatrix} \cos\varphi & -\sin\varphi \\ \sin\varphi & \cos\varphi \end{pmatrix}, \text{ falls } \det A = 1 \text{ , bzw.}$$

$$A = \begin{pmatrix} -\cos\varphi & \sin\varphi \\ \sin\varphi & \cos\varphi \end{pmatrix}, \text{ falls } \det A = -1 \text{ .}$$

b) *Zu $A \in O(3)$ gibt es ein kartesisches Koordinatensystem $K = (0; \mathbf{e}_1', \mathbf{e}_2', \mathbf{e}_3')$, in der die orthogonale Abbildung $\mathbf{x} \mapsto A\mathbf{x}$, dargestellt wird durch*

$$\mathbf{x}' \mapsto \begin{pmatrix} \cos\varphi & -\sin\varphi & 0 \\ \sin\varphi & \cos\varphi & 0 \\ 0 & 0 & \epsilon \end{pmatrix} \mathbf{x}' \quad \text{mit } \epsilon = \det A \text{ .}$$

Äquivalent hierzu ist die Aussage

$$\begin{pmatrix} \cos\varphi & -\sin\varphi & 0 \\ \sin\varphi & \cos\varphi & 0 \\ 0 & 0 & \det A \end{pmatrix} = P^T A P$$

mit der orthogonalen Matrix $P = (\mathbf{e}_1', \mathbf{e}_2', \mathbf{e}_3')$, det $P = 1$.

c) $A \in SO(3) \iff A$ *ist eine Drehmatrix* (→ 6.4).

Beweis.
a): Für $A = \begin{pmatrix} a & b \\ c & d \end{pmatrix}$ mit $\det A = 1$ und $A^T = A^{-1}$ muß $d = a$, $b = -c$ und $a^2 + c^2 = 1$ sein, d.h. die Spitze des Zeigers $\begin{pmatrix} a \\ c \end{pmatrix}$ liegt auf dem Einheitskreis (um 0), also gibt es φ mit $a = \cos\varphi$, $c = \sin\varphi$.
Im Fall $\det A = -1$ betrachtet man die orthogonale Matrix

$$A_1 := \begin{pmatrix} -1 & 0 \\ 0 & 1 \end{pmatrix} A \quad \text{mit } \det A_1 = 1 \text{ .}$$

b): *1. Fall*: $A \in SO(3)$, d.h. $A^T A = E$, $\det A = 1$.
Dann hat A den Eigenwert $\lambda = 1$.
Denn $\det(A - E) = (\det A^T)(\det(A - E)) = \det(A^T A - A^T) = \det(E - A^T) = \det(E - A) = (-1)^3 \det(A - E)$, also $\det(A - 1 \cdot E) = 0$.
Sei $\mathbf{e}_3'$ ein normierter Eigenvektor von A zum Eigenwert 1. Dazu wählen wir eine kartesische Basis $P = (\mathbf{e}_1', \mathbf{e}_2', \mathbf{e}_3')$. Da A orthogonal ist, sind auch die Bilder $A\mathbf{e}_1'$, $A\mathbf{e}_2'$ orthogonal zu $\mathbf{e}_3' = A\mathbf{e}_3'$. Das bedeutet

$$A\mathbf{e}_1' = a\mathbf{e}_1' + b\mathbf{e}_2'$$
$$A\mathbf{e}_2' = c\mathbf{e}_1' + d\mathbf{e}_2'$$
$$A\mathbf{e}_3' = \mathbf{e}_3'$$

mit gewissen Zahlen a, b, c, d. Man erhält deshalb (→ Satz 6.4)

$$C = \begin{pmatrix} a & c & 0 \\ b & d & 0 \\ 0 & 0 & 1 \end{pmatrix} = P^T AP$$

(man beachte $P^{-1} = P^T$). Da mit A auch C und deshalb $\begin{pmatrix} a & b \\ c & d \end{pmatrix}$ orthogonal ist und $\det \begin{pmatrix} a & b \\ c & d \end{pmatrix} = \det C = \det A = 1$ gilt, folgt die Beh. aus a). $\mathbf{x} \mapsto A\mathbf{x}$ ist eine Drehung um die in Richtung $\mathbf{e}_3'$ weisende Achse (durch den Nullpunkt) mit dem Winkel φ. Damit ist auch c) bewiesen.

2. Fall: $A \in O(3)$, $\det A = -1$.

In diesem Fall gehe man über zur orthogonalen Matrix

$$\tilde{A} = \begin{pmatrix} 1 & 0 & 0 \\ 0 & 1 & 0 \\ 0 & 0 & -1 \end{pmatrix} A \quad \text{mit } \det \tilde{A} = 1 \,.$$

$\mathbf{x} \mapsto A\mathbf{x}$ ist eine *Drehspiegelung*, d.h. darstellbar als eine Drehung, gefolgt von einer Spiegelung (→ Aufg. 9). □

Folgerung. Die Hintereinanderausführung zweier Drehungen des $\mathbb{R}^3$ – um i.a. verschiedene Achsen durch den Nullpunkt – ergibt eine Drehung; d.h. sind D_1, D_2 Drehmatrizen, so ist auch $D = D_1 D_2$ eine Drehmatrix. (Drehwinkel und Drehachse von D werden mit (6) und (7) bestimmt, → Bsp. in 6.4.)

Aufgaben

1. Welche der Abbildungen $f_i : \mathbb{R}^3 \to \mathbb{R}^3$ sind linear?

   a) $f_1(x_1, x_2, x_3) = (\sin x_1, x_2 + x_3, 0)$,

   b) $f_2(x_1, x_2, x_3) = (2x_1 + x_2, 3x_2, x_1 + x_2^2)$,

   c) $f_3(x_1, x_2, x_3) = (3x_3 + 2x_2, x_3 + x_1, x_2 - 5x_1)$,

   d) $f_4(x_1, x_2, x_3) = (x_1, x_2 + 1, x_3)$,

   e) $f_5(x_1, x_2, x_3) = (x_1 - x_2, 17x_3, x_1 + x_2 + x_3)$.

   Wie lautet gegebenenfalls die Abbildungsmatrix?

2. Für die linearen Abbildungen $f_1, f_2 : \mathbb{R}^3 \to \mathbb{R}^3$ berechne man den Bildraum, Kern f_i, $f_1 \circ f_2$, $f_2 \circ f_1$, $(f_1 \circ f_1 - \mathrm{Id}) \circ (f_2 - 3\,\mathrm{Id})$, f_1^{-1};

   $f_1(x_1, x_2, x_3) = (3x_1, x_1 - x_2, 2x_1 + x_2 + x_3)$,
   $f_2(x_1, x_2, x_3) = (x_1 - x_2, 2x_1 + x_3, 0)$.

3. Gegeben sind drei lineare Abbildungen im $\mathbb{R}^3$:

   σ : *Spiegelung* an der Ebene $x + 4y + 8z = 0$;
   τ : *Scherung* längs $\mathbf{a} = (1, 2, -3)^T$ senkrecht $\mathbf{b} = (1, 1, 1)^T$: $\mathbf{x} \mapsto \mathbf{x} + (\mathbf{x} \cdot \mathbf{b})\mathbf{a}$;
   δ : *Drehung* um die y-Achse um $\alpha = \frac{\pi}{6}$ mit anschließender Drehung um die z-Achse um $\gamma = \frac{\pi}{4}$.

   Man bestimme

   a) die Abbildungsmatrizen S, T, D ;

   b) jeweils das Bild des Punktes $(1, 2, 3)$;

c) die Matrizen S^{-1} und T^{-1} über die Umkehrabbildungen ;
d) die Drehachse und den Drehwinkel von δ ;
e) die Koordinaten des Punktes $(1,2,-3)$ bezüglich der gedrehten Basis $(D\mathbf{e}_1, D\mathbf{e}_2, D\mathbf{e}_3)$.

4. Man bestätige, daß $B = (\mathbf{a},\mathbf{b},\mathbf{c})$ mit $\mathbf{a} = (1,1,1)^T$, $\mathbf{b} = (1,1,0)^T$, $\mathbf{c} = (0,1,2)^T$ eine Basis des $\mathbb{R}^3$ bestimmt und berechne $\mathbf{x}_B$ für $\mathbf{x} = (1,2,3)^T$.

5. Die gegebene Matrix A kann auf zwei Weisen zu einer orthogonalen Matrix ergänzt werden; wie lauten diese?

$$A = \begin{pmatrix} 1/\sqrt{3} & 1/\sqrt{2} & 1/\sqrt{6} \\ * & -1/\sqrt{2} & * \\ * & 0 & * \end{pmatrix}$$

a) Man berechne jeweils die Determinante von A .
b) Für den Fall einer Drehung bestimme man die Drehachse und den Drehwinkel; falls eine Spiegelung vorliegt, die Ebene, an der gespiegelt wird.
c) Wie lauten jeweils die Koordinaten des Punktes $(1,2,3)$ in der Basis $(A\mathbf{e}_1, A\mathbf{e}_2, A\mathbf{e}_3)$?

6. Zwei orthogonale Abbildungen p und q des $\mathbb{R}^3$ sind zu betrachten, die jeweils aus zwei Elementar-Abbildungen zusammengesetzt sind:

Abbildung p
(1.) Drehung um die z-Achse mit Winkel φ ,
(2.) Spiegelung an der Ebene $y = 0$.

Abbildung q
(1.) Drehung um die z-Achse mit Winkel φ ,
(2.) Spiegelung am Bild der Ebene $y = 0$.

a) Man bestimme die Abbildungsmatrix der beiden Spiegelungen sowohl
– im Inertialsystem $I = (O; \mathbf{e}_1, \mathbf{e}_2, \mathbf{e}_3)$, als auch
– im gedrehten System B , das aus I durch (1.) entsteht.
b) Man leite daraus die Abbildungsmatrizen von p und q in I und B ab. Welcher Typ von Abbildung liegt jeweils vor?

7. Durch geeignete Verschiebung des Koordinatenursprungs im $\mathbb{R}^3$ ist jede Abbildung $\mathbf{x} \mapsto D\mathbf{x} + \mathbf{c}$, die aus einer *Drehung* und einer anschließenden *Parallelverschiebung* entsteht, stets als *Schraubung* darstellbar:

$$\mathbf{y} \mapsto D\mathbf{y} + v\mathbf{a} \ ,$$

wobei $\mathbf{a}$, $|\mathbf{a}| = 1$, die *Achsenrichtung* der *Drehmatrix* D und v den *Vorschub* bezeichnet.

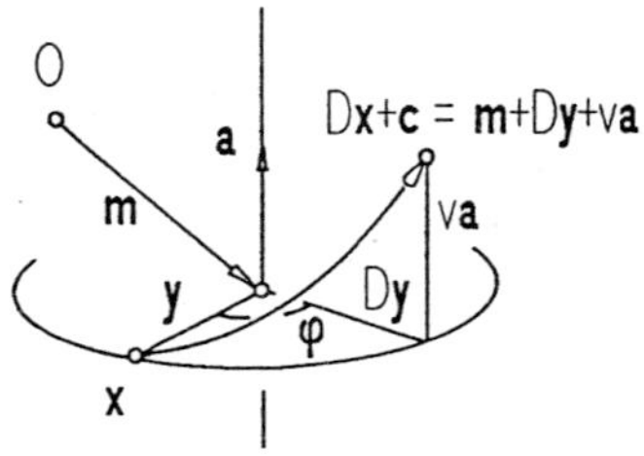

Man bestimme die Achsenrichtung $\mathbf{a}$, den Vorschub v und den Drehwinkel δ der Abbildung

$$\mathbf{x} \mapsto \frac{1}{\sqrt{2}} \begin{pmatrix} 1 & -1 & 0 \\ 1 & 1 & 0 \\ 0 & 0 & \sqrt{2} \end{pmatrix} \mathbf{x} + \begin{pmatrix} 1 \\ 2 \\ 3 \end{pmatrix} .$$

8. Das kartesische (x,y,z)-Koordinatensystem wird zuerst 45° um die y-Achse und dann 45° um das Bild der z-Achse gedreht. Welche Koordinaten (ξ,η,ζ) besitzt der Punkt $(x,y,z) = (1,2,3)$ in der neuen Basis?

9. Als *Drehspiegelung* bezeichnet man im $\mathbb{R}^3$ eine Drehung um 0 (Achsenrichtung $\mathbf{a}$, $|\mathbf{a}| = 1$, Drehwinkel φ) mit anschließender Spiegelung an der Ebene $\mathbf{x} \cdot \mathbf{a} = 0$.

a) Man zerlege $\mathbf{x}$ und $\mathbf{y}$ wie skizziert orthogonal längs $\mathbf{a}$ und leite daraus eine Vektorgleichung für $\mathbf{x} \mapsto \mathbf{y}$ ab.

b) Man bestimme die Matrix D der Drehspiegelung und leite aus Spur D und $D - D^T$ Formeln für $\cos\varphi$ und die Komponenten von $\mathbf{a}$ ab.
Welche Ausnahmefälle sind zu beachten?

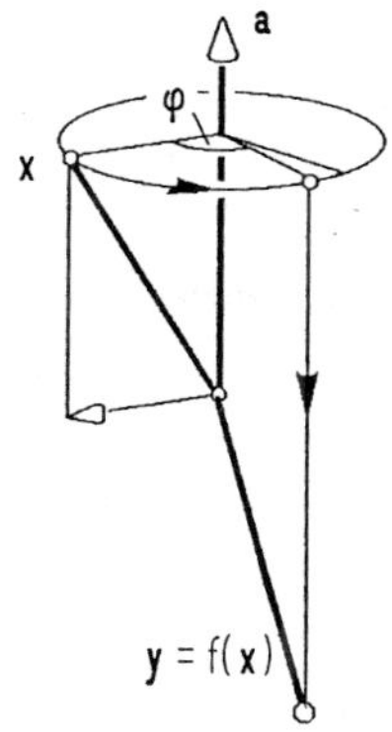

10. Man berechne die Achsenrichtung und den Winkel der Drehung mit den Euler-Winkeln $\psi = 45°$, $\theta = 45°$, $\varphi = 90°$.

11. Die Matrizen $V = \begin{pmatrix} 0 & -1 & 0 \\ 1 & 0 & 0 \\ 0 & 0 & 1 \end{pmatrix}$, $T = \begin{pmatrix} 0 & 0 & 1 \\ 1 & 0 & 0 \\ 0 & 1 & 0 \end{pmatrix}$ beschreiben *zwei Drehungen*, die den Würfel mit den acht Ecken $(\pm 1, \pm 1, \pm 1)$ in sich überführen.

a) Man bestimme die *Drehachsen* von V und T und berechne V^2, V^3, V^4, V^{-1}, T^2, T^3, T^{-1}.
Welche *Drehwinkel* haben somit V und T ?

b) Berechne VT, $(VT)^2$, TV, $(TV)^2$, die zugehörigen *Drehachsen* und *Drehwinkel* und bestätige die Beziehung $VT = T^2V^3$.

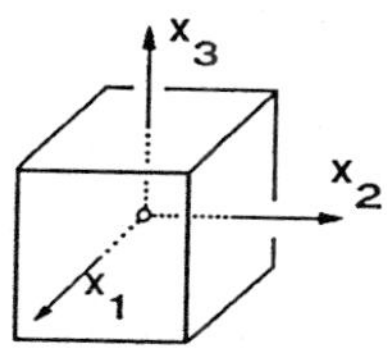

c) Begründe: Durch geeignete *Produkte* von V und T erhält man alle 24 Drehungen, die den Würfel in sich abbilden (*Hexaeder-Gruppe*).

12. (*Darstellung eines 4D-Würfels*)
Der Würfel $W = \{ x \in \mathbb{R}^4 \; ; \; |x_1| \le 1, \; |x_2| \le 1, \; |x_3| \le 1, \; 0 \le x_4 \le 2 \}$ wird zunächst in Richtung des Vektors $(1,1,1,-2)^T$ in den 3-dimensionalen Teilraum $x_4 = 0$ projiziert und anschließend parallel zu $(2,1,-4,0)^T$ in die 2-dimensionale Ebene $x_3 = x_4 = 0$ abgebildet.
Man bestimme die Matrix A der gesamten Abbildung

$$f : \mathbb{R}^4 \to \mathbb{R}^4, \; f(x) = Ax, \; x \in \mathbb{R}^4,$$

und skizziere das Bild aller Kanten von W.

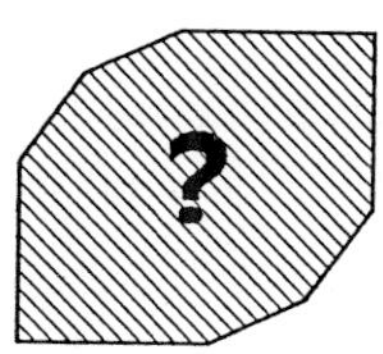

13. a) Man berechne die Eigenwerte und Eigenvektoren folgender Matrizen A :

$$A = \begin{pmatrix} 5 & 6 \\ 0 & 5 \end{pmatrix} \quad ; \quad B = \begin{pmatrix} -2 & -8 & -12 \\ 1 & 4 & 4 \\ 0 & 0 & 1 \end{pmatrix}.$$

b) Man bestimme – falls möglich – invertierbare Matrizen P und Q, so daß $D_A = P^{-1}AP$ und $D_B = Q^{-1}BQ$ *Diagonalgestalt* besitzen und berechne D_A bzw. D_B. Mit Hilfe von P ermittle man explizit A^{100}.

14. Man berechne Eigenwerte und Eigenvektoren von

$$\begin{pmatrix} a & b & b & b \\ b & a & b & b \\ b & b & a & b \\ b & b & b & a \end{pmatrix}, \quad \begin{pmatrix} 7 & -2 & 1 \\ -2 & 10 & -2 \\ 1 & -2 & 7 \end{pmatrix}, \quad \begin{pmatrix} 4 & 1 & 0 & 0 \\ -3 & 1 & 1 & 1 \\ 0 & 0 & 4 & 1 \\ 1 & 0 & -3 & 0 \end{pmatrix}.$$

Hilfe: Die dritte Matrix besitzt einen dreifachen Eigenwert.

15. Die Matrix N ist *nilpotent*; denn $N^3 = 0$. Welche Eigenwerte hat somit N? Man berechne alle Eigenvektoren von N, N^2 und N^3.

$$N = \begin{pmatrix} 12 & 20 & -2 & -10 \\ -3 & -4 & 1 & -1 \\ 9 & 14 & -2 & -4 \\ 3 & 6 & 0 & -6 \end{pmatrix}$$

16. Zwei Matrizen $A, B \in \mathbb{R}^{n \times n}$ heißen *simultan diagonalisierbar*, wenn es eine invertierbare Matrix P gibt, so daß $P^{-1}AP$ und $P^{-1}BP$ beide Diagonalgestalt besitzen. Man zeige:

a) A, B simultan diagonalisierbar $\Rightarrow$ $AB = BA$.

b) Hat A paarweise verschiedene Eigenwerte, so gilt
$AB = BA \Rightarrow A$, B simultan diagonalisierbar.

17. Für den skizzierten *linearen elektrischen Vierpol* gilt zwischen Ein- und Ausgang die Beziehung

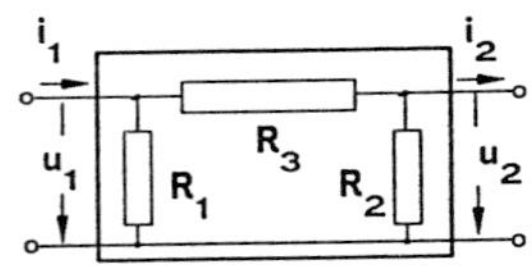

$$\begin{pmatrix} u_1 \\ i_1 \end{pmatrix} = A \begin{pmatrix} u_2 \\ i_2 \end{pmatrix}$$

mit der **Kettenmatrix**

$$A = \begin{pmatrix} \dfrac{R_2 + R_3}{R_2} & R_3 \\ \dfrac{R_1 + R_2 + R_3}{R_1 R_2} & \dfrac{R_1 + R_3}{R_1} \end{pmatrix}.$$

a) Man bestätige, daß der Vierpol *passiv* ist, d.h. $\det A = 1$, und bestimme Zahlen g und Z, so daß

$$A = \begin{pmatrix} \cosh g & Z \sinh g \\ \dfrac{1}{Z} \sinh g & \cosh g \end{pmatrix}.$$

b) Man berechne die Eigenwerte und Eigenvektoren von A. Für welche Werte von $\dfrac{u_1}{i_1}$, $i_1 \neq 0$, hat man

$$\frac{u_2}{i_2} = \frac{u_1}{i_1} \quad (\textit{Widerstandsanpassung, Wellenwiderstand})\ ?$$

Was ergibt sich für $R_1 = R_2 = 1\,\Omega$, $R_3 = 40\,\Omega$?

c) Man drücke die Kettenmatrix der Kettenschaltung von n Vierpolen durch die Kettenmatrix A und über die Additionstheoreme von sinh, cosh aus und interpretiere Z aus dem Grenzübergang $n \to \infty$.

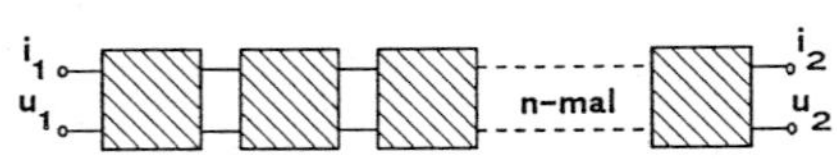

§7. Symmetrische Matrizen und quadratische Formen

7.1 Quadratische Formen. Mit Hilfe von Matrizen gestaltet sich die Beschreibung und Behandlung von Funktionen in mehreren Veränderlichen besonders übersichtlich. Eine auf einer Teilmenge $D \subseteq \mathbb{R}^n$ erklärte Funktion $f : D \to \mathbb{R}$, $\mathbf{x} \mapsto f(\mathbf{x}) =: f(x_1, \dots, x_n)$, wird als reelle Funktion der n reellen Veränderlichen $x_1, \dots, x_n$ bezeichnet. Die Vektorkoordinaten x_i werden auch als Ortskoordinaten des Punktes $X = (x_1, \dots, x_n)$ aufgefaßt.
Jede derartige Funktion läßt sich unter entsprechenden Voraussetzungen nach einem Satz von TAYLOR (→ Kap. 7) in der Form

$$\begin{aligned} f(x_1, \dots, x_n) &= \alpha_0 + \sum_{i=1}^{n} \alpha_i x_i + \sum_{i,j=1}^{n} \alpha_{ij} x_i x_j + \text{Terme höherer Ordnung in den } x_i \\ &= \alpha_0 + \mathbf{a}^T \mathbf{x} + \mathbf{x}^T A \mathbf{x} + \cdots \end{aligned}$$

mit $\alpha_0 \in \mathbb{R}$, $\mathbf{a}^T = (\alpha_1, \dots, \alpha_n) \in \mathbb{R}_n$, $\mathbf{x}^T = (x_1, \dots, x_n)$ und $A = (\alpha_{ij}) \in \mathbb{R}^{n \times n}$ darstellen. Wegen $x_i x_j = x_j x_i$ kann man hierin α_{ij} durch $\frac{1}{2}(\alpha_{ij} + \alpha_{ji})$ ersetzten. Es bedeutet daher keine Einschränkung, wenn man von einer symmetrischen Matrix $A = A^T$ ausgeht. Wir befassen uns hier mit den algebraischen Methoden, den Anteil $p(\mathbf{x}) = \alpha_0 + \mathbf{a}^T \mathbf{x} + \mathbf{x}^T A \mathbf{x}$ zu untersuchen.

Definition. *Eine Funktion* $p : \mathbb{R}^n \to \mathbb{R}$ *der Form*

$$p(\mathbf{x}) = \alpha_0 + \mathbf{a}^T \mathbf{x} + \mathbf{x}^T A \mathbf{x} = \alpha_0 + \sum_{i=1}^{n} \alpha_i x_i + \sum_{i,j=1}^{n} \alpha_{ij} x_i x_j$$

mit $\alpha_0 \in \mathbb{R}$, $\mathbf{a}^T \in \mathbb{R}_n$, $A = A^T \in \mathbb{R}^{n \times n}$ *heißt* **quadratisches Polynom** *in den Variablen* $x_1, \dots, x_n$.
Im Fall $\alpha_0 = 0$, $\mathbf{a} = 0$, *also* $p(\mathbf{x}) = \mathbf{x}^T A \mathbf{x}$, *heißt* p *eine* **quadratische Form**. *Ist zusätzlich* A *eine Diagonalmatrix, so heißt* p **rein quadratisch**.

Beispiel 1. Die Rotationsenergie $T = \frac{1}{2} \vec{\omega}^T J \vec{\omega}$ eines starren Körpers ist eine quadratische Form in den Koordinaten ω_i des Drehgeschwindigkeitsvektors $\vec{\omega}$; $J = J^T$ der Trägheitstensor bezogen auf den Massenmittelpunkt (→ Aufg. 8). □

Beispiel 2. Der Spannungstensor (→ 6.1, Beisp. 9)

$$S = \begin{pmatrix} \sigma_x & \tau_{xy} & \tau_{xz} \\ \tau_{xz} & \sigma_y & \tau_{yz} \\ \tau_{xz} & \tau_{yz} & \sigma_z \end{pmatrix}$$

eines unter Krafteinwirkung stehenden elastischen Körpers in einem Punkt P ist symmetrisch. Mit dem Normalenvektor $\mathbf{n}$, $|\mathbf{n}| = 1$, eines Schnittes durch P ist die Zerlegung $S\mathbf{n} = \mathbf{s} + \mathbf{t}$ des Spannungsvektors in die zu $\mathbf{n}$ parallele Normalenspannung $\mathbf{t}$ und die dazu senkrechte Schubspannung $\mathbf{s}$ verbunden.

$\mathbf{n} \cdot \mathbf{s} = 0$ und $\mathbf{n} \cdot \mathbf{t} = |\mathbf{t}|$ zeigen $\mathbf{n}^T S\mathbf{n} = |\mathbf{t}|$; d.h., der Betrag der Normalenspannung berechnet sich aus der quadratischen Form $q(\mathbf{x}) = \mathbf{x}^T S\mathbf{x}$. Gelegentlich sind auch die Ellipsoide $\mathbf{x}^T S\mathbf{x} = c$ ($c \in \mathbb{R}$ konstant, $c > 0$) von Interesse. □

Beispiel 3. Mit $A = \mathrm{Diag}(\lambda_1, \ldots, \lambda_n)$ lautet die rein quadratische Form

(1) $$q(\mathbf{x}) = \mathbf{x}^T D\mathbf{x} = \lambda_1 x_1^2 + \lambda_2 x_2^2 + \cdots + \lambda_n x_n^2 \,.$$ □

Beispiel 4. Ein einfaches Problem der Ausgleichsrechnung ist die Bestimmung einer Geraden $y = ax + b$, die „möglichst genau" zwischen n Meßpunkten (x_i, y_i) verläuft, in dem Sinne, daß das quadratische Polynom $q(u,v) := \sum_{i=1}^{n} (y_i - ux_i - v)^2$ in $(u,v) = (a,b)$ ein Minimum annimmt. (Wir kommen darauf zurück, → Kap. 7). □

7.2 Die Hauptachsentransformation. Es ist $q(\mathbf{x}) = \mathbf{x}^T A\mathbf{x}$ die Darstellung der quadratischen Form $q : \mathbb{R}^n \to \mathbb{R}$ bezüglich der gegebenen natürlichen Basis. Der Übergang zu einer anderen Basis $B = (\mathbf{b}_1, \ldots, \mathbf{b}_n)$ geschieht mit der Substitution $\mathbf{x} = B\mathbf{y}$ (→ (8), §6). $y_1, \ldots, y_n$ sind die Koordinaten des Punktes $X = (x_1, \ldots, x_n)$ im Koordinatensystem $(0; \mathbf{b}_1, \ldots, \mathbf{b}_n)$. Dabei ergibt sich

(2) $$q(\mathbf{x}) = q(B\mathbf{y}) = (B\mathbf{y})^T A(B\mathbf{y}) = \mathbf{y}^T (B^T AB)\mathbf{y} =: \tilde{q}(\mathbf{y}) \,.$$

Definition. *Als* **Hauptachsensystem** *der quadratischen Form* $q(\mathbf{x}) = \mathbf{x}^T A\mathbf{x}$ *(bzw. der symmetrischen Matrix* $A = A^T \in \mathbb{R}^{n\times n}$*) bezeichnet man eine Orthonormalbasis* $B = (\mathbf{b}_1, \ldots, \mathbf{b}_n)$ *des* $\mathbb{R}^n$*, wenn* q *im Koordinatensystem* $(0; \mathbf{b}_1, \ldots, \mathbf{b}_n)$ *rein quadratisch ist.*

Bemerkung. Nach (2) und obigem Beispiel 3 ist eine Orthonormalbasis B genau dann ein Hauptachsensystem für A, wenn $B^T AB$ eine Diagonalmatrix ist.

Die folgenden Eigenschaften symmetrischer Matrizen garantieren, daß jede quadratische Form wenigstens ein Hauptachsensystem besitzt.

Satz 7.1. Das Eigenwertproblem bei symmetrischen Matrizen.

Für jede reelle symmetrische $n \times n$*-Matrix* $A = A^T$ *gilt:*
a) *Alle Eigenwerte von* A *sind reell.*
b) *Eigenvektoren zu verschiedenen Eigenwerten von* A *sind orthogonal.*
c) *Algebraische und geometrische Vielfachheit jedes Eigenwertes sind gleich.*

Beweis. a): Ist $\lambda \in \mathbb{C}$ ein Eigenwert und $\mathbf{b} \in \mathbb{C}^n$ ($\mathbf{b} \neq \mathbf{0}$) ein Eigenvektor von A, dann folgt aus $A\mathbf{b} = \lambda\mathbf{b}$ durch Übergang zu den komplex konjugierten Vektoren (man nehme komponentenweise die konjugiert komplexen Zahlen)

$A\bar{\mathbf{b}} = \overline{A\mathbf{b}} = \bar{\lambda}\bar{\mathbf{b}}$ und damit $\lambda\mathbf{b}^T\bar{\mathbf{b}} = (A\mathbf{b})^T\bar{\mathbf{b}} = \mathbf{b}^T A^T\bar{\mathbf{b}} = \mathbf{b}^T A\bar{\mathbf{b}} = \bar{\lambda}\mathbf{b}^T\bar{\mathbf{b}}$. Wegen $\mathbf{b}^T\bar{\mathbf{b}} = \sum |b_i|^2 > 0$ ergibt sich $\lambda = \bar{\lambda}$, also $\lambda \in \mathbb{R}$.

b): Aus $A\mathbf{b} = \lambda\mathbf{b}$, $A\mathbf{c} = \mu\mathbf{c}$ folgt $\lambda\mathbf{b}^T\mathbf{c} = (A\mathbf{b})^T\mathbf{c} = \mathbf{b}^T(A^T\mathbf{c}) = \mathbf{b}^T(A\mathbf{c}) = \mu\mathbf{b}^T\mathbf{c}$, was im Fall $\lambda \neq \mu$ die Orthogonalität $\mathbf{b}^T\mathbf{c} = 0$ nach sich zieht.

c): Sei $\mu \in \mathbb{R}$ ein Eigenwert von A der algebraischen Vielfachheit k, $\chi_A(\lambda) = (\mu - \lambda)^k p(\lambda)$ mit $p(\mu) \neq 0$, und $(\mathbf{b}_1, \ldots, \mathbf{b}_l)$ eine Basis des Eigenraumes $V(\mu)$ ergänzt zu einer Basis $B = (\mathbf{b}_1, \ldots, \mathbf{b}_l, \mathbf{b}_{l+1}, \ldots, \mathbf{b}_n)$ des $\mathbb{R}^n$. Wir können davon ausgehen, daß die Matrix B orthogonal ist (andernfalls ist noch mit dem SCHMIDT'schen Verfahren zu orthonormieren). Bezüglich dieser Basis wird $\mathbf{x} \mapsto A\mathbf{x}$ dargestellt durch $B^{-1}AB = B^TAB$ (→ (11), §6) in der folgenden „Blockform":

$$B^TAB = ((A\mathbf{b}_1)_B, \ldots, (A\mathbf{b}_l)_B, \ldots, (A\mathbf{b}_n)_B)) = \left(\begin{array}{cccc|ccc} \mu & 0 & \cdots & 0 & 0 & \cdots & 0 \\ 0 & \mu & \ddots & \vdots & \vdots & & \vdots \\ \vdots & \ddots & \ddots & 0 & & & \\ 0 & \cdots & 0 & \mu & 0 & \cdots & 0 \\ \hline 0 & \cdots & & 0 & & & \\ \vdots & & & \vdots & & A_1 & \\ 0 & \cdots & & 0 & & & \end{array}\right) \begin{array}{l} \left.\vphantom{\begin{array}{c}1\\1\\1\\1\end{array}}\right\} l \\ \\ \\ \\ \end{array}.$$

Wesentlich ist, daß im rechten oberen $l \times (n-l)$-Block lauter Nullen stehen; denn B^TAB muß mit A symmetrisch sein. Damit gilt

$$(3) \qquad (\mu - \lambda)^k p(\lambda) = \chi_A(\lambda) = \chi_{B^TAB}(\lambda) = (\mu - \lambda)^l \det(A_1 - \lambda E) .$$

Ferner ist $\mu - \lambda$ kein Faktor von $\det(A_1 - \lambda E)$. Denn wäre μ ein Eigenwert von A_1, dann hätte B^TAB einen Eigenvektor $\mathbf{c} \in \operatorname{Lin}(\mathbf{e}_{l+1}, \ldots, \mathbf{e}_n)$ zum Eigenwert μ und demzufolge A einen weiteren, von $\mathbf{b}_1, \ldots, \mathbf{b}_l$ linear unabhängigen Eigenvektor $B\mathbf{c} \in \operatorname{Lin}(\mathbf{b}_{l+1}, \ldots, \mathbf{b}_n)$ zum Eigenwert μ, was $\operatorname{Dim} V(\mu) = l$ widerspräche.

Ein Vergleich der $(\mu - \lambda)$-Potenzen auf beiden Seiten von (3) zeigt $l = k$. □

Satz 7.2. Die Hauptachsentransformation. *Zu jeder quadratischen Form $q(\mathbf{x}) = \mathbf{x}^TA\mathbf{x}$, bzw. zu jeder reellen symmetrischen $n \times n$-Matrix A, gibt es wenigstens ein Hauptachsensystem. Man berechnet es wie folgt:*

Zu jedem der verschiedenen Eigenwerte λ_i von A bestimmt man eine Orthonormalbasis $(\mathbf{b}_1^{(i)}, \mathbf{b}_2^{(i)}, \ldots, \mathbf{b}_{k_i}^{(i)})$ von $(A - \lambda_i E)\mathbf{x} = \mathbf{0}$ (→ 6.5), $1 \leq i \leq r$. Diese Teilbasen, in angegebener Reihenfolge zusammengesetzt, ergeben ein Hauptachsensystem

$$B = (\mathbf{b}_1^{(1)}, \ldots, \mathbf{b}_{k_1}^{(1)}, \mathbf{b}_1^{(2)}, \ldots, \mathbf{b}_{k_2}^{(2)}, \ldots, \mathbf{b}_1^{(r)}, \ldots, \mathbf{b}_{k_r}^{(r)}) ,$$

für das

$$B^TAB = \operatorname{Diag}(\underbrace{\lambda_1, \ldots, \lambda_1}_{k_1\text{-mal}}, \underbrace{\lambda_2, \ldots, \lambda_2}_{k_2\text{-mal}}, \ldots, \underbrace{\lambda_r, \ldots, \lambda_r}_{k_r\text{-mal}})$$

gilt und demzufolge $q(\mathbf{x}) = q(B\mathbf{y}) = \lambda_1 y_1^2 + \cdots + \lambda_r y_n^2$.

Beweis. Nach Satz 7.1 a) und c) erhält man durch die Zusammensetzung tatsächlich eine volle Basis des $\mathbb{R}^n$. Wegen Satz 7.1 b) muß die Orthonormierung nur innerhalb der Eigenräume erfolgen. □

Bemerkung. Die Bestimmung einer orthogonalen Matrix B, so daß $B^T AB$ Diagonalform hat, nennt man *orthogonale Diagonalisierung* der Matrix A.

Für $n = 2, 3$ ergeben sich folgende Vereinfachungen:

n=2: Zu $A = \begin{pmatrix} a & b \\ b & c \end{pmatrix}$, $b \neq 0$, berechnet man die Lösungen λ_1, λ_2 von $\lambda^2 - (a+c)\lambda + (ac - b^2) = 0$; dazu *eine* normierte Lösung $\mathbf{b} = \begin{pmatrix} b_1 \\ b_2 \end{pmatrix}$ der Gleichung $(A - \lambda_1 E)\mathbf{x} = \mathbf{0}$. Für den anderen Hauptachsenvektor gibt es nur die Möglichkeit $\pm\mathbf{c}$, $\mathbf{c} := \begin{pmatrix} -b_2 \\ b_1 \end{pmatrix}$. Mit diesem $(\mathbf{b}, \mathbf{c})$ ist $(O; \mathbf{b}, \mathbf{c})$ ein kartesisches Koordinatensystem.

n=3: Ist $A = A^T \in \mathbb{R}^{3\times 3}$ keine Diagonalmatrix, dann sind wenigstens zwei verschiedene Eigenwerte (Lösungen von $\det(A - \lambda E) = 0$) $\lambda_1 \neq \lambda_2$ vorhanden. Man bestimmt entweder für $i = 1, 2$ je *eine* normierte Lösung $\mathbf{b}_i$ von $(A - \lambda_i E)\mathbf{x} = \mathbf{0}$, oder, falls λ_1 die Vielfachheit 2 hat, zwei normierte und orthogonale Lösungen von $(A - \lambda_1 E)\mathbf{x} = \mathbf{0}$. Die dritte Hauptachse ist parallel zu $\mathbf{b}_3 := \mathbf{b}_1 \times \mathbf{b}_2$. $B = (\mathbf{b}_1, \mathbf{b}_2, \mathbf{b}_3)$ ist ein (kartesisches, d.h. rechtsorientiertes) Hauptachsensystem für A.

Beispiel 1. Die Matrix $A = \begin{pmatrix} 2 & 1 \\ 1 & 3 \end{pmatrix}$ hat die Eigenwerte $\lambda_1 = \frac{1}{2}(5 + \sqrt{5})$, $\lambda_2 = \frac{1}{2}(5 - \sqrt{5})$. *Eine* Lösung von $(A - \lambda_1 E)\mathbf{x} = \mathbf{0}$ ist $\mathbf{x} = (1, \frac{1}{2} + \frac{1}{2}\sqrt{5})^T$ und demnach ist $(\mathbf{b}, \mathbf{c})$ ein Hauptachsensystem für A mit

$$\mathbf{b} = \frac{1}{\sqrt{10 + 2\sqrt{5}}} \begin{pmatrix} 2 \\ 1 + \sqrt{5} \end{pmatrix}, \quad \mathbf{c} = \frac{1}{\sqrt{10 + 2\sqrt{5}}} \begin{pmatrix} -1 - \sqrt{5} \\ 2 \end{pmatrix}.$$

Die quadratische Form $q(x, y) = (x, y)A\begin{pmatrix} x \\ y \end{pmatrix} = 2x^2 + 2xy + 3y^2$ hat im Koordinatensystem $(O; \mathbf{b}, \mathbf{c})$ die Darstellung

$$q(x, y) = \lambda_1 u^2 + \lambda_2 v^2 = \frac{1}{2}(5 + \sqrt{5})u^2 + \frac{1}{2}(5 - \sqrt{5})v^2,$$

wobei $\begin{pmatrix} x \\ y \end{pmatrix} = (\mathbf{b}, \mathbf{c})\begin{pmatrix} u \\ v \end{pmatrix} = \frac{1}{\sqrt{10 + 2\sqrt{5}}} \begin{pmatrix} 2 & -1 - \sqrt{5} \\ 1 + \sqrt{5} & 2 \end{pmatrix} \begin{pmatrix} u \\ v \end{pmatrix}$. □

Beispiel 2. Die Rotationsenergie eines starren Körpers sei

$$T = 5\omega_1^2 + 5\omega_2^2 + 5\omega_3^2 + 8\omega_1\omega_2 + 8\omega_1\omega_3 + 8\omega_2\omega_3 = \frac{1}{2}\vec{\omega}^T J \vec{\omega}$$

mit dem Trägheitstensor

$$J = \begin{pmatrix} 10 & 8 & 8 \\ 8 & 10 & 8 \\ 8 & 8 & 10 \end{pmatrix} .$$

Aus $\det(J - \lambda E) = 0$ ergeben sich die Eigenwerte (Hauptträgheitsmomente)

$$\lambda_1 = 2 , \quad \lambda_2 = 2 , \quad \lambda_3 = 26 ,$$

dazu ein Hauptachsensystem (die Hauptträgheitsrichtungen)

$$\mathbf{b}_1 = \frac{1}{\sqrt{2}}\begin{pmatrix} 1 \\ -1 \\ 0 \end{pmatrix} , \quad \mathbf{b}_2 = \frac{1}{\sqrt{3}}\begin{pmatrix} 1 \\ 1 \\ 1 \end{pmatrix} , \quad \mathbf{b}_3 = \mathbf{b}_1 \times \mathbf{b}_2 = \frac{1}{\sqrt{6}}\begin{pmatrix} -1 \\ -1 \\ 2 \end{pmatrix} . \qquad \square$$

Beispiel 3. Die quadratische Form

$$q(x, y, z) = x^2 + 6xy - 2y^2 - 2yz + z^2$$

ist durch die 3×3-Matrix $A = \begin{pmatrix} 1 & 3 & 0 \\ 3 & -2 & -1 \\ 0 & -1 & 1 \end{pmatrix}$ bestimmt.

Die Lösungen von $\det(A - \lambda E) = 0$ sind $\lambda_1 = 1$, $\lambda_2 = 3$, $\lambda_3 = -4$. Jeweils normierte Lösung von $(A - \lambda_i E)\mathbf{x} = \mathbf{0}$ $(i = 1, 2)$ sind $\mathbf{b}_1 = \frac{1}{\sqrt{10}}(1, 0, 3)^T$, $\mathbf{b}_2 = \frac{1}{\sqrt{14}}(3, 2, -1)^T$. Mit $\mathbf{b}_3 := \mathbf{b}_1 \times \mathbf{b}_2$ ist $(\mathbf{b}_1, \mathbf{b}_2, \mathbf{b}_3)$ ein (kartesisches) Hauptachsensystem und

$$B = \begin{pmatrix} \frac{1}{\sqrt{10}} & \frac{3}{\sqrt{14}} & -\frac{3}{\sqrt{35}} \\ 0 & \frac{2}{\sqrt{14}} & \frac{5}{\sqrt{35}} \\ \frac{3}{\sqrt{10}} & -\frac{1}{\sqrt{14}} & \frac{1}{\sqrt{35}} \end{pmatrix}$$

eine Drehmatrix mit

$$B^T A B = \begin{pmatrix} 1 & 0 & 0 \\ 0 & 3 & 0 \\ 0 & 0 & -4 \end{pmatrix} . \qquad \square$$

7.3 Quadriken. Als *Quadrik* (oder *Hyperfläche zweiter Ordnung*) bezeichnet man die Menge aller Punkte $X = (x_1, \dots, x_n) \in \mathbb{R}_n$, die eine Gleichung erfüllen der Form

$$p(\mathbf{x}) = \mathbf{x}^T A \mathbf{x} + \mathbf{a}^T \mathbf{x} + \beta = 0 ,$$
$$A = A^T \in \mathbb{R}^{n \times n} , \ \mathbf{a} \in \mathbb{R}^n , \ \beta \in \mathbb{R} .$$

Die Quadrik liegt in *Normalform* vor, wenn $\mathbf{x}^T A \mathbf{x}$ rein quadratisch ist und $\mathbf{a}^T \mathbf{x} + \beta$ durch keine affine Substitution verkürzt werden kann.

Im Fall $n = 2$ hat man 9, im Fall $n = 3$ insgesamt 17 Typen von verschiedenen Normalformen, die in den folgenden Tabellen aufgeführt sind:

Die Normalformen der Quadriken im $\mathbb{R}_3$ (Konstante a, b, c, p alle $\neq 0$)

Rang $A = 3$ (Alle Eigenwerte $\neq 0$)

$\frac{x^2}{a^2}+\frac{y^2}{b^2}+\frac{z^2}{c^2}-1=0$	Ellipsoid (evtl. Kugel)
$\frac{x^2}{a^2}+\frac{y^2}{b^2}+\frac{z^2}{c^2}+1=0$	leere Menge
$\frac{x^2}{a^2}+\frac{y^2}{b^2}-\frac{z^2}{c^2}+1=0$	zweischaliges Hyperboloid
$\frac{x^2}{a^2}+\frac{y^2}{b^2}-\frac{z^2}{c^2}-1=0$	einschaliges Hyperboloid
$\frac{x^2}{a^2}+\frac{y^2}{b^2}+\frac{z^2}{c^2}=0$	Punkt
$\frac{x^2}{a^2}+\frac{y^2}{b^2}-\frac{z^2}{c^2}=0$	Kegel

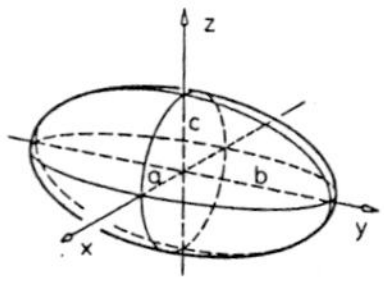

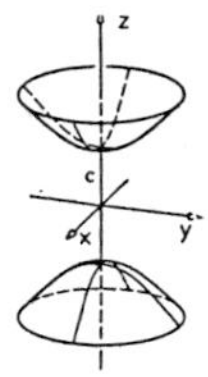

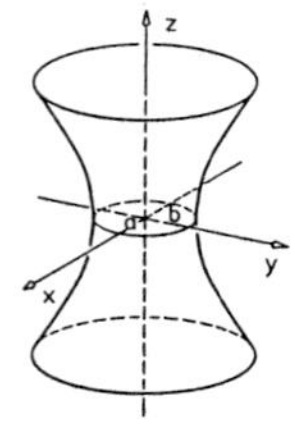

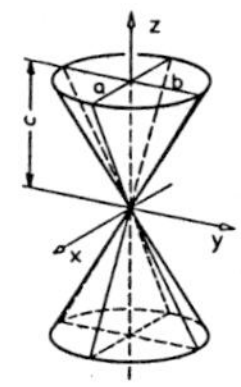

Rang $A = 2$ (Ein Eigenwert $= 0$)

$\frac{x^2}{a^2}+\frac{y^2}{b^2}-2pz=0$	elliptisches Paraboloid
$\frac{x^2}{a^2}-\frac{y^2}{b^2}-2pz=0$	hyperbolisches Paraboloid
$\frac{x^2}{a^2}+\frac{y^2}{b^2}+1=0$	leere Menge
$\frac{x^2}{a^2}+\frac{y^2}{b^2}-1=0$	elliptischer Zylinder
$\frac{x^2}{a^2}-\frac{y^2}{b^2}+1=0$	hyperbolischer Zylinder
$\frac{x^2}{a^2}+\frac{y^2}{b^2}=0$	Gerade
$\frac{x^2}{a^2}-\frac{y^2}{b^2}=0$	Ebenenpaar mit Schnittgerade

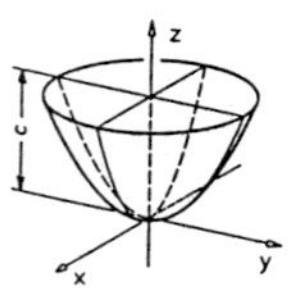

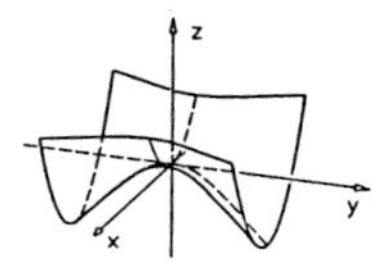

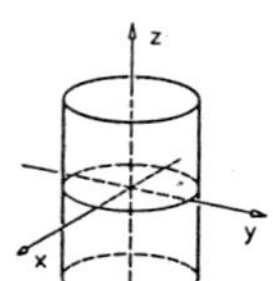

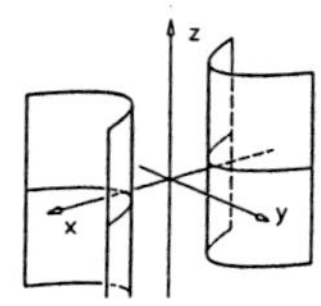

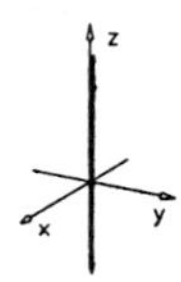

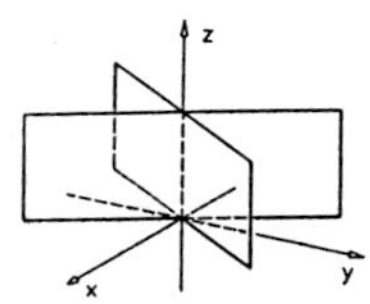

Rang $A = 1$ (Zwei Eigenwerte $= 0$)

$x^2-2py=0$	parabolischer Zylinder
$x^2-a^2=0$	paralleles Ebenenpaar
$x^2+a^2=0$	leere Menge
$x^2=0$	Ebene

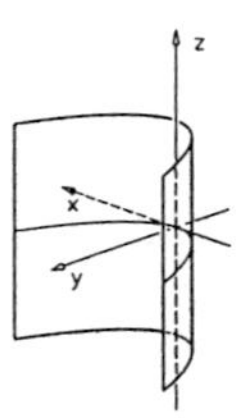

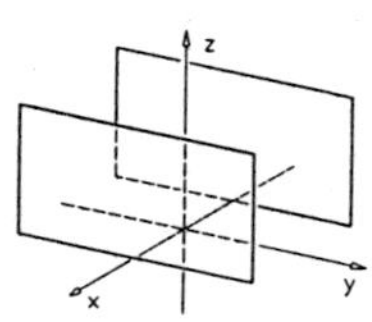

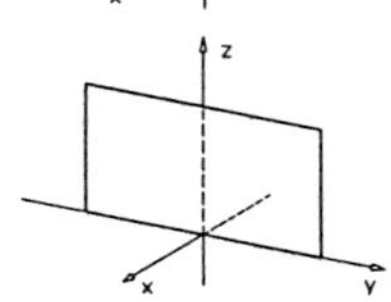

Die Normalformen der Quadriken im $\mathbb{R}_2$ (Konstante a, b, p alle $\neq 0$)

Rang $A = 2$ (Alle Eigenwerte $\neq 0$)

$\frac{x^2}{a^2} + \frac{y^2}{b^2} - 1 = 0$	Ellipse (evtl. Kreis)
$\frac{x^2}{a^2} + \frac{y^2}{b^2} + 1 = 0$	leere Menge
$\frac{x^2}{a^2} - \frac{y^2}{b^2} - 1 = 0$	Hyperbel
$x^2 + a^2y^2 = 0$	Punkt
$x^2 - a^2y^2 = 0$	Geradenpaar mit Schnittpunkt

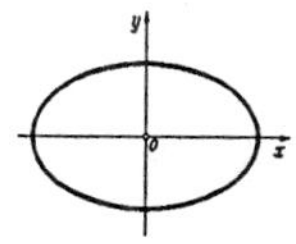

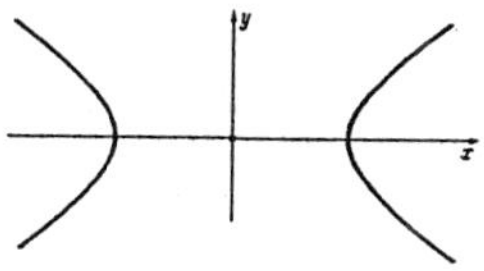

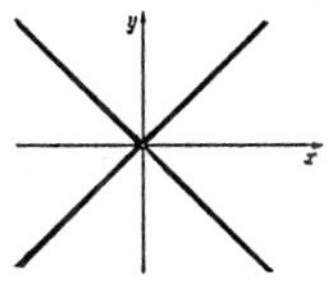

Rang $A = 1$ (Ein Eigenwert $= 0$)

$x^2 - 2py = 0$	Parabel
$x^2 - a^2 = 0$	paralleles Geradenpaar
$x^2 + a^2 = 0$	leere Menge
$x^2 = 0$	Gerade $x = 0$

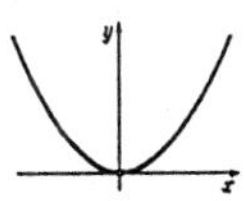

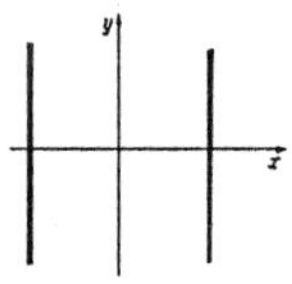

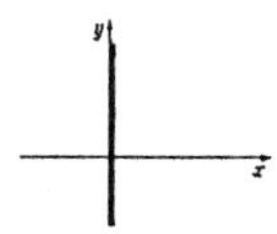

Die Transformation einer Quadrik auf Normalform erfolgt in zwei Schritten:

1. Schritt: Die Hauptachsentransformation des quadratischen Anteils, $B^TAB = \text{Diag}(\lambda_1, \ldots, \lambda_n)$ mit einem Hauptachsensystem $B = (\mathbf{b}_1, \ldots, \mathbf{b}_n)$ von A, liefert über die Substitution $\mathbf{x} = B\mathbf{y}$ die Darstellung der Quadrik im Koordinatensystem $(O; \mathbf{b}_1, \ldots, \mathbf{b}_n)$ durch

$$(4) \qquad \lambda_1 y_1^2 + \cdots + \lambda_n y_n^2 + \gamma_1 y_1 + \cdots + \gamma_n y_n + \beta = 0$$

mit gewissen Zahlen $\gamma_i \in \mathbb{R}$.

2. Schritt: Mit der anschließenden Substitution

$$z_i = \begin{cases} y_i & \text{, falls } \lambda_i = 0 \\ y_i + \dfrac{\gamma_i}{2\lambda_i} & \text{, falls } \lambda_i \neq 0 \end{cases}$$

(d.i. eine quadratische Ergänzung) werden die linearen Terme – falls möglich – „wegsubstituiert". Diese Substitution entspricht einer Verschiebung des bereits gedrehten Koordinatensystems in einen anderen Ursprung (→ (9), §6). Schreiben wir $\mathbf{z} = \mathbf{y} + \mathbf{u}$, so folgt der Übergang von den x-Koordinaten zu den z-Koordinaten über die Substitution

$$\mathbf{x} = B\mathbf{y} = B(\mathbf{z} - \mathbf{u}) = B\mathbf{z} - B\mathbf{u} .$$

D.h. im Koordinatensystem $(-(B\mathbf{u})^T ; \mathbf{b}_1, \ldots, \mathbf{b}_n)$ hat die Quadrik die Gleichung

$$(5) \qquad \lambda_1 z_1^2 + \cdots + \lambda_r z_r^2 + \mu_{r+1} z_{r+1} + \cdots + \mu_n z_n + \gamma = 0 ,$$

wobei wir $\lambda_1, \ldots, \lambda_r \neq 0$ und $\lambda_{r+1} = \cdots = \lambda_n = 0$ angenommen haben. Ist einer der Koeffizienten $\mu_{r+1}, \ldots, \mu_n$ von Null verschieden, etwa $\mu_k \neq 0$, kann man sogar $\gamma = 0$ annehmen (andernfalls wird noch einmal $\zeta_k = z_k + \dfrac{\gamma}{\mu_k}$ substituiert).

Bemerkung. Ist A invertierbar, also $\lambda_i \neq 0$ $(1 \leq i \leq n)$, dann hat die transformierte Gleichung die Form $\lambda_1 z_1^2 + \cdots + \lambda_n z_n^2 + \gamma = 0$. Mit jedem Punkt $X = (z_1, \ldots, z_n)$ liegt auch $(\pm z_1, \ldots, \pm z_n)$ auf der Quadrik. Der neue Ursprung ist der *Mittelpunkt* (oder das *Zentrum*) der Quadrik. In diesem Fall wird das Zentrum $\mathbf{m}$ der Quadrik $\mathbf{x}^T A\mathbf{x} + \mathbf{a}^T\mathbf{x} + \beta = \mathbf{0}$ aus $A\mathbf{m} = -\frac{1}{2}\mathbf{a}$ berechnet. Ganz allgemein (also A nicht notwendig invertierbar) kann man stets versuchen, zuerst $A\mathbf{x} = -\frac{1}{2}\mathbf{a}$ zu lösen. Mit einer Lösung $\mathbf{m}$ und der Substitution $\mathbf{x} = \mathbf{y} + \mathbf{m}$, d.i. eine Verschiebung des Koordinatensystems in den Punkt M, vereinfacht sich die Gleichung der Quadrik zu $\mathbf{y}^T A\mathbf{y} + \gamma = 0$ mit $\gamma = \beta + \frac{1}{2}\mathbf{a}^T\mathbf{m}$.

Beispiel 1. Der Typ und die Normalform des Kegelschnitts $q(x,y) = 2x^2 + 2xy + 3y^2 = 1$ ergeben sich allein aus den Eigenwerten der Matrix $A = \begin{pmatrix} 2 & 1 \\ 1 & 3 \end{pmatrix}$. Schritt 2 ist überflüssig. Mit Bsp. 1 von 7.2 liegt eine im (x,y)-System gedrehte Ellipse vor mit den Hauptachsenlängen $a = \sqrt{2/(5+\sqrt{5})}$, $b = \sqrt{2/(5-\sqrt{5})}$. □

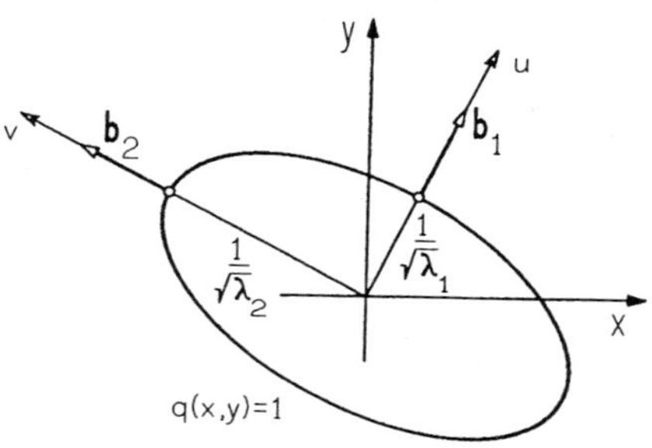

Abb. 155 – $2x^2 + 2xy + 3y^2 = 1$

Beispiel 2. Es sind Typ und Normalform zu bestimmen für die Quadrik

$$q(x,y,z) = -x^2 - y^2 + z^2 + 6xy + 2xz + 2yz - 12x + 4y - 10z - 11 = 0 .$$

1. Schritt. Die Matrix $A = \begin{pmatrix} -1 & 3 & 1 \\ 3 & -1 & 1 \\ 1 & 1 & 1 \end{pmatrix}$ hat die Eigenwerte $\lambda_1 = 3$, $\lambda_2 = -4$, $\lambda_3 = 0$. Dazu das Hauptachsensystem

$$\mathbf{b}_1 = \frac{1}{\sqrt{3}} \begin{pmatrix} 1 \\ 1 \\ 1 \end{pmatrix}, \quad \mathbf{b}_3 = \frac{1}{\sqrt{2}} \begin{pmatrix} 1 \\ -1 \\ 0 \end{pmatrix}, \quad \mathbf{b}_3 = \mathbf{b}_1 \times \mathbf{b}_2 = \frac{1}{\sqrt{6}} \begin{pmatrix} 1 \\ 1 \\ -2 \end{pmatrix} .$$

Mit der Substitution

$$\begin{pmatrix} x \\ y \\ z \end{pmatrix} = B \begin{pmatrix} x' \\ y' \\ z' \end{pmatrix} = \frac{1}{\sqrt{6}} \begin{pmatrix} \sqrt{2} & \sqrt{3} & 1 \\ \sqrt{2} & -\sqrt{3} & 1 \\ \sqrt{2} & 0 & -2 \end{pmatrix} \begin{pmatrix} x' \\ y' \\ z' \end{pmatrix}$$

geht die Gleichung der Quadrik über in

$$3(x')^2 - 4(y')^2 - 6\sqrt{3}x' - 8\sqrt{2}y' + 2\sqrt{6}z' - 11 = 0 .$$

2. Schritt. Durch quadratische Ergänzung ergibt sich die Verschiebung

$$x'' = x' - \sqrt{3} , \quad y'' = y' + \sqrt{2} ,$$

dazu $z'' = z' - \sqrt{6}$ und man hat die Normalform

$$3(x'')^2 - 4(y'')^2 + 2\sqrt{6}z'' = 0 .$$

Den Typ liest man durch Vorzeichenvergleich aus der Tabelle ab: Hyperbolisches Paraboloid. Die Normalform wird im Koordinatensystem $((\sqrt{3}, -\sqrt{2}, \sqrt{6})B^T ; \mathbf{b}_1, \mathbf{b}_2, \mathbf{b}_3)$ angenommen. □

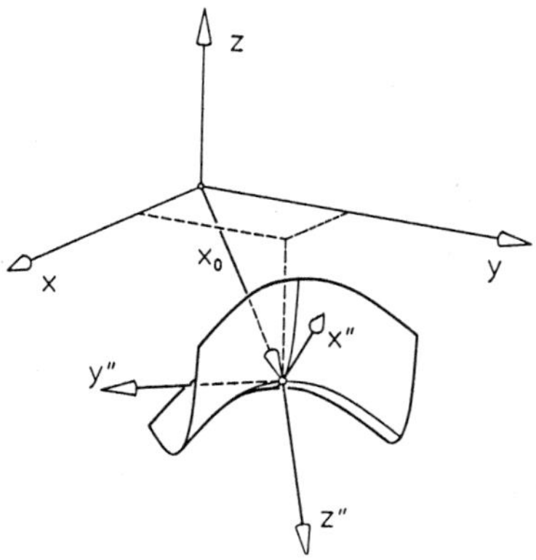

Abb. 156 – Hyperbolisches Paraboloid

Beispiel 3. Zur Quadrik $p(x,y,z) = x^2 - yz - 2x + 3y - 3z + 4 = 0$ gehört die Matrix $A = \begin{pmatrix} 1 & 0 & 0 \\ 0 & 0 & -1/2 \\ 0 & -1/2 & 0 \end{pmatrix}$; sie hat die Eigenwerte $\lambda_1 = 1$, $\lambda_2 = \frac{1}{2}$, $\lambda_3 = -\frac{1}{2}$ mit den normierten Eigenvektoren

$$\mathbf{b}_1 = \begin{pmatrix} 1 \\ 0 \\ 0 \end{pmatrix} , \quad \mathbf{b}_2 = \frac{1}{\sqrt{2}} \begin{pmatrix} 0 \\ 1 \\ -1 \end{pmatrix} , \quad \mathbf{b}_3 = \mathbf{b}_1 \times \mathbf{b}_2 = \frac{1}{\sqrt{2}} \begin{pmatrix} 0 \\ 1 \\ 1 \end{pmatrix} .$$

Mit der Substitution $\begin{pmatrix} x \\ y \\ z \end{pmatrix} = \frac{1}{\sqrt{2}} \begin{pmatrix} \sqrt{2} & 0 & 0 \\ 0 & 1 & 1 \\ 0 & -1 & 1 \end{pmatrix} \begin{pmatrix} x' \\ y' \\ z' \end{pmatrix}$ und quadratischer

Ergänzung entsteht

$$\begin{aligned} 0 = p(x,y,z) &= x'^2 + \frac{1}{2}y'^2 - \frac{1}{2}z'^2 - 2x' + 3\sqrt{2}y' + 4 \\ &= (x'-1)^2 + \frac{1}{2}(y' + 3\sqrt{2})^2 - \frac{1}{2}z'^2 - 6 \\ &= (x'')^2 + \frac{1}{2}(y'')^2 - \frac{1}{2}(z'')^2 - 6\,. \end{aligned}$$

Es handelt sich also um ein einschaliges Hyperboloid. Die gesamte Substitution

$$\begin{pmatrix} x \\ y \\ z \end{pmatrix} = B \begin{pmatrix} x' \\ y' \\ z' \end{pmatrix} = B \begin{pmatrix} x''+1 \\ y'' - 3/\sqrt{2} \\ z'' \end{pmatrix} = \frac{1}{\sqrt{2}} \begin{pmatrix} \sqrt{2} & 0 & 0 \\ 0 & 1 & 1 \\ 0 & -1 & 1 \end{pmatrix} \begin{pmatrix} x'' \\ y'' \\ z'' \end{pmatrix} + \begin{pmatrix} 1 \\ -3 \\ 3 \end{pmatrix}$$

liefert die Normalform im Koordinatensystem $((1,-3,3);\mathbf{b}_1,\mathbf{b}_2,\mathbf{b}_3)$. □

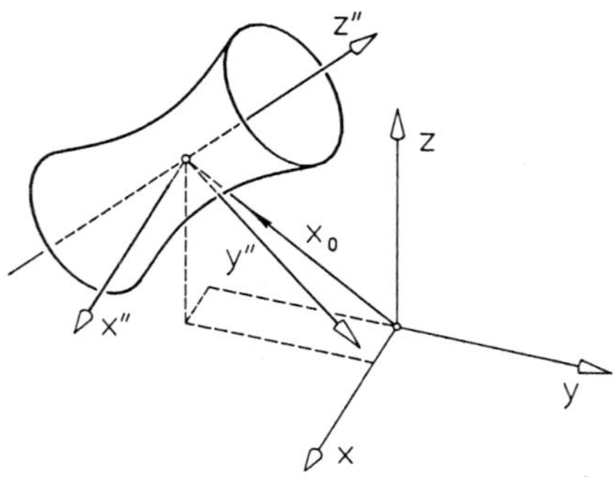

Abb. 157 – Einschaliges Hyperboloid

* 7.4 Die nichtorthogonale Diagonalisierung einer symmetrischen Matrix.

Die Hauptachsenbestimmung führt auf ein Eigenwertproblem und damit auf eine Polynomgleichung $\det(A - \lambda E) = 0$. Damit ist zwar die theoretische Kennzeichnung erledigt, jedoch ist die exakte Lösung dieser Gleichung in der Praxis oft gar nicht mit algebraischen Mitteln möglich. Man muß dann mit numerischen Näherungsverfahren arbeiten.

Die folgende nichtorthogonale Diagonalisierung kommt ohne Eigenwerte aus und ist stets mit rationalen Rechenoperationen durchführbar. Man erhält zwar nicht die Hauptachsen, jedoch ist damit bei Quadriken eine schnelle Typbestimmung und bei quadratischen Formen ein wichtiger Positivtest möglich.

Eine Vorbetrachtung: Sei $S \in \mathbb{R}^{n\times n}$ eine Elementarmatrix. Nach §4 entsteht SAS^T aus A durch die zu S gehörende elementare Zeilenumformung mit der anschließenden analogen elementaren Spaltenumformung. $A \to SAS^T$ bezeichnen wir kurz als *ZS-Umformung* („Zeilen-Spalten-Umformung").

Die Hauptachsentransformation $B^TAB = \mathrm{Diag}(\lambda_1,\ldots,\lambda_n)$ ist mit einer Zerlegung von B in ein Produkt von Elementarmatrizen somit auch zu deuten als eine endliche Folge von ZS-Umformungen.

Wir beschreiben nun ein Verfahren, das A mittels ZS-Umformungen ebenfalls auf Diagonalform bringt, jedoch i.a. nicht mit den Eigenwerten von A auf der Diagonalen:

Gegeben $A = (a_{ij}) \in \mathbb{R}^{n \times n}$, $A = A^T$. Es sind drei Fälle zu unterscheiden:

(a) $a_{11} \neq 0$. Mit den Umformungen $\mathbf{z}_i \to \mathbf{z}_i - \frac{a_{i1}}{a_{11}}\mathbf{z}_1$, $\mathbf{s}_i \to \mathbf{s}_i - \frac{a_{1i}}{a_{11}}\mathbf{s}_1$ werden die Koeffizienten $a_{1i} = a_{i1}$ $(i = 2, \ldots, n)$ der ersten Zeile und der ersten Spalte annulliert.

(b) $a_{11} = 0$, aber $a_{ii} \neq 0$ für ein i. Durch Vertauschen der i-ten mit der ersten Zeile und anschließend der i-ten mit der ersten Spalte liegt (a) vor.

(c) $a_{ii} = 0$ $(1 \leq i \leq n)$, aber $a_{ij} = a_{ji} \neq 0$ für ein Indexpaar (i, j). Man addiert die j-te Zeile zur i-ten, dann die j-te Spalte zur i-ten und erhält eine Matrix, deren i-tes Diagonalelement $2a_{ij} \neq 0$ ist. Jetzt liegt (a) oder (b) vor.

Auf diese Weise entsteht aus A mittels ZS-Umformungen eine Matrix der Form

$$\begin{pmatrix} \alpha_1 & 0 & \cdots & 0 \\ 0 & & & \\ \vdots & & A_1 & \\ 0 & & & \end{pmatrix}$$

mit einer symmetrischen $(n-1) \times (n-1)$-Matrix A_1, die in gleicher Weise weiterbehandelt wird, bis man zu $\operatorname{Diag}(\alpha_1, \ldots, \alpha_n)$ gelangt.
Das Produkt der zu den Zeilenumformungen gehörenden Elementarmatrizen bezeichnen wir mit W^T, dann gehört zu allen Spaltenumformungen die (invertierbare) Matrix W und es gilt (→ Satz 4.2)

$$W^T A W = \operatorname{Diag}(\alpha_1, \ldots, \alpha_n) . \tag{6}$$

Beispiel.

A				E			
1	−1	−2	1	1	0	0	0
−1	2	−2	3	0	1	0	0
−2	−2	3	1	0	0	1	0
1	3	1	1	0	0	0	1
⇓ mit ZS-Umformungen ⇓				⇓ nur Z-Umformungen ⇓			
1	0	0	0	1	0	0	0
0	1	0	0	1	1	0	0
0	0	−17	0	6	4	1	0
0	0	0	$\frac{89}{17}$	$\frac{29}{17}$	$\frac{8}{17}$	$\frac{19}{17}$	1
$\operatorname{Diag}(\alpha_1, \ldots, \alpha_n)$				W^T			

□

Anwendung zur schnellen Typerkennung einer Quadrik. Analog zu 7.3 wird die Gleichung einer Quadrik $p(\mathbf{x}) = 0$ über eine Substitution $\mathbf{x} = W\mathbf{y} + \mathbf{u}$ mit (6) und passendem $\mathbf{u}$ auf Normalform gebracht. An dieser Normalform kann man auf jeden Fall den Typ der Quadrik erkennen. Dieser ist gemäß 7.3 aus der Anzahl der positiven und der Anzahl der negativen Eigenwerte ablesbar.

Man nennt das Zahlentripel (p, q, s) mit der Anzahl p der positiven, q der negativen und s der „verschwindenden" $(= 0)$ Eigenwerte von A die *Signatur* von A. Die Signatur läßt sich an jeder (nicht notwendig orthogonalen) Diagonalisierung ablesen; denn es gilt:

Satz 7.4. Satz von J. J. Sylvester, (1814 – 1897). *Ist* $A \in \mathbb{R}^{n\times n}$ *symmetrisch und* $W \in \mathbb{R}^{n\times n}$ *invertierbar* $(\det W \neq 0)$, *dann haben* A *und* W^TAW *die gleiche Signatur.*

Beweis. Wegen $p + q = r = \text{Rang}\, A$ (= Anzahl der Eigenwerte $\neq 0$) und $s = n - r$ braucht nur noch gezeigt zu werden, daß A und W^TAW dieselbe Anzahl positiver Eigenwerte haben. Da sich bei orthogonaler Diagonalisierung die Eigenwerte nicht ändern (→ Satz 6.6c), können wir ausgehen von

$$A = \text{Diag}\,(\lambda_1, \ldots, \lambda_p, \lambda_{p+1}, \ldots, \lambda_r, 0, \ldots, 0)\ ,$$
$$W^TAW = \text{Diag}\,(\beta_1, \ldots, \beta_t, \beta_{t+1}, \ldots, \beta_r, 0, \ldots, 0)$$

mit den positiven Eigenwerten $\lambda_1, \ldots, \lambda_p$ von A und $\beta_1, \ldots, \beta_t$ von W^TAW. In

$$p(\mathbf{x}) = \mathbf{x}^TA\mathbf{x} = \lambda_1x_1^2 + \cdots + \lambda_px_p^2 - |\lambda_{p+1}|x_{p+1}^2 - \ldots - |\lambda_r|x_r^2$$

substituieren wir $\mathbf{x} = W\mathbf{y}$, d.h.

$$p(\mathbf{x}) = p(W\mathbf{y}) = \mathbf{y}^TW^TAW\mathbf{y} = \beta_1y_1^2 + \cdots + \beta_ty_t^2 - |\beta_{t+1}|y_{t+1}^2 - \cdots - |\beta_r|y_r^2\ .$$

Hierzu betrachten wir das homogene lineare Gleichungssystem (in $x_1, \ldots, x_n$)

$$x_{p+1} = \cdots = x_r = 0\ , \quad y_{t+1} = \cdots = y_r = 0\ .$$

Wäre $p > t$, dann hätte dieses System $r - p + t = r - (p - t) < r \leq n$ Gleichungen in n Unbekannten $x_1, \ldots, x_n$ und damit wenigstens eine Lösung $\mathbf{x} \neq \mathbf{0}$ (→ Satz 1.1). Für diese Lösung $\mathbf{x}$ würde $p(\mathbf{x}) = \lambda_1x_1^2 + \cdots + \lambda_px_p^2 = -(|\beta_{t+1}|y_{t+1}^2 + \cdots + |\beta_r|y_r^2)$ gelten, also auch $x_1 = \cdots = x_p = 0$. Das ist ein Widerspruch. Also gilt $p \leq t$ und aus gleichem Grund $t \leq p$, somit $t = p$. □

Beispiel. $A = \begin{pmatrix} 1 & 2 & 2 & 3 \\ 2 & 0 & 0 & 2 \\ 2 & 0 & 3 & 1 \\ 3 & 2 & 1 & 0 \end{pmatrix}$ wird mit ZS-Umformungen umgewandelt in $\text{Diag}\,(1, -4, 3, -16)$. Also besitzt A zwei positive und zwei negative Eigenwerte, $\text{Rang}\, A = 4$. Die Quadrik $p(\mathbf{x}) = \mathbf{x}^TA\mathbf{x} = 1$ hat demzufolge in einem (noch nicht näher bestimmten) Hauptachsensystem die Gleichung

$$a_1^2y_1^2 + a_2^2y_2^2 - a_3^2y_3^2 - a_4^2y_4^2 = 1 \qquad (\text{mit } a_i := \sqrt{|\lambda_i|},\ \lambda_i \text{ Eigenwert}).$$ □

Bemerkung. Die nichtorthogonale Transformation der Gleichung $p(\mathbf{x}) = \mathbf{x}^T A\mathbf{x} + \mathbf{a}^T\mathbf{x} + \beta = 0$ auf Normalform läßt sich auch mittels quadratischer Ergänzung erreichen.

Beispiel. Gegeben sei die Quadrik

$$q(x,y,z) = x^2 + 6y^2 - z^2 + 6xy + 2xz + 4x - 6y - 8z + 5 = 0\,.$$

Diese wird (schrittweise) mit quadratischen Ergänzungen umgeformt zu

$$\begin{aligned} q(x,y,z) &= (x+3y+z+2)^2 - 3(y+z+3)^2 + (z+3)^2 + 19 \\ &= (x')^2 - 3(y')^2 + (z')^2 + 19 = 0 \end{aligned}$$

mit $x' := x+3y+z+2\,,\quad y' := y+z+3\,,\quad z' := z+3\,.$
Also liegt ein zweischaliges Hyperboloid vor. Die Umrechnung

$$\begin{pmatrix} x \\ y \\ z \end{pmatrix} = \begin{pmatrix} 1 & -3 & 2 \\ 0 & 1 & -1 \\ 0 & 0 & 1 \end{pmatrix} \begin{pmatrix} x' \\ y' \\ z' \end{pmatrix} + \begin{pmatrix} 1 \\ 0 \\ -3 \end{pmatrix}$$

liefert die Normalform der Flächengleichung

$$\frac{(x')^2}{19} - \frac{3(y')^2}{19} + \frac{(z')^2}{19} + 1 = 0$$

im (schiefwinkligen) Koordinatensystem $\left((1,0,-3);\begin{pmatrix} 1 \\ 0 \\ 0 \end{pmatrix},\begin{pmatrix} -3 \\ 1 \\ 0 \end{pmatrix},\begin{pmatrix} 2 \\ -1 \\ 1 \end{pmatrix}\right).$ □

7.5 Positiv definite Matrizen. Die Bestimmung der Extremwerte einer reellen Funktion in n Veränderlichen ist eng verbunden mit der Frage, wann eine quadratische Form $q(\mathbf{x}) = \mathbf{x}^T A\mathbf{x}$ für $\mathbf{x} \neq \mathbf{0}$ nur positive oder nur negative Werte annimmt (→ Kap. 7).

Definition. *Eine quadratische Form* $q(\mathbf{x}) = \mathbf{x}^T A\mathbf{x}$, *bzw. die zugehörige symmetrische Matrix* $A \in \mathbb{R}^{n\times n}$, *heißt* **positiv definit (negativ definit)**, *wenn aus* $\mathbf{x} \neq \mathbf{0}$ *stets* $q(\mathbf{x}) > 0$ $(q(\mathbf{x}) < 0)$ *folgt. Die quadratische Form heißt* **indefinit**, *wenn sie sowohl positive als auch negative Werte annimmt. Sie heißt* **positiv (negativ) semidefinit**, *wenn stets* $q(\mathbf{x}) \geq 0$ $(q(\mathbf{x}) \leq 0)$ *gilt.*

Beispiel 1. Der Trägheitstensor eines rotierenden starren Körpers ist positiv definit ($T = \vec{\omega}^T J\vec{\omega} > 0$, falls $\vec{\omega} \neq 0$). □

Beispiel 2. In der speziellen Relativitätstheorie spielen die nach H.A. Lorentz (1853-1928) benannten Transformationen

$$\begin{pmatrix} x' \\ y' \\ z' \\ t' \end{pmatrix} = \mathrm{W}\begin{pmatrix} x \\ y \\ z \\ t \end{pmatrix}, \qquad \mathrm{W} \in \mathbb{R}^{4\times 4}\,,$$

des Raum-Zeit-Kontinuums $\mathbb{R}^4$, welche die quadratische Form

$$q(x,y,z,t) = x^2 + y^2 + z^2 - c^2t^2$$

invariant lassen (d.h. für die $q(x',y',z',t') = q(x,y,z,t)$ gilt) eine wichtige Rolle. Diese quadratische Form ist indefinit; es gibt „raumartige" Vektoren $\mathbf{u} \in \mathbb{R}^4$ mit $q(\mathbf{u}) > 0$ und „zeitartige" Vektoren $\mathbf{v} \in \mathbb{R}^4$ mit $q(\mathbf{v}) < 0$. □

Satz 7.3.

a) $D = \operatorname{Diag}(\alpha_1, \dots, \alpha_n)$ *ist genau dann positiv definit, wenn* **alle** α_i *positiv sind.*

b) $A = A^T$ *ist genau dann positiv definit, wenn* W^TAW *für irgend eine invertierbare* $n \times n$*-Matrix* W *positiv definit ist.*

c) $A = A^T$ *ist genau dann positiv definit, wenn sämtliche Eigenwerte von* A *positiv sind.*

Beweis. a): $q(\mathbf{x}) = \mathbf{x}^T D\mathbf{x} = \sum \alpha_i x_i^2 > 0$ für alle $\mathbf{x} \neq \mathbf{0} \iff$ alle $\alpha_i > 0$.
b): A positiv definit $\Longrightarrow \mathbf{x}^T(W^TAW)\mathbf{x} = (W\mathbf{x})^T A(W\mathbf{x}) > 0$ für alle $\mathbf{x} \neq \mathbf{0}$.
W^TAW positiv definit $\Longrightarrow (W^{-1})^T(W^TAW)W^{-1} = A$ positiv definit.
c) folgt aus a), b) mit einem Hauptachsensystem W. □

Beispiel. Die Matrix $A = \begin{pmatrix} 1 & 2 & -2 \\ 2 & 5 & -4 \\ -2 & -4 & 5 \end{pmatrix}$ ist positiv definit; denn die Eigenwerte $\lambda_1 = 1$, $\lambda_2 = 5 + \sqrt{24}$, $\lambda_3 = 5 - \sqrt{24}$ sind positiv. □

Die Positivität einer Matrix wird nur in Ausnahmefällen durch Berechnung der Eigenwerte entschieden (man vgl. die 7.4 einleitenden Bemerkungen). Hingegen beinhaltet Satz 7.3 einen durchaus praktikablen Test:

1. Positivitätstest: Die reelle symmetrische $n \times n$-Matrix A ist genau dann positiv definit, wenn in einer (nicht notwendig orthogonalen) Diagonalisierung

$$W^TAW = \operatorname{Diag}(\alpha_1, \dots, \alpha_n)$$

alle α_i positiv sind. □

Man beachte: für $A = (\alpha_{ij})_{n \times n}$ gilt $\mathbf{e}_i^T A\mathbf{e}_i = a_{ii}$ und damit die *notwendige* Bedingung:

$$\boxed{A = A^T \text{ positiv definit} \Longrightarrow a_{ii} > 0 \quad (1 \leq i \leq n)\,.}$$

Im folgenden gehen wir deshalb stets davon aus, daß die Diagonalelemente einer auf Positivität zu überprüfenden Matrix positiv sind.

Sonderfall $n = 2$: Die Matrix $A = \begin{pmatrix} a & b \\ b & d \end{pmatrix}$ wird mit einer ZS-Umformung in $\begin{pmatrix} a & 0 \\ 0 & ad - b^2 \end{pmatrix}$ umgewandelt. Also gilt:

(7) $$\begin{pmatrix} a & b \\ b & d \end{pmatrix} \text{ positiv definit} \iff a > 0 \text{ und } ad - b^2 > 0 .$$

Beispiel. $A = \begin{pmatrix} 3 & -2 \\ -2 & 5 \end{pmatrix}$ ist positiv definit; denn $a = 3 > 0$ und $\det A = 11 > 0$. Die quadratische Form $q(x, y) = (x, y)A \begin{pmatrix} x \\ y \end{pmatrix} = 3x^2 - 4xy + 5y^2$ nimmt für $(x, y) \neq (0, 0)$ nur positive Werte an. □

Sonderfall $n = 3$: $A = \begin{pmatrix} a_1 & a_2 & a_3 \\ a_2 & a_4 & a_5 \\ a_3 & a_5 & a_6 \end{pmatrix}$ wird mit ZS-Umformungen in

$$\begin{pmatrix} a_1 & 0 & 0 \\ 0 & \multicolumn{2}{c}{\mathrm{A}_1} \\ 0 & & \end{pmatrix} \quad \text{mit } A_1 = \begin{pmatrix} a_1a_4 - a_2^2 \, , & a_1a_5 - a_2a_3 \\ a_1a_5 - a_2a_3 \, , & a_1a_6 - a_3^2 \end{pmatrix}$$

umgewandelt. Offenbar ist A genau dann positiv definit, wenn $a_1 > 0$ und A_1 positiv definit ist. Aus (7) ergibt sich (nach leichter Umformung):

(8) $$A = \begin{pmatrix} a_1 & a_2 & a_3 \\ a_2 & a_4 & a_5 \\ a_3 & a_5 & a_6 \end{pmatrix} \text{ positiv definit}$$
$$\iff a_1 > 0 \, , \quad \det \begin{pmatrix} a_1 & a_2 \\ a_2 & a_4 \end{pmatrix} > 0 \, , \quad \det A > 0 \, .$$

Beispiel. $A = \begin{pmatrix} 5 & -2 & 2 \\ -2 & 6 & -1 \\ 2 & -1 & 4 \end{pmatrix}$ ist positiv definit; denn $a_1 = 5 > 0$, $\det \begin{pmatrix} 5 & -2 \\ -2 & 6 \end{pmatrix} > 0$, $\det A = 83 > 0$. □

Dieses Verfahren, mit Induktion auf $n \times n$-Matrizen fortgesetzt, ergibt den

2. Positivitätstest (C. G. Jacobi, 1804 – 1851):
$A = A^T = (a_{ij}) \in \mathbb{R}^{n \times n}$ ist genau dann positiv definit, wenn die Determinanten der n „Hauptuntermatrizen" H_i positiv sind:

$$H_1 = a_{11} \, , \quad H_2 = \begin{pmatrix} a_{11} & a_{12} \\ a_{21} & a_{22} \end{pmatrix} , \ldots , \quad H_k = \begin{pmatrix} a_{11} & \cdots & a_{1k} \\ \vdots & & \vdots \\ a_{k1} & \cdots & a_{kk} \end{pmatrix} , \ldots , \quad H_n = A \, .$$

Beispiel.

Die Matrix $A = \begin{pmatrix} 1 & 0 & 2 & 0 & 1 \\ 0 & 1 & 0 & 2 & -3 \\ 2 & 0 & 8 & 2 & 2 \\ 0 & 2 & 2 & 9 & -4 \\ 1 & -3 & 2 & -4 & 12 \end{pmatrix}$ ist positiv definit; denn $a_{11} = 1 > 0$,

$\det\begin{pmatrix} 1 & 0 \\ 0 & 1 \end{pmatrix} = 1 > 0$, $\det\begin{pmatrix} 1 & 0 & 2 \\ 0 & 1 & 0 \\ 2 & 0 & 8 \end{pmatrix} = 4 > 0$, $\det\begin{pmatrix} 1 & 0 & 2 & 0 \\ 0 & 1 & 0 & 2 \\ 2 & 0 & 8 & 2 \\ 0 & 2 & 2 & 9 \end{pmatrix} = 16 > 0$

und $\det A = 16 > 0$. □

Ergänzung: Eine positiv definite Matrix A kann man mit ZS-Umformungen auf die Einheitsmatrix E transformieren; hierbei kommt man ohne Zeilen- bzw. Spaltenvertauschungen aus. Daraus ergibt sich:

A positiv definit $\iff$ $A = LL^T$ mit einer invertierbaren unteren Dreiecksmatrix L.

Im vorhergehenden Beispiel gilt $A = LL^T$ mit $L = \begin{pmatrix} 1 & 0 & 0 & 0 & 0 \\ 0 & -1 & 0 & 0 & 0 \\ 2 & 0 & 2 & 0 & 0 \\ 0 & -2 & 1 & -2 & 0 \\ 1 & 3 & 0 & -1 & 1 \end{pmatrix}$.

Dieses L hat sowohl positive als auch negative Eigenwerte. Man kann aber zeigen, daß es eine Zerlegung MM^T mit einer unteren Dreiecksmatrix M gibt, die nur positive Diagonalelemente besitzt (CHOLESKY-Zerlegung).

Das folgende Programm benutzt zur Berechnung von Eigenwerten und Eigenvektoren einer symmetrischen Matrix ein Verfahren, dessen Grundidee auf JACOBI zurückgeht, nämlich mit geeigneten Drehungen sukzessive die Elemente außerhalb der Diagonalen betragsmäßig zu verkleinern. Über das Produkt der Drehmatrizen sind die Eigenvektoren bestimmt, die stets ein Orthonormalsystem bilden.

```
'----- Programm JACOBI ---------
Print "DIMENSION N=";
Input N
M=N-1
Dim A(M,M)
Print "Mit Eigenvektor Y/N ";
Input O$
If O$="Y" Or O$="y" Then
  Dim B(M,M)
Endif
For I=0 To M
  For J=I To M
    If O$="Y" Or O$="y" Then
      B(I,I)=1
    Endif
    Print "A"+Str$(I+1)+Str$(J+1);
    Input A(I,J)
  Next J
Next I
```

```
Repeat
  S=0
  For P=0 To M-1
    For Q=P+1 To M
      R=A(P,Q)
      A=A(P,P)
      B=A(Q,Q)
      A(P,Q)=0
      If (Abs(R)+Abs(A)<=Abs(A)) And
         (Abs(R)+Abs(B)<=Abs(B)) Then
        R=0
      Else
        E=(B-A)/2/R
        If E=0 Then
          E=1
        Else
          E=1/(E+Sgn(E)*Sqr(1+E*E))
        Endif
        C=1/Sqr(1+E*E)
        D=C*E
        A(P,P)=A-E*R
        A(Q,Q)=B+E*R
        If P>0 Then
          V=Q
          X=P
          For I=0 To P-1
            U=I
            W=I
            Gosub Rot
          Next I
        Endif
        If Q<>P+1 Then
          V=Q
          W=P
          For K=P+1 To Q-1
            U=K
            X=K
            Gosub Rot
          Next K
        Endif
        If Q<>M Then
          U=Q
          W=P
          For J=Q+1 To M
            V=J
            X=J
            Gosub Rot
          Next J
        Endif
        If O$="Y" Or O$="y" Then
          For J=0 To M
            B=B(Q,J)
            A=B(P,J)
            B(P,J)=C*A-D*B
            B(Q,J)=D*A+C*B
          Next J
        Endif
      Endif
      S=S+Abs(R)
    Next Q
  Next P
Until S=0
' ---------------------------------
For I=0 To M
  Print "X"+Str$(I+1)+"=";A(I,I)
Next I
If O$="Y" Or O$="y" Then
  For I=0 To M
    Print Str$(I+1)+".EIG.VECT:"
    For J=0 To M
      Print B(I,J)
    Next J
  Next I
Endif
End
' ---------------------------------
Procedure Rot
  B=A(U,V)
  A=A(W,X)
  A(W,X)=C*A-D*B
  A(U,V)=D*A+C*B
Return
```

Aufgaben

1. Man bestimme die Hauptachsenform der Quadriken

   a) $Q\ :\ 2x^2+2y^2-z^2-2xy+4xz+4yz-6(x+y+z)+9=0$,

   b) $Q\ :\ 2x^2+3y^2+4z^2-4xy-4yz+2x+2y+2z+3=0$.

   Wie lautet die zugehörige Koordinatentransformation?

2. Man bestimme für die Quadrik

$$9(x^2+y^2+z^2)+\alpha(x+2y+2z-1)^2=\alpha$$

   - die Matrixdarstellung $\mathbf{x}^T A\mathbf{x}+\mathbf{a}^T\mathbf{x}+d=0$,
   - abhängig von α eine Hauptachsenform mit zugehöriger Koordinatensubstitution,
   - den Flächentyp für $\alpha=-2$.

3. Gegeben ist die quadratische Form

$$q(x_1,x_2,x_3)=x_1^2+8x_2^2+x_3^2-4x_1x_2+2ax_2x_3\ .$$

   a) Für welche Werte von a ist q *positiv definit*?

   b) Für welchen Wert von a ist $\mathbf{v}=(1,0,1)^T$ eine Hauptachsenrichtung von q? Für diesen Fall bestimme man
      - die Hauptachsenform für q ,
      - die zugehörige Koordinatensubstitution,
      - den Typ der Fläche $q(x_1,x_2,x_3)+2x_1+x_2+x_3=0$.

4. Gegeben ist die Quadrik

$$Q\ :\ \alpha(xy+xz+yz)+z=0$$

   und die Gerade $g\ :\ x=y=z$.

   a) Man bestätige, daß g für alle Werte von α parallel zu einer Hauptachse von Q verläuft, und lese daraus einen Eigenwert von Q ab.

   b) Unabhängig von α liegen stets zwei Geraden durch 0 ganz auf Q. Wie lauten diese?

   c) Für welche α ist Q eine Rotationsfläche?

   d) Man bestimme eine Hauptachsenform von Q, die zugehörige Koordinatensubstitution und den Flächentyp von Q in Abhängigkeit von α.

5. Gegeben ist die Quadrik Q und die Gerade g

$$\begin{aligned} Q\ :\ &(65+16\alpha)x^2+(17+64\alpha)y^2+(80+\alpha)z^2+\\ &+(1-\alpha)(64xy-8xz+16yz)+126x+72y+72z=0\ ,\\ g\ :\ &2x+y=8z+y=0\ . \end{aligned}$$

   a) Für welche Werte von α gibt es zwei Geraden durch 0, die ganz auf Q liegen?

   b) Man bestätige, daß g für alle Werte von α parallel zu einer Hauptachse von Q verläuft, und lese daraus einen Eigenwert von Q ab.

   c) Aus der Tatsache, daß Q für alle α eine Rotationsfläche ist, bestimme man – **ohne die charakteristische Gleichung von Q aufzustellen** – die Hauptachsenform von Q, die zugehörige Koordinatensubstitution und den Flächentyp von Q in Abhängigkeit von α .

6. Die Ellipse γ ist als Schnitt des Ellipsoids Q mit der Ebene E bestimmt:

$$Q \; : \; x^2+2y^2+3z^2 = 1 \; ; \; E \; : \; 2x+y+2z = 0 \; .$$

Zur Berechnung der Hauptachsen von γ bestimme man

a) die Basisvektoren $\mathbf{b}_1$, $\mathbf{b}_2$, $\mathbf{b}_3$ eines (ξ,η,ζ)-Koordinatensystems, in dem E die Gleichung $\zeta = 0$ besitzt,

b) die zugehörige Koordinatensubstitution und die (ξ,η,ζ)-Gleichung von Q,

c) die (ξ,η)-Gleichung und die Hauptachsenform von γ.

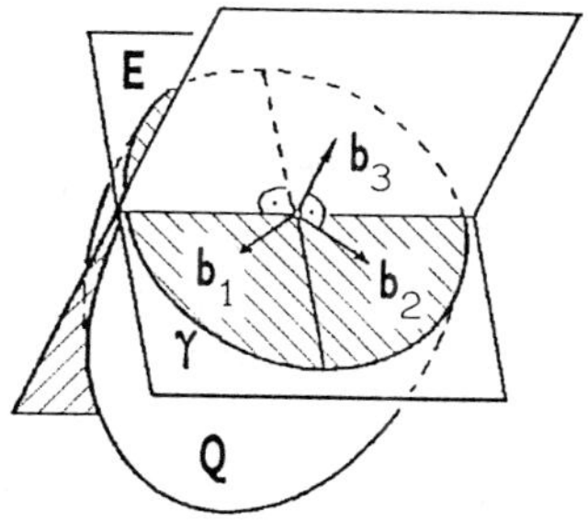

7. Ein zylindrischer Stahlstab (Radius r = 1cm, Länge l = 1m) wird um 10° verdrillt. Das HOOKEsche Gesetz liefert als Spannungstensor S mit der Materialkonstanten $k = 13.6\,\mathrm{N/mm^2}$:

$$S = k\begin{pmatrix} 0 & 0 & -y \\ 0 & 0 & x \\ -y & x & 0 \end{pmatrix} .$$

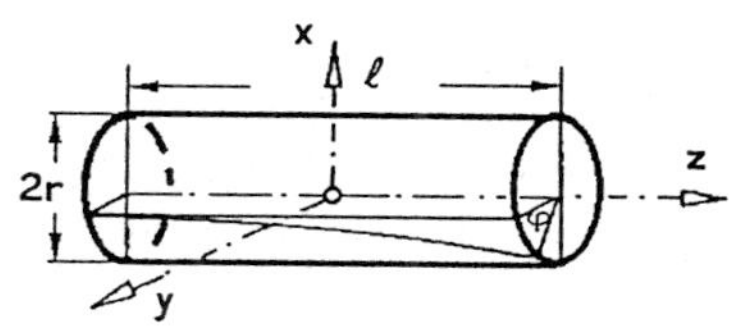

a) Man berechne die *Hauptspannungen* (Eigenwerte) und *Hauptspannungsrichtungen* (Eigenvektoren) von S für jeden Punkt (x,y,z) des Stabes.

b) Die *Normalspannung*, d.i. der Betrag der Komponente von $S\mathbf{n}$ längs $\mathbf{n}$ ergibt sich als quadratische Form in $\mathbf{n}$:

$$\sigma(\mathbf{n}) = \mathbf{n}^T S\, \mathbf{n} \; .$$

Die *Schubspannung*, d.i. die dazu senkrechte Komponente lautet

$$\tau(\mathbf{n}) = |\, S\mathbf{n} - \sigma(\mathbf{n})\mathbf{n}\, | \; .$$

Ist $\tau(\mathbf{n})$ auch eine quadratische Form in $\mathbf{n}$?
In welchen Punkten des Stabes und für welche Schnitte ist $\sigma(\mathbf{n})$ bzw. $\tau(\mathbf{n})$ am größten?

8. Eine zylindrische Schwungscheibe ($r = h = 30\,\mathrm{cm}$, Masse $M = 1\,\mathrm{kg}$) hat am Rand eine punktförmige Unwucht der Masse $m = 0.1\,\mathrm{kg}$. In dem (körperfesten) skizzierten Koordinatensystem lautet der *Trägheitstensor*

$$I = \begin{pmatrix} \frac{M}{12}(3r^2+4h^2)+mh^2 & 0 & -mrh \\ 0 & \frac{M}{12}(3r^2+4h^2)+m(h^2+r^2) & 0 \\ -mrh & 0 & \frac{M}{2}r^2+mr^2 \end{pmatrix} .$$

Rotiert die Scheibe mit dem (momentanen) *Drehgeschwindigkeitsvektor* $\vec{\omega}$, so hat sie

die *Rotationsenergie* $T = \frac{1}{2}\vec{\omega}^T I \vec{\omega}$,
den *Drehimpuls* $\vec{L} = I\vec{\omega}$.

Bei freier Bewegung ist $\vec{L}$ konstant und $\vec{\omega}$ rotiert um $\vec{L}$. Dies wird *Nutation* bezeichnet.

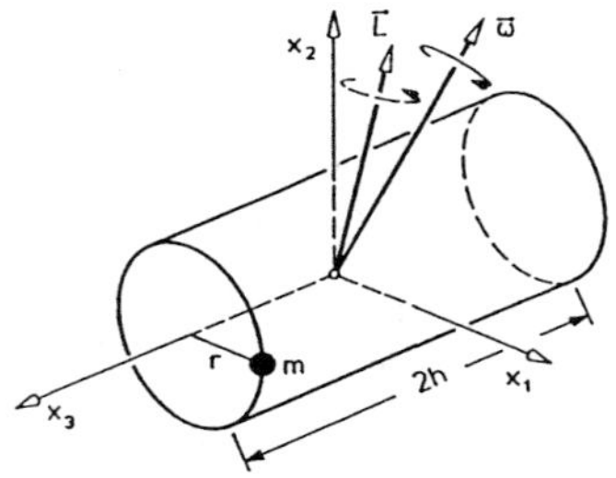

a) Man berechne I sowie $\vec{L}$ und T für $\vec{\omega} = \vec{e}_3$.

b) Man bestimme die Eigenwerte und Eigenvektoren von I (*Hauptträgheitsmomente* und *Hauptträgheitsachsen*).

c) Für welche Richtungen der Drehachse $\vec{\omega}$, $|\vec{\omega}| = 1$, wird die Rotationsenergie maximal bzw. minimal? (*Permanente Drehungen ohne Nutation*)

Knobelecke

5 gleichgroße *reguläre Tetraeder* sind so ineinander geschachtelt (→ Skizze), daß die 20 Ecken zugleich die Eckpunkte eines regulären *Dodekaeders* bilden. Der gemeinsame Durchschnitt der 5 Tetraeder besteht aus 12 Punkten (konkave Ecken), diese bilden die Ecken eines *Ikosaeders*. Wieviele Ecken, Kanten und Seitenflächen besitzt das Polyeder?

Es gibt 12 Elemente der Gruppe $SO(3)$, die ein Tetraeder in sich überführen und 60 Elemente in $SO(3)$, die das Polyeder auf sich abbilden. Man bestätige dies.

Originalskizze von Prof. A. Leutbecher

Kapitel 7

Funktionen in mehreren Variablen Teil 1: Differentiation

In der mathematischen Behandlung von Naturvorgängen treten oft Funktionen auf, die von mehreren Variablen $x_1, \ldots, x_n$ abhängen (etwa von den Ortskoordinaten x, y, z, von der Zeit t, vom Druck $p, \ldots$) und deren Wertebereich mehrdimensional ist. Zur Differentialrechnung mit diesen Funktionen benötigt man die gesamte in Kap. 6 entwickelte Lineare Algebra. Es ist daher vorteilhaft, die n Variablen zu einem variablen Spaltenvektor $\mathbf{x} = \begin{pmatrix} x_1 \\ \vdots \\ x_n \end{pmatrix} \in \mathbb{R}^n$ zusammenzufassen. Im folgenden untersuchen wir deshalb Funktionen $\mathbf{f} : D \to \mathbb{R}^m$, mit $D \subseteq \mathbb{R}^n$, die jedem Spaltenvektor $\mathbf{x} = (x_1, \ldots, x_n)^T \in D$ einen mit $\mathbf{f}(\mathbf{x})$ oder $\mathbf{f}(x_1 \ldots, x_n)$ bezeichneten Vektor in $\mathbb{R}^m$ zuordnen. Hierfür schreiben wir künftig

$$\mathbf{f} : \mathbb{R}^n \supseteq D \to \mathbb{R}^m ,$$

$$\mathbf{x} = \begin{pmatrix} x_1 \\ \vdots \\ x_n \end{pmatrix} \mapsto \mathbf{f}(x_1, \ldots, x_n) = \begin{pmatrix} f_1(\mathbf{x}) \\ \vdots \\ f_m(\mathbf{x}) \end{pmatrix} .$$

$\mathbb{R}^n$ heißt *Urbildraum*, D *Definitionsbereich*, $\mathbb{R}^m$ *Bildraum* und das *Bild* der Funktion $\mathbf{f}$ ist $\mathbf{f}(D) = \{ \mathbf{f}(\mathbf{x}) \; ; \; \mathbf{x} \in D \}$. Funktionen in mehreren Variablen, insbesondere wenn der Bildraum mehrdimensional ist, werden häufig als Abbildungen oder Transformationen (aus dem $\mathbb{R}^n$ in den $\mathbb{R}^m$) bezeichnet.

Vereinbarung. Jede Funktion $\mathbf{f} : \mathbb{R}^n \supseteq D \to \mathbb{R}^m$, mit der Spaltenvektoren des $\mathbb{R}^n$ auf Spaltenvektoren des $\mathbb{R}^m$ abgebildet werden, ist zugleich eine Funktion, die jedem Punkt $X = (x_1, \ldots, x_n)$ mit zugehörigem Ortsvektor $\mathbf{x} = (x_1, \ldots, x_n)^T \in D$ den Vektor $\mathbf{f}(\mathbf{x})$ zuordnet. Wir schreiben dafür $\mathbf{f}(X) := \mathbf{f}(\mathbf{x}) = \mathbf{f}(x_1, \ldots, x_n)$ bzw. $(x_1, \ldots, x_n) \mapsto \mathbf{f}(x_1, \ldots, x_n)$.

Statt „Punkt $X = (x_1, \ldots, x_n)$ mit Ortsvektor $\mathbf{x} = \begin{pmatrix} x_1 \\ \vdots \\ x_n \end{pmatrix} \in \mathbb{R}^n$ “ sagt man kurz „Punkt $\mathbf{x} \in \mathbb{R}^n$ “. In diesem Sinne fassen wir $\mathbb{R}^n$ als Punktraum und jede Teilmenge $D \subseteq \mathbb{R}^n$ als Punktmenge auf.

Zuerst behandeln wir die Sonderfälle

$n = 1$, d.h. $\mathbf{f} : \mathbb{R} \supseteq I \to \mathbb{R}^m$ (Kurven im $\mathbb{R}^m$, → §1) ,

$m = 1$, d.h. $f : \mathbb{R}^n \supseteq D \to \mathbb{R}$ (Skalarenfelder, → §2) .

Der allgemeine Fall $(m > 1,\; n > 1)$ läßt sich hierauf zurückführen (→ §4).

§1. Kurven im $\mathbb{R}^n$

1.1 Parameterdarstellungen. In der Praxis hat man häufig das Problem, ein geometrisches Gebilde „Kurve“ oder „Weg“ analytisch, d.h. durch Funktionen, darzustellen. In der Ebene sind bereits einige Darstellungsarten bekannt:
Die evtl. nur abschnittsweise explizite Darstellung $y = f(x)$ als Graph einer Funktion, die Polardarstellung $r = r(\varphi)$ ($\rightarrow$ Kap. 4, §5), die implizite Darstellung $F(x, y) = 0$ (etwa bei den Kegelschnitten) und die Parameterdarstellung ($\rightarrow$ Kap. 4, §5). Für die allgemeine Behandlung eignet sich am besten die Parameterdarstellung mit der Vorstellung, daß die Kurve die Bahn eines bewegten Punktes darstellt, der zur Zeit t den Ortsvektor $\mathbf{x}(t)$ besitzt.
Wir betrachten daher vektorwertige, auf einem Intervall $I \subseteq \mathbb{R}$ erklärte Funktionen $\mathbf{x} : I \rightarrow \mathbb{R}^n$. Jede derartige Funktion besteht aus n Komponentenfunktionen $x_i : I \rightarrow \mathbb{R}$ $(1 \le i \le n)$, d.h.

$$\mathbf{x}(t) = \begin{pmatrix} x_1(t) \\ x_2(t) \\ \vdots \\ x_n(t) \end{pmatrix}, \quad t \in I .$$

Der für die Analysis grundlegende Grenzwertbegriff wird komponentenweise erklärt:

$$\lim_{t \to t_0} \begin{pmatrix} x_1(t) \\ x_2(t) \\ \vdots \\ x_n(t) \end{pmatrix} = \begin{pmatrix} c_1 \\ c_2 \\ \vdots \\ c_n \end{pmatrix} \quad :\Longleftrightarrow \quad \lim_{t \to t_0} x_i(t) = c_i \quad (1 \le i \le n) .$$

Dementsprechend heißt $\mathbf{x} : I \rightarrow \mathbb{R}^n$ in $t_0 \in I$ (auf I) stetig, bzw. differenzierbar, wenn alle Komponentenfunktionen in $t_0 \in I$ (auf I) stetig, bzw. differenzierbar sind. Aus gleichem Grunde ist die Ableitung komponentenweise zu berechnen.

$$\dot{\mathbf{x}}(t) = \frac{d}{dt}\mathbf{x}(t) = \lim_{h \to 0} \frac{1}{h}\left[\mathbf{x}(t+h) - \mathbf{x}(t)\right] = \begin{pmatrix} \dot{x}_1(t) \\ \dot{x}_2(t) \\ \vdots \\ \dot{x}_n(t) \end{pmatrix}$$

mit $\dot{x}_i(t) = \frac{d}{dt}x_i(t)$. Man nennt $\dot{\mathbf{x}}(t)$ den *Tangentialvektor* von $\mathbf{x}$ an der Stelle $t \in I$ ($\rightarrow$ Kap. 4, §5 für $n = 2$). Stellt $t \rightarrow \mathbf{x}(t)$ das „Weg-Zeit-Gesetz“ eines bewegten Punktes dar, dann bestimmt $\dot{\mathbf{x}}(t)$ dessen Momentangeschwindigkeit, sie ist tangential zur Bahn. Im Fall $\dot{\mathbf{x}}(t_0) = 0$ ist der Punkt zur Zeit $t = t_0$ in Ruhe.
Für vektorwertige Funktionen $\mathbf{x}, \mathbf{y} : I \rightarrow \mathbb{R}^n$ und $\alpha, \beta \in \mathbb{R}$ bestätigt man leicht

die folgenden *Ableitungsregeln*:

(1)
$$\begin{array}{|ll|}\hline \text{a)} & \frac{d}{dt}(\alpha \mathbf{x}(t) + \beta \mathbf{y}(t)) = \alpha \dot{\mathbf{x}}(t) + \beta \dot{\mathbf{y}}(t) \\ & \textit{(Linearität)}, \\ \text{b)} & \frac{d}{dt}[\mathbf{x}(t) \cdot \mathbf{y}(t)] = \dot{\mathbf{x}}(t) \cdot \mathbf{y}(t) + \mathbf{x}(t) \cdot \dot{\mathbf{y}}(t) \\ & \textit{(Produktregel für das Skalarprodukt)}, \\ \text{c)} & \frac{d}{dt}[\mathbf{x}(t) \times \mathbf{y}(t)] = \dot{\mathbf{x}}(t) \times \mathbf{y}(t) + \mathbf{x}(t) \times \dot{\mathbf{y}}(t) \\ & \textit{(Produktregel für das } \times\textit{-Produkt, } n = 3\textit{)}, \\ \text{d)} & \frac{d}{dt}[\alpha(t)\mathbf{x}(t)] = \dot{\alpha}(t)\mathbf{x}(t) + \alpha(t)\dot{\mathbf{x}}(t) \\ & \textit{(Produktregel für Multiplikation mit skalarer Funktion)}. \\ \hline \end{array}$$

Insbesondere folgt wegen $|\mathbf{x}(t)|^2 = \mathbf{x}(t) \cdot \mathbf{x}(t)$ aus (1b):

(2) $$|\mathbf{x}(t)| = const \quad (t \in I) \implies \mathbf{x}(t) \cdot \dot{\mathbf{x}}(t) = 0 \quad \text{für alle } t \in I .$$

Die Parameterdarstellungen eignen sich, dem Begriff „Kurve“ eine Bedeutung zu geben, die auch im $\mathbb{R}^n$ $(n \geq 1)$ sinnvoll ist.

Definition. *Es sei $G \subseteq \mathbb{R}^n$ und $[a,b] \subseteq \mathbb{R}$ ein abgeschlossenes Intervall. Wir nennen jede stetig differenzierbare Funktion $\mathbf{x} : [a,b] \to G$ ein* **Kurvenstück** *in G mit Anfangspunkt $\mathbf{x}(a)$, Endpunkt $\mathbf{x}(b)$ und der* **Spur** $\{ \mathbf{x}(t) \ ; \ a \leq t \leq b \}$. *$\dot{\mathbf{x}}(a)$, $\dot{\mathbf{x}}(b)$ sind als einseitige Ableitungen zu verstehen. Ein Kurvenstück $\mathbf{x}$ heißt* **regulär**, *wenn $\dot{\mathbf{x}}(t) \neq 0$ gilt für alle $t \in [a,b]$.*

Bemerkungen. 1. Unter einer *Kurve* versteht man eine Kette von aneinanderhängenden Kurvenstücken (→ Kap. 8, §2). Für die Differentialrechnung beschränken wir uns auf Kurvenstücke.

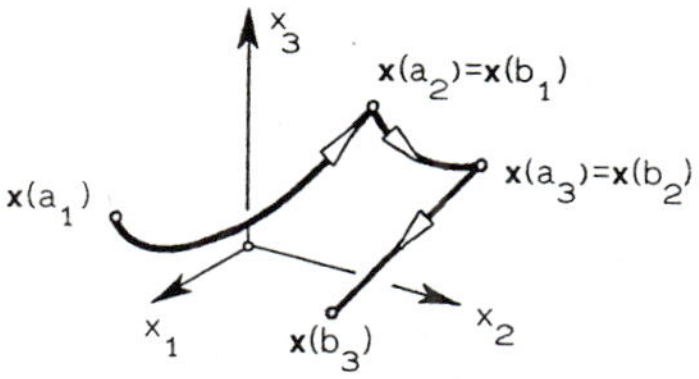

Abb. 158 – Kurve

2. Statt „Spur eines Kurvenstücks“ sagt man oft kurz „ein Kurvenstück“. D.h. sowohl die Punktmenge $\{ \mathbf{x}(t) \ ; \ t \in [a,b] \} \subseteq \mathbb{R}^n$ als auch die Funktion $\mathbf{x} : [a,b] \to \mathbb{R}^n$ werden als Kurvenstück bezeichnet. Aus dem Zusammenhang wird stets klar sein, was gemeint ist. Steht die anschauliche Deutung im Vordergrund, dann nennt man $\mathbf{x} : [a,b] \to \mathbb{R}^n$ eine *Parameterdarstellung* des Kurvenstücks $\{ \mathbf{x}(t) \ ; a \leq t \leq b \}$.

Die zum Parameterwert $t \in [a,b]$ eines regulären Kurvenstücks $\mathbf{x} : [a,b] \to \mathbb{R}^n$ bestimmte Zahl

(3) $$\boxed{s(t) := \int_a^t |\dot{\mathbf{x}}(t)| dt}$$

heißt *Bogenlänge* des Kurvenstücks über $[a,t]$. Für $n = 2,3$ ist das tatsächlich die Länge des durch $\mathbf{x}$ parametrisierten Bogens „über" $[a,t]$, wobei gegebenenfalls mehrfaches Durchlaufen einer Schleife berücksichtigt wird. $L(\mathbf{x}) := s(b)$ ist die Länge des Kurvenstücks $\mathbf{x}$. Nach Kap. 4, Satz 1.3 gilt

(4) $$\frac{ds}{dt} = \dot{s}(t) = |\dot{\mathbf{x}}(t)| \ .$$

Man nennt (→ Kap. 4, 6.1)

(5) $ds := |\dot{\mathbf{x}}(t)|dt$ das (skalare) *Bogenelement*,
$d\mathbf{x} := \dot{\mathbf{x}}(t)dt$ das *vektorielle Bogenelement* von $\mathbf{x}$.

(ds ist – in erster Näherung – die im Zeitintervall $[t, t+dt]$ zurückgelegte Weglänge, $d\mathbf{x}$ ein zum Tangentialvektor $\dot{\mathbf{x}}(t)$ paralleler Vektor der Länge ds.)

1.2 Das begleitende Dreibein, Krümmung, Torsion. Die Bewegung eines Massenpunktes längs einer durch $\mathbf{x} : [a,b] \to \mathbb{R}^3$ parametrisierten Spur und die Auswirkung von Kräften und Momenten in den einzelnen Kurvenpunkten $\mathbf{x}(t)$ wird am besten in einem der Geometrie der Spur angepaßten begleitenden kartesischen Koordinatensystem $(\mathbf{x}(t); \mathbf{T}, \mathbf{N}, \mathbf{B})$ beschrieben, in dem sich auch die Vektoren $\mathbf{T}, \mathbf{N}, \mathbf{B}$ der kartesischen Basis mit dem Parameter t verändern. Wir setzen bei Bedarf für $\mathbf{x}$ Differenzierbarkeit von jeweils benötigter Ordnung voraus, ferner sei $\dot{\mathbf{x}}(t) \neq \mathbf{0}$ für alle $t \in [a,b]$, d.h. $\mathbf{x}$ regulär.

Ⓐ **Der Tangentenvektor $\mathbf{T}(t)$.** Ist $\dot{\mathbf{x}}(t) \neq \mathbf{0}$ so nennt man den Einheitsvektor

(6) $$\mathbf{T}(t) := \frac{1}{|\dot{\mathbf{x}}(t)|}\dot{\mathbf{x}}(t) \qquad \textit{Tangenteneinheitsvektor}$$

oder kurz *den Tangentenvektor* der Kurve an der Parameterstelle t.
Die Gleichung (Parameterdarstellung) der Kurventangente in $\mathbf{x}(t_0)$ lautet

$$\mathbf{x}(t) = \mathbf{x}(t_0) + \lambda\mathbf{T}(t_0) \qquad (\lambda \in \mathbb{R}) \ .$$

Ⓑ **Der Hauptnormalenvektor $\mathbf{N}(t)$ und der Binormalenvektor $\mathbf{B}(t)$.** Ist die Kurve $\mathbf{x} : [a,b] \to \mathbb{R}^3$ zweimal (komponentenweise) stetig differenzierbar, $t \in [a,b]$ eine Parameterstelle mit $\dot{\mathbf{x}}(t) \neq \mathbf{0}$ und $\dot{\mathbf{T}}(t) \neq \mathbf{0}$, so nennt man die nach (2) zu $\mathbf{T}(t)$ orthogonalen Einheitsvektoren

(7) $$\mathbf{N}(t) := \frac{1}{|\dot{\mathbf{T}}(t)|}\dot{\mathbf{T}}(t) \qquad \textit{Hauptnormalen(einheits)vektor} \ ,$$
$$\mathbf{B}(t) := \mathbf{T}(t) \times \mathbf{N}(t) \qquad \textit{Binormalen(einheits)vektor}$$

und das Rechtssystem $(\mathbf{T}(t), \mathbf{N}(t), \mathbf{B}(t))$ das *begleitende Dreibein* der Kurve an der Parameterstelle t. Ferner heißt die von $\mathbf{T}(t)$ und $\mathbf{N}(t)$ aufgespannte Ebene durch $\mathbf{x}(t)$,

$$\mathbf{r}(\lambda,\mu) = \mathbf{x}(t) + \lambda\mathbf{T}(t) + \mu\mathbf{N}(t)$$

($\lambda, \mu \in \mathbb{R}$), die *Schmiegebene* der Kurve an der Stelle t. Man gewinnt sie als Grenzlage der Ebene durch $\mathbf{x}(t)$ und zwei weitere Kurvenpunkte.

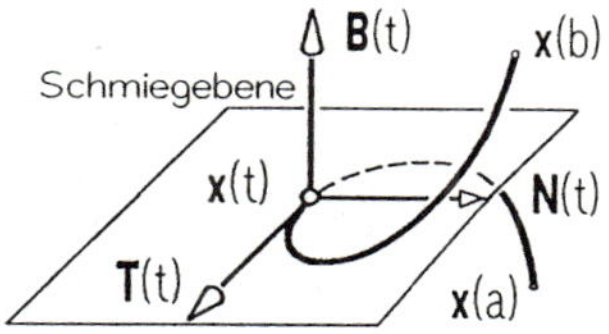

Abb. 159 – Begleitendes Dreibein

Ⓒ **Die Krümmung.** Die Änderungsrate $\frac{1}{\Delta s}\Delta\mathbf{T} := \frac{1}{s(t_1)-s(t)}[\mathbf{T}(t_1)-\mathbf{T}(t)]$ des Tangentenvektors, bezogen auf die Bogenlänge, beschreibt anschaulich das mittlere Krümmungsverhalten der Kurve im Parameterintervall $[t_1, t]$ (bzw. $[t, t_1]$). Mit der L'Hospital-Regel erhält man

$$\lim_{t_1\to t}\frac{1}{\Delta s}\Delta\mathbf{T} = \frac{1}{\dot{s}(t)}\dot{\mathbf{T}}(t) \quad \text{den } \textit{Krümmungsvektor},$$

seine Länge ist mit (4)

$$\kappa(t) := \frac{1}{\dot{s}(t)}|\dot{\mathbf{T}}(t)| = \frac{|\dot{\mathbf{T}}(t)|}{|\dot{\mathbf{x}}(t)|} \quad \text{die } \textit{Krümmung} \tag{8}$$

der Kurve an der Stelle t.

Für die Darstellung von $\dot{\mathbf{x}}$ und $\ddot{\mathbf{x}}$ im begleitenden Dreibein $(\mathbf{T},\mathbf{N},\mathbf{B})$ ergibt sich aus (4), (6) und nach der Differentiation mit (1) und (8)

$$\begin{aligned}\dot{\mathbf{x}}(t) &= \dot{s}(t)\mathbf{T}(t)\,,\\ \ddot{\mathbf{x}}(t) &= \ddot{s}(t)\mathbf{T}(t) + \dot{s}(t)^2\kappa(t)\mathbf{N}(t)\,.\end{aligned} \tag{9}$$

Kinematische Deutung:

Stellt $\mathbf{x} : [a,b] \to \mathbb{R}^3$ (mit $\dot{\mathbf{x}}(t) \neq 0$) die Bewegung eines Massenpunktes dar, so ist dessen Geschwindigkeitsvektor $\dot{\mathbf{x}}(t) = \dot{s}(t)\mathbf{T}(t)$ tangential zur Bahn (in Durchlaufrichtung) und dem Betrage nach gleich der Momentangeschwindigkeit $\dot{s}(t)$. Der Beschleunigungsvektor $\ddot{\mathbf{x}}(t)$ setzt sich zusammen aus der Tangentialbeschleunigung $\ddot{s}(t)\mathbf{T}(t)$ und der Normalbeschleunigung $\dot{s}(t)^2\kappa(t)\mathbf{N}(t)$.

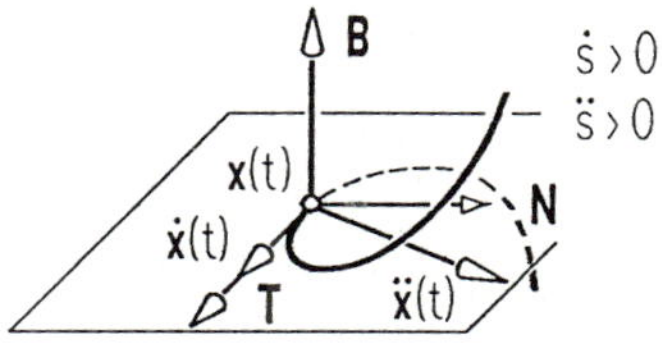

Abb. 160 – Kinematik

Mit $\mathbf{T}\times\mathbf{T}=0$, $\mathbf{T}\times\mathbf{N}=\mathbf{B}$ ergibt (9) $\dot{\mathbf{x}}(t)\times\ddot{\mathbf{x}}(t)=\dot{s}(t)^3\kappa(t)\mathbf{B}(t)$. Wegen $|\mathbf{B}(t)|=1$ folgt $|\dot{\mathbf{x}}(t)\times\ddot{\mathbf{x}}(t)|=\dot{s}(t)^3\kappa(t)$. Also gelten

$$\kappa(t)=\frac{|\dot{\mathbf{x}}(t)\times\ddot{\mathbf{x}}(t)|}{|\dot{\mathbf{x}}(t)|^3}, \tag{10}$$

$$\mathbf{B}(t)=\frac{1}{|\dot{\mathbf{x}}(t)\times\ddot{\mathbf{x}}(t)|}\dot{\mathbf{x}}(t)\times\ddot{\mathbf{x}}(t) \tag{11}$$

(vorausgesetzt $\dot{\mathbf{x}}(t)\times\ddot{\mathbf{x}}(t)\neq 0$).

Bemerkungen. 1. Formel (10) ergibt für eine ebene Kurve $t\to\begin{pmatrix}x(t)\\y(t)\\0\end{pmatrix}$ die Krümmung $\kappa=\dfrac{|\dot{x}\ddot{y}-\dot{y}\ddot{x}|}{(\dot{x}^2+\dot{y}^2)^{3/2}}$; d.h. die hier definierte Krümmung stimmt mit der in Kap. 4, 5.4 eingeführten Krümmung nur bis aufs Vorzeichen überein. (Nur falls $\dot{x}\ddot{y}-\dot{y}\ddot{x}>0$ ist, haben $\mathbf{n}$ ($\to$ Kap. 4, 5.2) und $\mathbf{N}$ dieselbe Richtung.)
2. Aufgrund der Formel (11) bestimmt man das begleitende Dreibein $(\mathbf{T},\mathbf{N},\mathbf{B})$ in der Reihenfolge $\mathbf{T}=\dfrac{1}{|\dot{\mathbf{x}}|}\dot{\mathbf{x}}$, $\mathbf{B}=\dfrac{1}{|\dot{\mathbf{x}}\times\ddot{\mathbf{x}}|}\dot{\mathbf{x}}\times\ddot{\mathbf{x}}$, $\mathbf{N}=\mathbf{B}\times\mathbf{T}$.

(D) **Die Torsion.** Das Herauswinden der Kurve aus der Schmiegebene wird durch die Änderungsrate des Binormalenvektors, bezogen auf die Bogenlänge, beschrieben. Man nennt

$$\lim_{t_1\to t}\frac{1}{s(t_1)-s(t)}[\mathbf{B}(t_1)-\mathbf{B}(t)]=\frac{1}{\dot{s}(t)}\dot{\mathbf{B}}(t) \quad \text{den } \textit{Torsionsvektor}$$

der Kurve an der Stelle t.
Nach (2) ist $\dot{\mathbf{B}}$ orthogonal zu $\mathbf{B}$ und wegen $\dot{\mathbf{B}}=\dfrac{d}{dt}(\mathbf{T}\times\mathbf{N})=\dot{\mathbf{T}}\times\mathbf{N}+\mathbf{T}\times\dot{\mathbf{N}}=\mathbf{T}\times\dot{\mathbf{N}}$ auch orthogonal zu $\mathbf{T}$, also parallel zu $\mathbf{N}$. D.h., es gibt eine skalare Funktion $\tau=\tau(t)$ – man nennt sie die *Torsion* der Kurve $\mathbf{x}$ – mit

$$\frac{1}{\dot{s}(t)}\dot{\mathbf{B}}(t)=-\tau(t)\mathbf{N}(t). \tag{12}$$

Es gilt

$$\tau(t)=\frac{\det\left(\dot{\mathbf{x}}(t),\ddot{\mathbf{x}}(t),\dddot{\mathbf{x}}(t)\right)}{|\dot{\mathbf{x}}(t)\times\ddot{\mathbf{x}}(t)|^2}. \tag{13}$$

Beweis. Aus $\mathbf{B}\cdot\mathbf{N}=0$ folgt $\dot{\mathbf{B}}\cdot\mathbf{N}+\mathbf{B}\cdot\dot{\mathbf{N}}=0$, deshalb führt (12) auf $\tau=-\dfrac{1}{\dot{s}}\dot{\mathbf{B}}\cdot\mathbf{N}=\dfrac{1}{\dot{s}}\mathbf{B}\cdot\dot{\mathbf{N}}$. Auf der rechten Seite setzen wir $\mathbf{B}$ aus (11) und $\dot{\mathbf{N}}$ aus der nochmals differenzierten 2. Gleichung (9) ein und erhalten nach leichter Rechnung mit (10) die Behauptung. □

Wir fassen zusammen:

Satz 1.1. *Eine dreimal differenzierbare Kurve* $\mathbf{x} : [a,b] \to \mathbb{R}^3$ *besitzt an jeder Parameterstelle* t *mit* $\dot{\mathbf{x}}(t) \times \ddot{\mathbf{x}}(t) \neq 0$

den Tangentenvektor	$\mathbf{T}(t) = \dfrac{1}{\lvert\dot{\mathbf{x}}(t)\rvert}\dot{\mathbf{x}}(t)$,
den Binormalenvektor	$\mathbf{B}(t) = \dfrac{1}{\lvert\dot{\mathbf{x}}(t) \times \ddot{\mathbf{x}}(t)\rvert}\dot{\mathbf{x}}(t) \times \ddot{\mathbf{x}}(t)$,
den Hauptnormalenvektor	$\mathbf{N}(t) = \mathbf{B}(t) \times \mathbf{T}(t)$,
die Krümmung	$\kappa(t) = \dfrac{\lvert\dot{\mathbf{x}}(t) \times \ddot{\mathbf{x}}(t)\rvert}{\lvert\dot{\mathbf{x}}\rvert^3}$,
die Torsion	$\tau(t) = \dfrac{\det(\dot{\mathbf{x}}(t), \ddot{\mathbf{x}}(t), \dddot{\mathbf{x}}(t))}{\lvert\dot{\mathbf{x}}(t) \times \ddot{\mathbf{x}}(t)\rvert^2}$.

Beispiel. Die neutrale Faser einer Schraubenfeder wird dargestellt durch

$$\mathbf{x}(t) = \begin{pmatrix} r\cos t \\ r\sin t \\ ht \end{pmatrix}$$

mit $0 \leq t \leq 2\pi n$, dabei ist r der Radius, $2\pi h$ die Ganghöhe und n die Windungszahl.

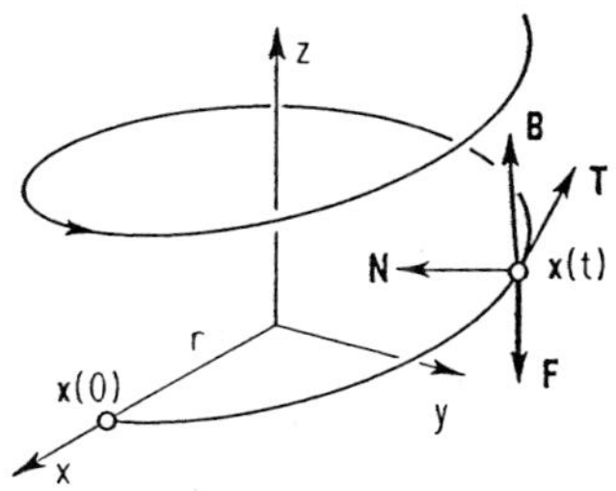

Abb. 161 – Schraublinie

Mit $\dot{\mathbf{x}}(t) = \begin{pmatrix} -r\sin t \\ r\cos t \\ h \end{pmatrix}$, $\ddot{\mathbf{x}}(t) = \begin{pmatrix} -r\cos t \\ -r\sin t \\ 0 \end{pmatrix}$, $\dddot{\mathbf{x}}(t) = \begin{pmatrix} r\sin t \\ -r\cos t \\ 0 \end{pmatrix}$ und der Abkürzung $R := \lvert\dot{\mathbf{x}}(t)\rvert = \sqrt{r^2 + h^2}$ erhält man

$$\mathbf{T}(t) = \frac{1}{R}\begin{pmatrix} -r\sin t \\ r\cos t \\ h \end{pmatrix} ; \quad \mathbf{N}(t) = \begin{pmatrix} -\cos t \\ -\sin t \\ 0 \end{pmatrix} ; \quad \mathbf{B}(t) = \frac{1}{R}\begin{pmatrix} h\sin t \\ -h\cos t \\ r \end{pmatrix} .$$

$$\text{Krümmung} \quad \kappa(t) = \frac{r}{r^2 + h^2} \quad \text{(konstant)} ,$$

$$\text{Torsion} \quad \tau(t) = \frac{h}{r^2 + h^2} \quad \text{(konstant)} .$$

Eine Belastung $\mathbf{F} = -F\mathbf{e}_3$ in Richtung der Schraubachse (→ Abb. 161) erzeugt in jedem Punkt $\mathbf{x}(t)$ das Moment

$$\mathbf{m}(t) = \mathbf{x}(t) \times \mathbf{F} = F \cdot r \begin{pmatrix} \sin t \\ -\cos t \\ 0 \end{pmatrix} .$$

Dieses besitzt in der begleitenden Basis $(\mathbf{T}, \mathbf{N}, \mathbf{B})$ die Zerlegung

$$\mathbf{m} = (\mathbf{m} \cdot \mathbf{T})\mathbf{T} + (\mathbf{m} \cdot \mathbf{N})\mathbf{N} + (\mathbf{m} \cdot \mathbf{B})\mathbf{B} = -\frac{Fr^2}{R}\mathbf{T} + \frac{Frh}{R}\mathbf{B} .$$

Man nennt $\mathbf{m}_T := -\frac{Fr^2}{R}\mathbf{T}$ die *Torsionskomponente* und $\mathbf{m}_B := \frac{Frh}{R}\mathbf{B}$ die *Biegekomponente* des Moments. (→ Aufg. 7) □

Bemerkungen.

1. Diese Ergebnisse sind nur auf reguläre Kurvenstücke $\mathbf{x} : [a,b] \to \mathbb{R}^3$ anwendbar. Besitzt $\mathbf{x}$ *singuläre* Stellen $t_0 \in [a,b]$ mit $\dot{\mathbf{x}}(t_0) = 0$, so sind Grenzwertbetrachtungen $t \to t_0+$ und $t \to t_0-$ durchzuführen.

Beispiel.

$$\mathbf{x}(t) = \begin{pmatrix} \frac{1}{3}t^3 \\ \frac{1}{2}t^2 \end{pmatrix}, \quad t \in \mathbb{R},$$

ist in $t = 0$ singulär, da $|\dot{\mathbf{x}}(0)| = 0$.

$$\mathbf{T}(t) = \frac{t}{|t|\sqrt{t^2+1}}\begin{pmatrix} t \\ 1 \end{pmatrix} \quad (\text{für } t \neq 0)$$

strebt bei $t \to 0-$ gegen $\mathbf{T}_1 = \begin{pmatrix} 0 \\ -1 \end{pmatrix}$,

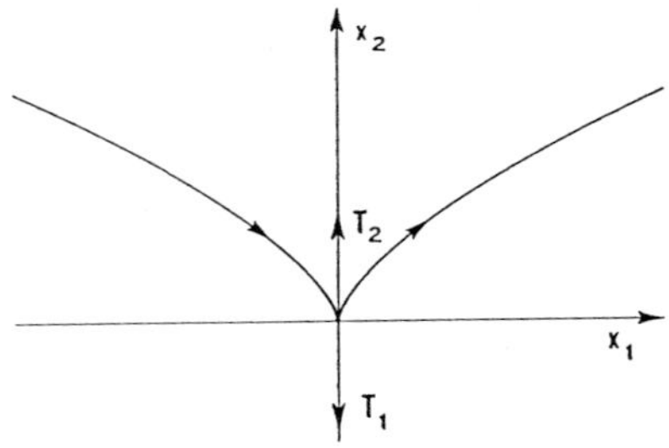

Abb. 162 – Neilsche Parabel

bei $t \to 0+$ gegen $\mathbf{T}_2 = \begin{pmatrix} 0 \\ 1 \end{pmatrix}$. Obwohl wegen $\dot{\mathbf{x}}(0) = \mathbf{0}$ durch $\dot{\mathbf{x}}$ keine Tangentenrichtung festgelegt wird, besitzt die Kurve im Ursprung eine Tangente, nämlich die y-Achse. □

2. Ist $\kappa(t) = 0$ für ein Teilintervall $\alpha \le t \le \beta$, dann stellt $\mathbf{x}$ über $[\alpha, \beta]$ eine Gerade dar; $\mathbf{N}$, $\mathbf{B}$ werden dort nicht benötigt.

3. Falls $\tau(t) = 0$ für $\alpha \le t \le \beta$, dann verläuft das entsprechende Kurvenstück ganz in der Schmiegebene.

* 1.3 Ergänzung: Der natürliche Parameter und die Frenetschen Formeln.

Für die Bewegung auf einer regulären Kurve ist die eindeutige Ortsbestimmung $\mathbf{x}(t)$ nicht nur durch Vorgabe der „Zeit“ t, sondern auch durch den bis zu diesem Zeitpunkt zurückgelegten Weg $s = s(t)$ möglich. Denn wegen $\dot{s}(t) = |\dot{\mathbf{x}}(t)| > 0$ ist $s = s(t)$ als monotone Funktion (zumindest theoretisch) eindeutig nach t auflösbar, $t = t(s)$.

Man sagt, die Kurve

$$\mathbf{y} : [0, L] \to \mathbb{R}^3, \qquad \mathbf{y}(s) := \mathbf{x}\big(t(s)\big),$$

entsteht aus der regulären Kurve $\mathbf{x}$ durch *Umparametrisierung auf Bogenlänge*. Offenbar besitzen $\mathbf{x}$ und $\mathbf{y}$ dieselbe Spur. Über $\mathbf{y}\big(s(t)\big) = \mathbf{x}(t)$ kommt man zur ursprünglichen Parameterdarstellung zurück. Die Kettenregel und (3) Kap. 3, §3 ergeben

$$\frac{d}{ds}\mathbf{y}(s) = \frac{d}{ds}\mathbf{x}\big(t(s)\big) = \dot{\mathbf{x}}(t(s))\frac{d}{ds}t(s) = \frac{1}{\dot{s}(t(s))}\dot{\mathbf{x}}\big(t(s)\big) = \mathbf{T}\,.$$

Die Bogenlänge als Parameter (man spricht vom *natürlichen Parameter*) ist dadurch ausgezeichnet, daß der die Kurve begleitende Tangentialvektor $\frac{d}{ds}\mathbf{y}(s)$ konstant den Betrag 1 hat; dadurch ergeben sich besonders elegante Formeln:

Satz 1.2. Formeln von Frenet (1816-1900). *Für eine dreimal stetig differenzierbare, auf Bogenlänge parametrisierte Kurve* $\mathbf{y} : [0, L] \to \mathbb{R}^3$, *die überall eine Krümmung* $\kappa(s) \neq 0$ *besitzt, gelten folgende Ableitungsformeln:*

$$\begin{aligned} \frac{d\mathbf{T}}{ds} &= \quad\quad\;\; +\kappa\mathbf{N} \\ \frac{d\mathbf{N}}{ds} &= -\kappa\mathbf{T} \quad\quad\quad\; +\tau\mathbf{B} \\ \frac{d\mathbf{B}}{ds} &= \quad\quad\;\; -\tau\mathbf{N} \quad . \end{aligned} \tag{14}$$

Beweis. In diesem Fall ($\dot{s} = 1$, $\ddot{s} = 0$) lauten die Beziehungen (8), (9) und (12) $\mathbf{T} = \frac{d\mathbf{y}}{ds}$, $\frac{d\mathbf{T}}{ds} = \frac{d^2\mathbf{y}}{ds^2} = \kappa\mathbf{N}$, $\frac{d\mathbf{B}}{ds} = -\tau\mathbf{N}$. Nun braucht man nur noch $\mathbf{N} = \mathbf{B} \times \mathbf{T}$ nach s abzuleiten und erhält die dritte Ableitungsformel. □

Mit diesen Formeln zeigt man beispielsweise, daß die auf Bogenlänge parametrisierte Kurve im wesentlichen durch $\kappa = \kappa(s)$ und $\tau = \tau(s)$ bestimmt ist. Durch das Differentialgleichungssystem (14) werden $\mathbf{T}(s)$, $\mathbf{N}(s)$, $\mathbf{B}(s)$ bei Vorgabe der Anfangslage $\mathbf{T}(0)$, $\mathbf{N}(0)$, $\mathbf{B}(0)$ und stetig differenzierbarer Funktionen $\kappa, \tau : [0, L] \to \mathbb{R}$ eindeutig bestimmt (→ Band 2).

Beispiel. Die Kurve

$$\mathbf{x}(t) = \frac{1}{2}e^t \begin{pmatrix} \cos t \\ \sin t \\ \sqrt{2} \end{pmatrix} \quad , \; t \in \mathbb{R} ,$$

liegt auf dem Kegel $2x^2 + 2y^2 - z^2 = 0$ und hat als Projektion in die (x, y)-Ebene eine *logarithmische Spirale* $r = \frac{1}{2}e^{\varphi}$ (r, φ Polarkoordinaten). Wegen

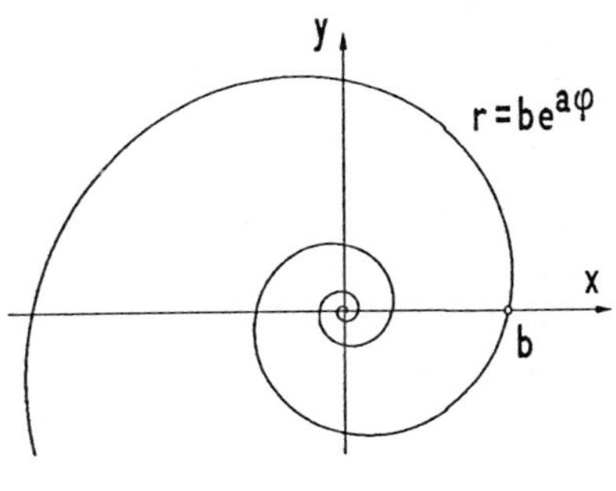

Abb. 163 – Spirale

$$\dot{\mathbf{x}}(t) = \frac{1}{2}e^t \begin{pmatrix} \cos t - \sin t \\ \sin t + \cos t \\ \sqrt{2} \end{pmatrix}$$

ist $s(t) = \int_{-\infty}^{t} |\dot{\mathbf{x}}(\tau)| \, d\tau = e^t$, d.h. $t = \ln(s)$, $s > 0$. Mit der Bogenlänge als Parameter erhält man aus der Darstellung

$$\mathbf{y}(s) = \frac{1}{2}s \begin{pmatrix} \cos \ln s \\ \sin \ln s \\ \sqrt{2} \end{pmatrix} \quad , \; s > 0 \; :$$

$$\mathbf{T} = \frac{d}{ds}\mathbf{y}(s) = \frac{1}{2} \begin{pmatrix} \cos \ln s - \sin \ln s \\ \sin \ln s + \cos \ln s \\ \sqrt{2} \end{pmatrix} , \quad \frac{d}{ds}\mathbf{T} = \frac{1}{2s} \begin{pmatrix} -\sin \ln s - \cos \ln s \\ \cos \ln s - \sin \ln s \\ 0 \end{pmatrix} ,$$

$$\kappa(s) = \left|\frac{d\mathbf{T}}{ds}\right| = \frac{1}{2s}\sqrt{2}\,, \quad \mathbf{N} = \frac{1}{\sqrt{2}}\begin{pmatrix} -\sin\ln s - \cos\ln s \\ \cos\ln s - \sin\ln s \\ 0 \end{pmatrix},$$

$$\tau(s) = \left|\frac{d}{ds}\mathbf{N} + \kappa\mathbf{T}\right| = \frac{1}{2s}\sqrt{2}\,. \qquad \square$$

Aufgaben

1. Man berechne den Winkel, unter dem alle Tangenten der Kurve

$$x(t) = \sqrt{2}, \ y(t) = t^2 - \frac{1}{4}\ln t, \ z(t) = t^2 + \frac{1}{4}\ln t \quad (0 \le t \le 2)$$

auf die (x, y)-Ebene treffen, und berechne ihre Bogenlänge.

2. Gegeben ist die räumliche Spirale

$$\mathbf{x}(t) = \begin{pmatrix} t\cos t \\ t\sin t \\ 2t \end{pmatrix}, \quad t \ge 0\,.$$

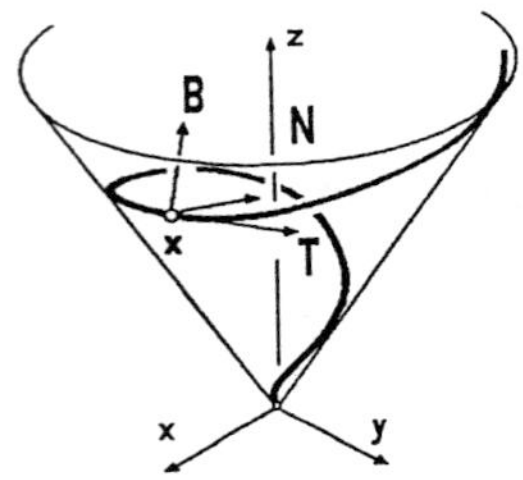

Man berechne das begleitende Dreibein $(\mathbf{T}, \mathbf{N}, \mathbf{B})$ für $\mathbf{x}$. Wie groß ist die Krümmung κ und die Torsion τ im Punkt 0? Welche Kurve ergibt sich in der Projektion auf die Ebene $z = 0$?

3. Man zeige, daß alle Geraden durch den Ursprung die (ebene) logarithmische Spirale $r = e^{-\varphi}$ unter konstantem Winkel treffen, wie groß ist dieser?

4. Gegeben ist die *Epizykloide*

$$\mathbf{w}(t) = \begin{pmatrix} \cos 3t + 3\sin t \\ 3\cos t - \sin 3t \end{pmatrix}, \quad 0 \le t \le 2\pi\,.$$

a) Man bestimme die singulären Punkte ($\dot{x} = \dot{y} = 0$) und in diesen Punkten die Richtungen der Tangenten über die möglichen Grenzwerte $\lim \dot{y}(t) / \dot{x}(t)$.

b) Man berechne die Bogenlänge der Kurve und in jedem Punkt die Krümmung κ.

c) In welchen Punkten wird $r = |\mathbf{w}(t)|$ maximal? Skizziere $\mathbf{w}$ samt Durchlaufsinn.

5. Die Raumkurve (Fenster der VIVIANI)

$$\mathbf{x}(t) = \begin{pmatrix} \cos t \\ \sin t \\ 2\sin\frac{t}{2} \end{pmatrix}, \quad 0 \le t \le 4\pi\,,$$

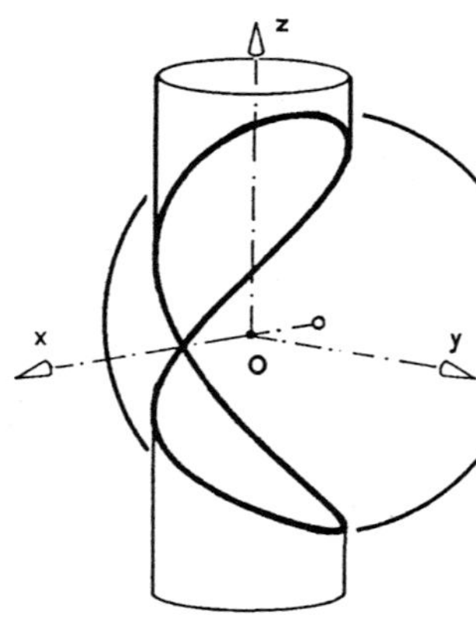

entsteht durch Verschneidung des Drehzylinders $x^2 + y^2 = 1$ mit der Kugel $(x+1)^2 + y^2 + z^2 = 4$. Man bestätige dies, berechne $(\mathbf{T}, \mathbf{N}, \mathbf{B})$ für $t = 0$ und $t = 2\pi$ und drücke die Bogenlänge durch das *vollständige elliptische Integral*

$$E(k) = \int_0^{\frac{\pi}{2}} \sqrt{1 - k^2\sin^2\varphi}\, d\varphi \quad \text{aus.}$$

6. Im Straßenbau wird der Übergang von der Geraden in eine kreisförmige Kurve durch *Klothoiden*-Bögen modelliert, da sie folgende natürliche Parameterdarstellung besitzen:

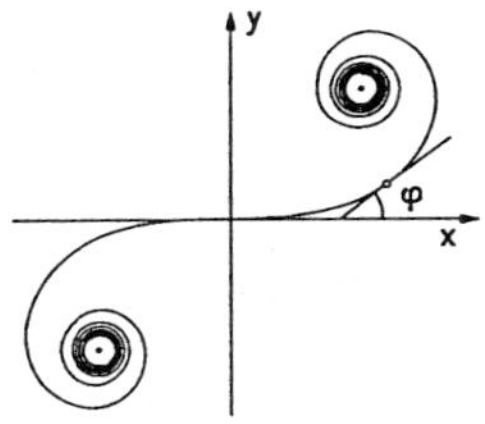

$\kappa = c \cdot s$, Krümmung wächst proportional mit Bogenlänge.

Man bestimme daraus den Tangentenwinkel φ als Funktion $\varphi(s)$ der Bogenlänge und stelle damit $x = x(s)$ und $y = y(s)$ als Funktionen von s dar, so daß wie in der Skizze $x(0) = y(0) = y'(0) = 0$ und $x'(0) = 1$.
(Hilfe: $\kappa = |\frac{d\varphi}{ds}|$; $x'^2 + y'^2 = 1$; $\frac{y'}{x'} = \tan\varphi$; Integrale für x und y sind nicht elementar lösbar !)

7. Die neutrale Faser einer *Schraubenfeder* wird dargestellt durch

$$\mathbf{x}(t) = \begin{pmatrix} r\cos t \\ r\sin t \\ ht \end{pmatrix}, \quad 0 \le t \le 2n\pi$$

(r : Radius, $2\pi h$: Ganghöhe, n : Windungszahl).

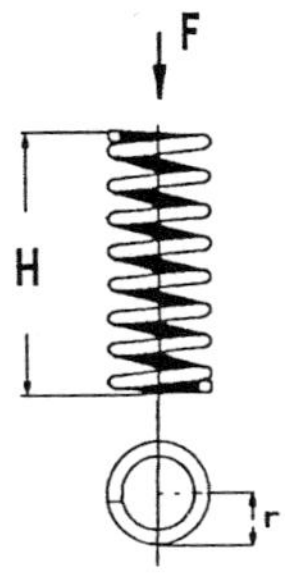

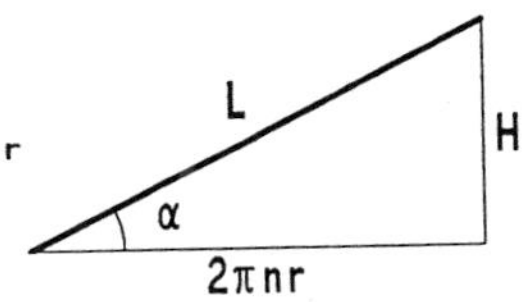

a) Man drücke Krümmung κ und Torsion τ von $\mathbf{x}(t)$ sowohl durch die Höhe H und die Länge L der Feder als auch über den Winkel α aus (vgl. Skizze).

b) Eine Belastung F der Feder in Richtung der Schraubachse ruft im Federstahl primär Torsion hervor und reduziert die Höhe auf $H(F)$. Die Torsionsgleichung lautet (in erster Näherung)

$$GJ \cdot [\tau - \tau(F)] = F \cdot r$$

(GJ : Torsionssteifigkeit, $\tau(F)$: Torsion mit Last F).
Man leite daraus eine Beziehung zwischen $H(F)$ und F her und stelle die Federrate

$$c = \lim_{F \to 0} \frac{F}{H - H(F)}$$

in erster Näherung als Funktion von r, L und GJ dar $(\frac{H}{L} \ll 1)$.

c) Die *Federbeine eines VW K70 (Baujahr 1972)* haben die Daten

Federstahl : $GJ = 2.24 \cdot 10^6\,\mathrm{N\,cm}^2$;
Vorderachse : $r = 7.6\,\mathrm{cm}$, $H = 12.6\,\mathrm{cm}$, $n = 5.5$;
Hinterachse : $r = 6.3\,\mathrm{cm}$, $H = 18.7\,\mathrm{cm}$, $n = 7.5$.

Berechne jeweils die Länge des Federstahls und die Federrate c.
Wie weit sinkt das Auto vorne und hinten ein, wenn es gleichmäßig mit $1500\,\mathrm{N}$ belastet wird?

8. Im CAD werden ebene Kurven durch B-Splines dargestellt, da sie eine schnelle Beeinflussung der Form durch wenige sogenannte Kontrollpunkte erlauben. Im einfachsten Fall setzt man diese Kurven aus kubischen Kurvenstücken zusammen, für die man die BEZIER-BERNSTEIN-Darstellung verwendet.

$$\mathbf{w}(t) = (1-t)^3\mathbf{k}_0 + \binom{3}{1} t(1-t)^2\mathbf{k}_1 + \binom{3}{2} t^2(1-t)\mathbf{k}_2 + t^3\mathbf{k}_3 \quad , \ 0 \le t \le 1 \ .$$

$\mathbf{k}_0, \ldots, \mathbf{k}_3 \in \mathbb{R}^2$ heißen Kontrollpunkte von $\mathbf{w}$.

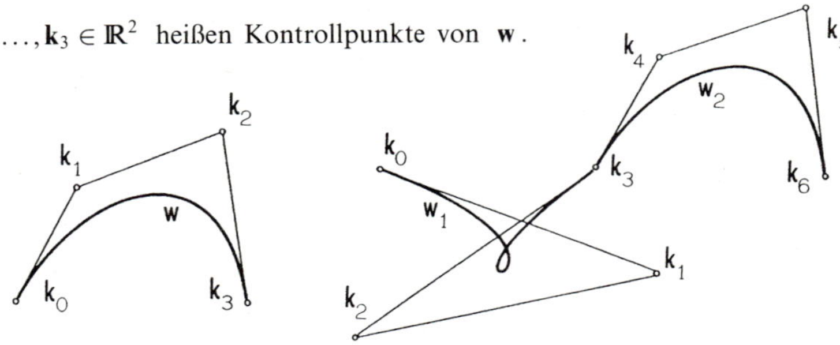

a) Man rechne nach: $\mathbf{w}$ verbindet $\mathbf{k}_0$ und $\mathbf{k}_3$, Tangentenrichtung in $\mathbf{k}_0$ ist $\mathbf{k}_1 - \mathbf{k}_0$, in $\mathbf{k}_3$ ist sie $\mathbf{k}_2 - \mathbf{k}_3$.

b) Warum liegt $\mathbf{w}$ ganz im (konvexen) Viereck mit den Ecken $\mathbf{k}_0$, $\mathbf{k}_1$, $\mathbf{k}_2$, $\mathbf{k}_3$? (Hilfe: Die Polynomfaktoren vor $\mathbf{k}_0, \ldots, \mathbf{k}_3$ sind positiv und in der Summe 1.)

c) Welche Bedingungen müssen für eine Kurve erfüllt sein, die aus zwei Bezier-Kurvenstücken $\mathbf{w}_1$, $\mathbf{w}_2$ zusammengestzt ist, damit $\dot{\mathbf{x}}$ und $\ddot{\mathbf{x}}$ im gemeinsamen Kontrollpunkt stetig sind?

§2. Reellwertige Funktionen mehrerer reeller Veränderlicher.

2.1 Grundlagen. Unter einer reellen Funktion von n reellen Veränderlichen versteht man eine auf einer Teilmenge $D \subseteq \mathbb{R}^n$ erklärte Funktion $f : D \to \mathbb{R}$ mit Werten in $\mathbb{R}$. Sie ordnet jedem Punkt (bzw. Vektor) $\mathbf{x} = (x_1, \ldots, x_n)^T \in D$ des Definitionsbereiches in eindeutiger Weise eine reelle Zahl $z = f(\mathbf{x}) = f(x_1, \ldots, x_n)$ zu. Für Funktionen von 2 oder 3 Veränderlichen schreibt man üblicherweise auch $f(x, y)$ bzw. $f(x, y, z)$.

Die Zuordnung $\mathbf{x} \mapsto f(x_1, \ldots, x_n)$ kann gegeben sein

1. durch eine *explizite* Rechenvorschrift, z.B.
   $f(x, y) = 3xy + 2x + 5y - 7 \quad (D = \mathbb{R}^2)$, oder
   $f(x, y, z) = e^{x+y} \cdot 3z \cdot \sin(xz) + \ln(x^2 + y^2) + 5z \quad (D = \mathbb{R}^3 \setminus \{0\})$,
2. durch eine *implizite* Gleichung, z.B. bezeichne $f(x, y)$ die eindeutig bestimmte positive Lösung z der Gleichung $z^3 - xz - y = 0 \quad (x \in \mathbb{R}, y > 0)$,
3. durch eine kompliziertere Vorschrift, etwa in Form einer Differentialgleichung oder in Tabellenform.

Eine reellwertige Funktion $f : \mathbb{R}^n \supseteq D \to \mathbb{R}$ wird häufig als *Skalarenfeld* oder *Belegungsfunktion* bezeichnet, insbesondere dann, wenn jeder Punkt $\mathbf{x} \in D$ mit der Maßzahl $f(\mathbf{x})$ einer skalaren physikalischen Größe (etwa Ladungsdichte, Temperatur) „belegt" ist.

Als besonders vorteilhaft zur Diskussion einer Funktion $f : \mathbb{R}^n \supseteq D \to \mathbb{R}$, erweist es sich, f auf gezielt gewählten Teilbereichen von D zu untersuchen. Das sind in erster Linie

- die *Niveaumengen* oder *Niveauhyperflächen* von f zum (konstanten) Niveau $c \in \mathbb{R}$:

$$N_c := \{ \mathbf{x} \in D \; ; f(\mathbf{x}) = c \} ,$$

- alle zu einer Koordinatenachse parallelen Geraden, die D treffen. Man erhält damit die „partiellen" Funktionen von f:

$$x_i \mapsto f(a_1, \ldots, a_{i-1}, x_i, a_{i+1}, \ldots, a_n)$$

  mit $a = (a_1, \ldots, a_n) \in D$ konstant.

Wie im Falle $n = 1$ läßt sich jeder Funktion $f : D \to \mathbb{R}$ auch der *Graph*

$$\Gamma_f := \{ (\mathbf{x}, f(\mathbf{x})) \; ; \mathbf{x} \in D \} \subseteq \mathbb{R}^{n+1}$$

zuordnen. Er besteht aus allen Punkten $(x_1, \ldots, x_n, x_{n+1})$ mit $x_{n+1} = f(x_1, \ldots, x_n)$ und kann somit als Niveauhyperfläche der Funktion

$$F(x_1, \ldots, x_n, x_{n+1}) = x_{n+1} - f(x_1, \ldots, x_n)$$

zum Niveau 0 angesehen werden. Wir nennen $F(x_1, \ldots, x_{n+1}) = 0$ die implizite und $x_{n+1} = f(x_1, \ldots, x_n)$ die explizite Darstellung des Graphen Γ_f.

All diese Begriffe sind für $n = 2$ und $n = 3$ sehr anschaulich zu interpretieren:

$\mathbf{n = 2}$: N_c ist in der Regel eine ebene Kurve, „die Niveaukurve $f(x, y) = c$". Man nennt $f(x, y) = c$ die *implizite Gleichung* (oder Darstellung) dieser Kurve. Beschreibt etwa $T = f(x, y)$ die Temperaturverteilung (Druckverteilung) auf einer Platte $D \subseteq \mathbb{R}^2$, dann ist $f(x, y) = T_0$ die Gleichung einer Isotherme (Isobare). Ist $f(x, y) = c$ nach y auflösbar in der Form $y = h(x, c)$, dann nennt man dieses eine *explizite Darstellung* der Niveaukurve.

Beispiele. 1. Die Gerade $2x + 3y = 5$ ist die Niveaukurve der Funktion $f(x, y) = 2x + 3y$ zum Niveau $c = 5$. Die explizite Darstellung lautet $y = -\frac{2}{3}x + \frac{5}{3}$.

2. Der Kreis $x^2 + y^2 = r^2$ $(r > 0)$ (→ Abb. 165) ist die Niveaukurve der Funktion $f(x, y) = x^2 + y^2$ zum Niveau r^2. Diese Kurve ist nicht überall explizit durch eine einzige Funktion $y = h(x)$ darstellbar. Sie besteht vielmehr aus zwei Teilen, die explizit darstellbar sind: $y = \sqrt{r^2 - x^2}$ und $y = -\sqrt{r^2 - x^2}$ $(-r \leq x \leq r)$. Allgemein ist ein Kegelschnitt $ax^2 + by^2 + cxy + dx + ey + f = 0$ die Niveaukurve eines quadratischen Polynoms in x, y.

3. Jeder Graph $y = h(x)$ einer (stetigen) Funktion der einen Variablen x kann als Niveaukurve $F(x, y) = y - f(x) = 0$ einer Funktion von zwei Veränderlichen angesehen werden.

Im Falle $n = 2$ wird der Graph Γ_f als Fläche im $\mathbb{R}^3$ veranschaulicht. D ist Teilmenge der (x, y)-Ebene und über $(x, y) \in D$ liegt der Flächenpunkt (x, y, z) mit $z = f(x, y)$.
Die Graphen der „partiellen" Funktionen $z = f(a_1, y)$ und $z = f(x, a_2)$ entstehen durch Schnitt des Graphen Γ_f mit den zur z-Achse parallelen Ebenen: $x = a_1$ bzw. $y = a_2$. Zur Untersuchung des Graphen Γ_f im Punkt (a_1, a_2) wird man auf diese beiden Schnittkurven zurückgreifen.

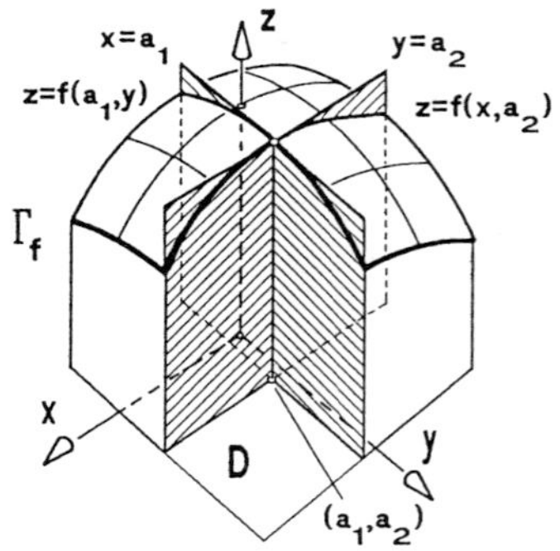

Abb. 164 – Partielle Funktionen

Über der Niveaulinie $f(x, y) = c$ in D liegen alle Punkte von Γ_f mit derselben „Höhe" $z = c$. Sie ist die senkrechte Projektion der Schnittkurve der Fläche $z = f(x, y)$ mit der Ebene $z = c$ in die (x, y)-Ebene (*Höhenlinien einer Landkarte*).

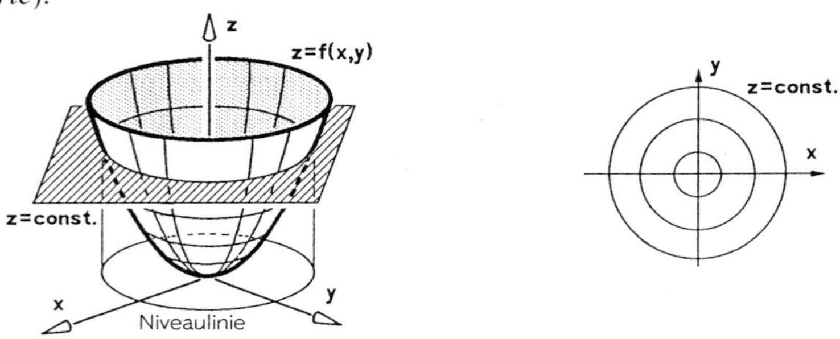

Abb. 165 – Graph und Niveaulinie von $f(x, y) = x^2 + y^2$

n=3: N_c ist (unter Zusatzvoraussetzungen an f) eine Fläche im $\mathbb{R}^3$, „die Niveaufläche $f(x, y, z) = c$". Man nennt $f(x, y, z) = c$ die *implizite Gleichung* (oder Darstellung) dieser Fläche. Ist diese Gleichung für einen Teilbereich explizit in der Form $z = h(x, y, c)$ auflösbar, dann nennt man dieses eine *explizite Darstellung* des entsprechenden Flächenstücks.

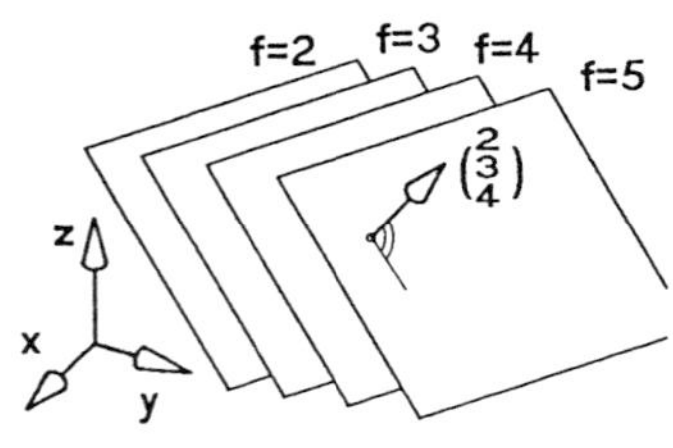

Abb. 166 – Niveauflächen von $f = 2x + 3y + 4z$

Beispiele. **1.** Die Ebene $2x+3y+4z = 5$ ist Niveaufläche der linearen Funktion $f(x, y, z) = 2x + 3y + 4z$

2. Niveaufläche eines quadratischen Polynoms in drei Veränderlichen ist jede Quadrik $\mathbf{x}^T A\mathbf{x} + \mathbf{b}^T\mathbf{x} + c = 0$ im $\mathbb{R}^3$. □

Der Graph Γ_f einer Funktion von drei Variablen ist Teilmenge des $\mathbb{R}^4$ und daher für eine Veranschaulichung von f nicht geeignet.

2.2 Grenzwerte und Stetigkeit. Begriffe der anschaulichen Geometrie des $\mathbb{R}^1$, $\mathbb{R}^2$, $\mathbb{R}^3$ wurden in Kap. 6, 6.3, für beliebige $n \in \mathbb{N}$ in den $\mathbb{R}^n$ übernommen. So wird der *Abstand* zweier Punkte $\mathbf{x}, \mathbf{y} \in \mathbb{R}^n$ definiert durch

$$|\mathbf{x} - \mathbf{y}| = \sqrt{\sum_{i=1}^{n} (x_i - y_i)^2}\ .$$

Zu festem $\mathbf{a} \in \mathbb{R}^n$ und $r > 0$ heißt die Punktmenge

$$U_r(\mathbf{a}) := \{\, \mathbf{x} \in \mathbb{R}^n \ ; |\mathbf{x} - \mathbf{a}| < r \,\}$$

r-Umgebung von $\mathbf{a}$.

Für $n = 1$ ist $U_r(a)$ das offene Intervall $a - r < x < a + r$,
für $n = 2$ besteht $U_r(\mathbf{a})$ aus allen Punkten der Kreisscheibe mit dem Mittelpunkt $\mathbf{a}$ und Radius r ohne Randpunkte,
für $n = 3$ ist $U_r(\mathbf{a})$ eine Kugel um $\mathbf{a}$ mit dem Radius r ohne die Punkte der Kugeloberfläche.

Bereits für reelle, auf einem Intervall $I \subseteq \mathbb{R}$ definierte Funktionen ist nicht nur deren Verhalten im Innern von I, sondern auch in den Randpunkten von Bedeutung (→ Kap. 2, §5 und Kap. 3). Zur Beschreibung ähnlicher Sachverhalte im $\mathbb{R}^n$ benötigen wir einige Begriffe.

Definition. *Sei D eine Teilmenge des $\mathbb{R}^n$.*

a) *Ein Punkt $\mathbf{a} \in D$ heißt* **innerer Punkt** *von D, wenn es eine r-Umgebung von $\mathbf{a}$ gibt, die ganz in D enthalten ist.*

b) *D heißt* **offen**, *wenn jeder Punkt von D ein innerer Punkt ist.*

c) *Ein Punkt $\mathbf{b} \in \mathbb{R}^n$ heißt* **Randpunkt** *von D, wenn jede r-Umgebung von $\mathbf{b}$ sowohl mindestens einen Punkt aus D als auch mindestens einen nicht zu D gehörenden Punkt enthält. Die Menge aller Randpunkte von D heißt* **Rand von** *D und wird mit ∂D bezeichnet.*

d) *Eine Menge heißt* **abgeschlossen**, *wenn sie alle ihre Randpunkte enthält.*

Beispiele.
1. Die „offene" Kreisscheibe (ohne Rand)

$$K = \{\, (x, y) \ ; (x - x_0)^2 + (y - y_0)^2 < r^2 \,\}$$

ist eine offene Menge mit dem Rand $\partial K : (x - x_0)^2 + (y - y_0)^2 = r^2$.

2. Das „Rechteck“

$$Q = \{ (x,y) \; ; 2 \leq x < 3, \; -1 < y \leq 2 \}$$

ist weder offen noch abgeschlossen. Alle Punkte (x,y) mit $2 < x < 3$, $-1 < y < 2$ sind innere Punkte. Der Rand enthält sowohl Punkte, die zu Q gehören (etwa $(2,y)$ mit $-1 < y \leq 2$) als auch solche, die *nicht* zu Q gehören (etwa $(x,-1)$ mit $2 \leq x \leq 3$). □

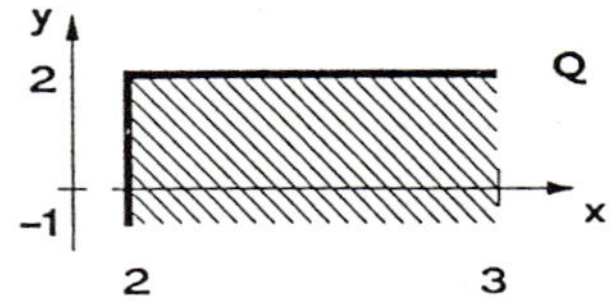

Abb. 167 – Randpunkte

Häufig werden offene Mengen durch eine oder mehrere strikte Ungleichungen der Form

$$U = \{ \mathbf{x} \in \mathbb{R}^n \; ; g_1(\mathbf{x}) < 0, \ldots, g_r(\mathbf{x}) < 0 \}$$

beschrieben, wobei $g_1, \ldots, g_r$ stetige Funktionen in n Veränderlichen sind. Für $\mathbf{x} \in \partial U$ gilt $g_i(\mathbf{x}) = 0$ für wenigstens ein i. (Kurz: U wird berandet von den Hyperflächen $g_i(\mathbf{x}) = 0$.)

$$U \cup \partial U = \{ \mathbf{x} \in \mathbb{R}^n \; ; g_1(\mathbf{x}) \leq 0, \ldots, g_r(\mathbf{x}) \leq 0 \} \; .$$

Definition. *Sei* $f : \mathbb{R}^n \supseteq D \to \mathbb{R}$ *und* $\mathbf{a} \in D \cup \partial D$.

a) f *hat in* $\mathbf{a}$ *den* **Grenzwert** $c \in \mathbb{R}$, *in Zeichen*

$$\lim_{\mathbf{x} \to \mathbf{a}} f(\mathbf{x}) = c \qquad (\text{oder } f(\mathbf{x}) \to c \text{ für } \mathbf{x} \to \mathbf{a}) \; ,$$

wenn es zu jeder (beliebig kleinen) Schranke $\epsilon > 0$ *eine r-Umgebung* $U_r(\mathbf{a})$ *gibt, so daß* $|f(\mathbf{x}) - c| \leq \epsilon$ *für alle* $\mathbf{x} \in D \cap U_r(\mathbf{a})$ *gilt.*

b) f *heißt in* $\mathbf{a} \in D$ **stetig**, *wenn* $\lim_{\mathbf{x} \to \mathbf{a}} f(\mathbf{x}) = f(\mathbf{a})$ *gilt.*

c) f *heißt auf* D **stetig**, *wenn* f *in allen* $\mathbf{a} \in D$ *stetig ist.*

Ohne Schwierigkeit lassen sich die für $n = 1$ bekannten Rechenregeln für Grenzwerte und stetige Funktionen verallgemeinern: Summe, Produkt, Quotient stetiger Funktionen sind stetig.

Beispiel. Die Projektionen $p_i : \mathbb{R}^n \to \mathbb{R}$, $p_i(\mathbf{x}) = x_i$ sind stetig. Aufgrund der soeben genannten Rechenregeln ist dann auch jede lineare Funktion $l : \mathbb{R}^n \to \mathbb{R}$, $l(\mathbf{x}) = \mathbf{a}^T \mathbf{x} = a_1 x_1 + a_2 x_2 + \cdots + a_n x_n$, jedes Polynom in n Variablen

$$p(\mathbf{x}) = \sum_{1 \leq k_i \leq m} \alpha_{k_1 k_2 \cdots k_n} x_1^{k_1} x_2^{k_2} \cdots x_n^{k_n}$$

und jede rationale Funktion $f(\mathbf{x}) = \dfrac{p(\mathbf{x})}{q(\mathbf{x})}$ (nur definiert für $\mathbf{x}$ mit $q(\mathbf{x}) \neq 0$) stetig. □

Gegenbeispiel. Die Stetigkeit von $z = f(x,y)$ in (x_0, y_0) ergibt sich noch *nicht* aus der Stetigkeit der „partiellen“ Funktionen $x \mapsto f(x, y_0)$ und $y \mapsto f(x_0, y)$.

Hierzu betrachten wir

$$f(x,y) := \frac{xy^2}{x^2+y^4} \qquad \big((x,y) \neq (0,0)\big)\ , \quad f(0,0) := 0\ .$$

Es sind sowohl $f(x,0) = 0 \quad (x \in \mathbb{R})$ als auch $f(0,y) = 0 \quad (y \in \mathbb{R})$ in $x = 0$ bzw. $y = 0$ stetig; jedoch ist f (als Funktion von zwei Variablen) in $(0,0)$ *nicht* stetig. Bei der Annäherung an $(0,0)$ längs der Geraden (tu,tv) mit $u \neq 0$ erhält man $\lim\limits_{t\to 0} \frac{(tu)(tv)^2}{(tu)^2+(tv)^4} = 0$; bei Annäherung längs (t^2,t) hingegen $\lim\limits_{t\to 0} \frac{t^2t^2}{t^4+t^4} = \frac{1}{2}$. □

Definition. *a) Eine Menge* $D \subseteq \mathbb{R}^n$ *heißt* **beschränkt**, *wenn es eine Konstante* $K > 0$ *gibt mit*

$$|\mathbf{x}| < K \quad \textit{für alle } \mathbf{x} \in D\ .$$

b) Die abgeschlossenen und beschränkten Mengen des $\mathbb{R}^n$ *nennt man* **kompakt**.

Beispielsweise ist die „Vollkugel“ um $\mathbf{a}$ vom Radius r,

$$U_r(\mathbf{a}) := \{\mathbf{x} \in \mathbb{R}^n\ ;\ |\mathbf{x}-\mathbf{a}| \leq r\}\ ,$$

(einschließlich des Randes $|\mathbf{x}-\mathbf{a}| = r$) kompakt.

Ebenso wie im Fall einer Variablen (→ Satz 6.5, Kap. 2) gilt (ohne Beweis):

Satz 2.1.

a) **Satz vom Minimum und Maximum.** *Jede auf einer kompakten Menge* $D \subseteq \mathbb{R}^n$ *stetige Funktion nimmt auf* D *ein Minimum und ein Maximum an; d.h., es gibt* $\mathbf{a}, \mathbf{b} \in D$ *mit* $f(\mathbf{b}) \leq f(\mathbf{x}) \leq f(\mathbf{a})$ *für alle* $\mathbf{x} \in D$.

b) **Satz von der gleichmäßigen Stetigkeit.** *Jede auf einer kompakten Menge* $D \subseteq \mathbb{R}^n$ *stetige Funktion ist dort gleichmäßig stetig; d.h. zu* $\epsilon > 0$ *gibt es ein* $\delta > 0$, *so daß für alle* $\mathbf{x}, \mathbf{y} \in D$ *gilt*

$$|\mathbf{x}-\mathbf{y}| < \delta \ \Rightarrow\ |f(\mathbf{x}) - f(\mathbf{y})| < \epsilon\ .$$

Satz 2.1 ist im allgemeinen falsch, wenn D nicht kompakt ist (→ eine Variable). Ist nun D beliebig und besitzt die stetige Funktion $f : D \to \mathbb{R}$ in jedem Randpunkt $\mathbf{a} \in \partial D$ einen Grenzwert $c(\mathbf{a}) = \lim\limits_{\mathbf{x}\to\mathbf{a}} f(\mathbf{x})$, so wird f durch

$$\tilde{f}(\mathbf{x}) := \begin{cases} f(\mathbf{x}) & \text{, falls } \mathbf{x} \in D \\ c(\mathbf{x}) & \text{, falls } \mathbf{x} \in \partial D \end{cases}$$

zu einer stetigen Funktion $\tilde{f} : D \cup \partial D \to \mathbb{R}$ auf der abgeschlossenen Menge $D \cup \partial D$ fortgesetzt.

Eine vielbenutzte Eigenschaft stetiger Funktionen ergibt sich leicht aus der Definition:
Ist $f : D \to \mathbb{R}$ stetig und $f(\mathbf{a}) > 0$, dann gilt $f(\mathbf{x}) > 0$ für alle $\mathbf{x} \in D \cap U_r(\mathbf{a})$ mit geeignetem $r > 0$.

2.3 Partielle Ableitungen, der Gradient. Sei $D \subseteq \mathbb{R}^n$ offen, $f : D \to \mathbb{R}$ und $\mathbf{a} = (a_1, a_2, \ldots, a_n) \in D$. Existiert die Ableitung der „partiellen" Funktion

$$x_i \mapsto f(a_1, \ldots, a_{i-1}, x_i, a_{i+1}, \ldots, a_n)$$

an der Stelle $x_i = a_i$, so nennt man diese die *partielle Ableitung von* f *nach* x_i *im Punkte* $\mathbf{a}$; sie wird mit

$$\left.\frac{\partial f(\mathbf{x})}{\partial x_i}\right|_{\mathbf{x}=\mathbf{a}} \quad \text{oder} \quad \frac{\partial f}{\partial x_i}(\mathbf{a})$$

bezeichnet. Das Zeichen „∂" anstelle von „d" soll verdeutlichen, daß von einer Funktion mit mehreren Variablen das Änderungsverhalten bezüglich einer einzelnen Veränderlichen untersucht wird, wobei für das Differenzieren die anderen Variablen als Konstante anzusehen sind:

(1)
$$\boxed{\begin{aligned}\frac{\partial f(\mathbf{x})}{\partial x_i} &:= \lim_{t\to 0} \frac{1}{t}[f(x_1, \ldots, x_i + t, \ldots, x_n) - f(x_1, \ldots, x_i, \ldots, x_n)] \\ &= \lim_{t\to 0} \frac{1}{t}[f(\mathbf{x} + t\mathbf{e}_i) - f(\mathbf{x})]\end{aligned}}$$

Für die partiellen Ableitungen sind ebenfalls die Bezeichnungen f_{x_i} üblich, bzw. $f_x, f_y, f_z, f_t, \ldots$, wenn die Variablen $x, y, z, t, \ldots$ lauten. Dementsprechend schreibt man für die höheren partiellen Ableitungen

$$f_{xx} = \frac{\partial^2 f}{\partial x^2}, \quad f_{xy} = (f_x)_y = \frac{\partial}{\partial y}\left(\frac{\partial f}{\partial x}\right), \quad \text{etc.}$$

f heißt *partiell differenzierbar* (bzw. *stetig partiell differenzierbar*), wenn alle partiellen Ableitungen f_{x_i} existieren (und stetig sind).

Beispiele. **1.** $f(x, y) = x^2y^3 + y \ln x \qquad (x > 0)$
$f_x(x, y) = 2y^3x + \dfrac{y}{x}, \quad f_y(x, y) = 3x^2y^2 + \ln x,$
$f_{xx}(x, y) = 2y^3 - \dfrac{y}{x^2}, \quad f_{yy}(x, y) = 6x^2y, \qquad f_{xy}(x, y) = 6y^2x + \dfrac{1}{x} = f_{yx}(x, y).$

2. Der Schalldruck einer ebenen Schallwelle wird bestimmt durch

$$p(x, y, z, t) = A \sin(\alpha x + \beta y + \gamma z - \omega t)$$

$\dfrac{\partial p}{\partial x} = \alpha A \cos(\alpha x + \beta y + \gamma z - \omega t)$ beschreibt (bei fester Zeit) die Änderung in x-Richtung.
$\dfrac{\partial p}{\partial t} = -\omega A \cos(\alpha x + \beta y + \gamma z - \omega t)$ bestimmt am festen Ort (x, y, z) die zeitliche (momentane) Änderung. □

Faßt man die partiellen Ableitungen einer Funktion zu einem Vektor zusammen, so erhält man den *Gradienten* von f an der Stelle $\mathbf{x}$:

$$\operatorname{grad} f(\mathbf{x}) := \begin{pmatrix} \frac{\partial f}{\partial x_1}(\mathbf{x}) \\ \frac{\partial f}{\partial x_2}(\mathbf{x}) \\ \vdots \\ \frac{\partial f}{\partial x_n}(\mathbf{x}) \end{pmatrix} \in \mathbb{R}^n .$$

$\mathbf{x} \mapsto \operatorname{grad} f(\mathbf{x})$ ist eine vektorwertige Funktion (ein „Vektorfeld" → §4): Jedem $\mathbf{x} \in D$ wird der Vektor $\operatorname{grad} f(\mathbf{x}) \in \mathbb{R}^n$ zugeordnet (vorausgesetzt, f ist partiell differenzierbar).

Beispiel. $f(x,y,z) = e^{x+2y} + 2x \sin z + z^2 xy$,

$$\operatorname{grad} f(x,y,z) = \begin{pmatrix} f_x(x,y,z) \\ f_y(x,y,z) \\ f_z(x,y,z) \end{pmatrix} = \begin{pmatrix} e^{x+2y} + 2\sin z + z^2 y \\ 2e^{x+2y} + z^2 x \\ 2x\cos z + 2zxy \end{pmatrix} . \qquad \square$$

f heißt zweimal (k-mal) partiell differenzierbar, wenn alle zweiten partiellen Ableitungen

$$f_{x_i x_j} = (f_{x_i})_{x_j} = \frac{\partial}{\partial x_j}\left(\frac{\partial f}{\partial x_i}\right) \qquad (1 \le i,j \le n)$$

(alle k-ten Ableitungen $f_{x_{i_1} \dots x_{i_k}}$) existieren. Sind sämtliche dieser Ableitungen stetig, dann heißt f *zweimal* (bzw. *k-mal*) *stetig partiell differenzierbar*.

Wir bezeichnen die Menge aller auf einer offenen Menge $D \subseteq \mathbb{R}^n$ k-mal stetig partiell differenzierbaren Funktionen $f : D \to \mathbb{R}$ mit $\mathscr{C}^k(D,\mathbb{R})$ und nennen $f \in \mathscr{C}^k(D,\mathbb{R})$ eine $\mathscr{C}^k$-Funktion.

$$\mathscr{C}^k(D,\mathbb{R}) := \{ f : D \to \mathbb{R} \,;\, f \text{ } k\text{-mal stetig partiell differenzierbar} \}$$
$$\mathscr{C}^0(D,\mathbb{R}) := \{ f : D \to \mathbb{R} \,;\, f \text{ ist stetig} \}$$

Im vorhergehenden ersten Beispiel sahen wir $f_{xy} = f_{yx}$. Dies ist nicht immer der Fall:

Gegenbeispiel. Es sei $f(x,y) = \begin{cases} xy\,\dfrac{x^2-y^2}{x^2+y^2} & , (x,y) \ne (0,0) \\ 0 & , (x,y) = (0,0) \end{cases}$.

Da für alle $x, y \in \mathbb{R}$ stets $f(x,0) = f(0,y) = 0$, gilt $f_x(0,0) = f_y(0,0) = 0$. Für $(x,y) \ne (0,0)$ erhält man durch Differentiation

$$f_x = y\left(\frac{x^2-y^2}{x^2+y^2} + \frac{4x^2y^2}{(x^2+y^2)^2}\right) ,$$

$$f_y = x\left(\frac{x^2-y^2}{x^2+y^2} - \frac{4x^2y^2}{(x^2+y^2)^2}\right) .$$

Damit folgt für $f_{xy} = \frac{\partial}{\partial y}\left(\frac{\partial f}{\partial x}\right)$

$$f_{xy}(0,0) = \lim_{y\to 0} \frac{f_x(0,y) - f_x(0,0)}{y} = \lim_{y\to 0} \frac{-y^2}{y^2} = -1$$

und andererseits

$$f_{yx}(0,0) = \lim_{x\to 0} \frac{f_y(x,0) - f_y(0,0)}{x} = \lim_{x\to 0} \frac{x^2}{x^2} = 1 \ . \qquad \square$$

Satz 2.2 von Schwarz **über die Vertauschbarkeit der partiellen Ableitungen.** *Für jede* $\mathscr{C}^2$*-Funktion* $f : D \to \mathbb{R}$, $D \subseteq \mathbb{R}^n$ *offen, gilt*

$$(2) \qquad \boxed{\frac{\partial}{\partial x_i}\left(\frac{\partial f}{\partial x_j}\right) = \frac{\partial}{\partial x_j}\left(\frac{\partial f}{\partial x_i}\right) \qquad (1 \le i,j \le n)\ .}$$

Beweis für $n = 2$. Sei $(x_0, y_0) \in D$ und $t \in \mathbb{R}$ so klein, daß das Quadrat Q mit den Eckpunkten (x_0, y_0), $(x_0 + t, y_0)$, $(x_0, y_0 + t)$, $(x_0 + t, y_0 + t)$ ganz in D enthalten ist. Für

$$g(x) := f(x, y_0 + t) - f(x, y_0)$$

gilt $g'(x) = f_x(x, y_0 + t) - f_x(x, y_0)$ und durch Mehrfachanwendung des Mittelwertsatzes für Funktionen einer Veränderlichen folgt

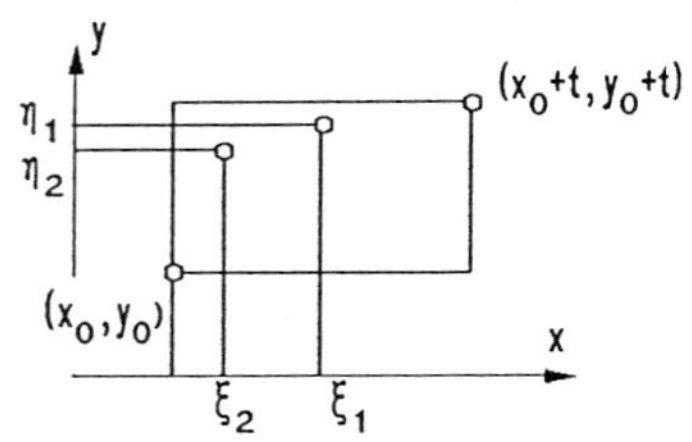

Abb. 168 – Zu $f_{xy} = f_{yx}$

$$\begin{aligned} h(t) &:= f(x_0 + t, y_0 + t) - f(x_0 + t, y_0) - f(x_0, y_0 + t) + f(x_0, y_0) \\ &= g(x_0 + t) - g(x_0) \\ &= g'(\xi_1)t = [f_x(\xi_1, y_0 + t) - f_x(\xi_1, y_0)]t \\ &= f_{xy}(\xi_1, \eta_1)t^2 \end{aligned}$$

mit ξ_1 zwischen $x_0 + t$ und x_0 bzw. η_1 zwischen $y_0 + t$ und y_0. Ebenso – mit $\tilde{g}(y) := f(x_0 + t, y) - f(x_0, y)$ – folgt $h(t) = \tilde{g}(y_0 + t) - \tilde{g}(y_0) = f_{yx}(\xi_2, \eta_2)t^2$ mit $(\xi_2, \eta_2) \in Q$ und damit

$$f_{xy}(\xi_1, \eta_1) = f_{yx}(\xi_2, \eta_2)\ .$$

Aufgrund der Stetigkeit folgt beim Grenzübergang $t \to 0$ die Behauptung: $f_{xy}(x_0, y_0) = f_{yx}(x_0, y_0)$. $\square$

Eine Mehrfachanwendung dieses Satzes zeigt etwa für eine Funktion in x, y, z $f_{xyx} = f_{xxy} = f_{yxx}$, $f_{xyz} = f_{zyx} = f_{yzx} = \cdots$, etc., vorausgesetzt, sämtliche vorkommenden Ableitungen sind stetig.

2.4 Die totale Ableitung und lineare Approximation. Die Approximation einer Funktion durch eine (einfachere) „Ersatzfunktion" ist ein zentrales Thema der Analysis. Zur Beschreibung der Approximationsgüte verwenden wir folgende Abkürzung:

Definition des „o-Symbols". *Für zwei Funktionen* $f, g : \mathbb{R}^n \supseteq D \to \mathbb{R}$ *und* $\mathbf{x}_0 \in D$, $k \in \mathbb{N}$, *schreibt man*

$$f(\mathbf{x}) = g(\mathbf{x}) + o(|\mathbf{x}-\mathbf{x}_0|^k) \qquad (\textit{für } \mathbf{x} \to \mathbf{x}_0)\,, \quad \textit{falls} \lim_{\mathbf{x}\to\mathbf{x}_0} \frac{f(\mathbf{x})-g(\mathbf{x})}{|\mathbf{x}-\mathbf{x}_0|^k} = 0\,. \tag{3}$$

Das so definierte o-Symbol ist keine eindeutig festgelegte Funktion. Die Gleichung $f(\mathbf{x}) = g(\mathbf{x}) + o(|\mathbf{x}-\mathbf{x}_0|^k)$ besagt, daß der bei der Approximation von f durch g in der Nähe des Punktes $\mathbf{x}_0$ gemachte Fehler $R(\mathbf{x},\mathbf{x}_0) := f(\mathbf{x}) - g(\mathbf{x})$ klein ist im Vergleich zu $|\mathbf{x}-\mathbf{x}_0|^k$, in dem Sinne, daß $\lim_{\mathbf{x}\to\mathbf{x}_0} \frac{R(\mathbf{x},\mathbf{x}_0)}{|\mathbf{x}-\mathbf{x}_0|^k} = 0$ gilt. Insbesondere folgt

$$\lim_{\mathbf{x}\to\mathbf{x}_0}(f(\mathbf{x})-g(\mathbf{x})) = \lim_{\mathbf{x}\to\mathbf{x}_0} R(\mathbf{x},\mathbf{x}_0) = \lim_{\mathbf{x}\to\mathbf{x}_0} |\mathbf{x}-\mathbf{x}_0|^k \frac{R(\mathbf{x},\mathbf{x}_0)}{|\mathbf{x}-\mathbf{x}_0|^k} = 0\,. \tag{4}$$

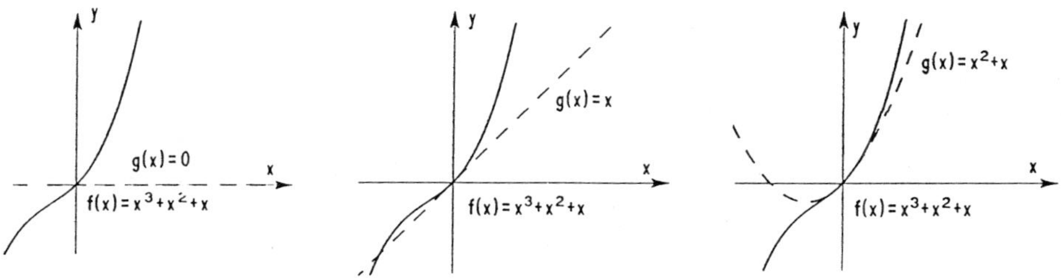

Abb. 169a – $o(1)$ Abb. 169b – $o(|\mathbf{x}|)$ Abb. 169c – $o(|\mathbf{x}|^2)$

Die Approximation einer differenzierbaren Funktion einer Variablen $f : I \to \mathbb{R}$ ($I \subseteq \mathbb{R}$ ein offenes Intervall) in der Umgebung von $x_0 \in I$ durch die lineare Funktion $g(x) = f(x_0) + f'(x_0)(x - x_0)$ (→ Kap. 3, §1.3) wird mit dem o-Symbol geschrieben als

$$f(x) = f(x_0) + f'(x_0)(x - x_0) + o(|x - x_0|) \tag{5}$$

Für Funktionen von mehreren Variablen gewährleistet die partielle Differenzierbarkeit allein noch nicht die analoge Approximation durch lineare Funktionen (→ Aufg. 6).

Definition. *Sei* $D \subseteq \mathbb{R}^n$ *offen. Eine Funktion* $f : D \to \mathbb{R}$ *heißt in* $\mathbf{x}_0 \in D$ **total differenzierbar** *(oder* **linear approximierbar***), wenn es einen Vektor* $\mathbf{a} \in \mathbb{R}^n$ *mit*

$$f(\mathbf{x}) = f(\mathbf{x}_0) + \mathbf{a}\cdot(\mathbf{x}-\mathbf{x}_0) + o(|\mathbf{x}-\mathbf{x}_0|) \tag{6}$$

(für $\mathbf{x}$ *nahe* $\mathbf{x}_0$ *) gibt.*

Satz 2.3. *Ist* f *in* $\mathbf{x}_0 \in D$ *total differenzierbar,* $f(\mathbf{x}) = f(\mathbf{x}_0) + \mathbf{a} \cdot (\mathbf{x} - \mathbf{x}_0) + o(|\mathbf{x} - \mathbf{x}_0|)$ *, dann gilt:*

a) f *ist in* $\mathbf{x}_0$ *stetig;*

b) $\lim\limits_{t\to 0} \frac{1}{t}[f(\mathbf{x}_0 + t\mathbf{v}) - f(\mathbf{x}_0)] = \mathbf{a} \cdot \mathbf{v}$ *(für alle* $\mathbf{v} \in \mathbb{R}^n$, $\mathbf{v} \neq 0$ *);*

c) f *ist partiell differenzierbar und* $\mathbf{a}$ *eindeutig bestimmt als* $\mathbf{a} = \operatorname{grad} f(\mathbf{x})$.

Beweis. a) folgt aus (4).
b): Für Punkte der Geraden $\mathbf{x}_0 + t\mathbf{v}$ ergibt (6) $f(\mathbf{x}_0 + t\mathbf{v}) - f(\mathbf{x}_0) = t\,\mathbf{a} \cdot \mathbf{v} + o(|t\mathbf{v}|)$. Division durch t mit anschließendem Grenzübergang $t \to 0$ liefert die Behauptung.
c): Man nimmt $\mathbf{v} = \mathbf{e}_i$ in b) und erhält mit (1) $\frac{\partial f}{\partial x_i}(\mathbf{x}_0) = \mathbf{a} \cdot \mathbf{e}_i = a_i$ (die i-te Koordinate von $\mathbf{a}$). □

Im Sinne der Definition (6) bedeutet also

(7) $f(\mathbf{x}) = f(\mathbf{x}_0) + \operatorname{grad} f(\mathbf{x}_0) \cdot (\mathbf{x} - \mathbf{x}_0) + o(|\mathbf{x} - \mathbf{x}_0|)$
die lineare Approximation von $f(\mathbf{x})$ nahe bei $\mathbf{x}_0$.

Anschauliche Deutung für $n = 2$**:** Die „über“ $D \subseteq \mathbb{R}^2$ liegende Fläche (der Graph) $z = f(x, y)$ wird in der Nähe des Flächenpunktes $(x_0, y_0, f(x_0, y_0))$ durch die Ebene

$$z = f(x_0, y_0) + f_x(x_0, y_0)(x - x_0) + \\ + f_y(x_0, y_0)(y - y_0)$$

mit einem Fehler

$$R(x, y) = o\left(\sqrt{(x - x_0)^2 + (y - y_0)^2}\right)$$

approximiert. Diese Ebene heißt *Tangentialebene* der Fläche $z = f(x, y)$ im Punkt $(x_0, y_0, f(x_0, y_0))$. Sie enthält sämtliche Flächentangenten (→ 3.1). □

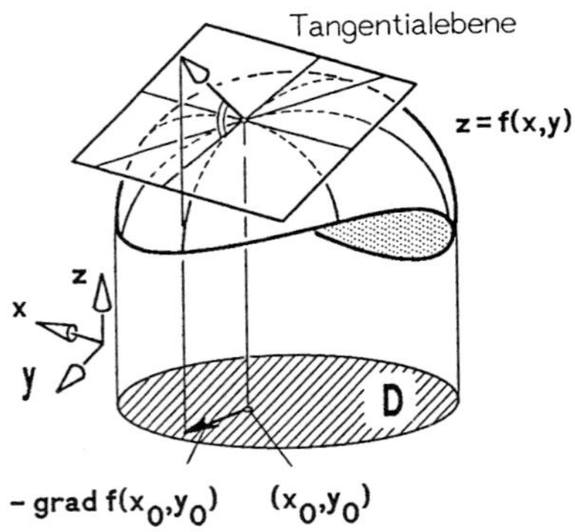

Abb. 170 – Tangentialebene

Bemerkung. Über die tatsächliche Größe des Fehlers bei der Approximation von $f(\mathbf{x})$ durch $f(\mathbf{x}_0) + \operatorname{grad} f(\mathbf{x}_0) \cdot (\mathbf{x} - \mathbf{x}_0)$ werden wir erst in 3.2 genauere Angaben machen. Vorerst begnügen wir uns mit der qualitativen Fehlerangabe $o(|\mathbf{x} - \mathbf{x}_0|)$.

Satz 2.4. *Jede* $\mathscr{C}^1$*-Funktion* $f : D \to \mathbb{R}$ *(* $D \subseteq \mathbb{R}^n$ *offen) ist auf* D *(d.h. in allen Punkten von* D *) total differenzierbar.*

Beweis für $n = 2$. Sei $(x_0, y_0) \in D$. Für alle (x, y) aus einer (hinreichend kleinen) r-Umgebung $U_r(x_0, y_0) \subseteq D$ gilt nach dem Mittelwertsatz für Funktionen einer Veränderlichen

$$\begin{aligned} f(x,y)-f(x_0,y_0) &= f(x,y)-f(x_0,y)+f(x_0,y)-f(x_0,y_0)\\ &= f_x(\xi,y)(x-x_0)+f_y(x_0,\eta)(y-y_0) \end{aligned}$$

mit ξ zwischen x und x_0, η zwischen y und y_0. Es folgt

$$f(x,y)=f(x_0,y_0)+\operatorname{grad} f(x_0,y_0)\cdot\begin{pmatrix} x-x_0\\ y-y_0\end{pmatrix}+R(x,y)$$

mit der Funktion

$$\begin{aligned} R(x,y) &= [f_x(\xi,y)-f_x(x_0,y_0)](x-x_0)+[f_y(x_0,\eta)-f_y(x_0,y_0)](y-y_0)\\ &= o\big(\sqrt{(x-x_0)^2+(y-y_0)^2}\big)\,. \end{aligned}$$

Die letzte Beziehung ergibt sich aus der Stetigkeit von f_x und f_y und aus

$$\frac{|x-x_0|}{\sqrt{(x-x_0)^2+(y-y_0)^2}}\le 1\,,\quad \frac{|y-y_0|}{\sqrt{(x-x_0)^2+(y-y_0)^2}}\le 1\,.$$ □

Beispiele. **1.** In der Umgebung von $(1,1)$ lautet die lineare Approximation der $\mathscr{C}^1$-Funktion $f(x,y)=x^4+2x^3y^2+y$:

$$\begin{aligned} f(x,y) &= f(1,1)+\operatorname{grad} f(1,1)\cdot\begin{pmatrix} x-1\\ y-1\end{pmatrix}+o\big(\sqrt{(x-1)^2+(y-1)^2}\big)\\ &= 4+10(x-1)+5(y-1)+o\big(\sqrt{(x-1)^2+(y-1)^2}\big)\,. \end{aligned}$$

Dementsprechend ist

$$z=4+10(x-1)+5(y-1)$$

die Gleichung der Tangentialebene der Fläche $z=x^4+2x^3y^2+y$ im Flächenpunkt $(1,1,4)$.

2. Die lineare Approximation der $\mathscr{C}^1$-Funktion $f(x,y,z)=e^{x+2y}+z\sin y+x$ im Nullpunkt lautet

$$\begin{aligned} f(x,y,z) &= f(0,0,0)+f_x(0,0,0)x+f_y(0,0,0)y+f_z(0,0,0)z+o\big(\sqrt{x^2+y^2+z^2}\big)\\ &= 1+2x+2y+o\big(\sqrt{x^2+y^2+z^2}\big)\,. \end{aligned}$$ □

2.5 Einfache Anwendungen. Für einfache Näherungs- und Fehlerrechnungen wird in (7) der „o-Anteil“ vernachlässigt und $f(\mathbf{x})$ in der Nähe des Punktes $\mathbf{x}_0$ durch $f(\mathbf{x}_0)+\operatorname{grad} f(\mathbf{x}_0)\cdot(\mathbf{x}-\mathbf{x}_0)$ ersetzt. Man schreibt dafür

(8)
$$\boxed{f(\mathbf{x})\approx f(\mathbf{x}_0)+\operatorname{grad} f(\mathbf{x}_0)\cdot(\mathbf{x}-\mathbf{x}_0)\,.}$$

① **Näherungsrechnung. Beispiel.** $f(x,y)=x^y=e^{y\ln x}$ wird in $(1,3)$ angenähert durch $f(x,y)\approx 1+3(x-1)+0(y-1)$; speziell $1.02^{3.01}\approx 1.06$ (der genaue Wert: $1.02^{3.01}=1.061418168\ldots$). □

② **Fehlerrechnung.** Werden statt der wahren Werte $\mathbf{x} = (x_1, \ldots, x_n)$ die Näherungswerte $\mathbf{x}_0 = (x_{01}, \ldots, x_{0n})$ gemessen, dann belasten die Meßfehler $|\Delta x_i| = |x_i - x_{0i}|$ den Funktionswert mit dem Fehler

$$|\Delta f(\mathbf{x})| = |f(\mathbf{x}) - f(\mathbf{x}_0)| = \left|\operatorname{grad} f(\mathbf{x}_0) \cdot (\mathbf{x} - \mathbf{x}_0) + o(|\mathbf{x} - \mathbf{x}_0|)\right|$$
$$\leq \sum_{i=1}^{n} \left|\frac{\partial f}{\partial x_i}(\mathbf{x}_0)\right| |\Delta x_i| + o(|\mathbf{x} - \mathbf{x}_0|) \; .$$

Sind für die einzelnen Messungen Fehlerschranken $|\Delta x_i| \leq s_i$ bekannt, so erhält man eine *ungefähre* Fehlerschranke S für die Funktionswerte ($|\Delta f(\mathbf{x})| \leq S$)

$$S \approx \sum_{i=1}^{n} \left|\frac{\partial f}{\partial x_i}(\mathbf{x}_0)\right| s_i \; .$$

Beispiel. Für den *Elastizitätsmodul* E eines Stabes mit quadratischem Querschnitt gilt beim skizzierten Versuchsaufbau

$$E = 4Fl^3h^{-1}a^{-4} \; .$$

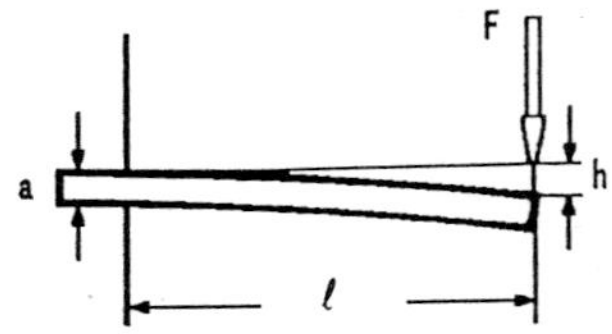

Abb. 171 – Biegung

Mißt man $l = 50\text{cm}$ (auf 1%), $a = 2\text{cm}$ (auf 1%), $h = 2\text{mm}$ (auf 3%) und $F = 130\text{N}$ (auf 0.5% genau), so gibt die Fehlerrechnung (mit linearer Approximation)

$$|\frac{\Delta E}{E}| \approx \frac{1}{|E|}|E_F \Delta F + E_l \Delta l + E_h \Delta h + E_a \Delta a|$$
$$\leq |\frac{\Delta F}{F}| + 3|\frac{\Delta l}{l}| + |-1||\frac{\Delta h}{h}| + |-4||\frac{\Delta a}{a}|$$
$$\approx 0.105$$

Obiger Versuchsaufbau liefert E auf 10.5% genau, d.h.

$$E = 203125.000 \pm 21328.000 \frac{\text{N}}{\text{mm}^2} \; .$$

Direktes Auswerten von E durch Eintragen der Intervallgrenzen liefert bei den gegebenen Genauigkeiten und Maßeinheiten

$$203125.000 - 20159.451 \leq E \leq 203125.000 + 22600.720 \; .$$ □

③ **Newton-Verfahren** zur näherungsweisen Lösung eines nichtlinearen Gleichungssystems im $\mathbb{R}^2$

$$f(x, y) = 0 \; , \quad g(x, y) = 0$$

(mit $\mathscr{C}^1$-Funktionen f, g):
Mit einem Startwert (Näherungswert) (x_0, y_0) ersetzt man mit (8) dieses System durch das lineare Gleichungssystem

$$f(x_0, y_0) + f_x(x_0, y_0)(x - x_0) + f_y(x_0, y_0)(y - y_0) = 0$$
$$g(x_0, y_0) + g_x(x_0, y_0)(x - x_0) + g_y(x_0, y_0)(y - y_0) = 0 \; ,$$

für das man im Fall

$$\Delta := \det\begin{pmatrix} f_x(x_0,y_0) & f_y(x_0,y_0) \\ g_x(x_0,y_0) & g_y(x_0,y_0)\end{pmatrix} \neq 0$$

mit der Cramerschen Regel (→ Kap. 6, 5.6) eine verbesserte Näherung

$$x_1 = x_0 + \frac{1}{\Delta}\det\begin{pmatrix} -f(x_0,y_0) & f_y(x_0,y_0) \\ -g(x_0,y_0) & g_y(x_0,y_0)\end{pmatrix},$$

$$y_1 = y_0 + \frac{1}{\Delta}\det\begin{pmatrix} f_x(x_0,y_0) & -f(x_0,y_0) \\ g_x(x_0,y_0) & -g(x_0,y_0)\end{pmatrix}$$

berechnet. Mit diesem Wert (x_1, y_1) als Startwert kann das Verfahren wiederholt werden.

Beispiel 1. Zur Darstellung der *Zahnflanken von Stirnradgetrieben* verwendet man die Kreisevolvente γ

$$\mathbf{x}(t) = \begin{pmatrix} r\sin t - rt\cos t \\ r\cos t + rt\sin t - r\end{pmatrix}$$

(d.i. die Ortskurve des Endpunktes eines Fadens, der von einem Kreis abgewickelt wird).

Soll γ die Punkte $(0,0)$ und (a,b) verbinden, so führt dies auf zwei nichtlineare Gleichungen für r und t:

$$f(r,t) := r\sin t - rt\cos t - a = 0$$

$$g(r,t) := r\cos t + rt\sin t - r - b = 0.$$

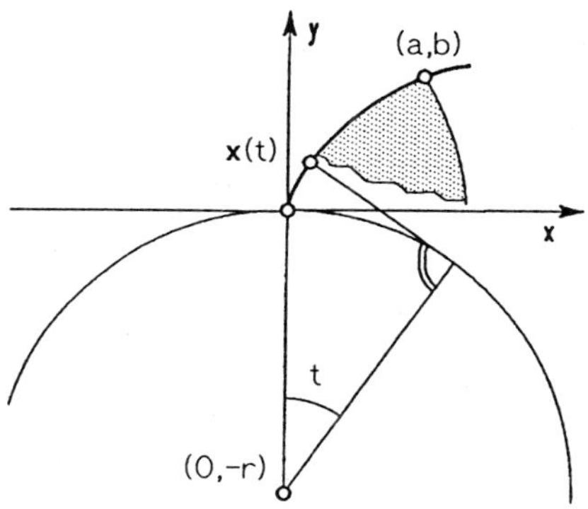

Abb. 172 – Zahnflanke

Lineare Approximation von f und g im Punkt (r_0, t_0) liefert das lineare Gleichungssystem

$$\begin{pmatrix} \sin t_0 - t_0\cos t_0 & r_0t_0\sin t_0 \\ \cos t_0 + t_0\sin t_0 - 1 & r_0t_0\cos t_0\end{pmatrix}\begin{pmatrix} r - r_0 \\ t - t_0\end{pmatrix} + \begin{pmatrix} f(r_0,t_0) \\ g(r_0,t_0)\end{pmatrix} = 0\,.$$

Hierbei ist die Determinante $\Delta = r_0t_0(\sin t_0 - t_0)$ stets $\neq 0$, sofern nur $r_0t_0 \neq 0$. Die Lösung (r_1, t_1) liefert eine verbesserte Näherung

$$\begin{pmatrix} r_1 \\ t_1\end{pmatrix} = \begin{pmatrix} r_0 \\ t_0\end{pmatrix} - \frac{1}{\Delta}\begin{pmatrix} r_0t_0\cos t_0 & -r_0t_0\sin t_0 \\ 1-\cos t_0 - t_0\sin t_0 & \sin t_0 - t_0\cos t_0\end{pmatrix}\begin{pmatrix} f(r_0,t_0) \\ g(r_0,t_0)\end{pmatrix}.$$

Für $(a,b) = (1,1)$ und die Startwerte $(r_0,t_0) = (2, 1.2)$ liefert ein kleines Rechnerprogramm folgende rasch konvergierenden Näherungswerte:

$$\begin{aligned} r_0 &= 2 & t_0 &= 1.2 \\ r_1 &= 2.1259866695 & t_1 &= 1.1744908026 \\ r_2 &= 2.1289130127 & t_2 &= 1.1750438903 \\ r_3 &= 2.1289145239 & t_3 &= 1.1750426289 \end{aligned}$$

Man beachte, daß dieses Verfahren keine eindeutige Lösung liefert: Mit dem Startwert $(r_0, t_0) = (1, 8)$ liefert obiges Programm nach 5 Schritten die Näherung

$$r = 0.18223 \ , \quad t = 8.4381 \ ,$$

die für die technische Aufgabenstellung nicht brauchbar ist. □

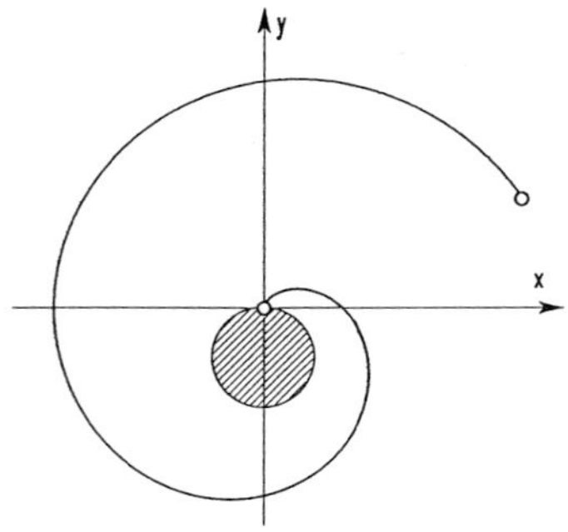

Abb. 173 – Kreisevolvente

Beispiel 2. Bairstow-Verfahren zur näherungsweisen Berechnung aller komplexen Nullstellen eines reellen Polynoms

$$p(x) = a_0 x^n + a_1 x^{n-1} + \cdots + a_n \qquad (a_i \in \mathbb{R},\ a_0 \neq 0) \ .$$

Ein quadratisches Polynom $q(x) = x^2 - ux - v$ ist genau dann ein Teiler von $p(x)$, wenn in der Zerlegung (→ Kap. 2, 2.5 (7))

$$p(x) = (x^2 - ux - v)h(x) + (ax + b)$$

die Koeffizienten a, b des Restes verschwinden, d.h. wenn u, v Lösungen sind von

$$a = a(u, v) = 0 \ , \quad b = b(u, v) = 0 \ .$$

Dieses Gleichungssystem, das für $n \geq 2$ stets eine Lösung in $\mathbb{R}^2$ besitzt (→ Kap. 2, Satz 2.10), wird mit dem zweidimensionalen Newton-Verfahren näherungsweise gelöst. Die Berechnung von $a(u, v)$ und $b(u, v)$ erfolgt mit dem Horner-Schema (→ Kap. 2, §2). Ist eine Näherungslösung $\tilde{u}, \tilde{v}$ gefunden, so gibt die quadratische Gleichung $x^2 - \tilde{u}x - \tilde{v} = 0$ zwei Nullstellen von $p(x)$. Da das Horner-Schema gleichzeitig die Koeffizienten von $h(x)$ liefert, kann der Algorithmus sofort an $h(x)$ wiederholt werden.
Die Wahl von günstigen Startwerten u_0, v_0 ist i.a. schwierig, daher muß mitunter mehrfach mit unterschiedlichen u_0, v_0 begonnen werden.

```
' Programm BAIRSTOW
' ------------------
Input "Polynomgrad=";N
Eps=1.0E-07
Steps=30
M=N
Dim B(N),C(N)
For I=0 To N
  Print "a"+Str$(I)
  Input B(I)
Next I
While M>2
  Start:
  Input "Startwerte U0= ,V0= ";U;V
  S=0
```

```
Repeat
  Bk=0
  Bk_1=0
  Ck=0
  Ck_1=0
  For K=0 To M-1
    Ck_2=Ck_1
    Ck_1=Ck
    Bk_2=Bk_1
    Bk_1=Bk
    Bk=B(K)+U*Bk_1+V*Bk_2
    C(K)=Bk
    Ck=Bk+U*Ck_1+V*Ck_2
  Next K
```

```
      Bk_2=Bk_1
      Bk_1=Bk
      Bk=B(M)+U*Bk_1+V*Bk_2
      C(M)=Bk
      Det=Ck_1*Ck_1-Ck_2*Ck
      If Det=0 Then
        Print "Neue Startwerte!"
        Goto Start
      Endif
      U=U+(Bk*Ck_2-Bk_1*Ck_1)/Det
      V=V+(Bk_1*Ck-Bk*Ck_1)/Det
      S=S+1
      If S=Steps Then
        Print "Neue Startwerte!"
        Goto Start
      Endif
    Until Abs(Bk_1)+Abs(Bk)<Eps
    Gosub Quadr_gleichg
    M=M-2
    For K=0 To M
      B(K)=C(K)
    Next K
  Wend
  If M=1 Then
    Print "reelle Wurzel:";-B(1)/B(0)
  Else
    U=-B(1)/B(0)
    V=-B(2)/B(0)
    Gosub Quadr_gleichg
  Endif
  End
  ' -------------------------------
  Procedure Quadr_gleichg
    X=U/2
    Y=X*X+V
    W=Sqr(Abs(Y))
    If Y=0 Then
      Print "doppelte Wurzel:";X
    Else
      Print "2 Wurzeln:";
      If Y>0 Then
        If X>=0 Then
          Print X+W;", ";-V/(X+W)
        Else
          Print X-W;", ";-V/(X-W)
        Endif
      Else
        Print X;" +-i* ";W
      Endif
    Endif
  Return
```

□

2.6 Die Richtungsableitung, der Anstieg und die Kettenregel. Die partiellen Ableitungen $\frac{\partial f}{\partial x_i}(\mathbf{x})$ geben gemäß (1) die „momentane" Änderung der Funktionswerte in Richtung der Koordinatenachsen (d.h. in $\mathbf{e}_i$-Richtung) an. Es wäre unvernünftig, sich auf diese Richtungen zu beschränken.

Zu jedem Vektor $\mathbf{v} \in \mathbb{R}^n$, $\mathbf{v} \neq 0$, nennen wir den Grenzwert

(9) $$\boxed{\partial_{\mathbf{v}} f(\mathbf{x}) := \lim_{t \to 0} \frac{1}{t}[f(\mathbf{x}+t\mathbf{v}) - f(\mathbf{x})]}$$

(sofern er existiert) die *Ableitung von* f an der Stelle $\mathbf{x}$ *längs* $\mathbf{v}$. Ist $\mathbf{v}$ ein Einheitsvektor ($|\mathbf{v}| = 1$), dann heißt $\partial_{\mathbf{v}} f(\mathbf{x})$ die *Richtungsableitung* (oder *Anstieg*) von f an der Stelle $\mathbf{x}$ in Richtung $\mathbf{v}$.

Bemerkung. Für $\partial_{\mathbf{v}} f(\mathbf{x})$ sind die Bezeichnungen $\dfrac{\partial f}{\partial \mathbf{v}}(\mathbf{x})$ oder $D_{\mathbf{v}} f(\mathbf{x})$ ebenfalls weit verbreitet.

Betrachtet man die Einschränkung von f längs der Geraden $\mathbf{x}+t\mathbf{v}$ (in Richtung $\mathbf{v}$), also $h(t) := f(\mathbf{x}+t\mathbf{v})$, dann gilt $\dot{h}(0) = \partial_{\mathbf{v}} f(\mathbf{x})$ und deshalb

$$\partial_{\mathbf{v}} f(\mathbf{x}) > 0 \quad \Rightarrow \quad f(\mathbf{x}) \text{ nimmt in Richtung } \mathbf{v} \text{ zu,}$$
$$\partial_{\mathbf{v}} f(\mathbf{x}) < 0 \quad \Rightarrow \quad f(\mathbf{x}) \text{ nimmt in Richtung } \mathbf{v} \text{ ab.}$$

Eine anschauliche Deutung für $n = 2$**:** Die Schnittkurve des Graphen $z = f(x,y)$ mit der zur z-Achse parallelen Ebene durch die Gerade

$$\begin{pmatrix} x_0 \\ y_0 \end{pmatrix} + t \begin{pmatrix} v_1 \\ v_2 \end{pmatrix}, \quad \mathbf{v} = \begin{pmatrix} v_1 \\ v_2 \end{pmatrix}, \quad |\mathbf{v}| = 1,$$

besitzt die Parameterdarstellung

$$\mathbf{x}(t) = \begin{pmatrix} x_0 + tv_1 \\ y_0 + tv_2 \\ f(x_0 + tv_1, y_0 + tv_2) \end{pmatrix}$$

mit dem Tangentialvektor

$$\dot{\mathbf{x}}(t) = \begin{pmatrix} v_1 \\ v_2 \\ \partial_{\mathbf{v}} f(x_0, y_0) \end{pmatrix}$$

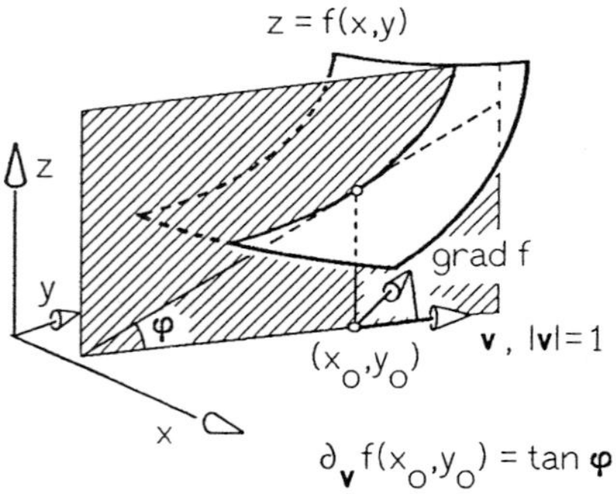

Abb. 174 – Richtungsableitung

im Kurvenpunkt $(x_0, y_0, f(x_0, y_0))$. Die Tangente hat in der Tat den Anstieg $\partial_{\mathbf{v}} f(x_0, y_0)$. □

Eine physikalische Deutung für $n = 2$**:** Ein Massenpunkt überquert eine ebene Platte mit konstanter Geschwindigkeit $\mathbf{v} = (v_1, v_2)^T$ (nicht notwendig $|\mathbf{v}| = 1$). Herrscht auf der Platte die Temperaturverteilung $T = f(x,y)$, so gilt für die momentane Temperaturänderung des Punktes in (x_0, y_0)

$$\lim_{t \to 0} \frac{1}{t} [f(x_0 + tv_1, y_0 + tv_2) - f(x_0, y_0)] = \partial_{\mathbf{v}} f(x_0, y_0) . \qquad \square$$

Aus den Sätzen 2.3 und 2.4 folgt:

Satz 2.5. *Für jede auf der offenen Menge* $D \subseteq \mathbb{R}^n$ *total differenzierbare Funktion* f *(insbesondere für* $f \in \mathscr{C}^1(D, \mathbb{R})$ *) und für jeden Vektor* $\mathbf{v} \in \mathbb{R}^n$, $\mathbf{v} \neq 0$, *gilt*

$$(10) \qquad \boxed{\partial_{\mathbf{v}} f(\mathbf{x}) = \operatorname{grad} f(\mathbf{x}) \cdot \mathbf{v} = \sum_{i=1}^{n} f_{x_i}(\mathbf{x}) v_i \,.}$$

Mit $|\mathbf{v}| = 1$ *stellt* (10) *die Richtungsableitung (bzw. den Anstieg) von* f *an der Stelle* $\mathbf{x}$ *in Richtung* $\mathbf{v}$ *dar.*

Beispiele. **1.** Der Anstieg der Funktion $f(x,y) = x^2 + y^2$ im Punkt $(1,1)$ in Richtung des (Einheits-) Vektors $\mathbf{v} = (\sin\alpha, \cos\alpha)^T$ beträgt

$$\partial_{\mathbf{v}} f(\mathbf{x}) = \operatorname{grad} f(1,1) \cdot \begin{pmatrix} \cos\alpha \\ \sin\alpha \end{pmatrix} = (2,2) \begin{pmatrix} \cos\alpha \\ \sin\alpha \end{pmatrix} = 2(\cos\alpha + \sin\alpha) \ .$$

2. Der mit der Geschwindigkeit $\mathbf{v} = (2,4,7)^T$ (Einheiten vernachlässigt) einen Raum mit der Temperaturverteilung $T = f(x,y,z) = 2xy + 4yz$ durchquerende Massenpunkt erfährt im Punkt $(1,1,1)$ die momentane Temperaturänderung

$$\partial_{\mathbf{v}} f(1,1,1) = \operatorname{grad} f(1,1,1) \cdot \begin{pmatrix} 2 \\ 4 \\ 7 \end{pmatrix} = \begin{pmatrix} 2 \\ 6 \\ 4 \end{pmatrix} \begin{pmatrix} 2 \\ 4 \\ 7 \end{pmatrix} = 56 \ .$$

3. Für die durch $A = A^T \in \mathbb{R}^{n\times n}$ bestimmte quadratische Form q gilt:

$$\boxed{\begin{aligned} q(\mathbf{x}) &= \mathbf{x}^T A\mathbf{x}\,, \\ \partial_{\mathbf{v}} q(\mathbf{x}) &= 2\,(A\mathbf{x}) \cdot \mathbf{v}\ , \\ \operatorname{grad} q(\mathbf{x}) &= 2A\mathbf{x}\,. \end{aligned}} \tag{11}$$

Beweis.

$$\begin{aligned} \partial_{\mathbf{v}} q(\mathbf{x}) &= \lim_{t\to 0} \frac{1}{t}[q(\mathbf{x}+t\mathbf{v}) - q(\mathbf{x})] \\ &= \lim_{t\to 0}(\mathbf{v}^T A\mathbf{x} + \mathbf{x}^T A\mathbf{v} + t\mathbf{v}^T A\mathbf{v}) = 2(A\mathbf{x}) \cdot \mathbf{v}\ . \end{aligned} \qquad \square$$

Die physikalische Deutung der Ableitung längs $\mathbf{v}$ legt es nahe, das Änderungsverhalten der Funktion f längs einer im Definitionsbereich verlaufenden Kurve (Bahn eines bewegten Punktes) zu untersuchen.

Satz 2.6. Die Kettenregel. *Für jede $\mathscr{C}^1$-Funktion $f : D \to \mathbb{R}$, $D \subseteq \mathbb{R}^n$ offen, und für jedes Kurvenstück $\mathbf{x} : \mathbb{R} \supseteq [a,b] \to D$ gilt*

$$\boxed{\begin{aligned} \frac{d}{dt} f(\mathbf{x}(t)) &= \frac{d}{dt} f\left(x_1(t), x_2(t), \ldots, x_n(t)\right) \\ &= f_{x_1}\left(\mathbf{x}(t)\right)\dot{x}_1(t) + \cdots + f_{x_n}\left(\mathbf{x}(t)\right)\dot{x}_n(t) = \operatorname{grad} f(\mathbf{x}(t)) \cdot \dot{\mathbf{x}}(t)\ . \end{aligned}} \tag{12}$$

Beweis. Aus der linearen Approximation (7) in einem Kurvenpunkt $\mathbf{x}(t)$ nahe $\mathbf{x}_0 := \mathbf{x}(t_0)$, $f(\mathbf{x}(t)) - f(\mathbf{x}_0) = \operatorname{grad} f(\mathbf{x}_0) \cdot (\mathbf{x}(t) - \mathbf{x}_0) + R(\mathbf{x}(t), \mathbf{x}_0)$ mit dem Fehler $R(\mathbf{x}, \mathbf{x}_0) = o(|\mathbf{x} - \mathbf{x}_0|)$, ergibt sich nach Division durch $t - t_0$ und Grenzübergang $t \to t_0$ die Behauptung; denn es gilt

$$\lim_{t\to t_0} \frac{R(\mathbf{x}(t), \mathbf{x}_0)}{t - t_0} = \lim_{t\to t_0} \frac{|\mathbf{x}(t) - \mathbf{x}_0|}{t - t_0} \cdot \frac{R(\mathbf{x}(t), \mathbf{x}_0)}{|\mathbf{x}(t) - \mathbf{x}_0|} = 0\ . \qquad \square$$

Die Kettenregel benötigt man immer dann, wenn neue Variable eingeführt werden und die partiellen Ableitungen in bezug auf diese Veränderlichen zu berechnen sind.

Beispiel 1. Polarkoordinaten im $\mathbb{R}^2$. Durch $x = r\cos\varphi$, $y = r\sin\varphi$ wird die Funktion $f(x,y)$, $(x,y) \in D \subseteq \mathbb{R}^2$, transformiert in

$$F(r,\varphi) := f(r\cos\varphi, r\sin\varphi) .$$

Für die partiellen Ableitungen von F ergibt sich aus der Kettenregel (falls $f \in \mathscr{C}^2(D)$)

$$\begin{aligned}
F_r &= f_x \cos\varphi + f_y \sin\varphi ,\\
F_\varphi &= f_x(-r\sin\varphi) + f_y(r\cos\varphi) ,\\
F_{rr} &= f_{xx}\cos^2\varphi + 2f_{xy}\cos\varphi\sin\varphi + f_{yy}\sin^2\varphi ,\\
F_{r\varphi} &= f_{xx}(-r\sin\varphi\cos\varphi) + f_{xy}r(\cos^2\varphi - \sin^2\varphi) + f_{yy}(r\sin\varphi\cos\varphi)\\
&\qquad - f_x\sin\varphi + f_y\cos\varphi ,\\
F_{\varphi\varphi} &= f_{xx}(r^2\sin^2\varphi) + 2f_{xy}(-r^2\cos\varphi\sin\varphi) + f_{yy}(r^2\cos^2\varphi) - f_x r\cos\varphi\\
&\qquad - f_y r\sin\varphi .
\end{aligned}$$

Löst man diese Beziehungen nach den partiellen Ableitungen von f auf, so erhält man für $r \neq 0$

$$\boxed{\begin{aligned}
f_x &= F_r\cos\varphi - \frac{1}{r}F_\varphi\sin\varphi\\
f_y &= F_r\sin\varphi + \frac{1}{r}F_\varphi\cos\varphi
\end{aligned}}$$

und für den LAPLACE-Operator

$$(13) \qquad \boxed{\Delta f := f_{xx} + f_{yy} = F_{rr} + \frac{1}{r}F_r + \frac{1}{r^2}F_{\varphi\varphi} .} \qquad \square$$

Beispiel 2. Kugelkoordinaten im $\mathbb{R}^3$. Durch

$$x = r\cos\varphi\sin\theta,\ y = r\sin\varphi\sin\theta,\ z = r\cos\theta \quad (0 \le \varphi < 2\pi,\ 0 \le \theta \le \pi)$$

erhält man für die Funktion $f(x,y,z)$

$$F(r,\varphi,\theta) := f(r\cos\varphi\sin\theta, r\sin\varphi\sin\theta, r\cos\theta) .$$

Mehrfache Anwendung der Kettenregel und anschließendes Auflösen ergibt für den LAPLACE-Operator

$$(14) \qquad \boxed{\begin{aligned}
\Delta f &:= f_{xx} + f_{yy} + f_{zz} =\\
&= F_{rr} + \frac{2}{r}F_r + \frac{1}{r^2\sin^2\theta}F_{\varphi\varphi} + \frac{1}{r^2}F_{\theta\theta} + \frac{1}{r^2}(\cot\theta)F_\theta .
\end{aligned}} \qquad \square$$

Aufgaben

1. Gegeben sind die Funktionen $f : \mathbb{R}^2 \to \mathbb{R}$

$$f(x,y) = x^2 - y^2 \quad , \qquad f(x,y) = \sqrt{|xy|} \quad , \qquad f(x,y) = |x| + |y| \ .$$

a) Zur Veranschaulichung im $\mathbb{R}^3$ bestimme und skizziere man
– die Niveaulinien $(f(x,y) = \text{const})$
– die Graphen der Einschränkungen ($x = \text{const}$ bzw. $y = \text{const}$ bzw. $y/x = \text{const}$)
– den Graphen $z = f(x,y)$ im Schrägbild .

b) Soweit möglich berechne man $\operatorname{grad} f$ und $\Delta f = \dfrac{\partial^2 f}{\partial x^2} + \dfrac{\partial^2 f}{\partial y^2}$ und skizziere einige Gradienten.

2. a) Berechne die ersten und zweiten partiellen Ableitungen von

$$f = \ln \sqrt{x^2 + y^2} \ ; \quad f = \arctan \frac{y}{x} \quad , \ x \neq 0 \ .$$

Welchen Wert hat jeweils $f_{xx} + f_{yy}$?

b) Wie lautet jeweils die Gleichung der Tangentialebene im Punkt mit $x = 2$, $y = 1$?

c) Für die Funktion $f(x,y) = \arctan \frac{y}{x}$, $x \neq 0$, bestimme man
– den Gradienten $\operatorname{grad} f$ im Punkt $(1,2)$,
– die Richtungsableitung $d_{\mathbf{v}} f$ im Punkt $(1,2)$ mit $\mathbf{v}$ in Richtung von $\begin{pmatrix} 1 \\ -1 \end{pmatrix}$,
– $\dfrac{dz}{dt}$, wenn $z = f(t - \sin t, 1 - \cos t)$, $t \in \mathbb{R}$.

3. Die Funktion $z = f(p,q)$ ist definiert als die größte reelle Wurzel von

$$z^2 + pz + q = 0 \ .$$

Wie lautet der Definitionsbereich von f ; wie lauten die Höhenlinien $z = \text{const.}$ und die partiellen Ableitungen $\dfrac{\partial z}{\partial p}$, $\dfrac{\partial z}{\partial q}$?

4. Man berechne die ersten und zweiten partiellen Ableitungen der Funktion

$$f(x,y,z) = x \cdot e^{xy/z} \ .$$

5. Für $f, g : \mathbb{R}^n \to \mathbb{R}$ rechne man nach:

$$\begin{aligned} \operatorname{grad}(f \cdot g) &= g \operatorname{grad} f \ + \ f \operatorname{grad} g \ , \\ \Delta(f \cdot g) &= f \, \Delta g \ + \ 2 (\operatorname{grad} f) \cdot (\operatorname{grad} g) \ + \ g \, \Delta f \ . \end{aligned}$$

6. Gegeben ist die Funktion (*Sinuskegel*)

$$f(x,y) = \begin{cases} \dfrac{x^3 - 3xy^2}{x^2 + y^2} & , (x,y) \neq (0,0) \\ 0 & , (x,y) = (0,0) \end{cases}$$

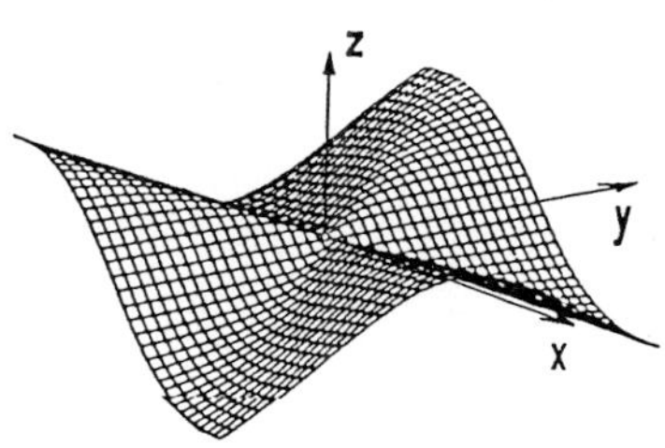

– Man berechne $\operatorname{grad} f$ für alle $(x,y) \in \mathbb{R}$.
– Sind f_x und f_y in $(0,0)$ stetig?
– Besitzt f in $(0,0)$ eine Tangentialebene ?

7. Die Funktion $U = f(x,y)$, $(x,y) \in \mathbb{R}^2$, hat in Polarkoordinaten (r,φ) die Gestalt (*Sinusparaboloid*):
$U = F(r,\varphi) = f(r\cos\varphi, r\sin\varphi) = r^2 \sin 4\varphi$.
Man berechne:
   - F_r, F_φ, F_{rr}, $F_{r\varphi}$, $F_{\varphi r}$, $F_{\varphi\varphi}$ für $r = 0$,
   - f_x, f_y ausgedrückt durch F_r, F_φ,
   - $\operatorname{grad} U$ in der Basis $(\mathbf{e}_r, \mathbf{e}_\varphi)$, (→ §1, Aufgabe 5),
   - $f_{xx}(0,0)$, $f_{xy}(0,0)$, $f_{yx}(0,0)$, $f_{yy}(0,0)$. Ist $f_{yx}(0,0) = f_{xy}(0,0)$ und ist $F_{r\varphi}(0,\varphi) = F_{\varphi r}(0,\varphi)$?

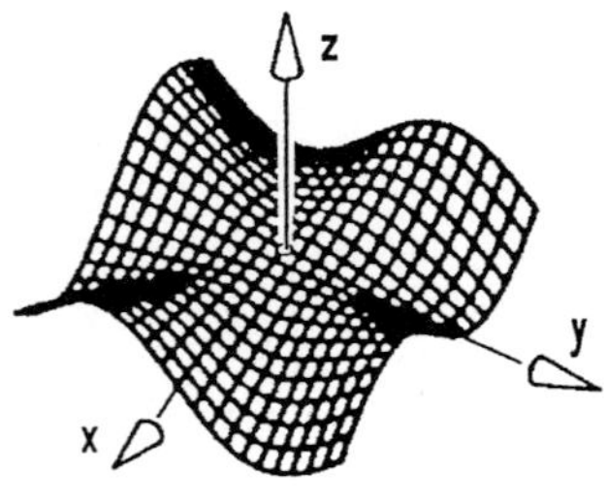

8. Die Funktion
$$u(x,y,t) = \sin x \cos y \cos(x+y)\cos(x-y)\cos\omega t$$
beschreibt für $t > 0$ die Transversalschwingung einer *biegeweichen Membran* in dem Quadrat $|x| + |y| \leq \frac{\pi}{2}$.
   a) Man zeige: u löst die Schwingungsgleichung
   $$\frac{\partial^2 u}{\partial t^2} = c^2 \Delta u = c^2 \left(\frac{\partial^2 u}{\partial x^2} + \frac{\partial^2 u}{\partial y^2} \right) .$$
   In welchem Zusammenhang stehen c und ω ?
   b) In welchen Punkten ist zu allen Zeiten t stets $u = 0$ (*Knotenlinie*)?

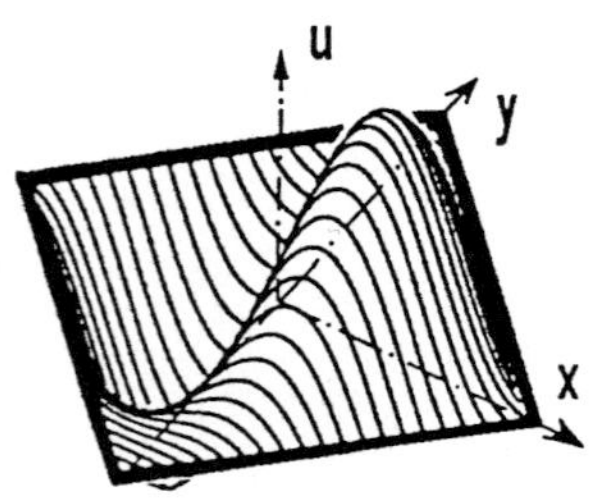

9. Die Schnittkurve K der beiden Flächen
$$z = f(x,y) = 2x^3y - x^2y^3$$
$$z = g(x,y) = 3xy^3 + x^3y^2 - 5$$
durchstößt die x,y-Ebene in der Nähe des Punktes $(x_0, y_0) = (1,1)$. Zur Verbesserung dieses Wertes bestimme man:
   a) die Tangentialebene von $z = f(x,y)$ in (x_0, y_0) ;
   b) die Tangentialebene von $z = g(x,y)$ in (x_0, y_0) ;
   c) den Schnittpunkt (x_1, y_1) der Schnittgeraden dieser beiden Ebenen mit der Ebene $z = 0$;
   d) die Werte $f(x_1, y_1)$ und $g(x_1, y_1)$.

10. Man zeige: Die Funktion $f : \mathbb{R}^2 \to \mathbb{R}$
$$f(x,y) = \begin{cases} e^{-y^2/x} & , x \neq 0 \\ 1 & , x = 0 \end{cases}$$
ist eingeschränkt auf die Geraden $y = mx$, $m \in \mathbb{R}$, stetig.
Ist f über $\mathbb{R}^2$ stetig? Man skizziere einige Niveaulinien von f .

§3. Anwendungen der Differentiation

3.1 Die Bedeutung des Gradienten.

① **Richtung des stärksten Anstiegs.** Für eine $\mathscr{C}^1$-Funktion $f : \mathbb{R}^n \supseteq D \to \mathbb{R}$ ist der Anstieg im Punkt $\mathbf{x} \in D$ in Richtung eines Vektors $\mathbf{v} \in \mathbb{R}^n$, $|\mathbf{v}| = 1$, gegeben durch $\partial_{\mathbf{v}} f(\mathbf{x}) = \operatorname{grad} f(\mathbf{x}) \cdot \mathbf{v} = |\operatorname{grad} f(\mathbf{x})| \cos\alpha$, wobei α den Winkel zwischen $\operatorname{grad} f(\mathbf{x})$ und $\mathbf{v}$ bezeichnet (→ §(10) und Kap. 1, §5). Dieser Anstieg ist am größten für $\cos\alpha = 1$, d.h. für $\alpha = 0$. Also gilt für $\operatorname{grad} f(\mathbf{x}) \neq 0$:

Richtung von $\operatorname{grad} f(\mathbf{x})$ =
= Richtung des maximalen Anstiegs der Funktion f in $\mathbf{x}$
= Richtung mit größtem Zuwachs von f in $\mathbf{x}$.

Da f genau dann ansteigt, wenn $-f$ abfällt, erhält man damit gleichzeitig die Richtung des stärksten Abnehmens („Abfalls“) der Funktionswerte, nämlich $-\operatorname{grad} f(\mathbf{x})$.

Speziell ergibt sich für den Graphen einer $\mathscr{C}^1$-Funktion $f : \mathbb{R}^2 \supseteq D \to \mathbb{R}$: Im Punkt (x, y) erfolgt der steilste Anstieg der Fläche $z = f(x, y)$ in Richtung von $\operatorname{grad} f(x, y)$. Die Ebene senkrecht zur (x, y)-Ebene durch den Flächenpunkt $(x, y, f(x, y))$ längs $\operatorname{grad} f(x, y)$ schneidet den Graphen in der „Fallinie“.

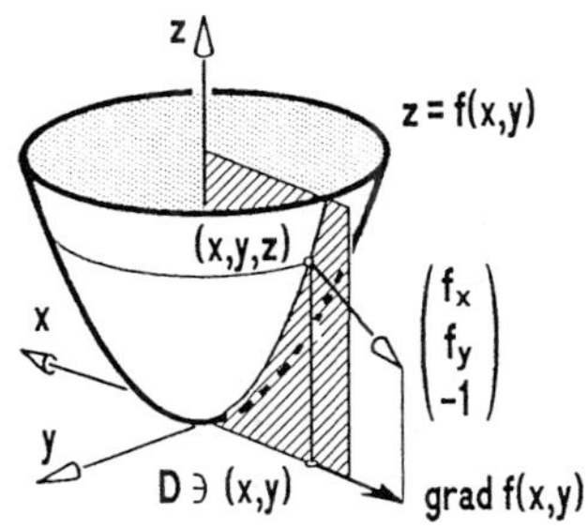

Abb. 175 – $\operatorname{grad} f(x, y)$

Anwendungen. 1. Die *elektrische Feldstärke* $\mathbf{E}(\mathbf{x})$ im Punkt $\mathbf{x} \in D \subseteq \mathbb{R}^3$ hat die Richtung des stärksten Spannungsabfalls in einem elektrostatischen *Spannungsfeld* $U(\mathbf{x})$, da $\mathbf{E}(\mathbf{x}) = -\operatorname{grad} U(\mathbf{x})$ (→ Kap. 8, 2.5).

Beispiel. Das Potential einer Punktladung in O ist $U(\mathbf{x}) = \dfrac{c}{|\mathbf{x}|}$, $\mathbf{x} \neq \mathbf{0}$, $c \in \mathbb{R}$, mit der Feldstärke $\mathbf{E}(\mathbf{x}) = -c \operatorname{grad} \dfrac{1}{|\mathbf{x}|} = \dfrac{c}{|\mathbf{x}|^3}\mathbf{x}$. □

2. Das *Gradientenverfahren* zur Bestimmung von Maximum (oder Minimum) einer Funktion f. Ausgehend von einem Startwert $\mathbf{x}_0$ bestimmt man in Richtung von $\operatorname{grad} f(\mathbf{x}_0)$ (bzw. $-\operatorname{grad} f(\mathbf{x}_0)$) einen Punkt

$$\mathbf{x}_1 = \mathbf{x}_0 + h \operatorname{grad} f(\mathbf{x}_0)$$

mit einer dem Problem angepaßten Schrittweite $h > 0$ $(h < 0)$.
Im Falle $f(\mathbf{x}_1) < f(\mathbf{x}_0)$ (bzw. $f(\mathbf{x}_1) > f(\mathbf{x}_0)$) ist man zu weit gegangen, man versucht es deshalb noch einmal mit halber Schrittweite: $\mathbf{x}_1 = \mathbf{x}_0 + \dfrac{h}{2} \operatorname{grad} f(\mathbf{x}_0)$.

Ist $f(\mathbf{x}_1) > f(\mathbf{x}_0)$ (bzw. $f(\mathbf{x}_1) < f(\mathbf{x}_0)$), so nimmt man $\mathbf{x}_1$ als neuen Startwert und wiederholt das Verfahren. Auf diese Weise nähert man sich auf einem Streckenzug in D einer Maximal- (bzw. Minimal-) Stelle der Funktion. Diese Stelle hängt vom gewählten Startwert ab und bestimmt nicht notwendig das globale Maximum (bzw. Minimum) von f auf D (→ 3.4).

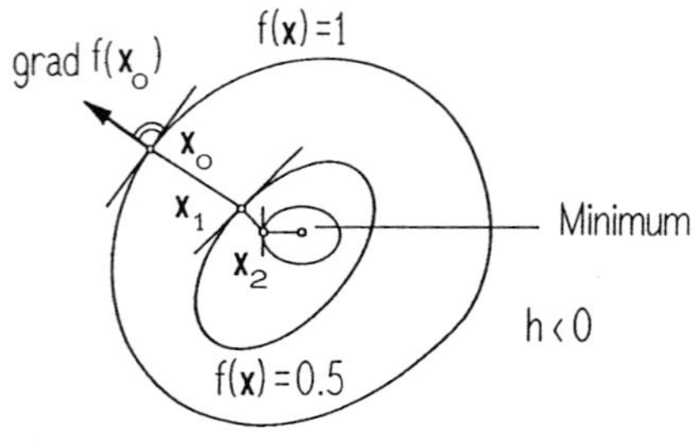

Abb. 176 – Gradientenverfahren

Beispiel. Bei der *Struktursynthese ebener Kurbelgetriebe* stellt sich die Aufgabe, aus N Meßpunkten (x_i, y_i) in der Ebene eine Kreisbahn zu rekonstruieren. Da die Punkte für $N > 3$ im allgemeinen nicht auf einem Kreis liegen, bestimmt man die Mittelpunktskoordinaten x, y und den Radius r als Minimalstelle der Fehlerquadratfunktion

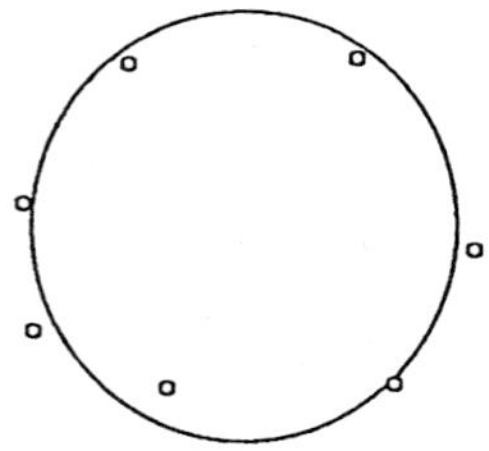

Abb. 177 – Interpolation mit Kreis

$$F(x,y,r) = \sum_{i=1}^{N} \left(\sqrt{(x_i - x)^2 + (y_i - y)^2} - r \right)^2 .$$

Wählt man die Startwerte über einen Kreis, der durch drei der N Punkte (x_i, y_i) geht, so liefert das Gradientenverfahren für das skizzierte Beispiel nach wenigen Schritten eine brauchbare „Lösung". Zur Programmierung der Schrittweitenhalbierung und des Abbruchkriteriums (→ `Programm NLSQ` in 3.5). □

② Tangenten und Tangentialebene.

Sei $D \subseteq \mathbb{R}^n$ offen und $f : D \to \mathbb{R}$ eine $\mathscr{C}^1$-Funktion, dann definiert $f(\mathbf{x}) = c$ ($c \in \mathbb{R}$ konstant) eine Hyperfläche in D. Für jede parametrisierte Kurve $t \mapsto \mathbf{x}(t)$ auf dieser Hyperfläche gilt $f(\mathbf{x}(t)) = c \quad (t \in I)$, und mit der Kettenregel (12) von §2 folgt

$$\text{(1)} \qquad \operatorname{grad} f(\mathbf{x}(t)) \cdot \dot{\mathbf{x}}(t) = 0 .$$

Diese Formel werten wir nun getrennt für $n = 2$ und $n = 3$ aus.

n = 2 : In jedem Punkt (x_0, y_0) der Niveaukurve $f(x,y) = c$ ist $\operatorname{grad} f(x_0, y_0)$ orthogonal zur Kurventangente. Man sagt auch,

$\operatorname{grad} f(x_0, y_0)$ ist im Kurvenpunkt (x_0, y_0) orthogonal zur Niveaukurve $f(x,y) = c$.

Diese Feststellung liefert für den Fall $\operatorname{grad} f(x_0, y_0) \neq 0$ sofort die

(2) **Normalengleichung der Tangente an die Niveaukurve** *$f(x,y)=c$ im Kurvenpunkt (x_0,y_0):*

$$f_x(x_0,y_0)(x-x_0)+f_y(x_0,y_0)(y-y_0)=0\,.$$

Speziell ergibt dieses für den Graph $y=f(x)$ einer Funktion in einer Veränderlichen, implizit dargestellt durch $F(x,y)=y-f(x)=0$, die Gleichung der Kurventangente $\operatorname{grad} F(x_0,y_0)\cdot\begin{pmatrix}x-x_0\\ y-y_0\end{pmatrix}=0$, also $y-y_0-f'(x_0)(x-x_0)=0$.

$\mathbf{n=3}$: In jedem Punkt (x_0,y_0,z_0) der durch $f(x,y,z)=c$ implizit dargestellten Fläche ist $\operatorname{grad} f(x_0,y_0,z_0)$ orthogonal zu den Tangenten sämtlicher parametrisierten Flächenkurven durch diesen Punkt. Kurz: $\operatorname{grad} f(x_0,y_0,z_0)$ ist orthogonal zu allen Flächentangenten in (x_0,y_0,z_0), *bzw.* $\operatorname{grad} f(x_0,y_0,z_0)$ *ist in diesem Flächenpunkt orthogonal zur Niveaufläche* $f(x,y,z)=c$. Die Ebene, in der alle Flächentangenten in einem Flächenpunkt (x_0,y_0,z_0) liegen, ist die *Tangentialebene*; im Fall $\operatorname{grad} f(x_0,y_0,z_0)\neq 0$ hat sie $\operatorname{grad} f(\mathbf{x})\cdot(\mathbf{x}-\mathbf{x}_0)=0$ als Normalengleichung, d.h.

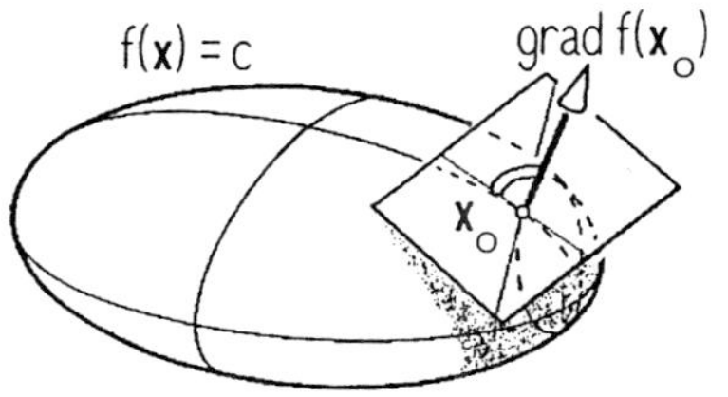

Abb. 178 – Tangentialebene

(3) *Normalengleichung der Tangentialebene an die Niveaufläche* $f(x,y,z)=c$ *im Flächenpunkt* (x_0,y_0,z_0):

$$f_x(x_0,y_0,z_0)(x-x_0)+f_y(x_0,y_0,z_0)(y-y_0)+f_z(x_0,y_0,z_0)(z-z_0)=0.$$

Speziell ergibt sich für den Graph einer $\mathscr{C}^1$-Funktion $z=f(x,y)$, dargestellt als Niveaufläche $F(x,y,z)=z-f(x,y)=0$, die (bekannte, → 2.4) Gleichung der Tangentialebene $\operatorname{grad} F(x_0,y_0,z_0)\cdot\begin{pmatrix}x-x_0\\ y-y_0\\ z-z_0\end{pmatrix}=0$, also

$$z-z_0=f_x(x_0,y_0,z_0)(x-x_0)+f_y(x_0,y_0,z_0)(y-y_0)\,.$$

Beispiele 1. Die Gleichung der Tangente an den Kreis $(x-u)^2+(y-v)^2=r^2$ im Punkt (x_0,y_0) lautet $2(x_0-u)(x-x_0)+2(y_0-v)(y-y_0)=0$. Dieses kann leicht umgeformt werden zur bekannten Formel

$$(x_0-u)(x-u)+(y_0-v)(y-v)=r^2\,.$$

2. Das Paraboloid

$$\frac{x^2}{a^2}+\frac{y^2}{b^2}-2pz=0 \qquad (p\neq 0)$$

besitzt im Flächenpunkt (x_0, y_0, z_0) die Tangentialebene

$$\frac{x_0(x-x_0)}{a^2}+\frac{y_0(y-y_0)}{b^2}-p(z-z_0)=0\ .$$

Eine leichte Umformung erbringt

$$\frac{x_0x}{a^2}+\frac{y_0y}{b^2}-p(z+z_0)=0\ . \qquad \square$$

3.2 Approximation höherer Ordnung; die Taylor-Formel. Wir verallgemeinern die Taylor-Formel für Funktionen einer Veränderlichen (→ Kap. 5, §4) auf $\mathscr{C}^k$-Funktionen $f : \mathbb{R}^n \supseteq D \to \mathbb{R}$ in $n \geq 1$ Veränderlichen. Dazu betrachten wir für $\mathbf{x} \in D$ und $\mathbf{v} \in \mathbb{R}^n$ die Funktion $h(t) := f(\mathbf{x}+t\mathbf{v})$ $(0 \leq t \leq 1)$ der einen reellen Variablen t, vorausgesetzt, die ganze $\mathbf{x}$ mit $\mathbf{x}+\mathbf{v}$ verbindende Strecke liegt in D. Vereinfachend setzen wir deshalb voraus, daß D ein *konvexes Gebiet* ist, d.h.

1. D ist offen,
2. $\mathbf{x}, \mathbf{y} \in D \Rightarrow \mathbf{x}+t(\mathbf{y}-\mathbf{x}) \in D$ für alle $t \in [0,1]$.

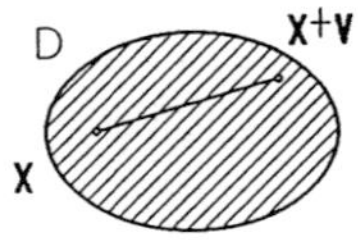

Abb. 179a – Konvexes Gebiet

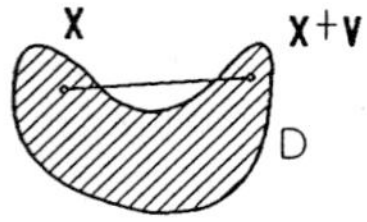

Abb. 179b – Kein konvexes Gebiet

Die Taylor-Formel für $h(t)$ an der Stelle $t=0$ lautet

$$h(1)=h(0)+\dot{h}(0)+\frac{1}{2!}\ddot{h}(0)+\cdots+\frac{1}{k!}h^{(k)}(0)+\frac{1}{(k+1)!}h^{(k+1)}(\xi_k) \tag{4}$$

mit einer Zahl ξ_k zwischen 0 und 1 (→ Kap. 5, §4(1)). Die Ableitungen $h^{(l)}(t)$, bzw. $h^{(l)}(0)$, berechnen wir mit der Kettenregel. Sie lassen sich mit dem Differentialoperator

$$\partial_{\mathbf{v}}=v_1\frac{\partial}{\partial x_1}+\cdots+v_n\frac{\partial}{x_n}$$

übersichtlich darstellen, wobei zu beachten ist, daß

$$\partial_{\mathbf{v}} : \mathscr{C}^l(D,\mathbb{R}) \to \mathscr{C}^{l-1}(D,\mathbb{R})\ , \quad f(\mathbf{x}) \mapsto \partial_{\mathbf{v}}f(\mathbf{x})\ ,$$

(die Ableitung längs $\mathbf{v}$) linear ist und $\partial_{\mathbf{v}}^l f(\mathbf{x}) = \partial_{\mathbf{v}}(\ldots(\partial_{\mathbf{v}}f(x))\ldots)$ die l-malige Anwendung von $\partial_{\mathbf{v}}$ bedeutet. Man erhält

$$\begin{aligned}
h(1) &= f(\mathbf{x}+\mathbf{v})\ , & h(0) &= f(\mathbf{x})\ ,\\
\dot{h}(t) &= \operatorname{grad} f(\mathbf{x}+t\mathbf{v})\cdot\mathbf{v}\ , & \dot{h}(0) &= \partial_{\mathbf{v}}f(\mathbf{x})\ ,\\
\ddot{h}(t) &= \sum_{i=1}^{n} v_i\,[\operatorname{grad} f_{x_i}(\mathbf{x}+t\mathbf{v})\cdot\mathbf{v}]\ , & \ddot{h}(0) &= \partial_{\mathbf{v}}^2 f(\mathbf{x})\ , \quad \text{etc.} :\ h^{(l)}(0)=\partial_{\mathbf{v}}^l f(\mathbf{x})\ .
\end{aligned}$$

Diese Werte in (4) eingetragen ergeben:

Satz 3.1. Die Taylor-Formel für n Variable. *Ist $D \subseteq \mathbb{R}^n$ ein konvexes Gebiet, $f \in \mathscr{C}^{k+1}(D, \mathbb{R})$, $\mathbf{x} \in D$, dann gilt mit $\mathbf{x} + \mathbf{v} \in D$ die Approximationsformel*

(5)
$$f(\mathbf{x} + \mathbf{v}) = f(\mathbf{x}) + \partial_{\mathbf{v}} f(\mathbf{x}) + \frac{1}{2!}\partial_{\mathbf{v}}^2 f(\mathbf{x}) + \cdots + \frac{1}{k!}\partial_{\mathbf{v}}^k f(\mathbf{x}) + R_k(\mathbf{x}, \mathbf{v})$$

mit dem Restglied $$R_k(\mathbf{x}, \mathbf{v}) = \frac{1}{(k+1)!}\partial_{\mathbf{v}}^{k+1} f(\mathbf{x} + \xi_k \mathbf{v})$$

mit einer Zahl ξ_k zwischen 0 und 1 $\left(\partial_{\mathbf{v}} = \sum_{i=1}^{n} v_i \frac{\partial}{\partial x_i}\right)$.

Die Taylor-Formel dient zur Approximation von $f(\mathbf{x})$ in der Umgebung eines festen Punktes $\mathbf{x}_0 \in D$ durch ein Polynom, das sog. *Taylor-Polynom*

$$p(\mathbf{x}) := f(\mathbf{x}_0) + \partial_{\mathbf{v}} f(\mathbf{x}_0) + \cdots + \frac{1}{k!}\partial_{\mathbf{v}}^k f(\mathbf{x}_0)$$

(mit $\mathbf{v} := \mathbf{x} - \mathbf{x}_0$). Der dabei auftretende Fehler $R_k(\mathbf{x}, \mathbf{x}_0) := f(\mathbf{x}) - p(\mathbf{x})$ geht schneller gegen Null als $|\mathbf{x} - \mathbf{x}_0|^k$; es gilt

(6)
$$f(\mathbf{x}) = p(\mathbf{x}) + o(|\mathbf{x} - \mathbf{x}_0|^k)\ .$$

Beweis für $k = 2$: Für den Fehler gilt (mit $\mathbf{v} = \mathbf{x} - \mathbf{x}_0$) nach der Taylor-Formel

$$R_2(\mathbf{x}, \mathbf{x}_0) = \frac{1}{3!}\partial_{\mathbf{v}}^3 f(\mathbf{x} + \xi_2 \mathbf{v}) = \frac{1}{3!}\sum_{i,j,k=1}^{n} v_i v_j v_l f_{x_i x_j x_l}(\mathbf{x} + \xi_2 \mathbf{v})\ .$$

Ist f eine $\mathscr{C}^3$-Funktion, so ist $f_{x_i x_j x_l}(\mathbf{x} + \xi \mathbf{v})$ mit $\mathbf{v} \to 0$ beschränkt, ebenso $\frac{v_i}{|\mathbf{v}|} \leq 1$ für alle i ($\mathbf{v} \neq 0$). Daher strebt $\frac{R_2(\mathbf{x}, \mathbf{x}_0)}{|\mathbf{v}|^2} = \frac{1}{3!}\sum f_{x_i x_j x_l}(\mathbf{x} + \xi_2 \mathbf{v})\frac{v_i}{|\mathbf{v}|}\frac{v_j}{|\mathbf{v}|}v_l$ gegen 0 ($\mathbf{v} \to 0$). □

Für eine $\mathscr{C}^k$-Funktion ($k \geq 2$) heißt die nach Satz 2.2 symmetrische Matrix

$$H_f(\mathbf{x}) := (f_{x_i x_j}(\mathbf{x})) = \begin{pmatrix} f_{x_1 x_1}(\mathbf{x}), & \ldots, & f_{x_1 x_n}(\mathbf{x}) \\ \vdots & & \vdots \\ f_{x_n x_1}(\mathbf{x}), & \ldots, & f_{x_n x_n}(\mathbf{x}) \end{pmatrix}$$

die HESSE-*Matrix* von f im Punkt $\mathbf{x}$.

Wegen $\partial_{\mathbf{v}} f(\mathbf{x}) = \operatorname{grad} f(\mathbf{x}) \cdot \mathbf{v}$ und $\partial_{\mathbf{v}}^2 f(\mathbf{x}) = \mathbf{v}^T H_f(\mathbf{x})\mathbf{v}$ lautet die Taylorformel (5) (mit $\mathbf{x} = \mathbf{x}_0$, $\mathbf{v} = \mathbf{x} - \mathbf{x}_0$) in den vielbenutzten Spezialfällen $k = 0, 1, 2$ wie folgt:

(7)

a) $f(\mathbf{x}) = f(\mathbf{x}_0) + \operatorname{grad} f(\tilde{\mathbf{x}}) \cdot (\mathbf{x} - \mathbf{x}_0)$
mit $\tilde{\mathbf{x}}$ auf der Strecke von $\mathbf{x}_0$ nach $\mathbf{x}$ (*Mittelwertsatz*),

b) $f(\mathbf{x}) = f(\mathbf{x}_0) + \operatorname{grad} f(\mathbf{x}_0) \cdot (\mathbf{x} - \mathbf{x}_0) + \frac{1}{2}(\mathbf{x} - \mathbf{x}_0)^T H_f(\mathbf{x}^*)(\mathbf{x} - \mathbf{x}_0)$
mit $\mathbf{x}^*$ auf der Strecke von $\mathbf{x}_0$ nach $\mathbf{x}$,

c) $f(\mathbf{x}) = f(\mathbf{x}_0) + \operatorname{grad} f(\mathbf{x}_0) \cdot (\mathbf{x} - \mathbf{x}_0) + \frac{1}{2}(\mathbf{x} - \mathbf{x}_0)^T H_f(\mathbf{x}_0)(\mathbf{x} - \mathbf{x}_0)$
$+o(|\mathbf{x} - \mathbf{x}_0|^2)$.

Die anschauliche Deutung von (7c) für $n = 2, 3$.

$\mathbf{n} = \mathbf{2}$: Der Graph $z = f(x, y)$ wird in einer Umgebung des Flächenpunktes $(x_0, y_0, f(x_0, y_0))$ approximiert durch die *Schmiegquadrik*

$$z = f(x_0, y_0) + f_x(x_0, y_0)(x - x_0) + f_y(x_0, y_0)(y - y_0) + \\ + \frac{1}{2} f_{xx}(x_0, y_0)(x - x_0)^2 + f_{xy}(x_0, y_0)(x - x_0)(y - y_0) + \frac{1}{2} f_{yy}(x_0, y_0)(y - y_0)^2 .$$

Dieses ist, falls $H_f(x_0, y_0) \neq 0$, ein Paraboloid oder ein parabolischer Zylinder. Man nennt den Flächenpunkt über (x_0, y_0) *flach*, wenn die Schmiegquadrik eine Ebene ist ($H_f(x_0, y_0) = 0$), der Punkt heißt *elliptisch* (*hyperbolisch, parabolisch*), wenn die Schmiegquadrik ein elliptisches Paraboloid (bzw. ein hyperbolisches Paraboloid, ein parabolischer Zylinder) ist.

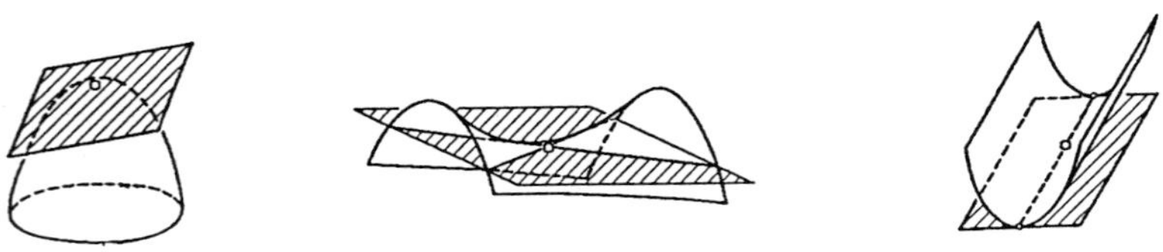

Abb. 180 – Elliptischer, hyperbolischer, parabolischer Flächenpunkt

Beispiel. Der *Affensattel*

$$z = x^3 - 3xy^2$$

hat im Punkt $(x, y) = (0, 0)$ einen Flachpunkt mit der (x, y)-Ebene als Tangentialebene. Die Hesse-Matrix lautet

$$H_f = \begin{pmatrix} 6x & -6y \\ -6y & -6x \end{pmatrix},$$

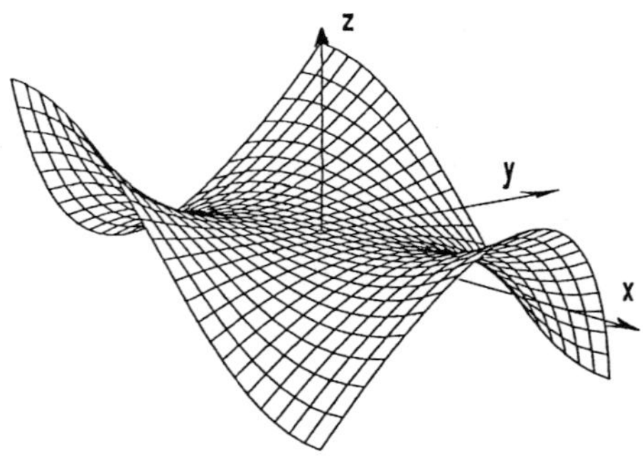

Abb. 181 – Affensattel

ihre Determinante $-36(x^2 + y^2)$ ist außerhalb von $(0, 0)$ stets < 0, d.h. jeder Punkt der Fläche mit $(x, y) \neq (0, 0)$ ist hyperbolisch. □

n = 3: Die Niveaufläche $f(x,y,z)=c$ wird in der Nähe eines Flächenpunktes (x_0,y_0,z_0) approximiert durch die Quadrik

$$\operatorname{grad} f(x_0,y_0,z_0)\cdot\begin{pmatrix}x-x_0\\y-y_0\\z-z_0\end{pmatrix}+\frac{1}{2}\begin{pmatrix}x-x_0\\y-y_0\\z-z_0\end{pmatrix}^T H_f(x_0,y_0,z_0)\begin{pmatrix}x-x_0\\y-y_0\\z-z_0\end{pmatrix}=0\,.$$

Beispiel. Als Schmiegquadrik besitzt die Niveaufläche

$$x\cos y+y\cos z+z\cos x=2$$

im Flächenpunkt $(0,0,2)$ ein zweischaliges Hyperboloid

$$x+(\cos 2)y+(z-2)-x^2-(\sin 2)y(z-2)=0\,. \qquad \square$$

Bemerkung. Wird (auf irgend eine Weise) eine Approximation der Form

$$f(\mathbf{x})=\alpha_0+\sum_i\alpha_i(x_i-x_{0i})+\sum_{i,j}\alpha_{ij}(x_i-x_{0i})(x_j-x_{0j})+\ldots+o(|\mathbf{x}-\mathbf{x}_0|^k)$$

ermittelt, dann sieht man leicht durch Differenzenbildung mit der Taylor-Formel, daß es sich hierbei bereits um die Taylor-Approximation handelt. Diese Beobachtung erlaubt die Berechnung der Taylor-Approximation aus bekannten Reihenentwicklungen (→ Kap. 5, 4.3).

Beispiel. $e^{x+y}+\sin(xy)=1+x+y+\frac{1}{2}(x+y)^2+\frac{1}{3!}(x+y)^3+xy-\frac{1}{3!}(xy)^3+o((x^2+y^2)^{3/2})$. $\square$

3.3 Implizite Funktionen. Um eine Funktion $g:\mathbb{R}\supseteq D\to\mathbb{R}$ mit den Methoden der Differentialrechnung zu diskutieren, war es bis hierher im konkreten Fall stets nötig, daß g durch einen expliziten Formelausdruck $y=g(x)$ mit den elementaren Funktionen der Analysis (→ Kap. 2 u. 3) darstellbar ist.

Hat man dagegen den Zusammenhang zwischen x und y implizit durch eine reelle Gleichung $f(x,y)=0$ gegeben, so ist „y als Funktion von x“ noch nicht eindeutig festgelegt, da es zu einem festen x_0 mehrere Lösungen y von $f(x_0,y)=0$ geben kann.

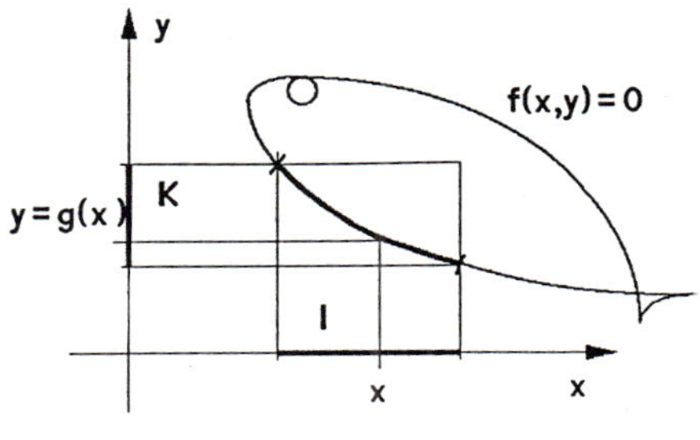

Abb. 182 – Implizite Funktion

Definition. *Sei $f:\mathbb{R}^2\supset D\to\mathbb{R}$. Man sagt, durch $f(x,y)=0$ ist auf dem Intervall $I\subseteq\mathbb{R}$ eine* **implizite Funktion** *$g:I\to K$ mit Werten in $K\subseteq\mathbb{R}$ erklärt, wenn es zu jedem $x\in I$ genau ein $y\in K$ gibt mit $(x,y)\in D$ und $f(x,y)=0$. Dieses y wird mit $g(x)$ bezeichnet.*

Anschaulich: Der im Rechteck $\{(x,y)\,;\,x\in I,\ y\in K\}$ verlaufende Bogen der Niveaulinie $f(x,y)=0$ ist als Graph $y=g(x)$ darstellbar.

Beispiele. **1.** Durch $f(x,y) = 3x + 2y - 1 = 0$ $(D = \mathbb{R}^2)$ ist die implizite Funktion $g : \mathbb{R} \to \mathbb{R}$, $g(x) = \frac{1}{2}(1 - 3x)$ erklärt. In diesem Fall ist $f(x,y) = 0$ explizit für jedes $x \in \mathbb{R}$ eindeutig nach y auflösbar.

2. Durch $f(x,y) = e^y + y^3 + x^3 + x^2 - 1 = 0$ $(D = \mathbb{R}^2)$ ist ebenfalls genau eine implizite Funktion $g : \mathbb{R} \to \mathbb{R}$ erklärt; denn zu jedem $x \in \mathbb{R}$ hat die Gleichung $e^y + y^3 = 1 - x^2 - x^3$ genau eine Lösung $y =: g(x)$ $(h(y) := e^y + y^3$ ist strikt monoton wachsend und hat als Wertebereich $\mathbb{R})$. Durch formale Manipulation kann die Gleichung $e^y + y^3 + x^3 + x^2 - 1 = 0$ nicht nach y aufgelöst werden. Ohne eine explizite Darstellung zu besitzen, ist daher nur die Existenz einer (eindeutig bestimmten) Funktion g gesichert mit

$$e^{g(x)} + g(x)^3 + x^3 + x^2 - 1 = 0 .$$

3. Durch $x^2 + y^2 - 1 = 0$ sind implizit zwei Funktionen $g_1 : [-1,1] \to [0,1]$, $g_1(x) = \sqrt{1 - x^2}$ und $g_2 : [-1,1] \to [-1,0]$, $g_2(x) = -\sqrt{1 - x^2}$ erklärt. □

Satz 3.2 über implizite Funktionen. *Sei $D \subseteq \mathbb{R}^2$ offen und $f : D \to \mathbb{R}$ stetig partiell differenzierbar. Ist $(x_0, y_0) \in D$ ein Punkt der Niveaumenge $f(x,y) = 0$ mit $f_y(x_0, y_0) \neq 0$, dann gibt es Intervalle $I \subseteq \mathbb{R}$ und $K \subseteq \mathbb{R}$ mit Mittelpunkt x_0 bzw. y_0 so daß gilt:*

a) *$R = \{ (x,y) \,;\, x \in I,\ y \in K \} \subseteq D$ und $f_y(x,y) \neq 0$ für alle $(x,y) \in R$.*

b) *Durch $f(x,y) = 0$ ist auf I eindeutig eine differenzierbare implizite Funktion $g : I \to K$ (mit Werten in K) erklärt mit der Ableitung*

(8) $$g'(x) = -\frac{f_x(x, g(x))}{f_y(x, g(x))} = -\frac{f_x(x,y)}{f_y(x,y)} \quad \textit{für alle } x \in I .$$

Beweis. Wir gehen aus von $(x_0, y_0) = (0,0)$ und $f_y(0,0) > 0$, was man durch Koordinatenverschiebung und evtl. Übergang zu $-f$ stets erreichen kann.
a): Aufgrund der Stetigkeit von f_y gilt $f_y(x,y) > 0$ in einer ganzen Umgebung $U = \{ (x,y) \,;\, x^2 + y^2 < c^2 \}$ $(c > 0)$ des Nullpunkts.
b): Wir betrachten nun f nur noch auf Rechtecken $\{ (x,y) \,;\, -\alpha \leq x \leq \alpha,\ -\beta \leq y \leq \beta \}$, die ganz in U enthalten sind. Da die Funktion $y \to f(0,y)$ (mit $f(0,0) = 0$) echt monoton wächst (→ Kap. 3), gilt $f(0,-\beta) < 0$, $f(0,\beta) > 0$ und deshalb (wegen der Stetigkeit) $f(x,-\beta) < 0$, $f(x,\beta) > 0$ für ein hinreichend kleines Intervall $-\alpha \leq x \leq \alpha$.

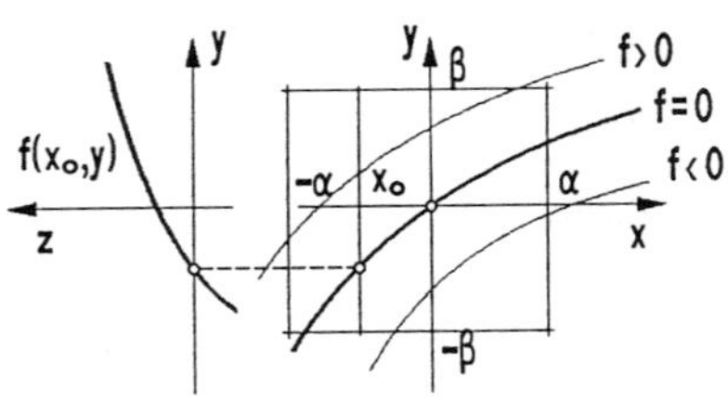

Abb. 183 – Zum Beweis

Mit solchem α wählen wir $I := (-\alpha, \alpha)$, $K := (-\beta, \beta)$. Für $x \in I$ ist (wieder wegen $f_y(x,y) > 0$) die Funktion $y \to f(x,y)$ echt monoton wachsend und deshalb gibt es genau ein $y \in K$ mit $f(x,y) = 0$.
Das zu $x \in I$ eindeutig bestimmte y mit $f(x,y) = 0$ wird mit $g(x)$ bezeichnet. Für jede Folge $(x_n)_{n\geq 1}$ aus I mit $x_n \to x$ gilt $g(x_n) \to g(x)$ (wegen $f(x_n, g(x_n)) \to$

$f(x,y))$; also ist g stetig. Für $x \in I$, $y = g(x)$, $\Delta y = g(x+\Delta x) - g(x)$ und Δx hinreichend klein gilt nach dem Mittelwertsatz (→ (7a)) $f(x+\Delta x, y+\Delta y) - f(x,y) = f_x(\xi,\eta)\Delta x + f_y(\xi,\eta)\Delta y$ mit ξ (bzw. η) zwischen x und $x+\Delta x$ (bzw. y und $y+\Delta y$). Aus $f(x,g(x)) = f(x+\Delta x, g(x+\Delta x)) = 0$ und der Stetigkeit der partiellen Ableitungen ergibt sich

$$\frac{\Delta y}{\Delta x} = -\frac{f_x(\xi,\eta)}{f_y(\xi,\eta)} \to -\frac{f_x(x,y)}{f_y(x,y)} \quad (\text{für } \Delta x \to 0)\ . \qquad \square$$

Bemerkung. Zu Teil b) des Satzes sagt man auch:
$f(x,y) = 0$ ist um (x_0, y_0) lokal eindeutig durch eine implizite Funktion $y = g(x)$ auflösbar. Das Wort „lokal“ bezieht sich stets auf eine nicht näher beschriebene Umgebung eines Punktes, hier (x_0, y_0).

Nachdem die Differenzierbarkeit bewiesen ist, berechnet man die Ableitung mit der Kettenregel aus der Identität $f(x,g(x)) = 0$ und fährt auch für die höheren Ableitungen von $g(x)$ so fort:

$$\begin{aligned} f(x,g(x)) = 0 \quad &\Rightarrow \quad f_x(x,g(x)) + f_y(x,g(x))g'(x) = 0 \\ &\Rightarrow \quad (f_x + f_y g')_x + (f_x + f_y g')_y\, g' = 0 \\ &\Rightarrow \quad (f_{xx} + f_{yx}g') + f_y g'' + (f_{xy} + f_{yy}g')g' = 0 \\ &\qquad \text{etc.} \end{aligned}$$

Nach g' bzw. g'' aufgelöst, erhält man

$$\begin{aligned} g'(x) = -\frac{f_x}{f_y}\ ; \quad g''(x) &= -\frac{1}{f_y}\left(f_{xx} + 2f_{xy}g' + f_{yy}g'^2\right), \\ &= -\frac{1}{f_y^3}\left(f_{xx}(f_y)^2 - 2f_{xy}f_x f_y + f_{yy}(f_x)^2\right). \end{aligned}$$

Insbesondere gilt damit in Punkten mit $g'(x) = 0$ stets $g''(x) = -\dfrac{f_{xx}(x,y)}{f_y(x,y)}$, d.h.

Die durch $f(x,y) = 0$ bestimmte implizite Funktion $y = g(x)$ hat in (x,y) eine *horizontale Tangente*, wenn

$$f(x,y) = 0\ , \quad f_x(x,y) = 0\ , \quad f_y(x,y) \neq 0.$$

x ist eine *lokale Maximumstelle*, wenn $\dfrac{f_{xx}(x,y)}{f_y(x,y)} > 0$,

lokale Minimumstelle, wenn $\dfrac{f_{xx}(x,y)}{f_y(x,y)} < 0$.

Beispiel. Für die Funktion $g(x)$ im obigen Beispiel 2 gilt

$$g'(x) = -\frac{f_x(x,y)}{f_y(x,y)} = -\frac{3x^2+2x}{e^y+3y^2}\ ,$$

wobei y durch $f(x,y) = 0$ aus x bestimmt ist. Für $x = 0$ und $x = -\frac{2}{3}$ ist $g'(x) = 0$. Mit $f_{xx}(x,y) = 6x+2$ hat $g(x)$ in 0 eine lokale Maximum- und in $-\frac{2}{3}$ eine lokale Minimumstelle. □

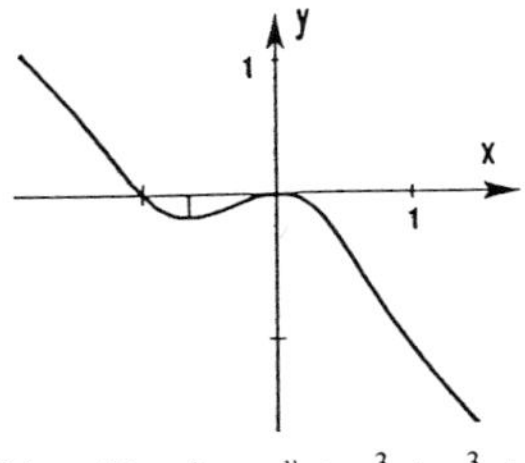

Abb. 184 – $f(x,y) = e^y + y^3 + x^3 + x^2 = 1$

Satz 3.2 gilt allgemein für $\mathscr{C}^1$-Funktionen $f : \mathbb{R}^n \supseteq D \to \mathbb{R}$ in einer Umgebung eines Punktes $(a_1, a_2, \ldots, a_n) \in D$ mit

$$f(a_1, a_2, \ldots, a_n) = 0\ , \quad f_{x_n}(a_1, \ldots, a_n) \neq 0\ :$$

Es gibt eine Umgebung U des Punktes $(a_1, \ldots, a_{n-1})$ und ein offenes Intervall $K \subseteq \mathbb{R}$, das a_n enthält, so daß gilt

a) $R := \{ (x_1, \ldots, x_{n-1}, x_n)\ ;\ (x_1, \ldots, x_{n-1}) \in U\ ,\ x_n \in K \} \subseteq D$ und $f_{x_n}(\mathbf{x}) \neq 0$ für alle $\mathbf{x} \in R$.

b) Zu jedem Punkt $(x_1, \ldots, x_{n-1}) \in U$ gibt es genau eine Zahl $x_n \in K$ mit $f(x_1, \ldots, x_{n-1}, x_n) = 0$. Durch $x_n := g(x_1, \ldots, x_{n-1})$ ist eine partiell differenzierbare Funktion $g : U \to K$ erklärt mit den Ableitungen

$$\text{(9)} \qquad \frac{\partial g}{\partial x_i}(x_1, \ldots, x_{n-1}) = -\frac{f_{x_i}(x_1, \ldots, x_n)}{f_{x_n}(x_1, \ldots, x_n)} \qquad (1 \leq i \leq n-1)\ .$$

Geometrische Deutung für $n = 3$. Die Niveaufläche $f(x,y,z) = 0$ einer $\mathscr{C}^1$-Funktion ist um jeden Flächenpunkt (a,b,c) mit $f_z(a,b,c) \neq 0$ (Tangentialebene nicht parallel zur z-Achse) lokal darstellbar als Graph $z = g(x,y)$ einer $\mathscr{C}^1$-Funktion g.

Beispiel. Durch $f(x,y,z) = x\cos y + y\cos z + z\cos x - 2 = 0$ ist implizit eine Funktion $z = g(x,y)$ erklärt. Es gilt $g(0,0) = 2$

$$g_x(0,0) = -\frac{f_x(0,0,2)}{f_z(0,0,2)} = -\frac{\cos y - z\sin x}{-y\sin z + \cos x}\bigg|_{(0,0,2)} = -1\ ,$$

$$g_y(0,0) = -\frac{f_y(0,0,2)}{f_z(0,0,2)} = -\frac{-x\sin y + \cos z}{-y\sin z + \cos x}\bigg|_{(0,0,2)} = -\cos 2\ . \qquad \square$$

3.4 Lokale Minima und Maxima. Sei $f : D \to \mathbb{R}$ eine Funktion von n Variablen. Ein Punkt $\mathbf{a} \in D$ heißt *lokale* (oder relative) *Maximalstelle* (bzw. *Minimalstelle*) von f, wenn es eine r-Umgebung $U_r(\mathbf{a}) = \{ \mathbf{x} \in \mathbb{R}^n\ ;\ |\mathbf{x} - \mathbf{a}| < r \}$ von $\mathbf{a}$ gibt, so daß für alle $\mathbf{x} \in U_r \cap D$ gilt:

$$f(\mathbf{x}) \leq f(\mathbf{a}) \qquad (\text{bzw. } f(\mathbf{a}) \leq f(\mathbf{x}))$$

Gelten diese Ungleichungen jeweils für alle $\mathbf{x} \in D$, dann heißt $\mathbf{a}$ eine *globale* (oder absolute) *Maximal-* bzw. *Minimalstelle*. Die Zahl $f(\mathbf{a})$ heißt (fallweise) lokales oder globales *Maximum* oder *Minimum*. Ein *Extremum* oder Extremwert (lokal oder global) ist ein Minimum oder ein Maximum.

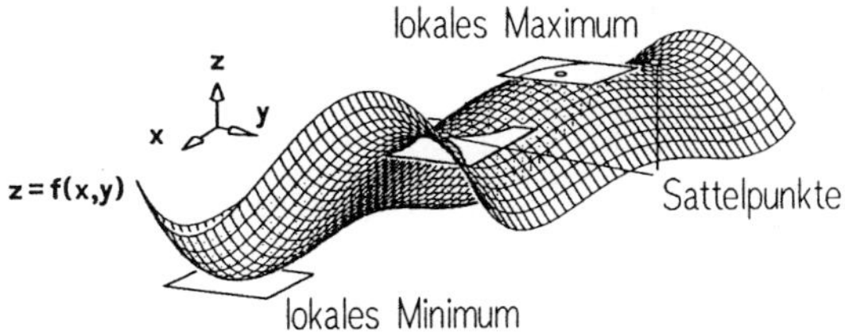

Abb. 185 – Extremstellen von $z = f(x, y)$

Eine der Hauptaufgaben der angewandten Analysis ist die Bestimmung der Extremalstellen einer Funktion $f(\mathbf{x})$ auf einem Bereich D. Man schreibt hierfür

$$f(\mathbf{x}) = \text{Extr!} \qquad (\mathbf{x} \in D)$$

(bzw. $f(\mathbf{x}) = \max!$ oder $f(\mathbf{x}) = \min!$).
Je nachdem ob die Extremalstellen im Innern oder auf dem Rand von D liegen, hat man unterschiedliche Charakterisierungen:

Satz 3.3. Lokale Extrema im Innern von D.
Ist f auf $U_r(\mathbf{a})$, $\mathbf{a} \in \mathbb{R}^n$, eine $\mathscr{C}^1$-Funktion, so gilt

$$\mathbf{a} \textit{ ist lokale Extremstelle von } f \quad \Rightarrow \quad \operatorname{grad} f(\mathbf{a}) = \mathbf{0}.$$

Beweis. Nach Voraussetzung besitzt die reelle Funktion einer Variablen $h(t) := f(\mathbf{a} + t\mathbf{e}_i)$ in $t = 0$ eine (innere) lokale Extremalstelle. Also gilt $0 = \dot{h}(0) = \dfrac{\partial f}{\partial x_i}(\mathbf{a}) \quad (1 \le i \le n)$. □

Man nennt $\mathbf{a} \in \mathbb{R}^n$ einen *stationären Punkt* von f, wenn $\operatorname{grad} f(\mathbf{a}) = 0$ gilt. Satz 3.3 besagt, daß man die inneren lokalen Extremalstellen unter den stationären Punkten zu suchen hat. Einen stationären Punkt, der keine Extremalstelle ist, bezeichnen wir als *Sattelpunkt*. Zur Identifizierung eignet sich das folgende Ergebnis.

Satz 3.4. Extremstellen-Test für n Variable.
Ist $U \subseteq \mathbb{R}^n$ offen, $\mathbf{a} \in U$ ein stationärer Punkt einer Funktion $f \in \mathscr{C}^2(U, \mathbb{R})$ und $H_f(\mathbf{a}) = (f_{x_i x_j}(\mathbf{a})) \in \mathbb{R}^{n \times n}$ die Hesse-Matrix von f in $\mathbf{a}$, dann gilt:

a) $H_f(\mathbf{a})$ *positiv definit* $\Rightarrow$ $\mathbf{a}$ *ist lokale Minimalstelle,*

b) $H_f(\mathbf{a})$ *negativ definit* $\Rightarrow$ $\mathbf{a}$ *ist lokale Maximalstelle,*

c) $H_f(\mathbf{a})$ *indefinit* $\Rightarrow$ $\mathbf{a}$ *ist Sattelpunkt.*

Beweis. Mit $\operatorname{grad} f(\mathbf{a}) = 0$ und (7) gilt für alle $\mathbf{x}$ in einer r-Umgebung von $\mathbf{a}$

(10) $$f(\mathbf{x}) - f(\mathbf{a}) = \tfrac{1}{2}(\mathbf{x} - \mathbf{a})^T H_f(\mathbf{a}^*)(\mathbf{x} - \mathbf{a})$$

mit einem $\mathbf{a}^*$ zwischen $\mathbf{x}$ und $\mathbf{a}$. $H_f(\mathbf{x})$ ist stetig und daher mit $H_f(\mathbf{a})$ auch in einer ganzen Umgebung von $\mathbf{a}$ positiv definit (bzw. negativ definit, bzw. indefinit). In dieser Umgebung ist die rechte Seite von (10) im Fall a) stets positiv, im Fall b) stets negativ, also $f(\mathbf{x}) \geq f(\mathbf{a})$ bzw. $f(\mathbf{x}) \leq f(\mathbf{a})$. Im Fall c) nimmt $f(\mathbf{x}) - f(\mathbf{a})$ in jeder Umgebung von $\mathbf{a}$ sowohl positive als auch negative Werte an. □

Spezialfall $n = 2$. Sei $\mathbf{a} = (a_1, a_2)$ stationärer Punkt einer $\mathscr{C}^1$-Funktion f in 2 Variablen. Unter Berücksichtigung des Positivitäts-Tests (→ Kap. 6, 7.5) liefert in diesem Fall Satz 3.4 mit der Hesse-Matrix

$$H_f(\mathbf{a}) = \begin{pmatrix} f_{xx}(\mathbf{a}) & f_{xy}(\mathbf{a}) \\ f_{yx}(\mathbf{a}) & f_{yy}(\mathbf{a}) \end{pmatrix}$$

den **Extremstellen-Test für 2 Variable:**

> $\mathbf{a} = (a_1.a_2)$ *stationärer Punkt*, d.h. $f_x(\mathbf{a}) = f_y(\mathbf{a}) = 0$.
>
> a) $\det H_f(\mathbf{a}) > 0,\ f_{xx}(\mathbf{a}) > 0 \Rightarrow \mathbf{a}$ lokale Minimalstelle,
>
> b) $\det H_f(\mathbf{a}) > 0,\ f_{xx}(\mathbf{a}) < 0 \Rightarrow \mathbf{a}$ lokale Maximalstelle,
>
> c) $\det H_f(\mathbf{a}) < 0 \Rightarrow \mathbf{a}$ ist Sattelpunkt.

Im Fall $\det H_f(\mathbf{a}) = 0$ gehe man zurück zur Funktion (bzw. zur Fläche $z = f(x, y)$) und untersuche verschiedene Schnitte.

Beispiel 1. (n=2) Die Funktion

$$f(x, y) = 2x^4 + y^4 - 2x^2 - 2y^2,$$

$(x, y) \in \mathbb{R}^2$, hat 9 stationäre Punkte

$$\mathbf{a}_1 = (0,0)\ , \qquad \mathbf{a}_2 = (0,1)\ ,$$
$$\mathbf{a}_3 = (0,-1)\ , \qquad \mathbf{a}_4 = (\frac{1}{\sqrt{2}},0)\ ,$$
$$\mathbf{a}_5 = (\frac{1}{\sqrt{2}},1)\ , \qquad \mathbf{a}_6 = (\frac{1}{\sqrt{2}},-1)\ ,$$
$$\mathbf{a}_7 = (-\frac{1}{\sqrt{2}},0)\ , \qquad \mathbf{a}_8 = (-\frac{1}{\sqrt{2}},1)\ ,$$
$$\mathbf{a}_9 = (-\frac{1}{\sqrt{2}},-1)\ .$$

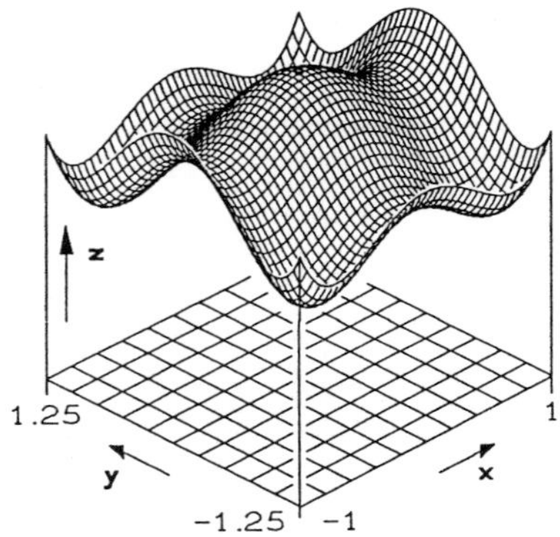

Abb. 186 – $z = 2x^4 + y^4 - 2x^2 - 2y^2$

Für diese Punkte gilt

	$\mathbf{a}_1$	$\mathbf{a}_2$	$\mathbf{a}_3$	$\mathbf{a}_4$	$\mathbf{a}_5$	$\mathbf{a}_6$	$\mathbf{a}_7$	$\mathbf{a}_8$	$\mathbf{a}_9$
$f_{xx}(\mathbf{a}_i)$	−4	−4	−4	8	8	8	8	8	8
$f_{yy}(\mathbf{a}_i)$	−4	8	8	−4	8	8	−4	8	8
$f_{xy}(\mathbf{a}_i)$	0	0	0	0	0	0	0	0	0
$\det H_f(\mathbf{a}_i)$	16	−32	−32	−32	64	64	−32	64	64

Demnach hat f bei $\mathbf{a}_1$ ein lokales Maximum, bei $\mathbf{a}_5$, $\mathbf{a}_6$, $\mathbf{a}_8$, $\mathbf{a}_9$ lokale Minima und Sattelpunkte in $\mathbf{a}_2$, $\mathbf{a}_3$, $\mathbf{a}_4$, $\mathbf{a}_7$. □

Beispiel 2 ($n = 3$). Die Funktion

$$u(x, y, t) = \sin x \cos y \cos(x + y) \cos(x - y) \cos \omega t$$

beschreibt für $t \geq 0$ die *Transversalschwingung* einer *biegeweichen Membran* in dem Quadrat $D : |x| + |y| \leq \frac{\pi}{2}$ (→ §2, Aufg. 8). Wann und wo die größte Auslenkung eintritt, ist bestimmt durch grad $u(x, y, t) = 0$. Die Bedingung $u_t = 0$ führt auf

$$\sin x \cos y \cos(x + y) \cos(x - y) \sin \omega t = 0 \ ,$$

d.h. $t = \frac{k\pi}{\omega}$ $(k = 0, \pm 1, \ldots)$ oder $x = 0$ oder $y = \frac{\pi}{2}$ oder $|x| + |y| = \frac{\pi}{2}$; letzteres sind Randpunkte und $x = 0$ ist eine Knotenlinie. Differentiation nach x bzw. y liefert

$$\begin{aligned} u_x &= \cos y \cos x [\cos(x + y) \cos(x - y) - 2 \sin^2 x] \cos \omega t \ , \\ u_y &= -\sin x \sin y [\cos(x + y) \cos(x - y) + 2 \cos^2 y] \cos \omega t \ . \end{aligned}$$

Da $\cos x$ und $\cos y$ nur im Rand verschwinden, bleibt nur der Fall $y = 0$ und $\cos^2 x - 2 \sin^2 x = 0$. Das liefert die beiden Punkte

$$(x, y) = (\pm \arccos \sqrt{\frac{2}{3}}, 0) \ .$$

Für $t = \frac{k\pi}{\omega}$ ist somit die maximale Auslenkung $u = \pm \frac{2}{9}\sqrt{3}$. □

*** 3.5 Ausgleichsrechnung.** Sind in der Praxis die Werte gewisser Konstanten $x_1, \ldots, x_n$ aus experimentellen Messungen zu bestimmen, so treten folgende Probleme auf:

a) Jede Beobachtung birgt einen Meßfehler, daher werden zur Sicherheit stets mehr Messungen durchgeführt, als zur eindeutigen Bestimmung der x_i nötig sind.

b) Im allgemeinen sind die Werte x_i nicht unmittelbar meßbar, sondern nur implizit über die (bekannten) Gesetzmäßigkeiten des Versuchsaufbaus aus den Meßgrößen $y_1, \ldots, y_m$ ableitbar.

Nach Abschluß der Messungen liegt somit ein *überbestimmtes Gleichungssystem* für die x_i vor:

$$\begin{aligned} y_1 &= f_1(x_1, \ldots, x_n) \ , \\ &\vdots \qquad \vdots \\ y_m &= f_m(x_1, \ldots, x_n) \ . \end{aligned} \qquad m > n \ . \tag{11}$$

Nimmt man an, daß jede der Größen y_i mit derselben Meßunsicherheit behaftet ist, so wendet man seit C. F. GAUSS die *Methode der kleinsten Quadrate* an, um eine „Lösung“ $\mathbf{x}$ zu bestimmen, welche die unvermeidlichen Reste

$y_i - f_i(x_1, \ldots, x_n)$ gleichmäßig minimiert, d.h. für welche

$$F(x_1, \ldots, x_n) := \sum_{i=1}^{m} \big(y_i - f_i(x_1, \ldots, x_n)\big)^2 = \min!$$

Man bezeichnet ein solches $\mathbf{x}$ als *„im quadratischen Mittel beste"* oder *„ausgleichende"* Lösung von (11) und unterscheidet zwischen *linearen* und *nichtlinearen Ausgleichsproblemen*, je nachdem ob alle Funktionen f_i linear in den x_i sind oder nicht.

① **Lineare Ausgleichsprobleme.** In diesem Falle stellt (11) ein überbestimmtes lineares Gleichungssystem dar,

$$A\mathbf{x} = \mathbf{y}\ , \quad A \in \mathbb{R}^{m \times n}\ , \ m > n\ ,$$

es führt auf das Minimalproblem

$$F(\mathbf{x}) = |A\mathbf{x} - \mathbf{y}|^2 = \min! \tag{12}$$

mit quadratischem Polynom

$$F(\mathbf{x}) = (A\mathbf{x} - \mathbf{y})^T (A\mathbf{x} - \mathbf{y}) = \mathbf{x}^T A^T A \mathbf{x} - 2\mathbf{x}^T A^T \mathbf{y} + \mathbf{y}^T \mathbf{y}\ .$$

Daher ist Satz 3.3 anwendbar und man erhält als *notwendige Bedingung* für die Lösung von (12) mit Formel (11) aus §2

$$\operatorname{grad} F(\mathbf{x}) = 2A^T A\mathbf{x} - 2A^T \mathbf{y} = 0\ ;$$

das ist ein lineares $n \times n$-Gleichungssystem

$$\boxed{A^T A \mathbf{x} = A^T \mathbf{y}\ .} \tag{13}$$

Man nennt (13) die *Gauß-Normalgleichung* des linearen Ausgleichsproblems (12).

Beispiel. Wird ein Fahrzeug aus der Geschwindigkeit v auf Stillstand herabgebremst, so setzt man für den Bremsweg y eine quadratische Abhängigkeit von v an

$$y = av^2 + bv + c\ .$$

Zur Bestimmung von a, b, c werden 5 Messungen durchgeführt

v_i[km/h]	9	17	17	25	35
y_i[m]	3	9	5	14	23

Die Normalgleichung

$$\begin{pmatrix} \sum v_i^4 & \sum v_i^3 & \sum v_i^2 \\ \sum v_i^3 & \sum v_i^2 & \sum v_i \\ \sum v_i^2 & \sum v_i & \sum 1 \end{pmatrix} \begin{pmatrix} a \\ b \\ c \end{pmatrix} = \begin{pmatrix} \sum v_i^2 y_i \\ \sum v_i y_i \\ \sum y_i \end{pmatrix}$$

ergibt ohne Maßeinheiten das Gleichungssystem mit Koeffizientenmatrix

$$\left(\begin{array}{ccc|c} 2064853 & 69055 & 2509 & 41214 \\ 69055 & 2509 & 103 & 1420 \\ 2509 & 103 & 5 & 54 \end{array}\right)$$

und eindeutiger Lösung

$$a \approx 0.012\,,\quad b \approx 0.259\,,\quad c \approx -0.525\;. \quad \square$$

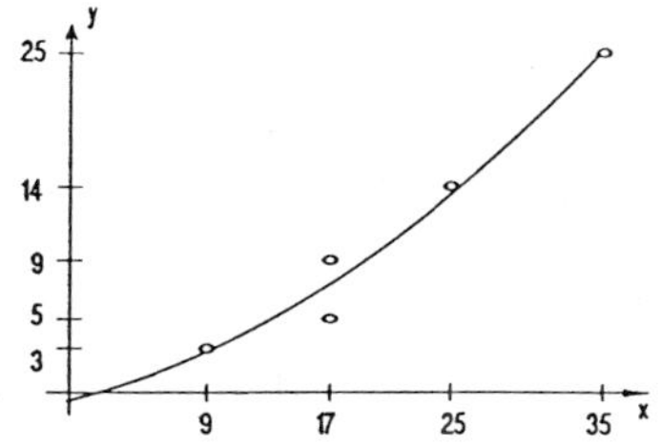

Abb. 187 – Ausgleichende Parabel

Allgemein gilt

Satz 3.5.

a) *Das lineare Ausgleichsproblem (12) ist immer lösbar.*

b) *Die Lösungen von (12) und (13) stimmen überein.*

c) *Für zwei Lösungen* $\mathbf{x}, \mathbf{x}_0$ *von (12) oder (13) gilt stets* $A\mathbf{x} = A\mathbf{x}_0$. *Ist* $\operatorname{Rang} A = n$, *so ist die Ausgleichslösung eindeutig.*

Beweis. a): Da $F(\mathbf{x}) \geq 0$ für alle $\mathbf{x} \in \mathbb{R}^n$, muß jede Normalform des quadratischen Polynoms $F(\mathbf{x})$ die Gestalt $\alpha_1^2 z_1^2 + \cdots + \alpha_r^2 z_r^2 + \gamma^2$ besitzen (→ Kap. 6, 7.3). Der minimale quadratische Fehler ist also γ^2, er wird in den Punkten mit den z-Koordinaten $z_1 = \ldots = z_r = 0$ angenommen.
b): Mit Satz 3.3 erfüllt jede Minimalstelle $\mathbf{x}_0$ die Normalgleichung (13). Ist umgekehrt $\mathbf{x}_0$ eine Lösung von (13), so gilt $A^T(A\mathbf{x}_0 - \mathbf{y}) = 0$, d.h. das Residuum $\mathbf{r} = A\mathbf{x}_0 - \mathbf{y}$ ist orthogonal zu allen Spalten von A und damit orthogonal zu $A\mathbf{x}$ für jedes $\mathbf{x} \in \mathbb{R}^n$, folglich gilt

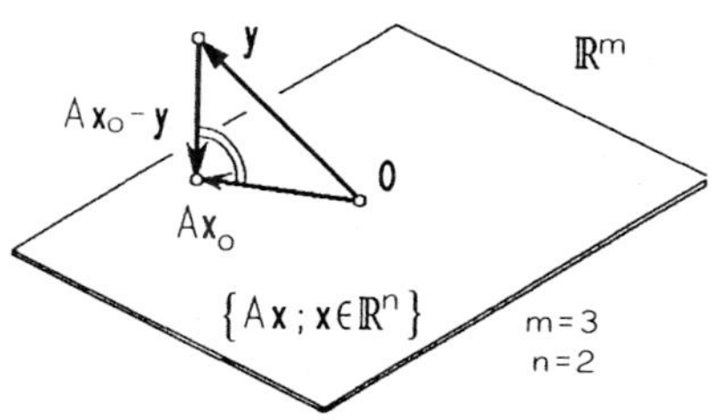

Abb. 188 – Lineare Ausgleichung

(14) $$|A\mathbf{x} - \mathbf{y}|^2 = |A\mathbf{x} - A\mathbf{x}_0 + A\mathbf{x}_0 - \mathbf{y}|^2 = |A\mathbf{x} - A\mathbf{x}_0|^2 + |\mathbf{r}|^2 \geq |\mathbf{r}|^2\;.$$

Daher nimmt $|A\mathbf{x} - \mathbf{y}|^2$ sein Minimum $\gamma^2 = \mathbf{r}^2$ für $\mathbf{x} = \mathbf{x}_0$ an.
c): Ist $\mathbf{x}$ eine weitere Lösung von (12), so muß mit (14) $|A\mathbf{x} - A\mathbf{x}_0| = 0$ sein. Für $\operatorname{Rang} A = n$ folgt aus $A(\mathbf{x} - \mathbf{x}_0) = 0$ sofort $\mathbf{x} = \mathbf{x}_0$. $\square$

Der Satz zeigt bereits zwei Wege auf, wie man im konkreten Fall die Ausgleichslösung bestimmen kann:

1. Weg (Direkte Lösung der Normalgleichung).
Berechne $B = A^T A$, $\mathbf{z} = A^T \mathbf{y}$ und löse $B\mathbf{x} = \mathbf{z}$ mit Gauss-Elimination.

2. Weg (Über orthogonale Transformation).
Mittels ebener Drehungen, Spiegelungen oder über das SCHMIDT-Orthogona-

lisierungsverfahren wird sukzessive eine orthogonale Matrix P berechnet, so daß PA obere Dreiecksgestalt besitzt, d.h.

$$PA = \begin{pmatrix} D \\ 0 \end{pmatrix} \begin{matrix} \} \, n \\ \} \, m-n \end{matrix}, \quad D = \begin{pmatrix} * & \cdots & * \\ & \ddots & \\ 0 & & * \end{pmatrix}.$$

Mit $\mathbf{h} := P\mathbf{y} = \begin{pmatrix} \mathbf{h}_1 \\ \mathbf{h}_2 \end{pmatrix}$, $\mathbf{h}_1 \in \mathbb{R}^n$, $\mathbf{h}_2 \in \mathbb{R}^{m-n}$ folgt damit (→ Kap. 6, Satz 6.2) $|A\mathbf{x} - \mathbf{y}|^2 = |PA\mathbf{x} - P\mathbf{y}|^2 = |D\mathbf{x} - \mathbf{h}_1|^2 + |\mathbf{h}_2|^2$. Das Minimum wird also erreicht, wenn $D\mathbf{x} = \mathbf{h}_1$. Dieses $n \times n$ Gleichungssystem besitzt bereits Stufenform und ist daher leicht aufzulösen.

In der Anwendung ist der zweite Weg zwar aufwendiger, aber in den numerischen Ergebnissen dafür zuverlässiger.

In der folgenden `Procedure Linfit` wird (nach Weg 2) $A\mathbf{x} = \mathbf{y}$ über sog. HOUSEHOLDER-Spiegelungen auf Stufenform gebracht. (Zur Vereinfachung wird die rechte Seite $\mathbf{y}$ als $(n+1)$-te Spalte einer $m \times (n+1)$-Matrix `A(I,K)` gespeichert.)

```
Procedure Linfit
  ' ---- n Householder-Spiegelungen
  For I=1 To N
    S=0
    For J=I To M
      S=S+A(J,I)*A(J,I)
    Next J
    If S=0 Then
      Print "Matrix singulaer"
      End
    Endif
    V=Sqr(S)
    If A(I,I)>0 Then
      V=-V
    Endif
    X(I)=V
    F=S-V*A(I,I)
    A(I,I)=A(I,I)-V
    For K=I+1 To N+1
      S=0
      For J=I To M
        S=S+A(J,I)*A(J,K)
      Next J
      S=S/F
      For J=I To M
        A(J,K)=A(J,K)-A(J,I)*S
      Next J
    Next K
  Next I
  ' ----- Aufloesung ------------
  X(N)=A(N,N+1)/X(N)
  For I=N-1 To 1 Step -1
    S=A(I,N+1)
    For J=I+1 To N
      S=S-A(I,J)*X(J)
    Next J
    X(I)=S/X(I)
  Next I
Return
```

② **Nichtlineare Ausgleichsprobleme.** In diesem Falle kann die „beste Lösung" von (11) meist nur angenähert bestimmt werden. Das einfachste Verfahren wurde bereits im Beispiel von 3.1 vorgestellt: Man wendet das Gradientenverfahren auf die Funktion $F(\mathbf{x}) = |\mathbf{y} - f(\mathbf{x})|^2$ an. In vielen Fällen ist es jedoch vorteilhafter, für einen Näherungswert $\bar{\mathbf{x}}$, der verbessert werden soll, die lineare Approximation bereits in den Gleichungen (11) durchzuführen:

$$\begin{aligned} y_1 &= f_1(\bar{\mathbf{x}}) + \operatorname{grad} f_1(\bar{\mathbf{x}}) \cdot (\mathbf{x} - \bar{\mathbf{x}}) + o(|\mathbf{x} - \bar{\mathbf{x}}|) \ , \\ &\vdots \qquad\qquad\quad \vdots \\ y_m &= f_m(\bar{\mathbf{x}}) + \operatorname{grad} f_m(\bar{\mathbf{x}}) \cdot (\mathbf{x} - \bar{\mathbf{x}}) + o(|\mathbf{x} - \bar{\mathbf{x}}|) \ . \end{aligned}$$

Anstelle von $|\mathbf{y} - f(\mathbf{x})| = \min!$ wird somit das lineare Ausgleichsproblem

$$(15) \qquad |\mathbf{y} - f(\bar{\mathbf{x}}) - \mathcal{J}_f(\bar{\mathbf{x}})(\mathbf{x} - \bar{\mathbf{x}})|^2 = \min!$$

gelöst, wobei die $m \times n$-Matrix ($\rightarrow$ §4) $\mathcal{J}_f(\bar{\mathbf{x}}) = \begin{pmatrix} (\operatorname{grad} f_1(\bar{\mathbf{x}}))^T \\ \vdots \\ (\operatorname{grad} f_m(\bar{\mathbf{x}}))^T \end{pmatrix}$

die *Funktional-* oder JACOBI-*Matrix* von $\mathbf{f} : \mathbb{R}^n \rightarrow \mathbb{R}^m$ an der Stelle $\bar{\mathbf{x}}$ bezeichnet. Die Lösung $\mathbf{x} - \bar{\mathbf{x}}$ von (15) liefert dann die Richtung, in welcher der nächste verbesserte Näherungswert $\hat{\mathbf{x}}$ für die Ausgleichslösung zu suchen ist. Genauso wie beim Gradientenverfahren wird $\hat{\mathbf{x}}$ durch fortschreitende Halbierung von $\mathbf{x} - \bar{\mathbf{x}}$ so bestimmt, daß $|\mathbf{y} - f(\hat{\mathbf{x}})| < |\mathbf{y} - f(\bar{\mathbf{x}})|$.

```
'Programm NLSQ -----------------
Dim F(6),X(3),A(6,4),T(6),X(3)
M=6
N=3
For I=1 to M
  Input "t(i), y(i)= ",T(I),Y(I)
Next I
Input "a,b,c= ",A,B,C
Gosub F(A,B,C)
FO=F
L=0
Repeat
  For I=1 To M
    A(I,1)=1
    A(I,2)=Exp(C*T(I))
    A(I,3)=B*T(I)*Exp(C*T(I))
    A(I,4)=F(I)
  Next I
  Gosub Linfit
  Lambda=1
  Repeat
    A1=A+Lambda*X(1)
    B1=B+Lambda*X(2)
    C1=C+Lambda*X(3)
    Gosub F(A1,B1,C1)
    Exit If F<FO
    Lambda=Lambda/2
  Until Lambda<0.002
  Exit If (Lambda<0.002)
  If F<FO Then
    A=A1
    B=B1
    C=C1
    FO=F
  Endif
  L=L+1
Until L=30
Print "Steps, a, b, c= ",L,A,B,C
End
'-------------------------------
Procedure F(A,B,C)
  F=0
  For I=1 To M
    F(I)=Y(I)-A-B*Exp(C*T(I))
    F=F+F(I)*F(I)
  Next I
  F=Sqr(F)
Return
```

Beispiel. Die Temperatur y eines Körpers klingt als Funktion der Zeit t exponentiell auf einen asymptotischen Wert a ab. Für die nichtlineare Abhängigkeit

$$y(t) = a + be^{ct}$$

sollen die Konstanten $a, b\,[°C]$ und $c\,[\text{Std}^{-1}]$ durch Ausgleichsrechnung aus 6 Meßwerten bestimmt werden:

t_i	1	2	3	5	7	8
y_i	10	8	6	5.5	5.2	5

Mit $\operatorname{grad} f_i(a,b,c)^T = (1, e^{ct_i}, bt_i e^{ct_i})$ liefert das `Programm NLSQ` für die Startwerte $a = 5$, $b = 1$, $c = -1$ nach 8 Schritten die Ausgleichslösung

$$a \approx 5.00892\ , \quad b \approx 9.69136\ , \quad c \approx -0.64798\ .$$

In jedem Näherungsschritt wird das lineare Ausgleichsproblem mit der `Procedure LINFIT` gelöst. □

3.6 Extremwertaufgaben mit Nebenbedingungen. In zahlreichen Extremwertaufgaben $f(x_1,\ldots,x_n) = \text{Extr!}$ ist die Menge der zulässigen Punkte $\mathbf{x} = (x_1,\ldots,x_n)$ eingeschränkt durch eine oder mehrere Nebenbedingungen der Form $g_1(x_1,\ldots,x_n) = 0, \ldots, g_k(x_1,\ldots,x_n) = 0$; d.h., die zulässigen $\mathbf{x}$ liegen auf einer Hyperfläche oder im Durchschnitt verschiedener Hyperflächen.
Wir behandeln zuerst den Fall $k = 1$.

Sei $M := \{\mathbf{x} \in \mathbb{R}^n\ ;\ g(\mathbf{x}) = 0\}$. Man sagt, $\mathbf{a} \in M$ ist eine *Maximalstelle (Minimalstelle) von f unter der Nebenbedingung* $g(\mathbf{x}) = 0$, wenn es eine Umgebung $U_r(\mathbf{a})$ gibt, so daß $f(\mathbf{x}) \le f(\mathbf{a})$ $\quad (f(\mathbf{a}) \le f(\mathbf{x}))$ gilt für alle $\mathbf{x} \in U_r(\mathbf{a}) \cap M$. Die entsprechende Aufgabe kennzeichnen wir durch

$$f(\mathbf{x}) = \text{Extr!} \qquad \text{NB.} \quad g(\mathbf{x}) = 0\ .$$

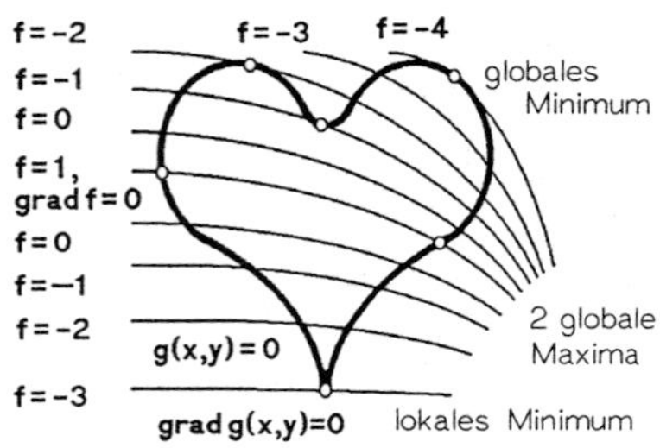

Abb. 189 – $f(x) = \text{Extr!}$, $g(x) = 0$

1. Methode (Die explizite Methode). Man löst, falls möglich, $g(\mathbf{x}) = 0$ nach einer Variablen auf, sagen wir $x_n = h(x_1,\ldots,x_{n-1})$, und eliminiert über diese Substitution x_n aus f. Es entsteht das Extremalproblem ohne Nebenbedingungen:

$$f(x_1,\ldots,x_{n-1}, h(x_1,\ldots,x_{n-1})) = \text{Extr!}$$

Beispiel. Gesucht sind die wärmsten und die kältesten Punkte auf der Sphäre $x^2+y^2+z^2 = 1$ bei einer Temperaturverteilung $T(x,y,z) = xy+xz$. Da in (x,y,z) und $(-x,-y,-z)$ dieselbe Temperatur herrscht, genügt es, die Extremwerte auf der Hemisphäre $x = \sqrt{1-y^2-z^2}$ zu bestimmen.

$$F(y,z) := T\big(x(y,z), y, z\big) = (y+z)\sqrt{1-y^2-z^2} = \text{Extr!}$$

Auf dem Kreis $x = 0$, $y^2+z^2 = 1$ gibt es keine Punkte extremaler Temperatur, dort ist $T = 0$. Für $y^2+z^2 < 1$ berechnen wir über $F_y = F_z = 0$ die stationären

Punkte. Für diese muß gelten

$$2y^2 + z^2 + yz = 1\ , \quad y^2 + 2z^2 + yz = 1\ .$$

Man erhält also für $y^2 + z^2 < 1$ nur die Lösungen $y = z = \pm\frac{1}{2}$ und damit auf der Sphäre die möglichen Extremalpunkte

$$\mathbf{a} = (\frac{1}{\sqrt{2}}, \frac{1}{2}, \frac{1}{2})\ , \qquad -\mathbf{a} = (-\frac{1}{\sqrt{2}}, -\frac{1}{2}, -\frac{1}{2})\ ,$$
$$\mathbf{b} = (\frac{1}{\sqrt{2}}, -\frac{1}{2}, -\frac{1}{2})\ , \quad -\mathbf{b} = (-\frac{1}{\sqrt{2}}, \frac{1}{2}, \frac{1}{2})\ .$$

Die stetige Temperaturverteilung hat auf der Sphäre Punkte minimaler und maximaler Temperatur (→ Satz 2.1), daher sind wegen $T(\mathbf{a}) = T(-\mathbf{a}) = \frac{1}{4}\sqrt{2}$, $T(\mathbf{b}) = T(-\mathbf{b}) = -\frac{1}{4}\sqrt{2}$ die Punkte **a**, **−a** die Maximalstellen, **b**, **−b** die Minimalstellen. □

2. Methode (Parametrisierung der Nebenbedingungen). Im Fall zweier Variablen, beispielsweise, bestimmt man eine Parameterdarstellung $x = x(t)$, $y = y(t)$, $t \in I$, der Kurve $g(x, y) = 0$ und löst für $F(t) := f(x(t), y(t))$ das gewöhnliche Extremalproblem $F(t) = \text{Extr!}$ (→ Kap. 3, §2, dabei sind die Randpunkte von I nicht zu vergessen!).

Die **3. Methode** (die Lagrange-Multiplikatorregel) basiert auf der folgenden Beobachtung

Satz 3.6. *Zu jeder Lösung* **a** *des Extremalproblems*

$$f(\mathbf{x}) = \text{Extr!} \qquad \text{NB.} \quad g(\mathbf{x}) = 0$$

mit $\mathscr{C}^1$*-Funktionen* f, g *und* $\operatorname{grad} g(\mathbf{a}) \neq 0$ *gibt es eine Zahl* $\lambda_0 \in \mathbb{R}$, *so daß gilt*

$$\operatorname{grad} f(\mathbf{a}) + \lambda_0 \operatorname{grad} g(\mathbf{a}) = 0\ .$$

Beweis. Sei $\mathbf{a} = (a_1, \ldots, a_n)$. Wegen $\operatorname{grad} g(\mathbf{a}) \neq 0$ können wir (nach evtl. Umnumerierung) $g_{x_n}(\mathbf{a}) \neq 0$ annehmen. Dann ist nach dem Satz über implizite Funktionen die Nebenbedingung $g(x_1, \ldots, x_n) = 0$ „lokal" (um $\mathbf{x} = \mathbf{a}$) nach x_n auflösbar, $x_n = h(x_1, \ldots, x_{n-1})$. Die Voraussetzung besagt nun, daß $f(x_1, \ldots, x_{n-1}, h(x_1, \ldots, x_{n-1}))$ in $(a_1, \ldots, a_{n-1})$ ein lokales Extremum besitzt. Folglich gilt (→ Satz 2.6 und Satz 3.2)

$$\begin{aligned} 0 &= f_{x_i}(\mathbf{a}) + f_{x_n}(\mathbf{a}) h_{x_i}(a_1, \ldots, a_{n-1}) \\ &= f_{x_i}(\mathbf{a}) - f_{x_n}(\mathbf{a}) g_{x_i}(\mathbf{a}) g_{x_n}(\mathbf{a})^{-1} \qquad (1 \le i \le n-1)\ . \end{aligned}$$

Mit $\lambda_0 := -f_{x_n}(\mathbf{a}) g_{x_n}(\mathbf{a})^{-1}$ folgt die Behauptung. □

Geometrische Interpretation. Unter den Annahmen von Satz 3.6 müssen die Gradienten von f und g in einem Extremalpunkt parallel sein.

Im Falle $n = 2$ bedeutet dies, daß sich die Kurve $g(\mathbf{x}) = 0$ und die Niveaulinie $f(\mathbf{x}) = f(\mathbf{a})$ im Extremalpunkt berühren.

λ_0 heißt *Lagrange-Multiplikator* und das sich aus dem Satz ergebende Lösungsverfahren die

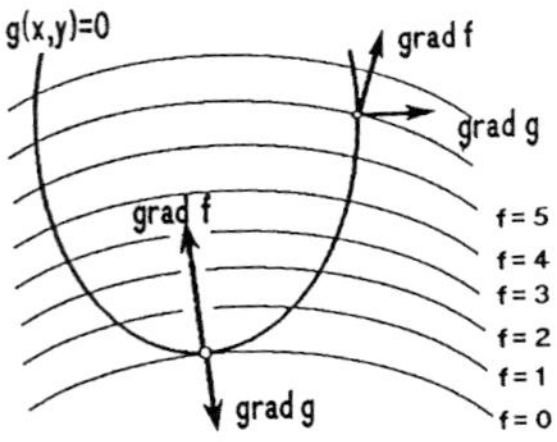

Abb. 190 – Lagrange-Multiplikator

Lagrange-Multiplikatorregel:

1. Schritt. Man bildet die Hilfsfunktion

$$L(x_1, \ldots, x_n, \lambda) = f(x_1, \ldots, x_n) + \lambda g(x_1, \ldots, x_n)$$

in $n+1$ Variablen $x_1, \ldots, x_n, \lambda$ und berechnet grad L.

2. Schritt. Man bestimmt die Lösungen $(a_1, \ldots, a_n, \lambda_0)$ des i.a. nichtlinearen Gleichungssystems $\operatorname{grad} L(x_1, \ldots, x_n, \lambda) = 0$, d.h.

$$\begin{array}{rcl} L_{x_1} &=& f_{x_1}(x_1, \ldots, x_n) + \lambda g_{x_1}(x_1, \ldots, x_n) = 0 \\ L_{x_2} &=& f_{x_2}(x_1, \ldots, x_n) + \lambda g_{x_2}(x_1, \ldots, x_n) = 0 \\ \vdots & & \vdots \qquad\qquad\qquad \vdots \\ L_{x_n} &=& f_{x_n}(x_1, \ldots, x_n) + \lambda g_{x_n}(x_1, \ldots, x_n) = 0 \\ L_\lambda &=& \qquad\quad g(x_1, \ldots, x_n) \qquad\qquad = 0 \end{array}$$

3. Schritt. Man untersucht, welche der gefundenen Werte $(a_1, \ldots, a_n)$ tatsächlich Extremalstellen sind. λ_0 spielt keine Rolle mehr. Die Kriterien, ob ein Extremum vorliegt oder nicht, sind äußerst unhandlich. In den meisten praktischen Problemen lassen sich die Extrema unter gefundenen Punkten „aus physikalischen Gründen" oder durch direkten Vergleich der Funktionswerte erkennen. Schließlich sind noch die Punkte $\mathbf{b}$, in denen f, g nicht differenzierbar sind oder für die $\operatorname{grad} g(\mathbf{b}) = 0$ ist, getrennt zu untersuchen (→ Abb. 189).

Völlig analog verfährt man bei k $(k < n)$ Nebenbedingungen:
Sind $f, g_1, \ldots, g_k$ $\mathscr{C}^1$-Funktionen und $\operatorname{grad} g_1(\mathbf{x}), \ldots, \operatorname{grad} g_k(\mathbf{x})$ für alle $\mathbf{x} \in M$, $M = \{\mathbf{x} \in \mathbb{R}^n \; ; \; g_1(\mathbf{x}) = \cdots = g_k(\mathbf{x}) = 0\}$, linear unabhängig, dann findet man die Lösung des Extremalproblems mit den Nebenbedingungen

$$f(x_1, \ldots, x_n) = \text{Extr!} \qquad \text{NB.} \quad g_1(x_1, \ldots, x_n) = \cdots = g_k(x_1, \ldots, x_n) = 0$$

unter den stationären Punkten der Lagrange-Hilfsfunktion

$$L(x_1, \ldots, x_n, \lambda_1, \ldots, \lambda_k) = f(\mathbf{x}) + \lambda_1 g_1(\mathbf{x}) + \cdots + \lambda_k g_k(\mathbf{x}) \; .$$

Beispiel 1. Es ist das Volumen des größten Quaders mit achsenparallelen Kanten innerhalb des Ellipsoids $\dfrac{x^2}{a^2} + \dfrac{y^2}{b^2} + \dfrac{z^2}{c^2} = 1$ zu bestimmen.

Das Problem

$$V = (2x)(2y)(2z) = 8xyz = \max! \qquad \text{NB.} \quad \frac{x^2}{a^2} + \frac{y^2}{b^2} + \frac{z^2}{c^2} - 1 = 0$$

wird mit der Multiplikatorregel gelöst.

1. Schritt. Die Hilfsfunktion: $L(x, y, z, \lambda) = 8xyz + \lambda(\frac{x^2}{a^2} + \frac{y^2}{b^2} + \frac{z^2}{c^2} - 1)$.

2. Schritt. grad $L = 0$:

$$\begin{aligned} L_x &= 8yz + \lambda\frac{2x}{a^2} &&= 0 \\ L_y &= 8xz + \lambda\frac{2y}{b^2} &&= 0 \\ L_z &= 8xy + \lambda\frac{2z}{b^2} &&= 0 \\ L_\lambda &= \frac{x^2}{a^2} + \frac{y^2}{b^2} + \frac{z^2}{c^2} - 1 &&= 0\,. \end{aligned}$$

Multiplikation der ersten (2., 3.) Gleichung mit x (bzw. y, z) ergibt $-4xyz = = \lambda\frac{x^2}{a^2} = \lambda\frac{y^2}{b^2} = \lambda\frac{z^2}{c^2}$, also $\lambda \neq 0$ ($\lambda = 0$ führt auf die Minimallösung $V = 0$) und $\frac{3x^2}{a^2} = 1$ bzw. $x = \frac{a}{\sqrt{3}}$, $y = \frac{b}{\sqrt{3}}$, $z = \frac{c}{\sqrt{3}}$.

Das maximale Volumen beträgt $V_{\max} = \frac{8}{9}\sqrt{3}abc$. □

Beispiel 2. Es sind die Scheitelpunkte der Ellipse $x^2+xy+y^2 = 5$ zu bestimmen, das sind die Punkte mit größten oder kleinsten Abstand zum Nullpunkt:

$$f(x, y) = x^2 + y^2 = \text{Extr!} \qquad \text{NB.} \quad x^2 + xy + y^2 - 5 = 0\,.$$

$$\begin{aligned} L = f + \lambda g &= x^2 + y^2 + \lambda(x^2 + xy + y^2 - 5)\,, \\ L_x &= 2x + \lambda(2x + y) = 0 \\ L_y &= 2y + \lambda(x + 2y) = 0 \\ L_\lambda &= x^2 + xy + y^2 - 5 = 0\,. \end{aligned}$$

Offenbar muß $\lambda \neq 0$ sein. $yL_x - xL_y = 0$ ergibt $x^2 - y^2 = 0$, d.h. $x = \pm y$. Aus $x = y$ folgt $x = \pm\sqrt{\frac{5}{3}}$ und aus $x = -y$ folgt $x = \pm\sqrt{5}$. Die Scheitelpunkte sind also $(\sqrt{\frac{5}{3}}, \sqrt{\frac{5}{3}})$, $(-\sqrt{\frac{5}{3}}, -\sqrt{\frac{5}{3}})$ und $(\sqrt{5}, -\sqrt{5})$, $(-\sqrt{5}, \sqrt{5})$.

Beispiel 3.

$$f(x_1, \ldots, x_n) = x_1^2 x_2^2 \cdots x_n^2 = \max! \qquad \text{NB.} \quad x_1^2 + \cdots + x_n^2 - 1 = 0\,.$$

Aus

$$\begin{aligned} 2x_1 x_2^2 x_3^2 \cdots x_n^2 + \lambda 2x_1 &= 0 \\ 2x_1^2 x_2 x_3^2 \cdots x_n^2 + \lambda 2x_2 &= 0 \\ &\vdots \\ 2x_1^2 \cdots x_{n-1}^2 x_n + \lambda 2x_n &= 0 \\ x_1^2 + \cdots + x_n^2 - 1 &= 0 \end{aligned}$$

folgt sofort $-x_1^2x_2^2\cdots x_n^2 = \lambda x_1^2 = \lambda x_2^2 = \cdots = \lambda x_n^2$, also $x_i^2 = \frac{1}{n}$. Wegen $f(0) = 0$ handelt es sich um die laut Satz 2.1 vorhandenen Maximalstellen; d.h. für alle Punkte der Sphäre $x_1^2 + \cdots + x_n^2 = 1$ gilt

$$x_1^2x_2^2\cdots x_n^2 \leq (\frac{1}{n})^n \; .$$

Sind $a_1, \ldots, a_n$ beliebige positive reelle Zahlen und

$$b_i^2 := \frac{a_i}{a_1 + \cdots + a_n}$$

dann gilt $b_1^2 + \cdots + b_n^2 = 1$ und damit $b_1^2b_2^2\cdots b_n^2 = \dfrac{a_1a_2\cdots a_n}{(a_1 + \cdots + a_n)^n} \leq (\frac{1}{n})^n$, d.h.

$$\sqrt[n]{a_1a_2\cdots a_n} \leq \frac{a_1 + \cdots + a_n}{n} \; .$$

Das geometrische Mittel ist nie größer als das arithmetischen Mittel. □

Beispiel 4. Es werden die Extremwerte der quadratischen Form $q(\mathbf{x}) = \mathbf{x}^T A\mathbf{x}$ auf der Sphäre $\{\, \mathbf{x} \in \mathbb{R}^n \; ; |\mathbf{x}| = 1 \,\}$ gesucht ($A = A^T \in \mathbb{R}^{n\times n}$):

$$\mathbf{x}^T A\mathbf{x} = \text{Extr!} \qquad \text{NB.} \quad 1 - \mathbf{x}^T\mathbf{x} = 0 \; .$$

Mit der Lagrange-Hilfsfunktion $L(\mathbf{x}, \lambda) = \mathbf{x}^T A\mathbf{x} + \lambda(1 - \mathbf{x}^T\mathbf{x})$ entsteht das Gleichungssystem (→ §2, (11))

$$L_{x_i} = 2\mathbf{e}_i^T A\mathbf{x} - 2\lambda x_i = 0$$
$$L_\lambda = 1 - \mathbf{x}^T\mathbf{x} = 0 \; ,$$

welches gleichbedeutend ist mit dem Eigenwertproblem $A\mathbf{x} = \lambda\mathbf{x}$, $|\mathbf{x}| = 1$. Die Extremwerte sind also unter $q(\mathbf{x}) = \mathbf{x}^T A\mathbf{x} = \lambda\mathbf{x}^T\mathbf{x} = \lambda$ zu suchen.

Ergebnis. Der kleinste Eigenwert von A ist das Minimum, der größte Eigenwert das Maximum der quadratischen Form $q(\mathbf{x}) = \mathbf{x}^T A\mathbf{x}$ auf der Sphäre $\{\mathbf{x} \in \mathbb{R}^n \; ; |\mathbf{x}| = 1\}$. Diese Extrema werden für die zugehörigen Eigenvektoren der Länge 1 angenommen.
Speziell: Der maximale (minimale) Wert der *Normalspannung* $\sigma = \mathbf{n}^T S\mathbf{n}$, $|\mathbf{n}| = 1$, in einem Punkt eines elastisch belasteten Körpers ist der größte (kleinste) Eigenwert des *Spannungstensors* S. Die entsprechenden Eigenvektoren bestimmen die *Hauptspannungsrichtungen*. (→ Kap. 6, 6.1, Bsp.9 und §7, Aufg. 7). □

Zusammen mit der Charakterisierung von Extremstellen im Innern eines Gebiets (→ 3.4) gilt für das Extremalproblem einer Funktion f auf dem durch Hyperflächen $g_i(\mathbf{x}) = 0$ begrenzten Bereich

$$U = \{\, \mathbf{x} \in \mathbb{R}^n \; ; g_1(\mathbf{x}) \leq 0, \ldots, g_r(\mathbf{x}) \leq 0 \,\} \quad :$$

Die Kandidaten für Extremstellen von $f : U \to \mathbb{R}$ sind

a) die Ecken von U (falls vorhanden, eindeutige Lösungen von möglichen Kombinationen $g_i(\mathbf{x}) = g_j(\mathbf{x}) = \cdots = g_k(\mathbf{x}) = 0$, sonst $g_l(\mathbf{x}) < 0$);

b) die Extremalstellen in den berandenden Kurven-, Flächen- und Hyperflächenstücken von U, die man entweder
   - mit der Lagrange-Multiplikatorregel

   oder
   - durch Parametrisierung bzw. Einsetzen der entsprechenden Nebenbedingungen

   bestimmt;

c) die stationären Stellen von f im Innern von U: $\{\mathbf{x} \in \mathbb{R}^n \; ; g_1(\mathbf{x}) < 0, \ldots, g_r(\mathbf{x}) < 0\}$;

d) die Punkte in U, in denen f nicht differenzierbar ist.

Der größte bzw. kleinste Funktionswert an den Stellen a), b), c), d) liefert das globale Maximum bzw. Minimum von f auf U.
Die Bestimmung der Ecken und der Stücke, die U beranden, ist für $n > 2$ meist sehr schwierig, im $\mathbb{R}^2$ über eine Skizze von U zu erledigen.

Beispiel. Gesucht sind die Extremwerte von $f(x, y) = 3x^2 - 2xy + y^2$ auf der Kreisscheibe $x^2 + y^2 \leq 1$. Fall a) und d) treten nicht auf.

c) Lokale Extremstellen im Innern $x^2 + y^2 < 1$.

$f_x = f_y = 0$; d.h. $\quad 6x - 2y = 0\,, \quad 2y - 2x = 0.$
Es gibt nur einen stationären Punkt $(x, y) = (0, 0)$ im Innern. Da $H_f(0, 0) = \begin{pmatrix} 6 & -2 \\ -2 & 2 \end{pmatrix}$ positiv definit ist, besitzt f in $(0, 0)$ ein lokales Minimum.

b) Die Extremstellen auf dem Rand

$$f(x, y) = \text{Extr!} \qquad \text{NB.} \quad x^2 + y^2 - 1 = 0$$

bestimmen wir mit der Multiplikatorregel:

$$\begin{aligned} L(x, y, \lambda) &= 3x^2 - 2xy + y^2 + \lambda(x^2 + y^2 - 1)\,. \\ L_x &= 6x - 2y + 2\lambda x = 0\,, \\ L_y &= -2x + 2y + 2\lambda y = 0\,, \\ L_\lambda &= x^2 + y^2 - 1 = 0\,. \end{aligned}$$

Wie in Beispiel 4 ist ein Eigenwertproblem zu lösen: Die Eigenwerte sind $\lambda_1 = 2 + \sqrt{2}$, $\lambda_2 = 2 - \sqrt{2}$, dazu die normierten Eigenvektoren

$$\mathbf{a} = \frac{1}{\sqrt{4 - 2\sqrt{2}}} \begin{pmatrix} 1 \\ 1 - \sqrt{2} \end{pmatrix}, \quad \mathbf{b} = \frac{1}{\sqrt{4 + 2\sqrt{2}}} \begin{pmatrix} 1 \\ 1 + \sqrt{2} \end{pmatrix}.$$

Globales Maximum in $\mathbf{a}$, $-\mathbf{a}$: $f(\mathbf{a}) = f(-\mathbf{a}) = \lambda_1 = 2 + \sqrt{2}$,
Globales Minimum in $\mathbf{0}$: $f(\mathbf{0}) = 0$. □

Aufgaben

1. Man bestimme für die Funktion

$$f(x,y) = x^2 e^{y/3}(y-3) - \frac{1}{2}y^2, \quad (x,y) \in \mathbb{R}^2,$$

- $\operatorname{grad} f$ und die Hesse-Matrix H_f,
- die Taylor-Annäherung 2. Ordnung im Punkt $(0,0)$,
- den Typ der Flächenpunkte auf dem Graphen $z = f(x,y)$ längs $x = 0$,
- die Taylor-Reihe von $f(x,y)$ samt Konvergenzbereich über die Exponentialreihe.

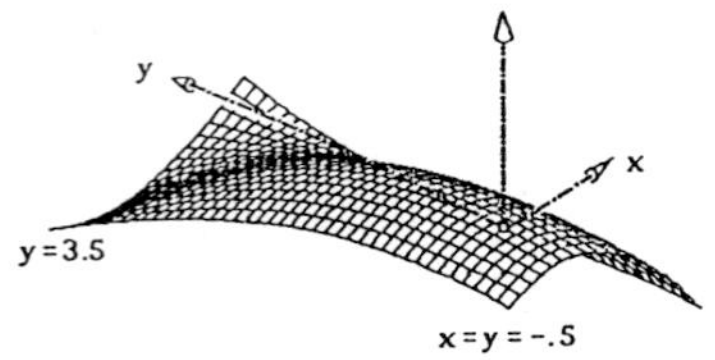

$z = x^2 exp(y/3)(y-3) - .5y^2$

2. Für die Funktion $f(x,y) = y^4 - 3xy^2 + x^3$ bestimme man
   a) die lokalen und die globalen Extremstellen und die Sattelpunkte,
   b) die Extremwerte auf $\{(x,y) : |x| \le \frac{5}{2},\ |y| \le 2\}$.
   c) die Taylor-Reihe im Punkt $(\frac{3}{2}, \frac{3}{2})$.

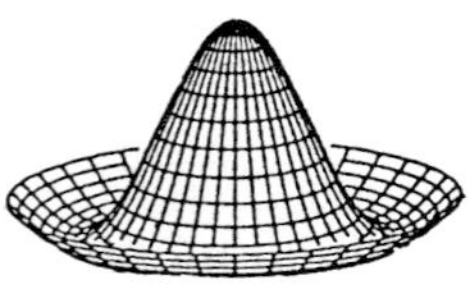

3. Für die Funktion

$$f(x,y) = \begin{cases} \dfrac{\sin 2\sqrt{x^2+y^2}}{\sqrt{x^2+y^2}} & , (x,y) \ne (0,0) \\ 2 & , (x,y) = (0,0) \end{cases}$$

bestimme man:
   a) die Tangentialebene an den Graphen $z = f(x,y)$ im Punkt $(\frac{\pi}{2}, 0, 0)$.
   b) die Taylor-Entwicklung bis zur 2. Ordnung in $(0,0)$ und $(\frac{\pi}{2}, 0)$.

4. Man entwickle nach der Taylorformel bis zur 2. Potenz von x, y:
   a) $f(x,y) = x^2 \sin \frac{xy}{2}$ um $(1,\pi)$,
   b) $f(x,y) = (x^2 - 2y^2) \cdot (4+xy)^{-1/2}$ um $(0,0)$,
   c) $f(x,y) = x^2 - \cos(\frac{x}{y})$ in $(\pi, 1)$.

5. Man bestimme und skizziere den Bereich der Halbebene $x > 0$, in dem die Hesse-Matrix $H_g(x,y)$ der Funktion $g(x,y) = x^y$, $x > 0$, indefinit ist.

6. Man bestätige, daß $y + 2x = e^{2y/x}$ für $x > 0$ zwei verschiedene Auflösungen $y = f(x)$ besitzt und bestimme deren gemeinsamen Definitionsbereich.
Man bestimme und diskutiere die Stellen mit $f'(x) = 0$ und skizziere beide Graphen.
Wie lauten die entsprechenden Antworten für die Auflösung $x = g(y)$?

7. Gegeben ist die Kurve $g(x,y) = 12y^5 - 20xy^3 + 5x^4 = 0$, $x > 0$, $y > 0$.
   a) In der Umgebung welcher Punkte ist implizit eine Funktion $y = f(x)$ bestimmt? Berechne dort $f' = \frac{dy}{dx}$ implizit.
   b) In welchen Punkten der Kurve ist $f' = 0$? Berechne für diese Kurvenpunkte den Wert von f''.

8. Die Niveaulinien N_k $(f(x,y)=k)$ der Funktion

$$f(x,y)=[(x+1)^2+y^2]\cdot[(x-1)^2+y^2]\ ,\quad x,y\in\mathbb{R}$$

heißen Cassini-Kurven.

a) Auf welcher Kurve T liegen die Punkte mit Tangenten parallel zur x-Achse?
Für welche Werte von k hat N_k genau 4 derartige Punkte?

b) Für den Fall $k=1$ (*Lemniskate*) diskutiere man die Auflösungen nach y mit maximalem Definitionsbereich und bestimme man die Tangenten in $(x,y)=(0,0)$.

c) Für welches $k>1$ verschwindet die Krümmung von N_k in den Punkten mit $x=0$ (*Rennbahnkurve*) ?
Man skizziere die Kurve!

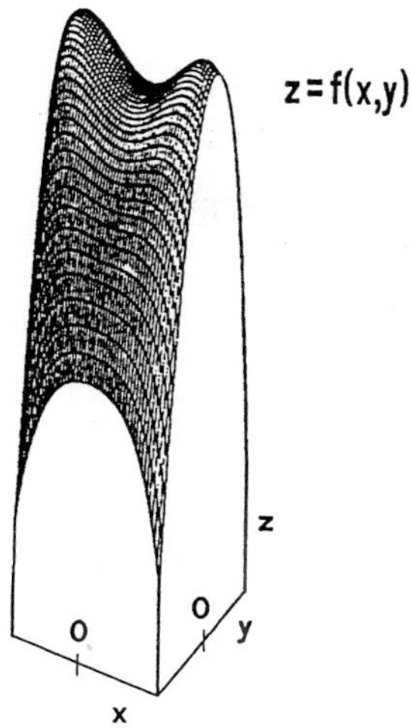

9. Die KEPLER-Gleichung

$$\frac{2\pi}{T}t=\psi-\epsilon\sin\psi$$

bestimmt den Ort eines Planeten auf einer Ellipsenbahn in Abhängigkeit von der Zeit t nach dem 2. Kepler-Gesetz ($0<\epsilon<1$ numerische Exzentrizität der Ellipse, $\psi=\sphericalangle AOQ$, T Umlaufzeit).

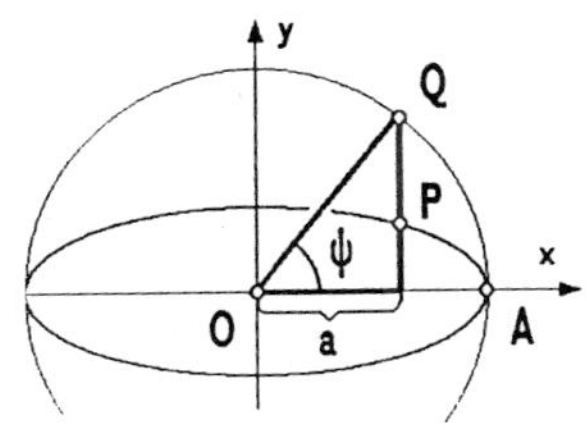

Man zeige, daß implizit genau eine Funktion $\psi=\psi(t)$ definiert ist und bestimme ihre Extremstellen.

10. Man rechne nach, daß für jede $\mathscr{C}^1$-Funktion $f:\mathbb{R}^3\to\mathbb{R}$ in jedem Punkt $\mathbf{x}$ mit $f_x(\mathbf{x})\neq 0$, $f_y(\mathbf{x})\neq 0$, $f_z(\mathbf{x})\neq 0$ für die implizit erklärten Auflösungen

$$x=x(y,z)\ ,\quad z=z(x,y)\ ,\quad y=y(x,z)$$

gilt $\quad \dfrac{\partial x}{\partial y}\cdot\dfrac{\partial y}{\partial z}\cdot\dfrac{\partial z}{\partial x}=-1.$

Man prüfe dies nach an: $f(p,V,T)=pV-RT$ (VAN DER WAAL).

11. Wird eine *Schraubenfeder* belastet, so ruft dies *Torsion und Biegung* im Werkstoff hervor. Ist F die Belastung in Richtung der Schraubachse, so sind folgende Kenngrößen der Feder Funktionen von F: Die Höhe H, der Radius r, die Windungszahl n, die Torsion τ und die Krümmung κ. Die Werte für $F=0$ seien H_0, r_0, n_0, τ_0 bzw. κ_0. Konstant bleiben bei Belastung L: die Länge, GJ: die Torsions- und EJ: die Biegesteifigkeit des Werkstoffes.

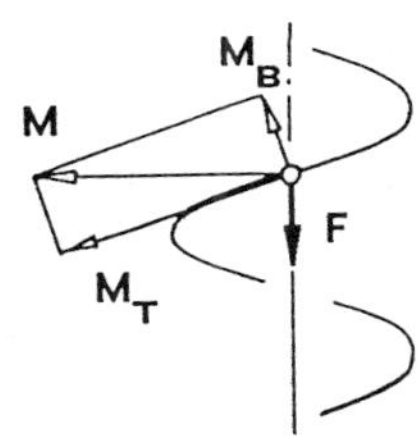

Zerlegt man in jedem Punkt der Feder das Belastungsmoment M in M_B: das Biege- und M_T: das Torsionsmoment (→ Bsp. in 1.2), so erhält man drei implizite Gleichungen für $H(F)$, $r(F)$ und $n(F)$:

Die Torsionsgleichung $GJ(\tau_0 - \tau) = -m_T$ liefert ($\rightarrow$ §1 (14))

$$(*) \qquad GJ \cdot \left(\frac{H_0}{Lr_0}\sqrt{L^2 - H_0^2} - \frac{H}{Lr}\sqrt{L^2 - H^2}\right) = F \cdot r \cdot \sqrt{L^2 - H^2} \, .$$

Die Biegegleichung $EJ(\kappa_0 - \kappa) = -m_B$ ergibt

$$(**) \quad EJ \cdot \left(\frac{L^2 - H_0^2}{r_0} - \frac{L^2 - H^2}{r}\right) = -F \cdot r \cdot L \cdot H \, .$$

$n = n(F)$ ist bestimmt durch die Beziehung

$$(***) \qquad (2n\pi r)^2 + H^2 = L^2 \, .$$

a) Für welche Belastung F_{max} ergibt sich aus $(*)$ und $(**)$ $H(F_{max}) = 0$?

b) Man berechne aus $(*)$, $(**)$, $(***)$ $H'(0)$, $r'(0)$ und $n'(0)$ und bestätige (mit $\sin\alpha_0 = \frac{H_0}{L}$) die gebräuchlichen Näherungen:

$$\begin{aligned} H - H_0 \approx H'(0) \cdot F &= -Lr_0^2\left(\frac{\cos^2\alpha_0}{GJ} + \frac{\sin^2\alpha_0}{EJ}\right) \cdot F \\ r - r_0 \approx r'(0) \cdot F &= r_0^3 \sin\alpha_0\left(\frac{2}{GJ} - \frac{\cos 2\alpha_0}{EJ\cos^2\alpha_0}\right) \cdot F \\ n - n_0 \approx n'(0) \cdot F &= \frac{1}{2\pi} r_0 L \sin\alpha_0 \cos\alpha_0\left[\frac{1}{EJ} - \frac{1}{GJ}\right] \cdot F \, . \end{aligned}$$

12. Man löse im $\mathbb{R}^2$

$$f(x,y) = x^2 - xy + y^2 - x = \text{Extr!} \qquad \text{NB.} \quad g(x,y) = x^2 + y^2 - 1 \leq 0 \, .$$

Ist hier auch ein Eigenwertproblem versteckt?

13. Gegeben ist die reelle Funktion $f(x,y) = \sin[\pi(x^2 + y)] + \cos(\pi y)$ über dem Bereich (der reellen Ebene) $A = \{ (x,y) \; ; 0 \leq y \leq 1 - x^2 \}$.

a) Man skizziere A.

b) Man bestimme die stationären Punkte von $z = f(x,y)$ im Innern von A.

c) Man diskutiere die Funktion $g(x) := f(x,0)$ in $|x| \leq 1$.
Gefragt sind: $g'(x)$, $g''(x)$, die Symmetrie zu den Achsen, die Extrema, die Wendepunkte, die Monotonie- und Konvexitätsbereiche sowie eine sorgfältige Skizze. (Hinweis: Für $u \approx .6532712$ ist $\cos u = 2u \cdot \sin u$)

d) Wo liegen die lokalen Extremstellen von $z = f(x,y)$ auf $y = 1 - x^2$, $y \geq 0$?

e) Man ermittle Lage und Wert der globalen Extrema von $z = f(x,y)$ auf A und trage die Punkte in die Skizze von A ein.

14. *Die größte Raute in einem Würfel.*
Für welche Werte von a, b $(-1 \leq a, b \leq +1)$ ist das ebene Viereck mit den vier Ecken $A = (1, a, -1)$, $B = (b, 1, -1)$, $C = (-1, -a, 1)$, $D = (-b, -1, 1)$ ein *gleichseitiges* mit *maximalem Flächeninhalt*?
Tip: Lagrange-Multiplikatorenregel verwenden!

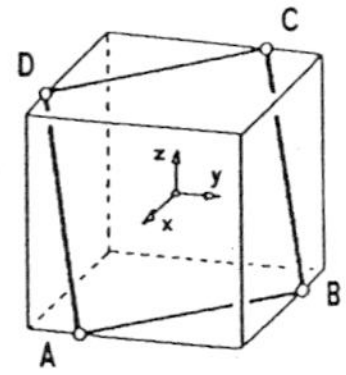

15. Von allen Vierecken mit gegebenen Seiten a, b, c, d (in der skizzierten Reihenfolge) ist das flächengrößte stets ein *Sehnenviereck*. Man zeige dies mittels Lagrange-Multiplikatorregel.

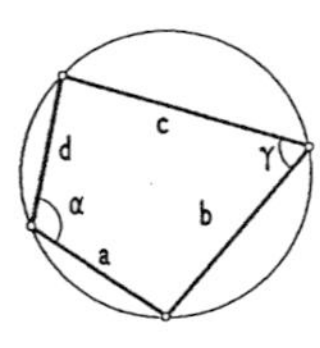

16. Für eine *Rinne mit Trapez-Querschnitt* gebe man den Zusammenhang $f(h, \alpha, A, U) = 0$ für die Höhe h, den Neigungswinkel α, den Querschnittsinhalt A und U gemäß Skizze. Man löse damit für

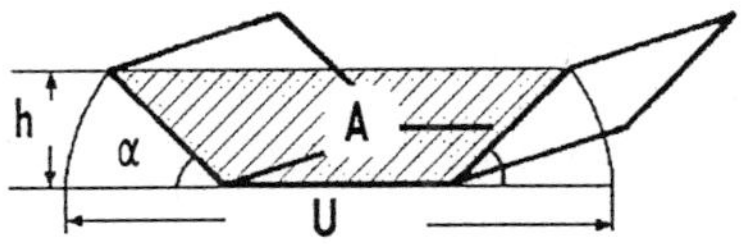

$$0 \le h \le \frac{U}{2} \sin\alpha\ , \quad 0 \le \alpha \le \frac{\pi}{2}$$

die *Optimierungsaufgaben*:

a) Maximaler Inhalt A bei vorgegebenem Umfang $U = U_0$!

b) Minimaler Materialaufwand U bei festem Inhalt $A = A_0$!

– In welchem Zusammenhang stehen die Lösungen? (*Dualität*)

17. Ein *KFZ-Radlager mit 14 Kugeln* soll so vorgespannt werden, daß sich bei einer vertikalen Belastung des Innenrings mit $F = 3000\text{N}$ eine *möglichst kleine maximale Kugelpressung* einstellt:
Jede Kugel des Lagers wird radial belastet, gepreßt und elastisch verformt: Die Vorspannung drückt den Innenring konzentrisch um $e\,[\mu\text{m}]$ gegen den Außenring, die Last F verschiebt ihn um $x\,[\mu\text{m}]$ in x-Richtung nach unten.

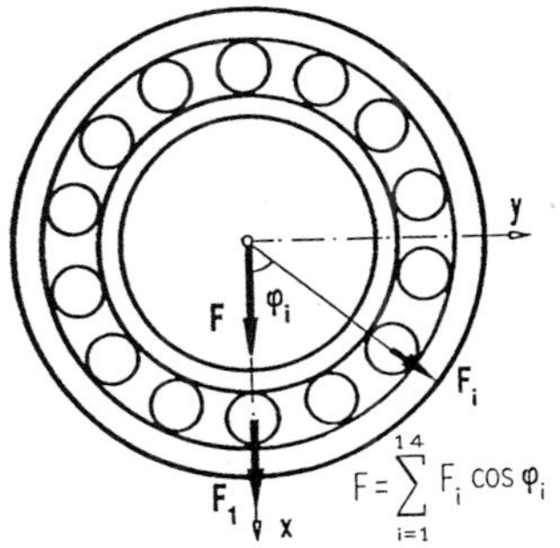

Die radiale Verformung δ_i der i-ten Kugel lautet somit (in erster Näherung)

$$\delta_i = e + x\cos\varphi_i\ , \quad i = 1, 2, \ldots, 14\ .$$

Der Zusammenhang zwischen Preßlast F_i und Verformung δ_i ist nach G. Hertz:

$$F_i = C \cdot (\delta_i)_+^{3/2} := \begin{cases} C\delta_i^{3/2} & \text{, falls } \delta_i \ge 0 \\ 0 & \text{, falls } \delta_i < 0 \end{cases} ; \quad i = 1, 2, \ldots, 14\ .$$

(C ist eine von der Form des Lagers abhängige Konstante, hier $C = 10 \dfrac{\text{N}}{\mu\text{m}}^{3/2}$.) Ist wie in der Skizze $\varphi_1 = 0$ und $\varphi_{i+1} = \dfrac{2\pi i}{14}$, so erhält man:

$$(*) \qquad F = F(e,x) = C \cdot \sum_{i=1}^{14} (e + x\cos\frac{\pi i}{7})_+^{3/2} \cdot \cos\frac{\pi i}{7}\ ;$$

$$(**) \qquad F_1 = F_1(e,x) = C \cdot (e+x)_+^{3/2}\ . \qquad \text{(Maximale Kugellast im Lager)}$$

a) *Keine Vorspannung*: Setze $e = 0$ und berechne x aus $F = 3000\text{N}$.
Wie groß ist die maximale Kugellast $F_1(0, x)$, wie viele Kugeln sind belastet?

b) *Optimale Vorspannung*: Man löse die Extremwertaufgabe

$$F_1(e,x) = \text{Min!}\ , \quad F(e,x) = 3000\text{N}\ , \quad e_0 \ge 0,\ x_0 > 0$$

mit der Lagrange-Multiplikatorregel!
(Hilfe: Eliminiere den Multiplikator und leite eine Gleichung für $\frac{e}{x}$ her; diese ist mit dem Newton-Verfahren numerisch zu lösen!)

Ergebnis: $e = 8.182\mu\text{m}$, $x = 10.88\mu\text{m}$. Die maximale Kugellast ist bei b) um 11.2% kleiner als bei a). Dafür sind stets 11 Kugeln belastet.

§4. Vektorwertige Funktionen

4.1 Die Differentiation. Wir betrachten Funktionen (Abbildungen)

$$\mathbf{f} : \mathbb{R}^n \supseteq D \to \mathbb{R}^m ,$$

die jedem Punkt (Ortsvektor) $\mathbf{x} \in D$ einen Vektor $\mathbf{f}(\mathbf{x}) \in \mathbb{R}^m$ zuordnen. Jede derartige Funktion wird dargestellt durch ihre *m Komponentenfunktionen* $f_k : D \to \mathbb{R}$, $f_k(\mathbf{x}) = f_k(x_1, x_2, \ldots, x_n)$ mit

$$\mathbf{f}(\mathbf{x}) = \begin{pmatrix} f_1(\mathbf{x}) \\ f_2(\mathbf{x}) \\ \vdots \\ f_m(\mathbf{x}) \end{pmatrix} .$$

Definition. *Man nennt* $\mathbf{f}$ **stetig**, **partiell differenzierbar** *bzw. eine* $\mathscr{C}^r$**-Funktion**, *wenn* sämtliche *Komponentenfunktionen* f_k *von* $\mathbf{f}$, $k = 1, 2, \ldots, m$, *stetig, partiell differenzierbar bzw.* $\mathscr{C}^r$*-Funktionen sind; denn Grenzwert und partielle Differentiation sind komponentenweise erklärt:*

$$\lim_{\mathbf{x}\to\mathbf{x}_0} \mathbf{f}(\mathbf{x}) := \begin{pmatrix} \lim\limits_{\mathbf{x}\to\mathbf{x}_0} f_1(\mathbf{x}) \\ \lim\limits_{\mathbf{x}\to\mathbf{x}_0} f_2(\mathbf{x}) \\ \vdots \\ \lim\limits_{\mathbf{x}\to\mathbf{x}_0} f_m(\mathbf{x}) \end{pmatrix} ; \qquad \frac{\partial \mathbf{f}}{\partial x_i}(\mathbf{x}) := \begin{pmatrix} \frac{\partial f_1}{\partial x_i}(\mathbf{x}) \\ \frac{\partial f_2}{\partial x_i}(\mathbf{x}) \\ \vdots \\ \frac{\partial f_m}{\partial x_i}(\mathbf{x}) \end{pmatrix} .$$

Wir übernehmen auch für vektorwertige Funktionen $\mathbf{f}, \mathbf{g} : \mathbb{R}^n \supseteq D \to \mathbb{R}^m$ die „klein-o"-Notation

$$\mathbf{f}(\mathbf{x}) = \mathbf{g}(\mathbf{x}) + o(|\mathbf{x} - \mathbf{x}_0|) \iff \lim_{\mathbf{x}\to\mathbf{x}_0} \frac{1}{|\mathbf{x} - \mathbf{x}_0|} [\mathbf{f}(\mathbf{x}) - \mathbf{g}(\mathbf{x})] = 0$$

$$\iff f_k(\mathbf{x}) = g_k(\mathbf{x}) + o(|\mathbf{x} - \mathbf{x}_0|) \quad \text{für } k = 1, 2, \ldots, m .$$

Definition. *Eine Abbildung* $\mathbf{f} : \mathbb{R}^n \supseteq D \to \mathbb{R}^m$ *heißt in* $\mathbf{x}_0 \in D$ **total differenzierbar** *oder* **linear approximierbar**, *wenn es eine* $m \times n$*-Matrix* A *und eine ganze* r*-Umgebung* $U_r(\mathbf{x}_0) = \{ \mathbf{x} \in \mathbb{R}^n ; |\mathbf{x} - \mathbf{x}_0| < r \}$ *in* D *gibt, so daß für alle* $\mathbf{x} \in U_r(\mathbf{x}_0)$ *gilt*

$$\mathbf{f}(\mathbf{x}) = \mathbf{f}(\mathbf{x}_0) + A\,(\mathbf{x} - \mathbf{x}_0) + o(|\mathbf{x} - \mathbf{x}_0|) . \tag{1}$$

Komponentenweise gelesen bedeutet (1) die lineare Approximierbarkeit aller Komponentenfunktionen f_k, was nach 2.4 gleichbedeutend ist mit

$$f_k(\mathbf{x}) = f_k(\mathbf{x}_0) + \operatorname{grad} f_k(\mathbf{x}_0) \cdot (\mathbf{x} - \mathbf{x}_0) + o(|\mathbf{x} - \mathbf{x}_0|) , \quad k = 1, \ldots, m .$$

Daher definiert man die

Funktional- oder Jacobi-Matrix von **f** in $\mathbf{x}_0$:

$$\mathscr{J}_{\mathbf{f}}(\mathbf{x}_0) := \begin{pmatrix} \operatorname{grad} f_1(\mathbf{x}_0)^T \\ \operatorname{grad} f_2(\mathbf{x}_0)^T \\ \vdots \\ \operatorname{grad} f_m(\mathbf{x}_0)^T \end{pmatrix} = \begin{pmatrix} \frac{\partial f_1}{\partial x_1}(\mathbf{x}_0), & \frac{\partial f_1}{\partial x_2}(\mathbf{x}_0), \ldots, & \frac{\partial f_1}{\partial x_n}(\mathbf{x}_0) \\ \frac{\partial f_2}{\partial x_1}(\mathbf{x}_0), & \frac{\partial f_2}{\partial x_2}(\mathbf{x}_0), \ldots, & \frac{\partial f_2}{\partial x_n}(\mathbf{x}_0) \\ & \vdots & \\ \frac{\partial f_m}{\partial x_1}(\mathbf{x}_0), & \frac{\partial f_m}{\partial x_2}(\mathbf{x}_0), \ldots, & \frac{\partial f_m}{\partial x_n}(\mathbf{x}_0) \end{pmatrix}$$

Nach Satz 2.3 ist die Matrix A in (1) eindeutig bestimmt als $A = \mathscr{J}_{\mathbf{f}}(\mathbf{x}_0)$. Ferner ist nach Satz 2.4 jede $\mathscr{C}^1$-Abbildung $\mathbf{f} : \mathbb{R}^n \supseteq D \to \mathbb{R}^m$ linear approximierbar:

(2) $$\mathbf{f}(\mathbf{x}) \approx \mathbf{f}(\mathbf{x}_0) + \mathscr{J}_{\mathbf{f}}(\mathbf{x}_0)\,(\mathbf{x} - \mathbf{x}_0)$$
mit einem Fehler $o(|\mathbf{x} - \mathbf{x}_0|)$.

Beispiel 1. Die durch $A \in \mathbb{R}^{m \times n}$ bestimmte *lineare Abbildung*

$$\mathbf{f} : \mathbb{R}^n \to \mathbb{R}^m\,, \qquad \mathbf{f}(\mathbf{x}) = A\mathbf{x}$$

ist total differenzierbar. Aus $\mathbf{f}(\mathbf{x}) = \mathbf{f}(\mathbf{x}_0) + A(\mathbf{x} - \mathbf{x}_0)$ und der Eindeutigkeit der Jacobi-Matrix erkennt man

(3) $$\mathscr{J}_{\mathbf{f}}(\mathbf{x}) = A \qquad \text{für alle } x \in \mathbb{R}^n\,.$$ □

Beispiel 2. Ist $\varphi : \mathbb{R}^n \supseteq D \to \mathbb{R}$ eine skalare $\mathscr{C}^1$-Funktion und $A \in \mathbb{R}^{m \times n}$, so ist die nichtlineare Abbildung

(4) $$\mathbf{f} : \mathbb{R}^n \supseteq D \to \mathbb{R}^m\,, \qquad \mathbf{f}(\mathbf{x}) = \varphi(\mathbf{x})A\mathbf{x}$$

auf D total differenzierbar mit der Jacobi-Matrix

(4*a*) $$\mathscr{J}_{\mathbf{f}}(\mathbf{x}) = (A\mathbf{x})(\operatorname{grad}\varphi(\mathbf{x}))^T + \varphi(\mathbf{x})A\,.$$

Man beachte, daß hierin der erste Summand kein Skalarprodukt ist, sondern eine $m \times n$-Matrix („Spalte × Zeile"). □

Beispiel 3. Polarkoordinaten. Der Streifen D der kartesischen (r, φ)-Ebene $D = \{\, (r, \varphi)\ ; 0 \le r < \infty,\ 0 \le \varphi < 2\pi \,\}$ wird mittels

$$x = r\cos\varphi\,, \qquad y = r\sin\varphi$$

so auf die cartesische (x, y)-Ebene abgebildet, daß zu jedem Punkt $(x, y) \neq (0, 0)$ genau ein $(r, \varphi) \in D$ gehört (das sind die Polarkoordinaten des Punktes (x, y)).

Die Jacobi-Matrix dieser Abbildung lautet

$$\begin{pmatrix} \dfrac{\partial x}{\partial r} & \dfrac{\partial x}{\partial \varphi} \\ \dfrac{\partial y}{\partial r} & \dfrac{\partial y}{\partial \varphi} \end{pmatrix} = \begin{pmatrix} \cos\varphi & -r\sin\varphi \\ \sin\varphi & r\cos\varphi \end{pmatrix} .$$ □

4.2 Die Kettenregel. Zwei Abbildungen

$$\mathbf{f} : \mathbb{R}^n \supseteq D \to \mathbb{R}^m \qquad \mathbf{g} : \mathbb{R}^m \supseteq G \to \mathbb{R}^q$$

mit $\mathbf{f}(D) \subseteq G$, nacheinander ausgeführt, ergeben das *Kompositum*

$$\mathbf{g} \circ \mathbf{f} : D \to \mathbb{R}^q , \quad (\mathbf{g} \circ \mathbf{f})(\mathbf{x}) := \mathbf{g}(\mathbf{f}(\mathbf{x}))$$

Satz 4.1. Die Kettenregel. *Sind* $\mathbf{f} : \mathbb{R}^n \supseteq D \to \mathbb{R}^m$ *in* $\mathbf{x}_0 \in D$ *und* $\mathbf{g} : \mathbb{R}^m \supseteq G \to \mathbb{R}^q$ *in* $\mathbf{f}(\mathbf{x}_0) \in G$ *linear approximierbar, dann ist das Kompositum* $\mathbf{g} \circ \mathbf{f}$ *in* $\mathbf{x}_0$ *ebenfalls linear approximierbar und es gilt*

$$\boxed{\mathscr{J}_{\mathbf{g}\circ\mathbf{f}}(\mathbf{x}_0) = \mathscr{J}_{\mathbf{g}}(\mathbf{f}(\mathbf{x}_0))\mathscr{J}_{\mathbf{f}}(\mathbf{x}_0)} \tag{5}$$

Beweis. Unter den Voraussetzungen gilt

$$\begin{aligned} \mathbf{g}(\mathbf{f}(\mathbf{x})) &= \mathbf{g}(\mathbf{f}(\mathbf{x}_0)) + \mathscr{J}_{\mathbf{g}}(\mathbf{f}(\mathbf{x}_0))(\mathbf{f}(\mathbf{x}) - \mathbf{f}(\mathbf{x}_0)) + o(|\mathbf{f}(\mathbf{x}) - \mathbf{f}(\mathbf{x}_0)|) \\ &= \mathbf{g}(\mathbf{f}(\mathbf{x}_0)) + \mathscr{J}_{\mathbf{g}}(\mathbf{f}(\mathbf{x}_0)\mathscr{J}_{\mathbf{f}}(\mathbf{x}_0)(\mathbf{x} - \mathbf{x}_0) + o(|\mathbf{x} - \mathbf{x}_0|) . \end{aligned}$$

Also ist $\mathbf{g} \circ \mathbf{f}$ in $\mathbf{x}_0$ linear approximierbar und die Eindeutigkeit der zugehörigen Matrix zeigt (5). □

Anwendung: Basiswechsel. Wir legen im $\mathbb{R}^n$ ein neues Koordinatensystem $K = (P; \mathbf{b}_1, \mathbf{b}_2, \dots, \mathbf{b}_n)$ fest und wählen außerdem im $\mathbb{R}^m$ eine neue Basis $(\mathbf{w}_1, \dots, \mathbf{w}_m)$. Der Punkt $\mathbf{x} \in \mathbb{R}^n$ hat im Koordinatensystem K den Koordinatenvektor $\mathbf{y}$, der durch

$$\mathbf{x} = B\mathbf{y} + \mathbf{p} \tag{6}$$

mit der orthogonalen $n \times n$-Matrix $B = (\mathbf{b}_1, \dots, \mathbf{b}_n)$ und $\mathbf{p} = \overrightarrow{OP}$ bestimmt ist (→ Kap. 6, 6.6). Analog hat ein Vektor $\mathbf{v} \in \mathbb{R}^m$ bezüglich der Basis $(\mathbf{w}_1, \dots, \mathbf{w}_m)$ den Koordinatenvektor $\mathbf{w} \in \mathbb{R}^m$, wobei

$$\mathbf{v} = W\mathbf{w} \tag{7}$$

mit der invertierbaren $m \times m$-Matrix $W = (\mathbf{w}_1, \dots, \mathbf{w}_m)$.

Eine Funktion $\mathbf{f} : \mathbb{R}^n \supset D \to \mathbb{R}^n$ besitzt nach diesem Koordinaten- und Basiswechsel eine andere Darstellung $\mathbf{g} : \mathbb{R}^n \supset D^* \to \mathbb{R}^m$: Setzt man $\mathbf{v} = \mathbf{f}(\mathbf{x})$, so ist $\mathbf{g}$ aus (6) und (7) implizit bestimmt durch

$$\mathbf{v} = \mathbf{f}(\mathbf{x}) = \mathbf{f}(B\mathbf{y} + \mathbf{p}) = W\mathbf{w} = W\mathbf{g}(\mathbf{y}) .$$

Diese Gleichung ist nach $\mathbf{w} = \mathbf{g}(\mathbf{y})$ auflösbar, so daß

(8)
$$\mathbf{y} \in D^* \iff \mathbf{x} = B\mathbf{y} + \mathbf{p} \in D \,, \quad \mathbf{g}(\mathbf{y}) = W^{-1}\mathbf{f}(B\mathbf{y} + \mathbf{p}) \,.$$

Mit der Kettenregel (5) und (3) folgt sofort

(9)
$$\mathcal{J}_{\mathbf{g}}(\mathbf{y}_0) = W^{-1}\mathcal{J}_{\mathbf{f}}(\mathbf{x}_0)B \,, \qquad \mathbf{x}_0 = B\mathbf{y}_0 + \mathbf{p} \,.$$

Bemerkung. Mit (8) und (9) lassen sich sehr leicht Eigenschaften einer Funktion $\mathbf{f}$ untersuchen, die unabhängig von den gewählten Koordinatensystemen im Argument- und im Bildraum sind. Hierzu gehören die Stetigkeit, die Differenzierbarkeit und geometrische Eigenschaften von Gradient und $\mathcal{J}_{\mathbf{f}}$ (→ 4.3).

4.3 Räumliche Skalaren- und Vektorfelder. Der Anschauungsraum wird, wie üblich, nach Wahl eines kartesischen Koordinatensystems $I = (O; \mathbf{e}_1, \mathbf{e}_2, \mathbf{e}_3)$ durch $\mathbb{R}^3$ und jeder räumliche Bereich durch eine Teilmenge $D \subseteq \mathbb{R}^3$ dargestellt, wobei Punkte durch ihre Ortsvektoren charakterisiert werden. (→ Vereinbarung zu Beginn Kap. 7)

Ein *Skalarenfeld* (eine Belegungsfunktion) $f : \mathbb{R}^3 \supseteq D \to \mathbb{R}$ ordnet jedem Punkt $\mathbf{x} \in D$ eine Zahl $f(\mathbf{x})$ zu. Unter einem (räumlichen) *Vektorfeld* verstehen wir eine Funktion $\mathbf{v} : D \to \mathbb{R}^3$, die jedem Punkt $\mathbf{x} \in D$ einen Vektor $\mathbf{v}(\mathbf{x})$ zuordnet. Man stellt sich vor, daß in jedem Punkt $\mathbf{x} \in D$ der Vektor $\mathbf{v}(\mathbf{x})$ (etwa ein Kraftvektor oder ein Geschwindigkeitsvektor) angeheftet ist. Eine Kurve in D heißt *Feldlinie* des Vektorfeldes $\mathbf{v}$, wenn der Vektor $\mathbf{v}(\mathbf{x})$ in jedem Kurvenpunkt $\mathbf{x}$ parallel zur Kurventangente ist. Wir sprechen von einem *$\mathcal{C}^r$-Skalarenfeld* f bzw. *$\mathcal{C}^r$-Vektorfeld* $\mathbf{v}$ auf D, wenn f bzw. $\mathbf{v}$ $\mathcal{C}^r$-Funktion, d.h. r-mal stetig partiell differenzierbar sind.

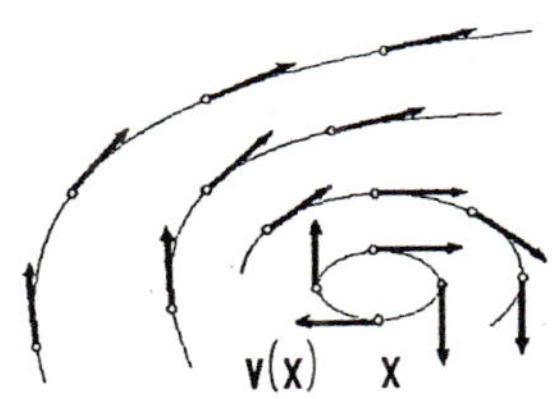

Abb. 191 – Vektorfeld, Feldlinien

Beispiel 1. Die starre Drehung.
Eine Rechtsdrehung mit konstanter Winkelgeschwindigkeit ω um eine Achse durch den Nullpunkt mit Richtungsvektor $\mathbf{a} = (a_1, a_2, a_3)^T$, $|\mathbf{a}| = 1$, wird nach Kap. 6, 6.4 dargestellt durch

$$\mathbf{x}(t) = (\cos\omega t)\,\mathbf{x}_0 + \\ + (1 - \cos\omega t)(\mathbf{x}_0 \cdot \mathbf{a})\,\mathbf{a} + \\ + \sin\omega t\;\mathbf{a} \times \mathbf{x}_0 \,,$$

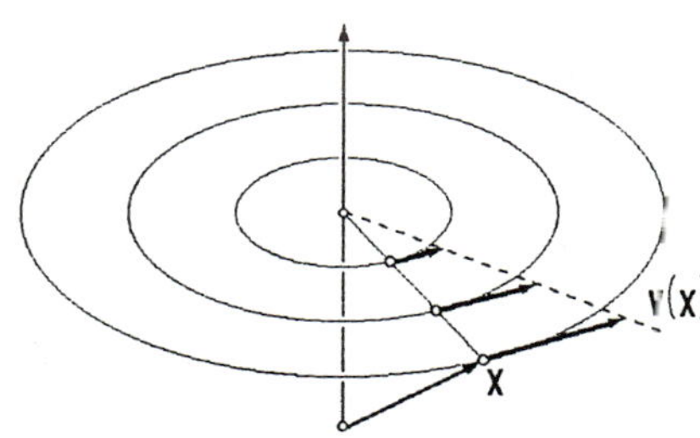

Abb. 192 – Starre Drehung

wobei $\mathbf{x}_0$ die Lage zur Zeit $t = 0$ bezeichnet.
Für die Geschwindigkeit $\mathbf{v}(t) = \dot{\mathbf{x}}(t)$ gilt demnach

$$\mathbf{v}(t) = \omega\,(-\sin\omega t\,\mathbf{x}_0 + \sin\omega t\,(\mathbf{x}_0\cdot\mathbf{a})\,\mathbf{a} + \cos\omega t\,\mathbf{a}\times\mathbf{x}_0) = \omega\,\mathbf{a}\times\mathbf{x}(t)\ .$$

Man nennt $\mathbf{w} = \omega\mathbf{a}$ die *vektorielle Winkelgeschwindigkeit*. Damit hat das *Geschwindigkeitsfeld einer gleichförmigen Drehbewegung* die Darstellung

$$(10)\qquad \mathbf{v}(\mathbf{x}) = \mathbf{w}\times\mathbf{x} = \omega\,\mathbf{a}\times\mathbf{x}\ .$$

Da $\mathbf{x}\mapsto\mathbf{v}(\mathbf{x}) = \omega\,\mathbf{a}\times\mathbf{x}$ eine lineare Abbildung ist, gilt (→ Kap. 6, 6.1) $\mathbf{v}(\mathbf{x}) = V\mathbf{x}$ mit der 3×3-Matrix

$$V = (\mathbf{v}(\mathbf{e}_1), \mathbf{v}(\mathbf{e}_2), \mathbf{v}(\mathbf{e}_3)) = \omega\begin{pmatrix} 0 & -a_3 & a_2 \\ a_3 & 0 & -a_1 \\ -a_2 & a_1 & 0 \end{pmatrix}.$$

V ist schiefsymmetrisch, d.h. $V^T = -V$. Gemäß (3) gilt

$$\mathscr{J}_{\mathbf{v}}(\mathbf{x}) = V \qquad \text{für alle } \mathbf{x}\in\mathbb{R}^3\ .$$

Insbesondere ist Spur $\mathscr{J}_{\mathbf{v}}(\mathbf{x}) = 0$ für alle $\mathbf{x}\in\mathbb{R}^3$ (→ 4.4, $\operatorname{div}\mathbf{v} = 0$). □

Beispiel 2. Das zentrale Kraftfeld.
Eine Punktmasse M im Ursprung zieht (nach NEWTON) die Punktmasse m in $X = (x_1, x_2, x_3)$, $\mathbf{x} = \overrightarrow{OX}$, mit der *Gravitationskraft*

$$\mathbf{K}(\mathbf{x}) = \frac{c}{|\mathbf{x}|^3}\mathbf{x}\ , \qquad \mathbf{x}\neq 0\ ,$$

an ($c = -\gamma mM$, $\gamma > 0$).
Handelt es sich in O und X um elektrische Ladungen der Stärke Q bzw. q, so gilt (nach COULOMB) für die elektrische Anziehungskraft dieselbe Gesetzmäßigkeit mit $c = kqQ$, $k > 0$.

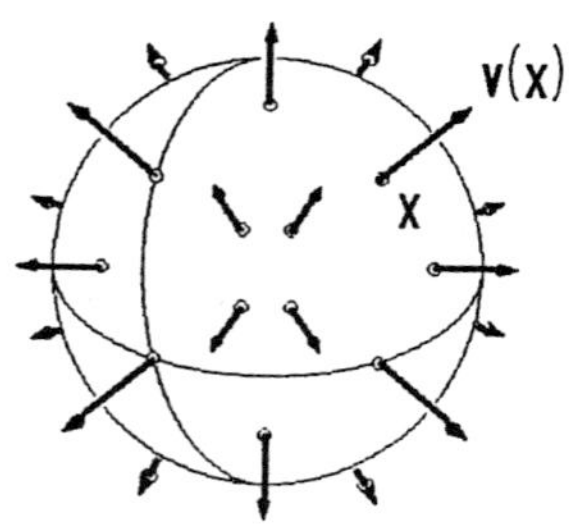

Abb. 193 – Zentralfeld

Das zentrale Kraftfeld $\mathbf{K}(\mathbf{x})$ ist vom Typ (4) ($\varphi(\mathbf{x}) = \frac{c}{|\mathbf{x}|^3}$, $A = E$, 3×3-Einheitsmatrix), für die Jacobi-Matrix gilt mit (4a) und $\mathbf{x}_0 \neq 0$

$$\begin{aligned}\mathscr{J}_{\mathbf{K}}(\mathbf{x}_0) &= \mathbf{x}_0(\operatorname{grad}\frac{c}{|\mathbf{x}_0|^3})^T + \frac{c}{|\mathbf{x}_0|^3}E \\ &= \frac{c}{|\mathbf{x}_0|^5}[(\mathbf{x}_0^T\mathbf{x}_0)E - 3\mathbf{x}_0\mathbf{x}_0^T]\ .\end{aligned}$$

$\mathscr{J}_{\mathbf{K}}(\mathbf{x}_0)$ ist für jedes $\mathbf{x}_0 \neq 0$ eine symmetrische Matrix mit Spur $\mathscr{J}_{\mathbf{K}}(\mathbf{x}_0) = 0$.

□

Beispiel 3. Der magnetische Wirbel. Ein gerader stromdurchflossener Draht hat die Richtung der $\mathbf{e}_3$-Achse. Nach AMPÉRE bildet sich das magnetische Feld

$$\mathbf{H}(\mathbf{x}) = \frac{c}{|\mathbf{x}|^2 - (\mathbf{e}_3 \cdot \mathbf{x})^2}\, \mathbf{e}_3 \times \mathbf{x}$$

$$= \frac{c}{x_1^2 + x_2^2} \begin{pmatrix} -x_2 \\ x_1 \\ 0 \end{pmatrix},$$

$(x_1, x_2) \neq (0,0)$, $c > 0$.

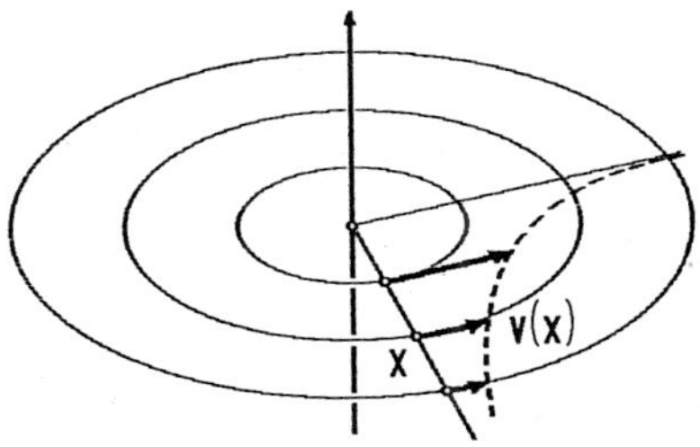

Abb. 194 – Magnetischer Wirbel

Dieses Feld ist wieder vom Typ (4), so daß mit (4a)

$$\mathscr{J}_{\mathbf{H}}(\mathbf{x}) = \frac{c}{(x_1^2 + x_2^2)^2} \begin{pmatrix} 2x_1x_2 & x_2^2 - x_1^2 & 0 \\ x_2^2 - x_1^2 & -2x_1x_2 & 0 \\ 0 & 0 & 0 \end{pmatrix}.$$

Obwohl die Feldlinien wie in Bsp. 1 Kreise sind, ist $\mathscr{J}_{\mathbf{H}}(\mathbf{x})$ symmetrisch und Spur $J_{\mathbf{H}}(\mathbf{x}) = 0$ für $(x_1, x_2) \neq (0,0)$. □

Beispiel 4. Die laminare Rohrströmung. Eine zähe Flüssigkeit wird durch ein zur x_2-Achse koaxiales Rohr vom Radius r mit geringer Geschwindigkeit gepreßt, so daß eine laminare Strömung eintritt. Das Geschwindigkeitsfeld wurde unabhängig voneinander um 1850 von dem deutschen Ingenieur G. HAGEN und dem französischen Arzt POISEUILLE bestimmt zu

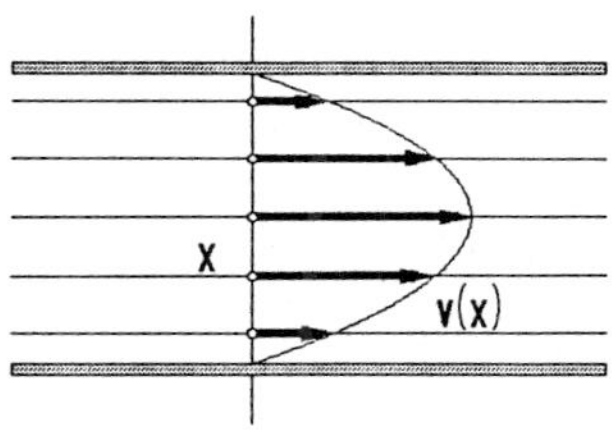

Abb. 195 Rohrströmung

$$\mathbf{v}(x_1, x_2, x_3) = c \begin{pmatrix} 0 \\ r^2 - x_1^2 - x_3^2 \\ 0 \end{pmatrix}, \qquad x_1^2 + x_3^2 \leq r^2,\ c > 0.$$

Auch hier liegt wieder der Typ (4) vor und es gilt

$$\mathscr{J}_{\mathbf{v}}(\mathbf{x}) = c \begin{pmatrix} 0 & 0 & 0 \\ -2x_1 & 0 & -2x_3 \\ 0 & 0 & 0 \end{pmatrix}, \qquad x_1^2 + x_3^2 \leq r^2.$$

$\mathscr{J}_{\mathbf{v}}(\mathbf{x})$ ist i.a. weder symmetrisch noch schiefsymmetrisch, aber wieder ist Spur $\mathscr{J}_{\mathbf{v}} = 0$ (→ 4.4, div $\mathbf{v} = 0$). □

4.4 Gradient, Divergenz, Rotation, Laplace-Operator. Jedem $\mathscr{C}^1$-Skalarenfeld $f : \mathbb{R}^3 \supseteq D \to \mathbb{R}$ wird das Vektorfeld „*Gradient*" zugeordnet

$$\operatorname{grad} f : D \to \mathbb{R}^3 , \quad \operatorname{grad} f(\mathbf{x}) := \begin{pmatrix} \frac{\partial f}{\partial x_1}(\mathbf{x}) \\ \frac{\partial f}{\partial x_2}(\mathbf{x}) \\ \frac{\partial f}{\partial x_3}(\mathbf{x}) \end{pmatrix} ,$$

jedem $\mathscr{C}^2$-Skalarenfeld $f : \mathbb{R}^3 \supseteq D \to \mathbb{R}$ mit dem Laplace-Operator Δ, J.S. Laplace (1749 – 1827), das Skalarenfeld Δf:

$$\Delta f : D \to \mathbb{R} , \qquad \Delta f(\mathbf{x}) = \frac{\partial^2 f}{\partial x_1^2}(\mathbf{x}) + \frac{\partial^2 f}{\partial x_2^2}(\mathbf{x}) + \frac{\partial^2 f}{\partial x_3^2}(\mathbf{x}) .$$

Zu jedem $\mathscr{C}^1$-Vektorfeld $\mathbf{v} : \mathbb{R}^3 \supseteq D \to \mathbb{R}^3$ definiert man ein Skalarenfeld „*Divergenz*" $\operatorname{div} \mathbf{v}$ und ein Vektorfeld „*Rotation*" $\operatorname{rot} \mathbf{v}$:

$$\text{(11)} \quad \begin{aligned} &\operatorname{div} \mathbf{v} : D \to \mathbb{R} , \ \operatorname{div} \mathbf{v}(\mathbf{x}) = \frac{\partial v_1}{\partial x_1}(\mathbf{x}) + \frac{\partial v_2}{\partial x_2}(\mathbf{x}) + \frac{\partial v_3}{\partial x_3}(\mathbf{x}) \\ &\operatorname{rot} \mathbf{v} : D \to \mathbb{R}^3, \ \operatorname{rot} \mathbf{v}(\mathbf{x}) = \begin{pmatrix} \frac{\partial v_3}{\partial x_2}(\mathbf{x}) - \frac{\partial v_2}{\partial x_3}(\mathbf{x}) \\ \frac{\partial v_1}{\partial x_3}(\mathbf{x}) - \frac{\partial v_3}{\partial x_1}(\mathbf{x}) \\ \frac{\partial v_2}{\partial x_1}(\mathbf{x}) - \frac{\partial v_1}{\partial x_2}(\mathbf{x}) \end{pmatrix} . \end{aligned}$$

Mittels Volumen- und Oberflächenintegrale zeigt man (→ Kap. 8), daß $\operatorname{div} \mathbf{v}$ die „*Quelldichte* von $\mathbf{v}$" und $\operatorname{rot} \mathbf{v}$ die „*Wirbeldichte* von $\mathbf{v}$" beschreibt.

Beispiele. Für die Vektorfelder der 4 Beispiele aus 4.3 gilt

	Starre Drehung	Zentrales Kraftfeld
$\mathbf{v}(x)$	$\omega\, \mathbf{a} \times \mathbf{x}$	$c\lvert\mathbf{x}\rvert^{-3}\mathbf{x} \quad , \ \mathbf{x} \neq 0$
$\operatorname{div} \mathbf{v}(\mathbf{x})$	0	$0 \quad , \ \mathbf{x} \neq 0$
$\operatorname{rot} \mathbf{v}(\mathbf{x})$	$2\omega\, \mathbf{a}$	$0 \quad , \ \mathbf{x} \neq 0$

	Magnetischer Wirbel	Laminare Rohrströmung
$\mathbf{v}(\mathbf{x})$	$\frac{c}{x_1^2 + x_2^2}\begin{pmatrix} -x_2 \\ x_1 \\ 0 \end{pmatrix} , \ x_1^2 + x_2^2 \neq 0$	$c\begin{pmatrix} 0 \\ r^2 - x_1^2 - x_3^2 \\ 0 \end{pmatrix} , \ x_1^2 + x_3^2 \leq r^2$
$\operatorname{div} \mathbf{v}(\mathbf{x})$	$0 \quad , \ x_1^2 + x_2^2 \neq 0$	$0 \quad , \ x_1^2 + x_3^2 \leq r^2$
$\operatorname{rot} \mathbf{v}(\mathbf{x})$	$0 \quad , \ x_1^2 + x_2^2 \neq 0$	$2c\begin{pmatrix} x_3 \\ 0 \\ -x_1 \end{pmatrix} \quad , \ x_1^2 + x_3^2 \leq r^2$

Sämtliche 4 Vektorfelder sind in ihrem Definitionsbereich *quellfrei* ($\operatorname{div} \mathbf{v} = 0$). Für die starre Drehung hat $\operatorname{rot} \mathbf{v}(\mathbf{x})$ in jedem $\mathbf{x}$ konstant die Richtung der Drehachse und den Betrag 2ω. Der magnetische Wirbel und das zentrale Kraftfeld sind in $\mathbf{x} \neq 0$, die Rohrströmung nur längs der Rohrachse wirbelfrei. □

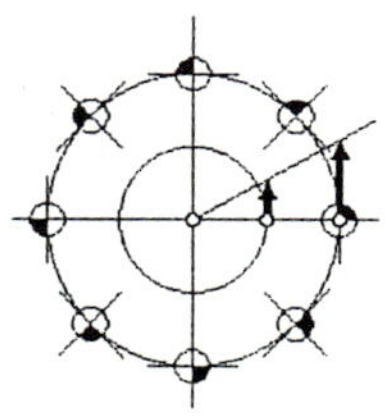

Abb. 196a – Starre Drehung $|\operatorname{rot} v| = 2\omega$

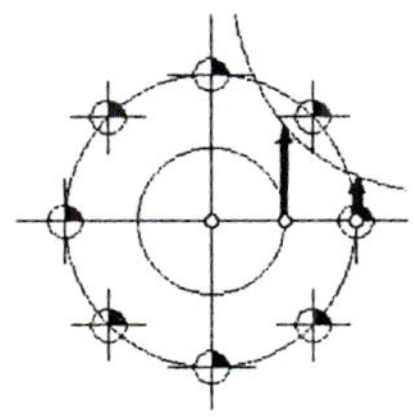

Abb. 196b – Magn.Wirbel $|\operatorname{rot} v| = 0, x \neq 0$

Bereits die Darstellung der Felder f, $\mathbf{v}$ hängt vom gewählten Koordinatensystem ab, aber noch vielmehr die durch partielle Ableitungen gewonnenen Felder $\operatorname{grad} f$, Δf, $\operatorname{div} \mathbf{v}$ und $\operatorname{rot} \mathbf{v}$.
Im folgenden soll gezeigt werden, daß in einem festen Punkt X der Wert von $\operatorname{div} \mathbf{v}$ und Δf sowie die durch $\operatorname{grad} f$ und $\operatorname{rot} \mathbf{v}$ dargestellten Vektoren unabhängig vom gewählten kartesischen Koordinatensystem I sind.
Dazu die **Darstellung mit der Jacobi-Matrix**:

(12)
$$\begin{aligned} \operatorname{grad} f(\mathbf{x}_0) &= \mathcal{J}_f(\mathbf{x}_0)^T \\ \operatorname{div} \mathbf{v}(\mathbf{x}_0) &= \operatorname{Spur} \mathcal{J}_{\mathbf{v}}(\mathbf{x}_0) \\ (\operatorname{rot} \mathbf{v}(\mathbf{x}_0)) \times (\mathbf{x} - \mathbf{x}_0) &= [\mathcal{J}_{\mathbf{v}}(\mathbf{x}_0) - \mathcal{J}_{\mathbf{v}}(\mathbf{x}_0)^T](\mathbf{x} - \mathbf{x}_0). \end{aligned}$$

Beweis. Die beiden ersten Beziehungen liest man direkt aus den Definitionen ab. Die dritte folgt aus der Tatsache, daß $S = A - A^T$ für jede quadratische Matrix A schiefsymmetrisch ist ($S^T = -S$) und für jedes $S \in \mathbb{R}^{3\times 3}$ gilt

$$S^T = -S \iff S = \begin{pmatrix} 0 & s_{12} & s_{13} \\ -s_{12} & 0 & s_{23} \\ -s_{13} & -s_{23} & 0 \end{pmatrix} \iff S\mathbf{x} = \mathbf{w} \times \mathbf{x} \text{ mit } \mathbf{w} = \begin{pmatrix} -s_{23} \\ s_{13} \\ -s_{12} \end{pmatrix}.$$

Mit $S = A - A^T$ ist $\mathbf{w} = \begin{pmatrix} a_{32} - a_{23} \\ a_{13} - a_{31} \\ a_{21} - a_{12} \end{pmatrix}$, so daß $\mathbf{w} = \operatorname{rot} \mathbf{v}(\mathbf{x}_0)$ für $A = \mathcal{J}_{\mathbf{v}}(\mathbf{x}_0)$ folgt.

□

Wegen (10) beschreibt $\mathbf{x} \mapsto S\mathbf{x} = \mathbf{w} \times \mathbf{x}$ das Geschwindigkeitsfeld einer Drehung, daher der Name „Rotation".
Da die Zerlegung $A = \frac{1}{2}(A + A^T) + \frac{1}{2}(A - A^T)$ einer Matrix in den symmetrischen und den schiefsymmetrischen Anteil eindeutig ist, nennt man das Drehfeld

$$\mathbf{x} \mapsto \tfrac{1}{2}(\operatorname{rot} \mathbf{v}(\mathbf{x}_0)) \times \mathbf{x}$$

den „*Rotationsanteil der linearen Approximation* $\mathbf{x} \mapsto \mathcal{J}_{\mathbf{v}}(\mathbf{x}_0)\mathbf{x}$".

Satz 4.2. Transformationsformeln.
Sind $I = (O; \mathbf{e}_1, \mathbf{e}_2, \mathbf{e}_3)$, $K = (P; \mathbf{b}_1, \mathbf{b}_2, \mathbf{b}_3)$ *zwei kartesische Koordinatensysteme im Raum und ist* $\mathbf{p} = \overrightarrow{OP} \in \mathbb{R}^3$, $B = (\mathbf{b}_1, \mathbf{b}_2, \mathbf{b}_3) \in \mathbb{R}^{3\times 3}$ *die Darstellung von* K *bezüglich* I, *so gilt*

System	I	K
Basis	$E = (\mathbf{e}_1, \mathbf{e}_2, \mathbf{e}_3)$	$B = (\mathbf{b}_1, \mathbf{b}_2, \mathbf{b}_3), \quad B^T = B^{-1}$
Punkt X	$\mathbf{x}^T = (x_1, x_2, x_3)$	$\mathbf{y}^T = (y_1, y_2, y_3) = (\mathbf{x}^T - \mathbf{p}^T)B$
Vektor $\overrightarrow{XY}$	$\mathbf{v}$	$\mathbf{w} = B^T\mathbf{v}$
Skalarenfeld $f : D \to \mathbb{R}$	$f(\mathbf{x})$	$g(\mathbf{y}) = f(B\mathbf{y} + \mathbf{p})$
	$\mathscr{J}_f(\mathbf{x})$	$\mathscr{J}_g(\mathbf{y}) = \mathscr{J}_f(\mathbf{x})B$
Gradient	$\operatorname{grad} f(\mathbf{x}) = \mathscr{J}_f(\mathbf{x})^T$	$\operatorname{grad} g(\mathbf{y}) = B^T \operatorname{grad} f(\mathbf{x})$
Vektorfeld $\mathbf{v} : D \to \mathbb{R}^3$	$\mathbf{v}(\mathbf{x})$	$\mathbf{w}(\mathbf{y}) = B^T\mathbf{v}(B\mathbf{y} + \mathbf{p})$
	$\mathscr{J}_\mathbf{v}(\mathbf{x})$	$\mathscr{J}_\mathbf{w}(\mathbf{y}) = B^T \mathscr{J}_\mathbf{v}(\mathbf{x})B$
Divergenz	$\operatorname{div} \mathbf{v}(\mathbf{x})$	$\operatorname{div} \mathbf{w}(\mathbf{y}) = \operatorname{div} \mathbf{v}(\mathbf{x})$
Rotation	$\operatorname{rot} \mathbf{v}(\mathbf{x})$	$\operatorname{rot} \mathbf{w}(\mathbf{y}) = B^T \operatorname{rot} \mathbf{v}(\mathbf{x})$

Beweis. Bis auf die beiden letzten Zeilen folgt alles aus (5) und (6) – (9) mit $W = B$.
Divergenz:

$$\operatorname{div} \mathbf{w}(\mathbf{y}) = \operatorname{Spur} \mathscr{J}_\mathbf{w}(\mathbf{y}) = \operatorname{Spur}(B^T \mathscr{J}_\mathbf{v}(\mathbf{x})B) = \operatorname{Spur} \mathscr{J}_\mathbf{v}(\mathbf{x}) = \operatorname{div} \mathbf{v}(\mathbf{x}) \ .$$

(Spur A ist die Summe der Eigenwerte von A, B^TAB und A haben die gleichen Eigenwerte → Kap. 6, 6.7.)
Rotation:

$$\begin{aligned}
\big(\operatorname{rot} \mathbf{w}(\mathbf{y}_0)\big) \times (\mathbf{y} - \mathbf{y}_0) &= (\mathscr{J}_\mathbf{w}(\mathbf{y}_0) - \mathscr{J}_\mathbf{w}(\mathbf{y}_0)^T)(\mathbf{y} - \mathbf{y}_0) \\
&= \big[B^T\big(\mathscr{J}_\mathbf{v}(\mathbf{x}_0) - \mathscr{J}_\mathbf{v}(\mathbf{x}_0)^T\big)B\big]\, B^T(\mathbf{x} - \mathbf{x}_0) \\
&= B^T\big(\mathscr{J}_\mathbf{v}(\mathbf{x}_0) - \mathscr{J}_\mathbf{v}(\mathbf{x}_0)^T\big)(\mathbf{x} - \mathbf{x}_0) \\
&= \big(B^T \operatorname{rot} \mathbf{v}(\mathbf{x})\big) \times (\mathbf{x} - \mathbf{x}_0) \ .
\end{aligned}$$

Also stellen $\operatorname{rot} \mathbf{w}(\mathbf{y}_0)$ in K und $\operatorname{rot} \mathbf{v}(\mathbf{x}_0)$ in I denselben räumlichen Vektor dar. Dasselbe gilt für den Gradienten des Skalarenfeldes. □

Zusatz: Die Invarianz von Δf ergibt sich hieraus wegen $\Delta f = \operatorname{div} \operatorname{grad} f$ aus den nachfolgenden Rechenregeln.

Unter geeigneten Differenzierbarkeitsvoraussetzungen bestätigt man leicht durch explizites Nachrechnen die

Rechenregeln:

a) $\operatorname{rot}(\operatorname{grad} f) = 0$ „Gradientenfeld ist wirbelfrei“ ,

b) $\operatorname{div}(\operatorname{rot} \mathbf{v}) = 0$ „Feld der Rotation ist quellfrei“ ,

c) $\operatorname{div}(\operatorname{grad} f) = \Delta f$,

d) $\operatorname{div}(f\mathbf{v}) = (\operatorname{grad} f) \cdot \mathbf{v} + f \operatorname{div} \mathbf{v}$,

e) $\operatorname{rot}(f\mathbf{v}) = (\operatorname{grad} f) \times \mathbf{v} + f \operatorname{rot} \mathbf{v}$,

f) $\operatorname{rot}(\operatorname{rot} \mathbf{v}) = \operatorname{grad}(\operatorname{div} \mathbf{v}) - \Delta \mathbf{v}$ (Laplace – Operator komponentenweise).

Beispiel. Nach J.C. MAXWELL gilt im Vakuum für die (zeitabhängige) elektrische Feldstärke $\mathbf{E}(\mathbf{x}, t)$ und die magnetische Feldstärke $\mathbf{H}(\mathbf{x}, t)$ (SI-Einheiten mit den Feldkonstanten $\mu_0 = 0.4\pi \cdot 10^{-6}$ H/m, $\epsilon_0 = 8.854 \cdot 10^{-12}$ F/m)

$$\mu_0 \frac{\partial \mathbf{H}}{\partial t} = -\operatorname{rot} \mathbf{E}\,, \qquad \epsilon_0 \frac{\partial \mathbf{E}}{\partial t} = \operatorname{rot} \mathbf{H}\,, \qquad \operatorname{div} \mathbf{E} = 0\,, \qquad \operatorname{div} \mathbf{H} = 0\,.$$

Diese vier partiellen Differentialgleichungen beschreiben die zeitabhängige Koppelung zwischen den Feldern $\mathbf{E}$ und $\mathbf{H}$. Sind $\mathbf{E}(\mathbf{x}, t)$ und $\mathbf{H}(\mathbf{x}, t)$ beide $\mathscr{C}^2$-Vektorfelder, so kann man mit Rechenregel f) und dem Satz von Schwarz je eine Differentialgleichung für $\mathbf{E}$ und $\mathbf{H}$ alleine herleiten:

$$\mu_0 \operatorname{rot} \frac{\partial \mathbf{H}}{\partial t} = \operatorname{rot}(-\operatorname{rot} \mathbf{E}) = -\big(\operatorname{grad}(\operatorname{div} \mathbf{E}) - \Delta \mathbf{E}\big) = \Delta \mathbf{E}\,,$$

andererseits ist mit $c_0 = \dfrac{1}{\sqrt{\mu_0 \epsilon_0}}$ (Lichtgeschwindigkeit im Vakuum)

$$\frac{\partial}{\partial t} \frac{\partial \mathbf{E}}{\partial t} = \frac{1}{\epsilon_0} \frac{\partial}{\partial t} \operatorname{rot} \mathbf{H} = \frac{1}{\epsilon_0} \operatorname{rot} \frac{\partial \mathbf{H}}{\partial t} = c_0^2 \Delta \mathbf{E}\,.$$

Analog ergibt sich für $\mathbf{H}$: $\dfrac{\partial^2 \mathbf{H}}{\partial t^2} = c_0^2 \Delta \mathbf{H}$. D.h. jede Komponente von $\mathbf{E}$ und $\mathbf{H}$ erfüllt die 3-dimensionale *Wellengleichung* (*Elektromagnetische Wellen*)

$$\frac{\partial^2 u}{\partial t^2} = c_0^2 \left(\frac{\partial^2 u}{\partial x_1^2} + \frac{\partial^2 u}{\partial x_2^2} + \frac{\partial^2 u}{\partial x_3^2} \right)\,. \qquad \square$$

Mit dem symbolischen Vektor („Nabla-Operator“) $\nabla := \begin{pmatrix} \dfrac{\partial}{\partial x_1} \\ \dfrac{\partial}{\partial x_2} \\ \dfrac{\partial}{\partial x_3} \end{pmatrix}$

lassen sich die vier Felder formal als Produkte schreiben

$$\begin{aligned} \operatorname{grad} f &= \nabla f\,, & \Delta f &= \nabla \cdot \nabla f\,, \\ \operatorname{div} \mathbf{v} &= \nabla \cdot \mathbf{v}\,, & \operatorname{rot} \mathbf{v} &= \nabla \times \mathbf{v}\,. \end{aligned}$$

Beim Umgang mit ∇ ist jedoch Vorsicht geboten, man kann mit diesem formalen Vektor wegen der Produktregel der Differentiation nicht immer so rechnen, wie mit „echten“ Vektoren (→ Aufg. 5).

Aufgaben

1. Gegeben ist die Abbildung $\mathbf{f} : \mathbb{R}^2 \setminus \{\mathbf{0}\} \to \mathbb{R}^2$

$$\mathbf{f}(\mathbf{x}) = \begin{pmatrix} u(x,y) \\ v(x,y) \end{pmatrix} = \frac{1}{x^2+y^2} \begin{pmatrix} x \\ y \end{pmatrix} \;, \quad \mathbf{x} \neq \mathbf{0} \;.$$

   a) Für welche Punkte $\mathbf{x}$ ist $\mathbf{f}(\mathbf{x}) = \mathbf{x}$ (Fixpunkte)?

   b) Man berechne die Jacobi-Matrix $\mathcal{J}_{\mathbf{f}}$. In welchen Punkten $\mathbf{x}$ ist $\mathcal{J}_{\mathbf{f}}$ invertierbar.

2. Gegeben sind die Geschwindigkeitsfelder im $\mathbb{R}^2$

$$\mathbf{v}(\mathbf{x}) = (u(x,y), v(x,y))^T \qquad (c, \epsilon, M \text{ konstant}, \; r = \sqrt{x^2+y^2})$$

   – laminar, translatorisch : $u = c$; $v = 0$;
   – laminare Gegenströmung : $u = c \cdot y$; $v = 0$;
   – isolierte Quelle : $u = \epsilon \dfrac{x}{x^2+y^2}$; $v = \epsilon \dfrac{y}{x^2+y^2}$ $(r > 0)$;
   – Dipolströmung : $u = M \dfrac{x^2-y^2}{(x^2+y^2)^2}$; $v = -M \dfrac{2xy}{(x^2+y^2)^2}$ $(r > 0)$;

   a) Man skizziere jeweils das Vektorfeld samt einigen Stromlinien.

   b) Man berechne $\mathcal{J}_{\mathbf{v}}$, $\operatorname{div} \mathbf{v}$, $\operatorname{rot} \mathbf{v}$.

3. Gegeben sind die Vektorfelder im $\mathbb{R}^3$

   a) $\mathbf{v}(\mathbf{x}) = 2xy\mathbf{e}_1 + (3z^3 + x^2)\mathbf{e}_2 + 9yz^2\mathbf{e}_3$

   b) $\mathbf{v}(\mathbf{x}) = \dfrac{1}{|\mathbf{x}|^3}\mathbf{e}_1 - \dfrac{3x}{|\mathbf{x}|^5}\mathbf{x}$ $(\mathbf{x} \neq \mathbf{0})$.

   Man berechne $\mathcal{J}_{\mathbf{v}}$, $\operatorname{div} \mathbf{v}$ und $\operatorname{rot} \mathbf{v}$.

4. In kartesischen Koordinaten ist im $\mathbb{R}^3$

$$\mathbf{f}(\mathbf{x}) = (x^2, y^2, -xz)^T \;, \quad \mathbf{g}(\mathbf{x}) = (-y, x, 0)^T \;.$$

   Man berechne $\nabla(\mathbf{f} \cdot \mathbf{g})$, $\nabla \cdot (\mathbf{f} \times \mathbf{g})$ und $\nabla \times (\mathbf{f} \times \mathbf{g})$.

5. Für zwei $\mathscr{C}^1$-Vektorfelder $\mathbf{f}$, $\mathbf{g}$ im $\mathbb{R}^3$ hat man mit der „Nabla-Schreibweise"

$$\operatorname{div}(\mathbf{f} \times \mathbf{g}) = \nabla \cdot (\mathbf{f} \times \mathbf{g}) \;.$$

   Wendet man die Regeln für das Spatprodukt an, so hätte man formal die Beziehung

$$\nabla \cdot (\mathbf{f} \times \mathbf{g}) = \mathbf{g} \cdot (\nabla \times \mathbf{f}) = -\mathbf{f} \cdot (\nabla \times \mathbf{g}) \;,$$

   d.h.

$$\operatorname{div}(\mathbf{f} \times \mathbf{g}) = \mathbf{g} \cdot \operatorname{rot} \mathbf{f} = -\mathbf{f} \cdot \operatorname{rot} \mathbf{g} \;.$$

   Wie lautet die richtige Formel, die $\operatorname{div}(\mathbf{f} \times \mathbf{g})$ über die Rotation von $\mathbf{f}$ und $\mathbf{g}$ ausdrückt?

6. Gegeben sind im $\mathbb{R}^2$ mit den kartesischen Koordinaten (x, y)
   die Transformation von Polar- auf kartesische Koordinaten $u : (r, \varphi) \mapsto (x, y)$,
   die Kurve $\gamma(t) : \mathbb{R} \to \mathbb{R}^2$ mit der Darstellung $(r, \varphi) = (t^2, \omega t)$ in Polarkoordinaten,
   das Skalarenfeld $s : \mathbb{R}^2 \to \mathbb{R}$ mit $s(x, y) = x^2 - y^2$.

   Man berechne
   – die Jacobi-Matrizen $\mathcal{J}_\gamma = \dot{\gamma}$, $\mathcal{J}_u$ und $\mathcal{J}_s = (\operatorname{grad} s)^T$,
   – die explizite Darstellung von $s \circ u \circ \gamma$ und daraus direkt $\dfrac{d}{dt} s \circ u \circ \gamma$,
   – mittels Kettenregel die Jacobi-Matrix von $(s \circ u)$ und $\dfrac{d}{dt} s \circ u \circ \gamma$,

– die Richtungsableitung von s in Transversalrichtung $\mathbf{v} = \mathbf{e}_\varphi = (-\sin\varphi, \cos\varphi)^T$ im Kurvenpunkt $\gamma(\frac{\pi}{4\omega})$.

7. Man berechne div grad U und rot grad U für die skalaren Felder im $\mathbb{R}^3$

 a) $U(\mathbf{x}) = ze^{x^2 y}$,

 b) $U(\mathbf{x}) = \frac{\mathbf{p}\cdot\mathbf{x}}{|\mathbf{x}|^3}$, $\mathbf{x} \neq \mathbf{0}$ (Dipolpotential mit Achsenrichtung $\mathbf{p} \in \mathbb{R}^3$).

8. Ein gerader *prismatischer Stab* der Länge L aus elastischem homogenen Werkstoff hat als Querschnitt ein *gleichseitiges Dreieck* A mit der Höhe h. Der Schwerpunkt des Stabes liegt im Koordinatenursprung (vgl. Skizze). Der Stab wird längs z um den Winkel φ verdrillt. Ein Punkt (x, y, z) mit $|z| \ll \frac{L}{\varphi}$ hat nach der *Torsion* in guter Näherung die Koordinaten $\mathbf{x}^* = \mathbf{F}(\mathbf{x})$ mit

$$\text{(F)}\qquad \begin{aligned} x^* &= x - \frac{\varphi}{L}\, yz \\ y^* &= y + \frac{\varphi}{L}\, xz \\ z^* &= z + \frac{\varphi}{2Lh}(3y^2x - x^3)\ . \end{aligned}$$

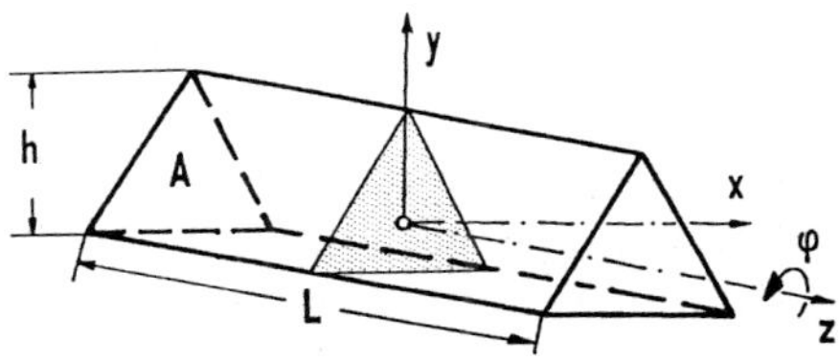

Den Verformungszustand beschreibt das *Vektorfeld der Verschiebungen* $\mathbf{v} = \mathbf{x}^* - \mathbf{x}$:

$$(V)\qquad \mathbf{v} = \mathbf{v}(\mathbf{x}) = \mathbf{F}(\mathbf{x}) - \mathbf{x}\ .$$

 a) In welche Flächen verwölben sich die ebenen Schnitte $x = 0$ bzw. $z = 0$ durch die „Torsion“ $\mathbf{F}$ (gefragt ist die Gleichung $f(x^*, y^*, z^*) = 0$ und der Name des Flächentyps)? Welche Punkte in den Schnitten bleiben fest?

 b) Man berechne die Funktionalmatrizen $\mathscr{J}_\mathbf{F}(\mathbf{x})$ und $\mathscr{J}_\mathbf{v}(\mathbf{x})$ und div $\mathbf{v}(\mathbf{x})$, rot $\mathbf{v}(\mathbf{x})$.

 c) Man berechne (jeweils als Funktion von $\mathbf{x}$):

den *Verzerrungstensor* : $V_\mathbf{v} = \frac{1}{2}(\mathscr{J}_\mathbf{v} + \mathscr{J}_\mathbf{v}^T)$;

den *Rotationstensor* : $R_\mathbf{v} = \frac{1}{2}(\mathscr{J}_\mathbf{v} - \mathscr{J}_\mathbf{v}^T)$;

den *Spannungstensor* : $S_\mathbf{v} = 2G\, V_\mathbf{v}$,
(G bezeichnet den Schubmodul) ;

die *Spannungsvektoren* in A : $\mathbf{p}_A = S_\mathbf{v}\begin{pmatrix}0\\0\\1\end{pmatrix}$.

9. Man rechne explizit für zwei Vektorfelder $\mathbf{v}(\mathbf{x}), \mathbf{w}(\mathbf{x}) \in \mathscr{C}^1(\mathbb{R}^3, \mathbb{R}^3)$ nach:

$$\boxed{\operatorname{grad}(\mathbf{v}\cdot\mathbf{w}) = \mathscr{J}_\mathbf{v}^T\mathbf{w} + \mathscr{J}_\mathbf{w}^T\mathbf{v}.}$$

Zur Kontrolle setze man $\mathbf{v} = (x, -y, xz)^T$ und $\mathbf{w} = (z^2 - y^2, x^2 - z^2, y^2 - x^2)^T$.

Kapitel 8

Funktionen in mehreren Variablen. Teil 2: Integration

§1. Parameterintegrale

1.1 Parameterintegrale. Die meisten höheren Funktionen der Analysis treten entweder als Integralfunktionen $G(x) = \int_a^x g(t)dt$ auf (→ Kap. 4) oder sie besitzen eine Integraldarstellung der Form

$$F(x) = \int_c^d f(x,y)dy \ ,$$

worin der Integrand vom Parameter x abhängt.

Typische **Beispiele** hierfür sind:

Die Gammafunktion $\quad \Gamma(x) := \int_0^\infty t^{x-1}e^{-t}\,dt \quad (x > 0), \quad$ (→ Kap. 4, §4) ,

die Besselfunktionen $\quad J_n(x) := \frac{1}{\pi}\int_0^\pi \cos(x\sin t - nt)\,dt \quad (n \in \mathbb{Z})$,

die Laplace-Transformierte $\quad F(x) := \int_0^\infty f(t)e^{-xt}\,dt$.

Die Differentiation und Integration dieser Darstellungen gelingt mit der Theorie von Funktionen im $\mathbb{R}^2$ (→ Kap. 7, §2).

Ⓐ Eigentliche Parameterintegrale.

Satz 1.1. Grenzwertvertauschung mit bestimmtem Parameterintegral.
Sei $D = [a,b] \times [c,d] = \{\,(x,y)\ ;\ a \le x \le b,\ c \le y \le d\}$ *ein abgeschlossenes Rechteck in* $\mathbb{R}^2$ *und* $f : D \to \mathbb{R}$ *stetig. Dann gilt für die Integralfunktion*

$$F(x) := \int_c^d f(x,y)dy \ , \qquad a \le x \le b \ ,$$

a) F *ist in* $[a,b]$ *stetig,*

b) *Satz von* Fubini,

$$\boxed{\int_a^b F(x)\,dx = \int_a^b \left(\int_c^d f(x,y)\,dy\right)\,dx = \int_c^d \left(\int_a^b f(x,y)\,dx\right)\,dy \ ,}$$

c) *ist zusätzlich f auf $[a,b]$ stetig partiell nach x differenzierbar, dann ist F differenzierbar mit der Ableitung*

$$F'(x) = \frac{d}{dx}\int_c^d f(x,y)\,dy = \int_c^d \frac{\partial f}{\partial x}(x,y)\,dy \ . \tag{1}$$

Beweis. a): Aufgrund der gleichmäßigen Stetigkeit (→ Kap. 7, Satz 2.1) von f auf D gibt es zu $\varepsilon > 0$ ein $\delta > 0$, so daß gilt:

$$|f(x,y) - f(x_0,y)| < \varepsilon \text{ für alle } y\text{, sofern nur } |x - x_0| \leq \delta \ .$$

Für diese x gilt dann $|F(x) - F(x_0)| \leq \int_c^d |f(x,y) - f(x_0,y)|dy \leq \varepsilon(d-c)$. Also ist F stetig.

c): Ist darüberhinaus f_x stetig, dann folgt mit dem Mittelwertsatz

$$\frac{1}{h}[F(x+h) - F(x)] = \int_c^d \frac{f(x+h,y) - f(x,y)}{h}dy = \int_c^d f_x(\xi,y)dy$$

mit ξ zwischen x und $x+h$. Nach a) (mit f_x statt f) strebt die rechte Seite bei $h \to 0$ gegen $\int_c^d f_x(x,y)dy$.

b): Die Funktion $H(x) := \int_c^d \left(\int_a^x f(t,y)\,dt\right)\,dy$ erfüllt die Voraussetzung von c). Mit (1) und Satz 1.3 von Kap. 4 folgt $H'(x) = \int_c^d f(x,y)dy$ und damit

$$\int_a^b \left(\int_c^d f(x,y)\,dy\right)\,dx = \int_a^b H'(x)dx = H(b) - H(a) = H(b) \ . \qquad \square$$

Beispiel 1.

$$F(x) = \int_1^\pi \frac{\sin(tx)}{t}dt\,, \quad F'(x) = \int_1^\pi \cos(tx)\,dt\,, \quad F''(x) = -\int_1^\pi t\sin(tx)\,dt\ .$$

$\sqsupset$

Beispiel 2. Die Bessel-Funktionen

$$J_n(x) := \frac{1}{\pi}\int_0^\pi \cos(x\sin t - nt)dt \quad (n = 0, \pm 1, \pm 2, \ldots)$$

gehören zu den besonders wichtigen Funktionen der angewandten Analysis. Sie wurden zuerst von F. W. Bessel (1784–1846) zur Berechnung der Planetenbahnen verwendet. In der Folge kamen zahlreiche Anwendungen in den Ingenieurwissenschaften hinzu. Sie treten beispielsweise auf bei der Amplitudenberechnung der harmonischen Oberwellen in einer frequenzmodulierten Schwingung.

Für $y(x) := \int_0^{\pi} \cos(x \sin t - nt)dt$, d.h. $y(x) = \pi J_n(x)$, gilt nach Satz 1.1

$$\begin{aligned} y'(x) &= -\int_0^{\pi} \sin(x \sin t - nt) \cdot \sin t \, dt \\ &= -x \int_0^{\pi} \cos^2 t \cos(x \sin t - nt)dt + n \int_0^{\pi} \cos t \cos(x \sin t - nt)dt \end{aligned}$$

(partielle Integration mit $\dot{u} = \sin t$, $v = \sin(x \sin t - nt)$).
Ferner gilt (ebenfalls mit (1))

$$y''(x) = -\int_0^{\pi} \cos(x \sin t - nt) \sin^2 t \, dt ,$$

und somit

$$x^2 y''(x) + xy'(x) + (x^2 - n^2)y(x) = 0 .$$

D.h., die Besselfunktion J_n ist eine Lösung der *Bessel-Differentialgleichung* (→ Bd. 2)

$$x^2 y'' + xy' + (x^2 - n^2)y = 0 .$$

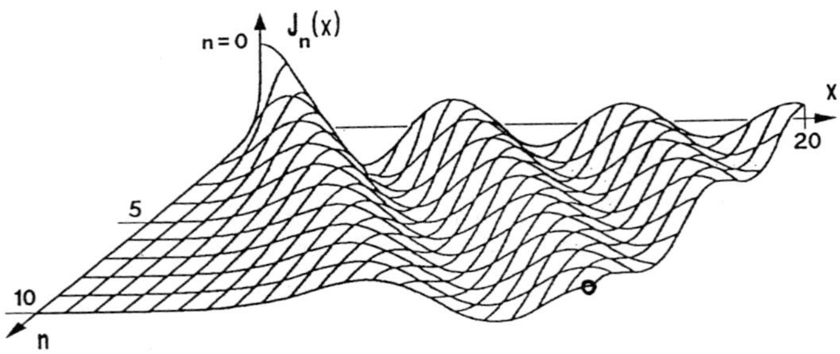

Abb. 197 – Bessel-Funktion, abhängig von x und n □

Hängen im Parameterintegral auch die Integrationsgrenzen vom Parameter x ab, dann gilt statt (1) für stetig differenzierbare Funktionen g, h die

LEIBNIZ-Regel

(2) $$\frac{d}{dx} \int_{g(x)}^{h(x)} f(x, y)dy = \int_{g(x)}^{h(x)} f_x(x, y)dy + f(x, h(x))h'(x) - f(x, g(x))g'(x) .$$

Beweis. Man wende auf $F(x, u, v) := \int_u^v f(x, y)dy$ mit $u = g(x)$, $v = h(x)$ die Kettenregel an (→ Kap. 7, Satz 2.6):

$$\frac{d}{dx} F\left(x, g(x), h(x)\right) = F_x + F_u u' + F_v v' .$$ □

Beispiel 1.

$$I(\alpha) := \int_0^{\alpha^2} \cos(\alpha t^2)dt \; ; \quad \frac{dI}{d\alpha} = -\int_0^{\alpha^2} t^2 \sin(\alpha t^2)dt + 2\alpha\cos\alpha^5 \; . \qquad \square$$

Beispiel 2. Für

$$x(t) := \frac{1}{k}\int_0^t f(u)\sin k(t-u)du$$

(mit $f : \mathbb{R} \to \mathbb{R}$ stetig) gilt

$$\dot{x}(t) = \int_0^t f(u)\cos k(t-u)du \; ,$$

$$\ddot{x}(t) = f(t) - k\int_0^t f(u)\sin k(t-u)du \; .$$

Folglich ist $x = x(t)$ eine Lösung der Schwingungsgleichung (→ Bd. 2)

$$\ddot{x} + k^2 x = f(t) \text{ mit den Anfangswerten } x(0) = \dot{x}(0) = 0 \; . \qquad \square$$

Ⓑ **Uneigentliche Parameterintegrale.** Ein dem Satz 1.1 entsprechendes Ergebnis für uneigentliche Integrale, also für Integrale der Form

$$\int_c^d f(x,y)dy = \lim_{\varepsilon\to 0}\int_c^{d-\varepsilon} f(x,y)dy \; , \qquad \int_c^\infty f(x,y)dy = \lim_{d\to\infty}\int_c^d f(x,y)dy \; ,$$

gilt nur unter der zusätzlichen Voraussetzung, daß einige der vorkommenden Integrale „gleichmäßig konvergieren". Wir gehen hier auf diesen Begriff nicht näher ein, sondern formulieren den entsprechenden Satz (ohne Beweis) in einer speziellen Form, die für die meisten Anwendungen ausreicht.

Satz 1.2. *Ist f auf dem einseitig offenen „Rechteck"*

$$D = \{(x,y) \; ; a \le x \le b, \; c \le y < d\} \qquad (d \in \mathbb{R} \cup \{\infty\})$$

stetig und stetig partiell nach x differenzierbar und gibt es Funktionen $g, h : [c,d) \to \mathbb{R}$, für die gilt

1. $|f(x,y)| \le g(y)$ *und* $|f_x(x,y)| \le h(y)$ *für alle* $(x,y) \in D$,
2. *die uneigentlichen Integrale*

$$\int_c^d g(y)dy, \; \int_c^d h(y)dy \qquad \text{bzw.} \qquad \int_c^\infty g(y)dy, \; \int_c^\infty h(y)dy$$

konvergieren,

dann konvergiert für jedes $x \in [a,b]$ das uneigentliche Integral

$$F(x) := \int_c^d f(x,y)dy \qquad \text{bzw.} \qquad F(x) := \int_c^\infty f(x,y)dy$$

und die dadurch definierte Funktion F ist differenzierbar mit der Ableitung

$$(3) \qquad F'(x) = \int_c^d f_x(x,y)dy \qquad \text{bzw.} \qquad F'(x) = \int_c^\infty f_x(x,y)dy \; .$$

Beispiel 1.

$$F(x) := \int_0^\infty e^{-t^2} \cos(xt)\, dt$$

ist für jedes $x \in \mathbb{R}$ konvergent und besitzt die Ableitung

$$F'(x) = \int_0^\infty -te^{-t^2} \sin(xt) dt = -\frac{x}{2} F(x)$$

(mit partieller Integration; $\dot{u} = te^{-t^2}$, $v = \sin(xt)$).
Denn $f(x,t) := e^{-t^2} \cos(xt)$ ist eine $\mathscr{C}^1$-Funktion; es gelten die Abschätzungen

$$|f(x,t)| \leq e^{-t^2} , \quad |f_x(x,t)| = -te^{-t^2} \sin(xt) \leq te^{-t^2} ;$$

und $\int_0^\infty e^{-t^2} dt$, $\int_0^\infty te^{-t^2} dt$ konvergieren wegen $e^{-t^2} < e^{-t}$ für $t > 1$.
($\rightarrow$ Satz 1.2 mit $g(t) = e^{-t^2}$, $h(t) = te^{-t^2}$.) □

Beispiel 2. Die Ableitung der Gammafunktion $\Gamma(x) = \displaystyle\int_0^\infty e^{-t} t^{x-1} dt \quad (x > 0)$ läßt sich ebenfalls mit (3) berechnen. Die Abschätzungen, mit denen die Konvergenz des an beiden Integralgrenzen uneigentlichen Integrals nachgewiesen wurde, zeigen, daß die Voraussetzungen aus Satz 1.2 erfüllt sind.

$$\Gamma'(x) = \int_0^\infty e^{-t} t^{x-1} \ln t\, dt ,$$

$$\Gamma''(x) = \int_0^\infty e^{-t} t^{x-1} (\ln t)^2\, dt .$$ □

Gegenbeispiel. Das uneigentliche Integral $\displaystyle\int_0^\infty e^{-st} \cos t\, dt$ konvergiert *nicht* gleichmäßig für $s \geq 0$:
Einerseits liefert zweimalige partielle Integration

$$\lim_{s \to 0} \int_0^\infty e^{-st} \cos t\, dt = \lim_{s \to 0} \frac{s}{1 + s^2} = 0 ,$$

andererseits hätte man mit Satz 1.2 – **falsch angewendet** –

$$\lim_{s \to 0} \int_0^\infty e^{-st} \cos t\, dt = \int_0^\infty \lim_{s \to 0} e^{-st} \cos t\, dt = \int_0^\infty \cos t\, dt = \lim_{t \to \infty} \sin t ;$$

d.h. $\lim\limits_{t \to \infty} \sin t = 0$, das ist ein Widerspruch. □

Aufgaben

1. Für $0 \leq x \leq 1$, $y \geq 0$ ist die Funktion $f(x,y) = xy\, e^{-xy}$ gegeben.
   a) Man diskutiere und skizziere $x \mapsto f(x,y)$ für festes y.
   b) Man berechne $g(x) := \lim\limits_{y \to \infty} f(x,y)$ für jedes $x \in [0,1]$. Gilt

$$\lim_{y \to \infty} \int_0^1 f(x,y)\, dx = \int_0^1 g(x)\, dx \; ?$$

2. Man wiederhole Aufgabe 1 mit $f(x,y) = \frac{x^2}{y^2}e^{-x/y}$, $0 \le x < \infty$, $0 < y < \infty$.

3. Man berechne

a) $F'(1)$ für $F(x) = \int_{1/s}^{s^2} \frac{e^{sx}}{x+s}\,ds$.

b) $F(e)$, $F'(e)$, $F''(e)$ für $F(x) = \int_e^x \ln(x \ln y)\,dy$, $x > 1$.

4. Man rechne direkt nach: Für die Funktion $f(x,y) = (2 - xy)xye^{-xy}$ ist

$$\int_0^1 \left(\int_0^\infty f(x,y)dy \right) dx \neq \int_0^\infty \left(\int_0^1 f(x,y)dx \right) dy\ .$$

5. a) Man bestätige für die BESSEL-Funktionen $J_n(x)$

– durch partielle Integration die Rekursionsformel:

$$(i) \qquad J_{n+1}(x) + J_{n-1}(x) = \frac{2n}{x} J_n(x) \quad , \ x \neq 0\ ,$$

– durch die Substitution $t = \pi - \tau$

$$(ii) \qquad J_{-n}(x) = (-1)^n J_n(x)\ .$$

b) Mittels (i) und (ii) berechne man $J_n(3)$ für $-5 \le n \le 5$ rekursiv aus $J_0(3) = -0.2600519549\ldots$ und $J_1(3) = 0.3390589585\ldots$.

§2. Kurvenintegrale

2.1 Das Kurvenintegral einer skalaren Funktion. Das bestimmte Integral $\int_0^a g(t)dt$ einer reellen Funktion $g : [0,a] \to \mathbb{R}$ stellt den einfachsten Fall eines Kurvenintegrals dar. Es ist interpretierbar als Integral über ein Skalarenfeld längs der Strecke $\mathbf{x}(t) = t\mathbf{e}_1$, $0 \le t \le a$. Die Verallgemeinerung auf beliebige Kurven im $\mathbb{R}^n$ liefert ein Mittel, um in der Physik die Masse und den Schwerpunkt von krummen Stäben, die Arbeit in Kraftfeldern und die Zirkulation in Strömungsfeldern zu berechnen und in der Theorie von Vektorfeldern zu einem Gradientenfeld das Potential zu bestimmen.

Definition. *Sei $D \subseteq \mathbb{R}^n$ offen, $\mathbf{w} : [a,b] \to D$ ein Kurvenstück und f eine skalare Belegungsfunktion auf dem Kurvenstück, so daß $t \mapsto f(\mathbf{w}(t))$ stetig ist. Dann heißt*

$$(1) \qquad \int_{\mathbf{w}} f\,ds := \int_a^b f\left(\mathbf{w}(t)\right)|\dot{\mathbf{w}}(t)|dt$$

das **Kurvenintegral** *von f längs $\mathbf{w}$.*

Das Kurvenintegral besitzt im Fall $n = 3$ folgende anschauliche Deutung, aus der sich auch die Anwendungen ergeben. Das Kurvenstück besitze im Kurvenpunkt $\mathbf{w}(t)$ die Belegung mit der skalaren Größe (Masse, Ladung,...) $f(\mathbf{w}(t))$. Zur Berechnung der Gesamtbelegung wird das Kurvenstück durch Aufteilung des Parameterintervalls $a = t_0 < t_1 < \cdots < t_m = b$ in Bögen über $[t_{i-1}, t_i]$ $(1 \leq i \leq m)$ der Länge $\Delta s_i = \int_{t_{i-1}}^{t_i} |\dot{\mathbf{w}}(t)| dt = |\dot{\mathbf{w}}(\tau_i)| \Delta t_i$ mit einem Zwischenwert τ_i $(t_{i-1} \leq \tau_i \leq t_i, \rightarrow$ Kap. 4, §1(10)) zerlegt. Durch das Produkt

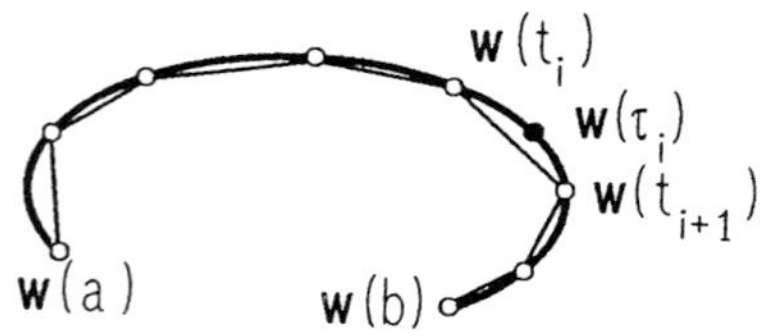

Abb. 198 – Kurvenintegral

$$f(\mathbf{w}(\tau_i))\Delta s_i = f\left(\mathbf{w}(\tau_i)\right)|\dot{\mathbf{w}}(\tau_i)|\Delta t_i$$

wird die Belegung des i-ten Bogens approximiert, die Gesamtbelegung durch

$$Z_n = \sum_{i=1}^{n} f(\mathbf{w}(\tau_i))|\dot{\mathbf{w}}(\tau_i)|\Delta t_i \ .$$

Dieses ist eine Riemann-Summe, die aufgrund der geforderten Stetigkeit mit $n \to \infty$ und $\Delta t_i \to 0$ gegen das Integral $\int_a^b f\left(\mathbf{w}(t)\right)|\dot{\mathbf{w}}(t)|dt$ konvergiert.

Berechnung des Kurvenintegrals $I = \int_{\mathbf{w}} f ds$ im $\mathbb{R}^3$.

1. Schritt: Das Kurvenstück parametrisieren,

$$\mathbf{w}(t) = \left(x(t), y(t), z(t)\right)^T \quad , \ a \leq t \leq b \ .$$

2. Schritt: Das Bogenelement durch Differentiation bestimmen,

$$ds = |\dot{\mathbf{w}}(t)|dt = \sqrt{\dot{x}^2(t) + \dot{y}^2(t) + \dot{z}^2(t)}\, dt \ .$$

3. Schritt: Eintragen: $\mathbf{w}(t)$ im Integranden: $f = f(\mathbf{w}(t))$,
das Bogenelement $ds = |\dot{\mathbf{w}}(t)|dt$,
a, b als Integrationsgrenzen.

$$I = \int_a^b f(x(t), y(t), z(t))\sqrt{\dot{x}^2(t) + \dot{y}^2(t) + \dot{z}^2(t)}dt$$

als bestimmtes Integral ausrechnen (→ Kap. 4).

Mit der Sprechweise von Kap. 4, 6.1 lautet der Sachverhalt anschaulich:
Das Bogenelement ds im Kurvenpunkt $\mathbf{w}(t)$ trägt die Belegung $dm = f(\mathbf{w}(t))ds = f(\mathbf{w}(t))|\dot{\mathbf{w}}(t)|dt$; die „kontinuierliche Summation“ – also die Integration – ergibt die Gesamtbelegung

$$M = \int_{\mathbf{w}} dm = \int_{\mathbf{w}} f ds = \int_a^b f\left(\mathbf{w}(t)\right)|\dot{\mathbf{w}}(t)|dt \ .$$

Bemerkung. Was durch diese anschauliche Deutung unmittelbar einleuchtet, läßt sich auch explizit beweisen:
Für zwei Kurvenstücke $\mathbf{w} : [a,b] \to \mathbb{R}^n$ und $\mathbf{u} : [c,d] \to \mathbb{R}^n$ mit derselben Spur $\{ \mathbf{w}(t) \; ; a \le t \le b \} = \{ \mathbf{u}(t) \; ; c \le t \le d \}$ gilt

$$\int_a^b f(\mathbf{w}(t))\, |\dot{\mathbf{w}}(t)|\, dt = \int_c^d f(\mathbf{u}(t))\, |\dot{\mathbf{u}}(t)|\, dt \,.$$

Die Schreibweise $\int_{\mathbf{w}} f\, ds$ symbolisiert diese Unabhängigkeit von einer speziellen Parameterdarstellung.

Beispiel. Es ist die Masse $M = \int_{\mathbf{w}} \rho ds$ der abgebildeten Schraubenfeder mit linearer Massendichte $\rho(x,y,z) = x^2y^2 + z^2$ zu berechnen.
1. Schritt: Das Kurvenstück darstellen:
$x = 2\cos t\,,\; y = 2\sin t\,,\; z = \frac{1}{2}t\,,\; 0 \le t \le 4\pi\,.$
2. Schritt: Das Bogenelement berechnen:
$ds = \sqrt{\dot{x}^2 + \dot{y}^2 + \dot{z}^2}dt = \frac{1}{2}\sqrt{17}dt\,.$
3. Schritt: Einsetzen und ausrechnen:

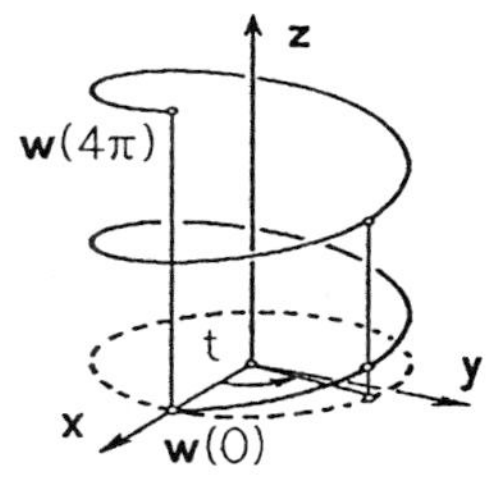

Abb. 199 – Schraublinie

$$M = \int_{\mathbf{w}} \rho ds = \int_{\mathbf{w}} (x^2y^2 + z^2) ds = \int_0^{4\pi} [(2\cos t)^2(2\sin t)^2 + \tfrac{1}{4}t^2]\tfrac{1}{2}\sqrt{17}\, dt$$
$$= \tfrac{17}{2}\left(\tfrac{16}{3}\pi^3 + 8\pi\right)\,. \qquad \square$$

Beispiele für spezielle Integrationswege.

1. Das Integral längs einer zur z-Achse parallelen Strecke.

1. Schritt: Die Strecke $\mathbf{w}(t) = (x_0, y_0, t)^T\,,\; z_0 \le t \le z_1\,.$
2. Schritt: Das Bogenelement $ds = dt\,.$
3. Schritt: Einsetzen (und ausrechnen) $\int_{\mathbf{w}} f\, ds = \int_{z_0}^{z_1} f(x_0, y_0, t) dt\,.$

2. Das Integral längs eines Graphen $y = g(x)$ in der Ebene $z = z_0\,.$

1. Schritt: Das Kurvenstück $\mathbf{w}(x) = (x, g(x), z_0)^T\,,\; a \le x \le b\,.$
2. Schritt: Das Bogenelement $ds = \sqrt{1 + g'(x)^2}dx\,.$
3. Schritt: Das Integral $\int_{\mathbf{w}} f\, ds = \int_a^b f(x, g(x), z_0)\sqrt{1 + g'(x)^2}\, dx\,.$

Es ist zweckmäßig, den Begriff des Kurvenintegrals auf Integrationswege zu erweitern, die aus (stetig differenzierbaren) Kurvenstücken zusammengesetzt werden.

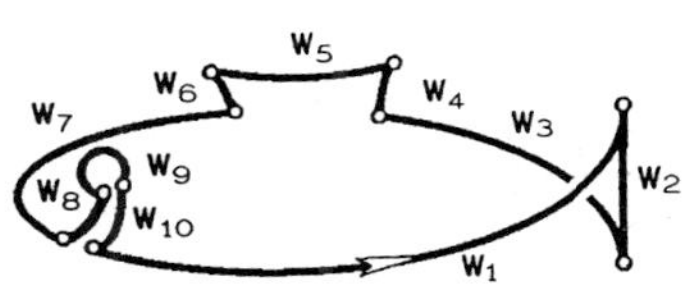

Abb. 200 – Kurve

Definition. *a) Unter einer Kurve* $\mathbf{w}$ *in* $D \subseteq \mathbb{R}^n$ *verstehen wir eine endliche Folge* $\mathbf{w}_1, \ldots, \mathbf{w}_k$ *von (stetig differenzierbaren) Kurvenstücken* $\mathbf{w}_i : [a_i, b_i] \to D$ *(* $i = 1, \ldots, k$ *) mit* $\mathbf{w}_i(b_i) = \mathbf{w}_{i+1}(a_{i+1})$ $(1 \le i \le k-1)$.

b) Für eine aus den Kurvenstücken $\mathbf{w}_1, \ldots, \mathbf{w}_k$ *bestehende Kurve und für jede stetige Funktion* $f : \operatorname{Spur} \mathbf{w} \to \mathbb{R}$ *ist das Kurvenintegral von* f *längs* $\mathbf{w}$ *definiert durch*

(2)
$$\int_{\mathbf{w}} f\,ds := \int_{\mathbf{w}_1} f\,ds + \cdots + \int_{\mathbf{w}_k} f\,ds \,.$$

Beispiel. Die Kurve $\mathbf{w}$ führt, wie skizziert, auf achsenparallelen Strecken vom Ursprung O zum Punkt (x_0, y_0, z_0) , Belegungsfunktion sei $f(\mathbf{x}) = |\mathbf{x}|^2$:

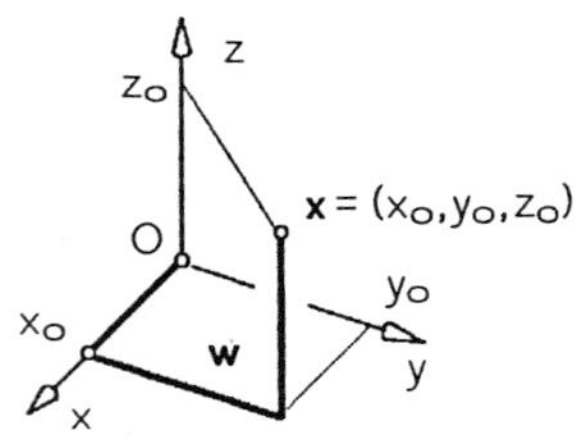

Abb. 201 – Streckenzug

$$\begin{aligned}\int_{\mathbf{x}} |\mathbf{w}|^2 ds = &\int_0^{x_0} (t^2 + 0 + 0)dt + \\ &+ \int_0^{y_0} (x_0^2 + t^2 + 0)dt + \\ &+ \int_0^{z_0} (x_0^2 + y_0^2 + t^2)dt \\ = &\frac{1}{3}x_0^3 + x_0^2 y_0 + \frac{1}{3}y_0^3 + x_0^2 z_0 + y_0^2 z_0 + \frac{1}{3}z_0^3 \,. \end{aligned}$$ □

Durch die Anordnung auf $\mathbb{R}$ ergibt sich eine Orientierung (Durchlaufrichtung) eines Kurvenstücks $\mathbf{w} : [a, b] \to \mathbb{R}^n$ bzw. der Spur vom Anfangspunkt hin zum Endpunkt. In der graphischen Darstellung wird das durch einen entsprechenden Pfeil gekennzeichnet. Eine aus Stücken $\mathbf{w}_i : [a_i, b_i] \to \mathbb{R}^n$ $(1 \le i \le k)$ bestehende Kurve wird vom Anfangspunkt $\mathbf{w}_1(a_1)$ über die „Verbindungspunkte" $\mathbf{w}_i(b_i) = \mathbf{w}_{i+1}(a_{i+1})$ $(1 \le i \le k-1)$ zum Endpunkt $\mathbf{w}_k(b_k)$ durchlaufen.
Das zum Kurvenstück $\mathbf{w} : [a, b] \to \mathbb{R}^n$ definierte Kurvenstück

(3)
$$\mathbf{w}^* : [a, b] \to \mathbb{R}^n \,, \quad \mathbf{w}^*(t) := \mathbf{w}(a + b - t) \,,$$

hat die gleiche Spur wie $\mathbf{w}$, sie wird jedoch von $\mathbf{w}^*(a) = \mathbf{w}(b)$ (Endpunkt von $\mathbf{w}$) nach $\mathbf{w}^*(b) = \mathbf{w}(a)$ (Anfangspunkt von $\mathbf{w}$) durchlaufen. Die zur Kurve $\mathbf{w}$, bestehend aus den Stücken $\mathbf{w}_1, \ldots, \mathbf{w}_k$, entgegengesetzt durchlaufenen Kurve $\mathbf{w}^*$ besteht (der Reihe nach) aus $\mathbf{w}_k^*, \ldots, \mathbf{w}_1^*$. Da in der Integraldefinition (1) die Durchlaufrichtung nicht eingeht, gilt offenbar

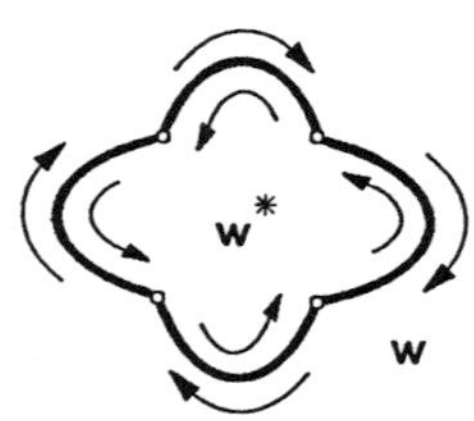

Abb. 202 – Durchlaufsinn

(4)
$$\int_{\mathbf{w}} f\,ds = \int_{\mathbf{w}^*} f\,ds \,.$$

Aus der Definition ergeben sich für alle Kurven $\mathbf{w}$ in D, $f, g \in \mathscr{C}^0(D, \mathbb{R})$, $\alpha \in \mathbb{R}$, folgende Rechenregeln:

(5)
$$\int_{\mathbf{w}} \alpha f\,ds = \alpha \int_{\mathbf{w}} f\,ds\,,$$
$$\int_{\mathbf{w}} (f+g)ds = \int_{\mathbf{w}} f\,ds + \int_{\mathbf{w}} g\,ds\,.$$
(*Linearität des Kurvenintegrals*)

Ferner gilt für jedes Kurvenstück $\mathbf{w} : [a,b] \to \mathbb{R}^n$ der *Mittelwertsatz*:

(6)
$$\int_{\mathbf{w}} f\,ds = f(\tilde{\mathbf{x}}) \cdot L$$

mit einem Kurvenpunkt $\tilde{\mathbf{x}}$ und der Kurvenlänge L.

Beweis. Der Mittelwertsatz für bestimmte Integrale (→ Kap. 4, Satz 1.2) gibt

$$\int_{\mathbf{w}} f\,ds = \int_a^b f\left(\mathbf{w}(t)\right)|\dot{\mathbf{w}}(t)|dt = f(\tilde{\mathbf{x}}) \int_a^b |\dot{\mathbf{w}}(t)|dt$$
$$= f(\tilde{\mathbf{x}}) \cdot L\,.$$ □

2.2 Anwendungen.

ⓐ **Bogenlänge.** Die Länge $L(\mathbf{w})$ eines Kurvenstücks $\mathbf{w} : [a,b] \to \mathbb{R}^3$ beträgt nach Kap. 7, §1

(7)
$$L(\mathbf{w}) = \int_{\mathbf{w}} ds = \int_a^b |\dot{\mathbf{w}}(t)|dt = \int_a^b \sqrt{\dot{x}(t)^2 + \dot{y}(t)^2 + \dot{z}(t)^2}dt\,.$$

Eine aus den Kurvenstücken $\mathbf{w}_1, \ldots, \mathbf{w}_k$ bestehende Kurve hat die Länge $L = L(\mathbf{w}_1) + \cdots + L(\mathbf{w}_k)$, wobei mehrfach durchlaufene Stücke entsprechend oft gezählt werden.

ⓑ **Masse** (oder Ladung, bzw. irgendeine Belegung). Stellt $\rho(x,y,z)$ die Massendichte einer Kurve $\mathbf{w}$ (eines Seiles oder Drahtes) dar, so nennt man $dm = \rho(x,y,z)ds$ ein Massenelement. Die *Gesamtmasse* beträgt

(8)
$$M = \int_{\mathbf{w}} dm = \int_{\mathbf{w}} \rho(x,y,z)ds\,.$$

ⓒ **Momente und Massenmittelpunkt.** Die k-ten Momente (bezüglich der Koordinatenebenen) eines in (x,y,z) befindlichen Massenpunktes der Masse dm sind $x^k dm$, $y^k dm$, $z^k dm$. Demzufolge berechnen sich die k-ten Momente der Kurve $\mathbf{w}$ wie folgt:

(9)
$$\boxed{\begin{aligned} M_{x,k} &= \int_{\mathbf{w}} x^k dm = \int_{\mathbf{w}} x^k \rho(x,y,z) ds \,, \\ M_{y,k} &= \int_{\mathbf{w}} y^k dm = \int_{\mathbf{w}} y^k \rho(x,y,z) ds \,, \\ M_{z,k} &= \int_{\mathbf{w}} z^k dm = \int_{\mathbf{w}} z^k \rho(x,y,z) ds \,. \end{aligned}}$$

Für $k = 1$ sind das die *statischen Momente*, für $k = 2$ die *Trägheitsmomente*. Der Punkt $S = (x_S, y_S, z_S)$, in dem eine Punktmasse der Größe M (→ (8)) dasselbe statische Moment wie $\mathbf{w}$ besitzt, bezeichnet man als *Massenmittelpunkt* (Schwerpunkt).

(10)
Schwerpunkt $S = (x_S, y_S, z_S)$ zur Massendichte ρ,
Gesamtmasse $M = \int_{\mathbf{w}} \rho ds$:

$$x_S = \frac{1}{M} \int_{\mathbf{w}} x \, \rho(x,y,z) \, ds, \; y_S = \frac{1}{M} \int_{\mathbf{w}} y \, \rho(x,y,z) \, ds, \; z_S = \frac{1}{M} \int_{\mathbf{w}} z \, \rho(x,y,z) \, ds.$$

Im Fall homogener Massenverteilung, $\rho(x,y,z) = \text{const}$, fällt der Massenmittelpunkt der Kurve $\mathbf{w}$ mit ihrem *geometrischen Schwerpunkt* zusammen.

(11)
Der (geometrische) Schwerpunkt $\overline{S} = (\overline{x}, \overline{y}, \overline{z})$ bei einer Gesamtlänge $L = \int_{\mathbf{w}} ds$:

$$\overline{x} = \frac{1}{L} \int_{\mathbf{w}} x \, ds \,, \; \overline{y} = \frac{1}{L} \int_{\mathbf{w}} y \, ds \,, \; \overline{z} = \frac{1}{L} \int_{\mathbf{w}} z \, ds \,.$$

Man beachte: Sowohl der Massenmittelpunkt als auch der Schwerpunkt sind i.a. keine Kurvenpunkte.

Beispiel. Die Schraubenlinie (→ Abb. 199)

$$\mathbf{w}(t) = (r \cos t, r \sin t, ht)^T \,, \quad 0 \le t \le 2\pi n \,,$$

hat die Bogenlänge

$$L = \int_0^{2\pi n} \sqrt{r^2 + h^2} dt = \sqrt{r^2 + h^2} \cdot 2\pi n = 2\pi n R \,, \quad R = \sqrt{r^2 + h^2} \,.$$

Für ganzzahliges n ist $\overline{x} = \overline{y} = 0$ und mit der Höhe $H = 2\pi n h$ ist

$$\overline{z} = \frac{1}{2\pi n R} \int_0^{2\pi n} ht R dt = \frac{4\pi^2 n^2 h R}{2 \cdot 2\pi n R} = \pi n h = \frac{H}{2} \,,$$

d.h. $\overline{S} = (0, 0, \frac{1}{2} H)$ liegt nicht auf $\mathbf{w}$.

Mit der Massenbelegung $\rho = z$ ergibt sich

$$M = \int_0^{2\pi n} ht \cdot R dt = 2\pi^2 n^2 hR .$$

Wieder ist $x_S = y_S = 0$, und es ergibt sich mit

$$z_S = \frac{1}{2\pi^2 n^2 hR} \int_0^{2\pi n} ht \cdot ht \cdot R dt = \tfrac{4}{3} hn\pi = \tfrac{2}{3} H$$

als Massenmittelpunkt $S = (0, 0, \frac{2}{3}H)$. □

2.3 Die Integration eines Vektorfeldes längs einer Kurve. Für Vektoren $\mathbf{x} = (x_1, \ldots, x_n)^T$, $\mathbf{y} = (y_1, \ldots, y_n)^T \in \mathbb{R}^n$ ist das Skalarprodukt $\mathbf{x} \cdot \mathbf{y}$ definiert durch (→ Kap. 6, 6.3) $\mathbf{x} \cdot \mathbf{y} = \sum_{i=1}^{n} x_i y_i$. Die Zahl $|\mathbf{x}| = \left(\sum_{i=1}^{n} x_i^2\right)^{1/2}$ heißt Betrag des Vektors $\mathbf{x}$ und zu einem Einheitsvektor $\mathbf{e}$ (d.h. $|\mathbf{e}| = 1$) nennt man $\mathbf{x} \cdot \mathbf{e}$ die *skalare Komponente* von $\mathbf{x}$ in $\mathbf{e}$-Richtung. Offenbar gilt $\mathbf{x} = (\mathbf{x} \cdot \mathbf{e})\mathbf{e} + \mathbf{n}$ mit dem zu $\mathbf{e}$ orthogonalen Vektor $\mathbf{n} = \mathbf{x} - (\mathbf{x} \cdot \mathbf{e})\mathbf{e}$ (→ Kap. 1, §5(6) für $n = 3$).

Definition. *Sei $D \subseteq \mathbb{R}^n$ offen. $\mathbf{w} : [a,b] \to D$ eine reguläre Kurve und $\mathbf{v} : D \to \mathbb{R}^n$ ein stetiges Vektorfeld. Man nennt*

$$\int_{\mathbf{w}} \mathbf{v} \cdot d\mathbf{x} := \int_a^b \mathbf{v}(\mathbf{w}(t)) \cdot \dot{\mathbf{w}}(t) dt \tag{12}$$

das Kurvenintegral von $\mathbf{v}$ längs $\mathbf{w}$.

Bemerkungen.

1. Mit $\mathbf{T}(t) := \frac{1}{|\dot{\mathbf{w}}(t)|} \dot{\mathbf{w}}(t)$ (→ Kap. 7, §1) lautet (12)

$$\int_{\mathbf{w}} \mathbf{v} \cdot d\mathbf{x} = \int_a^b \left[\mathbf{v}\big(\mathbf{w}(t)\big) \cdot \mathbf{T}(t)\right] |\dot{\mathbf{w}}(t)| dt = \int_{\mathbf{w}} (\mathbf{v} \cdot \mathbf{T}) ds .$$

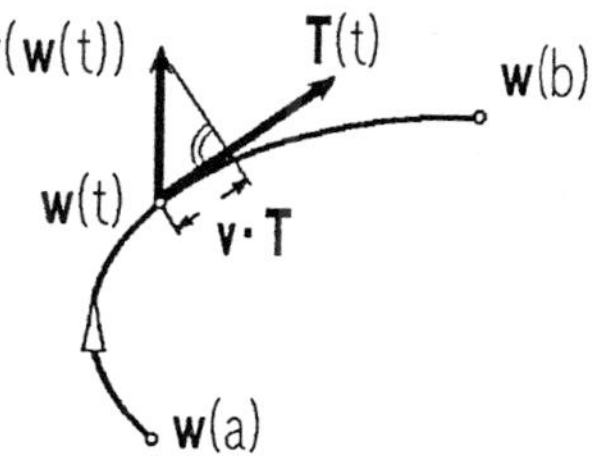

Abb. 203 – Integral eines Vektorfeldes

Es handelt sich also um das Kurvenintegral $\int_{\mathbf{w}} f ds$ der skalaren Tangentialkomponente $f = \mathbf{v} \cdot \mathbf{T}$ des Vektorfeldes längs der Kurve $\mathbf{w}$.

2. Offenbar gelten für stetige Vektorfelder $\mathbf{u}$, $\mathbf{v}$ und $\alpha \in \mathbb{R}$ folgende Rechenregeln (die Linearität):

$$\begin{aligned} \int_{\mathbf{w}} (\mathbf{u} + \mathbf{v}) \cdot d\mathbf{x} &= \int_{\mathbf{w}} \mathbf{u} \cdot d\mathbf{x} + \int_{\mathbf{w}} \mathbf{v} \cdot d\mathbf{x} , \\ \int_{\mathbf{w}} \alpha\mathbf{v} \cdot d\mathbf{x} &= \alpha \int_{\mathbf{w}} \mathbf{v} \cdot d\mathbf{x} . \end{aligned} \tag{13}$$

3. Bei einer Änderung der „Integrationsrichtung“, d.h. beim Übergang von $\mathbf{w}$

zur entgegengesetzt durchlaufenen Kurve $\mathbf{w}^*$ (→ (3)) geht der Tangentialvektor $\mathbf{T}$ in $-\mathbf{T}$ über. Deshalb gilt

(14) $$\int_{\mathbf{w}^*} \mathbf{v} \cdot d\mathbf{x} = -\int_{\mathbf{w}} \mathbf{v} \cdot d\mathbf{x} \,.$$

4. Sinngemäß zu (2) ist das Kurvenintegral von Vektorfeldern längs stückweise regulärer Kurven erklärt.

5. Man nennt eine Kurve $\mathbf{w}$ geschlossen, wenn der Anfangspunkt mit dem Endpunkt zusammenfällt. In diesem Fall schreiben wir

$$\oint_{\mathbf{w}} f\, ds \quad \text{bzw.} \quad \oint_{\mathbf{w}} \mathbf{v} \cdot d\mathbf{x} \,.$$

6. Die linke Seite von (12) wird mit $d\mathbf{x} = (dx_1, \ldots, dx_n)^T$ gern „explizit" in folgender Form angegeben:

$$\int_{\mathbf{w}} \mathbf{v} \cdot d\mathbf{x} = \int_{\mathbf{w}} v_1 dx_1 + v_2 dx_2 + \cdots + v_n dx_n \,.$$

Mit indexfreier Schreibweise im $\mathbb{R}^3$, d.h. mit $x = x_1$, $y = x_2$, $z = x_3$:

Berechnung des Kurvenintegrals im $\mathbb{R}^3$.

$$A = \int_{\mathbf{w}} \mathbf{v} \cdot d\mathbf{x} = \int_{\mathbf{w}} v_1 dx + v_2 dy + v_3 dz \,.$$

1. Schritt: Das Kurvenstück parametrisieren,

$$\mathbf{w}(t) = \big(x(t), y(t), z(t)\big)^T \quad , \; a \le t \le b \,.$$

2. Schritt: Das vektorielle Bogenelement berechnen,

$$d\mathbf{x} = \dot{\mathbf{w}}(t)dt = \big(\dot{x}(t), \dot{y}(t), \dot{z}(t)\big)^T dt \,.$$

3. Schritt: Parameterdarstellung, vektorielles Bogenelement, Parametergrenzen eintragen,

$$A = \int_a^b \Big[v_1\big(\mathbf{w}(t)\big)\dot{x}(t) + v_2\big(\mathbf{w}(t)\big)\dot{y}(t) + v_3\big(\mathbf{w}(t)\big)\dot{z}(t)\Big]dt$$

als bestimmtes Integral ausrechnen (→ Kap. 4).

Beispiel 1.

$$A = \int_{\mathbf{w}} x^2 y\, dx + (x - z)dy + (xyz)dz$$

längs des Graphen $y = x^3$ $(0 \le x \le 2)$ in der Ebene $z = 2$.

1. Schritt: Die Kurve $x = t$, $y = t^3$, $z = 2$, $0 \le t \le 2$.

2. Schritt: $dx = dt$, $dy = 3t^2 dt$, $dz = 0$.

3. Schritt: $A = \int_0^2 (t^2t^3 + (t-2)3t^2)dt = \frac{20}{3}$. □

Beispiel 2. Das Integral über den isolierten Wirbel im $\mathbb{R}^2$ (→ Kap. 7, 4.3)

$$\mathbf{v}(x,y) = \frac{1}{x^2+y^2}\begin{pmatrix} -y \\ x \end{pmatrix}, \quad (x,y) \neq (0,0),$$

längs des einmal positiv durchlaufenen Einheitskreises $\mathbf{w}$ um $(0,0)$.

$$A = \int_{\mathbf{w}} v_1 dx + v_2 dy = \int_{\mathbf{w}} \frac{1}{x^2+y^2}(-ydx + xdy)$$

1. Schritt: $x = \cos t$, $y = \sin t$, $0 \leq t \leq 2\pi$.

2. Schritt: $dx = -\sin t\, dt$, $dy = \cos t\, dt$.

3. Schritt: $A = \int_0^{2\pi} [\sin^2 t + \cos^2 t]dt = 2\pi$. (→ 2.5, letztes Beispiel) □

2.4 Anwendungen und Beispiele.

ⓐ **Arbeit.** Die von einer Kraft $\mathbf{K}$ im Kurvenpunkt $\mathbf{w}(t)$ längs des Weges $d\mathbf{x} = \dot{\mathbf{w}}(t)dt$ geleistete Arbeit beträgt $dA = \mathbf{K} \cdot d\mathbf{x} = (\mathbf{K} \cdot \mathbf{T})ds$. Demnach beträgt die von $\mathbf{K}$ längs $\mathbf{w}$ geleistete Arbeit

$$A = \int_{\mathbf{w}} \mathbf{K} \cdot d\mathbf{x}.$$

In einem elektrischen Feld $\mathbf{E}$ liefert das (negative) „Arbeitsintegral" den *Spannungsabfall* längs $\mathbf{w}$ (→ Kap. 7, 3.1):

$$U = -\int_{\mathbf{w}} \mathbf{E} \cdot d\mathbf{x}.$$

Beispiel. Geführte Bewegung. Gleitet ein Teilchen der Masse m im vertikalen Schwerefeld $\mathbf{K} = (0, 0, -mg)^T$ *nicht frei*, sondern reibungsfrei längs einer Leitkurve $\mathbf{w}$, so sind im Bewegungsgesetz die von der Massenträgheit herrührenden *Scheinkräfte* zu berücksichtigen. Rechnet man im begleitenden Dreibein $(\mathbf{T}, \mathbf{N}, \mathbf{B})$ von $\mathbf{w}$ (→ Kap. 7, 1.2), so lautet die *Bewegungsgleichung*:

$$m\ddot{\mathbf{x}} = \mathbf{K} + F_N \mathbf{N} + F_B \mathbf{B}.$$

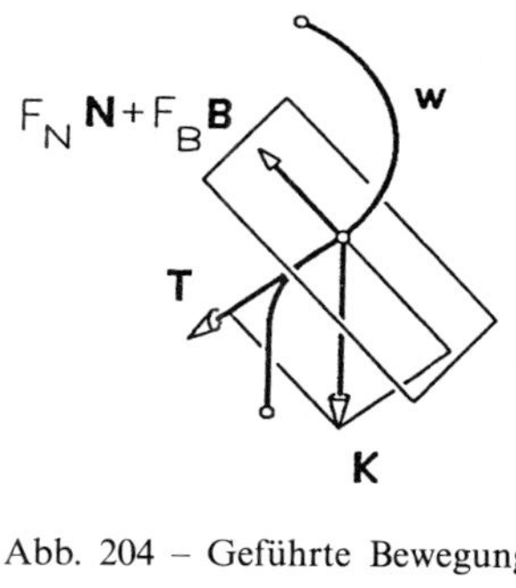

Abb. 204 – Geführte Bewegung

Das Kurvenintegral über dieses Kräftegleichgewicht zeigt in der Energiebilanz der Bewegung, daß F_N und F_B keinen Energiebeitrag leisten:

$$\int_{\mathbf{w}} m(\ddot{\mathbf{x}} \cdot d\mathbf{x}) = \int_{\mathbf{w}} \mathbf{K} \cdot d\mathbf{x} + F_N \int_{\mathbf{w}} \mathbf{N} \cdot d\mathbf{x} + F_B \int_{\mathbf{w}} \mathbf{B} \cdot d\mathbf{x},$$

$$\int_{\mathbf{w}} m(\dot{\mathbf{x}} \cdot \ddot{\mathbf{x}})dt = \int_{\mathbf{w}} \mathbf{K} \cdot d\mathbf{x} + F_N \int_{\mathbf{w}} (\mathbf{N} \cdot \mathbf{T})ds + F_B \int_{\mathbf{w}} (\mathbf{B} \cdot \mathbf{T})ds.$$

Die linke Seite läßt sich integrieren, damit ergibt sich mit $v(t) = |\dot{\mathbf{x}}(t)|$ und $\mathbf{N}\cdot\mathbf{T} = \mathbf{B}\cdot\mathbf{T} = 0$:

$$m\int_a^b (\dot{x}\ddot{x} + \dot{y}\ddot{y} + \dot{z}\ddot{z})dt = \tfrac{1}{2}m(\dot{x}^2 + \dot{y}^2 + \dot{z}^2)\Big|_{t=a}^{b} = \tfrac{1}{2}m\big(v^2(b) - v^2(a)\big) = \int_{\mathbf{w}} \mathbf{K}\cdot d\mathbf{x}\,.$$

Mit $\ddot{\mathbf{x}} = \dot{v}\mathbf{T} + v^2\kappa\mathbf{N}$ (→ Kap. 7, §1(9)) erhält man nach skalarer Multiplikation der Bewegungsgleichung mit $\mathbf{N}$ bzw. $\mathbf{B}$:

$$F_N = mv^2\kappa - \mathbf{K}\cdot\mathbf{N}\,, \quad F_B = -\mathbf{K}\cdot\mathbf{B}\,. \qquad \square$$

ⓑ **Zirkulation.** In der Strömungslehre heißt das Integral eines Geschwindigkeitsfeldes $\mathbf{v}$ längs einer geschlossenen Kurve $\mathbf{w}$,

$$\oint_{\mathbf{w}} \mathbf{v}\cdot d\mathbf{x}\,,$$

die *Zirkulation* des Feldes längs $\mathbf{w}$. Es wird die Tangentialkomponente von $\mathbf{v}$ längs $\mathbf{w}$ aufintegriert.
Das Integral der *Normalkomponente* von $\mathbf{v}$ längs $\mathbf{w}$ heißt *Fluß* des Feldes durch $\mathbf{w}$:

$$\oint_{\mathbf{w}} (\mathbf{v}\cdot\mathbf{N})ds =: \oint_{\mathbf{w}} \mathbf{v}\cdot d\mathbf{n}\,.$$

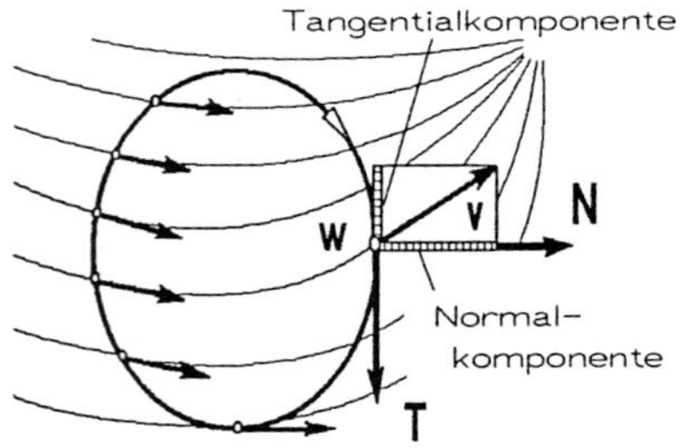

Abb. 205 – Fluß, Zirkulation

Der Mittelwertsatz (6) gibt die Deutung dieser beiden Integrale für die physikalische Anwendung:

$$\oint_{\mathbf{w}} \mathbf{v}\cdot d\mathbf{x} = (\mathbf{v}(\hat{t})\cdot\mathbf{T}(\hat{t}))L \quad ; \quad \oint_{\mathbf{w}} \mathbf{v}\cdot d\mathbf{n} = (\mathbf{v}(\tilde{t})\cdot\mathbf{N}(\tilde{t}))L\,.$$

Zirkulation längs $\mathbf{w}$ = (mittlere skalare Tangentialkomponente von $\mathbf{v}$ längs $\mathbf{w}$) · (Länge von $\mathbf{w}$),   Fluß durch $\mathbf{w}$ = (mittlere skalare Normalkomponente von $\mathbf{v}$ längs $\mathbf{w}$) · (Länge von $\mathbf{w}$).

Beispiel. Die ebene Gegenströmung

$$\mathbf{v} = \begin{pmatrix} cy \\ 0 \end{pmatrix} \quad , \ c > 0$$

hat als Zirkulation längs des Kreises

$$\mathbf{w}(t) = (\cos t, 1 + \sin t) \quad , \ 0 \le t \le 2\pi\,,$$

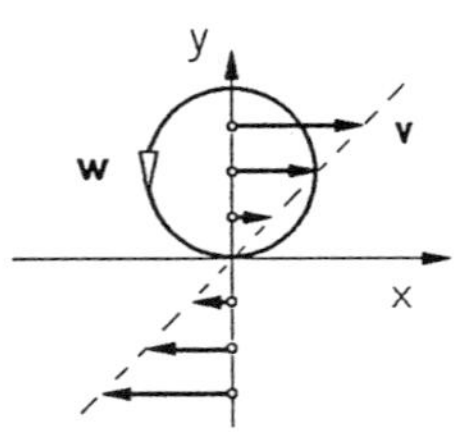

Abb. 206 – Gegenströmung

$$\oint_{\mathbf{w}} \mathbf{v}\cdot d\mathbf{x} = \int_0^{2\pi} \begin{pmatrix} c(1+\sin t) \\ 0 \end{pmatrix}\cdot\begin{pmatrix} -\sin t \\ \cos t \end{pmatrix} dt = -\pi c\,.$$

Der Fluß durch $\mathbf{w}$ ist

$$\oint_{\mathbf{w}} \mathbf{v} \cdot d\mathbf{n} = \int_0^{2\pi} \begin{pmatrix} c(1+\sin t) \\ 0 \end{pmatrix} \cdot \begin{pmatrix} \cos t \\ \sin t \end{pmatrix} dt = 0 \, .$$

Längs $\mathbf{w}$ hat $\mathbf{v}$ die mittlere skalare Tangentialkomponente $-\frac{\pi c}{2\pi} = -\frac{c}{2}$. Negative Zirkulation bedeutet, daß die Strömung längs $\mathbf{w}$ überwiegend im Uhrzeigersinn verläuft. Außerdem tritt genausoviel Flüssigkeitsmenge in das Kreisinnere ein wie aus. Im Innern sind keine Quellen ($\operatorname{div} \mathbf{v} = 0$). □

2.5 Das Potential eines Gradientenfeldes. In völliger Analogie zu den Verhältnissen bei Funktionen in einer reellen Variablen (→ Kap. 4, 1.4) liefert das Kurvenintegral das geeignete Mittel, zur „Ableitung" $\operatorname{grad} f$ einer Funktion $f : \mathbb{R}^n \supseteq D \to \mathbb{R}$ von n Veränderlichen eine Stammfunktion zu rekonstruieren. Anstelle eines zusammenhängendes Intervalles ist hier als Definitionsbereich einer Funktion ein Gebiet im $\mathbb{R}^n$ zu wählen.

Definition. *Eine Teilmenge $G \subseteq \mathbb{R}^n$ heißt* **Gebiet**, *wenn gilt:*

1. *G ist* **offen**, *d.h. zu jedem $\mathbf{x}_0 \in G$ liegt eine ganze ϵ-Umgebung $U_\epsilon(\mathbf{x}_0) = \{ \mathbf{x} \, ; |\mathbf{x} - \mathbf{x}_0| < \epsilon \}$ ganz in G.*

2. *G ist* **zusammenhängend**, *d.h. zu je zwei Punkten $\mathbf{x}_0$, $\mathbf{y}_0$ aus G gibt es eine reguläre Kurve $\mathbf{w} : [a, b] \to G$ mit $\mathbf{w}(a) = \mathbf{x}_0$, $\mathbf{w}(b) = \mathbf{y}_0$.*

Definition. *Sei $G \subseteq \mathbb{R}^n$ ein Gebiet. Man nennt ein Vektorfeld $\mathbf{v} \in \mathscr{C}^0(G, \mathbb{R}^n)$* **konservativ** *oder ein* **Potential-**, *bzw. ein* **Gradientenfeld**, *wenn es eine Funktion $f \in \mathscr{C}^1(G, \mathbb{R})$ gibt mit*

$$\mathbf{v}(x) = \operatorname{grad} f(\mathbf{x}) \qquad (\mathbf{x} \in G) \, .$$

In diesem Fall heißt f **Stammfunktion** *und $U := -f$ eine* **Potentialfunktion** *(oder ein* **Potential***) von $\mathbf{v}$.*

Bemerkungen. 1. In einem konservativen Kraftfeld repräsentiert das Potential die potentielle Energie. Das Vorzeichen ist so gewählt, daß $\mathbf{v} = -\operatorname{grad} U$ in Richtung des stärksten Potentialabfalls zeigt (→ Kap. 7, 3.1).
2. Für jede durch ein konservatives Kraftfeld $\mathbf{K} = -\operatorname{grad} U$ hervorgerufene Bewegung $\mathbf{x} = \mathbf{x}(t)$ leitet man aus dem Gesetz von NEWTON den Energieerhaltungssatz ab (daher die Bezeichnung „konservativ"):

$$0 = m\ddot{\mathbf{x}} - \mathbf{K} = m\ddot{\mathbf{x}} + \operatorname{grad} U \, ,$$

$$0 = m\ddot{\mathbf{x}} \cdot \dot{\mathbf{x}} + \operatorname{grad} U \cdot \dot{\mathbf{x}} = \frac{d}{dt}\left[\frac{m}{2}\dot{\mathbf{x}}(t) \cdot \dot{\mathbf{x}}(t) + U(\mathbf{x}(t))\right] \, ,$$

$$const. = \frac{m}{2}|\dot{\mathbf{x}}(t)|^2 + U(\mathbf{x}(t)) = \text{„kinetische Energie + potentielle Energie"} \, .$$

Satz 2.1. 1. Hauptsatz für Kurvenintegrale. *Ist* $\mathbf{v} : G \to \mathbb{R}^n$ *ein stetiges Gradientenfeld auf dem Gebiet* $G \subseteq \mathbb{R}^n$ *mit einer Stammfunktion* f *, dann gilt für jede stückweise reguläre Kurve* $\mathbf{w}$ *in* G *mit Anfangspunkt* $\mathbf{w}(a)$ *und Endpunkt* $\mathbf{w}(b)$

$$\int_{\mathbf{w}} \mathbf{v} \cdot d\mathbf{x} = f(\mathbf{w}(b)) - f(\mathbf{w}(a)) \,. \tag{15}$$

Beweis. Zunächst nehmen wir an, daß $\mathbf{w}$ aus einem regulären Kurvenstück $\mathbf{w} : [a,b] \to G$ besteht. Dafür gilt (→ Kap. 7, §2(12))

$$\begin{aligned}\int_{\mathbf{w}} \mathbf{v} \cdot d\mathbf{x} &= \int_{\mathbf{w}} \operatorname{grad} f \cdot d\mathbf{x} = \int_a^b \operatorname{grad} f\left(\mathbf{w}(t)\right) \cdot \dot{\mathbf{w}}(t) dt \\ &= \int_a^b \left[\frac{d}{dt} f\left(\mathbf{w}(t)\right)\right] dt = f\left(\mathbf{w}(b)\right) - f\left(\mathbf{w}(a)\right) \,.\end{aligned}$$

Bei mehreren aneinanderhängenden Kurvenstücken $\mathbf{w}_i : [a_i, b_i] \to G$ $(1 \le i \le k)$ ist dieses stückweise anzuwenden. Mit $\mathbf{w}_i(b_i) = \mathbf{w}_{i+1}(a_{i+1})$ $(1 \le i \le k-1)$ folgt die Behauptung. □

Beispiel 1. Die von der Zentralkraft $\mathbf{K} = \frac{a}{|\mathbf{x}|^3}\mathbf{x}$ $(\mathbf{x} \neq \mathbf{0})$ mit dem Potential $U = \frac{a}{|\mathbf{x}|}$ längs einer nicht durch den Nullpunkt gehenden regulären Kurve $\mathbf{w} : [a,b] \to \mathbb{R}^3$ geleistete Arbeit beträgt

$$\int_{\mathbf{w}} \mathbf{K} \cdot d\mathbf{x} = -\int_{\mathbf{w}} \operatorname{grad} U \cdot d\mathbf{x} = U(\mathbf{w}(a)) - U(\mathbf{w}(b)) \,.$$ □

Beispiel 2. Das elektrische Feld (unrealistisch, dafür leicht zu rechnen)

$$\mathbf{E} : \mathbb{R}^3 \to \mathbb{R}^3 \,, \quad \mathbf{E}(x,y,z) = \begin{pmatrix} 2xy + z^3 \\ x^2 + 3z \\ 3z^2x + 3y \end{pmatrix}$$

besitzt das Potential $U(x,y,z) = -(x^2y + xz^3 + 3zy)$.
Der Spannungsabfall zwischen den Punkten $P = (1,1,1)$ und $Q = (3,4,5)$ längs einer (stückweise) regulären Kurve $\mathbf{w}$ ist *wegunabhängig*:

$$\int_{\mathbf{w}} \mathbf{E} \cdot d\mathbf{x} = -\int_{\mathbf{w}} \operatorname{grad} U \cdot d\mathbf{x} = U(P) - U(Q) = 471$$

(Einheiten wurden weggelassen). Ganz allgemein ist die Spannung in einem konservativen elektrischen Feld zwischen zwei Punkten P und Q gleich der entsprechenden Potentialdifferenz. □

Bemerkung. Aus dem 1. Haupsatz folgt auch die bereits bekannte Tatsache (→ Kap. 7, Satz 2.3), daß sich zwei Stammfunktionen eines konservativen Vektorfeldes nur um eine additive Konstante unterscheiden.

Satz 2.2. *Für ein stetiges Vektorfeld* $\mathbf{v} \in \mathscr{C}^0(G, \mathbb{R}^n)$ *auf einem Gebiet* $G \subseteq \mathbb{R}^n$ *sind folgende Aussagen äquivalent:*

a) $\mathbf{v}$ *ist ein Potentialfeld.*

b) *Für alle regulären Kurven* $\mathbf{w}$ *in* G *hängt* $\int_{\mathbf{w}} \mathbf{v} \cdot d\mathbf{x}$ *nur vom Anfangs- und Endpunkt von* $\mathbf{w}$ *ab. (Man sagt, das Integral ist* **wegunabhängig**.*)*

c) *Für alle geschlossenen regulären Kurven* $\mathbf{w}$ *in* G *gilt*

$$\oint_{\mathbf{w}} \mathbf{v} \cdot d\mathbf{x} = 0 .$$

Beweis. a) $\Longrightarrow$ b): $\rightarrow$ Satz 2.1.
b) $\Longrightarrow$ c): Eine geschlossene Kurve $\mathbf{w}$ wird in Kurvenstücke $\mathbf{w}_1$, $\mathbf{w}_2$ unterteilt. Nach Voraussetzung gilt

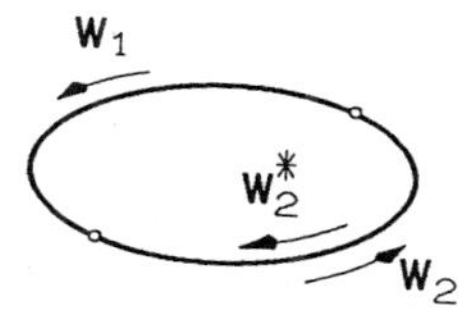

Abb. 207 – Wegzerlegung

$$\int_{\mathbf{w}_1} \mathbf{v} \cdot d\mathbf{x} = \int_{\mathbf{w}_2^*} \mathbf{v} \cdot d\mathbf{x} \quad \text{und deshalb}$$

$$\int_{\mathbf{w}} \mathbf{v} \cdot d\mathbf{x} = \int_{\mathbf{w}_1} \mathbf{v} \cdot d\mathbf{x} + \int_{\mathbf{w}_2} \mathbf{v} \cdot d\mathbf{x} = \int_{\mathbf{w}_1} \mathbf{v} \cdot d\mathbf{x} - \int_{\mathbf{w}_2^*} \mathbf{v} \cdot d\mathbf{x} = 0 .$$

c) $\Longrightarrow$ b): wird ebenso bewiesen. Man bildet aus zwei verschiedenen Kurven mit denselben Anfangs- und Endpunkten eine geschlossene Kurve.
b) $\Longrightarrow$ a): Zu $\mathbf{x}$, $\mathbf{x}_0 \in G$ ($\mathbf{x}_0$ fest) wird $f : G \rightarrow \mathbb{R}$ definiert durch

$$f(\mathbf{x}) := \int_{\mathbf{x}_0}^{\mathbf{x}} \mathbf{v} \cdot d\mathbf{x} := \int_{\mathbf{w}} \mathbf{v} \cdot d\mathbf{x}$$

mit einer beliebigen $\mathbf{x}_0$ mit $\mathbf{x}$ verbindenden regulären Kurve in G. Aufgrund der Voraussetzung ist diese Definition sinnvoll (wegunabhängig). Zu zeigen ist, daß $\operatorname{grad} f = \mathbf{v}$.
Für kleine $h \in \mathbb{R}$ liegt mit $\mathbf{x}$ die ganze $\mathbf{x}$ mit $\mathbf{x} + h\mathbf{e}_1$ verbindende Strecke in G und es gilt

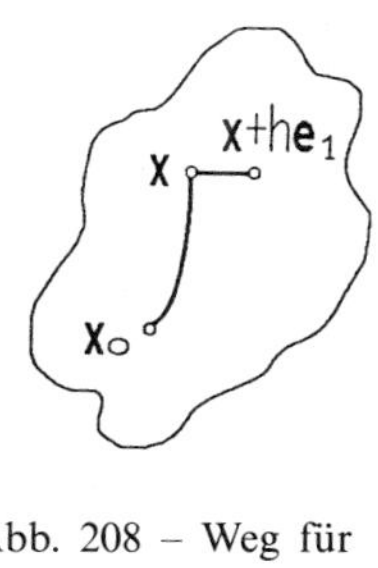

Abb. 208 – Weg für $\dfrac{\partial f}{\partial x_1}$

$$f(\mathbf{x} + h\mathbf{e}_1) - f(\mathbf{x}) = \int_{\mathbf{x}}^{\mathbf{x}+h\mathbf{e}_1} \mathbf{v} \cdot d\mathbf{x}$$

$$= \int_0^h v_1(\mathbf{x} + t\mathbf{e}_1) dt$$

$$= v_1(\mathbf{x} + t^* \mathbf{e}_1) h$$

mit einem t^* zwischen 0 und h ($\rightarrow$ Kap. 4, §1(10)). Damit folgt

$$\frac{\partial}{\partial x_1} f(\mathbf{x}) = \lim_{h \to 0} \frac{1}{h} [f(\mathbf{x} + h\mathbf{e}_1) - f(\mathbf{x})] = v_1(\mathbf{x}) .$$

Ebenso zeigt man $\dfrac{\partial}{\partial x_i} f(\mathbf{x}) = v_i(\mathbf{x})$, $i = 2, \ldots, n$. □

Ob ein $\mathscr{C}^1$-Vektorfeld $\mathbf{v} : G \to \mathbb{R}^n$ ein Potential besitzt, kann in der Umgebung eines Punktes direkt an der Jacobi-Matrix $\mathscr{J}_{\mathbf{v}}(\mathbf{x}) = \left(\frac{\partial v_i}{\partial x_j}(\mathbf{x})\right)_{n\times n}$ abgelesen werden. Um diese Kennzeichnung auf ganz G zu übertragen, muß eine Zusatzforderung getroffen werden:

Definition. *Ein Gebiet $G \subseteq \mathbb{R}^n$ heißt* **einfach zusammenhängend**, *wenn jede geschlossene, doppelpunktfreie Kurve in G stetig auf einen Punkt in G zusammengezogen werden kann, ohne daß G verlassen wird.*

Beispiele im $\mathbb{R}^2$.
a) Einfach zusammenhängend im $\mathbb{R}^2$ ist (anschaulich) jedes Gebiet ohne Loch; etwa $\mathbb{R}^2$, das Innere eines Kreises, eine Halbebene.
b) Nicht einfach zusammenhängend ist jedes Gebiet mit Löchern, etwa die „punktierte“ Ebene $\mathbb{R}^2 \setminus \{0\}$, das Gebiet zwischen zwei ineinanderliegenden Kreisen.

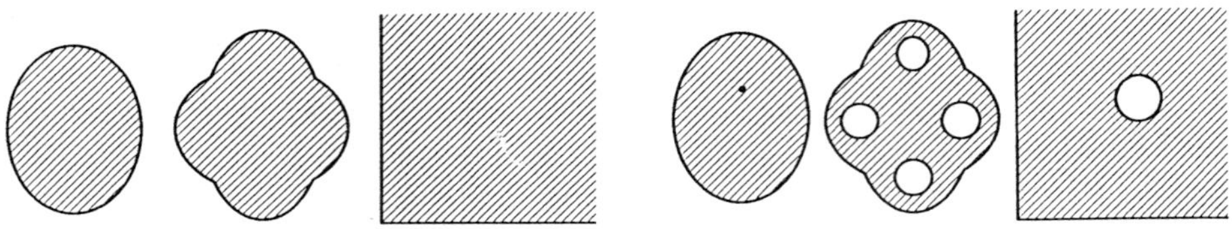

Abb. 209 – einfach zusammenhängend – nicht einfach zusammenhängend im $\mathbb{R}^2$ □

Beispiele im $\mathbb{R}^3$.
a) Einfach zusammenhängend ist jedes Gebiet ohne Henkel, etwa $\mathbb{R}^3$, das Innere eines Quaders oder einer Kugel, ein von zwei konzentrischen Kugeln begrenztes Gebiet. Diese Gebiete bleiben einfach zusammenhängend, wenn jeweils endlich viele Punkte entfernt werden. Insbesondere ist der punktierte Raum $\mathbb{R}^3 \setminus \{0\}$ einfach zusammenhängend.
b) Nicht einfach zusammenhängend ist jedes Gebiet mit Henkeln; ein Torus, der $\mathbb{R}^3$ ohne eine Gerade oder ohne einen Kreis ist ebenfalls nicht einfach zusammenhängend.

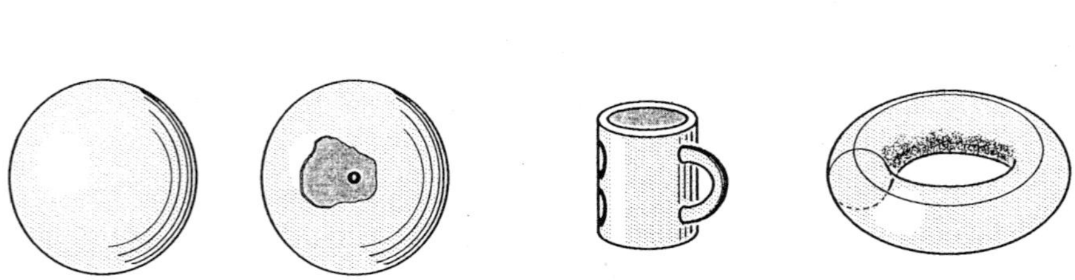

Abb. 210 – einfach zusammenhängend – nicht einfach zusammenhängend im $\mathbb{R}^3$ □

Satz 2.3. 2. Hauptsatz für Kurvenintegrale. *Ein $\mathscr{C}^1$-Vektorfeld $\mathbf{v} : G \to \mathbb{R}^n$ auf einem einfach zusammenhängenden Gebiet $G \subseteq \mathbb{R}^n$ ist genau dann ein Potentialfeld, wenn die „***Integrabilitätsbedingung***“*

$$\mathscr{J}_{\mathbf{v}}(\mathbf{x}) = \mathscr{J}_{\mathbf{v}}(\mathbf{x})^T \quad \textit{für alle } \mathbf{x} \in G$$

erfüllt ist (d.h. $\frac{\partial v_i}{\partial x_k} = \frac{\partial v_k}{\partial x_i}$, $i, k = 1, \ldots, n$ *).*

Beweis. Aus $\mathbf{v} = \operatorname{grad} f$ mit einer $\mathscr{C}^2$-Funktion $f : G \to \mathbb{R}$ folgt mit dem Satz von Schwarz (→ Kap. 7, Satz 2.2) $\frac{\partial v_i}{\partial x_j} = \frac{\partial}{\partial x_j}\frac{\partial}{\partial x_i} f = \frac{\partial}{\partial x_i}(\frac{\partial}{x_j} f) = \frac{\partial v_j}{\partial x_i}$.

Weiter zeigen wir, daß aus $\mathscr{J}_{\mathbf{v}}(\mathbf{x}) = \mathscr{J}_{\mathbf{v}}(\mathbf{x})^T$ für alle $\mathbf{x} \in G$ die „lokale Integrabilität“ folgt, indem wir zu jedem $\mathbf{x}_0 \in G$ und jeder r-Umgebung $U_r(\mathbf{x}_0) \subseteq G$ ein Potential f zu $\mathbf{v}$ auf $U_r(\mathbf{x}_0)$ explizit als Kurvenintegral (über die $\mathbf{x}_0$ mit $\mathbf{x} \in U_r(\mathbf{x}_0)$ verbindenden Strecke) angeben:

$$f(\mathbf{x}) := \int_0^1 \mathbf{v}\big(\mathbf{x}_0 + t(\mathbf{x} - \mathbf{x}_0)\big) \cdot (\mathbf{x} - \mathbf{x}_0)dt .$$

Hierfür gilt

$$\begin{aligned}
\operatorname{grad} f(\mathbf{x}) &= \int_0^1 \operatorname{grad}\big[\mathbf{v}(\mathbf{w}(t)) \cdot (\mathbf{x} - \mathbf{x}_0)\big]dt && \text{(komponentenweise Satz 1.1)}\\
&= \int_0^1 \big[t\mathscr{J}_{\mathbf{v}}(\mathbf{w}(t))^T(\mathbf{x} - \mathbf{x}_0) + \mathbf{v}(\mathbf{w}(t))\big]dt && (\to \text{Aufg. 9, Kap. 7, §4})\\
&= \int_0^1 \big[t\mathscr{J}_{\mathbf{v}}(\mathbf{w}(t))(\mathbf{x} - \mathbf{x}_0) + \mathbf{v}(\mathbf{w}(t))\big]dt && \text{(nach Voraussetzung)}\\
&= \int_0^1 \frac{d}{dt}[t\mathbf{v}(\mathbf{w}(t))]dt && (\to \text{Kettenregel})\\
&= t\mathbf{v}(\mathbf{w}(t))\Big|_0^1 = \mathbf{v}(\mathbf{x}) .
\end{aligned}$$

Für ein beliebiges $\mathbf{x} \in G$ wählt man als Integrationsweg $\mathbf{w}$ einen Streckenzug. Da G einfach zusammenhängend ist, hängt $f(\mathbf{x})$ nicht vom gewählten Steckenzug ab. (Das zeigen wir nicht!)

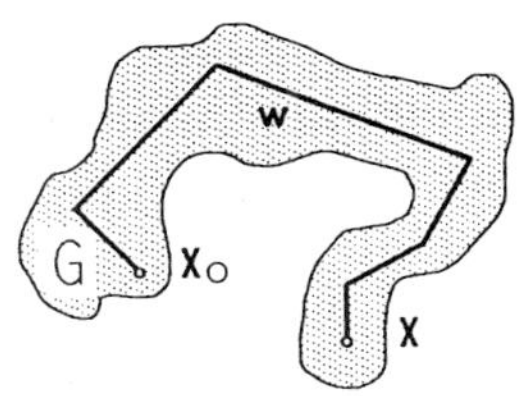

Abb. 211 – Integrationsweg

□

Bemerkungen. 1. Ist G nicht einfach zusammenhängend, dann ist Satz 2.3 nur auf einfach zusammenhängende Teilgebiete $G' \subseteq G$ anwendbar. Die jeweils auf den Teilgebieten G' existierenden Potentiale lassen sich i.a. nicht zu einem Potential auf G fortsetzen.

Gegenbeispiel. Der auf $G = \mathbb{R}^2 \setminus \{0\}$ definierte isolierte Wirbel

$$\mathbf{v}(x, y) = \frac{1}{x^2 + y^2}\begin{pmatrix} -y \\ x \end{pmatrix}$$

erfüllt die Integrabilitätsbedingung $\frac{\partial v_1}{\partial y} = \frac{\partial v_2}{\partial x}$. Er besitzt aber kein Potential auf ganz G: Mit Satz 2.2 müßte $A = \oint_{\mathbf{w}} \mathbf{v} \cdot d\mathbf{x} = 0$ sein auf dem Kreis $\mathbf{w}(t) = (\cos t, \sin t)$, $0 \leq t \leq 2\pi$. Mit Bsp. 2 aus 2.3 ist aber $A = 2\pi$. □

2. Für Vektorfelder im $\mathbb{R}^3$ ist die Integrabilitätsbedingung $\mathscr{J}_{\mathbf{v}}(\mathbf{x}) = \mathscr{J}_{\mathbf{v}}(\mathbf{x})^T$ gleichbedeutend mit $\operatorname{rot} \mathbf{v}(\mathbf{x}) = \mathbf{0}$ (→ Kap. 7, 4.4). Deshalb lautet der zweite Hauptsatz im $\mathbb{R}^3$:

> $G \subseteq \mathbb{R}^3$ einfach zusammenhängendes Gebiet, $\mathbf{v} \in \mathscr{C}^1(G, \mathbb{R}^3)$:
>
> $\mathbf{v}$ Potentialfeld in $G \iff \operatorname{rot} \mathbf{v} = \mathbf{0}$ für alle $\mathbf{x} \in G$.

3. Neben dem skalaren Potential eines Vektorfeldes im $\mathbb{R}^3$ ist auch noch ein vektorwertiges Potential, das sog. *Vektorpotential* für Vektorfelder definiert (→ 5.4).

2.6 Die praktische Bestimmung eines Potentials ($n = 3$). Die Beweise der Sätze 2.2, 2.3 sind konstruktiv, da jeweils eine Stammfunktion angegeben wird. Man hat damit bereits als erste Möglichkeit:

Ⓐ **Methode mit Kurvenintegral.**

> *1. Schritt*: Besitzt das $\mathscr{C}^1$-Vektorfeld $\mathbf{v} : G \to \mathbb{R}^3$ ein Potential?
> $\operatorname{rot} \mathbf{v} \neq 0$ für ein $\mathbf{x} \in G \implies$ kein Potentialfeld.
>
> *2. Schritt*: $\operatorname{rot} \mathbf{v} = 0$ und G einfach zusammenhängend, dann wählt man $\mathbf{x}_0 \in G$ fest und zu $\mathbf{x} \in G$ eine geeignete Kurve $\mathbf{w}$ in G, die $\mathbf{x}_0$ mit $\mathbf{x}$ verbindet.
> $f : G \to \mathbb{R}$, $f(\mathbf{x}) := \int_{\mathbf{w}} \mathbf{v} \cdot d\mathbf{x}$ ist eine Stammfunktion.

Die bevorzugten Wege von $\mathbf{x}_0$ nach $\mathbf{x}$, sofern sie in G verlaufen, sind

- die Strecke $\mathbf{w}(t) = \mathbf{x}_0 + t(\mathbf{x} - \mathbf{x}_0)$, $0 \leq t \leq 1$; in diesem Fall gilt
$$f(\mathbf{x}) = \int_0^1 \mathbf{v}(\mathbf{x}_0 + t(\mathbf{x} - \mathbf{x}_0)) \cdot (\mathbf{x} - \mathbf{x}_0) dt \;;$$
- ein Streckenzug, stückweise parallel zu den Koordinatenachsen, etwa von (x_0, y_0, z_0) über (x, y_0, z_0) und (x, y, z_0) nach (x, y, z). Die Stammfunktion stellt sich dar als sogenanntes *Hakenintegral*
$$f(x, y, z) = \int_{x_0}^{x} v_1(t, y_0, z_0) dt + \int_{y_0}^{y} v_2(x, t, z_0) dt + \int_{z_0}^{z} v_3(x, y, t) dt \,.$$

Ⓑ **Ansatzmethode.**

Man löst die drei partiellen Differentialgleichungen $\operatorname{grad} f = \mathbf{v}$ zur Bestimmung von f durch dreimaliges unbestimmtes Integrieren; dazwischen muß zweimal partiell differenziert werden:

1. Schritt: Der Ansatz $f_x = v_1$, $f_y = v_2$, $f_z = v_3$.
Ist G einfach zusammenhängend?

2. Schritt: Durch unbestimmte Integration nach x (bei konstant gehaltenem y und z) $f_x(x,y,z) = v_1(x,y,z)$ lösen:

$$f(x,y,z) = \int v_1(x,y,z)dx + c(y,z) .$$

Die „Integrationskonstante“ c hängt von y und z ab.

3. Schritt: Durch partielle Differentiation von f nach y und Ansatz $f_y = v_2$ eine Gleichung für $\frac{\partial}{\partial y}c(y,z)$ herleiten:

$$\frac{\partial}{\partial y}\int v_1(x,y,z)dx + c_y(y,z) = f_y = v_2 .$$

Tritt in dieser Gleichung noch x auf, so ist $\operatorname{rot}\mathbf{v} \neq 0$, d.h. die Integrabilitätsbedingung verletzt $\Longrightarrow$ fertig!

4. Schritt: Durch unbestimmte Integration nach y das $c(y,z)$ aus $c_y(y,z) = h(y,z) := v_2 - \int v_{1y}dx$ bestimmen,

$$c(y,z) = \int h(y,z)dy + d(z) ,$$

und oben eintragen:

$$f(x,y,z) = \int v_1(x,y,z)dx + \int h(y,z)dy + d(z) .$$

Die „Integrationskonstante“ d hängt von z ab.

5. Schritt: Durch partielle Differentiation von f nach z und Ansatz $f_z = v_3$ eine Gleichung für $d'(z)$ bestimmen.
Tritt hierin noch y auf, ist $\operatorname{rot}\mathbf{v} \neq 0$ $\Longrightarrow$ fertig!

6. Schritt: $d(z)$ durch unbestimmte Integration nach z bestimmen.

Beispiel 1. Zentralfelder besitzen die Form

$$\mathbf{v}(\mathbf{x}) = \varphi(|\mathbf{x}-\mathbf{z}|)(\mathbf{x}-\mathbf{z})$$

mit einer Funktion $\varphi \in \mathscr{C}^1(\mathbb{R}\setminus\{0\},\mathbb{R})$, die meist einen Pol in 0 besitzt. $\mathbf{z}$ ist das *Zentrum* und $\mathbf{v}$ ist auf $\mathbb{R}^3\setminus\{\mathbf{z}\}$ ein $\mathscr{C}^1$-Vektorfeld. Wir setzen zur Kürze $\mathbf{z} = 0$, d.h. $\mathbf{v}(\mathbf{x}) = \varphi(|\mathbf{x}|)\mathbf{x}$.
$\mathbf{v}$ ist ein Potentialfeld, da $G = \mathbb{R}^3\setminus\{0\}$ einfach zusammenhängend ist und

($\to$ Kap. 7, §4(4a), $A = E$)

$$\mathscr{J}_{\mathbf{v}}(\mathbf{x}) = \frac{1}{|\mathbf{x}|}\varphi'(|\mathbf{x}|)\mathbf{x}\mathbf{x}^T + \varphi(|\mathbf{x}|)E = \mathscr{J}_{\mathbf{v}}(\mathbf{x})^T .$$

Berechnung von f mit Methode Ⓐ: Wir wählen einen Integrationsweg $\mathbf{w}$ von $\mathbf{x}_0 \neq \mathbf{0}$ nach $\mathbf{x} \neq \mathbf{0}$, der aus zwei Kurvenstücken $\mathbf{w}_1$, $\mathbf{w}_2$ besteht: $\mathbf{w}_1$ ist ein beliebiges reguläres Kurvenstück auf der Sphäre um O mit Radius $|\mathbf{x}_0|$, das $\mathbf{x}_0$ mit dem Punkt $\mathbf{x}_1 = \frac{|\mathbf{x}_0|}{|\mathbf{x}|}\mathbf{x}$ verbindet. $\mathbf{w}_2$ ist die Strecke $\mathbf{w}_2(t) = t\frac{1}{|\mathbf{x}|}\mathbf{x}$, $|\mathbf{x}_0| \le t \le |\mathbf{x}|$. Wegen $\mathbf{v}(\mathbf{w}_1(t)) \cdot \dot{\mathbf{w}}_1(t) = 0$ gilt

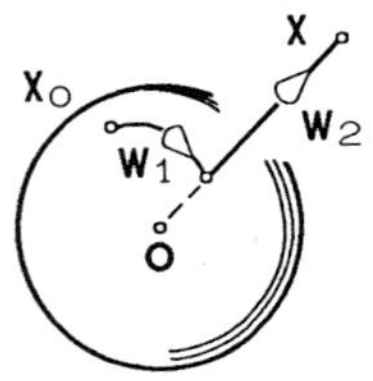

Abb. 212 – Integrationsweg

$$f(\mathbf{x}) = \int_{\mathbf{w}} \mathbf{v} \cdot d\mathbf{x} = \int_{\mathbf{w}_2} \mathbf{v} \cdot d\mathbf{x} = \int_{|\mathbf{x}_0|}^{|\mathbf{x}|} \varphi(t)t\,dt .$$

Für das Gravitationsfeld ist $\varphi(t) = \frac{1}{t^3}$, d.h. das Newton-Potential, gilt

$$U(\mathbf{x}) = -f(\mathbf{x}) = -\int_{|\mathbf{x}_0|}^{|\mathbf{x}|} \frac{t}{t^3}dt = \frac{1}{|\mathbf{x}|} - \frac{1}{|\mathbf{x}_0|} .$$ □

Beispiel 2.

$$\mathbf{v}(x, y, z) = \begin{pmatrix} y^2 \cos x \\ 2y \sin x + e^{2z} \\ 2ye^{2z} \end{pmatrix}, \quad G = \mathbb{R}^3 .$$

$G = \mathbb{R}^3$ ist einfach zusammenhängend! Rechnung mit Methode Ⓑ:

1. Schritt: $f_x = y^2 \cos x$, $f_y = 2y \sin x + e^{2z}$, $f_z = 2ye^{2z}$.

2. Schritt: Die erste Gleichung zeigt $f(x, y, z) = y^2 \sin x + c(y, z)$.

3. Schritt: $f_y = 2y \sin x + c_y(y, z) = 2y \sin x + e^{2z} \implies c_y(y, z) = e^{2z}$.

4. Schritt: $c(y, z) = ye^{2z} + d(z) \implies f(x, y, z) = y^2 \sin x + ye^{2z} + d(z)$.

5. Schritt: $f_z = 2ye^{2z} + d'(z) = 2ye^{2z} \implies d'(z) = 0$.

6. Schritt: $d(z) = \text{const.}$

Eine Stammfunktion lautet demnach $f(x, y, z) = y^2 \sin x + ye^{2z} + \text{const.}$ □

Aufgaben

1. Man berechne Länge und geometrischen Mittelpunkt der Kurven
   a) $\mathbf{w}(t) = (t, t^2, \frac{2}{3}t^3)^T$, $0 \le t \le 1$,
   b) $\mathbf{w}(t) = e^{-t}(\cos t, \sin t, 1)^T$, $0 < t < \infty$ (Spirale),
   c) $\mathbf{w}(t) = a(t - \sin t, 1 - \cos t, 0)^T$, $0 \le t \le 2\pi$ (Zykloide),
   d) $r = a(1 + \cos\varphi)$, $0 \le \varphi \le 2\pi$ (Kardioide).

2. Linienladung. Die Strecke $\mathbf{w}$ von $-\frac{\ell}{2}$ bis $\frac{\ell}{2}$ auf der x-Achse ist elektrisch homogen geladen. Man berechne das Coulomb-Potential im Raumpunkt $\mathbf{y}$ als

$$U(\mathbf{y}) = \int_{\mathbf{w}} \frac{ds}{|\mathbf{y}-\mathbf{x}|} \quad , \ \mathbf{y} \in \mathbb{R}^3 \backslash \mathbf{w} .$$

Was geschieht für $\mathbf{y} \to \mathbf{y}_0$, falls $\mathbf{y}_0 \in \mathbf{w}$?

3. Man berechne die ebenen Kurvenintegrale $\int_{\mathbf{w}_i} \mathbf{v} \cdot d\mathbf{x}$ für die drei Wege

$\mathbf{w}_1$ Verbindungsstrecke von $(0,1)$ und $(1,2)$,

$\mathbf{w}_2$ wie skizziert,

$\mathbf{w}_3(t) = (t, t^2+1)$, $0 \le t \le 1$,

für die beiden Vektorfelder

a) $\mathbf{v} = (x^2 - y, y^2 + x)^T$,

b) $\mathbf{v} = (x^3 - 3xy^2, y^3 - 3yx^2)^T$.

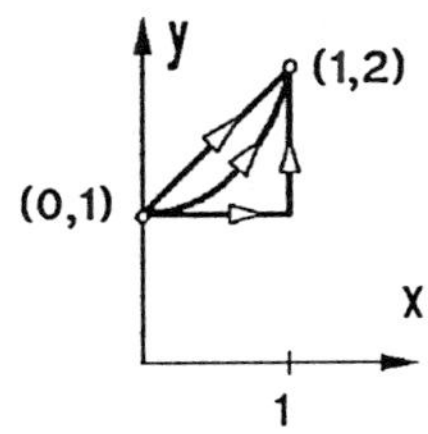

4. Für die Raumkurve (*Viviani-Fenster*)

$$\mathbf{w}(t) := \begin{pmatrix} \cos t \\ \sin t \\ 2\sin\frac{t}{2} \end{pmatrix} , \qquad 0 \le t \le 4\pi ,$$

deute und berechne man $\int_{\mathbf{w}} \mathbf{k} \cdot d\mathbf{x}$ für das Vektorfeld $\mathbf{k}(\mathbf{x}) = -|\mathbf{x}|^{-3}\,\mathbf{x}$.

5. Für das Vektorfeld des magnetischen Wirbels

$$\mathbf{v}(\mathbf{x}) = \frac{1}{x^2+y^2}\begin{pmatrix} -y \\ x \end{pmatrix} , \quad \mathbf{x} \neq \mathbf{0} ,$$

berechne man $\int_{\mathbf{w}} \mathbf{v} \cdot d\mathbf{x}$ längs der drei skizzierten Wege $\mathbf{w}$ von $(5,0)$ nach $(-3,4)$.

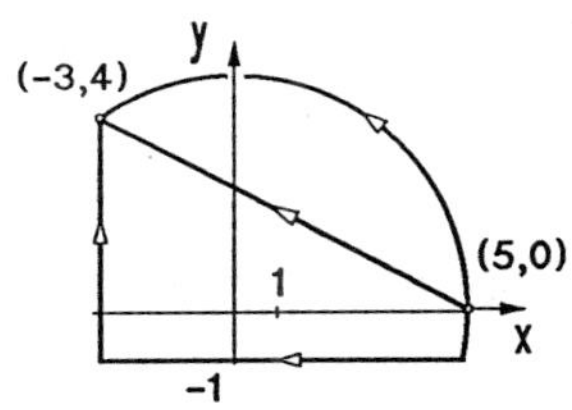

6. Gegeben ist das räumliche Vektorfeld

$$\mathbf{v}(\mathbf{x}) = [\ln(1+|\mathbf{x}|^2)]\mathbf{x} , \quad \mathbf{x} \in \mathbb{R}^3 .$$

a) Man bestimme $\operatorname{rot} \mathbf{v}(\mathbf{x})$. Besitzt $\mathbf{v}(\mathbf{x})$ ein Potential in $\mathbb{R}^3$?

b) Man berechne $U(\mathbf{a}) = \int_{\mathbf{w}} \mathbf{v} \cdot d\mathbf{x}$ für die Verbindungsstrecke $\mathbf{w}$ von 0 nach $\mathbf{a}$.

7. Für welche Werte von a liegt ein Potentialfeld vor?

$$\mathbf{v}(\mathbf{x}) = \left(\frac{ay}{(x-y)^2}, \frac{2x}{(x-y)^2} + 1, z\right)^T , \quad \mathbf{x} \in \mathbb{R}^3 , \quad x \neq y .$$

Welche maximalen Definitionsbereiche sind möglich?

8. Für welche Werte $a, b, c, \alpha, \beta, \gamma$ besitzt das Vektorfeld $\mathbf{v}(\mathbf{x})$ ein Potential $U(\mathbf{x})$?

$$\mathbf{v}(\mathbf{x}) = \frac{1}{(x+y+z)^3}(x+y-3z, ax+by+cz, \alpha x + \beta y + \gamma z)^T$$

Man berechne $U(\mathbf{x})$ und ein maximales einfach zusammenhängendes Definitionsgebiet G für $U(\mathbf{x})$.

§3. Die Integration über ebene Bereiche

3.1 Der Flächeninhalt. Der Flächeninhalt eines Rechtecks mit den Seitenlängen Δx, Δy beträgt $\Delta x \Delta y$; daraus werden bekanntlich die Flächeninhaltsformeln für Dreiecke, n-Ecke und elementarer Figuren abgeleitet. Wir befassen uns hier zunächst mit der Frage, welchen ebenen Bereichen überhaupt ein Flächeninhalt zugeordnet werden kann.

Sei $k \in \mathbb{N}$. Durch das Gitter achsenparalleler Koordinatenlinien $x = n \cdot 2^{-k}$, $y = n \cdot 2^{-k}$ $(n = 0, 1, 2, \ldots)$ wird die (x, y)-Ebene in Quadrate mit dem Flächeninhalt 2^{-2k} zerlegt.

Sei $M \subseteq \mathbb{R}^2$ eine beliebige beschränkte Punktmenge der (x, y)-Ebene, $s_k(M)$ der Flächeninhalt aller Quadrate, die einschließlich ihres Randes ganz in M liegen (Anzahl $\cdot\, 2^{-2k}$), und $S_k(M)$ der gesamte Flächeninhalt der (abgeschlossenen) Quadrate, die mindestens einen Punkt von M enthalten. Offenbar gilt

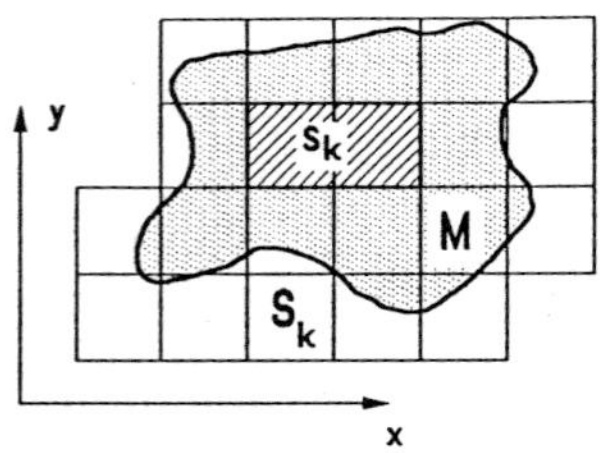

Abb. 213 – Flächenausschöpfung

$$s_k(M) \le S_k(M) \; ; \quad s_k(M) \le s_{k+1}(M) \; ; \quad S_{k+1}(M) \le S_k(M) \; .$$

Also existieren (→ Kap. 2, Satz 5.4)

$$F_i(M) := \lim_{k\to\infty} s_k(M) \qquad \text{„der innere Inhalt"} \; ,$$
$$F_a(M) := \lim_{k\to\infty} S_k(M) \qquad \text{„der äußere Inhalt"} \; .$$

Man nennt M *Riemann-meßbar*, wenn $F_a(M) = F_i(M) =: F(M)$; in diesem Fall heißt $F(M)$ der *Flächeninhalt* von M.

Das Standardbeispiel einer nicht Riemann-meßbaren Menge ist

$$M = \{ (x, y) \; ; 0 \le x \le 1 \, , \; 0 \le y \le 1 \text{ und } x, y \in \mathbb{Q} \}$$

mit $F_i(M) = 0$, $F_a(M) = 1$.

Andererseits gilt (ohne Beweis) für (→ 2.5) Gebiete $G \subset \mathbb{R}^2$:

> Ein beschränktes Gebiet $G \subseteq \mathbb{R}^2$ mit stückweise regulärem Rand besitzt einen Flächeninhalt $F = \lim_{k\to\infty} s_k(G) = \lim_{k\to\infty} S_k(G)$.

Für jede Riemann-meßbare Menge M zusammen mit einer Menge N, die nur aus endlich vielen Punkten und endlich vielen regulären Kurvenstücken besteht, gilt

$$(1) \qquad F(M) = F(M \cup N) = F(M \setminus N) \; ;$$

insbesondere $F(N) = 0$. Man nennt deshalb N eine *Nullmenge*.

3.2 Definition und einfache Eigenschaften des Doppelintegrals. Im Hinblick auf die technischen Anwendungen beschränken wir uns bei den Integrationsbereichen für Doppelintegrale auf einfach zu charakterisierende Mengen:

Definition. *Ein Bereich* $B \subseteq \mathbb{R}^2$ *heißt* **regulär**, *wenn*

1. der Rand ∂B *aus endlich vielen regulären Kurvenstücken besteht,*

2. das Innere $B \setminus \partial B$ *ein nicht leeres, beschränktes Gebiet im* $\mathbb{R}^2$ *ist* (→ *2.5*),

3. B *abgeschlossen ist, d.h.* $\partial B \subseteq B$.

Es wird manchmal erforderlich sein, daß einzelne Punkte oder Kurvenstücke – als Ausnahmemengen – herauszunehmen sind. Aus diesem Grunde lassen wir als *Integrationsbereich* auch $B \setminus N$ zu, wobei B ein regulärer Bereich und N eine Nullmenge darstellt, die aus höchstens endlich vielen Punkten und/oder regulären (glatten) Kurvenstücken besteht.

Abb. 214 – $B \setminus N$ mit $N = \{(0,0)\} \cup \{(x,0)\ ;\ \frac{1}{2} \le x \le 1\} \cup \{\mathbf{x}\ ;\ |\mathbf{x}| = 1,\ x \le 0\}$, $B = \{|\mathbf{x}| \le 1\}$

Ferner sei $f : B \to \mathbb{R}$ eine beschränkte Funktion (d.h. $m \le f(x,y) \le M$ für alle $(x,y) \in B$), die auf $B \setminus N$ stetig ist.

Durch ein Netz regulärer Kurven wird B in n Teilbereiche $B_1, \ldots, B_n$ zerlegt. Jeder Bereich B_i hat einen Durchmesser $\delta(B_i)$, definiert als Infimum der Durchmesser aller Kreise, die B_i ganz überdecken. Außerdem besitzt B_i gem. 3.1 einen Flächeninhalt ΔF_i.

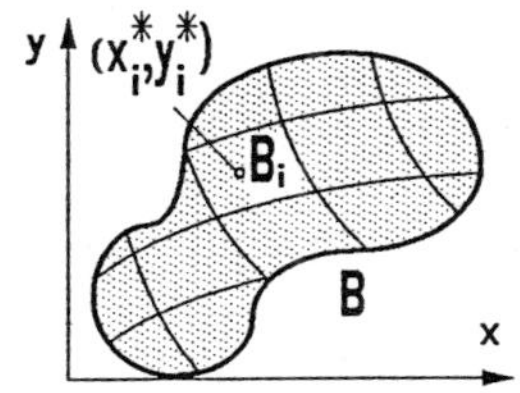

Abb. 215 – Zerlegung von B

Wir wählen nun für jedes $i = 1, 2, \ldots, n$ einen beliebigen Punkt $(x_i^*, y_i^*) \in B_i$ und bilden die RIEMANN-Summe

$$Z_n := \sum_{i=1}^{n} f(x_i^*, y_i^*) \Delta F_i \,. \tag{2}$$

Unter den gegebenen Voraussetzungen an f und B läßt sich – ähnlich wie beim Einfachintegral (→ Kap. 4, §1) – zeigen, daß bei ständiger Verfeinerung des Netzes die Riemann-Summen Z_n gegen einen festen Grenzwert konvergieren, der unabhängig ist von den einzelnen Zerlegungsfolgen und den ausgewählten Punkten $(x_i^*, y_i^*) \in B_i$, sofern nur der maximale Durchmesser

$$\delta_{max} := \max\{\, \delta(B_i)\ ;\ 1 \le i \le n \,\}$$

gegen Null strebt. Dieser für alle Teilungsfolgen gemeinsame Grenzwert wird mit

$$\iint_B f(x,y)\,dF \quad \text{oder} \quad \iint_B f\,dF$$

bezeichnet und heißt *Doppelintegral* (oder *Gebietsintegral, kurz: Integral*) *von f über B*. Das Symbol dF heißt *Flächenelement*.

(3) $$\iint_B f(x,y)\,dF := \lim_{\substack{\delta_{max} \to 0 \\ n \to \infty}} \sum_{i=1}^{n} f(x_i^*, y_i^*)\,\Delta F_i$$

Wegen (1) ist der Einfluß der Nullmenge N auf die Riemann-Summen unwesentlich, also gilt

(4) $$\iint_B f\,dF = \iint_{B\setminus N} f\,dF\,.$$

Das hier eingeführte Integral ist „eigentlich" im Gegensatz zu den „uneigentlichen" Integralen, in denen der Integrationsbereich nicht beschränkt oder der Integrand auf dem Rand nicht definiert ist.

Die geometrische Deutung.

ⓐ **Flächeninhalt.** Mit $f(x,y) = 1$ ist jede Riemann-Summe (2) gleich dem Flächeninhalt von B. Also gilt

(5) $$F = \iint_B dF \qquad \text{Flächeninhalt von } B\,.$$

ⓑ **Volumen.** Ist $f(x,y) \geq 0$ für alle $(x,y) \in B$, dann stellt

(6) $$V = \iint_B f\,dF$$

das Volumen des senkrecht auf der (x,y)-Ebene stehenden Zylinderabschnitts mit Grundfläche B und der Deckfläche $z = f(x,y)$ dar.
Denn das Volumen des auf B_i stehenden Zylinders der Höhe $f(x_i^*, y_i^*)$ beträgt $\Delta V_i = f(x_i^*, y_i^*)\Delta F_i$. Das Gesamtvolumen V wird durch

$Z_n = \sum_{i=1}^{n} f(x_i^*, y_i^*)\Delta F_i$ approximiert, d.h.

$V = \lim_{n\to\infty} \sum f(x_i^*, y_i^*)\Delta F_i$.

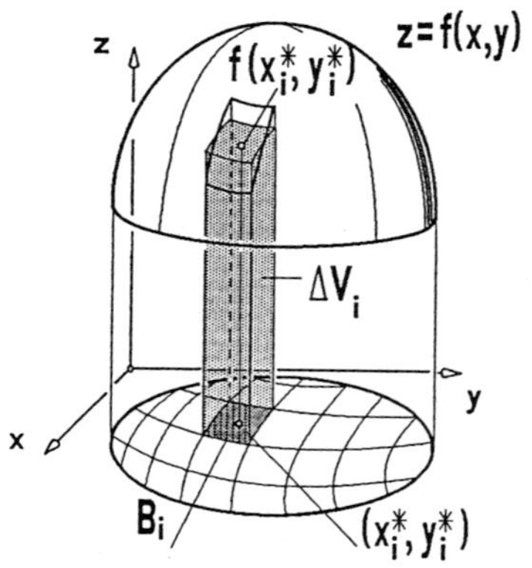

Abb. 216 – Volumen unter Graph f

Aus der Definition ergeben sich leicht folgende *Rechenregeln*:

(7) $$\iint_B (af + bg)\, dF = a \iint_B f\, dF + b \iint_B g\, dF\,, \quad a, b \in \mathbb{R}\,.$$

(*Linearität*)

(8) $$f(x,y) \leq g(x,y) \text{ für alle } (x,y) \in B \Rightarrow \iint_B f\, dF \leq \iint_B g\, dF\,.$$

(*Monotonie*)

(9) $$\iint_B f\, dF = \iint_{B_1} f\, dF + \iint_{B_2} f\, dF\,.$$

(*Additivität*),

falls B durch eine stückweise reguläre Kurve in zwei Teilbereiche B_1, B_2 zerlegt wird.

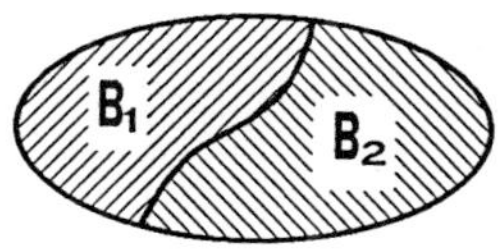

Abb. 217 – Additivität

Als *Mittelwert* oder *Integralmittel* der Funktion f auf B bezeichnet man die Zahl

$$\frac{1}{F} \iint_B f\, dF$$

mit dem Flächeninhalt $F = \iint_B dF$ von B. Wie im Fall einer Variablen (→ Kap. 4, Satz 1.2) beweist man den

Satz 3.1. Mittelwertsatz. *Ist B zusammenhängend und abgeschlossen, dann gibt es zu jeder stetigen Funktion $f : B \to \mathbb{R}$ einen Punkt (x^*, y^*) in B mit*

(10) $$\iint_B f\, dF = f(x^*, y^*) \cdot F\,.$$

3.3 Die Berechnung des Doppelintegrals in kartesischen Koordinaten. Bei der Zerlegung der (x,y)-Ebene durch ein achsenparalleles Gitter entstehen Rechtecke mit Seitenlängen Δx, Δy und Flächeninhalt $\Delta F = \Delta x \Delta y$. Versteht man das Integral $\int_B \; f\, dF$ als Grenzwert von Riemann-Summen bezüglich derartiger Teilungen, dann schreibt man

$$\int \int_B f(x,y)\, dx dy := \iint_B f(x,y)\, dF$$

und nennt $dF = dxdy$ das Flächenelement in kartesischen Koordinaten.
Für eine große Klasse von Integrationsbereichen läßt sich die Berechnung des Gebietsintegrals auf zwei nacheinander auszuführende „Einfachintegrationen" zurückführen.

Definition. *Wir nennen* $B_1 \subseteq \mathbb{R}^2$ *einen* **Normalbereich** *vom Typ I, wenn es* $a, b \in \mathbb{R}$ *und* $\mathscr{C}^1$*-Funktionen* $g, h : [a,b] \to \mathbb{R}$ *gibt mit* $g(x) \le h(x)$ *und*

$$B_1 = \{ (x,y) \; ; a \le x \le b \, , \; g(x) \le y \le h(x) \} \, .$$

Ein Normalbereich vom Typ II hat die Form

$$B_2 = \{ (x,y) \; ; l(y) \le x \le r(y) \, , \; c \le y \le d \}$$

mit $c, d \in \mathbb{R}$ *und* $\mathscr{C}^1$*-Funktionen* $l, r : [c,d] \to \mathbb{R}$ *mit* $l(y) \le r(y)$ *.*

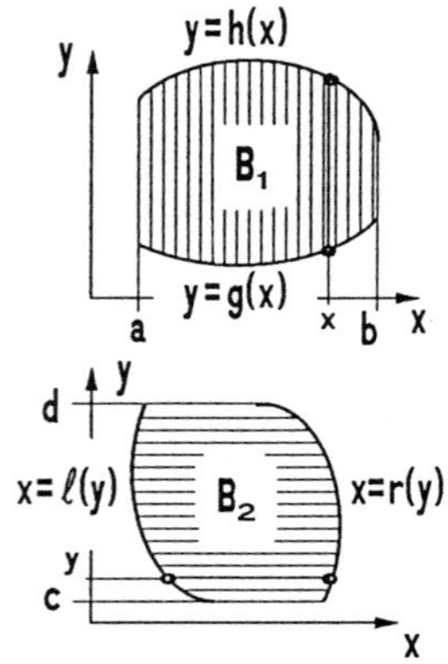

Abb. 218 – Normalbereiche

Satz 3.2. Die Integration über Normalbereiche.

a) *Für jede stetige Funktion* $f : B_1 \to \mathbb{R}$ *auf einem Normalbereich* $B_1 \subseteq \mathbb{R}^2$ *vom Typ I gilt*

$$\iint\limits_{B_1} f(x,y)\, dxdy = \int_a^b \left(\int_{g(x)}^{h(x)} f(x,y)\, dy \right) dx \, . \tag{11}$$

b) *Für jede stetige Funktion* $f : B_2 \to \mathbb{R}$ *auf einem Normalbereich vom Typ II gilt*

$$\iint\limits_{B_2} f(x,y)\, dxdy = \int_c^d \left(\int_{l(y)}^{r(y)} f(x,y)\, dx \right) dy \, . \tag{12}$$

Beweis. a): Wir legen auf $B = B_1$ ein Netz äquidistanter x- und y-Linien im Abstand Δx bzw. Δy und indizieren die B ganz überdeckenden Rechtecke streifenweise (→ Abb. 219). $B_{1k}, B_{2k}, \ldots, B_{n_k k}$ seien die Rechtecke des k-ten Vertikalstreifens der Breite Δx, $k = 1, \ldots, m$. Mit $(x_k^*, y_{ik}^*) \in B_{ik}$ bilden wir die Riemann-Summe

$$\sum_{k=1}^{m} \left(\sum_{i=1}^{n} f(x_k^*, y_{ik}^*) \Delta y \right) \Delta x \, ,$$

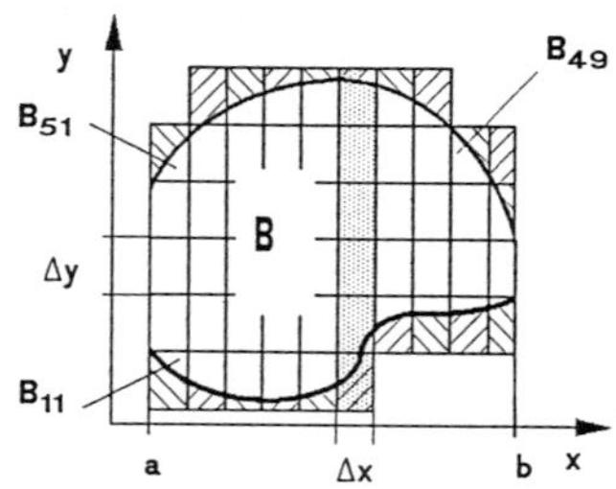

Abb. 219 – Streifenüberdeckung

die sich von Z_n aus (2) nur um die Anteile der in Abb. 219 schraffierten Randbereiche unterscheidet. Beim Grenzübergang $(\Delta x)^2 + (\Delta y)^2 \to 0$ strebt dieser Unterschied gegen Null. Die innere Summe führt in der Grenze $\Delta y \to 0$

auf $\int_{g(x_k^*)}^{h(x_k^*)} f(x_k^*, y)\,dy$ und man erkennt, daß die gesamte Doppelsumme beim Grenzübergang $(\Delta x)^2 + (\Delta y)^2 \to 0$ gegen $\int_a^b \left(\int_{g(x)}^{h(x)} f(x,y)\,dy \right) dx$ strebt.

b) analog mit Summation längs Horizontalstreifen. □

Ein beliebiger, stückweise durch Graphen $y = g(x)$ bzw. $x = r(y)$ berandeter Integrationsbereich B wird durch achsenparallele Schnitte in Normalbereiche $B_1, B_2, \ldots, B_n$ vom Typ I oder II zerlegt. Die Integration gelingt dann mit (9), (11), (12):

$$\iint_B f\,dF = \iint_{B_1} f\,dF + \cdots + \iint_{B_n} f\,dF\ .$$

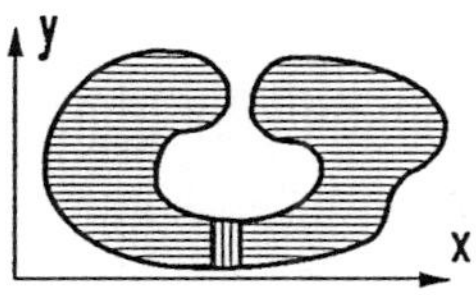

Abb. 220 – Zerlegung in Normalbereiche

Man beachte: Die Zerlegung von B in Normalbereiche ist keineswegs eindeutig. Meist ist eine spezielle Aufteilunge für die Integration am günstigsten.

Besitzt B sowohl eine Darstellung als Normalbereich vom Typ I als auch vom Typ II

$$\begin{aligned} B &= \{\,(x,y)\ ; a \le x \le b,\ g(x) \le y \le h(x)\,\} \\ &= \{\,(x,y)\ ; c \le y \le d,\ l(y) \le x \le r(y)\,\}\ , \end{aligned}$$

dann gilt

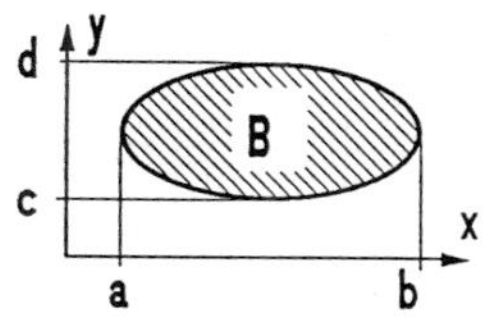

Abb. 221 – Normalbereich Typ I u. II

$$\iint_B f\,dF = \int_a^b \left(\int_{g(x)}^{h(x)} f(x,y)\,dy \right) dx = \int_c^d \left(\int_{l(y)}^{r(y)} f(x,y)\,dx \right) dy\ .$$

Speziell erhält man für Rechtecke

$$R = \{\,(x,y)\ ; a \le x \le b,\ c \le y \le d\,\}$$

den bekannten Satz von Fubini über die Vertauschung der Integrationsreihenfolge (→ §1):

$$\iint_R f\,dF = \int_a^b \left(\int_c^d f(x,y)\,dy \right) dx = \int_c^d \left(\int_a^b f(x,y)\,dx \right) dy\ .$$

Ferner ist erwähnenswert, daß sich aus (5) und (11) die bekannte Formel für den Flächeninhalt des Normalbereichs $B = \{\,(x,y)\ ; a \le x \le b,\ g(x) \le y \le h(x)\,\}$ ergibt (→ Kap. 4, §5(12))

$$F = \iint_B dF = \int_a^b \left(\int_{g(x)}^{h(x)} dy \right) dx = \int_a^b (h(x) - g(x))\,dx\ .$$

Berechnung des Doppelintegrals $I = \iint_B f(x,y)\,dxdy$.

1. Schritt: Man stellt B als Normalbereich dar, bzw. zerlegt B durch achsenparallele Schnitte in Normalbereiche, $B = B_1 \cup B_2 \cup \cdots \cup B_m$.

2. Schritt: Ist B_k vom Typ I, so berechnet man zuerst das Parameterintegral $F(x) := \int_{g(x)}^{h(x)} f(x,y)\,dy$ und damit

$I_k := \int_a^b F(x)\,dx$;

für B_k vom Typ II ist $I_k := \int_c^d G(y)\,dy$ mit

$G(y) := \int_{l(y)}^{r(y)} f(x,y)\,dx$.

3. Schritt: $I = I_1 + I_2 + \cdots + I_m$.

Beispiel 1. B sei berandet von $y = x$, $xy = 1$ und $y = 2$. Wir bestimmen

a) den Flächeninhalt $F = \iint_B dxdy$,

b) $V = \iint_B \frac{y^2}{x^2}\,dxdy$, das Volumen des auf B stehenden Zylinderabschnitts mit Deckfläche $z = \frac{y^2}{x^2}$.

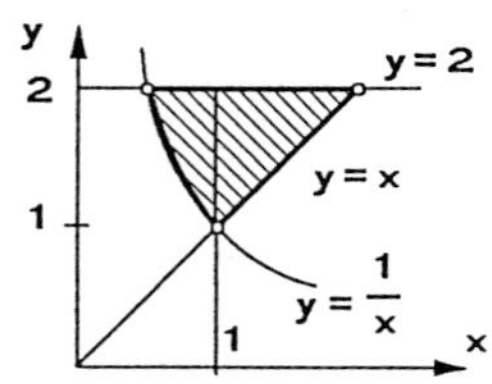

Abb. 222 – Bereich B

1. Schritt: Die Darstellung als Normalbereich vom Typ II,

$$B = \{(x,y)\,;\, 1 \le y \le 2,\ \frac{1}{y} \le x \le y\}.$$

2. Schritt:

a) $$F = \int_1^2 \left(\int_{1/y}^{y} dx\right) dy = \int_1^2 (y - \frac{1}{y})\,dy = \frac{3}{2} - \ln 2.$$

b) $$V = \int_1^2 \left(\int_{1/y}^{y} \frac{y^2}{x^2}\,dx\right) dy = \int_1^2 \left[-\frac{y^2}{x}\right]_{x=1/y}^{x=y} dy = \int_1^2 (-y + y^3)\,dy = \frac{9}{4}.$$

Alternativ: Zerlegt man B längs des Schnittes $x = 1$ in zwei Normalbereiche vom Typ I, so ergibt sich

$$V = \iint_B f\,dxdy = \int_{1/2}^1 \left(\int_{1/x}^2 \frac{y^2}{x^2}\,dy\right) dx + \int_1^2 \left(\int_x^2 \frac{y^2}{x^2}\,dy\right) dx$$

$$= \int_{1/2}^{1} (\frac{8}{3x^2} - \frac{1}{3x^5})dx + \int_{1}^{2} (\frac{8}{3x^2} - \frac{x}{3})dx = \frac{9}{4}\,. \qquad \square$$

Beispiel 2. Der Durchdringungskörper der beiden Zylinder $x^2+y^2 = 1$ und $x^2+z^2 = 1$ besitzt aus Symmetriegründen das Volumen $V = 8V_1$ mit dem Volumen V_1 des auf dem Viertelkreis

$$B = \left\{ (x, y) \,; 0 \le x \le 1\,, 0 \le y \le \sqrt{1-x^2} \right\}$$

stehenden Zylinderabschnitts mit Deckfläche $z = \sqrt{1-x^2}$. Mit (6) und (11) erhält man

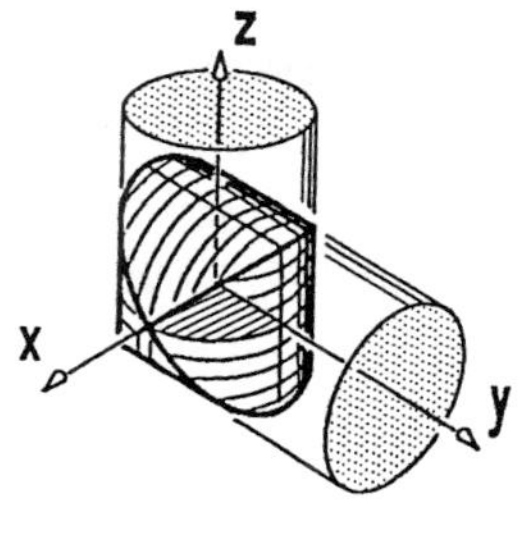

Abb. 223 – Schnitt zweier Zylinder

$$\iint\limits_B \sqrt{1-x^2}\, dxdy = \int_0^1 \left(\int_0^{\sqrt{1-x^2}} \sqrt{1-x^2}\, dy \right) dx = \int_0^1 (1-x^2)\, dx = \frac{2}{3}\,.$$

Also gilt $V = 8V_1 = \dfrac{16}{3}$. $\square$

3.4 Weitere Anwendungen und Beispiele. Wir stellen uns $f : B \to \mathbb{R}$ als eine Belegungsfunktion des ebenen Flächenstücks B vor, etwa die Flächendichte der Masse einer inhomogenen Platte, oder die Ladungs- oder Temperaturverteilung auf B. Für die sich ständig wiederholenden vier Schritte

1. Zerlegung von B in n Teilbereiche mit Flächeninhalt ΔF_i,
2. Approximation der Belegung eines solchen Bereichs durch $\Delta M_i := f(x_i^*, y_i^*)\Delta F_i$,
3. Approximation der Gesamtbelegung durch die Riemann-Summe $\sum_{i=1}^{n} \Delta M_i = \sum_{i=1}^{n} f(x_i^*, y_i^*)\Delta F_i$,
4. Grenzübergang,

verwenden wir wieder die bereits für Einfachintegrale und Kurvenintegrale als zweckmäßig erkannte, **abkürzende Sprechweise** (→ Kap. 4, 6.1):

– *B ist in Flächenelemente dF zerlegt,*
– *das Flächenelement im Punkt (x, y) trägt die Belegung $dM = f(x, y)\,dF$,*
– *Gesamtbelegung von B ist $M = \iint\limits_B dM = \iint\limits_B f(x, y)\,dF$.*

ⓐ **Masse, Ladung.**

(13) $$M = \iint\limits_B \mu(x, y)\,dF$$

ist die Masse der Platte B mit ebener Massendichteverteilung $\mu : B \to \mathbb{R}$; bzw.

$Q = \iint\limits_B \epsilon(x,y)\,dF$ die Ladung auf B mit Ladungsdichte $\epsilon : B \to \mathbb{R}$.

ⓑ **Momente und Massenmittelpunkt.** Ein Flächenelement dF besitzt bei der Massendichte $\mu(x,y)$ die Masse $dm = \mu(x,y)dF$ und demnach die k-ten *axialen Momente* $x^k dm = x^k\mu(x,y)dF$, $y^k dm = y^k\mu(x,y)dF$. Es ergeben sich die Gesamtmomente:

(14) $$M_{x,k} := \iint\limits_B x^k\,\mu(x,y)\,dF\ , \quad M_{y,k} := \iint\limits_B y^k\,\mu(x,y)\,dF\ .$$

Das *k-te polare Moment* ist definiert durch

(15) $$M_{0,k} := \iint\limits_B \sqrt{x^2+y^2}^{\,k}\,\mu(x,y)\,dF\ .$$

Als *Massenmittelpunkt* (oder Schwerpunkt) der Fläche (Platte) B bezeichnet man denjenigen Punkt $S = (x_S, y_S)$, in dem eine Punktmasse der Größe M dieselben statischen (=ersten) Momente besitzt wie B:

(16) $$x_S = \frac{1}{M}\iint\limits_B x\,\mu(x,y)\,dF\ , \quad y_S = \frac{1}{M}\iint\limits_B y\,\mu(x,y)\,dF$$

(mit M aus (13)).

Beispiel. Es soll der Schwerpunkt (Massenmittelpunkt) der zwischen den Geraden $x = 2$, $y = 1$ und dem Parabelbogen $y = x^2$ eingespannten inhomogenen Platte B mit ebener Massendichte $\mu(x,y) = x^2 + y^2$ bestimmt werden.

a) B ist Normalbereich,

$B = \{\,(x,y)\ ;\ 1 \le x \le 2,\ 1 \le y \le x^2\,\}$.

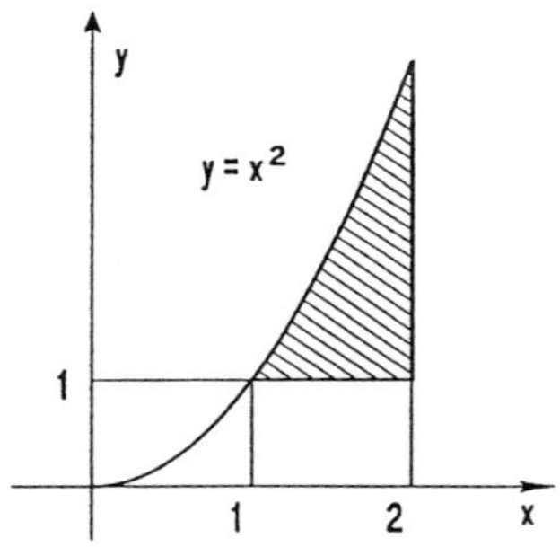

Abb. 224 – Massenschwerpunkt

b) Die Masse (→ (13), (11)):

$$M = \iint\limits_B (x^2+y^2)\,dxdy = \int_1^2 \left(\int_1^{x^2} (x^2+y^2)\,dy\right) dx$$

$$= \int_1^2 \left[yx^2 + \frac{1}{3}y^3\right]_{y=1}^{y=x^2} dx = \int_1^2 (\tfrac{1}{3}x^6 + x^4 - x^2 - \tfrac{1}{3})dx = \frac{1006}{105}\ .$$

c) Die ersten axialen Momente (→ (14), (11)):

$$M_x = \int_1^2 \left(\int_1^{x^2} x\,(x^2+y^2)\,dy \right) dx = \frac{135}{8}\ ;$$

$$M_y = \int_1^2 \left(\int_1^{x^2} y\,(x^2+y^2)\,dy \right) dx = \frac{2753}{126}\ .$$

d) Der Schwerpunkt (→ (16)):

$$x_S = \frac{1}{M} M_x = 1.761307\ldots\,, \quad y_S = \frac{1}{M} M_y = 2.280484\ldots\ . \qquad \square$$

ⓒ **Der geometrische Schwerpunkt** $\overline{S} = (\overline{x}, \overline{y})$ des ebenen Flächenstücks ergibt sich aus (16) mit $\mu(x,y) = \mu_0$ (= const). Man erhält

$$\overline{x} = \frac{1}{F} \iint\limits_B x\,dF\,, \quad \overline{y} = \frac{1}{F} \iint\limits_B y\,dF \quad \text{mit } F = \iint\limits_B dF\ .$$

Beispiel. Der geometrische Schwerpunkt des Normalbereichs

$$B = \{\,(x,y)\ ;\ a \le x \le b,\ 0 \le y \le g(x)\,\}$$

hat die Koordinaten

$$\overline{x} = \frac{1}{F} \iint\limits_B x\,dxdy = \frac{1}{F} \int_a^b \left(\int_0^{g(x)} x\,dy \right) dx = \frac{1}{F} \int_a^b x\,g(x)\,dx$$

$$\overline{y} = \frac{1}{F} \iint\limits_B y\,dxdy = \frac{1}{F} \int_a^b \left(\int_0^{g(x)} y\,dy \right) dx = \frac{1}{F} \int_a^b \frac{1}{2} g(x)^2\,dx$$

mit $F = \int_a^b g(x)\,dx$. Speziell erhält man für $g(x) = \sqrt{r^2 - x^2}$ über dem Intervall $-r \le x \le r$ den Schwerpunkt $\overline{S} = (\overline{x}, \overline{y}) = (0, \frac{4r}{3\pi})$ des skizzierten Halbkreises.

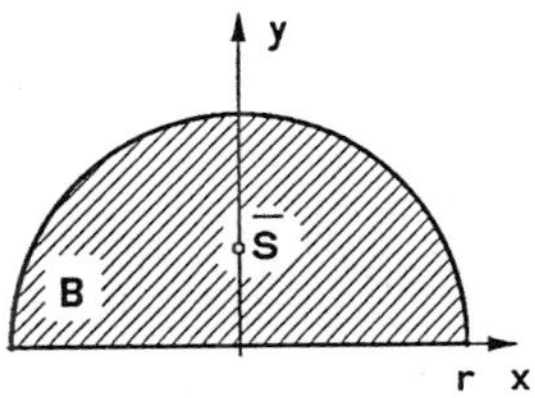

Abb. 225 – Geometrischer Schwerpunkt

$\square$

3.5 Der Satz von GREEN. Im folgenden behandeln wir eine wichtige Beziehung zwischen dem Doppelintegral über ein Gebiet und dem Kurvenintegral längs dessen Randkurve. Damit ist neben 3.3 eine zweite Methode zur Berechnung von Doppelintegralen gegeben:

Sei $B \subseteq \mathbb{R}^2$ ein regulärer Bereich, dessen Rand ∂B aus endlich vielen geschlossenen, stückweise glatten Kurven $\mathbf{w}_1, \mathbf{w}_2, \ldots, \mathbf{w}_n$ besteht. Die Parametrisierung sei so, daß B stets *links* zur Durchlaufrichtung liegt (positiver Umlauf).

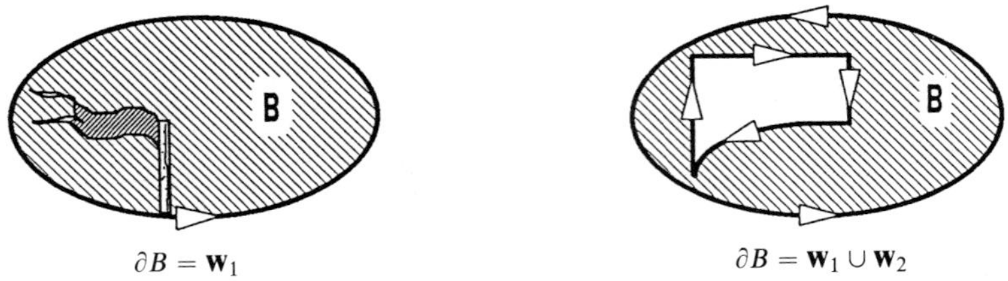

Abb. 226 – Gebiete, positiv umlaufen

Unter dem Integral eines Vektorfeldes $\mathbf{v}$ längs ∂B verstehen wir die Summe

$$\int\limits_{\partial B} \mathbf{v}\cdot d\mathbf{x} := \int\limits_{\mathbf{w}_1} \mathbf{v}\cdot d\mathbf{x} + \cdots + \int\limits_{\mathbf{w}_n} \mathbf{v}\cdot d\mathbf{x}\,.$$

Satz 3.3. Satz von GREEN (1793–1841). *Seien B, ∂B wie oben beschrieben und $D \subseteq \mathbb{R}^2$ eine offene Menge mit $B \subseteq D$, dann gilt für jedes ebene $\mathscr{C}^1$-Vektorfeld $\mathbf{v} : D \to \mathbb{R}^2$*

$$\int\limits_{\partial B} \mathbf{v}\cdot d\mathbf{x} = \iint\limits_{B} \left(\frac{\partial v_2}{\partial x} - \frac{\partial v_1}{\partial y}\right) dxdy\,.$$

Beweis. 1. Spezialfall: $v_2(x,y) \equiv 0$ und $B = \{(x,y)\ ;\ a \le x \le b, g(x) \le y \le h(x)\}$ Normalbereich vom Typ I. ∂B besteht aus

$$\mathbf{w}_1(x) = \begin{pmatrix} x \\ g(x) \end{pmatrix}, \quad a \le x \le b\,,$$

$$\mathbf{w}_2(y) = \begin{pmatrix} b \\ y \end{pmatrix}, \quad g(b) \le y \le h(b)\,,$$

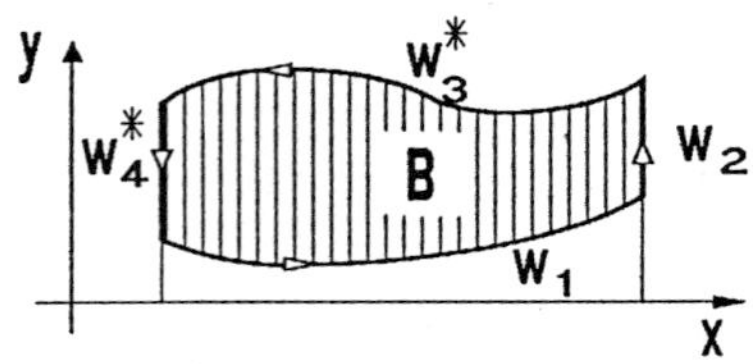

Abb. 227 – Normalbereich, Typ I

und $\mathbf{w}_3^*$, $\mathbf{w}_4^*$ mit den entgegengesetzt durchlaufenen Kurven

$$\mathbf{w}_3(x) = \begin{pmatrix} x \\ h(x) \end{pmatrix}, \ a \le x \le b\ ; \quad \mathbf{w}_4(y) = \begin{pmatrix} a \\ y \end{pmatrix}, \ g(a) \le y \le h(a)\,.$$

Mit $v_2 = 0$ gilt

$$\begin{aligned}\int_{\partial B} \mathbf{v}\cdot d\mathbf{x} &= \int_{\mathbf{w}_1} v_1 dx + \int_{\mathbf{w}_2} v_1 dx - \int_{\mathbf{w}_3} v_1 dx - \int_{\mathbf{w}_4} v_1 dx \\ &= \int_a^b v_1\big(x, g(x)\big)\, dx + 0 - \int_a^b v_1\big(x, h(x)\big)\, dx - 0 \\ &= -\int_a^b \left(\int_{g(x)}^{h(x)} \frac{\partial v_1}{\partial y}(x,y)\, dy\right) dx = -\iint\limits_{B} \frac{\partial v_1}{\partial y}\, dxdy\,.\end{aligned}$$

2. Spezialfall: $v_1(x,y) \equiv 0$ und B Normalbereich vom Typ II: Eine anloge Rechnung gibt $\int_{\partial B} \mathbf{v}\cdot d\mathbf{x} = \iint\limits_{B} \frac{\partial v_2}{\partial x} dxdy\,.$

Jeder Normalbereich I läßt sich in Normalbereiche vom Typ II zerlegen und umgekehrt, ebenso allgemeine Bereiche; daher ist alles durch Addition der beiden Spezialfälle zu beweisen. Die Kurvenintegrale über die (stets zweimal in entgegengesetzter Richtung durchlaufenen) Hilfslinien heben sich weg. □

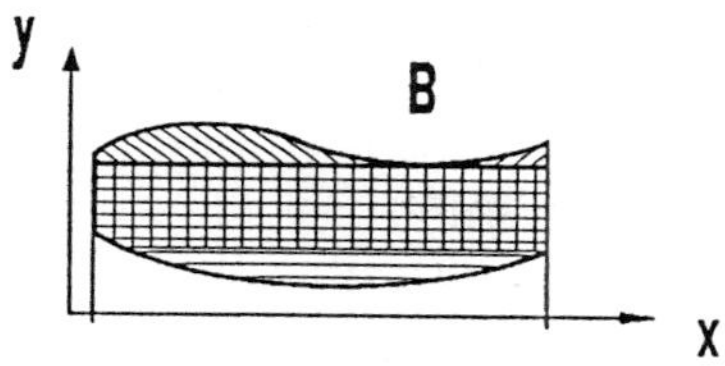

Abb. 228 – Zerlegung Typ I in Typ II

Mit $v_1 = 0$, $v_2 = x$ bzw. $v_1 = -y$, $v_2 = 0$ etc. ergeben sich einige wichtige Sonderfälle:

ⓐ Der Flächeninhalt von B,

$$F = \iint_B dxdy = \int_{\partial B} x\,dy = -\int_{\partial B} y\,dx = \frac{1}{2}\int_{\partial B} -y\,dx + x\,dy\,.$$

ⓑ Für die 2. Momente der homogenen Platte B mit $\mu(x,y) = 1$ ergibt sich mit $\mathbf{v} = (-x^2y, 0)^T$ bzw. $\mathbf{v} = (0, \frac{1}{3}x^3)^T$

$$M_{x,2} = -\int_{\partial B} x^2y\,dx = \frac{1}{3}\int_{\partial B} x^3\,dy$$

und analog

$$M_{y,2} = \int_{\partial B} xy^2\,dy = -\frac{1}{3}\int_{\partial B} y^3\,dx\,.$$

ⓒ Der geometrische Schwerpunkt von B ist

$$\overline{x} = -\frac{1}{F}\int_{\partial B} xy\,dx = \frac{1}{2F}\int_{\partial B} x^2\,dy\,, \qquad \overline{y} = \frac{1}{F}\int_{\partial B} xy\,dy = -\frac{1}{2F}\int_{\partial B} y^2\,dx\,.$$

Beispiel 1. Der geometrische Schwerpunkt des Bereiches, der von der Zykloide

$$\mathbf{w}_1(t) = a\begin{pmatrix} 2\pi - t + \sin t \\ 1 - \cos t \end{pmatrix}, \quad 0 \le t \le 2\pi\,,$$

und der Strecke

$$\mathbf{w}_2(t) = \begin{pmatrix} t \\ 0 \end{pmatrix}, \quad 0 \le t \le 2\pi a\,,$$

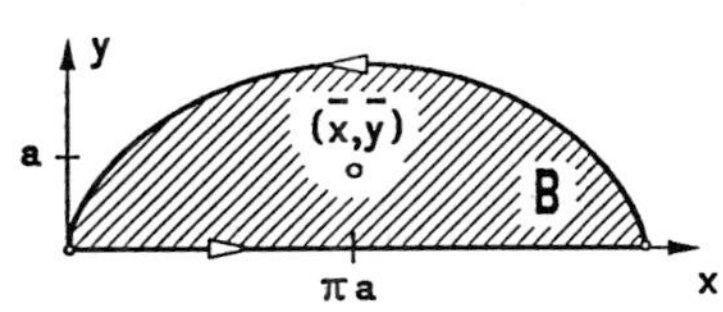

Abb. 229 – Zykloide

begrenzt wird, hat die Koordinaten

$$\overline{x} = \pi a \text{ und } \overline{y} = -\frac{\frac{1}{2}\int_{\partial B} y^2\,dx}{\int_{\partial B} y\,dx} = \frac{\frac{a^3}{2}\int_0^{2\pi}(1-\cos t)^3\,dt + 0}{a^2\int_0^{2\pi}(1-\cos t)^2\,dt + 0} = \frac{5}{6}a\,.$$ □

Beispiel 2. Ebener Satz von Gauss. Ist $u : D \to \mathbb{R}$ eine $\mathscr{C}^2$-Funktion, so ergibt sich mit $v_1 = -\dfrac{\partial u}{\partial y}$ und $v_2 = \dfrac{\partial u}{\partial x}$ sofort $\dfrac{\partial v_2}{\partial x} - \dfrac{\partial v_1}{\partial y} = \dfrac{\partial^2 u}{\partial x^2} + \dfrac{\partial^2 u}{\partial y^2} = \Delta u$. Der Satz von Green liefert somit

$$\iint_B \Delta u\, dxdy = \int_{\partial B} -u_y\, dx + u_x\, dy = \int_{\partial B} \operatorname{grad} u \cdot \mathbf{n}\, ds = \int_{\partial B} \partial_{\mathbf{n}} u\, ds\,.$$

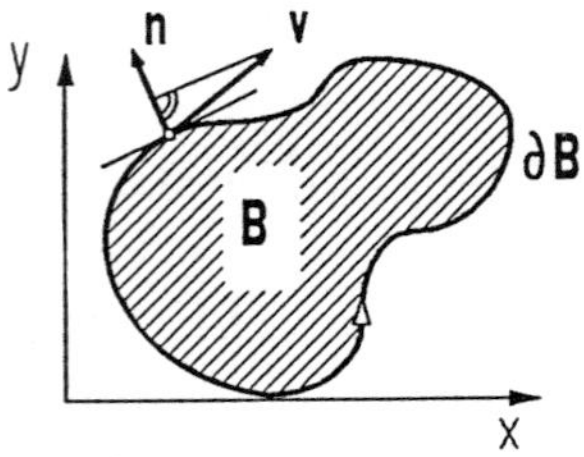

Abb. 230 – Satz von Gauss

Hierbei ist $\mathbf{n} = \begin{pmatrix} \dot{y} \\ -\dot{x} \end{pmatrix}$ der stets nach außen weisende Normalenvektor mit $|\mathbf{n}| = 1$, wenn $s \mapsto (x(s), y(s))$ die Parametrisierung von ∂B mit der Bogenlänge s darstellt. Liegt eine *harmonische Funktion* u mit $\Delta u = 0$ vor, so ist das Integralmittel über die Normalableitung $\partial_{\mathbf{n}} u$ längs ∂B stets Null (→ 5.4). □

Aufgaben

1. Man skizziere den Integrationsbereich, berechne das Integral und vertausche die Integrationsreihenfolge:

$$\int_0^1 \int_y^{y^2+1} x^2 y\, dxdy\,.$$

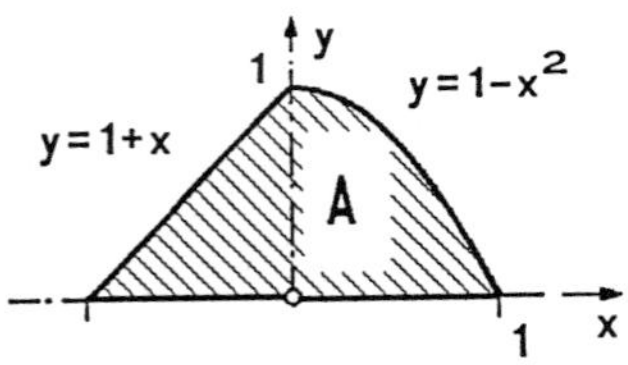

2. Man berechne den geometrischen Schwerpunkt:

   a) Skizzierter ebener Bereich A,

   b) $T = \{(x,y) \in \mathbb{R}\,;\, y^2 \leq 2px,\ y \geq 0,\ 0 \leq x \leq x_0,\ p, x_0 > 0\}$.

3. Man berechne den Flächeninhalt des von der *Astroide* (→ Abb. 114) $x = \cos^3 t$, $y = \sin^3 t$, $0 \leq t \leq 2\pi$, begrenzten Bereichs.

4. Man skizziere die Bereiche und berechne die Schwerpunktkoordinaten:

   a) $\{(x,y)\,;\, x^2 + y^2 \leq 20,\ y \geq x + 2\}$

   b) Berandung ist $\sqrt{x} + \sqrt{y} = \sqrt{a}$, $a > 0$, $x = 0$, $y = 0$.

5. Aus der Kugel $x^2 + y^2 + z^2 \leq 4a^2$ wird das zylindrische Loch $x^2 + y^2 \leq 2ax$ ausgebohrt. Wie groß ist das Restvolumen?

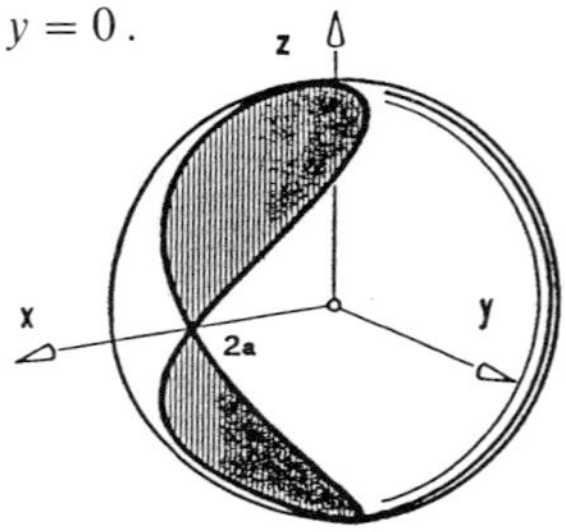

6. Man berechne den Inhalt der Fläche, die von der Hypozykloide mit 3 Spitzen berandet wird:

$$x = a(2\cos t + \cos 2t)\ ; \quad y = a(2\sin t - \sin 2t)\,.$$

7. Man berechne das Kurvenintegral $\oint_{\mathbf{w}} \frac{xdy - ydx}{x^2 + y^2}$ über eine geschlossene Kurve $\mathbf{w}$ mit Hilfe des Greenschen Satzes.

8. Man berechne mit dem Satz von Green den geometrischen Schwerpunkt des Bereichs im 1. Quadranten, der von $y = x$, $y = 1/x$ und $y = \frac{x}{4}$ berandet wird.

9. Das Trägheitsmoment eines ebenen Bereiches B bezüglich einer Achse ist

$$I_p = \iint_B \delta^2(x, y)\, dxdy ,$$

wobei $\delta^2(x, y)$ das Abstandsquadrat des Punktes (x, y) von der Achse bezeichnet. Man berechne die Trägheitsmomente bezüglich der x- und y-Achse für die Bereiche mit den Berandungen

a) Ellipse $\frac{x^2}{a^2} + \frac{y^2}{b^2} = 1$,

b) Quadrat $|x + y| + |x - y| = 2$,

c) $x^4 + y^4 = x^2 + y^2$.

10. Bei der *Torsion* von Körpern mit nicht kreisförmigem Querschnitt bleiben die Querschnitte nicht eben (Theorie von St. Venant). Anstelle des polaren Trägheitsmomentes I_p tritt der *Drillungswiderstand* I^*. Am Beispiel eines prismatischen Stabes (Querschnitt: Gleichseitiges Dreieck mit Höhe h) ergibt sich aus dem Spannungsvektor p_A (→ Kap. 7, §4, Aufg. 9)

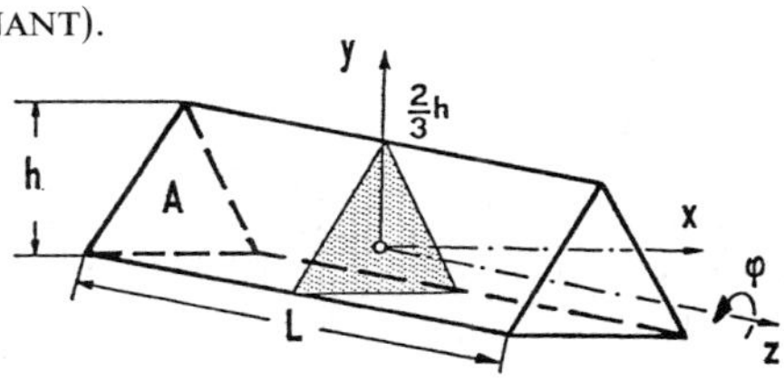

$$I^* = \frac{1}{2h} \iint_A \left| \begin{pmatrix} x \\ y \\ 0 \end{pmatrix} \times \begin{pmatrix} 3y^2 + 3x^2 - 2hy \\ 6xy + 2hx \\ 0 \end{pmatrix} \right| dF .$$

a) Man bestimme den Drillungswiderstand I^*.

b) Man berechne $I_p = \iint_A (x^2 + y^2)\, dF$ und bestätige, daß $I^* = \frac{3}{5} I_p$. D.h. die Querschnitt-Verwölbung reduziert den *Torsionswiderstand*!

§4. Die Integration über Flächen im Raum

4.1 Parameterdarstellungen. Neben die explizite Flächendarstellung als Graph $z = h(x, y)$, $(x, y) \in D$, und die implizite Darstellung als Niveaufläche $f(x, y, z) = \text{const}$ tritt nun die für Detailuntersuchungen besonders vorteilhafte Parameterdarstellung.
Wir stellen uns vor, daß eine Fläche im Raum durch stetige Verformung aus einer ebenen Fläche hervorgeht. Da unter stetigen Funktionen aber sehr „pathologische“ Bilder entstehen können, machen wir für unsere Zwecke angemessene Einschränkungen.

Definition. *Sei D ein regulärer Bereich in einem Gebiet G der (u,v)-Ebene. Unter der Parameterdarstellung eines* **regulären Flächenstücks** *verstehen wir die Einschränkung einer $\mathscr{C}^1$-Funktion $\mathbf{x} : G \to \mathbb{R}^3$, $\mathbf{x}(u,v) = (x(u,v), y(u,v), z(u,v))^T$ auf D mit den Eigenschaften:*
1. Für beliebige Punkte $(u,v) \neq (u',v')$ aus D ist stets $\mathbf{x}(u,v) \neq \mathbf{x}(u',v')$,
2. $\mathbf{x}_u(u,v) \times \mathbf{x}_v(u,v) \neq 0$ für alle $(u,v) \in D$.

Die Punktmenge $S = \{ (x(u,v), y(u,v), z(u,v)) \; ; \; (u,v) \in D \}$ ist das dargestellte reguläre Flächenstück.
Nach Voraussetzung 1. gibt es zu jedem Punkt $(x,y,z) \in S$ genau einen Punkt (u,v) des *Parameterbereichs* D mit $x = x(u,v)$, $y = y(u,v)$, $z = z(u,v)$.
Variiert man nur einen Parameter und hält den anderen fest, dann entstehen die beiden Kurvenscharen auf S

$$u \mapsto \mathbf{x}(u,v) \qquad (v = \text{const}) ,$$
$$v \mapsto \mathbf{x}(u,v) \qquad (u = \text{const}) ,$$

die man als *Parameterlinien* $v = \text{const}$ bzw. $u = \text{const}$ bezeichnet. Mit der Voraussetzung 2. wird gefordert, daß die Tangentialvektoren

$$\mathbf{x}_u(u,v) = \begin{pmatrix} \frac{\partial x}{\partial u}(u,v) \\ \frac{\partial y}{\partial u}(u,v) \\ \frac{\partial z}{\partial u}(u,v) \end{pmatrix} , \quad \mathbf{x}_v(u,v) = \begin{pmatrix} \frac{\partial x}{\partial v}(u,v) \\ \frac{\partial y}{\partial v}(u,v) \\ \frac{\partial z}{\partial v}(u,v) \end{pmatrix}$$

an die Parameterlinien in allen Punkten $(u,v) \in D$ linear unabhängig sind.

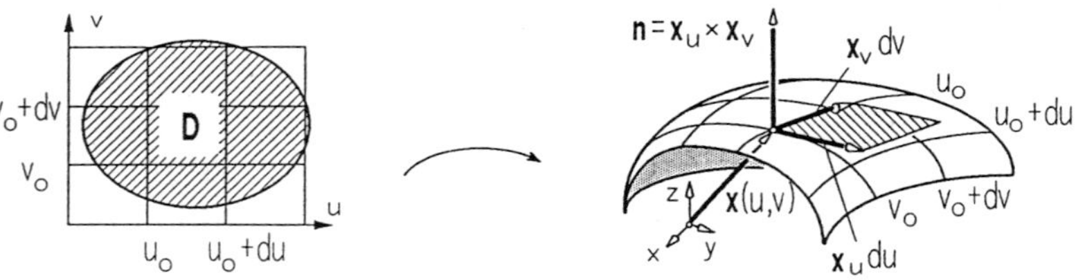

Abb. 231 – Parameterlinien auf Flächenstück

Die von $\mathbf{x}_u$ und $\mathbf{x}_v$ aufgespannte Ebene durch den Flächenpunkt $\mathbf{x}(u,v)$ ist die *Tangentialebene* mit der Parameterdarstellung

$$\mathbf{v}(\lambda,\mu) = \mathbf{x}(u,v) + \lambda \mathbf{x}_u(u,v) + \mu \mathbf{x}_v(u,v) , \quad \lambda, \mu \in \mathbb{R} .$$

Der auf der Tangentialebene durch $\mathbf{x}(u,v)$ senkrecht stehende Einheitsvektor

$$\text{(1)} \qquad \mathbf{n} := \frac{1}{|\mathbf{x}_u \times \mathbf{x}_v|} \mathbf{x}_u \times \mathbf{x}_v$$

heißt *Flächennormale* (im betreffenden Punkt).

Für ein reguläres Kurvenstück $t \mapsto \begin{pmatrix} u(t) \\ v(t) \end{pmatrix}$, $t_0 \leq t \leq t_1$, im Parameterbereich

D ist das Bild $\mathbf{w}(t) := \mathbf{x}(u(t), v(t))$ eine reguläre Flächenkurve, deren Tangentialvektor $\dot{\mathbf{w}} = \mathbf{x}_u\dot{u} + \mathbf{x}_v\dot{v}$ (→ Kettenregel, Kap. 7, §2(12)) ebenfalls in der Tangentialebene (durch $\mathbf{x}(u,v)$) liegt. Die Bogenlänge $s(t) = \int_{t_0}^{t} |\dot{\mathbf{w}}(t)|\, dt$ ergibt sich wegen

$$|\dot{\mathbf{w}}|^2 = \dot{\mathbf{w}} \cdot \dot{\mathbf{w}} = (\mathbf{x}_u \cdot \mathbf{x}_u)\dot{u}^2 + 2(\mathbf{x}_u \cdot \mathbf{x}_v)\dot{u}\dot{v} + (\mathbf{x}_v \cdot \mathbf{x}_v)\dot{v}^2$$

aus den *metrischen Fundamentalgrößen*

(2) $$\boxed{E := \mathbf{x}_u \cdot \mathbf{x}_u \;; \quad F := \mathbf{x}_u \cdot \mathbf{x}_v \;; \quad G := \mathbf{x}_v \cdot \mathbf{x}_v \,.}$$

Diese bestimmen nicht nur die Längenmessung auf S, sondern auch die Messung von Winkeln (→ Aufg. 5,6) und Flächeninhalte (→ (6)). Aus der Identität $|\mathbf{a} \times \mathbf{b}|^2 = |\mathbf{a}|^2|\mathbf{b}|^2 - (\mathbf{a} \cdot \mathbf{b})^2$ (→ Kap. 1, §5) folgt

(3) $$\boxed{|\mathbf{x}_u \times \mathbf{x}_v|^2 = EG - F^2 \,.}$$

Bilden die Parameterlinien ein *orthogonales Netz*, d.h. schneiden sich in jedem Flächenpunkt $\mathbf{x}(u_0, v_0)$ die Parameterlinien $u = u_0$, $v = v_0$ unter einem rechten Winkel, dann gilt überall $F = 0$.

Als Rand des Flächenstücks S wird das $\mathbf{x}$-Bild des Randes von D bezeichnet:

$$\partial S := \{\, \mathbf{x}(u,v) \;;\; (u,v) \in \partial D \,\} \,.$$

Die Oberfläche der in den technischen Anwendungen auftretenden dreidimensionalen Körper kann in der Regel nicht durch ein einziges reguläres Flächenstück dargestellt werden. Man denke etwa an einen Würfel oder Zylinderstumpf mit Ecken und Kanten. Wir verstehen deshalb unter einer *stückweise regulären Fläche* S die Vereinigung endlich vieler regulärer Flächenstücke S_i, von denen je zwei längs einem oder mehrerer gemeinsamer Randstücke aneinanderstoßen, aber sonst keine anderen Punkte gemeinsam haben. Der Rand ∂S von S wird aus allen Randstücken gebildet, die nur zu einem der regulären Flächenstücke S_i gehören. Man nennt S geschlossen, wenn ∂S leer ist.

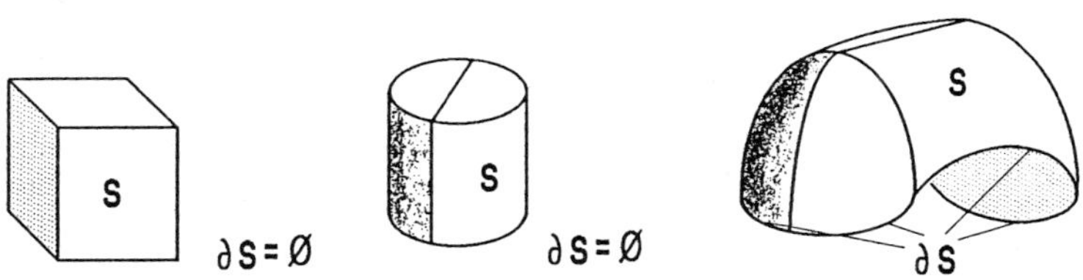

Abb. 232 – stückweise reguläre Flächen

4.2 Beispiele.

① **Ebenen.** Für $\mathbf{a}, \mathbf{b} \in \mathbb{R}^3$ mit $\mathbf{a} \times \mathbf{b} \neq 0$ stellt $\mathbf{x}(u,v) = \mathbf{x}_0 + u\mathbf{a} + v\mathbf{b}$, $(u,v) \in D$, ein Ebenenstück dar. Die Parameterlinien $u = \text{const}$, $v = \text{const}$ sind Geraden parallel zu $\mathbf{b}$ bzw. $\mathbf{a}$. $\mathbf{x}_u = \mathbf{a}$, $\mathbf{x}_v = \mathbf{b}$. $E = |\mathbf{a}|^2$, $F = \mathbf{a} \cdot \mathbf{b}$, $G = |\mathbf{b}|^2$.

② **Graphen.** Aus der expliziten Darstellung eines Flächenstücks als Graph $z = h(x,y)$, $h \in \mathscr{C}^1(D,\mathbb{R})$, erhält man sofort die Parameterdarstellung

$$(4)\quad \mathbf{x}(x,y) = \begin{pmatrix} x \\ y \\ h(x,y) \end{pmatrix}, \quad (x,y) \in D .$$

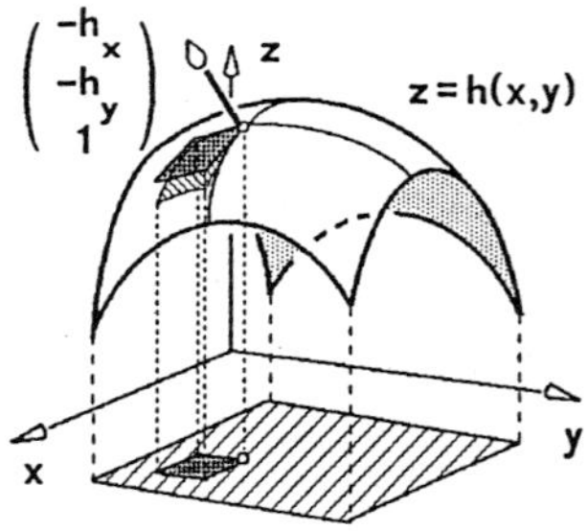

Abb. 233 – $z = h(x,y)$

Parameterlinien sind die Schnitte mit den Ebenen $x = \text{const}$ bzw. $y = \text{const}$.

$$\mathbf{x}_x = \begin{pmatrix} 1 \\ 0 \\ h_x \end{pmatrix}, \quad \mathbf{x}_y = \begin{pmatrix} 0 \\ 1 \\ h_y \end{pmatrix},$$

$$\mathbf{x}_x \times \mathbf{x}_y = \begin{pmatrix} -h_x \\ -h_y \\ 1 \end{pmatrix}, \quad E = 1 + h_x^2, \quad F = h_x h_y, \quad G = 1 + h_y^2 .$$

③ **Drehflächen.** Aus einem regulären Kurvenstück $t \mapsto \begin{pmatrix} x(t) \\ 0 \\ z(t) \end{pmatrix}$, $t_0 \le t \le t_1$, ohne Doppelpunkte mit $x(t) > 0$ entsteht nach Kap. 6, §6, bei Drehung um die z-Achse mit dem Winkel φ_0 ($0 \le \varphi_0 < 2\pi$) ein reguläres Flächenstück mit der Parameterdarstellung

$$(5)\qquad \mathbf{x}(t,\varphi) = \begin{pmatrix} \cos\varphi & -\sin\varphi & 0 \\ \sin\varphi & \cos\varphi & 0 \\ 0 & 0 & 1 \end{pmatrix} \begin{pmatrix} x(t) \\ 0 \\ z(t) \end{pmatrix} = \begin{pmatrix} x(t)\cos\varphi \\ x(t)\sin\varphi \\ z(t) \end{pmatrix},$$

definiert auf $D = \{(t,\varphi)\ ;\ t_0 \le t \le t_1,\ 0 \le \varphi \le \varphi_0\}$. Die Parameterlinien $t = \text{const}$ sind die *Breitenkreise*, $\varphi = \text{const}$ die *Meridiane*.

$$\mathbf{x}_t = \begin{pmatrix} \dot{x}(t)\cos\varphi \\ \dot{x}(t)\sin\varphi \\ \dot{z}(t) \end{pmatrix}, \quad \mathbf{x}_\varphi = \begin{pmatrix} -x(t)\sin\varphi \\ x(t)\cos\varphi \\ 0 \end{pmatrix};$$

$$\mathbf{x}_t \times \mathbf{x}_\varphi = \begin{pmatrix} -x\dot{z}\cos\varphi \\ -x\dot{z}\sin\varphi \\ x\dot{x} \end{pmatrix},$$

$$E = \dot{x}^2 + \dot{z}^2,\ F = 0,\ G = x^2 .$$

Da überall $F = 0$ gilt, bilden die Parameterlinien ein orthogonales Netz.

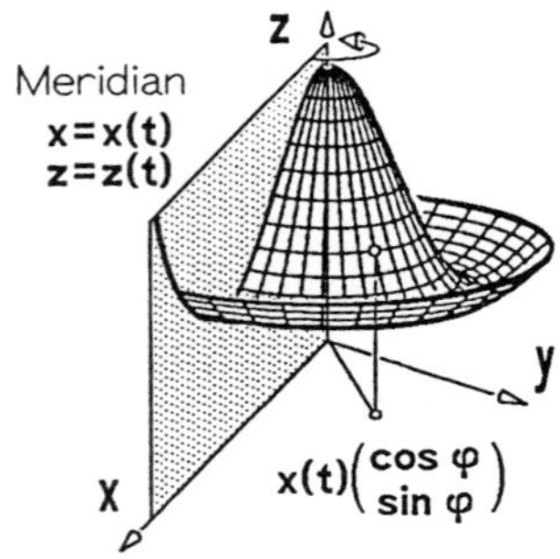

Abb. 234 – Drehfläche

($x(t) > 0$ wurde vorausgesetzt, damit die Regularitätsbedingung $|\mathbf{x}_t \times \mathbf{x}_\varphi| = \sqrt{x^2(\dot{x}^2 + \dot{z}^2)} \ne 0$ erfüllt ist.)

Da bei einer vollen Umdrehung die Meridiane $\varphi = 0$ und $\varphi = 2\pi$ aufeinanderfallen, ist die gesamte Drehfläche S (d.h. $0 \le \varphi \le 2\pi$) nur stückweise regulär (man nehme etwa die beiden zu $0 \le \varphi \le \pi$ und $\pi \le \varphi \le 2\pi$ gehörigen Flächenstücke). Der Rand ∂S der gesamten Drehfläche besteht aus den beiden Breitenkreisen $\varphi \mapsto (x(t_i)\cos\varphi, x(t_i)\sin\varphi, z(t_i))^T$, $i = 0, 1$.

Sonderfälle.

ⓐ **Der Kegelstumpf** (nur die Mantelfläche) (→ Abb. 235).

$$\mathbf{x}(t,\varphi)=\begin{pmatrix} t\cos\varphi \\ t\sin\varphi \\ b(1-\frac{t}{a}) \end{pmatrix}, \ a_0\le t\le a\,,\ 0\le\varphi\le 2\pi\,,\ \mathbf{x}_t\times\mathbf{x}_\varphi=(\frac{b}{a}t\cos\varphi,\frac{b}{a}t\sin\varphi,t)\,.$$

ⓑ **Der Zylinderstumpf** (die Mantelfläche) (→ Abb. 236).

$$\mathbf{x}(z,\varphi)=\begin{pmatrix} r\cos\varphi \\ r\sin\varphi \\ z \end{pmatrix}, \ z_0\le z\le z_1\,,\ 0\le\varphi\le 2\pi\,,\ \mathbf{x}_z\times\mathbf{x}_\varphi=(-r\cos\varphi,-r\sin\varphi,0)\,.$$

ⓒ **Die Sphäre** (Kugeloberfläche) mit Zentrum O und Radius r (→ Abb. 237).

$$\mathbf{x}(\psi,\varphi)=\begin{pmatrix} r\sin\psi\cos\varphi \\ r\sin\psi\sin\varphi \\ r\cos\psi \end{pmatrix}, \quad 0\le\psi\le\pi\,,\quad 0\le\varphi\le 2\pi\,.$$

Nord- und Südpol sind bei dieser Darstellung Ausnahmepunkte, $\mathbf{x}_\psi\times\mathbf{x}_\varphi\neq 0$ ist dort nicht erfüllt. Einzelne Ausnahmepunkte oder einzelne reguläre Ausnahmekurven spielen für das Folgende aber keine wesentliche Rolle.

$$\mathbf{x}_\psi\times\mathbf{x}_\varphi=(r^2\sin^2\psi\cos\varphi,r^2\sin^2\psi\sin\varphi,r^2\sin\psi\cos\psi)^T=(r\sin\psi)\mathbf{x}(\psi,\varphi)\,.$$

$$E=\mathbf{x}_\psi\cdot\mathbf{x}_\psi=r^2\,,\quad F=\mathbf{x}_\psi\cdot\mathbf{x}_\varphi=0\,,\quad G=\mathbf{x}_\varphi\cdot\mathbf{x}_\varphi=r^2\sin^2\psi\,.$$

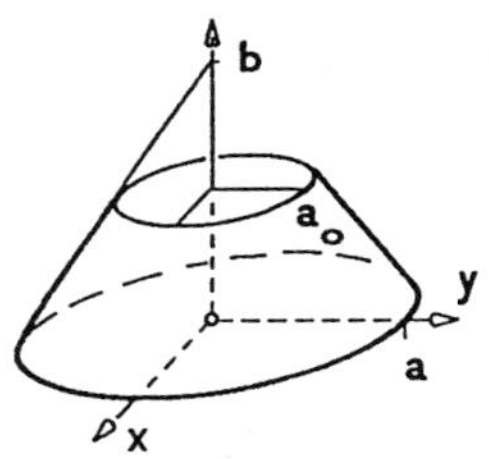

Abb. 235 – Kegelstumpf

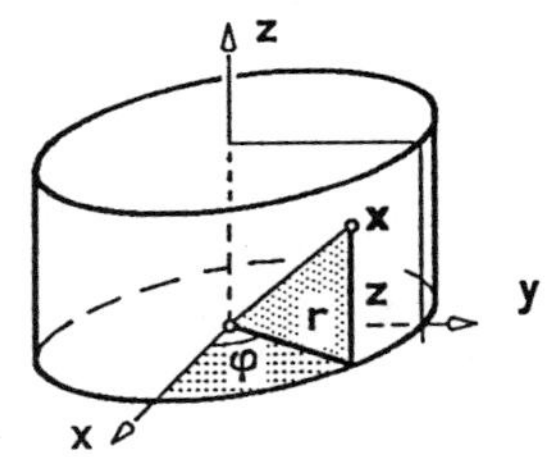

Abb. 236 – Zylinderstumpf

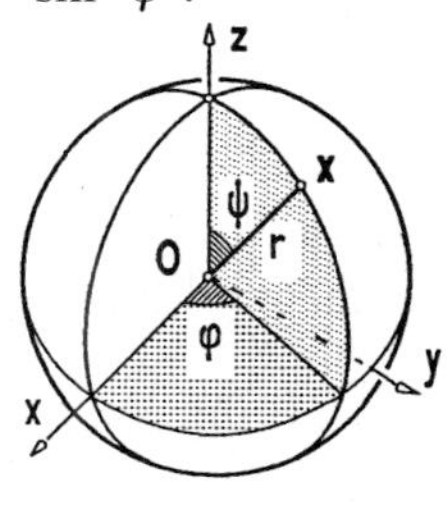

Abb. 237 – Sphäre

ⓓ **Der Torus** (die Ringfläche) T entsteht durch Drehung des Kreises

$$x=R+r\sin\psi\,,\quad z=r\cos\psi\,,$$

$0\le\psi\le 2\pi$ mit festem „inneren" und „äußeren" Radius r bzw. R, $r<R$,

$$\mathbf{x}(\psi,\varphi)=\begin{pmatrix} (R+r\sin\psi)\cos\varphi \\ (R+r\sin\psi)\sin\varphi \\ r\cos\psi \end{pmatrix}.$$

(Nur stückweise regulär, Rand ∂T leer)

$$E=r^2\,,\ F=0\,,\ G=(R+r\sin\psi)^2\,.$$

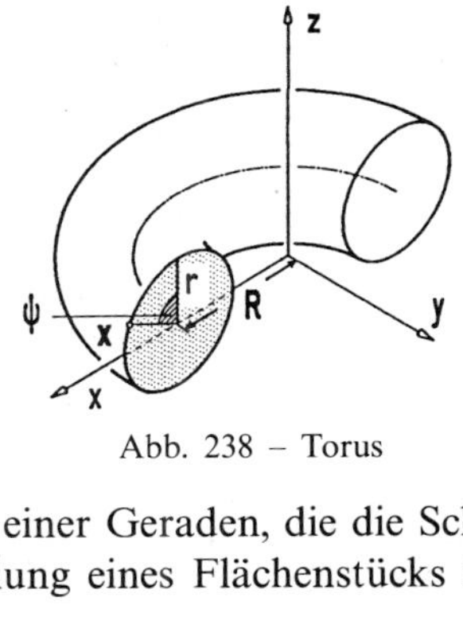

Abb. 238 – Torus

ⓔ **Die Wendelfläche** entsteht durch Schraubung einer Geraden, die die Schraubachse senkrecht schneidet; die Parameterdarstellung eines Flächenstücks ist mit $a=\text{const}>0$:

$$\mathbf{x}(r,\varphi) = \begin{pmatrix} r\cos\varphi \\ r\sin\varphi \\ a\varphi \end{pmatrix}, \quad \begin{matrix} r_0 \le r \le r_1 \\ \varphi_0 \le \varphi \le \varphi_1 \end{matrix} .$$

$$\mathbf{x}_r = \begin{pmatrix} \cos\varphi \\ \sin\varphi \\ 0 \end{pmatrix}, \quad \mathbf{x}_\varphi = \begin{pmatrix} -r\sin\varphi \\ r\cos\varphi \\ a \end{pmatrix},$$

$$\mathbf{x}_r \times \mathbf{x}_\varphi = \begin{pmatrix} a\sin\varphi \\ -a\cos\varphi \\ r \end{pmatrix} .$$

$$E = \mathbf{x}_r \cdot \mathbf{x}_r = 1\,, \quad F = 0\,, \quad G = \mathbf{x}_\varphi \cdot \mathbf{x}_\varphi = r^2 + a^2 .$$

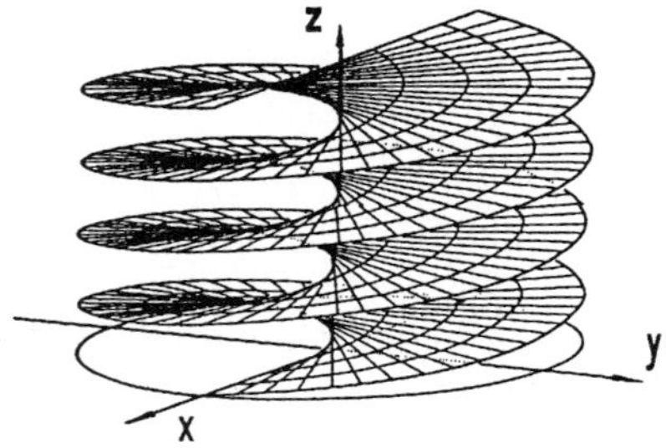

Abb. 239 – Wendelfläche mit $r_0 = -r_1$ und $\varphi_0 = 0\,,\ \varphi_1 = 4\pi$

4.3 Der Flächeninhalt.

Sei $\mathbf{x} : \mathbb{R}^2 \supseteq D \to \mathbb{R}^3$,

$$\mathbf{x}(u,v) = (x(u,v), y(u,v), z(u,v))^T ,$$

die Parameterdarstellung eines regulären Flächenstücks S. Ein kleines Teilstück ΔS, berandet von den Parameterlinien $u = u_0$, $u = u_0 + \Delta u$, $v = v_0$, $v = v_0 + \Delta v$, läßt sich über die lineare Approximation (→ Kap. 7, §4(2))

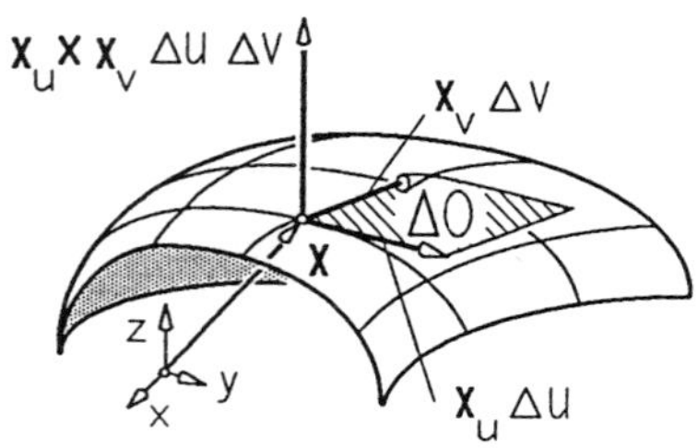

Abb. 240 – Flächenelement

$$\mathbf{x}(u,v) \approx \begin{pmatrix} x_u(u_0,v_0) & x_v(u_0,v_0) \\ y_u(u_0,v_0) & y_v(u_0,v_0) \\ z_u(u_0,v_0) & z_v(u_0,v_0) \end{pmatrix} \begin{pmatrix} u-u_0 \\ v-v_0 \end{pmatrix} + \mathbf{x}(u_0,v_0)$$

näherungsweise darstellen als Parallelogramm, das von den im Flächenpunkt $\mathbf{x}(u_0,v_0)$ angetragenen Vektoren $\mathbf{x}_u(u_0,v_0)\Delta u$, $\mathbf{x}_v(u_0,v_0)\Delta v$ aufgespannt wird und den Flächeninhalt

$$\Delta O = |\mathbf{x}_u(u_0,v_0) \times \mathbf{x}_v(u_0,v_0)|\Delta u \Delta v$$

besitzt (→ Kap. 1, §3).

Wird nun S durch ein Netz von Parameterlinien in n Teilstücke $\Delta S_1, \ldots, \Delta S_n$ zerlegt und jedes Teilstück ΔS_i durch das entsprechende Parallelogramm mit dem Flächeninhalt $\Delta O_i = |\mathbf{x}_u(u_i,v_i) \times \mathbf{x}_v(u_i,v_i)|\Delta u \Delta v$ approximiert, dann ergibt bei stets feiner werdender Teilung der Grenzwert (→ §3, (3))

$$\lim_{\substack{n\to\infty \\ (\Delta u)^2+(\Delta v)^2\to 0}} \sum_{i=1}^{n} |\mathbf{x}_u(u_i,v_i) \times \mathbf{x}_v(u_i,v_i)|\Delta u \Delta v = \iint_D |\mathbf{x}_u \times \mathbf{x}_v|\,du\,dv$$

den Flächeninhalt von S.

Genau genommen ist dieses die Definition des Flächeninhalts von S; aufgrund der Voraussetzungen über S existiert der Grenzwert.

(6) Der Flächeninhalt $O(S)$ eines regulären Flächenstücks $\mathbf{x}: D \to \mathbb{R}^3$ ist

$$O(S) = \iint_D |\mathbf{x}_u \times \mathbf{x}_v| du dv \ .$$

In der bewährten Kurzform (→ 3.4): Das von den benachbarten Parameterlinien $u = u_0$, $u = u_0 + du$, $v = v_0$, $v = v_0 + dv$ berandete Flächenstück bestimmt das *skalare Flächenelement* (*Oberflächenelement*)

(7)
$$dO = |\mathbf{x}_u \times \mathbf{x}_v| du dv \ .$$

Der gesamte Flächeninhalt ergibt sich durch „Summation" über alle Elemente. Mit den metrischen Fundamentalgrößen E, F, G (→ (3)) lautet die Oberflächenformel (6)

(8)
$$O(S) = \iint_D \sqrt{EG - F^2} du dv$$

mit den Sonderfällen (→ 4.2 ②, ③):

ⓐ Oberflächeninhalt des Graphen $z = h(x, y)$, $(x, y) \in D$,

(9)
$$O = \iint_D \sqrt{1 + h_x^2 + h_y^2} dx dy \ .$$

ⓑ Oberflächeninhalt der Drehfläche (5) – mit $\varphi_0 = 2\pi$ –

(10)
$$O = \iint_D \sqrt{x^2(\dot{x}^2 + \dot{z}^2)} dt d\varphi = 2\pi \int_{t_o}^{t_1} x\sqrt{\dot{x}^2 + \dot{y}^2} dt \ .$$

Beispiel 1. Die Oberfläche der Kugel mit dem Radius r. Mit $E = r^2$, $F = 0$, $G = r^2 \sin^2 \psi$ und $D = \{(\psi, \varphi) \ ; 0 \leq \psi \leq \pi, \ 0 \leq \varphi \leq 2\pi\}$ (→ 4.2c) ergibt sich aus (8) oder (10)

$$O = \iint_D r^2 |\sin \psi| d\psi d\varphi = 2\pi r^2 \int_0^{\pi} \sin \psi \, d\psi = 4\pi r^2 \ . \qquad \square$$

Beispiel 2. Die Torusoberfläche. Mit $E = r^2$, $F = 0$, $G = (R + r \sin \psi)^2$ und $D = \{(\psi, \varphi) \ ; 0 \leq \psi \leq 2\pi, \ 0 \leq \varphi \leq 2\pi\}$ (→ 4.2) erhält man

$$O = \iint_D r(R + r \sin \psi) d\psi d\varphi = 2\pi r \int_0^{2\pi} (R + r \sin \psi) d\psi = 4\pi^2 r R \ . \qquad \square$$

Beispiel 3. Der Graph $z = xy$ stellt ein hyperbolisches Paraboloid dar. Der Oberflächeninhalt für $x^2 + y^2 \leq 1$ ergibt sich zu

$$O = \iint\limits_{0 \leq x^2+y^2 \leq 1} \sqrt{1+x^2+y^2}\,dxdy = \int_{-1}^{1} \left(\int_{-\sqrt{1-x^2}}^{\sqrt{1-x^2}} \sqrt{1+x^2+y^2}\,dy \right) dx$$

$$= \frac{2}{3}\pi(\sqrt{2}^3 - 1)\,. \qquad \square$$

Mit (10) bestätigt man die 1. Regel von Guldin (1577 – 1643):

Der Oberflächeninhalt einer Drehfläche beträgt $2\pi r_0 l$ mit der Länge l und dem Drehachsenabstand r_0 des Schwerpunkts eines Meridianschnitts.

Beweis. Bei entsprechender Lage des Koordinatensystems gilt nach (10) $O = 2\pi \int\limits_{t_0}^{t_1} x ds$ mit $ds = \sqrt{\dot{x}^2 + \dot{y}^2}\,dt$, bzw. $O = 2\pi l\bar{x}$ mit der Schwerpunktskoordinate $\bar{x} = \frac{1}{l} \int\limits_{t_0}^{t_1} x ds\,.$ $\square$

4.4 Das Oberflächenintegral einer skalaren Funktion. Ist auf einem regulären Flächenstück mit der Parameterdarstellung $\mathbf{x} : \mathbb{R}^2 \supseteq D \to \mathbb{R}^3$ eine skalare Belegungsfunktion gegeben, so „trägt" ein (von Parameterlinien eingeschlossenes) Flächenelement $dO = |\mathbf{x}_u \times \mathbf{x}_v|dudv$ ($\to$ (7)) die Belegung $f(x(u,v), y(u,v), z(u,v))|\mathbf{x}_u \times \mathbf{x}_v|dudv$. Die Gesamtbelegung erhält man durch Integration über D.

Definition. *Ist $\mathbf{x} : \mathbb{R}^2 \supseteq D \to \mathbb{R}^3$ eine Parameterdarstellung des regulären Flächenstücks S und f ein auf S stetiges Skalarenfeld, dann nennt man*

$$(11) \qquad \iint\limits_S f dO := \iint\limits_D f\big(x(u,v), y(u,v), z(u,v)\big)\, |\mathbf{x}_u(u,v) \times \mathbf{x}_v(u,v)|\, dudv$$

das Oberflächenintegral von f über S.
Für eine aus regulären Flächenstücken $S_1, \dots, S_n$ bestehende stückweise reguläre Fläche S definiert man das Oberflächenintegral durch

$$\iint\limits_S dO := \iint\limits_{S_1} f dO + \cdots + \iint\limits_{S_n} f dO\,.$$

Für das Oberflächenintegral gelten offenbar die üblichen Rechenregeln: Linearität, Monotonie, Additivität und der Mittelwertsatz:
Das Integralmittel wird in einem Flächenpunkt angenommen; d.h. es gibt einen Punkt $\mathbf{x}(u^*, v^*)$ auf dem regulären Flächenstück S mit

$$f(\mathbf{x}(u^*, v^*)) = \frac{1}{O(S)} \iint\limits_S f\,dO\,. \tag{12}$$

Berechnung des Oberflächenintegrals $I = \iint\limits_S f\,dO$.

1. Schritt: Die Parameterdarstellung und den Parameterbereich angeben $\mathbf{x} : D \to \mathbb{R}^3$ (evtl. stückweise).

2. Schritt: Die partiellen Ableitungen $\mathbf{x}_u$, $\mathbf{x}_v$ und das Oberflächenelement $dO = |\mathbf{x}_u \times \mathbf{x}_v|\,dudv = \sqrt{EG - F^2}\,dudv$ berechnen.

3. Schritt: Eintragen und ebenes Doppelintegral über D ausrechnen:

$$\iint\limits_S f\,dO = \iint\limits_D f\left(x(u,v), y(u,v), z(u,v)\right) |\mathbf{x}_u(u,v) \times \mathbf{x}_v(u,v)|\,dudv\,.$$

Beispiel 1. Das *axiale Trägheitsmoment* der Kugelschale $x^2 + y^2 + z^2 = R^2$ mit homogener Dichte und Gesamtmasse m um die z-Achse ist (→ 4.2c)

$$\begin{aligned} I &= \iint\limits_S (x^2 + y^2) \cdot \frac{m}{4\pi R^2} dO \\ &= \frac{m}{4\pi R^2} \int\limits_0^{2\pi} \int\limits_0^{\pi} R^2 \sin^2 \psi \cdot R^2 \sin \psi \, d\psi d\varphi = \frac{2}{3} m R^2\,. \end{aligned}$$ □

Beispiel 2. Für den geometrischen Schwerpunkt $(\bar{x}, \bar{y}, \bar{z})$ des Teil der Fläche $3z = 2(x^{3/2} + y^{3/2})$, der von den Ebenen $x = 0$, $y = 0$, $x + y = 1$ ausgeschnitten wird, gilt $\bar{y} = \bar{x}$ mit

$$\bar{x} = \frac{\int\limits_{x=0}^{1} \Big(\int\limits_{y=0}^{1-x} x\sqrt{1+x+y}\,dy\Big)dx}{\int\limits_{x=0}^{1} \Big(\int\limits_{y=0}^{1-x} \sqrt{1+x+y}\,dy\Big)dx} = \frac{26 - 15\sqrt{2}}{14}$$

und

$$\bar{z} = \frac{\int\limits_{x=0}^{1} \Big(\int\limits_{y=0}^{1-x} \frac{2}{3}(x^{2/3} + y^{2/3})\sqrt{1+x+y}\,dy\Big)dx}{\int\limits_{x=0}^{1} \Big(\int\limits_{y=0}^{1-x} \sqrt{1+x+y}\,dy\Big)dx} = \frac{61\sqrt{2} - 15\ln(1+\sqrt{2})}{96(\sqrt{2}+1)}\,.$$ □

Beispiel 3. Das elektrostatische Potential $U(\mathbf{a})$ einer homogenen mit Dichte ρ geladenen Fläche S im Punkt $\mathbf{a} \notin S$ ist nach COULOMB

$$U(\mathbf{a}) = \iint\limits_S \frac{\rho}{|\mathbf{x} - \mathbf{a}|} dO \ .$$

Ist S der Kegelmantel (→ Abb. 235) $x^2 + y^2 = z^2$, $0 \le z \le 1$, und $\mathbf{a} = (0,0,1)$, so ergibt sich (→ 4.2a) mit $\mathbf{x}(t) = (t\cos\varphi, t\sin\varphi, t)$, $0 \le t \le 1$, $0 \le \varphi \le 2\pi$,

$$\begin{aligned} U(\mathbf{a}) &= \int\limits_{t=0}^{1} \int\limits_{\varphi=0}^{2\pi} \frac{\rho}{\sqrt{t^2 + (t-1)^2}} \sqrt{2} t \, d\varphi dt = 2\sqrt{2}\rho\pi \int\limits_0^1 \frac{tdt}{\sqrt{2t^2 - 2t + 1}} \\ &= \rho\pi \cdot \ln\left(3 + 2\sqrt{2}\right) \ . \end{aligned}$$

□

Die eingangs angegebene Motivation für die Definition zeigt auch wesentliche *Anwendungsbereiche* des Oberflächenintegrals auf.

Ⓐ **Der Flächeninhalt** $O = \iint\limits_S dO$ (→ 4.3).

Ⓑ **Masse, Ladung, Momente, Massenmittelpunkt.**

Bei gegebener Flächendichte ρ der Masse bzw. ϵ der Ladung stellen

$$M = \iint\limits_S \rho(x,y,z) dO \qquad \text{die Gesamtmasse ,}$$

$$Q = \iint\limits_S \epsilon(x,y,z) dO \qquad \text{die Gesamtladung}$$

der Fläche S dar. Die k-ten Momente von S sind definiert als

$$M_{x,k} = \iint\limits_S x^k \rho(x,y,z) dO \ ; \quad M_{y,k} = \iint\limits_S y^k \rho(x,y,z) dO \ ;$$

$$M_{z,k} = \iint\limits_S z^k \rho(x,y,z) dO \ .$$

Der Massenmittelpunkt hat die Koordinaten

$$x_S = \frac{1}{M} M_{x,1} \ ; \quad y_S = \frac{1}{M} M_{y,1} \ ; \quad z_S = \frac{1}{M} M_{z,1} \ .$$

Für den geometrischen Schwerpunkt $(\bar{x}, \bar{y}, \bar{z})$ von S ergibt sich mit $\rho = \text{const}$

$$\bar{x} = \frac{1}{O} \iint\limits_S x dO \ ; \quad \bar{y} = \frac{1}{O} \iint\limits_S y dO \ ; \quad \bar{z} = \frac{1}{O} \iint\limits_S z dO \ .$$

4.5 Die Transformationsformel für Gebietsintegrale.

Definition. *Eine Parameterdarstellung* $\mathbf{x} : D \to S$, $x = x(u,v)$, $y = y(u,v)$, *eines* **ebenen** *regulären Flächenstücks* S *heißt auch* **Koordinatentransformation**; *d.h.*

1. $x = x(u,v)$, $y = y(u,v)$ *sind* $\mathscr{C}^1$*-Funktionen,*
2. *aus* $x(u,v) = x(u',v')$ *und* $y(u,v) = y(u',v')$ *folgt* $(u,v) = (u',v')$,
3. $|x_u y_v - x_v y_u| \neq 0$ *für alle* $(u,v) \in D$.

Die Parameterlinien heißen dann **Koordinatenlinien** *und man nennt das Netz der Koordinatenlinien ein (krummliniges)* **Koordinatensystem** *auf* S.

Viele praktische Probleme auf S, insbesondere auch die Integration, lassen sich durch die Wahl eines dem Problem oder der Geometrie von S angepaßten Koordinatensystems vereinfachen.
Wird nun ein Gebietsintegral $\iint_S f\,dF$ als Grenzwert von Riemann-Summen berechnet, dann ist der Wert unabhängig von den speziellen Zerlegungen von S (→ §3.2). Bei der Zerlegung durch die kartesischen Koordinatenlinien entsteht einerseits $\iint_S f\,dF = \iint_S f(x,y)\,dxdy$ (→ §3.3). Andererseits führt die Zerlegung längs der neuen Koordinatenlinien auf $\iint_S f\,dF = \iint_D f\,|x_u y_v - x_v y_u|\,dudv$ (→ 4.4). Mit der *Funktional- oder* Jacobi*-Determinante*

$$\frac{\partial(x,y)}{\partial(u,v)} := \det\begin{pmatrix} x_u(u,v) & x_v(u,v) \\ y_u(u,v) & y_v(u,v) \end{pmatrix}$$

ergibt sich deshalb

Satz 4.1. Die Transformationsformel. *Entsteht der reguläre Bereich* $S \subseteq \mathbb{R}^2$ *unter der Koordinatentransformation* $x = x(u,v)$, $y = y(u,v)$ *aus* D, *dann gilt für jedes auf* S *stetige Skalarenfeld* f *die Transformationsformel*

$$\iint\limits_S f(x,y)\,dxdy = \iint\limits_D f(x(u,v),y(u,v))\left|\frac{\partial(x,y)}{\partial(u,v)}\right| dudv\,. \tag{13}$$

Die Integration durch Substitution (Transformationsformel):

In $\iint\limits_S f(x,y)\,dxdy$ ersetzt man

- die Variablen x, y durch die Funktion $x(u,v)$, $y(u,v)$,
- das Flächenelement $dxdy$ durch $\left|\frac{\partial(x,y)}{\partial(u,v)}\right| dudv$,
- den Integrationsbereich S durch den Parameterbereich D.

Zusatz. Wegen (4) darf man in (13) die Integrationsbereiche durch $S \setminus N$ bzw. $D \setminus M$ mit Nullmengen M, N (im Sinne von 4.1) ersetzen. Insbesondere bleibt (13) gültig für $\mathscr{C}^1$-Transformationen $\mathbf{x} : D \to S$, die nur auf $D \setminus M$ (mit einer

Nullmenge M) beide Regularitätsbedingngen erfüllen.

Sonderfälle.

① **Affine Koordinaten.**

$$x = au + bv + x_0\,,\ y = cu + dv + y_0 \quad \text{mit } ad - bc \neq 0\,, \quad dF = |ad - bc|dudv\,.$$

(14) $$\iint\limits_S f(x,y)dxdy = \iint\limits_D f(au + bv + x_0, cu + dv + y_0)|ad - bc|dudv\,.$$

② **Polarkoordinaten.**

$$x = r\cos\varphi\,,\ y = r\sin\varphi\,, \quad dF = rdrd\varphi\,.$$

(15) $$\iint\limits_S f(x,y)dxdy = \iint\limits_D f(r\cos\varphi, r\sin\varphi)\,rdrd\varphi\,.$$

③ **Elliptische Koordinaten.**

$$x = a\cosh u\cos v\,,$$

$$y = a\sinh u\sin v\,, \quad a > 0\,,$$

$$dF = a^2(\cosh^2 u - \cos^2 v)dudv\,.$$

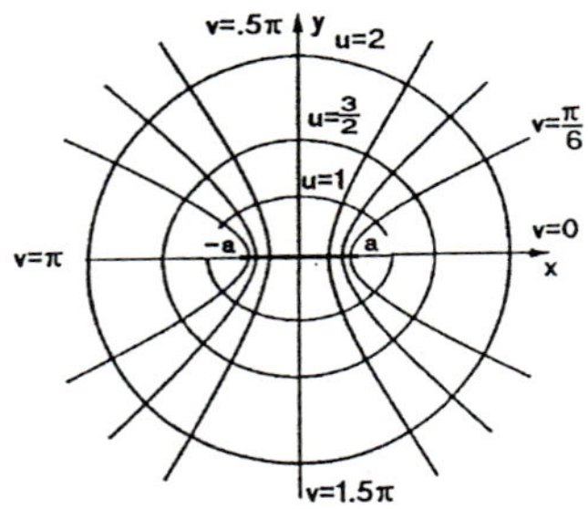

Abb. 241 – Elliptische Koordinaten

Beispiel 1. Ellipsenfläche. Unter der linearen Transformation $x = au$, $y = bv$, $a > 0$, $b > 0$ entsteht $E : \dfrac{x^2}{a^2} + \dfrac{y^2}{b^2} \le 1$ aus $K : u^2 + v^2 \le 1$. Also gilt (→ (14))

$$F(E) = \iint\limits_E dxdy = \iint\limits_K ab\,dudv = ab\pi\,. \qquad \square$$

Beispiel 2. Das Trägheitsmoment der homogenen Kreisscheibe $K : x^2 + y^2 \le 1$ bezüglich der y-Achse beträgt

$$M = \rho_0 \iint\limits_K x^2 dxdy\,.$$

In Polarkoordinaten $x = r\cos\varphi$, $y = r\sin\varphi$ wird $K\setminus\{0,0\}$ durch $D = \{\,(r,\varphi)\,;\ 0 < r \le 1,\ 0 < \varphi \le 2\pi\,\}$ dargestellt. Also gilt (→ (15))

$$M_2 = \rho_0 \iint\limits_D r^2\cos^2\varphi\, rdrd\varphi = \rho_0 \int_0^{2\pi} \cos^2\varphi d\varphi \int_0^1 r^3 dr = \rho_0 \frac{\pi}{4}\,. \qquad \square$$

Beispiel 3. Für die GAUSS- oder *Normalverteilung* $F(x) := \frac{1}{\sqrt{\pi}} \int_{-\infty}^{x} e^{-t^2} dt$ gilt $\lim_{x\to\infty} F(x) = 1$; d.h.

$$\int_{-\infty}^{\infty} e^{-x^2} dx = \sqrt{\pi} .$$

Beweis. Für $I(R) := \int_0^R e^{-x^2} dx$ gilt $\frac{1}{2} I = \lim_{R\to\infty} I(R)$ und

$$I(R)^2 = \int_0^R e^{-x^2} dx \int_0^R e^{-y^2} dy = \int_0^R \left(\int_0^R e^{-(x^2+y^2)} dx \right) dy = \iint_{Q(R)} e^{-(x^2+y^2)} dxdy$$

mit dem Quadrat $Q(R)$ (→ Abb. 242). Für die Viertelkreisflächen $K(R)$ und $K(\sqrt{2}R)$ (→ Abb. 242) gilt nach Transformation auf Polarkoordinaten

$$\iint_{K(R)} e^{-(x^2+y^2)} dxdy = \int_0^{\pi/2} \left(\int_0^R e^{-r^2} r dr \right) d\varphi = \frac{\pi}{4}(1 - e^{-R^2})$$

$$\iint_{K(\sqrt{2}R)} e^{-(x^2+y^2)} dxdy = \frac{\pi}{4}(1 - e^{-2R^2}) .$$

Also hat man

$$\frac{\pi}{4}(1 - e^{-R^2}) \le I(R)^2 \le \frac{\pi}{4}(1 - e^{-2R^2}) ,$$

und mit $R \to \infty$ folgt die Behauptung.

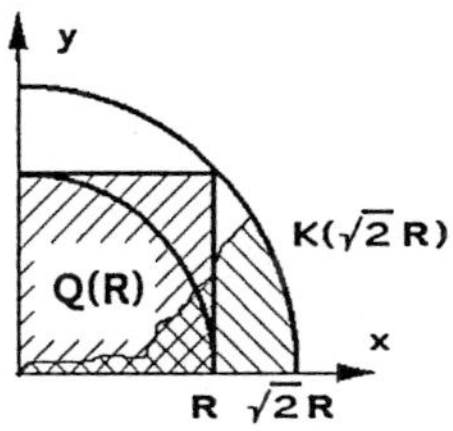

Abb. 242 – Integrationsbereich

□

Beispiel 4. Das polare Trägheitsmoment

$$T = \iint_S (x^2 + y^2) dxdy \quad (\rho = 1)$$

der in der Abb. 243 skizzierten Platte S wird mit der Transformation

$$\begin{aligned} x^2 - y^2 &= u \quad (1 \le u \le 9) \\ xy &= v \quad (2 \le v \le 4) \end{aligned}$$

auf „Hyperbelkoordinaten" bestimmt:

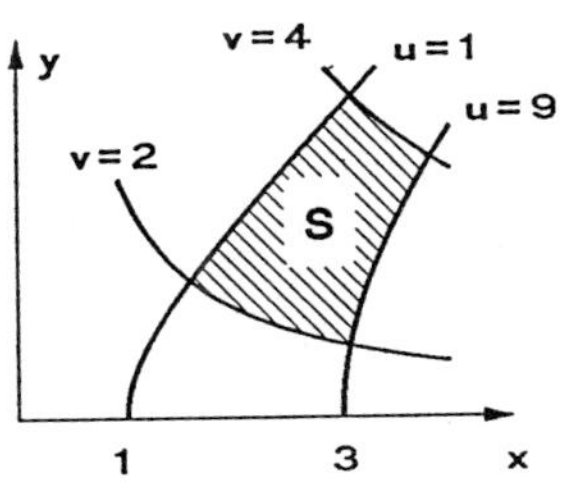

Abb. 243 – Platte

$$x = x(u,v) = \frac{1}{\sqrt{2}} \sqrt{u + \sqrt{u^2 + 4v^2}} ,$$

$$y = y(u,v) = \frac{1}{\sqrt{2}} \sqrt{-u + \sqrt{u^2 + 4v^2}}$$

mit $\dfrac{\partial(x,y)}{\partial(u,v)} = \dfrac{1}{2\sqrt{u^2+4v^2}}$. Aus der Transformationsformel (13) erhält man dann

$$T = \int_1^9 \left(\int_2^4 \sqrt{u^2+4v^2} \cdot \frac{1}{2\sqrt{u^2+4v^2}} dv \right) du = 8 \,. \qquad \square$$

4.6 Das Oberflächenintegral eines Vektorfeldes.

Definition. *Ist* S *ein durch die Parameterdarstellung* $\mathbf{x} : \mathbb{R}^2 \supseteq D \to \mathbb{R}^3$ *gegebenes reguläres Flächenstück mit der Normalenrichtung* $\mathbf{n} = \dfrac{1}{|\mathbf{x}_u \times \mathbf{x}_v|}\mathbf{x}_u \times \mathbf{x}_v$ *in jedem Flächenpunkt und* $\mathbf{v}$ *ein auf* S *stetiges Vektorfeld, dann nennt man das Flächenintegral der skalaren Normalkomponente* $\mathbf{v} \cdot \mathbf{n}$*, also*

$$\text{(16)} \qquad \boxed{\iint_S \mathbf{v} \cdot d\mathbf{O} := \iint_S (\mathbf{v} \cdot \mathbf{n}) dO = \iint_D [\mathbf{v}, \mathbf{x}_u, \mathbf{x}_v] du dv \,,}$$

den **Fluß** *von* $\mathbf{v}$ *durch* S.

Das Symbol $d\mathbf{O} = \mathbf{n} dO = \mathbf{x}_u \times \mathbf{x}_v du dv$ (→ (7)) heißt *vektorielles Flächenelement* von S. Der Integrand auf der rechten Seite ist das Spatprodukt $[\mathbf{v}, \mathbf{x}_u, \mathbf{x}_v] = \det \begin{pmatrix} v_1 & x_u & x_v \\ v_2 & y_u & y_v \\ v_3 & z_u & z_v \end{pmatrix}$. (→ (11) und Kap. 1, 5.4)

Physikalische Deutung. Für das Geschwindigkeitsfeld $\mathbf{v}$ einer stationären Flüssigkeitsströmung stellt das Spatprodukt

$$[\mathbf{v}, \mathbf{x}_u du, \mathbf{x}_v dv] = [\mathbf{v}, \mathbf{x}_u, \mathbf{x}_v] du dv$$

das Volumen der pro Zeiteinheit durch das Flächenelement dO strömenden Flüssigkeitsmenge dar. Also gibt der Fluß $\iint_S \mathbf{v} \cdot d\mathbf{O}$ das Gesamtvolumen der pro Zeiteinheit durch S zu der durch $\mathbf{n}$ ausgezeichneten Seite hindurchströmenden Flüssigkeitsmenge an.

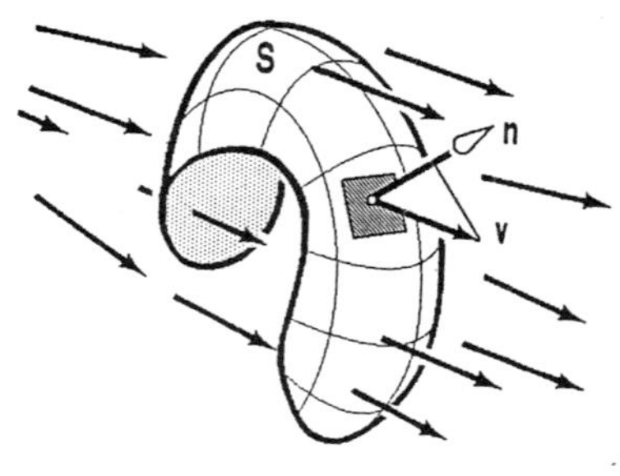

Abb. 244 – Fluß durch S

Man beachte: Wird der Fluß zur anderen „Flächenseite" gesucht, dann ist $\mathbf{n}$ durch $-\mathbf{n}$ zu ersetzen.

Sonderfall: Der Fluß des Vektorfeldes $\mathbf{v}$ durch den Graphen $z = h(x,y)$, $(x,y) \in D$, beträgt

$$\iint_S \mathbf{v} \cdot d\mathbf{O} = \iint_D \det \begin{pmatrix} v_1 & 1 & 0 \\ v_2 & 0 & 1 \\ v_3 & z_x & z_y \end{pmatrix} dxdy \tag{17}$$
$$= \iint_D (-v_1 z_x - v_2 z_y + v_3) dxdy$$

(mit $v_i := v_i(x,y,h(x,y))$ im Integranden, $i = 1,2,3$).

Beispiel 1. Der Fluß des elektrischen Feldes $\mathbf{E} = \frac{cq}{|\mathbf{x}|^3}\mathbf{x}$ einer Punktladung q im Ursprung durch die Sphäre $S : |\mathbf{x}| = R$ (von innen nach außen) beträgt wegen $\mathbf{E} \cdot \mathbf{n} = \frac{cq}{R^2}$ auf S

$$\iint_S (\mathbf{E} \cdot \mathbf{n}) dO = \iint_S \frac{cq}{R^2} dO = \frac{cq}{R^2} \iint_S dO = 4\pi cq \,. \qquad \square$$

Beispiel 2. Wir berechnen den Fluß $\iint_S \mathbf{v} \cdot d\mathbf{O}$ des Geschwindigkeitsfeldes

$$\mathbf{v}(x,y,z) = \begin{pmatrix} 2z \\ x+y \\ 0 \end{pmatrix}$$

a) durch das Flächenstück S der Ebene $x + 2y + 3z = 4$ im ersten Oktanten (zu der Seite hin, die den Nullpunkt nicht enthält),

b) durch die Sphäre $S : x^2 + y^2 + z^2 = r^2$ (von innen nach außen).

a): Über $D = \{ (x,y) \; ; 0 \le x \le 4, \; 0 \le y \le \frac{1}{2}(4-x) \}$ ist S der Graph von $z = \frac{1}{3}(4 - x - 2y)$. Mit (17) ergibt sich

$$\iint_S \mathbf{v} \cdot d\mathbf{O} = \int_0^4 \left(\int_0^{\frac{1}{2}(4-x)} \left(\frac{2}{9}(4 - x - 2y) + \frac{2}{3}(x+y) \right) dy \right) dx$$
$$= \int_0^4 \frac{1}{36}(80 + 8x - 7x^2) dx = \frac{176}{27} \,.$$

b): In der Parameterdarstellung (→ 4.2c)

$$\mathbf{x}(\psi,\varphi) = \begin{pmatrix} r \sin\psi \cos\varphi \\ r \sin\psi \sin\varphi \\ r \cos\psi \end{pmatrix}, \quad \begin{matrix} 0 \le \psi \le \pi \\ 0 \le \varphi \le 2\pi \end{matrix}, \quad \text{gilt} \quad \mathbf{n} = \begin{pmatrix} \sin\psi \cos\varphi \\ \sin\psi \sin\varphi \\ \cos\psi \end{pmatrix}.$$

Das Oberflächenelement ist $dO = r^2 \sin\psi d\psi d\varphi$, der Fluß beträgt daher

$$\iint_S (\mathbf{v}\cdot\mathbf{n})dO = \int_0^\pi \Big(\int_0^{2\pi} \begin{pmatrix} 2r\cos\psi \\ r\sin\psi(\sin\varphi+\cos\varphi) \\ 0 \end{pmatrix} \cdot \begin{pmatrix} \sin\psi\cos\varphi \\ \sin\psi\sin\varphi \\ \cos\psi \end{pmatrix} r^2 \sin\psi d\varphi\Big)d\psi$$
$$= \frac{4}{3}\pi r^3 . \qquad \square$$

4.7 Der Satz von Stokes. Der Satz von Green besitzt eine Verallgemeinerung für räumliche *zweiseitige Flächen*, bei denen man eindeutig von einer unteren und oberen (bzw. inneren und äußeren) Seite reden kann.
Ein reguläres Flächenstück $\mathbf{x} : \mathbb{R}^2 \supseteq D \to S$ ist stets zweiseitig. Wählt man das Vorzeichen für $\mathbf{n} = \pm\frac{1}{|\mathbf{x}_u \times \mathbf{x}_v|}\mathbf{x}_u \times \mathbf{x}_v$ einheitlich für alle Punkte auf S, so wird die *Oberseite* von S bestimmt: $\mathbf{n}$ im Flächenpunkt angetragen weist aus der Oberseite heraus. (→ Abb. 245).
Eine stückweise reguläre Fläche ist *zweiseitig* oder *orientierbar*, wenn sich die Oberseiten der Flächenstücke S_k so wählen lassen, daß sich der Umlaufsinn über die „Kanten" $S_k \cap S_j$ hinweg „stetig fortsetzt" (→ Abb. 245).
Das *Möbius-Band* ist nicht zweiseitig (→ Abb. 246).

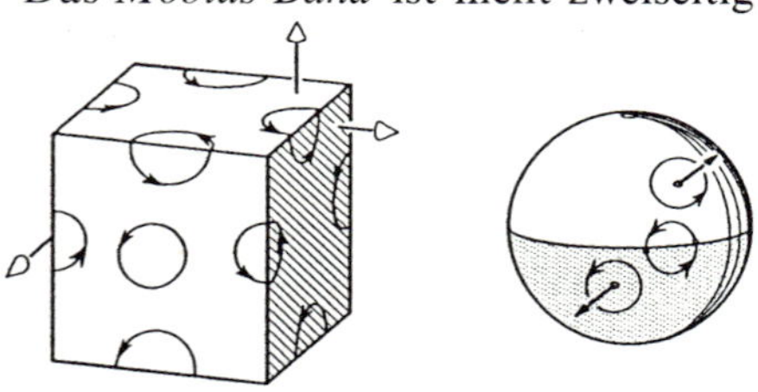

Abb. 245 – Zweiseitige Flächen

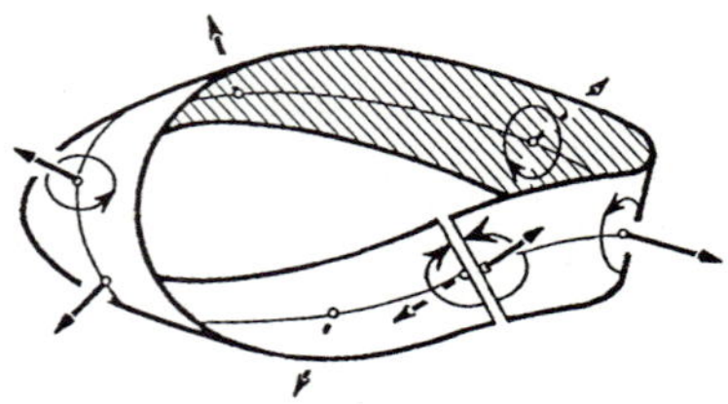

Abb. 246 – Möbius-Band

Das folgende bedeutende Ergebnis läßt sich über die Projektionen in die Koordinatenebenen auf den Satz von Green zurückführen (ohne Beweis).
Wir wählen eine für die Praxis ausreichende, anschauliche Sprechweise; die präzise Formulierung würde diesen Rahmen sprengen.

Satz 4.2. Satz von Stokes (1819–1903) *Sei S eine zweiseitige, stückweise reguläre Fläche mit überschneidungsfreier und geschlossener Randkurve ∂S, die so durchlaufen wird, daß S „links" liegt und der Umlaufsinn zusammen mit der Normalenrichtung $\mathbf{n}$ von S eine Rechtsschraubung ergibt* (→ Abb. 247). *Ferner sei $U \subseteq \mathbb{R}^3$ eine offene Menge, die S enthält. Dann gilt für alle $\mathscr{C}^1$-Vektorfelder $\mathbf{v} : U \to \mathbb{R}^3$*

$$(18) \qquad \oint_{\partial S} \mathbf{v}\cdot d\mathbf{x} = \iint_S (\operatorname{rot}\mathbf{v}\cdot\mathbf{n})dO .$$

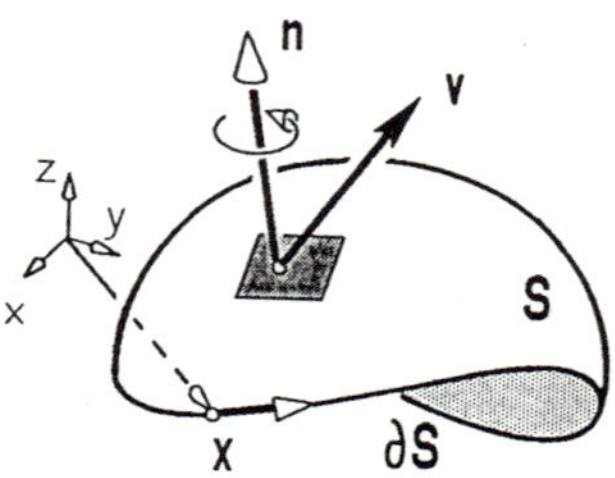

Abb. 247 – Satz von Stokes

Beispiel 1. Ist S ein ebener Bereich in der (x,y)-Ebene und $\mathbf{v}=(v_1,v_2,0)^T$ ein ebenes Vektorfeld, so folgt aus (18) der Satz von Green in der Ebene, da

$$\operatorname{rot}\mathbf{v}\cdot\mathbf{n}=\frac{\partial v_2}{\partial x}-\frac{\partial v_1}{\partial y}$$

mit $\mathbf{n}=(0,0,1)^T$. □

Beispiel 2. Sei $\mathbf{v}(x,y,z)=\begin{pmatrix}-y^3\\x^3\\-z^3\end{pmatrix}$ das Geschwindigkeitsfeld einer turbulenten Strömung im Zylinder $x^2+y^2=1$. Wir bestimmen die Zirkulation von $\mathbf{v}$ längs der Schnittkurve ∂S des Zylinders mit der Ebene $x+y+z=1$ bzgl. der in der Abb. 248 angegebenen Umlaufrichtung.

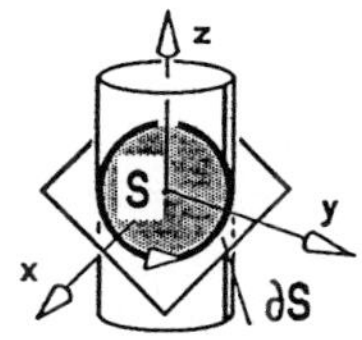

Abb. 248 – Zylinderströmung

1. Methode: Mit der Parameterdarstellung

$$t\mapsto\begin{pmatrix}\cos t\\ \sin t\\ 1-\sin t-\cos t\end{pmatrix},\quad 0\le t\le 2\pi,$$

von ∂S die Zirkulation $\oint_{\partial S}\mathbf{v}\cdot d\mathbf{x}$ gemäß (2.3) ausrechnen.

2. Methode: Mit der Integralformel

$$\oint_{\partial S}\mathbf{v}\cdot d\mathbf{x}=\iint_S(\operatorname{rot}\mathbf{v}\cdot\mathbf{n})dO,$$

der Parametrisierung $\mathbf{x}(x,y)=\begin{pmatrix}x\\y\\1-x-y\end{pmatrix}$, $(x,y)\in K$ (Einheitskreisscheibe), und $\operatorname{rot}\mathbf{v}=\nabla\times\mathbf{v}=(0,0,3(x^2+y^2))^T$. Der Normalenvektor $\mathbf{x}_x\times\mathbf{x}_y=(1,1,1)^T$ weist in die richtige Richtung. Also gilt (nach Übergang zu Polarkoordinaten)

$$\oint_{\partial S}\mathbf{v}\cdot d\mathbf{x}=\iint_K[\operatorname{rot}\mathbf{v},\mathbf{x}_x,\mathbf{x}_y]dxdy=3\iint_K(x^2+y^2)dxdy=\frac{3}{2}\pi\,.$$

□

Man beachte, daß in (18) die Fläche S durch jede andere in ∂S eingespannte Fläche (mit entsprechender „Oberseite") ersetzt werden kann:

$$\iint_{S_1}\operatorname{rot}\mathbf{v}\cdot d\mathbf{O}=\iint_{S_2}\operatorname{rot}\mathbf{v}\cdot d\mathbf{O}\,.$$

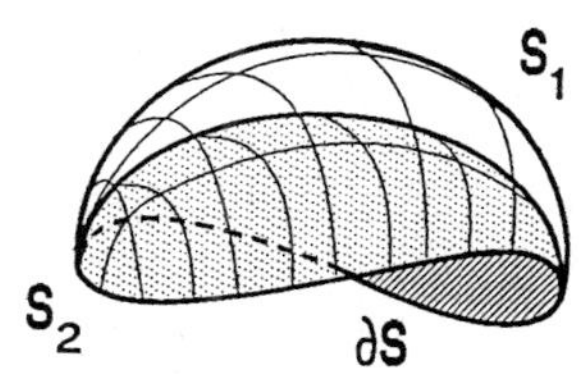

Abb. 249 – Gleicher Rand ∂S

Beispiel. Für die obere Hemisphäre $S : x^2 + y^2 + z^2 = 1, \; z \geq 0$ und die Einheitskreisscheibe K (Normalenrichtungen „nach oben“) ergibt sich mit dem Vektorfeld $\mathbf{v} = (x, x+y, x+y+z)^T$:

$$\iint_S (\operatorname{rot} \mathbf{v} \cdot \mathbf{n}) dO = \iint_K (\operatorname{rot} \mathbf{v} \cdot \mathbf{e}_3) dx dy = \iint_K \begin{pmatrix} 1 \\ -1 \\ 1 \end{pmatrix} \cdot \begin{pmatrix} 0 \\ 0 \\ 1 \end{pmatrix} dx dy = \pi \,. \quad \square$$

Die vordergründige Bedeutung von (18) ist, daß sich die schwierige Berechnung einer Zirkulation $\oint_{\partial S} \mathbf{v} \cdot d\mathbf{x}$ möglicherweise auf ein einfacheres Flächenintegral zurückführen läßt oder umgekehrt. Der wahre Nutzen der Formel zeigt sich aber erst in den theoretischen Anwendungen, insbesondere in der Hydrodynamik und der Elektrizitätslehre (→ 5.5).

Koordinatenunabhängige Interpretation der Rotation: Mit dem Integralsatz von Stokes erhält man für jedes $\mathscr{C}^1$-Vektorfeld $\mathbf{v}$:

Sei S ein reguläres Flächenstück im Definitionsbereich von $\mathbf{v}$, $\mathbf{x}$ ein Flächenpunkt und ∂S_r die Randkurve der Fläche S_r, die von einer Kugel um $\mathbf{x}$ mit Radius r aus S ausgeschnitten wird (mit entsprechender Orientierung). Nach (18) und dem Mittelwertsatz für Flächenintegrale gilt

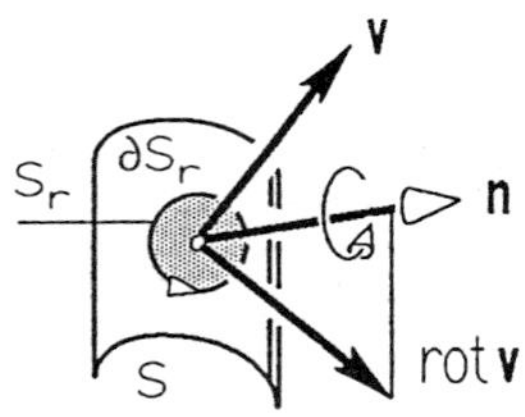

Abb. 250 – Deutung von rot **v**

$$\oint_{\partial S_r} \mathbf{v} \cdot d\mathbf{x} = \iint_{S_r} (\operatorname{rot} \mathbf{v} \cdot \mathbf{n}) dO = (\operatorname{rot} \mathbf{v} \cdot \mathbf{n})(\tilde{\mathbf{x}}) \cdot O(S_r)$$

mit einem Punkt $\tilde{\mathbf{x}}$ auf S_r und der Oberfläche $O(S_r)$. Also gilt

$$(\operatorname{rot} \mathbf{v} \cdot \mathbf{n})(\mathbf{x}) = \lim_{r \to 0} \frac{1}{O(S_r)} \oint_{\partial S_r} \mathbf{v} \cdot d\mathbf{x} \,.$$

Auf der rechten Seite steht die „Zirkulation pro Flächeneinheit“ auf S in Form eines Differentialquotienten. Diese Größe heißt *Wirbelstärke von* $\mathbf{v}$ *um* $\mathbf{n}$:

> $(\operatorname{rot} \mathbf{v} \cdot \mathbf{n})(\mathbf{x})$ *gibt im Punkt* $\mathbf{x}$ *die Zirkulation des Vektorfeldes* $\mathbf{v}$ *pro Flächeneinheit an, für jedes reguläre Flächenstück senkrecht zu* $\mathbf{n}$.

Die Wirbelstärke (der Rotationseffekt) ist am größten, wenn $\mathbf{n}$ in Richtung $\operatorname{rot} \mathbf{v}$ zeigt.

Aufgaben

1. Das Paraboloid P hat die Parameterdarstellung

$$\mathbf{x}(u,v) = \frac{1}{2}\begin{pmatrix} u+v \\ u-v \\ 2uv \end{pmatrix}, \quad (u,v) \in \mathbb{R}^2 .$$

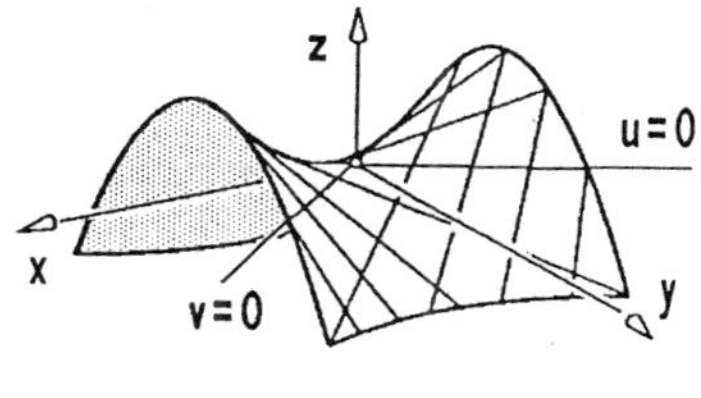

a) Man berechne $\mathbf{x}_u$, $\mathbf{x}_v$, $\mathbf{x}_u \times \mathbf{x}_v$ und damit die metrischen Fundamentalgrößen E, F und G. Welche Raumkurven werden durch $u = const.$ und $v = const.$ dargestellt? In welchen Punkten von P schneiden sich u- und v-Linien senkrecht?

b) Welche Bogenlänge hat die Kurve C auf P mit der Parameterdarstellung

$$u = 2t, \quad v = 3t, \quad 0 \le t \le 1 \;?$$

c) Welchen Oberflächeninhalt hat das Flächenstück auf P mit $x^2 + y^2 \le 4$?

2. Der Membranmantel eines *Kühlturms* hat die Form eines *einschaligen Rotationshyperboloids*: Das Hyperbelstück

$$\frac{x^2}{37^2} - \frac{z^2}{67^2} = 1, -114 \le z \le 32, \; x > 0,$$

wird um die z-Achse gedreht. Wie groß ist die Oberfläche (Längeneinheit m)?

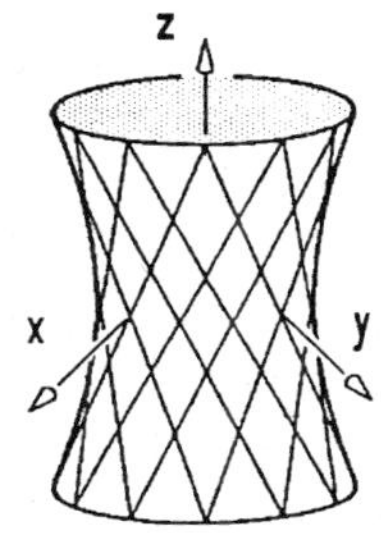

3. Die Kuppel der Reaktorstation in Garching hat die Form eines halben Rotationsellipsoids (in m)

$$\frac{x^2}{15^2} + \frac{y^2}{15^2} + \frac{z^2}{30^2} = 1, \quad z \ge 0 .$$

Welchen Flächeninhalt hat das Blechdach? *Hilfe*: Man verwende als Flächenparameter Polarkoordinaten r, φ in der (x, y)-Ebene.

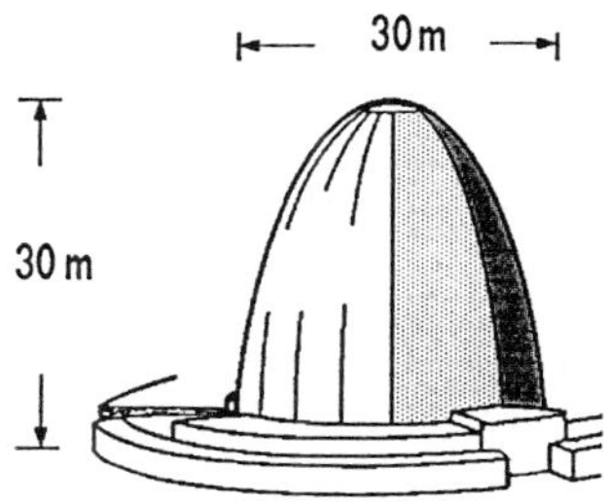

4. Wie groß ist die Oberfläche des Durchdringungskörpers der beiden Zylinder $x^2+y^2 = 1$ und $x^2 + z^2 = 1$?

5. MERCATOR-Projektion der Sphäre.
Die Sphäre ohne Nord- und Südpol besitzt die Parametrisierung

$$\mathbf{x}(u,v) = \frac{1}{\cosh v}\begin{pmatrix} \cos u \\ \sin u \\ \sinh v \end{pmatrix}, \quad \begin{matrix} -\pi \le u < \pi \\ v \in \mathbb{R} \end{matrix} .$$

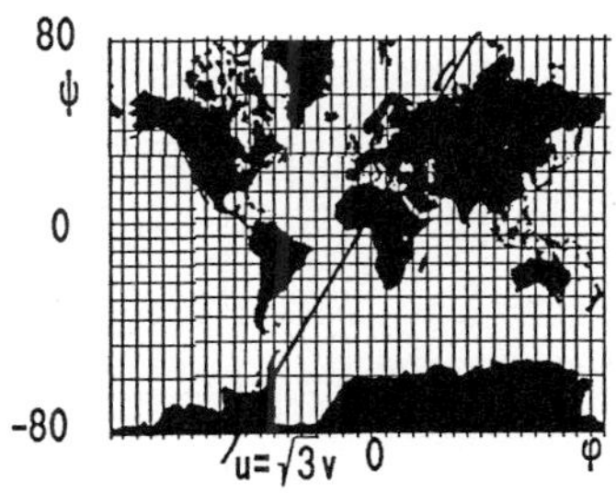

a) Man stelle u und v durch die geographische Länge und Breite der Sphäre dar, d.h. durch φ und $\frac{\pi}{2} - \psi$ in Kugelkoordinaten.

b) Man berechne $\mathbf{x}_u$, $\mathbf{x}_v$ und zeige, daß $(u,v) \mapsto \mathbf{x}(u,v)$ *winkeltreu* ist, d.h. $E = G$ und $F = 0$.
Die Winkel in der (u,v)-Karte stimmen mit den Winkeln auf der Sphäre überein.

c) Die Kurve ℓ auf der Sphäre, die durch den Punkt $\mathbf{x} = (1,0,0)$ geht und jeden Meridian unter 60° schneidet, hat in der (u,v)-Karte die Gleichung

$$u = \sqrt{3}\,v \ , \quad -\infty < v < \infty \ .$$

Wie oft trifft ℓ auf den Nullmeridian? Berechne die Bogenlänge von ℓ (*Kugel-Loxodrome*).

d) Man drücke das Integral für die Kugeloberfläche in dieser Parameterdarstellung aus.

6. Projiziert man die Sphäre $S : x^2 + y^2 + z^2 = R^2$ von der z-Achse aus horizontal auf den berührenden Zylinder $Z : x^2 + y^2 = R^2$, so erhält man die LAMBERT-Parametrisierung der Sphäre

$$\text{(L)} \qquad \mathbf{x} = \begin{pmatrix} \sqrt{R^2 - v^2}\cos\dfrac{u}{R} \\ \sqrt{R^2 - v^2}\sin\dfrac{u}{R} \\ v \end{pmatrix} , \qquad 0 \le u < 2R\pi \ , \ -R \le v \le R \ .$$

a) Man berechne $\mathbf{x}_u$, $\mathbf{x}_v$, $\mathbf{x}_u \times \mathbf{x}_v$. In welchen Punkten von S ist die Darstellung regulär?

b) Man bestätige, daß die Parametrisierung flächentreu ist, d.h. in jedem regulären Punkt gilt $|\mathbf{x}_u \times \mathbf{x}_v| = 1$, und berechne damit die Kugeloberfläche.

c) Man setze $R = 1$ und in (L) der Reihe nach $y = 0$; $z = 0$; $x = y$; $x = z$. Die vier resultierenden (u,v)-Gleichungen bestimmen den Rand des Parameterbereiches U in der (u,v)-Ebene, der das skizzierte Flächenstück B auf S bestimmt. Man skizziere U und berechne damit den Flächeninhalt von B .

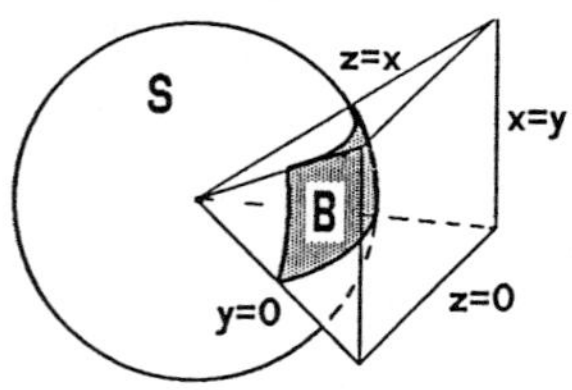

7. Welchen Flächeninhalt hat das *Viviani-Fenster* $S_1 \cup S_2$:

$$S_1 : x^2 + y^2 + z^2 = 1 \ ; \quad x \ge 0 \ ; \quad x^2 + y^2 \ge x \ ;$$

$$S_2 : x^2 + y^2 = x \ ; \quad |z| \le 1 \ ; \quad x^2 + y^2 + z^2 \ge 1 \ ?$$

Vergleiche mit dem Flächeninhalt der Halbsphäre und des Zylinders.
(Hilfe: S_1 : Lambert-Koordinaten; S_2 : Zylinderkoordinaten.)

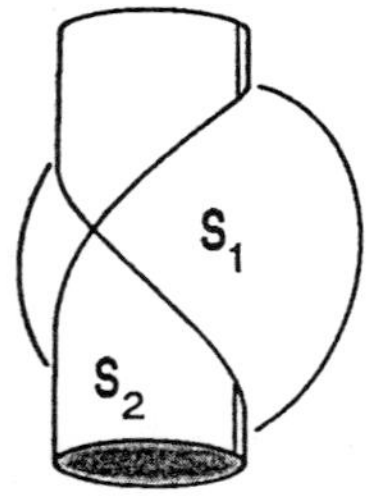

8. BEZIER-Flächenstücke.
Beim rechnerischen Entwurf (CAD) einer Autokarosserie setzt man die Blechhaut näherungsweise aus Flächenstücken S zusammen, die jeweils durch 16 Punkte $\mathbf{r}_{kj}$, $0 \le j,k \le 3$ über die Formel

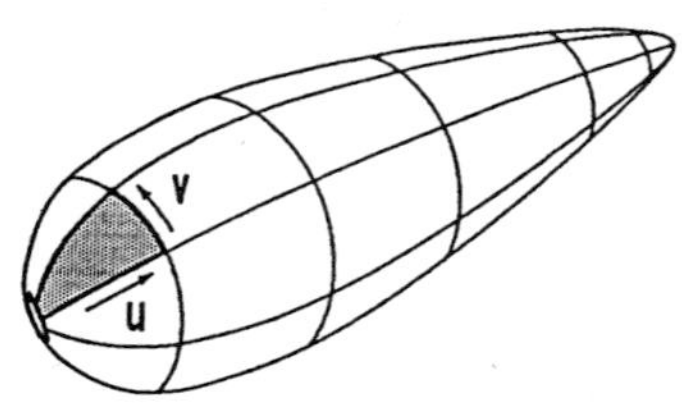

$$\mathbf{x} = \sum_{j=0}^{3}\sum_{k=0}^{3} \mathbf{r}_{kj} \binom{3}{j}\binom{3}{k} u^j(1-u)^{3-j}v^k(1-v)^{3-k} , \quad 0 \le u, v \le 1 ,$$

bestimmt sind (*bikubische Splines*).
Man bestätige:

a) $\mathbf{r}_{00}$, $\mathbf{r}_{03}$, $\mathbf{r}_{30}$, $\mathbf{r}_{33}$ liegen auf S.

b) Für die Flächennormale in $\mathbf{r}_{00}$ gilt:

$$\mathbf{x}_u \times \mathbf{x}_v = 9 \cdot (\mathbf{r}_{10} - \mathbf{r}_{00}) \times (\mathbf{r}_{01} - \mathbf{r}_{00}) .$$

c) Für die gemischte partielle Ableitung gilt

$$\mathbf{x}_{uv}(0,0) = 9(\mathbf{r}_{00} - \mathbf{r}_{01} - \mathbf{r}_{10} + \mathbf{r}_{11}) .$$

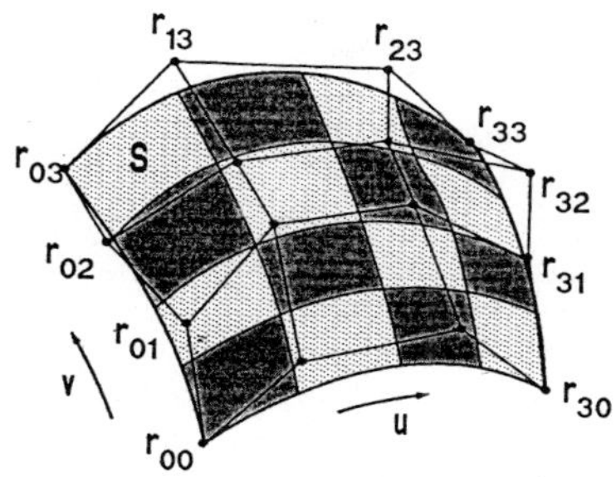

9. Gegeben ist die Fläche

$$S \ : \ z = 8 - \sqrt{x^2+y^2}^{\,3} \ ; \quad x^2 + y^2 \le 4 .$$

Das Vektorfeld $\mathbf{v}$ lautet in kartesischen Koordinaten $\mathbf{v} = (y^3, 0, 0)^T$.

a) Man skizziere S.

b) Mit dem Satz von STOKES berechne man mit einer zur z-Achse weisenden Normale $\mathbf{n}$

$$\iint_S \operatorname{rot} \mathbf{v} \cdot \mathbf{n} \, dO .$$

11. Eine Parkhausauffahrt hat die Gestalt eines Wendelflächenstücks:

$$\mathbf{x}(t) = (r\cos t, r\sin t, t)^T, \ 5m \le r \le 9m, \ 0 \le t \le 2\pi .$$

Man berechne den Flächeninhalt und vergleiche ihn mit dem Inhalt des Kreisringes, der den Grundriß der Fläche bestimmt.

12. Gegeben ist das *Möbius-Band* M

$$\mathbf{x}(u,v) = \begin{pmatrix} (2+u\cos v)\cos 2v \\ (2+u\cos v)\sin 2v \\ u \sin v \end{pmatrix} , \quad \begin{matrix} 0 \le u \le 1 \\ 0 \le v < 2\pi \end{matrix} ,$$

und das Vektorfeld des magnetischen Wirbels (→ Kap. 7, 4.1)

$$\mathbf{v} = (\frac{-y}{x^2+y^2}, \frac{x}{x^2+y^2}, 0)^T , \quad x^2 + y^2 > 0 .$$

Man berechne

a) $\displaystyle\iint_M \operatorname{rot} \mathbf{v} \cdot d\mathbf{O} = \iint_M [\operatorname{rot} \mathbf{v}, \mathbf{x}_u, \mathbf{x}_v] du dv ,$

b) $\displaystyle\int_{\partial M} \mathbf{v} \cdot d\mathbf{x}$ für die durch $\mathbf{v}$ bestimmte Richtung auf ∂M. Warum ist (18) nicht anwendbar?

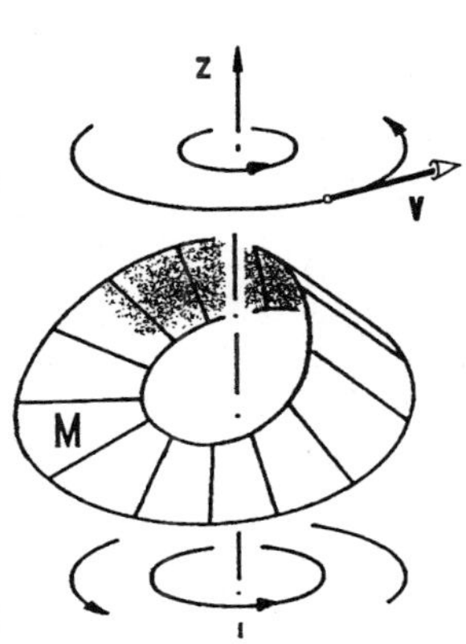

§5. Die Integration über dreidimensionale Bereiche

5.1 Definition und einfache Eigenschaften des Dreifachintegrals. Die Ideen und Methoden aus §3 werden nun auf die Behandlung entsprechender räumlicher Probleme übertragen.

ⓐ **Das Volumen.** Der (x, y, z)-Raum wird durch die zu den Koordinatenebenen parallelen Ebenen

$$x = n \cdot 2^{-k}, \quad y = n \cdot 2^{-k}, \quad z = n \cdot 2^{-k} \qquad (n = 0, 1, 2, \ldots)$$

in Würfel mit dem Volumen 2^{-3k} zerlegt. Für eine beschränkte Menge $M \subseteq \mathbb{R}^3$ bezeichne $s_k(M)$ bzw. $S_k(M)$ das Gesamtvolumen aller ganz in M enthaltenen Würfel, bzw. aller Würfel, die mit M wenigstens einen Punkt gemeinsam haben. Man nennt M *Riemann-meßbar* (im $\mathbb{R}^3$) und $V(M)$ das *Volumen* (oder den Inhalt) von M, wenn $V(M) = \lim\limits_{k\to\infty} s_k(M) = \lim\limits_{k\to\infty} S_k(M)$.

Besteht eine Menge $N \subseteq \mathbb{R}^3$ nur aus jeweils endlich vielen Punkten, regulären Kurvenstücken und regulären Flächenstücken, so bezeichnet man sie wegen $V(N) = 0$ als (dreidimensionale) Nullmenge. Für jede meßbare Menge $M \subseteq \mathbb{R}^3$ mit Volumen $V(M)$ und jede Nullmenge N gilt

$$(1) \qquad V(M) = V(M \cup N) = V(M \setminus N).$$

Völlig ausreichend für die Anwendung ist die Beschränkung auf *reguläre Bereiche* $B \subseteq \mathbb{R}^3$ mit den Eigenschaften:

1. Der Rand ∂B (die „Oberfläche“ von B) besteht aus endlich vielen stückweise regulären Flächen.
2. $B \setminus \partial B$ (das „Innere“ von B) ist ein nicht leeres, beschränktes Gebiet im $\mathbb{R}^3$ (offen und zusammenhängend).
3. B ist abgeschlossen, d.h. $\partial B \subseteq B$.

Es läßt sich zeigen (ohne Beweis):

> Jeder reguläre Bereich $B \subseteq \mathbb{R}^3$ ist Riemann-meßbar mit einem Volumen $V(B) \neq 0$.

ⓑ **Das Volumenintegral.** $B \subseteq \mathbb{R}^3$ sei ein regulärer räumlicher Bereich und f ein auf B stetiges Skalarenfeld (eine Belegungsfunktion). Zur Berechnung der „Gesamtbelegung“ von B wird der Bereich durch reguläre Schnittflächen in reguläre Teilbereiche $B_1, \ldots, B_n$ mit den jeweiligen Volumen $\Delta V_1, \ldots, \Delta V_n$ zerlegt. Für jedes $i = 1, 2, \ldots, n$ wird die Belegung von V_i durch $f(x_i, y_i, z_i)\Delta V_i$ (mit beliebigem

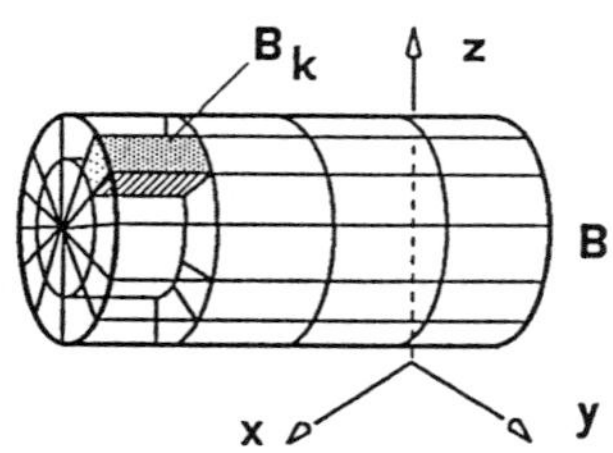

Abb. 251 – Bereichzerlegung

Punkt $(x_i, y_i, z_i) \in V_i$) approximiert, die Gesamtbelegung durch die Riemann-Summe $Z_n = \sum_{i=1}^{n} f(x_i, y_i, z_i)\Delta V_i$.

Da B regulär ist und f stetig, läßt sich zeigen, daß die Riemann-Summen bei stets feiner werdender Unterteilung gegen einen festen Grenzwert konvergieren, sofern der maximale Durchmesser δ_{max} der Teilbereiche dabei gegen Null geht. Außerdem ist der Grenzwert unabhängig von der speziellen Form der Schnitte. Der Grenzwert

$$\iiint_B f\,dV := \lim_{\substack{n\to\infty \\ \delta_{max}\to 0}} \sum_{i=1}^{n} f(x_i, y_i, z_i)\Delta V_i$$

heißt *Dreifachintegral* oder *Volumenintegral* von f über B. Das Symbol dV heißt *Volumenelement*.

Für das Volumenintegral gelten die üblichen Rechenregeln: Linearität, Monotonie, Additivität und der Mittelwertsatz (→ 3.2).

Bildet man die Riemann-Summen bezüglich Schnittebenen parallel zu den drei Koordinatenebenen, dann bezeichnet man das Volumenintegral mit

$$\iiint_B f\,dxdydz \quad \text{oder} \quad \iiint_B f(x, y, z)dxdydz$$

und man sagt, $dV = dxdydz$ sei die Darstellung des Volumenelements bezüglich kartesischer Koordinaten.

Läßt sich B als Abschnitt eines geraden Zylinders darstellen mit dem regulären Bereich D der (x, y)-Ebene als Querschnitt, unten und oben begrenzt von den Graphen $z = g(x, y)$ bzw. $z = h(x, y)$, d.h. $B = \{(x, y, z)\ ;\ (x, y) \in D,\ g(x, y) \leq z \leq h(x, y)\}$ ($D \subseteq \mathbb{R}^2$ regulär, g, h $\mathscr{C}^1$-Funktionen) und faßt man in der Riemann-Summe die Summanden so zusammen, daß „säulenförmig" zuerst über alle in z-Richtung übereinander liegenden Teilbereiche summiert wird, so erhält man die Darstellung über ein Doppelintegral:

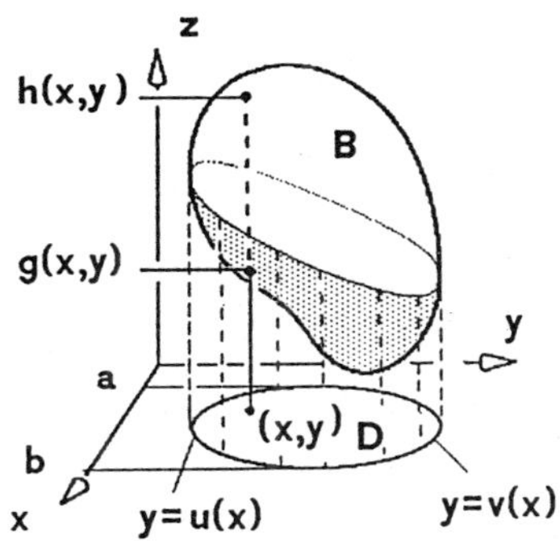

Abb. 252 – Säulenintegral

$$(2) \qquad \iiint_B f\,dxdydz = \iint_D \left(\int_{g(x,y)}^{h(x,y)} f(x, y, z)dz \right) dxdy\,.$$

Analoge Formeln erhält man für Zylinderabschnitte „über" den anderen Koordinatenebenen. Ist zusätzlich D ein ebener Normalbereich, etwa

$$B = \{(x, y, z)\ ;\ a \leq x \leq b,\ u(x) \leq y \leq v(x),\ g(x, y) \leq z \leq h(x, y)\}\,,$$

dann folgt aus (2) und §3, (11)

$$\iiint_B f\,dxdydz = \int_a^b \Big(\int_{u(x)}^{v(x)} \Big(\int_{g(x,y)}^{h(x,y)} f(x,y,z)dz\Big)dy\Big)dx \;. \tag{3}$$

Für den Sonderfall des Quaders

$$B = \{ (x,y,z) \;;\; x_0 \le x \le x_1 \,,\; y_0 \le y \le y_1 \,,\; z_0 \le z \le z_1 \}$$

ergibt sich der Satz von FUBINI: Die Integrationsreihenfolge ist beliebig, d.h.

$$\begin{aligned} \iiint_B f\,dxdydz &= \int_{x_0}^{x_1} \left(\int_{y_0}^{y_1} \left(\int_{z_0}^{z_1} f(x,y,z)dz \right) dy \right) dx \\ &= \int_{z_0}^{z_1} \left(\int_{x_0}^{x_1} \left(\int_{y_0}^{y_1} f(x,y,z)dy \right) dx \right) dz = \cdots \;. \end{aligned} \tag{4}$$

5.2 Einfache Anwendungsbeispiele des Volumenintegrals ergeben sich aus den der Definition vorausgehenden Bemerkungen.

① **Volumen.** Das Volumen eines regulären räumlichen Bereiches $B \subseteq \mathbb{R}^3$ beträgt

$$V(B) = \iiint_B dV \;. \tag{5}$$

Speziell:

$$V(B) = \iint_D (h(x,y) - g(x,y))dxdy$$

für den oben durch $z = h(x,y)$ und unten durch $z = g(x,y)$ begrenzten Abschnitt des geraden Zylinders mit Querschnitt D (→ §3(6)).

② **Masse, Momente, Schwerpunkt.**

ⓐ **Masse**: $M = \iiint_B \rho dV$, Massendichte ρ .

ⓑ ***k*-te Momente**: $M_{yz,k} = \iiint_B x^k \rho(x,y,z)dV$; $M_{zx,k}$, $M_{xy,k}$ analog.

ⓒ **Axiales Trägheitsmoment**: $T = \iiint_B r^2 \rho dV$ mit dem Achsenabstand $r(x,y,z)$ des Punktes $(x,y,z) \in B$.

ⓓ **Der Schwerpunkt** (Massenmittelpunkt) von B (variable Massendichte ρ): $x_S = \frac{1}{M} M_{yz,1}$; $y_S = \frac{1}{M} M_{zx,1}$; $z_S = \frac{1}{M} M_{xy,1}$. Der *geometrische Schwerpunkt* wird ebenso mit $\rho \equiv 1$ bestimmt.

(e) **Gesamtbelegung** $Q = \iiint_B q(x,y,z)dV$ bei spezifischer (auf die Volumeneinheit bezogener) Belegung q (etwa elektrische Ladung, Wärme, etc.).

Beispiel 1. Das axiale Trägheitsmoment des Würfels $-1 \leq x,y,z \leq 1$ um die z-Achse lautet

$$I = \int_{-1}^{1}\int_{-1}^{1}\int_{-1}^{1}(x^2+y^2)dxdydz = \int_{z=-1}^{1}\left(\int_{y=-1}^{1}(\tfrac{2}{3}+2y^2)dy\right)dz = \frac{16}{3}\,. \qquad \square$$

Beispiel 2. Der Bereich B, der von dem Ellipsoid $\frac{x^2}{a^2}+\frac{y^2}{b^2}+\frac{z^2}{c^2}=1$ und dem Kegel $\frac{x^2}{a^2}+\frac{y^2}{b^2}=\frac{z^2}{c^2}$ berandet wird und in $z \geq 0$ liegt, ist darstellbar in der Form

$$\sqrt{\frac{x^2}{a^2}+\frac{y^2}{b^2}} \leq \frac{z}{c} \leq \sqrt{1-\frac{x^2}{a^2}-\frac{y^2}{b^2}}$$

mit (x,y) aus dem Normalbereich $\frac{x^2}{a^2}+\frac{y^2}{b^2} \leq \frac{1}{2}$ (der Kegel und das Ellipsoid schneiden sich längs der Ellipse $\frac{x^2}{a^2}+\frac{y^2}{b^2}=\frac{1}{2}$). Damit ergibt sich für das Volumen von B

$$V(B) = \iiint_B dxdydz = \iint_{\frac{x^2}{a^2}+\frac{y^2}{b^2}\leq\frac{1}{2}}\left(\int_{c\sqrt{\frac{x^2}{a^2}+\frac{y^2}{b^2}}}^{c\sqrt{1-\frac{x^2}{a^2}-\frac{y^2}{b^2}}} 1dz\right)dxdy\,.$$

Nach Übergang zu elliptischen Koordinaten $x = \rho a\cos\varphi$, $y = \rho b\sin\varphi$, $0 \leq \rho \leq \frac{1}{\sqrt{2}}$, $0 \leq \varphi \leq 2\pi$:

$$V(B) = \int_{\varphi=0}^{2\pi}\int_{\rho=0}^{1/\sqrt{2}}\Big(\int_{c\rho}^{c\sqrt{1-\rho^2}} 1dz\Big)ab\rho d\rho d\varphi$$

$$= 2\pi abc\int_{\rho=0}^{1/\sqrt{2}}(\rho\sqrt{1-\rho^2}-\rho^2)d\rho = \frac{1}{3}\pi abc(2-\sqrt{2})\,.$$

Für die z-Koordinate des geometrischen Schwerpunkts erhält man (unabhängig von a und b)

$$\bar{z} = \frac{1}{V(B)}\iiint_B zdxdydz = \frac{6+3\sqrt{2}}{16}c\,. \qquad \square$$

5.3 Die Transformationsformel für Volumenintegrale. Sei $B \subseteq \mathbb{R}^3$ ein dreidimensionaler regulärer Bereich. Unter einer *Koordinatentransformation* auf B verstehen wir eine $\mathscr{C}^1$-Abbildung $(u,v,w)^T \mapsto \mathbf{x}(u,v,w) = \begin{pmatrix} x(u,v,w) \\ y(u,v,w) \\ z(u,v,w) \end{pmatrix}$ eines regulären Bereiches U des (u,v,w)-Raumes auf B mit den Eigenschaften

1. Für beliebige Punkte $(u,v,w) \neq (u',v',w')$ aus U ist stets $\mathbf{x}(u,v,w) \neq \mathbf{x}(u',v',w')$.
2. Für alle $(u,v,w) \in U$ sind die Vektoren $\mathbf{x}_u(u,v,w)$, $\mathbf{x}_v(u,v,w)$, $\mathbf{x}_w(u,v,w)$ linear unabhängig.

Zu festem $u = u_0$ stellt $(v,w) \mapsto \mathbf{x}(u_0,v,w)$ die *Koordinatenfläche* $u = u_0$ dar; ebenso sind die anderen Koordinatenflächen $v = v_0$, $w = w_0$ erklärt. Der von „benachbarten" Koordinatenflächen ausgeschnittene Bereich, also das Bild des Quaders $u_0 \leq u \leq u_0 + \Delta u$, $v_0 \leq v \leq v_0 + \Delta v$, $w_0 \leq w \leq w_0 + \Delta w$, wird mittels linearer Approximation angenähert durch einen Spat dargestellt, der von den drei im Punkt $\mathbf{x}(u_0,v_0,w_0)$ angetragenen Vektoren $\mathbf{x}_u(u_0,v_0,w_0)\Delta u$, $\mathbf{x}_v(u_0,v_0,w_0)\Delta v$, $\mathbf{x}_w(u_0,v_0,w_0)\Delta w$ aufgespannt wird. Das Volumen dieses Spats beträgt

$$\Delta V = |[\mathbf{x}_u, \mathbf{x}_v, \mathbf{x}_w]|\Delta u \Delta v \Delta w = \left|\frac{\partial(x,y,z)}{\partial(u,v,w)}\right| \Delta u \Delta v \Delta w$$

mit der Jacobi-*Determinante* (oder *Funktionaldeterminante*)

$$\boxed{\frac{\partial(x,y,z)}{\partial(u,v,w)} := \det \begin{pmatrix} x_u & x_v & x_w \\ y_u & y_v & y_w \\ z_u & z_v & z_w \end{pmatrix}.}$$

Analog wie im ebenen Fall beweist man

Satz 5.1. Die Transformationsformel für Volumenintegrale. *Entsteht der reguläre Bereich $B \subseteq \mathbb{R}^3$ unter der Koordinatentransformation $x = x(u,v,w)$, $y = y(u,v,w)$, $z = z(u,v,w)$ aus dem regulären Bereich $U \subseteq \mathbb{R}^3$, dann gilt für jedes auf B stetige Skalarenfeld f die Transformationsformel*

$$\text{(6)} \quad \iiint\limits_B f(x,y,z)\,dxdydz = \iiint\limits_U f(x(u,v,w), y(u,v,w), z(u,v,w)) \left|\frac{\partial(x,y,z)}{\partial(u,v,w)}\right| dudvdw\,.$$

Man nennt

$$dV = \left|\frac{\partial(x,y,z)}{\partial(u,v,w)}\right| dudvdw$$

das *Volumenelement* in B bezüglich der (u,v,w)-Koordinaten.

Zusatz. Wegen $\iiint_B f\,dV = \iiint_{B\setminus N} f\,dV$ für jede (dreidimensionale) Nullmenge N gilt die Formel (6) auch für Transformationen, welche obige „Regularitätsbedingungen“ 1. und 2. nur auf Bereichen der Form $U \setminus M$ mit Nullmengen M erfüllen.

Sonderfälle.

① **Affine Koordinaten.**
$\mathbf{x} = A\mathbf{u} + \mathbf{x}_0$, $A \in \mathbb{R}^{3\times 3}$ mit $\det A \neq 0$. $dV = |\det A|dudvdw$.

$$\iiint\limits_B f(\mathbf{x})dxdydz = \iiint\limits_U f(A\mathbf{u} + \mathbf{x}_0)|\det A|dudvdw\,.$$

② **Zylinderkoordinaten.**
$x = r\cos\varphi$, $y = r\sin\varphi$, $z = z$,
$dV = rdrd\varphi dz$.

$$\iiint\limits_B f\,dxdydz =$$

$$= \iiint\limits_U f(r\cos\varphi, r\sin\varphi, z)rdrd\varphi dz\,.$$

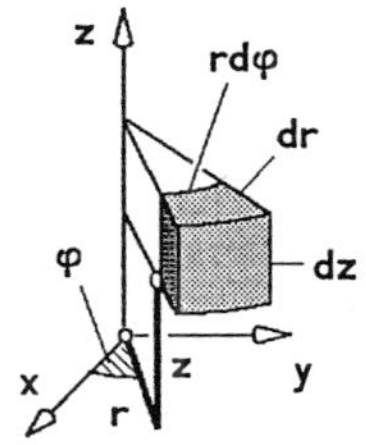

Abb. 253 – Zylinderkoordinaten

③ **Kugelkoordinaten.**
$x = r\sin\psi\cos\varphi$,
$y = r\sin\psi\sin\varphi$,
$z = r\cos\psi$ (→ 4.2).
$dV = r^2\sin\psi drd\psi d\varphi$.

$$\iiint\limits_B f\,dxdydz =$$

$$\iiint\limits_U \tilde{f}(r,\psi,\varphi)r^2\sin\psi drd\psi d\varphi$$

mit
$\tilde{f}(r,\psi,\varphi) = f(r\sin\psi\cos\varphi, r\sin\psi\sin\varphi, r\cos\psi)$.

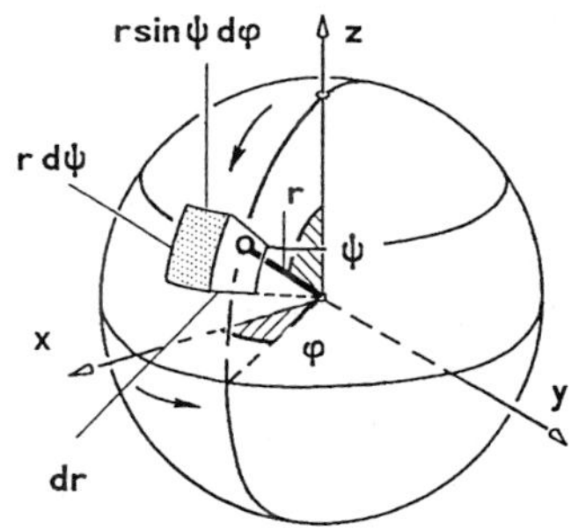

Abb. 254 – Kugelkoordinaten

④ **Abgeflachte Drehellipsoid-Koordinaten.**

$$\begin{aligned} x &= a\cosh\eta\sin\psi\cos\varphi\,, & 0 &\le \eta\,,\ a > 0\,,\\ y &= a\cosh\eta\sin\psi\sin\varphi\,, & 0 &\le \psi \le \pi\,,\\ z &= a\sinh\eta\cos\psi\,, & 0 &\le \varphi \le 2\pi\,. \end{aligned}$$

$$dV = a^2\sqrt{\cosh^2\eta - \sin^2\psi}\cosh\eta\sin\psi d\eta d\psi d\varphi\,.$$

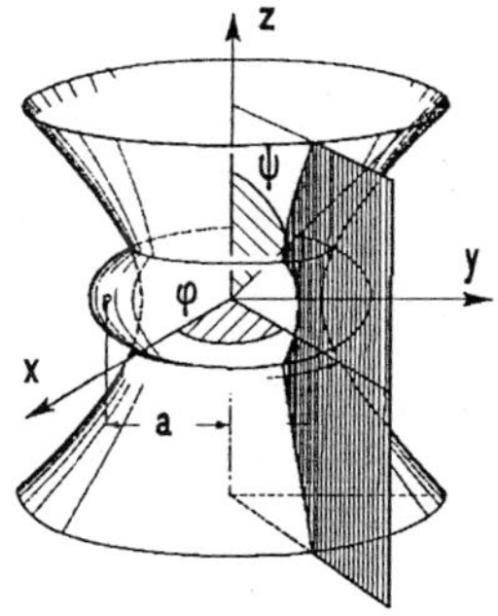

Abb. 255 – Abgeflachte Drehellipsoid -Koordinaten

Beispiel 1. Die 2. Regel von Guldin.

Das Volumen eines Drehkörpers beträgt $V = 2\pi r_0 F$ *mit dem Flächeninhalt* F *des (auf einer Seite der Drehachse gelegenen regulären) Meridianschnitts und dem Drehachsenabstand* r_0 *des Flächenschwerpunkts.*

Beweis. Wir drehen um die z-Achse und wählen einen Meridianschnitt S in der (x,z)-Ebene. Vereinfachend nehmen wir an, daß S ein Normalbereich ist:

$$S = \{ (x,z) \; ; z_0 \le z \le z_1 \,,\; g(z) \le x \le h(z) \} \,.$$

In Zylinderkoordinaten besitzt die Drehfigur B die Koordinaten $z_0 \le z \le z_1$, $g(z) \le r \le h(z)$, $0 \le \varphi \le 2\pi$;

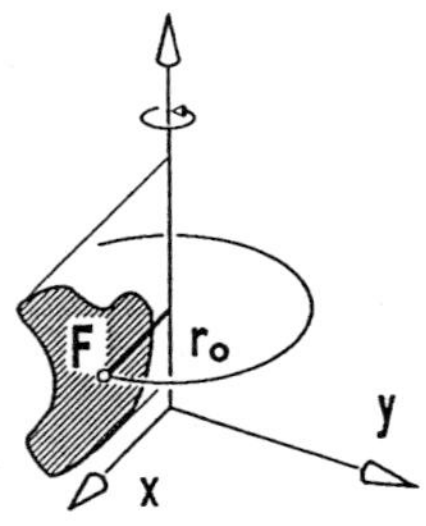

Abb. 256 – 2. Guldin-Regel

$$\text{also gilt} V = \iiint\limits_B dV = \int\limits_0^{2\pi} \Big(\int\limits_{z_0}^{z_1} \Big(\int\limits_{g(z)}^{h(z)} r dr \Big) dz \Big) d\varphi$$

$$= 2\pi \iint\limits_S x dx dz = 2\pi F \cdot \frac{1}{F} \iint\limits_S x dF \,. \qquad \square$$

Beispiel 2. Der abgebildete Kugelausschnitt hat in Kugelkoordinaten die Darstellung

$$\mathrm{K} = \{ (\mathrm{r}, \varphi, \psi) \; ; 0 \le \mathrm{r} \le 1 \,, 0 \le \varphi \le 2\pi \,, 0 \le \psi \le \frac{\pi}{12} \} .$$

Also gilt

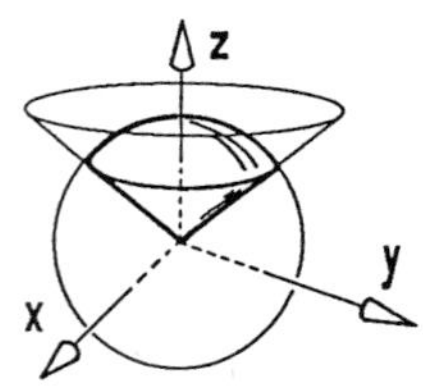

Abb. 257 – Kugelausschnitt

$$\iiint\limits_K f dx dy dz = \int\limits_0^1 \Big(\int\limits_0^{2\pi} \Big(\int\limits_0^{\pi/12} \tilde{f}(r,\varphi,\psi) r^2 \sin\psi d\psi \Big) d\varphi \Big) dr \,. \qquad \square$$

Beispiel 3. Das axiale Trägheitsmoment der vollen Kugel K vom Radius R mit homogener Dichte der Gesamtmasse 1 um die z-Achse beträgt

$$I = \iiint\limits_K (x^2 + y^2) dx dy dz \,.$$

In Kugelkoordinaten ergibt sich

$$I = \int\limits_0^{2\pi} \int\limits_0^{\pi} \int\limits_0^{R} (r^2 \sin^2 \psi) r^2 \sin\psi dr d\psi d\varphi = 2\pi \cdot \frac{1}{5} R^5 \cdot \frac{4}{3} = \frac{8}{15} \pi R^5 \,. \qquad \square$$

5.4 Der Divergenzsatz. Über den nachfolgenden Integralsatz erhält die Divergenz $\operatorname{div} \mathbf{v} = \frac{\partial v_1}{\partial x} + \frac{\partial v_2}{\partial y} + \frac{\partial v_3}{\partial z}$ eines Vektorfeldes $\mathbf{v}$ eine koordinatenunabhängige Interpretation.

Satz 5.2. Der Divergenzsatz von Gauss. *Sei B ein regulärer räumlicher Bereich mit einer Oberfläche ∂B aus endlich vielen geschlossenen, stückweise regulären orientierbaren Flächen. Bezeichnet $\mathbf{n}$ die aus allen regulären Oberflächenstücken aus B nach außen weisende Einheitsnormale, dann gilt für alle in einer Umgebung von B erklärten $\mathscr{C}^1$-Vektorfelder $\mathbf{v}$ die Integralformel*

$$\iiint_B (\operatorname{div} \mathbf{v}) dV = \iint_{\partial B} (\mathbf{v} \cdot \mathbf{n}) dO .$$

Beweisskizze. Zunächst sei B ein achsenparalleler Quader: $B = \{ (x, y, z) \; ; \; 0 \leq x \leq a, \; 0 \leq y \leq b, \; 0 \leq z \leq c \}$. $\mathbf{v}$ ist die Summe der drei Vektorfelder $v_1 \mathbf{e}_1$, $v_2 \mathbf{e}_3$, $v_3 \mathbf{e}_3$. Mit $\operatorname{div}(v_3 \mathbf{e}_3) = \frac{\partial v_3}{\partial z}$ bestätigt man

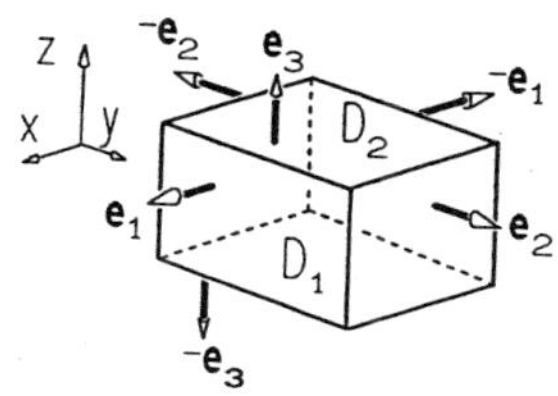

Abb. 258 – Satz von Gauss

$$\iiint_B \frac{\partial v_3}{\partial z} dx dy dz = \iint_{D_1} \left(\int_0^c \frac{\partial v_3}{\partial z} dz \right) dx dy$$
$$= \iint_{D_1} [v_3(x, y, c) - v_3(x, y, 0)] dx dy .$$

Die Grundfläche D_1 (mit $\mathbf{n} = -\mathbf{e}_3$) bzw. die Deckfläche D_2 (mit $\mathbf{n} = \mathbf{e}_3$) sind explizit darstellbar als Graph $z = 0$ bzw. $z = c$, deshalb gelten (→ §4(17))

$$\iint_{D_2} (v_3 \mathbf{e}_3 \cdot \mathbf{e}_3) dO = \iint_{D_2} v_3(x, y, c) dx dy ,$$

$$\iint_{D_1} (v_3 \mathbf{e}_3 \cdot -e_3) dO = - \iint_{D_1} v_3(x, y, 0) dx dy .$$

Die jeweilige Normale $\mathbf{n}$ der anderen 4 Seitenflächen $D_3, \ldots, D_6$ ist orthogonal zu $\mathbf{e}_3$, d.h. $\mathbf{n} \cdot \mathbf{e}_3 = 0$, also gilt $\iint_{D_i} (v_3 \mathbf{e}_3 \cdot \mathbf{n}) dO = 0 \; (i = 3, \ldots, 6)$ und damit

$$\iiint_B \frac{\partial v_3}{\partial z} dx dy dz = \iint_{\partial B} (v_3 \mathbf{e}_3 \cdot \mathbf{n}) dO .$$

Ebenso zeigt man

$$\iiint_B \frac{\partial v_2}{\partial y} dx dy dz = \iint_{\partial B} (v_2 \mathbf{e}_2 \cdot \mathbf{n}) dO , \quad \iiint_B \frac{\partial v_1}{\partial x} dx dy dz = \iint_{\partial B} (v_1 \mathbf{e}_1 \cdot \mathbf{n}) dO .$$

Die Addition dieser Ergebnisse liefert die angegebene Integralformel für Quader. Beliebige Bereiche werden dann durch Quader „ausgeschöpft“, wobei sich die Integrale über die „Zwischenwände“ aufheben, da die zugehörigen Normalenvektoren entgegengesetzt gerichtet sind. □

Koordinatenunabhängige Interpretation der Divergenz: Nach dem Divergenzsatz ist der Fluß des Vektorfeldes $\mathbf{v}$ durch die Körperoberfläche (von innen nach außen) gleich dem Volumenintegral der Divergenz $\operatorname{div}\mathbf{v}$. Ist $P = (x, y, z) \in B$ und K_r eine Kugel um P mit dem Radius r, die ganz in B liegt, dann gilt für den Fluß durch die Kugeloberfläche S_r mit dem Divergenzsatz und dem Mittelwertsatz

$$\iint\limits_{S_r} (\mathbf{v}\cdot\mathbf{n})dO = \iiint\limits_{K_r} (\operatorname{div}\mathbf{v})dV = \operatorname{div}\mathbf{v}(x^*, y^*, z^*)\cdot V(K_r)$$

mit einem Punkt (x^*, y^*, z^*) in K_r und dem Volumen $V(K_r) = \iiint_{K_r} dV$. Damit ergibt sich

$$\boxed{\operatorname{div}\mathbf{v}(x, y, z) = \lim_{r\to 0} \frac{1}{V(K_r)} \iint\limits_{S_r} (\mathbf{v}\cdot\mathbf{n})dO}$$

(„Fluß pro Volumeneinheit“ im Sinne eines Differentialquotienten). Die Divergenz mißt also den aus der Volumeneinheit heraustretenden Fluß; d.h. $(\operatorname{div}\mathbf{v})(x, y, z)$ ist die *Quelldichte* von $\mathbf{v}$ im Punkt (x, y, z). Man nennt den Punkt (x, y, z) eine *Quelle* bzw. *Senke*, wenn $\operatorname{div}\mathbf{v}(x, y, z) > 0$ bzw. $\operatorname{div}\mathbf{v}(x, y, z) < 0$. Das Vektorfeld $\mathbf{v}$ heißt *quellenfrei*, wenn überall $\operatorname{div}\mathbf{v}(x, y, z) = 0$ gilt.

Beispiel 1. Der Fluß des Feldes $\mathbf{v}(x, y, z) = \begin{pmatrix} 2z \\ x+y \\ 0 \end{pmatrix}$ durch die Oberfläche der Kugel $K : x^2 + y^2 + z^2 \le r^2$ (von innen nach außen) beträgt

$$\iint\limits_{S} (\mathbf{v}\cdot\mathbf{n})dO = \iiint\limits_{K} \operatorname{div}\mathbf{v}dV = \iiint\limits_{K} dV = \frac{4}{3}\pi r^3 .$$ □

Beispiel 2. Der Fluß des Feldes $\mathbf{v} = \begin{pmatrix} xy^2 \\ x^2y \\ y \end{pmatrix}$ durch die Oberfläche des Zylinderabschnitts $B = \{(x, y, z)\ ;\ x^2 + y^2 \le 1,\ -1 \le z \le 1\}$ beträgt

$$\iint\limits_{S} (\mathbf{v}\cdot\mathbf{n})dO = \iiint\limits_{B} (\operatorname{div}\mathbf{v})dV = \iiint\limits_{B} (x^2 + y^2)dxdydz = \pi$$

(nach Übergang zu Zylinderkoordinaten).
In diesem Beispiel ist wegen $\operatorname{div}\mathbf{v} = x^2 + y^2 \neq 0$ für $(x, y) \neq (0, 0)$ jeder Punkt außerhalb der z-Achse ein Quellpunkt. □

Für jedes Vektorfeld $\mathbf{v}$ mit $\operatorname{div}\mathbf{v} = 1$ läßt sich das Volumen $V(B)$ durch ein Oberflächenintegral berechnen; etwa mit $\mathbf{v} = x\mathbf{e}_1$:

$$V(B) = \iiint_B dV = \iint_S (x\mathbf{e}_1 \cdot \mathbf{n})dO .$$

Speziell ergibt sich für die obere Hälfte der Einheitskugel

$$V(B) = \iint_{x^2+y^2\leq 1} \frac{x^2}{\sqrt{1-x^2-y^2}}dxdy = \pi \int_0^1 \frac{r^3dr}{\sqrt{1-r^2}} = \frac{2}{3}\pi .$$

Bemerkung. Ist $\operatorname{div}\mathbf{v} = 0$ in einem Bereich B, erfüllt B die Voraussetzungen des Divergenzsatzes und läßt sich die Oberfläche von B stetig auf einen Punkt in B zusammenziehen, ohne daß dabei B verlassen wird, dann gibt es ein Vektorfeld $\mathbf{w}$, das sog. *Vektorpotential von* $\mathbf{v}$, so daß $\operatorname{rot}\mathbf{w} = \mathbf{v}$ (→ Band 2).

* 5.5 Einige Anwendungen der Integralsätze.

(1) Die Kontinuitätsgleichung der Hydrodynamik. Sei $\mathbf{v}$ das Geschwindigkeitsfeld einer strömenden Flüssigkeit der (auch zeitlich variablen) Massendichte ρ. Ferner sei B ein regulärer Testbereich (im Strömungsgebiet) mit der Oberfläche S.

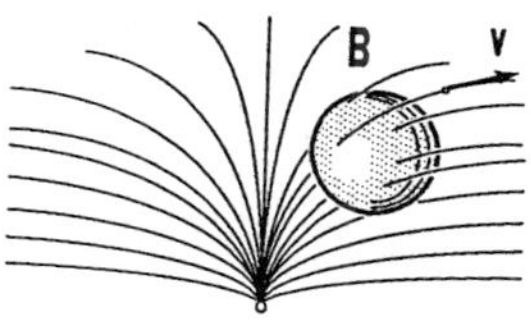

Abb. 259 – Strömung

Durch das Oberflächenelement dO tritt pro Zeiteinheit das Flüssigkeitsvolumen $(\mathbf{v}\cdot\mathbf{n})dO$ hindurch. Die gesamte durch S aus B herausströmende Masse beträgt demnach $\iint_S \rho\mathbf{v}\cdot\mathbf{n}dO$.

Wird in B keine Masse erzeugt oder vernichtet, so ist die zeitliche Änderung der Masse auch durch $-\frac{d}{dt}\iiint_B \rho dV$ gegeben (mit dem Minuszeichen, da der Massenfluß aus B heraus betrachtet wird), d.h. es gilt (mit den nötigen Voraussetzungen für §1, Satz 1.1)

$$\iint_S (\rho\mathbf{v}\cdot\mathbf{n})dO + \iiint_B \frac{\partial\rho}{\partial t}dV = 0 .$$

Mit dem Divergenzsatz ergibt das

$$\iiint_B \left[\operatorname{div}(\rho\mathbf{v}) + \frac{\partial\rho}{\partial t}\right] dV = 0 .$$

Da diese Gleichung für beliebige Testbereiche B gilt, folgt mit den Regularitätsvoraussetzungen für jeden Punkt $\mathbf{x}$ die *Kontinuitätsgleichung*

$$\operatorname{div}(\rho\mathbf{v}) + \frac{\partial\rho}{\partial t} = 0 ,$$

die in der Hydrodynamik eine wichtige Rolle spielt.

Für eine *stationäre* (zeitunabhängige) *Strömung* gilt insbesondere $\rho_t = 0$, also $\operatorname{div}(\rho\mathbf{v}) = 0$. Ist die Flüssigkeit *inkompressibel* (d.h. $\rho = \text{const}$), dann gilt $\rho_t = 0$, $\operatorname{div}(\rho\mathbf{v}) = \rho \operatorname{div}\mathbf{v}$ und somit $\operatorname{div}\mathbf{v} = 0$; d.h. das Geschwindigkeitsfeld einer inkompressiblen Flüssigkeit ist quellenfrei.

(2) **Die Wärmeleitungsgleichung.**
In einem homogenen, erwärmten Körper der konstanten Massendichte ρ und konstanter spezifischer Wärme σ herrsche zur Zeit t im Punkt (x, y, z) die Temperatur $U = U(x, y, z, t)$. Dann speichert ein Volumenelement dV die Wärmemenge $dW = \sigma U \rho dV$ und die Gesamtwärme W in einem (regulären) Teilbereich B mit Oberfläche S beträgt

$$W = \iiint_B \sigma\rho U dV .$$

Der mit fortschreitender Zeit stattfindende Wärmeaustausch $\dfrac{dW}{dt}$ wird als Wärmefluß durch die Oberfläche S gedeutet und berechnet sich nach einem Gesetz von Fourier aus

$$\frac{dW}{dt} = \iint_S k(\operatorname{grad} U \cdot \mathbf{n})dO$$

mit einer Konstanten k, der Wärmeleitfähigkeit des Materials. (Hierin ist $\operatorname{grad} U$ nur bezüglich der Ortskoordinaten x, y, z zu bilden.) Mit dem Divergenzsatz und Satz 1.1 aus §1 folgt nun

$$\begin{aligned}\iiint_B \rho\sigma\frac{\partial U}{\partial t}dV = \frac{dW}{dt} &= \iint_S k(\operatorname{grad} U \cdot \mathbf{n})dO \\ &= \iiint_B k(\operatorname{div}\operatorname{grad} U)dV\end{aligned}$$

für jedes Testvolumen B. Damit ergibt sich die *Wärmeleitungsgleichung*

$$\frac{\partial U}{\partial t} = \frac{k}{\sigma\rho}\left(\frac{\partial^2 U}{\partial x^2} + \frac{\partial^2 U}{\partial y^2} + \frac{\partial^2 U}{\partial z^2}\right) = \frac{k}{\sigma\rho}\Delta U .$$

(3) **Die Maxwell-Gleichungen.**
In einer zu (1) und (2) analogen Weise kann man aus den experimentell entdeckten Grundgesetzen der Elektrizitätslehre die nach J.C. Maxwell (1831–1879) benannten Hauptgleichungen des elektromagnetischen Feldes herleiten. (Heute werden diese Gleichungen meist an den Beginn der Elektrodynamik gestellt und daraus alle anderen Gesetze abgeleitet.) Das elektromagnetische Feld wird – in der Regel – durch 5 vom Ort $\mathbf{x}$ und von der Zeit t abhängige Vektorfelder beschrieben,

die *elektrische Feldstärke* $\mathbf{E}$, die *magnetische Feldstärke* $\mathbf{H}$,
die *elektrische Flußdichte* (*Verschiebungsdichte*) $\mathbf{D}$,
die *magnetische Induktion* $\mathbf{B}$ und die *elektrische Stromdichte* $\mathbf{J}$.

In SI-Einheiten lautet das FARADAYsche Induktionsgesetz (für jeden geschlossenen Weg C)

$$\oint_C \mathbf{E}\cdot d\mathbf{x} = -\frac{\partial}{\partial t}\int_S \mathbf{B}\cdot\mathbf{n}dO \tag{7}$$

und die Formel von BIOT-SAVART-AMPERE in der von MAXWELL 1865 korrigierten Form

$$\oint_C \mathbf{H}\cdot d\mathbf{x} = \int_S \mathbf{J}\cdot\mathbf{n}dO + \int_S \frac{\partial}{\partial t}\mathbf{D}\cdot\mathbf{n}dO\ . \tag{8}$$

Hierbei stellt S ein reguläres Flächenstück dar, das von C (im Sinne des Satzes von STOKES) berandet wird. Der zweite Summand der rechten Seite, der im Gesetz von *Ampere* für stationäre Felder fehlt, wird seit MAXWELL *Verschiebungsstrom* genannt.

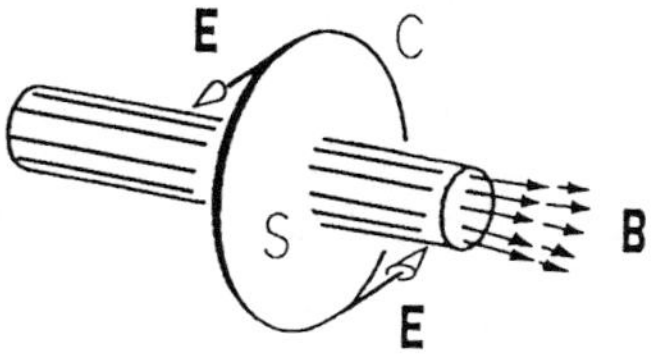

Abb. 260 – Faraday-Gesetz

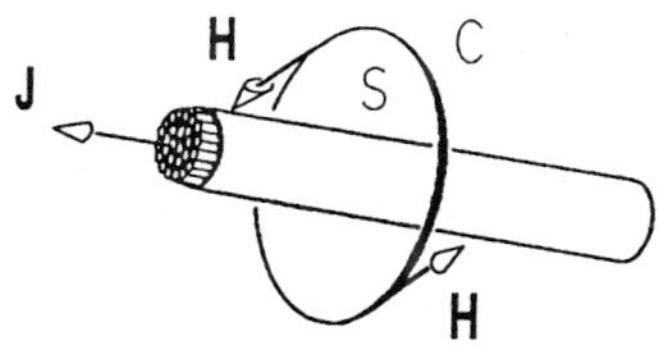

Abb. 261 – Ampere-Gesetz

Wendet man den Satz von STOKES auf die Kurvenintegrale in (7) und (8) an, so hat man für alle zulässigen Testbereiche S

$$\int_S \operatorname{rot}\mathbf{E}\cdot\mathbf{n}dO = -\frac{\partial}{\partial t}\int_S \mathbf{B}\cdot\mathbf{n}dO\ ,$$

$$\int_S \operatorname{rot}\mathbf{H}\cdot\mathbf{n}dO = \int_S (\mathbf{J}+\frac{\partial}{\partial t}\mathbf{D})\cdot\mathbf{n}dO\ .$$

Mit den nötigen Voraussetzungen für Satz 1.1 von §1 kann $\frac{\partial}{\partial t}$ unter das Integral gezogen werden, und es folgen für jeden Punkt

$$\operatorname{rot}\mathbf{E} + \frac{\partial}{\partial t}\mathbf{B} = \mathbf{0}\ ; \quad \operatorname{rot}\mathbf{H} = \mathbf{J} + \frac{\partial}{\partial t}\mathbf{D}\ . \tag{9}$$

Da $\operatorname{div}\operatorname{rot}\mathbf{v} = 0$ für alle $\mathscr{C}^2$-Vektorfelder $\mathbf{v}$ gilt, folgt hieraus

$$\frac{\partial}{\partial t}\operatorname{div}\mathbf{B} = 0\ , \qquad \operatorname{div}(\mathbf{J} + \frac{\partial}{\partial t}\mathbf{D}) = 0\ .$$

Damit gelangt man mit den physikalischen Gesetzen für elektrische und magnetische Ladungen,

$\operatorname{div}\mathbf{D} = \rho$ (COULOMB-Gesetz, ρ Ladungsdichte),

$\operatorname{div}\mathbf{B} = 0$ (keine freie magnetische Ladung), zu den *Kontinuitätsgleichungen*:

(10) $$\operatorname{div} J + \frac{\partial\rho}{\partial t} = 0 \quad ; \qquad \operatorname{div}\mathbf{B} = 0 \ .$$

(9), (10) heißen MAXWELL-*Gleichungen der Elektrodynamik.*
In homogenen Medien gelten die *Stoffgleichungen*

$$\mathbf{J} = \sigma\mathbf{E} \ ; \quad \mathbf{D} = \epsilon\mathbf{E} \ ; \quad \mathbf{B} = \mu\mathbf{H}$$

(Elektrische Leitfähigkeit σ, Permitivität ϵ, Permeabilität μ); damit reduzieren sich (9) und (10) zu vier Bestimmungsgleichungen für $\mathbf{E}$ und $\mathbf{H}$:

$$\operatorname{rot}\mathbf{E} + \mu\frac{\partial}{\partial t}\mathbf{H} = \mathbf{0} \ ; \qquad \operatorname{div}(\sigma\mathbf{E} + \epsilon\frac{\partial}{\partial t}\mathbf{E}) = 0 \ ;$$
$$\operatorname{rot}\mathbf{H} = \sigma\mathbf{E} + \epsilon\frac{\partial}{\partial t}\mathbf{E} \ ; \qquad \operatorname{div}\mathbf{H} = 0 \ .$$

Ist die Ladungsdichte $\rho = 0$, d.h. $\operatorname{div}\mathbf{E} = 0$, so folgen die *allgemeinen Wellengleichungen* (→ Kap. 7, §4, letztes Beispiel, in dem $\sigma = 0$)

$$\mu\epsilon\mathbf{H}_{tt} + \sigma\mu\mathbf{H}_t = \Delta\mathbf{H} \quad \text{und} \quad \mu\epsilon\mathbf{E}_{tt} + \sigma\mu\mathbf{E}_t = \Delta\mathbf{E} \ .$$

* **5.6 Orthogonale krummlinige Koordinaten** liegen vor, wenn für eine Koordinatentransformation (→ 5.3)

$$\mathbf{x}(u,v,w) = x(u,v,w)\mathbf{e}_1 + y(u,v,w)\mathbf{e}_2 + z(u,v,w)\mathbf{e}_3$$

in jedem Punkt die Tangentialvektoren $\mathbf{x}_u$, $\mathbf{x}_v$ und $\mathbf{x}_w$ paarweise orthogonal sind ($\mathbf{e}_1, \mathbf{e}_2, \mathbf{e}_3$ bezeichnen die Basisvektoren des kartesischen Koordinatensystems). Mit den *Maßstabsfaktoren*

$$h_1 := |\mathbf{x}_u| \ , \quad h_2 := |\mathbf{x}_v| \ , \quad h_3 := |\mathbf{x}_w|$$

erhält man mit

(11) $$\mathbf{x}_u = h_1\mathbf{e}_u \ , \quad \mathbf{x}_v = h_2\mathbf{e}_v \ , \quad \mathbf{x}_w = h_3\mathbf{e}_w$$

in jedem Punkt ein orthogonales Dreibein ($\mathbf{e}_u$, $\mathbf{e}_v$, $\mathbf{e}_w$); dieses ist rechtsorientiert, wenn man die Reihenfolge von u, v, w geeignet wählt:

(12) $$|\mathbf{e}_u| = |\mathbf{e}_v| = 1 \ ; \quad \mathbf{e}_u \cdot \mathbf{e}_v = 0 \ ; \quad \mathbf{e}_w = \mathbf{e}_u \times \mathbf{e}_v \ .$$

Beispiel 1. Zylinderkoordinaten.

$$u = r, \quad v = \varphi, \quad w = z \ ; \quad h_1 = 1, \quad h_2 = r, \quad h_3 = 1,$$

und in bezug auf die kartesische Basis

$$\mathbf{e}_r = \begin{pmatrix} \cos\varphi \\ \sin\varphi \\ 0 \end{pmatrix} \ ; \quad \mathbf{e}_\varphi = \begin{pmatrix} -\sin\varphi \\ \cos\varphi \\ 0 \end{pmatrix} \ ; \quad \mathbf{e}_z = \begin{pmatrix} 0 \\ 0 \\ 1 \end{pmatrix} .$$

Der Ortsvektor eines Punktes hat in seiner $(\mathbf{e}_r, \mathbf{e}_\varphi, \mathbf{e}_z)$-Basis die Darstellung $\mathbf{x} = r\mathbf{e}_r + z\mathbf{e}_z$ (→ Abb. 262). □

Beispiel 2. Kugelkoordinaten.

$$u = r\,,\quad v = \psi\,,\quad w = \varphi\,;\quad h_1 = 1\,,\quad h_2 = r\,,\quad h_3 = r\sin\psi,$$

und in bezug auf die kartesische Basis

$$\mathbf{e}_r = \begin{pmatrix} \cos\varphi\sin\psi \\ \sin\varphi\sin\psi \\ \cos\psi \end{pmatrix}\;;\quad \mathbf{e}_\psi = \begin{pmatrix} \cos\varphi\cos\psi \\ \sin\varphi\cos\psi \\ -\sin\psi \end{pmatrix}\;;\quad \mathbf{e}_\varphi = \begin{pmatrix} -\sin\varphi \\ \cos\varphi \\ 0 \end{pmatrix}.$$

Der Ortsvektor hat die Darstellung $\mathbf{x} = r\mathbf{e}_r$ (→ Abb. 263). □

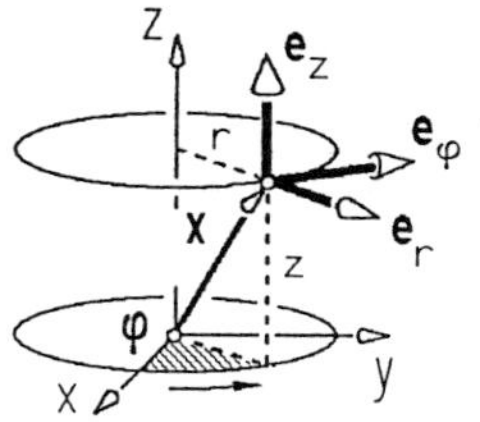

Abb. 262 – Zylinderkoordinaten

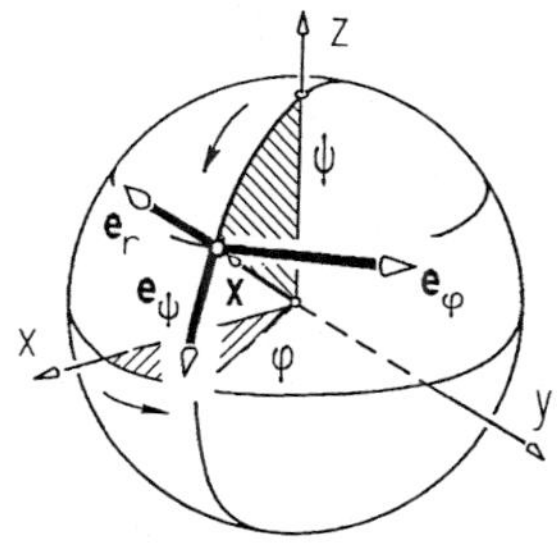

Abb. 263 – Kugelkoordinaten

Wegen (11) und (12) ist

$$\frac{\partial(x,y,z)}{\partial(u,v,w)} = h_1 \cdot h_2 \cdot h_3\,,$$

d.h. für das *Volumenelement* gilt

$$dV = h_1 h_2 h_3\, du dv dw\,.$$

Bezogen auf $(\mathbf{e}_u, \mathbf{e}_v, \mathbf{e}_w)$ hat das *Differential* $d\mathbf{x}$ die Komponenten $h_1\,du$, $h_2\,dv$, $h_3\,dv$; denn mit der Kettenregel ist

(13) $$d\mathbf{x} = \mathbf{x}_u\,du + \mathbf{x}_v\,dv + \mathbf{x}_w\,dw = h_1\mathbf{e}_u\,du + h_2\mathbf{e}_v\,dv + h_3\mathbf{e}_w\,dw\,.$$

Damit ist das *Bogenelement* wegen (12)

$$ds = \sqrt{d\mathbf{x}\cdot d\mathbf{x}} = \sqrt{h_1^2 du^2 + h_2^2 dv^2 + h_3^2 dw^2}\,.$$

Ein reguläres Flächenstück S hat im (u,v,w)-Koordinatensystem die Darstellung

$$u = u(s,t)\,,\quad v = v(s,t)\,,\quad w = w(s,t)$$

mit $(s,t) \in D \subseteq \mathbb{R}^2$. Mit der Kettenregel und (11) ergibt sich aus $\mathbf{x} = \mathbf{x}(u(s,t), v(s,t), w(s,t))$:

$$\mathbf{x}_s = \mathbf{x}_u u_s + \mathbf{x}_v v_s + \mathbf{x}_w w_s = h_1 u_s \mathbf{e}_u + h_2 v_s \mathbf{e}_v + h_3 w_s \mathbf{e}_w\,,$$

$$\mathbf{x}_t = h_1 u_t \mathbf{e}_u + h_2 v_t \mathbf{e}_v + h_3 w_t \mathbf{e}_w\,.$$

Man hat damit als *vektorielles Oberflächenelement* auf S

$$\mathbf{x}_s \times \mathbf{x}_t\, dsdt = \left(h_2 h_3 \frac{\partial(v,w)}{\partial(s,t)}\mathbf{e}_u + h_3 h_1 \frac{\partial(w,u)}{\partial(s,t)}\mathbf{e}_v + h_1 h_2 \frac{\partial(u,v)}{\partial(s,t)}\mathbf{e}_w \right) dsdt$$

und als *skalares Oberflächenelement* auf S

$$dO = \sqrt{\left(h_2h_3\frac{\partial(v,w)}{\partial(s,t)}\right)^2 + \left(h_3h_1\frac{\partial(w,u)}{\partial(s,t)}\right)^2 + \left(h_1h_2\frac{\partial(u,v)}{\partial(s,t)}\right)^2}\, dsdt\,.$$

Für die Koordinatenflächen $u = \text{const}$, $v = \text{const}$ bzw. $w = \text{const}$ erhält man als Oberflächenelemente

$$d\mathbf{A}_1 = dA_1\mathbf{e}_u = (h_2h_3dvdw)\mathbf{e}_u\,,$$
$$d\mathbf{A}_2 = dA_2\mathbf{e}_v = (h_3h_1dwdu)\mathbf{e}_v\,,$$
$$d\mathbf{A}_3 = dA_3\mathbf{e}_w = (h_1h_2dudv)\mathbf{e}_w\,.$$

Für eine skalare Funktion $f = F(u,v,w)$ und ein Vektorfeld

$$\mathbf{v} = V_1(u,v,w)\mathbf{e}_u + V_2(u,v,w)\mathbf{e}_v + V_3(u,v,w)\mathbf{e}_w$$

gelten die Formeln:

(14)
$$\operatorname{grad} f = \frac{1}{h_1}\frac{\partial F}{\partial u}\mathbf{e}_u + \frac{1}{h_2}\frac{\partial F}{\partial v}\mathbf{e}_v + \frac{1}{h_3}\frac{\partial F}{\partial w}\mathbf{e}_w\,,$$
$$\operatorname{div}\mathbf{v} = \frac{1}{h_1h_2h_3}\left[\frac{\partial}{\partial u}(h_2h_3V_1) + \frac{\partial}{\partial v}(h_3h_1V_2) + \frac{\partial}{\partial w}(h_1h_2V_3)\right]\,,$$
$$\operatorname{rot}\mathbf{v} = \frac{1}{h_2h_3}\left(\frac{\partial(h_3V_3)}{\partial v} - \frac{\partial(h_2V_2)}{\partial w}\right)\mathbf{e}_u + \frac{1}{h_3h_1}\left(\frac{\partial(h_1V_1)}{\partial w} - \frac{\partial(h_3V_3)}{\partial u}\right)\mathbf{e}_v + \frac{1}{h_1h_2}\left(\frac{\partial(h_2V_2)}{\partial u} - \frac{\partial(h_1V_1)}{\partial v}\right)\mathbf{e}_w\,,$$
$$\Delta f = \frac{1}{h_1h_2h_3}\left[\frac{\partial}{\partial u}\left(\frac{h_2h_3}{h_1}\frac{\partial F}{\partial u}\right) + \frac{\partial}{\partial v}\left(\frac{h_1h_3}{h_2}\frac{\partial F}{\partial v}\right) + \frac{\partial}{\partial w}\left(\frac{h_1h_2}{h_3}\frac{\partial F}{\partial w}\right)\right].$$

Beweis. Ergeben sich die Formeln für $\operatorname{div}\mathbf{v}$ und $\operatorname{rot}\mathbf{v}$ aus den Sätzen von GAUSS und STOKES, indem man die Integrale auf (u,v,w)-Koordinaten transformiert, so sieht man unmittelbar mit

$$df = \operatorname{grad} f \cdot d\mathbf{x} = \frac{\partial F}{\partial u}du + \frac{\partial F}{\partial v}dv + \frac{\partial F}{\partial w}dw$$

und $d\mathbf{x}$ aus (13) und Komponentenvergleich die Darstellung für $\operatorname{grad} f$. □

Beispiel. In kartesischen Koordinaten ist das Vektorfeld $\mathbf{v} = (y,-x,1)^T$ und der Zylindermantel $S : x^2+y^2 = 1$, $0 \le z \le 1$, gegeben. Als Komponenten von $\mathbf{v}$ in Kugelkoordinaten ergeben sich

$$V_1 = \mathbf{v}\cdot\mathbf{e}_r = \begin{pmatrix} r\sin\psi\sin\varphi \\ -r\sin\psi\cos\varphi \\ 1 \end{pmatrix} \cdot \begin{pmatrix} \cos\varphi\sin\psi \\ \sin\varphi\sin\psi \\ \cos\psi \end{pmatrix} = \cos\psi$$

und analog $V_2 = \mathbf{v}\cdot\mathbf{e}_\psi = -\sin\psi$ und $V_3 = \mathbf{v}\cdot\mathbf{e}_\varphi = -r\sin\psi$;

$$\mathbf{v} = \cos\psi\,\mathbf{e}_r - \sin\psi\,\mathbf{e}_\psi - r\sin\psi\,\mathbf{e}_\varphi\,.$$

Aus den Formeln (14) folgt

$$\operatorname{div} \mathbf{v} = \frac{1}{r^2 \sin\psi}\left[(r^2 \sin\psi V_1)_r + (r^2 \sin\psi V_2)_\psi + (r V_3)_\varphi\right] = 0 .$$

Um den Fluß von $\mathbf{v}$ durch S in Kugelkoordinaten zu berechnen, benötigt man die Darstellung von S in Kugelkoordinaten:
$x^2 + y^2 = r^2 \sin^2\psi = 1$ ergibt $r = \dfrac{1}{\sin\psi}$ und aus $0 \le z \le 1$ erhält man $\dfrac{\pi}{4} \le \psi \le \dfrac{\pi}{2}$, so daß $S = \left\{ (r,\psi,\varphi) = (\frac{1}{\sin s}, s, t) \; ; \frac{\pi}{4} \le s \le \frac{\pi}{2}, \; 0 \le t < 2\pi \right\}$.
Damit ist in Kugelkoordinaten

$$\iint_S \mathbf{v} \cdot d\mathbf{O} = \int_{t=0}^{2\pi} \int_{s=\pi/4}^{\pi/2} (V_1 h_2 h_3 - V_2 h_3 h_1 \frac{\partial r}{\partial s}) ds dt$$

$$= 2\pi \int_{\pi/4}^{\pi/2} (\cos s \cdot \frac{1}{\sin^2 s} \cdot \sin s - \sin s \cdot \frac{\cos s}{\sin^2 s}) ds = 0 . \qquad \square$$

Aufgaben

1. Man berechne den geometrischen Schwerpunkt
   a) des Tetraeders $\{ (x,y,z) \in \mathbb{R}^3 \; ; 0 \le x, \; 0 \le y, \; 0 \le z, \; x+y+z \le 1 \}$,
   b) des Kegels $\{ (x,y,z) \in \mathbb{R}^3 \; ; 0 \le x^2 + y^2 \le a^2 z^2, \; 0 \le z \le h \}, \; 0 \le a, h$.

2. Man berechne $\iiint_V \sin z dV$ über das Tetraeder mit den Seitenflächen $x = 0, \; y = 0, \; z = 0, \; x + y + 2z = 1$.

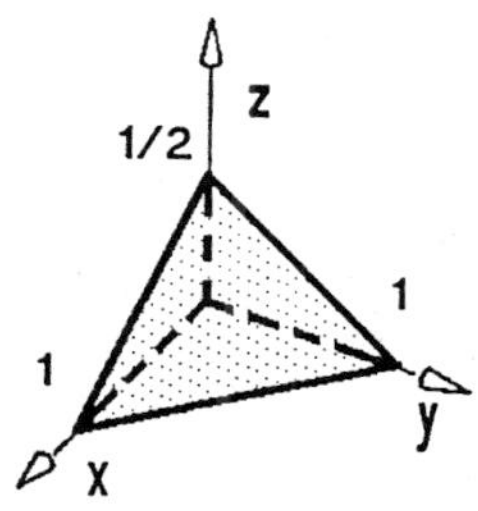

3. Aus der Kugel $x^2 + y^2 + z^2 \le 4a^2$ wird das zylindrische Loch $x^2 + y^2 \le 2ax$ ausgebohrt. Wie groß ist das Restvolumen?

4. Welcher Körper besitzt als axiales Trägheitsmoment zur z-Achse $(\alpha > 0)$

$$I_z = \int_0^h \int_{-z\tan\alpha}^{z\tan\alpha} \int_{-\sqrt{z^2\tan^2\alpha - y^2}}^{\sqrt{z^2\tan^2\alpha - y^2}} (x^2 + y^2) \; dx \, dy \, dz \quad ?$$

   Man berechne I_z mittels *Zylinderkoordinaten.*

5. Man berechne das Volumen des Körpers K, der durch die drei Flächen $x = y^2 + z^2$; $x = y$; $z = 0$ begrenzt wird.

6. Man berechne das axiale Trägheitsmoment $I_z = \iiint\limits_V (x^2+y^2)\,dV$ für

   a) die obere Halbkugel vom Radius a und Mittelpunkt O (Kugelkoordinaten!),

   b) den Torus aus 4.2d (Toruskoordinaten, → §4, Aufgabe 2).

7. Die Kugelschale $H = \{\mathbf{y} \in \mathbb{R}^3 \; ; \; R_1 \le |\mathbf{y}| \le R_2\}$, $0 < R_1 < R_2$, ist elektrisch homogen geladen. Für das Potential im Raumpunkt $\mathbf{x}$ gilt dann

$$\Phi(\mathbf{x}) = \iiint\limits_H \frac{dy_1\,dy_2\,dy_3}{|\mathbf{x}-\mathbf{y}|} .$$

   a) Mit $r = |\mathbf{x}|$, $\rho = |\mathbf{y}|$ und Übergang zu *Kugelkoordinaten* zeige man, daß $\Phi(\mathbf{x}) = V(r)$ mit

$$V(r) = \int_0^{\pi}\int_0^{2\pi}\int_{R_1}^{R_2} \frac{\rho^2 \sin\psi}{\sqrt{\rho^2+r^2-2r\rho\cos\psi}}\,d\rho\,d\varphi\,d\psi .$$

   b) Man berechne $V(r)$ und skizziere $V(r)$ für $R_1 = 2$, $R_2 = 4$. (Fallunterscheidung: $0 \le r \le R_1$, $R_1 \le r \le R_2$, $R_2 \le r$.)

8. Gegeben ist der gerade Kreiskegel S aus 4.2a und das Vektorfeld $\mathbf{v} = (xz, xy, -z)^T$. Man berechne und vergleiche die Ergebnisse (Divergenzsatz!):

   a) $\iiint\limits_S \operatorname{div}\mathbf{v}\,dV$, b) $\iint\limits_{\partial S} \mathbf{v}\cdot d\mathbf{O}$ ($d\mathbf{O}$ weist ins Äußere von S).

9. Gilt der Satz von Gauß auch für ein Vektorfeld mit Singularität, wenn man an dieser Stelle das Volumenintegral als uneigentlich interpretiert? Man berechne dazu explizit für die Kugel $x^2+y^2+z^2 \le 1$

   $\iint\limits_{|\mathbf{x}|=1} \mathbf{v}\cdot\mathbf{n}\,dO$ ($\mathbf{n}$ äußere Normale) und $\lim\limits_{\epsilon\to 0} \iiint\limits_{\epsilon<|\mathbf{x}|<1} \operatorname{div}\mathbf{v}\,dV$ für

   a) $\mathbf{v} = \dfrac{\mathbf{x}}{|\mathbf{x}|}$, b) $\mathbf{v} = -\dfrac{\mathbf{x}}{|\mathbf{x}|^3}$ (Gravitationsfeld).

Knobelecke

Wieviele Kanten und Flächenstücke berande den abgebildeten „*Möbius-Ring*“? Ist er zweiseitig, d.h. orientierbar?

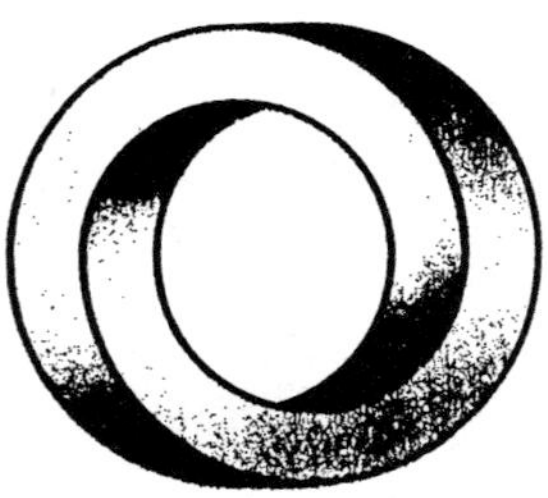

Literaturverzeichnis

Die nachfolgende Liste enthält neben einer *Auswahl* an Lehrbüchern zur Ergänzung und Vertiefung des behandelten Stoffes auch Aufgabensammlungen und Handbücher.

AUMANN, G.: Höhere Mathematik I – III, B.I.-Wissenschaftsverlag, Mannheim 1970-71.

BAULE, B.: Die Mathematik des Naturforschers und Ingenieurs I, II, Harri Deutsch, Thun/Frankfurt 1979.

BOSCH, K.: Mathematik-Taschenbuch, Oldenbourg, München 1989.

BRONSTEIN, I.N., K.A. SEMENDJAJEW: Taschenbuch der Mathematik, Harri Deutsch, Thun/Frankfurt 1989.

BURG, K., H. HAF, F. WILLE: Höhere Mathematik für Ingenieure I – IV, Teubner, Stuttgart 1985-90.

COURANT, R.: Vorlesungen über Differential- und Integralrechnung I, II, Springer 1971-72.

DALLMANN, H., K.-H. ELSTER: Einführung in die Höhere Mathematik 1 – 3, Vieweg, Braunschweig 1981-87.

DRESZER, J.: Mathematik-Handbuch für Technik und Naturwissenschaften, Harri Deutsch, Thun/Frankfurt 1975.

ENGELN-MÜLLGES, G., F. REUTTER: Numerische Mathematik für Ingenieure, B.I.-Wissenschaftsverlag, Mannheim 1987.

FELDMANN, C. ET AL.: Repetitorium der Ingenieurmathematik 1 – 3, Eigenverlag, Hannover 1987.

FICHTENHOLZ, G.M.: Differential- und Integralrechnung I – III, Deutscher Verlag der Wissenschaften, Berlin 1989.

v. FINKENSTEIN, K.: Grundkurs Mathematik für Ingenieure, Teubner, Stuttgart 1986.

FISCHER, G.: Lineare Algebra, Vieweg, Braunschwig 1986.

FORSTER, O.: Analysis 1 – 3, Vieweg, Braunschweig 1983-84.

GIERING, O., H. SEYBOLD: Konstruktive Ingenieurgeometrie, Hanser, München 1987.

GÜNTER, N.M., R.O. KUSMIN: Aufgabensammlung zur Höheren Mathematik I, II, Deutscher Verlag der Wissenschaften, Berlin 1980.

HÄMMERLIN, G., K.-H. HOFFMANN: Numerische Mathematik, Grundwissen Mathematik 7, Springer 1989.

HEINHOLD, J. ET AL.: Einführung in die Höhere Mathematik 1 – 4, Hanser, München 1976-80.

HEUSER, H.: Lehrbuch der Analysis 1, 2, Teubner, Stuttgart 1988-89.

JÄNICH, K.: Lineare Algebra, Springer 1984.

JEFFREY, A.: Mathematik für Naturwissenschaftler und Ingenieure 1, 2, Verlag Chemie, Weinheim 1978-80.

KIRCHGÄSSNER, K., K. RITTER, P. WERNER: Höhere Mathematik I – III, Skriptum, Eigenverlag, Stuttgart 1980.

KOECHER, M.: Lineare Algebra und analytische Geometrie, Grundwissen Mathematik 2, Springer 1985.

KÖNIGSBERGER, K.: Analysis I – III, Skriptum (erscheint als Springer-Lehrbuch), Mathematisches Institut der TU, München 1984-87.

KREYSZIG, E.: Advanced Engineering Mathematics, J. Wiley, New York 1988.

MARTENSEN, E.: Analysis I – V, B.I.-Wissenschaftsverlag, Mannheim 1972, 1986-90.

NEUNZERT, H. (HRSG.): Analysis 1, 2, Mathematik für Physiker und Ingenieure, Springer 1980-82.

NIEDERDRENK, K., H. YSERENTANT: Funktionen einer Veränderlichen, Rechnerorientierte Ingenieurmathematik, Vieweg, Braunschweig 1987.

SAUER, R.: Ingenieurmathematik 1, 2, Springer 1968-69.

STOER, J.: Einführung in die Numerische Mathematik I, Springer 1989.

STOER, J., R. BULIRSCH: Einführung in die Numerische Mathematik II, Springer 1990.

STRUBECKER, K.: Einführung in die Höhere Mathematik I – IV, Oldenbourg, München 1966-84.

TÖRNIG, W., P. SPELLUCCI: Numerische Mathematik für Ingenieure und Physiker 1,2, Springer 1988-89.

TRINKAUS, H.L.: Probleme? Höhere Mathematik! Aufgabensammlung, Mathematik für Physiker und Ingenieure, Springer 1988.

WALTER, W.: Analysis I, II, Grundwissen Mathematik 3, 4, Springer 1989-90.

ZURMÜHL, R., S. FALK: Matrizen, 1.Teil: Grundlagen, 2.Teil: Numerische Methoden, Springer 1984-86.

Namen- und Sachverzeichnis